环境经济政策汇编

（下册）

环境保护部政策法规司　编

中国环境出版社·北京

U0817997

图书在版编目(CIP)数据

环境经济政策汇编：全2册/环境保护部政策法规司编. —北京：中国环境出版社，2016.2

ISBN 978-7-5111-2384-8

Ⅰ. ①环… Ⅱ. ①环… Ⅲ. ①环境经济—环境政策—汇编—中国 Ⅳ. ①X-012

中国版本图书馆CIP数据核字（2016）第031881号

出 版 人 王新程
责任编辑 陶克菲
责任校对 尹 芳
封面设计 彭 杉

出版发行 中国环境出版社
（100062 北京东城区广渠门内大街16号）
网 址：http://www.cesp.com.cn
电子邮箱：bjgl@cesp.com.cn
联系电话：010-67112765（编辑管理部）
发行热线：010-67125803 010-67113405（传真）

印 刷 北京中科印刷有限公司
经 销 各地新华书店
版 次 2016年5月第1版
印 次 2016年5月第1次印刷
开 本 787×960 1/16
印 张 87.25（全2册）
字 数 1690千字
定 价 240.00元（全2册）

【版权所有。未经许可请勿翻印、转载，违者必究】
如有缺页、破损、倒装等印装质量问题，请寄回本社更换

目　录

（上册）

第一篇　综合性环境经济政策

第二篇　专项环境经济政策

（下册）

第三篇 国际环境经济政策选摘

七、环境污染责任保险政策

环境保护部发布一批环责险投保企业名单 以信息公开促环境风险监管“合力”

环境保护部有关负责人今日向媒体公布了一批投保环境污染责任保险（简称“环责险”）企业名单，包括22个省（自治区、直辖市）的近5 000家企业，涉及重金属、石化、危险化学品、危险废物处置、电力、医药、印染等行业。

这位负责人介绍说，从2007年至今，投保环责险的企业已经超过2.5万家次，保险公司提供的风险保障金累计超过600亿元。本次公布的投保企业是目前已经投保环责险、具有环境风险保障，而且保险合同有效期在2014年11月15日及之后的企业。

这位负责人表示，环责险是以市场手段应对环境污染风险、保障污染受害者合法权益的主要方式，也是强化高环境风险企业投产之后的事中监管的重要机制。2006年以来，国务院多次出台相关文件明确要求建立环责险制度，开展环境污染强制责任保险试点。2007年，原国家环保总局会同保监会联合发布《关于环境污染责任保险工作的指导意见》，启动试点工作。2013年，根据国家加强重金属污染防治等环境新形势新要求，两部门在总结前期6年试点经验基础上，又联合发布《关于开展环境污染强制责任保险试点工作的指导意见》，要求涉重金属企业投保环责险，鼓励石化、危险化学品生产经营、危险废物处理处置及其他高环境风险企业投保。同时，地方环境保护、保险监管等部门通力合作，指导和推动保险公司、投保企业承担各自责任和义务，促进了环责险保险市场的有序发展。

这位负责人指出，环责险作为市场机制，其发展除了环境法治的直接推动外，更重要的是必须依靠市场的内生动力，发挥市场配置资源的决定性作用。环保部门应及时公开投保企业等相关信息，保障公众的知情权和监督权，借助各方面力量形成监管“合力”。特别是对环境风险高的企业，通过政府监管、公众监督等方式，推动企业在环境风险管理和应对上投入合理的成本，切实降低对环境和公众健康的隐患，激励企业引入保险机制、借助市场力量来发现和降低自身环境风险。同时，必须加快建立最严格的环境损害赔偿制度，破解因污染损害赔偿范围过窄、环境损害成本过低，导致的企业环境风险防范意识薄弱的不合理现象。环保部门将积极推动和配合司法机关强化环境司法，将新《环境保护法》有关环境污染损害赔偿的规定细化、落地，建立全面和严格的环境污染责任赔偿制度，以切实维护污染受害者的合法权益和社会公益。这也将倒逼企业增强环境风险防范意识，主动投保环责险，分散和化解巨大的环境风险，构建环境风险防控的长效机制。

（一）综合性保险政策

中华人民共和国海洋环境保护法（摘录）

（1982年8月23日第五届全国人民代表大会常务委员会第二十四次会议通过　1999年12月25日第九届全国人民代表大会常务委员会第十三次会议修订通过　1999年12月25日中华人民共和国主席令第26号公布　自2000年4月1日起施行）

……

第六十六条　国家完善并实施船舶油污损害民事赔偿责任制度；按照船舶油污损害赔偿责任由船东和货主共同承担风险的原则，建立船舶油污保险、油污损害赔偿基金制度。

实施船舶油污保险、油污损害赔偿基金制度的具体办法由国务院规定。

……

1999年12月25日

国务院关于保险业改革发展的若干意见（摘录）

国发〔2006〕23号

……

五、大力发展责任保险，健全安全生产保障和突发事件应急机制

采取市场运作、政策引导、政府推动、立法强制等方式，发展安全生产责任、建筑工程责任、产品责任、公众责任、执业责任、董事责任、环境污染责任等保险业务。

国务院

二〇〇六年六月十五日

国务院关于加快发展现代保险服务业的若干意见（摘录）

国发〔2014〕29号

……

三、发挥保险风险管理功能，完善社会治理体系

……

（八）发挥责任保险化解矛盾纠纷的功能作用。强化政府引导、市场运作、立法保障的责任保险发展模式，把与公众利益关系密切的环境污染、食品安全、医疗责任、医疗意外、实习安全、校园安全等领域作为责任保险发展重点，探索开展强制责任保险试点。

国务院

2014年8月10日

关于印发《保险业服务新型城镇化发展的指导意见》的通知（摘录）

保监发〔2014〕25 号

……

四、加强社会风险管理，创新城市社会治理

……

（十四）辅助政府创新城市治理方式。大力发展环境污染、公众安全、医疗执业、安全生产等与公众利益密切相关的责任保险，充分利用保险费率杠杆的激励约束机制，构建市场化的公众权益保障和矛盾调处新模式。

中国保监会

2014 年 3 月 25 日

关于加强环境应急管理工作的意见（摘录）

环发〔2009〕130号

……

三、加快建设中国特色环境应急管理体系

……

（七）完善环境应急管理政策法规体系

加快建立环境污染责任保险制度，建立健全污染损害评估和鉴定机制。

环境保护部

二〇〇九年十一月九日

关于加强二恶英污染防治的指导意见（摘录）

环发〔2010〕123号

……

五、建立完善二恶英污染防治长效机制

……

（十五）完善相关环境经济政策。逐步建立促进企业主动削减的经济政策体系，鼓励企业采用有利于二恶英削减的生产方式。对存在较大环境风险的二恶英排放企业，推行环境污染责任保险制度。

环境保护部

外交部

国家发展改革委

科技部

工业和信息化部

财政部

住房和城乡建设部

商务部

国家质量监督检验检疫总局

二〇一〇年十月十九日

关于加强电石法生产聚氯乙烯及相关行业汞污染防治工作的通知（摘录）

环发〔2011〕4号

……

四、增强政策支持力度，完善相关配套措施

……

（十三）推行电石法聚氯乙烯行业环境污染责任保险制度。

环境保护部

二〇一一年一月十九日

关于加强铅蓄电池及再生铅行业污染防治工作的通知（摘录）

环发〔2011〕56号

……

七、逐步建立环境污染责任保险制度。引进市场机制，推进保险经纪中介服务，推行铅蓄电池和再生铅行业的环境污染责任保险制度，位于重点区域的重点企业及环境风险较大的生产企业应购买环境污染责任保险。环境污染责任保险将与重金属污染防治专项资金挂钩。

环境保护部

二〇一一年五月十八日

（二）环境污染责任保险政策

关于环境污染责任保险工作的指导意见

环发〔2007〕189 号

各省、自治区、直辖市环保局（厅），副省级城市环保局，新疆生产建设兵团环保局，全军环办，各保监局：

为贯彻落实《国务院关于落实科学发展观加强环境保护的决定》（国发〔2005〕39 号）、《国务院关于保险业改革发展的若干意见》（国发〔2006〕23 号）、《国务院关于印发节能减排综合性工作方案的通知》（国发〔2007〕15 号）精神，加快建立环境污染责任保险制度，进一步健全我国环境污染风险管理制度，现就开展环境污染责任保险工作提出以下意见。

一、充分认识开展环境污染责任保险工作的重大意义

当前，我国正处于环境污染事故的高发期。一些地方的工业企业污染事故频发，严重污染环境，危害群众身体健康和社会稳定，特别是一些污染事故受害者得不到及时赔偿，引发了很多社会矛盾。因此，采取综合手段加强污染事故防范和处置工作，成为当前环保工作的重要任务。

环境污染责任保险是以企业发生污染事故对第三者造成的损害依法应承担的赔偿责任为标的的保险。利用保险工具来参与环境污染事故处理，有利于分散企业经营风险，促使其快速恢复正常生产；有利于发挥保险机制的社会管理功能，利用费率杠杆机制促使企业加强环境风险管理，提升环境管理水平；有利于使受害人及时获得经济补偿，稳定社会经济秩序，减轻政府负担，促进政府职能转变。国际经验表明，实施环境污染责任保险是维护污染受害者合法权益、提高防范环境风险的有效手段。

因此，加快环境污染责任保险制度建设，是切实推进环境保护历史性转变的迫切要求，是环境管理与市场手段相结合的有益尝试。各级环保部门和各级保险

监管部门要充分认识到环境污染责任保险的重要性，在当地政府的统一组织下，积极开展环境污染责任保险制度的研究及试点示范工作，结合当地实际，制定工作方案，认真履行职责，推动本地区环境污染责任保险工作实施。

二、开展环境污染责任保险工作的指导原则与工作目标

（一）指导原则

以邓小平理论和“三个代表”重要思想为指导，贯彻落实科学发展观，坚持以下原则，逐步推动环境污染责任保险工作的开展。

——政府推动，市场运作。各地环保、保险监管部门要积极协调当地政府有关部门，推进本行政区域环境污染责任保险制度的实施；环保部门会同保险监管部门从防范环境风险出发，提出投保企业或设施的范围以及损害赔偿标准等；保险监管部门加强行业监督管理，推进环境责任保险市场的规范；保险公司积极开发环境责任险产品，按市场经济法律法规要求履行保险人的责任；投保企业加强环境风险管理，主动如实报告有关信息。

——突出重点，先易后难。先期重点选择环境危害大、最易发生污染事故和损失容易确定的行业、企业和地区，率先开展环境污染责任保险工作；现阶段环境污染责任保险的承保标的以突发、意外事故所造成的环境污染直接损失为主。逐步建立配套的标准和法规制度；逐步完善环境污染责任保险一系列制度。

——严格监管，稳健经营。环保部门要加强对污染企业的环境监管，促进企业提高防范污染事故的水平；保险监管部门要加强对保险机构的监管，督促保险机构认真履行保险合同，为投保企业提供保障；保险公司要完善内部管理，完善费率、理赔等制度，力争取得良好的业绩。

——互惠互利，双赢发展。环保部门、保监部门加大执法力度，履行监管职责，提高企业环保责任意识和风险防范意识，规范和壮大环境污染责任保险市场，有效化解污染事故带来的环境和社会矛盾；投保企业利用责任保险机制，抵御污染事故带来的经营风险，承担社会责任，维护企业利益；保险从业机构提供适合国情的环境污染责任保险服务，拓展业务领域，力争取得良好经营业绩；广大群众共享市场化的环境污染责任保险制度的成果，促进社会和谐稳定。

（二）工作目标

“十一五”期间，初步建立符合我国国情的环境污染责任保险制度。在重点行业和区域开展环境污染责任保险的试点示范工作，初步建立重点行业基于环境风

险程度投保企业或设施目录以及污染损害赔偿标准，探索与环境责任保险制度相结合的环境管理制度，发挥环境污染责任保险的社会管理和经济补偿的功能。到2015年，环境污染责任保险制度相对完善，并在全国范围内推广，保险覆盖面逐步扩大，保障能力不断增强，风险评估、损失评估、责任认定、事故处理、资金赔付等各项机制不断健全，使该制度在应对环境污染事故带来损失的事件中发挥积极有效的作用。

三、逐步建立和完善环境污染责任保险制度

实施环境污染责任保险是重要的环境管理和社会管理的制度创新，必须充分发挥国家部门、地方政府、相关企业的积极性。在建立这项制度的起步阶段，建议各地在地市以上区域开展试点，由政府统一组织进行，重点抓好以下工作。

（一）建立健全国家立法和地方配套法规建设。环境污染责任保险涉及到环保部门、保险监管部门、保险公司、投保企业等。为规范管理，环保和保险监管部门要积极推动相关领域的立法工作，确定环境污染责任保险的法律地位。各省、自治区、直辖市及有立法权的市可以在有关地方环保法中增加“环境污染责任保险”条款。

（二）明确环境污染责任保险的投保主体。要根据本地区环境状况和企业特点，以生产、经营、储存、运输、使用危险化学品企业，易发生污染事故的石油化工企业、危险废物处置企业等为对象开展试点，尤其是对近年来发生重大污染事故的企业、行业，具体范围由环保部门商保险监管部门提出；在此基础上，国家和省环保部门制定开展环境污染责任保险的企业投保目录，并适时调整。保险公司要开发相应产品，合理确定责任范围，分类厘定费率，提高环境污染责任保险制度实施的针对性和有效性。试点地区保险企业应加强环境技术管理人员的能力建设。

（三）建立环境污染事故勘查、定损与责任认定机制。环保部门与保险监管部门应建立环境事故勘查与责任认定机制。在发生环境事故后，企业应及时通报相关承保的保险公司，允许保险公司对环境事故现场进行勘查，在环境事故勘查过程中，应遵循国家有关法律和规定，保守国家机密和信息。发生污染事故的企业、相关保险公司、环保部门应根据国家有关法规，公开污染事故的有关信息。环保部门要通过监测、执法等手段，为保险的责任认定工作提供支持。在条件完善时，要探索第三方进行责任认定的机制。

环保部门制定环境污染事故损失核算标准和相应核算指南。在国家没有出台专门的环境污染事故核算标准的情况下，保险公司可以委托国家认可的独立第三方机构对环境污染事故进行定损，根据现有有关法律法规，对环境污染造成的直接经济损失进行核定。

（四）建立规范的理赔程序。保险监管部门应指导保险公司建立规范的环境污染责任保险理赔程序认定标准。保险公司要加强对理赔工作的管理，规范、高效、优质地开展理赔工作。赔付过程要保证公开透明和信息的通畅，受害人可以通过环保部门和保险公司获取赔偿信息等，最大程度地保障受害人的合法权益。

（五）提高环境污染事故预防能力。保险公司要指导投保企业开展环境事故预防管理，提高企业环境事故预防能力。承保前，保险公司应对投保企业进行风险评估，根据企业生产性质、规模、管理水平及危险等级等要素合理厘定费率水平。承保后，要主动定期对投保企业环境事故预防工作进行检查，及时指出隐患与不足，并提出书面整改意见，督促投保企业加强事故预防能力建设，并将有关情况报送当地环保部门。具备条件的环保部门可以根据国家的要求或地方的规定，把部分行业或企业是否投保与项目环境影响评价、“三同时”等制度结合起来。

四、切实提高工作支持和保障水平

（一）要加强领导，推动环境污染责任保险工作机制的建设

各级环保部门、保险监管部门要高度重视环境污染责任保险试点工作，取得当地政府、人大、政协以及相关部门的支持，完善相关地方法规，将环境污染责任保险制度作为强化高环境风险企业环境管理的手段，并纳入当地突发事件应急工作体系。当前要重点提高环保部门监管能力，特别是对环境风险源监控能力、对污染事故调查和损失评估能力、对突发环境事件应急响应能力等，为环境责任保险制度实施提供基础支持。

（二）各司其责，推动环境污染责任保险工作的开展

各级环保部门要严格执法、公平执法，督促企业认真履行环境污染事故预防和事故处理等职责。国家和地方环保部门要开展高污染、高环境风险企业和工艺设施的调查，充分评估其环境风险和影响，制定开展环境污染责任保险的行业与工艺指导目录，积极配合保险监管部门和保险公司开展事故勘查、定损、理赔等工作。

各级保险监管部门要高度关注各保险公司实施环境污染责任保险的有关情

况，加强对保险公司的指导、监督和管理。督促保险公司加强对投保企业的污染事故预防能力审查。

保险公司要把开展环境污染责任保险工作作为履行社会责任的重要内容，加强对企业防范污染事故的指导，合理确定费率，事故发生后及时介入，认真执行环境污染事故承保和赔付程序，确保赔款及时支付给事故受害者。

（三）积极开展相关研究和宣传工作

环境污染责任保险在我国刚刚起步。环保部门和保险监管部门做好相关的政策和技术研究，重点解决风险评估、损失评估、责任范围、赔偿限额、索赔时效等关键问题，切实加强环境污染责任保险的可操作性。各级环保部门、保险监管部门及保险公司等有关单位应积极开展关于环境污染责任保险的宣传工作，使企业充分认识到投保的重要性和对自身的益处，逐步形成企业主动投保的氛围。

国家环境保护总局

中国保险监督管理委员会

二〇〇七年十二月四日

关于开展环境污染强制责任保险试点工作的指导意见

环发〔2013〕10号

各省、自治区、直辖市环境保护厅（局），新疆生产建设兵团环境保护局，辽河保护区管理局，各保监局：

为贯彻落实《国务院关于加强环境保护重点工作的意见》（国发〔2011〕35号）和《国家环境保护“十二五”规划》（国发〔2011〕42号）有关精神，进一步健全环境污染责任保险制度，做好环境污染强制责任保险试点工作，现提出以下意见：

一、充分认识环境污染强制责任保险工作的重要意义

环境污染责任保险是以企业发生污染事故对第三者造成的损害依法应承担的赔偿责任为标的的保险。原国家环境保护总局和中国保险监督管理委员会于2007年联合印发《关于环境污染责任保险工作的指导意见》（环发〔2007〕189号），启动了环境污染责任保险政策试点。各地环境保护部门和保险监管部门联合推动地方人大和人民政府，制定发布了一系列推进环境污染责任保险的法规、规章和规范性文件，引导保险公司开发相关保险产品，鼓励和督促高环境风险企业投保，取得积极进展。

根据环境风险管理的新形势新要求，开展环境污染强制责任保险试点工作，建立环境风险管理的长效机制，是应对环境风险严峻形势的迫切需要，是实现环境管理转型的必然要求，也是发挥保险机制社会管理功能的重要任务。运用保险工具，以社会化、市场化途径解决环境污染损害，有利于促使企业加强环境风险管理，减少污染事故发生；有利于迅速应对污染事故，及时补偿、有效保护污染受害者权益；有利于借助保险“大数法则”，分散企业对污染事故的赔付压力。

二、明确环境污染强制责任保险的试点企业范围

（一）涉重金属企业

按照国务院有关规定，重点防控的重金属污染物是：铅、汞、镉、铬和类金属砷等，兼顾镍、铜、锌、银、钒、锰、钴、铊、锑等其他重金属污染物。

重金属污染防控的重点行业是：

1. 重有色金属矿（含伴生矿）采选业：铜矿采选、铅锌矿采选、镍钴矿采选、锡矿采选、锑矿采选和汞矿采选业等。

2. 重有色金属冶炼业：铜冶炼、铅锌冶炼、镍钴冶炼、锡冶炼、锑冶炼和汞冶炼等。

3. 铅蓄电池制造业。

4. 皮革及其制品业：皮革鞣制加工等。

5. 化学原料及化学制品制造业：基础化学原料制造和涂料、油墨、颜料及类似产品制造等。

上述行业内涉及重金属污染物产生和排放的企业，应当按照国务院有关规定，投保环境污染责任保险。

（二）按地方有关规定已被纳入投保范围的企业

地方性法规、地方人民政府制定的规章或者规范性文件规定应当投保环境污染责任保险的企业，应当按照地方有关规定，投保环境污染责任保险。

（三）其他高环境风险企业

鼓励下列高环境风险企业投保环境污染责任保险：

1. 石油天然气开采、石化、化工等行业企业。

2. 生产、储存、使用、经营和运输危险化学品的企业。

3. 产生、收集、贮存、运输、利用和处置危险废物的企业，以及存在较大环境风险的二恶英排放企业。

4. 环境保护部门确定的其他高环境风险企业。

三、合理设计环境污染强制责任保险条款和保险费率

保险监管部门应当引导保险公司把开展环境污染责任保险业务作为履行社会责任的重要举措，合理设计保险条款，科学厘定保险费率。

（一）责任范围

保险条款载明的保险责任赔偿范围应当包括：

1. 第三方因污染损害遭受的人身伤亡或者财产损失。

2. 投保企业（又称被保险人）为了救治第三方的生命，避免或者减少第三方财产损失所发生的必要而且合理的施救费用。

3. 投保企业根据环保法律法规规定，为控制污染物扩散，或者清理污染物而支出的必要而且合理的清污费用。

4. 由投保企业和保险公司约定的其他赔偿责任。

（二）责任限额

投保企业应当根据本企业环境风险水平、发生污染事故可能造成的损害范围等因素，确定足以赔付环境污染损失的责任限额，并据此投保。

（三）保险费率

保险公司应当综合考虑投保企业的环境风险、历史发生的污染事故及其造成的损失等方面的总体情况，兼顾投保企业的经济承受能力，科学合理设定环境污染责任保险的基准费率。

保险公司根据企业环境风险评估结果，综合考虑投保企业的环境守法状况（包括环境影响评价文件审批、建设项目竣工环保验收、排污许可证核发、环保设施运行、清洁生产审核、事故应急管理等环境法律制度执行情况），结合投保企业的行业特点、工艺、规模、所处区域环境敏感性等方面情况，在基准费率的基础上，合理确定适用于投保企业的具体费率。

四、健全环境风险评估和投保程序

企业投保或者续签保险合同前，保险公司可以委托或者自行对投保企业开展环境风险评估。鼓励保险经纪机构提供环境风险评估和其他有关保险的技术支持和服务。

投保企业环境风险评估可以按照下列规定开展：

（一）对已有环境风险评估技术指南的氯碱、硫酸等行业，按照技术指南开展评估。

（二）对尚未颁布环境风险评估技术指南的行业，可以参照氯碱、硫酸等行业环境风险评估技术指南规定的基本评估方法，综合考虑生产因素、厂址环境敏感性、环境风险防控、事故应急管理等指标开展评估。

本意见规定的涉重金属企业、按地方有关规定已被纳入投保范围的企业，以及其他高环境风险企业，经过环境风险评估后，应当及时与保险公司签订保险合同，并将投保信息报告当地环境保护部门和保险监管部门。

保险监管部门应当引导和监督保险公司做好承保相关服务。

五、建立健全环境风险防范和污染事故理赔机制

（一）风险防范

在对企业日常环境监管中，环境保护部门应当监督企业严格落实环境污染事故预防和事故处理等责任，积极改进环境风险管理。

保险监管部门应当督促保险公司加强对投保企业环境风险管理的技术性检查和服务，充分发挥保险的事前风险防范作用。

保险公司应当按照保险合同的规定，做好对投保企业环境风险管理的指导和服务工作，定期对投保企业环境风险管理的总体状况和重要环节开展梳理和检查，查找环境风险和事故隐患，及时向投保企业提出消除不安全因素或者事故隐患的整改意见，并可视情况通报当地环境保护部门。投保企业是环境风险防范的第一责任人，应当加强对重大环境风险环节的管理，对存在的环境风险隐患积极整改，并做好突发环境污染事故的应急预案、定期演练和相关准备。

（二）事故报告

发生环境污染事故后，投保企业应当及时采取必要、合理的措施，有效防止或减少损失，并按照法律法规要求，向有关政府部门报告；应当及时通知保险公司，书面说明事故发生的原因、经过和损失情况；应当保护事故现场，保存事故证据资料，协助保险公司开展事故勘查和定损。

保险公司在事故调查、理赔中，可以参考当地环境保护部门掌握并依法可以公开的事故调查结论。

（三）出险理赔

投保企业发生环境污染事故后，保险公司应当及时组织事故勘查、定损和责任认定，并按照保险合同的约定，规范、高效、优质地提供出险理赔服务，及时履行保险赔偿责任。

对损害责任认定较为清晰的第三方人身伤亡或者财产损失，以及投保企业为了救治第三方的生命所发生的必要而且合理的施救等费用，保险公司应当积极预付赔款，加快理赔进度。

保险监管部门应当引导保险公司简化理赔手续，优化理赔流程，提升服务能力和水平。

（四）损害计算

环境污染事故造成的对第三方的人身损害、财产损失，投保企业为防止污染扩大、降低事故损失而采取相应措施所发生的应急处置费用，可以按照环境保护部印发的《环境污染损害数额计算推荐方法》（环发〔2011〕60 号文件附件）规定的方法进行鉴定评估和核算。

在开展环境污染损害鉴定评估试点的地区，保险公司可以委托环境污染损害鉴定评估专业机构对污染事故的损害情况进行测算。

（五）争议案件的处理

投保企业与保险公司发生争议时，按照双方合同约定处理。保险经纪机构可以代表投保企业就有争议的案件与保险公司进行协商谈判，最大程度保障投保企业的合法权益，减少投保企业的损失和索赔成本。

六、强化信息公开

（一）环境信息

环境保护部门应当根据《环境信息公开办法》的有关规定，公布投保企业的下列环境信息：

1. 建设项目环境影响评价文件受理情况、审批结果和建设项目竣工环保验收结果。

2. 排污许可证发放情况。

3. 污染物排放超过国家或者地方排放标准，或者污染物排放总量超过地方人民政府依法核定的排放总量控制指标的污染严重的企业名单。

4. 发生过污染事故或者事件的企业名单，以及拒不执行已生效的环境行政处罚决定的企业名单。

5. 环境保护部门掌握的依法可以公开的有利于判断投保企业环境风险的其他相关信息。

投保企业应当按照国家有关规定，建立重金属产生、排放台账，以及危险化学品生产过程中的特征化学污染物产生、排放台账，建立企业环境信息披露制度，公布重金属和特征化学污染物排放、转移和环境管理情况信息。

（二）保险信息

保险监管部门应当依照《中国保险监督管理委员会政府信息公开办法》有关规定，公开与环境污染强制责任保险试点相关的信息。

保险公司应当依照《保险企业信息披露管理办法》等有关规定，全面准确地公开与环境污染强制责任保险有关的保险产品经营等相关信息。

七、完善促进企业投保的保障措施

（一）强化约束手段

对应当投保而未及时投保的企业，环境保护部门可以采取下列措施：

1. 将企业是否投保与建设项目环境影响评价文件审批、建设项目竣工环保验收、排污许可证核发、清洁生产审核，以及上市环保核查等制度的执行，紧密结合。

2. 暂停受理企业的环境保护专项资金、重金属污染防治专项资金等相关专项资金的申请。

3. 将该企业未按规定投保的信息及时提供银行业金融机构，为其客户评级、信贷准入退出和管理提供重要依据。

（二）完善激励措施

对按规定投保的企业，环境保护部门可以采取下列鼓励和引导措施：

1. 积极会同当地财政部门，在安排环境保护专项资金或者重金属污染防治专项资金时，对投保企业污染防治项目予以倾斜。

2. 将投保企业投保信息及时通报银行业金融机构，推动金融机构综合考虑投保企业的信贷风险评估、成本补偿和政府扶持政策等因素，按照风险可控、商业可持续原则优先给予信贷支持。

（三）健全政策法规

地方环境保护部门、保险监管部门应当积极争取将环境污染强制责任保险政策纳入地方性法规、规章，或者推动地方人民政府出台规范性文件，并配合有关部门制定有利于环境污染强制责任保险的经济政策和措施。

环境保护部门应当推动健全环境损害赔偿制度，加快建立和完善环境污染损害鉴定评估机制，支持、规范环境污染事故的责任认定和损害鉴定工作。

企业发生污染事故后，地方环境保护部门应当通过提供有关监测数据和相关监管信息，依法支持污染受害人和有关社会团体对污染企业提起环境污染损害赔偿诉讼，推动企业承担全面的污染损害赔偿责任，增强企业环境风险意识和环境责任意识。

涉重金属企业的环境污染强制责任保险试点工作方案，由环境保护部另行组织制定。

地方环境保护部门和保险监管部门应当充分认识开展环境污染强制责任保险试点工作的重要性，结合本地区实际，建立工作机制，制定实施方案，切实加大工作力度，推动试点工作取得实际成效。

环境保护部

保监会

2013 年 1 月 21 日

环境保护部、保监会联合启动环境污染强制保险试点（新闻稿）

环境保护部与中国保监会近日联合印发了《关于开展环境污染强制责任保险试点工作的指导意见》（以下简称《指导意见》），指导各地在涉重金属企业和石油化工等高环境风险行业推进环境污染强制责任保险试点。据悉，目前我国已在十多个省（自治区、直辖市）开展了相关试点工作，投保企业达 2 000 多家，承保金额近 200 亿元。运用保险工具，以社会化、市场化途径解决环境污染损害，有利于促使企业加强环境风险管理，减少污染事故发生；有利于迅速应对污染事故，及时补偿、有效保护污染受害者权益。

据介绍，《指导意见》明确了强制投保企业的范围：一是涉重金属企业。包括重有色金属矿（含伴生矿）采选业、重有色金属冶炼业、铅蓄电池制造业、皮革及其制品业、化学原料及化学制品制造业等行业内涉及重金属污染物产生和排放的企业。二是按地方有关规定已被纳入投保范围的企业，都应投保环境污染责任保险。三是其他高环境风险企业。国家鼓励石化行业企业、危险化学品经营企业、危险废物经营企业以及存在较大环境风险的二恶英排放企业等高环境风险企业，投保环境污染责任保险。

《指导意见》规定了相应的激励和约束机制。对应当投保而未及时投保的企业，环保部门将采取相关约束措施：一是将企业是否投保与建设项目环境影响评价文件审批、建设项目竣工环境保护验收申请审批、强制清洁生产审核、排污许可证核发，以及上市环保核查等制度的执行紧密结合。二是暂停受理企业的环境保护专项资金、重金属污染防治专项资金等相关专项资金申请。三是将企业未按规定投保的信息及时提供银行业金融机构，作为客户评级、信贷准入管理和退出的重要依据。《指导意见》同时提出了促进企业投保的激励措施。如在安排环境保护专项资金或者重金属污染防治专项资金时，对投保企业污染防治项目予以倾斜；将投保企业投保信息及时通报银行业金融机构，由金融机构按照风险可控、商业可持续原则优先给予信贷支持。

《指导意见》对强制保险的责任范围、保额保费厘定、环境风险评估、环境事故理赔机制、信息公开等内容做了规定，明确了保险公司、保险经纪公司以及投保企业的责任和义务。同时还对环保部门和保监部门共同推进环境污染强制保险做出了规定。要求环保部门应加快建立环境污染损害鉴定评估机制，规范环境污染事故的责任认定和损害鉴定工作，并依法支持污染受害人和有关社会团体对污染企业提起环境污染损害赔偿诉讼，推动企业承担全面的污染损害赔偿责任，增强企业环境风险意识和环境责任意识。

下一步，环保部门将会同保监部门按照国务院关于推进环境污染强制责任保险工作部门分工要求，加强协调和督促检查，切实把绿色保险政策落到实处。

关于印发《关于开展环境污染责任保险的调研报告》的通知

环办〔2007〕100号

各省、自治区、直辖市环保局（厅），副省级城市环保局，新疆生产建设兵团环保局，各保监局：

为落实国务院《关于落实科学发展观加强环境保护的决定》（国发〔2005〕39号）和《关于保险业改革发展的若干意见》（国发〔2006〕23号），国家环保总局、中国保监会正联合推动实施环境污染责任保险制度。

2007年4月10日—13日，国家环保总局与中国保监会组成联合调研组，赴吉林、浙江省就开展环境污染责任保险的相关问题进行了调研。现将调研报告印发你单位，请认真学习研究，作为今后开展此项工作的参考。

附件：关于开展环境污染责任保险的调研报告

国家环境保护总局办公厅
中国保险监督管理委员会办公厅
二〇〇七年七月二十六日

附件：

关于开展环境污染责任保险的调研报告

环境污染责任保险是以企业发生的污染事故对第三者造成的损害依法应负的赔偿责任为标的的保险。环境污染责任保险具有经济赔偿的作用，有利于强化企业环境风险管理，是国际上行之有效的防治污染的法律制度。为加快建立环境污染责任保险制度，根据国家环保总局和中国保监会相关部门商定的工作计划，2007

年 4 月 10 日—13 日，国家环保总局与中国保监会组成联合调研组，赴吉林、浙江省就开展环境污染责任保险的相关问题进行了调研，听取了环保、保监，运管、安监部门，石油化工、危险品运输、危险废物处理等企业，以及保险公司等代表的意见和建议。

一、基本情况

2007 年 4 月 10 日—13 日，调研组先后赴长春市、吉林市、杭州市、宁波市召开座谈会，省市环保、保监、运管、安监部门 20 多人，石油化工、危险品运输、危险废物处理企业 20 多人，保险公司 10 多人参加了座谈。调研期间，调研组考察了吉林石化双苯厂“11•13”事故现场。此外，调研组还收集了国外开展实施环境污染责任保险的情况、危险品运输发生的污染事故、环境污染事故等资料。

二、调研了解到的主要情况

参加座谈的各方代表对开展环境污染责任保险工作都表示了肯定和支持。主要意见如下：

（一）地方环境保护部门特别是基层环境保护部门对环境污染责任保险比较陌生，认为实施这项制度应做好必要的准备。

一是应首先解决立法保障问题，尤其要将环境污染责任险作为强制保险推出，法律依据尤为重要。

二是需要建立企业环境风险评估体系，并根据企业环境风险的大小确定保险的对象、保险额度和保险费率等。

三是应由法律明确在环境污染事故中造成一些特定区域（如自然保护区）野生动植物资源损失及生态环境破坏等情况下，应由哪个部门提出索赔、赔偿金如何使用和监管等。

四是要明确环境污染责任保险的追溯时效问题。环境污染造成的危害可能是持续性的，对环境的损害可能要经历相当长的时期后才显现出来，因此，保险产品设计前对于赔偿的追溯时效究竟多长应该界定清楚。

五是保险公司在事故发生后及时提供资金垫付用于社会储备物资的调配与施救。

（二）大部分企业支持推行环境污染责任险，但对该保险能否满足环境风险保障需求存在疑虑。

一是在开展调研前，国家环保总局政策法规司于 2007 年 4 月 4 日，就实行环境污染责任保险与中石油、中石化、中海油等集团公司代表会谈。中石油、中石化集团公司代表表示，对推行环境污染责任保险的工作予以支持，但是都认为目前不宜把大型化工企业纳入环境污染责任强制保险的范围内。理由是：公司财力雄厚，可自行解决污染赔偿问题；与现有的保险和基金制度不好协调，如中石油、中石化设有“安全生产保证基金”，该基金已经涉及环保方面；一些污染责任损害，如油污损害的赔偿限额很大，担心国内保险公司不具有承保能力；建议将环境污染责任险计入企业生产成本。

二是环境污染责任保险制度建立中应考虑按产品类别确定强制保险的范围及费率，可根据企业事故发生频率和安全管理水平实行浮动费率制度。

三是如果推行强制保险，第三方（污染事故中的受损方）应有直接请求权（第三方直接向保险公司提出赔偿请求），保险公司可以预付部分赔款，用于污染事故的处理及对第三者的赔偿。

四是按照《中华人民共和国道路运输管理条例》的有关规定（第三十六条），目前危险品运输必须投保承运人责任险，环境污染责任险是作为附加险附带在承运人责任险主险项下，今后可将环境污染责任险设为独立的险种，便于操作和管理。

五是目前的承运人责任险产品中，通常对造成环境污染后的清污费用赔偿较低，致使用于赔偿污染损失的赔偿额较低。比如在主险保额为 20 万元的承运人责任险中，附加清污费用责任险的限额在宁波为 4 万～5 万元，浙江为 2 万元，难以完全补偿污染事故所造成的经济损失，不能满足企业完全转移污染风险的需要。

六是针对危险品运输企业利润较低、环境污染责任保险对企业生产成本影响较大的情况，可以考虑以企业或企业联合体为单位投保（目前的承运人责任险以每车为单位投保），或在不提高附加险限额、不提高保费的情况下将主险和附加险限额共用，以提高保障水平。

七是环境污染损失的评估和责任认定，如果由保险公司单方面确定，难以保障公平、中立，是否可以由第三方承担。

（三）保险公司希望完善相关法律，辅以必要的政府行政推进，并妥善解决再保险支持问题。

一是明确保险公司可以承担的责任范围，并据此开发相关的保险产品。在目前摸索阶段，建议仅对责任归属认定简单、损失程度容易计算的直接损失（如清理污染费用等）进行补偿，不宜将恢复生态环境等间接损失纳入保险范围，以保证环境污染责任保险的平稳起步。

二是目前污染损失评估体系尚不完善。环境污染的损失评估难度较大、专业性强，需要环境保护部门协助进行环境损失评估，提高损失评估的科学性、公正性。

三是环境污染责任保险属于高风险领域，需要妥善解决再保险支持的问题，特别是国外保险机构的再保险支持问题。

四是环境污染责任保险的实施应遵循“先易后难”的原则。可先在条件相对成熟的重点行业、重点地区开展试点，待积累经验后再逐步推广。

五是保险公司需要提高自身的风险管理服务能力。承保前，应对企业进行详细、科学的风险评估。对企业实行风险评估时，应考虑企业的产品类型、生产规模、厂址地形、安全措施等因素，并根据企业安全生产状况实行差异化保险费率。承保后，应不定期到企业进行安全检查，查找安全隐患，提出改进建议，从源头上控制事故的发生。

六是开展环境污染责任保险试点，需要地方政府出面，以必要的行政手段推进，解决部分企业投保积极性不足的问题。条件成熟的地区，可考虑制定相关的地方性法规。

七是地方政府积极性较高、财政实力较强的地区，可考虑由地方财政、危险品生产企业和保险公司等共同出资建立环境污染损害专项赔偿基金，专门用于对超出环境污染责任保险赔偿限额的损失部分或环境污染责任保险不予保障的损害责任进行赔偿。

三、下一步工作建议

针对调研反映的情况和问题，调研组认为，环境污染责任保险作为一项全新的制度，在企业投保意识明显不强、法律法规尚不完善、市场各方准备不足的情况下，目前在我国还不具备全面推行的条件，应在重点行业和具备一定条件的地区先行试点，积累经验，逐步完善配套政策与实施条件，稳步推进。

（一）联合下发开展环境污染责任保险工作的指导意见

国家环保总局和中国保监会联合制定关于开展环境污染责任保险工作的指导意见，明确环境污染责任保险工作的政策和要求，推动各地做好环境污染责任保险试点工作。

（二）当前重点要做好试点准备工作

在环保总局和保监会统一部署下，由易到难，尽快启动试点。

一是环境保护部门根据环境污染风险的水平，制定环境责任保险投保企业（设施）的指导名录。

二是在危险品、有毒有害化学品生产、运输、储存企业开展试点。

三是在易发生污染事故的石油化工等行业开展试点。

四是在危险废物处置企业开展试点。

五是在一些重点地区开展试点，如太湖、淮河、黄河、松花江流域、长江下游等流域，由各省根据实际确定试点企业。

（三）积极推进环境污染责任保险的立法工作

从立法层面为建立和实施我国环境污染责任保险制度提供法律依据。修订《环境保护法》、《水污染防治法》、《大气污染防治法》等法律，明确水、土壤和大气污染责任者对清除污染费用、对第三方损害的经济赔偿责任，以及环境污染责任保险制度的基本内容和要求等。逐步制定有关环境污染责任保险制度的专门行政法规、部门规章，细化有关责任事故认定、损失评估标准、保险保障范围、操作流程等具体内容；明确企业投保费用税前列支，减轻企业负担，提高其投保意识和积极性，增强制度的可操作性。

（四）加强环境保护部门与保险行业的协调与合作

一是环境保护部门要与保险公司加强数据共享，支持保险公司做好环境污染责任保险产品的开发工作。要共同研究制定环境风险评估和损失核定标准的指南，以利于保险公司做好企业风险评估、防灾防损检查以及污染事故的查勘定损和赔偿工作，增强企业防范安全生产事故的能力。要培育和发展专业环境风险和损失评估机构，增强企业环境风险评估、安全生产检查和损失评估的社会化专业力量。

二是保险公司要按照“保障适当、费率适中”的原则开发保险产品。现阶段，保险责任范围仅限于突发或意外的污染事故对第三方财产或人身所造成的直接损失，可适当扩展到清污费用，暂不考虑恢复生态费用等间接损失。保险费率的制定要充分考虑企业的保费承受能力，并要根据企业安全管理状况、事故记录情况实行差别浮动费率。

三是保险公司要加强与国际再保险市场的沟通合作。要努力争取国际再保险市场的支持，扩大国内环境污染责任风险的承保能力。要引进国外先进的风险评估和管理技术，提升环境污染责任风险的经营管理水平和风险管控能力。

四是保险经纪公司可积极参与企业环境污染责任保险投保工作，帮助企业制定投保方案，发挥桥梁纽带作用，推动环境污染责任保险的发展。

五是加强部门间合作，探索建立环境污染损害赔偿专项基金，以解决超过保险限额以上的损失赔偿问题。

六是各有关部门和单位应加强环境污染责任保险的宣传工作，促进企业增强投保意识，不断拓宽保险服务领域，推动环境污染责任保险制度不断完善。

关于印发《企业突发环境事件风险评估指南（试行）》的通知

环办〔2014〕34号

各省、自治区、直辖市环境保护厅（局），新疆生产建设兵团环境保护局，辽河保护区管理局：

为贯彻落实《突发事件应急预案管理办法》（国办发〔2013〕101号），我部组织编制了《企业突发环境事件风险评估指南（试行）》，现印发给你们。请结合各地实际，参照执行。

附件：企业突发环境事件风险评估指南（试行）

环境保护部办公厅

2014年4月3日

附件：

企业突发环境事件风险评估指南（试行）

1　适用范围

本指南规定了企业突发环境事件风险（以下简称环境风险）评估的内容、程序和方法。

本指南适用于对可能发生突发环境事件的（已建成投产或处于试生产阶段的）企业进行环境风险评估。评估对象为生产、使用、存储或释放涉及（包括生产原料、燃料、产品、中间产品、副产品、催化剂、辅助生产物料、“三废”污染物等）附录B突发环境事件风险物质及临界量清单中的化学物质（以下简称环境风险物质）以及其他可能引发突发环境事件的化学物质的企业。

本指南不适用于下列情况的环境风险评估：1）涉及核设施与加工放射性物质的单位；2）从事危险废物收集、贮存、利用、处置经营活动的单位；3）从事危险化学品运输的车辆或单位；4）尾矿库；5）石油天然气开采设施；6）军事设施；7）石油天然气长输管道、城镇燃气管道；8）加油站、加气站；9）港口、码头。

2 规范性文件

本指南内容引用了下列文件中的条款。凡是不注日期的引用文件，其有效版本适用于本指南。

2.1 法律法规、规章、指导性文件

《环境保护法》；

《突发事件应对法》；

《安全生产法》；

《消防法》；

《危险化学品安全管理条例》；

《国务院关于加强环境保护重点工作的意见》（国发〔2011〕35 号）；

《突发事件应急预案管理办法》（国办发〔2013〕101 号）；

《突发环境事件信息报告办法》（环境保护部令第 17 号）；

《危险化学品重大危险源监督管理暂行规定》（安全监管总局令第 40 号）；

《危险化学品生产企业安全生产许可证实施办法》（安全监管总局令第 41 号）；

《危险化学品建设项目安全监督管理办法》（安全监管总局令第 45 号）；

《突发环境事件应急预案管理暂行办法》（环发〔2010〕113 号）；

《化学品环境风险防控“十二五”规划》（环发〔2013〕20 号）；

《建设项目环境影响评价分类管理名录（2008 年版）》；

《产业结构调整指导目录》（最新年本）；

《重点监管危险化工工艺目录》（2013 年完整版）；

《关于督促化工企业切实做好几项安全环保重点工作的紧急通知》（安监总危化〔2006〕10 号）。

2.2 标准、技术规范

《危险化学品重大危险源辨识》（GB 18218—2009）；

《化工建设项目环境保护设计规范》（GB 50483—2009）；

《建筑设计防火规范》（GB 50016—2006）；

《石油化工企业设计防火规范》（GB 50160—2008）；

《储罐区防火堤设计规范》（GB 50351—2005）；

《化学品分类、警示标签和警示性说明安全规程》（GB 20576—GB 20602）；

《石油化工企业给水排水系统设计规范》（SH 3015—2003）；

《石油化工污水处理设计规范》（GB 50747—2012）；

《环境影响评价技术导则 地下水环境》（HJ 610—2011）；

《建设项目环境风险评价技术导则》（HJ/T 169—2004）；

《废水排放去向代码》（HJ 523—2009）；

《固定式压力容器安全技术监察规程》（TSGR 0004—2009）；

《化学品毒性鉴定技术规范》（卫监督发〔2005〕272 号）；

《事故状态下水体污染的预防与控制技术要求》（中国石油企业标准 Q/SY 1190—2013）；

《水体污染事故风险预防与控制措施运行管理要求》（中国石油企业标准 Q/SY 1310—2010）。

2.3　其他参考资料

Emergency Response Guidebook 2012（网址 http://wwwapps.tc.gc.ca/saf-sec-sur/3/erg-gmu/erg/ergmenu.aspx）

化学品安全技术说明书（Material Safety Data Sheet）

3　术语与定义

下列术语和定义适用于本指南。

3.1　突发环境事件

是指突然发生，造成或可能造成环境污染或生态破坏，危及人民群众生命财产安全，影响社会公共秩序，需要采取紧急措施予以应对的事件。

3.2　环境风险

是指发生突发环境事件的可能性及突发环境事件造成的危害程度。

3.3　突发环境事件风险物质及临界量

指本指南附录 B 规定的某种（类）化学物质及其数量。

3.4　环境风险单元

指长期或临时生产、加工、使用或储存环境风险物质的一个（套）生产装置、设施或场所或同属一个企业且边缘距离小于 500 米的几个（套）生产装置、设施或场所。

3.5 环境风险受体

指在突发环境事件中可能受到危害的企业外部人群、具有一定社会价值或生态环境功能的单位或区域等。

3.6 清净下水

指装置区排出的未被污染的废水，如间接冷却水的排水、溢流水等。

3.7 事故排水

指事故状态下排出的含有泄漏物，以及施救过程中产生其他物质的生产废水、清净下水、雨水或消防水等。

4 环境风险评估的一般要求

4.1 有下列情形之一的，企业应当及时划定或重新划定本企业环境风险等级，编制或修订本企业的环境风险评估报告：

1）未划定环境风险等级或划定环境风险等级已满三年的；

2）涉及环境风险物质的种类或数量、生产工艺过程与环境风险防范措施或周边可能受影响的环境风险受体发生变化，导致企业环境风险等级变化的；

3）发生突发环境事件并造成环境污染的；

4）有关企业环境风险评估标准或规范性文件发生变化的。

4.2 企业可以自行编制环境风险评估报告，也可以委托相关专业技术服务机构编制。

4.3 新、改、扩建相关项目的环境影响评价报告中的环境风险评价内容，可作为所属企业编制环境风险评估报告的重要内容。

5 环境风险评估的程序

企业环境风险评估，按照资料准备与环境风险识别、可能发生突发环境事件及其后果分析、现有环境风险防控和环境应急管理差距分析、制定完善环境风险防控和应急措施的实施计划、划定突发环境事件风险等级五个步骤实施。

6 环境风险评估的内容

6.1 资料准备与环境风险识别

在收集相关资料的基础上，开展环境风险识别。环境风险识别对象包括：1）企业基本信息；2）周边环境风险受体；3）涉及环境风险物质和数量；4）生产工艺；5）安全生产管理；6）环境风险单元及现有环境风险防控与应急措施；7）现有应急资源等。

对上述 2）至 6）按照附录 A 中 A.1 至 A.3 的要求，并综合考虑环境风险企业、环境风险传播途径及环境风险受体进行环境风险识别。制作企业地理位置图、厂区平面布置图、周边环境风险受体分布图，企业雨水、清净下水收集和排放管网图，污水收集和排放管网图以及所有排水最终去向图，并作为评估报告附件。

6.1.1　企业基本信息

列表说明下列内容：

1）单位名称、组织机构代码、法定代表人、单位所在地、中心经度、中心纬度、所属行业类别、建厂年月、最新改扩建年月、主要联系方式、企业规模、厂区面积、从业人数等（如为子公司，还需列明上级公司名称和所属集团公司名称）；

2）地形、地貌（如在泄洪区、河边、坡地）、气候类型、年风向玫瑰图、历史上曾经发生过的极端天气情况和自然灾害情况（如地震、台风、泥石流、洪水等）；

3）环境功能区划情况以及最近一年地表水、地下水、大气、土壤环境质量现状。

6.1.2　现有应急资源情况

现有应急资源，是指第一时间可以使用的企业内部应急物资、应急装备和应急救援队伍情况，以及企业外部可以请求援助的应急资源，包括与其他组织或单位签订应急救援协议或互救协议情况等。

应急物资主要包括处理、消解和吸收污染物（泄漏物）的各种絮凝剂、吸附剂、中和剂、解毒剂、氧化还原剂等；应急装备主要包括个人防护装备、应急监测能力、应急通信系统、电源（包括应急电源）、照明等。

按应急物资、装备和救援队伍，分别列表说明下列内容：

名称、类型（指物资、装备或队伍）、数量（或人数）、有效期（指物资）、外部供应单位名称、外部供应单位联系人、外部供应单位联系电话等。

6.2　可能发生的突发环境事件及其后果情景分析

6.2.1　收集国内外同类企业突发环境事件资料

列表说明下列内容：

年份日期，地点，装置规模，引发原因，物料泄漏量，影响范围，采取的应急措施，事件损失，事件对环境及人造成的影响等。

6.2.2　提出所有可能发生突发环境事件情景

结合 6.2.1 的事件情景，列表说明并至少从以下几个方面分析可能引发或次生突发环境事件的最坏情景。

A 火灾、爆炸、泄漏等生产安全事故及可能引起的次生、衍生厂外环境污染及人员伤亡事故（例如，因生产安全事故导致有毒有害气体扩散出厂界，消防水、物料泄漏物及反应生成物，从雨水排口、清净下水排口、污水排口、厂门或围墙排出厂界，污染环境等）；

B 环境风险防控设施失灵或非正常操作（如雨水阀门不能正常关闭，化工行业火炬意外灭火）；

C 非正常工况（如开、停车等）；

D 污染治理设施非正常运行；

E 违法排污；

F 停电、断水、停气等；

G 通讯或运输系统故障；

H 各种自然灾害、极端天气或不利气象条件；

I 其他可能的情景。

6.2.3 每种情景源强分析

针对上述 6.2.2 提出的每种情景进行源强分析，包括释放环境风险物质的种类、物理化学性质、最小和最大释放量、扩散范围、浓度分布、持续时间、危害程度。

有关源强计算方法可参考《建设项目环境风险评价技术导则》（HJ/T 169—2004）。

6.2.4 每种情景环境风险物质释放途径、涉及环境风险防控与应急措施、应急资源情况分析

对可能造成地表水、地下水和土壤污染的，分析环境风险物质从释放源头（环境风险单元），经厂界内到厂界外，最终影响到环境风险受体的可能性、释放条件、排放途径，涉及环境风险与应急措施的关键环节，需要应急物资、应急装备和应急救援队伍情况。

对于可能造成大气污染的，依据风向、风速等分析环境风险物质少量泄漏和大量泄漏情况下，白天和夜间可能影响的范围，包括事故发生点周边的紧急隔离距离、事故发生地下风向人员防护距离。

6.2.5 每种情景可能产生的直接、次生和衍生后果分析

根据 6.2.3 和 6.2.4 的分析，从地表水、地下水、土壤、大气、人口、财产乃

至社会等方面考虑并给出突发环境事件对环境风险受体的影响程度和范围，包括如需要疏散的人口数量，是否影响到饮用水水源地取水，是否造成跨界影响，是否影响生态敏感区生态功能，预估可能发生的突发环境事件级别等。

7　现有环境风险防控与应急措施差距分析

根据 6.1 和 6.2 的分析，从以下五个方面对现有环境风险防控与应急措施的完备性、可靠性和有效性进行分析论证，找出差距、问题，提出需要整改的短期、中期和长期项目内容：

7.1　环境风险管理制度

1）环境风险防控和应急措施制度是否建立，环境风险防控重点岗位的责任人或责任机构是否明确，定期巡检和维护责任制度是否落实；

2）环评及批复文件的各项环境风险防控和应急措施要求是否落实；

3）是否经常对职工开展环境风险和环境应急管理宣传和培训；

4）是否建立突发环境事件信息报告制度，并有效执行。

7.2　环境风险防控与应急措施

1）是否在废气排放口、废水、雨水和清洁下水排放口对可能排出的环境风险物质，按照物质特性、危害，设置监视、控制措施，分析每项措施的管理规定、岗位职责落实情况和措施的有效性；

2）是否采取防止事故排水、污染物等扩散、排出厂界的措施，包括截流措施、事故排水收集措施、清净下水系统防控措施、雨水系统防控措施、生产废水处理系统防控措施等，分析每项措施的管理规定、岗位职责落实情况和措施的有效性；

3）涉及毒性气体的，是否设置毒性气体泄漏紧急处置装置，是否已布置生产区域或厂界毒性气体泄漏监控预警系统，是否有提醒周边公众紧急疏散的措施和手段等，分析每项措施的管理规定、岗位责任落实情况和措施的有效性。

7.3　环境应急资源

1）是否配备必要的应急物资和应急装备（包括应急监测）；

2）是否已设置专职或兼职人员组成的应急救援队伍；

3）是否与其他组织或单位签订应急救援协议或互救协议（包括应急物资、应急装备和救援队伍等情况）。

7.4　历史经验教训总结

分析、总结历史上同类型企业或涉及相同环境风险物质的企业发生突发环境事件的经验教训，对照检查本单位是否有防止类似事件发生的措施。

7.5 需要整改的短期、中期和长期项目内容

针对上述排查的每一项差距和隐患，根据其危害性、紧迫性和治理时间的长短，提出需要完成整改的期限，分别按短期（3 个月以内）、中期（3—6 个月）和长期（6 个月以上）列表说明需要整改的项目内容，包括：整改涉及的环境风险单元、环境风险物质、目前存在的问题（环境风险管理制度、环境风险防控与应急措施、应急资源）、可能影响的环境风险受体。

8 完善环境风险防控与应急措施的实施计划

针对需要整改的短期、中期和长期项目，分别制定完善环境风险防控和应急措施的实施计划。实施计划应明确环境风险管理制度、环境风险防控措施、环境应急能力建设等内容，逐项制定加强环境风险防控措施和应急管理的目标、责任人及完成时限。

每完成一次实施计划，都应将计划完成情况登记建档备查。

对于因外部因素致使企业不能排除或完善的情况，如环境风险受体的距离和防护等问题，应及时向所在地县级以上人民政府及其有关部门报告，并配合采取措施消除隐患。

9 划定企业环境风险等级

完成短期、中期或长期的实施计划后，应及时修订突发环境事件应急预案，并按照附录 A 划定或重新划定企业环境风险等级，并记录等级划定过程，包括：

1）计算所涉及环境风险物质数量与其临界量比值（Q）；

2）逐项计算工艺过程与环境风险控制水平值（M），确定工艺过程与环境风险控制水平；

3）判断企业周边环境风险受体是否符合环评及批复文件的卫生或大气防护距离要求，确定环境风险受体类型（E）；

4）确定企业环境风险等级，按要求表征级别。

附录 A

企业突发环境事件风险等级划分方法

通过定量分析企业生产、加工、使用、存储的所有环境风险物质数量与其临界量的比值（Q），评估工艺过程与环境风险控制水平（M）以及环境风险受体敏感性（E），按照矩阵法对企业突发环境事件风险（以下简称环境风险）等级进行划分。环境风险等级划分为一般环境风险、较大环境风险和重大环境风险三级，分别用蓝色、黄色和红色标识。评估程序见图 1。

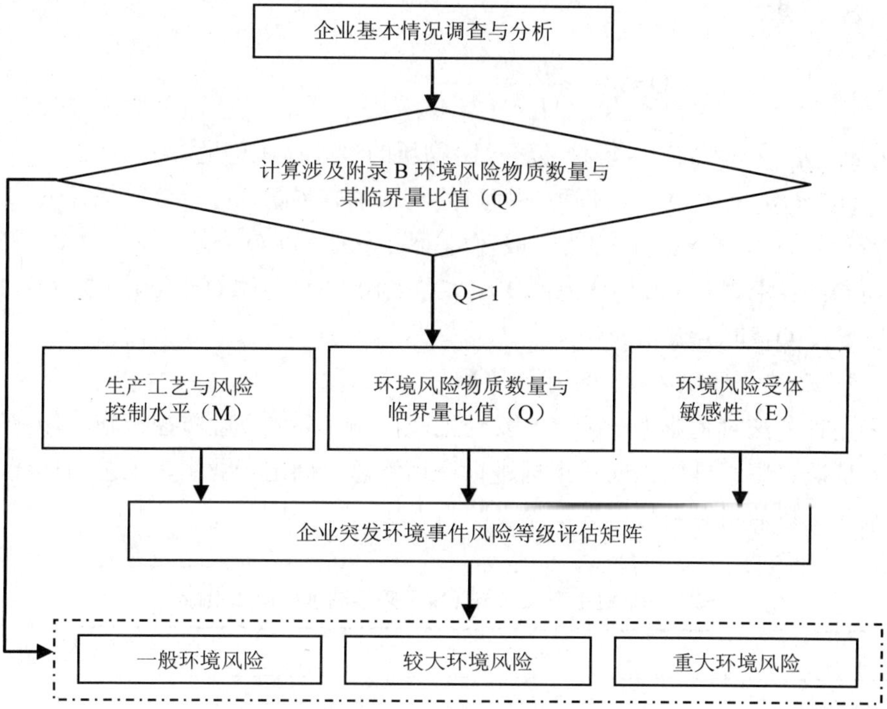

图 1　企业突发环境事件风险等级划分流程示意图

A.1　环境风险物质数量与临界量比值（Q）

针对企业的生产原料、燃料、产品、中间产品、副产品、催化剂、辅助生产原料、“三废”污染物等，列表说明下列内容：

物质名称，化学文摘号（CAS 号），目前数量和可能存在的最大数量，在正常使用和事故状态下的物理、化学性质、毒理学特性、对人体和环境的急性和慢性危害、伴生/次生物质，以及基本应急处置方法等，对照附录 B 标明是否为环境风险物质。

计算所涉及的每种环境风险物质在厂界内的最大存在总量（如存在总量呈动态变化，则按公历年度内某一天最大存在总量计算；在不同厂区的同一种物质，按其在厂界内的最大存在总量计算）与其在附录 B 中对应的临界量的比值 Q：

（1）当企业只涉及一种环境风险物质时，计算该物质的总数量与其临界量比值，即为 Q；

（2）当企业存在多种环境风险物质时，则按式（1）计算物质数量与其临界量比值（Q）：

$$Q=\frac{q_1}{Q_1}+\frac{q_2}{Q_2}+\cdots+\frac{q_n}{Q_n} \tag{1}$$

式中：q_1，q_2，…，q_n——每种环境风险物质的最大存在总量，t；

Q_1，Q_2，…，Q_n——每种环境风险物质的临界量，t。

当 $Q<1$ 时，企业直接评为一般环境风险等级，以 Q 表示。

当 $Q\geqslant 1$ 时，将 Q 值划分为：（1）$1\leqslant Q<10$；（2）$10\leqslant Q<100$；（3）$Q\geqslant 100$，分别以 Q_1、Q_2 和 Q_3 表示。

A.2　生产工艺与环境风险控制水平（M）

采用评分法对企业生产工艺、安全生产控制、环境风险防控措施、环评及批复落实情况、废水排放去向等指标进行评估汇总，确定企业生产工艺与环境风险控制水平。评估指标及分值分别见表 1 与表 2。

表 1　企业生产工艺与环境风险控制水平评估指标

评估指标		分　值
生产工艺		20 分
安全生产控制（8 分）	消防验收	2 分
	危险化学品安全评价	2 分
	安全生产许可	2 分
	危险化学品重大危险源备案	2 分

<table>
<tr><th colspan="2">评估指标</th><th>分　值</th></tr>
<tr><td rowspan="5">水环境风险防控措施
（40 分）</td><td>截流措施</td><td>8 分</td></tr>
<tr><td>事故排水收集措施</td><td>8 分</td></tr>
<tr><td>清净下水系统防控措施</td><td>8 分</td></tr>
<tr><td>雨水系统防控措施</td><td>8 分</td></tr>
<tr><td>生产废水系统防控措施</td><td>8 分</td></tr>
<tr><td rowspan="2">大气环境风险防控措施
（12 分）</td><td>毒性气体泄漏紧急处置装置</td><td>8 分</td></tr>
<tr><td>生产区域或厂界毒性气体泄漏监控预警系统</td><td>4 分</td></tr>
<tr><td colspan="2">环评及批复的其他环境风险防控措施落实情况</td><td>10 分</td></tr>
<tr><td colspan="2">废水排放去向</td><td>10 分</td></tr>
</table>

表 2　企业生产工艺与环境风险控制水平

工艺与环境风险控制水平值（M）	工艺过程与环境风险控制水平
M＜25	M1 类水平
25≤M＜45	M2 类水平
45≤M＜60	M3 类水平
M≥60	M4 类水平

A.2.1　生产工艺

列表说明企业生产工艺及其特征：生产工艺名称，反应条件（包括高温、高压、易燃、易爆），是否属于《重点监管危险化工工艺目录》或国家规定有淘汰期限的淘汰类落后生产工艺装备等。

按照表 3 评估企业生产工艺情况。具有多套工艺单元的企业，对每套生产工艺分别评分并求和。企业生产工艺最高分值为 20 分，超过 20 分则按最高分计。表 3 中的化工工艺名录将根据突发环境事件的发生状况和有关规定适时调整。

表 3　企业生产工艺

评估依据	分　值
涉及光气及光气化工艺、电解工艺（氯碱）、氯化工艺、硝化工艺、合成氨工艺、裂解（裂化）工艺、氟化工艺、加氢工艺、重氮化工艺、氧化工艺、过氧化工艺、胺基化工艺、磺化工艺、聚合工艺、烷基化工艺、新型煤化工工艺、电石生产工艺、偶氮化工艺	10/每套

评估依据	分 值
其他高温或高压、涉及易燃易爆等物质的工艺过程 1	5/每套
具有国家规定限期淘汰的工艺名录和设备 2	5/每套
不涉及以上危险工艺过程或国家规定的禁用工艺/设备	0

注 1：高温指工艺温度≥300℃，高压指压力容器的设计压力（p）≥10.0MPa，易燃易爆等物质是指按照 GB 20576 至 GB 20602《化学品分类、警示标签和警示性说明安全规范》所确定的化学物质；

注 2：指根据国家发展改革委发布的《产业结构调整指导目录》（最新年本）中有淘汰期限的淘汰类落后生产工艺装备。

A.2.2　安全生产管理

按照表 4 评估企业现有安全生产管理情况，并附相关证明文件。

表 4　企业安全生产控制

评估指标	评估依据	分值
消防验收	消防验收意见为合格，且最近一次消防检查合格	0
	消防验收意见不合格，或最近一次消防检查不合格	2
安全生产许可	非危险化学品生产企业，或危险化学品生产企业取得安全生产许可	0
	危险化学品生产企业未取得安全生产许可	2
危险化学品安全评价	开展危险化学品安全评价；通过安全设施竣工验收，或无要求	0
	未开展危险化学品安全评价，或未通过安全设施竣工验收	2
危险化学品重大危险源备案	无重大危险源，或所有危险化学品重大危险源均已备案	0
	有危险化学品重大危险源未备案	2

A.2.3　环境风险防控与应急措施

从生产装置、储运系统、公用工程系统、辅助生产设施及环境保护设施等方面，列表说明每个涉及环境风险物质的环境风险单元及其环境风险防控措施的实施和日常管理情况。

对照表 5，列出每个风险单元所采取的水、大气等环境风险防控措施，包括：截流措施、事故排水收集措施、清净下水系统防控措施、雨排水系统防控措施、生产废水处理系统防控措施；毒性气体泄漏紧急处置装置和毒性气体泄漏监控预警措施；环评及批复的其他风险防控措施落实情况等。

按照表 5 评估企业环境风险防控与应急措施情况。若企业具有一套收集措施，兼具或部分兼具收集泄漏物、受污染的清净下水、雨水、消防水功能，应按表 5

对照相应功能要求分别评分。

表 5　企业环境风险防控与应急措施

评估指标	评估依据	分值
截流措施	1）各个环境风险单元设防渗漏、防腐蚀、防淋溶、防流失措施，设防初期雨水、泄漏物、受污染的消防水（溢）流入雨水和清净下水系统的导流围挡收集措施（如防火堤、围堰等），且相关措施符合设计规范；且 2）装置围堰与罐区防火堤（围堰）外设排水切换阀，正常情况下通向雨水系统的阀门关闭，通向事故存液池、应急事故水池、清净下水排放缓冲池或污水处理系统的阀门打开；且 3）前述措施日常管理及维护良好，有专人负责阀门切换，保证初期雨水、泄漏物和受污染的消防水排入污水系统	0
	有任意一个环境风险单元的截流措施不符合上述任意一条要求的	8
事故排水收集措施	1）按相关设计规范设置应急事故水池、事故存液池或清净下水排放缓冲池等事故排水收集设施，并根据下游环境风险受体敏感程度和易发生极端天气情况，设置事故排水收集设施的容量；且 2）事故存液池、应急事故水池、清净下水排放缓冲池等事故排水收集设施位置合理，能自流式或确保事故状态下顺利收集泄漏物和消防水，日常保持足够的事故排水缓冲容量；且 3）设抽水设施，并与污水管线连接，能将所收集物送至厂区内污水处理设施处理	0
	有任意一个环境风险单元的事故排水收集措施不符合上述任意一条要求的	8
清净下水系统防控措施	1）不涉及清净下水；或 2）厂区内清净下水均进入废水处理系统；或清污分流，且清净下水系统具有下述所有措施： ①具有收集受污染的清净下水、初期雨水和消防水功能的清净下水排放缓冲池（或雨水收集池），池内日常保持足够的事故排水缓冲容量；池内设有提升设施，能将所集物送至厂区内污水处理设施处理；且 ②具有清净下水系统（或排入雨水系统）的总排口监视及关闭设施，有专人负责在紧急情况下关闭清净下水总排口，防止受污染的雨水、清净下水、消防水和泄漏物进入外环境	0
	涉及清净下水，有任意一个环境风险单元的清净下水系统防控措施但不符合上述 2）要求的	8

评估指标	评估依据	分值
雨排水系统防控措施	厂区内雨水均进入废水处理系统；或雨污分流，且雨排水系统具有下述所有措施： ①具有收集初期雨水的收集池或雨水监控池；池出水管上设置切断阀，正常情况下阀门关闭，防止受污染的水外排；池内设有提升设施，能将所集物送至厂区内污水处理设施处理；且 ②具有雨水系统外排总排口（含泄洪渠）监视及关闭设施，有专人负责在紧急情况下关闭雨水排口（含与清净下水共用一套排水系统情况），防止雨水、消防水和泄漏物进入外环境； ③如果有排洪沟，排洪沟不通过生产区和罐区，具有防止泄漏物和受污染的消防水流入区域排洪沟的措施	0
	不符合上述要求的	8
生产废水处理系统防控措施	1）无生产废水产生或外排；或 2）有废水产生或外排时： ①受污染的循环冷却水、雨水、消防水等排入生产污水系统或独立处理系统；且 ②生产废水排放前设监控池，能够将不合格废水送废水处理设施重新处理；且 ③如企业受污染的清净下水或雨水进入废水处理系统处理，则废水处理系统应设置事故水缓冲设施； ④具有生产废水总排口监视及关闭设施，有专人负责启闭，确保泄漏物、受污染的消防水、不合格废水不排出厂外	0
	涉及废水产生或外排，但不符合上述 2）中任意一条要求的	8
毒性气体泄漏紧急处置装置	1）不涉及有毒有害气体的；或 2）根据实际情况，具有针对有毒有害气体（如硫化氢、氰化氢、氯化氢、光气、氯气、氨气、苯等）的泄漏紧急处置措施	0
	不具备有毒有害气体泄漏紧急处置装置的	8
毒性气体泄漏监控预警措施	1）不涉及有毒有害气体的；或 2）根据实际情况，具有针对有毒有害气体（如硫化氢、氰化氢、氯化氢、光气、氯气、氨气、苯等）设置生产区域或厂界泄漏监控预警措施	0
	不具备生产区域或厂界有毒有害气体泄漏监控预警措施的	4
环评及批复的其他风险防控措施落实情况	按环评及批复文件的要求落实的其他建设环境风险防控设施的	0
	未落实环评及批复文件中其他环境风险防控设施要求的	10

A.2.4 雨排水、清净下水、生产废水排放去向

列表说明企业雨排水、清净下水、经处理后的生产废水排放去向、受纳水体名称、受纳水体汇入河流及所属水系，受纳水体的年平均流速流量和最大流速流量等。按照表 6 评估各类水的排放去向。

表 6 企业雨排水、清净下水、生产废水排放去向

评估依据	分 值
不产生废水或废水处理后 100%回用	0
进入城市污水处理厂或工业废水集中处理厂（如工业园区的废水处理厂）	7
进入其他单位	
其他（包括回喷、回灌、回用等）	
直接进入海域或江河、湖、库等水环境	10
进入城市下水道再入江河湖库或进入城市下水道再入沿海海域	
直接进入污灌农田或进入地渗或蒸发地	

A.3 环境风险受体敏感性（E）

列出企业周边所有环境风险受体情况：

以企业厂区边界计，周边 5 公里范围内大气环境风险受体（包括居住、医疗卫生、文化教育、科研、行政办公、重要基础设施、企业等主要功能区域内的人群、保护单位、植被等）和土壤环境风险受体（包括基本农田保护区、居住商用地）情况，并列表说明下列内容：名称、规模（人口数、级别或面积）、中心经度、中心纬度、距企业距离（米）、相对企业方位、服务范围（取水口填写）、联系人和联系电话。

企业雨水排口（含泄洪渠）、清净下水排口、废水总排口下游 10 公里范围内水环境风险受体（包括饮用水水源保护区、自来水厂取水口、自然保护区、重要湿地、特殊生态系统、水产养殖区、鱼虾产卵场、天然渔场等）情况，以及按最大流速计，水体 24 小时流经范围内涉及国界、省界、市界等情况，并列表说明下列内容：名称、规模（级别或面积）、中心经度、中心纬度、据企业距离（米）、相对企业方位、服务范围（取水口填写）、联系人和联系电话。

根据环境风险受体的重要性和敏感程度，由高到低将企业周边的环境风险受体分为类型 1、类型 2 和类型 3，分别以 E1、E2 和 E3 表示，见表 7。如果企业周边存在多种类型环境风险受体，则按照重要性和敏感度高的类型计。

表 7　企业周边环境风险受体情况划分

类别	环境风险受体情况
类型 1（E1）	• 企业雨水排口、清净下水排口、污水排口下游 10 公里范围内有如下一类或多类环境风险受体的：乡镇及以上城镇饮用水水源（地表水或地下水）保护区；自来水厂取水口；水源涵养区；自然保护区；重要湿地；珍稀濒危野生动植物天然集中分布区；重要水生生物的自然产卵场及索饵场、越冬场和洄游通道；风景名胜区；特殊生态系统；世界文化和自然遗产地；红树林、珊瑚礁等滨海湿地生态系统；珍稀、濒危海洋生物的天然集中分布区；海洋特别保护区；海上自然保护区；盐场保护区；海水浴场；海洋自然历史遗迹；或 • 以企业雨水排口（含泄洪渠）、清净下水排口、废水总排口算起，排水进入受纳河流最大流速时，24 小时流经范围内涉跨国界或省界的；或 • 企业周边现状不满足环评及批复的卫生防护距离或大气环境防护距离等要求的；或 • 企业周边 5 公里范围内居住区、医疗卫生、文化教育、科研、行政办公等机构人口总数大于 5 万人，或企业周边 500 米范围内人口总数大于 1 000 人，或企业周边 5 公里涉及军事禁区、军事管理区、国家相关保密区域
类型 2（E2）	• 企业雨水排口、清净下水排口、污水排口下游 10 公里范围内有如下一类或多类环境风险受体的：水产养殖区；天然渔场；耕地、基本农田保护区；富营养化水域；基本草原；森林公园；地质公园；天然林；海滨风景游览区；具有重要经济价值的海洋生物生存区域；或 • 企业周边 5 公里范围内居住区、医疗卫生、文化教育、科研、行政办公等机构人口总数大于 1 万人，小于 5 万人；或企业周边 500 米范围内人口总数大于 500 人，小于 1 000 人； • 企业位于溶岩地貌、泄洪区、泥石流多发等地区
类型 3（E3）	• 企业下游 10 公里范围无上述类型 1 和类型 2 包括的环境风险受体；或 • 企业周边 5 公里范围内居住区、医疗卫生、文化教育、科研、行政办公等机构人口总数小于 1 万人，或企业周边 500 米范围内人口总数小于 500 人

A.4　企业环境风险等级划分

根据企业周边环境风险受体的 3 种类型，按照环境风险物质数量与临界量比值（Q）、生产工艺过程与环境风险控制水平（M）矩阵，确定企业环境风险等级。

企业周边环境风险受体属于类型 1 时，按表 8 确定环境风险等级。

表8 类型1（E1）——企业环境风险分级表

环境风险物质数量与临界量比（Q）	生产工艺过程与环境风险控制水平（M）			
	M1类水平	M2类水平	M3类水平	M4类水平
1≤Q＜10	较大环境风险	较大环境风险	重大环境风险	重大环境风险
10≤Q＜100	较大环境风险	重大环境风险	重大环境风险	重大环境风险
100≤Q	重大环境风险	重大环境风险	重大环境风险	重大环境风险

企业周边环境风险受体属于类型2时，按表9确定环境风险等级。

表9 类型2（E2）——企业环境风险分级表

环境风险物质数量与临界量比（Q）	生产工艺过程与环境风险控制水平（M）			
	M1类水平	M2类水平	M3类水平	M4类水平
1≤Q＜10	一般环境风险	较大环境风险	较大环境风险	重大环境风险
10≤Q＜100	较大环境风险	较大环境风险	重大环境风险	重大环境风险
100≤Q	较大环境风险	重大环境风险	重大环境风险	重大环境风险

企业周边环境风险受体属于类型3时，按表10确定环境风险等级。

表10 类型3（E3）——企业环境风险分级表

环境风险物质数量与临界量比（Q）	生产工艺过程与环境风险控制水平（M）			
	M1类水平	M2类水平	M3类水平	M4类水平
1≤ Q＜10	一般环境风险	一般环境风险	较大环境风险	较大环境风险
10≤ Q ＜100	一般环境风险	较大环境风险	较大环境风险	重大环境风险
100 ≤ Q	较大环境风险	较大环境风险	重大环境风险	重大环境风险

A.5 级别表征

企业环境风险等级可表示为“级别（Q值代码+工艺过程与环境风险控制水平代码+环境风险受体类型代码）”，例如：Q值范围为1≤Q＜10，环境风险受体为类型1，工艺过程与环境风险控制水平为M3类的企业突发环境事件环境风险等级可表示为“重大（Q1M3E1）”。

附录 B

突发环境事件风险物质及临界量清单

序号	物质名称	CAS 号	临界量（吨）	备注
第一部分				
1	甲醛	50-00-0	0.5	
2	四氯化碳	56-23-5	7.5	
3	1,1-二甲基肼	57-14-7	7.5	
4	乙醚	60-29-7	10	
5	甲基肼	60-34-4	7.5	重点环境管理危险化学品
6	苯胺	62-53-3	5	
7	敌敌畏	62-73-7	2.5	
8	甲醇	67-56-1	500*	
9	异丙醇	67-63-0	5	
10	丙酮	67-64-1	10	
11	三氯甲烷	67-66-3	10	
12	丁醇	71-36-3	5	
13	苯	71-43-2	10	重点环境管理危险化学品
14	天然气	74-82-8	5	
15	溴甲烷	74-83-9	7.5	
16	乙烯	74-85-1	5	
17	乙炔	74-86-2	5	
18	氯甲烷	74-87-3	10	
19	碘甲烷	74-88-4	10	
20	甲胺	74-89-5	5	
21	氰化氢	74-90-8	2.5	
22	甲硫醇	74-93-1	5	
23	丙烷	74-98-6	5	
24	氯乙烯	75-01-4	5	重点环境管理危险化学品
25	乙胺	75-04-7	10	
26	乙腈	75-05-8	10	
27	乙醛	75-07-0	5	
28	乙硫醇	75-08-1	10	

序号	物质名称	CAS 号	临界量（吨）	备注
29	二氯甲烷	75-09-2	10	
30	二硫化碳	75-15-0	10	
31	二甲基硫醚	75-18-3	10	
32	环丙烷	75-19-4	5	
33	环氧乙烷	75-21-8	7.5	重点环境管理危险化学品
34	异丁烷	75-28-5	5	
35	异丙基氯	75-29-6	5	
36	异丙胺	75-31-0	5	
37	1,1-二氯乙烯	75-35-4	5	
38	光气	75-44-5	0.25	
39	三甲胺	75-50-3	2.5	
40	丙烯亚胺	75-55-8	10	
41	环氧丙烷	75-56-9	10	
42	2-氨基异丁烷	75-64-9	5	
43	三甲基氯硅烷	75-77-4	7.5	
44	二甲基二氯硅烷	75-78-5	2.5	
45	甲基三氯硅烷	75-79-6	2.5	
46	丙酮氰醇	75-86-5	2.5	重点环境管理危险化学品
47	三氯硝基甲烷	76-06-2	0.25	
48	硫酸二甲酯	77-78-1	0.25	
49	四乙基铅	78-00-2	2.5	重点环境管理危险化学品
50	异丁腈	78-82-0	10	
51	二氯丙烷	78-87-5	7.5	
52	三氯乙烯	79-01-6	10	
53	乙酸甲酯	79-20-9	5	
54	过氧乙酸	79-21-0	5	
55	氯甲酸甲酯	79-22-1	2.5	
56	三氟氯乙烯	79-38-9	5	
57	甲基丙烯酸甲酯	80-62-6	5	
58	邻苯二甲酸二丁酯	84-74-2	10	
59	甲苯-2,6-二异氰酸酯	91-08-7	5	
60	萘	91-20-3	5	重点环境管理危险化学品

序号	物质名称	CAS 号	临界量（吨）	备注
61	联苯胺	92-87-5	0.5	
62	1,2-二氯苯	95-50-1	10	
63	3,4-二氯甲苯	95-75-0	10	
64	氯乙酸甲酯	96-34-4	7.5	
65	硝基苯	98-95-3	10	
66	2,6-二氯-4-硝基苯胺	99-30-9	5	
67	4-硝基苯胺	100-01-6	5	
68	乙苯	100-41-4	10	
69	苯乙烯	100-42-5	10	
70	N-甲基苯胺	100-61-8	5	
71	1,4-二氯苯	106-46-7	10	
72	对苯醌	106-51-4	1	
73	环氧氯丙烷	106-89-8	10	
74	丁烷	106-97-8	5	
75	1-丁烯	106-98-9	5	
76	1,3-丁二烯	106-99-0	5	
77	2-丁烯	107-01-7	5	
78	丙烯醛	107-02-8	2.5	
79	3-氯丙烯	107-05-1	5	
80	1,2-二氯乙烷	107-06-2	7.5	
81	2-氯乙醇	107-07-3	5	
82	3-氨基丙烯（烯丙胺）	107-11-9	5	
83	丙腈	107-12-0	5	
84	丙烯腈	107-13-1	10	
85	乙二胺	107-15-3	10	
86	2-丙烯-1-醇	107-18-6	7.5	
87	乙烯基甲醚	107-25-5	5	
88	氯甲基甲醚	107-30-2	2.5	
89	甲酸甲酯	107-31-3	5	
90	醋酸乙烯	108-05-4	7.5	
91	异丙基氯甲酸酯	108-23-6	7.5	
92	三聚氯氰	108-77-0	10	
93	甲苯	108-88-3	10	
94	氯苯	108-90-7	5	
95	环己胺	108-91-8	10	
96	环己酮	108-94-1	5	

序号	物质名称	CAS 号	临界量（吨）	备注
97	苯酚	108-95-2	5	
98	醋酸正丙酯	109-60-4	5	
99	氯甲酸正丙酯	109-61-5	5	
100	亚硝酸乙酯	109-95-5	5	
101	呋喃	110-00-9	2.5	
102	正己烷	110-54-3	500*	
103	环己烷	110-82-7	10	
104	哌啶	110-89-4	7.5	
105	己二腈	111-69-3	2.5	
106	正辛醇	111-87-5	7.5	
107	丙烯	115-07-1	5	
108	二甲醚	115-10-6	5	
109	异丁烯	115-11-7	5	
110	四氟乙烯	116-14-3	5	
111	六氯苯	118-74-1	1	
112	2,4,6-三硝基甲苯	118-96-7	5	
113	2,4-二氯苯酚	120-83-2	5	
114	2,4-二硝基甲苯	121-14-2	5	
115	反式-丁烯醛	123-73-9	10	
116	二甲胺	124-40-3	5	
117	甲基丙烯腈	126-98-7	2.5	
118	2-氯-1,3-丁二烯	126-99-8	5	
119	四氯乙烯	127-18-4	10	
120	苯乙腈	140-29-4	1	
121	丙烯酸丁酯	141-32-2	5	
122	丁酰氯	141-75-3	5	
123	乙酸乙酯	141-78-6	500*	
124	2,4,6-三溴苯胺	147-82-0	5	
125	乙撑亚胺	151-56-4	5	
126	乙拌磷	298-04-4	0.5	
127	肼	302-01-2	7.5	
128	氟乙酸甲酯	453-18-9	0.25	
129	丙二烯	463-49-0	5	
130	乙烯酮	463-51-4	2	
131	羰基硫	463-58-1	2.5	
132	1,3-戊二烯	504-60-9	5	

序号	物质名称	CAS 号	临界量（吨）	备注
133	溴化氰	506-68-3	2.5	
134	氯化氰	506-77-4	7.5	重点环境管理危险化学品
135	四硝基甲烷	509-14-8	5	
136	硫氰酸甲酯	556-64-9	10	
137	2-氯丙烯	557-98-2	5	
138	甲苯-2,4-二异氰酸酯（TDI）	584-84-9	5	
139	1-氯丙烯	590-21-6	5	
140	氰酸钾	590-28-3	2.5	
141	过氯甲基硫醇	594-42-3	5	
142	三氟溴乙烯	598-73-2	5	
143	反式-2-丁烯	624-64-6	5	
144	异氰酸甲酯	624-83-9	5	
145	一氧化碳	630-08-0	7.5	
146	乙烯基乙炔	689-97-4	5	
147	丙烯酰氯	814-68-6	1	
148	氧化镉	1306-19-0	0.25	
149	五氧化二磷	1314-56-3	10	
150	甲基萘	1321-94-4	5	
151	三氧化二砷	1327-53-3	0.25	重点环境管理危险化学品
152	二甲苯	1330-20-7	10	
153	甲基叔丁基醚	1634-04-4	5	
154	二氯异氰尿酸钠	2893-78-9	2.5	
155	环氧溴丙烷	3132-64-7	2.5	
156	碳酸镍	3333-67-3	0.25	
157	氯酸钾	3811-04-9	100*	
158	二氯硅烷	4109-96-0	5	
159	丁烯醛	4170-30-3	10	
160	硝酸铵	6484-52-2	50	
161	汞	7439-97-6	0.5	重点环境管理危险化学品
162	砷	7440-38-2	0.25	重点环境管理危险化学品
163	二氧化硫	7446-09-5	2.5	
164	三氧化硫	7446-11-9	2.5	

序号	物质名称	CAS 号	临界量（吨）	备注
165	四氯化钛	7550-45-0	1	
166	过氯酰氟	7616-94-6	2.5	
167	三氟化硼	7637-7-2	2.5	
168	氯化氢	7647-01-0	2.5	
169	磷酸	7664-38-2	2.5	
170	氟化氢	7664-39-3	5	
171	氨	7664-41-7	7.5	
172	硝酸	7697-37-2	7.5	
173	氯化镍	7718-54-9	0.25	
174	亚硫酰氯	7719-09-7	5	
175	三氯化磷	7719-12-2	7.5	
176	溴	7726-95-6	2.5	
177	铬酸	7738-94-5	0.25	
178	氯酸钠	7775-09-9	100*	
179	铬酸钠	7775-11-3	0.25	
180	砷酸氢二钠	7778-43-0	0.25	
181	氟	7782-41-4	0.5	
182	氯	7782-50-5	1	
183	硫化氢	7783-06-4	2.5	
184	硒化氢	7783-07-5	0.25	
185	硫酸铵	7783-20-2	10	
186	二氟化氧	7783-41-7	0.25	
187	四氟化硫	7783-60-0	1	
188	三氯化砷	7784-34-1	7.5	
189	砷化氢	7784-42-1	0.5	重点环境管理危险化学品
190	硫酸镍	7786-81-4	0.25	
191	铬酸钾	7789-00-6	0.25	
192	氯磺酸	7790-94-5	0.5	
193	高氯酸铵	7790-98-9	5	
194	一氧化二氯	7791-21-1	5	
195	磷化氢	7803-51-2	2.5	
196	锑化氢	7803-52-3	2.5	
197	硅烷	7803-62-5	2.5	
198	发烟硫酸	8014-95-7	2.5	
199	一氯化硫	10025-67-9	2.5	

序号	物质名称	CAS 号	临界量（吨）	备注
200	三氯硅烷	10025-78-2	5	
201	氧氯化磷	10025-87-3	2.5	
202	四氯化硅	10026-04-7	5	
203	溴化氢	10035-10-6	2.5	
204	七水合砷酸氢二钠	10048-95-0	0.22	
205	二氧化氯	10049-04-4	0.5	
206	一氧化氮	10102-43-9	0.5	
207	二氧化氮	10102-44-0	1	
208	氯化镉	10108-64-2	0.25	
209	硫酸镉	10124-36-4	0.25	
210	三氯化硼	10294-34-5	2.5	
211	白磷	12185-10-3	5	
212	羰基镍	13463-39-3	0.5	
213	五羰基铁	13463-40-6	1	
214	硫酸镍铵	15699-18-0	0.25	
215	硫氢化钠	16721-80-5	2.5	
216	氟硅酸	16961-83-4	5	
217	乙硼烷	19287-45-7	1	
218	戊硼烷	19624-22-7	0.25	
219	四氧化锇	20816-12-0	0.25	
220	丁烯	25167-67-3	5	
221	硝基氯苯	25167-93-5	5	
222	二苯基亚甲基二异氰酸酯（MDI）	26447-40-5	0.5	
223	甲苯二异氰酸酯	26471-62-5	2.5	
224	乙酰甲胺磷	30560-19-1	0.25	
225	硫	63705-05-5	10	
226	石油气	68476-85-7	5	
227	煤气（CO，CO 和 H_2，CH_4 的混合物等）	/	7.5	
228	铜及其化合物（以铜离子计）	/	0.25	
229	锑及其化合物（以锑计）	/	0.25	
230	铊及其化合物（以铊计）	/	0.25	
231	钼及其化合物（以钼计）	/	0.25	
232	钒及其化合物（以钒计）	/	0.25	
233	锰及其化合物（以锰计）	/	0.25	

序号	物质名称	CAS 号	临界量（吨）	备注
234	油类物质（矿物油类,如石油、汽油、柴油等；生物柴油等）	/	2500**	
235	剧毒化学物质	/	5	
236	有毒化学物质	/	50	
237	COD_{Cr} 浓度≥10 000mg/L 的有机废液	/	10	
238	NH_3-N 浓度≥2 000mg/L 的废液	/	1	
第二部分				
239	1,2,3-三氯代苯	87-61-6	5	
240	1,2,4-三氯代苯	120-82-1	2.5	
241	1,2,4,5-四氯代苯	95-94-3	5	
242	1,2-二硝基苯	528-29-0	0.5	
243	1,3-二硝基苯	99-65-0	0.5	
244	1-氯-2,4-二硝基苯	97-00-7	5	
245	5-叔丁基-2,4,6-三硝基间二甲苯	81-15-2	5	
246	五氯硝基苯	82-68-8	0.5	
247	2-甲基苯胺	95-53-4	7.5	
248	2-氯苯胺	95-51-2	5	
249	壬基酚	25154-52-3	1	
250	支链-4-壬基酚	84852-15-3	1	
251	六氯-1,3-丁二烯	87-68-3	2.5	
252	萤蒽	206-44-0	0.5	
253	精蒽	120-12-7	5	
254	粗蒽	120-12-7	5	
255	一氯丙酮	78-95-5	2.5	
256	全氟辛基磺酸	1763-23-1	5	
257	全氟辛基磺酸铵	29081-56-9	5	
258	全氟辛基磺酸二癸二甲基铵	251099-16-8	5	
259	全氟辛基磺酸二乙醇铵	70225-14-8	5	
260	全氟辛基磺酸钾	2795-39-3	5	
261	全氟辛基磺酸锂	29457-72-5	5	
262	全氟辛基磺酸四乙基铵	56773-42-3	5	

序号	物质名称	CAS 号	临界量（吨）	备注
263	全氟辛基磺酰氟	307-35-7	5	
264	六溴环十二烷（HBCDD）	25637-99-4；3194-55-6（134237-50-6；134237-51-7；134237-52-8）	5	
265	氰化钾	151-50-8	0.25	
266	氰化钠	143-33-9	0.25	
267	氰化镍钾	14220-17-8	0.25	
268	氰化银钾	506-61-6	0.25	
269	氰化亚铜	544-92-3	0.25	
270	砷酸	7778-39-4	0.25	
271	五氧化二砷	1303-28-2	0.25	
272	亚砷酸钠	7784-46-5	0.25	
273	硝酸钴	10141-05-6	0.25	
274	硝酸镍	13138-45-9；14216-75-2	0.25	
275	氯化汞	7487-94-7	0.25	
276	氯化铵汞	10124-48-8	0.25	
277	硝酸汞	10045-94-0	0.25	
278	乙酸汞	1600-27-7	0.25	
279	氧化汞	21908-53-2	0.25	
280	溴化亚汞	10031-18-2	0.25	
281	乙酸苯汞	62-38-4	0.25	
282	硝酸苯汞	55-68-5	0.25	
283	重铬酸铵	7789-9-5	0.25	
284	重铬酸钾	7778-50-9	0.25	
285	重铬酸钠	10588-01-9	0.25	
286	三氧化铬[无水]	1333-82-0	0.25	
287	四甲基铅	75-74-1	2.5	
288	乙酸铅	301-04-2	0.25	
289	硅酸铅	10099-76-0；11120-22-2	0.25	
290	氟化铅	7783-46-2	0.25	
291	四氧化三铅	1314-41-6	0.25	
292	一氧化铅	1317-36-8	0.25	

序号	物质名称	CAS 号	临界量（吨）	备注
293	硫酸铅[含游离酸>3%]	7446-14-2	0.25	
294	硝酸铅	10099-74-8	0.25	
295	二丁基二（十二酸）锡	77-58-7	0.5	
296	二丁基氧化锡	818-08-6	0.25	
297	二氧化硒	7446-8-4	0.25	
298	硒化镉	1306-24-7	0.25	
299	硒化铅	12069-00-0	0.25	
300	氟硼酸镉	14486-19-2	0.25	
301	碲化镉	1306-25-8	0.25	
302	1,1'-二甲基-4,4-联吡啶阳离子及其混合物	4685-14-7	1	
303	O-O-二甲基-S-[1,2-双（乙氧基甲酰）乙基]二硫代磷酸酯	121-75-5	10	
304	双（N,N-二甲基甲硫酰）二硫化物	137-26-8	0.25	
305	双（二甲基二硫代氨基甲酸）锌	137-30-4	0.25	
306	N-（2,6-二乙基苯基）-N-甲氧基甲基-氯乙酰胺	15972-60-8	5	
307	N-（2-乙基-6-甲基苯基）-N-乙氧基甲基-氯乙酰胺	34256-82-1	5	
308	（1,4,5,6,7,7-六氯-8,9,10-三降冰片-5-烯-2,3-亚基双亚甲基）亚硫酸酯	115-29-7	0.25	
309	（RS）-α-氰基-3-苯氧基苄基（SR）-3-（2,2-二氯乙烯基）-2,2-二甲基环丙烷羧酸酯	52315-07-8	5	
310	三苯基氢氧化锡	76-87-9	0.25	

说明：

本表共规定了 310 种（类）化学物质及其临界量，说明如下：

1. 关于分类

第一部分共 238 种（其中有 12 种属重点环境管理危险化学品，见备注栏），以物质的化学文摘号（CAS）由小到大排序。序号 235 和 236 分别是剧毒化学物质和有毒化学物质，剧毒化学物质是根据《化学品毒性鉴定技术规范》附录 1-C“急性毒性分级标准”鉴定为剧毒的物质，有毒化学物质是根据“急性毒性分级标准”鉴定为高毒、中等毒或低毒的化学物质。

第二部分全部为重点环境管理危险化学品，共 72 种。

2. 关于临界量

*代表该种物质临界量确定参考了 GB 18218—2009。**代表该种物质临界量确定参考了欧盟《塞维索指令》。

3. 本清单中的化学物质将根据需要适时调整。

附录 C

企业环境风险防控与应急措施实行标准对照表

评估指标	评估依据	标准
截流措施	1）各个环境风险单元设防渗漏、防腐蚀、防淋溶、防流失措施，设防初期雨水、泄漏物、受污染的消防水（溢）流入雨水和清净下水系统的导流围挡收集措施（如防火堤、围堰等），且相关措施符合设计规范；且 2）装置围堰与罐区防火堤（围堰）外设排水切换阀，正常情况下通向雨水系统的阀门关闭，通向事故存液池、应急事故水池、清净下水排放缓冲池或污水处理系统的阀门打开；且 3）前述措施日常管理及维护良好，有专人负责阀门切换，保证初期雨水、泄漏物和受污染的消防水排入污水系统。	1）《化工建设项目环境保护设计规范》（GB 50483—2009） 6.2.3 采样、溢流、检修、事故放料以及设备管道放净口排出的料液或机泵废水，应设置收集系统。 《储罐区防火堤设计规范》（GB 50351—2005） 3.2.7（第二款）当储罐泄漏物有可能污染地下水或附近环境时，堤内地面应采取防渗漏措施。 3.2.8 防火堤内排水设施的设置应符合下列规定： 1 防火堤内应设置集水设施。连接集水设施的雨水排放管道应从防火堤内设计地面以下通出堤外，并应设置安全可靠的截油排水装置。 2 在年降雨量不大于 200mm 或降雨在 24h 内可渗完，且不存在环境污染的可能时，可不设雨水排除设施。 3.3.7 油罐组内应设置集水设施，并设置可控制开闭的排水设施。 《石油化工企业设计防火规范》（GB 50160—2008） 5.2.28 凡在开停工、检修过程中，可能有可燃液体泄漏、漫流的设备区周围应设置不低于 150mm 的围堰和导液设施。 6.2.17（第 5 款）在防火堤内雨水沟穿堤处应采取防止可燃液体流出堤外的措施（可以采用安装有切断阀的排水井，也可采用排水阻油器等）。 2）《事故状态下水体污染的预防与控制技术要求》（Q/SY 1190—2013） 5.3.1 装置围堰 5.3.1.1 凡在开停工、检修、生产过程中，可能发生含有对水环境有污染的物料、碳四及以上液化烃泄漏、漫流的装置单元区周围，应设置高度不低于 150mm 的围堰及配套排水设施。 5.3.1.2 应根据围堰内可能泄漏液体的特性，在围堰内设置集水沟槽、排水口或者在围堰边上设置排水闸板等作为配套排水设施。宜在集水沟槽、排水口下游设置水封井。
截流措施	1）各个环境风险单元设防渗漏、防腐蚀、防淋溶、防流失措施，设防初期雨水、泄漏物、受污染的消防水（溢）流入雨水和清净下水系统的导流围挡收集措施（如防火堤、围堰等），且相关措施符合设计规范；且 2）装置围堰与罐区防火堤（围堰）外设排水切换阀，	5.3.2 罐组防火堤 罐组防火堤、隔堤应符合 GB 50160 中对防火堤、隔堤规定及以下要求： a）应结合当地水文地质条件及储存物料特性，按审批要求或相关规范采取防渗措施，并宜坡向四周，可设置排水沟槽。必要时排水口下游应设置水封井。 b）罐区排水设施实施清污分流的，防火堤外应设置切换阀门，正常情况下雨排水系统阀门关闭。 c）物料罐区污染排水切换到污水系统，必要时在污水排放系统前设隔油池并设清油设施；液化烃、可挥发性液体类罐区污染排水就地预处理、回收后，排入污水系统。雨排水切换到雨排水系统。切换阀门宜在地面操作。

评估指标	评估依据	标准
	正常情况下通向雨水系统的阀门关闭，通向事故存液池、应急事故水池、清净下水排放缓冲池或污水处理系统的阀门打开；且 3）前述措施日常管理及维护良好，有专人负责阀门切换，保证初期雨水、泄漏物和受污染的消防水排入污水系统。	7.1.2 油品装卸台的污染雨水应排入生产污水管线。 7.1.3 生产污水管线系统应保证不发生向地下或其他管道系统泄漏。 7.1.6 罐区防火堤内的污水管道引出防火堤时，应在堤外采取防止油品流出罐组的切断设施。 7.2 雨排水管道 7.2.1 装置区、罐区未受污染雨水由切换阀门切换到雨排水系统。 7.2.2 工厂所有生产污水、循环水排污水、机泵冷却水、直接冷却水、检修冲洗水等不得排入雨排水系统。 7.2.3 厂区雨排水应设置管道系统有组织排入外部水体，事故状态下由切换阀门切到事故缓冲设施。必要时在切换阀门前的检查井还应设置沉泥槽。 7.2.4 雨排水管道与生产污水管道、生活污水管道要确保不发生串漏。 3）《事故状态下水体污染的预防与控制技术要求》（Q/SY 1190—2013） 7.7.4 管线上的事故切换阀宜在地面操作，应设远程控制、手动双用阀闸，并应保证事故状态下可操作。
事故排水收集措施	1）按相关设计规范设置应急事故水池、事故存液池或清净下水排放缓冲池等事故排水收集设施，并根据下游环境风险受体敏感程度和易发生极端天气情况，设置事故排水收集设施的容量；且 2）事故存液池、应急事故水池、清净下水排放缓冲池等事故排水收集设施位置合理，能自流式或确保事故状态下顺利收集泄漏物和消防水，日常保持足够的事故排水缓冲容量；且 3）设抽水设施，并与污水管线连接，能将所收集物送至厂区内污水处理设施处理。	1）《石油化工污水处理设计规范》（GB 50747—2012） 3.1.1 设计水量应包括生产污水量、生活污水量、污染雨水量和未预见污水量。各种污水量应按下列规定确定： 1 生产污水量应按各装置（单元）连续小时排水量与间断小时排水量综合确定； 2 生活污水量应按现行国家标准《室外排水设计规范》GB 500014 的有关规定执行； 3 污染雨水储存设施的容积宜按污染区面积与降雨深度的乘积计算，可按下式计算：V=Fh/1000 式中：V——污染雨水储存容积（m^3）；h——降雨深度，宜取 15～30mm（对全国十几个城市的暴雨强度分析，经 5min 初期雨水的冲洗，受污染的区域基本都已冲洗干净。5min 降雨深度大都在 15～30mm 之间）；F——污染区面积（m^2）； 4 污染雨水量应按一次降雨污染雨水储存容积和污染雨水折算成连续流量的时间计算确定，可按下式计算：Qr=V/t 式中：Qr——污染雨水量（m^3/h）；t——污染雨水折算成连续流量的时间（h），可按 48～96h 选取； 5 未预见污水量应按各工艺装置（单元）连续小时排水量的 10%～20% 选取（包括事故跑水、渗漏水）。 《化工建设项目环境保护设计规范》（GB 50483—2009） 6.1.8/6.6.1 化工建设项目应设置应急事故水池。 6.6.2 对排入应急事故水池的废水应进行必要的监测，并应采取下列处置措施： 1 能够回用的应回用； 2 对不符合回用要求，但符合排放标准的废水，可直接排放；

评估指标	评估依据	标准
		3 对不符合排放标准，但符合污水处理站进水要求的废水，应限流进入污水处理站进行处理； 4 对不符合污水处理站进水要求的废水，应采取处理措施或外送处理。 6.6.3 应急事故水池容量应根据发生事故的设备容量、事故时消防用水量及可能进入应急事故水池的降水量等因素综合确定（应急事故水池容量=应急事故废水最大计算量-装置或罐区围堤内净空容量-事故废水管道容量。应急事故水池容量应根据发生事故的设备容量、事故时消防用水量及可能进入应急事故水池的降水量等因素综合确定。应急事故废水的最大量的计算为： 1 最大一个容量的设备或贮罐物料量； 2 在装置区或贮罐区一旦发生火灾爆炸时的消防用水量，包括扑灭火灾所需用水量和保护邻近设备或贮罐（最少 3 个）的喷淋水量； 3 当地的最大降雨量。 计算应急事故废水量时，装置区或贮罐区事故不作同时发生考虑，取其中的最大值）。
事故排水收集措施	1）按相关设计规范设置应急事故水池、事故存液池或清净下水排放缓冲池等事故排水收集设施，并根据下游环境风险受体敏感程度和易发生极端天气情况，设置事故排水收集设施的容量；且 2）事故存液池、应急事故水池、清净下水排放缓冲池等事故排水收集设施位置合理，能自流式或确保事故状态下顺利收集泄漏物和消防水，日常保持足够的事故排水缓冲容量；且 3）设抽水设施，并与污水管线连接，能将所收集物送至厂区内污水处理设施处理。	6.6.4 应急事故水池宜采取地下式（地下式水池有利于收集各类事故排水，以防止应急用水到处漫流）。 《石油化工企业设计防火规范》（GB 50160—2008） 6.2.12 防火堤及隔堤内的有效容积应符合下列规定： 1 防火堤内的有效容积不应小于罐组内 1 个最大储罐的容积，当浮顶、内浮顶罐组不能满足此要求时，应设置事故存液池储存剩余部分，但罐组防火堤内的有效容积不应小于罐组内 1 个最大储罐容积的一半（事故存液池正常情况下是空的，而石油化工企业的事故仅考虑一处，所以全厂的浮顶罐、内浮顶罐组可共用一个事故存液池）； 2 隔堤内有效容积不应小于隔堤内 1 个最大储罐容积的 10%。 《事故状态下水体污染的预防与控制技术要求》（Q/SY 1190—2013） 5.4.2 中间事故缓冲设施 5.4.2.1 中间事故缓冲设施容积按附录 B 确定，其中设计消防历时按 6～8h 计算。 5.4.2.2 中间事故缓冲设施应根据实际情况采取防渗、防腐、防冻、防洪、抗浮、抗震等措施。 5.4.2.3 中间事故缓冲设施应设抽水设施（电气按防爆标准选用），并与污水管线连接，按系统排送能力选用适当流量的抽水设施。当污染物是液化烃、挥发性有毒液体时，须经处置达到允许标准后才能排入污水系统。

评估指标	评估依据	标准
		5.4.2.4 中间事故缓冲设施应预留检修孔和爬梯；宜设浮动式分离收集器、液位检测仪、集液区，方便对分层污染物的处理和物料回收。 5.4.2.5 中间事故缓冲设施火灾危险类别按丙类进行平面布置；在事故状态下按甲类进行运行管理。 5.4.2.6 中间事故缓冲设施宜加盖，盖上根据可能进入物料的特性设不同高度排气筒。 5.5 三级预防与控制体系 5.5.1 发生重大生产事故，一、二级预防与控制体系无法控制事故液时，排入末端事故缓冲设施。 5.5.2 末端事故缓冲设施容积按附录 B 确定，其中设计消防历时按 6～8h 计算。水环境敏感程度较高及以上，末端事故缓冲设施容积应适当放大，设计消防历时按 8～12h 计算。企业根据自身情况考虑极端天气取值不受此标准限制，可适当放大。 5.5.3 若设置了中间事故缓冲设施，末端事故缓冲设施正常状态下可作为其他污水处理设施的补充处理手段使用，设施内附件按论证确定的技术要求执行，但要配置配套设施，确保事故状态下事故液能顺利排入，同时不影响其他污水处理设施的正常运行。 5.5.4 末端事故缓冲设施的其他技术要求与 5.4.2 相同。 2）《石油化工企业设计防火规范》（GB 50160—2008）
事故排水收集措施	1）按相关设计规范设置应急事故水池、事故存液池或清净下水排放缓冲池等事故排水收集设施，并根据下游环境风险受体敏感程度和易发生极端天气情况，设置事故排水收集设施的容量；且 2）事故存液池、应急事故水池、清净下水排放缓冲池等事故排水收集设施位置合理，能自流式或确保事故状态下顺利收集泄漏物和消防水，日常保持足够的事故排水缓冲容量；且 3）设抽水设施，并与污水管线连接，能将所收集物送至厂区内污水处理设施处理。	6.2.18 事故存液池的设置应符合下列规定： 1 设有事故存液池的罐组应设导液管（沟），使溢漏液体能顺利地流出罐组并自流入存液池内； 2 事故存液池距防火堤的距离不应小于 7m； 3 事故存液池和导液沟距明火地点不应小于 30m； 4 事故存液池应有排水设施。 3）《石油化工污水处理设计规范》（GD 50747 2012） 9 事故排水处理 9.0.1 事故排水中的物料应回收。 9.0.2 事故排水宜送污水处理场处理，当不能进入污水处理场时，应妥善处置。 9.0.3 能进行生物处理的事故排水，应限流进入污水生物处理系统。 9.0.4 事故排水的监测项目应根据物料种类确定。 9.0.5 处理事故排水时，应根据物料挥发性、毒性等采取安全防护措施。 《石油化工企业设计防火规范》（GB 50160—2008） 7.3.1 含可燃液体的污水及被严重污染的雨水应排入生产污水管道，但可燃气体的凝结液和下列水不得直接排入生产污水管道： 1 与排水点管道中的污水混合后，温度超过 40℃的水； 2 混合时产生化学反应能引起火灾或爆炸的污水。

评估指标	评估依据	标准
清净下水系统防控措施	1）不涉及清净下水；或 2）厂区内清净下水均进入废水处理系统；或清污分流，且清净下水系统具有下述所有措施： ①具有收集受污染的清净下水、初期雨水和消防水功能的清净下水排放缓冲池（或雨水收集池），池内日常保持足够的事故排水缓冲容量；池内设有提升设施，能将所集物送至厂区内污水处理设施处理；且 ②具有清净下水系统（或排入雨水系统）的总排口监视及关闭设施，有专人负责在紧急情况下关闭清净下水总排口，防止受污染的雨水、清净下水、消防水和泄漏物进入外环境。	2）《石油化工污水处理设计规范》（GB 50747—2012） 3.3.2 污水处理系统划分应遵循清污分流、污污分治的原则。 《化工建设项目环境保护设计规范》（GB 50483—2009） 6.2.4 所有生产装置、作业场所的墙壁、地面等的冲洗水以及受污染的雨水，均应汇集入生产废水系统并进行处理。 6.2.5 未受污染的雨水、地面冲洗水等，宜排入雨水系统。 《石油化工企业给水排水系统设计规范》（SH 3015—2003） 4.2.2 工厂内未受污染的雨水、锅炉排污水、脱盐水站的酸碱中和水、清水池的放空和溢流应排入雨水或清净废水系统。 4.2.3 循环冷却水系统的排污直接排入清净废水系统。当确定有污染时，应排入生产污水系统。 4.2.4 生产装置区、罐区、装卸油区内污染的雨水应排入生产污水系统或独立的处理系统。
雨水系统防控措施	厂区内雨水均进入废水处理系统；或雨污分流，且雨排水系统具有下述所有措施： ①具有收集初期雨水的收集池或雨水监控池；池出水管上设置切断阀，正常情况下阀门关闭，防止受污染的水外排；池内设有提升设施，能将所集物送至厂区内污水处理设施处理；且 ②具有雨水系统外排总排口（含泄洪渠）监视及关闭设施，有专人负责在紧急情况下关闭雨水排口（含与清净下水共用一套排水系统情况），防止雨水、消防水和泄漏物进入外环境；	①②《事故状态下水体污染的预防与控制技术要求》（Q/SY 1190—2013） 5.4 二级预防与控制体系 5.4.1 控制要求 5.4.1.1 无法利用装置围堰、罐组防火堤控制事故液时，应关闭雨水系统的出口阀门、拦污坝上闸板，切断防漫流设施与外界的通道，将事故液排入中间事故缓冲设施。 5.4.1.2 如果未设置中间事故缓冲设施，直接排入末端事故缓冲设施。 ③《石油化工企业设计防火规范》（GB 50160—2008） 4.1.7 当区域排洪沟通过厂区时： 1 不宜通过生产区； 2 应采取防止泄漏的可燃液体和受污染的消防水流入区域排洪沟的措施。 4.2.4 液化烃罐组或可燃液体罐组不宜紧靠排洪沟布置。

评估指标	评估依据	标准
	③如果有排洪沟，排洪沟不通过生产区和罐区，具有防止泄漏物和受污染的消防水流入区域排洪沟的措施。	
生产废水系统防控措施	1）无生产废水产生或外排；或 2）有废水产生或外排时： ①受污染的循环冷却水、雨水、消防水等排入生产污水系统或独立处理系统；且 ②生产废水排放前设监控池，能够将不合格废水送废水处理设施重新处理；且 ③如企业受污染的清净下水或雨水进入废水处理系统处理，则废水处理系统应设置事故水缓冲设施； ④具有生产废水总排口监视及关闭设施，有专人负责启闭，确保泄漏物、受污染的消防水、不合格废水不排出厂外。	2）①《事故状态下水体污染的预防与控制技术要求》（Q/SY 1190—2013） 7.1 排污管道 7.1.1 含对水环境有污染的物料、污水和被污染雨水、事故消防排水，应排入生产污水管线。但可燃气体的凝结液、与排水点管道中的污水混合后，温度超过 40℃、混合时发生化学反应的污水不得直接排入生产污水管线。含强挥发性有毒物质污水须处理后方可排入污水管线。罐组洗罐排水应单独处理，不应直接排入生产污水管线。 7.1.2 油品装卸站台的污染雨水应排入生产污水管线。 7.1.3 生产污水管线系统应保证不发生向地下或其他管道系统泄漏。 《石油化工企业设计防火规范》（GB 50160—2008） 5.2.27 装置内地坪竖向和排污系统的设计应减少可能泄漏的可燃液体在工艺设备附近的滞留时间和扩散范围。火灾事故状态下，受污染的消防水应有效收集和排放。 ②《石油化工污水处理设计规范》（GB 50747—2012） 5.12.1 污水处理场出水应设置监控池，当有稳定塘时可不设置监控池。 5.12.2 监控池的容积宜按 1～2h 的设计水量确定（防止不合格污水外排，在 2h 内可采取必要的应急处理措施）。 5.12.3 监控池应设置不合格污水返回再处理的设施。 12.0.8 污水总进口、监控池宜根据水质特征设置相应的在线分析仪表。 ③《石油化工污水处理设计规范》（GB 50747—2012） 5.2.1 污水处理场应设置调节设施、均质设施及独立的应急储存设施。 5.2.3 污水处理场应急储存设施的容积，炼油污染水可按 8～12h 的设计水量确定，化工污水可按实际需要确定。（按处理事故时间计） ④《石油化工企业设计防火规范》（GB 50160—2008） 4.1.5 石油化工企业应采取防止泄漏的可燃液体和受污染的消防水排出厂外的措施。（如设置路堤道路、事故存液池、受污染的消防水池/罐、雨水监控池、排水总出口设置切断闸等设施，确保泄漏的可燃液体和受污染的消防水不直接排至厂外。） 7.3.10 接纳消防废水的排水系统应按最大消防水量校核排水系统能力，并应设有防止受污染的消防水排出厂外的措施。（应急措施和手段可根据现场具体情况采用事故池、排水监控池、利用现有的与外界隔开的池塘、河渠等进行排水监控、在排水管总出口处安装切断阀等方法来确保泄漏的物料或被污染的排水不会直接排出厂外。）

评估指标	评估依据	标准
毒性气体泄漏紧急处置装置	1）不涉及有毒有害气体的；或 2）根据实际情况，具有针对有毒有害气体（如硫化氢、氰化氢、氯化氢、光气、氯气、氨气、苯等）的泄漏紧急处置措施。	
毒性气体泄漏监控预警措施	1）不涉及有毒有害气体的；或 2）根据实际情况，具有针对有毒有害气体（如硫化氢、氰化氢、氯化氢、光气、氯气、氨气、苯等）设置生产区域或厂界泄漏监控预警系统。	

附录 D

企业突发环境事件风险评估报告编制大纲

1 前言

2 总则

2.1 编制原则

2.2 编制依据

包括：政策法规、技术指南、标准规范、其他文件

3 资料准备与环境风险识别

3.1 企业基本信息

3.2 企业周边环境风险受体情况

3.3 涉及环境风险物质情况

3.4 生产工艺

3.5 安全生产管理

3.6 现有环境风险防控与应急措施情况

3.7 现有应急物资与装备、救援队伍情况

4 突发环境事件及其后果分析

4.1 突发环境事件情景分析

4.2 突发环境事件情景源强分析

4.3 释放环境风险物质的扩散途径、涉及环境风险防控与应急措施、应急资源情况分析

4.4 突发环境事件危害后果分析

5 现有环境风险防控和应急措施差距分析

6 完善环境风险防控和应急措施的实施计划

7 企业突发环境事件风险等级

8 附图

企业地理位置图、厂区平面布置图、周边环境风险受体分布图，企业雨水、清净下水收集、排放管网图、污水收集、排放管网图以及所有排水最终去向图

关于印发《环境风险评估技术指南——氯碱企业环境风险等级划分方法》的通知

环发〔2010〕8号

各省、自治区、直辖市环境保护厅（局）、副省级城市环境保护局，新疆生产建设兵团环境保护局，各保监局：

为深入贯彻落实科学发展观，推进环境保护历史性转变，建立健全环境保护长效机制，2007年12月，原国家环境保护总局与中国保险监督管理委员会联合出台了《关于环境污染责任保险工作的指导意见》（以下简称《指导意见》）。《指导意见》提出，在重点行业和区域开展环境污染责任保险的试点示范工作，并以易发生污染事故的化工企业、危险化学品经营企业和危险废物处置企业等为对象开展环境污染责任保险试点。

氯碱企业是易发生污染事故的化工企业。为给氯碱企业开展环境污染责任保险提供技术依据，环境保护部会同中国保险监督管理委员会制定了《环境风险评估技术指南——氯碱企业环境风险等级划分方法》。现印发给你们，供你们在开展环境污染责任保险工作中参考。

附件：环境风险评估技术指南——氯碱企业环境风险等级划分方法

中华人民共和国环境保护部

中国保险监督管理委员会

二〇一〇年一月六日

附件：

环境风险评估技术指南——氯碱企业环境风险等级划分方法

1 适用范围

本方法适用于以电解盐水生产碱（氢氧化钠或氢氧化钾）、氯气、氢气以及氯产品企业的环境风险等级划分。本方法为氯碱企业环境风险管理提供技术指导。

2 规范性引用文件

本方法内容引用了下列文件中的条款。凡是不注日期的引用文件，其有效版本适用于本方法。

《危险化学品安全管理条例》（国务院令第 344 号）

《废弃危险化学品污染环境防治办法》（国家环境保护总局令第 27 号）

《污染源自动监控管理办法》（国家环境保护总局令第 28 号）

《环境监测管理办法》（国家环境保护总局令第 39 号）

《化学事故应急救援管理办法》（原化工部化督发〔1994〕597 号）

GB 1560—1995　常用危险化学品储存通则

HJ/T 169—2004　建设项目环境风险评价技术导则

AQ 8001—2007　安全评价通则

AQ 8002—2007　安全预评价导则

GB 14544—2008　电石乙炔法生产氯乙烯安全技术规程

GB 18218—2009　危险化学品重大危险源辨识

3 术语和定义

氯碱企业的氯碱生产，系指以氯化钠为原料，采用隔膜电解法或离子膜电解法生产液碱（或固碱）、氢气和氯气（或液氯）的生产过程。聚氯乙烯生产，系指以氯气、电石/乙烯为主要原料，采用电石法或乙烯氧氯化平衡法生产聚氯乙烯的生产过程。

3.1 氯碱生产

3.1.1 隔膜电解法

隔膜电解法，是指以氯化钠和水为原料，电解槽的阳极与阴极之间设置多孔渗透性的隔膜，电解时，氯化钠溶液中的氯离子在阳极失去电子生成氯气并逸出，氢离子在阴极得到电子生成氢气并逸出，留在溶液中的氢氧根离子与钠离子形成碱溶液。

3.1.2 离子膜电解法

离子膜电解法，是指以氯化钠和水为原料，电解槽的阳极与阴极之间设置允许阳离子通过、阻止阴离子和气体通过的离子膜，阳极室注入精制的氯化钠溶液，电解时氯化钠溶液中的氯离子在阳极失去电子生成氯气并逸出；阴极室注入碱液，电解时水中氢离子在阴极得到电子生成氢气并逸出，留在水中的氢氧根离子与穿过离子膜的钠离子形成碱溶液。

3.2 聚氯乙烯生产

3.2.1 电石法

利用电石遇水生成乙炔的原理，将乙炔与氯化氢合成制得氯乙烯单体，再通过聚合反应使氯乙烯生成聚氯乙烯的生产方法。

3.2.2 乙烯氧氯化平衡法

乙烯与氯气为主要原料进行直接氯化、氧氯化反应生成二氯乙烷，净化后的二氯乙烷经裂解生成氯乙烯和氯化氢，氯乙烯精制后再生产聚氯乙烯。

3.3 氯产品

以氯（液氯或氯气）为原料生产的产品称为氯产品。目前我国氯碱企业可生产的氯产品达 200 余种，主要产品达 70 余种，其中：无机氯产品 10 余种、有机氯产品 30 余种、含氯农药产品 20 余种。

4 氯碱企业环境风险等级划分指标体系的构成

4.1 指标体系组成

氯碱企业环境风险等级划分指标体系由两个部分组成，基准值和修正值（见附录一、附录二），其中：

基准值是反映氯碱企业可能引发环境风险的生产因素、厂址环境敏感性等的普遍性、概括性指标，是构成氯碱企业环境风险的内因性因素指标。

修正值是反映氯碱企业环境风险管理水平和事故应急救援能力等的具体指

标，是构成氯碱企业环境风险的外因性因素指标。

4.2 氯碱企业环境风险等级划分指标体系构成图

氯碱企业环境风险等级划分指标体系构成图见附录三。

5 生产因素

5.1 氯碱生产过程涉及的化学品

1. 隔膜法生产氯碱工艺涉及的化学品

原料：氯化钠

产品：固碱和液碱、氯气和液氯

副产品：氢气、次氯酸钠、盐酸

2. 离子膜法生产氯碱工艺涉及的化学品

原料：氯化钠

产品：固碱和液碱、氯气和液氯

副产品：氢气、次氯酸钠、盐酸

3. 电石法生产聚氯乙烯工艺涉及的化学品

原料：氯气、氢气、电石、乙炔

中间产品：氯乙烯、氯化氢

产品：聚氯乙烯

4. 乙烯氧氯化法生产聚氯乙烯工艺涉及的化学品

原料：氯气、乙烯

中间产品：氯乙烯、氯化氢、二氯乙烷

产品：聚氯乙烯

副产品：盐酸

5.2 氯碱生产的环境风险因子

隔膜法和离子膜法电解产品中的氯气是有毒气体，氢气是易燃易爆气体，因此，隔膜法和离子膜法生产氯碱工艺涉及的环境风险因子主要是氯气和氢气，环境风险形式是氯气、氢气和氯化氢引发的次生/伴生事故或风险。

氯气及氢气的风险源主要是电解槽。电解槽氯气和氢气泄漏会引发环境事故。

5.3 液氯生产的环境风险因子

液氯是重要的氯产品之一，氯气经压缩冷却转变为液氯；其中液氯生产中使用氨作制冷剂的，氨和氯一样均是有毒化学品。

盐水电解过程中，盐水中会从外部环境带入微量的铵盐、氨及含胺化合物，并在电解过程中与阳极室的氯气或次氯酸钠反应，生成爆炸性危险物——三氯化氮。

液氯生产涉及的环境风险因子主要是氯、氨和三氯化氮，环境风险形式是氯、氨和三氯化氮引发的次生/伴生事故或风险。

氯、氨和三氯化氮风险源主要是液氯灌装机、冷冻机等生产装置。液氯灌装机和冷冻机出现故障会造成氯、氨和三氯化氮泄漏，进而引发三氯化氮爆炸，造成严重的环境事故。

5.4 氯化氢合成和盐酸生产的环境风险因子

氢气在氯气中燃烧生成氯化氢，水吸收氯化氢生成盐酸。

氯化氢和盐酸均是强腐蚀性化学品。

氯化氢合成和盐酸生产涉及的环境风险因子主要是氯气、氢气和氯化氢，环境风险形式是氯气、氢气和氯化氢引发的次生/伴生事故或风险。

氯气、氯化氢及氢气的风险源主要是合成炉、水吸收塔、碱液中和塔等生产装置。氯气和氢气的配比不当及设备故障是造成氯气、氢气和氯化氢泄漏、引发环境事故的主要原因。

5.5 聚氯乙烯（PVC）生产的环境风险因子

5.5.1 电石法生产氯乙烯的环境风险因子

氯气、氢气和乙炔是电石法生产氯乙烯的原料，其中：氯气是有毒气体，氢气和乙炔是易燃易爆气体，氯乙烯生产中使用的氯化汞（催化剂）是剧毒化学品。因此，电石法生产氯乙烯工艺涉及的环境风险因子主要是氯气、乙炔、氯乙烯和氯化汞，环境风险形式是氯气、乙炔、氯乙烯和氯化汞引发的次生/伴生事故或风险。

氯气、乙炔、氯乙烯及氯化汞的风险源主要是电石法生产氯乙烯的生产装置。该生产装置的安全系统失灵、失效是造成氯气、氯乙烯和氯化汞泄漏、引发环境事故的主要原因。乙炔可以引发爆炸着火，氯化汞泄漏可以造成严重的环境风险。

5.5.2 乙烯氧氯化平衡法生产氯乙烯的环境风险因子

氯气、乙烯是乙烯氧氯化平衡法生产氯乙烯的原料，均是易燃易爆的化学品；乙烯、氯乙烯生产的中间产物——二氯乙烷是易燃易爆化学品、氯化氢是强腐蚀性化学品。因此，乙烯氧氯化平衡法生产氯乙烯工艺涉及的环境风险因子主要是氯气、乙烯以及中间产物二氯乙烷和氯化氢，环境风险形式是氯气、乙烯及二氯乙烷、氯化氢引发的次生/伴生事故或风险。

氯气、乙烯及二氯乙烷、氯化氢的风险源主要是乙烯氧氯化平衡法生产氯乙烯的生产装置。该生产装置的安全系统失灵、失效是造成氯气、氯化氢泄漏，引发环境事故的主要原因，乙烯和二氯乙烷均可引发火灾、爆炸。

5.5.3 聚氯乙烯聚合过程的环境风险因子

氯乙烯是生产聚氯乙烯的原料。过氧化物类物质，如过氧化二碳酸二（2-乙基）己酯（EHP）是生产聚氯乙烯的主要引发剂。氯乙烯泄漏可造成人员中毒，引发火灾、爆炸；EHP 在 10℃以上即会自燃分解爆炸，致使有害气体（如氯化氢）泄出。

氯乙烯和过氧化物类物质的风险源主要是聚氯乙烯聚合的生产装置。该生产装置的安全系统失灵、失效以及过氧化物类物质储存或使用不当是造成氯乙烯和过氧化物类物质泄漏，引发环境事故的主要原因。

5.6 其他氯产品的环境风险因子

液氯、盐酸和聚氯乙烯均是氯产品，是氯碱企业生产的大宗氯产品。此外，我国氯碱企业还生产许多其他的氯产品，以氯为原料是所有氯产品生产的共同之处。据此，本方法将氯（氯气或液氯）确定为其他氯产品的共性环境危险因子。

5.7 环境风险因子综合分析

氯碱企业环境风险因子由开展环境风险评估的机构通过现场勘查确定，根据环境风险因子确定结果，分析其污染后果（污染范围、污染持续时间、污染累积和可逆与否情况等），再结合该氯碱企业的产业政策相符性、清洁生产水平等因素，对其内因性环境风险做出综合分析。

现场勘查中若发现待查企业存在重大环境安全防范措施未落实或不到位，则暂缓其环境风险等级划分，待其环境安全防范措施全部落实后再对其进行环境风险等级划分。

6 厂址环境敏感性

6.1 厂址是否位于重点流域地区

氯碱企业厂址若位于巢湖、太湖、滇池、淮河、海河、辽河、松花江流域及长江三峡、黄河小浪底、黄河中上游、南水北调沿线等重点流域地区，则其水环境风险的后果较其他地区更为严重。

6.2 厂址是否位于专业化的化工园区内

专业化的化工园区的基础设施（如：燃煤热电厂、自来水厂、污水处理厂、污水收集管网以及专业化的应急救援机构、设施等）齐全、配套、完整，有利于氯碱企业防范、抵御、应对各类环境风险。

6.3 厂址是否位于饮用水水源上游等水环境敏感地区

氯碱企业厂址应避开集中式饮用水水源上游，还应避开国土开发密度较高、环境承载能力较弱，或水环境容量较小，生态环境脆弱，易发生严重水环境污染且须采取特别保护措施的地区。

氯碱企业废水排放口下游 10 公里范围内若有饮用水水源保护区，则其环境敏感性显著增大。

6.4 是否按要求设置了卫生防护距离或大气环境防护距离

氯碱企业是否按国家的相关规定或环境影响评价批复文件的要求，设置了卫生防护距离或大气环境防护距离。

6.5 总平面布置

氯碱企业总平面布置是否做到：

（1）厂区总平面合理布置；

（2）厂区总平面布置符合防范环境风险的要求；

（3）厂区位置与周围的企业、车站、码头、交通干道、水源地、重要地面水体之间设置了符合要求的安全防护距离和防火距离。

6.6 厂址环境敏感性综合分析

氯碱企业厂址环境敏感性由开展环境风险评估的机构通过现场勘查确定，根据现场勘查结果对该氯碱企业厂址的环境敏感性做出综合分析。

7 环境风险管理

7.1 环境风险管理

环境风险管理是氯碱企业环境风险等级划分指标体系中的一级指标，由综合管理、危险物品管理、重大危险源管理、生产设备检修管理、事故管理 5 个二级指标组成。

（1）综合管理

通过环境保护主管部门的环境影响评价，具有经批准的环境影响评价文件；

通过环境保护主管部门的建设项目竣工环境保护验收；

建立符合环境监测管理要求的污染源监测口及监测平台，按要求实施监测，建立企业环境监测台账；

建立企业环境管理体系；

通过清洁生产审核；

实现污染物达标排放；

执行企业污染物排放总量控制；

生产区实行“雨污分流、清污分流”；

员工实行上岗培训和岗位培训。

（2）危险化学品管理

取得危险化学品安全生产许可证；

制定安全使用危险化学品的工艺规程和安全技术规程；

制定安全贮存危险化学品的安全技术规程；

制定安全运输危险化学品的安全技术规程；

制定安全处理危险化学品废弃物的安全技术规程；

建立符合危险化学品安全储存条件的仓库和储罐；

设置符合危险化学品安全运输条件的运输工具；

设置符合危险化学品废弃物安全处理条件的处理设施；

完成危险化学品安全评价。

（3）重大危险源管理

设置可燃物质报警装置；

设置有害物质报警装置；

设置即时摄像监控装置；

设置氯气负压吸收装置；

严格控制隔膜电解槽盐水液位；

确保隔膜质量；

控制隔膜电解盐水质量；

设立离子膜电解槽温、槽压报警讯号以及槽压联锁停电装置；

建立离子膜电解盐水二次精制的程控程序；

强化电解设施管道和设备的日常检查和维护；

确保电解设施氢气系统微正压；

控制氯气液化前的含水量及杂质；

严格执行液氯残液中三氯化氮控制指标；

液氯充装严格计量；

控制氯气液化前的纯度及含氢量；

强化冷冻机的日常检查和维护；

强化氯化氢和盐酸生产设备的日常检查和维护；

控制氯化氢生产中氯、氢比例；

确保氯化氢生产的水吸收塔和碱液中和塔完好；

确保氯化汞装置和设施完好；

防止二氯乙烷泄漏；

杜绝氯乙烯泄漏；

EHP 冷藏（−10℃以下的冷库中）；

严格执行生产操作规程；

完成本企业重大危险源的申报和备案。

（4）生产设备检修管理

制定本企业生产设备安全检修措施；

建立本企业生产设备的安全管理制度。

（5）事故管理

制定本企业处理事故、追究责任的制度；

制定本企业分析事故、吸取教训、总结经验的整套方法。

7.2 环境风险管理水平综合分析

氯碱企业环境风险管理水平由开展环境风险评估的机构通过现场勘查确定，根据现场勘查结果对该氯碱企业的环境风险管理水平做出综合分析。

8 事故应急救援

8.1 事故应急救援

事故应急救援是氯碱企业环境风险等级划分指标体系中的一级指标，由事故应急救援预案和事故应急救援保障体系 2 个二级指标组成。

（1）事故应急救援预案

制定事故应急救援预案；

定期举行事故应急救援预案演习。

（2）事故应急救援保障体系

建立事故应急救援领导机构；

建立事故应急救援保障体系。

8.2 事故应急救援能力分析

氯碱企业的事故应急救援能力由开展环境风险评估的机构通过现场勘查确定，根据现场勘查结果对该氯碱企业的事故应急救援能力做出综合分析。

9 现场勘查

氯碱企业环境风险等级划分工作由开展环境风险评估的机构承担，通过现场勘查和评估，根据勘查和评估报告对氯碱企业环境风险等级进行划分。

10 环境风险等级划分

氯碱企业环境风险等级是以其环境风险管理水平、事故应急救援能力等外在性因素对其内因性环境风险（企业可能引发环境风险的生产因素、厂址的环境敏感性）进行修正而确定的，即以修正值对基准值进行修正后得到氯碱企业环境风险的评分结果，将其与环境风险等级进行比对，即可确定该氯碱企业的环境风险等级。

氯碱企业环境风险等级划分结果为氯碱企业环境风险管理提供技术指导。

氯碱企业环境风险等级见表 1。

表 1　氯碱企业环境风险等级

环境风险级别	评价指标分值
一级（风险很高）	≥90
二级（风险较高）	70～89
三级（风险偏高）	50～69
四级（一般风险）	30～49
五级（低风险）	＜30

注：氯碱企业环境风险等级划分的基准值和修正值的评分方法见附录一和附录二。

附录一：

氯碱企业环境风险等级划分基准值评分方法

序号	环境风险因子	工艺特点	评分依据	基准值（分）
1	氯碱生产规模（以烧碱计）	隔膜法	30 万 t/a 以上	30
2			10 万～30 万 t/a	28
3			10 万 t/a 以下	26
4		离子膜法	30 万 t/a 以上	29
5			10 万～30 万 t/a	27
6			10 万 t/a 以下	25
7	配套液氯生产的规模（以液氯计）		10 万 t/a 以上	25
8			5 万～10 万 t/a	23
9			5 万 t/a 以下	20
10	配套盐酸生产的规模（以盐酸计）		10 万 t/a 以上	25
11			5 万～10 万 t/a	23
12			5 万 t/a 以下	20
13	配套聚氯乙烯生产的规模（以 PVC 计）	电石乙炔法	20 万 t/a 以上	30
14			10 万～20 万 t/a	28
15			10 万 t/a 以下	26
16		乙烯氧氯化法	20 万 t/a 以上	29
17			10 万～20 万 t/a	27
18			10 万 t/a 以下	25
19	其他氯产品生产规模（以用氯量计）		1 万 t/a 以上	10
20			1 万 t/a 及以下	5
21	厂址敏感性		远离居民区、地面水体等环境敏感对象	0
22			距居民区、地面水体等环境敏感对象有一定距离	5
23			与居民区、地面水体等环境敏感对象相邻、紧靠或相距较近	10
24	产业政策符合性		符　合	0
25			基本符合	2
26	清洁生产水平		较　高	0
27			一　般	2

注：对于生产其他用氯产品的企业，用氯量 1 万 t 以上的企业每增加 1 种用氯产品，加 10 分；用氯量 1 万 t 以下（含 1 万 t）的企业每增加 1 种用氯产品，加 5 分。

附录二：

氯碱企业环境风险等级划分修正值评分方法

序号	环境风险管理和事故应急救援评价指标		评分依据	修正值（分）
1	综合管理	通过环境影响评价审查，具有经批准的环境影响评价文件	未通过	+2
2				
3		通过环境保护主管部门的竣工环境保护验收	未通过	+1
4		建立符合环境监测管理要求的污染源监测口及监测平台，按要求实施监测，建立企业环境监测台账	建立与否	±1
5		建立企业环境管理体系	建立与否	±2
6		通过清洁生产审核	通过与否	±1
7		实现污染物达标排放	未实现	+1
8		执行企业污染物排放总量控制	未执行	+1
9		生产区实行“雨污分流、清污分流”	实行与否	±1
10		实行员工上岗培训和岗位培训	实行与否	±6
11	危险化学品管理	取得危险化学品安全生产许可证	取得与否	±1
12		制定安全使用危险化学品的工艺规程和安全技术规程	制定与否	±1
13		制定安全贮存危险化学品的安全技术规程	制定与否	±2
14		制定安全运输危险化学品的安全技术规程	未制定	+2
15		制定安全处理危险化学品废弃物的安全技术规程	制定与否	±2
16		建立符合危险化学品安全储存条件的仓库和储罐	建立与否	±2
17		设置符合危险化学品安全运输条件的运输工具	设置与否	±2
18		设置符合危险化学品废弃物安全处理条件的处理设施	设置与否	±2
19		完成危险化学品安全评价	未完成	+1
20	重大危险源管理	设置可燃物质报警装置	设置与否	±2
21		设置有害物质报警装置	设置与否	±2
22		设置即时摄像监控装置	设置与否	±2
23		设置氯气负压吸收装置	设置与否	±2
24		严格控制隔膜电解槽盐水液位	未控制	+2

序号	环境风险管理和事故应急救援评价指标		评分依据	修正值（分）
25	重大危险源管理	确保隔膜质量	未确保	+2
26		控制隔膜电解盐水质量	未控制	+2
27		设立离子膜电解槽温、槽压报警讯号以及槽压联锁停电装置	未设立	+2
28		建立离子膜电解盐水二次精制的程控程序	未建立	+2
29		强化电解设施管道和设备的日常检查和维护	未强化	+2
30		确保电解设施氢气系统微正压	未确保	+2
31		控制氯气液化前的含水量及杂质	未控制	+2
32		严格执行液氯残液中三氯化氮控制指标	未执行	+2
33		液氯充装严格计量	未计量	+2
34		控制氯气液化前的纯度及含氢量	未控制	+2
35		强化冷冻机的日常检查和维护	未强化	+2
36		强化氯化氢和盐酸生产设备的日常检查和维护	未强化	+2
37		控制氯化氢生产中氯、氢比例	未控制	+2
38		确保氯化氢生产的水吸收塔和碱液中和塔完好	未确保	+2
39		控制电石法PVC生产的次氯酸钠配制槽液位	未控制	+2
40		确保氯化汞装置和设施完好	未确保	+2
41		防止二氯乙烷泄漏	未防止	+2
42		杜绝氯乙烯泄漏	未杜绝	+2
43		EHP冷藏（−10℃以下的冷库中）	未冷藏	+2
44		严格执行生产操作规程	执行与否	±2
45		完成本企业重大危险源申报和备案	完成与否	±2
46	生产设备检修管理	制定设备安全检修措施	制定与否	±1
47		建立设备检修安全管理制度	建立与否	±2
48	事故管理	制定本企业处理事故、追究责任的制度	制定与否	±1
49		制定本企业分析事故、吸取教训、总结经验的整套方法	制定与否	±1
50	事故应急救援预案	制定事故应急救援预案	未制定	+1
51		定期举行事故应急救援预案演习	未举行	+1
52	事故应急救援保障体系	建立事故应急救援领导机构	建立与否	±1
53		建立事故应急救援保障体系	建立与否	±1

关于印发《环境风险评估技术指南——硫酸企业环境风险等级划分方法（试行）》的通知

环发〔2011〕106号

各省、自治区、直辖市环境保护厅（局），副省级城市环境保护局，新疆生产建设兵团环境保护局，辽河保护区管理局，各保监局：

为有效运用市场机制防范环境风险，进一步健全环境污染风险管理制度，根据《国务院关于印发〈节能减排综合性工作方案〉的通知》（国发〔2007〕15号）等文件精神，2007年12月，原国家环境保护总局与中国保险监督管理委员会联合发布了《关于环境污染责任保险工作的指导意见》，提出加快建立环境污染责任保险制度，并以易发生污染事故的化工企业和危险化学品经营企业等为对象，开展环境污染责任保险试点工作。

为规范硫酸企业环境风险评估工作，推进硫酸企业环境污染责任保险政策的实施，环境保护部会同中国保险监督管理委员会制定了《环境风险评估技术指南——硫酸企业环境风险等级划分方法（试行）》。现印发给你们，供你们在开展环境污染责任保险工作中参考。

附件：环境风险评估技术指南——硫酸企业环境风险等级划分方法（试行）

环境保护部

中国保险监督管理委员会

二〇一一年九月十三日

附件：

环境风险评估技术指南——硫酸企业环境风险等级划分方法（试行）

1 适用范围

本方法适用于下列企业的现有生产设施的环境风险等级划分：

（1）以硫铁矿、硫黄、冶炼烟气等为原料生产硫酸的工业企业；

（2）具有硫酸工业企业特征生产装置的企业。

以石膏等其他副产品为原料生产硫酸的企业可参考执行。

该方法也为硫酸企业环境风险管理提供技术指导。

2 规范性引用文件

本方法内容引用了下列文件中的条款：

《危险化学品安全管理条例》（国务院令第 591 号）

《废弃危险化学品污染环境防治办法》（国家环境保护总局令第 27 号）

《污染源自动监控管理办法》（国家环境保护总局令第 28 号）

《硫酸行业清洁生产评价指标体系（试行）》（发展改革委 2007 年 41 号公告）

《国家环境保护总局关于防范环境风险加强环境影响评价管理的通知》（环发〔2005〕152 号）

《国家环境保护总局办公厅关于检查化工石化等新建项目环境风险的通知》（环办〔2006〕4 号）

《国家环境保护总局办公厅关于开展化工石化建设项目环境风险排查的通知》（环办函〔2006〕69 号）

GB 1560—1995	常用危险化学品储存通则
HG/T 2786—1996	硫铁矿和硫精砂质量标准
HJ/T 169—2004	建设项目环境风险评价技术导则
GB 18218—2009	危险化学品重大危险源辨识

3 术语和定义

3.1 硫铁矿制酸

指以硫铁矿（含硫精砂）为原料，生产工业硫酸（包括石膏制酸）。

主要工序为原料储存、原料破碎、沸腾焙烧、炉气净化、二氧化硫转化、三氧化硫吸收及成品储存等。

3.2 硫黄制酸

指以硫黄为原料生产工业硫酸。

主要工序为原料储存、熔硫、液硫焚烧、转化和吸收、成品储存等。

3.3 冶炼烟气制酸

指以铜、锌、铅、镍等有色金属冶炼过程中排出的含二氧化硫烟气为原料，生产工业硫酸。

主要工序为含二氧化硫烟气净化、转化吸收及成品等。

3.4 临界量

指对于某种或某类危险化学品规定的数量，若单元中的危险化学品数量等于或超过该数量，则该单元定为重大危险源。

3.5 重大危险源

长期地或临时地生产、加工、使用或储存危险化学品，且危险化学品的数量等于或超过临界量的单元。

4 硫酸生产的主要环境风险

4.1 硫酸生产涉及的化学品

原料：硫铁矿（含硫精砂）、硫黄，有色金属在冶炼过程中排出的含二氧化硫烟气等。

中间产物：二氧化硫、三氧化硫。

产品：工业硫酸、发烟硫酸、液体二氧化硫、液体三氧化硫等。

4.2 硫酸生产的主要环境风险

4.2.1 硫铁矿制酸工艺的环境风险

（1）工艺流程

主要包括硫铁矿原料储存、原料破碎、焙烧（含排渣）、余热回收、原料气净化、转化、干燥和吸收等过程，同时还包括气体输送、酸液输送，以及尾气吸收和酸性废水处理等环节。

（2）主要风险源

焙烧、净化、转化、吸收装置，尾气吸收装置，废酸废水处理装置和酸罐。若配套有液体二氧化硫和三氧化硫生产线，则其装置及灌装线泄漏也是主要风险源。

（3）环境污染事故的主要原因和形式

①二氧化硫转化率低、尾气吸收故障，将导致二氧化硫尾气事故排放；

②二氧化硫和三氧化硫、灌装装置的故障和泄漏，将导致二氧化硫和三氧化硫事故排放；

③酸罐泄漏或者含砷、氟、铅等污染物的酸性废水处理设施故障，将导致地下水和地表水受到污染。

原料质量管理不善，也会进一步加剧环境风险后果。

4.2.2 硫黄制酸工艺的环境风险

（1）工艺流程

主要包括硫黄储运、熔硫、焚硫、余热回收、转化及吸收等过程，同时还包括液硫输送、气体输送、酸液输送等环节。

（2）主要风险源

焚硫、转化、吸收装置，酸罐，熔硫工段和硫黄库。若配套液体二氧化硫和三氧化硫生产装置，则其装置及灌装线也是主要风险源。

（3）环境污染事故的主要原因和形式

①液体二氧化硫和三氧化硫、灌装装置故障、泄漏，将导致二氧化硫和三氧化硫事故排放；

②酸罐泄漏将导致地下水和地表水受到污染；

③熔硫工段和硫黄库自燃、火灾、爆炸，将导致大量硫黄粉尘产生和二氧化硫排放，造成环境污染事故。

4.2.3 冶炼烟气制酸工艺的环境风险

（1）工艺流程

主要包括冶炼烟气输送、净化、转化及吸收等过程，同时还包括酸液输送以及尾气吸收和废酸废水处理等环节。

（2）主要风险源

与硫铁矿制酸相似。

（3）环境污染事故的主要原因和形式

①二氧化硫转化率低、尾气吸收故障，将导致二氧化硫尾气事故排放；

②二氧化硫和三氧化硫、灌装装置的故障和泄漏，将导致二氧化硫和三氧化硫事故排放；

③酸罐泄漏或者含砷、氟及重金属等污染物的酸性废水处理设施故障，将导致地下水和地表水受到污染。

5 硫酸企业环境风险等级划分指标体系的构成

硫酸企业环境风险等级划分指标体系（详见附录一），由内因性指标和外因性指标两个部分组成。

5.1 内因性指标

用于评价硫酸企业生产规模、生产原料、厂址环境敏感性等客观情况的指标。它反映硫酸企业因客观因素不同而导致不同的环境风险程度，包括生产因素和厂址环境敏感性两大类指标。

5.2 外因性指标

用于评价硫酸企业执行环境保护和其他有关政策法规情况的指标。它反映硫酸企业因管理水平不同而导致不同的环境风险程度，包括环境风险管理和事故管理两大类指标。

6 内因性指标

6.1 生产因素

6.1.1 生产因素指标构成

生产因素指标，是内因性指标中的一级指标，由生产规模、生产原料、生产工艺、厂区内危险物质量、符合产业政策情况、清洁生产水平 6 个二级指标组成。具体指标项目及分值见附录二。

6.1.2 生产规模

硫酸生产规模越大，其化学危险品在线量越大，则其环境风险后果越严重。按照硫酸企业年生产量，本方法对硫酸生产企业规模分为大、中、小三个等级。

工艺 规模	硫铁矿制酸	硫黄制酸	冶炼烟气制酸
大型规模	20 万吨/年以上	40 万吨/年以上	30 万吨/年以上
中型规模	10 万～20 万吨/年	20 万～40 万吨/年	10 万～30 万吨/年
小型规模	10 万吨/年以下	20 万吨/年以下	10 万吨/年以下

6.1.3 生产原料

企业使用的原料不同，其环境风险程度也有较大差别。以硫铁矿为原料的企业，生产流程最长，产生的废弃物最多，环境风险程度相对较高。以石化行业副产品硫黄和有色金属冶炼烟气制酸，是资源的二次利用，其本身就是污染减排的环保项目，也是硫酸行业发展循环经济的具体形式，环境风险程度相对较低。

原料中有害物质含量的高低，也是影响环境风险程度的因素之一。如使用的硫铁矿（包括硫精砂）质量指标不符合行业标准《硫铁矿和硫精砂质量标准》（HG/T 2786—1996），尤其是砷、氟和铅等有害物质含量较高，生产中排出的废弃物导致环境污染事故的风险会加大。

6.1.4 生产工艺

为鼓励硫酸生产企业进一步提高资源利用率，推行清洁生产工艺和先进工艺技术，特设置该指标对生产中关键的二氧化硫原料气净化工艺进行区分。

6.1.5 厂区内危险物质量

若硫酸企业厂区内危险物质量大于《危险化学品重大危险源辨识》（GB 18218 —2009）中规定的临界量，构成重大风险源，则该企业发生重大事故的可能性会加大。硫酸、液体二氧化硫、液体三氧化硫的灌装运输、使用等方面都是风险因素。

硫酸企业与钛白生产、磷肥生产、有色金属冶炼和石化行业的企业联系较为紧密，一些联合生产企业产品种类较多，其涉及的重大风险源也就较多，环境风险程度也相应加大。因此，对于为其他行业配套的硫酸企业，每增加一个重大危险源，分值相应增加。

6.1.6 符合产业政策情况

硫酸企业必须符合国家产业政策，不得采用或者使用国家已淘汰的落后生产工艺技术和设备。

6.1.7 清洁生产水平

根据《硫酸行业清洁生产评价指标体系（试行）》（发展改革委 2007 年 41 号公告），将硫酸企业的清洁生产水平划分为三级，一级为国际先进水平，二级为国内先进水平，三级为国内基本水平。

根据硫酸企业清洁生产水平不同，给予不同的分值。清洁生产水平越高，风险越低，分值就越小。

6.1.8 生产因素综合分析

环境风险评估机构通过现场勘查，分析硫酸企业可能产生的环境污染后果，包括污染范围、污染持续时间、污染累积和可逆与否情况，再结合该企业符合产业政策的情况、清洁生产水平等因素，做出生产因素综合分析。

环境风险评估机构在现场勘查中，若发现被勘查企业存在重大环境安全防范措施尚未落实的问题，应当暂缓环境风险等级划分工作，待相关措施全部落实后，再对该企业开展环境风险等级划分。

6.2 厂址环境敏感性

6.2.1 厂址环境敏感性指标构成

厂址环境敏感性指标，是内因性指标中的一级指标，由是否位于重点流域、是否位于饮用水水源保护区等环境敏感地区、是否位于二氧化硫或者酸雨污染严重区域、是否位于城镇主导上风向、是否位于工业园区内、卫生防护距离或大气环境防护距离内是否有人口密集区、厂区总平面布置是否合理 7 个二级指标组成。具体指标项目及分值见附录二。

6.2.2 是否位于重点流域

由于在硫酸生产导致的污染事故中，水污染事故对环境的危害较大。因此，若硫酸企业的厂址位于巢湖、太湖、滇池、淮河、海河、辽河、松花江流域及长江三峡、黄河小浪底、黄河中上游、南水北调沿线等重点流域地区，其环境风险水平高于非重点流域地区的硫酸企业。

6.2.3 是否位于饮用水水源保护区等环境敏感地区

硫酸企业选址应避开饮用水水源保护区和其他环境敏感区，若其排污口下游 10 千米范围内有饮用水水源保护区，环境风险显著增大。

6.2.4 是否位于二氧化硫或者酸雨污染严重区域

由于硫酸企业事故性排放的废气污染物，主要是二氧化硫和酸雾，因此，若硫酸企业位于二氧化硫或者酸雨污染严重区域，其环境风险水平高于其他区域的硫酸企业。

6.2.5 是否位于城镇主导上风向

若硫酸企业位于城镇主导上风向 5 千米范围内，其环境风险水平高于其他区域的硫酸企业。

6.2.6 是否位于工业园区内

位于专业化的工业园区内的硫酸企业，因园区的基础设施（包括热电厂、自来水厂、污水处理厂及污水管道等）配套完整，其环境风险水平低于工业园区外的硫酸企业。

6.2.7 卫生防护距离或大气环境防护距离内是否有人口密集区

硫酸企业应当按国家的相关规定以及环境影响评价批复文件的要求，设置卫生防护距离或者大气环境防护距离。若硫酸企业的卫生防护距离或者大气环境防护距离内有居民区、学校、医院等人口密集区，其环境风险水平高于相应距离内无人口密集区的硫酸企业。

6.2.8 厂区总平面布置是否合理

硫酸企业总平面布置应该满足以下条件：

（1）厂区总平面布置符合防范环境及安全风险的要求；

（2）厂区位置与周围的民居、企业、车站、码头、交通干道、水源地、重要地面水体之间设置了符合要求的安全防护距离和防火距离。

总平面布置不合理的硫酸企业，其环境风险水平高于其他企业。

6.2.9 厂址环境敏感性综合分析

硫酸企业厂址环境敏感性，由环境风险评估机构通过现场勘查做出综合分析。

7 外因性指标

7.1 环境风险管理

7.1.1 环境风险管理指标构成

环境风险管理指标，是外因性指标中的一级指标，由综合管理、危险化学品管理、重大危险源管理、生产设备检修管理 4 个二级指标组成。具体指标项目及分值见附录三。

7.1.2 环境风险管理水平综合分析

硫酸企业环境风险管理水平，由环境风险评估机构通过现场勘查，做出综合分析。

7.2 事故管理

7.2.1 事故管理指标构成

事故管理指标，是外因性指标中的一级指标，由事故应急救援组织准备、事故应急物质管理、事故处理总结 3 个二级指标组成。具体指标项目及分值见附录三。

7.2.2 事故管理能力综合分析

硫酸企业的事故管理能力，由环境风险评估机构通过现场勘查，做出综合分析。

8 现场勘查

硫酸企业环境风险等级划分工作，由环境风险评估机构承担。通过现场勘查和评估，编制勘查和评估报告，并对硫酸企业环境风险等级进行划分。

9 环境风险等级划分

9.1 基本方法

硫酸企业环境风险等级，通过外因性指标对内因性指标进行修正，取得硫酸企业环境风险的评分结果，再将评分结果与环境风险等级进行比对后，确定该硫酸企业的环境风险等级。硫酸企业环境风险等级见表 1。

表 1　硫酸企业环境风险等级

环境风险级别	评价指标分值
一级（风险较高）	≥70
二级（一般风险）	30～69
三级（风险较低）	＜30

9.2 应当停止硫酸企业环境风险等级划分的情形

硫酸企业有下列情形之一的，应当停止对该企业的环境风险等级划分：

（1）建设项目环境影响评价文件未经环境保护主管部门批准的；

（2）未通过环境保护主管部门的建设项目竣工环境保护验收的；

（3）未按规定通过建设项目安全设施竣工验收的；

（4）未按规定通过消防验收的；

（5）未按规定取得危险化学品安全生产许可证的；

（6）排放污染物不符合国家或地方规定的污染物排放标准的；

（7）各类储罐未配有容积充足的围堰和事故废水收集池的。

附录一：

硫酸企业环境风险等级划分指标体系构成

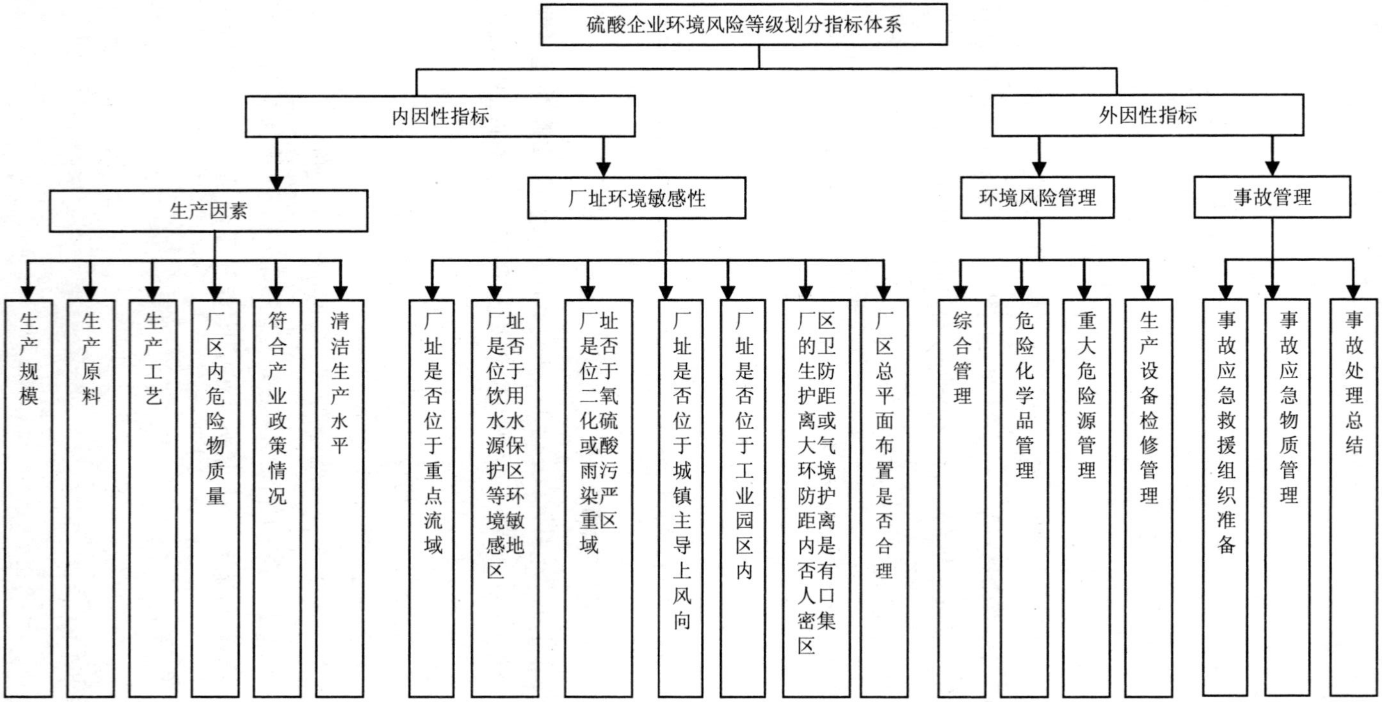

附录二：

硫酸企业环境风险等级划分内因性指标项目及指标分值

<table>
<tr><th>序号</th><th colspan="2">指标项目</th><th>工艺特点</th><th>评分依据</th><th>指标分值（分）</th></tr>
<tr><td>1</td><td rowspan="25">生产因素</td><td rowspan="9">生产规模</td><td rowspan="3">以硫铁矿为原料</td><td>20 万吨/年以上</td><td>20</td></tr>
<tr><td>2</td><td>10 万～20 万吨/年</td><td>15</td></tr>
<tr><td>3</td><td>10 万吨/年以下</td><td>10</td></tr>
<tr><td>4</td><td rowspan="3">以硫黄为原料</td><td>40 万吨/年以上</td><td>15</td></tr>
<tr><td>5</td><td>20 万～40 万吨/年</td><td>12</td></tr>
<tr><td>6</td><td>20 万吨/年以下</td><td>8</td></tr>
<tr><td>7</td><td rowspan="3">以冶炼烟气为原料</td><td>30 万吨/年以上</td><td>8</td></tr>
<tr><td>8</td><td>10 万～30 万吨/年</td><td>5</td></tr>
<tr><td>9</td><td>10 万吨/年以下</td><td>3</td></tr>
<tr><td>10</td><td rowspan="2">生产原料</td><td colspan="2">硫铁矿（包括硫精砂）不符合《硫铁矿和硫精砂质量标准》（HG/T 2786—1996）要求</td><td>15</td></tr>
<tr><td>11</td><td colspan="2">硫铁矿（包括硫精砂）符合《硫铁矿和硫精砂质量标准》（HG/T 2786—1996）要求</td><td>0</td></tr>
<tr><td>12</td><td rowspan="2">生产工艺</td><td colspan="2">水洗净化</td><td>20</td></tr>
<tr><td>13</td><td colspan="2">封闭稀酸洗净化</td><td>5</td></tr>
<tr><td>14</td><td rowspan="6">厂区内危险物质量</td><td rowspan="2">硫酸量</td><td>5000 立方米以上</td><td>6</td></tr>
<tr><td>15</td><td>5000 立方米以下</td><td>3</td></tr>
<tr><td>16</td><td rowspan="2">工业二氧化硫量（折 100%）</td><td>20 吨以上</td><td>10</td></tr>
<tr><td>17</td><td>20 吨以下</td><td>5</td></tr>
<tr><td>18</td><td rowspan="2">工业三氧化硫量（折 100%）</td><td>30 吨以上</td><td>10</td></tr>
<tr><td>19</td><td>30 吨以下</td><td>5</td></tr>
<tr><td>20</td><td rowspan="3">符合产业政策情况</td><td colspan="2">属于现行国家产业政策中鼓励类</td><td>0</td></tr>
<tr><td>21</td><td colspan="2">属于现行国家产业政策中允许类</td><td>5</td></tr>
<tr><td>22</td><td colspan="2">属于现行国家产业政策中限制类</td><td>10</td></tr>
<tr><td>23</td><td rowspan="3">清洁生产水平</td><td colspan="2">达到国际先进水平</td><td>0</td></tr>
<tr><td>24</td><td colspan="2">达到国内先进水平</td><td>5</td></tr>
<tr><td>25</td><td colspan="2">达到国内基本水平</td><td>10</td></tr>
<tr><td>26</td><td rowspan="5">厂址环境敏感性</td><td colspan="3">厂址地处重点流域</td><td>2</td></tr>
<tr><td>27</td><td colspan="3">厂址与饮用水水源保护区等环境敏感地区紧靠或相距较近</td><td>10</td></tr>
<tr><td>28</td><td colspan="3">厂址地处二氧化硫或酸雨污染严重区域</td><td>5</td></tr>
<tr><td>29</td><td colspan="3">厂址位于城镇主导上风向 5 千米范围内</td><td>5</td></tr>
<tr><td>30</td><td colspan="3">厂址位于工业园区外</td><td>5</td></tr>
</table>

序号	指标项目		工艺特点	评分依据	指标分值（分）
31	厂址环境敏感性	厂区的卫生防护距离或大气环境防护距离内有人口密集区			10
32		厂区总平面布置不合理			10

说明：

1. 产品规模均为装置单套生产规模；
2. 对于具有多种工艺、多套设备的企业，分值叠加；
3. 对于为其他行业配套的硫酸企业，每增加一个重大危险源，分值增加 5 分；
4. 未按规定通过清洁生产审核验收的企业，不参加环境风险等级划分；
5. 厂区总平面布置不合理，是指厂区总平面布置不符合防范环境及安全风险的要求，或厂区位置与周围的民居、企业、车站、码头、交通干道、水源地、重要地面水体之间没有设置符合要求的安全防护距离和防火距离。

附录三：

硫酸企业环境风险等级划分外因性指标项目及指标分值

序号	指标项目			评分依据	指标分值（分）
1	环境风险管理	综合管理	具有经环境保护主管部门批准的环境影响评价文件	通过	−2
2			通过环境保护主管部门的建设项目竣工环境保护验收	通过	−2
3			具备法律、法规规定的条件，并按规定取得安全生产许可证	通过	−2
4			通过消防验收	通过	−2
5			建立符合环境监测管理要求的污染源监测口及监测平台，按要求实施监测，建立企业环境监测台账	建立与否	±2
6			按要求安装废气、废水在线监测设施，并通过验收	未安装、验收	+4
7			通过 ISO14001 标准认证	通过与否	±2
8			排放污染物符合国家或者地方规定的污染物排放标准	符合	−2
9			排放重点污染物符合重点污染物排放总量控制指标	符合与否	±1
10			生产区实行“雨污分流、清污分流”	实行与否	±1
11			实行员工上岗培训和应急培训	实行与否	±6
12			严格执行生产操作规程	执行与否	±2
13			采用国际先进水平设备，材质防腐性能好	采用与否	±5
14			采用先进的集散型控制系统	采用与否	±3

序号	指标项目			评分依据	指标分值（分）
15	环境风险管理	危险化学品管理	按规定取得危险化学品安全生产许可证	取得	−2
16			制定安全生产危险化学品的工艺规程和安全技术规程	制定与否	±1
17			制定安全危险化学品的安全技术规程	制定与否	±2
18			制定安全运输危险化学品的安全技术规程	未制定或不具可操作性	+2
19			制定安全处理危险化学品废弃物的安全技术规程	制定与否	±2
20			设置符合危险化学品安全条件的仓库和储罐	设置与否	±2
21			配置符合危险化学品安全运输条件的运输工具	配置与否	±2
22			设置符合危险化学品废弃物安全处理条件的处理设施	设置与否	±2
23			完成危险化学品安全评价	未完成	+1
24			制定并落实危险废物管理制度	未制定、落实	+2
25			危险废物处置符合环境管理要求	符合与否	±3
26		重大危险源管理	设置可燃物质报警装置	设置与否	±2
27			设置有害物质报警装置	设置与否	±2
28			设置即时摄像监控装置	设置与否	±2
29			制定尾气吸收和污水处理装置的操作流程及事故状态下的紧急措施	制定与否	±2
30			开停车科学管理，并配套有合理的尾气事故处理设施	执行与否	±5
31			事故池容积符合非正常工况下的事故废水及消防废水收集的要求	符合与否	±2
32			液体二氧化硫和液体三氧化硫灌装线设置有喷淋设施	设置与否	±5
33			各类储罐配有容积充足的围堰和事故废水收集池	配置合理	−5
34			完成重大危险源的申报和备案	完成与否	±2
35		生产设备检修管理	制定设备安全检修措施	制定与否	±1
36			建立设备安全管理制度	建立与否	±2

序号	指标项目			评分依据	指标分值（分）
37	事故管理	事故应急救援组织准备	制定事故应急救援预案	未制定	+2
38			定期举行事故应急救援预案演习	未举行	+2
39			建立事故应急救援领导机构	建立与否	±4
40			建立企业与工业园区及当地政府突发性事故应急预案联动机制	建立与否	±4
41		事故应急物质管理	厂内备有充足的应急设施、设备、器材和其他物资，包括堵漏收集器材、安全和消防器材，制定并落实事故应急物质管理制度	配备并落实与否	±4
42		事故处理总结	制定处理事故、追究责任的制度	制定与否	±1
43			制定分析事故、总结经验的制度	制定与否	±1

说明：开停车科学管理，主要是指严格执行开停车操作规程；开停车时实施“三规一法”规定（包括工艺规程、分析规程、检修规程和操作法）；保证开停车维持二氧化硫的高转化效率，并配套有合理的尾气事故处理设施。

关于印发《环境风险评估技术指南——粗铅冶炼企业环境风险等级划分方法（试行）》的通知

环发〔2013〕39号

各省、自治区、直辖市环境保护厅（局），新疆生产建设兵团环境保护局，辽河保护区管理局：

粗铅冶炼行业是涉重金属行业，环境保护部、保监会于2013年1月联合发布了《关于开展环境污染强制责任保险试点工作的指导意见》（环发〔2013〕10号），提出将涉重金属行业纳入环境污染强制责任保险试点工作范围。为规范和指导粗铅冶炼企业环境风险评估工作，推进粗铅冶炼企业环境污染强制责任保险政策的实施，我部组织制定了《环境风险评估技术指南——粗铅冶炼企业环境风险等级划分方法（试行）》。现印发给你们，供你们在开展环境污染强制责任保险工作中参考。

附件：环境风险评估技术指南——粗铅冶炼企业环境风险等级划分方法（试行）

环境保护部

2013年4月2日

附件：

环境风险评估技术指南——粗铅冶炼企业环境风险等级划分方法（试行）

1 适用范围

本方法适用于以铅精矿或铅锌混合精矿为主要原料生产粗铅企业的环境风险等级划分。

以铅银渣、二次铅物料为原料生产粗铅企业的环境风险等级划分，可以参照适用。

2 规范性引用文件

本方法内容引用了下列文件中的条款：

有色金属产业调整和振兴规划（国发〔2009〕14 号）

废弃危险化学品污染环境防治办法（国家环保总局令第 27 号）

污染源自动监控管理办法（国家环保总局令第 28 号）

环境监测管理办法（国家环保总局令第 39 号）

国家危险废物名录（2008 年）（环境保护部、发展改革委令第 1 号）

产业结构调整指导目录（2011 年本）（国家发改委令第 9 号）

铅冶炼污染防治最佳可行技术指南（试行）（HJ-BAT-7）（环境保护部 2012 年第 4 号公告）

铅锌冶炼工业污染防治技术政策（环境保护部 2012 年第 18 号公告）

铅锌行业准入条件（发展改革委 2007 年第 13 号公告）

铅锌行业清洁生产评价指标体系（试行）（国家发展改革委 2007 年第 24 号公告）

GB 1560—1995　常用危险化学品贮存通则

GB 18597—2001　危险废物贮存污染控制标准

GB 18598—2001　危险废物填埋污染控制标准

GB 50853—2007　危险废物鉴别标准浸出毒性鉴别标准

GB 18218—2009　危险化学品重大危险源辨识

GB 25466—2010　铅、锌工业污染物排放标准

HJ 512—2009　清洁生产标准　粗铅冶炼业

HJ/T 169—2004　建设项目环境风险评价技术导则

HJ/T 298—2007　危险废物鉴别技术规范

AQ 8001—2007　安全评价通则

AQ 8002—2007　安全预评价导则

3 术语和定义

3.1 粗铅冶炼

本方法所指的粗铅冶炼，是指以铅精矿、铅锌混合精矿为原料生产粗铅的过程。具体是指将铅精矿等物料熔炼，使硫化铅等氧化为氧化铅，再利用碳质还原剂在高温下使氧化铅还原为粗铅（含铅 95%～98%）的过程。

3.2 炼铅工艺

目前世界铅的生产方法主要采用火法，湿法炼铅尚未实现工业化。火法冶炼工艺分传统炼铅工艺和富氧熔炼工艺。传统炼铅工艺包括烧结—鼓风炉熔炼工艺、密闭鼓风炉熔炼（ISP）工艺。富氧熔炼工艺包括富氧底吹—鼓风炉炼铅工艺（SKS）法、富氧顶吹—鼓风炉炼铅工艺、基夫赛特（Kivcet）法、富氧底吹—液态高铅渣直接还原工艺、闪速炼铅工艺等。其中，基夫赛特（Kivcet）法、富氧底吹—液态高铅渣直接还原工艺、闪速炼铅工艺三种工艺是直接炼铅工艺。

3.3 烟气制酸

指以铅冶炼过程中排出的含二氧化硫烟气为原料，生产工业硫酸。主要工序为含二氧化硫烟气余热回收、净化、干燥、转化吸收及成品贮存等。

3.4 环境风险源

指可能导致突发环境事件的污染源，以及生产、经营、储存、运输、使用危险物质或产生、收集、贮存、运输、利用、处置危险废物的场所、设备和装置中，可能导致环境危害风险的源。

4 粗铅冶炼企业主要环境风险

4.1 生产中涉及的化学品

原料：铅精矿、铅锌混合精矿等。

污染物：含重金属烟粉尘、二氧化硫、硫酸雾、污酸、酸性废水、水处理污泥、废酸、冶炼废渣等。

产品：粗铅。

副产品：工业硫酸、鼓风炉渣、次氧化锌尘。

4.2 风险源、风险因子和造成风险的主要原因

4.2.1 主要风险源及风险因子

（1）原料储运制备过程：风险源为精矿装卸、输送、配料、造粒、干燥、给

料等过程涉及的装置、设备。风险因子为原料储运制备过程产生的含重金属（铅、锌、砷、镉、汞等）粉尘。

（2）熔炼—还原过程：风险源为熔炼炉、还原炉、加料口、出铅口、出渣口、溜槽以及皮带机受料点等。主要风险因子为含重金属烟气及尾气控制设施产生的烟尘。

（3）烟化工序：风险源为烟化炉、加料口、出渣口以及皮带机受料点等。主要风险因子为泄漏烟气、冲渣废水。

（4）烟气制酸工序：风险源为制酸车间。主要风险因子为制酸尾气、焙烧烟气、硫酸雾、含重金属（砷、汞）烟粉尘、污酸、污酸处理系统的废渣、废触媒、废酸（不合格的副产品酸）。

（5）浮渣处理工序：风险源为浮渣处理炉窑、加料口、放冰铜口、出渣口及铜浮渣处理池。主要风险因子为泄漏的含重金属烟气。

（6）初期雨水及废水收集处理系统：风险源为初期雨水及废水收集处理系统。主要风险因子为含重金属废水及污水处理系统污泥。

（7）硫酸储罐：风险源为硫酸及其他危险化学品的储罐。主要风险因子为硫酸。

（8）员工劳保管理：风险源为员工在厂区内穿的工作服、手套、鞋帽等。主要风险因子为劳保用品使用及管理不当携带的重金属粉尘。

4.2.2 造成风险的主要原因

（1）制酸吸收系统酸泵突发故障停止运行、二氧化硫风机突发事故停止运行、停电或系统长时间停车等原因造成的底吹—硫酸系统烟气超标事故风险。

（2）制酸过程泄漏、爆炸等原因引发的次生/伴生事故或风险，含砷、氟、铅的废酸废水事故排放风险。

（3）含重金属烟尘废气无组织排放。

（4）高铅渣、污酸渣、烟尘、水处理污泥、废酸和其他堆存废渣等危险废物堆存风险，及其经雨水淋溶渗透造成周边土壤、农田、地下水污染引发的生态安全及人体健康风险。

（5）因企业与场外环境保护目标卫生防护距离不足，经长期排污引发的累积性环境风险。

（6）相关人员长期接触原料储运过程洒落的原料，或者被带出厂区的员工衣服等劳保用品，而引发的人体健康风险。

5 粗铅冶炼企业环境风险等级划分指标体系的构成

粗铅冶炼企业环境风险等级划分指标体系由两个部分组成，分别是内因性指标和外因性指标。

5.1 内因性指标

内因性指标是用于评价粗铅冶炼企业的生产工艺及装备等生产因素、环保设施及厂址环境敏感性等客观情况的指标。它反映粗铅冶炼企业因客观因素不同而导致不同的环境风险程度，包括生产因素、环保设施、厂址环境敏感性三大类指标。

5.2 外因性指标

外因性指标是用于评价粗铅冶炼企业执行环境保护等方面的有关政策法规，以及事故预防和应急措施情况的指标。它反映粗铅冶炼企业因管理水平不同而导致不同的环境风险程度，包括环境风险管理和事故管理两大类指标。

5.3 指标体系构成图

粗铅冶炼企业环境风险等级划分指标体系构成图见附一。

6 内因性指标

6.1 生产因素

生产因素指标是内因性指标中的一级指标，由生产时间、生产工艺与生产规模、铅总回收率、厂区内危险物质储存量、自控水平、清洁生产水平 6 个二级指标构成。具体指标项目及分值见附二。

各二级指标分别说明如下：

6.1.1 生产时间

粗铅冶炼企业生产时间越短，进入周边环境中积累的铅污染物量越少，风险相对较低，分值就较小。

6.1.2 生产工艺与生产规模

一方面，本方法将粗铅冶炼生产工艺分为三个等级（见表 1）。

表 1　粗铅冶炼生产工艺分级

工艺＼等级	先进水平	较先进水平	一般水平
冶炼工艺	富氧底吹—液态高铅渣直接还原工艺	富氧底吹—鼓风炉、富氧顶吹—鼓风炉、基夫赛特（Kivcet）法、闪速炼铅	密闭鼓风炉熔炼（ISP）工艺等炼铅工艺

另一方面，粗铅冶炼企业生产规模越大，污染物产生量及化学危险品产生量及使用量越大，则其环境风险相对较高。按照粗铅冶炼企业年生产量，本方法将企业按规模分为大、中、小三个等级（见表 2）。

表 2　粗铅冶炼生产规模分级

等　级	大型规模	中型规模	小型规模
规模	10 万吨/年以上（含 10 万吨）	5 万～10 万吨/年（含 5 万吨）	5 万吨/年以下

6.1.3 铅总回收率

粗铅冶炼企业的铅回收率越高，进入环境中的量越小，风险越低，分值就越小。

6.1.4 厂区内危险物质储存量

硫酸的储存方式、灌装运输、使用等方面均存在风险因素，厂区内储存量越大，环境风险越高，分值就越大。若粗铅冶炼企业厂区内，硫酸储存量大于《危险化学品重大危险源辨识》（GB 18218—2009）规定的临界量，则该企业发生重大事故的可能性大。

6.1.5 自控水平

自控水平是指企业采用计算机控制进料和冶炼过程，具备炉温、压力等关键参数在线监测与报警装置等的状况。

根据粗铅冶炼企业自控水平的高低，给予不同的分值。自控水平越高，风险越低，分值就越小。

6.1.6 清洁生产水平

根据《清洁生产标准　粗铅冶炼业》（HJ 512—2009），将粗铅冶炼企业的清洁生产水平划分为三级，一级为国际先进水平，二级为国内先进水平，三级为国内基本水平。

根据粗铅冶炼企业清洁生产水平不同，给予不同的分值。清洁生产水平越高，风险越低，分值就越小。

6.2 环保设施

环保设施指标，是内因性指标中的一级指标。粗铅冶炼企业环保设施越完善，其进入环境中的重金属污染物越少，风险越低，分值就越小。由废气收集、处理工艺，废水收集、处理工艺，固废收集、处理工艺，在线监控装置，事故应急设施 5 个二级指标构成。具体指标项目及分值见附二。

各二级指标分别说明如下：

6.2.1 “三废”收集、处理工艺

若“三废”收集、处理工艺属于《铅冶炼污染防治最佳可行技术指南（试行）》（HJ-BAT-7）最佳可行工艺，环境风险较低。

若“三废”收集、处理工艺不属于《铅冶炼污染防治最佳可行技术指南（试行）》（HJ-BAT-7）最佳可行工艺，但能达标排放或满足环境管理的要求，其环境风险相对较高。

6.2.2 在线监控装置

若企业安装废水重金属在线监控装置，有助于环境保护部门监控含重金属废水排放，则其环境风险小于未安装在线监控装置的企业。

6.2.3 事故应急设施

若企业各类储罐配有容积充足的围堰和事故废水收集池，事故应急设施配备完善，其环境风险相对较小。

6.3 厂址环境敏感性

厂址环境敏感性指标，是内因性指标中的一级指标，由是否地处重点流域、是否地处环境敏感区、是否地处重金属污染防控重点区域、是否地处二氧化硫或酸雨污染严重区域、是否地处城镇主导上风向 5 个二级指标组成。具体指标项目及分值见附二。

7 外因性指标

7.1 环境风险管理

环境风险管理指标，是粗铅冶炼企业环境风险等级划分指标体系中的一级指标，由综合管理、环保设施运行管理、危险化学品管理、重大危险源管理 4 个二级指标组成。具体指标项目及分值见附三。

7.2 事故管理

事故管理指标，是粗铅冶炼企业环境风险等级划分指标体系中的一级指标，由事故应急救援组织准备、事故处理总结 2 个二级指标组成。具体指标项目及分值见附三。

8 现场勘查和评估

粗铅冶炼企业环境风险等级划分工作，由环境风险评估机构承担。通过现场勘查和评估，编制勘查和评估报告，并对粗铅冶炼企业环境风险等级进行划分。

9 环境风险等级划分

9.1 基本方法

粗铅冶炼企业环境风险等级，通过以外因性指标对内因性指标进行修正，得到粗铅冶炼企业环境风险的评分结果，根据总分值的高低，确定被评估企业的环境风险等级。

总分值按下式计算：

$$P = P_1 + P_2$$

式中：P—— 总分值；

P_1—— 内因性指标分值；

P_2—— 外因性指标分值。

粗铅冶炼企业环境风险等级见表 3。

表 3　粗铅冶炼企业环境风险等级

环境风险级别	总分值
一级（重大风险）	$P \geqslant 150$
二级（较大风险）	$80 \leqslant P < 150$
三级（一般风险）	$P < 80$

9.2 应当停止环境风险等级划分的情形

粗铅冶炼企业有下列情形之一的，应当停止对该企业的环境风险等级划分。

（1）未编制环境影响评价文件或环境影响评价文件未经环境保护部门批准的。

（2）未通过环境保护部门的建设项目竣工环境保护验收的。

（3）未按规定通过建设项目安全设施竣工验收的。

（4）未按规定通过消防验收的。

（5）未按规定取得排污许可证、危险化学品安全生产许可证的。

（6）所采用的工艺属于《产业结构调整指导目录（2011 年本）》淘汰类的，但尚未被依法予以淘汰的。

9.3 直接划定为一级环境风险的情形

（1）所采用的工艺不属于《产业结构调整指导目录（2011 年本）》淘汰类，但单系列产能 5 万吨/年规模以下的。

（2）达不到卫生防护距离或大气环境防护距离的。

（3）周边 1 千米有饮用水水源保护区和居民集中区等敏感目标的。

（4）近 5 年内发生过重、特大环境污染事故或者事件的。

（5）近 5 年内发生过恶意环境违法事件的。

附一

粗铅冶炼企业环境风险等级划分指标体系构成图

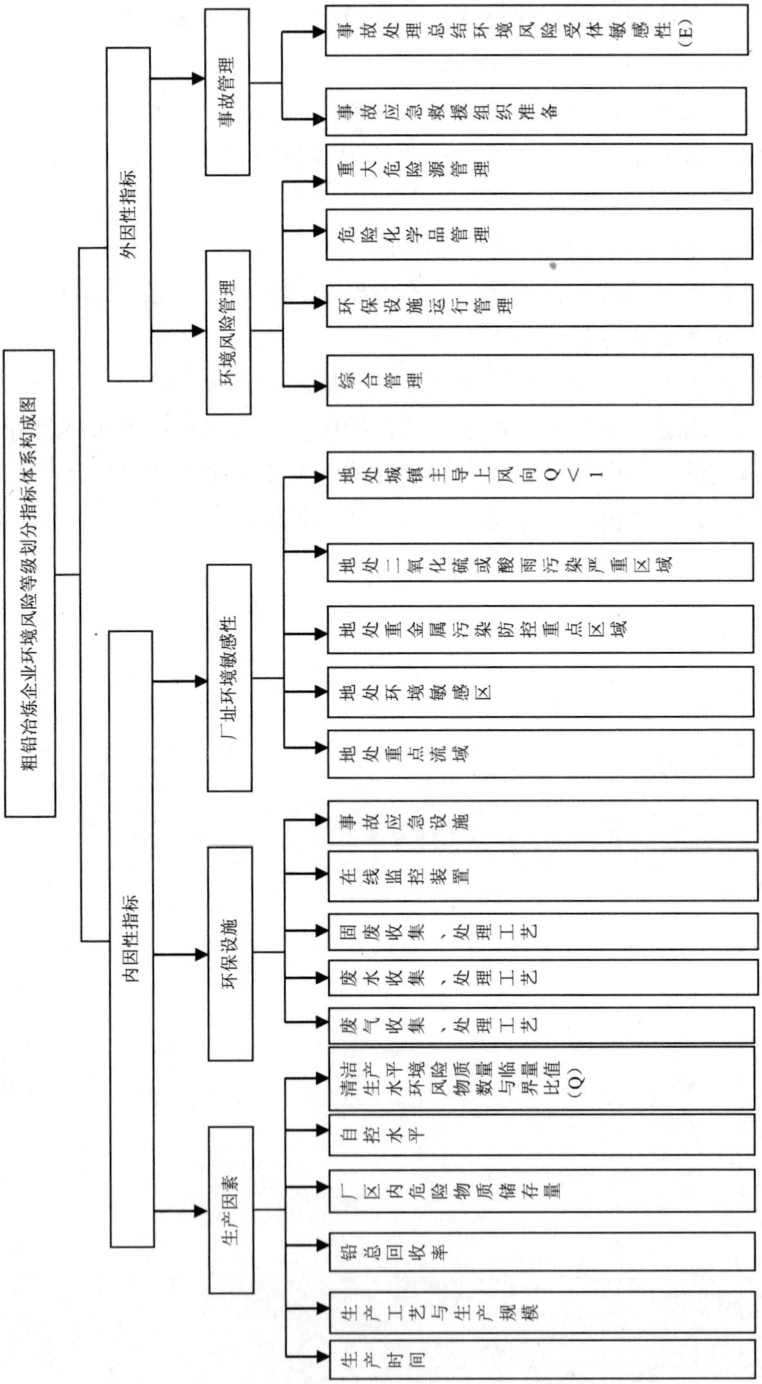

附二

粗铅冶炼企业环境风险等级划分内因性指标项目及指标分值

序号	指标项目		评价内容	分值
1	生产因素	生产时间	30年以上（注1）	30
2			15年以上，30年以下	20
3			5年以上，15年以下	10
4			5年以下	5
5		（生产工艺与生产规模）（注2）	密闭鼓风炉熔炼（ISP）工艺10万t/a以上	30
6			密闭鼓风炉熔炼（ISP）工艺 5万t/a以上，10万t/a以下	26
7			富氧顶吹—鼓风炉工艺10万t/a以上	25
8			基夫赛特（Kivcet）法10万t/a以上	25
9			富氧底吹—鼓风炉工艺10万t/a以上	25
10			富氧顶吹—鼓风炉工艺5万t/a以上，10万t/a以下	22
11			基夫赛特（Kivcet）法5万t/a以上，10万t/a以下	22
12			富氧底吹—鼓风炉工艺5万t/a以上，10万t/a以下	22
13			富氧底吹—液态高铅渣直接还原工艺10万t/a以上	20
14			富氧底吹—液态高铅渣直接还原工艺 5万t/a以上，10万t/a以下	18
15		铅总回收率	96%以下	25
16			96%以上，97%以下	20
17			97%以上	5
18		厂区内危险物质储存量	硫酸储存量5000立方米以上	6
19			硫酸储存量5000立方米以下	4
20		自控水平	未采用计算机控制进料和冶炼过程，或者不具备炉温、压力等关键参数在线监测与报警装置	5
21		清洁生产水平	未达到国内基本水平	10
22			达到国内基本水平，尚未达到国内先进水平	8
23			达到国内先进水平，尚未达到国际先进水平	4

序号	指标项目		评价内容	分值
24	环保设施	废气收集、处理工艺	废气收集、处理工艺属于《铅冶炼污染防治最佳可行技术指南（试行）》最佳可行工艺	5
25			废气收集、处理工艺不属于《铅冶炼污染防治最佳可行技术指南（试行）》最佳可行工艺，但能达标排放	10
26		废水收集、处理工艺	废水收集、处理工艺属于《铅冶炼污染防治最佳可行技术指南（试行）》最佳可行工艺	5
27			废水收集、处理工艺不属于《铅冶炼污染防治最佳可行技术指南（试行）》最佳可行工艺，但能达标排放	10
28		固废收集、处理工艺	固废处理及综合利用工艺属于《铅冶炼污染防治最佳可行技术指南（试行）》最佳可行工艺	5
29			固废处理及综合利用工艺不属于《铅冶炼污染防治最佳可行技术指南（试行）》最佳可行工艺，但能满足相关要求	10
30		在线监控装置	未安装废水重金属在线监测装置	4
31		事故应急设施	各类储罐未配备容积充足的围堰和事故水收集池	10
32	厂址环境敏感性	地处重点流域（注 3）		4
33		地处环境敏感区内（注 4）		4
34		地处重金属污染防控重点区域		10
35		地处二氧化硫或酸雨污染严重区域		4
36		地处城镇主导上风向		6

注：1. 本表格中，“以上”均含本数，“以下”不含本数。

2. 生产规模均为装置单套生产规模；对于具有多种工艺、多套设备的企业，分值叠加。

3. 根据环境保护部、发展改革委、财政部、水利部联合印发的《重点流域水污染防治规划（2011—2015 年）》（环发〔2012〕58 号）的规定，重点流域包括松花江、淮河、海河、辽河、黄河中上游、太湖、巢湖、滇池、三峡库区及其上游、丹江口库区及上游 10 个流域。

4. 根据《建设项目环境影响评价分类管理名录》（环境保护部令第 2 号）的规定，环境敏感区是指依法设立的各级各类自然、文化保护地，以及对建设项目的某类污染因子或者生态影响因子特别敏感的区域，主要包括：

（一）自然保护区、风景名胜区、世界文化和自然遗产地、饮用水水源保护区；

（二）基本农田保护区、基本草原、森林公园、地质公园、重要湿地、天然林、珍稀濒危野生动植物天然集中分布区、重要水生生物的自然产卵场及索饵场、越冬场和洄游通道、天然渔场、资源性缺水地区、水土流失重点防治区、沙化土地封禁保护区、封闭及半封闭海域、富营养化水域；

（三）以居住、医疗卫生、文化教育、科研、行政办公等为主要功能的区域，文物保护单位，具有特殊历史、文化、科学、民族意义的保护地。

附三

粗铅冶炼企业环境风险等级划分外因性指标项目及指标分值

序号	指标项目			评分依据	指标分值（分）
1	环境风险管理	综合管理	建立符合环境监测管理要求的污染源监测口及监测平台，按要求实施监测，建立企业环境监测台账	未建立	2
2			对易造成污染的设施和污染物治理设施设置警示牌	未设置	1
3			是否建立环保管理体系，集团、子公司、分厂、车间均设有环保管理人员	未设置	2
4			完成两年一轮的清洁生产审核	未完成	2
5			是否有健全的各项记录和生产管理制度	未建立	2
6			每年是否做铅金属平衡	未落实	2
7			是否建立重金属污染物产生、排放的台账制度	未落实	2
8			是否有完整的生产设备使用、维护和维修制度	未落实	2
9			落实主要污染物总量控制（减排）任务情况	未落实	4
10			员工实行上岗培训和岗位培训，进出厂区沐浴更衣，工作服装、鞋帽不出厂区	未落实	4
11			原料运输过程是否实现封闭运输	未落实	4
12			是否建立内部环境监测制度	未落实	2
13		环保设施运行管理	厂区完成雨污分流、污污分流、处理设施运行正常，有完整的运行记录，按要求进行废水分析检测	未完成	5
14			废气收集、处理设施运行正常，有完整的运行记录，按要求进行分析检测，各管线标识清楚，并采取防渗、防漏、防腐措施	未完成	5
15			固废收集、处理处置有完整记录，符合各类固废管理规范要求	未完成	5
16			环保设施正常运转并实现近三年监督性监测中污染物稳定达标排放	单次超标	2
				多次超标	4
17			是否有完整的生产设备使用、维护和维修制度	未落实	2

序号	指标项目			评分依据	指标分值（分）
18	环境风险管理	危险化学品管理	制定安全生产、储存、运输危险化学品的工艺规程和安全技术规程	未落实	4
19			制定安全处理危险化学品废弃物的安全技术规程、设置符合危险化学品废弃物安全处理条件的处理设施	未落实	4
20			制定并落实危险废物管理制度且符合环境管理要求	未实现	4
21		重大危险源管理	设置可燃物质报警装置、有害物质报警装置、即时摄像监控装置、污酸泄漏报警控制系统	有一项未设置	4
22	事故管理	事故应急救援组织准备	开停车科学管理，并配套有合理的事故处理设施	未执行	5
23			各生产装置设置事故联锁紧急停车系统	未设置	4
24			完成重大危险源的申报和备案	未完成	2
25			制定事故应急救援预案	未制定	2
26			定期举行事故应急救援预案演习	未举行	2
27			建立事故应急救援领导机构	未建立	2
28			建立企业与工业园区及当地政府突发性事故应急预案联动机制	未建立	2
29		事故处理总结	制定处理事故、追究责任的制度	未建立	1
30			制定分析事故、总结经验的制度	未建立	1

说明：开停车科学管理，主要是指严格执行开停车操作规程；开停车时实施“三规一法”规定（包括工艺规程、分析规程、检修规程和操作法）；保证开停车维持二氧化硫的高转化效率，并配套有合理的尾气事故处理设施。

八、环境污染损害评估政策

国务院办公厅关于加强环境监管执法的通知（摘录）

国办发〔2014〕56号

……

二、对各类环境违法行为“零容忍”，加大惩治力度

……

（五）重拳打击违法排污。对偷排偷放、非法排放有毒有害污染物、非法处置危险废物、不正常使用防治污染设施、伪造或篡改环境监测数据等恶意违法行为，依法严厉处罚；对拒不改正的，依法予以行政拘留；对涉嫌犯罪的，一律迅速移送司法机关。对负有连带责任的环境服务第三方机构，应予以追责。建立环境信用评价制度，将环境违法企业列入“黑名单”并向社会公开，将其环境违法行为纳入社会信用体系，让失信企业一次违法、处处受限。对污染环境、破坏生态等损害公众环境权益的行为，鼓励社会组织、公民依法提起公益诉讼和民事诉讼。

三、积极推行“阳光执法”，严格规范和约束执法行为

……

（十）强化监管责任追究。对网格监管不履职的，发现环境违法行为或者接到环境违法行为举报后查处不及时的，不依法对环境违法行为实施处罚的，对涉嫌犯罪案件不移送、不受理或推诿执法等监管不作为行为，监察机关要依法依纪追究有关单位和人员的责任。国家工作人员充当保护伞包庇、纵容环境违法行为或对其查处不力，涉嫌职务犯罪的，要及时移送人民检察院。实施生态环境损害责任终身追究，建立倒查机制，对发生重特大突发环境事件，任期内环境质量明显恶化，不顾生态环境盲目决策、造成严重后果，利用职权干预、阻碍环境监管执法的，要依法依纪追究有关领导和责任人的责任。

国务院办公厅

2014 年 11 月 12 日

国务院办公厅关于印发国家突发环境事件应急预案的通知（摘录）

国办函〔2014〕119号

……

5　后期工作

5.1　损害评估

突发环境事件应急响应终止后，要及时组织开展污染损害评估，并将评估结果向社会公布。评估结论作为事件调查处理、损害赔偿、环境修复和生态恢复重建的依据。

突发环境事件损害评估办法由环境保护部制定。

国务院办公厅

2014年12月29日

突发环境事件调查处理办法（摘录）

环境保护部令 第 32 号

……

第十条 环境保护主管部门应当按照所在地人民政府的要求，根据突发环境事件应急处置阶段污染损害评估工作的有关规定，开展应急处置阶段污染损害评估。

应急处置阶段污染损害评估报告或者结论是编写突发环境事件调查报告的重要依据。

……

第十三条 开展突发环境事件调查，应当收集地方人民政府和有关部门在突发环境事件发生单位建设项目立项、审批、验收、执法等日常监管过程中和突发环境事件应对、组织开展突发环境事件污染损害评估等环节履职情况的证据材料。

部长 周生贤

2014 年 12 月 19 日

关于印发《规范环境行政处罚自由裁量权若干意见》的通知（摘录）

环发〔2009〕24号

……

四、综合运用惩戒手段

19. 环境行政处罚与经济政策约束相结合

对严重污染环境的违法企业，环保部门应当按照有关规定，及时通报中国人民银行和银行业、证券业监管机构及商业银行，为信贷机构实施限贷、停贷措施和证监机构不予核准上市和再融资提供信息支持。

20. 环境行政处罚与社会监督相结合

环保部门应当通过政府网站等方式，公布环境行政处罚的权限、种类、依据，并公开社会责任意识淡薄、环境公德缺失、环保守法记录不良、环境守法表现恶劣并受到处罚的企业名称和相关《处罚决定书》，充分发挥公众和社会舆论的监督作用。

对严重违反环保法律法规的企业，环保部门还可报告有关党委（组织、宣传部门）、人大、政府、政协等机关，通报工会、共青团、妇联等群众团体以及有关行业协会等，撤销违法企业及其责任人的有关荣誉称号。

21. 环境行政处罚与部门联动相结合

对未依法办理环评审批、未通过“三同时”验收，擅自从事生产经营活动等违法行为，环保部门依法查处后，应当按照国务院《无照经营查处取缔办法》的规定，移送工商部门依法查处；对违反城乡规划、土地管理法律法规的建设项目，应当移送规划、土地管理部门依法限期拆除、恢复土地原状。

22. 环境行政处罚与治安管理处罚相结合

环保部门在查处环境违法行为过程中，发现有阻碍环保部门监督检查、违法排放或者倾倒危险物质等行为，涉嫌构成违反治安管理行为的，应当移送公安机关依照《治安管理处罚法》予以治安管理处罚。

如对向环境“排放、倾倒”毒害性、放射性物质或者传染病病原体等危险物质，涉嫌违反《治安管理处罚法》第30条，构成非法“处置”危险物质行为的，环保部门应当根据全国人大常委会法工委《对违法排污行为适用行政拘留处罚问题的意见》（法工委复〔2008〕5号）以及环境保护部《关于转发全国人大法工委〈对违法排污行为适用行政拘留处罚问题的意见〉的通知》（环发〔2008〕62号）的规定，及时移送公安机关予以拘留。

23. 环境行政处罚与刑事案件移送相结合

环保部门在查处环境违法行为过程中，发现违法行为人涉嫌重大环境污染事故等犯罪，依法应予追究刑事责任的，应当依照《刑事诉讼法》、《行政执法机关移送涉嫌犯罪案件的规定》和《关于环境保护行政主管部门移送涉嫌环境犯罪案件的若干规定》（原环保总局、公安部、最高人民检察院，环发〔2007〕78号），移送公安机关。

24. 环境行政处罚与支持民事诉讼相结合

对环境污染引起的损害赔偿纠纷，当事人委托环境监测机构提供监测数据的，环境监测机构应当接受委托。当事人要求提供环境行政处罚、行政复议、行政诉讼和实施行政强制措施等执法情况的，环保部门应当依法提供相关环境信息。环境污染损害赔偿纠纷受害人向人民法院提起诉讼的，环保部门可以依法支持。环保部门可以根据环境污染损害赔偿纠纷当事人的请求，开展调解处理。

环境保护部
二〇〇九年三月十一日

关于开展环境污染损害鉴定评估工作的若干意见

环发〔2011〕60号

各省、自治区、直辖市环境保护厅（局），新疆生产建设兵团环境保护局，辽河保护区管理局：

环境污染损害鉴定评估是综合运用经济、法律、技术等手段，对环境污染导致的损害范围、程度等进行合理鉴定、测算，出具鉴定意见和评估报告，为环境管理、环境司法等提供服务的活动。为切实推动环境污染损害鉴定评估工作顺利开展，现提出以下意见。

一、充分认识开展环境污染损害鉴定评估工作的重要意义

（一）开展环境污染损害鉴定评估工作是应对环境挑战的迫切需要

当前，我国面临的环境形势依然十分严峻。随着我国进入工业化、城镇化快速发展阶段，发达国家二、三百年出现的环境问题在我国已集中显现，环境保护工作正面临前所未有的压力和挑战。而我国法律在环境责任、环境污染损害赔偿和土壤污染防治等方面规定的不完善以及环境污染损害鉴定评估机制的缺失，在一定程度上影响了污染者负担原则的有效落实，与我国面临的环境形势及其对环境保护工作的要求很不适应。开展环境污染损害鉴定评估工作，全面追究污染者的环境责任，是切实落实污染者负担原则、有效应对环境挑战的迫切需要。

（二）开展环境污染损害鉴定评估工作是促进经济发展方式转变的重要举措

目前，在我国环境管理实践中对私益环境损害的赔偿远不能足额到位，对公益环境损害的赔偿更是很少涉及。开展环境污染损害鉴定评估工作，对环境污染损害进行定量化评估，将污染修复与生态恢复费用纳入环境损害赔偿范围，科学、合理确定损害赔偿数额与行政罚款数额，有助于真实体现企业生产的环境成本，强化企业环境责任，增强企业的环境风险意识，从而在根本上有利于解决“违法成本低，守法成本高”的突出问题，改变以牺牲环境为代价的经济增长方式。

（三）开展环境污染损害鉴定评估工作是优化环境行政管理方式的有效手段

积极探索中国环境保护新道路，必须优化环境行政管理方式。开展环境污染

损害鉴定评估工作，使环境行政处罚与污染者造成的实际环境损害和获取的收益挂钩，有助于推动环境行政管理从粗放型向精细化转变，深化环境责任保险、绿色信贷、生态补偿等环境经济政策体系的创新，有助于加快环境风险防范、环境应急处置等环境行政管理水平的提升。

（四）开展环境污染损害鉴定评估工作是推进环境司法深入开展的技术保障

目前，我国现行法律法规对环境污染损害行为的行政责任、民事责任和刑事责任都做出了原则规定，但由于缺乏具体可操作的环境污染损害鉴定评估技术规范和管理机制，环境污染案件在审理时仍存在许多技术难题需要解决。开展环境污染损害鉴定评估工作，研究建立环境污染损害鉴定评估技术规范和工作机制，可以为司法机关审理环境污染案件提供专业技术支持，将有助于推动环境司法的深入开展，切实维护群众合法环境权益，依法严厉惩治环境违法犯罪行为。

二、指导思想、工作原则和工作目标

（五）指导思想。以全面落实科学发展观、积极探索中国环境保护新道路为指导，以保障环境安全、维护社会公平为目标，实现污染者全面承担责任、受害者获得足额赔偿、生态环境依法得到保护，促进环境管理从主要利用行政手段向综合运用法律、经济、技术和必要的行政手段的历史性转变。

（六）工作原则

统筹规划，有序推进。以“十二五”环境保护规划为指导，对环境污染损害鉴定评估与环境风险防范、环境责任保险、环境污染修复等相关工作统筹规划，有序推进。

立足国情，探索创新。立足国情，充分借鉴国外经验，积极探索环境污染损害鉴定评估技术方法，不断创新管理机制。

试点先行，逐步完善。充分发挥地方环境保护部门的积极性，试点先行，以“先易后难、成熟一项推出一项”为原则，针对各类环境要素与污染因子，逐步制定、完善相关技术规范与标准。

科学严谨，维护公正。及时对突发环境污染事件开展污染损害鉴定评估，强化职业道德建设，建立监督机制，确保鉴定意见和评估报告的独立性、科学性与公正性。

（七）总体目标。围绕环境保护中心工作，制定环境污染损害鉴定评估技术规范，组建鉴定评估专业队伍，健全工作机制，为环境行政管理、环境污染案件审理以及相关环境经济政策的制定提供支持，为环境污染损害赔偿与修复机制的建立奠定基础。

（八）阶段目标。2011—2012 年为探索试点阶段，重点开展案例研究和试点工作，在国家和试点地区初步形成环境污染损害鉴定评估工作能力。2013—2015 年为重点突破阶段，以制定重点领域管理与技术规范以及组建队伍为主，强化国家和试点地区环境污染损害鉴定评估队伍的能力建设。2016—2020 年为全面推进阶段，完善相关评估技术与管理规范，推进相关立法进程，基本形成覆盖全国的环境污染损害鉴定评估工作能力。

三、工作任务

（九）推动立法进程。研究论证环境污染损害责任承担主体、赔偿责任范围、责任承担方式等基本制度，及时总结各地实践经验，积极推进环境责任、环境污染损害赔偿和土壤污染防治等方面的立法进程。

（十）制定技术规范。研究制定环境污染损害范围认定与损害鉴定评估、污染修复与生态恢复、后评估与监测等方面的技术规范与标准，逐步形成覆盖水污染、大气污染、噪声污染、土壤污染、放射性污染、生态破坏等多个领域的污染损害鉴定评估方法。争取利用十年左右的时间，建立一套完整的环境污染损害鉴定评估与环境风险评估技术体系，同时加快环境损害修复技术的研究，为科学化、定量化评估环境污染损害奠定技术基础。近期以严重危害公众环境安全的水污染事故和重金属污染事故为突破口，开展重点领域技术规范的研究制定工作。

（十一）组建专业队伍。依托环境保护系统内现有科研技术单位的业务优势，组建环境污染损害鉴定评估管理与技术支撑队伍，明确职能定位。环境污染损害鉴定评估要与环境执法分离，保证其独立性及中立性。根据国家有关规定，推动环境污染损害鉴定评估队伍逐步纳入国家司法鉴定体系。

（十二）健全工作机制。抓紧建立高效便民的环境污染损害鉴定评估机制，逐步规范运行模式，完善管理制度。联合相关研究机构、大专院校以及地方环境保护科研技术单位，形成环境污染损害鉴定评估技术研发体系。加强与司法部门等有关单位的协调配合，推动研究成果的应用转化。

四、试点工作部署

（十三）积极开展试点。环境保护部将选择具有一定条件的省、市环境保护部门开展试点工作。试点单位要根据本辖区实际，从高起点上统筹规划，力争在地方立法、制度建设与管理模式上有所突破和创新。要依托本辖区现有的环境保护科研技术单位业务优势，在 2011 年年底前组建专业队伍，确保有一定理论与实际工作经验的科研人员专职从事环境污染损害鉴定评估试点工作，建立地方环境污染损害鉴定评估专家库，尽快形成环境污染损害鉴定评估能力。

（十四）重视案例评估。试点单位在应对突发环境污染事件过程中，要及时启动环境污染损害鉴定评估工作。建立环境污染事件案例库，开展环境污染场地修复调查，运用环境污染损害数额计算推荐方法开展实例验算，重点对环境污染导致的资源环境损害进行评估测算。

（十五）做好指导交流。国家和试点单位之间要形成有效的工作机制，定期开展技术指导与信息交流。

五、保障措施

（十六）重视组织领导。各省级环境保护部门要高度重视、精心组织、周密安排，切实加强环境污染损害鉴定评估管理制度建设，主动与立法、司法等有关部门协调配合，积极有序地推进工作开展。

（十七）强化能力建设。各省级环境保护部门，尤其是试点单位，要在人员编制、工作经费和研究课题安排、人员培训与鉴定评估设备等方面给予必要的支持和倾斜，确保前期科研和鉴定评估工作的顺利开展，尽快形成鉴定评估能力并不断提高鉴定评估水平。加强技术储备，充分利用国内外的先进经验，不断拓展研究领域，逐步向污染修复及生态恢复等领域纵深推进。开发环境污染损害鉴定评估信息管理系统，建立环境污染损害鉴定评估工作网络体系。

（十八）加强培训宣传。要及时汇总研究成果，组织编写培训教材，结合案例试点评估，采取多种教学手段，对管理和技术人员开展专题培训。要注重宣传，普及专业知识，推广成功经验，调动各方面的积极性，共同做好环境污染损害鉴定评估工作。

附件：环境污染损害数额计算推荐方法（第 I 版）（略）

环境保护部

二〇一一年五月二十五日

关于印发《突发环境事件应急处置阶段污染损害评估工作程序规定》的通知

环发〔2013〕85号

各省、自治区、直辖市环境保护厅（局），新疆生产建设兵团环境保护局，辽河保护区管理局：

为规范突发环境事件应急处置阶段污染损害评估工作，及时确定事件级别，我部制定了《突发环境事件应急处置阶段污染损害评估工作程序规定》。现印发给你们，请结合实际，抓好落实。

附件：突发环境事件应急处置阶段污染损害评估工作程序规定

环境保护部

2013年8月2日

附件：

突发环境事件应急处置阶段污染损害评估工作程序规定

第一条　为规范突发环境事件应急处置阶段污染损害评估工作，及时确定事件级别，保障人民生命财产和生态环境安全，依据《中华人民共和国突发事件应对法》、《中华人民共和国环境保护法》、《国家突发环境事件应急预案》等法律法规和有关规范性文件，制定本规定。

第二条　本规定所称突发环境事件应急处置阶段污染损害评估（以下简称污染损害评估），是指对突发环境事件应急处置期间造成的直接经济损失进行量化，评估其损害数额的活动。

直接经济损失包括人身损害、财产损害、应急处置费用以及应急处置阶段可以确定的其他直接经济损失。

第三条 县级以上环境保护主管部门按照同级人民政府应对突发环境事件的安排部署，组织开展的污染损害评估工作适用本规定。

第四条 县级以上环境保护主管部门应当遵循分级负责、及时反应、科学严谨、公正公开的原则，组织开展污染损害评估工作。有关单位和个人应当积极配合开展污染损害评估工作。

第五条 污染损害评估所依据的环境监测报告及其他书证、物证、视听资料、当事人陈述、鉴定意见、调查笔录、调查表等有关材料应当符合相关规定。

第六条 县级以上环境保护主管部门应当在突发环境事件发生后及时开展污染损害评估前期工作，并在应急处置工作结束后及时制定评估工作方案，组织开展污染损害评估工作。

第七条 对于初步认定为特别重大和重大、较大、一般突发环境事件的，分别由所在地省级、地市级、县级环境保护主管部门组织开展污染损害评估工作。对于初步认定为一般突发环境事件的，可以不开展污染损害评估工作。

跨行政区域突发环境事件的污染损害评估，由相关地方环境保护主管部门协调解决。

第八条 县级以上环境保护主管部门可以委托有关司法鉴定机构或者环境污染损害鉴定评估机构开展污染损害评估工作，编制评估报告，并组织专家对评估报告进行技术审核。

第九条 污染损害评估应当于应急处置工作结束后30个工作日内完成。情况特别复杂的，经省级环境保护主管部门批准，可以延长30个工作日。

第十条 组织开展污染损害评估的环境保护主管部门应当于评估报告技术审核通过后20个工作日内，将评估报告报送同级人民政府和上一级环境保护主管部门，并将评估结论向社会公开。

第十一条 省级环境保护主管部门应当每年对污染损害评估工作开展情况以及评估报告的应用情况进行监督检查，并将检查情况报同级人民政府和环境保护部。

第十二条 本规定由环境保护部解释。

第十三条 本规定自印发之日起施行。

关于印发《环境损害鉴定评估推荐方法（第Ⅱ版）》的通知

环办〔2014〕90号

各有关单位：

为贯彻落实党的十八大报告和十八届三中全会关于“实行最严格的损害赔偿制度、责任追究制度”的精神，积极推进环境损害鉴定评估技术规范体系建设，我部委托环境保护部环境规划院在借鉴国内外环境损害鉴定评估方法并总结国内外环境损害鉴定评估实践经验的基础上，对《环境污染损害数额计算推荐方法（第Ⅰ版）》进行了修订，编制完成了《环境损害鉴定评估推荐方法（第Ⅱ版）》。

现将《环境损害鉴定评估推荐方法（第Ⅱ版）》印发给你们，供在开展环境污染损害鉴定评估有关工作中参照执行。

附件：1. 各有关单位名单

　　　2. 环境损害鉴定评估推荐方法（第Ⅱ版）

环境保护部办公厅

2014年10月24日

附件1：

各有关单位名单

各省、自治区、直辖市环境保护厅（局）

部机关各部门，各派出机构、直属单位

深圳市人居环境委员会

中国环境监测总站

环境保护部华南环境科学研究所

中国环境科学学会环境损害鉴定评估中心
天津市环境污染损害鉴定评估中心
浙江省环境保护科学设计研究院
安徽省环境科学研究院
山东省环境保护科学研究设计院
湖南省环境保护科学研究院
广东省环境科学研究院
重庆市环境科学研究院（重庆市环境监测中心）
昆明环境污染损害司法鉴定中心

附件 2：

环境损害鉴定评估推荐方法（第 II 版）

1　背景和目的

环境保护部《关于开展环境污染损害鉴定评估工作的若干意见》（环发〔2011〕60 号）和《环境污染损害数额计算推荐方法（第 I 版）》发布以来，我国环境损害鉴定评估工作取得了积极进展。

为保护和改善环境，保障公众健康，推动环境损害赔偿制度建设，适应环境损害鉴定评估工作的需要，针对《环境污染损害数额计算推荐方法（第 I 版）》存在的问题与不足，在借鉴国内外环境损害鉴定评估方法并总结国内外环境损害鉴定评估实践经验的基础上，重点修订生态环境损害鉴定评估方法，并更名为《环境损害鉴定评估推荐方法（第 II 版）》。

2　适用范围

本方法适用于因污染环境或破坏生态行为（包括突发环境事件）导致人身、财产、生态环境损害、应急处置费用和其他事务性费用的鉴定评估。不适用于因核与辐射所致环境损害的鉴定评估。突发环境事件应急处置阶段环境损害评估适用《突发环境事件应急处置阶段环境损害评估技术规范》。

3 规范性引用文件

本方法引用下列文件中的条款。凡是不注明日期的引用文件，其有效版本适用于本方法。

GB 3095	环境空气质量标准
GB 3838	地表水环境质量标准
GB/T 14848	地下水质量标准
GB 15618	土壤环境质量标准
GB 3096	声环境质量标准
GB 11607	渔业水质标准
HJ 25.1	场地环境调查技术导则
HJ 25.2	场地环境监测技术导则
HJ 25.3	污染场地风险评估技术导则
HJ 25.4	污染场地土壤修复技术导则
HJ/T 192	生态环境状况评价技术规范（试行）
GB/T 21678	渔业污染事故经济损失计算方法
NY/T 1263	农业环境污染事故损失评价技术准则
SF/Z JD0601001	农业环境污染事故司法鉴定经济损失估算实施规范
NY/T 1669	农业野生植物调查技术规范
HY/T 095	海洋溢油生态损害评估技术指南

人体损伤残疾程度鉴定标准（试行）

最高人民法院关于审理人身损害赔偿案件适用法律若干问题的解释

最高人民法院关于确定民事侵权精神损害赔偿责任若干问题的解释

4 术语和定义

下列术语和定义适用于本方法。

4.1 环境损害

指因污染环境或破坏生态行为导致人体健康、财产价值或生态环境及其生态系统服务的可观察的或可测量的不利改变。

4.2 鉴定评估

指鉴定评估机构按照规定的程序和方法，综合运用科学技术和专业知识，评估污染环境或破坏生态行为所致环境损害的范围和程度，判定污染环境或破坏生态行为与环境损害间的因果关系，确定生态环境恢复至基线状态并补偿期间损害的恢复措施，量化环境损害数额的过程。

4.3　人身损害

指因污染环境行为导致人的生命、健康、身体遭受侵害，造成人体疾病、伤残、死亡或精神状态的可观察的或可测量的不利改变。

4.4　财产损害

指因污染环境或破坏生态行为直接造成的财产损毁或价值减少，以及为保护财产免受损失而支出的必要的、合理的费用。

4.5　生态环境损害

指由于污染环境或破坏生态行为直接或间接地导致生态环境的物理、化学或生物特性的可观察的或可测量的不利改变，以及提供生态系统服务能力的破坏或损伤。

4.6　应急处置费用

指突发环境事件应急处置期间，为减轻或消除对公众健康、公私财产和生态环境造成的危害，各级政府与相关单位针对可能或已经发生的突发环境事件而采取的行动和措施所发生的费用。

4.7　事务性费用

指污染环境或破坏生态环境行为发生后，各级政府与相关单位为保护公众健康、公私财产和生态环境，减轻或消除危害，开展环境监测、信息公开、现场调查、执行监督等相关工作所支出的费用。

4.8　生态系统服务

指人类或其他生态系统直接或间接地从生态系统获取的收益。生态系统的物理、化学或生物特性是生态系统服务的基础。

4.9　基线

指污染环境或破坏生态行为未发生时，受影响区域内人体健康、财产和生态环境及其生态系统服务的状态。

4.10　环境修复

指生态环境损害发生后，为防止污染物扩散迁移、降低环境中污染物浓度，将环境污染导致的人体健康风险或生态风险降至可接受风险水平而开展的必要的、合理的行动或措施。

4.11　生态恢复

指生态环境损害发生后，为将生态环境的物理、化学或生物特性及其提供的生态系统服务恢复至基线状态，同时补偿期间损害而采取的各项必要的、合理的措施。

4.12　期间损害

指生态环境损害发生至生态环境恢复到基线状态期间，生态环境因其物理、化学或生物特性改变而导致向公众或其他生态系统提供服务的丧失或减少，即受损生态环境从损害发生到其恢复至基线状态期间提供生态系统服务的损失量。

4.13　永久性损害

指受损生态环境及其服务难以恢复，其向公众或其他生态系统提供服务能力的完全丧失。

4.14　可接受风险水平

指综合考虑科学、社会、经济和政治因素，依据危害性和脆弱性分析、成本效益分析、技术手段的可行性分析等确定的人体健康或生态系统的可容忍的风险水平。

5　总　则

5.1　工作原则

5.1.1　规范合法原则

环境损害鉴定评估应当按照有关法律法规和技术规范规定的程序和方法开展，鉴定评估机构及其工作人员应当具备环境损害鉴定评估能力或资质，鉴定评估报告应符合法律法规和技术规范规定的程序、结构及内容要求。

5.1.2　科学合理原则

环境损害鉴定评估与调查监测方案的制定应当综合考虑科学、经济和社会发展水平，保证评估工作的科学性和可操作性。鉴定评估应当根据工作目的按照预先设计的工作方案开展，不得随意偏离或变更。在工作过程中有关数据和资料的搜集、样品的采集与运输、样品的分析检测应当按照有关技术规范开展，并作为鉴定评估的客观依据，不得主观臆测鉴定评估结论。

5.1.3　公平客观原则

鉴定评估机构及其工作人员应当运用专业知识和实践经验独立客观地开展鉴定评估，不得受委托方或其他的外界不正当影响。鉴定评估机构及其工作人员应当与环境损害利益相关方等无利害关系。

5.2　工作内容

环境损害鉴定评估的主要工作内容包括污染物属性鉴别、损害确认、因果关系判定和损害数额量化。

5.2.1　人身损害

人身损害鉴定评估内容包括因环境污染导致受害人发生疾病、伤残、死亡等健康损害的确认、污染环境行为与人身损害间的因果关系判定和人身损害数额评估三部分内容。

5.2.2　财产损害

财产损害鉴定评估内容包括因环境污染导致的财产损毁或价值减少以及清除财产污染支出的额外费用等财产损害的确认、污染环境或破坏生态行为与财产损害间的因果关系判定和财产损害数额评估三部分内容。

5.2.3　生态环境损害

生态环境损害鉴定评估内容包括生态环境基线的确定、生态环境损害的确认、污染环境或破坏生态行为与生态环境损害间的因果关系判定、生态环境损害修复或恢复目标的确定、生态环境损害评估方法的选择、环境修复或生态恢复方案的筛选、环境修复或生态恢复费用的评估等内容。

5.2.4　应急处置费用

应急处置费用鉴定评估内容包括污染清理、污染控制、应急监测、人员转移安置等费用合理性的判别与数额的计算。

5.2.5　事务性费用

事务性费用鉴定评估内容包括环境监测、信息公开、现场调查、执行监督等费用合理性的判别与数额的计算。

5.3　工作范围

5.3.1　空间范围

综合利用现场调查、环境监测、生物监测、模型预测或遥感分析（例如航拍照片、卫星影像等）等方法初步确定人身损害、财产损害或生态环境损害的可能范围，在此基础上开展环境损害确认和因果关系判定，最终确定人身损害、财产损害、生态环境损害与应急处置费用及其他事务性费用鉴定评估的空间范围。

5.3.2　时间范围

环境损害鉴定评估的时间范围因损害类型不同而存在差异。人身损害鉴定评估的时间范围以污染环境行为发生日期为起点，持续至污染环境行为导致人身损害的可能的最大潜伏期为止。财产损害鉴定评估的时间范围根据损害对象、损害性质和赔偿方式等具体情况确定。生态环境损害评估的时间范围以污染环境或破坏生态行为发生日期为起点，持续到受损生态环境及其生态系统服务恢复至生态环境基线为止。

应急处置费用评估的时间以突发环境事件发生日期为起点，持续到应急处置结束日期为止。

6 环境损害确认

环境损害确认包括基线的确认以及人身损害、财产损害、生态环境损害、应急处置费用及其他事务性费用的确认。

6.1 基线确认

基线的确定方法如下：

a）利用污染环境或破坏生态行为发生前评估区域的历史数据，数据来源包括常规监测、专项调查、统计报表、学术研究等收集的反映人群健康、财产状况和生态环境状况等的历史数据；

b）利用未受污染环境或破坏生态行为影响的相似现场数据，即“对照区域”数据。要求“对照区域”与评估区域的人群特征、生态系统功能和服务水平等特征具有可比性；

c）利用模型。若上述方法不可行，可考虑构建污染物浓度与人体健康指标、财产损害程度、生物量或生境丰度等损害评价指标之间的剂量—反应关系模型来确定基线。

6.2 人身损害

6.2.1 个体人身损害的确认

个体水平的人身损害应排除不可抗力以及受害人主观故意或重大过失，其确认应满足下列任一条件：

a）个体死亡的；

b）按照《人体损伤残疾程度鉴定标准》明确诊断为伤残的；

c）临床检查可见特异性或严重的非特异性临床症状或体征、生化指标或物理检查结果异常，按照《疾病和有关健康问题的国际统计分类》（ICD-10）明确诊断为某种或多种疾病的；

d）虽未确定为死亡、伤残或疾病，为预防人体出现不可逆转的器质性或功能性损伤而必须采取临床治疗或行为干预的。

6.2.2　群体人身损害的确认

群体水平的人身损害应排除不可抗力以及受害人主观故意或重大过失，其确认应满足下列任一条件：

a）流行病学调查表明调查人群与对照人群在疾病频率（如发病率、死亡率等）、生理生化指标或临床物理检查结果等存在显著性差异；

b）空间分析表明调查人群疾病频率（如疾病、死亡、伤残等）存在显著的空间聚集性。

6.3　财产损害

财产损害的确认应排除不可抗力造成的财产损毁以及财产所有者主观故意或重大过失，且满足下列任一条件：

a）造成国家、集体或个人财产物理性损坏的；

b）造成国家、集体或个人财产功能性损坏的；

c）造成国家、集体或个人财产实际价值减少的；

d）防止财产因环境污染或生态破坏造成进一步损毁而额外支出的费用；

e）造成法律规定的其他损坏情形的。

6.4　生态环境损害

生态环境损害的确认应满足下列任一条件：

a）评估区域内环境介质（地表水、地下水、空气、土壤等）中污染物浓度超过基线水平或国家及地方环境质量标准，且造成的影响在一年内难以恢复；

b）死亡率增加：受影响区域污染环境或破坏生态行为发生后，与基线状态相比，关键物种死亡率的差异有统计学意义；

c）种群数量的减少：受影响区域污染环境或破坏生态行为发生后，与基线状态相比，关键物种种群密度或生物量的差异有统计学意义；

d）生物物种组成发生变化：受影响区域污染环境或破坏生态行为发生后，与基线状态相比，动植物物种组成、生物多样性等的差异有统计学意义；

e）身体变形：受影响区域污染环境或破坏生态行为发生后，与基线状态相比，生物体外部畸形，骨骼变形或内部器官和软组织畸形，组织病理学水平的损害等发生率的差异有统计学意义；

f）造成生态环境损害的其他情形。

7　因果关系判定

污染环境行为与环境损害间的因果关系判定包括环境暴露与环境损害间的因果关系判定和环境污染物从源到受体的暴露路径的建立与验证两部分。

7.1　环境暴露与环境损害的因果关系判定

环境暴露与环境损害间的因果关系判定应符合以下一般原则：

a）环境暴露与环境损害间存在时间先后顺序。即环境暴露发生在前，环境损害发生在后；

b）环境暴露与环境损害间的关联具有合理性。环境暴露导致环境损害的机理可由医学、生物学、毒理学等理论做出合理解释；

c）环境暴露与环境损害间的关联具有一致性。环境暴露与环境损害间的关联在不同时间、地点和研究对象中得到重复性验证；

d）环境暴露与环境损害间的关联具有特异性。环境损害发生在特定的环境暴露条件下，不因其他原因导致。由于环境暴露与环境损害间可能存在单因多果、多因多果等复杂因果关系，因此，环境暴露与环境损害间关联的特异性不作强制性要求。

7.2　暴露路径的建立和验证

在掌握污染源排放状况、区域环境质量状况等基础资料的基础上，提出污染来源的假设，通过以下条件或标准建立和验证暴露路径。暴露路径建立和验证的方法如下：

a）存在明确的污染来源和污染排放行为。直接或间接证据表明污染源存在明确的污染排放行为，包括物证、书证、证人证言、笔录、视听资料等；

b）空气、地表水、地下水、土壤等环境介质中存在污染源排放的污染物，且与污染源产生或排放的污染物（或污染物的转化产物）具有一致性；

c）污染物传输路径的合理性。当地气候气象、地形地貌、水文条件等自然环境条件存在污染物从污染源迁移至污染区域的可能，且其传输路径与污染源排放途径相一致；

d）受体（人身、财产或生态环境）暴露的可能性。环境污染物可能经呼吸道、膳食或饮水、皮肤接触等暴露途径进入人体，且空气、生活饮用水、食物中污染物的浓度超过国家或地方相关质量标准限值；或财产所处的环境介质中检测出污染物，且含量明显超出国家、行业或地方标准限值；或环境介质（地表水、地下水、空气、土壤）中污染物浓度超过相应环境质量标准或环境基准限值；

e）识别暴露路径的暴露单元，对每一个暴露单元内的污染物浓度、污染物的迁移机制和路线以及该单元的暴露范围进行分析以此确认各个暴露单元是否可以组成完整的暴露路径；或采用定量或半定量方法，如基于同位素的示踪技术、污染扩散模型等，建立并验证污染物从污染源经环境至受体的暴露路径。

8 损害评估方法

8.1 人身损害

人身损害赔偿数额按《最高人民法院关于审理人身损害赔偿案件适用法律若干问题的解释》计算；精神损害抚慰金按《最高人民法院关于确定民事侵权精神损害赔偿责任若干问题的解释》计算。

8.2 财产损害

8.2.1 财产损毁或实际价值减少

8.2.1.1 固定资产损失

指因污染环境或破坏生态行为造成固定资产损毁或价值减少带来的损失，采用修复费用法或重置成本法计算。如果完全损毁，采用重置成本法计算；如果部分损毁，采用重置成本法或修复费用法计算。采用重置成本法的固定资产损失的计算见公式（1）。修复费用法按实际发生的固定资产的维修费用进行计算。

$$固定资产损失=重置完全价值（元）\times（1-年平均折旧率\%\times已使用年限）\times损坏率（\%） \tag{1}$$

$$其中：年平均折旧率=（1-预计净残值率）\times100\%/折旧年限 \tag{2}$$

上式中，重置完全价值是指重新建造或购置全新的固定资产所需的费用；预计净残值率是指固定资产净残值占资产原价值的比例，由专业技术人员或专业资产评估机构进行定价评估；固定资产净残值是指固定资产报废时预计可收回的残余价值扣除预计清理费用后的余额。

8.2.1.2 流动资产损失

指生产经营过程中参加循环周转，不断改变其形态的资产，如原料、材料、燃料、在制品、半成品、成品等的经济损失。流动资产损失按不同流动资产种类分别计算并汇总，见公式（3）。

$$流动资产损失=流动资产数量\times购置时价格-残值 \tag{3}$$

上式中，残值指财产损坏后的残存价值，应由专业技术人员或专业资产评估机构进行定价评估。

8.2.1.3　农产品财产损失

指环境污染或生态破坏导致的农产品产量减少和农产品质量受损的经济损失，按照《农业环境污染事故司法鉴定经济损失估算实施规范》(SF/Z JD0601001)、《渔业污染事故经济损失计算方法》（GB/T 21678）和《农业环境污染事故损失评价技术导则》（NY/T 1263）计算。

8.2.1.4　林业损失

指由于环境污染或生态破坏造成林产品和树木损毁或价值减少，对林业资源本身的损害列入生态环境损害评估。林产品和树木损毁的损失利用直接市场价值法计算，评估方法参见农产品财产损失计算方法。

8.2.2　清除财产污染的额外支出

财产损害还包括为防止财产因环境污染造成进一步损毁而支出的清除财产污染的费用，包括工厂清理受污染工业设备的费用支出、水厂清理管道和生产设备的费用支出、渔民清理渔具的费用支出以及其他清除财产污染的费用。对于清除财产污染的额外支出，通过审核额外支出费用的票据后进行计算。

8.3　生态环境损害

8.3.1　生态环境损害评估方法及其适用条件

生态环境损害评估方法包括替代等值分析方法和环境价值评估方法。

8.3.1.1　替代等值分析方法

替代等值分析方法包括资源等值分析方法、服务等值分析方法和价值等值分析方法。

资源等值分析方法是将环境的损益以资源量为单位来表征，通过建立环境污染或生态破坏所致资源损失的折现量和恢复行动所恢复资源的折现量之间的等量关系来确定生态恢复的规模。资源等值分析方法的常用单位包括鱼或鸟的种群数量、水资源量等。

服务等值分析方法是将环境的损益以生态系统服务为单位来表征，通过建立环境污染或生态破坏所致生态系统服务损失的折现量与恢复行动所恢复生态系统服务的折现量之间的等量关系来确定生态恢复的规模。服务等值分析方法的常用单位包括生境面积、服务恢复的百分比等。

价值等值分析方法分为价值—价值法和价值—成本法。价值—价值法是将恢复行动所产生的环境价值贴现与受损环境的价值贴现建立等量关系，此方法需要将恢复行动所产生的效益与受损环境的价值进行货币化。衡量恢复行动所产生的效益与受损环境的价值需要采用环境价值评估方法。价值—成本法首先估算受损环境的货币价值，进而确定恢复行动的最优规模，恢复行动的总预算为受损环境的货币价值量。

8.3.1.2　环境价值评估方法

环境价值评估方法包括直接市场价值法、揭示偏好法、效益转移法和陈述偏好法。常用的环境价值评估方法参见附录 A。

8.3.1.3　生态环境损害评估方法的选择原则

8.3.1.3.1　优先选择替代等值分析方法中的资源等值分析方法和服务等值分析方法。如果受损的环境以提供资源为主，采用资源等值分析方法；如果受损的环境以提供生态系统服务为主，或兼具资源与生态系统服务，采用服务等值分析方法。采用资源等值分析方法或服务等值分析方法应满足以下两个基本条件：

a）恢复的环境及其生态系统服务与受损的环境及其生态系统服务具有同等或可比的类型和质量；

b）恢复行动符合成本有效性原则。

8.3.1.3.2　如果不能满足资源等值分析方法和服务等值分析方法的基本条件，可考虑采用价值等值分析方法。如果恢复行动产生的单位效益可以货币化，考虑采用价值—价值法；如果恢复行动产生的单位效益的货币化不可行（耗时过长或成本过高），则考虑采用价值—成本法。同等条件下，推荐优先采用价值—价值法。

8.3.1.3.3　如果替代等值分析方法不可行，则考虑采用环境价值评估方法。以方法的不确定性为序，从小到大依次建议采用直接市场价值法、揭示偏好法和陈述偏好法，条件允许时可以采用效益转移法。以下情况推荐采用环境价值评估方法：

a）当评估生物资源时，如果选择生物体内污染物浓度或对照区的发病率作为基线水平评价指标，由于在生态恢复过程中难以对其进行衡量，推荐采用环境价值评估方法；

b）由于某些限制原因，环境不能通过修复或恢复工程完全恢复，采用环境价值评估方法评估环境的永久性损害；

c）如果修复或恢复工程的成本大于预期收益，推荐采用环境价值评估方法。

8.3.2　基于恢复目标的生态环境损害评估步骤

基于恢复目标的生态环境损害评估，应首先确定修复或恢复的目标，即将受损的生态环境恢复至基线状态，或修复至可接受风险水平，或先修复至可接受风险水平再恢复至基线状态，或在修复至可接受风险水平的同时恢复至基线状态。对于部分工业污染场地，可根据再利用目的将受损生态环境修复至可接受风险水平。以下将该过程统一称为恢复。

按恢复目的的不同，可将恢复划分为基本恢复、补偿性恢复和补充性恢复。基本恢复的目的是使受损的环境及其生态系统服务复原至基线水平；补偿性恢复的目的是补偿环境从损害发生到恢复至基线水平期间，受损环境原本应该提供的资源或生态系统服务；如基本恢复和补偿性恢复未达到预期恢复目标，则需开展补充性恢复，以保证环境恢复到基线水平，并对期间损害给予等值补偿。

如果环境污染或生态破坏导致的生态环境损害持续时间不超过一年，则仅开展基本恢复；否则，需要同时开展基本恢复与补偿性恢复。

8.3.2.1　基本恢复方案的筛选与确定

基本恢复是在确认生态环境损害发生、确定其时空范围并判定污染环境或破坏生态行为与生态环境损害间因果关系的基础上，选择合适的替代等值分析方法，确定最优的恢复方案，估算实施最优恢复方案所需的费用。

8.3.2.1.1　基本恢复措施的选择

基本恢复方案可以选择人工恢复措施，也可以选择自然恢复措施。人工恢复适用于目前技术水平下能够有效恢复受损环境及其生态系统服务且符合成本效益原则的情形。自然恢复措施适用于以下情形：

a）所有的恢复方案都无法避免产生较大的二次污染或对环境造成严重的干扰；

b）目前技术水平下恢复行动耗资巨大，不符合成本效益原则；

c）目前技术水平下，无法恢复受损的环境及其生态系统服务。

8.3.2.1.2　基本恢复方案的初步筛选

综合采用现场勘查、专家咨询、德尔菲法以及费用—效果分析等方法对备选恢复方案进行初步筛选。优先选择能提供与损失的资源与服务同等类型、同等质量或具有可比价值的资源与服务的恢复方案，其次考虑能够提供可比类型和质量的恢复方案。

8.3.2.1.3　基本恢复方案的定性筛选

经过初步筛选的方案可以根据以下原则进行进一步筛选：

a）有效性：恢复方案应该能够实现对受损环境的恢复、修复或重置；

b）合法性：符合国家或地方相关法律法规、标准和规划等；

c）保护公众健康和安全：恢复工程不得危害公众健康和安全；

d）技术可行性：恢复方案应该有较高的成功的可能性，并在技术上可行；

e）公众可接受：恢复方案应该达到公众可接受的最小限度，恢复方案的实施不得产生二次损害；

f）减小环境暴露：恢复方案应该尽量降低环境的污染物暴露量与暴露水平，包括污染物的数量、流动性和毒性等。

8.3.2.1.4 基本恢复方案的偏好筛选

进一步对经过定性筛选的基本恢复方案进行偏好筛选，一般采用定性与定量相结合的方法，如层次分析法，进行选择判断。

8.3.2.1.5 基本恢复方案的成本效益分析

如果通过定性筛选和偏好筛选，有两种或更多可选方案时，利用成本效益或成本效果分析方法进行评估，选择成本效益或效果比最优的方案。如果所有恢复方案的成本均大于预期收益，建议采用环境价值评估方法进行评估。

8.3.2.1.6 基本恢复方案的确定

通过对基本恢复方案的筛选，确定最优恢复方案后，需进一步确定最优恢复行动或措施的实施范围、恢复规模和持续时间等。

8.3.2.2 补偿性恢复方案的筛选和确定

补偿性恢复是在基本恢复方案的基础上，选择合适的替代等值分析方法，评估期间损害并提出补偿期间损害的恢复方案，估算实施恢复方案所需的费用。

补偿性恢复方案的筛选和确定参阅附录 B。

8.3.2.3 补充性恢复方案的筛选和确定

开展恢复方案的实施效果评估，如果基本恢复或补偿性恢复未达到预期效果，应进一步筛选并确定补充性恢复方案，实施补充性恢复。补充性恢复方案的筛选和制定参阅 8.3.2.1 和 8.3.2.2。

8.3.3 永久性生态环境损害的评估

在进行生态环境损害评估时，如果既无法将受损的环境恢复至基线，也没有可行的补偿性恢复方案弥补期间损害，或只能恢复部分受损的环境，则应采用环境价值评估方法对受损环境或未得以恢复的环境进行价值评估。

8.3.4 现值系数

在进行生态环境损害评估时，考虑公共环境资源的时间价值，计算环境的期间损害时需要利用现值系数进行折算，现值系数体现的是人们消耗公共物品的时间偏好。现值系数包括复利率和贴现率，对过去的损失利用复利率进行复利计算，对未来损失利用贴现率进行贴现计算。对于环境资源类物品，现值系数推荐采用2%～5%。

8.4　应急处置费用

应急处置费用按照《突发环境事件应急处置阶段环境损害评估技术规范》进行评估。

8.5　事务性费用

事务性费用按实际支出进行汇总统计。

9　鉴定评估报告的编制

环境损害鉴定评估意见书应当包括环境损害确认、因果关系判定和环境损害量化及环境损害鉴定评估中涉及的特别事项等，环境损害鉴定评估意见书的格式参见《司法鉴定文书规范》。对于情况复杂的，需要出具环境损害鉴定评估报告书，按照委托要求和项目逐项详细说明，环境损害鉴定评估报告书的格式见附件C。

10　附　则

自本方法发布之日起，《环境污染事故损害数额计算推荐方法（第I版）》正式废止。

附录 A
（资料性附录）
常用的环境价值评估方法

A.1　直接市场价值法

A.1.1　生产率变动法

生产率变动法也称作观察市场价值法，是利用生产率的变动来评价环境状况变动的方法。该方法适用于衡量在市场上交易的资源使用价值，用资源的市场价格和数量信息来估算消费者剩余和生产者剩余。总的效益或损失是消费者和生产者剩余之和。

A.1.2　剂量—反应法

剂量—反应法也称为生产率法或生产要素收入法，将产出与生产要素（如土地、劳动力、资本、原材料）的不同投入水平联系起来。该方法的适用条件有：

a）环境变化直接导致销售的某种商品（或服务）的产量增加或减少，同时影响明确且能够观察或根据经验测试；

b）市场功能完好，价格是经济价值的有效指标。

A.1.3　人力资本和疾病成本法

人力资本法通过环境属性对劳动力数量和质量的影响来评估环境属性的价值。通常用因疾病引起的收入损失或治疗费用表示。

A.2　揭示偏好法

A.2.1　内涵资产定价法

内涵资产定价法又称作享乐价格法，内涵资产定价法，是根据人们为优质环境的享受所支付的价格来推算环境质量价值的一种估价方法，即将享受某种产品由于环境的不同所产生的差价，作为环境差别的价值。该方法越来越多地被应用于空气质量恶化对财产价值的影响。此方法的出发点是某一财产的价值包含了它所处的环境质量的价值。如果人们为某一地方与其他地方相同的房屋和土地支付更高的价格，且其他各种可能造成价格差别的非环境因素都加以考虑后，剩余的价格差别可以归结为环境因素。

A.2.2　避免损害成本法

避免损害成本法指个人为减轻损害或防止环境退化引起的效用损失而需要为市场商品或服务支付的金额。可用于评估净化的空气和水等非市场商品的价值。

A.2.3　虚拟治理成本法

虚拟治理成本是按照现行的治理技术和水平治理排放到环境中的污染物所需要的支出。虚拟治理成本法适用于环境污染所致生态环境损害无法通过恢复工程完全恢复、恢复成本远远大于其收益或缺乏生态环境损害恢复评价指标的情形。虚拟治理成本法的具体计算方法见《突发环境事件应急处置阶段环境损害评估技术规范》。

A.3　效益转移法

效益转移法基于消费者剩余理论，是一种非市场资源价值评价方法。若非市场资源价值受时间、空间和费用等条件限制，可适用此方法。效益转移法的适用条件如下：

a）对参照区的要求：要确定参照区的范围和规模，包括区域人口规模，评估中所需要的数据需求（如价值的类型：使用价值、非使用价值或总价值）；

b）对评估区和参照区的相关性的要求：评估区的环境资源的质量（数量）及其变化与参照区的资源质量（数量）及其预期变化应相似。

A.4　陈述偏好法

A.4.1　条件价值法

条件价值法也叫做权变评价法或或然估计法，条件价值评估法用调查技术直接询问人们的环境偏好。当缺乏真实的市场数据，甚至也无法通过间接的观察市场行为来赋予环境资源价值时，通常采用条件价值评估（CVM）技术。该技术特别适用于选择价值占有较大比重的独特景观、文物古迹等生态系统服务价值评估。

A.4.2　选择试验模型法

选择试验模型法基于效用最大化理论，采用问卷为被调查者提供由资源或环境物品的不同属性状态组合而成的选择集。让被调查者从每个选择集中选出自己最偏好的一种方案，研究者可以根据被调查者的偏好运用经济计量学模型分析出不同属性的价值以及由不同属性状态组合而成的各种方案的相对价值。

附录 B

（资料性附录）

补偿性恢复方案的确定

生态环境损害评估方法包括替代等值分析方法和环境价值评估方法。替代等值分析方法以恢复受损环境为目标制定恢复方案或评估恢复费用，保证实施恢复手段后环境所拥有的资源和所提供的生态服务与污染或破坏发生前等量，或好于污染或破坏发生前的基线状况；替代等值分析方法用于确定因生态环境损害而导致的资源或服务的类型和数量的损失（该损失随时间变化），以及弥补该损失所采取的措施类型及其数量。替代等值分析方法包括资源等值分析方法、服务等值分析方法和价值等值分析方法。

损害表示因环境污染或生态破坏而使环境与资源蒙受的损害或损失数量，损害通常是多方面的，因为生态环境损害会对许多物种、栖息地、生态系统功能及人类使用和非使用价值带来不利影响。此外，损害的时空范围及损害程度也因损害的度量方式而异。效益是通过补偿性或补充性恢复获得的资源或服务效益的数量。用量化损害所用的量度单位对恢复方案的数量、类型和大小进行量化，使恢复方案预期产生的效益大于或等于损害或损失。

等值分析法的一般步骤为：（1）量化生态环境损害或损失；（2）确定单位效益的预期恢复量；（3）用总的损害或损失除以单位效益恢复量，得出需要的恢复总量或恢复方案所需经费。

B.1 量化期间损害

期间损害的大小取决于基本恢复方案的恢复路径与恢复所需的时间。

从图 B-1 中可以看出，期间损害量的计算高度依赖于对受影响区域采取的基本恢复方法类型：若采取人工恢复措施，受损的资源与服务可以较快地恢复到基线状态，相应的期间损害量较小（若采用人工恢复措施，期间损害量为图 B-1 中的 A 区域）；若采取自然恢复措施，受损的资源与服务恢复到基线状态需要较长时间，相应的期间损害量较大（若采用自然恢复措施，期间损害量为图 B-1 中的 A+B 区域）。可以说，环境资源量和服务量的期间损害与所选择的基本恢复方案密切相关，即所选择的基本恢复方案很大程度上决定了环境资源量和服务量的期间损害量。

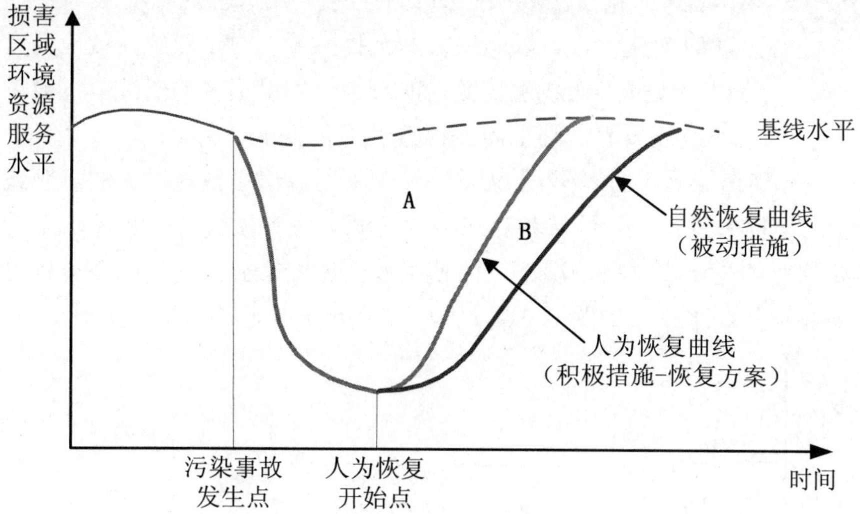

图 B-1　环境的恢复过程

B.1.1　资源等值分析方法或服务等值分析方法

期间损害的计算关键是要预测在开展了基本恢复行动后受损的资源和服务的恢复路径，即要预测受损的资源和服务在损害发生到恢复基线这段时间内每年受损的资源和服务量的大小。期间损害为在受损的期间内每年的资源或服务损失贴现量的加总。计算公式见式（B-1）：

$$H = \sum_{t=0}^{n} (R_t \times d_t) \times (1+r)^{(T-t)} \qquad \text{（B-1）}$$

式中：H —— 期间损害量；

t —— 评估期内的任意给定年（0～n 之间），t=0 表示起始年，是损害开始年或损失计算起始年；$t = n$ 是终止年，是指不再遭受进一步损害（或者通过自然恢复达到，或者通过基本恢复措施达到）的年份；

T —— 基准年，也叫贴现年，一般是进行损害评估的年份；

R_t —— 受影响资源或服务单位数量。对于资源，该参数可能是个体数量、生物量、寿命值、子女数量、能量、生产率或对生物或生态系统具有重要影响的其他量度。对于服务，该参数可能是受影响的栖息地面积（公顷），也可能是河流长度或其他栖息地的面积等；

d_t—— 损害程度，指资源或服务的受损程度，用选择的量度[1]衡量。损害程度随时间变化，可以是损害的个体数量，对于亚致死效应而言，也可以是预期寿命或生物数量的减少。如果损害的资源单位数量涵盖了亚致死概念，则不需要将其受损程度单列出来；

r—— 现值乘数，推荐采用 2%～5%。采用现值系数对过去的资源或服务损失进行复利计算和对未来的资源或服务损失进行贴现计算。

需要注意的是，在某些情况下，即使采取了恢复措施，受损的环境也可能始终无法恢复到基线水平（如图 B-2 所示），这种情况下建议 n 取 100。

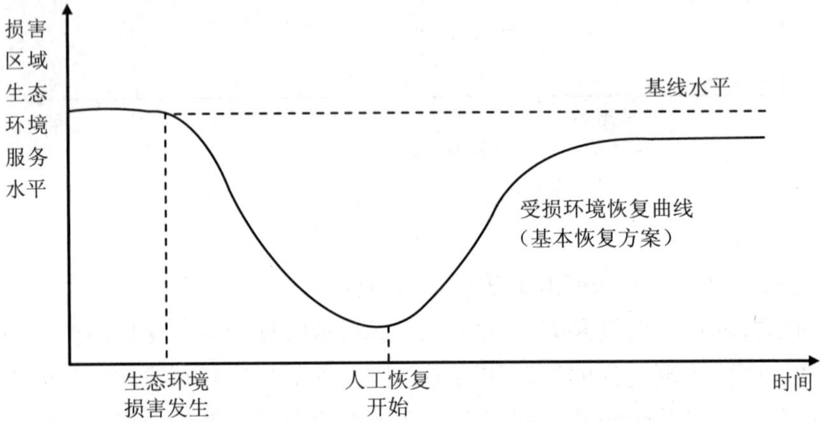

图 B-2　环境的恢复过程（受损环境难以恢复至基线水平）

B.1.2　价值等值分析方法

根据环境类型的不同，环境期间损害经济价值的量化模型也不同。如果环境

1 量化量度用于表示环境污染或生态破坏引起的损害和服务损失程度，和恢复项目引起的服务效益增量的程度。选择适合的量度很重要，因为估计的损失和效益增量会因使用的量度而异。量度可包括易衡量的数量属性（如人口密度、植被覆盖、生产率估算或用户使用次数），也包括更复杂、概念更强的质量属性（如栖息地适宜性）或质量指标、多变量指标或主观评级。举例而言，量化量度包括：某特定类型栖息地的范围；某种资源的单位或数量（如河流的公里数、某种类型栖息地的公顷数、可用水量等）；植被密度、覆盖或生物量量度；某种植物优良种、优势种或主要种的分布比例；栖息地质量指标；生物生产率（如初级和次级生产率）、物种丰度、生物量、多样性或群落构成量度；繁殖率；栖息地物种活动时间（例如，如果某个事故降低了栖息地的功能，使其生物数量减少）；种群完整性量度，如性别比、龄级分布、生物量；生态过程量度，如矿化度、营养物输出或分解的比率；依据超过毒性阈值的程度确定服务损害的级别。公式的损失和效益增量两侧的量度必须相同，以便进行等值计算（如果量度不同，则不能实现等值分析，也就达不到损失与效益平衡的目的）。量度还应能够用于识别基线、损害和补偿性栖息地提供的服务质量和数量的相对差异。

的价值以使用价值为主，建议采用式（B-2）计算，如果环境的价值以非使用价值为主，建议采用式（B-3）计算。

B.1.2.1　以使用价值为主的环境价值量化概念模型

$$H=\sum_{t=0}^{n}\left[(Q_{nt}\times P_{qn})+(Q_{lt}\times P_{ql})\right]\times(1+r)^{(T-t)} \qquad \text{(B-2)}$$

式中：H—— 期间损害量；

t—— 评估期内的任意给定年（0～n 之间），t=0 是起始年，是损害开始年或损失计算开始年；t=n 是终止年，终止年是不再遭受进一步损害（或者通过自然恢复达到，或者通过基本恢复措施达到）的年份。有时因预计资源不可恢复而没有预计的终止年；

T—— 基准年，现值计算使用的年份，一般是进行损害评估的年份；

Q_{nt}—— 损失的资源或服务的单位数量。可以是娱乐使用天数（如钓鱼、海滩旅行、划船），或使用该资源或服务的公众所认可的其他某种量度；

P_{qn}—— 资源或服务的单位经济（货币）价值；是与人类使用损失有关的单位价值（用货币衡量）。可能是一个钓鱼日的价值或避免患癌症风险增大的价值。一般根据现有文献或数据收集来估计此价值；

Q_{lt}—— 在质量降低状态下使用的资源或服务的单位数量；它不是完全失去，而是作为质量较低的资源或服务来提供。例如，有些人可能仍在被污染的现场钓鱼，但是他们从垂钓中获得的价值会减少；

P_{ql}—— 在质量降低状态下的资源或服务的单位经济价值；例如，因生态环境损害导致捕获率下降，进而使某地垂钓价值下降。一般根据现有经济文献或主要数据收集（如调查）对此价值进行评估；

r—— 现值系数，建议采用 2%～5%。

B.1.2.2　以非使用价值为主的环境价值量化概念模型

当环境主要表现为非使用价值时，通常利用支付意愿法或接受意愿法进行环境资源经济价值的评估。由于支付意愿或接受意愿表现为为防止受到损害而愿意支付一次性付款，或愿意接受损害而接受一次性付款，可能需要贴现，也可能不需要贴现。如果调查问卷中的问题，要求被调查人填写经过贴现计算的一次性付款，则不需要贴现；如果被调查人填写的一次性付款是现值，则需要贴现。假设不需要贴现，环境价值损失量的计算概念模型见式（B-3）。

$$H = \sum_{t=0}^{n} (\Delta Q_{n,l} \times P_{n,l}) \tag{B-3}$$

式中：H—— 期间损害量；

t—— 评估期内的任意给定年（0～n 之间），$t=0$ 是起始年，是损害开始年或损失计算开始年；$t=n$ 是终止年，终止年是不再遭受进一步损害（或者通过自然恢复达到，或者通过主要恢复措施达到）的年份。有时因预计资源不可恢复而没有预计的终止年；

T—— 基准年，现值计算使用的年份，一般是进行损害评估的年份；

$Q_{n,l}$—— 资源或服务随时间的变化，此参数可以是资源/服务因损害引起的总变化的定性描述。该描述通常包括初始基线水平、与基线的差距和回到基线状态的恢复路径，包括基本恢复措施和/或补充性恢复措施；

$P_{n,l}$—— 资源或服务变化的价值，它是人们赋予环境资源/服务变化的价值（用货币衡量）。一般根据人们对预防环境变化的支付意愿（WTP），或不希望变化的接受意愿（WTA）。此价值考虑了资源和服务的损失程度以及资源恢复路径和时间。一般根据现有文献或调查来估计此价值。

B.2　确定补偿性恢复方案的单位效益

补偿性恢复方案的规模确定通常指的是要确定恢复工程需要恢复的资源量或服务数量（如生境面积）。要确定补偿性恢复方案的规模，首先要确定恢复单位面积（通常以公顷计）的资源或服务所产生的效益。计算公式见式（B-4）：

$$E = \sum_{t=t_1}^{n} e \times (1+r)^{T-t} \tag{B-4}$$

式中：E—— 补偿性恢复行动的单位效益，即补偿单位资源量或服务量所产生的单位效益；

e—— 补偿性恢复行动在 t 年的年度单位效益；

t_1—— 补偿性恢复工程的起始年；

T—— 贴现基准年；

r—— 现值系数；

n —— 补偿性恢复行动的单位效益的贴现值近似为 0 的年份。若受损的环境始终无法恢复到基线水平，计算补偿性恢复行动的单位效益时，建议 n 取 t_1+100。

恢复单位的资源与服务所产生的效益取决于补偿性恢复方案的现值系数、工程持续的时间以及工程每年可以产生的单位面积环境效益。其中，若采用的是资源对等法或服务对等法，则补偿性恢复工程各年度可以恢复的环境效益以资源量或服务量为单位表示，若采用价值—价值对等法，则补偿性恢复工程各年度可以恢复的环境效益以货币量来表示。

B.3　确定补偿性恢复方案的规模

补偿性恢复方案的规模 S 等于需要补偿的期间损害量 H 除以补偿性恢复方案恢复单位资源与服务所产生的效益 E，计算公式见式（B-5）：

$$S = \frac{H}{E} \quad \text{(B-5)}$$

式中：H —— 期间损害量；

S —— 补偿性恢复行动的规模；补偿性恢复行动的规模通常以恢复的资源量或恢复面积来计量；

E —— 补偿性恢复行动的单位效益。

补偿性恢复行动的规模取决于恢复单位资源或服务所需时间、选取的现值系数、补偿性恢复行动产生的单位面积效益以及期间损害的大小。

B.4　确定补偿性恢复方案

根据计算得出的恢复量，提出备选恢复方案，如果恢复方案效果不确定，还需要利用实验或者模型模拟等方法开展必要的专项研究，提出备选恢复方案；利用表 B-1 的筛选标准进行备选方案比选，最终确定补偿性恢复方案。

表 B-1　恢复工程的筛选标准举例

初步筛选标准	
遵守相关法律和法规	工程项目必须遵守相关法律法规
工程的公共卫生和/或安全性	工程项目不得危害公共卫生和/或安全
应急清理工作和基本恢复工作之间的协调性	工程项目不得与应急清理工作相冲突
技术上可行	工程项目必须拥有较高的成功可能性

降低附带（二次）损害	工程项目不得导致额外的自然资源损害、服务损失或环境恶化；或产生的附带损害与获得的收益相比微不足道
公众可接受性	工程项目必须达到公众可接受的最低风险水平；工程项目不得妨害公众
降低自然资源中的污染物浓度暴露水平	恢复项目应降低自然资源中的污染物暴露浓度水平，并降低污染物的量、迁移性和/或毒性
降低污染物量、迁移性和/或毒性	
详细的评估标准	
恢复或保留受损的自然资源类型	项目须通过恢复行动提升已受损环境或即将受损环境的质量
项目可以保护独特、高质量自然资源区域或与此区域相邻区域内受到威胁的种群	项目可通过保护权管理交易等方式获得土地和资源以保护高质量或独特的资源，或针对未来周围区域的开发建立可行的缓冲带
采取恢复活动的标准是受损环境不能自然恢复或需要很长时间才能自然恢复	判断采用自然恢复手段还是人工恢复手段的标准是：如果不采取任何恢复行动，而通过自然恢复达到基线水平，将会非常漫长（如>25 年），在这种情况下，采用人工恢复手段是非常必要的
需要确定恢复行动的优先次序	基于受损的资源类型和损害程度，制订优先恢复的资源和服务清单
技术方法的筛选须符合经济、有效的原则	工程项目应优先使用合适的、经过验证且成功的技术，减少使用试验性的方法、研究，或未经验证的技术
具有良好的成本效益	与其他工程项目比，所采取的工程项目预期收益和预期成本之比较高
长期运营、维护和监测成本较低	在收益一定的情况下，长期成本须在预期的合理范围内
恢复方案规模的控制	须控制工程项目的规模，确保达到合适的恢复效果。与损害的资源或服务相比，应注意避免只能提供极少收益的小型恢复工程或无法降低影响范围的大型恢复工程项目
提供的收益须可测量，以评估恢复工程是否成功	恢复工程项目带来的收益必须可测量、可量化，以衡量恢复项目是否成功
与地区规划保持一致，并在行政管理上具有可行性	工程项目须与地区规划工作保持一致（如生物多样性保护行动计划）；工程项目必须在行政管理上具有可行性
产生附带收益	应优先采用同时可以给一个以上资源或服务带来收益的工程项目，或能够给生态资源提供二级收益或相关收益和经济收益的工程项目
提升公众使用、享用环境或从环境中受益的能力	该标准可视为一个单独的评估标准，或认定为附带收益的一部分

实现环境公平和正义	指工程项目为受损害最严重的个人提供收益的程度，应该优先采用给受污染影响最严重、同时属于低收入群体的人带来收益的工程项目
项目向受影响区域或人口提供生态收益和/或经济收益	可以优先采用能给受影响区域带来最大收益的工程项目
项目产生的效益较快	应优先采取比其他工程项目更快带来收益的工程项目
项目可带来长期收益	应优先选择效益持续时间长的项目
提供其他恢复工程无法提供的收益	避免采取已经在其他项目中执行，或已落实规划资金的工程，以确保获得最新收益

附录 C
（资料性附录）
环境损害鉴定评估报告书的编制要求

C.1　基本情况

写明环境损害鉴定评估委托方、委托鉴定评估事项和环境损害鉴定评估机构；写明环境损害鉴定评估的背景，包括损害发生的时间、地点、起因和经过；简要说明环境损害发生地的社会经济背景、周边敏感受体、造成潜在环境损害的污染源、污染物等基本情况。

C.2　鉴定评估方案

C.2.1　鉴定评估目标

依据委托方委托鉴定评估事项，详细写明开展环境损害鉴定评估的目标。

C.2.2　鉴定评估依据

写明开展本次环境损害鉴定评估所依据的法律法规、标准和技术规范等。

C.2.3　鉴定评估原则

写明开展本次环境损害鉴定评估所遵循的基本原则。

C.2.4　鉴定评估范围

写明开展本次鉴定评估工作初步确定的环境损害的时间范围和空间范围及确定初步时空范围的依据。

C.2.5　鉴定评估内容

写明本次鉴定评估工作的主要内容，包括环境损害评估对象（人身损害、财产损害和环境损害）和环境损害鉴定评估内容（环境损害确认、因果关系判定和损害数额量化）。

C.2.6　鉴定评估方法

详细阐明开展本次环境损害鉴定评估工作的技术路线及每一项鉴定评估内容所使用的技术方法。

C.3　鉴定评估过程与分析

C.3.1　环境损害确认

详细阐明本次环境损害鉴定评估中确定环境损害时所依据的标准或条件，以及确认环境损害所采用的技术方法。详细介绍环境损害确认过程所依据的基础信息、现场勘察、监测分析、实验模拟、数值模拟等过程和结果。写明环境损害确认的结果，即是否存在环境损害、存在哪种类型的损害、损害的时空范围及程度。

C.3.2　因果关系判定

详细阐明本次环境损害鉴定评估中判定环境污染或生态破坏行为与环境损害间因果关系所依据的标准或条件，以及判定因果关系所采用的技术方法。详细介绍因果关系判定过程中所依据的证据（书证、物证、视听资料、证人证言、当事人陈述、鉴定结论、勘验笔录等）、现场勘查、监测分析、实验模拟、数值模拟等过程和结果。写明因果关系判定的结果，即环境污染或生态破坏行为与环境损害间是否存在因果关系及其存在的不确定性。

C.3.3　环境损害量化

详细阐明本次环境损害鉴定评估中环境损害量化所依据的标准、规范和评估方法。详细介绍环境损害量化所依据的证据，如人身损害量化依据的住院记录、药品单据、人员误工费证明等。明确界定环境损害量化的范围，即包括哪些类型的损害以及每种类型损害量化的构成。对于生态环境损害量化，如采用基于恢复目标的生态环境损害评估方法，应详细阐述生态环境损害量化所依据的恢复或修复方案的筛选、确定和恢复或修复措施，写明环境损害量化的结果，即环境损害责任方应赔偿的数额或应开展的恢复或修复工程量与预算。

C.4　鉴定评估结论

针对环境损害鉴定评估委托事项，写明每一项环境损害的鉴定评估结论，包括环境损害确认结论、因果关系判定结论和环境损害量化结论。

C.5　特别事项说明

阐明报告的真实性、合法性、科学性。明确报告的所有权、使用目的和使用范围。阐明报告编制过程及结果中可能存在的不确定性。对报告结果的使用提出必要的建议。

C.6　签字盖章

C.7　附件

附件包括环境损害鉴定评估工作过程中依据的各种证据、鉴定评估实施方案、现场勘查监测方案、现场勘查监测报告、实验方案与分析报告等。

关于印发《突发环境事件应急处置阶段环境损害评估推荐方法》的通知

环办〔2014〕118号

各省、自治区、直辖市环境保护厅（局），新疆生产建设兵团环境保护局，辽河保护区管理局：

为规范和指导突发环境事件应急处置阶段环境损害评估工作，我部组织编制了《突发环境事件应急处置阶段环境损害评估推荐方法》，现印发给你们，请参照执行。

附件：突发环境事件应急处置阶段环境损害评估推荐方法

环境保护部办公厅

2014年12月31日

附件：

突发环境事件应急处置阶段环境损害评估推荐方法

前言

为规范和指导突发环境事件应急处置阶段的环境损害评估工作，支撑突发环境事件等级的确定和污染者法律责任的追究，根据《中华人民共和国突发事件应对法》、《中华人民共和国环境保护法》、《国家突发环境事件应急预案》、《突发环境事件信息报告办法》以及《突发环境事件应急处置阶段污染损害评估工作程序规定》等法律法规和有关规范性文件制定本推荐方法。

本推荐方法附A、B、C、D、E、F、G、H为资料性附件。

1　适用范围

本推荐方法适用于在中华人民共和国领域内突发环境事件应急处置阶段的环境损害评估（以下简称损害评估）工作，不适用于核与辐射事故引起的突发环境事件应急处置阶段的损害评估工作。

本推荐方法规定了损害评估的工作程序、评估内容、评估方法和报告编写等内容。

2　引用文件

本推荐方法引用了下列文件中的条款。凡是不注明日期的引用文件，其最新版本适用于本推荐方法。

GB 6721	企业职工伤亡事故经济损失统计标准
NY/T 1263	农业环境污染事故损失评价技术准则
SF/Z JD0601001	农业环境污染事故司法鉴定经济损失估算实施规范
GB/T 21678	渔业污染事故经济损失计算方法
HY/T 095	海洋溢油生态损害评估技术导则
HJ 589	突发环境事件应急监测技术规范
HJ/T 298	危险废物鉴别技术规范
NY/T 398	农、畜、水产品污染监测技术规范
HJ/T 91	地表水和污水监测技术规范
HJ/T 164	地下水环境监测技术规范
HJ/T 166	土壤环境监测技术规范
HJ/T 193	环境空气质量自动监测技术规范
HJ/T 194	环境空气质量手动监测技术规范
NY/T 1669	农业野生植物调查技术规范
DB53/T 391	自然保护区与国家公园生物多样性监测技术规程
HJ 630	环境监测质量管理技术导则
HJ 627	生物遗传资源经济价值评价技术导则
GB/T 8855	新鲜水果和蔬菜取样方法
HJ 710.1～HJ 710.11	生物多样性观测技术导则

《关于审理人身损害赔偿案件适用法律若干问题的解释》（2003）

《环境损害鉴定评估推荐方法（第 II 版）》（2014）

《关于发布全国生物物种资源调查相关技术规定（试行）的公告》（环境保护部公告 2010 年第 27 号）

《水域污染事故渔业损失计算方法规定》（农业部公告 1996 年第 14 号）

《污染死鱼调查方法（淡水）》（农渔函〔1996〕62 号）

3 术语和定义

下列术语和定义适用于本推荐方法。

3.1 环境损害评估

本推荐方法指按照规定的程序和方法，综合运用科学技术和专业知识，对突发环境事件所致的人身损害、财产损害以及生态环境损害的范围和程度进行初步评估，对应急处置阶段可量化的应急处置费用、人身损害、财产损害、生态环境损害等各类直接经济损失进行计算，对生态功能丧失程度进行划分。

3.2 直接经济损失

指与突发环境事件有直接因果关系的损害，为人身损害、财产损害、应急处置费用以及应急处置阶段可以确定的其他直接经济损失的总和。

3.3 应急处置费用

指突发环境事件应急处置期间，为减轻或消除对公众健康、公私财产和生态环境造成的危害，各级政府与相关单位针对可能或已经发生的突发环境事件而采取的行动和措施所发生的费用。

3.4 人身损害

指因突发环境事件导致人的生命、健康、身体遭受侵害，造成人体疾病、伤残、死亡或精神状态的可观察的或可测量的不利改变。

3.5 财产损害

指因突发环境事件直接造成的财产损毁或价值减少，以及为保护财产免受损失而支出的必要的、合理的费用。

3.6 生态环境损害

指由于突发环境事件直接或间接地导致生态环境的物理、化学或生物特性的可观察的或可测量的不利改变，以及提供生态系统服务能力的破坏或损伤。

3.7 基线

突发环境事件发生前影响区域内人群健康、财产以及生态环境等的原有状态。

3.8 环境修复

为防止污染物扩散迁移、降低生态环境中污染物浓度、将突发环境事件导致的人体健康风险或生态风险降至可接受风险水平而开展的必要的、合理的行动或措施。

3.9 损害评估监测

指突发环境事件发生以后，根据环境损害评估工作的需要，在应急监测工作的基础上针对污染因子、环境介质、损害受体等开展的监测工作。

3.10 应急处置阶段

应急处置阶段指突发环境事件发生后，从应急处置行动开始到应急处置行动结束。

4　评估内容与评估程序

4.1 评估内容

应急处置阶段损害评估工作内容包括：计算应急处置阶段可量化的应急处置费用、人身损害、财产损害、生态环境损害等各类直接经济损失；划分生态功能丧失程度；判断是否需要启动中长期损害评估。

4.2 评估程序

应急处置阶段损害评估工作程序包括：开展评估前期准备，启动评估工作（初步判断较大以上的突发环境事件制定工作方案），信息获取，损害确认，损害量化，判断是否启动中长期损害评估以及编写评估报告。应急处置阶段损害评估工作程序见图 1。

5　开展评估前期准备

在突发环境事件发生后，开展初步的环境损害现场调查与监测工作，初步确定污染因子、污染类型与污染对象，根据污染物的扩散途径初步确定损害范围。

6　启动评估

启动应急处置阶段环境损害评估工作，对于按照《突发环境事件信息报告办法》中分级标准初步判断为一般突发环境事件的损害评估工作，填报《突发环境事件损害评估简表》，参见附 A；对于初步判断为较大及以上突发环境事件的，制定《突发环境事件应急处置阶段环境损害评估工作方案》（以下简称《工作方案》）。《工作方案》包括描述事件背景以及应急处置阶段已经采取的行动，初步认定污染类型以及影响区域，提出评估内容、评估方法与技术路线，明确数据来源与技术需求，确定工作任务、工作进度安排与经费预算。若需要开展损害评估监测，应当制定详细的损害评估监测方案。

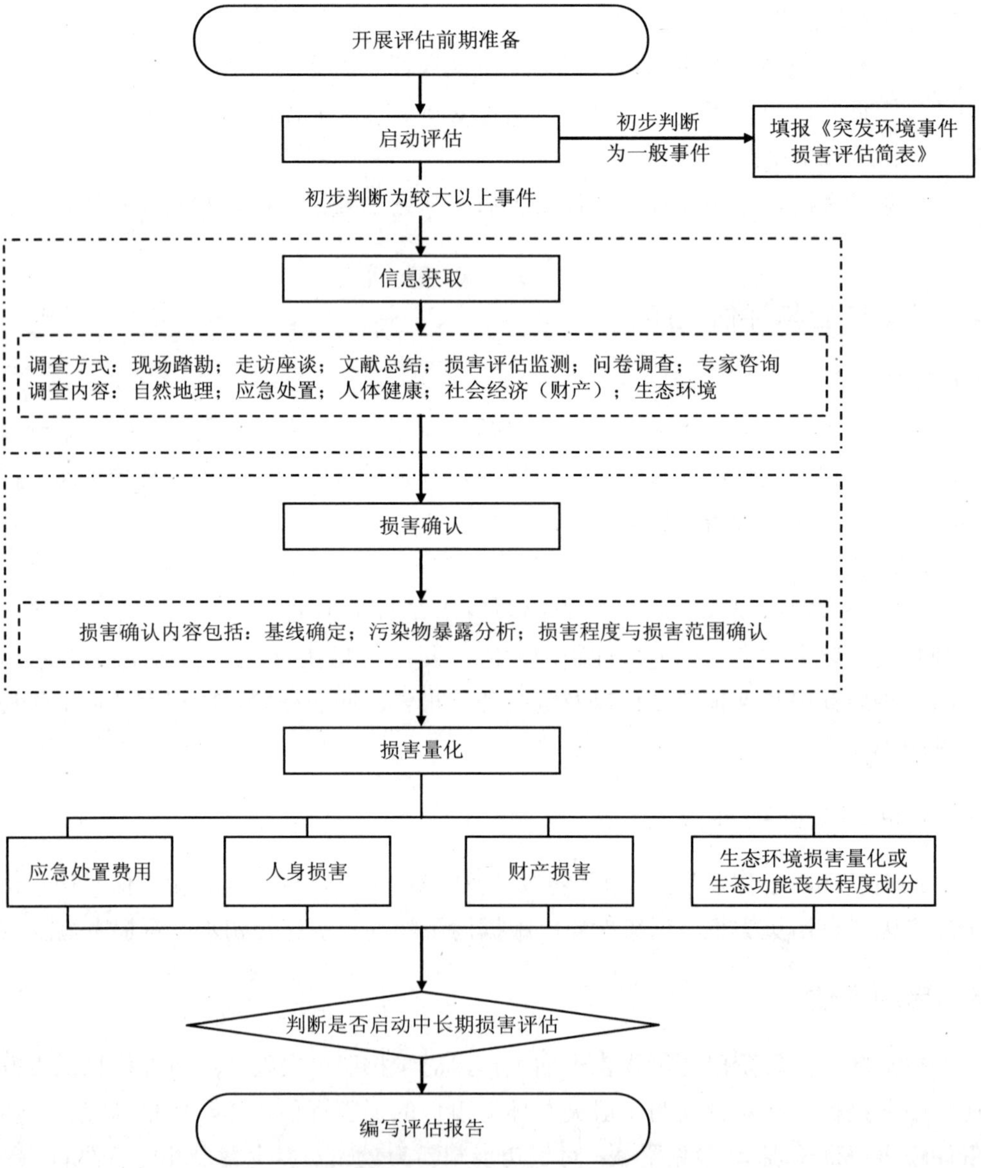

图 1　突发环境事件应急处置阶段的损害评估工作程序

7　信息获取

7.1 信息获取内容

自然地理信息：污染发生前以及发生后影响区域的自然灾害、地形地貌、降雨量、气象、水文水利条件以及遥感影像数据等信息。

应急处置信息：应急处置工作的参与机构、职责分工、应急处置方案内容以及应急监测数据等信息。

人体健康信息：影响区域人口数量、分布、正常状况下的人口健康状况、历史患病情况等基线信息以及突发环境事件发生后出现的诊疗与住院等人体健康损害信息。

社会经济活动信息：包括影响区域旅游业、渔业、种植业等基线状况以及突发环境事件造成的财产损害等信息。

生态环境信息：影响区域内生物种类与空间分布、种群密度、环境功能区划等背景资料和数据；污染者的生产、生活和排污情况；排放或倾倒的污染物的种类、性质、排放量、可能的迁移转化方式以及事件发生前后影响区域内的污染物浓度等资料和信息。

7.2 信息获取方式

a）现场踏勘

在影响区域勘查并记录现场状况，了解人群健康、财产、生态环境损害程度，判断应急处置措施的合理性。

b）走访座谈

走访座谈影响区域的相关部门、企业、有关群众，收集环境监测、水文水利、土壤、渔业资源等历史环境质量数据和应急监测信息，调查污染损害的污染发生时间、发生地点、发生原因、影响程度以及污染源等信息，了解应急处置方案、方案实施效果、应急处置费用、人身损害、财产损害与其他损害的相关信息。

c）文献总结

回顾并总结关于污染物理化性质及其健康与生态毒性影响、影响区域基线信息等相关文献。

d）损害评估监测

损害评估监测对象主要包括环境空气、水环境（包括地下水环境）、土壤、农作物、水产品、野生动植物以及受影响人群等。根据初步确定的影响区域与污染受体的特征，确定监测方案，开展优化布点、现场采样、样品运送、检测分析、数据收集、结合卫星拍摄和无人机航拍等手段开展综合分析等。

基于现场踏勘初步结果，合理设置影响区域污染受体及基线水平的监测点位。

样品的布点、采样、运输、质量保证、实验分析应该依照相关标准和技术规范进行。财产损害监测可以参考 NY/T 398、GB/T 8855 等技术规范；环境介质监测可以参考 HJ/T 91、HJ/T 164、HJ/T 166、HJ/T 193、HJ/T 194、HJ 589 等技术规范；生物资源监测可以参考 NY/T 1669、DB53/T 391、HJ 710.1～HJ 710.11、《关于发布全国生物物种资源调查相关技术规定（试行）的公告》等技术规范。

e）问卷调查

向政府相关部门、企事业单位、组织和个人发放调查问卷（表），调查内容与指标根据具体事件的特点确定，问卷（表）内容参见附 B、附 C 与附 D。

调查结束后，对数据进行分析与审核，确保数据真实可靠，审核要求与方法参见附 E，对审核不合格的问卷要求重新填报。

f）专家咨询

对于损害的程度和范围确定、损害的计算等问题可采用专家咨询法。

8 损害确认

8.1 基线确定

通过历史数据或对照区域数据对比分析，判断突发环境事件发生前受影响区域的人群健康、农作物等财产以及生态环境基线状况。

对照区域应该在距离污染发生地较近，没有受到污染事件的影响，且在污染发生前农作物等生物资源类型、物种丰度、生态系统服务等与污染区域相同或相似的区域选取，例如，对于流域水污染事件，对照区域可以选取污染发生河流断面的上游。

8.2 污染物暴露分析

根据突发环境事件的污染物排放特征、污染物特性以及事件发生地的水动力学、空气动力学条件选择合适的模型进行污染物的暴露分析。

8.3 损害确认原则

8.3.1 应急处置费用

a）费用在应急处置阶段产生；

b)应急处置费用是以控制污染源或生态破坏行为、减少经济社会影响为目的，依据有关部门制定的应急预案或基于现场调查的处置、监测方案采取行动而发生的费用。

8.3.2 人身损害

人身损害的确认主要以流行病学调查资料及个体暴露的潜伏期和特有临床表现为依据，应满足以下条件：

a）环境暴露与人身损害间存在严格的时间先后顺序。环境暴露发生在前，个体症状或体征发生在后；

b）个体或群体存在明确的环境暴露。人体经呼吸道、消化道或皮肤接触等途径暴露于环境污染物，且环境介质中污染物与污染源排放或倾倒的污染物具有一致性或直接相关性；

c）个体或群体因环境暴露而表现出特异性症状、体征或严重的非特异性症状，排除其他非环境因素如职业病、地方病等所致的相似健康损害；

d）由专业医疗或鉴定机构出具的鉴定意见。

8.3.3 财产损害

财产损害的确认应满足下列条件：

a）被污染财产暴露于污染发生区域；

b）污染与损害发生的时间次序合理，污染排放发生在先，损害发生在后；

c）财产所有者为防止财产和健康损害的继续扩大，对被污染财产进行清理并产生的费用；

d）财产所有者非故意将财产暴露于被污染的环境中，且在采取了合理的、必要的应急处置措施以后，被污染财产仍无法正常使用或使用功能下降。

8.3.4 生态环境损害

生态环境损害的确认应满足下列条件：

a）环境暴露与环境损害间存在时间先后顺序。即环境暴露发生在前，环境损害发生在后；

b）环境暴露与环境损害间的关联具有合理性。环境暴露导致环境损害的机理可由生物学、毒理学等理论做出合理解释；

c）环境暴露与环境损害间的关联具有一致性。环境暴露与环境损害间的关联在不同时间、地点和研究对象中得到重复性验证；

d）环境暴露与环境损害间的关联具有特异性。环境损害发生在特定的环境暴露条件下，不因其他原因导致。由于环境暴露与环境损害间可能存在单因多果、多因多果等复杂因果关系，因此，环境暴露与环境损害间关联的特异性不作强制性要求；

e）存在明确的污染来源和污染排放行为。直接或间接证据表明污染源存在明确的污染排放行为，包括物证、书证、证人证言、笔录、视听资料等；

f）空气、地表水、地下水、土壤等环境介质中存在污染物，且与污染源产生或排放的污染物（或污染物的转化产物）具有一致性；

g）污染物传输路径的合理性。当地气候气象、地形地貌、水文条件等自然环境条件存在污染物从污染源迁移至污染区域的可能，且其传输路径与污染源排放途径相一致；

h）评估区域内环境介质（地表水、地下水、空气、土壤等）中污染物浓度超过基线水平或国家及地方环境质量标准；或评估区域环境介质中的生物种群出现死亡、数量下降等现象。

8.4 损害程度与损害范围确认

根据前期的现场调查与信息获取情况，确定损害程度以及损害范围。损害范围包括损害类型、损害发生的时间范围与空间范围。

9 损害量化

对突发环境事件应急处置阶段可量化的应急处置费用、人身损害、财产损害等各类直接经济损失进行计算；对突发环境事件发生后短期内可量化的生态环境损害进行货币化；对生态功能丧失程度进行判断。

9.1 应急处置费用

应急处置费用包括应急处置阶段各级政府与相关单位为预防或者减少突发环境事件造成的各类损害支出的污染控制、污染清理、应急监测、人员转移安置等费用。应急处置费用按照直接市场价值法评估。下面列举几项常见的费用计算方法。

9.1.1 污染控制费用

污染控制包括从源头控制或减少污染物的排放，以及为防止污染物继续扩散而采取的措施，如投加药剂、筑坝截污等。见公式（1）：

污染控制费用=材料和药剂费+设备或房屋租赁费+行政支出费用+应急设备维修或重置费用+专家技术咨询费　　（1）

其中，行政支出费用指在应急处置过程中发生的餐费、人员费、交通费、印刷费、通讯费、水电费以及必要的防护费用等；应急设备维修或重置费用指在应急处置过程中应急设备损坏后发生的维修成本或重置成本。其中维修成本按实际发生的维修费用计算。重置成本的计算见公式（2）和公式（3）：

重置成本=重置价值（元）×（1−年均折旧率%×已使用年限）× 损坏率（2）

其中：年均折旧率＝（1−预计净残值率）×100%/总使用年限　　（3）

重置价值指重新购买设备的费用。

9.1.2 污染清理费用

污染清理费用指对污染物进行清除、处理和处置的应急处置措施，包括清除、处理和处置被污染的环境介质与污染物以及回收应急物资等产生的费用。计算项目与方法参见 9.1.1 节。

9.1.3 应急监测费用

应急监测费用指在突发环境事件应急处置期间，为发现和查明环境污染情况和污染损害范围而进行的采样、监测与检测分析活动所发生的费用。可以按照以下两种方法计算：

方法一：按照应急监测发生的费用项计算，具体费用项以及计算方法参见 9.1.1 节。

方法二：按照事件发生所在地区物价部门核定的环境监测、卫生疾控、农林渔业等部门监测项目收费标准和相关规定计算费用，见公式（4）：

应急监测费用 = 样品数量（单样/项）×样品检测单价 + 样品数量（点/个/项）×样品采样单价 +交通运输等其他费用　　（4）

9.1.4 人员转移安置费用

人员转移安置费用指应急处置阶段，对受影响和威胁的人员进行疏散、转移和安置所发生的费用。计算项目与方法参见 9.1.1 节。

9.2 人身损害

人身损害包括：a）个体死亡；b）按照《人体损伤残疾程度鉴定标准》明确诊断为伤残；c）临床检查可见特异性或严重的非特异性临床症状或体征、生化指标或物理检查结果异常，按照《疾病和有关健康问题的国际统计分类》（ICD-10）明确诊断为某种或多种疾病；d）虽未确定为死亡、伤残或疾病，为预防人体出现不可逆转的器质性或功能性损伤而必须采取临床治疗或行为干预。

9.2.1 人身损害计算范围

a）就医治疗支出的各项费用以及因误工减少的收入，包括医疗费、误工费、护理费、交通费、住宿费、住院伙食补助费、必要的营养费。

b）致残的，还应当增加生活上需要支出的必要费用以及因丧失劳动能力导致的收入损失，包括残疾赔偿金、残疾辅助器具费、被扶养人生活费，以及因康复护理、继续治疗实际发生必要的康复费、护理费、后续治疗费。

c）致死的，还应当包括丧葬费、被抚养人生活费、死亡补偿费以及受害人亲属办理丧葬事宜支出的交通费、住宿费和误工损失等其他合理费用。

9.2.2 人身损害计算方法

人身损害中医疗费、误工费、护理费、交通费、住宿费、住院伙食补助费、营养费、残疾赔偿金、残疾辅助器具费、被抚养人生活费、丧葬费、死亡补偿费等费用的计算可以参考《最高人民法院关于审理人身损害赔偿案件适用法律若干问题的解释》。

9.3 财产损害

本推荐方法列举几项突发环境事件常见的财产损害评估方法，其他参照执行。常见的财产损害有固定资产损害、流动资产损害、农产品损害、林产品损害以及清除污染的额外支出等。

9.3.1 固定资产损害

指突发环境事件造成单位或个人的设备等固定资产由于受到污染而损毁，如管道或设备受到腐蚀无法正常运行等情况，此类财产损害可按照修复费用法或重置成本法计算，具体计算方法参见 9.1.1 节中应急设备维修或重置费用的计算方法。

9.3.2 流动资产损害

指生产经营过程中参加循环周转，不断改变其形态的资产，如原料、材料、燃料、在制品、半成品、成品等的经济损失。在计算中，按不同流动资产种类分别计算并汇总，见公式（5）。

$$\text{流动资产损失}=\text{流动资产数量}\times\text{购置时价格}-\text{残值} \quad (5)$$

上式中，残值指财产损坏后的残存价值，应由专业技术人员或专业资产评估机构进行定价评估。

9.3.3 农产品损害

指突发环境事件导致的农产品产量损失和农产品质量经济损失，可以参考《农业环境污染事故司法鉴定经济损失估算实施规范》（SF/Z JD0601001）、《渔业污染事故经济损失计算方法》（GB/T 21678）和《农业环境污染事故损失评价技术准则》

（NY/T 1263）等技术规范计算。

9.3.4　林产品损害

指由于突发环境事件造成的林产品和树木的损毁或价值减少，林产品和树木损毁的损失利用直接市场价值法计算。评估方法参见 9.3.3 节中农产品财产损害计算方法。

9.3.5 清除污染的额外支出

指个人或单位为防止财产继续暴露于污染环境中导致损失进一步扩大而支出的污染物清理或清除费用，如清理受污染财产的费用、生产企业额外支出的污染治理费用等。计算项目与方法参见 9.1.1 节。

9.4 生态环境损害

9.4.1 生态功能丧失程度的判断

生态环境损害按照生态功能丧失程度进行判断，具体划分标准如表 1 所示。

表 1　影响区域生态功能丧失程度划分标准

具体指标	全部丧失	部分丧失
污染物在环境介质中浓度	环境介质中的污染物浓度水平较高，且预计较长时间内难以恢复至基线浓度水平	环境介质中的污染物浓度水平较高，且预计 1 年内难以恢复至基线浓度水平
优势物种死亡率	≥50%	<50%
生态群落结构	发生永久改变	发生改变，需要 1 年以上的恢复时间
休闲娱乐服务功能	旅游人数与往年同期或事件发生前相比下降 80%以上，且预计较长时间内难以恢复原有水平	旅游人数与往年同期或事件发生前相比下降 50%～80%，且预计在 1 年内难以恢复原有水平

9.4.2 生态环境损害量化计算方法

突发环境事件发生后，如果环境介质（水、空气、土壤、沉积物等）中的污染物浓度在两周内恢复至基线水平，环境介质中的生物种类和丰度未观测到明显改变，可以参考 HJ 627—2011 中的评估方法或附 F 的虚拟治理成本法进行计算，计算出的生态环境损害，可作为生态环境损害赔偿的依据，不计入直接经济损失。

突发环境事件发生后，如果需要对生态环境进行修复或恢复，且修复或恢复方案在开展应急处置阶段的环境损害评估规定期限内可以完成，则根据生态环境的修复或恢复方案实施费用计算生态环境损害，根据修复或恢复费用计算得到的生态环境损害计入直接经济损失，具体的计算方法参见《环境损害鉴定评估推荐方法（第II版）》。

10 判断是否启动中长期损害评估

10.1 人身损害中长期评估判定原则

发生下列情形之一的，需开展人身损害的中长期评估：

a）已发生的污染物暴露对人体健康可能存在长期的、潜伏性的影响；

b）突发环境事件与人身损害间的因果关系在短期内难以判定；

c）应急处置行动结束后，环境介质中的污染物浓度水平对公众健康的潜在威胁无法在短期内完全消除，需要对周围的敏感人群采取搬迁等防护措施的；

d）人身损害的受影响人群较多，在突发环境事件应急处置阶段的环境损害评估规定期限内难以完成评估的。

10.2 财产损害中长期评估判定原则

发生下列情形之一的，需开展财产损害的中长期评估：

a）已发生的污染物暴露对财产有可能存在长期的和潜伏性的影响；

b）突发环境事件与财产损害间的因果关系在短期内难以判定；

c）应急处置行动结束后，环境介质中的污染物浓度水平对财产的潜在威胁没有完全消除，需要采取进一步的防护措施的；

d）财产损害的受影响范围较大，在突发环境事件应急处置阶段的环境损害评估规定的期限内难以完成评估的。

10.3 生态环境损害中长期评估判定原则

发生下列情形之一的，需开展生态环境损害的中长期评估：

a）应急处置行动结束后，环境介质中的污染物的浓度水平超过了基线水平并在1年内难以恢复至基线水平，具体原则参见附G.1；

b）应急处置行动结束后，环境介质中的污染物的浓度水平或应急处置行动产生二次污染对公众健康或生态环境构成的潜在威胁没有完全消除，具体原则参见附G.2与G.3。

11 编写评估报告

评估报告应包括评估目标、评估依据、评估方法、损害确认和量化以及评估结论。评估报告提纲参见附H。

12 附 则

a）本推荐方法所指的直接经济损失不包括环境损害评估费用。

b）污染物排放、倾倒或泄漏不构成突发环境事件，没有造成中长期环境损害的情形也可以参照本推荐方法进行评估。

c）应急处置结束后，在短期内可量化的收集污染物的处理和处置费用纳入应急处置费用。

d）对于各项应急处置费用或损害项的填报要求必须提供详细证明材料，提供详细证明材料确有困难的，由负责填写的单位加盖公章并对所填数据的真实性负责。

e）由于突发环境事件引起的交通中断、水电站的发电损失等影响损失不属于直接经济损失。

f）单位或个人在对突发环境事件带来的后果知情的情况下，故意将财产暴露于被污染的环境中，或没有按照相关部门的通知采取必要的清理和预防措施而导致损失进一步扩大，评估机构应在评估报告中对因此增加的损失数额予以说明，并在计算直接经济损失时酌情删减。

g）应急机构或个人由于应急处置行动的需要而购买的设备等固定资产或非一次性用品，在计算直接经济损失时可以采用市场租赁费乘以应急处置时间，或按设备购置费的年折旧费计算直接经济损失。

h）应急处置阶段发生费用的收据或发票等证明材料的日期应该在应急处置行动结束后 7 日内，否则不应计入应急处置费用。

i）在评估报告中需说明发生各项费用和损害的主体单位或个人。

j）以修复或恢复费用法计算得到的生态环境损害数额必须有翔实的修复或恢复方案、方案预算明细以及可行性论证材料作为依据，否则不能计入直接经济损失。

k）本推荐方法涵盖的各项损害是指由于环境污染、生态破坏或者应急处置阶段而造成的直接经济损失，不包括由于地震等自然灾害、火灾、爆炸或生产安全事故等原因造成的损失。

l）《突发环境事件应急处置阶段环境损害评估推荐方法》即为《环境损害鉴定评估推荐方法（第Ⅱ版）》中的《突发环境事件应急处置阶段环境损害评估技术规范》。

附 A

突发环境事件损害评估简表

填报单位：　　　　　　　　　　　（公章）

主要负责人：

填报日期：　年　月　日

环境保护部编制

填表说明

适用于按照《突发环境事件信息报告办法》中分级标准初步判断为一般突发环境事件的损害评估工作。污染物排放或倾倒不构成突发环境事件，没有造成中长期环境损害的情形也可参照本表进行评估。

本表由组织开展突发环境事件损害评估的单位或个人填报，填报单位或个人对填报信息的真实性负责。

本表需填表人签字，并加盖牵头填报单位的公章。

本表中关于人身和财产损害情况需提供详细的发票或单据复印件，且必须加盖相关政府部门、企业公章；同时提交加盖政府部门或者企业公章的核实证明文字材料。

除了填写本表中的信息外，评估单位需提供事件发生地的地理信息图，标明事件发生的地理位置与影响范围等相关地理位置信息。

指标解释与说明：（1）影响范围描述：指对突发环境事件污染发生的地理范

围，受影响的对象进行描述；（2）责任主体信息：本表要求填报责任主体信息，若有责任主体不明确的情况，需提供潜在责任方的原辅生产材料等信息，或填报“无”；（3）直接经济损失：本表要求填报的各项损害或费用指由于污染、生态破坏或者应急处置行动而造成的直接经济损失，不包括由于地震等自然灾害、火灾、爆炸或生产安全等原因而引起的损失；（4）第三方：指除潜在责任方以外的其他机构、组织或个人；各项损害数额计算方法和计算范围参见《推荐方法》正文。

突发环境事件损害评估简表

事件名称		主要污染物	
报案人		第一接报单位	
应急牵头单位		应急组成员单位	
事件发生时间		污染排放持续时间	
应急处置开始时间		应急处置结束时间	
事件发生地的经纬度		发生地点	省 市 县 乡 村（镇）
污染物排放量（千克）		污染物回收量（千克）	
污染物泄漏的程度	□存在泄漏的重大风险 □仅发生泄漏没有造成任何影响 □泄漏且污染物质进入水体或扩散到空气中 □泄漏且造成了生态环境损害，并需要修复		
事件事发状态	□生产期间 □检修后重启 □试生产 □调试 □其他		
事件原因			
影响范围描述			
监测范围			
监测点数		监测时间	
责任主体信息（按照相关法律）	企业名称 企业性质 □上市 □三资 □股份 □其他 企业规模 □大 □中 □小 所属行业 主要产品		
损害发生的主要类型	□人身损害 □财产损害 □生态环境损害 □应急处置费用 □其他，具体说明		
造成生态环境损害的对象	□地表水 □地下水 □饮用水 □土壤 □自然保护区 □其他，具体说明		
采取的应急处置措施			
有无采取疏散人群行动	□有 □无	应急疏散范围/人数	
定损机构	□医院 □消防部门 □环保部门 □农业部门 □林业部门 □危废处置企业 □其他		

直接经济损失（元）								
主要经济损失明细								
应急处置费用								
污染控制费用（元）			污染清理费用（元）					
应急监测费用（元）			人员安置费用（元）					
其他费用（元）			发生的其他费用具体事项					
潜在责任方发生的应急处置费用总计（元）			第三方发生的应急处置费用总计（元）					
应急处置费用总计（元）								
人身损害								
死亡	潜在责任方（人）		应急处置人员（人）		其他人员（人）		医疗费或住院费支出（元）	
入院治疗	潜在责任方（人）		应急处置人员（人）		其他人员（人）		医疗费或住院费支出（元）	
受伤但无需住院治疗	潜在责任方（人）		应急处置人员（人）		其他人员（人）		医疗费或住院费支出（元）	
人身损害总计（元）								
财产损害								
固定资产损害（潜在责任方）	固定资产名称 1		损害数额（元）		计算方法			
	固定资产名称 2		损害数额（元）		计算方法			
	固定资产名称 3		损害数额（元）		计算方法			
流动财产损害（潜在责任方）	□家畜　□水产养殖　□农产品　□果木　□花卉　□其他，具体说明＿＿＿＿							
	损失数额（元）							
清除污染的额外支出（潜在责任方）	清理受污染财产的费用（元）			额外治理污染费用（元）				
其他财产损害类型（潜在责任方）			其他财产损害数额（元）					

固定资产损害（除责任方以外的其他机构或个人）	固定资产名称 1		损害数额（元）		计算方法	
	固定资产名称 2		损害数额（元）		计算方法	
	固定资产名称 3		损害数额（元）		计算方法	
流动财产损害（除责任方以外的其他机构或个人）	□家畜　□水产养殖　□农产品　□果木　□花卉　□其他，具体说明________					
	损失数额（元）					
清除污染的额外支出（除责任方以外的其他机构或个人）						
财产损害总计（元）						
生态环境损害						
如果环境介质（水、空气、土壤、沉积物）中的污染物浓度可在两周内恢复至基线水平，环境介质中的生物种类和丰度未观测到明显改变	环境介质类型	□地表水　□地下水　□环境空气　□土壤				
	环境功能区类型	□I 类　□II 类　□III 类　□IV 类　□V 类				
	虚拟治理成本					
	生态环境损害数额（元）					
如果需要对生态环境进行修复或恢复，且修复或恢复方案在开展应急处置阶段的环境损害评估规定期限内可以完成	土壤污染修复/恢复费用					
	水体污染修复/恢复费用					
	海洋污染修复/恢复费用					
	渔业资源恢复费用					
	野生动植物恢复费用					
	其他环境污染修复/恢复费用					
	修复/恢复费用总计（元）					
生态环境损害总计（元）						

中长期损害评估			
是否启动人身损害中长期评估	已发生的污染物暴露对人体健康可能存在长期的、潜伏性的影响	□是	□否
	突发环境事件与人身损害间的因果关系在短期内难以判定	□是	□否
	应急处置行动结束后，环境介质中的污染物浓度水平对公众健康的潜在威胁无法在短期内完全消除，需要对周围的敏感人群采取搬迁等防护措施	□是	□否
	人身损害的受影响人群较多，在突发环境事件应急处置阶段的环境损害评估规定期限内难以完成评估的	□是	□否
是否启动财产损害中长期评估	已发生的污染物暴露对财产有可能存在长期的和潜伏性的影响	□是	□否
	突发环境事件与财产损害间的因果关系在短期内难以判定	□是	□否
	应急处置行动结束后，环境介质中的污染物浓度水平对财产的潜在威胁没有完全消除，需要采取进一步的防护措施	□是	□否
	财产损害的受影响范围较大，在突发环境事件应急处置阶段的环境损害评估规定的期限内难以完成评估	□是	□否
是否启动生态环境损害中长期评估	应急处置行动结束后，环境介质中的污染物的浓度水平超过了基线水平并在一年内难以恢复至基线水平	□是	□否
	应急处置行动结束后，环境介质中的污染物的浓度水平或应急处置行动产生二次污染对公众健康或生态环境构成的潜在威胁没有完全消除	□是	□否
是否启动中长期损害评估		□是	□否

附 B

应急处置费用评估表

附表 B-1　应急处置费用申报表（材料和药剂费用）

主要行动	具体事项名称	材料名称	所用数量	单价	其他费用	小计
污染控制						
污染清理						
应急监测						
人员转移安置						
其他行动						
总计						

报表日期：　　年　　月　　日

填表人：　　　　　　　　填表人联系电话：

审核人：　　　　　　　　审核人联系电话：　　　　　　　　填表单位（公章）

注：1. 表中的各项费用必须提供详细证明材料。

2. 其他行动的具体事项可由评估机构或负责填报的机构根据实际情况补充。

附表 B-2　应急处置费用评估表（设备或房屋租赁费）

主要行动	名称	购买或租赁目的	购买费		租赁费		其他费用	小计
			购买个数	购买单价	租赁个数	租赁单价		
污染控制								
污染清理								
应急监测								
人员转移安置								
其他行动								
总计								

报表日期：　　年　　月　　日

填表人：　　　　　　填表人联系电话：

审核人：　　　　　　审核人联系电话：　　　　　　填表单位（公章）

注：1. 若由于本次应急处置行动发生设备购买行为，填写购买费用栏；若发生设备租赁费用，填写设备租赁栏；原有设备不填写。

2. 表中的各项费用必须提供详细证明材料。

3. 其他行动的具体事项可由评估机构或负责填报的机构根据实际情况补充。

附表 B-3 应急处置费用评估表（行政支出费）

应急处置行动	具体行动名称	人员费				政府用车的加油费[1]	水电费（元）	餐费（元）	通讯费（元）	其他费用（元）	小计
		行政人员参与数量/人	雇佣非行政人员数量/人	工作天数/天	单位人力成本（元/人/天）						
污染控制											
污染清理											
应急监测											
人员转移安置											
其他行动											
合计											

报表日期：　　年　　月　　日

填表人：　　　　填表人联系电话：　　　　审核人：　　　　审核人联系电话：

填表单位名称：　　　　加盖公章处：

注：1. 若发生车辆购买和租赁行为，分别填在材料和设备费的设备购买费栏与租赁费栏。

2. 表中的各项费用必须提供详细证明材料。

3. 其他行动的具体事项可由评估机构或负责填报的机构根据实际情况补充。

附表 B-4　应急处置费用评估表（专家技术咨询费）

支出项目	咨询目的	专家职称	专家姓名	咨询费用标准（元/人/天）	住宿天（天）	房费标准（元/天）	餐费（元）	交通费（元）	其他（元）	小计
污染控制										
污染清理										
应急监测										
人员转移安置										
总计										

报表日期：　　年　　月　　日

填表人：　　　　填表人联系电话：　　　　审核人：　　　　审核人联系电话：

填表单位名称：　　　　加盖公章处：

注：1. 表中的各项费用必须提供详细证明材料。

2. 其他行动的具体事项可由评估机构或负责填报的机构根据实际情况补充。

附表 B-5　应急处置费用评估表（应急设备的维修或重置费）

支出项目	被损坏的设备名称	购买日期	型号	主要用途	是否可修复	维修费用（元）	重置费用（元）	总使用年限
污染控制								
污染清理								
应急监测								
人员转移安置								
其他行动								
总计								

报表日期：　　年　　月　　日

填表人：　　填表人联系电话：　　审核人：　　审核人联系电话：

填表单位名称：　　加盖公章处：

注：1. 表中的各项费用必须提供详细证明材料。

2. 其他行动的具体事项可由评估机构或负责填报的机构根据实际情况补充。

附 C

人身损害费用评估表

附表 C　人身损害评估表

所在区域	疾病类型 1	受损害程度 2	受损害人数	发生损害的时间	药品费用（元）	检查治疗费用（元）	住院费用（元）	其他费用（元）

注 1：疾病类型有急性中毒、慢性中毒、癌症或其他食用或接触污染物导致的疾病。

2：受损害程度有三种：可治愈的疾病、伤残或死亡。

详细描述损害发生的时间，采取了哪些预防与应急措施，造成的损害程度。并阐述损害的发生是由该次突发环境事件导致的理由。表中的各项费用必须提供详细证明材料。

报表日期：　　年　　月　　日

填表人：　　填表人联系电话：　　审核人：　　审核人联系电话：

填表单位名称：　　加盖公章处：

附 D

财产损害费用评估表

附表 D-1　水产养殖业财产损害评估表

所在区域	养殖品种	养殖方式 1	受影响的养殖面积（亩）	事件发生前的渔产品密度（尾/亩 或 千克/亩）	单位售价（元/尾 或 元/千克）	损失率（%）

注 1：养殖方式：网箱养殖或围栏养殖

详细描述损害发生的时间，采取了哪些避免损害发生或扩大的措施，造成的损害程度（死亡，身体变形，生物体内污染物质含量超标）。并阐述损害的发生是由该次突发环境事件导致的理由。表中的各项费用必须提供详细证明材料。

报表日期：　　年　　月　　日

填表人：　　　　填表人联系电话：　　　　审核人：　　　　审核人联系电话：

填表单位名称：　　　　加盖公章处：

附表 D-2 种植业财产损害评估表

所在区域	种植作物类型	损害发生类型（减产，或是质量下降）	质量下降		减产损失		受影响的面积（亩）
			事件发生前的种植作物售价（元/千克）	事件发生后种植作物的售价（元/千克）	事件发生前的产量（千克/亩）	事件发生后的产量（千克/亩）	

注 1：作物减产指作物品质没有变化，但单位产量下降；质量下降指作物的品质受到影响，产品价格下降。存在减产与品质下降同时发生的情况。

详细描述损害发生的时间，采取了哪些避免损害发生或扩大措施，造成的损害程度（死亡，农作物体内污染物质含量超标等）。并阐述损害的发生是由该次突发环境事件导致的理由。表中的各项费用必须提供详细证明材料。

报表日期：　　年　　月　　日

填表人：　　　　填表人联系电话：　　　　审核人：　　　　审核人联系电话：

填表单位名称：　　　　加盖公章处：

附表 D-3　畜禽养殖业财产损害评估表

所在区域	养殖种类	损害发生类型（死亡或致病）	畜禽致病		畜禽死亡		其他费用（元）
			数量（只或头）	治疗单价（元/头或只）	死亡数（只或头）	单价（元/头或只）	

详细描述损害发生的时间，采取了哪些避免损害发生或扩大措施，造成的损害程度（死亡，畜禽体内污染物质含量超标等情况）。并阐述损害的发生是由该次突发环境事件导致的理由。表中的各项费用必须提供详细证明材料。

报表日期：　　年　　月　　日

填表人：　　　　填表人联系电话：　　　　审核人：　　　　审核人联系电话：

填表单位名称：　　　　　　　　　　　　　　　　　　　　加盖公章处：

附 E

数据质量审核

E.1 通用原则

a）完整性检验

检验填报是否完整，是否存在缺项漏项，提供的证明材料是否完整。

b）逻辑性检验

检验各指标项逻辑合理性，或不同部门或地区之间填报的数据差别悬殊等逻辑性问题，如分项数据加和与合计项不等，上下游两个地区申报的同类产品价格相差悬殊等。

c）真实性检验

真实性检验指对填报数据的真实性进行检验，利用证明文件、现场调查、抽样调查等方法对申报数据的真实性进行审核。

E.2 特殊原则

a）应急处置费用不能重复申报。

如出现监测采样费用、咨询费、劳务费、餐饮费或加班费等在部门中或者部门之间重复申报的，应予以剔除。

b）遵守国家的相关法律、法规以及规范性文件。

按照《关于规范公务员津贴补贴问题的通知》（中纪发〔2006〕17 号），应急处置期间政府公务员和参照公务员管理单位人员没有加班补贴，若有填报，应予以剔除。对于采样、监测、化验、餐饮、住宿等费用，若国家或所在的省、市、县有相关标准的，应按照有关标准进行申报；若没有相关标准文件的，应按照应急处置工作开展地的市场价格来申报，不能人为夸大或降低费用标准。

修复费用法优先原则：

若发生因突发环境事件导致的设备损坏现象，应优先采用修复费用法计算；若设备完全损坏且无法进行修缮，则采用重置成本法计算。

附 F

虚拟治理成本法

虚拟治理成本是指工业企业或污水处理厂治理等量地排放到环境中的污染物应该花费的成本，即污染物排放量与单位污染物虚拟治理成本的乘积。单位污染物虚拟治理成本是指突发环境事件发生地的工业企业或污水处理厂单位污染物治理平均成本（含固定资产折旧）。在量化生态环境损害时，可以根据受污染影响区域的环境功能敏感程度分别乘以 1.5～10 的倍数作为环境损害数额的上下限值，确定原则见附表 F-1。利用虚拟治理成本法计算得到的环境损害可以作为生态环境损害赔偿的依据。

附表 F-1 利用虚拟治理成本法确定生态环境损害数额的原则

环境功能区类型 1	生态环境损害数额
地表水	
Ⅰ类	＞虚拟治理成本的 8 倍
Ⅱ类	虚拟治理成本的 6～8 倍
Ⅲ类	虚拟治理成本的 4.5～6 倍
Ⅳ类	虚拟治理成本的 3～4.5 倍
Ⅴ类	虚拟治理成本的 1.5～3 倍
地下水污染	
Ⅰ类	＞虚拟治理成本的 10 倍
Ⅱ类	虚拟治理成本的 8～10 倍
Ⅲ类	虚拟治理成本的 6～8 倍
Ⅳ类	虚拟治理成本的 4～6 倍
Ⅴ类	虚拟治理成本的 2～4 倍
环境空气污染	
Ⅰ类	＞虚拟治理成本的 5 倍
Ⅱ类	虚拟治理成本的 3～5 倍
Ⅲ类	虚拟治理成本的 1.5～3 倍
土壤污染	
Ⅰ类	＞虚拟治理成本的 8 倍
Ⅱ类	虚拟治理成本的 4～8 倍
Ⅲ类	虚拟治理成本的 2～4 倍

注 1：本表中所指的环境功能区类型以现状功能区为准。

附 G

是否启动中长期生态环境损害评估的判定原则

G.1 环境介质受到长期损害的判定原则

（1）地表水资源

判断地表水资源是否需启动中长期损害评估，主要是判断影响区域内的地表水资源是否由于污染物的排放或倾倒在物理或化学质量上产生了以下 1 个或多个现象，且该现象在 1 年内无法消除。

现象 1：影响区域地表水中的污染物质浓度超过国家和地方建立的水质标准，包括：《地表水环境质量标准》（GB 3838—2002）、《生活饮用水卫生规范》（GB 5749 —2006）、《城市供水水质标准》（CJ/T 206—2005）、《景观娱乐用水水质标准》（GB 12941—91）、《农业灌溉水质标准》（GB 5084—92）、《渔业水质标准》（GB 11607—89）等环境质量标准、饮用水标准和供水系统标准。

现象 2：影响区域地表水中的污染物质浓度明显超过对照区域地表水中的污染物质浓度，并且影响区域分析结果与对照区域进行对比，两者存在明显的统计学差异。

（2）沉积物（底质）资源

判断沉积物（底质）资源是否需启动中长期损害评估，主要是判断影响区域内的沉积物（底质）资源是否由于污染物质的排放或倾倒在物理或化学质量上产生了以下 1 个或多个现象，且该现象在 1 年内无法消除。

现象 1：影响区域沉积物（底质）中的污染物质浓度超过国家和地方建立的沉积物质量标准，鉴于我国没有专门的水环境沉积物（底质）质量标准，可参考《土壤环境质量标准》（GB 15618—1995）和《海洋沉积物质量》（GB 18668—2002）。当不能满足分析要求时，可参考国际的沉积物标准，如沉积物环境质量基准（Sediment Quality Guidelines，SQGs）。

现象 2：影响区域沉积物（底质）中的污染物质浓度明显超过对照区域沉积物（底质）中的污染物质浓度，并且影响区域分析结果与对照区域进行对比，两者存在明显的统计学差异。

（3）地下水资源

判断地下水资源是否需启动中长期损害评估，主要是判断影响区域内的地下水资源是否由于污染物的排放或倾倒在物理或化学质量上产生了以下 1 个或多个现象，且该现象在 1 年内无法消除。

现象 1：影响区域地下水中的污染物质浓度超过国家和地方建立的水质标准，包括：《地下水质量标准》（GB/T 14848—93）、《生活饮用水卫生规范》（GB 5749—2006）、《城市供水水质标准》（CJ/T 206—2005）、《农业灌溉水质标准》（GB 5084—92）等环境质量标准、饮用水标准和供水系统标准。

现象 2：影响区域地下水中的污染物质浓度明显超过对照区域地下水中的污染物质浓度，并且影响区域分析结果与对照区域进行对比，两者存在明显的统计学差异。

（4）土壤资源

判断土壤资源是否需启动中长期损害评估，主要是判断影响区域内的土壤资源是否由于污染物的排放或倾倒在物理或化学质量上产生了以下 1 个或多个现象，且该现象在 1 年内无法消除。

现象 1：损害区域土壤中的污染物质浓度超过国家和地方建立的环境标准：《土壤环境质量标准》（GB 15618—1995）。

现象 2：损害区域土壤中的污染物质浓度明显超过对照区域土壤中的污染物质浓度，并且影响区域分析结果与对照区域进行对比，两者存在明显的统计学差异。

G.2 对公众健康具有潜在风险的条件

同时满足下列 3 个条件的，可认定为对公众健康构成了潜在威胁：

a）污染物属于易迁移转化、易浸出、生物毒性大的物质；

b）环境介质中的污染物与周边人群存在不可避免的暴露途径，如受污染的水是唯一的灌溉或饮用水源等；

c）污染物在受影响人群长期接触、食用的介质中的浓度超过了人体健康风险基准。

G.3 对生态环境具有潜在风险的条件

同时满足下列三个条件的，可认定为对生态环境构成潜在威胁：

a）污染物属于易迁移转化、易浸出、生物毒性大的物质；

b）环境介质中的污染物与生物种群存在不可避免的暴露途径；

c）污染物在环境介质中的浓度超过了生态风险基准。

附 H

评估报告提纲

H.1　基本情况

写明评估的背景，包括损害发生的时间、地点、起因和经过；简要说明环境损害发生地的社会经济背景、周边敏感受体、造成潜在环境损害的污染源、污染物等基本情况。

H.2　评估方案

H.2.1　评估目标

依据委托方委托评估事项，详细写明开展环境损害评估的目标。

H.2.2　评估依据

写明开展本次环境损害评估所依据的法律法规、标准和技术规范等。

H.2.3　评估原则

写明开展本次环境损害评估所遵循的基本原则。

H.2.4　评估范围

写明开展本次评估工作初步确定的环境损害的时间范围和空间范围及确定初步时空范围的依据。

H.2.5　评估内容

写明本次评估工作的主要内容，包括环境损害评估对象（人身损害、财产损害和环境损害）和环境损害评估内容（环境损害确认和损害数额量化）。

H.2.6　评估方法

详细阐明开展本次环境损害评估工作的技术路线及每一项评估内容所使用的技术方法。

H.3　评估过程与分析

H.3.1　环境损害确认

H.3.1.1 基线确认

H.3.1.2 污染暴露分析

H.3.1.3 损害程度与损害范围确认

H.3.2　环境损害量化

H.3.2.1 应急处置费用

H.3.2.2 人身损害

H.3.2.3 财产损害

H.3.2.4 生态环境损害

H.4 评估结论

提出突发环境事件造成的直接经济损失计算数额，以及突发环境事件对影响区域生态功能的损害程度，判断是否启动中长期损害评估。

H.5 特别事项说明

阐明报告的真实性、合法性、科学性。明确报告的所有权、使用目的和使用范围。阐明报告编制过程及结果中可能存在的不确定性。对报告结果的使用提出必要的建议。

H.6 签字盖章

H.7 附件

附件包括环境损害评估工作过程中依据的各种证据、评估实施方案等。

九、绿色证券政策

上市公司信息披露管理办法（摘录）

中国证券监督管理委员会令第40号

……

第三章　定期报告

第十九条　上市公司应当披露的定期报告包括年度报告、中期报告和季度报告。凡是对投资者作出投资决策有重大影响的信息，均应当披露。

年度报告中的财务会计报告应当经具有证券、期货相关业务资格的会计师事务所审计。

第二十条　年度报告应当在每个会计年度结束之日起4个月内，中期报告应当在每个会计年度的上半年结束之日起2个月内，季度报告应当在每个会计年度第3个月、第9个月结束后的1个月内编制完成并披露。

第一季度季度报告的披露时间不得早于上一年度年度报告的披露时间。

第二十一条　年度报告应当记载以下内容：

（一）公司基本情况；

（二）主要会计数据和财务指标；

（三）公司股票、债券发行及变动情况，报告期末股票、债券总额、股东总数，公司前 10 大股东持股情况；

（四）持股 5%以上股东、控股股东及实际控制人情况；

（五）董事、监事、高级管理人员的任职情况、持股变动情况、年度报酬情况；

（六）董事会报告；

（七）管理层讨论与分析；

（八）报告期内重大事件及对公司的影响；

（九）财务会计报告和审计报告全文；

（十）中国证监会规定的其他事项。

第二十二条 中期报告应当记载以下内容：

（一）公司基本情况；

（二）主要会计数据和财务指标；

（三）公司股票、债券发行及变动情况、股东总数、公司前 10 大股东持股情况，控股股东及实际控制人发生变化的情况；

（四）管理层讨论与分析；

（五）报告期内重大诉讼、仲裁等重大事件及对公司的影响；

（六）财务会计报告；

（七）中国证监会规定的其他事项。

第二十三条 季度报告应当记载以下内容：

（一）公司基本情况；

（二）主要会计数据和财务指标；

（三）中国证监会规定的其他事项。

第二十四条 公司董事、高级管理人员应当对定期报告签署书面确认意见，监事会应当提出书面审核意见，说明董事会的编制和审核程序是否符合法律、行政法规和中国证监会的规定，报告的内容是否能够真实、准确、完整地反映上市公司的实际情况。

董事、监事、高级管理人员对定期报告内容的真实性、准确性、完整性无法保证或者存在异议的，应当陈述理由和发表意见，并予以披露。

第二十五条 上市公司预计经营业绩发生亏损或者发生大幅变动的，应当及时进行业绩预告。

第二十六条 定期报告披露前出现业绩泄露，或者出现业绩传闻且公司证券及其衍生品种交易出现异常波动的，上市公司应当及时披露本报告期相关财务数据。

第二十七条 定期报告中财务会计报告被出具非标准审计报告的，上市公司董事会应当针对该审计意见涉及事项作出专项说明。

定期报告中财务会计报告被出具非标准审计意见，证券交易所认为涉嫌违法的，应当提请中国证监会立案调查。

第二十八条 上市公司未在规定期限内披露年度报告和中期报告的，中国证监会应当立即立案稽查，证券交易所应当按照股票上市规则予以处理。

第二十九条 年度报告、中期报告和季度报告的格式及编制规则，由中国证监会另行制定。

第四章 临时报告

第三十条 发生可能对上市公司证券及其衍生品种交易价格产生较大影响的重大事件，投资者尚未得知时，上市公司应当立即披露，说明事件的起因、目前的状态和可能产生的影响。

前款所称重大事件包括：

（一）公司的经营方针和经营范围的重大变化；

（二）公司的重大投资行为和重大的购置财产的决定；

（三）公司订立重要合同，可能对公司的资产、负债、权益和经营成果产生重要影响；

（四）公司发生重大债务和未能清偿到期重大债务的违约情况，或者发生大额赔偿责任；

（五）公司发生重大亏损或者重大损失；

（六）公司生产经营的外部条件发生的重大变化；

（七）公司的董事、1/3 以上监事或者经理发生变动；董事长或者经理无法履行职责；

（八）持有公司 5%以上股份的股东或者实际控制人，其持有股份或者控制公司的情况发生较大变化；

（九）公司减资、合并、分立、解散及申请破产的决定；或者依法进入破产程序、被责令关闭；

（十）涉及公司的重大诉讼、仲裁，股东大会、董事会决议被依法撤销或者宣告无效；

（十一）公司涉嫌违法违规被有权机关调查，或者受到刑事处罚、重大行政处罚；公司董事、监事、高级管理人员涉嫌违法违纪被有权机关调查或者采取强制措施；

（十二）新公布的法律、法规、规章、行业政策可能对公司产生重大影响；

（十三）董事会就发行新股或者其他再融资方案、股权激励方案形成相关决议；

（十四）法院裁决禁止控股股东转让其所持股份；任一股东所持公司5%以上股份被质押、冻结、司法拍卖、托管、设定信托或者被依法限制表决权；

（十五）主要资产被查封、扣押、冻结或者被抵押、质押；

（十六）主要或者全部业务陷入停顿；

（十七）对外提供重大担保；

（十八）获得大额政府补贴等可能对公司资产、负债、权益或者经营成果产生重大影响的额外收益；

（十九）变更会计政策、会计估计；

（二十）因前期已披露的信息存在差错、未按规定披露或者虚假记载，被有关机关责令改正或者经董事会决定进行更正；

（二十一）中国证监会规定的其他情形。

第三十一条 上市公司应当在最先发生的以下任一时点，及时履行重大事件的信息披露义务：

（一）董事会或者监事会就该重大事件形成决议时；

（二）有关各方就该重大事件签署意向书或者协议时；

（三）董事、监事或者高级管理人员知悉该重大事件发生并报告时。

在前款规定的时点之前出现下列情形之一的，上市公司应当及时披露相关事项的现状、可能影响事件进展的风险因素：

（一）该重大事件难以保密；

（二）该重大事件已经泄露或者市场出现传闻；

（三）公司证券及其衍生品种出现异常交易情况。

第三十二条 上市公司披露重大事件后，已披露的重大事件出现可能对上市公司证券及其衍生品种交易价格产生较大影响的进展或者变化的，应当及时披露进展或者变化情况、可能产生的影响。

第三十三条 上市公司控股子公司发生本办法第三十条规定的重大事件，可能对上市公司证券及其衍生品种交易价格产生较大影响的，上市公司应当履行信息披露义务。

上市公司参股公司发生可能对上市公司证券及其衍生品种交易价格产生较大影响的事件的，上市公司应当履行信息披露义务。

第三十四条　涉及上市公司的收购、合并、分立、发行股份、回购股份等行为导致上市公司股本总额、股东、实际控制人等发生重大变化的，信息披露义务人应当依法履行报告、公告义务，披露权益变动情况。

第三十五条　上市公司应当关注本公司证券及其衍生品种的异常交易情况及媒体关于本公司的报道。

证券及其衍生品种发生异常交易或者在媒体中出现的消息可能对公司证券及其衍生品种的交易产生重大影响时，上市公司应当及时向相关各方了解真实情况，必要时应当以书面方式问询。

上市公司控股股东、实际控制人及其一致行动人应当及时、准确地告知上市公司是否存在拟发生的股权转让、资产重组或者其他重大事件，并配合上市公司做好信息披露工作。

第三十六条　公司证券及其衍生品种交易被中国证监会或者证券交易所认定为异常交易的，上市公司应当及时了解造成证券及其衍生品种交易异常波动的影响因素，并及时披露。

中国证券监督管理委员会

2007 年 1 月 30 日

关于改革调整上市环保核查工作制度的通知

环发〔2014〕149 号

各省、自治区、直辖市环境保护厅（局），新疆生产建设兵团环境保护局：

上市环保核查工作开展十余年来，各级环保部门督促上市公司完善环境管理制度、建立环保持续改进机制，解决了一大批复杂环境问题，提升了企业自身环保水平，得到社会各方面肯定。为深入贯彻党的十八届三中全会精神，认真落实国务院关于简政放权、转变政府职能要求，加快推进环境治理体系和治理能力现代化，充分利用市场手段和信息公开途径，进一步强化上市公司和企业的环境保护主体责任，我部决定改革调整上市环保核查工作制度。现将有关事项通知如下：

一、自本通知发布之日起，我部停止受理及开展上市环保核查，我部已印发的关于上市环保核查的相关文件予以废止，其他文件中关于上市环保核查的要求不再执行。对本通知印发前已经受理的核查申请，我部将函复申请核查公司，提出环保持续改进要求。

二、地方各级环保部门也应自本通知发布之日起，停止受理及开展上市环保核查工作，并尽快调整本行政区内上市环保核查相关规定，做好制度调整前后相关工作衔接，尽量减少对企业上市、融资的影响。

三、各级环保部门应加强对上市公司的日常环保监管，加大监察力度，发现上市公司存在环境违法问题的，应依法处理并督促整改。同时，各地应清理不符合环保法律、法规的地方规定，避免干扰环保部门对上市公司的正常环保监管，指导和监督上市公司遵守环保法律法规。

四、督促上市公司切实承担环境保护社会责任。上市公司作为公众公司，应当严格遵守各项环保法律法规，建立环境管理体系，完善环境管理制度，实施清洁生产，持续改进环境表现。上市公司应按照有关法律要求及时、完整、真实、准确地公开环境信息，并按《企业环境报告书编制导则》（HJ 617—2011）定期发布企业环境报告书。

五、加大对企业环境监管信息公开力度。各级环保部门应参照国控重点污染源环境监管信息公开要求，加大对上市公司环境信息公开力度，方便公众查询和监督。根据减少行政干预、市场主体负责原则，各级环保部门不应再对各类企业开展任何形式的环保核查，不得再为各类企业出具环保守法证明等任何形式的类似文件。保荐机构和投资人可以依据政府、企业公开的环境信息以及第三方评估等信息，对上市企业环境表现进行评估。

环境保护部

2014 年 10 月 19 日

关于加强上市公司社会责任承担工作暨发布《上海证券交易所上市公司环境信息披露指引》的通知

各上市公司：

为倡导各上市公司积极承担社会责任，落实可持续发展及科学发展观，促进公司在关注自身及全体股东经济利益的同时，充分关注包括公司员工、债权人、客户、消费者及社区在内的利益相关者的共同利益，促进社会经济的可持续发展，现就本所上市公司社会责任承担工作做出如下要求。

一、各上市公司应增强作为社会成员的责任意识，在追求自身经济效益、保护股东利益的同时，重视公司对利益相关者、社会、环境保护、资源利用等方面的非商业贡献。公司应自觉将短期利益与长期利益相结合，将自身发展与社会全面均衡发展相结合，努力超越自我商业目标。

二、公司应根据所处行业及自身经营特点，形成符合本公司实际的社会责任战略规划及工作机制。公司的社会责任战略规划至少应当包括公司的商业伦理准则、员工保障计划及职业发展支持计划、合理利用资源及有效保护环境的技术投入及研发计划、社会发展资助计划以及对社会责任规划进行落实管理及监督的机制安排等内容。

三、本所鼓励公司根据《证券法》、《上市公司信息披露管理办法》的相关规定，及时披露公司在承担社会责任方面的特色做法及取得的成绩，并在披露公司年度报告的同时在本所网站上披露公司的年度社会责任报告。

四、公司可以在年度社会责任报告中披露每股社会贡献值，即在公司为股东创造的基本每股收益的基础上，增加公司年内为国家创造的税收、向员工支付的工资、向银行等债权人给付的借款利息、公司对外捐赠额等为其他利益相关者创造的价值额，并扣除公司因环境污染等造成的其他社会成本，计算形成的公司为社会创造的每股增值额，从而帮助社会公众更全面地了解公司为其股东、员工、客户、债权人、社区以及整个社会所创造的真正价值。

五、公司可以根据自身特点拟定年度社会责任报告的具体内容，但报告至少应当包括如下方面：

（一）公司在促进社会可持续发展方面的工作，例如，对员工健康及安全的保护、对所在社区的保护及支持、对产品质量的把关等；

（二）公司在促进环境及生态可持续发展方面的工作，例如，如何防止并减少污染环境、如何保护水资源及能源、如何保证所在区域的适合居住性，以及如何保护并提高所在区域的生物多样性等；

（三）公司在促进经济可持续发展方面的工作，例如，如何通过其产品及服务为客户创造价值、如何为员工创造更好的工作机会及未来发展、如何为其股东带来高的经济回报等。

六、公司申请披露年度社会责任报告的，应向本所提交以下文件：

（一）公告文稿；

（二）公司董事会关于审议通过年度社会责任报告的决议；

（三）公司监事会关于审核同意年度社会责任报告的决议；

（四）本所认为必要的其他文件。

七、对重视社会责任承担工作，并能积极披露社会责任报告的公司，本所将优先考虑其入选上证公司治理板块，并相应简化对其临时公告的审核工作。

八、本所根据市场发展需要，适时制定公司社会责任承担的具体信息披露指引。

九、根据国家环保总局于2008年2月发布的《关于加强上市公司环境保护监督管理工作的指导意见》及《环境信息公开办法（试行）》要求，现制定并发布《上海证券交易所上市公司环境信息披露指引》，见附件，请遵照执行。

上海证券交易所

二○○八年五月十四日

十、环境贸易及相关投资政策

（一）综合性环境贸易政策

关于促进商贸物流发展的实施意见（摘录）

商流通函〔2014〕790号

……

三、提高专业化水平

……

（四）鼓励绿色物流发展。引导一批商贸物流园区向绿色物流功能区转型，加大绿色物流装备、技术、仓储等设施的推广使用力度。完善再生资源回收体系，建立服务于生产和消费的逆向物流网络，促进资源的循环利用。

中华人民共和国商务部

2007年1月30日

国家级经济技术开发区和边境经济合作区“十二五”发展规划（2011—2015年）（摘录）

前言

为深刻认识并准确把握国内外形势新变化、新特点，促进国家级开发区进一步集聚优质资源，提升综合实力，在转变发展方式、扩大开放、创新发展、绿色增长、区域带动等方面继续发挥先锋示范作用；

……

四、重点任务

（一）营造优良投资发展环境

把环境建设作为发展的核心动力。进一步强化开放意识、创新意识、服务意识、统筹意识、法制意识、民生意识和生态意识，不断提升综合发展环境水平。要坚持科学规划，形成集约健全、宜业宜居的城市环境；坚持以人为本，形成保障完备、文明开放的社会环境；坚持依法治区，形成规范有序、平等竞争的市场环境；坚持产城融合，形成优势互补、统筹发展的区域环境；完善政策措施，形成激励创新、人才集聚的创新环境；转变政府职能，形成规范透明、精简高效的行政环境；坚持绿色发展，形成优美和谐、生态环保的自然环境。

（二）提高先进制造业竞争力

1. 积极承接新一轮国际产业转移。国家级开发区要抓住机遇，吸纳和培育具有高技术、高成长、高效益及可持续发展特征的行业。重点发展产业链中核心零部件、关键材料制造、技术研发、工业设计、检测等领域的企业或项目。

边境合作区要以尽快改变区内企业规模较小、产业单一的现状为主要任务，深入分析市场资源条件，以开发周边国家适用产品为导向，加快发展高起点、高水平的沿边工业。巩固本地传统优势产业，吸引内地企业投资发展轻纺业、电子、食品、家电、工程机械、建材以及进口矿产资源加工等行业，推动制造业改造升级。

2. 加快培育特色产业集群。利用政策机遇推进产业调整与振兴，推动现有制造业改造升级。合理引导企业兼并重组，提高产业集中度，增强配套能力，淘汰落后产能。加强产业规划，围绕龙头项目、重点产业、知名品牌开展产业链招商。鼓励同类企业向特色产业园区集聚，优化企业间的生产协作和配套体系。形成若干个国际知名、各具特色的制造业产业集群，创建国家新型工业化产业示范基地。

（三）大力发展战略性新兴产业

1. 积极部署战略性新兴产业。认真贯彻《国务院关于加快培育和发展战略性新兴产业的决定》，努力争取新一代信息技术、节能环保、新能源、生物、高端装备制造、新材料和新能源汽车等战略性新兴产业项目在国家级开发区投资布局。积极参与有关产品和技术标准的制定，努力成为国家培育发展战略性新兴产业的示范基地。以培育和壮大龙头企业为突破口，引导财政、税收、金融、人才与土地等政策向龙头企业倾斜。

2. 打造战略性新兴产业集聚区。深入实施科技兴贸战略，围绕国家战略性新兴产业重点领域，规划建设一批龙头企业主导、规模优势明显、产业配套完善、辐射带动作用强的产业集群，积极培育国家科技兴贸创新基地和战略性新兴产业国际化示范基地。完善环境和载体建设，发展与战略性新兴产业相关的服务体系，引导技术、人才、资金和重大项目向产业基地集聚。

（四）壮大提升高新技术产业

1. 促进高新技术产业集群发展。促进科技成果产业化，搭建包括科技研发、成果孵化、产业化制造、技术服务在内的一站式公共技术平台。构筑有利于科技企业成长的现代金融环境、信息平台和市场渠道。鼓励高新技术企业与传统产业企业进行资产、技术和人才等方面的合作与重组。重点推进信息技术、新材料、新能源、生物技术、环境保护、医药、航空航天、海洋产业等领域的高科技产业集群发展。

2. 提升高新技术产业的国际竞争力。积极推动以软件外包为主的服务贸易，促进各种形式的技术贸易。利用各种媒体和展会平台扩大区内高新技术产业的国际影响力。支持区内企业利用跨国公司在华科技资源，加强同大学、科研院所、咨询机构的技术联合。扶持和引导高新技术企业国际化发展。加强技术秘密和知识产权保护。

……

（九）强化生态环境保护管理

1. 强化生态环保综合管理。加强环境保护规划与承载力评估，严格执行项目建设和废物处理配套设施“三同时”要求。加强入区项目的事前审核，禁止不符合环保要求的项目入区投资。推进国家级开发区和边境合作区开展区域环境管理标准化认证工作。完善环境监测体系，加强区内企业和项目的事中、事后审核，强化对现有污染源的跟踪监控和有效治理，推广垃圾无害化与危险废弃物集中处置。坚决淘汰区内落后产能，对不符合环保要求的企业或项目实施退出机制。

2. 大力发展循环经济和环保产业。大力倡导发展环保产业，支持企业开发低碳技术和低碳产品，大力推广低碳技术和低碳材料运用。以节能减排为重点，加快产业优化升级，促进企业技术革新、管理创新和清洁生产。大力发展同区内产业相关联的环境技术服务业。深化节能环保国际合作，积极打造国际生态环保合作交流平台和示范项目。积极创建国家生态工业示范园区和循环经济示范试点园区。

中华人民共和国商务部

二〇一二年十月

中华人民共和国和瑞士联邦自由贸易协定（摘录）

（2013 年 7 月 6 日正式签署，中瑞自贸协定包含了“环境问题”章节，这是环境相关内容在中国的自贸协定中第一次以独立章节形式出现）

序言

意识到经济发展、社会发展和环境保护是可持续发展中相互依存、相辅相成的组成部分，更紧密的经济伙伴关系可在促进可持续发展方面发挥重要作用；认识到本协定的实施应以促进缔约双方公众福祉为目标，包括提高生活水平，创造新的就业机会和促进与环境保护相一致的可持续发展；

……

第十二章　环境问题

第 12.1 条　背景和目标

一、缔约双方回顾了 1972 年斯德哥尔摩人类环境宣言、1992 年里约环境与发展宣言、1992 年环境与发展 21 世纪议程、2002 年约翰内斯堡可持续发展实施计划和 2012 年里约+20 峰会成果文件“我们希望的未来”。

二、缔约双方认识到经济发展、社会发展和环境保护是可持续发展相互依存、相互支持的组成部分。作为可持续发展全球性方针的一部分，缔约双方强调了在环境问题上进行合作所带来的好处。

三、缔约双方再次承诺，通过促进实现可持续发展目标，并确保将这一目标纳入和反映在缔约双方的双边经济关系中的方式，来促进经济发展。

第 12.2 条　多边环境协定和环境原则

一、缔约双方再次承诺，在其法律和实践中有效实施缔约双方均为成员的多边环境协定，以及本协定第 12.1 条中提到的国际文件中体现的环境原则和义务。努力通过各种手段，包括对各自环保法律和法规的有效实施，进一步提高环保水平。

二、缔约双方认识到，通过降低或减少国内环境法律、法规、政策和实践中的保护水平来鼓励贸易和投资是不恰当的。缔约双方同意环保标准不得用于贸易保护主义之目的。

三、缔约双方认识到在制定和实施与环境有关的措施时，考虑科学技术和其他信息以及相关国际准则的重要性。

第 12.3 条　促进有利于环境的货物和服务传播

一、缔约双方应努力推动和促进有利于环境的货物、服务和技术的投资和传播。

二、为达第一款之目的，缔约双方同意交换意见，并会考虑在此领域的合作。

三、缔约双方将鼓励企业就有利于环境的货物、服务和技术开展合作。

第 12.4 条　国际论坛合作

缔约双方将在缔约双方参与的有关双边、区域和多边论坛上，努力加强在共同关心的环境问题上的合作。

第 12.5 条　双边合作

一、缔约双方重申了以环境政策合作为手段以促进本章实施，并根据国家的环境政策目标和各自均为成员的多边环境协定中的义务，进一步提升环境保护水平的重要性。

二、为追求上述目标，缔约双方将以缔约双方之间现有的环境协定和安排为基础，考虑在拥有共同利益的领域开展进一步合作活动。

三、缔约双方间的环境合作将重点关注信息和专业知识交流、能力建设和培训、研讨会和讲习班、实习和奖学金以及关注国际上此方面动态等。上述活动应解决技术合作和转让问题，特别是关于环境友好型技术的合作和转让问题。

第 12.6 条　资源和资金安排

忆及里约+20 峰会成果文件中关于需要从各种渠道调动大量资源并有效使用资金的决定，为了大力支持发展中国家在可持续发展方面的努力，根据缔约双方协商一致和具体项目商定的条款，并考虑到缔约双方不同的社会和经济发展水平，实施环境合作所必需的资源应由缔约双方的主管机构和组织以及私营部门提供。

第 12.7 条　实施和协商

一、为促进本章实施及相关沟通事宜，指定以下联络点：（一）对于中国：中华人民共和国商务部（MOFCOM）；（二）对于瑞士：联邦经济总局（SECO）。

二、缔约一方可通过根据第一款中列明的联络点，就本章内发生的任何问题，提请在联合委员会框架内进行协商。缔约双方将尽一切努力达成缔约双方都满意的解决方案。

三、本协定第十五章不适用于本章。如果缔约一方认为另一缔约方行为不符合本章有关条款的规定，其仅可诉诸在联合委员会下举行的双边协商和对话。

第 12.8 条　审议

缔约双方应考虑相关的国际动态，在联合委员会上定期审议本章所设目标的进展情况。

海关总署

2014 年 6 月 30 日

（二）对外贸易政策

国务院办公厅关于加强进口的若干意见（摘录）

国办发〔2014〕49号

……

二、稳定资源性产品进口。完善国家储备体系，支持和鼓励企业建立商业储备。鼓励企业加快海外投资。继续利用外经贸发展专项资金等现有政策，支持境外能源资源开发，鼓励战略性资源回运，稳定能源资源供应，提高市场保障能力。在有效管理的前提下，适度扩大再生资源进口。

……

四、大力发展服务贸易进口。积极扩大国内急需的咨询、研发设计、节能环保、环境服务等知识、技术密集型生产性服务进口和旅游进口。加强人员流动、资格互认、行业标准制定等方面的国际磋商与合作。建立和完善与服务贸易特点相适应的口岸通关管理模式。

国务院办公厅

2014年10月23日

关于"十二五"期间金融支持服务贸易发展的意见（摘录）

商服贸发〔2012〕86号

……

三、主要任务

……

（五）重点推进与节能环保、新一代信息技术、新能源、生物、高端装备制造、新材料、新能源汽车等战略性新兴产业相配套的服务贸易，推动产业结构升级，培育优势产业集群。

中华人民共和国商务部

中国进出口银行

二〇一二年三月二十六日

消耗臭氧层物质进出口管理办法

部令　第26号

根据《消耗臭氧层物质管理条例》和有关法律、行政法规，制定《消耗臭氧层物质进出口管理办法》。现予公布，自2014年3月1日起施行。原国家环境保护总局发布的《消耗臭氧层物质进出口管理办法》（环发〔1999〕278号）和原国家环境保护总局、原对外经济贸易合作部、海关总署发布的《关于加强对消耗臭氧层物质进出口管理的规定》（环发〔2000〕85号）同时废止。

环保部
商务部
海关总署
2014年1月27日

附件：

消耗臭氧层物质进出口管理办法

第一条　为履行《关于消耗臭氧层物质的蒙特利尔议定书》及其修正案，加强对我国消耗臭氧层物质进出口管理，根据《消耗臭氧层物质管理条例》，制定本办法。

第二条　本办法适用于以任何形式进出口列入《中国进出口受控消耗臭氧层物质名录》的消耗臭氧层物质的活动；通过捐赠、货样、广告物品、退运等方式将列入《中国进出口受控消耗臭氧层物质名录》的消耗臭氧层物质运入、运出中华人民共和国关境，其他法律法规另有规定的，从其规定。

《中国进出口受控消耗臭氧层物质名录》由国务院环境保护主管部门会同国务院商务主管部门、海关总署制定、调整和公布。

第三条 国家对列入《中国进出口受控消耗臭氧层物质名录》的消耗臭氧层物质实行进出口配额许可证管理。

第四条 国务院环境保护主管部门、国务院商务主管部门和海关总署联合设立国家消耗臭氧层物质进出口管理机构，对消耗臭氧层物质的进出口实行统一监督管理。

第五条 国务院环境保护主管部门根据消耗臭氧层物质淘汰进展情况，商国务院商务主管部门确定国家消耗臭氧层物质年度进出口配额总量，并在每年 12 月 20 日前公布下一年度进出口配额总量。

第六条 从事消耗臭氧层物质进出口的单位（以下简称“进出口单位”）应当具有法人资格，并依法办理对外贸易经营者备案登记手续。

第七条 进出口单位应当在每年 10 月 31 日前向国家消耗臭氧层物质进出口管理机构申请下一年度进出口配额，并提交下列材料：

（一）法人营业执照和对外贸易经营者备案登记表；

（二）消耗臭氧层物质进出口单位年度环保备案表；

（三）下一年度消耗臭氧层物质进出口配额申请书和年度进出口计划表。

初次申请进出口配额的进出口单位，还应当提交前三年消耗臭氧层物质进出口业绩。

申请进出口属于危险化学品的消耗臭氧层物质的单位，还应当提交该危险化学品的国内生产使用企业持有的危险化学品环境管理登记证，以及安全生产监督管理部门核发的危险化学品生产、使用或者经营许可证。

未按时提交上述材料或者提交材料不齐全的，国家消耗臭氧层物质进出口管理机构不予受理配额申请。

第八条 国家消耗臭氧层物质进出口管理机构在核定进出口单位的年度进出口配额申请时，应当综合考虑下列因素：

（一）遵守法律法规情况；

（二）前三年消耗臭氧层物质进出口业绩；

（三）上一年度消耗臭氧层物质进出口计划及配额完成情况；

（四）管理水平和环境保护措施落实情况；

（五）其他影响消耗臭氧层物质进出口的因素。

第九条 国家消耗臭氧层物质进出口管理机构应当在每年 12 月 20 日前对进出口单位的进出口配额做出发放与否的决定，并予以公告。

第十条　在年度进出口配额指标内，进出口单位需要进出口消耗臭氧层物质的，应当向国家消耗臭氧层物质进出口管理机构申请领取进出口受控消耗臭氧层物质审批单，并提交下列材料：

（一）消耗臭氧层物质进出口申请书；

（二）对外贸易合同或者订单等相关材料，非生产企业还应当提交合法生产企业的供货证明；

（三）国家消耗臭氧层物质进出口管理机构认为需要提供的其他材料。

出口回收的消耗臭氧层物质的单位应当持有回收单位所在省级环境保护主管部门签发的回收证明，依法申请领取进出口受控消耗臭氧层物质审批单后，方可办理其他手续。

特殊用途的消耗臭氧层物质的出口，进出口单位应当提交进口国政府部门出具的进口许可证或者其他官方批准文件等材料。

第十一条　国家消耗臭氧层物质进出口管理机构应当自受理进出口申请之日起二十个工作日内完成审查，作出是否签发消耗臭氧层物质进出口审批单的决定，并对获准签发消耗臭氧层物质进出口审批单的进出口单位名单进行公示；未予批准的，应当书面通知申请单位并说明理由。

第十二条　消耗臭氧层物质进出口审批单实行一单一批制。审批单有效期为九十日，不得超期或者跨年度使用。

第十三条　进出口单位应当持进出口审批单，向所在地省级商务主管部门所属的发证机构申请领取消耗臭氧层物质进出口许可证。在京中央企业向国务院商务主管部门授权的发证机构申请领取消耗臭氧层物质进出口许可证。

消耗臭氧层物质进出口许可证实行一批一证制。每份进出口许可证只能报关使用一次，当年有效，不得跨年度使用。

进出口许可证的申领和管理按照国务院商务主管部门有关规定执行。

第十四条　进出口单位凭商务主管部门签发的消耗臭氧层物质进出口许可证向海关办理通关手续。

第十五条　进出口单位在领取消耗臭氧层物质进出口许可证后，实际进出口的数量少于批准的数量的，应当在完成通关手续之日起二十个工作日内向国家消耗臭氧层物质进出口管理机构报告实际进出口数量等信息。

进出口单位在领取消耗臭氧层物质进出口许可证后，实际未发生进出口的，应当在进出口许可证有效期届满之日起二十个工作日内向国家消耗臭氧层物质进出口管理机构报告。

第十六条 消耗臭氧层物质在中华人民共和国境内的海关特殊监管区域、保税监管场所与境外之间进出的，进出口单位应当依照本办法的规定申请领取进出口审批单、进出口许可证；消耗臭氧层物质在中华人民共和国境内的海关特殊监管区域、保税监管场所与境内其他区域之间进出的，或者在上述海关特殊监管区域、保税监管场所之间进出的，不需要申请领取进出口审批单、进出口许可证。

第十七条 进出口单位应当按照进出口审批单或者进出口许可证载明的内容从事消耗臭氧层物质的进出口活动。发生与进出口审批单或者进出口许可证载明的内容不符的情形的，进出口单位应当重新申请领取进出口审批单或者进出口许可证。

第十八条 国家消耗臭氧层物质进出口管理机构建立消耗臭氧层物质进出口数据信息管理系统，收集、汇总消耗臭氧层物质的进出口数据信息。

国务院环境保护主管部门、商务主管部门、海关总署以及省级环境保护主管部门应当建立信息共享机制，及时通报消耗臭氧层物质进出口、进出口单位信息和违法情况等信息。

第十九条 县级以上环境保护主管部门、商务主管部门、海关等有关部门有权依法对进出口单位的消耗臭氧层物质进出口活动进行监督检查。被检查单位必须如实反映情况，提供必要资料，不得拒绝和阻碍。检查部门对监督检查中知悉的商业秘密负有保密义务。

第二十条 进出口单位当年不能足额使用的进出口配额，应当于当年 10 月 31 日前报告并交还国家消耗臭氧层物质进出口管理机构。国家消耗臭氧层物质进出口管理机构可以根据实际情况对年度配额进行调整分配。

进出口单位未按期交还进出口配额并且在当年年底前未足额使用的，国家消耗臭氧层物质进出口管理机构可以核减或者取消其下一年度的进出口配额。

第二十一条 进出口单位以欺骗、贿赂等不正当手段取得消耗臭氧层物质进出口年度配额、消耗臭氧层物质进出口审批单或者进出口许可证的，依照《中华人民共和国行政许可法》的规定，由国家消耗臭氧层物质进出口管理机构撤销其消耗臭氧层物质进出口审批单，或者由商务主管部门撤销其消耗臭氧层物质进出口许可证，并由国家消耗臭氧层物质进出口管理机构酌情核减或者取消进出口单位本年度或者下一年度的进出口配额；构成犯罪的，依法移送司法机关追究刑事责任。

进出口单位对本办法第七条、第十条要求申请人提交的数据、材料有谎报、瞒报情形的，国家消耗臭氧层物质进出口管理机构除给予前款规定处罚外，还应当将违法事实通报给进出口单位所在地县级以上地方环境保护主管部门，并由进出口单位所在地县级以上地方环境保护主管部门依照《消耗臭氧层物质管理条例》第三十八条的规定予以处罚。

第二十二条　进出口单位倒卖、出租、出借进出口审批单或者进出口许可证的，由国家消耗臭氧层物质进出口管理机构撤销其消耗臭氧层物质进出口审批单，或者由商务主管部门撤销其消耗臭氧层物质进出口许可证，并由国家消耗臭氧层物质进出口管理机构取消其当年配额，禁止其三年内再次申请消耗臭氧层物质进出口配额；构成犯罪的，依法移送司法机关追究刑事责任。

第二十三条　进出口单位使用虚假进出口审批单或者进出口许可证的，由国家消耗臭氧层物质进出口管理机构取消其当年进出口配额，禁止其再次申请消耗臭氧层物质进出口配额；构成犯罪的，依法移送司法机关追究刑事责任。

第二十四条　进出口单位无进出口许可证或者超出进出口许可证的规定进出口消耗臭氧层物质的，或者违反海关有关规定进出口消耗臭氧层物质的，或者走私消耗臭氧层物质的，由海关依法处罚；构成犯罪的，依法移送司法机关追究刑事责任。国家消耗臭氧层物质进出口管理机构可以根据进出口单位违法行为情节轻重，禁止其再次申请消耗臭氧层物质进出口配额。

第二十五条　负有消耗臭氧层物质进出口监督管理职责的部门及其工作人员有下列行为之一的，对直接负责的主管人员和其他直接责任人员，依法给予处分；构成犯罪的，依法移送司法机关追究刑事责任：

（一）违反本办法规定发放消耗臭氧层物质进出口配额的；

（二）违反本办法规定签发消耗臭氧层物质进出口审批单或者进出口许可证的；

（三）对发现的违反本办法的行为不依法查处的；

（四）在办理消耗臭氧层物质进出口以及实施监督检查的过程中，索取、收受他人财物或者谋取其他利益的；

（五）其他徇私舞弊、滥用职权、玩忽职守行为。

第二十六条　本办法规定的消耗臭氧层物质进出口配额申请书、年度进出口计划表、消耗臭氧层物质进出口申请书、进出口受控消耗臭氧层物质审批单、消耗臭氧层物质进出口单位年度环保备案表、回收证明等文件格式由国家消耗臭氧层物质进出口管理机构统一制定并公布。

第二十七条 本办法由国务院环境保护主管部门商国务院商务主管部门、海关总署解释。

第二十八条 本办法自 2014 年 3 月 1 日起施行。原国家环境保护总局发布的《消耗臭氧层物质进出口管理办法》（环发〔1999〕278 号）和原国家环境保护总局、原对外经济贸易合作部、海关总署发布的《关于加强对消耗臭氧层物质进出口管理的规定》（环发〔2000〕85 号）同时废止。

禁止进口限制进口技术管理办法（摘录）

中华人民共和国商务部令 2009 年第 1 号

……

第八条　限制进口技术的技术审查应包括以下内容：

（一）是否危及国家安全、社会公共利益或者公共道德；

（二）是否危害人的健康或安全和动物、植物的生命或健康；

（三）是否破坏环境；

（四）是否符合国家产业政策和经济社会发展战略，有利于促进我国技术进步和产业升级，有利于维护我国经济技术权益。

部　长　陈德铭

二〇〇九年二月一日

机电和高新技术产品进出口“十二五”发展规划（摘录）

商产发〔2012〕56号

……

二、“十二五”时期机电和高新技术产品进出口的指导思想、基本原则、主要目标及重点任务

……

（二）基本原则。

……

二是坚持进口与出口协调发展。按照建设资源节约型、环境友好型社会和发展绿色经济、低碳经济、循环经济的总体要求，统筹规模与质量、速度与效益，利用国内外两个市场、两种资源，在保持出口稳定增长的同时，更加重视发挥进口对经济发展和结构调整的重要作用，推动进出口协调发展。

三、“十二五”时期重点行业进出口主要目标与任务

……

（四）摩托车行业。到2015年，摩托车出口量达到1300万辆，行业出口额达到90亿美元，年均增长7%。节能环保的高技术含量、高附加值摩托车产品显著上升。继续巩固传统发展中国家低端市场，稳步进入发达国家市场。支持品牌摩托车出口，培育国际知名品牌，形成相对完善的品牌促进、保护、推介和政策支持体系。加快国家摩托车产品出口基地建设，打造出口公共服务平台。鼓励摩托车生产企业加强研究开发。规范摩托车出口市场秩序，对出口企业进行分类管理，逐步形成信用管理系统和诚信自律机制。鼓励优势企业或企业联盟对外投资，建立健全海外营销及服务体系。办好中国国际摩托车及零部件交易会。

……

（八）新能源行业。2015 年非化石能源在能源消费中的比例提高到 13%。新能源出口规模扩大，2015 年风电装备出口达到 1000 万千瓦。完善各地新能源发展规划。完善出口服务体系，帮助企业了解国际采购秩序和规则，支持可再生能源出口企业开拓国际市场，获得国际认证。

……

（十一）印刷设备行业。到 2015 年，印刷机械出口达到 20 亿美元，年均增长 11%；印刷机械及关键零部件进口达到 25 亿美元，年均增长约 5%。大力发展绿色环保产品，增强创新能力，精心创立品牌，加快国际化，推动进出口并重。做好行业出口产品推荐目录。组织企业海外展出，帮助企业走出去。办好国际综合性展会和发展论坛，吸引海内外买家前来购买设备，加强国际技术交流与合作。

……

（十四）农业机械行业。到 2015 年，农业机械出口达到 120 亿美元，年均增长 15%。加强对重点产品的关键共性技术、关键配套部件的攻关，重点发展节能环保装备，进一步发展大中型农业机械产品，重点发展大中型轮式和履带式拖拉机及配套农具、农业机械专用关键零部件等 12 种机型的产品。努力培育中国农业机械制造业的国际知名公司。完善提高农业机械行业的检测实验与试验水平。加强出口基地（企业）的建设和培育，加强海外维修服务和备件供应点建设。加快产品技术标准的制修订工作，积极与国际标准接轨。推进公共技术平台建设，帮助企业解决遇到的关键问题和共性问题。

……

（十六）电力装备行业。到 2015 年，出口签约额达到 770 亿美元，年均增长 18%。产业结构和出口结构进一步优化，向中东等中高端市场的出口占全年总出口的 15%以上，风力、太阳能等可再生能源成套设备出口占全年总出口的 10%以上。强化创新能力，提升整体素质，制定实施战略性贸易政策，继续采取“技贸结合”的进出口方针。增加对技术研发创新的支持力度。继续加强协调，形成对外竞争合力，推动大型电力装备出口持续健康发展。

……

（二十）石油设备行业。到 2015 年，石油钻机及零部件等石油专用设备出口额达到 220 亿美元，年均增长 20%以上；石油石化专用设备与通用设备出口总额突破 500 亿美元。形成一批具有一定出口规模的石油石化专用设备生产企业，建设一批区域性石油石化设备出口基地。在钻井装备、输送管道、内燃机、钢丝绳、石油仪器等关键方面取得技术突破。积极推动低炭减排。开展国际标准跟踪、研究和采标，加快我国石油装备国际化进程。

……

（二十五）家用电器行业。到 2015 年，出口达到 600 亿美元，年均增长 8%；进口达到 45 亿美元，比 2010 年增长 50%。加大技术研发投入，完善以企业为主体的技术创新体系，建立一批重点领域共性技术开发平台，发展一批具有创新能力、拥有知识产权的企业，建成 20 个以上的国家认定企业技术中心。提高出口产品质量，小家电产品的性能、安全和质量进一步改进。提高产品的绿色设计水平和资源综合利用水平，使主要家电产品节能环保水平接近国际先进水平。鼓励企业适时在国外建立生产基地，形成国际化的产业布局，提高境外生产的比重。鼓励品牌建设，“十二五”时期发展 5 个左右具有综合竞争实力的国际化企业集团。

中华人民共和国商务部

二〇一二年二月二十三日

关于公布2014年进口许可证管理货物目录的公告（摘录）

商务部公告2013年第99号

商 务 部
海关总署
质检总局
2013年12月31日

附件：2014年进口许可证管理货物目录

2014年进口许可证管理货物目录

货物种类	海关商品编号	商品名称及备注	单位
一、化工设备	8419409090	其他蒸馏或精馏设备	台
	8419609010	液化器（将来自级联的UF6气体压缩并冷凝成液态UF6）	台
	8419899010	带加热装置的发酵罐（不发散气溶胶，且容积>20升）	台
二、金属冶炼设备	8454100000	金属冶炼及铸造用转炉	台
	8454309000	其他金属冶炼及铸造用铸造机	台
三、工程机械类	8425319000	其他电动卷扬机及绞盘	台
	8426200000	塔式起重机	台
	8426411000	轮胎式起重机	台
	8426419000	其他带胶轮的自推进起重机械	台
	8426491000	履带式自推进起重机械	台
	8426499000	其他不带胶轮的自推进起重机械	台
	8426910000	供装于公路车辆的其他起重机械	台
	8426990000	其他起重机械	台

货物种类	海关商品编号	商品名称及备注	单位
三、工程机械类	8427201000	集装箱叉车	台
	8427209000	其他机动叉车及有升降装置工作车（包括装有搬运装置的机动工作车）	台
	8427900000	其他叉车及可升降的工作车（工作车指装有升降或搬运装置）	台
	8428101001	无障碍升降机	台
	8428101090	其他载客电梯	台
	8428109000	其他升降机及倒卸式起重机	台
	8428400000	自动梯及自动人行道	台
	8428602900	非单线循环式客运架空索道	台
四、起重运输设备	8426193000	龙门式起重机	台
	8426194100	门式装卸桥	台
	8426194200	集装箱装卸桥	台
	8427101000	有轨巷道堆垛机	台
	8427102000	无轨巷道堆垛机	台
	8428602100	单线循环式客运架空索道	台
五、造纸设备	8439100000	制造纤维素纸浆的机器	台
	8439200000	纸或纸板的抄造机器	台
	8439300000	纸或纸板的整理机器	台
六、电力、电气设备	8501610000	输出功率≤75kVA 交流发电机	台，千瓦
	8501620000	75kVA＜输出功率≤375kVA 交流发电机	台，千瓦
	8501630000	375kVA＜输出功率≤750kVA 交流发电机	台，千瓦
	8501641000	750kVA＜输出功率≤350MVA 交流发电机	台，千瓦
	8501642000	350MVA＜输出功率≤665MVA 交流发电机	台，千瓦
	8501643000	输出功率＞665MVA 交流发电机	台，千瓦
	8502110000	输出功率≤75kVA 柴油发电机组（包括半柴油发电机组）	台，千瓦
	8502120000	75kVA＜输出功率≤375kVA 柴油发电机组(包括半柴油发电机组）	台，千瓦
	8502131000	375KVA＜输出功率≤2MVA 柴油发电机组(包括半柴油发电机组）	台，千瓦
	8502132000	输出功率＞2MVA 柴油发电机组（包括半柴油发电机组）	台，千瓦
	8502200000	装有点燃式活塞发动机的发电机组（内燃的）	台，千瓦
	8502390000	其他发电机组（风力驱动除外）	台，千瓦
	8515219100	直缝焊管机（电阻焊接式，全自动或半自动的）	台

货物种类	海关商品编号	商品名称及备注	单位
六、电力、电气设备	8515212001	汽车生产线电阻焊接机	台
	8515212090	其他电阻焊接机器人	台
	8515219900	其他电阻焊接机器（全自动或半自动的）	台
	8515290000	其他电阻焊接机器及装置	台
	8515312000	电弧（包括等离子弧）焊接机器人	台
	8515319100	螺旋焊管机（全自动或半自动的）	台
	8515319900	其他电弧（包括等离子弧）焊接式，电弧（包括等离子弧）焊接机及装置（全自动或半自动）	台
	8515390000	其他电弧（等离子弧）焊接机器及装置（非全自动或半自动的）	台
	8515809010	电子束、激光自动焊接机（将端塞焊接于燃料细棒（或棒）的自动焊接机）	台
	8515809090	其他焊接机器及装置	台
七、食品加工及包装设备	8419810000	加工热饮料，烹调，加热食品的机器	台
	8421220000	过滤或净化饮料的机器及装置（过滤或净化水的装置除外 ）	台
	8422301001	乳品加工用自动化灌装设备	台
	8422301090	其他饮料及液体食品灌装设备	台
	8434200000	乳品加工机器	台
	8438100010	糕点生产线	台
	8438100090	通心粉，面条的生产加工机器（包括类似产品的加工机）	台
	8438500000	肉类或家禽加工机器	台/千克
八、农业机械类	8433510001	功率≥160 马力的联合收割机	台
	8433510090	功率＜160 马力的联合收割机	台
	8433599090	其他收割机及脱粒机	台
	8434100000	挤奶机	台
九、印刷机械类	8443120000	办公室用片取进料式胶印机（片尺寸不超过 22×36 厘米，用品目 84.42 项下商品进行印刷的机器）	台
	8443140000	卷取进料式凸版印刷机，但不包括苯胺印刷机（用品目 84.42 项下商品进行印刷的机器）	台
	8443150000	除卷取进料式以外的凸版印刷机，但不包括苯胺印刷机（用品目 84.42 项下商品进行印刷的机器）	台
	8443160001	苯胺印刷机，线速度≥300 米/分钟，幅宽≥800 毫米（柔性版印刷机，用品目 84.42 项下商品进行印刷的机器）	台

货物种类	海关商品编号	商品名称及备注	单位
九、印刷机械类	8443160002	机组式柔性版印刷机，线速度≥160m/min，250mm≤幅宽＜800mm（具有烫印或全息或丝网印刷功能单元的）	台
	8443160090	其他苯胺印刷机（柔性版印刷机，用品目 84.42 项下商品进行印刷的机器）	台
	8443198000	未列名印刷机（网式印刷机除外，用品目 84.42 项下商品进行印刷的机器）	台
十、纺织机械类	8446304000	织物宽度＞30cm 的喷水织机	台
	8447202000	平型纬编机	台
	8451400000	其他洗涤，漂白或染色机器	台
	8453100000	生皮，皮革的处理或加工机器（包括鞣制机）	台
十一、船舶类	8901101010	高速客船（包括主要用于客运的类似船舶）	艘
	8901101090	其他机动巡航船、游览船及各式渡船（包括主要用于客运的类似船舶）	艘
	8903100000	充气的娱乐或运动用快艇（包括充气的划艇及轻舟）	艘
	8903920001	8 米＜长度＜90 米的汽艇（装有舷外发动机的除外）	艘
	8903920090	其他汽艇（装有舷外发动机的除外）	艘
	8903990001	8 米＜长度＜90 米的娱乐或运动用其他机动船舶或快艇（包括划艇及轻舟）	艘
	8903990090	娱乐或运动用其他船舶或快艇（包括划艇及轻舟）	艘
	8901109000	非机动巡航船、游览船及各式渡船（以及主要用于客运的类似船舶）	艘
	8901909000	非机动货运船舶及客货兼运船舶	艘
十二、矽鼓	8443999010	其他印刷（打印）机、复印机及传真机的感光鼓和含感光鼓的碳粉盒	个
	消耗臭氧层物质		
	2903191010	1,1,1-三氯乙烷（甲基氯仿），用于清洗剂的除外	千克
	2903191090	1,1,1-三氯乙烷（甲基氯仿），用于清洗剂的	千克
	2903399020	溴甲烷（甲基溴）	千克
	2903710000	一氯二氟甲烷	千克
	2903720000	二氯三氟乙烷	千克
	2903730000	二氯一氟乙烷	千克
	2903740000	一氯二氟乙烷	千克
	2903750010	1,1,1,2,2-五氟-3,3-二氯丙烷	千克
	2903750020	1,1,2,2,3-五氟-1,3-二氯丙烷	千克
	2903750090	其他二氯五氟丙烷	千克

货物种类	海关商品编号	商品名称及备注	单位
	2903760010	溴氯二氟甲烷	千克
	2903760020	溴三氟甲烷	千克
	2903771000	三氯氟甲烷	千克
	2903772011	二氯二氟甲烷	千克
	2903772012	三氯三氟乙烷，用于清洗剂除外（CFC-113）	千克
	2903772014	二氯四氟乙烷（CFC-114）	千克
	2903772015	一氯五氟乙烷（CFC-115）	千克
	2903772016	一氯三氟甲烷（CFC-13）	千克
	2903791011	一氟二氯甲烷	千克
	2903791012	1,1,1,2-四氟-2-氯乙烷	千克
	2903791013	三氟一氯乙烷	千克
	2903791014	1-氟-1,1-二氯乙烷	千克
	2903791015	1,1-二氟-1-氯乙烷	千克
	2903791090	其他仅含氟和氯的甲烷、乙烷及丙烷的卤化衍生物	千克
	2903799021	其他仅含溴、氟的甲烷、乙烷和丙烷	千克
	3824710011	二氯二氟甲烷和二氟乙烷的混合物（R-500）	千克
	3824710012	一氯二氟甲烷和二氯二氟甲烷的混合物（R-501）	千克
	3824710013	一氯二氟甲烷和一氯五氟乙烷的混合物（R-502）	千克
	3824710014	三氟甲烷和一氯三氟甲烷的混合物（R-503）	千克
	3824710015	二氟甲烷和一氯五氟乙烷的混合物（R-504）	千克
	3824710016	二氯二氟甲烷和一氟一氯甲烷的混合物（R-505）	千克
	3824710017	一氟一氯甲烷和二氯四氟乙烷的混合物（R-506）	千克
	3824710018	二氯二氟甲烷和二氯四氟乙烷的混合物（R-400）	千克
	3824740011	二氟一氯甲烷、二氟乙烷和一氯四氟乙烷的混合物（R-401）	千克
	3824740012	五氟乙烷、丙烷和二氟一氯甲烷的混合物（R-402）	千克
	3824740013	丙烷、二氟一氯甲烷和八氟丙烷的混合物（R-403）	千克
	3824740014	二氟一氯甲烷、二氟乙烷、一氯二氟乙烷和八氟环丁烷的混合物（R-405）	千克
	3824740015	二氟一氯甲烷、2-甲基丙烷（异丁烷）和一氯二氟乙烷的混合物（R-406）	千克
	3824740016	五氟乙烷、三氟乙烷和二氟一氯甲烷的混合物(R-408)	千克
	3824740017	二氟一氯甲烷、一氯四氟乙烷和一氯二氟乙烷的混合物（R-409）	千克
	3824740018	丙烯、二氟一氯甲烷和二氟乙烷的混合物（R-411）	千克

货物种类	海关商品编号	商品名称及备注	单位
	3824740019	二氟一氯甲烷、八氟丙烷和一氯二氟乙烷的混合物（R-412）	千克
	3824740021	二氟一氯甲烷、一氯四氟乙烷、一氯二氟乙烷和 2-甲基丙烷的混合物（R-414）	千克
	3824740022	二氟一氯甲烷和二氟乙烷的混合物（R-415）	千克
	3824740023	四氟乙烷、一氯四氟乙烷和丁烷的混合物（R-416）	千克
	3824740024	丙烷、二氟一氯甲烷和二氟乙烷的混合物（R-418）	千克
	3824740025	二氟一氯甲烷和八氟丙烷的混合物（R-509）	千克
	3824740026	二氟一氯甲烷和一氯二氟乙烷的混合物	千克
	3824740090	其他含甲烷、乙烷或丙烷的氢氯氟烃混合物（不论是否含甲烷、乙烷或丙烷的全氟烃或氢氟烃，但不含全氯氟烃）	千克

部分产品出口许可申报条件和申报程序（摘录）

2015 年钨、锑、白银出口国营贸易企业申报条件及申报程序（摘录）

中华人民共和国商务部 2014 年第 78 号

为保护资源和环境，配合国家产业政策，加强稀有金属出口管理，根据《钨及钨制品、锑及锑制品出口经营管理暂行办法》、《白银出口管理办法》的有关规定，现公布《2015 年钨、锑、白银出口国营贸易企业申报条件及申报程序》。

一、2015 年钨出口国营贸易企业申报条件

……

6. 获得 ISO 14000 系列环境管理体系认证以及环境保护部门颁发的达标排放证书，且在过去 3 年内无重大环境违法违规事件。

二、2015 年锑出口国营贸易企业申报条件

……

6. 获得 ISO 14000 系列环境管理体系认证以及环境保护部门颁发的达标排放证书。

三、2015 年白银出口国营贸易企业申报条件

……

3. 生产过程中产生的工业粉尘、废水、废气的排放达到国家现行标准（尤其是在粗银火法冶炼过程中产生的含砷的烟尘、废水必须经过无害化处理）。

4. 粗银生产流程与电解提纯生产流程在同一法人企业完成，且对电解所用粗银生产的环保措施达到以上第 3 款要求。

5. 回收银企业在收购地处理含银废料时，不得造成二次污染，排放应达到国家现行标准。

……

8. 通过 ISO 9000 系列质量体系认证和 ISO 14000 系列环境管理体系认证。

商务部

2014 年 11 月 2 日

2015年铟、锡出口配额申报条件及申报程序（摘录）

商务部公告2014年第77号

为保护资源和环境，配合国家产业政策，加强稀有金属出口管理，规范出口经营秩序，根据《中华人民共和国对外贸易法》、《中华人民共和国货物进出口管理条例》的有关规定，现公布《2015年铟、锡出口配额申报条件及申报程序》。

一、铟出口配额申报条件

……

4. 产品质量达到现行行业标准，并通过ISO 9000系列质量体系认证和ISO 14000系列环境管理体系认证。

5. 工业粉尘、废水、废气排放等达到国家现行标准，包括：

（1）冶炼工艺废水达到零排放；二氧化硫（SO_2）、砷化氢（AsH_3）等达到国家一级排放标准；

（2）冶炼废渣处理有配套的综合回收系统，无三废排放；

（3）冶炼企业不能向第三方转移含铟冶炼废水和废渣。

6. 主产金属废渣中提取铟的回收率不小于80%。

7. 生产和环保的工艺、装备先进，主要设备、仪器、仪表为1995年后制造。

二、锡出口配额申报条件

……

5. 工业粉尘、废水、废气排放等环保要求达到国家现行标准。

商务部

2014年10月31日

2015年铁合金出口许可申报条件和申报程序（摘录）

商务部公告2014年第76号

一、铁合金出口许可申报条件

……

6. 具有与生产规模相适应的环保治理设施，污染物排放达到国家和地方有关污染物排放标准。

商务部

2014年10月30日

2015年柠檬酸（盐）出口许可申报条件和申报程序（摘录）

商务部公告2014年第74号

一、柠檬酸（盐）出口许可申报条件

……

2. 取得ISO 9000质量管理体系认证证书、ISO 14000环境管理标准认证证书；

3. 符合国家产业政策，审批手续完备，已列入环境保护部最新公布的柠檬酸（盐）达标排放企业名单；

……

商务部

2014年10月27日

2015年磷矿石出口配额申报条件、申报程序及分配原则（摘录）

商务部公告2014年第68号

一、磷矿石出口配额申报条件

……

4. 具有与生产规模相适应的环保治理设施，污染物排放达到国家或地方有关污染物排放标准，具有所在地地级以上环保部门出具的当年排污许可证和环境监测报告；

……

商务部

2014年10月11日

（三）对内贸易政策

国务院办公厅关于促进内贸流通健康发展的若干意见（摘录）

国办发〔2014〕51号

……

二、加强流通基础设施建设

……

（六）推进绿色循环消费设施建设。大力推广绿色低碳节能设备设施，推动节能技术改造，在具备条件的企业推广分布式光伏发电，试点夹层玻璃光伏组件等新材料产品应用，培育一批集节能改造、节能产品销售和废弃物回收于一体的绿色市场、商场和饭店。推广绿色低碳采购，支持流通企业与绿色低碳商品生产企业（基地）对接，打造绿色低碳供应链。支持淘汰老旧汽车，加大黄标车淘汰力度，促进报废汽车回收拆解体系建设，推进报废汽车资源综合利用。

国务院办公厅

2014年10月24日

机动车强制报废标准规定

商务部令 2012 年第 12 号

第一条 为保障道路交通安全、鼓励技术进步、加快建设资源节约型、环境友好型社会，根据《中华人民共和国道路交通安全法》及其实施条例、《中华人民共和国大气污染防治法》、《中华人民共和国噪声污染防治法》，制定本规定。

第二条 根据机动车使用和安全技术、排放检验状况，国家对达到报废标准的机动车实施强制报废。

第三条 商务、公安、环境保护、发展改革等部门依据各自职责，负责报废机动车回收拆解监督管理、机动车强制报废标准执行有关工作。

第四条 已注册机动车有下列情形之一的应当强制报废，其所有人应当将机动车交售给报废机动车回收拆解企业，由报废机动车回收拆解企业按规定进行登记、拆解、销毁等处理，并将报废机动车登记证书、号牌、行驶证交公安机关交通管理部门注销：

（一）达到本规定第五条规定使用年限的；

（二）经修理和调整仍不符合机动车安全技术国家标准对在用车有关要求的；

（三）经修理和调整或者采用控制技术后，向大气排放污染物或者噪声仍不符合国家标准对在用车有关要求的；

（四）在检验有效期届满后连续 3 个机动车检验周期内未取得机动车检验合格标志的。

第五条 各类机动车使用年限分别如下：

（一）小、微型出租客运汽车使用 8 年，中型出租客运汽车使用 10 年，大型出租客运汽车使用 12 年；

（二）租赁载客汽车使用 15 年；

（三）小型教练载客汽车使用 10 年，中型教练载客汽车使用 12 年，大型教练载客汽车使用 15 年；

（四）公交客运汽车使用 13 年；

（五）其他小、微型营运载客汽车使用 10 年，大、中型营运载客汽车使用 15 年；

（六）专用校车使用 15 年；

（七）大、中型非营运载客汽车（大型轿车除外）使用 20 年；

（八）三轮汽车、装用单缸发动机的低速货车使用 9 年，装用多缸发动机的低速货车以及微型载货汽车使用 12 年，危险品运输载货汽车使用 10 年，其他载货汽车（包括半挂牵引车和全挂牵引车）使用 15 年；

（九）有载货功能的专项作业车使用 15 年，无载货功能的专项作业车使用 30 年；

（十）全挂车、危险品运输半挂车使用 10 年，集装箱半挂车 20 年，其他半挂车使用 15 年；

（十一）正三轮摩托车使用 12 年，其他摩托车使用 13 年。

对小、微型出租客运汽车（纯电动汽车除外）和摩托车，省、自治区、直辖市人民政府有关部门可结合本地实际情况，制定严于上述使用年限的规定，但小、微型出租客运汽车不得低于 6 年，正三轮摩托车不得低于 10 年，其他摩托车不得低于 11 年。

小、微型非营运载客汽车、大型非营运轿车、轮式专用机械车无使用年限限制。

机动车使用年限起始日期按照注册登记日期计算，但自出厂之日起超过 2 年未办理注册登记手续的，按照出厂日期计算。

第六条　变更使用性质或者转移登记的机动车应当按照下列有关要求确定使用年限和报废：

（一）营运载客汽车与非营运载客汽车相互转换的，按照营运载客汽车的规定报废，但小、微型非营运载客汽车和大型非营运轿车转为营运载客汽车的，应按照本规定附件 1 所列公式核算累计使用年限，且不得超过 15 年；

（二）不同类型的营运载客汽车相互转换，按照使用年限较严的规定报废；

（三）小、微型出租客运汽车和摩托车需要转出登记所属地省、自治区、直辖市范围的，按照使用年限较严的规定报废；

（四）危险品运输载货汽车、半挂车与其他载货汽车、半挂车相互转换的，按照危险品运输载货车、半挂车的规定报废。

距本规定要求使用年限 1 年以内（含 1 年）的机动车，不得变更使用性质、转移所有权或者转出登记地所属地市级行政区域。

第七条 国家对达到一定行驶里程的机动车引导报废。

达到下列行驶里程的机动车，其所有人可以将机动车交售给报废机动车回收拆解企业，由报废机动车回收拆解企业按规定进行登记、拆解、销毁等处理，并将报废的机动车登记证书、号牌、行驶证交公安机关交通管理部门注销：

（一）小、微型出租客运汽车行驶60万千米，中型出租客运汽车行驶50万千米，大型出租客运汽车行驶60万千米；

（二）租赁载客汽车行驶60万千米；

（三）小型和中型教练载客汽车行驶 50 万千米，大型教练载客汽车行驶 60 万千米；

（四）公交客运汽车行驶40万千米；

（五）其他小、微型营运载客汽车行驶60万千米，中型营运载客汽车行驶50万千米，大型营运载客汽车行驶80万千米；

（六）专用校车行驶 40万千米；

（七）小、微型非营运载客汽车和大型非营运轿车行驶60万千米，中型非营运载客汽车行驶50万千米，大型非营运载客汽车行驶60万千米；

（八）微型载货汽车行驶50万千米，中、轻型载货汽车行驶60万千米，重型载货汽车（包括半挂牵引车和全挂牵引车）行驶70万千米，危险品运输载货汽车行驶40万千米，装用多缸发动机的低速货车行驶30万千米；

（九）专项作业车、轮式专用机械车行驶50万千米；

（十）正三轮摩托车行驶10万千米，其他摩托车行驶12万千米。

第八条 本规定所称机动车是指上道路行驶的汽车、挂车、摩托车和轮式专用机械车；非营运载客汽车是指个人或者单位不以获取利润为目的的自用载客汽车；危险品运输载货汽车是指专门用于运输剧毒化学品、爆炸品、放射性物品、腐蚀性物品等危险品的车辆；变更使用性质是指使用性质由营运转为非营运或者由非营运转为营运，小、微型出租、租赁、教练等不同类型的营运载客汽车之间的相互转换，以及危险品运输载货汽车转为其他载货汽车。本规定所称检验周期是指《中华人民共和国道路交通安全法实施条例》规定的机动车安全技术检验周期。

第九条 省、自治区、直辖市人民政府有关部门依据本规定第五条制定的小、微型出租客运汽车或者摩托车使用年限标准，应当及时向社会公布，并报国务院商务、公安、环境保护等部门备案。

第十条　上道路行驶拖拉机的报废标准规定另行制定。

第十一条　本规定自2013年5月1日起施行。2013年5月1日前已达到本规定所列报废标准的，应当在2014年4月30日前予以报废。《关于发布〈汽车报废标准〉的通知》（国经贸经〔1997〕456号）、《关于调整轻型载货汽车报废标准的通知》（国经贸经〔1998〕407号）、《关于调整汽车报废标准若干规定的通知》（国经贸资源〔2000〕1202号）、《关于印发〈农用运输车报废标准〉的通知》（国经贸资源〔2001〕234号）、《摩托车报废标准暂行规定》（国家经贸委、发展计划委、公安部、环保总局令〔2002〕第33号）同时废止。

部长：陈德铭

主任：张　平

部长：孟建柱

部长：周生贤

2012年12月27日

旧电器电子产品流通管理办法

商务部令 2013 年第 1 号

第一条 为加强对旧电器电子产品流通的管理，促进资源综合利用，保护环境，根据《中华人民共和国循环经济促进法》、《废弃电器电子产品回收处理管理条例》等法律法规，制定本办法。

第二条 本办法所称旧电器电子产品，是指已进入消费领域，仍保持全部或者部分原有使用价值的电器电子产品。包括制冷空调器具、清洁器具、厨房器具、通风器具、取暖熨烫器具、个人护理器具、保健器具、娱乐器具等电器产品和音像娱乐类、信息技术类等电子产品。

本办法所称旧电器电子产品经营者（以下简称经营者）是指从事旧电器电子产品收购或销售活动的法人、其他经济组织和个体工商户。

第三条 本办法所称旧电器电子产品流通，是指经营者收购和销售旧电器电子产品的活动。

第四条 经营者应当依照法律、法规和有关标准从事经营活动，遵循诚实、守信、公平、公开的原则。

第五条 商务部负责旧电器电子产品流通的行业管理工作，负责制定行业发展规划、政策。

县级以上地方商务主管部门负责本行政区域内旧电器电子产品流通的行业管理工作。

第六条 相关行业协会依照章程规定，积极为经营者服务，组织专业技能培训，完善旧电器电子产品档案信息系统，建立企业、从业人员诚信经营档案，发挥行业自律作用。

第七条 经营者收购旧电器电子产品时应当对收购产品进行登记。登记信息应包括旧电器电子产品的品名、商标、型号、出售人原始购买凭证或者出售人身份信息等。

第八条 经营者应当建立旧电器电子产品档案资料。档案资料应当包括产品的收购登记信息，质量性能状况、主要部件的维修、翻新情况和后配件的商标、生产者信息等情况。

第九条　经营者不得将在流通过程中获得的机关、企（事）业单位及个人信息用于与旧电器电子产品流通活动无关的领域。旧电器电子产品涉及商业秘密、个人隐私的，出售人应当在出售前妥善处置相关信息，经营者收购上述产品前应作出提示。

退出使用的涉密旧电器电子产品的流通活动应当符合《保守国家秘密法》和国家有关保密规定。

第十条　禁止经营者收购下列旧电器电子产品：

（一）依法查封、扣押的；

（二）明知是通过盗窃、抢劫、诈骗、走私或其他违法犯罪手段获得的；

（三）不能说明合法来源的；

（四）其他法律、行政法规禁止收购的。

第十一条　待售的旧电器电子产品应在显著位置标识为旧货。

第十二条　经营者销售旧电器电子产品时，应当向购买者明示产品质量性能状况、主要部件维修、翻新等有关情况。严禁经营者以翻新产品冒充新产品出售。

第十三条　经营者应当向购买者出具销售凭证或发票，并应当提供不少于 3 个月的免费包修服务，交易双方另有约定的除外。旧电器电子产品仍在三包有效期内的，经营者应依法履行三包责任。

经营者应当设立销售台账，对销售情况进行如实、准确记录。

第十四条　禁止经营者销售下列旧电器电子产品：

（一）丧失全部使用功能或达到国家强制报废条件的；

（二）不符合保障人体健康和人身、财产安全等强制性标准要求的；

（三）其他法律、行政法规禁止销售的。

第十五条　旧电器电子产品市场应当建立旧电器电子经营者档案，如实记录市场内经营者身份信息和信用信息。

第十六条　国家鼓励旧电器电子产品市场建立信息管理系统，及时统计经营者收购和销售旧电器电子产品相关信息，包括销售产品品名、商标、型号、数量、单价、经销商等内容。

第十七条　县级以上地方商务主管部门应当通过制定行业发展规划、促进政策和综合协调等方式，规范旧电器电子产品流通秩序，促进行业发展。

第十八条 县级以上地方商务主管部门应当根据本地实际，建立定期检查及不定期抽查制度，及时发现和处理有关问题。经营者和旧电器电子产品市场应配合商务主管部门的监督检查，如实提供信息和材料。

县级以上地方商务主管部门应当组织本行政区域内的行业统计工作，经营者应按照商务主管部门要求及时报送相关信息和数据。

第十九条 经营者违反本办法第七条、第八条、第十五条规定的，由县级以上地方商务主管部门责令改正；逾期不改正的，可处二千元以上一万元以下罚款。

第二十条 经营者违反本办法第九条、第十一条、第十二条、第十三条、第十八条规定的，由法律、行政法规规定的有关部门依法处理；法律法规未作规定的，由县级以上地方商务主管部门责令改正；逾期不改正的，可处二千元以上一万元以下罚款；构成犯罪的，依法追究刑事责任。

第二十一条 经营者违反本办法第十条、第十四条规定的，由法律、行政法规规定的有关部门依法处理；法律法规未作规定的，由县级以上地方商务主管部门责令改正；逾期不改正的，可处一万元以上三万元以下罚款；构成犯罪的，依法追究刑事责任。

第二十二条 通过互联网开展旧电器电子产品收购和销售活动的，参照本办法执行。

第二十三条 本办法自2013年5月1日起施行。

中华人民共和国商务部

2013年3月15日

批准《饭店业碳排放管理规范》等50项国内贸易行业标准的公告

商务部2014年第23号公告

《饭店业碳排放管理规范》等50项国内贸易行业标准已经商务部审核，现予公布。

附件：50项国内贸易行业标准编号、名称及实施日期（略）

商务部

2014年4月6日

（四）对外投资环保政策

境外投资管理办法（摘录）

商务部令 2014 年第 3 号

……

第二十七条 商务部会同有关部门为企业境外投资提供权益保障、投资促进、风险预警等服务。

商务部发布《对外投资合作国别（地区）指南》、国别产业指引等文件，帮助企业了解投资目的地投资环境；加强对企业境外投资的指导和规范，会同有关部门发布环境保护等指引，督促企业在境外合法合规经营；建立对外投资与合作信息服务系统，为企业开展境外投资提供数据统计、投资机会、投资障碍、风险预警等信息。

……

商务部

2014 年 9 月 6 日

关于印发《对外投资合作环境保护指南》的通知

商合函〔2013〕74 号

各省、自治区、直辖市、计划单列市及新疆生产建设兵团商务主管部门、环境保护部门，各中央企业：

为指导我国企业在对外投资合作中进一步规范环境保护行为，引导企业积极履行环境保护社会责任，推动对外投资合作可持续发展，我们制定了《对外投资合作环境保护指南》（以下简称《指南》），现予印发。

请各地商务主管部门、环境保护部门加强对《指南》的宣传，指导我企业在对外投资合作中提高环境保护意识，了解并遵守东道国环境保护政策法规，实现互利共赢。

商务部

环境保护部

2013 年 2 月 18 日

对外投资合作环境保护指南

第一条　为指导中国企业进一步规范对外投资合作活动中的环境保护行为，及时识别和防范环境风险，引导企业积极履行环境保护社会责任，树立中国企业良好对外形象，支持东道国的可持续发展，制定本指南。

第二条　本指南适用于中国企业对外投资合作活动中的环境保护，由企业自觉遵守。

第三条　倡导企业在积极履行环境保护责任的过程中，尊重东道国社区居民的宗教信仰、文化传统和民族风俗，保障劳工合法权益，为周边地区居民提供培训、就业和再就业机会，促进当地经济、环境和社区协调发展，在互利互惠基础上开展合作。

第四条 企业应当秉承环境友好、资源节约的理念，发展低碳、绿色经济，实施可持续发展战略，实现自身盈利和环境保护“双赢”。

第五条 企业应当了解并遵守东道国与环境保护相关的法律法规的规定。

企业投资建设和运营的项目，应当依照东道国法律法规规定，申请当地政府环境保护方面的相关许可。

第六条 企业应当将环境保护纳入企业发展战略和生产经营计划，建立相应的环境保护规章制度，强化企业的环境、健康和生产安全管理。鼓励企业使用综合环境服务。

第七条 企业应当建立健全环境保护培训制度，向员工提供适当的环境、健康与生产安全方面的教育和培训，使员工了解和熟悉东道国相关环境保护法律法规规定，掌握有关有害物质处理、环境事故预防以及其他环境知识，提高企业员工守法意识和环保素质。

第八条 企业应当根据东道国的法律法规要求，对其开发建设和生产经营活动开展环境影响评价，并根据环境影响评价结果，采取合理措施降低可能产生的不利影响。

第九条 鼓励企业充分考虑其开发建设和生产经营活动对历史文化遗产、风景名胜、民风民俗等社会环境的影响，采取合理措施减少可能产生的不利影响。

第十条 企业应当按照东道国环境保护法律法规和标准的要求，建设和运行污染防治设施，开展污染防治工作，废气、废水、固体废物或其他污染物的排放应当符合东道国污染物排放标准规定。

第十一条 鼓励企业在项目建设前，对拟选址建设区域开展环境监测和评估，掌握项目所在地及其周围区域的环境本底状况，并将环境监测和评估结果备案保存。

鼓励企业对排放的主要污染物开展监测，随时掌握企业的污染状况，并对监测结果进行记录和存档。

第十二条 鼓励企业在收购境外企业前，对目标企业开展环境尽职调查，重点评估其在历史经营活动中形成的危险废物、土壤和地下水污染等情况，以及目标企业与此相关的环境债务。鼓励企业采取良好环境实践，降低潜在环境负债风险。

第十三条 企业对生产过程中可能产生的危险废物，应当制定管理计划。计划内容应当包括减少危险废物产生量和危害性的措施，以及危险废物贮存、运输、利用、处置措施。

第十四条　企业对可能存在的环境事故风险，应当根据环境事故和其他突发事件的性质、特点和可能造成的环境危害，制定环境事故和其他突发事件的应急预案，并建立向当地政府、环境保护监管机构、可能受到影响的社会公众以及中国企业总部报告、沟通的制度。

应急预案的内容包括应急管理工作的组织体系与职责、预防与预警机制、处置程序、应急保障以及事后恢复与重建等。鼓励企业组织预案演练，并及时对预案进行调整，鼓励企业采取投保环境污染责任保险等手段，合理分散环境事故风险。

第十五条　企业应当审慎考虑所在区域的生态功能定位，对于可能受到影响的具有保护价值的动、植物资源，企业可以在东道国政府及社区的配合下，优先采取就地、就近保护等措施，减少对当地生物多样性的不利影响。

对于由投资活动造成的生态影响，鼓励企业根据东道国法律法规要求或者行业通行做法，做好生态恢复。

第十六条　鼓励企业开展清洁生产，推进循环利用，从源头削减污染，提高资源利用效率，减少生产、服务和产品使用过程中污染物的产生和排放。

第十七条　鼓励企业实施绿色采购，优先购买环境友好产品。

鼓励企业按照东道国法律法规的规定，申请有关环境管理体系认证和相关产品的环境标志认证。

第十八条　鼓励企业定期发布本企业环境信息，公布企业执行环境保护法律法规的计划、采取的措施和取得的环境绩效情况等。

第十九条　鼓励企业加强与东道国政府环境保护监管机构的联系与沟通，积极征求其对环境保护问题的意见和建议。

第二十条　倡导企业建立企业环境社会责任沟通方式和对话机制，主动加强与所在社区和相关社会团体的联系与沟通，并可以依照东道国法律法规要求，采取座谈会、听证会等方式，就本企业建设项目和经营活动的环境影响听取意见和建议。

第二十一条　鼓励企业积极参与和支持当地的环境保护公益活动，宣传环境保护理念，树立企业良好环境形象。

第二十二条　鼓励企业研究和借鉴国际组织、多边金融机构采用的有关环境保护的原则、标准和惯例。

对外投资合作和对外贸易领域不良信用记录试行办法（摘录）

商合发〔2013〕248号

……

四、下列行为应当列入对外投资合作不良信用记录：

（一）对外投资

1．经核准开展境外投资业务企业的下列行为：

（1）不为境内派出人员办理合法出入境手续、健康体检、预防接种和工作许可；

（2）不尊重当地风俗习惯、宗教信仰和生活习惯，导致与当地民众发生冲突；

（3）不遵守当地生产、技术和卫生标准，导致安全事故；

（4）不遵守当地劳动法规导致重大劳资纠纷；

（5）破坏当地生态环境，威胁当地公共安全；

（6）违反对外投资有关外汇管理规定；

（7）未对派出人员进行安全文明守法培训，未针对当地安全风险采取有效安全防范措施；

（8）其他违反当地法律法规的行为。

商务部　外交部　公安部　住房城乡建设部

海关总署　税务总局　工商总局　质检总局　外汇局

2013年7月5日

十一、绿色采购政策

（一）综合性采购政策

关于大力发展绿色流通的指导意见

为深入贯彻落实党的十八届三中全会精神，加强生态文明建设，深化流通体制改革，进一步推进流通业绿色发展、循环发展、低碳发展，现就开展绿色流通工作提出如下意见：

一、充分认识发展绿色流通的重要意义

流通连接生产和消费，在国民经济中具有基础性和先导性作用。绿色流通是在流通全过程中推广绿色低碳理念，应用绿色节能技术，推动流通企业节能减排，扩大绿色低碳商品的采购和销售，有效引导绿色生产和绿色消费，促进形成“新商品—二手商品—废弃商品”循环流通的新型发展方式，是建设生态文明的重要组成部分。发展绿色流通，是引导绿色生产，促进绿色消费，打造绿色供应链的有效手段；是深化流通体制改革，转变发展方式，实现流通业提质增效的积极探索；对促进国民经济健康可持续发展，构建节约资源和保护环境的产业结构、生产方式和生活方式具有重要意义。

二、总体思路

（一）指导思想。深入贯彻科学发展观，牢固树立生态文明理念，以节约资源能源、降低消耗为核心，以建设高效流通、引导绿色生产、倡导科学消费为重点，以技术创新和制度创新为动力，以健全法规、完善政策、加强管理、强化宣传为手段，形成政府积极引导、企业为主体，市场有效驱动、公众广泛参与的绿色流通发展机制。

（二）工作原则。

1. 市场主导，政府推动。坚持以市场化运作为主，充分发挥流通企业的积极性、自主性。通过制度改革、政策引导和标准建设，完善绿色流通的服务体系。

2. 产业联动，协调发展。一方面，推动流通企业自身的节能减排工作，降低能耗水平；另一方面，充分发挥流通业引导生产，促进消费的作用，通过打造绿色供应链，带动上下游产业链绿色发展。

3. 统筹推进，重点突破。加强绿色流通工作的统一部署，选择工作基础较好的地区和行业有步骤、有重点地推进，及时总结经验和成效，以点带面、形成辐射效应，逐步带动其他流通环节的绿色发展。

三、重点工作

（一）推动流通企业绿色发展。

1. 创建绿色商场。在“百城千店”示范企业基础上，创建一批集门店节能改造、节能产品销售、废弃物回收于一体的绿色商场。引导企业按照有关国家标准和行业标准，重点做好建筑、照明、空调、电梯、冷藏等耗能关键领域的技术改造和能源管理，引导和鼓励企业使用屋顶、墙壁光伏发电等节能设备和技术，开展合同能源管理，建立商场节能量交易机制和温室气体排放核查制度。

2. 培育绿色市场。引导商品交易市场按照国家有关要求和标准，对场地环境以及照明、空调等关键设备设施进行升级改造，支持企业建立科学、规范、高效的绿色低碳运营管理流程和机制，提高企业参与绿色低碳市场认证的积极性。

3. 创建绿色饭店。总结和推广近几年绿色饭店创建的工作经验，完善绿色饭店能源体系建设，健全节能标准和制度，引导和推动大众化餐饮和经济型饭店发展。引导住宿企业为顾客提供舒适、安全、利于人体健康的绿色客房和绿色餐饮。鼓励企业采用中水系统、变频装置、节能锅炉、节能中央空调、绿色照明等设备。

4. 发展绿色物流。鼓励仓储企业在仓库选址、规划、设计、建造和使用过程中，使用节能型建筑材料、产品和设备，执行建筑节能标准。加大分布式光伏发电、冷链技术的应用推广，鼓励物流企业运用物联网技术，推行立体化存储、标准化装载、机械化搬运、信息化管理的发展模式。发展城市共同配送，合理组织、配置物流配送路径，降低车辆空驶率。抑制过度包装，提高包装材料的回收利用率。

5. 提供绿色服务。在洗染、洗车、洗浴、美容、美发等生活服务业强化节约意识，减少一次性用品的使用，加强用水、用电等耗能管理，加强节能环保设施设备应用，实现达标排放和低碳排放。

（二）打造绿色商品供应链。

1. 倡导绿色采购。鼓励企业借助实体店、网店及互联网平台采购绿色、低碳产品，与绿色低碳商品的生产企业建立战略合作，从产品源头抓起，引导生产企业低碳化、标准化和品牌化生产，限制和拒绝高耗能、高污染、过度包装产品，打造绿色低碳供应链。

2. 促进绿色销售。鼓励流通企业通过开设绿色产品专柜、专区等多种形式，展示、推销、宣传有节能标识和获得低碳认证的节能减排产品，鼓励电商及各类商品交易平台销售绿色商品，改进销售服务，扩大绿色低碳商品销售规模和市场占有率，促进绿色产品销售。

3. 引导绿色消费。充分发挥流通业对消费行为的引导作用，用节约资源的消费理念引导消费方式变革。宣传垃圾分类知识，提高废弃物回收利用率。抑制一次性用品使用，严格执行限制商品过度包装和塑料购物袋有偿使用制度。在全社会形成崇尚节俭、科学消费和绿色消费的消费理念和生活方式。

4. 完善再生资源回收体系建设。围绕有利于规范回收利用秩序、降低成本和提高回收利用效率，着力推进再生资源回收制度建设，全面提升再生资源回收行业规范化和规模化；针对再生资源产生的不同渠道，分类构建多元化回收、集中分拣和拆解、安全储存运输和无害化处理的再生资源回收利用体系。加强对废电池、废玻璃等低值量大的重点品种回收，积极探索再生资源回收与生活垃圾清运体系的结合，形成政府、企业、行业协会和社会公众共同参与的机制。

5. 加快报废车回收企业、二手车市场升级改造。推进回收拆解体系建设和行业升级，引导有条件的地区建设区域性报废汽车破碎示范中心，实施好老旧汽车报废更新政策，加快老旧汽车和黄标车淘汰进程。大力培育二手车市场，鼓励汽车流通企业拓展二手车业务，发展品牌连锁经营，促进汽车循环消费。

6. 推动旧货市场规范发展。贯彻落实《旧电器电子产品流通管理办法》（商务部令 2013 年第 1 号），引导大型综合旧货市场转型升级，形成管理先进、服务完善、交易规范、环境整洁，具有良好社会形象的旧货市场，促进消费。引导建设旧货网络信息和交易平台，培育新兴旧货交易模式。鼓励有条件的地区充分利用居民社区空地、学校和现有商品市场开办"跳蚤市场"。积极发展和完善二手设备交易。

（三）建设绿色流通服务体系。

1. 推动绿色产品和技术认证。开展流通领域节能状况调查，组织编制《企业绿色采购指南》、《流通业能源管理体系指引》、《中国零售业节能环保绿皮书》和《流通领域节能环保产品/技术指导目录》，探索对流通领域节能产品和技术实行认证的途径和方法。开展流通领域节能减排战略研究，提出流通领域节能减排的重点领域和关键技术。加快建设一批为绿色流通服务的服务型平台和企业。开展政策培训、人才培训和技术培训。

2. 建立流通领域能源管理体系。组织实施流通领域减碳行动，探索节能减排云服务平台建设和商品碳足迹计算方法，建立流通领域减碳积分激励机制。研究制订对流通企业能耗考核的计量和统计方法，统筹设计商业建筑整体能耗考核指标，组织开展国内外企业和行业对标，建立符合流通企业特点的能源管理体系。

3. 加强绿色流通信息化、标准化建设。鼓励流通企业广泛应用互联网技术，加强对流通渠道和末端网点的信息掌控，及时配置资源，提高大数据分析水平，提高流通效率，以信息化带动流通绿色低碳发展。完善流通领域重点行业节能减排的标准体系，并不断根据实际提升相关标准，将绿色流通纳入制度化、标准化发展轨道。

四、保障措施

（一）加强组织引导。各地商务主管部门要切实转变观念，进一步提高对绿色流通工作的认识，将此项工作列入重点工作日程；与有关部门加强配合协调，继续深入推进流通领域节能减排，明确目标责任，推动工作落实。

（二）分地区和行业重点推进。一是鼓励具备条件的地区探索绿色流通发展的新机制和新模式；二是在批发、零售、住宿、餐饮、仓储等重点行业开展绿色商场、绿色市场、绿色饭店、绿色仓库等创建工作，创建一批具有减量化（Reduce）、再利用（Reuse）、可循环（Recycle）特点的绿色循环示范企业。

（三）建立长效发展机制。研究加快绿色流通立法工作，制定相关法律、法规和部门规章，适时推动出台绿色流通发展规划。进一步完善流通领域节能减排政策，推动分布式光伏发电、合同能源管理、绿色照明等政策在流通企业的实施，将绿色流通纳入各地节能减排资金的支持内容，建立促进绿色流通发展的长效机制。

（四）发挥中介组织作用。充分发挥网络、报刊等媒体的作用，宣传绿色流通理念，在全社会形成良好舆论氛围。充分调动流通领域相关协会、有关节能公司、服务机构等中介组织的积极性，发挥中介组织在政府与企业之间的桥梁和纽带作用，推动行业的自我约束和自我发展，逐步建立政府指导、协会推动、企业参与的良性互动机制。

商务部

2014 年 9 月 22 日

（二）政府绿色采购政策

中华人民共和国政府采购法（摘录）

（2002 年 6 月 29 日第九届全国人民代表大会常务委员会第二十八次会议通过）

……

第九条 政府采购应当有助于实现国家的经济和社会发展政策目标，包括保护环境，扶持不发达地区和少数民族地区，促进中小企业发展等。

中华人民共和国主席　江泽民

2002 年 6 月 29 日

中华人民共和国政府采购法实施条例（摘录）

国令第 658 号

……

第六条　国务院财政部门应当根据国家的经济和社会发展政策，会同国务院有关部门制定政府采购政策，通过制定采购需求标准、预留采购份额、价格评审优惠、优先采购等措施，实现节约能源、保护环境、扶持不发达地区和少数民族地区、促进中小企业发展等目标。

总　理　　李克强

2015 年 1 月 30 日

关于环境标志产品政府采购实施的意见

财库〔2006〕90号

（财政部、国家环保总局与2006年10月24日联合印发，2007年1月1日起在中央和省级（含计划单列市）预算单位实行，2008年1月1日起全面实行）

党中央有关部委，国务院各部委、各直属机构，全国人大常委会办公厅，全国政协办公厅，高法院，高检院，有关人民团体，各省、自治区、直辖市、计划单列市财政厅（局）、环保厅（局），新疆生产建设兵团财务局：

为贯彻落实《国务院关于加快发展循环经济的若干意见》（国发〔2005〕22号），积极推进环境友好型社会建设，发挥政府采购的环境保护政策功能，根据《中华人民共和国政府采购法》和《中华人民共和国环境保护法》，现就推行环境标志产品政府采购提出如下意见。

一、采购环境标志产品对于树立政府环保形象，提高全社会的环保意识，推动企业环保技术进步，保护环境和人体健康，节约能源，促进资源循环利用，实现经济社会可持续发展，具有十分重要的意义。各地区、各部门要高度重视，加强组织管理和监督，确保环境标志产品政府采购工作落到实处。

二、各级国家机关、事业单位和团体组织（以下统称采购人）用财政性资金进行采购的，要优先采购环境标志产品，不得采购危害环境及人体健康的产品。

三、财政部、国家环境保护总局综合考虑政府采购改革进展和环境标志产品技术及市场成熟等情况，从国家认可的环境标志产品认证机构认证的环境标志产品中，以“环境标志产品政府采购清单”（以下简称清单）的形式，按类别确定优先采购的范围。

财政部、国家环境保护总局将适时调整清单，并以文件形式公布。

四、中国政府采购网（http：//www.ccgp.gov.cn）、国家环境保护总局网（http：// www.sepa.gov.cn）、中国绿色采购网（http：//www.cgpn.org）为清单的公告媒体。为确保上述信息的准确性，未经财政部、国家环境保护总局允许，不得转载。

五、清单中的产品有效时间以中国环境标志产品认证证书有效截止日期为准，超过认证证书有效截止日期的自动失效。

六、采购人采购的产品属于清单中品目的，在性能、技术、服务等指标同等条件下，应当优先采购清单中的产品。

七、在政府采购活动中，采购人或其委托的采购代理机构应当在政府采购招标文件（含谈判文件、询价文件）中载明对产品（含建材）的环保要求、合格供应商和产品的条件，以及优先采购的评审标准。

八、采购人或其委托的采购代理机构未按上述要求采购的，有关部门要按照相关法律、法规和规章予以处理，财政部门视情况可以拒付采购资金。

九、本意见采取积极稳妥、分步实施的办法，逐步扩大到全国范围。2007 年 1 月 1 日起在中央和省级（含计划单列市）预算单位实行，2008 年 1 月 1 日起全面实行。

财政部

国家环保总局

2006 年 10 月 24 日

关于进一步加强政府采购管理工作的意见（摘录）

国办发〔2009〕35号

……

四、坚持政策功能，进一步服务好经济和社会发展大局

政府采购应当有助于实现国家的经济和社会发展政策目标。强化政府采购的政策功能作用，是建立科学政府采购制度的客观要求。各地区、各部门要从政府采购政策功能上支持国家宏观调控，贯彻好扩大内需、调整结构等经济政策，认真落实节能环保、自主创新、进口产品审核等政府采购政策；进一步扩大政府采购政策功能范围，积极研究支持促进中小企业发展等政府采购政策。加大强制采购节能产品和优先购买环保产品的力度，凡采购产品涉及节能环保和自主创新产品的，必须执行财政部会同有关部门发布的节能环保和自主创新产品政府采购清单（目录）。要严格审核进口产品的采购，凡国内产品能够满足需求的都要采购国内产品。财政部门要加强政策实施的监督，跟踪政策实施情况，建立采购效果评价体系，保证政策规定落到实处。

国务院办公厅

2009年4月10日

关于调整公布第十五期环境标志产品政府采购清单的通知

财库〔2015〕44 号

党中央有关部门，国务院各部委、各直属机构，全国人大常委会办公厅，全国政协办公厅，高法院，高检院，有关人民团体，各省、自治区、直辖市、计划单列市财政厅（局）、环境保护部厅（局），新疆生产建设兵团财务局、环保局：

为加大环境标志产品政府采购工作力度，我们对已发布的“环境标志产品政府采购清单”（以下简称环保清单）进行了调整。现将调整后的第十五期环保清单印发你们，并将有关事项通知如下：

一、采购人购买的产品属于强制采购目录范围的，应当按照《国务院办公厅关于建立政府强制采购节能产品制度的通知》（国办发〔2007〕51 号）要求，在财政部、国家发展改革委公布的第十七期节能清单范围内购买。对于同时列入环保清单和“节能产品政府采购清单”的产品，应当优先于只获得其中一项认证的产品。

二、相关企业应当保证环保清单所列型号的产品在本期环保清单有效期内稳定供货，凡发生制造商及其代理商不接受参加政府采购活动邀请、列入环保清单的产品无法正常供货以及其他违反《承诺书》内容情形的，采购人及其他相关当事人应当及时将有关情况向财政部反映，财政部经核实，根据具体违规情形，对制造商作出列入不良供应商行为记录、暂停列入环保清单三个月至两年的处理，并在中华人民共和国财政部网站（http：//www.mof.gov.cn）、中国政府采购网（http：//www.ccgp.gov.cn）、中华人民共和国环境保护部网站（http：//www.zhb.gov.cn）、中国绿色采购网（http：//www.cgpn.org）上公告。

三、第十五期环保清单自发布之日起执行。在此之后开展的政府采购活动，应当执行第十五期环保清单，不再执行此前公布的环保清单。未列入本期环保清单的产品不属于政府优先采购的环境标志产品范围。凡违反上述规定的，财政部门将依照有关规定严肃处理。

四、政府采购工程项目应当严格执行环境标志产品政府优先采购制度。在确定工程总包单位时，采购人及其委托的采购代理机构应当明确落实环境标志产品政府采购政策要求。

五、环保清单在中华人民共和国财政部网站、中国政府采购网、中华人民共和国环境保护部网站、中国绿色采购网上发布，请各采购当事人到上述网站查阅、下载。

六、环保清单中产品的相关销售渠道和联系方式将在上述网站公布。

七、第十五期环保清单中的台式计算机产品性能参数作为附件予以强制执行，即凡与附件所列性能参数不一致的产品，不得参加政府采购活动。

八、环保清单将于2015年7月再次调整并公布，财政部将会同环境保护部对2015年5月31日前取得环境标志认证证书的产品进行审核和公示。

请遵照执行。

财政部

环境保护部

2015年1月 27日

（三）企业绿色采购政策

关于印发《企业绿色采购指南（试行）》的通知

商流通函〔2014〕973 号

各省、自治区、直辖市、计划单列市及新疆生产建设兵团商务、环境保护、工业和信息化主管部门：

为进一步推进资源节约型和环境友好型社会建设，引导和促进企业积极履行环境保护责任，建立绿色供应链，实现绿色、低碳和循环发展，我们制定了《企业绿色采购指南（试行）》（以下简称《指南》），现予印发。请各地商务主管部门、环境保护部门、工业和信息化主管部门密切配合，加大宣传力度，做好《指南》的贯彻落实。

商务部

环境保护部

工业和信息化部

2014 年 12 月 22 日

企业绿色采购指南（试行）

第一章　总　则

第一条　根据《环境保护法》、国务院印发的《社会信用体系建设规划纲要（2014—2020 年）》和《节能减排“十二五”规划》等有关规定，为推进建设资源节约型、环境友好型社会，充分发挥市场配置资源的决定性作用，促进绿色流通和可持续发展，引导企业积极构建绿色供应链，实施绿色采购，制定本指南。

第二条 本指南所称绿色采购，是指企业在采购活动中，推广绿色低碳理念，充分考虑环境保护、资源节约、安全健康、循环低碳和回收促进，优先采购和使用节能、节水、节材等有利于环境保护的原材料、产品和服务的行为。

本指南所称绿色供应链，是指将环境保护和资源节约的理念贯穿于企业从产品设计到原材料采购、生产、运输、储存、销售、使用和报废处理的全过程，使企业的经济活动与环境保护相协调的上下游供应关系。

第三条 具有供应链上下游供应关系的供应商企业与采购商之间采购原材料、产品和服务，鼓励适用本指南。

用于最终消费的各种产品和服务的采购，以及原材料、制成品、半成品等生产资料的采购，鼓励适用本指南。

鼓励网上采购适用本指南。

第四条 国家鼓励企业建立绿色供应链管理体系，主动承担环境保护等社会责任，自觉实施和强化绿色采购。

各级商务、环境保护、工业和信息化部门指导本地区企业的绿色采购行为和绿色供应链管理。

第二章 采购原则

第五条 企业采购应遵循以下原则：

（一）经济效益与环境效益兼顾。企业在采购活动中，应充分考虑环境效益，优先采购环境友好、节能低耗和易于资源综合利用的原材料、产品和服务，兼顾经济效益和环境效益。

（二）打造绿色供应链。企业应不断完善采购标准和制度，综合考虑产品设计、采购、生产、包装、物流、销售、服务、回收和再利用等多个环节的节能环保因素，与上下游企业共同践行环境保护、节能减排等社会责任，打造绿色供应链。

（三）企业主导与政府引导相结合。坚持市场化运作，以企业为主体，充分发挥企业的主导作用。政府通过制度改革、政策引导、信息公开和促进行业规范等方式，推进企业绿色采购。充分发挥行业协会的桥梁和纽带作用，强化行业自律。

第六条 鼓励企业树立绿色采购理念，将绿色采购理念融入经营战略，贯穿原材料、产品和服务采购的全过程，不断改进和完善采购标准和制度，推动供应商持续提高环境管理水平，共同构建绿色供应链。

第七条 鼓励企业制定和实施具体可行的绿色采购方案，并适时调整和完善。

绿色采购方案应当包括且不限于以下内容：

（一）绿色采购目标、标准；

（二）绿色采购流程；

（三）绿色供应商筛选、认定的条件和程序；

（四）绿色采购合同履行过程中的检验和争议处理机制；

（五）绿色采购信息公开的范围、方式、频次等；

（六）绿色采购绩效的评价；

（七）实施产品下架、召回和追溯制度；

（八）实施绿色采购的其他有关内容。

第八条　鼓励企业要求供应商在产品设计过程中更多采用生态设计技术，以减少环境污染和能源资源消耗，使产品和零部件能够回收循环利用。

鼓励企业围绕企业经营战略和绿色采购目标制定绿色采购标准。

鼓励企业在采购原材料、产品和服务的标准中提出与环境保护相关的要求，体现绿色环保理念，严格按照采购标准进行采购。

第九条　鼓励企业建立产品可追溯体系，建立对采购的产品从原材料到交货的全程跟踪管理。

第十条　鼓励企业完善采购流程，主动参与供应商的产品研发、制造过程，引导供应商通过价值分析等方法减少各种原辅和包装材料用量、用更环保的材料替代、避免或者减少环境污染等。

鼓励企业要求供应商供应产品或原材料符合绿色包装的要求，不使用含有有毒、有害物质作为包装物材料，使用可循环使用、可降解或者可以无害化处理的包装物，避免过度包装；在满足需求的前提下，尽量减少包装物的材料消耗。

第十一条　鼓励企业对所采购的产品或原材料在仓储和物流运输等环节，推行智能化、信息化和便捷化的节约能源和减少污染物排放的措施。

第十二条　鼓励企业对采购的产品和原材料建立废弃物回收处理流程，以实现循环利用或无害化处理。

第十三条　采购商和供应商可以通过以下方式带动全社会绿色消费：

（一）向消费者宣传引导低碳、节约等绿色消费理念，改善消费者的产品选择方式；

（二）发掘消费者绿色需求并在采购过程中予以满足；

（三）建立绿色品牌，提高绿色品牌知名度；

（四）开展“绿色商场”等创建活动，推广门店节能改造，促进环境标志产品和节能产品销售以及废弃电器电子产品回收；

（五）抵制商品过度包装，引导广大消费者积极主动参与绿色消费，减少一次性用品及塑料购物袋的使用。

第三章　采购原材料、产品与服务

第十四条　鼓励企业采购绿色产品。绿色产品至少符合以下条件：

（一）产品设计过程中树立全生命周期理念，充分考虑环境保护，减少资源能源消耗，关注可持续发展；

（二）产品在生产过程中使用更环保的原材料，采用清洁生产工艺，资源能源利用效率高，污染物排放优于相应的排放标准；

（三）产品在使用过程中能源消耗低，不会对使用者造成危害，污染物排放符合环保要求；

（四）产品废弃后可以回收，易于拆卸、翻新，能够安全处置。

鼓励企业采购通过环境标志产品认证、节能产品认证或者国家认可的其他认证的节能环保产品。

第十五条　企业不宜采购以下产品：

（一）不符合商务主管部门防止过度包装及回收促进要求的；

（二）被列入环境保护部制定的《环境保护综合名录》中的“高污染、高环境风险”产品名录的；

（三）产品或所采用的生产工艺、设备被列入工业和信息化部公布的《部分工业行业淘汰落后生产工艺装备和产品指导目录》的；

（四）国家限制或不鼓励生产、采购、使用的其他高耗能、高污染类产品。

第十六条　鼓励企业采购绿色原材料。

绿色原材料选材应优先选用符合环保标准和节能要求的、具有低能耗、低污染、无毒害、资源利用率高、可回收再利用等各种良好性能的材料。

鼓励企业参照本章第十四条、第十五条的内容采购绿色原材料。

鼓励企业在满足有关环境标准、产品质量和安全要求的情况下，优先采购和利用废钢铁、废有色金属、废塑料、废纸、废弃电器电子产品、废旧轮胎、废玻璃、废纺织品等可再生资源作为原材料。

第十七条　鼓励企业采购绿色服务。绿色服务至少需要符合以下条件：

（一）服务内容对环境总体损害的程度很小，污染物排放少、不产生有毒有害或者难处理的污染物，对固体废弃物实现分类收集和合理处置等；

（二）服务内容符合节能降耗的要求，在服务过程中少用资源和能源，对自然资源总体消耗的量较低；

（三）服务内容有益于人类健康。

第四章　选择供应商

第十八条　鼓励企业结合行业特点，借鉴国内外先进经验，制定绿色供应商筛选和认定条件，并通过多种途径公开筛选和认定条件。

第十九条　鼓励企业优先选择具备以下条件的供应商：

（一）根据环境保护部、发展改革委、人民银行、银监会印发的《企业环境信用评价办法（试行）》有关规定及地方关于企业环境信用评价管理规定，被环境保护部门评定为环保诚信企业或者环保良好企业的；

（二）在污染物排放符合法定要求的基础上，自愿与环境保护部门签订进一步削减污染物排放量的协议，并取得协议约定的减排效果的；

（三）自愿实施清洁生产审核并通过评估验收的；

（四）自愿申请环境管理体系、质量管理体系和能源管理体系认证并通过认证的；

（五）因环境保护工作突出，受到国家或者地方有关部门表彰的；

（六）采用的工艺被列入发展改革委发布的《产业结构调整指导目录》鼓励类目录的；

（七）符合工业和信息化部公布的相关行业准入条件的；

（八）及时、全面、准确地公开环境信息，积极履行社会责任，主动接受有关部门和社会公众监督的；

（九）符合有关部门和机构依法提出的采购商应当优先采购的其他条件的。

第二十条　企业不宜选择具有下列任一情形的供应商：

（一）根据《企业环境信用评价办法（试行）》有关规定和地方关于企业环境信用评价管理规定，被环境保护部门评定为环保不良企业；

（二）因环境违法构成环境犯罪的；

（三）因环境违法行为，受到环境保护部门依法处罚、尚未整改完成的；

（四）一年内发生较大以上突发环境事件的；

（五）未达到国家或者地方污染物排放标准、污染物总量控制目标要求或者节能目标要求的；

（六）未依照《清洁生产促进法》规定开展强制性清洁生产审核的；

（七）当年危险废物规范化管理督查考核不达标的；

（八）未按照法律法规规定公开环境信息的；

（九）具有其他违反国家环境保护相关法律法规、标准、政策要求的。

第二十一条 企业在采购合同中，可以明确约定以下内容：

（一）供应商应将其绿色供应链管理的相关信息，及时、准确地通报采购商；

（二）供应商出现本指南第二十条所列情形或者其他环境问题的，采购商可以降低采购份额、暂停采购或者终止采购合同；

（三）因供应商隐瞒环保违法行为，造成采购商损失的，采购商有权依法维护其权益；

（四）供应商通过努力，在技术进步、产品生产、流通销售等方面实现比采购合同约定的环境要求更优的环境绩效的，采购商可以通过适当提高采购价格、增加采购数量、缩短付款期限等方式对供应商予以激励。

第二十二条 鼓励企业建立供应商绩效监控体系，对供应商在环境保护、资源节约、企业社会责任及可持续发展方面进行监督。

鼓励企业建立本企业的绿色供应商数据库，并与行业绿色采购信息平台和数据库实现对接共享。

鼓励企业定期向地方有关部门和其他机构、社会公众报告或者公布绿色采购的成效，接受监督。

第五章 政府引导与行业规范

第二十三条 各地商务、环境保护、工业和信息化部门应当支持和引导采购商建立绿色供应链管理体系，主动承担环境保护社会责任，自觉实施和强化绿色采购，并通过公开绿色承诺等方式，接受社会和政府监督。

第二十四条 各地商务、环境保护、工业和信息化部门应当支持和指导企业绿色采购标准和规范的制定和修订。

第二十五条 各地商务、环境保护、工业和信息化部门应当会同有关部门，向社会公布下列信息并定期更新：

（一）通过有关节能、节水、环境标志、有机、绿色无公害等认证或认定的产品及其供应商的信息；

（二）供应商环境信用评价信息；

（三）行业协会等中介组织、具有代表性的采购商制定的绿色采购规范；

（四）采购商的绿色采购承诺书或者绿色采购协议；

（五）采购商实施绿色采购的典型经验；

（六）有利于推动绿色采购的其他相关信息。

第二十六条　鼓励新闻媒体对推动绿色采购的意义、有效实施绿色采购的企业和完整的绿色供应链进行报道宣传，不断提高公众的环保理念和绿色消费观念。

第二十七条　鼓励行业协会等中介组织建立本行业绿色采购信息平台和绿色原材料、绿色产品、绿色服务以及绿色供应商数据库，供有关企业共享，并接受政府有关部门和机构、社会公众监督。

鼓励行业协会等中介组织加强行业自律，举办有关绿色采购的宣传、培训、推广等活动。

鼓励行业协会等中介组织开展有关绿色采购的国际合作与交流。

第六章　附　则

第二十八条　本指南自 2015 年 1 月 1 日起生效。

第二十九条　中国企业从国外采购原材料、产品和服务，参照适用本指南。

第三十条　各地商务、环境保护、工业和信息化部门可以结合本指南和地方实际情况，制定适合于本地区的企业绿色采购细则。

三部门联合发布《企业绿色采购指南（试行）》推动构建企业间绿色供应链　指导企业强化环境保护主体责任（新闻稿）

环境保护部有关负责人 12 月 26 日向媒体通报，商务部、环境保护部、工信部近日联合发布《企业绿色采购指南（试行）》（简称《指南》），指导企业实施绿色采购，构建企业间绿色供应链，推进资源节约型、环境友好型社会建设，促进绿色流通和可持续发展。

这位负责人说，十八届四中全会明确提出，要“强化生产者环境保护的法律责任”。新修订的《环境保护法》对企业的环境责任作出了一系列明确规定，旨在通过引导、推动企业实施绿色采购，倒逼原材料、产品和服务的供应商不断提高环境管理水平，促进企业绿色生产，带动全社会绿色消费，逐步引导和推动形成绿色采购链。

这位负责人指出，《指南》的主要内容包括：一是明确绿色采购的理念和主要指导原则，推动企业将环境保护的要求融入采购全过程，努力实现经济效益与环境效益兼顾。二是引导、规范企业绿色采购全流程。包括引导企业树立绿色采购理念、制定绿色采购方案，加强产品设计、生产、包装、物流、使用、回收利用等各环节的环境保护，更多采购绿色产品、绿色原材料和绿色服务，并根据供应商的环境表现采取区别化的采购措施等内容。三是有效发挥政府部门和行业组织的指导、规范作用。推动建立绿色采购和供应链的管理体系、宣传机制、信息平台和数据等，为企业绿色采购提供保障和支撑。

这位负责人表示，《指南》提出了许多有针对性、可操作性的措施。主要包括提出了建议企业避免采购的产品“黑名单”，包括被列入环境保护部制定的《环境保护综合名录》中的“高污染、高环境风险”产品等。供应商被评定为环保诚信企业或者环保良好企业的，对其产品可优先选购；对于被评定为环保不良企业的供应商，避免采购其产品。同时，建议企业在采购合同中作出绿色约定。包括对有重大环境违法行为的供应商，采购商可以降低采购份额、暂停采购或者终止采购合同；供应商隐瞒环境违法行为，使采购商造成损失的，采购商有权依法维护其权益；另一方面，还强调采购商可以通过适当提高采购价格、增加采购数量、缩短付款期限等方式，对供应商予以激励。通过市场机制的激励和约束作用，推动供应商强化环境保护，切实减少环境污染、降低环境风险。

这位负责人表示，《指南》在制定过程中，充分调研和借鉴了我国政府绿色采购、深圳等地区构建企业绿色供应链等方面的实践经验。今后，环保部门将继续跟踪、分析地方和企业的良好实践做法，修改完善《指南》，引导、推进企业绿色采购的有效实施。

十二、环保综合名录政策及应用

关于提供环境保护综合名录（2015 年版）的函

环办函〔2015〕2139 号

发展改革委、工业和信息化部、财政部、商务部、人民银行、海关总署、税务总局、工商总局、质检总局、安全监管总局、林业局、银监会、证监会、保监会办公厅（室）：

2007 年以来，根据国务院有关工作部署，我部组织有关工业行业协会和研究机构，开展了环境保护综合名录编制工作。综合名录为国家有关部门制定和调整相关产业、税收、贸易、信贷等政策，提供了环保依据。

2011 年，国务院印发《关于加强环境保护重点工作的意见》（国发〔2011〕35 号）和《国家环境保护“十二五”规划》（国发〔2011〕42 号），均明确要求“制定和完善环境保护综合名录”。

按照国务院要求，我部在已制定综合名录的基础上，继续组织研究提出了一批新的名录，形成了《环境保护综合名录（2015 年版）》（以下简称《综合名录》）。《综合名录》包括两部分：

（一）“高污染、高环境风险”产品名录（2015 年版）；

（二）环境保护重点设备名录（2015 年版）。

现将《综合名录》提供给你们，供制定和调整有关政策时参考。

附件：环境保护综合名录（2015 年版）

环境保护部办公厅
2015 年 12 月 17 日

附件：

环境保护综合名录（2015 年版）

一、高污染、高环境风险产品名录（2015 年版）

序号	特性	产品		行业	
		产品名称	产品代码	行业名称	行业代码
1	GHW[1]	瓦斯天然气（富瓦斯矿井瓦斯抽采工艺除外）	0704000000[2]	天然气开采	0720[3]
2	GHW/GHF	离子型稀土精矿	0903990000	稀土金属矿采选	0932
3	GHW	石棉（闪石类石棉）	1007990000	石棉、云母矿采选	1091
4	GHW	鳞片状天然石墨	1009010100	石墨、滑石采选	1092
5	GHW	淀粉糖（双酶法工艺除外）	131204xx	淀粉及淀粉制品制造	1391
6	GHW	味精（浓缩等电工艺除外）	1406010000	味精制造	1461
7-14	GHW	小品种氨基酸（发酵法工艺除外）（注 1）	1407020500 1407020700 1407029900	其他调味品、发酵制品制造	1469
15	GHW	柠檬酸（枸橼酸）（发酵法加色谱分离法工艺除外）	1407030100		
16	GHW	赖氨酸（98%和 70%赖氨酸产品联产工艺除外）	1407020100		
17	GHW	衣康酸（二次浓缩结晶工艺除外）	1407040300		

1 特性中，GHW 代表高污染产品、GHF 代表高环境风险产品。

2 参照《统计用产品分类目录》（国家统计局令，2010 年第 13 号），其中，部分产品代码不足 8 位的，用“x”补齐。

3 参照《国民经济行业分类与代码》（GB/4754—2011）。

序号	特性	产品		行业	
		产品名称	产品代码	行业名称	行业代码
18	GHW/GHF	左旋肉碱	1304039900	食品及饲料添加剂制造	1495
19	GHW	糖精及其盐（邻-苯甲酰磺酰亚胺钠）	1411030301		
20	GHW	发酵酒精	150101xx	酒精制造	1511
21	GHW	禁用的直接染料染色织物	17010602	棉印染精加工	1713
22	GHW	禁用的冰染色基（C.I.冰染色基 11）染色织物	17010602		
23	GHW	禁用的冰染色基（C.I.冰染色基 8）染色织物	17010602		
24	GHW	禁用的冰染色基（C.I.冰染色基 12）染色织物	17010602	棉印染精加工	1713
25	GHW	禁用的冰染色基（C.I.冰染色基 13）染色织物	17010602		
26	GHW	粗梳毛机织物	1702040101	毛织造加工	1722
27	GHW	苎麻（精干麻）	1703010200	麻纤维纺前加工和纺纱	1731
28	GHW	非供零售用其他绢纺纱线（含丝及绢丝 85%及以上纱线）	1704010301	缫丝加工	1741
29	GHW	非供零售用其他绢纺纱线（含丝及绢丝 85%以下纱线）	1704010301		
30	GHW	零售用丝纱线，绢纺纱线；蚕胶丝（含丝及绢丝 85%及以上纱线）	1704010301		
31	GHW	零售用丝纱线，绢纺纱线；蚕胶丝（含丝及绢丝 85%以下纱线）	1704010301		
32	GHW	非供零售用䌷丝纱线（䌷丝为主，含丝及绢丝 85%及以上纱线）	1704010302		
33	GHW	非供零售用䌷丝纱线（䌷丝为主，含丝及绢丝 85%及以下纱线）	1704010302		
34	GHW	仿真处理的色织的聚酯变形长丝机织物	1704040102	化纤织造加工	1751
35	GHW	涤纶仿真丝绸	1701060303		

序号	特性	产品		行业	
		产品名称	产品代码	行业名称	行业代码
36	GHW	仿真处理的染色的聚酯变形长丝机织物	1704040102	化纤织物染整精加工	1752
37	GHW	仿真处理的印花的聚酯变形长丝机织物	1704040102		
38	GHW	游戏装,不带防寒衬里的棉制男式长裤、马裤	1812090102	机织服装制造	1810
39	GHW	带防寒衬里的工业及职业用棉制男式长裤、马裤	1812090102		
40	GHW	不带防寒衬里的工业及职业用棉制男成人长裤、马裤	1812090102		
41	GHW	非游戏装,不带防寒衬里的棉制男式长裤、马裤	1812090102		
42	GHW	游戏装,不带防寒衬里的棉制其他男童长裤、马裤	1812140101	机织服装制造	1810
43	GHW/GHF	成品皮革（环保型固定皮革涂饰层工艺除外；非致害性染料染色工艺除外）	190201xx	皮革鞣制加工	1910
44	GHW/GHF	胶合板（符合《室内装饰装修材料人造板及其制品中甲醛释放限量》（GB 18580—2001）中甲醛释放限量 E1 标准的除外；符合《环境标志产品技术要求　人造板及其制品》（HJ 571—2010）标准的除外）	200301xx	胶合板制造	2021
45	GHW/GHF	纤维板（符合《中密度纤维板》（GB/T 11718—2009）生产标准的纤维板除外）	200302xx	纤维板制造	2022
46	GHW/GHF	刨花板（符合《室内装饰装修材料人造板及其制品中甲醛释放限量》（GB 18580—2001）中甲醛释放限量 E1 标准的除外；符合《环境标志产品技术要求　人造板及其制品》（HJ 571—2010）标准的除外）	200303xx	刨花板制造	2023

序号	特性	产品		行业	
		产品名称	产品代码	行业名称	行业代码
47	GHW	溶剂型涂料涂装的木质家具（高流量低压（HVLP）喷漆 工艺除外）	210101xx	木质家具制造	2110
48	GHW	半化学纸浆	22010102 22010201	木竹浆制造、非木竹浆制造	2211 2212
49	GHW	兰炭	250401xx	炼焦	2520
50	GHW	焦炭	250401xx		
51	GHW	沥青（焦油蒸馏采用常压、减压或常减压连续蒸馏工艺除外）	25021302		
52	GHF	氯磺酸	2601010400	无机酸制造	2611
53	GHW	硼酸	2601010700		
54	GHF	氢氰酸	2601010800		
55	GHW/GHF	砷酸	2601011700		
56	GHW/GHF	偏砷酸	2601011700		
57	GHW/GHF	焦砷酸	2601011700		
58	GHW	烧碱（离子膜电解法工艺除外；用于废盐综合利用的隔膜法烧碱工艺及装置除外）	2601050100 2601050200	无机碱制造	2612
59	GHF	溴	2601xxxx	无机盐制造	2613
60	GHF	三氟化硼	26010201		
61	GHF	硒化铅	26010204		
62	GHF	硒化镉	26010204		
63	GHF	二氧化硒	2601020401		
64	GHW/GHF	砷化锌	26010206		
65	GHW	三氧化二砷	2601020601		
66	GHW	五氧化二砷	2601020602		
67	GHF	三氯化磷	2601040103		
68	GHW/GHF	三氯化砷	2601040104		
69	GHF	四氯化硅	2601040108		
70	GHF	三氟化砷	2601040199		
71	GHF	三溴化砷	2601040199		
72	GHF	三碘化砷	2601040199		
73	GHF	氯化亚砜	2601040201		

序号	特性	产品		行业	
		产品名称	产品代码	行业名称	行业代码
74	GHF	氧氯化磷	2601040202	无机盐制造	2613
75	GHW/GHF	二硫化碳（天然气加压非催化法工艺除外；焦炭流化床连续法工艺除外）	2601040301		
76	GHF	五硫化二磷	2601040308		
77	GHF	硫化氢	2601040309		
78	GHW	氢氧化镁（卤水-烧碱法工艺除外）	2601070300		
79	GHW	氢氧化钡（硫化钡氧化法（锰钡结合工艺）除外）	2601070500		
80	GHW	氧化锌（氨浸法直接法工艺除外；天然气间接法工艺除外）	2601080100		
81	GHF	三氧化铬	2601080401		
82	GHW/GHF	一氧化铅	2601081001		
83	GHF	四氧化（三）铅	2601081099		
84	GHW	五氧化二钒	2601081201		
85	GHF	硫化钠（硫化碱）（转炉焙烧—热化塔溶浸—列管或薄膜蒸发工艺除外）	2601100101		
86	GHF	多硫化钠	2601100203		
87	GHW	硫酸钡（沉淀硫酸钡资源化综合利用工艺除外）	2601100311		
88	GHF	硫酸铅	2601100314		
89	GHW/GHF	硫酸锰（新型立窑碳还原焙烧连续法工艺除外）	2601100399		
90	GHF	硝酸钴	2601110102		
91	GHF	硝酸钡	2601110103		
92	GHW/GHF	硝酸铬	2601110105		
93	GHF	硝酸铅	2601110108		
94	GHF	硝酸镍	2601110113		
95	GHW/GHF	硝酸汞	2601110199		
96	GHW/GHF	铬酸铅	2601120202		
97	GHW/GHF	铬酸钠	2601120203		
98	GHW/GHF	重铬酸钠	2601120204		
99	GHW/GHF	铬酸钾	2601120205		

序号	特性	产品		行业	
		产品名称	产品代码	行业名称	行业代码
100	GHW/GHF	重铬酸钾	2601120206	无机盐制造	2613
101	GHW/GHF	铬酸铵	2601120207		
102	GHW/GHF	重铬酸铵	2601120208		
103	GHW/GHF	铬酸锶	2601120212		
104	GHW/GHF	高锰酸钾（气动流化塔氧化法工艺除外）	2601120304		
105	GHW	钼酸铵	2601120401		
106	GHF	砷化氢	2601129900		
107	GHF	砷酸铵	2601129900		
108	GHF	砷酸氢二铵	2601129900		
109	GHF	砷酸钠	2601129900		
110	GHF	砷酸氢二钠	2601129900		
111	GHF	砷酸二氢钠	2601129900		
112	GHF	砷酸钾	2601129900		
113	GHF	砷酸二氢钾	2601129900		
114	GHF	砷酸镁	2601129900		
115	GHF	砷酸钙	2601129900		
116	GHF	砷酸钡	2601129900		
117	GHF	砷酸铁	2601129900		
118	GHF	砷酸亚铁	2601129900		
119	GHF	砷酸铜	2601129900		
120	GHF	砷酸锌	2601129900		
121	GHF	砷酸铅	2601129900		
122	GHF	砷酸锑	2601129900		
123	GHW/GHF	砷酸银	2601129900		
124	GHF	亚砷酸钠	2601129900		
125	GHF	亚砷酸钾	2601129900		
126	GHF	亚砷酸钙	2601129900		
127	GHF	亚砷酸锶	2601129900		
128	GHF	亚砷酸钡	2601129900		
129	GHF	亚砷酸铁	2601129900		
130	GHF	亚砷酸铜	2601129900		
131	GHF	亚砷酸锌	2601129900		
132	GHF	亚砷酸铅	2601129900		
133	GHF	亚砷酸锑	2601129900		

序号	特性	产品		行业	
		产品名称	产品代码	行业名称	行业代码
134	GHF	亚砷酸银	2601129900	无机盐制造	2613
135	GHF	偏砷酸钠	2601129900		
136	GHW/GHF	氟化铝（无水工艺除外）	2601140103		
137	GHF	氟化铅	2601140199		
138	GHF	四氟化铅	2601140199		
139	GHF	氟化镉	2601140199		
140	GHF	四氟化硅	2601140199		
141	GHW	人造冰晶石（六氟铝酸钠）（利用磷肥副产氟硅酸钠或电解铝电解质块生产高分子比冰晶石工艺除外）	2601140301		
142	GHW/GHF	氯化钡（毒重石-盐酸法工艺除外）	2601150105		
143	GHF	氯化铜	2601150114		
144	GHF	氯化氰	2601150199		
145	GHF	氯酸钠	2601150201		
146	GHF	氯酸钾	2601150202		
147	GHF	高氯酸钾	2601150301		
148	GHF	高氯酸铵	2601150302		
149	GHF	高氯酸锶	2601150399		
150	GHF	溴化汞	2601170199		
151	GHF	二碘化汞	2601180105		
152	GHF	氰化钠	2601190101		
153	GHF	氰化钾	2601190103		
154	GHF	氰化锌	2601190104		
155	GHF	氰化亚铜	2601190105		
156	GHF	氰氨化钙	2601190106		
157	GHF	氰化钙	2601190107		
158	GHF	氰化镍	2601190108		
159	GHF	氰化亚金（I）钾	2601190109		
160	GHF	氰化亚金（III）钾	2601190109		
161	GHF	铁氰化钾	2601190111		
162	GHF	氰化铜	2601190199		
163	GHF	氰化钡	2601190199		
164	GHF	氰化镉	2601190199		

序号	特性	产品		行业	
		产品名称	产品代码	行业名称	行业代码
165	GHF	氰化铅	2601190199	无机盐制造	2613
166	GHF	氰化钴	2601190199		
167	GHF	氰化镍钾	2601190199		
168	GHF	氰化钠铜锌	2601190199		
169	GHF	氰化亚铜（三）钠	2601190199		
170	GHF	氰化亚铜（三）钾	2601190199		
171	GHF	氰化银	2601190199		
172	GHF	氰化银钾	2601190199		
173	GHF	氰化金	2601190199		
174	GHF	氰化金钾	2601190199		
175	GHF	氰化铈	2601190199		
176	GHF	氰化溴	2601190199		
177	GHF	氰化碘	2601190199		
178	GHF	氰化物的混合物	2601190199		
179	GHF	氰酸钠	2601190301		
180	GHF	硫氰酸钠	2601190304		
181	GHF	硫氰酸铵	2601190305		
182	GHF	硫氰酸钾	2601190306		
183	GHW	硅酸钠（纯碱法工艺除外）	2601200201		
184	GHF	硅酸铅	2601200205		
185	GHW/GHF	三氯化硼	2601210199		
186	GHW	硼砂	2601210201		
187	GHW/GHF	氟硼酸镉	2601210399		
188	GHW/GHF	氟硼酸铅	2601210399		
189	GHW/GHF	电石	2601220101		
190	GHW/GHF	碳酸钡	2601220204		
191	GHW	碳酸锶	2601220206		
192	GHW	碳酸锂（盐湖卤水法工艺除外）	2601220207		
193	GHW/GHF	黄磷	2603010301		
194	GHF	砷	26030204		
195	GHF	硝酸铵（含可燃物小于 0.2%）	2604110400		
196	GHW	硅胶（强制循环水洗硅胶生产工艺除外）	2613012001		

序号	特性	产品		行业	
		产品名称	产品代码	行业名称	行业代码
197	GHW/GHF	保险粉（连二亚硫酸钠）（新甲酸钠法工艺除外）	2614060112	无机盐制造	2613
198	GHW/GHF	砷化镓	2618090700 2618090800		
199	GHF	碲化镉			
200	GHF	氰			
201	GHW/ GHF	氢溴酸	2601011300	有机化学原料制造	2614
202	GHF	光气	2601040203		
203	GHW/GHF	环烷酸铅	2601081099		
204	GHW/GHF	辛酸铅	2601081099		
205	GHW/GHF	异辛酸铅	2601081099		
206	GHW/GHF	硬脂酸铅	2601081099		
207	GHW	醋酸铅	2601081099		
208	GHW/GHF	二丁基二月桂酸锡	26011210		
209	GHW/GHF	月桂酸三丁基锡	26011210		
210	GHW/GHF	醋酸三丁基锡	26011210		
211	GHW/GHF	三环锡	26011210		
212	GHW/GHF	硫酸三乙基锡	26011210		
213	GHW/GHF	乙酸三乙基锡	26011210		
214	GHW/GHF	二丁基氧化锡	26011210		
215	GHW/GHF	四乙基锡	26011210		
216	GHW/GHF	乙酸三甲基锡	26011210		
217	GHW/GHF	毒菌锡	26011210		
218	GHW/GHF	三丁基氟化锡	26011210		
219	GHW/GHF	三丁基氯化锡	26011210		
220	GHW/GHF	三丁基氧化锡	26011210		
221	GHF	丙烯	2602010202		
222	GHF	2,3,4-三氯-1-丁烯	2602010299		
223	GHF	六氯-1,3-丁二烯	2602010299		

序号	特性	产品		行业	
		产品名称	产品代码	行业名称	行业代码
224	GHF	环氧乙烷	2602020101	有机化学原料制造	2614
225	GHW	环氧丙烷（甲基环氧乙烷、PO）（直接氧化法工艺除外）	2602020103		
226	GHW/GHF	环氧氯丙烷（1-氯-2,3-环氧丙烷）（甘油法工艺除外）	2602020103		
227	GHW/GHF	六溴环十二烷	2602020199		
228	GHW/GHF	1,2,3,4,5,6-六氯环已烷（ISO）	2602020199		
229	GHW/GHF	煤焦化纯苯	2602020201		
230	GHW/GHF	煤焦化甲苯	2602020204		
231	GHW/GHF	煤焦化二甲苯	2602020205		
232	GHF	苯乙烯	2602020210		
233	GHF	乙苯	2602020211		
234	GHW/GHF	含多氯联苯（PCBs）、多氯三联苯（PCTs）或多溴联苯（PBBs）的混合物	2602020213		
235	GHW/GHF	多氯三联苯	2602020213		
236	GHF	萘	2602020224		
237	GHF	粗蒽	2602020226		
238	GHF	精蒽	2602020227		
239	GHF	萤蒽	2602020299		
240	GHW/GHF	氯甲烷	2602030100		
241	GHF	二氯甲烷	2602030200		
242	GHF	三氯甲烷	2602030300		
243	GHW	四氯化碳	2602030400		
244	GHF	1,2-二氯乙烷	2602030600		
245	GHF	六氯乙烷	2602030900		
246	GHF	三氯乙烯	2602040200		
247	GHF	四氯乙烯	2602040300		
248	GHW/GHF	1,1-二氯乙烯	2602040400		
249	GHF	CFC-11（一氟一氯甲烷）	2602060100		
250	GHF	CFC-12（二氟一氯甲烷）	2602060200		
251	GHF	CFC-113（三氟三氯乙烷）	2602060300		
252	GHF	CFC-114（四氟二氯乙烷）	2602060400		
253	GHF	CFC-115（五氟一氯乙烷）	2602060500		
254	GHW/GHF	三氯丙烷	2602069900		
255	GHW/GHF	氯化苯（干法脱氯化氢法工艺除外）	2602070100		

序号	特性	产品		行业	
		产品名称	产品代码	行业名称	行业代码
256	GHW/GHF	对二氯苯（干法脱氯化氢法工艺除外）	2602070300	有机化学原料制造	2614
257	GHW/GHF	间二氯苯（苯定向氯化-吸附分离法工艺除外）	2602079900		
258	GHF	3,4-二氯甲苯	2602079900		
259	GHW/GHF	1,2,3-三氯苯（干法脱氯化氢法工艺除外）	2602079900		
260	GHW/GHF	1,2,4-三氯苯（干法脱氯化氢法工艺除外）	2602079900		
261	GHF	1,2,4,5-四氯代苯	2602079900		
262	GHF	硝基苯	2602080900		
263	GHF	1,2-二硝基苯	2602080900		
264	GHW/GHF	间二硝基苯	2602080900		
265	GHF	五氯硝基苯	2602080900		
266	GHF	1-氯-2,4-二硝基苯	2602081000		
267	GHF	4-硝基甲苯	2602081000		
268	GHW/GHF	DNT（2,4-二硝基甲苯）	2602081100		
269	GHW/GHF	TNT（2,4,6-三硝基甲苯、梯恩梯）	2602081200		
270	GHF	2,5-二氯硝基苯	2602081300		
271	GHF	硝基氯苯	2602081900 2602082000 2602082100		
272	GHW/GHF	4-硝基联苯	2602089900		
273	GHF	5-叔丁基-2,4,6-三硝基间二甲苯	2602089900		
274	GHW	DSD 酸	2602089900		
275	GHW/GHF	全氟辛烷磺酸及其盐类和全氟辛基磺酰氟（PFOS/PFOSF）	2602089900		
276	GHW/GHF	甲醇（天然气制甲醇工艺、焦炉煤气制甲醇工艺与联醇法工艺除外）	2602090101		
277	GHW/GHF	丁醇	2602090104		
278	GHW/GHF	甲基丙烯醇（叔丁醇/异丁烯氧化加氢（氧化）法工艺除外）	2602090199		
279	GHF	季戊四醇	2602090302		
280	GHF	苯酚	2602110101		

序号	特性	产品		行业	
		产品名称	产品代码	行业名称	行业代码
281	GHF	壬基酚	2602110108	有机化学原料制造	2614
282	GHF	支链-4-壬基酚	2602110108		
283	GHW/GHF	间苯二酚（间苯二胺水解法工艺除外）	2602110201		
284	GHW/GHF	对苯二酚（苯酚羟基化法工艺除外）	2602110202		
285	GHW	对氨基苯酚	2602120203		
286	GHF	4-硝基苯酚	2602120301		
287	GHW/GHF	苯硫酚（氯苯法工艺除外）	260212xx		
288	GHF	过氧乙酸	2602130399		
289	GHW	醋酸仲丁酯（烯烃合成工艺除外）	2602130499		
290	GHF	氯乙酸（醋酐连续法工艺除外）	2602130501		
291	GHW/GHF	二氯乙酸	2602130502		
292	GHF	三氯乙酸	2602130503		
293	GHW	丙酸（微生物发酵法工艺除外）	2602130601		
294	GHW/GHF	丙二酸二乙酯	2602130603		
295	GHW/GHF	三丁基锡甲基丙烯酸	26021311		
296	GHF	丙烯酸正丁酯	2602131103		
297	GHW/GHF	甲基丙烯酸甲酯（异丁烯法工艺除外）	2602131203		
298	GHW	甲基丙烯酸丁酯（连续化酯交换工艺除外）	2602131203		
299	GHW/GHF	三丁基锡亚油酸	26021314		
300	GHW/GHF	苯甲酸（熔融结晶法工艺除外）	2602131601		
301	GHW/GHF	三丁基锡苯甲酸	2602131699		
302	GHW/GHF	对羟基苯乙酸（苯酚乙醛酸工艺除外）	26021318		
303	GHW/GHF	三丁基锡环烷酸	2602133099		
304	GHW/GHF	4-氨基联苯	260214xx		
305	GHW/GHF	2,4-二氨基甲苯	260214xx		
306	GHF	甲胺	2602140101		
307	GHF	二甲胺	2602140102		
308	GHF	三甲胺	2602140103		
309	GHF	二乙胺	2602140105		

序号	特性	产品		行业	
		产品名称	产品代码	行业名称	行业代码
310	GHW/GHF	环三次甲基三硝铵	2602140399	有机化学原料制造	2614
311	GHW/GHF	环四亚甲基四硝胺	2602140399		
312	GHF	二环己胺	2602140399		
313	GHF	苯胺	2602140401		
314	GHF	2-氯苯胺	2602140403		
315	GHF	4-氯苯胺	2602140403		
316	GHF	3,4-二氯苯胺	2602140403		
317	GHF	4,4`-亚甲基双苯胺	2602140408		
318	GHW/GHF	对氨基二苯胺（硝基苯法工艺除外）	2602140408		
319	GHW/GHF	2-萘胺	2602140411		
320	GHW/GHF	N-苯基-β-萘胺	2602140413		
321	GHW	3,3’-二氯联苯胺（加氢还原法工艺除外）	2602140422		
322	GHW	3,3’-二氯联苯胺盐酸盐（DCB）（加氢还原法工艺除 外）	2602140499		
323	GHW	乙酰乙酰类芳胺（以乙醇替代水做反应介质工艺除外）	2602140499		
324	GHF	2-甲基苯胺	2602140499		
325	GHF	3-甲基苯胺	2602140499		
326	GHF	4-甲基苯胺	2602140499		
327	GHF	2-硝基苯胺	2602140499		
328	GHF	3-硝基苯胺	2602140499		
329	GHF	4-硝基苯胺	2602140499		
330	GHF	1,2-苯二胺	2602140501		
331	GHW	间苯二胺（催化加氢还原法工艺除外）	2602140502		
332	GHW	对苯二胺（乌尔丝 D）（对硝基苯胺催化加氢还原法工艺除外）	2602140503		
333	GHW	2-氨基-4-乙酰氨基苯甲醚（催化加氢还原法工艺除外）	2602140599		
334	GHF	丙酮氰醇	2602140799		
335	GHF	丙二腈	2602140799		
336	GHF	偶氮二异丁腈	2602140799		
337	GHF	乙腈	2602140799		

序号	特性	产品		行业	
		产品名称	产品代码	行业名称	行业代码
338	GHW	水合肼	2602140999	有机化学原料制造	2614
339	GHF	甲基肼	2602140999		
340	GHF	偏二甲基肼	2602140999		
341	GHF	二氯甲基醚	2602160100		
342	GHW/GHF	烷（壬）基酚聚氧乙烯醚（APEO）	2602169900		
343	GHW/GHF	苯甲醚	2602169900		
344	GHF	甲醛	2602200100		
345	GHW/GHF	乙醛	2602200200		
346	GHW/GHF	丙烯醛	2602201100		
347	GHF	丁烯醛	2602201200		
348	GHW	糠醛（两步法工艺除外）	2602209900		
349	GHF	双乙烯酮	2602251400		
350	GHW	2,4-二氯苯乙酮（苯定向氯化-吸附分离法工艺除外）	2602252600		
351	GHF	一氯丙酮	2602259900		
352	GHF	对苯醌	2602270200		
353	GHW/GHF	硝化甘油	260228xx		
354	GHW/GHF	三乙基砷酸酯	260228xx		
355	GHW/GHF	内吸磷	2602280299		
356	GHF	硫酸二甲酯	2602280302		
357	GHW/GHF	4-二甲氨基偶氮苯-4’-胂酸	260307xx		
358	GHW/GHF	二甲胂酸	260307xx		
359	GHW/GHF	二甲基胂酸钠	260307xx		
360	GHW/GHF	4-氨基苯胂酸钠	260307xx		
361	GHW/GHF	二氯化苯胂	260307xx		
362	GHW/GHF	蒽醌-1-胂酸	260307xx		
363	GHW/GHF	乙酰亚砷酸铜	260307xx		
364	GHW/GHF	二苯（基）胺氯胂	260307xx		
365	GHW/GHF	3-硝基-4-羟基苯胂酸	260307xx		
366	GHW/GHF	乙基二氯胂	260307xx		
367	GHW/GHF	二苯（基）氯胂	260307xx		
368	GHW/GHF	甲（基）胂酸	260307xx		
369	GHW/GHF	丙（基）胂酸	260307xx		
370	GHW/GHF	二碘化苯胂	260307xx		
371	GHW/GHF	苯胂酸	260307xx		
372	GHW/GHF	2-硝基苯胂酸	260307xx		

序号	特性	产品		行业	
		产品名称	产品代码	行业名称	行业代码
373	GHW/GHF	3-硝基苯胂酸	260307xx	有机化学原料制造	2614
374	GHW/GHF	4-硝基苯胂酸	260307xx		
375	GHW/GHF	2-氨基苯胂酸	260307xx		
376	GHW/GHF	3-氨基苯胂酸	260307xx		
377	GHW/GHF	4-氨基苯胂酸	260307xx		
378	GHF	甲硫醇	260307xx		
379	GHW/GHF	2-氯乙烯基二氯胂	2603070107		
380	GHW/GHF	二（2-氯乙烯基）氯胂	2606010201		
381	GHW/GHF	三（2-氯乙烯基）胂	2606010201		
382	GHW/GHF	联苯胺	2606010201		
383	GHW	顺酐（马来酸酐）（正丁烷氧化法工艺除外）	2610020300		
384	GHW	脂肪叔胺（脂肪醇法工艺除外）	2614020506		
385	GHF	丙烯酰胺	261510xx		
386	GHW/GHF	聚氨基甲酸乙酯（无汞催化剂生产工艺除外）	2619020201		
387	GHW/GHF	甘氨酸（天然气羟基乙腈工艺除外）	2701060206		
388	GHW/GHF	四甲基铅	2701180212		
389	GHW/GHF	四乙基铅			
390	GHW/GHF	四溴双酚 A			
391	GHW/GHF	噻吩（萃取精馏法工艺除外）			
392	GHW/GHF	三氯吡啶酚钠（三氯吡啶醇钠）（吡啶双定向氯化合成法工艺除外）			
393	GHW	稀土氧化物（非皂化或氧化镁（钙）皂化萃取分离工艺、钠皂化萃取分离工艺、模糊萃取/联动萃取分离工艺、无氨氮沉淀结晶工艺除外）	2601089900	其他基础化学原料制造、稀土金属冶炼	2619 3232
394	GHW/GHF	2-萘酚	2602110111	化学农药制造	2631
395	GHF	灭线磷	2606010101		
396	GHF	甲基硫环磷	2606010101		
397	GHW/GHF	甲拌磷	2606010101		
398	GHW/GHF	水胺硫磷	2606010101		
399	GHW/GHF	甲基异柳磷	2606010101		
400	GHW/GHF	特丁磷	2606010101		

序号	特性	产品		行业	
		产品名称	产品代码	行业名称	行业代码
401	GHW/GHF	甲胺磷	2606010101	化学农药制造	2631
402	GHW/GHF	甲基对硫磷	2606010101		
403	GHW/GHF	对硫磷	2606010101		
404	GHW/GHF	久效磷	2606010101		
405	GHF	磷胺	2606010101		
406	GHW/GHF	喹硫磷	2606010101		
407	GHW/GHF	治螟磷	2606010101		
408	GHF	敌敌畏	2606010101		
409	GHF	蝇毒磷	2606010101		
410	GHF	苯线磷	2606010101		
411	GHW/GHF	毒死蜱（四氯吡啶法工艺除外）	2606010101		
412	GHF	氧乐果（氧化乐果）	2606010101		
413	GHF	硫线磷（克线丹）	2606010101		
414	GHW/GHF	三唑磷	2606010101		
415	GHW/GHF	敌百虫	2606010101		
416	GHF	杀扑磷	2606010101		
417	GHF	混灭威	2606010102		
418	GHW/GHF	涕灭威	2606010102		
419	GHW/GHF	灭多威	2606010102		
420	GHW/GHF	林丹	2606010104		
421	GHW/GHF	滴滴涕	2606010104		
422	GHW/GHF	硫丹	2606010104		
423	GHF	溴甲烷	2606010105		
424	GHF	磷化铝	2606010105		
425	GHF	灭蚁灵	2606010199		
426	GHW	阿维菌素	2606010199		
427	GHW/GHF	吡虫啉（吗啉-正丙醛工艺除外）	2606010199		
428	GHW/GHF	福美胂	2606010201		
429	GHW	多硫化钡	2606010206		
430	GHW/GHF	甲草胺（甲叉法工艺除外）	2606010302		
431	GHW	乙草胺（甲叉法工艺除外）	2606010302		
432	GHW/GHF	丁草胺（甲叉法工艺除外）	2606010302		
433	GHW/GHF	莠去津	2606010307		
434	GHF	西玛津	2606010307		
435	GHW/GHF	苄嘧磺隆	2606010309		

序号	特性	产品		行业	
		产品名称	产品代码	行业名称	行业代码
436	GHF	氯磺隆	2606010309	化学农药制造	2631
.437	GHF	丁酰肼	2606010400	化学农药制造	2631
438	GHF	磷化钙	2606010500	化学农药制造	2631
439	GHW/GHF	磷化锌	2606010500	化学农药制造	2631
440	GHF	灭鼠灵	2606010500	化学农药制造	2631
441	GHW/GHF	杀鼠醚	2606010500	化学农药制造	2631
442	GHF	溴敌隆	2606010500	化学农药制造	2631
443	GHW/GHF	溴鼠灵	2606010500	化学农药制造	2631
444	GHW/GHF	敌鼠（钠）	2606010500	化学农药制造	2631
445	GHW/GHF	五氯酚（钠）	2606019900	化学农药制造	2631
446	GHW/GHF	含汞农药	2606019900	化学农药制造	2631
447	GHF	10%草甘膦水剂	2606020000	化学农药制造	2631
448	GHW	18%杀虫双水剂	2606020000	化学农药制造	2631
449	GHW	石硫合剂	2606020000	化学农药制造	2631
450	GHW/GHF	对氯苯乙酸	2606020000	化学农药制造	2631
451	GHW/GHF	含铅、铬的阴极电泳涂料	2608010106 2608010107	涂料制造	2641
452	GHW	溶剂型汽车涂料（高固体分含量的溶剂 型汽车涂料除外）	26080201	涂料制造	2641
453	GHW	高 VOC 低固体分含量木器家具涂料	26080202	涂料制造	2641
454	GHW/GHF	含高毒性 VOC、超低固体分的硝基木器涂料	2608020204	涂料制造	2641
455	GHW	高 VOC 低固体分含量船舶涂料	26080206	涂料制造	2641
456	GHW/GHF	酸催化高含量三聚氰胺－甲醛树脂的木材涂料	2608020299	涂料制造	2641
457	GHW/GHF	含高 VOC 皮革、织物等用的硝基涂料	2608020504	涂料制造	2641
458	GHW/GHF	挥发性过氯乙烯涂料	2608020705	涂料制造	2641
459	GHW/GHF	高 VOC 氯磺化聚乙烯防腐涂料（CSPE）	2608020706	涂料制造	2641
460	GHW/GHF	含十溴二苯醚的防火涂料	2608030100	涂料制造	2641
461	GHW/GHF	含四溴二苯酚 A 的防火涂料	2608030100	涂料制造	2641
462	GHW/GHF	含六溴环十二烷的防火涂料	2608030100	涂料制造	2641
463	GHW/GHF	含八溴醚的防火涂料	2608030100	涂料制造	2641
464	GHW	松香铅皂	2608040100	涂料制造	2641

序号	特性	产品		行业	
		产品名称	产品代码	行业名称	行业代码
465	GHF	脱漆剂	2608040400	涂料制造	2641
466	GHW/GHF	含乙二醇醚及醚酯的聚酯树脂涂料	2608xxxx		
467	GHW/GHF	含乙二醇醚及醚酯的丙烯酸酯树脂涂料	2608xxxx		
468	GHW/GHF	含乙二醇醚及醚酯的聚氨酯树脂涂料	2608xxxx		
469	GHW/GHF	含乙二醇醚及醚酯的环氧树脂涂料	2608xxxx		
470	GHW/GHF	含有机锡防污涂料	2608xxxx		
471	GHW/GHF	含氧化亚铜防污涂料	2608xxxx		
472	GHW/GHF	VOC 含量超 75%的硝基纤维素涂料	2608xxxx		
473	GHW/GHF	VOC 含量超 75%的热塑性丙烯酸涂料	2608xxxx		
474	GHW/GHF	VOC 含量超 75%的氯化树脂涂料	2608xxxx		
475	GHW/GHF	以 PFOA 为助剂的不粘锅氟树脂涂料	2608xxxx		
476	GHW/GHF	以 PFOA 为助剂的厨具用防粘氟树脂涂料	2608xxxx		
477	GHW/GHF	以 PFOA 为助剂的食品机械防粘氟树脂涂料	2608xxxx		
478	GHW/GHF	含邻苯二甲酸酯的玩具涂料	2608xxxx		
479	GHW/GHF	高含量高羟甲基三聚氰胺一甲醛树脂交联的涂料	2608xxxx		
480	GHW	高 VOC 低固体分含量钢结构涂料	2608xxxx		
481	GHW	高VOC低固体分含量玩具涂料	2608xxxx		
482	GHW/GHF	聚乙烯醇缩甲醛树脂的腻子与涂料	2608xxxx		
483	GHW/GHF	水包油型多彩内墙涂料	2608xxxx		
484	GHW/GHF	含放射性物质的荧光涂料	2608xxxx		
485	GHF	含异氰脲酸三缩水甘油酯的粉末涂料	2608xxxx		
486	GHW/GHF	高 VOC 塑料制品用的热塑性涂料	2608xxxx		
487	GHW/GHF	含 DDT 的船底防污涂料	2608xxxx		

序号	特性	产品		行业	
		产品名称	产品代码	行业名称	行业代码
488	GHW/GHF	含汞油漆	2608xxxx	涂料制造	2641
489	GHW/GHF	用于食品包装、饮用水贮罐的含邻苯二甲酸酯增塑剂的涂料	2608xxxx		
490	GHW/GHF	高 VOC（≥50 g/L）低固体分含量 UV 固化涂料	2608xxxx		
491	GHW/GHF	含沥青的船底防污涂料	2608xxxx		
492	GHW/GHF	含苯乙烯的不饱和聚酯涂料	2608xxxx		
493	GHF	油墨（无苯柔凹油墨、水性液体油墨、胶印油墨、能量固化油墨除外）	2609010205	油墨及类似产品制造	2642
494	GHW	钛白粉（氯化法和联产法硫酸法工艺除外）	2610010100	颜料制造	2643
495	GHW/GHF	立德粉	2610010600		
496	GHW/GHF	铅铬黄	2610010900		
497	GHW/GHF	铁蓝	2610011300		
498	GHW	碱式碳酸铅白	2610019900		
499	GHW	镉黄（CdS）	2610019900		
500	GHW/GHF	钼铬红	2610019900		
501	GHW	镉红（nCdS、CdSe）	2610019900		
502	GHF	朱砂	26100302		
503	GHW/GHF	C.I.分散黄 7	26110102	染料制造	2644
504	GHW/GHF	C.I.分散黄 23	26110102		
505	GHW/GHF	C.I.分散黄 56	26110102		
506	GHW/GHF	C.I.分散橙 76	26110102		
507	GHW/GHF	C.I.酸性橙 45	26110103		
508	GHW/GHF	C.I.酸性红 4	26110103		
509	GHW/GHF	C.I.酸性红 5	26110103		
510	GHW/GHF	C.I.酸性红 24	26110103		
511	GHW/GHF	C.I.酸性红 26	26110103		
512	GHW/GHF	C.I.酸性红 26：1	26110103		
513	GHW/GHF	C.I.酸性红 73	26110103		
514	GHW/GHF	C.I.酸性红 85	26110103		
515	GHW/GHF	C.I.酸性红 114	26110103		
516	GHW/GHF	C.I.酸性红 115	26110103		
517	GHW/GHF	C.I.酸性红 116	26110103		
518	GHW/GHF	C.I.酸性红 128	26110103		
519	GHW/GHF	C.I.酸性红 148	26110103		

序号	特性	产品		行业	
		产品名称	产品代码	行业名称	行业代码
520	GHW/GHF	C.I.酸性红 150	26110103	染料制造	2644
521	GHW/GHF	C.I.酸性红 158	26110103		
522	GHW/GHF	C.I.酸性红 264	26110103		
523	GHW/GHF	C.I.酸性红 265	26110103		
524	GHW/GHF	C.I.酸性紫 12	26110103		
525	GHW/GHF	C.I.酸性紫 49	26110103		
526	GHW/GHF	C.I.酸性黑 29	26110103		
527	GHW/GHF	C.I.酸性黑 94	26110103		
528	GHW/GHF	C.I.酸性黑 132	26110103		
529	GHW/GHF	C.I.酸性黑 232	26110103		
530-552	GHW	C.I.酸性黄 42 等 23 种偶氮型酸性染料 3（原浆喷雾干燥工艺除外）（注 2）	26110103		
553-588	GHW	C.I.酸性黄 220 等 36 种金属络合型酸性染料 4（原浆喷雾干燥工艺除外）（注 3）	26110103		
589-608	GHW	C.I.酸性蓝 324 等 20 种蒽醌型酸性染料 5（原浆喷雾干燥工艺除外）（注 4）	26110103		
609	GHW/GHF	C.I.直接黄 24	26110105		
610	GHW/GHF	C.I.直接黄 48	26110105		
611	GHW/GHF	C.I.直接红 1	26110105		
612	GHW/GHF	C.I.直接红 2	26110105		
613	GHW/GHF	C.I.直接红 13	26110105		
614	GHW/GHF	C.I.直接红 26	26110105		
615	GHW/GHF	C.I.直接红 28	26110105		
616	GHW/GHF	C.I.直接红 44	26110105		
617	GHW/GHF	C.I 直接红 46	26110105		
618	GHW/GHF	C.I.直接紫 1	26110105		
619	GHW/GHF	C.I.直接紫 12	26110105		
620	GHW/GHF	C.I.直接绿 1	26110105		
621	GHW/GHF	C.I.直接绿 6	26110105		
622	GHW/GHF	C.I.直接绿 85	26110105		
623	GHW/GHF	C.I.直接蓝 1	26110105		
624	GHW/GHF	C.I.直接蓝 2	26110105		
625	GHW/GHF	C.I.直接蓝 6	26110105		
626	GHW/GHF	C.I 直接蓝 8	26110105		
627	GHW/GHF	C.I.直接蓝 9	26110105		

序号	特性	产品		行业	
		产品名称	产品代码	行业名称	行业代码
628	GHW/GHF	C.I.直接蓝 14	26110105	染料制造	2644
629	GHW/GHF	C.I.直接蓝 15	26110105		
630	GHW/GHF	C.I.直接蓝 22	26110105		
631	GHW/GHF	C.I.直接蓝 76	26110105		
632	GHW/GHF	C.I.直接蓝 151	26110105		
633	GHW/GHF	C.I.直接蓝 201	26110105		
634	GHW/GHF	C.I.直接棕 1	26110105		
635	GHW/GHF	C.I.直接棕 2	26110105		
636	GHW/GHF	C.I.直接棕 12	26110105		
637	GHW/GHF	C.I.直接棕 6	26110105		
638	GHW/GHF	C.I.直接棕 25	26110105		
639	GHW/GHF	C.I.直接棕 27	26110105		
640	GHW/GHF	C.I 直接棕 31	26110105		
641	GHW/GHF	C.I 直接棕 33	26110105		
642	GHW/GHF	C.I 直接棕 51	26110105		
643	GHW/GHF	C.I 直接棕 59	26110105		
644	GHW/GHF	C.I.直接棕 74	26110105		
645	GHW/GHF	C.I.直接棕 79	26110105		
646	GHW/GHF	C.I.直接棕 95	26110105		
647	GHW/GHF	C.I.直接棕 101	26110105		
648	GHW/GHF	C.I.直接棕 154	26110105		
649	GHW/GHF	C.I.直接棕 222	26110105		
650	GHW/GHF	C.I.直接棕 223	26110105		
651	GHW/GHF	C.I.直接黑 38	26110105		
652	GHW/GHF	C.I.直接黑 91	26110105		
653	GHW/GHF	C.I.直接黑 154	26110105		
654-692	GHW	C.I.活性红 24 等 39 种活性染料（原浆喷雾干燥工艺除外）（注 5）	26110106		
693-697	GHW	C.I.活性黄 1 C.I.活性黄 4 C.I.活性橙 1 C.I.活性红 2 C.I 活性蓝 4	26110106		
698	GHW/GHF	C.I.冰染色基 11	26110107		
699	GHW/GHF	C.I.冰染色基 48	26110107		
700	GHW/GHF	C.I.冰染色基 112	26110107		
701	GHW/GHF	C.I.冰染色基 113	26110107		

序号	特性	产品		行业	
		产品名称	产品代码	行业名称	行业代码
702	GHW	还原靛蓝（苯胺基乙腈法工艺除外）	2611010801	染料制造	2644
703	GHW/GHF	C.I.溶剂红 23	2611019900		
704	GHW/GHF	C.I.溶剂红 24	2611019900		
705	GHW/GHF	C.I.溶剂黄 72	2611019900		
706	GHW/GHF	C.I.溶剂红 1	2611019900		
707	GHW/GHF	氯化橡胶树脂	2613010299	初级形态塑料及合成树脂制造	2651
708	GHW/GHF	ABS 树脂（连续本体聚合法除外）	2613010302		
709	GHW/GHF	聚氯乙烯（PVC）	2613010401		
710	GHW/GHF	聚四氟乙烯涂层不粘材料（PFOA 替代助剂除外）	2613010406		
711	GHW	初级形状的环氧树脂（溴重量≥18%）（一步法脱盐工艺除外；二步法添加工艺除外）	26130108		
712	GHW	初级形状的环氧树脂（溴重量＜18%）（一步法脱盐工艺除外；二步法添加工艺除外）	26130108		
713	GHW/GHF	聚碳酸酯（非光气法和连续式、无静态光气留存的光气法工艺除外）	2613010900		
714	GHW/GHF	氯化橡胶	26130206	合成橡胶制造	2652
715	GHW	精对苯二甲酸（PTA）	2613030100	合成纤维单（聚合）体制造	2653
716	GHW/GHF	丙烯腈	2613030300		
717	GHW	己内酰胺	2613030400		
718	GHW	羧甲基纤维素（基于溶媒法的微波辅助法工艺除外）	2613039900		
719	GHW	聚乙烯醇（石油乙烯法工艺除外；天然气乙炔法工艺除外）	2613040200	合成纤维单（聚合）体制造	2653
720	GHW	以环氧树脂为基本成分的粘合剂	2613070102	其他合成材料制造	2659
721	GHW/GHF	聚丙烯酸酯类胶粘剂	2613070104		
722	GHW	双组份溶剂型聚氨酯类胶黏剂	2613070105		
723	GHW/GHF	脲醛胶	2613070106		
724	GHW/GHF	酚醛胶	2613070106		
725	GHW/GHF	三聚氰胺甲醛胶（密胺甲醛树脂、密胺树脂）	2613070106		

序号	特性	产品		行业	
		产品名称	产品代码	行业名称	行业代码
726	GHW/GHF	溶剂型氯丁橡胶胶粘剂	2613070107	其他合成材料制造	2659
727	GHW/GHF	氯化汞触媒	2614020514	化学试剂和助剂制造	2661
728	GHW/GHF	橡胶促进剂 M、2-巯基苯并噻唑、促进剂 MBT、作快热粉	2614030100		
729	GHW/GHF	N-环已基-2-苯骈噻唑次磺酰胺	2614030100		
730	GHW/GHF	N,N-二环己基-2-苯并噻唑次磺酰胺	2614030100		
731	GHW/GHF	N-氧二乙撑基-2-苯骈噻唑次磺酰胺	2614030100		
732	GHF	橡胶防老剂 RD、2,2,4-三甲基-1,2-二氢化喹啉聚合体、防老剂 TMQ、抗氧剂 RD、防老剂 224	2614030200		
733	GHF	橡胶防老剂 4020	2614030200		
734	GHF	橡胶防老剂 4010 NA	2614030200		
735	GHW/GHF	以铅化合物为基本成分的抗震剂	2615020201		
736	GHW	冷轧钢板表面钝化含铬处理剂	2615070201		
737	GHW	镀锌钢板表面钝化含铬处理剂	2615070201		
738	GHW	ADC 发泡剂			
739	GHW	木炭	2616080101	林产化学产品制造	2663
740	GHW	石油磺酸盐（气体三氧化硫磺化法生产工艺除外）	2622030101 2622030104 2622030105	肥皂及合成洗涤剂制造	2681
741	GHW	脂肪醇醚硫酸钠（气体三氧化硫硫酸化生产工艺除外）	2622030103		
742	GHW	脂肪醇硫酸钠（气体三氧化硫硫酸化生产工艺除外）	2622030199		
743	GHW	β-苯乙醇（2-苯基乙醇）（双氧水法工艺除外）	2602100202	香料、香精制造	2684
744	GHW/GHF	香兰素	2625030300		
745	GHW	乳酸乙酯（2-羟基丙酸乙酯）（乙醇脱水连续工艺除外）	2625031100		

序号	特性	产品		行业	
		产品名称	产品代码	行业名称	行业代码
746	GHW/GHF	含汞消毒剂（杀菌剂、防腐剂、生物杀灭剂）	2606020000	化学药品原料药制造	2710
747	GHF/GHW	阿莫西林（酶转化工艺除外）	2701010108		
748	GHW	6-氨基青霉烷酸（6-APA）（酶裂解法工艺除外）	2701010109		
749	GHW	卡那霉素	2701010203		
750	GHW	盐酸土霉素	2701010305		
751	GHW	氯霉素	2701010401		
752	GHW	7-氨基头孢烷酸（7-ACA）（生物酶法工艺除外）	2701010601		
753	GHW	甲哌利福平霉素（利福平）	2701010799		
754	GHW	林可霉素	2701010801		
755	GHF	环丙沙星	2701019900		
756	GHW	对乙酰氨基苯乙醚（醋酰氧乙苯胺、非那西丁）	2701019900		
757	GHW	盐酸小檗碱（盐酸黄连素）（化学合成法工艺除外）	2701019900		
758	GHW	泛昔洛韦中间体酰化物（无钠硼氢工艺除外）	2701019900		
759	GHW	氨基比林（加氢还原工艺除外）	2701030404		
760	GHW	扑热息痛	2701030502		
761	GHW	磺胺嘧啶（SD）（乙烯基乙醚法工艺除外）	2701030601		
762	GHF/GHW	维生素 B_1（丙烯腈-甲酰氨甲基嘧啶工艺除外）	2701040201		
763	GHW	维生素 B_2（BS 菌生产工艺除外）	2701040202		
764	GHF	二甲基甲酰胺	2701060202		
765	GHW	咖啡因	2701060301		
766	GHW	薯蓣皂素	2701080299		
767	GHW	黄姜皂素（酒精浸取法除外）	2701080299		
768	GHW	叶酸（蝶酰谷氨酸）（零排放法连续技术除外）	2701139900		
769-778	GHW	中药橡胶膏剂（热压法工艺除外）（注 6）	270407xx	化学药品制剂制造	2720
779	GHW	复方斑蝥胶囊	2704093400		
780	GHW/GHF	银汞齐齿科材料	2708020102	卫生材料及医药用品制造	2770

序号	特性	产品		行业	
		产品名称	产品代码	行业名称	行业代码
781	GHW	腈纶	280303xx	腈纶纤维制造	2823
782	GHW	氨纶（采用 DMAC 溶剂连续聚合干法纺丝的工艺除外）	280307xx	氨纶纤维制造	2826
783	GHW	PVC 人造革	3001080101	塑料人造革、合成革制造	2925
784	GHW	水泥产品	310102xx	水泥制造	3011
785	GHW	土窑石灰	310201xx	石灰和石膏制造	3012
786	GHW	支护混凝土（地下矿山湿式喷射混凝土工艺除外）	3103010000	砼结构构件制造	3022
787	GHW	实心砖	3106010101	粘土砖瓦及建筑砌块制造	3031
788	GHW	平板玻璃（浮法工艺除外）	3111010300	平板玻璃制造	3041
789	GHW	玻璃纤维（池窑拉丝工艺除外）	3117xxxx	玻璃纤维及制品制造	3061
790	GHW/GHF	镁铬砖	3129010202	耐火陶瓷制品及其他耐火材料制造	3089
791	GHW	金属锰	3209020108	铁合金冶炼	3150
792	GHW	金属硅	3209020111		
793	GHW	金属铬	3209020405		
794	GHW	铜	331103xx	铜冶炼	3211
795	GHW/GHF	铅	331202xx	铅锌冶炼	3212
796	GHW	（不规范回收）再生铅	3312020200		
797	GHW	锌（富氧常压直接浸出炼锌工艺除外）	3312030000		
798	GHW	镍	3313040100	镍钴冶炼	3213
799	GHW	金属锑	3315010200	锑冶炼	3215
800	GHW	氧化铝（拜耳法工艺除外）	3316020202	铝冶炼	3216
801	GHW	电解铝	331603xx	铝冶炼	3216
802	GHW	镁	3317010000	镁冶炼	3217
803	GHW	金（重选法提金工艺除外）	33310102	金冶炼	3221
804	GHW	钼铁（钼精矿无碳焙烧工艺除外）	3332010299	钨钼冶炼	3231
805	GHW/GHF	含汞锌粉	3338020200	其他有色金属压延加工	3269
806	GHW	彩钢板及其制品（连续辊涂-印刷工艺除外）	3105030306	金属结构制造	3311
807	GHW/GHF	充汞式玻璃体温计	3646010101	医疗诊断、监护及	3581

序号	特性	产品		行业	
		产品名称	产品代码	行业名称	行业代码
808	GHW/GHF	充汞式血压计	3646010401	治疗设备制造	3581
809	GHW/GHF	含汞开关和继电器	390804xx	其他输配电及控制设备制造	3829
810	GHW	氧化汞原电池及电池组、锌汞电池	391301xx	其他电池制造	3849
811	GHW	含汞圆柱型碱锰电池	3913010101		
812	GHW/GHF	含汞量高于 0.0005%的纸板锌锰电池	3913010101		
813	GHW/GHF	含汞量高于 0.01%的糊式锌锰电池	3913010101		
814	GHW/GHF	含汞量高于 0.0005%的锌-氧气银电池	3913010201		
815	GHW/GHF	含汞量高于 0.0005%的锌-空气电池	39130103		
816	GHW/GHF	含汞量高于 0.0005%的扣式碱性锌锰电池	3913020100		
817	GHW	极板含镉类铅酸蓄电池	39130301		
818	GHW	开口式普通铅酸蓄电池	39130301		
819	GHW	管式铅蓄电池（灌浆或挤膏工艺除外）	3913030199		
820	GHW	镉镍电池	3913030201		
821	GHW	铅酸蓄电池零部件	3913060301		
822	GHW	灌粉式管式极板（灌浆或挤膏工艺除外）	3913069900		
823	GHW/GHF	含汞浆层纸	3913069900		
824	GHW/GHF	紧凑型荧光灯（功率≤30W）(低汞生产工艺除外)	392302xx	电光源制造	3871
825	GHW/GHF	高压汞灯	39230501		
826	GHW/GHF	电路板	4021xxxx	印制电路板制造	3972
827	GHW/GHF	含汞高温计	41020101	绘图、计算及测量仪器制造	4013
828	GHW/GHF	含汞非医用温度计	41020101		
829	GHW/GHF	含汞压力表	4102020301		
830	GHW/GHF	含汞流量计	41020301		
831	GHW/GHF	含汞干湿计/湿度表	4105091100	实验分析仪器制造	4014
832	GHW/GHF	含汞晴雨表	411101xx	导航、气象及海洋专用仪器制造	4023
833	GHW/GHF	氰化镀锌产品			

序号	特性	产品		行业	
		产品名称	产品代码	行业名称	行业代码
834	GHW/GHF	氰化物镀铜产品			
835	GHW	镀铬相关产品（三价铬镀铬工艺除外）			

注：

1. 小品种氨基酸是指亮氨酸、异亮氨酸、缬氨酸、色氨酸、蛋氨酸、精氨 酸、胱氨酸、苯丙氨酸等。

2. 具体包括：C.I.酸性黄 42、C.I.酸性黄 61、C.I.酸性黄 117、C.I.酸性橙 67、C.I.酸性橙 95、C.I.酸性橙 116、C.I.酸性红 d 111、C.I.酸性红 114：2、C.I.酸性红 138、C.I.酸性红 151、C.I.酸性红 154、C.I.酸性红 249、C.I.酸性红 299、C.I.酸 性红 374、C.I.酸性红 RN、C.I.酸性黑 210、C.I.酸性红 FGS、C.I.酸性紫 54、C.I. 酸性蓝 113、C.I.酸性蓝 260、C.I.酸性蓝 A-G、C.I.酸性红 131、C.I.酸性红 246。

3. 具体包括：C.I.酸性黄 220、C.I.酸性黄 116、C.I.酸性黄 79、C.I.酸性黄 128、C.I.酸性黄 151、C.I.酸性黄 232、C.I.酸性橙 88、C.I.酸性红 213、C.I.酸性 棕 21、C.I.酸性棕 28、C.I.酸性紫 68、C.I.酸性黑 60、C.I.酸性黄 127、C.I.酸性 橙 154、C.I.酸性红 279、C.I.酸性红 315、C.I.酸性红 359、C.I.酸性红 405、C.I. 酸性蓝 317、C.I.酸性棕 282、C.I.酸性棕 283、C.I.酸性黑 107、C.I.酸性黑 168、C.I.酸性黑 188、C.I.酸性黄 158：1、C.I.酸性黄 194、C.I.酸性红 362、C.I.酸性紫 90、C.I.酸性蓝 185、C.I.酸性蓝 193、C.I.酸性棕 355、C.I.酸性黑 52、C.I.酸性 黑 172、C.I.酸性黑 194、C.I.酸性黑 220、C.I.酸性黑 B。

4. 具体包括：C.I.酸性蓝 324、C.I.酸性黄 17、C.I.酸性黄 23、C.I.酸性黄 25、C.I.酸性黄 49、C.I.酸性黄 199、C.I.酸性黄 219、C.I.酸性橙 3、C.I.酸性橙 156、C.I.酸性红 37、C.I.酸性红 57、C.I.酸性红 88、C.I.酸性红 266、C.I.酸性红 337、C.I.酸性红 361、C.I.酸性蓝 25、C.I.酸性蓝 40、C.I.酸性蓝 41、C.I.酸性蓝 62、C.I.酸性蓝 182。

5. 具体包括：C.I. 活性红 24、C.I. 活性黄 3、C.I. 活性黄 18、C.I. 活性黄 42、C.I. 活性黄 81、C.I. 活性黄 84、C.I. 活性黄 104、C.I. 活性黄 145、C.I. 活 性黄 160、C.I. 活性黄 176、C.I. 活性橙 16、C.I. 活性橙 84、C.I. 活性橙 107、C.I. 活性橙 122、C.I. 活性红 21、C.I. 活性红 120、C.I. 活性红 121、C.I. 活性 红 141、C.I. 活性红 194、C.I. 活性红 195、C.I. 活性红 198、C.I. 活性红 198-1、C.I. 活性红 223、C.I. 活性红 239、C.I. 活性红 250、C.I. 活性红 261、C.I. 活性 紫 45、C.I. 活性蓝 14、C.I. 活性蓝 19、C.I. 活性蓝 21、C.I. 活性蓝 49、C.I. 活 性蓝 170、C.I. 活性蓝 171、C.I. 活性蓝 194、C.I. 活性蓝 203、C.I. 活性蓝 222、C.I. 活性蓝 222、C.I. 活性黑 5、C.I. 活性黑 8。

6. 具体包括：代温灸膏、伤疖膏、伤湿止痛膏、关节止痛膏、安阳精制膏、复方牵正膏、活血止痛膏、跌打镇痛膏、麝香跌打风湿膏、麝香镇痛膏。

附：

《高污染、高环境风险产品名录（2015 年版）（征求意见稿）》中部分产品的“除外工艺”说明

附

《高污染、高环境风险产品名录（2015年版）（征求意见稿）》中部分产品的“除外工艺”[1]说明

序号	产品名称（对应序号[2]）	除外工艺		
		名称	污染物排放情况	认定特征
1	瓦斯天然气（1）	富瓦斯矿井瓦斯抽采工艺	减少瓦斯排放，有效的利用瓦斯资源	有效利用且减排外排瓦斯
2	淀粉糖（5）	双酶法工艺	使用酶制剂液化糖化； 吨产品：产生废水 3～4 t，COD 2.5～3.5 g/L，BOD 1.2～1.5 g/L，氨氮 0.03～0.08 g/L，pH 6～6.5；产品收率高、纯 度高，设备酸腐蚀小	不使用酸
3	味精（6）	浓缩等电工艺	吨产品：排放废水 8～10 t，COD 1～1.5 g/L，氨氮 0.35～0.5 g/L，易于治理	不使用离子交换工艺
4	小品种氨基酸（7-14）	发酵法工艺	使用不同微生物菌种发酵； 吨产品：产生废水 12～15 t，COD 5～8 g/L，氨氮 1～1.5 g/L，pH 4.5～6.0；产品纯度高，废物可综合利用，废水排放量少	使用微生物菌种，不使用毛发和酸

[1] 除外工艺是指，《高污染、高环境风险产品名录（2015年版）》中部分高污染、高环境风险产品的生产工艺中，对环境危害小的工艺。

[2] 对应序号是指，该产品在《高污染、高环境风险产品名录（2015 年版）》中的序号。

序号	产品名称（对应序号[2]）	除外工艺		
		名称	污染物排放情况	认定特征
5	柠檬酸（枸橼酸）（15）	发酵法加色谱分离法	吨产品：耗水约 16 t，废气和固体废物产生量少	不使用石灰石、氧化钙等中和原料
6	赖氨酸(16)	98% 和 70% 赖氨酸产品联产工艺	无固体废渣，无高浓度废水排放，资源综合利用率高	98%和 70%赖氨酸产品联产
7	衣康酸（17）	二次浓缩结晶工艺	吨产品：无废母液产生，COD 2000mg/L；废水治理相对较为容易，环境风险较小	二次浓缩结晶
8	成品皮革（43）	环保型固定皮革涂饰层工艺	使用水性皮革涂层固定剂，完全消除使用甲醛在生产和使用过程中可能造成的危害	不使用甲醛
		非致害性染料染色工艺	产品中不含致害性偶氮染料	不使用致害性芳香胺
9	溶剂型涂料涂装的木质家具（47）	高流量低压（HVLP）喷漆工艺	涂料利用率达 80%～90%，减少涂料浪费 20 万～30 万 t	使用高流量低压喷漆设备
10	沥青（51）	焦油蒸馏采用常压、减压或常减压连续蒸馏工艺	大大减少沥青烟及苯并芘排放量	焦油连续蒸馏
11	烧碱（58）	离子膜电解法	原料：不使用石棉隔膜，不产生废石棉，高纯电解液可作为产品直接销售	以离子膜电解槽工艺生产烧碱
		用于废盐综合利用的隔膜法烧碱工艺及装置	与副产大量高盐废水的有机氯产品联产，盐或高盐废水经处理达到配卤指标要求后，回用于隔膜电解槽，生产烧碱	与副产大量高盐废水的有机氯产品联产；10 万吨/年隔膜烧碱装置年所需折百氯化钠为 15 万吨，其中 60%来自于废盐水，可年处理 90 万吨含氯化钠 10%的化工含盐废水

序号	产品名称（对应序号[2]）	除外工艺		
		名称	污染物排放情况	认定特征
12	二硫化碳（75）	天然气加压非催化法	SO_2排放大幅度减少	不使用木炭
		焦炭流化床连续法	吨产品：SO_2 1.54 kg、H_2S 0.025 kg	使用流化床设备，连续生产
13	氢氧化镁（78）	卤水-烧碱法	吨产品：产生5t左右的废水，1000Nm^{3}左右的废气和0.2t左右的废渣	原料为卤水，生产过程中不消耗燃煤，且产生的废气和废渣量较少
14	氢氧化钡（79）	硫化钡氧化法（锰钡结合工艺）	吨产品：SO_2 排放降至 3.12 kg、烟尘降至 0.84 kg	用低品位软锰矿（$MnO_2 \leq 20\%$）处理所产生的SO_2
15	氧化锌（80）	氨浸法直接法工艺	SO_2的排放量、含氨废水的浓度均大幅降低，并循环利用	不使用含锌矿物或冶金回收的富锌灰、硫酸
		天然气间接法工艺	吨产品：不排放废水，生产吨产品排放 SO_2 0.06kg、NO_x 0.28kg、烟尘1.4g、氧化锌粉尘 5g	原料为金属锌（锌锭或热镀锌渣），燃料为天然气
16	硫化钠（硫化碱）（85）	转炉焙烧—热化塔溶浸—列管或薄膜蒸发	吨产品：废水循环回用；碱渣 0.35 t，含硫化钠 1.5 %；废气有组织排放，易治理	采用转炉、热化塔、列管（或薄膜）蒸发器等设备
17	硫酸钡（87）	沉淀硫酸钡资源化综合利用工艺	吨产品：SO_2 排放浓度降至 0.6 g/m3 以下	用低品位软锰矿（$MnO_2 < 20\%$）处理所产生的SO_2
18	硫酸锰（89）	新型立窑碳还原焙烧连续法	吨产品：产生废水 3 t、COD 0.4 kg、烟尘 3.8 kg、二氧化硫 1.6 kg、含锰废渣 0.8 t；排放烟尘 0.14 g/m^3、SO_2 0.8 kg	连续生产
19	高锰酸钾（104）	气动流化塔氧化法	吨产品：不产生含锰废渣，无锰尘、无烟尘、无碱雾污染	加压密闭式、连续式生产

序号	产品名称（对应序号[2]）	除外工艺		
		名称	污染物排放情况	认定特征
20	氟化铝（136）	无水工艺	HF、SO_2气体回用，不外排	不使用液态氢氟酸
21	人造冰晶石（六氟铝酸钠）（141）	利用磷肥副产氟硅酸钠或电解铝电解质块生产高分子比冰晶石工艺	使用磷肥副产的氟硅酸钠或电解铝电解质块为原料；吨产品：排放 HF 0.5～0.8 g，不排放含氟废水、SO_2	使用氟硅酸钠或电解铝电解质块
22	氯化钡（142）	毒重石-盐酸法	吨产品：排放废水 0.8 t；排放废气 600 m^3；排放含钡废渣（HW47）0.4t	使用毒晶石为原料，无焙烧还原工艺
23	硅酸钠（183）	纯碱法工艺	吨产品：排放废水 0.2 t；SO_2 4 kg	使用纯碱
24	碳酸锂(192)	盐湖卤水法	吨产品：产生 0.8t 的盐类副产物	原料为盐湖卤水，不产生废水、废气；生产成本低
25	硅胶（196）	强制循环水洗硅胶生产工艺	耗水量和酸性废水排放量降低 95 %以上	耗水量小，基本不外排酸性污水
26	保险粉（连二亚硫酸钠）（197）	新甲酸钠法	吨产品：不产生氢氧化锌污泥，产生精馏残液 0.1～0.2m^3，甲酸钠和冷凝水全部回用于生产	不使用锌粉，不使用二氧化硫甲醇溶液
27	环氧丙烷（225）	直接氧化法	吨产品：产生废水 2 t，不含有害物质；没有废气和废渣	不使用氯气、石灰乳
28	环氧氯丙烷（226）	甘油法	吨产品：排放含盐废水 1t，废水中盐含量 25%，回收氯化钠后仅排放 0.75t 废水，易于治理和综合利用	生产使用甘油、氯化氢、烧碱等原料
29	氯化苯（255）	干法脱氯化氢法	原料使用高纯度的石油苯，产品中不含邻二甲苯等污染物不使用水洗碱洗，仅有系统干燥排出的废水，吨产品废水排放约 0.006t，排出的废水经共沸回收，循环用于真空泵 介质，基本不对外排放	生产过程中使用石油苯、氯气等原料
30	对二氯苯（256）			

序号	产品名称（对应序号[2]）	除外工艺		
		名称	污染物排放情况	认定特征
31	间二氯苯（257）	苯定向氯化-吸附分离法	吨产品：污染物数量比重污染工艺减少 95%以上，达标排放的治理费用降低 90%	不使用硝酸、硫酸
32	1,2,3-三氯苯（259）	干法脱氯化氢法	原料使用高纯度石油苯，产品中不含邻二甲苯等污染物。不使用水洗碱洗，仅有系统干燥排出的废水，吨产品废水排放约 0.006t，排出的废水经共沸回收，循环用于真空泵介质，基本不对外排放	生产过程中使用石油苯、氯气等原料
33	1,2,4-三氯苯（260）			
34	甲醇（276）	天然气制甲醇工艺	吨产品：排放废水≤$8m^3$、COD≤120mg/L、氨氮≤50 mg/L	使用天然气作原料
		焦炉煤气制甲醇工艺	吨产品：排放废水≤$8m^3$、COD≤120 mg/L、氨氮≤50mg/L	使用焦炉煤气作原料
		联醇法	吨产品：排放废水≤$10m^3$、COD≤70 mg/L、氨氮≤40mg/L	与合成氨联产甲醇
35	甲基丙烯醇（278）	叔丁醇／异丁烯氧化加氢（氧化）法	原料：不使用有毒原料； 吨产品：副产物通过焚烧和生化处理均可转换为 CO_2 和水；废催化剂可回收利用，污染排放小	不使用氯气作原料
36	间苯二酚（283）	间苯二胺水解法	吨产品：产生废水 4.6 t；废气 100 Nm^3；废渣 1.8 t	使用硫酸、硝酸作为水解条件，污染小
37	对苯二酚（284）	苯酚羟基化法	吨产品：仅产生 0.1t 左右的废渣，不到苯胺法的 1%；仅产生 4t 左右的废水，废水中 COD_{Cr} 含量不到苯胺法的 14%	不使用二氧化锰（软锰矿）、铁粉、硫酸以及苯胺等原料
38	苯硫酚（287）	氯苯法	吨产品：产生废水 2t，其中氯化钠浓度为 10%～20%，酚类物质 2.15 mg/L，氯苯 7.23 mg/L，H_2S 浓度 0.1%，游离酸浓度 1.08%	不使用氯磺酸，废水中酸性较弱

序号	产品名称（对应序号[2]）	除外工艺		
		名称	污染物排放情况	认定特征
39	醋酸仲丁酯（289）	烯烃合成工艺	吨产品：不外排废水；估算达标治理成本 50～60 元	无碱洗、水洗过程
40	氯乙酸（290）	醋酐连续法	吨产品：基本不产生废母液（吨产品不超过 2%），产生醋酸 5kg，氯乙酸 2～5kg，不产生二氯乙酸和剧毒物乙酰氯。如全行业采用该工艺，每年可少减排氯乙酸 0.5 万 t、二氯乙酸 1.2 万 t、醋酸 0.6 万 t，氯乙酰 0.3 万	连续生产；产生废母液量极少（吨产品不超过 2%）
41	丙酸（293）	微生物发酵法	吨产品：排放废水 2t，废水中 COD 浓度 0.1g/L；不产生有害气体	生产过程中存在生物发酵
42	甲基丙烯酸甲酯（298）	异丁烯法工艺	不使用剧毒和强酸原料；三废排放量少，易治理	不使用氢氰酸和硫酸
43	甲基丙烯酸丁酯（298）	连续化酯交换工艺	吨产品：无废水、废气；高聚物废渣 0.05～0.1kg	使用甲基丙烯酸甲酯、正丁醇；连续化生产
44	苯甲酸（300）	熔融结晶法	生产时不需要加入其他溶剂，采用直接熔融工艺，熔融热远小于精馏时的汽化热；连续式生产，污染物产生量少	生产时不需要加入其他溶剂，连续式生产
45	对羟基苯乙酸（302）	苯酚乙醛酸工艺	生产过程不使用浓硫酸和亚硝酸钠，不排放硫酸废水和亚硝酸盐废水，基本无废气产生，相比传统对氨基苯乙酸工艺　吨产品废水减排 2.7t 废水、0.3t 废渣，三废排量显著降低	不使用浓硫酸和亚硝酸钠，不排放硫酸废水和亚硝酸盐废水
46	对氨基二苯胺（318）	硝基苯法	吨产品：排放废水 0.2t，废气 60Nm^3，废渣 0.2t；排放三废的毒性明显下降	使用液碱皂化萃取剂
47	3,3’-二氯联苯胺（321）	加氢还原法	吨产品：产生 14%废氢氧化钠碱液 300kg，废盐酸和硫	不使用氧化锌、水合肼

序号	产品名称（对应序号[2]）	除外工艺		
		名称	污染物排放情况	认定特征
48	3,3'-二氯联苯胺盐酸盐（DCB）（322）	加氢还原法	酸废水 1.8t；不产生废活性炭渣等固体废弃物	不使用氧化锌、水合肼
49	乙酰乙酰类芳胺（323）	以乙醇替代水做反应介质工艺	使用乙醇作为介质； 无废水排放；乙醇回收利用；产品收率 97%	使用乙醇
50	间苯二胺（331）	催化加氢还原工艺	吨产品：产生废水 0.5t，不产生固体废物铁泥；产品收率 97%以上	不使用铁粉
51	对苯二胺（乌尔丝 D）（332）	对硝基苯胺催化加氢还原工艺	吨产品：产生废水 0.36t，不产生废渣；产品收率可达到 97.5%以上	不使用硫化碱
52	2-氨基-4-乙酰氨基苯甲醚（333）	催化加氢还原工艺	吨产品：产生废水 2t，不产生固体废物铁泥；产品收率提高到 98%以上	不使用铁粉
53	糠醛（348）	两步法工艺	吨产品：排放废水 12t，COD7g/L，糠醛 0.2g/L；排放废渣 8t	分离玉米芯中的纤维素和半纤维素
54	2,4-二氯苯乙酮（350）	苯定向氯化-吸附分离法	吨产品：污染物数量比重污染工艺减少 90%以上，达标排放的治理费用降低 87%	不使用硝酸、硫酸
55	顺酐（马来酸酐）（383）	正丁烷氧化法	仅排放少量正丁烷、乙酸和顺酸等有机物	不使用苯
56	脂肪叔胺（384）	脂肪醇法工艺	吨产品：产生废水 0.09t，废水中 COD 降至 1～2g/L	以脂肪醇为原料，常压低温反应
57	聚氨基甲酸乙酯（386）	无汞催化剂生产工艺	产品中不含汞	不使用含汞催化剂，产品中不含汞
58	甘氨酸（387）	天然气羟基乙腈工艺	吨产品：排放少量废水，废水中 COD 浓度 2g/L，废水中不含氯化铵和乌洛托品	使用天然气作主要原料

序号	产品名称（对应序号[2]）	除外工艺		
		名称	污染物排放情况	认定特征
59	噻吩（391）	萃取精馏法	污染物产生量少，且较易处理，危害程度不高	采用萃取精馏等分离过程
60	三氯吡啶酚钠（三氯吡啶醇钠）（392）	吡啶双定向氯化合成法	无废液、固废排放，水循环利用	不使用三氯乙酰氯、丙烯腈
61	稀土氧化物（393）	钠皂化萃取分离工艺	产生钠盐废水，不产生氨氮废水	使用液碱皂化萃取剂
		非皂化或氧化镁（钙）皂化萃取分离工艺	产生低盐度钙镁盐废水，可回收利用制备高附加值产品，不产生氨氮废水	采用非皂化萃取分离或钙镁皂化方式。
		模糊萃取/联动萃取分离工艺	吨产品：降低废水中氨氮和盐排放 30%～50%	对分离流程中不同工艺段的负载有机相进行适当连通和复式使用
		无氨氮沉淀结晶工艺	产生草酸废水或钠盐废水，不产生氨氮废水	不使用碳酸氢铵作为沉淀剂，不产生氨氮废水
62	毒死蜱（411）	四氯吡啶法	吨产品：排放废水 3.2t，易于处理	不使用三氯乙酰氯、丙烯腈
63	吡虫啉（427）	吗啉-正丙醛工艺	不使用丙烯醛、丙烯腈，反应条件温和，生产过程无高温高压，可实现连续化生产，主要副产物实现了综合利用；吨产品：废渣产生量为 0.30～0.40t，达标排放治理费用低	不使用丙烯醛、丙烯腈

序号	产品名称（对应序号[2]）	除外工艺		
		名称	污染物排放情况	认定特征
64	甲草胺（430）	甲叉法	能耗低，污水产生量小，无强碱废水产生，副产物为高浓度氯化铵，易回收利用；产品质量好	使用 2-甲基-6-乙基苯胺和氯乙酰氯为原料
65	乙草胺（431）	甲叉法	吨产品：产生废水 0.182t，且来源于洗涤用水，易处理且成本低	不使用强酸强碱和三氯化磷
66	丁草胺（432）	甲叉法	能耗低，污水产生量小，无强碱废水产生，副产物为高浓度氯化铵，易回收利用；产品质量好	使用 2-甲基-6-乙基苯胺和氯乙酰氯为原料
67	溶剂型汽车涂料（452）	高固体分含量的溶剂型汽车涂料	涂装过程释放低水平的 VOC 还可以经过富集回收或焚烧处理，每平米 VOC 排放量可以达到 20g 以下（旧线改造不高于 35g）	采用高施工固体分涂料，施工前无需稀释，高固体分含量定义为中涂施工固体份高于 65%，单色漆施工固体份高于 60%，闪光漆施工固体份高于 45%，清漆施工固体份需高于 55%
68	油墨（493）	水性液体油墨	使用水作溶剂，大幅减少有机溶剂使用，外排含苯溶剂少	油墨中构成 VOCs（醇和醇醚类等）含量≤30%其余挥发性溶剂为水
		无苯柔凹油墨	主要使用醇类、酯类等溶剂（不在国家大气污染物监管范围，见 GB 14554—1993 和 GB 16297—1996），不使用苯类溶剂，外排含苯溶剂少	油墨中溶剂含量≤75%，主要为醇类、酯类溶剂
		胶印油墨	使用沸点更高的矿物油和植物油为溶剂，不使用煤沥青等有害物质，外排含苯溶剂少	油墨中构成 VOCs 含量低于 25%，主要为矿物油和植物油
		能量固化油墨	使用活性单体替代常规溶剂，不使用苯类溶剂，外排含苯类溶剂少	油墨中 VOCs 含量低于 2%，这种油墨起溶剂作用的活性单体将在印刷时发生光聚合反应，不挥发
69	钛白粉（494）	氯化法	吨产品：熔盐氯化工艺产生废气 1500Nm^3、废渣 0.49～0.67t；沸腾氯化工艺产生废气 870Nm^3、废渣 0.22～0.45t	采用熔盐氯化或沸腾床氯化生产四氯化钛
		联产法硫酸法	七水硫酸亚铁、浓度为 20%左右的水解废酸零排放，钛石膏综合利用率＞50%，废水、废气全部达标排放	钛白粉与硫酸联产（附近有制造硫酸装置的除外），与七水硫酸亚铁、钛石膏的深加工产品联产
70	C.I.酸性黄 42 等偶氮型酸性染料（530-552）	原浆喷雾干燥工艺	直接干燥，不需盐析或经膜处理，不产生含盐工艺废水	不使用氯化钠

序号	产品名称（对应序号[2]）	除外工艺		
		名称	污染物排放情况	认定特征
71	C.I.酸性黄 220 等金属络合型酸性染料（553-588）	原浆喷雾干燥工艺	直接干燥，不需盐析或经膜处理，不产生含盐工艺废水	不使用氯化钠
72	C.I.酸性蓝 324 等蒽醌型酸性染料（589-608）	原浆喷雾干燥工艺	直接干燥，不需盐析或经膜处理，不产生含盐工艺废水	不使用氯化钠
73	C.I.活性红 24 等 39 种活性染料（654-692）	原浆喷雾干燥工艺	直接干燥，不需盐析或经膜处理，不产生含盐工艺废水	不使用氯化钠
74	还原靛蓝（702）	苯胺基乙腈法	主要原料系石化工业副产物的综合利用； 吨产品：产生含碱废水 50～70t，经处理后套用；废气中 NH_3 回收利用；不产生固废铁泥	不使用氯乙酸、硫酸亚铁
75	ABS 树脂（708）	连续本体聚合法	吨产品：不产生废水，产生废气 130 Nm^3	反应体系密闭且连续，苯乙烯和丙烯腈循环利用，基本不产生废水
76	聚四氟乙烯涂层不粘材料（710）	PFOA 替代助剂	无致癌性和致突变性，安全、稳定，较难被人体吸收，产物在水中自行分散，是全氟辛酸铵助剂（PFOA）良好的替代品	生产过程中不使用全氟辛酸铵
77	初级形状的环氧树脂（711、712）	一步法脱盐工艺、二步法添加工艺	配建脱盐提纯装置； 吨产品：使用有机溶剂低于 10kg，排放废水小于 2t，COD 小于 0.8g/L，废水易于生化处理	有脱盐提纯装置，盐回收大于 260kg/吨产品
78	聚碳酸酯（713）	非光气法	吨产品：产生废水 1.1t，易处理	不使用光气、二氯甲烷，产生 CO_2 或乙二醇
		连续式、无静态光气留存的光气法工艺	含盐废水中的污染物（包括苯酚和二氯甲烷）能通过常规工艺技术（汽提和吸附）有效脱除，废水可循环利用从而实现氯循环	采用光气安全技术能做到光气风险可控，二氯甲烷作为溶剂在封闭系统中循环使用

序号	产品名称（对应序号[2]）	除外工艺		
		名称	污染物排放情况	认定特征
79	羧甲基纤维素（718）	基于溶媒法的微波辅助法	吨产品：排放废水 2t、COD 5g/L；副产氢氧化钠浓度 8g/L，氯乙酸浓度 2g/L	原料处理过程中使用微波辅助处理工艺，大幅减少污染物产生
80	聚乙烯醇（719）	石油乙烯法	原料：采用乙烯为原料； 吨产品：无电石废渣和废水排出，能源消耗小，污染物产生量少且较易处理，危害程度较低	使用乙烯作原料
		天然气乙炔法	原料：采用天然气、乙炔为原料； 吨产品：污染物产生量、排放量与天然气乙烯法相当，无电石废渣	使用天然气、乙炔作原料
81	石油磺酸盐（740）	气体三氧化硫磺化法生产工艺	生产连续化，人工成本大幅降低，实现了废气零排放，无废酸生成	使用气体三氧化硫作磺化剂，无废水废气排放
82	脂肪醇醚硫酸钠(741)	气体三氧化硫硫酸化生产工艺	生产连续化，人工成本大幅降低，实现了废气零排放	使用三氧化硫为硫酸化剂，无废气排放
83	脂肪醇硫酸钠（742）	气体三氧化硫硫酸化生产工艺除外	生产连续化，人工成本大幅降低，实现了废气零排放，无废酸生成	使用气体三氧化硫作磺化剂，无废水废气排放
84	β-苯乙醇（2-苯基乙醇）（743）	双氧水法	使用双氧水做氧化剂； 废水含硫酸钠 10%，提取芒硝后循环使用，废水零排放	使用双氧水，无工艺废水外排

序号	产品名称（对应序号[2]）	除外工艺		
		名称	污染物排放情况	认定特征
85	乳酸乙酯（2-羟基丙酸乙酯）（745）	乙醇脱水连续工艺	不使用苯； 吨产品：消耗乙醇 0.45t；废水中 COD 为 0.16g/L	不使用苯，酯化、浓缩和精馏过程均为连续生产
86	阿莫西林（747）	酶转化工艺	不使用二氯甲烷、三乙胺、特戊酰氯等有毒有害有机溶剂； 吨产品：三废排放量降低 50%以上；不产生和排放二氯甲烷	不使用二氯甲烷、三乙胺、特戊酰氯等有机溶剂
87	6-氨基青霉烷酸（6-APA）（748）	酶裂解法	使用的有机物减少 65%，COD、氨氮分别下降 43%、9.1%，不排放含磷污染物	使用的有机物少，使用硼酸、高纯盐酸和离子膜液碱
88	7-氨基头孢烷酸（7-ACA）（752）	生物酶法	吨产品：相比重污染工艺，COD 减少 50%，氨氮减少 80%	不使用三甲基氯硅烷、N,N-二甲基苯胺、二氯甲烷、五氯化磷、乙二醇
89	盐酸小檗碱（盐酸黄连素）（757）	化学合成法	吨产品：三废产生量较少，易处理	不使用黄柏树皮
90	泛昔洛韦中间体酰化物（758）	无钠硼氢工艺	无高压高温反应工段，产品收率高； 吨产品：废水产生量小，其中无磷酸盐废水排放，少产生含氯化钠废水 5.48t，不产生含硼酸盐废水	生产过程中不使用钠硼氢，基本不产生难处理废水
91	氨基比林（759）	加氢还原工艺	吨产品：物耗减少 38%；COD 产生量降低 50%以上、氨氮降低 70%以上、总盐分降低 40%；能耗降低 38%以上	利用 AA（氨基安替比林）结晶进行加氢还原
92	磺胺嘧啶（SD）（761）	乙烯基乙醚法	生产中产生电石渣、废活性炭、氯化氢气体，但数量不大、易综合利用	不使用乙炔酮、甲醛、二乙胺、二氧化锰
93	维生素 B1（762）	丙烯腈-甲酰氨甲基嘧啶工艺	原料：不使用硫酸二甲酯、发烟硫酸等剧毒或高污染原料； 吨产品：原料消耗降低 30%，水污染物产生量降低约 50%，污染治理成本减少约 60%	不使用硫酸二甲酯、发烟硫酸等原料

序号	产品名称（对应序号[2]）	除外工艺		
		名称	污染物排放情况	认定特征
94	维生素 B_2（763）	BS 菌生产工艺	原料：工艺流程短，吨产品原辅料减少 56.1%； 吨产品：发酵单位比 EA 菌发酵法提高了 4 倍、减少电耗 88.23%、减少煤耗 92.39%、减少新水耗用量 88.21%、减少 COD 产生量 89.29%、收率提高了 5%	减少有毒化学品的使用，能耗物耗降低，节能减排
95	黄姜皂素（767）	酒精浸取法	吨产品：用水量≤50t，有机溶剂消耗＜1t，不使用强碱；基本不产生废渣与废水	闭环式提取，残渣用于酒精生产和有机复合肥生产
96	叶酸（蝶酰谷氨酸）（768）	零排放法连续技术	无废水排放	母液均被处理利用
97	中药橡胶膏剂（769-778）	热压法	不使用有机溶剂，涂胶后无烘干环节，工艺简便、节约能源	不使用有机溶剂
98	氨纶（782）	DMAC 溶剂连续聚合干法纺丝工艺	使用 DMAC 溶剂； 吨产品：污染物产生量减少 50%～90%，污染物排放量减少 40%～90%，单位产品能耗降低 50%	使用 DMAC 溶剂
99	支护混凝土（786）	地下矿山湿式喷射混凝土工艺	产生的粉尘浓度低，对工人健康的危害小；生产率、回弹度高；水灰比易于控制，混凝土强度高	使用湿式喷射混凝土机
100	平板玻璃（788）	浮法	使用天然气等清洁燃料； 吨产品：排放 SO_2、NO_x、烟尘比重污染工艺减少 50%	使用天然气等清洁燃料；使用锡液槽和过渡辊台等设备
101	玻璃纤维（789）	池窑拉丝工艺	使用叶腊石、硼钙石等原料； 吨产品：废水不含不饱和聚酯树脂、石油醚、机械润滑油等，易治理	使用叶腊石、硼钙石，在池窑中熔融
102	锌（797）	富氧常压直接浸出炼锌工艺	SO_2 产生量少	冶炼厂无需建设焙烧车间和硫酸厂

序号	产品名称（对应序号 2）	除外工艺		
		名称	污染物排放情况	认定特征
103	氧化铝（800）	拜耳法工艺	使用烧碱溶液处理矿石； 吨产品：产生废水 0.5t、COD 0.05kg、总磷 9.6kg、废气 2200Nm^3，工业粉尘 51kg	使用烧碱溶液，使用反应釜设备
104	金（803）	重选法提金工艺	不使用任何药剂，无环境污染	不使用汞
105	钼铁（804）	钼精矿无碳焙烧工艺	吨产品：精矿（品位 45%）氧化焙烧工序产生约 820kgSO_2，浓度为 3%左右	无需外加热源，使用空气为焙烧反应提供氧化剂
106	彩钢板及其制品（806）	连续辊涂-印刷工艺	金属板辊涂印刷后进入固化炉固化，产生废气，经二次燃烧，热能再利用，排放 VOC 浓度低；使用无铬钝化，不水洗	废气密闭回收后经焚烧，热能得到再次利用；采用无铬钝化；无钝化、磷化废水产生
107	管式铅蓄电池（819）	灌浆或挤膏工艺	铅尘排放大幅度减少	采用灌浆或挤膏设备，湿式作业
108	灌粉式管式极板（铅蓄电池零件）（822）			
109	紧凑型荧光灯（功率≤30W）（824）	低汞生产工艺	减少汞消耗 19.74t/a	汞含量≤0.8mg/支
110	镀铬相关产品（835）	三价铬镀铬工艺	吨产品：几乎不产生废气、废渣，废水中的主要污染物是三价铬，较易处理	使用以三价铬为主要成分的电镀液

二、环境保护重点设备名录（2015 年版）

（一）环境监测设备

序号	设备名称	性能参数	应用领域
1	在线固定污染源排放烟气连续监测仪	符合《固定污染源烟气排放连续监测系统技术要求及检测方法（试行）》（HJ/T76—2007）要求。含尘量测量范围 0～200～2000mg/m^3；精度±2%；气体污染物测量范围 SO_2/NO_x0～250～2500mg/m^3；CO0～500～5000mg/m^3；气体污染物测量精度±1%满量程；流速测量范围 0～35m/s；流速测量精度±0.2m/s；温度 0～200℃，精度±1℃；湿度 0～20%，精度±2%满量程	大气污染源监测
2	化学需氧量水质在线自动监测仪	铬法：符合《环境保护产品技术要求　化学需氧量（COD_{Cr}）水质在线自动检测仪》（HJ/T377—2007）要求。测量时间小于 60min，最小量程范围 0～2000mg/L，重复性小于±10%，零点漂移±5%，量程漂移±10% 锰法：符合《高锰酸钾指数水质自动分析仪技术要求》（HJ/T 100—2003）标准的要求。测量时间小于 60min，最小量程范围 0～20mg/L，重复性小于±10%，零点漂移±5%，量程漂移±5%	水质污染监测
3	氨氮水质自动分析仪	符合《氨氮水质自动分析仪技术要求》（HJ/T 101—2003）要求。测量时间小于 60min 电极法：最小量程范围 0.05～100mg/L、重复性小于±5%，零点漂移±5%，量程漂移±5% 光度法：最小量程范围 0.05～50mg/L，重复性小于±10%，零点漂移±10%，量程漂移±10%	水质污染监测
4	总磷水质自动分析仪	符合《总磷水质自动分析仪技术要求（HJ/T 103—2003）要求。测量时间小于 60min，最小量程范围 0～50mg/L、重复性小于±10%，零点漂移±5%，量程漂移±10%	水质污染监测
5	总氮水质自动分析仪	符合《总氮水质自动分析仪技术要求》（HJ/T 102—2003）要求。测量时间小于 60min，最小量程范围 0～100mg/L、重复性小于±10%，零点漂移±5%，量程漂移±10%	水质污染监测
6	总有机碳水质自动分析仪	符合《总有机碳（TOC）水质自动分析仪技术要求》（HJ/T 104—2003）要求。测量时间小于 60min，最小量程范围 0～100mg/L、重复性小于±5%，零点漂移±5%，量程漂移±5%，实际废水比对试验小于±10%	水质污染监测

序号	设备名称	性能参数	应用领域
7	重金属水质自动分析仪（汞、铬、镉、铅和类金属砷）	六价铬水质监测设备符合《六价铬水质自动在线监测仪技术要求（HJ/T 609—2011）要求。重复性小于±10%，零点漂移±5%，量程漂移±10%	水质污染监测
8	五参数水质在线监测仪	符合《pH水质自动分析仪技术要求》（HJ/T 96—2003）、《电导率水质自动分析仪技术要求》（HJ/T 97—2003）、《浊度水质自动分析仪技术要求》（HJ/T 98—2003）、《溶解氧水质自动分析仪技术要求（HJ/T 99—2003）要求。水温测定范围0～60℃，测量误差±0.5℃；pH测定范围0.00～14.00、响应时间≤0.5min、漂移±0.1pH；溶解氧测定范围0.00～20.00mg/L、响应时间2min以内、重复性±0.3mg/L、零点漂移±0.3mg/L、量程漂移±0.3mg/L；电导率测定范围0～500mS/cm、响应时间≤0.5min、漂移±1%；浊度重复性±5%、零点漂移±3%、量程漂移±5%	水质污染监测
9	污水流量计	超声波明渠污水流量计符合《超声波明渠污水流量计》（HJ/T 15—2007）要求。二次仪表基本误差≤1%；绝缘电阻≥20MΩ；绝缘强度≥1500kV；液位测量误差≤3mm；流量测量误差≤5%；计时误差≤5min/30d；平均无故障运行时间≥200d 电磁管道流量计符合《环境保护产品技术要求电磁管道流量计》（HJ/T 367—2007）要求。流量计的基本误差符合HJ/T 367；流量计经连续30天稳定性试验，零点漂移应不超过基本误差限绝对值的1/3	水质污染监测
10	水质自动采样器	符合《水质自动采样器技术要求及检测方法》（HJ/T 372—2007）要求。采样量误差±10%，等比例采样量误±15%，机箱内温度控制误差±2℃	水质污染监测
11	污染源在线自动监控数据采集传输仪	符合《污染源在线自动监控（监测）数据采集传输仪技术要求》（HJ 477—2009）要求。数据采集误差≤1‰，系统时钟计时误差±0.5‰，至少存储144000条记录，平均无故障连续运行时间在1440h以上，绝缘阻抗20MΩ	水质污染监测、大气污染监测
12	污染源过程监控系统	数据采集误差≤1‰，系统时钟计时误差±0.1‰，绝缘阻抗≥20MΩ，至少存储144000条记录，平均无故障连续运行时间在1440h以上	水质污染监测、大气污染监测
13	饮食业油烟在线自动监 测仪	零点漂移：1h 零点漂移不超过±0.5mg/m^3 准确度：与参比方法测定结果平均值的相对误差应不超过±20% 线性误差：≤10% 绝缘阻抗：≥20MΩ	餐饮业油烟污染监测

（二）大气污染防治设备

序号	设备名称		关键设备	性能参数	应用领域
1	脱硫设备	石灰石—石膏法脱硫成套设备	烟气挡板、增压风机、吸收塔(内含喷淋设备和浆液搅拌器)、除雾器、循环泵、氧化风机、吸收剂球磨设备、石膏旋流器、真空脱水皮带机、集散控制设备、石膏输送机等	脱硫效率≥97.5%，钙硫比<1.03，脱硫装置电耗<1.5%，石膏中 $CaSO_4 \cdot 2H_2O$ 含量≥90%、含水率<10%	适用于 200MW 及以上各种容量燃煤发电机组和烧结机等工业烟气脱硫
2		海水法脱硫成套设备	烟气挡板、增压风机、气气热交换器（GGH）、吸收塔、海水增压泵、曝气风机和集散控制设备等	脱硫效率≥95%，脱硫海水混合曝气后 pH≥6.8	适用于我国东、南部沿海海水扩散条件良好的地区，燃用含硫量小于 1%的煤种及 200MW 及以上新建燃煤发电机组
3		氨法脱硫成套设备	脱硫塔、氨罐、循环槽、结晶槽、料液槽、增压风机、氧化风机、结晶泵、料液泵、喷雾泵、旋液分离器、离心机、干燥机、离心过滤机和集散控制设备等	脱硫效率≥97.5%，氨逃逸浓度低于 10mg/m^3	适用于有稳定氨资源地区 300MW 及以下燃煤发电机组和烧结机、工业锅炉窑炉等烟气脱硫也适用于石油炼制行业催化裂化装置的烟气脱硫
4		循环流化床法脱硫成套设备	生石灰消化器、烟气挡板、引风机、吸收塔（包含喷嘴等设备）、密封风机、灰斗、再循环斜槽、除湿机、塔底灰输送风机、仓泵、给料机、皮带称重机、空气压缩机、干燥机、水泵、冷冻干燥器、和集散控制设备等	脱硫效率≥90%，钙硫比≤1.2，脱硫塔阻力<1500Pa	适用于干旱缺水地区 600MW 及以下燃煤发电机组和烧结机等工业烟气脱硫

序号	设备名称		关键设备	性能参数	应用领域
5	脱硝设备	选择性催化还原（SCR）脱硝成套设备	SCR 反应器、压缩空气储罐、储氨罐、卸料压缩机、液氨蒸发器、水喷淋降温装置、氨喷射格栅、喷嘴、稀释风机、引风机、空气压缩机和集散控制设备等	脱硝效率＞80%，系统氨逃逸质量浓度控制在 2.5mg/m³ 以下，SO_2 转化率＜1%	适用于燃煤发电机组及水泥工业等烟气脱硝也适用于平板玻璃、石油炼制行业催化裂化装置的烟气脱硝
6		选择性非催化还原（SNCR）脱硝成套设备	还原剂储罐、空气压缩机、混合器、水泵、循环泵、多层还原剂喷入装置和控制设备等	脱硝效率为 40%～60%，氨逃逸率＜8ppm	适用于燃煤发电机组辅助脱硝、平板玻璃及水泥工业等烟气脱硝
7	除尘设备	电除尘器	阴、阳极系统、振打装置、外壳结构件、进出口封头、气流分布装置、高压电源、低压系统和集控系统、湿式电除尘喷淋系统及防腐装置、移动电极移动阳极系统及刷灰装置、粉尘凝聚装置等	除尘效率≥99.8%以上，设备阻力＜300Pa，本体漏风率＜2%，烟尘排放浓度低于 20mg/m³	适用于1000MW及以下燃煤发电机组烟气粉尘治理以及钢铁、有色金属、冶金、建材、化工等多个行业的工业除尘
8		电袋复合除尘器	阴、阳极系统、振打装置、外壳结构件、进出口封头、气流分布装置、高压电源、低压系统和集控系统、花板、滤袋、喷吹系统等	除尘效率达 99.8%，设备阻力＜ 1000Pa，过滤速度≥ 1.2m/min，滤袋寿命≥3 年，烟尘排放浓度低于 20mg/m³	适用于 600MW 及以下燃煤发电机组烟气粉尘治理以及钢铁、有色金属、冶金、建材、垃圾焚烧、化工等多个行业的工业除尘
9		袋式除尘器	外壳结构件、进出口封头、气流分布装置、低压系统和集控系统、花板、滤袋、喷吹系统等	烟尘捕集效率≥99.8%，设备阻力＜ 1200Pa，过滤速度≥ 1.0m/min，滤袋寿命≥3 年，烟尘排放浓度低于 20mg/m³	适用于 600MW 及以下燃煤发电机组烟气粉尘治理以及钢铁、有色金属、冶金、建材、垃圾焚烧、化工等多个行业的工业除尘

序号	设备名称		关键设备	性能参数	应用领域
10	VOCs 治理设备	VOCs 吸附回收装置	废气预处理设备；颗粒活性炭吸附设备、活性炭纤维吸附设备、分子筛吸附设备、树脂吸附设备	净化率超过 90%（提供环保设备监测报告）	适用于喷涂、石油、化工、包装印刷、油气回收、涂布、制革等行业
11		VOCs 吸附浓缩-燃烧装置	废气预处理设备、吸附浓缩-催化燃烧设备、吸附浓缩-热力燃烧设备	吸附净化效率超过 90%，燃烧净化效率超过 95%，同时达到环保排放标准要求（提供环保设备监测报告）	适用于喷涂（集装箱、家具、汽车、机械设备制造、家电、造船等）包装印刷、化工、电子、制药等
12		VOCs 燃烧装置	废气预处理设备、催化燃烧设备、热力燃烧设备	燃烧净化效率超过 95%，达到环保排放标准要求（提供环保设备监测报告）	适用于石油、化工、喷涂、电线电缆、制药等
13		VOCs 低温等离子体净化装置	废气预处理设备、低温等离子体处理设备	VOCs 净化效率超过 70%，恶臭异味和 VOCs 排放浓度达到环保标准要求（提供环保设备监测报告）	适用于污水废气处理、生物发酵、化工、喷涂、制药、农药、纺织印染等
14		VOCs 生物净化系统	废气预处理设备、生物降解设备	生物降解净化效率超过 85%，恶臭异味和 VOCs 排放浓度达到环保要求（提供环保设备检测报告）	适用于市政污水处理系统、工业企业废水处理站、生活垃圾处理废气治理以及其它低浓度混合废气治理的场合
15		汽油加油系统油气回收系统		加油站、储油库油气回收系统：油气处理率：≥90%油罐车卸油油气回收系统：油气处理率：≥95%	适用于车用汽油的加注、运输、储存的油气回收（VOCs）
16	饮食业油烟净化设备		除油烟效率≥95%，设备阻力<300Pa，本体漏风率<5%，油烟排放浓度低于 2mg/m^3	适用于大型或中高档饭店，如星级饭店、麦当劳、肯德基及品牌连锁店等	

（三）固体废物污染防治设备

序号	设备名称	性能参数	应用领域
1	危险废物回转窑焚烧炉	处理规模≥20t/d 焚烧炉温度≥1100℃烟气停留时间≥2s 烟气排放达到《危险废物焚烧污染控制标准》（GB 18484）其他参数符合《危险废物集中焚烧处置工程建设技术规范》	适用于工业污泥、医疗废物和危险废物焚烧处理
2	医疗废物高温蒸煮设备	处理规模≥2t/d VOCs 排放量≤20mg/m³ 消毒效果：微生物杀灭对数值大于 4 或微生物灭活效率大于 99.99% 其他参数符合国家相关标准	适用于量小的医疗废物的处理处置
3	医疗废物热解焚烧炉（A-B 炉）	处理规模≥5t/d 焚烧温度≥850℃烟气停留时间≥2s 焚烧残渣热灼减率≤5% 烟气排放达到《危险废物焚烧污染控制标准》（GB 18484）其他参数符合《危险废物集中焚烧处置工程建设技术规范》	适用于医疗废物的处理处置
4	废铅蓄电池处理回收设备	年处理量≥5 万 t 酸液回收率≥98%铅回收率≥98%塑料回收率≥98%废电解液综合利用率≥98%其他参数符合国家相关标准	适用于废铅蓄电池的处理回收
5	流化床焚烧炉	处理能力≥50t/d 炉膛内焚烧温度≥850℃烟气停留时间≥2s 焚烧炉渣热灼减率≤5% 烟气排放达到《生活垃圾焚烧污染控制标准》（GB 18485）	适用于市政污泥、工业污泥、生活垃圾的处理处置
6	机械炉排炉	处理量≥200t/d 炉膛内焚烧温度≥850℃烟气停留时间≥2s 焚烧炉渣热酌减率≤5% 烟气排放达到《生活垃圾焚烧污染控制标准》（GB 18485）	适用于生活垃圾的处理处置

序号	设备名称	性能参数	应用领域
7	厌氧消化成套处理装置	处理规模≥50t/d 反应温度：30～36℃有机物分解率≥60%	适用于市政污泥、生活垃圾的处理处置
8	城镇粪便处理成套设备	固液分离出渣含固率≥45% 絮凝脱水出渣含固率≥25%臭气排放达到《恶臭污染物排放标准》（GB 14554）堆肥达到《城镇垃圾农用控制标准》（GB 8172）	适用于粪便的处理处置
9	垃圾填埋压实机	压实重量≥20t	适用于垃圾填埋
10	汽车拆解破碎分选成套设备	1．拆解设备： 拆解车型：乘用车 车型重量：≤2000Kg 拆解纲领：1～10 万辆/年 总体节拍：7～10 分钟/辆 主拆解线工位数：11-14 个 主拆解线人员配置：15～22 人 物流方式：板链、空中线 2．破碎线：600～1000 马力破碎机破碎能力 6～10 万吨/年；颗粒重量离散度小于±10%；相对堆密度大于 0.80 3．有色金属分选线：黑色金属分选率 98%，纯净度不低于 98%；有色金属分选率 95%，纯净度不低于 95%，粉尘≤50mg/m^3	适用于报废乘用车的拆解、破碎、有色分选；也可适用于社会复杂来源废旧金属的处理、破碎、有色分选

（四）废水处理设备

序号	类别	设备名称	主要指标及技术要求	主要适用范围
1	筛滤装置	机械格栅	平均无故障运行时间≥2000h，运行噪声≤80dB（A）	生活污水和工业废水的预处理
2	沉砂装置	刮吸砂机	运行速度：0.01～0.02m/s，对密度≥2.65g/cm^3，粒径≥0.2mm 的砂粒去除率≥90%，无故障工作时间≥8000h	生活污水和工业废水的预处理
3		旋流沉砂一体化装置	可去除的最小砂粒等效粒径为 0.2mm；粒径≥1mm 的砂粒去除率≥95%，0.5mm≤粒径＜1mm 的砂粒去除率≥85%，0.2mm≤粒径＜0.5mm 的砂粒去除率≥65%；除砂装置的空载运转噪声≤66dB(A)，无故障工作时间≥8000h	生活污水和工业废水的预处理
4	沉淀装置	刮吸泥机	初次沉淀池污泥含水率≤97%，二次沉淀池污泥含水率≤99.2%；辐流式刮板外缘线速度：1～3m/min，桁车式刮板速度：0.6~1.2m/min；链传动式刮板速度：0.4～0.6m/min；运行噪声≤75dB(A)，无故障工作时间≥8000h	生活污水和工业废水的处理
5	油水分离装置	刮油机	刮板移动速度≤2m/min，除油率≥80%，无故障工作时间≥8000h	含动植油或石油类污废水
6		油水分离器	除油率≥80%，无故障工作时间≥8000h	
7	气浮分离装置	加压溶气气浮装置	当进水 SS 在 100～500mg/L 时，SS 去除率≥80%；当 SS 在 500～2500mg/L 时，SS 去除率≥90%；除油率≥60%，具有自动化控制系统	含乳化油、悬浮物的污废水
8		涡凹气浮装置	SS 去除率≥80%，除油率≥60%，具有自动化控制系统	
9		浅池气浮装置	当进水 SS 在 100～500mg/L 时，SS 去除率≥80%；当 500mg/L≤SS≤2500mg/L 时，SS 去除率≥90%；除油率≥60%，具有自动化控制系统	
10	过滤装置	过滤器	SS 去除率≥60%，反冲洗周期≥6h，反冲洗水量≤5%，具有自动运行控制系统	含悬浮物的污废水深度处理
11	混凝装置	混凝沉淀一体化装置	处理规模≥5m^3/h，SS 去除率≥90%，COD 去除率≥50%，具有自动加药系统	工业废水预处理及生活污水和工业废水的深度处理

序号	类别	设备名称	主要指标及技术要求	主要适用范围
12	酸碱中和装置	酸碱中和一体化装置	处理规模≥$5m^3/h$，具有自动加药系统、pH 控制系统	含酸或含碱工业废水
13	氧化还原和消毒装置	Fenton 催化氧化装置	处理规模≥$5m^3/h$，具有自动加药系统、pH/ORP 控制仪表	难降解或大分子有机工业废水
14		臭氧发生器	臭氧产量＞1000g/h，露点温度≤-50℃；氧气气源：产生臭氧浓度≥100mg/L，公斤臭氧电耗≤8kW.h/kg；空气气源：产生臭氧浓度≥30mg/L，公斤臭氧电耗≤16kW.h/kg	污废水出水消毒、脱色和氧化
15		紫外消毒装置	紫外线投射率 T254≥65%；出水粪大肠菌群数不高于《污水综合排放标准》（GB8978-1996）一级 B 标准要求	生活污水和工业废水深度处理
16	吸附装置	固定床吸附装置	出水水质达到相关排放标准要求，具有自动运行控制系统、自动反冲洗系统	生活污水和工业废水深度处理
17	离子交换装置	固定床离子交换装置	树脂回收利用率≥95%，具有自动运行控制系统、自动再生系统	工业废水回用及重金属废水
18	膜分离装置	微滤（MF）装置	产水回收率≥95%，出水污染指数（SDI）＜3，具有自动运行控制系统、自动清洗系统	生活污水和工业废水回用
19		超滤（UF）装置	膜通量≥50L/(m2.h)之间，产水回收率≥80%，反冲洗耗水率≤10%，具有自动运行控制系统、自动清洗系统	生活污水和工业废水回用
20		纳滤（NF）装置	一价离子去除率≥30%，膜通量≥30L/(m2.h)；二价离子去除率≥90%，膜通量≥21L/(m2.h)，具有自动控制系统、自动清洗系统	生活污水和工业废水回用
21		反渗透（RO）装置	膜通量≥20L/(m2.h)，脱盐率≥95%；产水量≤$4m^3/h$ 的装置水回收率≥30%，产水量介于 4～$40m^3/h$ 之间的装置水回收率≥50%，产水量＞$40m^3/h$ 的装置水回收率≥70%，具有自动控制、自动清洗系统	生活污水和工业废水回用
22	污泥处理装置	污泥脱水机	滤饼含水率≤80%，无故障时间≥3000h	生活污水和工业废水污泥处理
23	好氧成套处理装置	膜生物反应器	膜孔径为 0.01～0.4μm，浸没式膜生物反应器：膜通量≥$10L/(m^2·h)$；外置式膜生物反应器：膜通量≥$40L/(m^2·h)$；COD 去除率≥90%，BOD_5 去除率≥93%，SS 去除率≥95%，氨氮去除率≥90%	生活污水和工业废水二级处理

序号	类别	设备名称	主要指标及技术要求	主要适用范围
24		生物接触氧化装置	当进水 COD≤600mg/L，SS≤300mg/L，动植物油≤20mg/L，pH7～9 时，处理后的水质指标 pH、BOD_5、SS、COD、NH_3-N、磷酸盐（以 P 计）、粪大肠菌群数、动植物油应稳定达到相应排放标准的要求；供气量为 40～60m^3/kg，噪声≤80dB（A）	
25		分散式一体化污水处理装置	出水水质符合<污水综合排放标准>（GB 8978—1996）一级 A 排放标准	农村污水分散式处理
26	厌氧处理装置	升流式颗粒污泥床反应装置（UASB）	当进水 COD 浓度＞1500mg/L，NH_4-N 浓度＜2000mg/L，SS 浓度≤1500mg/L，BOD_5/COD 的比值＞0.3 时，装置对 COD 的去除率=80%～90%，对 BOD_5 的去除率=70%～80%，对 SS 的去除率=30%～50%	高、中等浓度的有机废水
27		膨胀颗粒污泥床装置（EGSB）	当进水 COD 浓度＞1000mg/L，NH_4-N 浓度＜1000mg/L，SS 浓度≤2000mg/L，COD/SO_4^{2-}的比值＞10 时，对易降解废水：COD 的去除率=70%～90%，BOD_5 的去除率=60%～80%，SS 的去除率=30%～50%；难降解废水：COD 的去除率=50%～70%，BOD_5 的去除率=40%～60%，SS 的去除率=20%～40%	高、中等浓度的有机废水
28		内循环厌氧反应装置（IC）	COD 的去除率≥70%，BOD5 的去除率≥80%	高、中等浓度的有机废水

环境保护部发布环境保护综合名录（2015 年版）推动构建绿色税收、绿色贸易等政策体系，引领生产方式和生活方式绿色化

环境保护部今日向媒体通报，环境保护部近日向国家发改委、财政部、商务部、人民银行等 14 个部门提供了《环境保护综合名录（2015 年版）》（简称“综合名录”），同时向社会全文公开。

环境保护部政策法规司副司长别涛介绍说，根据国务院部署，自 2007 年以来，环境保护部组织开展综合名录制定工作。此次发布的综合名录是在对历年制定的综合名录进行修订、完善的基础上，汇总 2015 年制定的新一批综合名录形成的。综合名录共包含两部分：一是“高污染、高环境风险”产品（简称“双高”产品）名录，包括 837 项产品；二是环境保护重点设备名录，包括 69 项设备。其中，“双高”产品包含了 50 余种生产过程中产生二氧化硫、氮氧化物、化学需氧量、氨氮量大的产品，30 多种产生大量挥发性有机污染物（VOCs）的产品，近 200 余种涉重金属污染的产品，500 多种高环境风险产品。

别涛说，今年以来，党中央、国务院对生态文明建设作出一系列重大部署，十八届五中全会提出了“绿色发展”理念，国家开始实施新《环境保护法》、《水污染防治行动计划》，通过了新修订的《大气污染防治法》，这都对综合名录的制定、应用工作提出了更高的要求，也带来了更大的机遇。

目前，综合名录在推动构建绿色税收、绿色贸易、绿色金融等环境经济政策方面发挥了越来越大的作用。近年来，结合综合名录研究成果，环境保护部先后推动和配合有关部门，出台了一系列环境经济政策：一是将涉重金属的高污染的电池、挥发性有机污染物含量较高的涂料产品纳入消费税征收范围；二是对“双高”产品不予综合利用增值税优惠、不予调高出口退税，目前已有 400 余种“双高”产品被取消出口退税、禁止加工贸易；三是推动金融机构按照风险可控、商业可持续原则，严格对生产“双高”产品企业的授信管理；四是推动企业实施绿

色采购，引导企业避免采购“双高”产品；五是结合推进生活方式绿色化，引导企业和公众减少对“高污染、高环境风险”产品的使用。这些政策措施都有利于充分体现“双高”产品生产和消费过程中的环境损害成本，利用市场机制遏制其生产、使用和出口。

别涛介绍，在掌握实情的基础上进行科学决策，尽可能准确揭示产品生产过程中的环境代价，始终是综合名录制定工作中的一条主线。2015 年综合名录制定过程中，有关团队和专家深入分析每一项产品的相关工艺，综合考虑产排污强度、产排污总量、污染物毒性、污染物治理达标成本、环境污染事故发生频率及其造成的环境损失等指标；向社会公开征求意见，研究吸纳有关方面数十条意见，并针对重点关注产品组织专题论证调研。

别涛对下一步综合名录工作也做了展望，一方面要推动和配合有关部门在更多政策领域、更多监管环节运用综合名录，形成“政策合力”，有效引导生产方式和生活方式绿色化，为“绿色发展”发挥应有作用。另一方面，要总结综合名录多年来的工作经验，进一步完善工作程序和机制，特别要更加注重吸引基层环保部门、企业、公众等方面参与综合名录工作，构建一个更为全面、开放的综合名录政策决策平台。

（一）产业政策

关于做好控制高耗能、高污染、资源性产品出口有关配套措施的通知

发改经贸〔2005〕1482号

各省、自治区、直辖市和计划单列市、新疆生产建设兵团发展改革委、财政厅（局）、商务主管部门、国土资源厅（国土环境资源厅、国土资源局、国土资源和房屋管理局、房屋土地资源管理局、规划和国土资源管理局）、海关总署广东分署，海关天津、上海特派办，各直属海关、国家税务局、环境保护局（厅）：

根据国务院常务会议精神，今年5月以来国家陆续采取措施，控制部分高耗能、高污染和资源性产品出口。为进一步做好此项工作，现就有关事项通知如下：

一、控制高耗能、高污染、资源性产品出口的必要性

近年来，钢铁、水泥、电解铝、焦炭等行业投资过快增长，产能盲目扩大，钢坯及钢锭、电解铝、铁合金、部分有色金属等高耗能、高污染、资源性产品出口大量增加，加剧了国内能源、原材料、运输紧张的矛盾和资源环境压力。2004年，我国钢坯、钢材、未锻轧铝、铁合金、焦炭分别出口605.8万吨、1423万吨、168万吨、219万吨和1501万吨，同比分别增长312.1%、104%、34.8%、20.5%和2%；今年上半年钢坯、钢材、未锻轧铝、铁合金、焦炭出口比上年同期又分别增长262.4%、154.1%、21.9%、17%和16.2%。另外，锌、钨、锡、锑等有色金属，黄磷、电石等多种高耗能、高污染、资源性商品出口也大量增加。

高耗能、高污染、资源性产品大量出口，加剧了煤电油运紧张矛盾和资源环境压力。2004年出口的未锻轧铝、钢坯和钢材、铁合金以及黄磷四种产品生产环节消耗电能490亿千瓦时，占全部电力缺口的82%。如果考虑运输等各环节，消耗的电能还要更多。高耗能产品大多是严重污染环境的产品，焦炭生产过程中排放的废气、废水，电解铝生产过程中产生的氟化物，铁合金生产过程中产生的粉尘等都严重污染环境。一些电解铝和钢坯生产企业地处内陆，由东南沿海进口原

料运到中西部地区，生产出来产成品又要运回东南沿海出口，加剧了运力紧张的矛盾。高耗能、高污染、资源性商品大量出口超出了当前我国能源、资源、环境和运输等外部条件的支撑能力，影响国民经济的健康平稳运行。控制高耗能、高污染和资源性产品出口，对落实科学发展观的要求，减少环境污染，破解经济发展的资源约束，缓解煤电油运紧张的矛盾，都是完全必要的。

二、控制高耗能、高污染、资源性产品出口的措施

今年以来，经国务院批准各有关部门已采取一系列措施抑制高耗能、高污染和资源性产品出口。

（一）削减出口总量。煤炭出口配额从 2003 年的 1 亿吨削减到 2005 年的 8000 万吨。原油出口数量从 2003 年的 500 万吨削减到 2005 年的 100 万吨。焦炭出口配额从 2004 年的 1472 万吨削减到 2005 年的 1400 万吨。

（二）取消或降低部分产品出口退税。2005 年 1 月 1 日取消了电解铝、铁合金、黄磷、电石等高耗能产品的出口退税，4 月取消了钢铁初级产品出口退税，并将钢材的出口退税由 13%下调到 11%。5 月 1 日取消了稀土金属、稀土氧化物、稀土盐类，金属硅，钼矿砂及精矿，轻重烧镁，氟石、滑石、碳化硅以及部分木材初加工产品的出口退税；将煤炭和锌、钨、锡、锑及其制品出口退税率下调到 8%。8 月 1 日取消了电解锰的出口退税。

（三）加征出口关税。从今年 1 月 1 日起对尿素开始征收出口关税，对未锻轧铝征收 5%的出口关税。6 月 1 日起将黄磷出口暂定关税税率从 10%提高到 20%，将硅铁的出口暂定关税税率从 0%提高到 5%。

（四）停止加工贸易。国家已经先后将煤炭、焦炭、黄磷、钢铁类产品、稀土类产品列入加工贸易禁止类目录，8 月 22 日还要将氧化铝、铁合金矿列入加工贸易禁止类目录，停止审批新的加工贸易合同。

三、做好停止氧化铝、铁合金矿加工贸易后有关配套措施的落实工作

近几年，电解铝、铁合金行业投资增幅过高，产能增长过快。停止氧化铝加工贸易，有利于减少我国氧化铝进口和电解铝出口。同时也会促使国际氧化铝市场价格回落，有利于国际市场电解铝价格回升，从而拉动国内市场价格回升。停止加工贸易，还可以为电解铝和铁合金企业创造一个公平竞争的市场环境，总体上对电解铝和铁合金行业是有利的。但是由于电解铝和铁合金产量超过市场需要，

目前行业总体上比较困难，部分企业已发生亏损。各地要切实做好工作，缓解电解铝和铁合金行业的困难。

（一）对停止加工贸易前已经批准的加工贸易合同允许执行完毕。在将进口氧化铝和铁合金矿列入加工贸易禁止类目录后，国家不再审批新的加工贸易合同，对此前已经商务部门批准并在海关备案的加工贸易合同，允许按现行加工贸易政策执行完毕。

（二）研究有关关税政策。从保护国内资源，鼓励资源性商品进口，促进电解铝和铁合金行业健康发展考虑，结合明年关税方案的制定，研究有关关税政策。

（三）完善高耗能企业的电价形成机制。继续坚持差别电价政策。结合电价改革拉大不同电压等级的差价，低电压等级的电价适当提高，高电压等级的电价适当下调。在电力资源较富裕的地区开展电解铝企业与发电企业开展直供联营试点，降低电解铝生产成本。完善落实峰谷、丰枯电价政策，合理扩大峰谷、丰枯电价差，降低铁合金生产成本。

（四）完善信贷政策。对2004年以来国家重点调控的钢铁、电解铝、水泥、焦炭、铁合金等行业贯彻落实国家宏观调控措施总体执行情况进行综合评估，加强行业投资风险提示和政策信息引导，以利于金融机构更好地把握贷款投向，对符合国家产业政策和信贷原则的企业和项目合理的信贷资金需求及时提供有效支持。

（五）做好社会稳定工作。各地要认真落实好相关配套措施，帮助企业解决当前面临的困难和问题。要及时了解企业生产经营状况，对停止加工贸易后出现的情况和问题要认真研究，及时报告。

国家发展和改革委员会

财政部

商务部

国土资源部

海关总署

国家税务总局

国家环境保护总局

二〇〇五年七月二十八日

产业结构调整指导目录（2011 年本）

国家发展和改革委员会令 2011 年第 9 号

为加快转变经济发展方式，推动产业结构调整和优化升级，完善和发展现代产业体系，根据《国务院关于发布实施〈促进产业结构调整暂行规定〉的决定》（国发〔2005〕40 号），我委会同国务院有关部门对《产业结构调整指导目录（2005 年本）》进行了修订，形成了《产业结构调整指导目录（2011 年本）》，现予公布，自 2011 年 6 月 1 日起施行。《产业结构调整指导目录（2005 年本）》同时废止。法律、行政法规和国务院文件对产业结构调整另有规定的，从其规定。

国家发展和改革委员会主任：张平

二〇一一年三月二十七日

关于修改《产业结构调整指导目录（2011年本）》有关条款的决定（摘录）

中华人民共和国国家发展和改革委员会令

第21号

……

十八、鼓励类“三十九、公共安全与应急产品”增加“使用节能环保新型光源的消防应急照明和疏散指示产品”作为第51项。

……

三十二、淘汰类“一、落后生产工艺装备”“（四）石化”第10项“氯氟烃（CFCs）、含氢氯氟烃（HCFCs）、用于清洗的1,1,1-三氯乙烷（甲基氯仿）、主产四氯化碳（CTC）、以四氯化碳（CTC）为加工助剂的所有产品、以PFOA为加工助剂的含氟聚合物、含滴滴涕的油漆、采用滴滴涕为原料非封闭生产三氯杀螨醇生产装置（根据国家履行国际公约总体计划要求进行淘汰）”修改为“氯氟烃（CFCs）、含氢氯氟烃（HCFCs）、用于清洗的1,1,1-三氯乙烷（甲基氯仿）、主产四氯化碳（CTC）、以四氯化碳（CTC）为加工助剂的所有产品、以PFOA为加工助剂的含氟聚合物、含滴滴涕的涂料、采用滴滴涕为原料非封闭生产三氯杀螨醇生产装置（根据国家履行国际公约总体计划要求进行淘汰）”。

三十三、淘汰类“一、落后生产工艺装备”“（五）钢铁”第24项“冷轧带肋钢筋生产装备”修改为“单机产能1万吨及以下的冷轧带肋钢筋生产装备（2012年，高延性冷轧带肋钢筋生产装备除外）”。

三十四、淘汰类“一、落后生产工艺装备”“（十二）轻工”第5项“直接接触饮料和食品的聚氯乙烯（PVC）包装制品”删除。

三十五、淘汰类“一、落后生产工艺装备”“（十七）其他”第1项“含氰电镀工艺（电镀金、银、铜基合金及予镀铜打底工艺，暂缓淘汰）”修改为“含有毒有害氰化物电镀工艺氰化金钾电镀金及氰化亚金钾镀金（2014 年）；银、铜基合金及予镀铜打底工艺（暂缓淘汰）”。

国家发展和改革委员会

2013年2月16日

外商投资产业指导目录（2015 年修订）（摘录）

中华人民共和国国家发展和改革委员会
中华人民共和国商务部
令
第 22 号

……

（四）纺织业

24. 采用先进节能减排技术和装备的高档织物印染及后整理加工

……

（十）化学原料和化学制品制造业

……

40. 环保型印刷油墨、环保型芳烃油生产

……

46. 环保用无机、有机和生物膜开发与生产

……

48. 高效、安全、环境友好的农药新品种、新剂型、专用中间体、助剂的开发与生产，以及相关清洁生产工艺的开发和应用（甲叉法乙草胺、水相法毒死蜱工艺、草甘膦回收氯甲烷工艺、定向合成法手性和立体结构农药生产、乙基氯化物合成技术）

……

50. 废气、废液、废渣综合利用和处理、处置

……

（十四）非金属矿物制品业

……

71. 节能、环保、利废、轻质高强、高性能、多功能建筑材料开发生产

国家发展改革委主任：徐绍史

商务部部长：高虎城

2015 年 3 月 10 日

农药产业政策

工联产业政策〔2010〕第1号

为贯彻落实《农药管理条例》和《国务院关于印发石化产业调整和振兴规划的通知》的要求，规范和引导我国农药产业健康、可持续发展，我们制定了《农药产业政策》，现予以公告。

附件：农药产业政策

中华人民共和国工业和信息化部
中华人民共和国环境保护部
中华人民共和国农业部
国家质量监督检验检疫总局
二〇一〇年八月二十六日

部分工业行业淘汰落后生产工艺装备和产品指导目录（2010年本）发布

工产业〔2010〕第122号

为加快淘汰落后生产能力，促进工业结构优化升级，按照《国务院关于进一步加强淘汰落后产能工作的通知》（国发〔2010〕7号）要求，依据国家有关法律、法规，我部制定了《部分工业行业淘汰落后生产工艺装备和产品指导目录（2010年本）》。

一、本目录所列淘汰落后生产工艺装备和产品主要是不符合有关法律法规规定，严重浪费资源、污染环境、不具备安全生产条件，需要淘汰的落后生产工艺装备和产品。按照以下原则确定淘汰落后生产工艺装备和产品目录：

（一）危及生产和人身安全，不具备安全生产条件；

（二）严重污染环境或严重破坏生态环境；

（三）产品不符合国家或行业规定标准；

（四）严重浪费资源、能源；

（五）法律、行政法规规定的其他情形。

二、对本目录所列的落后生产工艺装备和产品，按规定期限淘汰，一律不得转移、生产、销售、使用和采用。

三、按照国发〔2010〕7 号文件要求，对未按规定限期淘汰落后产能的企业吊销排污许可证，银行业金融机构不得提供任何形式的新增授信支持，有关部门不予审批和核准新的投资项目，国土资源管理部门不予批准新增用地，环境保护部门不予审批扩大产能的项目，相关管理部门不予办理生产许可，已颁发生产许可证、安全生产许可证的要依法撤回。对未按规定淘汰落后产能、被地方政府责令关闭或撤销的企业，限期办理工商注销登记，或者依法吊销工商营业执照。必要时，政府相关部门可要求电力供应企业依法对落后产能企业停止供电。

四、工业和信息化部将根据工业结构调整需要适时修订本目录。

五、本目录自发布之日起执行，由工业和信息化部负责解释。

特此公告。

附件：部分工业行业淘汰落后生产工艺装备和产品指导目录（2010 年本）

中华人民共和国工业和信息化部
二〇一〇年十月十三日

附件：

部分工业行业淘汰落后生产工艺装备和产品指导目录（2010 年本）

一、钢铁

1. 30 平方米以下烧结机
2. 90 平方米以下烧结机（2013 年）
3. 8 平方米以下球团竖炉
4. 24 平方米及以下铬矿、锰矿带式烧结机
5. 环形烧结机
6. 土烧结矿工艺
7. 热烧结矿工艺
8. 300 立方米及以下的炼铁高炉
9. 300 立方米以上、400 立方米及以下的炼铁高炉（2011 年）
10. 200 立方米及以下的专业铸铁管厂高炉
11. 100 立方米及以下的锰铁高炉
12. 生产地条钢、普碳钢的工频和中频感应炉（机械铸造用钢锭除外）；工频和中频感应炉等生产的地条钢、普碳钢及以其为原料生产的钢材产品
13. 20 吨及以下炼钢转炉
14. 20 吨以上、30 吨及以下炼钢转炉（2011 年）
15. 9000 千伏安及以下（公称容量 20 吨及以下）炼钢电炉
16. 9000 千伏安以上、15000 千伏安及以下（公称容量 20 吨以上、30 吨及以下）炼钢电炉（2011 年）

17. 5000 千伏安及以下（公称容量 10 吨及以下）高合金钢电炉

18. 复二重线材轧机

19. 叠轧薄板轧机

20. 横列式棒材及型材轧机

21. 普钢初轧机及开坯用中型轧机

22. 热轧窄带钢（600 毫米及以下）轧机

23. 三辊劳特式中板轧机

24. 直径 76 毫米以下热轧无缝管机组

25. 三辊横列式型线材轧机（不含特殊钢生产）

26. 生产预应力钢丝的单罐拉丝机

27. 预应力钢材生产消除应力处理的铅淬火工艺

28. 环保不达标的冶金炉窑

29. 土法炼焦（含改良焦炉）；单炉产能 5 万吨/年以下或无煤气、焦油回收利用和污水处理达不到准入条件要求的半焦（兰炭）生产装置

30. 单炉产能 7.5 万吨/年以下的半焦（兰炭）生产装置（2012 年）

31. 未达到焦化行业准入条件要求的热回收焦炉（2012 年）

32. 炭化室高度 4.3 米（捣固焦炉 3.8 米）以下常规机焦炉（西部地区或城市汽源生产企业的炭化室高度 3.2 米捣固焦炉，2012 年）

33. 单套加工能力 2.5 万吨/年及以下的酸洗蒸馏法苯加工工艺和装置（2012 年）

34. 酸洗蒸馏法苯加工工艺和装置（2015 年）

35. 单套处理无水煤焦油 5 万吨/年及以下的煤焦油加工装置（2012 年）

36. 手工操作的土沥青焦油浸渍装置，矿石原料与固体原料混烧、自然通风、手工操作的土竖窑，以煤为燃料、烟尘净化不能达标的倒焰窑

37. 6300 千伏安以下铁合金矿热电炉

38. 6300 千伏安铁合金矿热电炉（2012 年）（国家级贫困县、利用独立运行的小水电 2014 年）

39. 3000 千伏安以下铁合金半封闭直流电炉和精炼电炉

40. 1500 千伏安以下铁合金硅钙合金电炉和硅钙钡铝合金电炉

41. 5000 千伏安以下铁合金硅钙合金电炉和硅钙钡铝合金电炉 （2013 年）

42. 单产 5 吨/炉以下的钛铁熔炼炉、用反射炉焙烧钼精矿的钼铁生产线及用

反射炉还原、煅烧红矾钠、铬酐生产金属铬的生产线

43. 还原二氧化锰矿用反射炉（包括硫酸锰厂用反射炉、矿粉厂用反射炉等）

44. 电解金属锰一次压滤用除高压隔膜压滤机以外的板框、箱式压滤机

45. 电解金属锰用 5000 千伏安及以下的整流变压器、150 立方米及以下的化合槽（2011 年）

46. 电解金属锰用 5000 千伏安以上、6000 千伏安及以下的整流变压器；150 立方米以上、170 立方米及以下的化合槽（2014 年）

47. 蒸汽加热混捏、倒焰式焙烧炉、艾奇逊交流石墨化炉、10000 千伏安及以下三相桥式整流艾奇逊直流石墨化炉及其并联机组

48. 有效容积 18 立方米及以下轻烧反射窑

49. 有效容积 30 立方米及以下重烧镁砂竖窑

50. 热轧硅钢片

51. I 级螺纹钢筋产品

52. Ⅱ级螺纹钢筋产品　（按建筑行业用钢标准和建筑规范要求淘汰）

53. 25A 空腹钢窗料

54. 普通松弛级别的钢丝、钢绞线

二、有色金属

1. 烟气制酸干法净化和热浓酸洗涤工艺

2. “二人转”式有色金属轧机

3. 密闭鼓风炉、电炉、反射炉炼铜工艺及设备

4. 电解铝自焙槽

5. 80 千安及以下电解铝预焙槽

6. 80 千安以上、100 千安及以下电解铝预焙槽（2011 年）

7. 采用烧结锅、烧结盘、简易高炉等落后方式炼铅工艺及设备

8. 未配套制酸及尾气吸收系统的烧结机炼铅工艺

9. 烧结—鼓风炉炼铅工艺（2012 年）

10. 采用马弗炉、马槽炉、横罐、小竖罐（单日单罐产量 8 吨以下）等进行焙烧、简易冷凝设施进行收尘等落后方式炼锌或生产氧化锌制品

11. 采用地坑炉、坩埚炉、赫氏炉等落后方式炼锑

12. 采用铁锅和土灶、蒸馏罐、坩埚炉及简易冷凝收尘设施等落后方式炼汞

13. 采用土坑炉或坩埚炉焙烧、简易冷凝设施收尘等落后方式炼制氧化砷或金属砷制品

14. 无烟气治理措施的再生铜焚烧工艺及设备

15. 坩埚炉再生铝合金、再生铅生产工艺及设备（2011 年）

16. 直接燃煤反射炉再生铝、再生铅、再生铜生产工艺及设备（2011 年）

17. 50 吨以下传统固定式反射炉再生铜生产工艺及设备（2012 年）

18. 4 吨以下反射炉再生铝生产工艺及设备（2011 年）

19. 独居石等具有放射性的稀土单一矿种开发生产设施

20. 离子型稀土原矿堆浸、池浸工艺

21. 氨皂化稀土冶炼分离工艺

22. 湿法生产电解用氟化稀土生产工艺

23. 稀土氯化物电解制备金属工艺

24. 规模低于 1500 吨/年，电流效率低于 85%的稀土金属冶炼生产工艺设备（重稀土金属冶炼装置除外）

25. 规模低于 2000 吨（REO）/年的混合型稀土矿冶炼分离生产设施（2013 年）

26. 规模低于 2000 吨（REO）/年的氟碳铈矿冶炼分离生产设施（2013 年）

27. 规模低于 1500 吨（REO）/年的离子型稀土矿冶炼分离生产设施（2013 年）

28. 混汞提金工艺

29. 小氰化池浸工艺、小冶炼提金工艺

30. 处理砂金矿砂 20 万立方米/年以下的砂金开采生产设施

31. 处理矿石规模 50 吨/日以下的金矿采选生产设施

32. 无环保措施的提取线路板中金、银、钯等贵重金属的简易酸浸工艺

33. 有色金属矿物选矿使用重铬酸盐或氰化物等剧毒药剂的分离工艺

34. 高杂质含量、高氧含量铜线杆（黑杆）

35. 辉钼矿和镍钼矿反射炉焙烧工艺

三、化工

1. 10 万吨/年以下的硫铁矿制酸和硫黄制酸生产装置（边远地区除外）

2. 50 万条/年及以下的斜交轮胎生产线，以天然棉帘子布为骨架的轮胎生产线

3. 1.5 万吨/年及以下的干法造粒炭黑生产装置（特种炭黑和半补强炭黑除外）

4. 单台磷炉变压器容量 10000 千伏安以下黄磷生产装置（变压器容量 7200 千

伏安及以上、10 000 千伏安以下尾气和炉渣能够全部综合利用的除外）（2010 年）

5. 有钙焙烧铬化合物生产工艺（2013 年）

6. 单线产能 1 万吨/年以下三聚磷酸钠、0.5 万吨/年以下六偏磷酸钠、0.5 万吨/年以下三氯化磷、3 万吨/年以下饲料磷酸氢钙

7. 1 万吨以下无水氟化氢（HF）产品达不到 GB 7746、5000 吨/年以下氢氟酸产品达不到 GB 7744 生产装置（综合利用项目以及 4N 以上电子级除外）、5000 吨/年以下湿法氟化铝（综合利用除外）及敞开式结晶氟盐生产装置

8. 汞法烧碱、石墨阳极隔膜法烧碱、未采用节能措施（扩张阳极、改性隔膜等）的普通金属阳极隔膜法烧碱生产装置

9. 电石渣采用堆存处理的 5 万吨/年以下的电石法聚氯乙烯生产装置

10. 开放式电石炉

11. 单台炉变压器容量小于 12500 千伏安的电石炉（2010 年）

12. 生产氰化钠的氨钠法及氰熔体工艺

13. 钠法百草枯生产工艺

14. 农药产品手工包（灌）装工艺及设备（2010 年）

15. 非封闭生产三氯杀螨醇工艺

16. 100 吨/年以下皂素（含水解物）生产装置

17. 盐酸酸解法皂素生产工艺及污染物排放不能达标的皂素生产装置

18. 皂素酸法水解生产工艺

19. KDON-6000/6600 型蓄冷器流程空分设备

20. 用火直接加热的涂料用树脂生产工艺

21. 四氯化碳（CTC）以及所有使用四氯化碳为加工助剂的产品的生产工艺装置（根据国家履行国际公约总体计划要求淘汰）

22. CFC-113 为加工助剂的含氟聚合物的生产工艺装置（根据国家履行国际公约总体计划要求淘汰）

23. 氯氟烃（CFCs）、用于清洗的 1,1,1-三氯乙烷（甲基氯仿）的生产工艺装置（根据国家履行国际公约总体计划要求淘汰）

24. 以六氯苯为原料生产五氯酚（钠）工艺（根据国家履行国际公约总体计划要求淘汰）

25. 甲基溴生产装置（2010 年）

26. 半水煤气氨水液相脱硫工艺技术

27. 一氧化碳常压变换及全中温变换（高温变换）工艺

28. 废旧橡胶土法炼油工艺

29. 橡胶硫化促进剂 N-氧联二（1,2-亚乙基）-2-苯并噻唑次磺酰胺（NOBS）和橡胶防老剂 D 装置（2010 年）

30. 2 万吨/年以下普通级碳酸钡生产装置（2011 年）

31. 3 000 吨/年以下普通级硫酸钡、氢氧化钡、氯化钡、硝酸钡生产装置（2011 年）

32. 1. 5 万吨/年以下普通级碳酸锶生产装置（2011 年）

33. 农药粉剂雷蒙机法生产工艺

34. 5 000 吨/年以下湿法氟化铝生产装置（副产综合利用除外）

35. 四氯化碳溶剂法制取氯化橡胶生产工艺

36. 平炉法高锰酸钾生产工艺

37. 平炉法和大锅蒸发法硫化碱生产工艺

38. 芒硝法硅酸钠（泡化碱）生产工艺

39. 铁粉还原法工艺（4,4-二氨基二苯乙烯-二磺酸[DSD 酸]、2-氨基-4-甲基-5-氯苯磺酸[CLT 酸]、1-氨基-8-萘酚-3,6-二磺酸[H 酸]产品暂缓淘汰）

40. 年产 3 亿只以下的天然胶乳安全套生产装置

41. 轮胎、自行车胎、摩托车胎手工刻花硫化模具

42. 多氯联苯（变压器油）

43. 氯化汞催化剂（氯化汞含量 6. 5%以上）（2015 年）

44. 废物不能有效利用或三废排放不达标的钛白粉生产装置

45. 淀粉糖酸法生产工艺

46. 焦油间歇法生产沥青工艺

47. 敌百虫碱减法生产敌敌畏工艺

48. 国家明令禁止生产的农药产品：除草醚、杀虫脒、毒鼠强、氟乙酰胺、氟乙酸钠、二溴氯丙烷、磷胺、甘氟、毒鼠硅、甲胺磷、对硫磷、甲基对硫磷、久效磷、10%草甘膦水剂

49. 国际公约需要淘汰的农药产品：氯丹、林丹、七氯、毒杀芬、滴滴涕、六氯苯、灭蚁灵、艾氏剂、狄氏剂、异狄氏剂

50. 落后农药产品：治螟磷（苏化 203）、硫环磷（乙基硫环磷）、甲基硫环磷、磷化钙、磷化锌、福美胂、福美甲胂及所有胂制剂

51. 聚乙烯醇及其缩醛类内外墙涂料（106、107涂料等）

52. 有害物质含量超过《室内装饰装修材料内墙涂料中有害物质限量》（GB 18582）标准的内墙涂料

53. 多彩内墙涂料（树脂以硝化纤维素为主，溶剂以二甲苯为主的O/W型涂料）

54. 有害物质含量超过《室内装饰装修材料溶剂型木器涂料中有害物质限量》（GB 18581）标准的溶剂型木器涂料

55. 氯乙烯—偏氯乙烯共聚乳液外墙涂料

56. 聚醋酸乙烯乳液类（含乙烯/醋酸乙烯酯共聚物乳液）外墙涂料

57. 有害物质含量超过《建筑用外墙涂料中有害物质限量》标准的外墙涂料

58. 焦油型聚氨酯防水涂料

59. 水性聚氯乙烯焦油防水涂料

60. 改性淀粉涂料

61. 含有机锡的防污涂料

62. 含三丁基锡、红丹的涂料

63. 含滴滴涕的涂料

64. 含异氰脲酸三缩水甘油酯（TGIC）的粉末涂料

65. 有害物质含量超过《玩具涂料中有害物质限量》标准的玩具涂料

66. 有害物质含量超过《汽车涂料中有害物质限量》标准的汽车涂料

67. 含苯类、苯酚、苯甲醛和二（三）氯甲烷的脱漆剂

68. 聚氯乙烯建筑防水接缝材料（焦油型）

69. 分散黄3、分散蓝1、直接红28、直接蓝6、直接黑38、碱性红9、酸性红26、酸性紫49、溶剂黄1等九种染料，用于纺织品染色的在还原条件下会裂解产生24种有害芳香胺的偶氮染料

70. 高污染、高环境风险染料：C.I.直接黄24、C.I.直接红1、C.I.直接红2、C.I.直接红13、C.I.直接红28、C.I.直接紫1、C.I.直接紫12、C.I.直接绿1、C.I.直接绿6、C.I.直接绿85、C.I.直接蓝1、C.I.直接蓝2、C.I.直接蓝6、C.I.直接蓝9、C.I.直接蓝14、C.I.直接蓝15、C.I.直接蓝22、C.I.直接蓝76、C.I.直接蓝151、C.I.直接蓝201、C.I.直接棕1、C.I.直接棕2、C.I.直接棕12、C.I.直接棕79、C.I.直接棕95、C.I.直接棕101、C.I.直接棕154、C.I.直接棕222、C.I.直接棕223、C.I.直接黑38、C.I.直接黑91、C.I.直接黑154、C.I.酸性橙45、C.I.酸性红26、C.I.酸性红73、C.I.酸性红85、C.I.酸性红114、C.I.酸性红115、C.I.酸性红128、C.I.酸性

红 158、C.I.酸性紫 12、C.I.酸性紫 49、C.I.酸性黑 29、C.I.酸性黑 94、C.I.酸性黑 132、C.I.分散黄 7、C.I.分散黄 23、C.I.分散黄 56、C.I.溶剂红 23、C.I.溶剂红 24

71. 软边结构自行车胎

72. 以棉帘线为骨架材料的普通输送带和以尼龙帘线为骨架材料的普通 V 带

73. 立德粉

74. 瘦肉精

75. 密闭式包装型乳化炸药基质冷却机

76. 密闭式包装型乳化炸药低温敏化机

77. 小直径手工单头炸药装药机

78. 轴承包覆在药剂中的混药、输送等炸药设备

79. 起爆药干燥工序采用蒸汽烘房干燥的工艺

80. 延期元件（体）制造工序采用手工装药的工艺

81. 雷管装填、装配工序及工序间的传输无可靠防殉爆措施的工艺

82. 导爆管制造工序加药装置无可靠防爆设施的生产线

83. 危险作业场所未实现远程视频监视的工业炸药和工业雷管生产线（2010 年）

84. 危险作业场所未实现远程视频监视的导爆索生产线（2011 年）

85. 采用传统轮碾方式的炸药制药工艺（2011 年）

86. 起爆药生产废水达不到《兵器工业水污染排放标准　火工药剂》（GB 14470.2）要求排放的生产工艺（2011 年）

87. 乳化器出药温度大于 130℃的乳化工艺（2013 年）

88. 小直径含水炸药装药效率低于 1200kg/h、小直径粉状炸药装药效率低于 800kg/h 的装药机（2013 年）

89. 有固定操作人员的场所，噪声超过 85 分贝以上的炸药设备（2013 年）

90. 全电阻极差大于 1.5Ω的电雷管（钢芯脚线长度 2m）生产技术（2013 年）

91. 装箱产品下线未实现生产数据在线采集、及时传输的生产线（2013 年）

92. 全电阻极差大于 1.0Ω的电雷管（钢芯脚线长度 2m）生产工艺（2015 年）

93. 工序间无可靠防传爆措施的导爆索生产线（2013 年）

94. 制索工序无药量在线检测、自动联锁保护装置的导爆索生产线（2013 年）

95. 最大不发火电流小于 0.25A 的普通型电雷管生产工艺（2015 年）

96. 雷管装填工序未实现人机隔离的生产工艺（2015 年）

97. 雷管卡口、检查工序间需人工传送产品的生产工艺（2015年）
98. 火雷管
99. 导火索
100. 铵梯炸药
101. 纸壳雷管（2011年）

四、建材

1. 平拉工艺平板玻璃生产线（含格法）
2. 窑径2.2米及以下水泥机械化立窑
3. 窑径2.2米以上、3.0米以下水泥机械化立窑（2012年）
4. 水泥干法中空窑（生产高铝水泥除外）
5. 水泥干法中空余热发电窑（2012年）
6. 水泥湿法窑（主要用于处理污泥、电石渣等除外）
7. 直径2.2米及以下的磨机（生产特种水泥的除外）
8. 水泥粉磨站直径3.0米以下的球磨机（西部省份的边远地区除外）（2012年）
9. 无复膜塑编水泥包装袋生产线
10. 年产70万平方米以下中低档建筑陶瓷砖、年产20万件以下低档卫生陶瓷生产线
11. 年产400万平方米及以下纸面石膏板生产线
12. 聚乙烯丙纶类复合防水卷材二次加热复合成型生产工艺
13. 年产500万平方米以下改性沥青类防水卷材生产线（2010年）
14. 年产500万平方米以下沥青复合胎柔性防水卷材生产线
15. 年产100万卷以下沥青纸胎油毡生产线
16. 建筑卫生陶瓷土窑、倒焰窑、多孔窑、煤烧明焰隧道窑、隔焰隧道窑、匣钵装卫生陶瓷隧道窑
17. 建筑陶瓷砖成型用摩擦压砖机
18. 石灰土立窑
19. 陶土坩埚玻璃纤维拉丝生产工艺与装备
20. 砖瓦24门以下轮窑（2010年）
21. 砖瓦18门以下轮窑以及立窑、无顶轮窑、马蹄窑等土窑
22. 普通挤砖机

23. SJ1580-3000 双轴、单轴搅拌机

24. SQP400500-700500 双辊破碎机

25. 1000 型普通切条机

26. 100 吨以下盘转式压砖机

27. 手工制作墙板生产线

28. 简易移动式混凝土砌块成型机、附着式振动成型台

29. 单班年产 1 万立方米以下的混凝土砌块固定式成型机，单班年产 10 万平方米以下的混凝土铺地砖固定式成型机

30. 人工浇筑、非机械成型的石膏（空心）砌块生产工艺

31. 真空加压法和气炼一步法石英玻璃生产工艺装备

32. 6×600 吨六面顶小型压机生产人造金刚石工艺

33. 非蒸压养护加气混凝土生产线，手工切割加气混凝土生产线

34. 不符合环保、安全生产要求的非金属矿开采，非机械化非金属矿开采

35. 用于制备轻烧氧化镁的土焙烧窑、土煅烧窑

36. 标准煤耗≥330 公斤/吨、容积≤18 立方米轻烧菱镁反射炉

37. 非烧结、非蒸压粉煤灰砖

38. 装饰石材矿山硐室爆破开采技术、吊索式大理石土拉锯

39. 使用非耐碱玻纤或非低碱水泥生产的玻纤增强水泥（GRC）空心条板

40. 陶土坩埚拉丝玻璃纤维和制品及其增强塑料（玻璃钢）制品

41. 25A 空腹钢窗

42. S-2 型混凝土轨枕

43. 一次冲洗用水量 9 升以上的便器

44. 角闪石石棉（即蓝石棉）

45. 非机械生产中空玻璃、双层双框各类门窗及单腔结构型的塑料门窗

46. 聚乙烯芯材厚度在 0.5mm 以下的聚乙烯丙纶复合防水卷材；聚氯乙烯防水卷材（S 型）；棉涤玻纤（高碱）网格复合胎基材料

47. 实心黏土砖

48. 湿法模塑成型的混凝土路面砖、路缘石

五、机械

1. 热处理铅浴炉

2. 热处理氯化钡盐浴炉（高温氯化钡盐浴炉，暂缓淘汰）
3. 插入式电极盐浴炉
4. 用重质耐火砖作为炉衬的热处理加热炉
5. 燃煤火焰反射加热炉
6. 重质砖炉衬台车炉
7. 手动燃气锻造炉
8. 燃煤锻造加热炉
9. SX 系列箱式电阻炉
10. 中频发电机感应加热电源
11. 无磁轭（≥0.25 吨）铝壳无芯中频感应电炉（2015 年）
12. 无芯工频感应电炉
13. 以焦炭为燃料的有色金属熔炼炉
14. 小吨位（≤3 吨/小时）铸造冲天炉（2015 年）
15. 黏土砂干型/芯铸造工艺
16. 铸/锻件酸洗工艺
17. 3 000 千伏安以下普通棕刚玉冶炼炉
18. 4 000 千伏安以下固定式棕刚玉冶炼炉（2011 年）
19. 3 000 千伏安以下碳化硅冶炼炉
20. 直径 1.98 米水煤气发生炉
21. 含氰电镀工艺（电镀金、银、铜基合金及予镀铜打底工艺，暂缓淘汰）
22. 含氰沉锌工艺
23. 以氯氟烃（CFCs）作为膨胀剂的烟丝膨胀设备生产线
24. T100、T100A 推土机
25. WP-3 挖掘机
26. KJ1600/1220 单筒提升绞机
27. Q51 汽车起重机
28. QT16、QT20、QT25 井架简易塔式起重机
29. TQ60、TQ80 塔式起重机
30. A571 单梁起重机
31. TD60、TD62、TD72 型固定带式输送机
32. ZP-II、ZP-III 干式喷浆机

33. 0.35 立方米以下的气动抓岩机
34. 矿用钢丝绳冲击式钻机
35. БY-40 石油钻机
36. J31-250 机械压力机
37. 强制驱动式简易电梯
38. C620、CA630 普通车床
39. C616、C618、C630、C640、C650 普通车床（2015 年）
40. X920 键槽铣床
41. X52、X62W 320×150 升降台铣床
42. B665、B665A、B665-1 牛头刨床
43. D6165、D6185 电火花成型机床
44. D5540 电脉冲机床
45. 无法安装安全保护装置的冲床
46. Q11-1. 6×1600 剪板机
47. J53-400、J53-630、J53-1000 双盘磨擦压力机
48. B 型、BA 型单级单吸悬臂式离心泵系列
49. F 型单级单吸耐腐蚀泵系列
50. DG270-140、DG500-140、DG375-185 锅炉给水泵
51. GC 型低压锅炉给水泵
52. JD 型长轴深井泵
53. 各种容量的固定炉排燃煤锅炉（双层固定炉排锅炉除外）
54. KDON-3200/3200 型蓄冷器全低压流程空分设备
55. KDON-1500/1500 型蓄冷器（管式）全低压流程空分设备
56. KDON-1500/1500 型管板式全低压流程空分设备
57. 3W-0. 9/7（环状阀）空气压缩机
58. 1-10/8、1-10/7 型动力用往复式空气压缩机
59. 8-18 系列、9-27 系列高压离心通风机
60. BX1-135、BX2-500 交流弧焊机
61. 电动机驱动旋转直流弧焊机（全系列）
62. 动圈式和抽头式硅整流弧焊机
63. 磁放大器式弧焊机

64. AX1-500、AP-1000 直流弧焊电动发电机

65. JDO2、JDO3 系列变极、多速三相异步电动机

66. JO2、JO3 系列小型异步电动机

67. YB 系列（机座号 63－355 毫米，额定电压 660 伏及以下）、YBF 系列（机座号 63－160 毫米，额定电压 380 伏、660 伏或 380/660 伏）、YBK 系列（机座号 100－355 毫米，额定电压 380/660 伏、660/1140 伏）隔爆型三相异步电动机

68. 4146 柴油机

69. E135 二冲程中速柴油机（包括 2、4、6 缸三种机型）

70. TY1100 型单缸立式水冷直喷式柴油机

71. 165 单缸卧式蒸发水冷、预燃室柴油机

72. 低于国Ⅱ排放的车用发动机

73. 以未安装燃油量限制器（简称限油器）的单缸柴油机为动力装置的农用运输车（指生产与销售）

74. 使用单缸柴油机道路车辆（2020 年起）

75. 燃油助力车

76. 3 吨直流架线式井下矿用电机车

77. 单壳油船

78. 船长大于 80 米的船舶整体建造工艺（2011 年）

79. 机动车制动用含石棉材料的摩擦片

80. 位式交流解除器温度控制柜

81. 热电偶（分度号 LL-2、LB-3、EU-2、EA-2、CK）

82. 热电阻（分度号 BA、BA2、G）

83. DDZ-I 型电动单元组合仪表

84. GGP-01A 型皮带秤

85. BLR-31 型称重传感器

86. WFT-081 辐射感温器

87. CER 膜盒系列

88. WDH-1E、WDH-2E 光电温度计

89. BC 系列单波纹管差压计

90. LCH-511、YCH-211、LCH-311、YCH-311、LCH-211、YCH-511 型环称式差压计

91. EWC-01A 型长图电子电位差计

92. PY5 型数字温度计

93. XQWA 型条形自动平衡指示仪

94. ZL3 型 X-Y 记录仪

95. DBU-521，DBU-521C 型液位变送器

96. 快速断路器：DS3-10、DS3-30、DS3-50（1000、3000、5000A）、DS10-10、DS10-20、DS10-30（1000、2000、3000A）

97. DZ10 系列塑壳断路器

98. DW10 系列框架断路器

99. CJ8 系列交流接触器

100. QC10、QC12、QC8 系列起动器

101. JR0、JR9、JR14、JR15、JR16-A、B、C、D 系列热继电器

102. 含汞开关和继电器

103. 单相电度表：DD1、DD5、DD5-2、DD5-6、DD9、DD10、DD12、DD14、DD15、DD17、DD20、DD28

104. SL7-30/10～SL7-1600/10、S7-30/10～S7-1600/10 配电变压器

105. 刀开关：HD6、HD3-100、HD3—200、HD3-400、HD3-600、HD3-1000、HD3-1500

106. 热动力式疏水阀：S15H-16、S19-16、S19-16C、S49H-16、S49-16C、S19H-40、S49H-40、S19H-64、S49H-64

107. 废旧船舶滩涂拆解工艺

六、轻工

1. 北方海盐年产 30 万吨、湖盐年产 20 万吨以下的生产设施；真空制盐单套生产能力年产 10 万吨及以下的生产设备

2. 利用矿盐卤水、油气田水且采用平锅制盐生产设备

3. 2 万吨/年及以下的南方海盐生产设施

4. 年加工生皮能力 5 万标张牛皮以下的生产线

5. 年加工蓝湿皮能力 3 万标张牛皮以下的生产线

6. 300 吨/年以下的油墨生产总装置（利用高新技术、无污染的除外）

7. 含苯类溶剂型油墨生产

8. 用于凹版印刷的苯胺油墨

9. 单条年生产能力 3.4 万吨以下的非木浆生产线

10. 年生产能力 5.1 万吨以下的化学木浆生产线

11. 单条年生产能力 1 万吨及以下以废纸为原料的制浆生产线

12. 幅宽在 1.76 米及以下并且车速为 120 米/分以下的文化纸生产线

13. 幅宽在 2 米及以下并且车速为 80 米/分以下的白板纸、箱板纸及瓦楞纸生产线

14. 石灰法地池制浆设备

15. 以氯氟烃（CFCs）为制冷剂和发泡剂的冰箱、冰柜、汽车空调器、工业商业用冷藏、制冷设备生产线

16. 四氯化碳（CTC）为清洗剂的生产工艺（根据国家履行国际公约总体计划要求进行淘汰）

17. CFC-113 为清洗剂的生产工艺

18. 甲基氯仿（TCA）为清洗剂的生产工艺（根据国家履行国际公约总体计划要求进行淘汰）

19. 自行车盐浴焊接炉

20. 印铁制罐行业中的锡焊工艺

21. 火柴排梗、卸梗生产工艺

22. 火柴理梗机、排梗机、卸梗机

23. 含重铬酸钾火柴

24. 冲击式制钉机

25. 打击式金属丝网织机

26. 年产 3 万吨以下酒精生产线（废糖蜜制酒精除外）

27. 年产 3 万吨以下味精生产线

28. 环保不达标的柠檬酸生产工艺及装置

29. 日处理原料乳能力（两班）20 吨以下浓缩、喷雾干燥等设施；200 千克/小时以下手动及半自动液体乳灌装设备（2010 年）

30. 每分钟生产能力小于 150 瓶（瓶容在 250 毫升及以下）的碳酸饮料生产线

31. 生产能力 12000 瓶/时以下的玻璃瓶啤酒灌装生产线（出口除外）

32. 机械定时行列式制瓶机

33. 燃煤和燃发生炉煤气的坩埚玻璃窑，直火式、无热风循环的玻璃退火炉
34. 用聚氯乙烯（PVC）生产接触饮料和食品的包装（2011 年）
35. 湿法纤维板生产工艺
36. 滴水法松香生产工艺
37. 汞电池（氧化汞原电池及电池组、锌汞电池）
38. 含汞高于 0.000 1%的圆柱型碱锰电池
39. 含汞高于 0.000 5%的扣式碱锰电池（2015）
40. 含镉高于 0.002%的铅酸蓄电池（2013）
41. 开口式普通铅酸电池
42. 厚度低于 0.025 毫米的商品零售购物塑料袋（可降解的除外）
43. 直排式燃气热水器
44. 螺旋升降式（铸铁）水嘴
45. 铸铁截止阀
46. 进水口低于溢流口水面、上导向直落式便器水箱配件
47. 半自动（卧式）工业用洗衣机
48. 外排式四氯乙烯干洗机，分体式和外排式石油干洗机
49. 脂肪酸法制叔胺工艺，发烟硫酸磺化工艺，搅拌釜式乙氧基化工艺
50. 生猪屠宰桥式劈半锯、敞式生猪烫毛机设备
51. 全部铅印机及相关辅机
52. 照相制版机
53. ZD201、ZD301 型系列单字铸字机
54. TH1 型自动铸条机
55. ZT102 型系列铸条机
56. ZDK101 型字模雕刻机
57. KMD101 型字模刻刀磨床
58. AZP502 型半自动汉文手选铸排机
59. ZSY101 型半自动汉文铸排机
60. ZZP101 型汉文自动铸排机
61. TZP101 型外文条字铸排机
62. QY401、2QY404 型系列电动铅印打样机
63. QYSH401、2QY401、DY401 型手动式铅印打样机

64. YX01、YX02、YX03 型系列压纸型机

65. HX01、HX02、HX03、HX04 型系列烘纸型机

66. PZB401 型平铅版铸版机

67. JB01 型平铅版浇版机

68. YZB02、YZB03、YZB04、YZB05、YZB06、YZB07 型系列铅版铸版机

69. RQ02、RQ03、RQ04 型系列铅泵熔铅炉

70. BB01 型刨版机

71. YGB 02、YGB 03、YGB 04、YGB 05 型圆铅版刮版机

72. YTB01 型圆铅版镗版机

73. YJB02 型圆铅版锯版机

74. YXB04、YXB05、YXB302 型系列圆铅版修版机

75. P401、P402 型系列四开平压印刷机

76. P801、P802、P803、P804 型系列八开平压印刷机

77. PE802 型双合页印刷机

78. TY201 型对开单色一回转平台印刷机

79. TY401 型四开单色一回转平台印刷机

80. TY4201 型四开一回转双色印刷机

81. TE102、TE105、TE108 型系列全张自动二回转平台印刷机

82. 手动续纸停回转平台印刷机：TT201、TZ201、DT201 型（对开）

83. 半自动停回转平台印刷机：TZ202 型（对开），TZ401、TZS401、DT401 型（四开）

84. 自动停回转平台印刷机：TT202 型（对开），TT402、TT403、TT405、DT402 型（四开）

85. TR801 型系列立式平台印刷机

86. LP1101、LP1103 型系列平板纸全张单面轮转印刷机

87. LP1201 型平板纸全张双面轮转印刷机

88. LP4201 型平板纸四开双色轮转印刷机

89. LSB201（880×1230 毫米）及 LS201、LS204（787×1092 毫米）型系列卷筒纸书刊转轮印刷机

90. LB203、LB205、LB403 型卷筒纸报版轮转印刷机

91. LB2405、LB4405 型卷筒纸双层二组报版轮转印刷机

92. LBS201 型卷筒纸书、报二用轮转印刷机

93. K.M.T 型自动铸字排版机

94. PH-5 型汉字排字机

95. 球震打样制版机（DIA PRESS 清刷机）

96. 1985 年前生产的国产制版照相机

97. 1985 年前生产的手动照排机

98. 离心涂布机

99. 单色胶印机（印刷速度每小时 4000 张及以下）：J2101、PZ1920 系列（对开），J1101 系列（全张），PZ1615 系列（四开），YPS1920 系列（双面）

100. W1101 型全张自动凹版印刷机

101. AJ401 型卷筒纸单面四色凹版印刷机

102. DJ01 型平装胶订联动机

103. PRD-01、PRD-02 型平装胶订联动机

104. DBT-01 型平装有线订、包、烫联动机

105. 溶剂型即涂覆膜机

106. QZ101、QZ201、QZ301、QZ401 型切纸机

107. MD103A 型磨刀机

七、纺织

1. “1”字头的纺纱、织造设备

2. A512、A513 型系列细纱机

3. B581、B582 型精纺细纱机

4. BC581、BC582 型粗纺细纱机

5. 辊长 1000 毫米以下的皮辊轧花机

6. 锯片在 80 以下的锯齿轧花机

7. 压力吨位在 400 吨以下的皮棉打包机（不含 160 吨、200 吨短绒棉花打包机）

8. B591 绒线细纱机

9. B601、B601A 型毛捻线机

10. BC272、BC272B 型粗纺梳毛机

11. B751 型绒线成球机

12. B701A 型绒线摇绞机

13. B250、B311、B311C、B311C（CZ）、B311C（DJ）型精梳机

14. H112、H112A 型毛分条整经机

15. H212 型毛织机

16. 使用期限超过 20 年未经改造的各类国产毛纺细纱机

17. ZD647、ZD721、D101A 型自动缫丝机

18. ZD681 型立缫机

19. DJ561 型绢精纺机

20. K251、K251A 型丝织机

21. Z114 型小提花机

22. GE186 型提花毛圈机

23. Z261 型人造毛皮机

24. 使用期限超过 15 年的浴比大于 1∶10 的棉及化纤间歇式染色设备（2011 年）

25. 未经改造的 74 型染整设备（2011 年）

26. 使用年限超过 15 年的国产和使用年限超过 20 年的进口印染前处理设备、拉幅和定形设备、圆网和平网印花机、连续染色机（2011 年）

27. R531 型酸性老式粘胶纺丝机（2011 年）

28. 年产 2 万吨以下常规粘胶短纤维生产线（2011 年）

29. 二甲基甲酰胺（DMF）溶剂法常规氨纶生产工艺（2011 年）

30. 湿法氨纶生产工艺（2011 年）

31. 二甲基甲酰胺（DMF）溶剂法腈纶生产工艺（2013 年）

32. 硝酸法腈纶常规纤维生产工艺

33. 涤纶长丝锭轴长 900 毫米以下的半自动卷绕设备（2011 年）

34. 间歇法常规聚酯产品设备（2011 年）

35. 螺杆挤出机直径小于等于 90 毫米，年产 2000 吨以下的涤纶再生纺短维生产装置

八、医药

1. 手工胶囊填充工艺

2. 软木塞烫蜡包装药品工艺

3. 不符合 GMP 要求的安瓿拉丝灌封机

4. 塔式重蒸馏水器

5. 无净化设施的热风干燥箱

6. 劳动保护、三废治理不能达到国家标准的原料药生产工艺和装置

7. 使用含苯油墨和添加剂进行表面印刷药包材产品的工艺

8. 铁粉还原法对乙酰氨基酚（扑热息痛）、咖啡因装置

9. 使用氯氟烃（CFCs）作为气雾剂、推进剂、抛射剂或分散剂的医药用品生产工艺

10. 安瓿灌装注射用无菌粉末

11. 铅锡软膏管、单层聚烯烃软膏管

12. 药用天然胶塞

13. 非易折安瓿

14. 输液用聚氯乙烯（PVC）软袋（不包括腹膜透析液、冲洗液用）

15. 单层聚烯烃软膏管（肛肠、腔道给药除外）

注：条目后括号内年份为淘汰期限，如淘汰期限为“2010 年”是指最迟应于 2010 年底前淘汰，其余类推；有淘汰计划的条目，根据计划进行淘汰；未标淘汰期限或淘汰计划的条目为已过淘汰期限应立即淘汰。

关于发布《国家鼓励的有毒有害原料（产品）替代品目录（2012 年版）》的通告

工信部联节〔2012〕620 号

为落实《节能减排“十二五”规划》和《工业清洁生产推行“十二五”规划》，引导企业在生产过程中尽量使用低毒低害和无毒无害原料，减少产品中有毒有害物质含量，从源头削减或避免污染物的产生，现发布《国家鼓励的有毒有害原料（产品）替代品目录（2012 年版）》。

附件：国家鼓励的有毒有害原料（产品）替代品目录（2012 年版）

工业和信息化部
科技部
环境保护部
2012 年 12 月 27 日

附件：

国家鼓励的有毒有害原料（产品）替代品目录（2012 年版）

序号	替代品名称	被替代品名称	适用范围
一、研发类			
（一）重金属替代			
1	彩色三价铬常温钝化液	高浓度六价铬彩色钝化液	镀锌钝化
2	氮化硼	氧化铍	微波管及大功率电真空器件
3	含汞催化剂（氯化汞含量低于 4%）或无汞催化剂	含汞催化剂（氯化汞含量为 10%～12.5%）	乙炔法氯乙烯合成

序号	替代品名称	被替代品名称	适用范围
（二）有机污染物替代			
4	可生物降解型水性油墨	有机溶剂型油墨	印刷包装
5	水性塑料凹印油墨	有机溶剂型塑料凹印油墨	食品、药品、塑料软包装凹版印刷
6	全氟聚醚乳化剂	全氟辛酸及其铵盐（PFOA）	含氟树脂合成
7	多不饱和脂肪酸衍生物类表面活性剂	烷基酚聚氧乙烯醚类（APEO）表面活性剂	日化、纺织、农业等
8	脂肪醇聚氧乙烯醚（FEO）	烷基酚聚氧乙烯醚类（APEO）表面活性剂	日化、纺织、农业等
9	N烷基葡萄糖酰胺（AGA）	烷基酚聚氧乙烯醚类（APEO）表面活性剂	日化、纺织、农业等
10	烷基多糖苷（APG）	烷基酚聚氧乙烯醚类（APEO）表面活性剂	日化、纺织、农业等
11	无PAHs芳烃油	含PAHs芳烃油	橡胶制品
12	全氟丁基类织物三拒整理剂	全氟辛基磺酰氟（PFOS）	纺织品
二、应用类			
（一）重金属替代			
13	亚磷酸钙防锈颜料	铅系、铅铬系及锌系防锈颜料	防锈、防腐涂料
14	三价铬电镀液	六价铬电镀液	汽车、电子、机械、仪器仪表
15	无铅易切削黄铜	含铅易切削黄铜	有色冶炼
16	合成法锑白等效阻燃剂	三氧化二锑	高聚物阻燃配方
17	铅钙等新型合金铅蓄电池	含镉铅蓄电池	铅蓄电池生产
18	无铬耐火砖	含铬耐火砖	水泥、钢铁、有色等行业的高温窑炉
19	氧化亚锡	氧化砷	光电显示玻璃制造
（二）有机污染物替代			
20	无烷基酚聚氧乙烯醚类（APEO）的建筑涂料乳液	含烷基酚聚氧乙烯醚类（APEO）的建筑涂料乳液	建筑物内外墙涂料
21	水性木器涂料	有机溶剂型木器涂料	木器家具、家庭装修
22	金属表面硅烷处理剂	磷化液	汽车、家电、机械制造等领域的金属表面涂装
23	无卤阻燃聚丙烯材料	多溴联苯、多溴二苯醚	聚烯烃阻燃
24	木蜡油木器漆	聚氨基甲酸酯（PU）漆	室内装饰
25	室内用水性木器漆	聚氨基甲酸酯（PU）漆	室内装饰
26	酪素胶	聚醋酸乙烯酯乳胶	工业用胶
27	无苯胶	氯丁胶	工业用胶
28	水溶性三聚氰胺胶	脲醛胶、酚醛胶	木制品粘接

序号	替代品名称	被替代品名称	适用范围
29	乙二醛脲醛胶	脲醛胶	人造板制造
30	无甲醛胶黏剂	脲醛胶	人造板制造
31	高活性木质素	苯酚	酚醛类材料
32	水性聚氨酯胶黏剂	有机溶剂型聚氨酯胶黏剂	胶粘剂
33	水性聚氨酯树脂	有机溶剂型聚氨酯树脂	皮革加工及合成革制造
（三）农药替代			
34	白油	甲苯、二甲苯溶剂	乳油加工
35	松脂基油溶剂	甲苯、二甲苯溶剂	乳油加工
（四）其他有毒有害物质替代			
36	阿莫西林酶法工艺原料	阿莫西林化学法工艺原料	阿莫西林原料药生产
37	无氰无甲醛酸性镀铜电镀液	含氰镀铜电镀液	钢铁件预镀铜
38	无氟脱模防油剂	含氟防油剂	工业脱模处理
三、推广类			
（一）重金属替代			
39	钨基合金镀层	铬镀层	石油开采领域
40	高覆盖能力的硫酸盐三价黑铬电镀液	六价铬电镀液	军工领域
41	无铬钝化剂	重铬酸钾	镀锌钝化
42	无铅电子浆料	含铅电子浆料	混合电路、热敏电阻、太阳能电池
43	锂离子电池	铅蓄电池	电动自行车、电动工具
44	胶体管式铅蓄电池	开口式富液管式铅蓄电池	备用电源、储能系统
45	无汞扣式碱性锌锰电池	含汞扣式碱性锌锰电池	电池生产
46	氢镍电池	镉镍电池	电动工具、便携式电器
47	铬鞣废液循环利用助剂	三价铬鞣剂	皮革加工
48	钙锌复合稳定剂	铅盐稳定剂	PVC 制品
49	稀土稳定剂	铅盐稳定剂	PVC 制品
50	含汞催化剂（氯化汞含量为4%～6.5%）	含汞催化剂（氯化汞含量为10%～12.5%）	乙炔法氯乙烯合成
（二）有机污染物替代			
51	耐沾污性强水性建筑涂料	有机溶剂型外墙建筑涂料	建筑物内外墙涂料
52	水性高弹性防水涂料	有机溶剂型聚氨酯防水涂料	建筑物和钢筋水泥构件的防水
53	水性环氧树脂涂料	有机溶剂型环氧树脂涂料	防腐涂料中的主要成膜物
54	水性塑料涂料	有机溶剂型塑料涂料	塑料制品涂装
55	紫外光（UV）固化涂料	有机溶剂型涂料	木器家具、塑料、纸品、汽车及粉末涂料涂装
56	水性工业涂料	有机溶剂型工业涂料	工业产品涂装

序号	替代品名称	被替代品名称	适用范围
57	水性聚氨酯、丙烯酸树脂	有机溶剂型树脂	涂料、黏合剂、染料及油墨颜料
58	酯类溶剂	二甲苯类溶剂	涂料溶剂、涂料稀释剂、农药溶剂及金属清洗剂
59	水性醇酸树脂	溶剂型醇酸树脂	涂料
60	醇酯型无苯无酮油墨	溶剂型含苯含酮油墨	塑料薄膜及复合材料的印刷
61	紫外光（UV）固化油墨	溶剂型油墨	印刷包装
62	无溶剂聚氨酯胶粘剂	溶剂型聚氨酯胶粘剂	食品、日化品包装
63	水滑石	溴化阻燃剂、硬脂酸铅	高聚物阻燃
64	木塑复合材料	木质人造板	室内外装饰
65	农作物秸秆板	含甲醛人造板	家具、建材、装修、包装材料
66	二氧化氯	液氯	造纸
67	柠檬酸酯类增塑剂	邻苯二甲酸类增塑剂	医疗器械、食品包装、儿童玩具
68	水性色浆	有机溶剂型色浆	合成革的染色
（三）农药替代			
69	植物源增效剂	化学合成增效剂	叶面喷雾使用的各类农药制剂
70	C23-29 链烷烃类溶剂	甲苯、二甲苯溶剂	农药乳油、水乳剂加工
71	石油醚	二甲苯	甲叉法乙草胺的生产
72	甲基嘧啶磷	磷化铝	粮食仓储害虫防治
73	昆虫病毒类农药	高毒杀虫剂	鳞翅目害虫防治
74	螺威	五氯酚钠	血吸虫寄主钉螺防治
75	氯硝柳胺	五氯酚钠	血吸虫寄主钉螺防治
76	四聚乙醛	五氯酚钠	血吸虫寄主钉螺防治
（四）其他有毒有害物质替代			
77	β-羟烷基酰胺固化剂	异氰尿酸三缩水甘油酯（TGIC）	耐候性粉末涂料的固化剂
78	一水合柠檬酸一钾二（丙二腈合金（I））	氰化亚金钾	镀金
79	橡胶硫化促进剂 ZBDC	橡胶硫化促进剂 PZ	橡胶制品
80	橡胶硫化促进剂 TBzTD	橡胶硫化促进剂 TMTD	橡胶制品
81	高强高模聚乙烯醇（PVA）纤维	石棉	水泥构件及室内装修材料

说明：

1. 研发类，指急需进行开发的原料（产品）；
2. 应用类，指已开发成功、具有较好推广使用前景、尚未实现产业化应用的原料（产品）；
3. 推广类，指已经成熟、需要加大推广力度、扩大使用范围的原料（产品）。

（二）贸易政策

关于取消部分商品出口退税的通知

财税〔2010〕57 号

各省、自治区、直辖市、计划单列市财政厅（局）、国家税务局、新疆生产建设兵团财务局：

经国务院批准，自 2010 年 7 月 15 日起取消下列商品的出口退税：

1. 部分钢材；
2. 部分有色金属加工材；
3. 银粉；
4. 酒精、玉米淀粉；
5. 部分农药、医药、化工产品；
6. 部分塑料及制品、橡胶及制品、玻璃及制品。

取消出口退税的具体商品名称和商品编码见附件。

具体执行时间，以“出口货物报关单（出口退税专用）”海关注明的出口日期为准。

附件：取消出口退税的商品清单

财政部

国家税务总局

二〇一〇年六月二十二日

附件：

取消出口退税的商品清单

序号	商品编码	商品名称
1	1108120000	玉米淀粉
2	2207100000	酒精浓度在 80%及以上的未改性乙醇
3	2207200010	任何浓度的改性乙醇
4	2207200090	任何浓度的其他酒精
5	2812101000	氯化亚砜（亚硫酰氯，氧氯化硫）
6	2812102000	氧氯化磷（即磷酰氯，三氯氧磷）
7	2825101010	纯度 85%及以上的水合肼
8	2825101090	纯度 85%以下的水合肼
9	2827491000	锆的氯氧化物及氢氧基氯化物
10	2827499000	其他氯氧化物及氢氧基氯化物
11	2835100000	次磷酸盐及亚磷酸盐
12	2835220000	磷酸一钠及磷酸二钠
13	2835240000	钾的磷酸盐
14	2835259000	其他正磷酸氢钙（磷酸二钙）
15	2835260000	其他磷酸钙
16	2835291000	磷酸三钠
17	2835299000	其他磷酸盐
18	2835391900	其他六偏磷酸钠
19	2835399000	其他多磷酸盐
20	2839110000	偏硅酸钠
21	2840110000	无水四硼酸钠
22	29031500001	按 13%征税的 1,2-二氯乙烷（ISO ）
23	29031500002	按 17%征税的 1,2-二氯乙烷（ISO ）
24	29036990401	按 13%征税的稗草烯
25	29036990402	按 17%征税的稗草烯
26	29049030001	按 13%征税的氯化苦
27	29049030002	按 17%征税的氯化苦
28	29049090111	按 13%征税的氯硝丙烷
29	29049090112	按 17%征税的氯硝丙烷
30	29049090121	按 13%征税的四氯硝基苯
31	29049090122	按 17%征税的四氯硝基苯

序号	商品编码	商品名称
32	29049090131	按 13%征税的五氯硝基苯
33	29049090132	按 17%征税的五氯硝基苯
34	29071990111	按 13%征税的邻苯基苯酚及其盐
35	29071990112	按 17%征税的邻苯基苯酚及其盐
36	29071990121	按 13%征税的邻烯丙基苯酚及盐
37	29071990122	按 17%征税的邻烯丙基苯酚及盐
38	29072990101	按 13%征税的毒菌酚
39	29072990102	按 17%征税的毒菌酚
40	29081990211	按 13%征税的格螨酯
41	29081990212	按 17%征税的格螨酯
42	29081990221	按 13%征税的双氯酚
43	29081990222	按 17%征税的双氯酚
44	29081990231	按 13%征税的五氯酚钠
45	29081990232	按 17%征税的五氯酚钠
46	29089910901	按 13%征税的对硝基苯酚钠
47	29089910902	按 17%征税的对硝基苯酚钠
48	29089990211	按 13%征税的芬螨酯
49	29089990212	按 17%征税的芬螨酯
50	29089990221	按 13%征税的消螨酚
51	29089990222	按 17%征税的消螨酚
52	29089990231	按 13%征税的戊硝酚
53	29089990232	按 17%征税的戊硝酚
54	29089990241	按 13%征税的特乐酚
55	29089990242	按 17%征税的特乐酚
56	29093000111	按 13%征税的甲氧滴滴涕、除草醚
57	29093000112	按 17%征税的甲氧滴滴涕、除草醚
58	29143990121	按 13%征税的鼠完
59	29143990122	按 17%征税的鼠完
60	29147000111	按 13%征税的氯鼠酮
61	29147000112	按 17%征税的氯鼠酮
62	29147000121	按 13%征税的二氯萘醌
63	29147000122	按 17%征税的二氯萘醌
64	29147000131	按 13%征税的四氯对醌
65	29147000132	按 17%征税的四氯对醌
66	29147000141	按 13%征税的六氯丙酮
67	29147000142	按 17%征税的六氯丙酮

序号	商品编码	商品名称
68	29153900141	按13%征税的灭螨醌
69	29153900142	按17%征税的灭螨醌
70	2915400010	一氯醋酸钠
71	29159000111	按13%征税的茅草枯
72	29159000112	按17%征税的茅草枯
73	29159000121	按13%征税的抑草蓬
74	29159000122	按17%征税的抑草蓬
75	29163100201	按13%征税的2-（乙酰氧基）苯甲酸
76	29163100202	按17%征税的2-（乙酰氧基）苯甲酸
77	29163600001	按13%征税的乐杀螨（ISO）
78	29163600002	按17%征税的乐杀螨（ISO）
79	29163990131	按13%征税的5-硝基邻甲氧基苯酸钠
80	29163990132	按17%征税的5-硝基邻甲氧基苯酸钠
81	29163990151	按13%征税的三碘苯甲酸
82	29163990152	按17%征税的三碘苯甲酸
83	29171900101	按13%征税的驱虫特
84	29171900102	按17%征税的驱虫特
85	29172090101	按13%征税的驱蚊灵
86	29172090102	按17%征税的驱蚊灵
87	29173410101	按13%征税的驱蚊叮
88	29173410102	按17%征税的驱蚊叮
89	29181990411	按13%征税的丙酯杀螨醇
90	29181990412	按17%征税的丙酯杀螨醇
91	29199000331	按13%征税的巴毒磷、杀虫畏
92	29199000332	按17%征税的巴毒磷、杀虫畏
93	29199000341	按13%征税的毒虫畏、甲基毒虫畏
94	29199000342	按17%征税的毒虫畏、甲基毒虫畏
95	29199000351	按13%征税的庚烯磷、特普
96	29199000352	按17%征税的庚烯磷、特普
97	29199000371	按13%征税的氯瘟磷、伐草磷
98	29199000372	按17%征税的氯瘟磷、伐草磷
99	29201900121	按13%征税的氯氧磷、虫螨畏
100	29201900122	按17%征税的氯氧磷、虫螨畏
101	29201900171	按13%征税的碘硫磷、苯稻瘟净
102	29201900172	按17%征税的碘硫磷、苯稻瘟净
103	29209090111	按13%征税的硫丹

序号	商品编码	商品名称
104	29209090112	按17%征税的硫丹
105	29209090121	按13%征税的治螟磷
106	29209090122	按17%征税的治螟磷
107	29209090131	按13%征税的消螨通
108	29209090132	按17%征税的消螨通
109	29209090151	按13%征税的浸种磷
110	29209090152	按17%征税的浸种磷
111	29209090161	按13%征税的赛松
112	29209090162	按17%征税的赛松
113	29211990311	按13%征税的2-氨基丁烷
114	29211990312	按17%征税的2-氨基丁烷
115	29211990321	按13%征税的二氯丙烯胺
116	29211990322	按17%征税的二氯丙烯胺
117	29214300311	按13%征税的溴鼠胺
118	29214300312	按17%征税的溴鼠胺
119	29224999131	按13%征税的兹克威、灭害威、除害威
120	29224999132	按17%征税的兹克威、灭害威、除害威
121	29241990121	按13%征税的百治磷
122	29241990122	按17%征税的百治磷
123	29241990131	按13%征税的溴乙酰胺
124	29241990132	按17%征税的溴乙酰胺
125	29241990151	按13%征税的叶枯炔
126	29241990152	按17%征税的叶枯炔
127	29310000411	按13%征税的草甘膦
128	29310000412	按17%征税的草甘膦
129	2932999021	紫杉醇
130	3601000010	模压的胶质推进剂
131	3601000020	含硝化粘接剂及铝粉＞5%的推进剂
132	3601000090	其他发射药
133	3602001010	符合特定标准的硝铵炸药（硝胺类物质超过 2%，或密度＞1.8g/cm^3、爆速＞8 000m/s）
134	3602001090	其他硝铵炸药，但发射药除外
135	3602009010	符合特定标准的其他配制炸药（含六硝基芪＞2%，或密度＞1.8g/cm^3、爆速＞8 000m/s）
136	3602009090	其他配制炸药，但发射药除外
137	3603000010	爆炸桥

序号	商品编码	商品名称
138	3603000020	爆炸桥丝
139	3603000030	冲击片
140	3603000040	爆炸箔起爆器
141	3603000050	使用单个或多个雷管的装置（由单一点火信号同时起爆，不包括仅使用起药的雷管）
142	3603000060	炸药雷管点火装置（用于引爆上述品目 3603 各子目列名的爆炸配件的雷管）
143	3603000090	其他安全导火索导爆索等引爆器件（包括火帽或雷管、引爆器、电雷管）
144	3605000000	火柴，但品目 3604 的烟火制品除外
145	3606100000	打火机等用液体或液化气体燃料（其包装容器的容积≤300 立方厘米）
146	3606901100	已切成形可直接使用的铈铁（包括其他引火合金）
147	3606901900	未切成形不可直接使用的铈铁（包括其他引火合金）
148	3606909000	其他易燃材料制品（本章注释二所述的）
149	3801100010	核级石墨（纯度高于百万分之五硼当量，密度大于 $1.50g/cm^3$）
150	3801100020	人造细晶粒整体石墨（20℃下的密度、拉伸断裂应变、热膨胀系数符合特殊要求）
151	3801100090	其他人造石墨
152	3801200000	胶态或半胶态石墨
153	3801300000	电极用碳糊及炉衬用的类似糊
154	3801900000	其他以石墨或其他碳为基料的制品[呈糊状、块状、板状的制品（包括半制品）]
155	3803000000	妥尔油，不论是否精炼
156	3804000010	未经浓缩、脱糖或经过化学处理的木浆残余碱液（妥尔油除外）
157	3804000090	经浓缩、脱糖或经过化学处理的木浆残余碱液，包括木素磺酸盐（妥尔油除外）
158	3805901000	以α 萜品醇为基本成分的松油
159	3806102000	树脂酸
160	3806300000	酯胶
161	3806900010	歧化松香及松香衍生物
162	3806900090	其他松香及树脂酸衍生物（包括松香精及松香油；再熔胶）
163	3807000000	木焦油木杂酚油粗木精植物沥青等（包括以松香、树脂酸植物沥青为基料的啤酒桶沥青及类似）
164	3809100000	以淀粉为基料的纺织等工业用制剂（纺织、造纸、制革等工业用整理剂、固色剂及其他制剂）
165	3809910000	纺织工业用其他未列名产品和制剂（包括整理剂、染料加速着色或固色助剂及其他制剂）
166	3809920000	造纸工业用其他未列名产品和制剂（包括整理剂、染料加速着色或固色助

序号	商品编码	商品名称
		剂及其他制剂）
167	3809930000	制革工业用其他未列名产品和制剂（包括整理剂、染料加速着色或固色助剂及其他制剂）
168	3810900000	焊接用的焊剂及其他辅助剂等（包括作焊条芯子或焊条涂料用的制品）
169	3811110000	以铅化合物为基本成分的抗震剂
170	3811190000	其他抗震剂
171	3811210000	含有石油的润滑油添加剂（包括含有从沥青矿物提取的油类的润滑油添加剂）
172	3811290000	不含石油的润滑油添加剂
173	3811900000	其他矿物油用的配制添加剂（抗氧剂、防胶剂、黏度改良剂、防腐剂及其他配制添加剂）
174	3813001000	灭火器的装配药
175	3813002000	已装药的灭火弹
176	3814000000	有机复合溶剂及稀释剂，除漆剂（指其他编号未列名的）
177	3815110000	以镍为活性物的载体催化剂（包括以镍化合物为活性物的）
178	3815120010	载铂催化剂（为了从重水中回收氚或为了生产重水而专门设计或制备，用于加速氢和水之间的氢同位素交换反应）
179	3815120090	其他以贵金属为活性物的载体催化剂
180	3815190000	其他载体催化剂
181	3815900000	其他未列名的反应引发剂、促进剂（包括反应催化剂）
182	3816000000	耐火水泥、灰泥及类似耐火材料（耐火混凝土及类似耐火混合制品，但品目 3801 的产品除外）
183	3817000000	混合烷基苯和混合烷基萘（品目 2707 及 2902 的货品除外）
184	3819000000	闸用液压油及其他液压传动用液体（按重量计石油或从矿物提取的油类含量低于 70%）
185	3820000000	防冻剂及解冻剂
186	3821000000	制成的供微生物（包括病毒及类似品）生长或维持用培养基（及制成的供植物、人体或动物细胞生长或维持用的培养基）
187	3822001000	附于衬背上的诊断或实验用试剂（包括不论是否附于衬背上的诊断或实验用配制试剂）
188	3822009000	其他诊断或实验用配制试剂
189	3823120000	油酸
190	3823130000	妥尔油脂肪酸
191	3823190001	植物酸性油（酸性油仅指精炼所得的）
192	3823190090	其他工业用单羧脂肪酸、酸性油（酸性油仅指精炼所得的）
193	3823700000	工业用脂肪醇
194	3824409000	其他水泥、灰泥及混凝土用添加剂

序号	商品编码	商品名称
195	3824500000	非耐火的灰泥及混凝土
196	3824600000	子目号 290544 以外的山梨醇
197	3824710011	二氯二氟甲烷和二氟乙烷的混合物（R-500）
198	3824710012	一氯二氟甲烷和二氯二氟甲烷的混合物（R-501）
199	3824710013	一氯二氟甲烷和一氯五氟乙烷的混合物（R-502）
200	3824710014	三氟甲烷和一氯三氟甲烷的混合物（R-503）
201	3824710015	二氟甲烷和一氯五氟乙烷的混合物（R-504）
202	3824710016	二氯二氟甲烷和一氟一氯甲烷的混合物（R-505）
203	3824710017	一氟一氯甲烷和二氯四氟乙烷的混合物（R-506）
204	3824710018	二氯二氟甲烷和二氯四氟乙烷的混合物（R-400）
205	3824710090	其他含甲烷、乙烷或丙烷的全氯氟烃（CFCs）混合物[不论是否含甲烷、乙烷或丙烷的氢氯氟烃（HCFCs）、全氟烃（PFCs）或氢氟烃（HFCs）]
206	3824720000	含溴氯二氟甲烷、溴三氟甲烷或二溴四氟乙烷的混合物
207	3824730000	含甲烷、乙烷或丙烷的氢溴氟烃（HBFCs）的混合物
208	3824740011	二氟一氯甲烷、二氟乙烷和一氯四氟乙烷的混合物（R-401）
209	3824740012	五氟乙烷、丙烷和二氟一氯甲烷的混合物（R-402）
210	3824740013	丙烷、二氟一氯甲烷和八氟丙烷的混合物（R-403）
211	3824740014	二氟一氯甲烷、二氟乙烷、一氯二氟乙烷和八氟环丁烷的混合物（R-405）
212	3824740015	二氟一氯甲烷、2-甲基丙烷（异丁烷）和一氯二氟乙烷的混合物（R-406）
213	3824740016	五氟乙烷、三氟乙烷和二氟一氯甲烷的混合物（R-408）
214	3824740017	二氟一氯甲烷、一氯四氟乙烷和一氯二氟乙烷的混合物（R-409）
215	3824740018	丙烯、二氟一氯甲烷和二氟乙烷的混合物（R-411）
216	3824740019	二氟一氯甲烷、八氟丙烷和一氯二氟乙烷的混合物（R-412）
217	3824740021	二氟一氯甲烷、一氯四氟乙烷、一氯二氟乙烷和 2-甲基丙烷的混合物（R-414）
218	3824740022	二氟一氯甲烷和二氟乙烷的混合物（R415）
219	3824740023	四氟乙烷、一氯四氟乙烷和丁烷的混合物（R416）
220	3824740024	丙烷、二氟一氯甲烷和二氟乙烷的混合物（R418）
221	3824740025	二氟一氯甲烷和八氟丙烷的混合物（R509）
222	3824740026	二氟一氯甲烷和一氯二氟乙烷的混合物
223	3824740090	其他含甲烷、乙烷或丙烷的氢氯氟烃混合物（不论是否含甲烷、乙烷或丙烷的全氟烃或氢氟烃，但不含全氯氟烃）
224	3824750000	含四氯化碳的混合物
225	3824760000	含 1,1,1-三氯乙烷（甲基氯仿）的混合物
226	3824770000	含溴化甲烷（甲基溴）或溴氯甲烷的混合物
227	3824790000	其他含甲烷、乙烷或丙烷的卤化衍生物的混合物

序号	商品编码	商品名称
228	3824810000	含环氧乙烷（氧化乙烯）的混合物
229	3824820000	含多氯联苯（PCBs）、多氯三联苯（PCTs）或多溴联苯（PBBs）的混合物
230	3824830000	含三（2,3-二溴丙基）磷酸酯的混合物
231	3824901000	杂醇油
232	3824902000	除墨剂、蜡纸改正液及类似品
233	3824903000	增炭剂
234	3824909901	高钛渣（二氧化钛质量百分含量＞70%的）
235	3824909920	混胺（二甲胺和三乙胺混合物的水溶液）
236	3912110090	初级形状的未塑化醋酸纤维素（未塑化二醋酸纤维素和未塑化三醋酸纤维素除外）
237	3912120000	初级形状的已塑化醋酸纤维素
238	3912200000	初级形状的硝酸纤维素（包括棉胶）
239	3912310000	初级形状的羧甲基纤维素及其盐
240	3912390000	初级形状的其他纤维素醚
241	3912900000	初级形状的其他未列名的纤维素（包括化学衍生物）
242	3913100000	初级形状的藻酸及盐和酯
243	3915100000	乙烯聚合物的废碎料及下脚料
244	3915200000	苯乙烯聚合物的废碎料及下脚料
245	3915300000	氯乙烯聚合物的废碎料及下脚料
246	3915901000	聚对苯二甲酸乙二酯废碎料及下脚料
247	3915909000	其他塑料的废碎料及下脚料
248	4002199090	其他丁苯橡胶及羧基丁苯橡胶板、片、带（4002199001 项下的除外）
249	4002209000	丁二烯橡胶板、片、带
250	4002319000	异丁烯-异戊二烯橡胶板、片、带
251	4002399000	卤代丁基橡胶板、片、带
252	4002499000	氯丁二烯橡胶板、片、带
253	4002599000	丁腈橡胶板、片、带
254	4002609000	异戊二烯橡胶板、片、带
255	4002709000	乙丙非共轭二烯橡胶板、片、带
256	4002800000	天然橡胶与合成橡胶的混合物
257	4002910000	本税号其他未列名的胶乳
258	4002991900	其他合成橡胶板、片、带（胶乳除外）
259	4002999000	从油类提取的油膏
260	4004000010	废轮胎及其切块
261	4004000020	硫化橡胶废碎料、下脚料及其粉、粒（硬质橡胶的除外）

序号	商品编码	商品名称
262	4004000090	未硫化橡胶废碎料、下脚料及其粉、粒
263	4005100000	与碳黑等混合的未硫化复合橡胶（包括与硅石混合，初级形状或板，片带）
264	4005200000	未硫化的复合橡胶溶液及分散体（分散体指子目 400510 以外的）
265	4005910000	其他未硫化的复合橡胶板、片、带
266	4005990000	其他未硫化的初级形状复合橡胶
267	4006100000	未硫化轮胎翻新用胎面补料胎条
268	4006901000	未硫化橡胶的杆，管，型材及异型材（初级形状或板、片、带以外形状）
269	4006902000	未硫化橡胶制品（盘、环等）
270	7001000010	废碎玻璃
271	7001000090	玻璃块料
272	7002100000	未加工的玻璃球（品目 7018 的微型玻璃球除外）
273	7002209000	其他未加工的玻璃棒
274	7002319000	熔凝石英或熔凝硅石制其他玻璃管
275	7003120000	铸、轧制着色的非夹丝玻璃板、片（不透明，镶色或有吸收反射或非反射层的，未经其他加工）
276	7003190090	铸、轧制的其他非夹丝玻璃板、片（未着色，透明及不具吸收层的，未经其他加工）
277	7003200000	铸、轧制的夹丝玻璃板、片（未经其他加工）
278	7003300000	铸、轧制的玻璃型材及异型材（未经其他加工）
279	7004200000	拉、吹制的着色玻璃板、片（不透明，镶色或有吸收反射或非反射层的，未经其他加工）
280	7004900001	光学平板玻璃，厚度 0.7mm 以下（未着色，透明及不具吸收层的，未经其他加工）
281	7004900090	拉、吹制的其他玻璃板、片（未着色，透明及不具吸收层的，未经其他加工）
282	7005100000	有吸收层非夹丝浮法或抛光玻璃板（包括有反射或非反射层的玻璃板、片）
283	7005210000	其他着色非夹丝浮法玻璃板、片（整块着色，不透明，镶色或仅表面研磨的）
284	7005290001	浮法玻璃（气泡，杂质的大小≤30 微米）
285	7005290090	其他非夹丝浮法玻璃板、片
286	7005300000	夹丝浮法玻璃板、片（包括表面研磨或抛光的，不论是否有吸收或反射层）
287	7011100000	电灯用未封口玻璃外壳及玻璃零件（未装有配件）
288	7011909000	其他类似品用未封口玻璃外壳零件（未装有配件）
289	7015901000	钟表玻璃（未经光学加工的）
290	7015909000	品目 7015 的其他未经光学加工玻璃
291	7020001200	绝缘子用玻璃伞盘

序号	商品编码	商品名称
292	7020001901	半导体晶片生产用石英反应管及夹持器（用于插入熔化和氧化炉内）
293	7020001990	其他工业用玻璃制品
294	7020009901	石英玻璃，平整度小于等于 1 微米
295	7020009990	其他非工业用玻璃制品
296	7106101100	平均粒径＜3 微米非片状银粉
297	7106101900	平均粒径≥3 微米的非片状银粉
298	7106102100	平均粒径＜10 微米片状银粉
299	7106102900	平均粒径≥10 微米的片状银粉
300	7208100000	轧有花纹的热轧卷材（除热轧外未进一步加工的）
301	7208250000	厚≥4.75mm 其他经酸洗的热轧卷材（除热轧外未进一步加工，宽≥600mm，未包、镀、涂层）
302	7208261000	4.75mm＞厚≥3mm 其他大强度热轧卷材（经酸洗，宽≥600mm，屈服强度大于 355 牛顿/平方毫米）
303	7208269000	其他 4.75mm＞厚≥3mm 热轧卷材（经酸洗，宽≥600mm，屈服强度小于等于 355 牛顿/平方毫米）
304	7208271000	厚度＜1.5mm 其他的热轧卷材（经酸洗，宽≥600mm，未包、镀、涂层）
305	7208279000	1.5mm≤厚＜3mm 其他的热轧卷材（经酸洗，宽≥600mm，未包、镀、涂层）
306	7208360000	厚度＞10mm 的其他热轧卷材（除热轧外未进一步加工，宽≥600mm，未包、镀、涂层）
307	7208370000	10mm≥厚≥4.75mm 的其他热轧卷材（除热轧外未进一步加工，宽≥600mm，未包、镀、涂层）
308	7208381000	4.75mm＞厚度≥3mm 的大强度卷材（宽≥600mm，屈服强度大于 355 牛顿/平方毫米）
309	7208389000	其他 4.75mm＞厚度≥3mm 的卷材（宽≥600mm，屈服强度小于等于 355 牛顿/平方毫米）
310	7208391000	厚度＜1.5mm 的其他热轧卷材(除热轧外未进一步加工宽≥600mm，未包、镀、涂层）
311	7208399000	1.5mm≤厚＜3mm 的其他热轧卷材（除热轧外未进一步加工宽≥600mm，未包、镀、涂层）
312	7208400000	轧有花纹的热轧非卷材（除热轧外未进一步加工，宽≥600mm，未包、镀、涂层）
313	7208511000	厚度＞50mm 的其他热轧非卷材（宽≥600mm，未包、镀，涂层）
314	7208512000	20mm＜厚≤50mm 的其他热轧非卷材（宽≥600mm，未包、镀，涂层）
315	7208519000	10mm＜厚≤20mm 的其他热轧非卷材（宽≥600mm，未包、镀，涂层）
316	7208520000	10mm≥厚度≥4.75mm 的热轧非卷材（除热轧外未进一步加工，宽≥600mm，未包、镀，涂层）

序号	商品编码	商品名称
317	7208531000	4.75mm＞厚≥3mm 大强度热轧非卷材（宽≥600mm，屈服强度大于 355 牛顿/平方毫米）
318	7208539000	其他 4.75mm＞厚≥3mm 的热轧非卷材（宽≥600mm，屈服强度小于等于 355 牛顿/平方毫米）
319	7208541000	厚＜1.5mm 的热轧非卷材（除热轧外未进一步加工，宽≥600mm，未包、镀，涂层）
320	7208549000	1.5≤厚＜3mm 的热轧非卷材（除热轧外未进一步加工，宽≥600mm，未包、镀，涂层）
321	7208900000	其他热轧铁或非合金钢宽平板轧材(除热轧外经进一步加工，宽≥600mm，未经包，渡，涂层）
322	7209151000	厚度≥3mm 的大强度冷轧卷材（宽≥600mm，屈服强度大于 355 牛顿/平方毫米）
323	7211130000	未轧花纹的四面轧制的热轧非卷材（150mm＜宽＜600mm，厚≥4mm，未包，镀，涂层）
324	7211140000	厚度≥4.75mm 的其他热轧板材（宽＜600mm，未包，镀，涂层）
325	7211190000	其他热轧铁或非合金钢窄板材（宽＜600mm，未包，镀，涂层）
326	7211230000	含碳量低于 0.25%的冷轧板材（宽＜600mm，未包，镀，涂层）
327	7211290000	其他冷轧铁或非合金钢窄板材（宽＜600mm，未经包，镀，涂层，含碳量≥0.25%）
328	7211900000	冷轧的铁或非合金钢其他窄板材（宽度＜600mm，未经包，镀，涂层）
329	7212100000	镀（涂）锡的铁或非合金钢窄板材（宽＜600mm）
330	7212200000	电镀锌的铁或非合金钢窄板材（宽＜600mm）
331	7212300000	其他镀或涂锌的铁窄板材（包括非合金钢的，宽度＜600mm）
332	7212400000	涂漆或涂塑的铁或非合金钢窄板材（宽度＜600mm）
333	7212500000	涂镀其他材料的铁或非合金钢窄板材（宽度＜600mm）
334	7212600000	经包覆的铁或非合金钢窄板材（宽度＜600mm）
335	7216310000	截面高度≥80mm 槽钢（除热加工外未经进一步加工）
336	7216321000	截面高度＞200mm 工字钢（除热加工外未经进一步加工）
337	7216329000	80mm≤截面高度≤200mm 工字钢（除热加工外未经进一步加工）
338	7216331100	截面高度＞800mm H 型钢（除热加工外未经进一步加工）
339	7216331900	200mm＜截面高度≤800mm H 型钢（除热加工外未经进一步加工）
340	7216339000	80mm≤截面高度≤200mm H 型钢（除热加工外未经进一步加工）
341	7216401000	截面高度≥80mm 角钢（除热加工外未经进一步加工）
342	7216402000	截面高度≥80mm 丁字钢（除热加工外未经进一步加工）
343	7216610000	平板轧材制的角材、型材及异型材（除冷加工外未经进一步加工）
344	7216690000	冷加工的角材、型材及异型材（除冷加工外未经进一步加工）
345	7216910000	其他平板轧材制角材、型材、异型材（冷成型或冷加工制的）

序号	商品编码	商品名称
346	7228200000	其他硅锰钢的条、杆
347	7229200000	硅锰钢丝
348	7407100000	精炼铜条、杆、型材及异型材
349	7407210000	铜锌合金（黄铜）条、杆、型材及异型材
350	7407290000	其他铜合金条、杆、型材及异型材（包括白铜或德银的条、杆、型材及异型材）
351	7408110000	最大截面尺寸＞6mm 的精炼铜丝
352	7408190000	截面尺寸≤6mm 的精炼铜丝
353	7408210000	铜锌合金（黄铜）丝
354	7408220000	铜镍合金（白铜）丝或铜镍锌合金（德银）丝
355	7408290000	其他铜合金丝
356	7412100000	精炼铜管子附件
357	7412201000	铜镍合金或铜镍锌合金管子配件
358	7412209000	其他铜合金管子配件
359	7413000000	非绝缘的铜丝绞股线、缆、编带等
360	7415100000	铜钉，平头钉，图钉 U 型钉及类似品（包括钢铁制带铜头的）
361	7415210000	铜垫圈（包括弹簧垫圈）
362	7415290000	铜制其他无螺纹制品
363	7415331000	铜制木螺钉（包括钢铁制带铜头的）
364	7415339000	铜制其他螺钉螺栓螺母（包括钢铁制带铜头的）
365	7415390000	其他铜制螺纹制品
366	7419100000	铜链条及其零件
367	7419911000	工业用铸造，模压，冲压其他铜制品（未进一步加工）
368	7419999100	工业用其他铜制品
369	7501201000	镍湿法冶炼中间品
370	7506200000	镍合金板、片、带、箔
371	7507110000	纯镍管
372	7507200000	镍及镍合金管子附件
373	7508101000	镍丝制的布
374	7508108000	工业用镍丝制的网及格栅
375	7508109000	其他镍丝制的网及格栅
376	7508908000	其他工业用镍制品（镍丝布、网及格栅除外）
377	7508909000	其他非工业用镍制品（镍丝布、网及格栅除外）
378	7804190000	铅及铅合金板（包括厚度＞0.2mm 的箔）
379	7806001000	铅及铅合金条、杆、丝、型材、异型材
380	7806009000	其他铅制品

序号	商品编码	商品名称
381	7904000000	锌及锌合金条、杆、型材、丝
382	7905000000	锌板、片、带、箔
383	7907002000	锌管及锌制管子附件（例如：接头、肘管、管套）
384	7907003000	电池壳体坯料（锌饼）
385	7907009000	其他锌制品
386	8003000000	锡及锡合金条、杆、型材、丝
387	8007002000	锡板、片及带，厚度超过 0.2mm
388	8007004000	锡管及管子附件（例如，接头，肘管，管套）
389	8007009000	其他锡制品
390	8101999000	其他钨制品
391	8102950000	锻轧钼条、杆、型材（不包括简单烧结的条、杆）
392	8102990000	钼制品
393	8103909010	钽坩埚（容积在 50ml 至 2L 之间、钽纯度≥98%）
394	8104901000	锻轧镁
395	8104902090	其他镁制品
396	8105900000	其他钴及制品
397	8106009090	其他铋及铋制品
398	8109900090	其他锻轧锆及锆制品
399	8110900000	其他锑及锑制品
400	8111009000	其他锰及制品
401	8112190000	其他铍及其制品
402	8112290000	其他铬及其制品
403	8112590000	其他铊及其制品
404	8112922001	未锻轧、废碎料或粉末状的钒氮合金
405	8112992001	其他钒氮合金
406	8112992090	其他钒及其制品

关于调整部分产品出口退税率的通知

财税〔2014〕150号

各省、自治区、直辖市、计划单列市财政厅（局）、国家税务局，新疆生产建设兵团财务局：

经国务院批准，调整部分产品的出口退税率。现就有关事项通知如下：

一、调整下列产品的出口退税率：

（一）提高部分高附加值产品、玉米加工产品、纺织品服装的出口退税率。

（二）取消含硼钢的出口退税。

（三）降低档发的出口退税率。

调整出口退税率的产品清单见附件。

二、本通知第一条第（一）项和第（二）项规定自2015年1月1日起执行，第一条第（三）项规定自2015年4月1日起执行。提高玉米加工产品出口退税率的政策执行至2015年12月31日。具体执行时间，以出口货物报关单（出口退税专用）上注明的出口日期为准。

财政部

国家税务总局

2014年12月31日

附件：

调整出口退税率的产品清单

章	产品编码	产品名称	调整后退税率（%）
8章	0802903010	鲜或干的红松子仁	5
11章	11010000	小麦或混合麦的细粉	13
	11031100	小麦粗粒及粗粉	13
	11032010	小麦团粒	13
	11081200	玉米淀粉	13
21章	21039010	味精	13
22章	22071000	浓度≥80%的未改性乙醇	13
23章	23031000	制造淀粉过程中的残渣及类似品	13
27章	27160000	电力	17
28章	28045000	硼、碲	13
	28049090	其他硒	13
	28129011	三氟化氮	9
	28254000	镍的氧化物及氢氧化物	13
	28259021	三氧化二铋	13
28章	28269020	六氟磷酸锂	13
	28353110	食品级的三磷酸钠（三聚磷酸钠）	13
	28353190	其他三磷酸钠（三聚磷酸钠）	13
	28353911	食品级的六偏磷酸钠	9
	28416910	锰酸锂	13
	28429030	锂镍钴锰氧化物	13
	28429090	其他无机酸盐及过氧酸盐，叠氮化物除外	13
	28530030	镍钴锰氢氧化物	13
29章	29012410	1,3-丁二烯	13
	29054200	季戊四醇	13
	29054300	甘露糖醇	13
	29054400	山梨醇	13
	29054500	丙三醇（甘油）	13
	29146910	辅酶 Q10	13
	29153200	乙酸乙烯酯	13
	29157090	棕榈酸及其盐和酯、硬脂酸盐、酯	13

章	产品编码	产品名称	调整后退税率（%）
29章	29181100	乳酸及其盐和酯	13
	29181600	葡糖酸及其盐和酯	13
	29189900	其他含其他附加含氧基羧酸及其酸酐（酰卤化物，过氧化物和过氧酸及它们的衍生物）	13
	29214910	对异丙基苯胺	13
	29214920	二甲基苯胺	13
	29214930	2,6-甲基乙基苯胺	13
	29214940	2,6-二乙基苯胺	13
	29214990	其他芳香单胺及衍生物及它们的盐	13
	29221910	乙胺丁醇	13
	29221921	二甲氨基乙醇及其质子化盐	13
	29221940	甲基二乙醇胺	13
	29221950	本芴醇	13
	29221990	其他氨基醇及其醚、酯和它们的盐（但含有一种以上含氧基的除外）	13
	29222910	茴香胺、二茴香胺、氨基苯乙醚及其盐	13
	29222990	其他氨基（萘酚、酚）及醚、酯、盐（但含有一种以上含氧基的除外）	13
	29224110	赖氨酸	13
	29224991	普鲁卡因	13
	29225010	对羟基苯甘氨酸及其邓甲盐	13
	29225090	其他氨基醇酚、氨基酸酚及其他含氧基氨基化合物	13
	29242930	阿斯巴甜	13
	29242990	其他环酰胺（包括环氨基甲酸酯）	13
	29309020	二硫代碳酸酯（或盐）[黄原酸酯（或盐）]	13
	29329910	7-羟基苯并呋喃（呋喃酚）	13
	29329920	联苯双酯	13
	29331990	其他结构上有非稠合吡唑环化合物（不论是否氢化）	13
	29332900	其他结构上有非稠合咪唑环化合物（不论是否氢化）	13
	29333990	其他结构上有非稠合吡啶环化合物（不论是否氢化）	13
	29334990	其他含喹琳或异喹啉环系的化合物（但未经进一步稠合）	13

章	产品编码	产品名称	调整后退税率（%）
29章	29335910	胞嘧啶	13
	29335990	其他结构上有嘧啶环或哌嗪环的化合物（不论是否氢化）	13
	29339100	阿普唑仑、卡马西泮等以及它们的盐	13
	29339900	其他仅含氮杂原子的杂环化合物	13
	29343000	含一个吩噻嗪环系的化合物（但未经进一步稠合，不论是否氢化）	13
	29349100	阿米雷司、溴替唑仑、氯噻西泮等以及他们的盐	13
	29349910	磺内酯及磺内酰胺	13
	29349920	呋喃唑酮	13
	29349930	核酸及其盐	13
	29349990	其他杂环化合物	13
	29371100	生长激素及其衍生物和类似结构物	13
	29371210	重组人胰岛素及其盐	17
	29371900	其他多肽激素、蛋白激素、糖蛋白激素及其衍生物和类似结构物	13
	29372311	孕马结合雌激素	13
	29372319	其他动物源的雌（甾）激素和孕激素	13
	29372390	其他皮质甾类激素的卤化衍生物	13
	29372900	其他甾族激素及其衍生物和类似结构物	13
	29400000	化学纯糖，但蔗糖、乳糖、麦芽糖、葡萄糖及果糖除外；糖醚、糖酯及其盐，但不包括税目 29.37、29.38、29.39 的产品	13
30章	30021000	抗血清、其他血份及免疫制品（不论是否修饰通过生物工艺加工制得）	17
	30022000	人用疫苗	17
	30023000	兽用疫苗	17
	3002903010	两用物项管制细菌及病毒	17
	3002903020	苏云金杆菌	17
	3002903090	其他细菌及病毒	17
	30029040	遗传物质和基因修饰生物体	17
	3002909019	其他人血制品、动物血制品	17
	3002909091	两用物项管制毒素	17

章	产品编码	产品名称	调整后退税率（%）
30章	3002909099	人血、其他毒素等[包括培养微生物（不包括酵母）及类似产品]	17
	30049010	含有磺胺类的药品（两种或两种以上成分混合而成的，治病或防病用已配定剂量或零售包装）	17
	30049020	含联苯双酯的药品（混合或非混合，治病或防病用已配定剂量或零售包装）	17
	30049052	片仔癀（混合或非混合，治病或防病用已配定剂量或零售包装）	17
	30049053	白药（混合或非混合，治病或防病用已配定剂量或零售包装）	17
	30049054	清凉油（混合或非混合，治病或防病用已配定剂量或零售包装）	17
32章	3203001990	其他植物质着色料及以其为基本成分的制品包括染料浸膏（不论是否已有化学定义）；32 章注释三所述的以植物质着色料为基本成分的制品	13
	32141010	半导体器件封装材料	13
	32141090	其他安装玻璃用油灰、接缝用油灰、树脂胶泥、嵌缝胶及其他类似胶粘剂；漆工用填料	13
34章	3406000090	其他各种蜡烛及类似品	17
37章	37061010	已曝光已冲洗的教学专用电影胶片，宽度≥35mm，不论是否配有声道或仅有声道	17
	37061090	已曝光已冲洗的电影胶片，宽度≥35mm，不论是否配有声道或仅有声道，教学专用除外	17
	37069010	已曝光已冲洗的教学专用电影胶片，宽度＜35mm，不论是否配有声道或仅有声道	17
	37069090	已曝光已冲洗的电影胶片，宽度＜35mm，不论是否配有声道或仅有声道，教学专用除外	17
38章	38019010	表面处理的球化石墨	13
	38170000	混合烷基苯及混合烷基萘，但税目 27.07 及 29.02 的产品除外	13
	38220010	附于衬背上的诊断或实验用试剂，但税目 32.02、32.06 的货品除外	13

章	产品编码	产品名称	调整后退税率（%）
38 章	38220090	无论是否附于衬背上的诊断或实验用配制试剂，但税目 32.02、32.06 的货品除外	13
	38231200	油酸	9
	38247400	含氢氯氟烃的，不论是否含全氟烃或氢氟烃，但不含全氯氟烃的含有甲烷、乙烷、丙烷卤化衍生物混合物	13
50 章	50040000-50079090	非供零售用丝纱线等	17
51 章	51061000-51081011	非供零售用粗梳纯羊毛纱线等	17
	5108101990	非供零售用粗梳其他动物细毛纱线（按重量计其他动物细毛含量≥85%）	17
	5108109090	非供零售用粗梳其他动物细毛纱线（按重量计其他粗梳动物细毛含量＜85%）	17
	51082011	按重量计山羊绒含量在 85%及以上的非供零售用的精梳纱线	17
	5108201990	非供零售用精梳其他动物细毛纱线（按重量计其他动物细毛含量≥85%）	17
	5108209090-51099090	非供零售用精梳其他动物细毛纱线（按重量计其他精梳动物细毛含量＜85%）等	17
	5110000090-51130000	其他动物粗毛或马毛的纱线（包括马毛粗松螺旋花线，不论是否供零售用）等	17
52 章	52041100-52122500	非供零售用全棉缝纫线等	17
53 章	53061000-53110090	亚麻单纱等	17
54 章	整章	非供零售用合成纤维长丝缝纫线等	17
55 章	整章	尼龙或其他聚酰胺长丝丝束等	17
56 章	整章	棉制的絮胎及其他絮胎制品等	17
57 章	整章	羊毛结织栽绒地毯及其他铺地制品等	17
58 章	整章	毛制起绒机织物及绳绒织物等	17
59 章	整章	用胶或淀粉涂布的棉或麻纺织物等	17
60 章	整章	针织或钩编的长毛绒织物等	17
61 章	整章	棉制针织或钩编男式大衣、防风衣等	17
62 章	整章	毛制男式大衣、斗篷及类似品等	17
63 章	63011000-63080000	电暖毯等	17
	63101000	经分拣的纺织材料制碎织物等	17
	63109000	纺织材料制其他碎织物等	17

章	产品编码	产品名称	调整后退税率（%）
67章	67030000	经梳理、稀疏等方法加工的人发及假发材料	9
	67041100	合成纺织材料制整头假发	9
	67041900	合成纺织材料制其他假发、须等	9
	67042000	人发制假发、须、眉及类似品	9
	67049000	其他材料制假发、须眉及类似品	9
68章	68159920	碳纤维	9
	68159931	碳布	9
	68159932	碳纤维预浸料	9
	68159939	其他碳纤维制品	9
70章	70200013	熔融石英或其他熔融硅石制	9
71章	71049012	工业用蓝宝石	13
72章	72254091	含硼合金钢	0
	72269191	含硼合金钢	0
	72279010	含硼合金钢制不规则盘卷的其他合金钢热轧条、杆	0
	72283010	含硼合金钢制其他条、杆，除热轧、热拉拔或热挤压外未经进一步加工	0
73章	73151110	自行车滚子链	13
	73151120	摩托车滚子链	13
	73151200	其他铰接链	13
	73151900	铰接链零件	13
	73152000	防滑链	13
	73159000	非铰接链零件	13
	73160000	钢铁锚、多爪锚及其零件	13
74章	74071010	铬锆铜制条、杆及型材及异型材	9
	74072111	直线度不大于0.5毫米/米铜锌合金条、杆	9
	74072119	其他铜锌合金条、杆	9
	74072190	其他黄铜条、杆及型材及异型材	9
	74072900	其他铜合金条杆、型材及异型材	9
	74081100	最大截面尺寸＞6mm的精炼铜丝	9
	74081900	截面尺寸≤6mm的精炼铜丝	9
	74082100	黄铜丝	9
	74082210	铜镍锌铅合金（加铅德银）丝	9
	74082900	其他铜合金丝	9
	74101100	无衬背的精炼铜箔	17

章	产品编码	产品名称	调整后退税率（%）
82 章	82022010	双金属带锯条	13
	82090010	未装配的工具用金属陶瓷板	13
	82090021	晶粒度小于 0.8 微米的金属陶瓷条、杆	13
	82090029	其他未装配的工具用金属陶瓷条、杆	13
	82090030	未装配的工具用金属陶瓷刀头	13
	82090090	其他未装配的工具用金属陶瓷类似品	13
84 章	84248910	家用型喷射、喷雾机械器具	17
	84248920	喷涂机器人	17
	84248991	船用洗舱机	17
	84248999	其他液体粉末喷射机械	17
	84433290	其他可与网络连接的传真机或打字机	17
	84705010	销售点终端出纳机	17
	84705090	其他现金出纳机	17
	84797100	机场用旅客登机桥	17
	84797900	其他旅客登机（船）桥	17
	84798910	船舶用舵机及陀螺稳定器	17
	84798920	空气增湿器及减湿器	17
	84798961	自动插件机	17
	84798962	自动贴片机	17
	84798969	印刷电路电路板的其他加工设备	17
	84798992	自动化立体仓储设备	17
	84799010	船舶用舵机及陀螺稳定器零件	17
	84799020	空气增湿器及减湿器零件	17
87 章	87031011	全地形车	17
	87031019	其他高尔夫球车及类似车辆	17
	87031090	雪地行走专用车	17
	87111000-87139000	摩托车、自行车、残疾人用车等	17
89 章	8903910001	8 米＜长度＜90 米的机动帆船	17
	8903910090	其他帆船（不论是否装有辅助发动机）	17
	8903920001	8 米＜长度＜90 米的汽艇（装有舷外发动机的除外）	17
	8903920090	其他汽艇（装有舷外发动机的除外）	17
90 章	90011000	光导纤维束及光缆	17
	90019010	彩色滤光片	17
	90019090	其他光学元件	17

章	产品编码	产品名称	调整后退税率（%）
90章	90029010	照相机用未列名光学元件	17
	90029090	其他光学仪器用未列名光学元件	17
	90058090	其他光学望远镜	17
	90066100	放电式（电子式）闪光灯装置	17
	90118000	其他显微镜	17
	90121000	其他非光学显微镜及衍射设备	17
	90131000	武器用望远镜瞄准具及其他望远镜	17
	90172000	其他绘图、划线或数学计算器具	17
	90211000	矫形或骨折用器具	17
	90213100	人造关节	17
	90213900	其他人造的人体部分	17
	90214000	助听器，不包括零附件	17
	90215000	心脏起搏器，不包括零附件	17
	90219011	血管支架	17
	90219019	其他支架	17
	90219090	其他税号90.21中未列名的矫形器具	17
	90221910	低剂量X射线安全检查设备	17
	90222910	γ射线无损探伤检测仪	17
	90222990	其他非医疗用α、β、γ射线设备	17
	90223000	X射线管	17
	90229010	X射线影像增强器	17
	90229090	税号90.22所列其他设备及零件	17
	90241010	电子万能试验机	17
	90241020	硬度计	17
	90241090	其他金属材料的试验用机器及器具	17
	90248000	非金属材料的试验用机器及器具	17
	90292010	车辆用速度计	17
	90292090	其他速度计及转速表、频闪观测仪	17
	90302010	测试频率＜300兆赫的通用示波器	17
	90302090	其他阴极射线示波器	17
	90303110	量程≤五位半的数字万用表，不带记录装置	17
	90303190	其他不带记录装置的万用表	17
	90303200	带记录装置的万用表	17
	90303310	量程≤五位半的数字电流表、电压表，不带记录装置	17

章	产品编码	产品名称	调整后退税率（%）
90 章	90303320	不带记录装置的电阻测试仪	17
	90303390	检测电压、电流及功率的其他仪器，不带记录装置	17
	90303900	检测电压、电流、电阻或功率的其他仪器，带记录装置	17
	90308200	检测半导体晶片或器件的仪器	17
	90314100	制造半导体器件时检验半导体晶片、器件或检验光掩模或光栅用	17
	90314910	轮廓投影仪	17
	90314920	光栅测量装置	17
	90314990	其他光学测量或检验仪器和器具	17
92 章	92011000	竖式钢琴	17
	92012000	大钢琴	17
	92019000	其他钢琴	17
94 章	94042900	其他材料制褥垫	17
	9404301090	其他羽毛或羽绒填充的睡袋	17
	94043090	其他睡袋	17
	9404901090	其他羽绒或羽毛填充的其他寝具（含类似品）	17
	9404902090-94049090	其他兽毛填充的其他寝具（含类似品）等	17
95 章	95049030	中国象棋、国际象棋、跳棋等棋类用品	17
	95049040	麻将及类似桌上游戏用品	17

注 1：本通知所述玉米加工产品，是指上表中产品编码为 11081200、21039010、22071000、23031000、29054200、29054300、29054400、29181100、29181600、29224110 的 10 项产品。

2：本通知所述档发，是指上表中第 67 章涉及的 5 项产品。

2007年第二批加工贸易禁止类商品目录（禁止出口）

公告2007年第110号

根据国家宏观调控的要求，增加加工贸易禁止类商品目录（见附表）。现就有关事项公告如下：

一、本规定自2008年1月21日起执行。

二、此前已经商务主管部门批准并已向海关申请备案的加工贸易业务，允许在审批的合同有效期内执行完毕；以企业为单元管理的联网监管企业允许在2008年12月21日前执行完毕。上述业务到期仍未执行完毕的不予延期，按加工贸易有关规定办理。

三、本公告也适用于保税区、出口加工区等海关特殊监管区域，但本公告发布之前区内已设立的企业除外。

附件：2007年第二批加工贸易禁止类商品目录（禁止出口）

商务部

海关总署

二〇〇七年十二月二十一日

附件：

2007年第二批加工贸易禁止类商品目录

序号	商品编码	商品名称
1	0101101010	改良种用濒危野马
2	0101102010	改良种用的濒危野驴
3	0101901010	非改良种用濒危野马

序号	商品编码	商品名称
4	0101909010	非改良种用濒危野驴
5	0102100010	改良种用濒危野牛
6	0106191010	其他改良种用濒危野生哺乳动物
7	0106192010	其他食用濒危野生哺乳动物
8	0106199010	其他濒危野生哺乳动物
9	0106391010	其他濒危野生改良种用的鸟
10	0106392910	其他食用濒危野生鸟
11	0106399010	其他濒危野生鸟
12	0106901110	改良种用濒危蛙苗
13	0106901910	其他改良种用濒危野生动物
14	0106902010	其他濒危野生食用动物
15	0106909010	其他濒危野生动物
16	0205000010	鲜、冷或冻的濒危野马、野驴肉
17	0208109010	鲜、冷或冻濒危野兔肉及其食用杂碎
18	0208909010	其他鲜、冷或冻的濒危野生动物肉
19	0210200010	干、熏、盐制的濒危野牛肉
20	0210990010	干熏盐制其他濒危动物肉及杂碎
21	0301100060	观赏用其他濒危鱼
22	0301931010	濒危鲤鱼苗
23	0301939010	活濒危鲤鱼
24	0301991910	其他濒危鱼苗
25	0301999910	其他濒危活鱼
26	0302699010	其他未列名濒危鲜、冷鱼
27	0302700010	鲜或冷濒危鱼种的肝及鱼卵
28	0303799010	其他未列名濒危冻鱼
29	0303800010	冻濒危鱼种的肝及鱼卵
30	0304190010	其他鲜或冷的濒危鱼片及其他鱼肉
31	0304299010	冻的其他濒危鱼片
32	0304990010	濒危鱼类其他冻鱼肉
33	0305200010	干、熏、盐制的濒危鱼种肝、卵
34	0305300010	干或盐制濒危鱼类的鱼片
35	0305599010	其他濒危干鱼
36	0305699010	盐腌及盐渍的其他濒危鱼
37	0307601010	濒危蜗牛及螺种苗
38	0307609010	其他濒危蜗牛及螺
39	0307911010	濒危水生无脊椎动物的种苗

序号	商品编码	商品名称
40	0307919910	其他濒危活、鲜、冷水生无脊椎动物
41	0307999010	其他冻干盐制濒危水生无脊椎动物
42	0407001010	种用濒危野禽蛋
43	0407002910	其他带壳鲜濒危野鸟卵
44	0407009910	其他腌制或煮过的带壳濒危野鸟卵
45	0410009010	其他编号未列名濒危野生动物产品
46	0502901910	濒危獾毛及其他制刷用濒危兽毛
47	0502902010	濒危獾毛及其他制刷濒危兽毛废料
48	0505100010	填充用濒危野生禽类羽毛；羽绒
49	0505909010	其他濒危野生禽类羽毛，羽绒
50	0507100020	其他濒危野生兽牙；兽牙粉末及废料
51	0508001010	珊瑚及濒危水产品的粉末、废料
52	0508009010	珊瑚及濒危水产品的壳、骨
53	0510009010	其他濒危野生动物胆汁及其他产品
54	0511100010	濒危野生牛的精液
55	0511911110	濒危鱼的受精卵
56	0511911910	濒危鱼的非食用产品
57	0511919010	濒危水生无脊椎动物产品
58	0511991010	濒危野生动物精液（牛的精液除外）
59	0511992010	濒危野生动物胚胎
60	0511999010	其他编号未列名濒危野生动物产品
61	0601109191	种用休眠其他濒危植物鳞茎等
62	0601109991	其他休眠濒危植物鳞茎等
63	0601200091	生长或开花的其他濒危植物鳞茎等
64	0602100010	濒危植物的无根插枝及接穗
65	0602909991	其他濒危活植物
66	0603190010	鲜的濒危植物插花及花蕾
67	0603900010	干或染色等加工濒危插花及花蕾
68	0604910010	鲜濒危植物枝、叶或其他部分，草
69	0604990010	染色或经加工濒危枝、叶，草等
70	0714909091	含高淀粉或菊粉其他濒危类似根茎
71	0802903020	鲜或干的其他濒危松子仁
72	0802909020	鲜或干的其他濒危松子
73	0811909022	冷冻的其他濒危松子
74	0812900022	暂时保存的其他濒危松子
75	1211903991	其他主要用作药料鲜或干濒危植物

序号	商品编码	商品名称
76	1211905091	主要用作香料的濒危植物
77	1211909991	其他鲜或干杀虫、杀菌用濒危植物
78	1212999910	其他供人食用濒危植物产品
79	1301904010	濒危松科植物的松脂
80	1301909091	其他濒危植物的天然树胶、树脂
81	1302199013	供制农药用的濒危植物液汁及浸膏
82	1302199097	其他濒危植物液汁及浸膏
83	1302390010	未列名濒危植物胶液及增稠剂
84	1401200010	濒危藤
85	1504300010	濒危哺乳动物的油、脂及其分离品
86	1506000010	其他濒危动物为原料制取的脂肪
87	1601001010	濒危野生动物肉，杂碎，血制天然肠衣香肠
88	1601002010	濒危野生动物肉，杂碎，血制其他肠衣香肠
89	1601003010	用含濒危野生动物成分的香肠制的食品
90	1602100010	含濒危野生动物成分的均化食品
91	1602501010	含濒危野牛肉的罐头
92	1602509010	其他制作或保藏濒危野牛肉，杂碎
93	1602901010	其他濒危野生动物肉及杂碎罐头
94	1602909010	制作或保藏其他濒危野生动物肉
95	1603000010	含濒危野生动物及鱼类成分的肉
96	1604199010	制作或保藏的濒危鱼类
97	1604201910	非整条或切块的濒危鱼罐头
98	1604209910	其他制作或保藏的濒危鱼
99	1605909010	其他制作或保藏的濒危软体动物
100	2106903010	含濒危植物成分的蜂王浆制剂
101	2106909910	含濒危动植物成分的其他编号未列名食品
102	2202100010	含濒危植物成分加味，加糖或其他甜物质水
103	2202900011	含濒危植物成分散装无酒精饮料
104	2202900091	含濒危植物成分其他包装无酒精饮料
105	2208909021	含濒危野生动植物成分的薯类蒸馏酒
106	2208909091	含濒危野生动植物成分的其他蒸馏酒及酒精饮料
107	2501001100	食用盐
108	2501001900	其他盐
109	2501002000	纯氯化钠
110	2523100000	水泥熟料
111	2523210000	白水泥，不论是否人工着色

序号	商品编码	商品名称
112	2523290000	其他硅酸盐水泥
113	2523300000	矾土水泥
114	2523900000	其他水凝水泥
115	2707100000	粗苯
116	2707200000	粗甲苯
117	2707300000	粗二甲苯
118	2707400000	萘
119	2707500000	其他芳烃混合物
120	2707910000	杂酚油
121	2707991000	酚
122	2707999000	蒸馏煤焦油所得的其他产品
123	2710113000	橡胶溶剂油、油漆溶剂油、抽提溶剂油
124	2710119101	壬烯
125	2710119190	其他壬烯
126	2710119910	异戊烯同分异构体混合物
127	2710119990	其他轻油及制品
128	2710191910	正构烷烃（C9～C13）
129	2710191990	其他煤油馏分的油及制品
130	2801100000	氯
131	2801200000	碘
132	2801301000	氟
133	2801302000	溴
134	2802000000	升华、沉淀、胶态硫黄
135	2803000000	碳
136	2804100000	氢
137	2804210000	氩
138	2804290000	其他稀有气体
139	2804300000	氮
140	2804400000	氧
141	2804500010	颗粒＜500μm 的硼及其合金
142	2804500020	能量密度＞40MJ/kg 的硼浆
143	2804500090	碲及其他硼
144	2804909000	其他硒
145	2805110000	钠
146	2805120010	高纯度钙
147	2805120090	其他钙

序号	商品编码	商品名称
148	2805190000	其他碱金属及碱土金属
149	2805400000	汞
150	2806100000	氯化氢（盐酸）
151	2806200000	氯磺酸
152	2807000010	硫酸
153	2807000090	发烟硫酸
154	2808000010	红发烟硝酸
155	2808000090	磺硝酸及其他硝酸
156	2809100000	五氧化二磷
157	2809201000	磷酸及偏磷酸、焦磷酸
158	2809209000	其他多磷酸
159	2810001000	硼的氧化物
160	2810002000	硼酸
161	2811191000	氢氰酸
162	2811199010	氢碘酸
163	2811199020	砷酸、焦砷酸、偏砷酸
164	2811199090	其他无机酸
165	2811210000	二氧化碳
166	2811220000	二氧化硅
167	2811290010	三氧化二砷、五氧化二砷
168	2811290020	四氧化二氮
169	2811290090	其他非金属无机氧化物
170	2812103000	碳酰二氯（光气）
171	2812104100	一氯化硫（氯化硫）
172	2812104200	二氯化硫
173	2812104300	三氯化磷
174	2812104400	三氯化砷
175	2812104500	五氯化磷
176	2812109000	其他非金属氯氧化物
177	2812900010	三氟化氯
178	2812900020	三氟化砷，三溴化砷，三碘化砷
179	2812900030	硫酰氟
180	2812900090	其他非金属卤化物及卤氧化物
181	2813100000	二硫化碳
182	2813900010	五硫化二磷
183	2813900090	其他非金属硫化物，三硫化二磷

序号	商品编码	商品名称
184	2814100000	氨
185	2814200000	氨水
186	2815110000	固体氢氧化钠
187	2815120000	氢氧化钠水溶液，液体烧碱
188	2815300000	过氧化钠及过氧化钾
189	2816100000	氢氧化镁及过氧化镁
190	2816400000	锶或钡的氧化物、氢氧化物
191	2817001000	氧化锌
192	2817009000	过氧化锌
193	2819100000	三氧化铬
194	2819900000	其他铬的氧化物及氢氧化物
195	2820100000	二氧化锰
196	2820900000	其他锰的氧化物
197	2821100000	铁的氧化物及氢氧化物
198	2821200000	土色料
199	2823000000	钛的氧化物
200	2824100000	一氧化铅（铅黄，黄丹）
201	2824901000	铅丹及铅橙[四氧化（三）铅]
202	2824909000	其他铅的氧化物
203	2825109000	其他肼、胲及其无机盐
204	2825201000	氢氧化锂
205	2825209000	锂的氧化物
206	2825301000	五氧化二钒
207	2825309000	其他钒的氧化物及氢氧化物
208	2825400000	镍的氧化物及氢氧化物
209	2825500000	铜的氧化物及氢氧化物
210	2825600000	锗的氧化物及二氧化锆
211	2825700000	钼的氧化物及氢氧化物
212	2825800000	锑的氧化物
213	2825901100	钨酸
214	2825901910	蓝色氧化钨
215	2825901990	其他钨的氧化物及氢氧化物
216	2826120000	氟化铝
217	2826191010	氟化氢铵
218	2826191090	其他铵的氟化物
219	2826192010	氟化钠

序号	商品编码	商品名称
220	2826192020	氟化氢钠
221	2826192090	其他钠的氟化物
222	2826900001	六氟磷酸锂
223	2826900090	其他氟硅酸盐、氟铝酸盐
224	2827101000	肥料用氯化铵
225	2827109000	非肥料用氯化铵
226	2827200000	氯化钙
227	2827310000	氯化镁
228	2827320000	氯化铝
229	2827350000	氯化镍
230	2827391000	氯化锂
231	2827392000	氯化钡
232	2827410000	铜的氯氧化物及氢氧基氯化物
233	2827510000	溴化钠及溴化钾
234	2828100000	商品次氯酸钙及其他钙的次氯酸盐
235	2828900000	次溴酸盐、亚氯酸盐、其他次氯酸盐
236	2829110000	氯酸钠
237	2829191000	氯酸钾（洋硝）
238	2829199000	其他氯酸盐
239	2829900010	颗粒＜500μm 的球形高氯酸铵
240	2829900090	其他高氯酸盐，溴酸盐等
241	2830101000	硫化钠
242	2830109000	其他钠的硫化物
243	2830902000	硫化锑
244	2830903000	硫化钴
245	2830909000	其他硫化物、多硫化物
246	2831101000	钠的连二亚硫酸盐
247	2831102000	钠的次硫酸盐
248	2831900000	其他连二亚硫酸盐及次硫酸盐
249	2832100000	钠的亚硫酸盐
250	2832200000	其他亚硫酸盐
251	2832300000	硫代硫酸盐
252	2833190000	钠的其他硫酸盐
253	2833210000	硫酸镁
254	2833220000	硫酸铝
255	2833240000	镍的硫酸盐

序号	商品编码	商品名称
256	2833250000	铜的硫酸盐
257	2833270000	硫酸钡
258	2833291000	硫酸亚铁
259	2833293000	硫酸锌
260	2833301000	钾铝矾
261	2833309000	其他矾
262	2833400000	过硫酸盐
263	2834100000	亚硝酸盐
264	2834211000	肥料用硝酸钾
265	2834219000	非肥料用硝酸钾
266	2834291000	硝酸钴
267	2835310000	三磷酸钠（三聚磷酸钠）
268	2836200000	碳酸钠（纯碱）
269	2836300000	碳酸氢钠（小苏打）
270	2836400000	钾的碳酸盐
271	2836500000	碳酸钙
272	2836600000	碳酸钡
273	2836910000	锂的碳酸盐
274	2836920000	锶的碳酸盐
275	2836991000	碳酸镁
276	2836994000	商品碳酸铵及其他铵的碳酸盐
277	2836999000	其他碳酸盐及过碳酸盐
278	2837111000	氰化钠
279	2837112000	氧氰化钠
280	2837191000	氰化钾
281	2837199011	氰化锌，氰化亚铜，氰化铜
282	2837199012	氰化镍，氰化钙
283	2837199013	氰化钡，氰化镉，氰化铅
284	2837199014	氰化钴
285	2837199090	其他氰化物及氧氰化物
286	2837200011	氰化镍钾，氰化钠铜锌
287	2837200012	氰化亚铜（三）钠，氰化亚铜（三）钾
288	2837200090	其他氰络合物
289	2839190000	其他钠盐
290	2839900010	硅酸铅
291	2839900090	其他硅酸盐，商品碱金属硅酸盐

序号	商品编码	商品名称
292	2840190000	其他四硼酸钠
293	2840200000	其他硼酸盐
294	2840300000	过硼酸盐
295	2841610000	高锰酸钾
296	2841690000	亚锰酸盐，锰酸盐及其他高锰酸盐
297	2841701000	钼酸铵
298	2841709000	其他钼酸盐
299	2841802000	钨酸钠
300	2841803000	钨酸钙
301	2841804000	偏钨酸铵
302	2841809000	其他钨酸盐
303	2841900090	其他金属酸盐及过金属酸盐
304	2842100000	硅酸复盐及硅酸络盐
305	2843210000	硝酸银
306	2843290010	氰化银，氰化银钾，亚砷酸银
307	2843290090	其他银化合物
308	2843900010	氯化钯
309	2843900090	其他贵金属化合物，贵金属汞齐
310	2844100000	天然铀及其化合物
311	2844200000	U235 浓缩铀，钚及其化合物
312	2844300000	U235 贫化铀，钍及其化合物
313	2844401010	镭-226 及其化合物
314	2844401090	其他镭及镭盐
315	2844402000	放射性钴及放射性钴盐
316	2844409010	铀-233 及其化合物
317	2844409090	其他放射性元素同位素及其化合物
318	2844500000	核反应堆已耗尽的燃料元件
319	2845100000	重水（氧化氘）
320	2845900010	除重水外的氘及氘化物
321	2845900020	硼-10 同位素及其化合物、混合物
322	2845900030	富集锂-6 同位素及其化合物混合物
323	2845900090	其他同位素及其他化合物
324	2847000000	过氧化氢
325	2848000010	磷化铝，磷化锌
326	2848000090	其他磷化物
327	2849901000	碳化硼

序号	商品编码	商品名称
328	2849909000	其他碳化物
329	2850000010	砷化氢
330	2910200000	甲基环氧乙烷（氧化丙烯）
331	2910300000	1-氯-2,3-环氧丙烷（表氯醇）
332	2922422000	谷氨酸钠
333	2922500000	氨基醇酚、氨基酸酚
334	2932999091	其他濒危植物提取的仅含氧杂原子的杂环化合物
335	3001200010	其他濒危野生动物腺体，器官
336	3001909091	其他濒危动物制品
337	3002909011	濒危动物血制品
338	3003909020	含其他未列名濒危动植物混合药品
339	3004905110	含濒危动植物成分的中药酒
340	3004905910	含濒危动植物成分的中式成药
341	3201100000	坚木浸膏
342	3201200000	荆树皮浸膏
343	3201901010	其他濒危植物鞣料浸膏
344	3201901090	其他植物鞣料浸膏
345	3201909000	鞣酸及其盐、醚、酯和其他衍生物
346	3202100000	有机合成鞣料
347	3202900000	无机鞣料、鞣料制剂等
348	3203001100	天然靛蓝及以其为基本成分的制品
349	3203001910	濒危植物质着色料及制品
350	3203001990	其他植物质着色料及制品
351	3204120000	酸性染料及制品、媒染染料及制品
352	3204130000	碱性染料及以其为基本成分的制品
353	3204140000	直接染料及以其为基本成分的制品
354	3204151000	合成靛蓝（还原靛蓝）
355	3204159000	其他还原染料及以其为基本成分品
356	3204160000	活性染料及以其为基本成分的制品
357	3204170000	颜料及以其为基本成分的制品
358	3204191100	硫化黑及以其为基本成分的制品
359	3204191900	其他硫化染料及以其为基本成分品
360	3204199000	其他着色料组成的混合物
361	3204200000	用作萤光增白剂的有机合成产品
362	3204901000	生物染色剂及染料指示剂
363	3204909000	其他用作发光体的有机合成产品

序号	商品编码	商品名称
364	3205000000	色淀及以色淀为基本成分的制品
365	3206111000	钛白粉
366	3206119000	其他干量计二氧化钛≥80%的颜料
367	3206190000	其他二氧化钛为基料的颜料及制品
368	3206200000	铬化合物为基本成分的颜料及制品
369	3206410000	群青及以其为基本成分的制品
370	3206421000	锌钡白
371	3206429000	其他以硫化锌为基本成分的颜料
372	3206490000	其他无机着色料及其制品
373	3206500000	用作发光体的无机产品
374	3207100000	调制颜料，遮光剂，着色剂及类似品
375	3207200000	珐琅和釉料、釉底料及类似制品
376	3207300000	光瓷釉及类似制品
377	3207400000	呈粉、粒状搪瓷玻璃料及其他玻璃
378	3208100000	溶于非水介质的聚酯油漆及清漆等
379	3208201001	分散于或溶于非水介质的光导纤维用涂料
380	3208201090	其他聚丙烯酸油漆、清漆等
381	3208202000	溶于非水介质的聚乙烯油漆及清漆
382	3208901001	分散于或溶于非水介质的光导纤维用涂料
383	3208901090	其他聚胺酯油漆清漆等
384	3208909000	溶于非水介质其他油漆、清漆溶液
385	3209100000	溶于水介质的聚丙烯酸油漆及清漆
386	3209901000	以环氧树脂为基本成分油漆及清漆
387	3209902000	以氟树脂为基本成分的油漆及清漆
388	3209909000	溶于水介质其他聚合物油漆及清漆
389	3210000000	其他油漆及清漆，皮革用水性颜料
390	3211000000	配制的催干剂
391	3212100000	压印箔
392	3212900000	制漆用颜料及零售包装染料、色料
393	3213100000	成套的颜料
394	3213900000	非成套颜料、调色料及类似品
395	3214100000	安装玻璃用油灰等；漆工用填料
396	3214900000	非耐火涂面制剂
397	3215110000	黑色印刷油墨
398	3215190000	其他印刷油墨
399	3215901000	书写墨水

序号	商品编码	商品名称
400	3215909000	绘图墨水及其他墨类
401	3301299991	其他非柑桔属濒危植物果实的精油
402	3301309010	其他濒危植物香膏
403	3301901010	濒危植物提取的油树脂
404	3304990091	其他含濒危植物成分美容化妆品
405	3305100010	含濒危植物成分的洗发剂
406	3306101010	含濒危植物成分牙膏
407	3404900000	其他人造蜡及调制蜡
408	3406000010	含濒危动物成分的蜡烛及类似品
409	3802100000	活性炭
410	3802900010	濒危动物炭黑
411	3802900090	活性天然矿产品；其他动物炭黑
412	3824300010	混合的未烧结金属碳化钨
413	3824300090	其他混合的未烧结金属碳化物
414	3922200010	含濒危动物成分的塑料马桶座圈及盖
415	4201000010	濒危野生动物材料制的鞍具及挽具
416	4202111010	以含濒危野生动物皮革作面的衣箱
417	4202119010	以濒危野生动物皮革作面的箱包
418	4202210010	以濒危野生动物皮革作面的手提包
419	4202310010	以濒危野生动物皮革作面的钱包等
420	4202910010	濒危野生动物皮革作面的其他容器
421	4203100010	濒危野生动物皮革制的衣服
422	4203210010	濒危野生动物皮革制的运动手套
423	4203291010	濒危野生动物皮革制的劳保手套
424	4203299010	濒危野生动物皮革制的其他手套
425	4203301010	濒危野生动物皮革制的腰带
426	4203302010	濒危野生动物皮革制的子弹带
427	4203400010	濒危野生动物皮革制的衣着附件
428	4205001010	濒危野生动物皮革制的坐具套
429	4205002010	濒危野生动物皮革制工业用皮革或再生皮革制品
430	4205009010	濒危野生动物皮革的其他制品
431	4302191010	已鞣未缝制的濒危狐皮
432	4302191090	已鞣未缝制的其他贵重濒危动物毛皮
433	4302192010	已鞣未缝制的整张濒危野兔皮
434	4302199010	已鞣未缝制其他濒危野生动物毛皮
435	4302200010	已鞣未缝濒危野生动物头，尾，爪等

序号	商品编码	商品名称
436	4302301090	已鞣已缝制的贵重濒危动物毛皮及其块、片
437	4302309010	已鞣缝的其他整张濒危野生毛皮
438	4303101010	濒危野生动物毛皮衣服
439	4303102010	濒危野生动物毛皮衣着附件
440	4303900010	濒危野生动物毛皮制其他物品
441	5102191010	未梳濒危兔毛
442	5102193010	未梳濒危野生骆驼科动物毛、绒
443	5102199010	未梳的其他濒危野生动物细毛
444	5102200010	未梳的濒危野生动物粗毛
445	5103109010	其他濒危野生动物细毛的落毛
446	5103209010	其他濒危野生动物细毛废料
447	5103300010	濒危野生动物粗毛废料
448	5104009010	其他濒危野生动物细毛
449	5105391010	已梳濒危兔毛
450	5105400010	其他已梳濒危野生动物粗毛
451	5108100010	非供零售用粗梳濒危动物细毛纱线
452	5108200010	非供零售用精梳濒危动物细毛纱线
453	5110000010	濒危动物粗毛的纱线
454	6402120010	含濒危动物毛皮橡胶/塑料底及面滑雪靴
455	6402190010	含濒危动物毛皮其他运动鞋靴
456	7113119010	镶嵌濒危物种制品的银首饰及零件
457	7113209010	镶嵌濒危物种制品以贱金属为底的包贵金属制首饰
458	7114110010	镶嵌濒危物种制品的银器及零件
459	7208100000	轧有花纹的热轧卷材
460	7208250000	厚≥4.75mm 其他经酸洗的热轧卷材
461	7208261000	4.75mm＞厚≥3mm 其他大强度热轧卷材
462	7208269000	其他 4.75mm＞厚≥3mm 热轧卷材
463	7208271000	厚度＜1.5mm 其他的热轧卷材
464	7208279000	1.5mm≤厚＜3mm 其他的热轧卷材
465	7208360000	厚度＞10mm 的其他热轧卷材
466	7208370000	10mm≥厚≥4.75mm 的其他热轧卷材
467	7208381000	4.75mm＞厚度≥3mm 的大强度卷材
468	7208389000	其他 4.75mm＞厚度≥3mm 的卷材
469	7208391000	厚度＜1.5mm 的其他热轧卷材
470	7208399000	1.5mm≤厚＜3mm 的其他热轧卷材
471	7208400000	轧有花纹的热轧非卷材

序号	商品编码	商品名称
472	7208511000	厚度＞50mm 的其他热轧非卷材
473	7208512000	20mm＜厚≤50mm 的其他热轧非卷材
474	7208519000	10mm＜厚≤20mm 的其他热轧非卷材
475	7208520000	10mm≥厚度≥4.75mm 的热轧非卷材
476	7208531000	4.75mm＞厚≥3mm 大强度热轧非卷材
477	7208539000	其他 4.75mm＞厚≥3mm 的热轧非卷材
478	7208541000	厚＜1.5mm 的热轧非卷材
479	7208549000	1.5mm≤厚＜3mm 的热轧非卷材
480	7208900000	其他热轧铁或非合金钢宽平板轧材
481	7211130000	未轧花纹的四面轧制的热轧非卷材
482	7211140000	厚度≥4.75mm 的其他热轧板材
483	7211190000	其他热轧铁或非合金钢窄板材
484	7211230000	含炭量低于 0.25%的冷轧板材
485	7211290000	其他冷轧铁或非合金钢窄板材
486	7211900000	冷轧的铁或非合金钢其他窄板材
487	7212100000	镀（涂）锡的铁或非合金钢窄板材
488	7212200000	电镀锌的铁或非合金钢窄板材
489	7212300000	其他镀或涂锌的铁窄板材
490	7212400000	涂漆或涂塑的铁或非合金钢窄板材
491	7212500000	涂镀其他材料铁或非合金钢窄板材
492	7212600000	经包覆的铁或非合金钢窄板材
493	7213100000	铁或非合金钢制热轧盘条
494	7213200000	其他易切削钢制热轧盘条
495	7213910000	直径＜14mm 圆截面的其他热轧盘条
496	7213990000	其他热轧盘条
497	7214200000	铁或非合金钢的热加工条、杆
498	7214300000	易切削钢的热加工条、杆
499	7214910000	其他矩形截面的条、杆
500	7214990000	其他热加工条、杆
501	7215100000	其他易切削钢制冷加工条、杆
502	7215500000	其他冷加工或冷成形的条、杆
503	7215900000	铁及非合金钢的其他条、杆
504	7216101000	截面高度＜80mm H 型钢
505	7216102000	截面高度＜80mm 工字钢
506	7216109000	截面高度＜80mm 槽钢
507	7216210000	截面高度＜80mm 角钢

序号	商品编码	商品名称
508	7216220000	截面高度＜80mm 丁字钢
509	7216310000	截面高度≥80mm 槽型钢
510	7216321000	截面高度＞200mm 工字钢
511	7216329000	80mm≤截面高度≤200mm 工字钢
512	7216331100	截面高度＞800mm H 型钢
513	7216331900	200mm＜截面高度≤800mm H 型钢
514	7216339000	80mm＜截面高度≤200mm H 型钢
515	7216401000	截面高度≥80mm 角钢
516	7216402000	截面高度≥80mm 丁字钢
517	7216501000	乙字钢
518	7216509000	其他角材、型材及异型材
519	7216610000	平板轧材制的角材、型材及异型材
520	7216690000	冷加工的角材、型材及异型材
521	7216910000	其他平板轧材制角材，型材，异型材
522	7216990000	其他角材、型材及异型材
523	7217100000	未镀或涂层的铁或非合金钢丝
524	7217200000	镀或涂锌的铁或非合金钢丝
525	7217300000	镀或涂其他贱金属铁或非合金钢丝
526	7217900000	其他铁丝或非合金钢丝
527	7219131100	3mm≤厚＜4.75mm 未经酸洗的热轧不锈钢卷板
528	7219132100	3mm≤厚＜4.75mm 经酸洗的热轧不锈钢卷板
529	7219132900	3mm≤厚＜4.75mm 经酸洗的其他热轧不锈钢卷板
530	7219141100	厚度＜3mm 未经酸洗的热轧不锈钢卷板
531	7219142100	厚度＜3mm 经酸洗的热轧不锈钢卷板
532	7225910000	电镀锌的其他合金钢宽平板轧材
533	7225920000	其他镀或涂锌的其他合金钢宽板材
534	7225991000	宽≥600mm 的高速钢制平板轧材
535	7225999000	宽≥600mm 的其他合金钢平板轧材
536	7226920000	宽度＜600mm 冷轧其他合金钢板材
537	7226991000	电镀锌的其他合金钢窄平板轧材
538	7226992000	用其他方法镀或涂锌的其他合金钢窄板材
539	7227200000	硅锰钢的热轧盘条
540	7228200000	其他硅锰钢的条、杆
541	7228600000	其他合金钢条、杆
542	7305310000	纵向焊接的其他粗钢铁管
543	7305390000	其他方法焊接其他粗钢铁管

序号	商品编码	商品名称
544	7305900000	未列名圆形截面粗钢铁管
545	7306300000	其他铁或非合金刚圆形截面焊缝管
546	7306400000	不锈钢其他圆形截面细焊缝管
547	7306500000	其他合金钢的圆形截面细焊缝管
548	7306610000	矩形或正方形截面的其他焊缝管
549	7306690000	其他非圆形截面的焊缝管
550	7306900010	多壁式管道
551	7306900090	未列名其他钢铁管及空心异型材
552	7604100000	非合金铝条、杆、型材、异型材
553	7604210000	铝合金制空心异型材
554	7604290010	柱形实心体铝合金
555	7604290090	其他铝合金制条、杆、其他型材
556	7605110000	最大截面尺寸＞7mm 的非合金铝丝
557	7605190000	最大截面尺寸≤7mm 的非合金铝丝
558	7605210000	最大截面尺寸＞7mm 的铝合金丝
559	7605290000	最大截面尺寸≤7mm 的铝合金丝
上述 7208～7605 项下产品用于深加工结转除外		
560	9003190010	濒危动物产品制眼镜架
561	9101210010	含濒危动物皮自动上弦贵金属机械手表
562	9101290010	含濒危动物皮非自动上弦贵金属机械手表
563	9102210010	含濒危动物皮其他自动上弦的机械手表
564	9102290010	含濒危动物皮其他非自动上弦机械手表
565	9113900010	濒危动物皮制的表带及其零件
566	9202100011	濒危动物皮弓弦乐器
567	9202100019	其他含濒危动物皮的弓弦乐器
568	9202900010	含濒危动物成分的其他弦乐器
569	9206000010	含濒危动物皮的打击乐器
570	9404301010	濒危野禽羽毛或羽绒填充的睡袋
571	9404901010	濒危野禽羽绒和羽毛填充其他寝具
572	9404902010	濒危兽毛填充的寝具
573	9504200010	濒危木制的台球用品及附件
574	9508100010	有濒危动物的流动马戏团
575	9601100010	已加工的濒危兽牙及其制品
576	9601900010	其他已加工濒危动物质雕刻料
577	9603301010	濒危动物毛制的画笔
578	9603302010	濒危动物毛制的毛笔

序号	商品编码	商品名称
579	9603309010	濒危动物毛制化妆用的类似笔
580	9603509110	濒危动物毛制作为机器零件其他刷子
581	9603509910	濒危动物毛制作为车辆零件其他刷子
582	9603901010	濒危野禽羽毛掸
583	9603909010	濒危动物毛、鬃、尾制其他帚，刷子
584	9606290010	含濒危动物成分的其他纽扣
585	9611000010	含濒危动物成分的手用日期戳
586	9614001010	含濒危动物成分的烟斗及烟斗头
587	9615190010	含濒危动物成分的其他材料制梳子
588	9701900010	含濒危动物成分的拼贴画
589	9703000010	濒危动植物材料制的雕塑品原件

2009年加工贸易禁止类目录

公告2009年第37号

经国务院批准，为保持外贸稳定增长，现对加工贸易禁止类目录进行调整，并将有关事项公告如下：

一、根据2009年海关商品编码，对调整后的禁止类目录商品编码进行修订，修订后禁止类目录共计1759项商品编码。

二、对以下情况，按照加工贸易禁止类进行管理

（一）为种植、养殖等出口产品而进口种子、种苗、种畜、化肥、饲料、添加剂、抗生素等。

（二）生产出口仿真枪支。

（三）禁止开展进口料件属于国家禁止进口商品的加工贸易（如含淫秽内容的废旧书刊，含有害物、放射性物质的工业垃圾等）。

（四）其他国家已公布的禁止进出口目录的商品。

三、列入加工贸易禁止类进口商品目录的，凡用于深加工结转转入，或从具有保税加工功能的海关特殊监管区域内企业经实质性加工后进入区外的商品，不按加工贸易禁止类进口商品管理。

列入加工贸易禁止类出口商品目录的，凡用于深加工结转转出，或进入具有保税加工功能的海关特殊监管区域内企业加工生产的商品，不按加工贸易禁止类出口商品管理。前述商品未经实质性加工不得直接出境。

以上所称“实质性加工”的标准，参照《中华人民共和国海关关于执行〈非优惠原产地规则中实质性改变标准〉的规定》（海关总署令第122号）执行。

四、本公告也适用于保税区、出口加工区等海关特殊监管区域，但本公告发布之前区内已设立并从事相关商品加工贸易的企业除外。

五、自本公告发布之日起，商务部、海关总署2008年第22号公告所附目录停止执行，其他规定仍按原公告执行。

附件：2009年加工贸易禁止类商品目录

中华人民共和国商务部
中华人民共和国海关总署
二〇〇九年六月三日

附件：

2009年加工贸易禁止类商品目录

序号	商品编码	商品名称	禁止方式		
1	0101101010	改良种用濒危野马	出口		
2	0101102010	改良种用的濒危野驴	出口		
3	0101901010	非改良种用濒危野马	出口		
4	0101909010	非改良种用濒危野驴	出口		
5	0102100010	改良种用濒危野牛	出口		
6	0106191010	其他改良种用濒危野生哺乳动物	出口		
7	0106192010	其他食用濒危野生哺乳动物	出口		
8	0106199010	其他濒危野生哺乳动物	出口		
9	0106391010	其他濒危野生改良种用的鸟	出口		
10	0106392910	其他食用濒危野生鸟	出口		
11	0106399010	其他濒危野生鸟	出口		
12	0106901110	改良种用濒危蛙苗	出口		
13	0106901910	其他改良种用濒危野生动物	出口		
14	0106902010	其他濒危野生食用动物	出口		
15	0106909010	其他濒危野生动物	出口		
16	0205000010	鲜、冷或冻的濒危野马、野驴肉	出口		
17	0207142100	冻的鸡翼		进口	
18	0207142200	冻的鸡爪		进口	
19	0207142900	冻的其他食用鸡杂碎		进口	
20	0207270000	冻的火鸡块及杂碎		进口	
21	0208109010	鲜、冷或冻濒危野兔肉及其食用杂碎	出口		
22	0208909010	其他鲜、冷或冻的濒危野生动物肉	出口		
23	0301100060	观赏用其他濒危鱼	出口		
24	0301921010	花鳗鲡鱼苗			进出口
25	0301921090	其他鳗鱼苗			进出口

序号	商品编码	商品名称	禁止方式		
26	0301931010	濒危鲤鱼苗	出口		
27	0301939010	活濒危鲤鱼	出口		
28	0301991910	其他濒危鱼苗	出口		
29	0301999910	其他濒危活鱼	出口		
30	0302650010	鲜或冷鲸鲨、噬人鲨、姥鲨（海关特殊监管区域除外，但不得深加工结转和外发加工）		进口	
31	0302650090	其他鲜或冷角鲨及其他鲨鱼（海关特殊监管区域除外，但不得深加工结转和外发加工）		进口	
32	0302699010	其他未列名濒危鲜、冷鱼	出口		
33	0302700010	鲜或冷濒危鱼种的肝及鱼卵	出口		
34	0303750010	冻鲸鲨、噬人鲨、姥鲨		进口	
35	0303750090	其他冻角鲨及其他鲨鱼（海关特殊监管区域除外，但不得深加工结转和外发加工）		进口	
36	0303799010	其他未列名濒危冻鱼	出口		
37	0303800010	冻濒危鱼种的肝及鱼卵	出口		
38	0304190010	其他鲜或冷的濒危鱼片及其他鱼肉	出口		
39	0304299010	冻的其他濒危鱼片	出口		
40	0304990010	濒危鱼类其他冻鱼肉	出口		
41	0305200010	干、熏、盐制的濒危鱼种肝、卵	出口		
42	0305300010	干或盐制濒危鱼类的鱼片	出口		
43	0305592010	干鲸鲨、噬人鲨、姥鲨鱼翅（海关特殊监管区域除外，但不得深加工结转和外发加工）		进口	
44	0305592090	其他干鱼翅（海关特殊监管区域除外，但不得深加工结转和外发加工）		进口	
45	0305599010	其他濒危干鱼	出口		
46	0305699010	盐腌及盐渍的其他濒危鱼	出口		
47	0307601010	濒危蜗牛及螺种苗	出口		
48	0307609010	其他濒危蜗牛及螺	出口		
49	0307911010	濒危水生无脊椎动物的种苗	出口		
50	0307919910	其他濒危活、鲜、冷水生无脊椎动物	出口		
51	0307999010	其他冻干盐制濒危水生无脊椎动物	出口		
52	0407001010	种用濒危野禽蛋	出口		
53	0407002910	其他带壳鲜濒危野鸟卵	出口		
54	0407009910	其他腌制或煮过的带壳濒危野鸟卵	出口		
55	0410001000	燕窝（海关特殊监管区域除外，但不得深加工结转和外发加工）		进口	

序号	商品编码	商品名称	禁止方式		
56	0410009010	其他编号未列名濒危野生动物产品	出口		
57	0502901910	濒危獾毛及其他制刷用濒危兽毛	出口		
58	0502902010	濒危獾毛及其他制刷濒危兽毛废料	出口		
59	0505100010	填充用濒危野生禽类羽毛；羽绒	出口		
60	0505909010	其他濒危野生禽类羽毛，羽绒	出口		
61	0506100000	经酸处理的骨胶原及骨			进出口
62	0506901110	含牛羊成分的骨废料			进出口
63	0506901190	含牛羊成分的骨粉			进出口
64	0506901910	其他骨废料			进出口
65	0506901990	其他骨粉			进出口
66	0506909021	已脱胶的豹骨			进出口
67	0506909029	未脱胶的豹骨			进出口
68	0506909031	已脱胶的濒危野生动物的骨及角柱			进出口
69	0506909039	未脱胶的濒危野生动物的骨及角柱			进出口
70	0506909091	已脱胶的其他骨及角柱			进出口
71	0506909099	未脱胶的其他骨及角柱			进出口
72	0507100020	其他濒危野生兽牙、兽牙粉末及废料	出口		
73	0507901000	羚羊角及其粉末和废料			进出口
74	0507902000	鹿茸及其粉末（海关特殊监管区域除外，但不得深加工结转和外发加工）		进口	
75	0507909000	龟壳，鲸须，鲸须毛，鹿角及其他角			进出口
76	0508001010	珊瑚及濒危水产品的粉末、废料			进出口
77	0508001090	其他水产品壳、骨的粉末及废料			进出口
78	0508009010	珊瑚及濒危水产品的壳、骨			进出口
79	0508009090	其他水产品的壳、骨			进出口
80	0510009010	其他濒危野生动物胆汁及其他产品	出口		
81	0511100010	濒危野生牛的精液	出口		
82	0511911110	濒危鱼的受精卵	出口		
83	0511911910	濒危鱼的非食用产品	出口		
84	0511919010	濒危水生无脊椎动物产品	出口		
85	0511991010	濒危野生动物精液（牛的精液除外）	出口		
86	0511992010	濒危野生动物胚胎	出口		
87	0511999010	其他编号未列名濒危野生动物产品	出口		
88	0601109191	种用休眠其他濒危植物鳞茎等	出口		
89	0601109991	其他休眠濒危植物鳞茎等	出口		
90	0601200091	生长或开花的其他濒危植物鳞茎等	出口		

序号	商品编码	商品名称	禁止方式		
91	0602100010	濒危植物的无根插枝及接穗	出口		
92	0602909991	其他濒危活植物	出口		
93	0603199010	鲜的濒危植物插花及花蕾	出口		
94	0603900010	干或染色等加工濒危插花及花蕾	出口		
95	0604910010	鲜濒危植物枝、叶或其他部分，草	出口		
96	0604990010	染色或经加工濒危枝、叶，草等	出口		
97	0714909091	含高淀粉或菊粉其他濒危类似根茎	出口		
98	0802903020	鲜或干的其他濒危松子仁	出口		
99	0802909020	鲜或干的其他濒危松子	出口		
100	0811909022	冷冻的其他濒危松子	出口		
101	0812900022	暂时保存的其他濒危松子	出口		
102	1211201000	鲜或干的西洋参（海关特殊监管区域除外，但不得深加工结转和外发加工）		进口	
103	1211903991	其他主要用作药料鲜或干濒危植物	出口		
104	1211905091	主要用作香料的濒危植物	出口		
105	1211909991	其他鲜或干杀虫、杀菌用濒危植物	出口		
106	1212999910	其他供人食用濒危植物产品	出口		
107	1301904010	濒危松科植物的松脂	出口		
108	1301909091	其他濒危植物的天然树胶、树脂	出口		
109	1302199013	供制农药用的濒危植物液汁及浸膏	出口		
110	1302199097	其他濒危植物液汁及浸膏	出口		
111	1302399010	未列名濒危植物胶液及增稠剂	出口		
112	1401200010	濒危藤	出口		
113	1504300010	濒危哺乳动物的油、脂及其分离品	出口		
114	1506000010	其他濒危动物为原料制取的脂肪	出口		
115	1601001010	濒危野生动物肉，杂碎，血制天然肠衣香肠	出口		
116	1601002010	濒危野生动物肉，杂碎，血制其他肠衣香肠	出口		
117	1601003010	用含濒危野生动物成分的香肠制的食品	出口		
118	1602100010	含濒危野生动物成分的均化食品	出口		
119	1602501010	含濒危野牛肉的罐头	出口		
120	1602509010	其他制作或保藏濒危野牛肉，杂碎	出口		
121	1602901010	其他濒危野生动物肉及杂碎罐头	出口		
122	1602909010	制作或保藏其他濒危野生动物肉	出口		
123	1603000010	含濒危野生动物及鱼类成分的肉	出口		
124	1604199010	制作或保藏的濒危鱼类	出口		
125	1604201910	非整条或切块的濒危鱼罐头	出口		

序号	商品编码	商品名称	禁止方式		
126	1604209910	其他制作或保藏的濒危鱼	出口		
127	1605909010	其他制作或保藏的濒危软体动物	出口		
128	1703100000	甘蔗糖蜜		进口	
129	1703900000	其他糖蜜		进口	
130	2103901000	味精			进出口
131	2106903010	含濒危植物成分的蜂王浆制剂	出口		
132	2106909010	含濒危动植物成分的其他编号未列名食品	出口		
133	2202100010	含濒危植物成分加味，加糖或其他甜物质水	出口		
134	2202900011	含濒危植物成分散装无酒精饮料	出口		
135	2202900091	含濒危植物成分其他包装无酒精饮料	出口		
136	2207100000	酒精浓度在 80%及以上的未改性乙醇			进出口
137	2207200010	任何浓度的改性乙醇			进出口
138	2207200090	任何浓度的其他酒精			进出口
139	2208909021	含濒危野生动植物成分的薯类蒸馏酒	出口		
140	2208909091	含濒危野生动植物成分的其他蒸馏酒及酒精饮料	出口		
141	2501001100	食用盐	出口		
142	2501001900	其他盐	出口		
143	2501002000	纯氯化钠	出口		
144	2502000000	未焙烧的黄铁矿			进出口
145	2503000000	各种硫黄	出口		
146	2504101000	磷片状天然石墨	出口		
147	2504109900	其他粉末状天然石墨	出口		
148	2504900000	其他天然石墨	出口		
149	2505100000	硅砂及石英砂	出口		
150	2505900010	标准砂	出口		
151	2505900090	其他天然砂	出口		
152	2506100000	石英（天然砂除外）	出口		
153	2506200000	石英岩	出口		
154	2507001000	不论是否煅烧的高岭土	出口		
155	2507009000	不论是否煅烧的其他高岭土类似土	出口		
156	2508100000	膨润土	出口		
157	2508300000	耐火黏土	出口		
158	2508400000	其他黏土	出口		
159	2508500000	红柱石，蓝晶石及硅线石，不论是否煅烧	出口		
160	2508600000	富铝红柱石	出口		

序号	商品编码	商品名称	禁止方式		
161	2508700010	火泥	出口		
162	2508700090	第纳斯土	出口		
163	2509000000	白垩	出口		
164	2510101000	未碾磨磷灰石			进出口
165	2510109000	其他未碾磨天然磷酸钙			进出口
166	2510201000	已碾磨磷灰石			进出口
167	2510209000	其他已碾磨天然磷酸钙			进出口
168	2511100000	天然硫酸钡（重晶石）	出口		
169	2511200000	天然碳酸钡（毒重石）	出口		
170	2512001000	硅藻土	出口		
171	2512009000	其他硅质化石粗粉及类似的硅质土	出口		
172	2513100000	浮石	出口		
173	2513200000	刚玉岩、天然刚玉砂等天然磨料	出口		
174	2515110000	原状或粗加修整的大理石及石灰华	出口		
175	2515120000	矩形大理石及石灰华	出口		
176	2515200000	其他石灰质碑用或建筑用石，蜡石	出口		
177	2516110000	原状或粗加修整花岗岩	出口		
178	2516120000	矩形花岗岩	出口		
179	2516200001	原状或粗加修整砂岩	出口		
180	2516200090	矩形（包括正方形）砂岩	出口		
181	2516900000	其他碑用或建筑用石	出口		
182	2518100000	未煅烧白云石	出口		
183	2518200000	已煅烧白云石	出口		
184	2518300000	夯混白云石	出口		
185	2519100000	天然碳酸镁（菱镁矿）	出口		
186	2519901000	熔凝镁氧矿	出口		
187	2519902000	烧结镁氧矿（重烧镁）	出口		
188	2519903000	碱烧镁（轻烧镁）	出口		
189	2519909100	化学纯氧化镁	出口		
190	2519909910	其他氧化镁含量在 70%以上的矿产品	出口		
191	2519909990	其他氧化镁	出口		
192	2520100000	生石膏，硬石膏	出口		
193	2520201000	牙科用熟石膏	出口		
194	2520209000	其他熟石膏	出口		
195	2521000000	石灰石助熔剂，石灰石及其他钙石		进口	
196	2522100000	生石灰		进口	

序号	商品编码	商品名称	禁止方式		
197	2522200000	熟石灰		进口	
198	2522300000	水硬石灰		进口	
199	2523100000	水泥熟料	出口		
200	2523210000	白水泥，不论是否人工着色	出口		
201	2523290000	其他硅酸盐水泥	出口		
202	2523300000	矾土水泥	出口		
203	2523900000	其他水凝水泥	出口		
204	2525200000	云母粉	出口		
205	2525300000	云母废料	出口		
206	2526101000	未破碎及未研粉的天然冻石	出口		
207	2526102000	未破碎及未研粉的滑石	出口		
208	2526201000	已破碎或已研粉的天然冻石	出口		
209	2526202000	已破碎或已研粉的滑石	出口		
210	2528100000	天然硼砂及其精矿	出口		
211	2528900000	其他天然硼酸盐及精矿；天然粗硼酸，含硼酸干重不超过 85%	出口		
212	2529100000	长石	出口		
213	2529210000	按重量计氟化钙含量≤97%的萤石	出口		
214	2529220000	按重量计氟化钙含量＞97%的萤石	出口		
215	2529300000	白榴石，霞石及霞石正长岩	出口		
216	2530101000	未膨胀的绿泥石	出口		
217	2530102000	未膨胀的蛭石及珍珠岩	出口		
218	2530200000	硫镁矾矿及泻盐矿（天然硫酸镁）	出口		
219	2530901000	矿物性药材	出口		
220	2530902000	稀土金属矿			进出口
221	2530909100	硅灰石	出口		
222	2530909901	天青石	出口		
223	2530909910	废镁砖	出口		
224	2530909920	叶腊石	出口		
225	2530909991	其他品目未列名氧化镁含量在 70%及以上的矿产品	出口		
226	2530909999	其他矿产品	出口		
227	2601111000	未烧结铁矿砂及其精矿（非钢铁冶炼行业除外）		进口	
228	2601112000	未烧结铁矿砂及其精矿（非钢铁冶炼行业除外）		进口	

序号	商品编码	商品名称	禁止方式
229	2601119000	平均粒度大于6.3毫米的未烧结铁矿砂及其精矿（非钢铁冶炼行业除外）	进口
230	2601120000	已烧结铁矿砂及其精矿（非钢铁冶炼行业除外）	进口
231	2601200000	焙烧黄铁矿	进口
232	2602000000	锰矿砂及其精矿	进口
233	2603000010	铜矿砂及其精矿	进口
234	2603000090	铜矿砂及其精矿	进口
235	2604000001	镍矿砂及其精矿（黄金价值部分）	进口
236	2604000090	镍矿砂及其精矿（黄金价值部分）	进口
铜矿砂和镍矿砂 4 个商品编码按照《商务部海关总署关于开展铜精矿加工贸易有关问题的通知》（商产函〔2009〕3 号）执行			
237	2606000000	铝矿砂及其精矿	进口
238	2607000001	铅矿砂及其精矿	进口
239	2607000090	铅矿砂及其精矿	进口
240	2608000001	灰色饲料氧化锌（氧化锌 ZnO 含量大于 80%）	进口
241	2608000090	其他锌矿砂及其精矿	进口
242	2609000000	锡矿砂及其精矿	进口
243	2610000000	铬矿砂及其精矿	进口
244	2611000000	钨矿砂及其精矿	进口
245	2612100000	铀矿砂及其精矿	进口
246	2612200000	钍矿砂及其精矿	进口
247	2613100000	已焙烧钼矿砂及其精矿	进口
248	2613900000	其他钼矿砂及其精矿	进口
249	2614000000	钛矿砂及其精矿	进口
250	2615100000	锆矿砂及其精矿	进口
251	2615901000	水合钽铌原料	进口
252	2615909010	铌，钽精矿及其矿砂	进口
253	2615909090	钒矿砂；钒精矿	进口
254	2616100000	银矿砂及其精矿	进口
255	2616900001	黄金矿砂	进口
256	2616900009	其他贵金属矿砂及其精矿	进口
257	2617101000	生锑（锑精矿，选矿产品）	进口
258	2617109001	其他锑矿砂及其精矿	进口
259	2617109090	其他锑矿砂及其精矿	进口
260	2617901000	朱砂（辰砂）	进口

序号	商品编码	商品名称	禁止方式		
261	2617909000	其他矿砂及其精矿		进口	
262	2618001000	主要含锰的冶炼钢铁产生的粒状熔渣		进口	
263	2618009000	其他的冶炼钢铁产生的粒状熔渣		进口	
264	2619000010	轧钢产生的氧化皮		进口	
265	2619000020	冶炼钢铁所产生的含钒浮渣、熔渣		进口	
266	2619000090	冶炼钢铁产生的其他熔渣，浮渣及其他废料		进口	
267	2620110000	含硬锌的矿渣、矿灰及残渣		进口	
268	2620190010	含锌大于12%的烧结铅锌冶炼矿渣		进口	
269	2620190090	含其他锌的矿渣、矿灰及残渣		进口	
270	2620400000	主要含铝的矿渣、矿灰及残渣		进口	
271	2620999010	含五氧化二钒＞10%的矿渣、矿灰及残渣		进口	
272	2621900010	海藻灰及其他植物灰（包括稻壳灰）		进口	
273	2621900090	其他矿渣及矿灰		进口	
274	2701110090	无烟煤滤料			进出口
275	2701121000	未制成型的炼焦煤			进出口
276	2701129000	其他烟煤			进出口
277	2701190000	其他煤			进出口
278	2701200000	煤砖、煤球及类似用煤制固体燃料		进口	
279	2702100000	褐煤			进出口
280	2703000010	泥炭（草炭）			进出口
281	2703000090	泥煤（包括肥料用泥煤）			进出口
282	2704001000	焦炭或半焦炭			进出口
283	2704009000	甑炭			进出口
284	2705000000	煤气、水煤气、炉煤气及类似气体			进出口
285	2706000001	含蒽油≥50%及沥青≥40%的“炭黑油”			进出口
286	2706000090	其他从煤、褐煤或泥煤蒸馏所得的焦油及矿物焦油			进出口
287	2707100000	粗苯	出口		
288	2707200000	粗甲苯	出口		
289	2707300000	粗二甲苯	出口		
290	2707400000	萘	出口		
291	2707500000	其他芳烃混合物	出口		
292	2707910000	杂酚油	出口		
293	2707991000	酚	出口		
294	2707999000	蒸馏煤焦油所得的其他产品	出口		
295	2708100000	沥青			进出口

序号	商品编码	商品名称	禁止方式		
296	2708200001	针状沥青焦			进出口
297	2708200090	其他沥青焦			进出口
298	2710111001	车用汽油及航空汽油		进口	
299	2710111002	车用汽油及航空汽油		进口	
300	2710113000	橡胶溶剂油、油漆溶剂油、抽提溶剂油	出口		
301	2710119101	壬烯	出口		
302	2710119190	其他壬烯	出口		
303	2710119910	异戊烯同分异构体混合物	出口		
304	2710119990	其他轻油及制品	出口		
305	2710191100	航空煤油		进口	
306	2710191200	灯用煤油		进口	
307	2710191910	正构烷烃（C9～C13）	出口		
308	2710191990	其他煤油馏分的油及制品	出口		
309	2710192100	轻柴油		进口	
310	2710192200	5-7 号燃料油		进口	
311	2710192910	蜡油			进出口
312	2710192920	重柴油			进出口
313	2710192990	其他柴油及燃料油		进口	
314	2710199900	其他重油；其他重油制品			进出口
315	2711140000	液化的乙烯、丙烯、丁烯及丁二烯			进出口
316	2711290000	其他气态石油气及烃类气		进口	
317	2713111000	硫的重量百分比小于 3%的未煅烧石油焦		进口	
318	2713119000	其他未煅烧石油焦		进口	
319	2713129000	其他已煅烧石油焦		进口	
320	2713200000	石油沥青		进口	
321	2713900000	其他石油等矿物油类的残渣			进出口
322	2714100000	沥青页岩、油页岩及焦油砂			进出口
323	2714901000	天然沥青（地沥青）			进出口
324	2714902000	乳化沥青			进出口
325	2714909000	沥青岩			进出口
326	2715000000	天然沥青等为基本成分沥青混合物			进出口
327	2801100000	氯	出口		
328	2801200000	碘	出口		
329	2801301000	氟	出口		
330	2801302000	溴	出口		
331	2802000000	升华、沉淀、胶态硫黄	出口		

序号	商品编码	商品名称	禁止方式		
332	2803000000	碳	出口		
333	2804100000	氢	出口		
334	2804210000	氩	出口		
335	2804290000	其他稀有气体	出口		
336	2804300000	氮	出口		
337	2804400000	氧	出口		
338	2804500010	颗粒＜500μm 的硼及其合金	出口		
339	2804500020	能量密度＞40MJ/kg 的硼浆	出口		
340	2804690000	其他含硅量少于 99.99%的硅			进出口
341	2804701000	黄磷（白磷）			进出口
342	2804709010	红磷			进出口
343	2804709090	其他磷			进出口
344	2804800000	砷	出口		
345	2805110000	钠	出口		
346	2805120010	高纯度钙	出口		
347	2805120090	其他钙	出口		
348	2805190000	其他碱金属及碱土金属	出口		
349	2805301100	钕	出口		
350	2805301200	镝	出口		
351	2805301300	铽	出口		
352	2805301911	金属镧	出口		
353	2805301912	金属镨	出口		
354	2805301913	金属钐	出口		
355	2805301914	金属镝	出口		
356	2805301915	金属钪	出口		
357	2805301916	金属钇	出口		
358	2805301921	颗粒＜500μm 的铈及其合金	出口		
359	2805301929	其他金属铈	出口		
360	2805301990	其他稀土金属	出口		
361	2805302100	电池级的稀土金属、钪及钇	出口		
362	2805302900	其他稀土金属、钪及钇	出口		
363	2805400000	汞	出口		
364	2806100000	氯化氢（盐酸）	出口		
365	2806200000	氯磺酸	出口		
366	2807000010	硫酸	出口		
367	2807000090	发烟硫酸	出口		

序号	商品编码	商品名称	禁止方式		
368	2808000010	红发烟硝酸	出口		
369	2808000090	磺硝酸及其他硝酸	出口		
370	2809100000	五氧化二磷	出口		
371	2809201100	食品级磷酸	出口		
372	2809201900	其他磷酸及偏磷酸、焦磷酸	出口		
373	2809209000	其他多磷酸	出口		
374	2810001000	硼的氧化物	出口		
375	2810002000	硼酸	出口		
376	2811110000	氢氟酸	出口		
377	2811191000	氢氰酸	出口		
378	2811199010	氢碘酸	出口		
379	2811199020	砷酸、焦砷酸、偏砷酸	出口		
380	2811199090	其他无机酸	出口		
381	2811210000	二氧化碳	出口		
382	2811220000	二氧化硅	出口		
383	2811290010	三氧化二砷、五氧化二砷	出口		
384	2811290020	四氧化二氮	出口		
385	2812103000	碳酰二氯（光气）	出口		
386	2812104100	一氯化硫（氯化硫）	出口		
387	2812104200	二氯化硫	出口		
388	2812104300	三氯化磷	出口		
389	2812104400	三氯化砷	出口		
390	2812104500	五氯化磷	出口		
391	2812104900	其他非金属氯化物	出口		
392	2812109000	其他非金属氯氧化物	出口		
393	2812900010	三氟化氯	出口		
394	2812900020	三氟化砷，三溴化砷，三碘化砷	出口		
395	2812900030	硫酰氟	出口		
396	2812900090	其他非金属卤化物及卤氧化物	出口		
397	2813100000	二硫化碳	出口		
398	2813900010	五硫化二磷	出口		
399	2813900090	其他非金属硫化物，三硫化二磷	出口		
400	2814100000	氨	出口		
401	2814200000	氨水	出口		
402	2815300000	过氧化钠及过氧化钾	出口		
403	2816100000	氢氧化镁及过氧化镁	出口		

序号	商品编码	商品名称	禁止方式		
404	2816400000	锶或钡的氧化物、氢氧化物	出口		
405	2817001000	氧化锌	出口		
406	2817009000	过氧化锌	出口		
407	2818101000	棕刚玉	出口		
408	2818109000	其他人造刚玉	出口		
409	2818200000	氧化铝,但人造刚玉除外(非电解铝行业除外)		进口	
410	2818300000	氢氧化铝	出口		
411	2819100000	三氧化铬	出口		
412	2820100000	二氧化锰	出口		
413	2820900000	其他锰的氧化物	出口		
414	2821200000	土色料	出口		
415	2823000000	钛的氧化物	出口		
416	2824100000	一氧化铅（铅黄，黄丹）	出口		
417	2824901000	铅丹及铅橙[四氧化（三）铅]	出口		
418	2824909000	其他铅的氧化物	出口		
419	2825109000	其他肼、胲及其无机盐	出口		
420	2825201000	氢氧化锂	出口		
421	2825209000	锂的氧化物	出口		
422	2825301000	五氧化二钒	出口		
423	2825309000	其他钒的氧化物及氢氧化物	出口		
424	2825400000	镍的氧化物及氢氧化物	出口		
425	2825500000	铜的氧化物及氢氧化物	出口		
426	2825600001	锗的氧化物	出口		
427	2825600090	二氧化锆	出口		
428	2825700000	钼的氧化物及氢氧化物	出口		
429	2825901100	钨酸	出口		
430	2825901200	三氧化钨	出口		
431	2825901910	蓝色氧化钨	出口		
432	2825901990	其他钨的氧化物及氢氧化物	出口		
433	2825909000	其他金属的氧化物及氢氧化物	出口		
434	2826120000	氟化铝	出口		
435	2826191010	氟化氢铵	出口		
436	2826191090	其他铵的氟化物	出口		
437	2826192010	氟化钠	出口		
438	2826192020	氟化氢钠	出口		
439	2826192090	其他钠的氟化物	出口		

序号	商品编码	商品名称	禁止方式		
440	2826199010	氟化钾	出口		
441	2826199020	氟化氢钾	出口		
442	2826199030	氟化铅，四氟化铅，氟化镉	出口		
443	2826199090	其他氟化物	出口		
444	2826901000	氟硅酸盐	出口		
445	2826909001	六氟磷酸锂	出口		
446	2826909010	氟钽酸钾	出口		
447	2826909090	氟铝酸盐及其他氟络盐	出口		
448	2827101000	肥料用氯化铵	出口		
449	2827109000	非肥料用氯化铵	出口		
450	2827200000	氯化钙	出口		
451	2827310000	氯化镁	出口		
452	2827320000	氯化铝	出口		
453	2827350000	氯化镍	出口		
454	2827391000	氯化锂	出口		
455	2827392000	氯化钡	出口		
456	2827410000	铜的氯氧化物及氢氧基氯化物	出口		
457	2827499000	其他氯氧化物及氢氧基氯化物	出口		
458	2827510000	溴化钠及溴化钾	出口		
459	2827590000	其他溴化物及溴氧化物	出口		
460	2827600000	碘化物及碘氧化物	出口		
461	2829110000	氯酸钠	出口		
462	2829191000	氯酸钾（洋硝）	出口		
463	2829199000	其他氯酸盐	出口		
464	2829900010	颗粒≤500μm 的球形高氯酸铵	出口		
465	2829900090	其他高氯酸盐，溴酸盐等	出口		
466	2830101000	硫化钠	出口		
467	2830109000	其他钠的硫化物	出口		
468	2830902000	硫化锑	出口		
469	2830909000	其他硫化物、多硫化物	出口		
470	2831101000	钠的连二亚硫酸盐	出口		
471	2831102000	钠的次硫酸盐	出口		
472	2831900000	其他连二亚硫酸盐及次硫酸盐	出口		
473	2832100000	钠的亚硫酸盐	出口		
474	2832200000	其他亚硫酸盐	出口		
475	2832300000	硫代硫酸盐	出口		

序号	商品编码	商品名称	禁止方式		
476	2833110000	硫酸二钠	出口		
477	2833190000	钠的其他硫酸盐	出口		
478	2833210000	硫酸镁	出口		
479	2833220000	硫酸铝	出口		
480	2833240000	镍的硫酸盐	出口		
481	2833250000	铜的硫酸盐	出口		
482	2833270000	硫酸钡	出口		
483	2833291000	硫酸亚铁	出口		
484	2833293000	硫酸锌	出口		
485	2833301000	钾铝矾	出口		
486	2833309000	其他矾	出口		
487	2833400000	过硫酸盐	出口		
488	2834100000	亚硝酸盐	出口		
489	2834211000	肥料用硝酸钾	出口		
490	2834219000	非肥料用硝酸钾	出口		
491	2834291000	硝酸钴	出口		
492	2834299001	硝酸钡	出口		
493	2834299090	其他硝酸盐	出口		
494	2835311000	食品级的三磷酸钠（三聚磷酸钠）	出口		
495	2835319000	其他三磷酸钠（三聚磷酸钠）	出口		
496	2836200000	碳酸钠（纯碱）	出口		
497	2836300000	碳酸氢钠（小苏打）	出口		
498	2836400000	钾的碳酸盐	出口		
499	2836500000	碳酸钙	出口		
500	2836600000	碳酸钡	出口		
501	2836910000	锂的碳酸盐	出口		
502	2836920000	锶的碳酸盐	出口		
503	2836991000	碳酸镁	出口		
504	2836994000	商品碳酸铵及其他铵的碳酸盐	出口		
505	2837111000	氰化钠	出口		
506	2837112000	氧氰化钠	出口		
507	2837191000	氰化钾	出口		
508	2837199011	氰化锌，氰化亚铜，氰化铜	出口		
509	2837199012	氰化镍，氰化钙	出口		
510	2837199013	氰化钡，氰化镉，氰化铅	出口		
511	2837199014	氰化钴	出口		

序号	商品编码	商品名称	禁止方式		
512	2837199090	其他氰化物及氧氰化物	出口		
513	2837200011	氰化镍钾，氰化钠铜锌	出口		
514	2837200012	氰化亚铜（三）钠，氰化亚铜（三）钾	出口		
515	2837200090	其他氰络合物	出口		
516	2839190000	其他钠盐	出口		
517	2839900010	硅酸铅	出口		
518	2839900090	其他硅酸盐；商品碱金属硅酸盐	出口		
519	2840190000	其他四硼酸钠	出口		
520	2840200000	其他硼酸盐	出口		
521	2840300000	过硼酸盐	出口		
522	2841300000	重铬酸钠	出口		
523	2841500000	其他铬酸盐及重铬酸盐，过铬酸盐	出口		
524	2841701000	钼酸铵	出口		
525	2841709000	其他钼酸盐	出口		
526	2841801000	仲钨酸铵	出口		
527	2841802000	钨酸钠	出口		
528	2841803000	钨酸钙	出口		
529	2841804000	偏钨酸铵	出口		
530	2841809000	其他钨酸盐	出口		
531	2842100000	硅酸复盐及硅酸络盐	出口		
532	2842901000	雷酸盐，氰酸盐及硫氰酸盐	出口		
533	2842909013	亚砷酸钠，亚砷酸钾，亚砷酸钙	出口		
534	2842909014	亚砷酸锶，亚砷酸钡，亚砷酸铁	出口		
535	2842909015	亚砷酸铜，亚砷酸锌，亚砷酸铅	出口		
536	2842909016	亚砷酸锑，砷酸铵，砷酸氢二铵	出口		
537	2842909017	砷酸钠，砷酸氢二钠，砷酸二氢钠	出口		
538	2842909018	砷酸钾，砷酸二氢钾，砷酸镁	出口		
539	2842909019	砷酸钙，砷酸钡，砷酸铁	出口		
540	2842909021	砷酸亚铁，砷酸铜，砷酸锌	出口		
541	2842909022	砷酸铅，砷酸锑，偏砷酸钠	出口		
542	2842909023	硒化铅，硒化镉，碲化镉	出口		
543	2843210000	硝酸银	出口		
544	2843290010	氰化银，氰化银钾，亚砷酸银	出口		
545	2843290090	其他银化合物	出口		
546	2844100000	天然铀及其化合物	出口		
547	2844200000	U235 浓缩铀，钚及其化合物	出口		

序号	商品编码	商品名称	禁止方式		
548	2844300000	U235 贫化铀，钍及其化合物	出口		
549	2844401010	镭-226 及其化合物	出口		
550	2844401090	其他镭及镭盐	出口		
551	2844402000	放射性钴及放射性钴盐	出口		
552	2844409010	铀-233 及其化合物	出口		
553	2844409090	其他放射性元素同位素及其化合物	出口		
554	2844500000	核反应堆已耗尽的燃料元件	出口		
555	2845100000	重水（氧化氘）	出口		
556	2845900010	除重水外的氘及氘化物	出口		
557	2845900020	硼-10 同位素及其化合物、混合物	出口		
558	2845900030	富集锂-6 同位素及其化合物混合物	出口		
559	2845900090	其他同位素及其他化合物	出口		
560	2846101000	氧化铈	出口		
561	2846102000	氢氧化铈	出口		
562	2846103000	碳酸铈	出口		
563	2846109010	氰化铈	出口		
564	2846109090	铈的其他化合物	出口		
565	2846901100	氧化钇	出口		
566	2846901200	氧化镧	出口		
567	2846901300	氧化钕	出口		
568	2846901400	氧化铕	出口		
569	2846901500	氧化镝	出口		
570	2846901600	氧化铽	出口		
571	2846901920	氧化铒	出口		
572	2846901930	氧化钆	出口		
573	2846901940	氧化钐	出口		
574	2846901950	氧化镨	出口		
575	2846901970	氧化镱	出口		
576	2846901980	氧化钪	出口		
577	2846901991	灯用红粉	出口		
578	2846901999	其他氧化稀土	出口		
579	2846902800	混合氯化稀土	出口		
580	2846902900	未混合氯化稀土	出口		
581	2846903000	氟化稀土	出口		
582	2846904800	混合碳酸稀土	出口		
583	2846904900	未混合碳酸稀土	出口		

序号	商品编码	商品名称	禁止方式		
584	2846909000	稀土金属、钇、钪的其他化合物	出口		
585	2847000000	过氧化氢	出口		
586	2848000010	磷化铝，磷化锌	出口		
587	2848000090	其他磷化物	出口		
588	2849100000	碳化钙	出口		
589	2849200000	碳化硅	出口		
590	2849901000	碳化硼	出口		
591	2849902000	碳化钨	出口		
592	2849909000	其他碳化物	出口		
593	2850000010	砷化氢	出口		
594	2852000000	汞的无机或有机化合物，汞齐除外			进出口
595	2853001000	饮用蒸馏水	出口		
596	2853002000	氯化氰			进出口
597	2853009010	饮用纯净水	出口		
598	2853009021	氰，氰化碘，氰化溴等	出口		
599	2853009022	砷化锌，砷化镓	出口		
600	2853009030	单氰胺			进出口
601	2853009090	其他无机化合物、压缩空气等			进出口
602	2903410000	三氯氟甲烷			进出口
603	2903420000	二氯二氟甲烷			进出口
604	2903430010	三氯三氟乙烷，用于清洗剂除外			进出口
605	2903440010	二氯四氟乙烷			进出口
606	2903440090	氯五氟乙烷			进出口
607	2903451000	氯三氟甲烷			进出口
608	2903491011	一氟二氯甲烷	出口		
609	2903491013	一氟一氯甲烷	出口		
610	2903491014	一氟四氯乙烷	出口		
611	2903491015	二氟三氯乙烷	出口		
612	2903491016	1,1,1-三氟-2,2-二氯乙烷	出口		
613	2903491017	1,1,1,2-四氟-2-氯乙烷	出口		
614	2903491018	一氟三氯乙烷	出口		
615	2903491019	二氟二氯乙烷	出口		
616	2903491021	三氟一氯乙烷	出口		
617	2903491022	一氟二氯乙烷	出口		
618	2903491023	1-氟-1,1-二氯乙烷	出口		
619	2903491024	二氟一氯乙烷	出口		

序号	商品编码	商品名称	禁止方式		
620	2903491025	1,1-二氟-1-氯乙烷	出口		
621	2903491026	一氟一氯乙烷	出口		
622	2903510010	林丹（ISO,INN）			进出口
623	2903510090	1,2,3,4,5,6-六氯环已烷{六六六（ISO）}			进出口
624	2903520010	艾氏剂（ISO）及七氯（ISO）			进出口
625	2903520090	氯丹（ISO）			进出口
626	2903590030	灭蚁灵			进出口
627	2903620000	六氯苯（ISO）及滴滴涕（ISO,INN）			进出口
628	2906290010	三氯杀螨醇、杀螨醇	出口		
629	2908110000	五氯苯酚			进出口
630	2908199090	其他仅含卤素取代基的衍生物及盐（非农药生产的除外）			进出口
631	2908910000	地乐酚及其盐和酯			进出口
632	2910200000	甲基环氧乙烷（氧化丙烯）	出口		
633	2910300000	1-氯-2,2-环氧丙烷（表氯醇）（进口甘油出口环氧氯丙烷除外）	出口		
634	2914400010	敌鼠钠	出口		
635	2918180000	乙酯杀螨醇			进出口
636	2920110000	对硫磷（ISO）及甲基对硫磷（ISO）			进出口
637	2922422000	谷氨酸钠	出口		
638	2922500010	曲马多	出口		
639	2922500090	其他氨基醇酚、氨基酸酚	出口		
640	2924120090	久效磷（ISO）及磷胺（ISO）			进出口
641	2929909012	异柳磷、甲基异柳磷、丙胺氟磷等	出口		
642	2930500010	甲胺磷（ISO）			进出口
643	2930500020	敌菌丹（ISO）			进出口
644	2930909052	灭多威、涕灭威、乙硫苯威等	出口		
645	2931000012	氯沙林、氯梭曼			进出口
646	2931000013	2-氯乙烯基二氯胂	出口		
647	2931000014	二（2-氯乙烯基）氯胂	出口		
648	2931000015	三（2-氯乙烯基）胂	出口		
649	2931000022	锆试剂，二甲胂酸等	出口		
650	2931000023	4-氨基苯胂酸钠，二氯化苯胂	出口		
651	2931000024	蒽醌-1-胂酸，三环锡（普特丹）等	出口		
652	2931000028	乙酰亚砷酸铜，二苯（基）胺氯胂	出口		
653	2931000029	3-硝基-4-羟基苯胂酸	出口		

序号	商品编码	商品名称	禁止方式		
654	2931000035	乙基二氯胂，二苯（基）氯胂等	出口		
655	2931000036	甲（基）胂酸，丙（基）胂酸，二碘化苯胂等	出口		
656	2931000037	苯胂酸，2-硝基苯胂酸等	出口		
657	2931000038	4-硝基苯胂酸，2-氨基苯胂酸	出口		
658	2931000039	3-氨基苯胂酸，4-氨基苯胂酸	出口		
659	2932290011	杀鼠灵，克鼠灵，敌鼠灵，溴鼠灵等	出口		
660	2932290013	蝇毒磷，茴蒿素，溴敌隆，呋酰胺等	出口		
661	2932999011	克百威	出口		
662	2932999091	其他濒危植物提取的仅含氧杂原子的杂环化合物	出口		
663	3001200010	其他濒危野生动物腺体，器官	出口		
664	3001909091	其他濒危动物制品	出口		
665	3002909011	濒危动物血制品	出口		
666	3003909020	含其他未列名濒危动植物混合药品	出口		
667	3004905110	含濒危动植物成分的中药酒	出口		
668	3004909020	含紫杉醇成分的药品			进出口
669	3101001100	未经化学处理的鸟粪			进出口
670	3101001910	未经化学处理的森林凋落物			进出口
671	3101001990	未经化学处理的其他动植物肥料			进出口
672	3101009010	经化学处理含动物源性成分（如粪、羽毛等）动植物肥料			进出口
673	3101009090	经化学处理的其他动植物肥料			进出口
674	3102100001	尿素			进出口
675	3102100090	尿素			进出口
676	3102210000	硫酸铵			进出口
677	3102290000	硫酸铵和硝酸铵的复盐及混合物			进出口
678	3102300000	硝酸铵			进出口
679	3102400000	硝酸铵与碳酸钙等的混合物			进出口
680	3102500000	硝酸钠			进出口
681	3102600000	硝酸钙和硝酸铵的复盐及混合物			进出口
682	3102800000	尿素及硝酸铵混合物的水溶液			进出口
683	3102901000	氰氨化钙			进出口
684	3102909000	其他矿物氮肥及化学氮肥			进出口
685	3103101000	重过磷酸钙			进出口
686	3103109000	其他过磷酸钙			进出口
687	3103900000	其他矿物磷肥或化学磷肥			进出口

序号	商品编码	商品名称	禁止方式		
688	3104201000	分析纯的氯化钾			进出口
689	3104209000	其他氯化钾			进出口
690	3104300000	硫酸钾			进出口
691	3104901000	光卤石，钾盐及其他天然粗钾盐			进出口
692	3104909000	其他矿物钾肥及化学钾肥			进出口
693	3105100010	制成片状及类似形状或零售包装的硝酸铵			进出口
694	3105100090	制成片状及类似形状或零售包装的 31 章其他货品			进出口
695	3105200001	化学肥料或矿物肥料			进出口
696	3105200090	化学肥料或矿物肥料			进出口
697	3105300001	磷酸氢二铵			进出口
698	3105300090	磷酸氢二铵			进出口
699	3105400000	磷酸二氢铵			进出口
700	3105510000	含有硝酸盐及磷酸盐的肥料			进出口
701	3105590000	其他含氮、磷两种元素肥料			进出口
702	3105600000	含磷、钾两种元素的肥料			进出口
703	3105900000	其他肥料			进出口
704	3201100000	坚木浸膏	出口		
705	3201200000	荆树皮浸膏	出口		
706	3201901010	其他濒危植物鞣料浸膏	出口		
707	3201901090	其他植物鞣料浸膏	出口		
708	3201909000	鞣酸及其盐、醚、酯和其他衍生物	出口		
709	3202100000	有机合成鞣料	出口		
710	3202900000	无机鞣料、鞣料制剂等	出口		
711	3203001100	天然靛蓝及以其为基本成分的制品	出口		
712	3203001910	濒危植物质着色料及制品	出口		
713	3203001990	其他植物质着色料及制品	出口		
714	3204120000	酸性染料及制品、媒染染料及制品	出口		
715	3204130000	碱性染料及以其为基本成分的制品	出口		
716	3204140000	直接染料及以其为基本成分的制品	出口		
717	3204159000	其他还原染料及以其为基本成分品	出口		
718	3204170000	颜料及以其为基本成分的制品	出口		
719	3204191100	硫化黑及以其为基本成分的制品	出口		
720	3204191900	其他硫化染料及以其为基本成分品	出口		
721	3204199000	其他着色料组成的混合物	出口		
722	3204200000	用作萤光增白剂的有机合成产品	出口		

序号	商品编码	商品名称	禁止方式		
723	3204901000	生物染色剂及染料指示剂	出口		
724	3204909000	其他用作发光体的有机合成产品	出口		
725	3205000000	色淀及以色淀为基本成分的制品	出口		
726	3206111000	钛白粉	出口		
727	3206119000	其他干量计二氧化钛≥80%的颜料	出口		
728	3206190000	其他二氧化钛为基料的颜料及制品	出口		
729	3206200000	铬化合物为基本成分的颜料及制品	出口		
730	3206410000	群青及以其为基本成分的制品	出口		
731	3206429000	其他以硫化锌为基本成分的颜料	出口		
732	3206490000	其他无机着色料及其制品	出口		
733	3206500000	用作发光体的无机产品	出口		
734	3207100000	调制颜料，遮光剂，着色剂及类似品	出口		
735	3207200000	珐琅和釉料、釉底料及类似制品	出口		
736	3207300000	光瓷釉及类似制品	出口		
737	3207400000	呈粉、粒状搪瓷玻璃料及其他玻璃	出口		
738	3208100000	溶于非水介质的聚酯油漆及清漆等	出口		
739	3208201001	分散于或溶于非水介质的光导纤维用涂料	出口		
740	3208201090	其他聚丙烯酸油漆、清漆等	出口		
741	3208202000	溶于非水介质的聚乙烯油漆及清漆	出口		
742	3208901001	分散于或溶于非水介质的光导纤维用涂料	出口		
743	3208901090	其他聚胺酯油漆清漆等	出口		
744	3208909000	溶于非水介质其他油漆、清漆溶液	出口		
745	3209100000	溶于水介质的聚丙烯酸油漆及清漆	出口		
746	3209901000	以环氧树脂为基本成分油漆及清漆	出口		
747	3209902000	以氟树脂为基本成分的油漆及清漆	出口		
748	3209909000	溶于水介质其他聚合物油漆及清漆	出口		
749	3210000000	其他油漆及清漆，皮革用水性颜料	出口		
750	3211000000	配制的催干剂	出口		
751	3212100000	压印箔	出口		
752	3212900000	制漆用颜料及零售包装染料、色料	出口		
753	3213100000	成套的颜料	出口		
754	3213900000	非成套颜料、调色料及类似品	出口		
755	3214100000	安装玻璃用油灰等；漆工用填料（环氧树脂出口除外）	出口		
756	3214900000	非耐火涂面制剂	出口		
757	3215110000	黑色印刷油墨	出口		

序号	商品编码	商品名称	禁止方式		
758	3215190000	其他印刷油墨	出口		
759	3215901000	书写墨水	出口		
760	3215909000	绘图墨水及其他墨类	出口		
761	3301299991	其他非柑桔属濒危植物果实的精油	出口		
762	3301309010	其他濒危植物香膏	出口		
763	3301901010	濒危植物提取的油树脂	出口		
764	3304990091	其他含濒危植物成分美容品或化妆品	出口		
765	3305100010	含濒危植物成分的洗发剂	出口		
766	3306101010	含濒危植物成分牙膏	出口		
767	3404900000	其他人造蜡及调制蜡	出口		
768	3406000010	含濒危动物成分的蜡烛及类似品	出口		
769	3802100000	活性炭	出口		
770	3802900010	濒危动物炭黑	出口		
771	3802900090	活性天然矿产品；其他动物炭黑	出口		
772	3805100000	松节油	出口		
773	3805901000	以α萜品醇为基本成分的松油	出口		
774	3805909000	粗制二聚戊烯；亚硫酸盐松节油等	出口		
775	3808501010	零售包装的含有一种 38 章子目注释一所列物质的货品			进出口
776	3808501090	零售包装含多种 38 章子目注释一所列物质的货品			进出口
777	3808509010	非零售包装的含有一种 38 章子目注释一所列物质的货品			进出口
778	3808509090	非零售包装含多种 38 章子目注释一所列物质的货品			进出口
779	3808911900	零售包装的其他杀虫剂成药			进出口
780	3808919000	非零售包装杀虫剂成药			进出口
781	3808921000	零售包装的杀菌剂成药			进出口
782	3808929010	非零售包装的医用杀菌剂			进出口
783	3808929021	经农药杀菌剂浸渍的纸质水果套袋			进出口
784	3808929029	非零售包装的其他农用杀菌剂成药			进出口
785	3808929090	非零售包装的非农用杀菌剂成药			进出口
786	3808931100	零售包装的除草剂成药			进出口
787	3808931900	非零售包装的除草剂成药			进出口
788	3808939100	零售包装抗萌剂及植物生长调节剂			进出口
789	3808939900	非零售抗萌剂及植物生长调节剂			进出口

序号	商品编码	商品名称	禁止方式		
790	3808940010	医用消毒剂			进出口
791	3808940090	非医用消毒剂			进出口
792	3808991000	零售包装的杀鼠剂及其他农药			进出口
793	3808999000	非零售包装的杀鼠剂及其他农药			进出口
794	3824300010	混合的未烧结金属碳化钨	出口		
795	3824300090	其他混合的未烧结金属碳化物	出口		
796	3824710011	二氯二氟甲烷和二氟乙烷的混合物			进出口
797	3824710012	一氯二氟甲烷和二氯二氟甲烷的混合物			进出口
798	3824710013	一氯二氟甲烷和一氯五氟乙烷的混合物			进出口
799	3824710014	三氟甲烷和一氯三氟甲烷的混合物			进出口
800	3824710015	二氟甲烷和一氯五氟乙烷的混合物			进出口
801	3824710016	二氯二氟甲烷和一氟一氯甲烷的混合物			进出口
802	3824710017	一氟一氯甲烷和二氯四氟乙烷的混合物			进出口
803	3824710018	二氯二氟甲烷和二氯四氟乙烷的混合物			进出口
804	3824710090	其他含甲烷、乙烷或丙烷的全氯氟烃（CFCs）混合物			进出口
805	3824790000	其他含甲烷、乙烷或丙烷的卤化衍生物的混合物			进出口
806	3824909910	粗制碳化硅	出口		
807	3922200010	含濒危动物成分的塑料马桶座圈及盖	出口		
808	4004000090	未硫化橡胶废碎料、下脚料及其粉、粒		进口	
809	4101201110	规定重量退鞣整张生濒危野牛皮		进口	
810	4101201190	规定重量退鞣处理整张生牛皮		进口	
811	4101201910	规定重量非退鞣整张濒危生野牛皮		进口	
812	4101201990	规定重量非退鞣处理整张生牛皮		进口	
813	4101202010	规定重量整张濒危生野马皮		进口	
814	4101202090	规定重量整张生马皮		进口	
815	4101501110	重＞16kg 退鞣整张濒危生野牛皮		进口	
816	4101501190	重＞16kg 退鞣处理整张生牛皮		进口	
817	4101501910	重＞16kg 非退鞣整张濒危生野牛皮		进口	
818	4101501990	重＞16kg 非退鞣处理整张生牛皮		进口	
819	4101502010	重＞16kg 整张濒危生野马皮		进口	
820	4101502090	重＞16kg 整张生马皮		进口	
821	4101901110	其他退鞣处理濒危生野牛皮		进口	
822	4101901190	其他退鞣处理生牛皮		进口	
823	4101901910	其他濒危生野牛皮		进口	

序号	商品编码	商品名称	禁止方式		
824	4101901990	其他生牛皮		进口	
825	4101902010	其他濒危生野马皮		进口	
826	4101902090	其他生马皮		进口	
827	4102100000	带毛的绵羊或羔羊生皮		进口	
828	4102211000	浸酸退鞣不带毛绵羊或羔羊生皮		进口	
829	4102219000	浸酸非退鞣不带毛绵羊或羔羊生皮		进口	
830	4102291000	其他不带毛退鞣绵羊或羔羊生皮		进口	
831	4102299000	其他不带毛非退鞣绵羊或羔羊生皮		进口	
832	4103200000	爬行动物的生皮		进口	
833	4103300010	生鹿豚、姬猪皮		进口	
834	4103300090	生猪皮		进口	
835	4103901100	退鞣山羊板皮		进口	
836	4103901900	非退鞣山羊板皮		进口	
837	4103902100	其他退鞣山羊或小山羊皮		进口	
838	4103902900	其他非退鞣山羊或小山羊皮		进口	
839	4103909010	其他濒危野生动物生皮		进口	
840	4103909090	其他生皮		进口	
进口 4101～4103 产品直接出口皮革制成品及其他制品或用于深加工结转的除外，具体按 2009 年《商务部环保部海关总署第 8 号公告》执行					
841	4104111110	蓝湿濒危野牛皮	出口		
842	4104111190	全粒面未剖层或粒面剖层蓝湿牛皮	出口		
843	4104111910	湿濒危野牛皮	出口		
844	4104111990	全粒面未剖层或粒面剖层湿牛皮	出口		
845	4104112010	湿濒危野马皮	出口		
846	4104112090	全粒面未剖层或粒面剖层湿马皮	出口		
847	4104191110	其他蓝湿濒危野牛皮	出口		
848	4104191190	其他蓝湿牛皮	出口		
849	4104191910	其他湿濒危野牛皮	出口		
850	4104191990	其他湿牛皮	出口		
851	4104192010	其他湿濒危野马皮	出口		
852	4104192090	其他湿马皮	出口		
853	4104410010	濒危野牛马干革	出口		
854	4104410090	全粒面未剖层或粒面剖层干革	出口		
855	4104491010	其他机器带用濒危野牛马皮革	出口		
856	4104491090	其他机器带用牛马皮革	出口		
857	4104499010	其他濒危野牛马皮革	出口		

序号	商品编码	商品名称	禁止方式		
858	4104499090	其他牛马皮革	出口		
859	4105101000	蓝湿绵羊或羔羊皮	出口		
860	4105109000	其他绵羊或羔羊湿革	出口		
861	4105300000	绵羊或羔羊干革	出口		
862	4106210001	蓝湿山羊皮	出口		
863	4106210090	其他山羊或小山羊湿革	出口		
864	4106220000	山羊或小山羊干革	出口		
865	4106311010	蓝湿鹿豚、姬猪皮	出口		
866	4106311090	其他蓝湿猪皮	出口		
867	4106319010	鹿豚、姬猪湿革	出口		
868	4106319090	其他猪湿革	出口		
869	4106320010	鹿豚、姬猪干革	出口		
870	4106320090	其他猪干革	出口		
871	4106400000	爬行动物皮革	出口		
872	4106910010	其他濒危野生动物湿革	出口		
873	4106910090	其他动物湿革	出口		
874	4106920010	濒危其他野生动物干革	出口		
875	4106920090	其他动物干革	出口		
876	4107111010	全粒面未剖层整张濒危野牛皮	出口		
877	4107111090	全粒面未剖层整张牛皮	出口		
878	4107112010	全粒面未剖层整张濒危野马皮	出口		
879	4107112090	全粒面未剖层整张马皮	出口		
880	4107121010	粒面剖层整张濒危野牛皮	出口		
881	4107121090	粒面剖层整张牛皮	出口		
882	4107122010	粒面剖层整张濒危野马皮	出口		
883	4107122090	粒面剖层整张马皮	出口		
884	4107191010	其他机器带用整张濒危野牛马皮革	出口		
885	4107191090	其他机器带用整张牛马皮革	出口		
886	4107199010	其他整张濒危野牛马皮革	出口		
887	4107199090	其他整张牛马皮革	出口		
888	4107910010	全粒面未剖层非整张濒危野牛马皮	出口		
889	4107910090	全粒面未剖层非整张革	出口		
890	4107920010	粒面剖层非整张濒危野牛马皮革	出口		
891	4107920090	粒面剖层非整张革	出口		
892	4107991010	其他机器带用非整张濒危野牛马皮	出口		
893	4107991090	其他机器带用非整张牛马皮革	出口		

序号	商品编码	商品名称	禁止方式		
894	4107999010	其他非整张濒危野牛马皮革	出口		
895	4107999090	其他非整张牛马皮革	出口		
896	4112000000	加工的绵羊或羔羊皮革	出口		
897	4113100000	加工的山羊或小山羊皮革	出口		
898	4113200010	加工的鹿豚、姬猪皮革	出口		
899	4113200090	加工的猪皮革	出口		
900	4113300000	加工的爬行动物皮革	出口		
901	4113900010	加工的其他濒危野生动物皮革	出口		
902	4113900090	加工的其他动物皮革	出口		
903	4114100010	油鞣其他濒危野生动物皮革	出口		
904	4114100090	油鞣其他动物皮革	出口		
905	4114200000	漆皮及层压漆皮；镀金属皮革	出口		
906	4115100000	再生皮革	出口		
907	4115200010	皮革废渣、灰渣、淤渣及粉末	出口		
908	4115200090	皮革或再生皮革边角料	出口		
进口 4104～4115 出口 4104～4115 的除外					
909	4201000010	濒危野生动物材料制的鞍具及挽具	出口		
910	4202111010	以含濒危野生动物皮革作面的衣箱	出口		
911	4202119010	以濒危野生动物皮革作面的箱包	出口		
912	4202210010	以濒危野生动物皮革作面的手提包	出口		
913	4202310010	以濒危野生动物皮革作面的钱包等	出口		
914	4202910010	濒危野生动物皮革作面的其他容器	出口		
915	4203100010	濒危野生动物皮革制的衣服	出口		
916	4203210010	濒危野生动物皮革制的运动手套	出口		
917	4203291010	濒危野生动物皮革制的劳保手套	出口		
918	4203299010	濒危野生动物皮革制的其他手套	出口		
919	4203301010	濒危野生动物皮革制的腰带	出口		
920	4203302010	濒危野生动物皮革制的子弹带	出口		
921	4203400010	濒危野生动物皮革制的衣着附件	出口		
922	4205001010	濒危野生动物皮革制的坐具套	出口		
923	4205002010	濒危野生动物皮革制工业用皮革或再生皮革制品	出口		
924	4205009010	濒危野生动物皮革的其他制品	出口		
925	4301100000	整张生水貂皮	出口		
926	4301300000	阿斯特拉罕等羔羊的整张生毛皮	出口		
927	4301600010	整张濒危生狐皮	出口		

序号	商品编码	商品名称	禁止方式		
928	4301600090	其他整张生狐皮	出口		
929	4301801010	整张生濒危野兔皮	出口		
930	4301801090	整张生兔皮	出口		
931	4301809010	整张的其他生濒危野生动物毛皮	出口		
932	4301809090	整张的其他生毛皮	出口		
933	4301901000	未鞣制的黄鼠狼尾	出口		
934	4301909010	其他濒危野生动物未鞣头尾	出口		
935	4301909090	适合加工皮货用的其他未鞣头、尾	出口		
936	4302191010	已鞣未缝制的濒危狐皮	出口		
937	4302191090	已鞣未缝制的其他贵重濒危动物毛皮	出口		
938	4302192010	已鞣未缝制的整张濒危野兔皮	出口		
939	4302199010	已鞣未缝制其他濒危野生动物毛皮	出口		
940	4302200010	已鞣未缝濒危野生动物头、尾、爪等	出口		
941	4302301090	已鞣已缝制的贵重濒危动物毛皮及其块、片	出口		
942	4302309010	已鞣缝的其他整张濒危野生毛皮	出口		
943	4303101010	濒危野生动物毛皮衣服	出口		
944	4303102010	濒危野生动物毛皮衣着附件	出口		
945	4303900010	濒危野生动物毛皮制其他物品	出口		
946	4401100000	薪柴	出口		
947	4401210010	濒危针叶木木片或木粒			进出口
948	4401210090	其他针叶木木片或木粒	出口		
949	4401220010	濒危非针叶木木片或木粒			进出口
950	4401220090	其他非针叶木木片或木粒	出口		
951	4401300000	锯末、木废料及碎片			进出口
952	4402100000	竹炭	出口		
953	4402900010	以木材为原料直接烧制的木炭	出口		
954	4402900090	其他木炭	出口		
955	4403100010	油漆，着色剂等处理濒危树种原木	出口		
956	4403100090	其他油漆，着色剂等处理的原木	出口		
957	4403201010	其他红松原木	出口		
958	4403201090	其他樟子松原木	出口		
959	4403202000	其他白松、云杉和冷杉原木	出口		
960	4403203000	其他辐射松原木	出口		
961	4403204000	其他落叶松原木	出口		
962	4403209010	其他濒危针叶木原木	出口		
963	4403209090	其他针叶木原木	出口		

序号	商品编码	商品名称	禁止方式		
964	4403410000	其他红柳安木原木	出口		
965	4403491000	其他柚木原木	出口		
966	4403492000	其他奥克曼 OKOUME 原木	出口		
967	4403493000	其他龙脑香木、克隆原木	出口		
968	4403494000	其他山樟 *Kapur* 原木	出口		
969	4403495000	其他印加木 *Intsia* spp.原木	出口		
970	4403496000	其他大干巴豆 *Koompassia* spp.	出口		
971	4403497000	其他异翅香木 *Anisopter* spp.	出口		
972	4403499010	其他本章子目注释濒危热带原木	出口		
973	4403499090	其他本章子目注释所列热带原木	出口		
974	4403910000	栎木（橡木）原木	出口		
975	4403920000	山毛榉木原木	出口		
976	4403991000	楠木原木	出口		
977	4403992000	樟木原木	出口		
978	4403993000	红木原木	出口		
979	4403994000	泡桐木原木	出口		
980	4403995000	水曲柳原木	出口		
981	4403996000	北美硬阔叶木原木	出口		
982	4403998010	其他未列名温带濒危非针叶木原木	出口		
983	4403998090	其他未列名温带非针叶木原木	出口		
984	4403999010	其他未列名濒危非针叶原木	出口		
985	4403999090	其他未列名非针叶原木	出口		
986	4404100010	濒危针叶木的箍木等及类似品	出口		
987	4404100090	其他针叶木的箍木等及类似品	出口		
988	4404200010	濒危非针叶木箍木等	出口		
989	4404200090	其他非针叶木箍木等	出口		
990	4405000000	木丝及木粉	出口		
991	4406100000	未浸渍的铁道及电车道枕木	出口		
992	4406900010	濒危木已浸渍铁道及电车道枕木			进出口
993	4406900090	其他已浸渍的铁道及电车道枕木	出口		
994	4407101011	端部接合的红松厚板材	出口		
995	4407101019	端部接合的樟子松厚板材	出口		
996	4407101090	非端部接合的红松和樟子松厚板材	出口		
997	4407102010	端部接合的白松（云杉，冷杉）厚板材	出口		
998	4407102090	非端部接合白松（云杉，冷杉）厚板材	出口		
999	4407103010	端部接合的辐射松厚板材	出口		

序号	商品编码	商品名称	禁止方式		
1000	4407103090	非端部接合的辐射松厚板材	出口		
1001	4407104010	端部接合的花旗松厚板材	出口		
1002	4407104090	非端部接合的花旗松厚板材	出口		
1003	4407109011	端部接合其他濒危针叶木厚板材	出口		
1004	4407109019	端部接合其他针叶木厚板材	出口		
1005	4407109091	非端部接合其他濒危针叶木厚板材	出口		
1006	4407109099	非端部接合的其他针叶木厚板材	出口		
1007	4407210010	端部接合美洲桃花心木	出口		
1008	4407210090	非端部接合美洲桃花心木	出口		
1009	4407220010	端部接合的苏里南肉豆蔻木、巴西胡桃木及美洲轻木	出口		
1010	4407220090	非端部接合的苏里南肉豆蔻木、巴西胡桃木及美洲轻木	出口		
1011	4407250010	端部接合的红柳安木板材	出口		
1012	4407250090	非端部接合的红柳安木板材	出口		
1013	4407260010	端部接合的白柳桉、其他柳桉木和阿兰木板材	出口		
1014	4407260090	非端部接合的白柳桉、其他柳桉木和阿兰木板材	出口		
1015	4407270010	端部结合的沙比利木板材	出口		
1016	4407270090	非端部结合的沙比利木板材	出口		
1017	4407280010	端部接合的伊罗科木板材	出口		
1018	4407280090	非端部接合的伊罗科木板材	出口		
1019	4407291010	端部接合的柚木板材	出口		
1020	4407291090	非端部接合的柚木板材	出口		
1021	4407292010	端部结合的非洲桃花心木板材	出口		
1022	4407292090	非端部结合的非洲桃花心木板材	出口		
1023	4407293010	端部接合的波罗格 Merban 板材	出口		
1024	4407293090	非端部接合的波罗格 Merban 板材	出口		
1025	4407299011	端部接合拉敏木厚板材	出口		
1026	4407299012	端部接合其他未列名濒危热带木厚板材	出口		
1027	4407299019	端部接合其他未列名热带木厚板材	出口		
1028	4407299091	非端部接合其他未列名濒危热带木板材	出口		
1029	4407299099	非端部接合其他未列名热带木板材	出口		
1030	4407910010	端部接合的栎木（橡木）厚板材	出口		
1031	4407910090	非端部接合的栎木（橡木）厚板材	出口		
1032	4407920010	端部接合的山毛榉木厚板材	出口		

序号	商品编码	商品名称	禁止方式		
1033	4407920090	非端部接合的山毛榉木厚板材	出口		
1034	4407930010	端部接合的枫木厚板材	出口		
1035	4407930090	非端部接合的枫木厚板材	出口		
1036	4407940010	端部接合的樱桃木厚板材	出口		
1037	4407940090	非端部接合的樱桃木厚板材	出口		
1038	4407950010	端部接合的白蜡木厚板材	出口		
1039	4407950090	非端部接合的白蜡木厚板材	出口		
1040	4407991010	端部接合樟木/楠木/红木厚板材	出口		
1041	4407991090	非端部接合樟木/楠木/红木厚板材	出口		
1042	4407992010	端部接合的泡桐木厚板材	出口		
1043	4407992090	非端部接合的泡桐木厚板材	出口		
1044	4407993010	端部接合的北美硬阔叶材厚板材	出口		
1045	4407993090	非端部接合的北美硬阔叶材厚板材	出口		
1046	4407998011	端部接合其他温带濒危非针叶板材	出口		
1047	4407998019	端部接合的其他温带非针叶厚板材	出口		
1048	4407998091	非端部结合其他温带濒危非针叶厚板材	出口		
1049	4407998099	非端部接合的其他温带非针叶厚板材	出口		
1050	4407999012	端部接合的濒危木厚板材	出口		
1051	4407999019	端部接合的其他木厚板材	出口		
1052	4407999091	非端部接合的其他濒危木厚板材	出口		
1053	4407999099	非端部接合的其他木厚板材	出口		
1054	4408101110	胶合板等多层板制濒危针叶木单板	出口		
1055	4408101190	其他胶合板等多层板制针叶木单板	出口		
1056	4408101910	其他饰面濒危针叶木单板	出口		
1057	4408101990	其他饰面针叶木单板	出口		
1058	4408102010	制胶合板用濒危针叶木单板	出口		
1059	4408102090	其他制胶合板用针叶木单板	出口		
1060	4408109010	其他濒危针叶木单板材	出口		
1061	4408109090	其他针叶木单板材	出口		
1062	4408311100	胶合板多层板制饰面红柳安木单板	出口		
1063	4408311900	其他饰面用红柳安木单板	出口		
1064	4408312000	红柳安木制的胶合板用单板	出口		
1065	4408319000	红柳安木制的其他单板	出口		
1066	4408391110	胶合板多层板制饰面桃花心木单板	出口		
1067	4408391120	胶合板多层板制饰面拉敏木单板	出口		
1068	4408391130	胶合板多层板制饰面濒危木单板	出口		

序号	商品编码	商品名称	禁止方式		
1069	4408391190	胶合板多层板制饰面热带木单板	出口		
1070	4408391910	其他饰面用桃花心木单板	出口		
1071	4408391920	其他饰面用拉敏木单板	出口		
1072	4408391930	其他饰面用濒危木单板	出口		
1073	4408391990	其他饰面本章子目注释热带木单板	出口		
1074	4408392010	其他桃花心木制的胶合板用单板	出口		
1075	4408392020	其他拉敏木制的胶合板用单板	出口		
1076	4408392030	其他濒危木制的胶合板用单板	出口		
1077	4408392090	其他列名热带木制的胶合板用单板	出口		
1078	4408399010	其他桃花心木制的其他单板	出口		
1079	4408399020	其他拉敏木制的其他单板	出口		
1080	4408399030	其他列名濒危热带木制的其他单板	出口		
1081	4408399090	其他列名的热带木制的其他单板	出口		
1082	4408901110	胶合板多层板制饰面濒危木单板	出口		
1083	4408901190	胶合板多层板制饰面其他木单板	出口		
1084	4408901210	温带濒危非针叶木制饰面用木单板	出口		
1085	4408901290	其他温带非针叶木制饰面用木单板	出口		
1086	4408901911	家具饰面用濒危木单板	出口		
1087	4408901919	其他家具饰面用单板	出口		
1088	4408901991	其他饰面用濒危木单板	出口		
1089	4408901999	其他饰面用单板	出口		
1090	4408902110	温带濒危非针叶木制胶合板用单板	出口		
1091	4408902190	其他温带非针叶木制胶合板用单板	出口		
1092	4408902911	其他濒危木制胶合板用旋切单板	出口		
1093	4408902919	其他濒危木制胶合板用其他单板	出口		
1094	4408902991	其他木制胶合板用旋切单板	出口		
1095	4408902999	其他木制胶合板用其他单板	出口		
1096	4408909110	温带濒危非针叶木制其他单板材	出口		
1097	4408909190	温带非针叶木制其他单板材	出口		
1098	4408909910	其他濒危木制的其他单板材	出口		
1099	4408909990	其他木材，但针叶木热带木除外	出口		
1100	4409101010	一边或面制成连续形状的濒危针叶木制地板条、块	出口		
1101	4409101090	一边或面制成连续形状的其他针叶木地板条、块	出口		
1102	4409109010	一边或面制成连续形状濒危针叶木材	出口		

序号	商品编码	商品名称	禁止方式		
1103	4409109090	其他一边或面制成连续形状的针叶木材	出口		
1104	4409211010	一边或面制成连续形状的濒危竹地板条（块）	出口		
1105	4409211090	一边或面制成连续形状的竹地板条（块）	出口		
1106	4409219010	一边或面制成连续形状的其他濒危竹材	出口		
1107	4409219090	一边或面制成连续形状的其他竹材	出口		
1108	4409291010	一边或面制成连续形状的拉敏木地板条、块	出口		
1109	4409291020	一边或面制成连续形状的桃花心木地板条、块	出口		
1110	4409291030	一边或面制成连续形状的其他濒危木地板条、块	出口		
1111	4409291090	一边或面制成连续形状的其他非针叶木地板条、块	出口		
1112	4409299010	一边或面制成连续形状的拉敏木	出口		
1113	4409299020	一边或面制成连续形状的桃花心木	出口		
1114	4409299030	一边或面制成连续形状的其他濒危木	出口		
1115	4409299090	一边或面制成连续形状的其他非针叶木材	出口		
1116	4419003100	木制一次性筷子	出口		
1117	4419003210	酸竹制一次性筷子	出口		
1118	4419003290	其他竹制一次性筷子	出口		
上述 4407～4419 产品使用进口木材的除外					
1119	4501100000	未加工或简单加工的天然软木	出口		
1120	4501901000	软木废料	出口		
1121	4501902000	碎的、粒状的或粉状的软木（软木碎、软木粒或软木粉）	出口		
1122	4502000000	块、板、片或条状的天然软木	出口		
1123	4701000000	机械木浆	出口		
1124	4702000000	化学木浆，溶解级	出口		
1125	4703110000	未漂白针叶木碱木浆或硫酸盐木浆	出口		
1126	4703190000	未漂白非针叶木碱木浆等	出口		
1127	4703210000	漂白针叶木碱木浆或硫酸盐木浆	出口		
1128	4703290000	漂白非针叶木碱木浆或硫酸盐木浆	出口		
1129	4704110000	未漂白的针叶木亚硫酸盐木浆	出口		
1130	4704190000	未漂白的非针叶木亚硫酸盐木浆	出口		
1131	4704210000	漂白的针叶木亚硫酸盐木浆	出口		
1132	4704290000	漂白的非针叶木亚硫酸盐木浆	出口		
1133	4705000000	机械与化学联合制浆法制的木浆	出口		
1134	4706100000	棉短绒纸浆	出口		

序号	商品编码	商品名称	禁止方式		
1135	4706200000	从回收纸或纸板提取的纤维浆	出口		
1136	4706300000	其他纤维状纤维素竹浆	出口		
1137	4706910000	其他纤维状纤维素机械浆	出口		
1138	4706920000	其他纤维状纤维素化学浆	出口		
1139	4706930000	其他纤维状纤维素半化学浆	出口		
1140	4707100000	回收（废碎）的未漂白牛皮、瓦楞纸或纸板	出口		
1141	4707200000	回收（废碎）的漂白化学木浆制的纸和纸板	出口		
1142	4707300000	回收（废碎）的机械木浆制的纸或纸板	出口		
1143	4707900010	回收（废碎）墙（壁）纸、涂蜡纸、浸蜡纸、复写纸	出口		
1144	4707900090	其他回收纸或纸板	出口		
1145	4801000000	成卷或成张的新闻纸	出口		
1146	4802100000	手工制纸及纸板	出口		
1147	4802201000	照相原纸	出口		
1148	4802209000	其他光，热，电敏纸，纸板的原纸	出口		
1149	4802400000	壁纸原纸	出口		
1150	4802540000	书写，印刷等用未涂布薄纸或纸板	出口		
1151	4802550010	40g＜每平方米重≤150g 的胶版纸	出口		
1152	4802550090	40g＜每平方米重≤150g 未涂布中厚纸	出口		
1153	4802560010	成张 40g＜每平方米重≤150g 胶版纸	出口		
1154	4802560090	40g＜每平方米重≤150g 未涂布纸，成张	出口		
1155	4802570010	其他 40g＜每平方米重≤150g 的胶版纸	出口		
1156	4802570090	其他 40g＜每平方米≤150g 未涂中厚纸	出口		
1157	4802580000	书写、印刷等用未涂布厚纸（板）	出口		
1158	4802611000	成卷新闻纸	出口		
1159	4802619000	其他成卷书写、印刷用未涂布纸	出口		
1160	4802620000	成张书写、印刷用未涂布纸	出口		
1161	4802691000	其他新闻纸	出口		
1162	4802699000	其他书写、印刷用未涂布纸	出口		
1163	4803000000	卫生纸、面巾纸、餐巾纸及类似纸	出口		
1164	4804110010	平方米重 115～360g 未漂白、成卷或成张未涂布牛皮挂面纸	出口		
1165	4804110090	其他未漂白的牛皮挂面纸	出口		
1166	4804190000	漂白的牛皮挂面纸	出口		
1167	4804210000	未漂白的袋用牛皮纸	出口		
1168	4804290000	漂白的袋用牛皮纸	出口		

序号	商品编码	商品名称	禁止方式		
1169	4804310010	平方米重 115～150g 未漂白、成卷或成张未涂布其他牛皮纸	出口		
1170	4804310090	其他未漂白的其他薄牛皮纸及纸板	出口		
1171	4804390090	每平方米重量≤150g 的其他牛皮纸及纸板	出口		
1172	4804410010	150g＜平方米重＜225g 未漂白、成卷或成张未涂布其他牛皮纸	出口		
1173	4804410090	其他未漂白的其他中厚牛皮纸及纸板	出口		
1174	4804420000	本体均匀漂白的中厚牛皮纸及纸板	出口		
1175	4804490000	其他漂白的中厚牛皮纸及纸板	出口		
1176	4804510010	平方米重 225～360g 未漂白、成卷或成张未涂布其他牛皮纸	出口		
1177	4804510090	其他未漂白的其他厚牛皮纸及纸板	出口		
1178	4804520000	本体均匀漂白的厚牛皮纸及纸板	出口		
1179	4804590000	其他漂白的厚牛皮纸及纸板	出口		
1180	4805110000	半化学的瓦楞原纸	出口		
1181	4805120000	草浆瓦楞原纸	出口		
1182	4805190000	其他瓦楞原纸	出口		
1183	4805240000	强韧箱纸板（再生挂面纸板）	出口		
1184	4805250000	强韧箱纸板（再生挂面纸板）	出口		
1185	4805300000	亚硫酸盐包装纸	出口		
1186	4805400000	滤纸及纸板	出口		
1187	4805500000	毡纸及纸板	出口		
1188	4805911000	电解电容器原纸			进出口
1189	4805919000	其他未经涂布薄纸及纸板	出口		
1190	4805920000	其他未经涂布中厚纸及纸板	出口		
1191	4805930000	其他未经涂布厚纸及纸板	出口		
1192	4806100000	植物羊皮纸	出口		
1193	4806200000	防油纸	出口		
1194	4806300000	描图纸	出口		
1195	4806400000	高光泽透明或半透明纸	出口		
1196	4807000000	成卷或成张的复合纸及纸板	出口		
1197	4808100000	瓦楞纸及纸板	出口		
1198	4808200000	袋用皱纹牛皮纸	出口		
1199	4808300000	其他皱纹牛皮纸	出口		
1200	4808900000	其他皱纹纸及纸板，压纹纸及纸板	出口		
1201	4809200000	大张（卷）的自印复写纸	出口		

序号	商品编码	商品名称	禁止方式		
1202	4809900000	其他大张（卷）的复写纸及类似拷贝纸或转印纸	出口		
1203	4810130001	成卷的铜版纸	出口		
1204	4810130090	涂无机物的其他书写/印刷或类似用途纸/纸板	出口		
1205	4810140001	成张的铜版纸	出口		
1206	4810140090	涂无机物的其他成张的书写、印刷的纸及纸板	出口		
1207	4810190001	其他铜版纸	出口		
1208	4810190090	涂无机物的其他书写、印刷用途的纸及纸板	出口		
1209	4810220000	书写、印刷用途的轻质涂布纸	出口		
1210	4810290000	涂无机物的其他书写、印刷用途的纸及纸板	出口		
1211	4810310010	涂无机物的白板纸、白卡纸	出口		
1212	4810310090	涂无机物的薄漂白牛皮纸及纸板	出口		
1213	4810320010	涂无机物的白板纸、白卡纸	出口		
1214	4810320090	涂无机物的厚漂白牛皮纸及纸板	出口		
1215	4810390000	涂无机物的其他牛皮纸及纸板	出口		
1216	4810920000	其他涂无机物的多层纸及纸板	出口		
1217	4810990000	其他涂无机物的纸及纸板	出口		
1218	4811100000	焦油纸及纸板，沥青纸及纸板	出口		
1219	4811410000	自粘的胶粘纸及纸板	出口		
1220	4811490000	其他胶粘纸及纸板	出口		
1221	4811511000	漂白的彩色相纸用双面涂塑厚纸	出口		
1222	4811519000	漂白的其他涂、浸、盖厚纸及纸板	出口		
1223	4811591000	用塑料浸涂的绝缘纸及纸板	出口		
1224	4811599000	用塑料涂布，浸渍的其他纸及纸板	出口		
1225	4811601000	用蜡或油等涂布的绝缘纸及纸板	出口		
1226	4811609000	用蜡或油等涂布的其他纸及纸板	出口		
1227	4811900000	其他经涂布，浸渍，覆盖的纸及纸板	出口		
1228	4812000000	纸浆制的滤块，滤板及滤片	出口		
1229	4813100000	成小本或管状的卷烟纸	出口		
1230	4813200000	宽度≤5cm 成卷的卷烟纸	出口		
1231	4813900000	其他卷烟纸	出口		
1232	4814100000	用木粒或草粒等饰面的壁纸	出口		
1233	4814200000	用塑料涂面或盖面的壁纸及类似品	出口		
1234	4814900000	其他壁纸及类似品，窗用透明纸	出口		
1235	4816200000	小卷（张）自印复写纸	出口		
1236	4816901000	小卷（张）热敏转印纸	出口		

序号	商品编码	商品名称	禁止方式		
1237	4816909000	复写纸及其他拷贝纸或转印纸、油印蜡纸或胶印版纸	出口		
全部使用进口木浆（4701～4706）、生产中不添加国产浆，出口纸及其制品（4801～4816）的除外					
进口 4801～4816 加工出口（包括深加工结转）4801～4816 纸制品的除外					
进口 4707 以深加工结转方式转出 4801～4816 纸制品的除外					
1238	5102110000	未梳喀什米尔山羊的细毛	出口		
1239	5102191010	未梳濒危兔毛	出口		
1240	5102192000	其他未梳山羊绒	出口		
1241	5102193010	未梳濒危野生骆驼科动物毛、绒	出口		
1242	5102199010	未梳的其他濒危野生动物细毛	出口		
1243	5102200010	未梳的濒危野生动物粗毛	出口		
1244	5103109010	其他濒危野生动物细毛的落毛	出口		
1245	5103209010	其他濒危野生动物细毛废料	出口		
1246	5103300010	濒危野生动物粗毛废料	出口		
1247	5104009010	其他濒危野生动物细毛	出口		
1248	5105391010	已梳濒危兔毛	出口		
1249	5105400010	其他已梳濒危野生动物粗毛	出口		
1250	5108101100	非供零售用粗梳山羊绒纱线	出口		
1251	5108101910	非供零售用粗梳其他濒危动物细毛纱线	出口		
1252	5108109010	非供零售用粗梳其他濒危动物细毛纱线	出口		
1253	5108201910	非供零售用精梳其他濒危动物细毛纱线	出口		
1254	5108209010	非供零售用精梳其他濒危动物细毛纱线	出口		
1255	5110000010	濒危动物粗毛的纱线	出口		
1256	5202100000	废棉纱线		进口	
1257	5202990000	其他废棉		进口	
1258	5505100000	合成纤维废料		进口	
1259	5505200000	人造纤维废料		进口	
1260	6310100010	新的或未使用过的纺织材料制经分拣的碎织物等		进口	
1261	6310100090	其他纺织材料制经分拣的碎织物等		进口	
1262	6310900010	新的或未使用过的纺织材料制其他碎织物等		进口	
1263	6310900090	其他纺织材料制碎织物等		进口	
1264	6402120010	含濒危动物毛皮橡胶/塑料底及面滑雪靴	出口		
1265	6402190010	含濒危动物毛皮其他运动鞋靴	出口		
1266	6801000000	长方砌石，路缘石，扁平石	出口		

序号	商品编码	商品名称	禁止方式		
1267	6802101000	大理石制砖，瓦，方块及类似品	出口		
1268	6802109000	其他石料制砖瓦、方块及类似品	出口		
1269	6802211000	经简单切削或锯开的大理石及制品	出口		
1270	6802219000	经简单切削或锯开的蜡石及制品	出口		
1271	6802230000	经简单切削或锯开的花岗岩及制品	出口		
1272	6802291000	经简单切削或锯开的其他石灰石	出口		
1273	6802299000	经简单切削或锯开的其他石及制品	出口		
6801～6802 使用进口石材的除外					
1274	6806200000	页状硅石，膨胀黏土，泡沫矿渣			进出口
1275	6807100001	聚酯-铜复合胎基改性沥青根阻防水卷材			进出口
1276	6807100090	成卷的沥青或类似原料的制品			进出口
1277	6807900000	其他形状的沥青或类似原料的制品			进出口
1278	6815100000	非电器用的石墨或其他碳精制品	出口		
1279	6815200000	泥煤制品			进出口
1280	6903100000	含＞50%石墨其他耐火陶瓷制品	出口		
1281	6903200000	含＞50%氧化铝其他耐火陶瓷制品	出口		
1282	7110110000	未锻造或粉末状铂	出口		
1283	7110191000	板、片状铂	出口		
1284	7110199000	其他半制成铂	出口		
1285	7110210000	未锻造或粉末状钯	出口		
1286	7110291000	板、片状钯	出口		
1287	7110299000	其他半制成钯	出口		
1288	7110310000	未锻造或粉末状铑	出口		
1289	7110391000	板、片状铑	出口		
1290	7110399000	其他半制成铑	出口		
1291	7110410000	未锻造或粉末状铱、锇、钌	出口		
1292	7110491000	板、片状铱、锇、钌	出口		
1293	7110499000	其他半制成铱、锇、钌	出口		
1294	7113119010	镶嵌濒危物种制品的银首饰及零件	出口		
1295	7113209010	镶嵌濒危物种制品以贱金属为底的包贵金属制首饰	出口		
1296	7114110010	镶嵌濒危物种制品的银器及零件	出口		
1297	7201100000	非合金生铁，按重量计含磷量在 0.5%及以下（非钢铁冶炼行业除外）		进口	
1298	7201200000	非合金生铁，按重量计含磷量在 0.5%以上（非钢铁冶炼行业除外）		进口	

序号	商品编码	商品名称	禁止方式		
1299	7201500010	合金生铁（非钢铁冶炼行业除外）		进口	
1300	7201500090	镜铁（非钢铁冶炼行业除外）		进口	
1301	7202110000	锰铁，按重量计含碳量在 2%以上	出口		
1302	7202190000	锰铁，按重量计含碳量不超过 2%	出口		
1303	7202210000	硅铁，含硅量在 55%以上	出口		
1304	7202290000	硅铁，含硅量不超过 55%	出口		
1305	7202300000	硅锰铁	出口		
1306	7202410000	铬铁，按重量计含碳量在 4%以上	出口		
1307	7202490000	铬铁，按重量计含碳量不超过 4%	出口		
1308	7202500000	硅铬铁	出口		
1309	7202600000	镍铁	出口		
1310	7202700000	钼铁	出口		
1311	7202801000	钨铁	出口		
1312	7202802000	硅钨铁	出口		
1313	7202910000	钛铁及硅钛铁	出口		
1314	7202921000	按重量含钒在 75%及以上钒铁	出口		
1315	7202929000	其他钒铁	出口		
1316	7202990000	其他铁合金	出口		
1317	7203100001	热压铁块		进口	
1318	7203100090	直接从铁矿还原的铁产品		进口	
1319	7203900000	其他海绵铁产品或纯度在 99.94%及以上的铁		进口	
1320	7204100000	铸铁废碎料		进口	
1321	7204210000	不锈钢废碎料		进口	
1322	7204290000	其他合金钢废碎料		进口	
1323	7204300000	镀锡钢铁废碎料		进口	
1324	7204410000	机械加工中产生的钢铁废料		进口	
1325	7204490010	废汽车压件		进口	
1326	7204490020	以回收钢铁为主的废五金电器		进口	
1327	7204490090	未列名钢铁废碎料		进口	
1328	7204500000	供再熔的碎料钢铁锭		进口	
1329	7205100000	生铁、镜铁及钢铁颗粒（非钢铁冶炼行业除外）		进口	
1330	7205211000	钕铁硼磁粉（非冶炼行业除外）		进口	
1331	7205219000	其他合金钢粉末（非冶炼行业除外）		进口	
1332	7205290000	生铁、镜铁及其他钢铁粉末（非钢铁冶炼行业除外）		进口	
1333	7206100000	铁锭及非合金钢锭（非钢铁冶炼行业除外）		进口	

序号	商品编码	商品名称	禁止方式		
1334	7206900000	其他初级形状的铁及非合金钢（非钢铁冶炼行业除外）		进口	
1335	7207110000	宽度小于厚度两倍的矩形截面钢坯（非钢铁冶炼行业除外）		进口	
1336	7207120000	其他矩形截面钢坯		进口	
1337	7207190000	其他含碳量小于 0.25%的钢坯		进口	
1338	7207200000	含碳量不小于 0.25%的钢坯		进口	
1339	7208100000	轧有花纹的热轧卷材	出口		
1340	7208250000	厚≥4.75mm 其他经酸洗的热轧卷材	出口		
1341	7208261000	4.75mm＞厚≥3mm 其他大强度热轧卷材	出口		
1342	7208269000	其他 4.75mm＞厚≥3mm 热轧卷材	出口		
1343	7208271000	厚度＜1.5mm 其他的热轧卷材	出口		
1344	7208279000	1.5mm≤厚＜3mm 其他的热轧卷材	出口		
1345	7208360000	厚度＞10mm 的其他热轧卷材	出口		
1346	7208370000	10mm≥厚≥4.75mm 的其他热轧卷材	出口		
1347	7208381000	4.75mm＞厚度≥3mm 的大强度卷材	出口		
1348	7208389000	其他 4.75mm＞厚度≥3mm 的卷材	出口		
1349	7208391000	厚度＜1.5mm 的其他热轧卷材	出口		
1350	7208399000	1.5mm≤厚＜3mm 的其他热轧卷材	出口		
1351	7208400000	轧有花纹的热轧非卷材	出口		
1352	7208511000	厚度＞50mm 的其他热轧非卷材	出口		
1353	7208512000	20mm＜厚≤50mm 的其他热轧非卷材	出口		
1354	7208519000	10mm＜厚≤20mm 的其他热轧非卷材	出口		
1355	7208520000	10mm≥厚度≥4.75mm 的热轧非卷材	出口		
1356	7208531000	4.75mm＞厚≥3mm 大强度热轧非卷材	出口		
1357	7208539000	其他 4.75mm＞厚≥3mm 的热轧非卷材	出口		
1358	7208541000	厚＜1.5mm 的热轧非卷材	出口		
1359	7208549000	1.5mm≤厚＜3mm 的热轧非卷材	出口		
1360	7208900000	其他热轧铁或非合金钢宽平板轧材	出口		
1361	7211130000	未轧花纹的四面轧制的热轧非卷材	出口		
1362	7211140000	厚度≥4.75mm 的其他热轧板材	出口		
1363	7211190000	其他热轧铁或非合金钢窄板材	出口		
1364	7211230000	含炭量低于 0.25%的冷轧板材	出口		
1365	7211290000	其他冷轧铁或非合金钢窄板材	出口		
1366	7211900000	冷轧的铁或非合金钢其他窄板材	出口		
1367	7212100000	镀（涂）锡的铁或非合金钢窄板材	出口		

序号	商品编码	商品名称	禁止方式		
1368	7212200000	电镀锌的铁或非合金钢窄板材	出口		
1369	7212300000	其他镀或涂锌的铁窄板材	出口		
1370	7212400000	涂漆或涂塑的铁或非合金钢窄板材	出口		
1371	7212500000	涂镀其他材料铁或非合金钢窄板材	出口		
1372	7212600000	经包覆的铁或非合金钢窄板材	出口		
1373	7213100000	铁或非合金钢制热轧盘条	出口		
1374	7213200000	其他易切削钢制热轧盘条	出口		
1375	7213910000	直径＜14mm 圆截面的其他热轧盘条	出口		
1376	7213990000	其他热轧盘条	出口		
1377	7214200000	铁或非合金钢的热加工条、杆	出口		
1378	7214300000	易切削钢的热加工条、杆	出口		
1379	7214910000	其他矩形截面的条杆	出口		
1380	7214990000	其他热加工条、杆	出口		
1381	7215100000	其他易切削钢制冷加工条、杆	出口		
1382	7215500000	其他冷加工或冷成形的条、杆	出口		
1383	7215900000	铁及非合金钢的其他条、杆	出口		
1384	7216101000	截面高度＜80mm H 型钢	出口		
1385	7216102000	截面高度＜80mm 工字钢	出口		
1386	7216109000	截面高度＜80mm 槽钢	出口		
1387	7216210000	截面高度＜80mm 角钢	出口		
1388	7216220000	截面高度＜80mm 丁字钢	出口		
1389	7216310000	截面高度≥80mm 槽型钢	出口		
1390	7216321000	截面高度＞200mm 工字钢	出口		
1391	7216329000	80mm≤截面高度≤200mm 工字钢	出口		
1392	7216331100	截面高度＞800mm H 型钢	出口		
1393	7216331900	200mm＜截面高度≤800mm H 型钢	出口		
1394	7216339000	80mm≤截面高度≤200mm H 型钢	出口		
1395	7216401000	截面高度≥80mm 角钢	出口		
1396	7216402000	截面高度≥80mm 丁字钢	出口		
1397	7216501000	乙字钢	出口		
1398	7216509000	其他角材、型材及异型材	出口		
1399	7216610000	平板轧材制的角材、型材及异型材	出口		
1400	7216690000	冷加工的角材、型材及异型材	出口		
1401	7216910000	其他平板轧材制角材，型材，异型材	出口		
1402	7216990000	其他角材、型材及异型材	出口		
1403	7217100000	未镀或涂层的铁或非合金钢丝	出口		

序号	商品编码	商品名称	禁止方式		
1404	7217200000	镀或涂锌的铁或非合金钢丝	出口		
1405	7217301000	镀或涂铜的铁或非合金钢丝	出口		
1406	7217309000	镀或涂其他贱金属的铁或非合金钢丝	出口		
1407	7217900000	其他铁丝或非合金钢丝	出口		
1408	7218100000	不锈钢锭及其他初级形状产品		进口	
1409	7218910000	矩形截面的不锈钢半制成品		进口	
1410	7218990000	其他不锈钢半制成品		进口	
进口 7218 项下产品用于非钢铁冶炼的除外					
1411	7219131200	3mm≤厚＜4.75mm 未经酸洗的热轧不锈钢卷板	出口		
1412	7219132200	3mm≤厚＜4.75mm 经酸洗的热轧不锈钢卷板	出口		
1413	7219141200	厚度＜3mm 未经酸洗的热轧不锈钢卷板	出口		
1414	7219142200	厚度＜3mm 经酸洗的热轧不锈钢卷板	出口		
7219 项下产品用于非钢铁冶炼的除外					
1415	7224100000	其他合金钢锭及其他初级形状		进口	
1416	7224901000	粗铸锻件坯		进口	
1417	7224909000	其他合金钢坯		进口	
进口 7224 项下产品用于非钢铁冶炼的除外					
1418	7225910000	电镀锌的其他合金钢宽平板轧材	出口		
1419	7225920000	其他镀或涂锌的其他合金钢宽板材	出口		
1420	7225991000	宽≥600mm 的高速钢制平板轧材	出口		
1421	7225999000	宽≥600mm 的其他合金钢平板轧材	出口		
1422	7226920000	宽度＜600mm 冷轧其他合金钢板材	出口		
1423	7226991000	电镀锌的其他合金钢窄平板轧材	出口		
1424	7226992000	用其他方法镀或涂锌的其他合金钢窄板材	出口		
1425	7227200000	硅锰钢的热轧盘条	出口		
1426	7228200000	其他硅锰钢的条、杆	出口		
1427	7228600000	其他合金钢条、杆	出口		
1428	7401000010	沉积铜（泥铜）	出口		
1429	7401000090	铜锍	出口		
1430	7402000000	未精炼铜、电解精炼用铜阳极	出口		
1431	7403119000	精炼铜的阴极型材	出口		
1432	7403120000	精炼铜的线锭	出口		
1433	7403130000	精炼铜的坯段	出口		
1434	7403190000	其他未锻轧的精炼铜	出口		
1435	7403210000	未锻轧的铜锌合金（黄铜）	出口		

序号	商品编码	商品名称	禁止方式		
1436	7403220000	未锻轧的铜锡合金（青铜）	出口		
1437	7403290000	未锻轧的其他铜合金	出口		
1438	7404000010	以回收铜为主的废电机等		进口	
1439	7404000090	其他铜废碎料	出口		
1440	7405000000	铜母合金	出口		
1441	7406101000	精炼铜制非片状粉末	出口		
1442	7406102000	白铜或德银制非片状粉末	出口		
1443	7406103000	铜锌合金（黄铜）制非片状粉末	出口		
1444	7406104000	铜锡合金（青铜）制非片状粉末	出口		
1445	7406109000	其他铜合金制非片状粉末	出口		
1446	7406201000	精炼铜制片状粉末	出口		
1447	7406202000	白铜或德银制片状粉末	出口		
1448	7406209000	其他铜合金制片状粉末	出口		
1449	7501100000	镍锍	出口		
1450	7501209000	其他氧化镍烧结物、镍的其他中间产品	出口		
1451	7503000000	镍废碎料	出口		
1452	7504001000	非合金镍粉及片状粉末	出口		
1453	7508901000	电镀用镍阳极	出口		
1454	7601101000	未锻轧非合金铝	出口		
1455	7601109000	其他未锻轧非合金铝	出口		
1456	7602000010	以回收铝为主的废电线等	出口		
1457	7602000090	其他铝废碎料	出口		
1458	7603100010	颗粒＜500μm 的微细球形铝粉	出口		
1459	7603100090	其他非片状铝粉	出口		
1460	7603200000	片状铝粉末	出口		
1461	7801100000	未锻轧精炼铅	出口		
1462	7801910000	未锻轧铅锑合金	出口		
1463	7801990000	未锻轧的其他铅合金	出口		
1464	7802000000	铅废碎料	出口		
1465	7804200000	铅及铅合金粉末、片状粉末	出口		
1466	7901119000	99.99%≤含锌量＜99.995%的未锻轧锌	出口		
1467	7901120000	含锌量＜99.99%的未锻轧锌	出口		
1468	7901200000	未锻轧锌合金	出口		
1469	7902000000	锌废碎料	出口		
1470	7903100000	锌末	出口		
1471	7903900010	颗粒＜500μm 的锌及其合金	出口		

序号	商品编码	商品名称	禁止方式		
1472	7903900090	其他锌粉及片状粉末	出口		
1473	8001100000	未锻轧非合金锡	出口		
1474	8001201000	锡基巴毕脱合金	出口		
1475	8001202100	按重量计含铅量在 0.1%以下的焊锡	出口		
1476	8001202900	其他焊锡	出口		
1477	8001209000	其他锡合金	出口		
1478	8002000000	锡废碎料	出口		
1479	8101100010	颗粒＜500μm 的钨及其合金	出口		
1480	8101940000	未锻轧钨	出口		
1481	8101970000	钨废碎料	出口		
1482	8101991000	锻轧钨条、杆；型材及异型材，板、片、带、箔	出口		
1483	8102100000	钼粉	出口		
1484	8102940000	未锻轧钼	出口		
1485	8102970000	钼废碎料	出口		
1486	8103201100	松装密度小于 2.2g/cm^3 的钽粉	出口		
1487	8103201900	其他钽粉	出口		
1488	8103209000	其他未锻轧钽，包括简单烧结而成的条、杆	出口		
1489	8103300000	钽废碎料	出口		
1490	8104110000	含镁量≥99.8%的未锻轧镁	出口		
1491	8104190000	其他未锻轧的镁及镁合金	出口		
1492	8104200000	镁废碎料	出口		
1493	8104300010	颗粒＜500μm 的镁及其合金	出口		
1494	8104300090	其他已分级的镁锉屑，车屑，颗粒；粉末	出口		
1495	8105201000	钴湿法冶炼中间品	出口		
1496	8105300000	钴锍废碎料	出口		
1497	8106001011	高纯度未锻轧的铋	出口		
1498	8106001019	高纯度未锻轧的铋废料、粉末	出口		
1499	8106001091	其他未锻轧铋	出口		
1500	8106001099	其他未锻轧铋粉末	出口		
1501	8107200000	未锻轧镉、粉末	出口		
1502	8107300000	镉废碎料	出口		
1503	8107900000	其他镉及镉制品	出口		
1504	8108202100	未锻轧海绵钛	出口		
1505	8108202910	颗粒＜500μm 的钛及其合金	出口		
1506	8108202990	其他未锻轧钛	出口		

序号	商品编码	商品名称	禁止方式		
1507	8108203000	钛的粉末	出口		
1508	8108300000	钛废碎料	出口		
1509	8109200010	颗粒＜500μm 的锆及其合金	出口		
1510	8109200090	其他未锻轧锆；粉末	出口		
1511	8109300000	锆废碎料	出口		
1512	8110101000	未锻轧锑	出口		
1513	8110102000	锑粉末	出口		
1514	8110200000	锑废碎料	出口		
1515	8111001010	未锻轧锰废碎料	出口		
1516	8111001090	未锻轧锰；粉末	出口		
1517	8111009000	其他锰及制品	出口		
1518	8112120000	未锻轧铍、粉末	出口		
1519	8112130000	铍废碎料	出口		
1520	8112210000	未锻轧铬；铬粉末	出口		
1521	8112220000	铬废碎料	出口		
1522	8112510000	未锻轧铊；铊粉末	出口		
1523	8112520000	铊废碎料	出口		
1524	8112921010	未锻轧锗废碎料	出口		
1525	8112921090	未锻轧的锗；锗粉末	出口		
1526	8112922001	未锻轧、废碎料或粉末状的钒氮合金	出口		
1527	8112922090	未锻轧的钒；钒粉末	出口		
1528	8112923001	未锻轧的铟	出口		
1529	8112923002	铟粉末	出口		
1530	8112923090	未锻轧的铟废碎料	出口		
1531	8112924010	未锻轧的铌废碎料	出口		
1532	8112924090	未锻轧的铌；粉末	出口		
1533	8112929011	未锻轧的铪废碎料	出口		
1534	8112929019	未锻轧的铪；粉末	出口		
1535	8112929091	未锻轧的镓、铼废碎料	出口		
1536	8112929099	未锻轧的镓、铼；粉末	出口		
1537	8112991000	其他锗及其制品	出口		
1538	8112992001	其他钒氮合金	出口		
1539	8112992090	其他钒及其制品	出口		
1540	8112993000	锻轧的铟及其制品	出口		
1541	8112994000	锻轧的铌及其制品	出口		
1542	8112999010	锻轧的铪及其制品	出口		

序号	商品编码	商品名称	禁止方式		
1543	8112999090	锻轧的镓、铼及其制品	出口		
1544	8113000010	碳化钨废碎料	出口		
1545	8415102100	制冷量≤4 千大卡/时分体式空调，窗式或壁式		旧机电产品进口	
1546	8415102200	制冷量＞4 千大卡/时分体式空调，窗式或壁式		旧机电产品进口	
1547	8415200000	机动车辆上供人使用的空气调节器		旧机电产品进口	
1548	8415811000	制冷量≤4 千大卡/时热泵式空调器		旧机电产品进口	
1549	8415812000	制冷量＞4 千大卡/时热泵式空调器		旧机电产品进口	
1550	8415821000	制冷量≤4 千大卡/时的其他空调器		旧机电产品进口	
1551	8415822000	制冷量＞4 千大卡/时的其他空调		旧机电产品进口	
1552	8415830000	未装有制冷装置的空调器		旧机电产品进口	
1553	8415901000	制冷量≤4 千大卡/时空调的零件		旧机电产品进口	
1554	8415909000	制冷量＞4 千大卡/时空调的零件		旧机电产品进口	
1555	8417100000	矿砂、金属的焙烧、熔化用炉		旧机电产品进口	
1556	8417802000	放射性废物焚烧炉		旧机电产品进口	
1557	8417809010	平均温度＞1 000℃的耐腐蚀焚烧炉		旧机电产品进口	
1558	8417809090	其他非电热的工业用炉及烘箱		旧机电产品进口	
1559	8418101000	容积＞500 升冷藏-冷冻组合机		旧机电产品进口	
1560	8418102000	200 升＜容积≤500 升冷藏-冷冻组合机		旧机电产品进口	
1561	8418103000	容积≤200 升冷藏-冷冻组合机		旧机电产品进口	
1562	8418211000	容积＞150 升压缩式家用型冷藏箱		旧机电产品进口	
1563	8418212000	压缩式家用型冷藏箱		旧机电产品进口	
1564	8418213000	容积≤50 升压缩式家用型冷藏箱		旧机电产品进口	
1565	8418291000	半导体制冷式家用型冷藏箱		旧机电产品进口	
1566	8418292000	电气吸收式家用型冷藏箱		旧机电产品进口	
1567	8418299000	其他家用型冷藏箱		旧机电产品进口	
1568	8418301000	制冷温度≤-40℃的柜式冷冻箱		旧机电产品进口	
1569	8418302100	制冷＞-40℃大的其他柜式冷冻箱		旧机电产品进口	
1570	8418302900	制冷＞-40℃小的其他柜式冷冻箱		旧机电产品进口	
1571	8418401000	制冷温度≤-40℃的立式冷冻箱		旧机电产品进口	
1572	8418402100	制冷温度＞-40℃大的立式冷冻箱		旧机电产品进口	
1573	8418402900	制冷温度＞-40℃小的立式冷冻箱		旧机电产品进口	
1574	8418500000	装有冷藏或冷冻装置的其他设备，用于存储及展示		旧机电产品进口	
1575	8418612010	压缩式制冷机组的热泵		旧机电产品进口	
1576	8418612090	其他压缩式热泵，税目 8415 的空气调节器除外		旧机电产品进口	

序号	商品编码	商品名称	禁止方式
1577	8418619000	其他热泵，税目 8415 的空气调节器除外	旧机电产品进口
1578	8418692010	其他压缩式制冷设备	旧机电产品进口
1579	8418692090	其他制冷机组	旧机电产品进口
1580	8418699010	带制冷装置的发酵罐	旧机电产品进口
1581	8418699090	其他制冷设备	旧机电产品进口
1582	8418910000	冷藏或冷冻设备专用的特制家具	旧机电产品进口
1583	8418991000	制冷机组及热泵用零件	旧机电产品进口
1584	8418999100	制冷温度≤-40℃冷冻设备零件	旧机电产品进口
1585	8418999200	制冷温度＞-40℃大冷藏设备零件	旧机电产品进口
1586	8418999910	耐腐蚀冷凝器	旧机电产品进口
1587	8418999990	编号 8418 其他制冷设备用零件	旧机电产品进口
1588	8443311010	静电感光式多功能一体加密传真机	旧机电产品进口
1589	8443311090	其他静电感光式多功能一体机	旧机电产品进口
1590	8443319010	其他具有打印和复印两种功能的机器	旧机电产品进口
1591	8443319090	其他具有打印、复印或传真中两种及以上功能的机器	旧机电产品进口
1592	8443321100	专用于税目 8471 所列设备的针式打印机	旧机电产品进口
1593	8443321200	专用于税目 8471 所列设备的激光打印机	旧机电产品进口
1594	8443321300	专用于税目 8471 所列设备的喷墨打印机	旧机电产品进口
1595	8443321900	专用于税目 8471 所列设备的其他打印机	旧机电产品进口
1596	8443322101	幅宽＞60cm 的喷墨印刷设备	旧机电产品进口
1597	8443329010	其他加密传真机	旧机电产品进口
1598	8443329090	其他印刷（打印）机、复印机、传真机和电传打字机	旧机电产品进口
1599	8443391100	将原件直接复印（直接法）的静电感光复印设备	旧机电产品进口
1600	8443391200	将原件通过中间体转印（间接法）的静电感光复印设备	旧机电产品进口
1601	8443392100	带有光学系统的其他感光复印设备	旧机电产品进口
1602	8443392200	接触式的其他感光复印设备	旧机电产品进口
1603	8443392300	热敏的其他感光复印设备	旧机电产品进口
1604	8443392400	热升华的其他感光复印设备	旧机电产品进口
1605	8443393100	数字式喷墨印刷机	旧机电产品进口
1606	8443393200	数字式静电照相印刷机（激光印刷机）	旧机电产品进口
1607	8443393900	其他数字式印刷设备	旧机电产品进口
1608	8443399000	其他印刷（打印）机、复印机	旧机电产品进口

序号	商品编码	商品名称	禁止方式		
1609	8443911000	印刷用辅助机器		旧机电产品进口	
1610	8443992100	热敏打印头		旧机电产品进口	
1611	8443992901	接触式图像传感器（扫描头）		旧机电产品进口	
1612	8443992990	其他数字印刷设备的零件		旧机电产品进口	
1613	8471300000	便携式自动数据处理设备		旧机电产品进口	
1614	8471411000	巨大中型自动数据处理设备		旧机电产品进口	
1615	8471412000	小型自动数据处理设备		旧机电产品进口	
1616	8471414000	微型机		旧机电产品进口	
1617	8471419000	其他数据处理设备		旧机电产品进口	
1618	8471491000	系统形式报验的巨、大、中型机		旧机电产品进口	
1619	8471492000	以系统形式报验的小型计算机		旧机电产品进口	
1620	8471494000	以系统形式报验的微型机		旧机电产品进口	
1621	8471499100	其他分散型工业过程控制设备		旧机电产品进口	
1622	8471499900	以系统形式报验的其他计算机		旧机电产品进口	
1623	8471501000	巨、大、中型机处理部件		旧机电产品进口	
1624	8471502000	小型机的处理部件		旧机电产品进口	
1625	8471504000	微型机的处理部件		旧机电产品进口	
1626	8471509000	847141 或 847149 以外设备的处理部件		旧机电产品进口	
1627	8471604000	巨、大、中及小型计算机用终端		旧机电产品进口	
1628	8471605000	自动数据处理设备的扫描器		旧机电产品进口	
1629	8471606000	自动数据处理设备的数字化仪		旧机电产品进口	
1630	8471607100	键盘		旧机电产品进口	
1631	8471607200	鼠标器		旧机电产品进口	
1632	8471609000	计算机的其他输入或输出部件		旧机电产品进口	
1633	8471701000	计算机硬盘驱动器		旧机电产品进口	
1634	8471702000	自动数据处理设备的软盘驱动器		旧机电产品进口	
1635	8471703010	具有刻录功能的光盘驱动器		旧机电产品进口	
1636	8471703090	其他光盘驱动器		旧机电产品进口	
1637	8471709000	自动数据处理设备的其他存储部件		旧机电产品进口	
1638	8471800000	其他自动数据处理设备的部件		旧机电产品进口	
1639	8471900010	专用于复制的光盘刻录机		旧机电产品进口	
1640	8471900090	未列名的磁性或光学阅读器		旧机电产品进口	
1641	8506300000	氧化汞的原电池及原电池组			进出口
1642	8507100000	起动活塞式发动机用铅酸蓄电池	出口		
1643	8507200000	其他铅酸蓄电池	出口		
1644	8516500000	微波炉		旧机电产品进口	

序号	商品编码	商品名称	禁止方式
1645	8516603000	电饭锅	旧机电产品进口
1646	8517110010	无绳加密电话机	旧机电产品进口
1647	8517110090	其他无绳电话机	旧机电产品进口
1648	8517121011	GSM 数字式手持无线电话整套散件	旧机电产品进口
1649	8517121019	其他 GSM 数字式手持无线电话机	旧机电产品进口
1650	8517121021	CDMA 数字式手持无线电话整套散件	旧机电产品进口
1651	8517121029	其他 CDMA 数字式手持无线电话机	旧机电产品进口
1652	8517121090	其他手持式无线电话机	旧机电产品进口
1653	8517122000	对讲机	旧机电产品进口
1654	8517129010	其他用于蜂窝网络或其他无线网络的加密电话机	旧机电产品进口
1655	8517129090	其他用于蜂窝网络或其他无线网络的电话机	旧机电产品进口
1656	8517180010	其他加密电话机	旧机电产品进口
1657	8517180090	其他电话机	旧机电产品进口
1658	8517623500	集线器	旧机电产品进口
1659	8517623610	非光通讯加密路由器	旧机电产品进口
1660	8517623690	其他路由器	旧机电产品进口
1661	8517623900	其他有线数字通信设备	旧机电产品进口
1662	8517629200	无线网络接口卡	旧机电产品进口
1663	8517629300	无线接入固定台	旧机电产品进口
1664	8517629900	其他接收、转换并发送或再生音像或其他数据用的设备	旧机电产品进口
1665	8517691001	用于呼叫、提示和寻呼的便携式接收器	旧机电产品进口
1666	8517691090	其他无线通信设备	旧机电产品进口
1667	8517699000	其他有线通信设备	旧机电产品进口
1668	8521101100	广播级磁带录像机	旧机电产品进口
1669	8521101900	其他磁带型录像机	旧机电产品进口
1670	8521102000	磁带放像机	旧机电产品进口
1671	8521901110	具有录制功能的视频高密光盘（VCD）播放机	旧机电产品进口
1672	8521901190	其他视频高密光盘（VCD）播放机	旧机电产品进口
1673	8521901210	具有录制功能的数字化视频光盘（DVD）播放机	旧机电产品进口
1674	8521901290	其他数字化视频光盘（DVD）播放机	旧机电产品进口
1675	8521901910	具有录制功能的其他激光视盘播放机	旧机电产品进口
1676	8521901990	其他激光视盘播放机	旧机电产品进口
1677	8521909010	用于光盘生产的金属母盘生产设备	旧机电产品进口

序号	商品编码	商品名称	禁止方式
1678	8521909090	其他视频信号录制或重放设备	旧机电产品进口
1679	8523521000	未录制的“智能卡”	旧机电产品进口
1680	8523529010	加密“智能卡”	旧机电产品进口
1681	8523529090	其他“智能卡”	旧机电产品进口
1682	8525801110	抗辐射电视摄像机	旧机电产品进口
1683	8525801190	其他特种用途电视摄像机	旧机电产品进口
1684	8525801200	非特种用途广播级电视摄像机	旧机电产品进口
1685	8525801301	手机用摄像组件	旧机电产品进口
1686	8525801390	其他非特种用途电视摄像机及其他摄像组件	旧机电产品进口
1687	8525802100	特种用途的数字照相机	旧机电产品进口
1688	8525802200	非特种用途的单镜头反光型数字照相机	旧机电产品进口
1689	8525802900	非特种用途的其他数字照相机	旧机电产品进口
1690	8525803100	特种用途视频摄录一体机	旧机电产品进口
1691	8525803200	非特种用途的广播级视频摄录一体机	旧机电产品进口
1692	8525803300	非特种用途的家用型视频摄录一体机	旧机电产品进口
1693	8525803900	非特种用途的其他视频摄录一体机	旧机电产品进口
1694	8528410000	专用或主要用于税目 84.71 商品的阴极射线管监视器	旧机电产品进口
1695	8528491000	其他彩色的阴极射线管监视器	旧机电产品进口
1696	8528499000	其他黑白或其他单色的阴极射线管监视器	旧机电产品进口
1697	8528511000	专用或主要用于税目 84.71 商品的液晶监视器	旧机电产品进口
1698	8528519000	其他专用或主要用于税目 84.71 商品的监视器	旧机电产品进口
1699	8528591000	其他彩色的监视器	旧机电产品进口
1700	8528599000	黑白或其他单色的监视器	旧机电产品进口
1701	8528610010	专用或主要用于税目 84.71 商品的彩色投影机	旧机电产品进口
1702	8528610090	其他专用或主要用于税目 84.71 商品的投影机	旧机电产品进口
1703	8528691000	其他彩色的投影机	旧机电产品进口
1704	8528699000	黑白或其他单色的投影机	旧机电产品进口
1705	8528711000	彩色的卫星电视接收机	旧机电产品进口
1706	8528718000	其他彩色的电视接收装置	旧机电产品进口
1707	8528719000	黑白的或其他单色的电视接收装置	旧机电产品进口
1708	8528721100	其他彩色的模拟电视接收机，带阴极射线显像管的	旧机电产品进口
1709	8528721200	其他彩色的数字电视接收机，带阴极射线显像管的	旧机电产品进口
1710	8528721900	其他彩色的电视接收机，带阴极射线显像管的	旧机电产品进口

序号	商品编码	商品名称	禁止方式		
1711	8528722100	彩色的液晶显示器的模拟电视接收机		旧机电产品进口	
1712	8528722200	彩色的液晶显示器的数字电视接收机		旧机电产品进口	
1713	8528722900	其他彩色的液晶显示器的电视接收机		旧机电产品进口	
1714	8528723100	彩色的等离子显示器的模拟电视接收机		旧机电产品进口	
1715	8528723200	彩色的等离子显示器的数字电视接收机		旧机电产品进口	
1716	8528723900	其他彩色的等离子显示器的电视接收机		旧机电产品进口	
1717	8528729100	其他彩色的模拟电视接收机		旧机电产品进口	
1718	8528729200	其他彩色的数字电视接收机		旧机电产品进口	
1719	8528729900	其他彩色的电视接收机		旧机电产品进口	
1720	8528730000	黑白或其他单色的电视接收机		旧机电产品进口	
1721	8534001000	四层以上的印刷电路		旧机电产品进口	
1722	8534009000	四层及以下的印刷电路		旧机电产品进口	
1723	8540110000	彩色阴极射线电视显像管		旧机电产品进口	
1724	8540120000	黑白或单色阴极射线电视显像管		旧机电产品进口	
1725	8540400000	点距＜0.4mm 彩色数据/图形显示管		旧机电产品进口	
1726	8540500000	黑白或其他单色数据/图形显示管		旧机电产品进口	
1727	8540609000	其他阴极射线管		旧机电产品进口	
1728	8548100000	电池废碎料及废电池		进口	
1729	8908000000	供拆卸的船舶及其他浮动结构体		进口	
1730	9003190010	濒危动物产品制眼镜架	出口		
1731	9101210010	含濒危动物皮自动上弦贵金属机械手表	出口		
1732	9101290010	含濒危动物皮非自动上弦贵金属机械手表	出口		
1733	9102210010	含濒危动物皮其他自动上弦的机械手表	出口		
1734	9102290010	含濒危动物皮其他非自动上弦机械手表	出口		
1735	9113900010	濒危动物皮制的表带及其零件	出口		
1736	9202100011	完税价格≥1.5 万美元的含濒危动物皮弓弦乐器	出口		
1737	9202100019	其他含濒危动物皮的弓弦乐器	出口		
1738	9202900010	含濒危动物成分的其他弦乐器	出口		
1739	9206000010	含濒危动物皮的打击乐器	出口		
1740	9404301010	濒危野禽羽毛或羽绒填充的睡袋	出口		
1741	9404901010	濒危野禽羽绒或羽毛填充其他寝具	出口		
1742	9404902010	濒危兽毛填充的寝具	出口		
1743	9504200010	濒危木制的台球用品及附件	出口		
1744	9508100010	有濒危动物的流动马戏团	出口		
1745	9601100010	已加工的濒危兽牙及其制品	出口		

序号	商品编码	商品名称	禁止方式		
1746	9601900010	其他已加工濒危动物质雕刻料	出口		
1747	9603301010	濒危动物毛制的画笔	出口		
1748	9603302010	濒危动物毛制的毛笔	出口		
1749	9603309010	濒危动物毛制化妆用的类似笔	出口		
1750	9603509110	濒危动物毛制作为机器零件其他刷	出口		
1751	9603509910	濒危动物毛制作为车辆零件其他刷	出口		
1752	9603901010	濒危野禽羽毛掸	出口		
1753	9603909010	濒危动物毛、鬃、尾制其他帚、刷	出口		
1754	9606290010	含濒危动物成分的其他纽扣	出口		
1755	9611000010	含濒危动物成分的手用日期戳	出口		
1756	9614001010	含濒危动物成分的烟斗及烟斗头	出口		
1757	9615190010	含濒危动物成分的其他材料制梳子	出口		
1758	9701900010	含濒危动物成分的拼贴画	出口		
1759	9703000010	濒危动植物材料制的雕塑品原件	出口		

注：1. 在海关特殊监管区域开展我国上述出口机电产品售后维修业务的除外。

2. 禁止旧机电产品进口包括零部件、拆散件。

2010年增列入加工贸易禁止类目录的商品

公告2010年第63号

根据国务院关于做好节能减排工作的要求，商务部和海关总署对加工贸易禁止类目录进行调整：将44个十位商品编码（见附件）增列入加工贸易禁止类目录。对加工贸易禁止类商品的管理，仍按《商务部 海关总署2009年第37号公告》及现行有关规定执行。

本公告自2010年11月1日起执行。

附件：增列入加工贸易禁止类目录的商品

中华人民共和国商务部
中华人民共和国海关总署
二〇一〇年九月二十八日

附件：

增列入加工贸易禁止类目录的商品

序号	商品编号	商品名称	禁止方式
1	2804619011	含硅量不少于99.99%的多晶硅废碎料	出口
2	2804619019	其他含硅量不少于99.98%的多晶硅	出口
3	2804619091	其他含硅量不少于99.99%的硅废碎料	出口
4	2804619099	其他含硅量不少于99.99%的硅	出口
5	6907100090	未上釉的小陶瓷砖，瓦，块及类似品	出口
6	6907900000	未上釉的大陶瓷砖，瓦，块及类似品	出口
7	7001000010	废碎玻璃	出口
8	7001000090	玻璃块料	出口
9	7002100000	未加工的玻璃球	出口
10	7003120000	铸、轧制着色的非夹丝玻璃板、片	出口

序号	商品编号	商品名称	禁止方式
11	7003190001	液晶显示屏用原板玻璃	出口
12	7003190090	铸、轧制的其他非夹丝玻璃板、片	出口
13	7003200000	铸、轧制的夹丝玻璃板、片	出口
14	7003300000	铸、轧制的玻璃型材及异型材	出口
15	7004200000	拉、吹制的着色玻璃板、片	出口
16	7004900001	光学平板玻璃，厚度 0.7mm 以下	出口
17	7004900090	拉、吹制的其他玻璃板、片	出口
18	7005100000	有吸收层非夹丝浮法或抛光玻璃板	出口
19	7005210000	其他着色非夹丝浮法玻璃板、片	出口
20	7005290001	浮法玻璃	出口
21	7005290090	其他非夹丝浮法玻璃板、片	出口
22	7005300000	夹丝浮法玻璃板、片	出口
23	7203100001	热压铁块	进出口
24	7203100090	直接从铁矿还原的铁产品	进出口
25	7203900000	其他海绵铁产品或纯度在 99.94%及以上的铁	进出口
26	7204100000	铸铁废碎料	进出口
27	7204210000	不锈钢废碎料	进出口
28	7204290000	其他合金钢废碎料	进出口
29	7204300000	镀锡钢铁废碎料	进出口
30	7204410000	机械加工中产生的钢铁废料	进出口
31	7204490010	废汽车压件	进出口
32	7204490020	以回收钢铁为主的废五金电器	进出口
33	7204490090	未列名钢铁废碎料	进出口
34	7204500000	供再熔的碎料钢铁锭	进出口
35	7205100001	棱角钢砂	进出口
36	7205100090	其他生铁、镜铁及钢铁颗粒	进出口
37	7205210000	合金钢粉末	进出口
38	7205290000	生铁、镜铁及其他钢铁粉末	进出口
39	7206100000	铁锭及非合金钢锭	进出口
40	7206900000	其他初级形状的铁及非合金钢	进出口
41	7207110000	宽度小于厚度两倍的矩形截面钢坯	进出口
42	7207120000	其他矩形截面钢坯	进出口
43	7207190000	其他含碳量小于 0.25%的钢坯	进出口
44	7207200000	含碳量不小于 0.25%的钢坯	进出口

备注：以上商品目录按 2010 年海关商品编码制定。如遇编码调整，以调整后编码为准。

2014年加工贸易禁止类商品目录

公告2014年第90号

为保持外贸稳定增长、优化进出口商品结构，现对加工贸易禁止类商品目录进行调整，并将有关事项公告如下：

一、根据2014年海关商品编码，调整后的加工贸易禁止类商品目录共计1871项商品编码。

二、以下情况，不在加工贸易禁止类商品目录中单列，但按照加工贸易禁止类进行管理：

（一）为种植、养殖等出口产品而进口种子、种苗、种畜、化肥、饲料、添加剂、抗生素等；

（二）生产出口的仿真枪支；

（三）属于国家已经发布的禁止进口货物目录和禁止出口货物目录的商品。

三、本公告适用于海关特殊监管区域，但在本公告发布之日前经工商行政管理部门注册登记、在海关特殊监管区域内设立从事相关商品加工贸易的企业除外。海关特殊监管区域内、外企业均不得将禁止类商品外发进行实质性加工。

四、以下情况，不按加工贸易禁止类管理：

（一）用于深加工结转转入，或从海关特殊监管区域内经实质性加工后出区的商品；

（二）用于深加工结转转出，或进入海关特殊监管区域内再进行实质性加工的商品。

五、新增列入加工贸易禁止类商品目录的商品，在2014年12月31日前已经商务主管部门批准的加工贸易业务（广东企业以实际加工贸易手册设立时间为准），应在合同有效期内执行完毕。以企业为管理单元的联网监管企业允许在2015年6月30日前执行完毕。上述业务到期仍未执行完毕的不予延期，按加工贸易内销、退运或其他规定办理。

六、本公告及所附目录中，所称“实质性加工”参照《关于非优惠原产地规则中实质性改变标准的规定》(海关总署令2004年第122号)执行。

七、本公告自2015年1月1日起实施，商务部、海关总署2009年第37号公告和2010年第63号公告所附目录停止执行。

附件：加工贸易禁止类商品目录

商务部

海关总署

2014年12月19日

附件：

加工贸易禁止类商品目录

序号	商品编码	商品名称	禁止方式		
1	101210010	改良种用濒危野马	出口		
2	101290010	非改良种用濒危野马	出口		
3	101301010	改良种用的濒危野驴	出口		
4	101309010	非改良种用濒危野驴	出口		
5	102901010	改良种用濒危野牛	出口		
6	106131010	改良种用濒危骆驼及其他濒危骆驼科动物	出口		
7	106139010	其他濒危骆驼及其他濒危骆驼科动物	出口		
8	106141010	改良种用濒危野兔	出口		
9	106149010	其他濒危野兔	出口		
10	106191010	其他改良种用濒危哺乳动物	出口		
11	106199010	其他濒危哺乳动物	出口		
12	106331010	改良种用濒危鸵鸟	出口		
13	106339010	其他濒危鸵鸟	出口		
14	106391010	其他濒危改良种用的鸟	出口		
15	106392910	其他食用濒危鸟	出口		
16	106399010	其他濒危鸟	出口		
17	106491010	其他改良种用濒危昆虫	出口		
18	106499010	其他濒危昆虫	出口		
19	106901110	改良种用濒危蛙苗	出口		
20	106901910	其他改良种用濒危动物	出口		

序号	商品编码	商品名称	禁止方式		
21	106909010	其他濒危动物	出口		
22	205000010	鲜、冷或冻的濒危野马、野驴肉	出口		
23	207142100	冻的鸡翼		进口	
24	207142200	冻的鸡爪		进口	
25	207142900	冻的其他食用鸡杂碎		进口	
26	207270000	冻的火鸡块及杂碎		进口	
27	208109010	鲜、冷或冻濒危野兔肉及其食用杂碎	出口		
28	208600010	鲜、冷或冻的濒危野生骆驼及其他濒危野生骆驼科动物的肉及食用杂碎	出口		
29	208909010	其他鲜、冷或冻的濒危野生动物肉	出口		
30	301110010	观赏用濒危淡水鱼	出口		
31	301190010	观赏用濒危非淡水鱼	出口		
32	301921010	花鳗鲡鱼苗			进出口
33	301921020	欧洲鳗鲡鱼苗			进出口
34	301921090	其他鳗鱼（鳗鲡属）苗			进出口
35	301991910	其他濒危鱼苗	出口		
36	301999310	活的濒危鲤科鱼	出口		
37	301999910	其他濒危活鱼	出口		
38	302810010	鲜或冷濒危鲨鱼（海关特殊监管区域除外，但不得深加工结转和外发加工）		进口	
39	302810090	鲜或冷其他鲨鱼		进口	
40	302899010	其他未列名濒危鲜或冷鱼	出口		
41	302900010	鲜或冷濒危鱼种的肝及鱼卵	出口		
42	303810010	冻濒危鲨鱼		进口	
43	303810090	冻其他鲨鱼（海关特殊监管区域除外，但不得深加工结转和外发加工）		进口	
44	303899010	其他未列名濒危冻鱼	出口		
45	303900010	冻濒危鱼种的肝及鱼卵	出口		
46	304590010	鲜或冷的其他濒危鱼的鱼肉	出口		
47	304890010	冻的其他濒危鱼片	出口		
48	304990010	濒危鱼类其他冻鱼肉	出口		
49	305200010	干、熏、盐制的濒危鱼种肝、卵	出口		
50	305390010	干、盐腌或盐渍的濒危鱼类的鱼片	出口		
51	305599010	其他濒危干鱼，食用杂碎除外	出口		
52	305699010	盐腌及盐渍的其他濒危鱼，食用杂碎除外	出口		
53	305710010	濒危鲨鱼鱼翅（海关特殊监管区域除外，		进口	

序号	商品编码	商品名称	禁止方式		
		但不得深加工结转和外发加工）			
54	305710090	其他鲨鱼鱼翅（海关特殊监管区域除外，但不得深加工结转和外发加工）		进口	
55	307601010	濒危蜗牛及螺种苗，海螺除外	出口		
56	307609010	其他濒危蜗牛及螺，海螺除外	出口		
57	307911010	活、鲜、冷的濒危软体动物的种苗	出口		
58	307919010	其他活、鲜、冷的濒危软体动物	出口		
59	307990010	其他冻、干、盐腌或盐渍的濒危软体动物	出口		
60	308901110	活、鲜或冷的其他濒危水生无脊椎动物的种苗	出口		
61	308901910	活、鲜或冷的其他濒危水生无脊椎动物	出口		
62	308909010	其他冻、干、盐制濒危水生无脊椎动物，包括供人食用的水生无脊椎动物粉、团粒	出口		
63	407110010	孵化用受精的濒危鸡的蛋	出口		
64	407190010	其他孵化用受精濒危禽蛋	出口		
65	407290010	其他鲜的带壳濒危禽蛋	出口		
66	407909010	其他腌制或煮过的带壳濒危野鸟蛋	出口		
67	410001000	燕窝（海关特殊监管区域除外，但不得深加工结转和外发加工）		进口	
68	410009010	其他编号未列名濒危野生动物产品	出口		
69	502901910	濒危獾毛及其他制刷用濒危兽毛	出口		
70	502902010	濒危獾毛及其他制刷濒危兽毛废料	出口		
71	505100010	填充用濒危野生禽类羽毛；羽绒	出口		
72	505909010	其他濒危野生禽类羽毛，羽绒	出口		
73	506100000	经酸处理的骨胶原及骨			进出口
74	506901190	含牛羊成分的骨粉			进出口
75	506901990	其他骨粉			进出口
76	506909021	已脱胶的豹骨			进出口
77	506909029	未脱胶的豹骨			进出口
78	506909031	已脱胶的濒危野生动物的骨及角柱			进出口
79	506909039	未脱胶的濒危野生动物的骨及角柱			进出口
80	506909091	已脱胶的其他骨及角柱			进出口
81	506909099	未脱胶的其他骨及角柱			进出口
82	507100020	其他濒危野生兽牙、兽牙粉末及废料	出口		
83	507901000	羚羊角及其粉末和废料			进出口
84	507902000	鹿茸及其粉末（海关特殊监管区域除外，		进口	

序号	商品编码	商品名称	禁止方式		
		但不得深加工结转和外发加工）			
85	507909000	龟壳，鲸须，鲸须毛，鹿角及其他角			进出口
86	508001010	珊瑚及濒危水产品的粉末、废料			进出口
87	508001090	其他水产品壳、骨的粉末及废料			进出口
88	508009010	珊瑚及濒危水产品的壳、骨			进出口
89	508009090	其他水产品的壳、骨			进出口
90	510009010	其他濒危野生动物胆汁及其他产品	出口		
91	511100010	濒危野生牛的精液	出口		
92	511911110	濒危鱼的受精卵	出口		
93	511911910	濒危鱼的非食用产品	出口		
94	511919010	濒危水生无脊椎动物产品	出口		
95	511991010	濒危野生动物精液（牛的精液除外）	出口		
96	511992010	濒危野生动物胚胎	出口		
97	511999010	其他编号未列名濒危野生动物产品	出口		
98	601109191	种用休眠其他濒危植物鳞茎等	出口		
99	601109991	其他休眠濒危植物鳞茎等	出口		
100	601200091	生长或开花的其他濒危植物鳞茎等	出口		
101	602100010	濒危植物的无根插枝及接穗	出口		
102	602909991	其他濒危活植物	出口		
103	603190010	鲜的濒危植物插花及花蕾	出口		
104	603900010	干或染色等加工濒危插花及花蕾	出口		
105	604209010	其他鲜濒危植物枝、叶或其他部分，草	出口		
106	604909010	其他染色或经加工濒危植物枝、叶或其他部分，草等	出口		
107	714909091	含高淀粉或菊粉其他濒危类似根茎	出口		
108	802903020	鲜或干的其他濒危松子仁	出口		
109	802909020	鲜或干的其他濒危松子	出口		
110	811909022	冷冻的其他濒危松子	出口		
111	812900022	暂时保存的其他濒危松子	出口		
112	1211201000	鲜或干的西洋参（海关特殊监管区域除外，但不得深加工结转和外发加工）		进口	
113	1211903991	其他主要用作药料鲜或干濒危植物	出口		
114	1211905091	其他主要用作香料的濒危植物	出口		
115	1211909991	其他鲜或干杀虫、杀菌用濒危植物	出口		
116	1212999910	其他供人食用濒危植物产品	出口		
117	1301904010	濒危松科植物的松脂	出口		

序号	商品编码	商品名称	禁止方式		
118	1301909091	其他濒危植物的天然树胶、树脂	出口		
119	1302199013	供制农药用的濒危植物液汁及浸膏	出口		
120	1302199097	其他濒危植物液汁及浸膏	出口		
121	1302399010	未列名濒危植物胶液及增稠剂	出口		
122	1401200010	濒危藤	出口		
123	1504300010	濒危哺乳动物的油、脂及其分离品	出口		
124	1506000010	其他濒危动物为原料制取的脂肪	出口		
125	1520000000	粗甘油、甘油水及甘油碱液	进口		
126	1601001010	濒危野生动物肉，杂碎，血制天然肠衣香肠	出口		
127	1601002010	濒危野生动物肉，杂碎，血制其他肠衣香肠	出口		
128	1601003010	用含濒危野生动物成分的香肠制的食品	出口		
129	1602100010	含濒危野生动物成分的均化食品	出口		
130	1602501010	含濒危野牛肉的罐头	出口		
131	1602509010	其他制作或保藏濒危野牛肉，杂碎	出口		
132	1602901010	其他濒危野生动物肉及杂碎罐头	出口		
133	1602909010	制作或保藏其他濒危野生动物肉	出口		
134	1603000010	含濒危野生动物及鱼类成分的肉	出口		
135	1604199010	制作或保藏的濒危鱼类	出口		
136	1604201910	非整条或切块的濒危鱼罐头	出口		
137	1604209910	其他制作或保藏的濒危鱼	出口		
138	1605590010	其他制作或保藏的濒危软体动物	出口		
139	1605690010	其他制作或保藏的濒危水生无脊椎动物	出口		
140	1703100000	甘蔗糖蜜		进口	
141	1703900000	其他糖蜜		进口	
142	2103901000	味精			进出口
143	2106903010	含濒危植物成分的蜂王浆制剂	出口		
144	2106909010	含濒危动植物成分的其他编号未列名食品	出口		
145	2202100010	含濒危动植物成分加味，加糖或其他甜物质的水	出口		
146	2202900011	含濒危动植物成分散装无酒精饮料	出口		
147	2202900091	含濒危动植物成分其他包装无酒精饮料	出口		
148	2207100000	酒精浓度在80%及以上的未改性乙醇			进出口
149	2207200010	任何浓度的改性乙醇			进出口
150	2207200090	任何浓度的其他酒精			进出口

序号	商品编码	商品名称	禁止方式		
151	2208909021	含濒危野生动植物成分的薯类蒸馏酒	出口		
152	2208909091	含濒危野生动植物成分的其他蒸馏酒及酒精饮料	出口		
153	2501001100	食用盐	出口		
154	2501001900	其他盐	出口		
155	2501002000	纯氯化钠	出口		
156	2502000000	未焙烧的黄铁矿			进出口
157	2503000000	各种硫黄	出口		
158	2504101000	磷片状天然石墨	出口		
159	2504109900	其他粉末状天然石墨	出口		
160	2504900000	其他天然石墨	出口		
161	2505900010	标准砂	出口		
162	2506100000	石英（天然砂除外）	出口		
163	2506200000	石英岩	出口		
164	2507001000	不论是否煅烧的高岭土	出口		
165	2507009000	不论是否煅烧的其他高岭土类似土	出口		
166	2508100000	膨润土，无论是否煅烧	出口		
167	2508300000	耐火黏土，无论是否煅烧	出口		
168	2508400000	其他黏土，无论是否煅烧	出口		
169	2508500000	红柱石，蓝晶石及硅线石，不论是否煅烧	出口		
170	2508600000	富铝红柱石	出口		
171	2508700010	火泥	出口		
172	2508700090	第纳斯土	出口		
173	2509000000	白垩	出口		
174	2510101000	未碾磨磷灰石			进出口
175	2510109000	其他未碾磨天然磷酸钙			进出口
176	2510201000	已碾磨磷灰石			进出口
177	2510209000	其他已碾磨天然磷酸钙			进出口
178	2511100000	天然硫酸钡（重晶石）	出口		
179	2511200000	天然碳酸钡（毒重石）	出口		
180	2512001000	硅藻土	出口		
181	2512009000	其他硅质化石粗粉及类似的硅质土	出口		
182	2513100000	浮石	出口		
183	2513200000	刚玉岩、天然刚玉砂等天然磨料	出口		
184	2515110000	原状或粗加修整的大理石及石灰华	出口		
185	2515120000	矩形大理石及石灰华	出口		

序号	商品编码	商品名称	禁止方式		
186	2515200000	其他石灰质碑用或建筑用石，蜡石	出口		
187	2516110000	原状或粗加修整花岗岩	出口		
188	2516120000	矩形花岗岩	出口		
189	2516200001	原状或粗加修整砂岩	出口		
190	2516200090	矩形（包括正方形）砂岩	出口		
191	2516900000	其他碑用或建筑用石	出口		
192	2518100000	未煅烧或烧结的白云石	出口		
193	2518200000	已煅烧或烧结的白云石	出口		
194	2518300000	夯混白云石	出口		
195	2519100000	天然碳酸镁（菱镁矿）	出口		
196	2519901000	熔凝镁氧矿	出口		
197	2519902000	烧结镁氧矿（重烧镁）	出口		
198	2519903000	碱烧镁（轻烧镁）	出口		
199	2519909100	化学纯氧化镁	出口		
200	2519909910	其他氧化镁含量在 70%以上的矿产品	出口		
201	2519909990	其他氧化镁	出口		
202	2520100000	生石膏，硬石膏	出口		
203	2520201000	牙科用熟石膏	出口		
204	2520209000	其他熟石膏	出口		
205	2521000000	石灰石助熔剂，石灰石及其他钙石		进口	
206	2522100000	生石灰		进口	
207	2522200000	熟石灰		进口	
208	2522300000	水硬石灰		进口	
209	2523100000	水泥熟料	出口		
210	2523210000	白水泥，不论是否人工着色	出口		
211	2523290000	其他硅酸盐水泥	出口		
212	2523300000	矾土水泥	出口		
213	2523900000	其他水凝水泥	出口		
214	2524901010	长纤维阳起石棉	出口		
215	2524909010	其他阳起石棉	出口		
216	2525200000	云母粉	出口		
217	2525300000	云母废料	出口		
218	2526101000	未破碎及未研粉的天然冻石	出口		
219	2526102000	未破碎及未研粉的滑石	出口		
220	2526201000	已破碎或已研粉的天然冻石	出口		
221	2526202001	滑石粉	出口		

序号	商品编码	商品名称	禁止方式		
222	2526202090	已破碎或已研粉的其他天然滑石	出口		
223	2528001000	天然硼砂及其精矿	出口		
224	2528009000	其他天然硼酸盐及精矿；天然粗硼酸，含硼酸干重不超过 85%	出口		
225	2529100000	长石	出口		
226	2529210000	按重量计氟化钙含量≤97%的萤石	出口		
227	2529220000	按重量计氟化钙含量>97%的萤石	出口		
228	2529300000	白榴石，霞石及霞石正长岩	出口		
229	2530101000	未膨胀的绿泥石	出口		
230	2530102000	未膨胀的蛭石及珍珠岩	出口		
231	2530200000	硫镁矾矿及泻盐矿（天然硫酸镁）	出口		
232	2530901000	矿物性药材	出口		
233	2530902010	按重量计中重稀土总含量≥30%的稀土金属矿	出口		进出口
234	2530902090	其他稀土金属矿	出口		
235	2530909100	硅灰石	出口		
236	2530909901	天青石	出口		
237	2530909902	锂辉石矿	出口		
238	2530909910	废镁砖	出口		
239	2530909920	叶腊石	出口		
240	2530909930	未煅烧的水镁石	出口		
241	2530909992	其他品目未列名氧化镁含量在 70%及以上的矿产品	出口		
242	2530909999	其他矿产品	出口		
243	2601111000	未烧结铁矿砂及其精矿（非钢铁冶炼行业除外）		进口	
244	2601112000	未烧结铁矿砂及其精矿（非钢铁冶炼行业除外）		进口	
245	2601119000	平均粒度大于 6.3 毫米的未烧结铁矿砂及其精矿（非钢铁冶炼行业除外）		进口	
246	2601120000	已烧结铁矿砂及其精矿（非钢铁冶炼行业除外）		进口	
247	2601200000	焙烧黄铁矿		进口	
248	2602000000	锰矿砂及其精矿		进口	
249	2603000010	铜矿砂及其精矿		进口	
250	2603000090	铜矿砂及其精矿		进口	

序号	商品编码	商品名称	禁止方式		
铜矿砂 2 个商品编码，按照《商务部　海关总署关于开展铜精矿加工贸易有关问题的通知》（商产函〔2009〕3 号）执行					
251	2604000001	镍矿砂及其精矿（黄金价值部分）		进口	
252	2604000090	镍矿砂及其精矿（非黄金价值部分）（进口硫化镍精矿出口电镍 7502109000 的除外）		进口	
253	2606000000	铝矿砂及其精矿		进口	
254	2607000001	铅矿砂及其精矿（黄金价值部分）		进口	
255	2607000090	铅矿砂及其精矿（非黄金价值部分）		进口	
256	2608000001	灰色饲料氧化锌（氧化锌 ZnO 含量大于 80%）		进口	
257	2608000090	其他锌矿砂及其精矿		进口	
258	2609000000	锡矿砂及其精矿		进口	
259	2610000000	铬矿砂及其精矿		进口	
260	2611000000	钨矿砂及其精矿		进口	
261	2612100000	铀矿砂及其精矿		进口	
262	2612200000	钍矿砂及其精矿		进口	
263	2613100000	已焙烧钼矿砂及其精矿		进口	
264	2613900000	其他钼矿砂及其精矿		进口	
265	2614000000	钛矿砂及其精矿		进口	
266	2615100000	锆矿砂及其精矿		进口	
267	2615901000	水合钽铌原料		进口	
268	2615909010	铌，钽精矿及其矿砂		进口	
269	2615909090	钒矿砂；钒精矿		进口	
270	2616100000	银矿砂及其精矿		进口	
271	2616900001	黄金矿砂		进口	
272	2616900009	其他贵金属矿砂及其精矿		进口	
273	2617101000	生锑（锑精矿，选矿产品）		进口	
274	2617109001	其他锑矿砂及其精矿（黄金价值部分）		进口	
275	2617109090	其他锑矿砂及其精矿（非黄金价值部分）		进口	
276	2617901000	朱砂（辰砂）		进口	
277	2617909000	其他矿砂及其精矿		进口	
278	2618001001	主要含锰的冶炼钢铁产生的粒状熔渣，含锰量＞25%		进口	
279	2619000010	轧钢产生的氧化皮		进口	
280	2619000021	冶炼钢铁所产生的含钒浮渣、熔渣，五氧化二钒含量＞20%		进口	

序号	商品编码	商品名称	禁止方式		
281	2619000029	其他冶炼钢铁所产生的含钒浮渣、熔渣		进口	
282	2619000030	含铁大于 80%的冶炼钢铁生产的渣钢	出口		
283	2620190010	含锌大于 12%的烧结铅锌冶炼矿渣		进口	
284	2620999011	含其他金属及其化合物的矿渣、矿灰及残渣，五氧化二钒＞20%（冶炼钢铁所产生的除外）		进口	
285	2620999019	含其他金属及其化合物的矿渣、矿灰及残渣，10%＜五氧化二钒≤20%（冶炼钢铁所产生的除外）		进口	
286	2620999020	含铜大于 10%的铜冶炼转炉渣；其他铜冶炼渣			进出口
287	2701110090	无烟煤滤料			进出口
288	2701121000	未制成型的炼焦煤			进出口
289	2701129000	其他烟煤			进出口
290	2701190000	其他煤			进出口
291	2701200000	煤砖、煤球及类似用煤制固体燃料		进口	
292	2702100000	褐煤			进出口
293	2703000090	泥煤（包括肥料用泥煤）			进出口
294	2704001000	焦炭或半焦炭			进出口
295	2704009000	甑炭			进出口
296	2705000010	煤气			进出口
297	2705000090	水煤气、炉煤气及类似气体			进出口
298	2706000001	含蒽油≥50%及沥青≥40%的“炭黑油”			进出口
299	2706000090	其他从煤、褐煤或泥煤蒸馏所得的焦油及矿物焦油			进出口
300	2707100000	粗苯	出口		
301	2707200000	粗甲苯	出口		
302	2707300000	粗二甲苯	出口		
303	2707400000	萘	出口		
304	2707500000	其他芳烃混合物	出口		
305	2707910000	杂酚油	出口		
306	2707991000	酚	出口		
307	2707999000	蒸馏煤焦油所得的其他产品	出口		
308	2708100000	沥青			进出口
309	2708200001	针状沥青焦			进出口
310	2708200090	其他沥青焦			进出口

序号	商品编码	商品名称	禁止方式		
311	2710121001	车用汽油及航空汽油，不含生物柴油（铅含量每升≤0.013 克）		进口	
312	2710121002	车用汽油及航空汽油，不含生物柴油（铅含量＞0.013 克）		进口	
313	2710123000	橡胶溶剂油、油漆溶剂油、抽提溶剂油，不含生物柴油	出口		
314	2710129101	壬烯，不含生物柴油	出口		
315	2710129190	其他壬烯，不含生物柴油	出口		
316	2710129910	异戊烯同分异构体混合物，不含生物柴油	出口		
317	2710129990	其他轻油及制品，不含生物柴油	出口		
318	2710191100	航空煤油，不含生物柴油		进口	
319	2710191200	灯用煤油，不含生物柴油		进口	
320	2710191910	正构烷烃（C9-C13），不含生物柴油	出口		
321	2710191990	其他煤油馏分的油及制品，不含生物柴油	出口		
322	2710192200	5-7 号燃料油，不含生物柴油		进口	
323	2710192310	车用、普通柴油，不含生物柴油		进口	
324	2710192910	蜡油，不含生物柴油（进口蜡油出口非成品油的除外）			进出口
325	2710192390	其他柴油，不含生物柴油			进出口
326	2710192990	其他柴油及燃料油，不含生物柴油		进口	
327	2710199900	其他重油；其他重油制品，不含生物柴油			进出口
328	2711140010	液化的乙烯			进出口
329	2711290010	其他气态石油气		进口	
330	2711290090	其他气态烃类气		进口	
331	2713111000	硫的重量百分比小于 3%的未煅烧石油焦		进口	
332	2713119000	其他未煅烧石油焦		进口	
333	2713129000	其他已煅烧石油焦		进口	
334	2713200000	石油沥青		进口	
335	2714100000	沥青页岩、油页岩及焦油砂			进出口
336	2714901000	天然沥青（地沥青）			进出口
337	2714902000	乳化沥青			进出口
338	2714909000	沥青岩			进出口
339	2715000000	天然沥青等为基本成分沥青混合物			进出口
340	2801100000	氯	出口		
341	2801200000	碘	出口		
342	2801301000	氟	出口		

序号	商品编码	商品名称	禁止方式		
343	2801302000	溴	出口		
344	2802000000	升华、沉淀、胶态硫黄	出口		
345	2803000000	碳	出口		
346	2804100000	氢	出口		
347	2804210000	氩	出口		
348	2804290000	其他稀有气体	出口		
349	2804300000	氮	出口		
350	2804400000	氧	出口		
351	2804500010	颗粒＜500μm 的硼及其合金	出口		
352	2804500020	能量密度＞40MJ/kg 的硼浆	出口		
353	2804619011	含硅量＞99.999 9999%的多晶硅废碎料	出口		
354	2804619019	其他含硅量＞99.999 9999%的多晶硅	出口		
355	2804619091	其他含硅量≥99.99%的硅废碎料	出口		
356	2804619099	其他含硅量≥99.99%的硅	出口		
357	2804690000	其他含硅量＜99.99%的硅			进出口
358	2804701000	黄磷（白磷）			进出口
359	2804709010	红磷			进出口
360	2804709090	其他磷			进出口
361	2804800000	砷	出口		
362	2805110000	钠	出口		
363	2805120010	高纯度钙	出口		
364	2805120090	其他钙	出口		
365	2805190000	其他碱金属及碱土金属	出口		
366	2805301100	钕	出口		
367	2805301200	镝	出口		
368	2805301300	铽	出口		
369	2805301400	镧	出口		
370	2805301510	颗粒＜500μm 的铈及其合金	出口		
371	2805301590	其他金属铈	出口		
372	2805301600	金属镨	出口		
373	2805301700	金属钇	出口		
374	2805301913	金属钐	出口		
375	2805301914	金属铕	出口		
376	2805301915	金属钪	出口		
377	2805301990	其他稀土金属	出口		

序号	商品编码	商品名称	禁止方式		
378	2805302110	按重量计中重稀土总含量≥30%电池级的稀土金属、钪及钇	出口		
379	2805302190	其他电池级的稀土金属、钪及钇	出口		
380	2805302910	按重量计中重稀土总含量≥30%的其他稀土金属、钪及钇	出口		
381	2805302990	其他稀土金属、钪及钇	出口		
382	2805400000	汞	出口		
383	2806100000	氯化氢（盐酸）	出口		
384	2806200000	氯磺酸	出口		
385	2807000010	硫酸	出口		
386	2807000090	发烟硫酸	出口		
387	2808000010	红发烟硝酸	出口		
388	2808000090	磺硝酸及其他硝酸	出口		
389	2809100000	五氧化二磷	出口		
390	2809201100	食品级磷酸	出口		
391	2809201900	其他磷酸及偏磷酸、焦磷酸	出口		
392	2809209000	其他多磷酸	出口		
393	2810001000	硼的氧化物	出口		
394	2810002000	硼酸	出口		
395	2811110000	氢氟酸	出口		
396	2811191000	氢氰酸	出口		
397	2811192000	硒化氢	出口		
398	2811199010	氢碘酸	出口		
399	2811199020	砷酸、焦砷酸、偏砷酸	出口		
400	2811199090	其他无机酸	出口		
401	2811210000	二氧化碳	出口		
402	2811221000	二氧化硅硅胶	出口		
403	2811229000	其他二氧化硅	出口		
404	2811290010	三氧化二砷、五氧化二砷	出口		
405	2811290020	四氧化二氮	出口		
406	2812103000	碳酰二氯（光气）	出口		
407	2812104100	一氯化硫（氯化硫）	出口		
408	2812104200	二氯化硫	出口		
409	2812104300	三氯化磷	出口		
410	2812104400	三氯化砷	出口		
411	2812104500	五氯化磷	出口		

序号	商品编码	商品名称	禁止方式		
412	2812104900	其他非金属氯化物	出口		
413	2812109000	其他非金属氯氧化物	出口		
414	2812909090	其他非金属卤化物及卤氧化物	出口		
415	2812901100	三氟化氮	出口		
416	2812901910	三氟化氯	出口		
417	2812901920	三氟化砷	出口		
418	2812901930	硫酰氟	出口		
419	2812909010	三溴化砷，三碘化砷	出口		
420	2813100000	二硫化碳	出口		
421	2813900010	五硫化二磷	出口		
422	2813900020	三硫化二磷	出口		
423	2813900090	其他非金属硫化物	出口		
424	2814100000	氨	出口		
425	2814200010	氨水（含量≥10%）	出口		
426	2814200090	其他氨水	出口		
427	2815300000	过氧化钠及过氧化钾	出口		
428	2816100010	过氧化镁	出口		
429	2816100090	氢氧化镁	出口		
430	2816400000	锶或钡的氧化物、氢氧化物	出口		
431	2817001000	氧化锌	出口		
432	2817009000	过氧化锌	出口		
433	2818101000	棕刚玉	出口		
434	2818109000	其他人造刚玉	出口		
435	2818200000	氧化铝，但人造刚玉除外（非电解铝行业除外）		进口	
436	2818300000	氢氧化铝	出口		
437	2819100000	三氧化铬	出口		
438	2820100000	二氧化锰	出口		
439	2820900000	其他锰的氧化物	出口		
440	2821200000	土色料	出口		
441	2823000000	钛的氧化物	出口		
442	2824100000	一氧化铅（铅黄，黄丹）	出口		
443	2824901000	铅丹及铅橙[四氧化（三）铅]	出口		
444	2824909000	其他铅的氧化物	出口		
445	2825101010	纯度 70%及以上的水合肼			进出口
446	2825101090	纯度 70%以下的水合肼			进出口

序号	商品编码	商品名称	禁止方式		
447	2825109000	其他肼、胲及其无机盐	出口		
448	2825201000	氢氧化锂	出口		
449	2825209000	锂的氧化物	出口		
450	2825301000	五氧化二钒	出口		
451	2825309000	其他钒的氧化物及氢氧化物	出口		
452	2825400000	镍的氧化物及氢氧化物	出口		
453	2825500000	铜的氧化物及氢氧化物	出口		
454	2825600001	锗的氧化物	出口		
455	2825600090	二氧化锆	出口		
456	2825700000	钼的氧化物及氢氧化物	出口		
457	2825901100	钨酸	出口		
458	2825901200	三氧化钨	出口		
459	2825901910	蓝色氧化钨	出口		
460	2825901990	其他钨的氧化物及氢氧化物	出口		
461	2825909000	其他金属的氧化物及氢氧化物	出口		
462	2826121000	无水氟化铝	出口		
463	2826129000	其他氟化铝	出口		
464	2826191010	氟化氢铵	出口		
465	2826191090	其他铵的氟化物	出口		
466	2826192010	氟化钠	出口		
467	2826192020	氟化氢钠	出口		
468	2826192090	其他钠的氟化物	出口		
469	2826199010	氟化钾	出口		
470	2826199020	氟化氢钾	出口		
471	2826199030	氟化铅，四氟化铅，氟化镉	出口		
472	2826199090	其他氟化物	出口		
473	2826901000	氟硅酸盐	出口		
474	2826909010	氟钽酸钾	出口		
475	2826909090	氟铝酸盐及其他氟络盐	出口		
476	2827101000	肥料用氯化铵	出口		
477	2827109000	非肥料用氯化铵	出口		
478	2827200000	氯化钙	出口		
479	2827310000	氯化镁	出口		
480	2827320000	氯化铝	出口		
481	2827350000	氯化镍	出口		
482	2827391000	氯化锂	出口		

序号	商品编码	商品名称	禁止方式		
483	2827392000	氯化钡	出口		
484	2827410000	铜的氯氧化物及氢氧基氯化物	出口		
485	2827499000	其他氯氧化物及氢氧基氯化物	出口		
486	2827510000	溴化钠及溴化钾	出口		
487	2827590000	其他溴化物及溴氧化物	出口		
488	2827600000	碘化物及碘氧化物	出口		
489	2829110000	氯酸钠	出口		
490	2829199000	其他氯酸盐	出口		
491	2829900010	颗粒＜500μm 的球形高氯酸铵	出口		
492	2829900090	其他高氯酸盐，溴酸盐等	出口		
493	2830101000	硫化钠	出口		
494	2830109000	其他钠的硫化物	出口		
495	2830902000	硫化锑	出口		
496	2830909000	其他硫化物、多硫化物	出口		
497	2831101000	钠的连二亚硫酸盐	出口		
498	2831102000	钠的次硫酸盐	出口		
499	2831900000	其他连二亚硫酸盐及次硫酸盐	出口		
500	2832100000	钠的亚硫酸盐	出口		
501	2832200000	其他亚硫酸盐	出口		
502	2832300000	硫代硫酸盐	出口		
503	2833110000	硫酸二钠	出口		
504	2833190000	钠的其他硫酸盐	出口		
505	2833210000	硫酸镁	出口		
506	2833220000	硫酸铝	出口		
507	2833240000	镍的硫酸盐	出口		
508	2833250000	铜的硫酸盐	出口		
509	2833270000	硫酸钡	出口		
510	2833291000	硫酸亚铁	出口		
511	2833293000	硫酸锌	出口		
512	2833301000	钾铝矾	出口		
513	2833309000	其他矾	出口		
514	2833400000	过硫酸盐	出口		
515	2834100000	亚硝酸盐	出口		
516	2834211000	肥料用硝酸钾	出口		
517	2834219000	非肥料用硝酸钾	出口		
518	2834291000	硝酸钴	出口		

序号	商品编码	商品名称	禁止方式		
519	2834299001	硝酸钡	出口		
520	2834299090	其他硝酸盐	出口		
521	2835311000	食品级的三磷酸钠（三聚磷酸钠）	出口		
522	2835319000	其他三磷酸钠（三聚磷酸钠）	出口		
523	2836200000	碳酸钠（纯碱）	出口		
524	2836300000	碳酸氢钠（小苏打）	出口		
525	2836400000	钾的碳酸盐	出口		
526	2836500000	碳酸钙	出口		
527	2836600000	碳酸钡	出口		
528	2836910000	锂的碳酸盐	出口		
529	2836920000	锶的碳酸盐	出口		
530	2836991000	碳酸镁	出口		
531	2836994000	商品碳酸铵及其他铵的碳酸盐	出口		
532	2837111000	氰化钠	出口		
533	2837112000	氧氰化钠	出口		
534	2837191000	氰化钾	出口		
535	2837199011	氰化锌，氰化亚铜，氰化铜	出口		
536	2837199012	氰化镍，氰化钙	出口		
537	2837199013	氰化钡，氰化镉，氰化铅	出口		
538	2837199014	氰化钴	出口		
539	2837199090	其他氰化物及氧氰化物	出口		
540	2837200011	氰化镍钾，氰化钠铜锌	出口		
541	2837200012	氰化亚铜（三）钠，氰化亚铜（三）钾	出口		
542	2837200090	其他氰络合物	出口		
543	2839191000	硅酸钠	出口		
544	2839199000	其他钠盐	出口		
545	2839900010	硅酸铅	出口		
546	2839900090	其他硅酸盐；商品碱金属硅酸盐	出口		
547	2840190000	其他四硼酸钠	出口		
548	2840200000	其他硼酸盐	出口		
549	2840300000	过硼酸盐	出口		
550	2841300000	重铬酸钠	出口		
551	2841500000	其他铬酸盐及重铬酸盐，过铬酸盐	出口		
552	2841701000	钼酸铵	出口		
553	2841709000	其他钼酸盐	出口		
554	2841801000	仲钨酸铵	出口		

序号	商品编码	商品名称	禁止方式		
555	2841802000	钨酸钠	出口		
556	2841803000	钨酸钙	出口		
557	2841804000	偏钨酸铵	出口		
558	2841809000	其他钨酸盐	出口		
559	2842100000	硅酸复盐及硅酸络盐	出口		
560	2842901100	硫氰酸钠	出口		
561	2842901910	其他硫氰酸盐	出口		
562	2842901990	雷酸盐及氰酸盐	出口		
563	2842909013	亚砷酸钠，亚砷酸钾，亚砷酸钙	出口		
564	2842909014	亚砷酸锶，亚砷酸钡，亚砷酸铁	出口		
565	2842909015	亚砷酸铜，亚砷酸锌，亚砷酸铅	出口		
566	2842909016	亚砷酸锑，砷酸铵，砷酸氢二铵	出口		
567	2842909017	砷酸钠，砷酸氢二钠，砷酸二氢钠	出口		
568	2842909018	砷酸钾，砷酸二氢钾，砷酸镁	出口		
569	2842909019	砷酸钙，砷酸钡，砷酸铁	出口		
570	2842909021	砷酸亚铁，砷酸铜，砷酸锌	出口		
571	2842909022	砷酸铅，砷酸锑，偏砷酸钠	出口		
572	2842909023	硒化铅，硒化镉	出口		
573	2843210000	硝酸银	出口		
574	2843290010	氰化银，氰化银钾，亚砷酸银	出口		
575	2843290090	其他银化合物	出口		
576	2844100000	天然铀及其化合物	出口		
577	2844200000	U235 浓缩铀，钚及其化合物	出口		
578	2844300000	U235 贫化铀，钍及其化合物	出口		
579	2844401010	镭-226 及其化合物、混合物	出口		
580	2844401090	其他镭及镭盐	出口		
581	2844402000	放射性钴及放射性钴盐	出口		
582	2844409010	铀-233 及其化合物	出口		
583	2844409090	其他放射性元素同位素及其化合物	出口		
584	2844500000	核反应堆已耗尽的燃料元件	出口		
585	2845100000	重水（氧化氘）	出口		
586	2845900010	除重水外的氘及氘化物	出口		
587	2845900020	硼-10 同位素及其化合物、混合物	出口		
588	2845900030	富集锂-6 同位素及其化合物混合物	出口		
589	2845900090	其他同位素及其他化合物	出口		
590	2846101000	氧化铈	出口		

序号	商品编码	商品名称	禁止方式		
591	2846102000	氢氧化铈	出口		
592	2846103000	碳酸铈	出口		
593	2846109010	氰化铈	出口		
594	2846109090	铈的其他化合物	出口		
595	2846901100	氧化钇	出口		
596	2846901200	氧化镧	出口		
597	2846901300	氧化钕	出口		
598	2846901400	氧化铕	出口		
599	2846901500	氧化镝	出口		
600	2846901600	氧化铽	出口		
601	2846901700	氧化镨	出口		
602	2846901920	氧化铒	出口		
603	2846901930	氧化钆	出口		
604	2846901940	氧化钐	出口		
605	2846901970	氧化镱	出口		
606	2846901980	氧化钪	出口		
607	2846901991	灯用红粉	出口		
608	2846901992	按重量计中重稀土总含量≥30%的其他氧化稀土（灯用红粉、氧化铈除外）	出口		
609	2846901999	其他氧化稀土	出口		
610	2846902300	氯化镧	出口		
611	2846902400	氯化钕	出口		
612	2846902500	氯化镨	出口		
613	2846902600	氯化钇	出口		
614	2846902810	按重量计中重稀土总含量≥30%的混合氯化稀土	出口		
615	2846902890	其他混合氯化稀土	出口		
616	2846902900	其他未混合氯化稀土	出口		
617	2846903100	氟化铽	出口		
618	2846903200	氟化镝	出口		
619	2846903300	氟化镧	出口		
620	2846903400	氟化钕	出口		
621	2846903500	氟化镨	出口		
622	2846903600	氟化钇	出口		
623	2846903900	其他氟化稀土	出口		
624	2846904400	碳酸钕	出口		

序号	商品编码	商品名称	禁止方式		
625	2846904500	碳酸镨	出口		
626	2846904600	碳酸钇	出口		
627	2846904810	按重量计中重稀土总含量≥30%的混合碳酸稀土	出口		
628	2846904890	其他混合碳酸稀土	出口		
629	2846904900	其他未混合碳酸稀土	出口		
630	2846909100	镧的其他化合物	出口		
631	2846909200	钕的其他化合物	出口		
632	2846909300	铽的其他化合物	出口		
633	2846909400	镝的其他化合物	出口		
634	2846909500	镨的其他化合物	出口		
635	2846909690	钇的其他化合物	出口		
636	2846909910	按重量计中重稀土总含量≥30%的稀土金属、钪的其他化合物	出口		
637	2846909990	其他稀土金属、钪的其他化合物	出口		
638	2847000000	过氧化氢	出口		
639	2848000010	磷化铝，磷化锌	出口		
640	2848000090	其他磷化物	出口		
641	2849100000	碳化钙	出口		
642	2849200000	碳化硅	出口		
643	2849901000	碳化硼	出口		
644	2849902000	碳化钨	出口		
645	2849909000	其他碳化物	出口		
646	2850009010	砷化氢	出口		
647	2852100000	汞的无机或有机化合物，汞齐除外，已有化学定义的除外			进出口
648	2852900000	其他汞的无机或有机化合物，汞齐除外，已有化学定义的除外			进出口
649	2853001000	饮用蒸馏水	出口		
650	2853002000	氯化氰			进出口
651	2853009010	饮用纯净水	出口		
652	2853009021	氰，氰化碘，氰化溴、铅汞齐	出口		
653	2853009022	砷化锌，砷化镓	出口		
654	2853009030	单氰胺			进出口
655	2853009090	其他无机化合物、压缩空气等			进出口
656	2903399020	溴甲烷			进出口

序号	商品编码	商品名称	禁止方式		
657	2903730000	二氯一氟乙烷	出口		
658	2903740000	一氯二氟乙烷	出口		
659	2903771000	三氯氟甲烷			进出口
660	2903772011	二氯二氟甲烷			进出口
661	2903772012	三氯三氟乙烷，用于清洗剂除外			进出口
662	2903772014	二氯四氟乙烷			进出口
663	2903772015	一氯五氟乙烷			进出口
664	2903772016	一氯三氟甲烷			进出口
665	2903791011	一氟二氯甲烷	出口		
666	2903791012	1,1,1,2-四氟-2-氯乙烷	出口		
667	2903791013	三氟一氯乙烷	出口		
668	2903791014	1-氟-1,1-二氯乙烷	出口		
669	2903791015	1,1-二氟-1-氯乙烷	出口		
670	2903791090	其他仅含氟和氯的甲烷、乙烷及丙烷的卤化衍生物	出口		
671	2903810010	林丹（ISO，INN）			进出口
672	2903810090	1,2,3,4,5,6-六氯环已烷{六六六（ISO）}			进出口
673	2904203000	二硝基甲苯	出口		
674	2904204000	三硝基甲苯（TNT）	出口		
675	2906299010	三氯杀螨醇、杀螨醇	出口		
676	2907210001	间苯二酚		进口	
677	2907291000	邻苯二酚		进口	
678	2908110000	五氯苯酚			进出口
679	2908199023	五氯酚钠			进出口
680	2908199090	其他仅含卤素取代基的衍生物及盐（非农药生产的除外）			进出口
681	2910200000	甲基环氧乙烷（氧化丙烯）	出口		
682	2910300000	1-氯-2,2-环氧丙烷（表氯醇）（进口甘油出口环氧氯丙烷除外）	出口		
683	2914400010	敌鼠钠	出口		
684	2915299023	乙酸铅			进出口
685	2915709000	棕榈酸及其盐和酯、硬脂酸盐、酯			进出口
686	2918180000	乙酯杀螨醇			进出口
687	2920110000	对硫磷（ISO）及甲基对硫磷（ISO）			进出口
688	2920909011	硫丹			进出口
689	2920909012	治螟磷			进出口

序号	商品编码	商品名称	禁止方式		
690	2920909090	其他无机酸酯（不包括卤化氢的酯，包括其盐以及它们的卤化、磺化，硝化或亚硝化衍生物）（出口碳酸二甲酯除外）	出口		
691	2922422000	谷氨酸钠	出口		
692	2922499912	灭杀威、灭除威、混灭威等			进出口
693	2922509010	曲马多	出口		
694	2922509090	其他氨基醇酚、氨基酸酚	出口		
695	2924120090	久效磷（ISO）及磷胺（ISO）			进出口
696	2924291000	对乙酰氨基苯乙醚（非那西丁）	出口		
697	2926100000	丙烯腈			进出口
698	2928000031	抑食肼、虫酰肼、丁酰肼、联苯肼酯			进出口
699	2929909012	异柳磷、甲基异柳磷、丙胺氟磷等	出口		
700	2929909013	八甲磷、育畜磷、甘氨硫磷等（包括甲氟磷、毒鼠磷、水胺硫磷）			进出口
701	2930500010	甲胺磷（ISO）			进出口
702	2930500020	敌菌丹（ISO）			进出口
703	2930909052	灭多威、涕灭威、乙硫苯威等	出口		
704	2930909055	代森锌、代森锰、代森锰锌等（包括福美胂、福美甲胂、代森铵、代森联）	出口		
705	2930909063	乐果、益硫磷、氧乐果等（包括甲拌磷、乙拌磷、虫螨磷、果虫磷）			进出口
706	2930909064	氯胺磷、家蝇磷、灭蚜磷等（包括安硫磷、四甲磷、丁苯硫磷、苯线磷、蚜灭磷）			进出口
707	2930909065	硫线磷、氯甲硫磷、杀虫磺等			进出口
708	2931901912	氯沙林、氯梭曼			进出口
709	2931200000	三丁基锡化合物			进出口
710	2931909011	2-氯乙烯基二氯胂	出口		
711	2931909012	二（2-氯乙烯基）氯胂	出口		
712	2931909013	三（2-氯乙烯基）胂	出口		
713	2931909014	锆试剂，二甲胂酸等	出口		
714	2931909015	4-氨基苯胂酸钠，二氯化苯胂	出口		
715	2931909016	蒽醌-1-胂酸、三环锡（普特丹）等	出口		
716	2931909017	硫酸三乙基锡、二丁基氧化锡等（包括氧化二丁基锡、乙酸三乙基锡、三乙基乙酸锡）			进出口
717	2931909018	四乙基锡、乙酸三甲基锡			进出口
718	2931909019	毒菌锡	出口		

序号	商品编码	商品名称	禁止方式		
719	2931909021	乙酰亚砷酸铜，二苯（基）胺氯胂	出口		
720	2931909022	3-硝基-4-羟基苯胂酸	出口		
721	2931909023	乙基二氯胂，二苯（基）氯胂	出口		
722	2931909024	甲（基）胂酸，丙（基）胂酸，二碘化苯胂（苯基二碘胂）	出口		
723	2931909025	苯胂酸，2-硝基苯胂酸等	出口		
724	2931909026	4-硝基苯胂酸，2-氨基苯胂酸	出口		
725	2931909027	3-氨基苯胂酸、4-氨基苯胂酸	出口		
726	2932299011	杀鼠灵，克鼠灵，敌鼠灵，溴鼠灵等	出口		
727	2932209013	蝇毒磷，茴蒿素，溴敌隆，呋酰胺等	出口		
728	2932999011	克百威	出口		
729	2932999091	其他濒危植物提取的仅含氧杂原子的杂环化合物	出口		
730	2933699011	西马津，莠去津，扑灭津，草达津等			进出口
731	2933990011	抑芽丹、三唑磷、虫线磷、喹硫磷、唑啶草酮			进出口
732	2933990060	(环）四亚甲基四硝铵	出口		
733	2933990070	(环）三亚甲基三基铵	出口		
734	2934200090	其他含一个苯并噻唑环系的化合物	出口		
735	2934999021	恶唑磷、蔬果磷、茂硫磷、除害磷等（包括甲基吡恶磷、丁硫环磷、硫环磷、杀扑磷、伏杀硫磷、地胺磷）			进出口
736	2934999022	环线威、杀虫环、杀虫钉、多噻烷等（包括甲基硫环磷，噻嗯菊酯、噻嗪酮，恶虫酮、茚虫威）			进出口
737	2941903000	利福平及其衍生物、盐	出口		
738	3001200010	其他濒危野生动物腺体，器官	出口		
739	3001909091	其他濒危动物制品	出口		
740	3002909011	濒危动物血制品	出口		
741	3003909020	含其他未列名濒危动植物混合药品	出口		
742	3004905110	含濒危动植物成分的中药酒	出口		
743	3004909020	含紫杉醇成品的药品	出口		
744	3101001100	未经化学处理的鸟粪			进出口
745	3101001990	未经化学处理的其他动植物肥料			进出口
746	3101009010	经化学处理的含动物源性成分（如粪、羽毛等）动植物肥料			进出口
747	3101009090	经化学处理的其他动植物肥料			进出口

序号	商品编码	商品名称	禁止方式		
748	3102100001	尿素			进出口
749	3102100090	尿素			进出口
750	3102210000	硫酸铵			进出口
751	3102290000	硫酸铵和硝酸铵的复盐及混合物			进出口
752	3102400000	硝酸铵与碳酸钙等的混合物			进出口
753	3102500000	硝酸钠			进出口
754	3102600000	硝酸钙和硝酸铵的复盐及混合物			进出口
755	3102800000	尿素及硝酸铵混合物的水溶液			进出口
756	3102901000	氰氨化钙			进出口
757	3102909000	其他矿物氮肥及化学氮肥			进出口
758	3103101000	重过磷酸钙			进出口
759	3103109000	其他过磷酸钙			进出口
760	3103900000	其他矿物磷肥或化学磷肥			进出口
761	3104202000	纯的氯化钾			进出口
762	3104209000	其他氯化钾			进出口
763	3104300000	硫酸钾			进出口
764	3104901000	光卤石，钾盐及其他天然粗钾盐			进出口
765	3104909000	其他矿物钾肥及化学钾肥			进出口
766	3105100090	制成片状及类似形状或零售包装的第31章其他货品			进出口
767	3105200001	化学肥料或矿物肥料			进出口
768	3105200090	化学肥料或矿物肥料			进出口
769	3105300001	磷酸氢二铵			进出口
770	3105300090	磷酸氢二铵			进出口
771	3105400000	磷酸二氢铵			进出口
772	3105510000	含有硝酸盐及磷酸盐的肥料			进出口
773	3105590000	其他含氮、磷两种元素肥料			进出口
774	3105600000	含磷、钾两种元素的肥料			进出口
775	3105900000	其他肥料			进出口
776	3201100000	坚木浸膏	出口		
777	3201200000	荆树皮浸膏	出口		
778	3201901010	其他濒危植物鞣料浸膏	出口		
779	3201901090	其他植物鞣料浸膏	出口		
780	3201909000	鞣酸及其盐、醚、酯和其他衍生物	出口		
781	3202100000	有机合成鞣料	出口		
782	3202900000	无机鞣料、鞣料制剂等	出口		

序号	商品编码	商品名称	禁止方式		
783	3203001100	天然靛蓝及以其为基本成分的制品	出口		
784	3203001910	濒危植物质着色料及制品	出口		
785	3203001990	其他植物质着色料及制品	出口		
786	3204120000	酸性染料及制品、媒染染料及制品	出口		
787	3204130000	碱性染料及以其为基本成分的制品	出口		
788	3204140000	直接染料及以其为基本成分的制品	出口		
789	3204159000	其他还原染料及以其为基本成分的制品	出口		
790	3204170000	颜料及以其为基本成分的制品	出口		
791	3204191100	硫化黑及以其为基本成分的制品	出口		
792	3204191900	其他硫化染料及以其为基本成分的制品	出口		
793	3204199000	其他着色料组成的混合物	出口		
794	3204200000	用作荧光增白剂的有机合成产品	出口		
795	3204901000	生物染色剂及染料指示剂	出口		
796	3204909000	其他用作发光体的有机合成产品	出口		
797	3205000000	色淀及以色淀为基本成分的制品	出口		
798	3206111000	钛白粉	出口		
799	3206119000	其他干量计二氧化钛≥80%的颜料	出口		
800	3206190000	其他二氧化钛为基料的颜料及制品	出口		
801	3206200000	铬化合物为基本成分的颜料及制品	出口		
802	3206410000	群青及以其为基本成分的制品	出口		
803	3206421000	锌钡白	出口		
804	3206429000	其他以硫化锌为基本成分的颜料	出口		
805	3206499000	其他无机着色料及其制品	出口		
806	3206500000	用作发光体的无机产品	出口		
807	3207100000	调制颜料，遮光剂，着色剂及类似品	出口		
808	3207200000	珐琅和釉料、釉底料及类似制品	出口		
809	3207300000	光瓷釉及类似制品	出口		
810	3207400000	呈粉、粒状搪瓷玻璃料及其他玻璃	出口		
811	3208100000	溶于非水介质的聚合物油漆及清漆	出口		
812	3208201001	分散于或溶于非水介质的光导纤维用涂料	出口		
813	3208201090	其他聚丙烯酸油漆、清漆等	出口		
814	3208202000	溶于非水介质的聚乙烯油漆及清漆	出口		
815	3208901001	分散于或溶于非水介质的光导纤维用涂料	出口		
816	3208901090	其他聚胺酯油漆清漆等	出口		
817	3208909000	溶于非水介质其他油漆、清漆溶液	出口		
818	3209901000	以环氧树脂为基本成分油漆及清漆	出口		

序号	商品编码	商品名称	禁止方式		
819	3210000001	其他光导纤维用涂料	出口		
820	3210000090	其他油漆及清漆，皮革用水性颜料	出口		
821	3211000000	配制的催干剂	出口		
822	3212100000	压印箔	出口		
823	3212900000	制漆用颜料及零售包装染料、色料	出口		
824	3213100000	成套的颜料	出口		
825	3213900000	非成套颜料、调色料及类似品	出口		
826	3214101000	半导体器件封装材料	出口		
827	3214109000	其他安装玻璃用油灰等；漆工用填料（环氧树脂出口除外）	出口		
828	3214900000	非耐火涂面制剂	出口		
829	3215110000	黑色印刷油墨	出口		
830	3215190000	其他印刷油墨	出口		
831	3215901000	书写墨水	出口		
832	3215909000	其他绘图墨水及其他墨类	出口		
3215 项下使用进口油墨灌装打印机墨盒出口的除外					
833	3301299991	其他濒危植物的精油（柑桔属果实除外）	出口		
834	3301309010	其他濒危植物香膏	出口		
835	3301901010	濒危植物提取的油树脂	出口		
836	3304990091	其他含濒危植物成分美容品或化妆品	出口		
837	3305100010	含濒危植物成分的洗发剂	出口		
838	3306101010	含濒危植物成分牙膏	出口		
839	3402110000	阴离子型有机表面活性剂（进口烷基磺酸钠除外）			进出口
840	3402130010	含有壬基酚聚氧乙烯醚的有机表面活性剂			进出口
841	3402130090	其他非离子型有机表面活性剂（进口聚氧乙烯聚苯乙烯酚醚除外）			进出口
842	3404900000	其他人造蜡及调制蜡	出口		
843	3406000010	含濒危动物成分的蜡烛及类似品	出口		
844	3506912000	以环氧树脂为基本成分的黏合剂	出口		
845	3802101000	木质的活性炭	出口		
846	3802109000	其他活性炭	出口		
847	3802900010	濒危动物炭黑	出口		
848	3802900090	活性天然矿产品；其他动物炭黑	出口		
849	3805100000	松节油	出口		
850	3805901000	以α萜品醇为基本成分的松油	出口		

序号	商品编码	商品名称	禁止方式		
851	3805909000	粗制二聚戊烯；亚硫酸盐松节油等	出口		
852	3808501010	零售包装的含有一种第38章子目注释一所列物质的货品			进出口
853	3808501090	零售包装含多种第38章子目注释一所列物质的货品			进出口
854	3808509010	非零售包装的含有一种第38章子目注释一所列物质的货品			进出口
855	3808509090	非零售包装含多种第38章子目注释一所列物质的货品			进出口
856	3808911900	零售包装的其他杀虫剂成药			进出口
857	3808919000	非零售包装杀虫剂成药			进出口
858	3808921000	零售包装的杀菌剂成药			进出口
859	3808929010	非零售包装的医用杀菌剂			进出口
860	3808929021	经农药杀菌剂浸渍的纸质水果套袋			进出口
861	3808929029	非零售包装的其他农用杀菌剂成药			进出口
862	3808929090	非零售包装的非农用杀菌剂成药			进出口
863	3808931100	零售包装的除草剂成药			进出口
864	3808931990	其他非零售包装的除草剂成药			进出口
865	3808939100	零售包装抗萌剂及植物生长调节剂			进出口
866	3808939900	非零售抗萌剂及植物生长调节剂			进出口
867	3808940010	医用消毒剂			进出口
868	3808940020	兽用已配剂量含戊二醛、癸甲溴铵消毒剂等			进出口
869	3808940090	其他非医用消毒剂			进出口
870	3808991000	零售包装的杀鼠剂及其他农药			进出口
871	3808999000	非零售包装的杀鼠剂及其他农药			进出口
872	3812100000	配制的橡胶促进剂（用于橡胶的硫化，主要成分为二硫化二苯并噻唑、六亚甲基四胺）	出口		
873	3824300010	混合的未烧结金属碳化钨	出口		
874	3824300090	其他混合的未烧结金属碳化物	出口		
875	3824710011	二氯二氟甲烷和二氟乙烷的混合物			进出口
876	3824710012	一氯二氟甲烷和二氯二氟甲烷的混合物			进出口
877	3824710013	一氯二氟甲烷和一氯五氟乙烷的混合物			进出口
878	3824710014	三氟甲烷和一氯三氟甲烷的混合物			进出口
879	3824710015	二氟甲烷和一氯五氟乙烷的混合物			进出口
880	3824710016	二氯二氟甲烷和一氟一氯甲烷的混合物			进出口

序号	商品编码	商品名称	禁止方式		
881	3824710017	一氟一氯甲烷和二氯四氟乙烷的混合物			进出口
882	3824710018	二氯二氟甲烷和二氯四氟乙烷的混合物			进出口
883	3824710090	其他含甲烷、乙烷或丙烷的全氯氟烃（CFCs）混合物			进出口
884	3824790000	其他含甲烷、乙烷或丙烷的卤化衍生物的混合物			进出口
885	3824909930	氰化物的混合物			进出口
886	3824909910	粗制碳化硅	出口		
887	3915100000	乙烯聚合物的废碎料及下脚料			进出口
888	3915200000	苯乙烯聚合物的废碎料及下脚料			进出口
889	3915300000	氯乙烯聚合物的废碎料及下脚料			进出口
890	3915901000	聚对苯二甲酸乙二酯废碎料及下脚料			进出口
891	3915909000	其他塑料的废碎料及下脚料			进出口
892	3922200010	含濒危动物成分的塑料马桶座圈及盖	出口		
893	4004000090	未硫化橡胶废碎料、下脚料及其粉、粒		进口	
894	4101201110	规定重量退鞣未剖层整张濒危生野牛皮		进口	
895	4101201190	规定重量未剖层退鞣处理整张生牛皮（包括水牛皮）		进口	
896	4101201910	规定重量非退鞣未剖层整张濒危生野牛皮		进口	
897	4101201990	规定重量非退鞣未剖层处理整张生牛皮（包括水牛皮）		进口	
898	4101202010	规定重量未剖层整张濒危生野马皮		进口	
899	4101202090	规定重量未剖层整张生马皮		进口	
900	4101501110	重＞16kg 退鞣整张濒危生野牛皮		进口	
901	4101501190	重＞16kg 退鞣处理整张生牛皮（包括水牛皮）		进口	
902	4101501910	重＞16kg 非退鞣整张濒危生野牛皮		进口	
903	4101501990	重＞16kg 非退鞣处理整张生牛皮（包括水牛皮）		进口	
904	4101502010	重＞16kg 整张濒危生野马皮		进口	
905	4101502090	重＞16kg 整张生马皮		进口	
906	4101901110	其他退鞣处理濒危生野牛皮		进口	
907	4101901190	其他退鞣处理生牛皮		进口	
908	4101901910	其他濒危生野牛皮		进口	
909	4101901990	其他生牛皮		进口	
910	4101902010	其他濒危生野马皮		进口	

序号	商品编码	商品名称	禁止方式		
911	4101902090	其他生马皮		进口	
912	4102100000	带毛的绵羊或羔羊生皮		进口	
913	4102211000	浸酸退鞣不带毛绵羊或羔羊生皮		进口	
914	4102219000	浸酸非退鞣不带毛绵羊或羔羊生皮		进口	
915	4102291000	其他不带毛退鞣绵羊或羔羊生皮		进口	
916	4102299000	其他不带毛非退鞣绵羊或羔羊生皮		进口	
917	4103200000	爬行动物的生皮		进口	
918	4103300010	生鹿豚、姬猪皮		进口	
919	4103300090	生猪皮		进口	
920	4103901100	退鞣山羊板皮		进口	
921	4103901900	非退鞣山羊板皮		进口	
922	4103902100	其他退鞣山羊或小山羊皮		进口	
923	4103902900	其他非退鞣山羊或小山羊皮		进口	
924	4103909010	其他濒危野生动物生皮		进口	
925	4103909090	其他生皮		进口	

进口 4101～4103 产品直接出口皮革制成品及其他制品或用于深加工结转的除外具体按 2009 年《商务部环保部海关总署第 8 号公告》执行

926	4104111110	蓝湿濒危野牛皮	出口		
927	4104111190	全粒面未剖层或粒面剖层蓝湿牛皮	出口		
928	4104111910	湿濒危野牛皮	出口		
929	4104111990	全粒面未剖层或粒面剖层湿牛皮	出口		
930	4104112010	湿濒危野马皮	出口		
931	4104112090	全粒面未剖层或粒面剖层湿马皮	出口		
932	4104191110	其他蓝湿濒危野牛皮	出口		
933	4104191190	其他蓝湿牛皮	出口		
934	4104191910	其他湿濒危野牛皮	出口		
935	4104191990	其他湿牛皮	出口		
936	4104192010	其他湿濒危野马皮	出口		
937	4104192090	其他湿马皮	出口		
938	4104410010	濒危野牛马干革	出口		
939	4104410090	全粒面未剖层或粒面剖层干革	出口		
940	4104491010	其他机器带用濒危野牛马皮革	出口		
941	4104491090	其他机器带用牛马皮革	出口		
942	4104499010	其他濒危野牛马皮革	出口		
943	4104499090	其他牛马皮革	出口		
944	4105101000	蓝湿绵羊或羔羊皮	出口		

序号	商品编码	商品名称	禁止方式		
945	4105109000	其他绵羊或羔羊湿革	出口		
946	4105300000	绵羊或羔羊干革	出口		
947	4106210001	蓝湿山羊皮	出口		
948	4106210090	其他山羊或小山羊湿革	出口		
949	4106220000	山羊或小山羊干革	出口		
950	4106311010	蓝湿鹿豚、姬猪皮	出口		
951	4106311090	其他蓝湿猪皮	出口		
952	4106319010	鹿豚、姬猪湿革	出口		
953	4106319090	其他猪湿革	出口		
954	4106320010	鹿豚、姬猪干革	出口		
955	4106320090	其他猪干革	出口		
956	4106400000	爬行动物皮革	出口		
957	4106910010	其他濒危野生动物湿革	出口		
958	4106910090	其他动物湿革	出口		
959	4106920010	濒危其他野生动物干革	出口		
960	4106920090	其他动物干革	出口		
961	4107111010	全粒面未剖层整张濒危野牛皮	出口		
962	4107111090	全粒面未剖层整张牛皮	出口		
963	4107112010	全粒面未剖层整张濒危野马皮	出口		
964	4107112090	全粒面未剖层整张马皮	出口		
965	4107121010	粒面剖层整张濒危野牛皮	出口		
966	4107121090	粒面剖层整张牛皮	出口		
967	4107122010	粒面剖层整张濒危野马皮	出口		
968	4107122090	粒面剖层整张马皮	出口		
969	4107191010	其他机器带用整张濒危野牛马皮革	出口		
970	4107191090	其他机器带用整张牛马皮革	出口		
971	4107199010	其他整张濒危野牛马皮革	出口		
972	4107199090	其他整张牛马皮革	出口		
973	4107910010	全粒面未剖层非整张濒危野牛马皮	出口		
974	4107910090	全粒面未剖层非整张革	出口		
975	4107920010	粒面剖层非整张濒危野牛马皮革	出口		
976	4107920090	粒面剖层非整张革	出口		
977	4107991010	其他机器带用非整张濒危野牛马皮	出口		
978	4107991090	其他机器带用非整张牛马皮革	出口		
979	4107999010	其他非整张濒危野牛马皮革	出口		
980	4107999090	其他非整张牛马皮革	出口		

序号	商品编码	商品名称	禁止方式		
981	4112000000	加工的绵羊或羔羊皮革	出口		
982	4113100000	加工的山羊或小山羊皮革	出口		
983	4113200010	加工的鹿豚、姬猪皮革	出口		
984	4113200090	加工的猪皮革	出口		
985	4113300000	加工的爬行动物皮革	出口		
986	4113900010	加工的其他濒危野生动物皮革	出口		
987	4113900090	加工的其他动物皮革	出口		
988	4114100010	油鞣其他濒危野生动物皮革	出口		
989	4114100090	油鞣其他动物皮革	出口		
990	4114200000	漆皮及层压漆皮；镀金属皮革	出口		
991	4115100000	再生皮革	出口		
992	4115200090	皮革或再生皮革边角料	出口		
进口 4104～4115 出口 4104～4115 的除外					
993	4201000010	濒危野生动物材料制的鞍具及挽具	出口		
994	4202111010	以含濒危野生动物皮革或再生皮革作面的衣箱	出口		
995	4202119010	以濒危野生动物皮革或再生皮革作面的箱包	出口		
996	4202210010	以濒危野生动物皮革或再生皮革作面的手提包	出口		
997	4202310010	以濒危野生动物皮革或再生皮革作面的钱包等物品	出口		
998	4202910010	濒危野生动物皮革或再生皮革作面的其他容器	出口		
999	4203100010	濒危野生动物皮革制的衣服	出口		
1000	4203210010	濒危野生动物皮革制的运动手套	出口		
1001	4203291010	濒危野生动物皮革制的劳保手套	出口		
1002	4203299010	濒危野生动物皮革制的其他手套	出口		
1003	4203301010	濒危野生动物皮革制的腰带	出口		
1004	4203302010	濒危野生动物皮革制的子弹带	出口		
1005	4203400010	濒危野生动物皮革制的衣着附件	出口		
1006	4205001010	濒危野生动物皮革制的坐具套	出口		
1007	4205002010	濒危野生动物皮革制工业用皮革或再生皮革制品	出口		
1008	4205009010	濒危野生动物皮革的其他制品	出口		
1009	4301100000	整张生水貂皮			进出口

序号	商品编码	商品名称	禁止方式		
1010	4301300000	阿斯特拉罕等羔羊的整张生毛皮	出口		
1011	4301600010	整张濒危生狐皮			进出口
1012	4301600090	其他整张生狐皮			进出口
1013	4301801010	整张生濒危野兔皮	出口		
1014	4301801090	整张生兔皮	出口		
1015	4301809010	整张的其他生濒危野生动物毛皮	出口		
1016	4301809090	整张的其他生毛皮	出口		
1017	4301901000	未鞣制的黄鼠狼尾	出口		
1018	4301909010	其他濒危野生动物未鞣头尾	出口		
1019	4301909090	适合加工皮货用的其他未鞣头、尾	出口		
1020	4302191010	已鞣未缝制的濒危狐皮	出口		
1021	4302191090	已鞣未缝制的其他贵重濒危动物毛皮	出口		
1022	4302192010	已鞣未缝制的整张濒危野兔皮	出口		
1023	4302199010	已鞣未缝制其他濒危野生动物毛皮	出口		
1024	4302200010	已鞣未缝濒危野生动物头，尾，爪等	出口		
1025	4302301090	已鞣已缝制的贵重濒危动物毛皮及其块、片	出口		
1026	4302309010	已鞣缝的其他整张濒危野生毛皮	出口		
1027	4303101010	濒危野生动物毛皮衣服	出口		
1028	4303102010	濒危野生动物毛皮衣着附件	出口		
1029	4303900010	濒危野生动物毛皮制其他物品	出口		
1030	4401100000	薪柴	出口		
1031	4401210010	濒危针叶木木片或木粒			进出口
1032	4401210090	其他针叶木木片或木粒	出口		
1033	4401220010	濒危非针叶木木片或木粒			进出口
1034	4401220090	其他非针叶木木片或木粒	出口		
1035	4401310000	木屑棒			进出口
1036	4401390000	其他锯末、木废料及碎片			进出口
1037	4402100000	竹炭	出口		
1038	4402900090	其他木炭	出口		
1039	4403100020	油漆，着色剂等处理的其他濒危树种原木	出口		
1040	4404100010	濒危针叶木的箍木等及类似品	出口		
1041	4404100090	其他针叶木的箍木等及类似品	出口		
1042	4404200010	濒危非针叶木箍木等	出口		
1043	4404200090	其他非针叶木箍木等	出口		
1044	4405000000	木丝及木粉	出口		

序号	商品编码	商品名称	禁止方式		
1045	4406100000	未浸渍的铁道及电车道枕木	出口		
1046	4406900010	濒危木已浸渍铁道及电车道枕木			进出口
1047	4406900090	其他已浸渍的铁道及电车道枕木	出口		
1048	4407101011	端部接合的红松厚板材	出口		
1049	4407101019	端部接合的樟子松厚板材	出口		
1050	4407101091	非端部接合的红松厚板材	出口		
1051	4407101099	非端部接合的樟子松厚板材	出口		
1052	4407102011	端部接合的濒危白松（云杉，冷杉）厚板材	出口		
1053	4407102019	端部接合的其他白松（云杉，冷杉）厚板材	出口		
1054	4407102091	非端部接合濒危白松（云杉，冷杉）厚板材	出口		
1055	4407102099	非端部接合其他白松（云杉，冷杉）厚板材	出口		
1056	4407103010	端部接合的辐射松厚板材	出口		
1057	4407103090	非端部接合的辐射松厚板材	出口		
1058	4407104010	端部接合的花旗松厚板材	出口		
1059	4407104090	非端部接合的花旗松厚板材	出口		
1060	4407109011	端部接合其他濒危针叶木厚板材	出口		
1061	4407109019	端部接合其他针叶木厚板材	出口		
1062	4407109091	非端部接合其他濒危针叶木厚板材	出口		
1063	4407109099	非端部接合的其他针叶木厚板材	出口		
1064	4407210010	端部接合美洲桃花心木	出口		
1065	4407210090	非端部接合美洲桃花心木	出口		
1066	4407220010	端部接合的苏里南肉豆蔻木、巴西胡桃木及美洲轻木	出口		
1067	4407220090	非端部接合的苏里南肉豆蔻木、巴西胡桃木及美洲轻木	出口		
1068	4407250010	端部接合的红柳桉木板材	出口		
1069	4407250090	非端部接合的红柳桉木板材	出口		
1070	4407260010	端部接合的白柳桉、其他柳桉木和阿兰木板材	出口		
1071	4407260090	非端部接合的白柳桉、其他柳桉木和阿兰木板材	出口		
1072	4407270010	端部接合的沙比利木板材	出口		
1073	4407270090	非端部接合的沙比利木板材	出口		

序号	商品编码	商品名称	禁止方式		
1074	4407280010	端部接合的伊罗科木板材	出口		
1075	4407280090	非端部接合的伊罗科木板材	出口		
1076	4407291010	端部接合的柚木板材	出口		
1077	4407291090	非端部接合的柚木板材	出口		
1078	4407292010	端部接合的非洲桃花心木板材	出口		
1079	4407292090	非端部接合的非洲桃花心木板材	出口		
1080	4407293010	端部接合的波罗格 Merban 板材	出口		
1081	4407293090	非端部接合的波罗格 Merban 板材	出口		
1082	4407299011	端部接合拉敏木厚板材	出口		
1083	4407299012	端部接合其他未列名本章子目注释二濒危热带木厚板材	出口		
1084	4407299019	端部接合其他未列名本章子目注释二热带木厚板材	出口		
1085	4407299091	非端部接合其他未列名本章子目注释二濒危热带木板材	出口		
1086	4407299099	非端部接合其他未列名本章子目注释二热带木板材	出口		
1087	4407910010	端部接合的栎木（橡木）厚板材	出口		
1088	4407910090	非端部接合的栎木（橡木）厚板材	出口		
1089	4407920010	端部接合的山毛榉木厚板材	出口		
1090	4407920090	非端部接合的山毛榉木厚板材	出口		
1091	4407930010	端部接合的枫木厚板材	出口		
1092	4407930090	非端部接合的枫木厚板材	出口		
1093	4407940010	端部接合的樱桃木厚板材	出口		
1094	4407940090	非端部接合的樱桃木厚板材	出口		
1095	4407950010	端部接合的白蜡木厚板材	出口		
1096	4407950090	非端部接合的白蜡木厚板材	出口		
1097	4407991010	端部接合樟木/楠木/红木厚板材	出口		
1098	4407991090	非端部接合樟木/楠木/红木厚板材	出口		
1099	4407992010	端部接合的泡桐木厚板材	出口		
1100	4407992090	非端部接合的泡桐木厚板材	出口		
1101	4407993010	端部接合的北美硬阔叶材厚板材	出口		
1102	4407993090	非端部接合的北美硬阔叶材厚板材	出口		
1103	4407998011	端部接合其他温带濒危非针叶板材	出口		
1104	4407998019	端部接合的其他温带非针叶厚板材	出口		
1105	4407998091	非端部结合其他温带濒危非针叶厚板材	出口		

序号	商品编码	商品名称	禁止方式		
1106	4407998099	非端部接合的其他温带非针叶厚板材	出口		
1107	4407999011	端部接合的南美蒺藜木（玉檀木）厚板材	出口		
1108	4407999012	端部接合的沉香木及拟沉香木厚板材	出口		
1109	4407999015	端部接合的其他濒危木厚板材	出口		
1110	4407999019	端部接合的其他木厚板材	出口		
1111	4407999091	非端部接合的南美蒺藜木（玉檀木）厚板材	出口		
1112	4407999092	非端部接合的沉香木及拟沉香木厚板材	出口		
1113	4407999095	非端部接合的其他濒危木厚板材	出口		
1114	4407999099	非端部接合的其他木厚板材	出口		
1115	4408101110	胶合板等多层板制濒危针叶木单板	出口		
1116	4408101190	其他胶合板等多层板制针叶木单板	出口		
1117	4408101910	其他饰面濒危针叶木单板	出口		
1118	4408101990	其他饰面针叶木单板	出口		
1119	4408102010	制胶合板用濒危针叶木单板	出口		
1120	4408102090	其他制胶合板用针叶木单板	出口		
1121	4408109010	其他濒危针叶木单板材	出口		
1122	4408109090	其他针叶木单板材	出口		
1123	4408311100	胶合板多层板制饰面红柳桉木单板	出口		
1124	4408311900	其他饰面用红柳桉木单板	出口		
1125	4408312000	红柳桉木制的胶合板用单板	出口		
1126	4408319000	红柳桉木制的其他单板	出口		
1127	4408391110	胶合板多层板制饰面桃花心木单板	出口		
1128	4408391120	胶合板多层板制饰面拉敏木单板	出口		
1129	4408391130	厚度≤6mm 胶合板多层板制饰面濒危木单板	出口		
1130	4408391190	厚度≤6mm 胶合板多层板制饰面热带木单板	出口		
1131	4408391910	其他饰面用桃花心木单板	出口		
1132	4408391920	其他饰面用拉敏木单板	出口		
1133	4408391930	厚度≤6mm 的其他濒危热带木制饰面用单板	出口		
1134	4408391990	厚度≤6mm 的其他饰面用单板	出口		
1135	4408392010	其他桃花心木制的胶合板用单板	出口		
1136	4408392020	其他拉敏木制的胶合板用单板	出口		
1137	4408392030	其他濒危热带木制的胶合板用单板	出口		

序号	商品编码	商品名称	禁止方式		
1138	4408392090	其他列名热带木制的胶合板用单板	出口		
1139	4408399010	其他桃花心木制的其他单板	出口		
1140	4408399020	其他拉敏木制的其他单板	出口		
1141	4408399030	其他列名濒危热带木制的其他单板	出口		
1142	4408399090	其他列名的热带木制的其他单板	出口		
1143	4408901110	胶合板多层板制饰面濒危木单板	出口		
1144	4408901190	胶合板多层板制饰面其他木单板	出口		
1145	4408901210	温带濒危非针叶木制饰面用木单板	出口		
1146	4408901290	其他温带非针叶木制饰面用木单板	出口		
1147	4408901310	濒危竹制饰面用单板	出口		
1148	4408901390	其他竹制饰面用单板	出口		
1149	4408901911	家具饰面用濒危木单板	出口		
1150	4408901919	其他家具饰面用单板	出口		
1151	4408901991	其他饰面用濒危木单板	出口		
1152	4408901999	其他饰面用单板	出口		
1153	4408902110	温带濒危非针叶木制胶合板用单板	出口		
1154	4408902190	其他温带非针叶木制胶合板用单板	出口		
1155	4408902911	其他濒危木制胶合板用旋切单板	出口		
1156	4408902919	其他濒危木制胶合板用其他单板	出口		
1157	4408902991	其他木制胶合板用旋切单板	出口		
1158	4408902999	其他木制胶合板用其他单板	出口		
1159	4408909110	温带濒危非针叶木制其他单板材	出口		
1160	4408909190	温带非针叶木制其他单板材	出口		
1161	4408909910	其他濒危木制的其他单板材	出口		
1162	4408909990	其他木材，但针叶木热带木除外	出口		
1163	4409101010	一边或面制成连续形状的濒危针叶木制地板条、块	出口		
1164	4409101090	一边或面制成连续形状的其他针叶木地板条、块	出口		
1165	4409109010	一边或面制成连续形状濒危针叶木材	出口		
1166	4409109090	其他一边或面制成连续形状的针叶木材	出口		
1167	4409211010	一边或面制成连续形状的濒危竹地板条（块）	出口		
1168	4409211090	一边或面制成连续形状的竹地板条（块）	出口		
1169	4409219010	一边或面制成连续形状的其他濒危竹材	出口		
1170	4409219090	一边或面制成连续形状的其他竹材	出口		

序号	商品编码	商品名称	禁止方式		
1171	4409291010	一边或面制成连续形状的拉敏木地板条、块	出口		
1172	4409291020	一边或面制成连续形状的桃花心木地板条、块	出口		
1173	4409291030	一边或面制成连续形状的其他濒危木地板条、块	出口		
1174	4409291090	一边或面制成连续形状的其他非针叶木地板条、块	出口		
1175	4409299010	一边或面制成连续形状的拉敏木	出口		
1176	4409299020	一边或面制成连续形状的桃花心木	出口		
1177	4409299030	一边或面制成连续形状的其他濒危木	出口		
1178	4409299090	一边或面制成连续形状的其他非针叶木材	出口		
1179	4419003100	木制一次性筷子	出口		
1180	4419003210	酸竹制一次性筷子	出口		
1181	4419003290	其他竹制一次性筷子	出口		
4407～4419产品使用进口木材的除外（根据原产地规则判定是否属于进口料件）					
1182	4501100000	未加工或简单加工的天然软木	出口		
1183	4501901000	软木废料	出口		
1184	4501902000	碎的、粒状的或粉状的软木（软木碎、软木粒或软木粉）	出口		
1185	4502000000	块，板，片或条状的天然软木	出口		
1186	4701000000	机械木浆	出口		
1187	4702000001	用于生产粘胶等化学纤维（不含醋酸纤维）的化学木浆，溶解级	出口		
1188	4702000090	其他化学木浆，溶解级	出口		
1189	4703110000	未漂白针叶木碱木浆或硫酸盐木浆	出口		
1190	4703190000	未漂白非针叶木碱木浆等	出口		
1191	4703210001	用于生产粘胶等化学纤维（不含醋酸纤维）的漂白针叶木碱木浆或硫酸盐木浆（包括半漂白的，溶解级的除外）	出口		
1192	4703210090	其他漂白针叶木碱木浆或硫酸盐木浆（包括半漂白的，溶解级的除外）	出口		
1193	4703290000	漂白非针叶木碱木浆或硫酸盐木浆	出口		
1194	4704110000	未漂白的针叶木亚硫酸盐木浆	出口		
1195	4704190000	未漂白的非针叶木亚硫酸盐木浆	出口		
1196	4704210000	漂白的针叶木亚硫酸盐木浆	出口		
1197	4704290000	漂白的非针叶木亚硫酸盐木浆	出口		

序号	商品编码	商品名称	禁止方式		
1198	4705000000	机械与化学联合制浆法制的木浆	出口		
1199	4706100001	用于生产粘胶等化学纤维（不含醋酸纤维）的棉短绒浆粕	出口		
1200	4706100090	其他棉短绒纸浆			
1201	4706200000	从回收纸或纸板提取的纤维浆	出口		
1202	4706300001	用于生产粘胶等化学纤维（不含醋酸纤维）的其他纤维状纤维素竹浆	出口		
1203	4706300090	其他纤维状纤维素竹浆			
1204	4706910000	其他纤维状纤维素机械浆	出口		
1205	4706920000	其他纤维状纤维素化学浆	出口		
1206	4706930000	用机械和化学联合法制得的其他纤维状纤维素浆	出口		
1207	4707100000	回收（废碎）的未漂白牛皮、瓦楞纸或纸板	出口		
1208	4707200000	回收（废碎）的漂白化学木浆制的纸和纸板	出口		
1209	4707300000	回收（废碎）的机械木浆制的纸或纸板	出口		
1210	4707900010	回收（废碎）墙（壁）纸、涂蜡纸、浸蜡纸、复写纸	出口		
1211	4707900090	其他回收纸或纸板	出口		
1212	4801000000	成卷或成张的新闻纸	出口		
1213	4802101000	宣纸	出口		
1214	4802109000	其他手工制纸及纸板	出口		
1215	4802201000	照相原纸	出口		
1216	4802209000	其他光，热，电敏纸，纸板的原纸	出口		
1217	4802400000	壁纸原纸	出口		
1218	4802540000	书写，印刷等用未涂布薄纸或纸板	出口		
1219	4802550010	40g＜每平方米重≤150g 的胶版纸	出口		
1220	4802550090	40g＜每平方米重≤150g 未涂布中厚纸	出口		
1221	4802560010	成张 40g＜每平方米重≤150g 胶版纸	出口		
1222	4802560090	40g＜每平方米重≤150g 未涂布纸，成张	出口		
1223	4802570010	其他 40g＜每平方米重≤150g 的胶版纸	出口		
1224	4802570090	其他 40g＜每平方米≤150g 未涂中厚纸	出口		
1225	4802580000	书写、印刷等用未涂布厚纸（板）	出口		
1226	4802611000	成卷新闻纸	出口		
1227	4802619000	其他成卷书写、印刷用未涂布纸	出口		

序号	商品编码	商品名称	禁止方式		
1228	4802620000	成张书写、印刷用未涂布纸	出口		
1229	4802691000	其他新闻纸	出口		
1230	4802699000	其他书写、印刷用未涂布纸	出口		
1231	4803000000	卫生纸、面巾纸、餐巾纸及类似纸	出口		
1232	4804110010	每平方米重 115～360g 未漂白、成卷或成张未涂布牛皮挂面纸	出口		
1233	4804110090	其他未漂白的牛皮挂面纸	出口		
1234	4804190000	漂白的牛皮挂面纸	出口		
1235	4804210000	未漂白的袋用牛皮纸	出口		
1236	4804290000	漂白的袋用牛皮纸	出口		
1237	4804310010	每平方米重 115～150g 未漂白、成卷或成张未涂布其他牛皮纸	出口		
1238	4804310090	其他未漂白的其他薄牛皮纸及纸板	出口		
1239	4804390000	每平米重量≤150g 的其他牛皮纸及纸板	出口		
1240	4804410010	150g＜每平方米重＜225g 未漂白、成卷或成张未涂布其他牛皮纸	出口		
1241	4804410090	其他未漂白的其他中厚牛皮纸及纸板	出口		
1242	4804420000	本体均匀漂白的中厚牛皮纸及纸板	出口		
1243	4804490000	其他漂白的中厚牛皮纸及纸板	出口		
1244	4804510010	每平方米重 225～360g 未漂白、成卷或成张未涂布其他牛皮纸	出口		
1245	4804510090	其他未漂白的其他厚牛皮纸及纸板	出口		
1246	4804520000	本体均匀漂白的厚牛皮纸及纸板	出口		
1247	4804590000	其他漂白的厚牛皮纸及纸板	出口		
1248	4805110000	半化学的瓦楞原纸	出口		
1249	4805120000	草浆瓦楞原纸	出口		
1250	4805190000	其他瓦楞原纸	出口		
1251	4805240000	强韧箱纸板（再生挂面纸板）	出口		
1252	4805250000	强韧箱纸板（再生挂面纸板）	出口		
1253	4805300000	亚硫酸盐包装纸	出口		
1254	4805400000	滤纸及纸板	出口		
1255	4805500000	毡纸及纸板	出口		
1256	4805911000	电解电容器原纸			进出口
1257	4805919000	其他未经涂布薄纸及纸板	出口		
1258	4805920000	其他未经涂布中厚纸及纸板	出口		
1259	4805930000	其他未经涂布厚纸及纸板	出口		

序号	商品编码	商品名称	禁止方式		
1260	4806100000	植物羊皮纸	出口		
1261	4806200000	防油纸	出口		
1262	4806300000	描图纸	出口		
1263	4806400000	高光泽透明或半透明纸	出口		
1264	4807000000	成卷或成张的复合纸及纸板	出口		
1265	4808100000	瓦楞纸及纸板	出口		
1266	4808400000	皱纹牛皮纸，不论是否压花或穿孔	出口		
1267	4808900000	其他皱纹纸及纸板，压纹纸及纸板	出口		
1268	4809200000	大张（卷）的自印复写纸	出口		
1269	4809900000	其他大张（卷）的复写纸及类似拷贝纸或转印纸	出口		
1270	4810130001	成卷的铜版纸	出口		
1271	4810130090	涂无机物的其他书写/印刷或类似用途纸/纸板	出口		
1272	4810140001	成张的铜版纸	出口		
1273	4810140090	涂无机物的其他成张的书写、印刷的纸及纸板	出口		
1274	4810190001	其他铜版纸	出口		
1275	4810190090	涂无机物的其他书写、印刷用途的纸及纸板	出口		
1276	4810220000	书写、印刷用途的轻质涂布纸	出口		
1277	4810290000	涂无机物的其他书写、印刷用途的纸及纸板	出口		
1278	4810310010	涂无机物的白板纸、白卡纸	出口		
1279	4810310090	涂无机物的薄漂白牛皮纸及纸板	出口		
1280	4810320010	涂无机物的白板纸、白卡纸	出口		
1281	4810320090	涂无机物的厚漂白牛皮纸及纸板	出口		
1282	4810390000	涂无机物的其他牛皮纸及纸板	出口		
1283	4810920000	其他涂无机物的多层纸及纸板	出口		
1284	4810990000	其他涂无机物的纸及纸板	出口		
1285	4811100000	焦油纸及纸板，沥青纸及纸板	出口		
1286	4811410000	自粘的胶粘纸及纸板	出口		
1287	4811490000	其他胶粘纸及纸板	出口		
1288	4811511000	漂白的彩色相纸用双面涂塑厚纸	出口		
1289	4811519000	漂白的其他涂布、浸渍、盖厚纸及纸板	出口		
1290	4811591000	用塑料浸涂的绝缘纸及纸板	出口		

序号	商品编码	商品名称	禁止方式		
1291	4811599100	镀铝的用塑料涂布，浸渍的其他纸及纸板	出口		
1292	4811599900	用塑料涂布，浸渍的其他纸及纸板	出口		
1293	4811601000	用蜡或油等涂布的绝缘纸及纸板	出口		
1294	4811609000	用蜡或油等涂布的其他纸及纸板	出口		
1295	4811900000	其他经涂布，浸渍，覆盖的纸及纸板	出口		
1296	4812000000	纸浆制的滤块，滤板及滤片	出口		
1297	4813100000	成小本或管状的卷烟纸	出口		
1298	4813200000	宽度≤5cm 成卷的卷烟纸	出口		
1299	4813900000	其他卷烟纸	出口		
1300	4814200000	用塑料涂面或盖面的壁纸及类似品	出口		
1301	4814900010	用木粒或草粒等饰面的壁纸	出口		
1302	4814900090	其他壁纸及类似品，窗用透明纸	出口		
1303	4816200000	小卷（张）自印复写纸	出口		
1304	4816901000	小卷（张）热敏转印纸	出口		
1305	4816909000	复写纸及其他拷贝纸或转印纸、油印蜡纸或胶印版纸	出口		
全部使用进口木浆（4701～4706）、生产中不添加国产浆，出口纸及其制品（4801～4816）的除外（根据原产地规则判定是否属于进口料件）					
进口 4801～4816 加工出口（包括深加工结转）4801～4816 纸制品的除外					
进口 4707 且以深加工结转方式转出 4801～4816 纸制品的除外					
1306	5102110000	未梳喀什米尔山羊的细毛	出口		
1307	5102191010	未梳濒危兔毛	出口		
1308	5102192000	其他未梳山羊绒	出口		
1309	5102193010	未梳濒危野生骆驼科动物毛、绒	出口		
1310	5102199010	未梳的其他濒危野生动物细毛	出口		
1311	5102200010	未梳的濒危野生动物粗毛	出口		
1312	5103109010	其他濒危野生动物细毛的落毛	出口		
1313	5103109090	其他动物细毛的落毛	出口		
1314	5103209010	其他濒危野生动物细毛废料	出口		
1315	5103209090	其他动物细毛废料（包括废纱线，不包括回收纤维）	出口		
1316	5103300010	濒危野生动物粗毛废料	出口		
1317	5103300090	其他动物粗毛废料（包括废纱线，不包括回收纤维）	出口		
1318	5104009010	其他濒危野生动物细毛	出口		
1319	5104009090	其他动物细毛或粗毛的回收纤维	出口		

序号	商品编码	商品名称	禁止方式		
1320	5105391010	已梳濒危兔毛	出口		
1321	5105400010	其他已梳濒危野生动物粗毛	出口		
1322	5108101100	非供零售用粗梳山羊绒纱线	出口		
1323	5108101910	非供零售用粗梳其他濒危动物细毛纱线	出口		
1324	5108109010	非供零售用粗梳其他濒危动物细毛纱线	出口		
1325	5108201910	非供零售用精梳其他濒危动物细毛纱线	出口		
1326	5108209010	非供零售用精梳其他濒危动物细毛纱线	出口		
1327	5110000010	濒危动物粗毛的纱线	出口		
1328	5202100000	废棉纱线		进口	
1329	5202910000	棉的回收纤维	出口		
1330	5202990000	其他废棉		进口	
1331	5505100000	合成纤维废料		进口	
1332	5505200000	人造纤维废料		进口	
1333	6310100010	新的或未使用过的纺织材料制经分拣的碎织物等		进口	
1334	6310900010	新的或未使用过的纺织材料制其他碎织物等		进口	
1335	6402120010	含濒危动物毛皮橡胶/塑料底及面滑雪靴	出口		
1336	6402190010	含濒危动物毛皮其他运动鞋靴	出口		
1337	6801000000	长方砌石，路缘石，扁平石	出口		
1338	6802101000	大理石制砖，瓦，方块及类似品	出口		
1339	6802109000	其他石料制砖瓦、方块及类似品	出口		
1340	6802211000	经简单切削或锯开的大理石及制品	出口		
1341	6802212000	经简单切削或锯开的石灰华及制品	出口		
1342	6802219000	经简单切削或锯开的蜡石及制品	出口		
1343	6802230000	经简单切削或锯开的花岗岩及制品	出口		
1344	6802291000	经简单切削或锯开的其他石灰石	出口		
1345	6802299000	经简单切削或锯开的其他石及制品	出口		
6801～6802 使用进口石材的除外（根据原产地规则判定是否属于进口料件）					
1346	6806200000	页状硅石，膨胀黏土，泡沫矿渣			进出口
1347	6807100001	聚酯-铜复合胎基改性沥青根阻防水卷材			进出口
1348	6807100090	成卷的沥青或类似原料的制品			进出口
1349	6807900000	其他形状的沥青或类似原料的制品			进出口
1350	6815100000	非电器用的石墨或其他碳精制品	出口		
1351	6815200000	泥煤制品			进出口
1352	6903100000	石墨含量＞50%的其他耐火陶瓷制品	出口		

序号	商品编码	商品名称	禁止方式		
1353	6903200000	氧化铝含量＞50%的其他耐火陶瓷制品	出口		
1354	6907100090	未上釉的小陶瓷砖，瓦，块及类似品	出口		
1355	6907900000	未上釉的大陶瓷砖，瓦，块及类似品	出口		
1356	7001000090	玻璃块料	出口		
1357	7002100000	未加工的玻璃球	出口		
1358	7003120000	铸、轧制着色的非夹丝玻璃板、片	出口		
1359	7003190001	液晶或有机发光二极管（OLED）显示屏用原板玻璃，包括保护屏用含碱玻璃	出口		
1360	7003190090	铸、轧制的其他非夹丝玻璃板、片	出口		
1361	7003200000	铸、轧制的夹丝玻璃板、片	出口		
1362	7003300000	铸、轧制的玻璃型材及异型材	出口		
1363	7004200000	拉、吹制的着色玻璃板、片	出口		
1364	7004900001	光学平板玻璃，厚度 0.7mm 以下	出口		
1365	7004900090	拉、吹制的其他玻璃板、片	出口		
1366	7005100000	有吸收层非夹丝浮法或抛光玻璃板	出口		
1367	7005210000	其他着色非夹丝浮法玻璃板、片	出口		
1368	7005290002	液晶或有机发光二极管（OLED）显示屏用原板玻璃，包括保护屏用含碱玻璃（非夹丝浮法玻璃板、片）	出口		
1369	7005290090	其他非夹丝浮法玻璃板、片	出口		
1370	7005300000	夹丝浮法玻璃板、片	出口		
1371	7110199000	其他半制成铂	出口		
1372	7110210000	未锻造或粉末状钯	出口		
1373	7110291000	板、片状钯	出口		
1374	7110299000	其他半制成钯	出口		
1375	7110310000	未锻造或粉末状铑	出口		
1376	7110391000	板、片状铑	出口		
1377	7110399000	其他半制成铑	出口		
1378	7110410000	未锻造或粉末状铱、锇、钌	出口		
1379	7110491000	板、片状铱、锇、钌	出口		
1380	7110499000	其他半制成铱、锇、钌	出口		
1381	7113119010	镶嵌濒危物种制品的银首饰及零件	出口		
1382	7113209010	镶嵌濒危物种制品以贱金属为底的包贵金属制首饰	出口		
1383	7114110010	镶嵌濒危物种制品的银器及零件	出口		
1384	7201100000	非合金生铁，按重量计含磷量在 0.5%及以		进口	

序号	商品编码	商品名称	禁止方式		
		下（非钢铁冶炼行业除外）			
1385	7201200000	非合金生铁，按重量计含磷量在 0.5%以上（非钢铁冶炼行业除外）		进口	
1386	7201500010	合金生铁（非钢铁冶炼行业除外）		进口	
1387	7201500090	镜铁（非钢铁冶炼行业除外）		进口	
1388	7202110000	锰铁，按重量计含碳量在 2%以上	出口		
1389	7202190000	锰铁，按重量计含碳量不超过 2%	出口		
1390	7202210010	硅铁，含硅量大于 55%，小于 90%	出口		
1391	7202210090	硅铁，含硅量大于 90%	出口		
1392	7202290010	硅铁，含硅量大于等于 30%且不超过 55%	出口		
1393	7202290090	硅铁，含硅量小于 30%	出口		
1394	7202300000	硅锰铁	出口		
1395	7202410000	铬铁，按重量计含碳量在 4%以上	出口		
1396	7202490000	铬铁，按重量计含碳量不超过 4%	出口		
1397	7202500000	硅铬铁	出口		
1398	7202600000	镍铁	出口		
1399	7202700000	钼铁	出口		
1400	7202801000	钨铁	出口		
1401	7202802000	硅钨铁	出口		
1402	7202910000	钛铁及硅钛铁	出口		
1403	7202921000	按重量含钒在 75%及以上钒铁	出口		
1404	7202929000	其他钒铁	出口		
1405	7202991900	其他钕铁硼合金	出口		
1406	7202999110	按重量计中重稀土总含量≥30%的铁合金	出口		
1407	7202999191	稀土硅铁合金	出口		
1408	7202999199	其他按重量计稀土元素总含量在 10%以上的铁合金	出口		
1409	7202999900	其他铁合金	出口		
1410	7203100001	热压铁块			进出口
1411	7203100090	直接从铁矿还原的铁产品			进出口
1412	7203900000	其他海绵铁产品或纯度在 99.94%及以上的铁			进出口
1413	7204100000	铸铁废碎料			进出口
1414	7204210000	不锈钢废碎料			进出口
1415	7204290000	其他合金钢废碎料			进出口
1416	7204300000	镀锡钢铁废碎料			进出口

序号	商品编码	商品名称	禁止方式		
1417	7204410000	机械加工中产生的钢铁废料			进出口
1418	7204490010	废汽车压件			进出口
1419	7204490020	以回收钢铁为主的废五金电器			进出口
1420	7204490090	未列名钢铁废碎料			进出口
1421	7204500000	供再熔的碎料钢铁锭			进出口
1422	7205100090	其他生铁、镜铁及钢铁颗粒（非钢铁冶炼行业除外）			进出口
1423	7205210000	合金钢粉末（非钢铁冶炼行业除外）			进出口
1424	7205290001	生铁、镜铁及其他钢铁粉末（平均粒径＜10μm 的超细铁粉的除外）（非钢铁冶炼行业除外）			进出口
1425	7205290090	生铁、镜铁及其他钢铁粉末（平均粒径＜10μm 的超细铁粉）（非钢铁冶炼行业除外）			进出口
1426	7206100000	铁锭及非合金钢锭（非钢铁冶炼行业除外）			进出口
1427	7206900000	其他初级形状的铁及非合金钢（非钢铁冶炼行业除外）			进出口
1428	7207110000	宽度小于厚度两倍的矩形截面钢坯（含碳量小于 0.25%）（非钢铁冶炼行业除外）			进出口
1429	7207120000	其他矩形截面钢坯			进出口
1430	7207190000	其他含碳量小于 0.25%的钢坯			进出口
1431	7207200000	含碳量不小于 0.25%的钢坯			进出口
1432	7208100000	轧有花纹的热轧卷材			进出口
1433	7208250000	厚度≥4.75mm 其他经酸洗的热轧卷材			进出口
1434	7208261000	3mm≤厚度＜4.75mm 其他大强度热轧卷材			进出口
1435	7208269000	其他 3mm≤厚度＜4.75mm 热轧卷材			进出口
1436	7208271000	厚度＜1.5mm 其他的热轧卷材			进出口
1437	7208279000	1.5mm≤厚度＜3mm 其他的热轧卷材			进出口
1438	7208360000	厚度＞10mm 的其他热轧卷材			进出口
1439	7208370000	4.75mm≤厚度≤10mm 的其他热轧卷材			进出口
1440	7208381000	3mm≤厚度＜4.75mm 的大强度卷材			进出口
1441	7208389000	其他 3mm≤厚度＜4.75mm 的卷材			进出口
1442	7208391000	厚度＜1.5mm 的其他热轧卷材			进出口
1443	7208399000	1.5mm≤厚度＜3mm 的其他热轧卷材			进出口
1444	7208400000	轧有花纹的热轧非卷材			进出口
1445	7208511000	厚度＞50mm 的其他热轧非卷材	出口		
1446	7208512000	20mm＜厚≤50mm 的其他热轧非卷材	出口		

序号	商品编码	商品名称	禁止方式		
1447	7208519000	10mm＜厚≤20mm 的其他热轧非卷材	出口		
1448	7208520000	10mm≥厚度≥4.75mm 的热轧非卷材			进出口
1449	7208531000	4.75mm＞厚度≥3mm 的大强度热轧非卷材			进出口
1450	7208539000	其他 4.75mm＞厚≥3mm 的热轧非卷材			进出口
1451	7208541000	厚＜1.5mm 的热轧非卷材			进出口
1452	7208549000	1.5mm≤厚＜3mm 的热轧非卷材			进出口
1453	7208900000	其他热轧铁或非合金钢宽平板轧材			进出口
1454	7209151000	厚度≥3mm 的大强度冷轧卷材		进口	
1455	7209159000	其他厚度≥3mm 的冷轧卷材		进口	
1456	7209161000	3mm＞厚度＞1mm 的大强度冷轧卷材		进口	
1457	7209169000	3mm＞厚＞1mm 小强度冷轧卷材		进口	
1458	7209171000	1mm≥厚度≥0.5mm 大强度冷轧卷材		进口	
1459	7209179000	1mm≥厚度≥0.5mm 小强度冷轧卷材		进口	
1460	7209181000	厚度＜0.3mm 的非合金钢冷轧卷材		进口	
1461	7209189000	0.3mm≤厚＜0.5mm 非合金钢冷轧卷材		进口	
1462	7209250000	厚度≥3mm 的冷轧非卷材		进口	
1463	7209260000	3mm＞厚度＞1mm 的冷轧非卷材		进口	
1464	7209270000	1mm≥厚度≥0.5mm 的冷轧非卷材		进口	
1465	7209280000	厚度小于 0.5mm 的冷轧非卷材		进口	
1466	7209900000	其他冷轧铁或非合金钢宽平轧材		进口	
1467	7211130000	未轧花纹的四面轧制的热轧非卷材			进出口
1468	7211140000	厚度≥4.75mm 的其他热轧板材			进出口
1469	7211190000	其他热轧铁或非合金钢窄板材			进出口
1470	7211230000	含碳量低于 0.25%的冷轧板材			进出口
1471	7211290000	其他冷轧铁或非合金钢窄板材			进出口
1472	7211900000	冷轧的铁或非合金钢其他窄板材			进出口
1473	7212100000	镀（涂）锡的铁或非合金钢窄板材	出口		
1474	7212200000	电镀锌的铁或非合金钢窄板材	出口		
1475	7212300000	其他镀或涂锌的铁窄板材	出口		
1476	7212400000	涂漆或涂塑的铁或非合金钢窄板材	出口		
1477	7212500000	涂镀其他材料的铁或非合金钢窄板材	出口		
1478	7212600000	经包覆的铁或非合金钢窄板材	出口		
1479	7213100000	铁或非合金钢制热轧盘条（带有轧制过程中产生的变形）			进出口

序号	商品编码	商品名称	禁止方式	
1480	7213200000	其他易切削钢制热轧盘条（不带有轧制过程中产生的变形）		进出口
1481	7213910000	圆截面直径＜14mm 的其他热轧盘条（不带有轧制过程中产生的变形）		进出口
1482	7213990000	其他热轧盘条（不带有轧制过程中产生的变形）		进出口
1483	7214100000	铁或非合金钢的锻造条、杆（除热加工外为进一步加工）	进口	
1484	7214200000	铁或非合金钢的热加工条、杆（带有轧制过程中产生的变形，热加工指热轧、热拉拨或热挤压）		进出口
1485	7214300000	易切削钢的热加工条、杆（不带有轧制过程中产生的变形，热加工指热轧、热拉拨或热挤压）		进出口
1486	7214910000	其他矩形截面的条、杆（正方形除外）		进出口
1487	7214990000	其他热加工条、杆		进出口
1488	7215100000	其他易切削钢制冷加工条、杆（包括冷成形）		进出口
1489	7215500000	其他冷加工或冷成形的条、杆		进出口
1490	7215900000	铁及非合金钢的其他条、杆		进出口
1491	7216101000	截面高度＜80mm H 型钢(除热加工外未经进一步加工）		进出口
1492	7216102000	截面高度＜80mm 工字钢（除热加工外未经进一步加工）		进出口
1493	7216109000	截面高度＜80mm 槽钢（除热加工外未经进一步加工）		进出口
1494	7216210000	截面高度＜80mm 角钢（除热加工外未经进一步加工）		进出口
1495	7216220000	截面高度＜80mm 丁字钢（除热加工外未经进一步加工）		进出口
1496	7216310000	截面高度≥80mm 槽钢（除热加工外未经进一步加工）		进出口
1497	7216321000	截面高度＞200mm 工字钢（除热加工外未经进一步加工）		进出口
1498	7216329000	80mm≤截面高度≤200mm 工字钢（除热加工外未经进一步加工）		进出口

序号	商品编码	商品名称	禁止方式		
1499	7216331100	截面高度＞800mm H 型钢（除热加工外未经进一步加工）			进出口
1500	7216331900	200mm＜截面高度≤800mm H 型钢（除热加工外未经进一步加工）			进出口
1501	7216339000	80mm≤截面高度≤200mm H 型钢（除热加工外未经进一步加工）			进出口
1502	7216401000	截面高度≥80mm 角钢（除热加工外未经进一步加工）			进出口
1503	7216402000	截面高度≥80mm 丁字钢（除热加工外未经进一步加工）			进出口
1504	7216501000	乙字钢（除热加工外未经进一步加工）			进出口
1505	7216502000	球扁钢（除热加工外未经进一步加工）		进口	
1506	7216509000	其他角材、型材及异型材（除热加工外未经进一步加工）			进出口
1507	7216610000	平板轧材制的角材、型材及异型材（除冷加工外未经进一步加工）			进出口
1508	7216690000	冷加工的角材、型材及异型材（除冷加工外未经进一步加工）			进出口
1509	7216910000	其他平板轧材制角材、型材、异型材（冷成型或冷加工制的）			进出口
1510	7216990000	其他角材、型材及异型材（除冷加工或热加工外未经进一步加工）			进出口
1511	7217100000	未镀或涂层的铁或非合金钢丝（不论是否抛光）			进出口
1512	7217200000	镀或涂锌的铁或非合金钢丝			进出口
1513	7217301000	镀或涂铜的铁或非合金钢丝			进出口
1514	7217309000	镀或涂其他贱金属的铁或非合金钢丝			进出口
1515	7217900000	其他铁丝或非合金钢丝			进出口
1516	7218100000	不锈钢锭及其他初级形状产品		进口	
1517	7218910000	矩形截面的不锈钢半制成品		进口	
1518	7218990000	其他不锈钢半制成品		进口	
进口 7218 项下产品用于非钢铁冶炼的除外					
1519	7219131200	3mm≤厚＜4.75mm 未经酸洗的热轧不锈钢卷板	出口		
1520	7219132200	3mm≤厚＜4.75mm 经酸洗的热轧不锈钢卷板	出口		
1521	7219141200	厚度＜3mm 未经酸洗的热轧不锈钢卷板	出口		

序号	商品编码	商品名称	禁止方式		
1522	7219142200	厚度＜3mm 经酸洗的热轧不锈钢卷板	出口		
7219 项下产品用于非钢铁冶炼的除外					
1523	7224100000	其他合金钢锭及其他初级形状		进口	
1524	7224901000	粗铸锻件坯		进口	
1525	7224909000	其他合金钢坯 '		进口	
进口 7224 项下产品用于非钢铁冶炼的除外					
1526	7225110000	取向性硅电钢宽板（宽度≥600 毫米）		进口	
1527	7225190000	其他硅电钢宽板（宽度≥600 毫米）		进口	
1528	7225910000	电镀锌的其他合金钢宽平板轧材	出口		
1529	7225920000	其他镀或涂锌的其他合金钢宽板材	出口		
1530	7225991000	宽≥600mm 的高速钢制平板轧材	出口		
1531	7225999000	宽≥600mm 的其他合金钢平板轧材	出口		
1532	7226110000	取向性硅电钢窄板（宽度＜600 毫米）		进口	
1533	7226920000	宽度＜600mm 冷轧其他合金钢板材	出口		
1534	7226991000	电镀锌的其他合金钢窄平板轧材	出口		
1535	7226992000	用其他方法镀或涂锌的其他合金钢窄板材	出口		
1536	7227200000	硅锰钢的热轧盘条	出口		
1537	7228200000	其他硅锰钢的条、杆	出口		
1538	7228600000	其他合金钢条、杆	出口		
1539	7401000090	铜锍	出口		
1540	7402000001	未精炼铜、电解精炼用铜阳极（含黄金价值部分）	出口		
1541	7402000090	未精炼铜、电解精炼用铜阳极（非黄金价值部分）	出口		
1542	7403119000	精炼铜的阴极型材	出口		
1543	7403120000	精炼铜的线锭	出口		
1544	7403130000	精炼铜的坯段	出口		
1545	7403190000	其他未锻轧的精炼铜	出口		
1546	7403210000	未锻轧的铜锌合金（黄铜）	出口		
1547	7403220000	未锻轧的铜锡合金（青铜）	出口		
1548	7403290000	未锻轧的其他铜合金	出口		
1549	7404000010	以回收铜为主的废电机等		进口	
1550	7404000090	其他铜废碎料	出口		
1551	7405000000	铜母合金	出口		
1552	7406101000	精炼铜制非片状粉末	出口		
1553	7406102000	白铜或德银制非片状粉末	出口		

序号	商品编码	商品名称	禁止方式		
1554	7406103000	铜锌合金（黄铜）制非片状粉末	出口		
1555	7406104000	铜锡合金（青铜）制非片状粉末	出口		
1556	7406109000	其他铜合金制非片状粉末	出口		
1557	7406201000	精炼铜制片状粉末	出口		
1558	7406202000	白铜或德银制片状粉末	出口		
1559	7406209000	其他铜合金制片状粉末	出口		
1560	7501100000	镍锍	出口		
1561	7501209000	其他氧化镍烧结物、镍的其他中间产品	出口		
1562	7503000000	镍废碎料	出口		
1563	7504001000	非合金镍粉及片状粉末	出口		
1564	7508901000	电镀用镍阳极	出口		
1565	7601101000	未锻轧非合金铝	出口		
1566	7601109000	其他未锻轧非合金铝	出口		
1567	7602000010	以回收铝为主的废电线等	出口		
1568	7602000090	其他铝废碎料	出口		
1569	7603100010	颗粒＜500μm 的微细球形铝粉	出口		
1570	7603100090	其他非片状铝粉	出口		
1571	7603200000	片状铝粉末	出口		
1572	7801100000	未锻轧精炼铅	出口		
1573	7801910000	未锻轧铅锑合金	出口		
1574	7801990000	未锻轧的其他铅合金	出口		
1575	7802000000	铅废碎料	出口		
1576	7804200000	铅及铅合金粉末、片状粉末	出口		
1577	7901119000	99.99%≤含锌量＜99.995%的未锻轧锌	出口		
1578	7901120000	含锌量＜99.99%的未锻轧锌	出口		
1579	7901200000	未锻轧锌合金	出口		
1580	7902000000	锌废碎料	出口		
1581	7903100000	锌末	出口		
1582	7903900010	颗粒＜500μm 的锌及其合金	出口		
1583	7903900090	其他锌粉及片状粉末	出口		
1584	8001100000	未锻轧非合金锡	出口		
1585	8001201000	锡基巴毕脱合金	出口		
1586	8001202100	按重量计含铅量在 0.1%以下的焊锡	出口		
1587	8001202900	其他焊锡	出口		
1588	8001209000	其他锡合金	出口		
1589	8002000000	锡废碎料	出口		

序号	商品编码	商品名称	禁止方式		
1590	8101100010	颗粒＜500μm 的钨及其合金	出口		
1591	8101940000	未锻轧钨	出口		
1592	8101970000	钨废碎料	出口		
1593	8101991000	锻轧钨条、杆；型材及异型材，板、片、带、箔	出口		
1594	8102100000	钼粉	出口		
1595	8102940000	未锻轧钼	出口		
1596	8103201100	松装密度小于 $2.2g/cm^3$ 的钽粉	出口		
1597	8103201900	其他钽粉	出口		
1598	8103209000	其他未锻轧钽，包括简单烧结而成的条、杆	出口		
1599	8103300000	钽废碎料	出口		
1600	8104110000	含镁量≥99.8%的未锻轧镁	出口		
1601	8104190000	其他未锻轧的镁及镁合金	出口		
1602	8104200000	镁废碎料	出口		
1603	8104300010	颗粒＜500μm 的镁及其合金	出口		
1604	8104300090	其他已分级的镁锉屑，车屑，颗粒；粉末	出口		
1605	8105201000	钴湿法冶炼中间品	出口		
1606	8106001011	高纯度未锻轧的铋	出口		
1607	8106001019	高纯度未锻轧的铋废料、粉末	出口		
1608	8106001091	其他未锻轧铋	出口		
1609	8106001092	其他未锻轧铋废碎料	出口		
1610	8106001099	其他未锻轧铋粉末	出口		
1611	8107200000	未锻轧镉、粉末	出口		
1612	8107900000	其他镉及镉制品	出口		
1613	8108202100	未锻轧海绵钛	出口		
1614	8108202910	颗粒＜500μm 的钛及其合金	出口		
1615	8108202990	其他未锻轧钛	出口		
1616	8108203000	钛的粉末	出口		
1617	8108300000	钛废碎料	出口		
1618	8109200010	颗粒＜500μm 的锆及其合金	出口		
1619	8109200090	其他未锻轧锆；粉末	出口		
1620	8109300000	锆废碎料	出口		
1621	8110101000	未锻轧锑	出口		
1622	8110102000	锑粉末	出口		
1623	8111001090	未锻轧锰；粉末	出口		

序号	商品编码	商品名称	禁止方式		
1624	8111009000	其他锰及制品	出口		
1625	8112120000	未锻轧铍、铍粉末	出口		
1626	8112210000	未锻轧铬；铬粉末	出口		
1627	8112510000	未锻轧铊；铊粉末	出口		
1628	8112921010	未锻轧锗废碎料	出口		
1629	8112921090	未锻轧的锗；锗粉末	出口		
1630	8112922001	未锻轧、废碎料或粉末状的钒氮合金	出口		
1631	8112922010	未锻轧的钒废碎料	出口		
1632	8112922090	未锻轧的钒；钒粉末	出口		
1633	8112923001	未锻轧的铟	出口		
1634	8112923002	铟粉末	出口		
1635	8112924010	铌废碎料	出口		
1636	8112924090	未锻轧的铌；铌粉末	出口		
1637	8112929011	未锻轧的铪废碎料	出口		
1638	8112929019	未锻轧的铪；粉末	出口		
1639	8112929091	未锻轧的镓、铼废碎料	出口		
1640	8112929099	未锻轧的镓、铼；粉末	出口		
1641	8112991000	其他锗及其制品	出口		
1642	8112992001	其他钒氮合金	出口		
1643	8112992090	其他钒及其制品	出口		
1644	8112993000	锻轧的铟及其制品	出口		
1645	8112994000	锻轧的铌及其制品	出口		
1646	8112999010	锻轧的铪及其制品	出口		
1647	8112999090	锻轧的镓、铼及其制品	出口		
1648	8113001010	颗粒或粉末状碳化钨废碎料	出口		
1649	8113009010	其他碳化钨废碎料，颗粒或粉末除外	出口		
1650	8415102100	制冷量≤4 千大卡/时分体式空调，窗式或壁式		旧机电产品进口	
1651	8415102201	4 000 大卡/时＜制冷量≤12 046 大卡/时（14 000W）分体式空调，窗式或壁式		旧机电产品进口	
1652	8415102290	其他制冷量＞12 046 大卡/时（14 000W）分体式空调，窗式或壁式		旧机电产品进口	
1653	8415200000	机动车辆上供人使用的空气调节器		旧机电产品进口	
1654	8415811000	制冷量≤4 千大卡/时热泵式空调器		旧机电产品进口	
1655	8415812001	4 000 大卡/时＜制冷量≤12 046 大卡/时（14 000W）热泵式空调器		旧机电产品进口	

序号	商品编码	商品名称	禁止方式
1656	8415812090	其他制冷量＞12 046 大卡/时（14 000W）热泵式空调器	旧机电产品进口
1657	8415821000	制冷量≤4 千大卡/时的其他空调器	旧机电产品进口
1658	8415822001	4 000 大卡＜制冷量≤12 046 大卡/时（14 000W）的其他空调	旧机电产品进口
1659	8415822090	其他制冷量＞12 046 大卡/时（14 000W）的其他空调	旧机电产品进口
1660	8415830000	未装有制冷装置的空调器	旧机电产品进口
1661	8415901000	制冷量≤4 千大卡/时空调的零件	旧机电产品进口
1662	8415909000	制冷量＞4 千大卡/时空调的零件	旧机电产品进口
1663	8417100000	矿砂、金属的焙烧、熔化用炉	旧机电产品进口
1664	8417802000	放射性废物焚烧炉	旧机电产品进口
1665	8417809010	平均温度＞1 000℃的耐腐蚀焚烧炉	旧机电产品进口
1666	8417809090	其他非电热的工业用炉及烘箱	旧机电产品进口
1667	8418101000	制冷温度＞-40℃大的其他柜式冷冻箱（大的指 500 升＜容积≤800 升）容积＞500 升冷藏-冷冻组合机	旧机电产品进口
1668	8418102000	制冷温度＞-40℃小的其他柜式冷冻箱（小的指容积≤500 升）200 升＜容积≤500 升冷藏冷冻组合机	旧机电产品进口
1669	8418103000	容积≤200 升冷藏-冷冻组合机	旧机电产品进口
1670	8418211000	容积＞150 升压缩式家用型冷藏箱	旧机电产品进口
1671	8418212000	压缩式家用型冷藏箱	旧机电产品进口
1672	8418213000	容积≤50 升压缩式家用型冷藏箱	旧机电产品进口
1673	8418291000	半导体制冷式家用型冷藏箱	旧机电产品进口
1674	8418292000	电气吸收式家用型冷藏箱	旧机电产品进口
1675	8418299000	其他家用型冷藏箱	旧机电产品进口
1676	8418301000	制冷温度≤-40℃的柜式冷冻箱	旧机电产品进口
1677	8418302100	制冷＞-40℃大的其他柜式冷冻箱	旧机电产品进口
1678	8418302900	制冷＞-40℃小的其他柜式冷冻箱	旧机电产品进口
1679	8418401000	制冷温度≤-40℃的立式冷冻箱	旧机电产品进口
1680	8418402100	制冷温度＞-40℃大的立式冷冻箱	旧机电产品进口
1681	8418402900	制冷温度＞-40℃小的立式冷冻箱	旧机电产品进口
1682	8418500000	装有冷藏或冷冻装置的其他设备，用于存储及展示	旧机电产品进口
1683	8418612010	压缩式制冷机组的热泵	旧机电产品进口
1684	8418612090	其他压缩式热泵，品目 84.15 的空气调节器	旧机电产品进口

序号	商品编码	商品名称	禁止方式		
		除外			
1685	8418619000	其他热泵，品目 84.15 的空气调节器除外		旧机电产品进口	
1686	8418692010	其他压缩式制冷设备		旧机电产品进口	
1687	8418692090	其他制冷机组		旧机电产品进口	
1688	8418699010	带制冷装置的发酵罐		旧机电产品进口	
1689	8418699090	其他制冷设备		旧机电产品进口	
1690	8418910000	冷藏或冷冻设备专用的特制家具		旧机电产品进口	
1691	8418991000	制冷机组及热泵用零件		旧机电产品进口	
1692	8418999100	制冷温度≤-40℃冷冻设备零件		旧机电产品进口	
1693	8418999200	制冷温度＞-40℃大冷藏设备零件		旧机电产品进口	
1694	8418999910	耐腐蚀冷凝器		旧机电产品进口	
1695	8418999990	品目 84.18 其他制冷设备用零件		旧机电产品进口	
1696	8443311010	静电感光式多功能一体加密传真机		旧机电产品进口	
1697	8443311090	其他静电感光式多功能一体机		旧机电产品进口	
1698	8443319010	其他具有打印和复印两种功能的机器		旧机电产品进口	
1699	8443319090	其他具有打印、复印或传真中两种及以上功能的机器		旧机电产品进口	
1700	8443321100	专用于品目 84.71 所列设备的针式打印机		旧机电产品进口	
1701	8443321200	专用于品目 84.71 所列设备的激光打印机		旧机电产品进口	
1702	8443321300	专用于品目 84.71 所列设备的喷墨打印机		旧机电产品进口	
1703	8443321900	专用于品目 84.71 所列设备的其他打印机		旧机电产品进口	
1704	8443322101	幅宽＞60cm 的喷墨印刷设备		旧机电产品进口	
1705	8443329010	其他加密传真机		旧机电产品进口	
1706	8443329090	其他印刷（打印）机、复印机、传真机和电传打字机		旧机电产品进口	
1707	8443391100	将原件直接复印（直接法）的静电感光复印设备		旧机电产品进口	
1708	8443391200	将原件通过中间体转印（间接法）的静电感光复印设备		旧机电产品进口	
1709	8443392100	带有光学系统的其他感光复印设备		旧机电产品进口	
1710	8443392200	接触式的其他感光复印设备		旧机电产品进口	
1711	8443392300	热敏的其他感光复印设备		旧机电产品进口	
1712	8443392400	热升华的其他感光复印设备		旧机电产品进口	
1713	8443393100	数字式喷墨印刷机		旧机电产品进口	
1714	8443393200	数字式静电照相印刷机（激光印刷机）		旧机电产品进口	
1715	8443393900	其他数字式印刷设备		旧机电产品进口	

序号	商品编码	商品名称	禁止方式		
1716	8443399000	其他印刷（打印）机、复印机		旧机电产品进口	
1717	8443911900	其他印刷用辅助机器		旧机电产品进口	
1718	8443992100	热敏打印头		旧机电产品进口	
1719	8443992990	其他数字印刷设备的零件		旧机电产品进口	
1720	8471301000	平板电脑		旧机电产品进口	
1721	8471309000	其他便携式自动数据处理设备		旧机电产品进口	
1722	8471411000	巨大中型自动数据处理设备		旧机电产品进口	
1723	8471412000	小型自动数据处理设备		旧机电产品进口	
1724	8471414000	微型机		旧机电产品进口	
1725	8471419000	其他数据处理设备		旧机电产品进口	
1726	8471491000	系统形式报验的巨、大、中型机		旧机电产品进口	
1727	8471492000	以系统形式报验的小型计算机		旧机电产品进口	
1728	8471494000	以系统形式报验的微型机		旧机电产品进口	
1729	8471499100	其他分散型工业过程控制设备		旧机电产品进口	
1730	8471499900	以系统形式报验的其他计算机		旧机电产品进口	
1731	8471501000	巨、大、中型机处理部件		旧机电产品进口	
1732	8471502000	小型机的处理部件		旧机电产品进口	
1733	8471504001	含显示器和主机的微型机		旧机电产品进口	
1734	8471504090	其他的微型机的处理部件		旧机电产品进口	
1735	8471509000	847141 或 847149 以外设备的处理部件		旧机电产品进口	
1736	8471604000	巨、大、中及小型计算机用终端		旧机电产品进口	
1737	8471605000	自动数据处理设备的扫描器		旧机电产品进口	
1738	8471606000	自动数据处理设备的数字化仪		旧机电产品进口	
1739	8471607100	键盘		旧机电产品进口	
1740	8471607200	鼠标器		旧机电产品进口	
1741	8471609000	计算机的其他输入或输出部件		旧机电产品进口	
1742	8471701000	计算机硬盘驱动器		旧机电产品进口	
1743	8471702000	自动数据处理设备的软盘驱动器		旧机电产品进口	
1744	8471703010	具有刻录功能的光盘驱动器		旧机电产品进口	
1745	8471703090	其他光盘驱动器		旧机电产品进口	
1746	8471709000	自动数据处理设备的其他存储部件		旧机电产品进口	
1747	8471800000	其他自动数据处理设备的部件		旧机电产品进口	
1748	8471900010	专用于复制的光盘刻录机		旧机电产品进口	
1749	8471900090	未列名的磁性或光学阅读器		旧机电产品进口	
1750	8506101100	扣式碱性锌锰的原电池及原电池组	出口		
1751	8506300000	氧化汞的原电池及原电池组			进出口

序号	商品编码	商品名称	禁止方式		
1752	8507100000	启动活塞式发动机用铅酸蓄电池	出口		
1753	8507200000	其他铅酸蓄电池	出口		
1754	8507901001	铅酸蓄电池电极	出口		
1755	8507901090	其他铅酸蓄电池零件	出口		
1756	8516500000	微波炉		旧机电产品进口	
1757	8516603000	电饭锅		旧机电产品进口	
1758	8517110010	无绳加密电话机		旧机电产品进口	
1759	8517110090	其他无绳电话机		旧机电产品进口	
1760	8517121011	GSM 数字式手持无线电话整套散件		旧机电产品进口	
1761	8517121019	其他 GSM 数字式手持无线电话机		旧机电产品进口	
1762	8517121021	CDMA 数字式手持无线电话整套散件		旧机电产品进口	
1763	8517121029	其他 CDMA 数字式手持无线电话机		旧机电产品进口	
1764	8517121090	其他手持式无线电话机		旧机电产品进口	
1765	8517122000	对讲机		旧机电产品进口	
1766	8517129000	其他用于蜂窝网络或其他无线网络的电话机		旧机电产品进口	
1767	8517180010	其他加密电话机		旧机电产品进口	
1768	8517180090	其他电话机		旧机电产品进口	
1769	8517623500	集线器		旧机电产品进口	
1770	8517623610	非光通讯加密路由器		旧机电产品进口	
1771	8517623690	其他路由器		旧机电产品进口	
1772	8517623900	其他有线数字通信设备		旧机电产品进口	
1773	8517629200	无线网络接口卡		旧机电产品进口	
1774	8517629300	无线接入固定台		旧机电产品进口	
1775	8517629400	无线耳机		旧机电产品进口	
1776	8517629900	其他接收、转换并发送或再生音像或其他数据用的设备		旧机电产品进口	
1777	8517691001	用于呼叫、提示和寻呼的便携式接收器		旧机电产品进口	
1778	8517691090	其他无线通信设备		旧机电产品进口	
1779	8517699000	其他有线通信设备		旧机电产品进口	
1780	8521101100	广播级磁带录像机		旧机电产品进口	
1781	8521101900	其他磁带型录像机		旧机电产品进口	
1782	8521102000	磁带放像机		旧机电产品进口	
1783	8521901110	具有录制功能的视频高密光盘（VCD）播放机		旧机电产品进口	
1784	8521901190	其他视频高密光盘（VCD）播放机		旧机电产品进口	

序号	商品编码	商品名称	禁止方式		
1785	8521901210	具有录制功能的数字化视频光盘（DVD）播放机		旧机电产品进口	
1786	8521901290	其他数字化视频光盘（DVD）播放机		旧机电产品进口	
1787	8521901910	具有录制功能的其他激光视盘播放机		旧机电产品进口	
1788	8521901990	其他激光视盘播放机		旧机电产品进口	
1789	8521909010	用于光盘生产的金属母盘生产设备		旧机电产品进口	
1790	8521909090	其他视频信号录制或重放设备		旧机电产品进口	
1791	8523521000	未录制的“智能卡”		旧机电产品进口	
1792	8523529000	其他“智能卡”		旧机电产品进口	
1793	8525801110	抗辐射电视摄像机		旧机电产品进口	
1794	8525801190	其他特种用途电视摄像机		旧机电产品进口	
1795	8525801200	非特种用途广播级电视摄像机		旧机电产品进口	
1796	8525801301	手机用摄像组件		旧机电产品进口	
1797	8525801302	高清摄像头		旧机电产品进口	
1798	8525801390	其他非特种用途电视摄像机及其他摄像组件		旧机电产品进口	
1799	8525802100	特种用途的数字照相机		旧机电产品进口	
1800	8525802200	非特种用途的单镜头反光型数字照相机		旧机电产品进口	
1801	8525802500	非特种用途其他可换镜头数字照相机		旧机电产品进口	
1802	8525802900	非特种用途的其他数字照相机		旧机电产品进口	
1803	8525803200	非特种用途的广播级视频摄录一体机		旧机电产品进口	
1804	8525803300	非特种用途的家用型视频摄录一体机		旧机电产品进口	
1805	8525803900	非特种用途的其他视频摄录一体机		旧机电产品进口	
1806	8528410000	专用或主要用于品目 84.71 商品的阴极射线管监视器		旧机电产品进口	
1807	8528491000	其他彩色的阴极射线管监视器		旧机电产品进口	
1808	8528499000	其他单色的阴极射线管监视器		旧机电产品进口	
1809	8528511000	专用或主要用于品目 84.71 商品的液晶监视器		旧机电产品进口	
1810	8528519000	其他专用或主要用于品目 84.71 商品的监视器		旧机电产品进口	
1811	8528591001	专用于车载导航仪的液晶监视器		旧机电产品进口	
1812	8528591090	其他彩色的监视器		旧机电产品进口	
1813	8528599000	其他单色的监视器		旧机电产品进口	
1814	8528610010	专用或主要用于品目 84.71 商品的彩色投影机		旧机电产品进口	

序号	商品编码	商品名称	禁止方式		
1815	8528610090	其他专用或主要用于品目 84.71 商品的投影机		旧机电产品进口	
1816	8528691000	其他彩色的投影机		旧机电产品进口	
1817	8528699000	其他单色的投影机		旧机电产品进口	
1818	8528711000	彩色的卫星电视接收机		旧机电产品进口	
1819	8528718000	其他彩色的电视接收装置		旧机电产品进口	
1820	8528719000	单色的电视接收装置		旧机电产品进口	
1821	8528721100	其他彩色的模拟电视接收机，带阴极射线显像管的		旧机电产品进口	
1822	8528721200	其他彩色的数字电视接收机，阴极射线显像管的		旧机电产品进口	
1823	8528721900	其他彩色的电视接收机，阴极射线显像管的		旧机电产品进口	
1824	8528722100	彩色的液晶显示器的模拟电视接收机		旧机电产品进口	
1825	8528722200	彩色的液晶显示器的数字电视接收机		旧机电产品进口	
1826	8528722900	其他彩色的液晶显示器的电视接收机		旧机电产品进口	
1827	8528723100	彩色的等离子显示器的模拟电视接收机		旧机电产品进口	
1828	8528723200	彩色的等离子显示器的数字电视接收机		旧机电产品进口	
1829	8528723900	其他彩色的等离子显示器的电视接收机		旧机电产品进口	
1830	8528729100	其他彩色的模拟电视接收机		旧机电产品进口	
1831	8528729200	其他彩色的数字电视接收机		旧机电产品进口	
1832	8528729900	其他彩色的电视接收机		旧机电产品进口	
1833	8528730000	其他单色的电视接收机		旧机电产品进口	
1834	8534001000	四层以上的印刷电路		旧机电产品进口	
1835	8534009000	四层及以下的印刷电路		旧机电产品进口	
1836	8540110000	彩色阴极射线电视显像管		旧机电产品进口	
1837	8540120000	单色阴极射线电视显像管		旧机电产品进口	
1838	8540401000	点距＜0.4mm 彩色数据/图形显示管		旧机电产品进口	
1839	8540402000	单色数据/图形显示管		旧机电产品进口	
1840	8540609000	其他阴极射线管		旧机电产品进口	
1841	8908000000	供拆卸的船舶及其他浮动结构体		进口	
1842	9003192010	濒危动植物产品制眼镜架	出口		
1843	9101210010	含濒危动物皮自动上弦贵金属机械手表	出口		
1844	9101290010	含濒危动物皮非自动上弦贵金属机械手表	出口		
1845	9102210010	含濒危动物皮其他自动上弦的机械手表	出口		
1846	9102290010	含濒危动物皮其他非自动上弦机械手表	出口		
1847	9113900010	濒危动物皮制的表带及其零件	出口		

序号	商品编码	商品名称	禁止方式		
1848	9202100011	完税价格≥1.5 万美元的含濒危动物皮及濒危木的弓弦乐器	出口		
1849	9202100019	其他含濒危动物皮及濒危木的弓弦乐器	出口		
1850	9202900010	含濒危物种成分的其他弦乐器	出口		
1851	9206000010	含濒危动物皮及濒危木的打击乐器	出口		
1852	9404301010	濒危野禽羽毛或羽绒填充的睡袋	出口		
1853	9404901010	濒危野禽羽绒或羽毛填充其他寝具	出口		
1854	9404902010	濒危兽毛填充的寝具	出口		
1855	9504200010	濒危木制的台球用品及附件	出口		
1856	9508100010	有濒危动物的流动马戏团	出口		
1857	9601100010	已加工的濒危兽牙及其制品	出口		
1858	9601900010	其他已加工濒危动物质雕刻料	出口		
1859	9603301010	濒危动物毛制的画笔	出口		
1860	9603302010	濒危动物毛制的毛笔	出口		
1861	9603309010	濒危动物毛制化妆用的类似笔	出口		
1862	9603509110	濒危动物毛制作为机器零件其他刷	出口		
1863	9603509910	濒危动物毛制作为车辆零件其他刷	出口		
1864	9603901010	濒危野禽羽毛掸	出口		
1865	9603909010	濒危动物毛、鬃、尾制其他帚，刷	出口		
1866	9606290010	含濒危动物成分的其他纽扣	出口		
1867	9611000010	含濒危动物成分的手用日期戳	出口		
1868	9614001010	含濒危动物成分的烟斗及烟斗头	出口		
1869	9615190010	含濒危动物成分的其他材料制梳子	出口		
1870	9701900010	含濒危动物成分的拼贴画	出口		
1871	9703000010	濒危动植物材料制的雕塑品原件	出口		

备注：1. 在海关特殊监管区域开展我国上述出口机电产品售后维修业务的除外；

2. 禁止旧机电产品进口包括零部件、拆散件。

（三）安全监管

关于转发《“高污染、高环境”产品名录（2009 年）》的通知

监总厅管三函〔2009〕140 号

各省、自治区、直辖市及新疆生产建设兵团安全生产监督管理局，有关中央企业，有关直属事业单位、社团组织：

现将环境保护部会同国务院有关部门制定的《“高污染、高环境风险”产品名录（2009 年）》转发给你们。请各省级安全监管部门在实施危险化学品生产、储存建设项目和危险化学品生产、经营活动安全生产行政许可工作中予以参考，尤其是在制定安全监管政策措施时加以消化吸收。对于列入《“高污染、高环境风险”产品名录（2009 年）》中的危险化学品，要严格其生产、储存建设项目和生产、经营活动的安全生产条件，把住安全生产的市场准入关。

国家安全生产监督管理局

二〇〇九年五月三十一日

关于转发环境经济政策配套综合名录及相关政策建议的通知

安监总厅管三[2010]130 号

各省、自治区、直辖市及新疆生产建设兵团安全生产监督管理局，有关中央企业，有关直属事业单位、社团组织：

近日，环境保护部办公厅印发了《环境经济政策配套综合名录》和《针对名录建议采取的相关政策建议》，现转发给你们，将此作为制定和调整有关安全监管政策的环保依据。

附件：1. 2010 年重污染工艺与环境友好工艺目录（略）

2.“高污染、高环境风险”产品名录（2010 年修订版）（略）

3. 污染减排重点环保设备名录（2010 年版）（略）

4. 针对名录建议采取的相关政策措施（略）

国家安全生产监督管理总局办公厅

二〇一〇年七月二十二日

十三、环境信用体系政策

（一）综合性政策

国务院办公厅关于加强环境监管执法的通知（摘录）

国办发〔2014〕56号

……

（五）重拳打击违法排污。对偷排偷放、非法排放有毒有害污染物、非法处置危险废物、不正常使用防治污染设施、伪造或篡改环境监测数据等恶意违法行为，依法严厉处罚；对拒不改正的，依法予以行政拘留；对涉嫌犯罪的，一律迅速移送司法机关。对负有连带责任的环境服务第三方机构，应予以追责。建立环境信用评价制度，将环境违法企业列入“黑名单”并向社会公开，将其环境违法行为纳入社会信用体系，让失信企业一次违法、处处受限。对污染环境、破坏生态等损害公众环境权益的行为，鼓励社会组织、公民依法提起公益诉讼和民事诉讼。

……

（十二）落实社会主体责任。支持各类社会主体自我约束、自我管理。各类企业、事业单位和社会组织应当按照环境保护法律法规标准的规定，严格规范自身环境行为，落实物资保障和资金投入，确保污染防治、生态保护、环境风险防范等措施落实到位。重点排污单位要如实向社会公开其污染物排放状况和防治污染设施的建设运行情况。制定财政、税收和环境监管等激励政策，鼓励企业建立良好的环境信用。

国务院办公厅

2014年11月12日

国务院关于印发社会信用体系建设规划纲要（2014—2020年）的通知（摘录）

国发〔2014〕21号

……

二、推进重点领域诚信建设

……

（三）全面推进社会诚信建设。

环境保护和能源节约领域信用建设。推进国家环境监测、信息与统计能力建设，加强环保信用数据的采集和整理，实现环境保护工作业务协同和信息共享，完善环境信息公开目录。建立环境管理、监测信息公开制度。完善环评文件责任追究机制，建立环评机构及其从业人员、评估专家诚信档案数据库，强化对环评机构及其从业人员、评估专家的信用考核分类监管。建立企业对所排放污染物开展自行监测并公布污染物排放情况以及突发环境事件发生和处理情况制度。建立企业环境行为信用评价制度，定期发布评价结果，并组织开展动态分类管理，根据企业的信用等级予以相应的鼓励、警示或惩戒。完善企业环境行为信用信息共享机制，加强与银行、证券、保险、商务等部门的联动。加强国家能源利用数据统计、分析与信息上报能力建设。加强重点用能单位节能目标责任考核，定期公布考核结果，研究建立重点用能单位信用评价机制。强化对能源审计、节能评估和审查机构及其从业人员的信用评级和监管。研究开展节能服务公司信用评价工作，并逐步向全社会定期发布信用评级结果。加强对环资项目评审专家从业情况的信用考核管理。

……

四、加快推进信用信息系统建设和应用

（一）行业信用信息系统建设。

加强重点领域信用记录建设。以工商、纳税、价格、进出口、安全生产、产品质量、环境保护、食品药品、医疗卫生、知识产权、流通服务、工程建设、电子商务、交通运输、合同履约、人力资源和社会保障、教育科研等领域为重点，完善行业信用记录和从业人员信用档案。

……

五、完善以奖惩制度为重点的社会信用体系运行机制

（一）构建守信激励和失信惩戒机制。

加强对守信主体的奖励和激励。加大对守信行为的表彰和宣传力度。按规定对诚信企业和模范个人给予表彰，通过新闻媒体广泛宣传，营造守信光荣的舆论氛围。发展改革、财政、金融、环境保护、住房和城乡建设、交通运输、商务、工商、税务、质检、安全监管、海关、知识产权等部门，在市场监管和公共服务过程中，要深化信用信息和信用产品的应用，对诚实守信者实行优先办理、简化程序等“绿色通道”支持激励政策。

……

六、建立实施支撑体系

……

（四）推动创新示范。

区域信用建设合作示范。探索建立区域信用联动机制，开展区域信用体系建设创新示范，推进信用信息交换共享，实现跨地区信用奖惩联动，优化区域信用环境。

重点领域和行业信用信息应用示范。在食品药品安全、环境保护、安全生产、产品质量、工程建设、电子商务、证券期货、融资担保、政府采购、招标投标等领域，试点推行信用报告制度。

国务院

2014 年 6 月 14 日

国务院关于同意调整社会信用体系建设部际联席会议职责和成员单位的批复（摘录）

国函〔2012〕88号

发展改革委、人民银行：

你们《关于社会信用体系建设部际联席会议制度调整有关问题的请示》（发改财金〔2012〕1014号）收悉。现批复如下：

同意调整社会信用体系建设部际联席会议（以下简称联席会议）成员单位和主要职责。（一）联席会议牵头单位为发展改革委、人民银行，召集人由发展改革委主任和人民银行行长担任。（二）增加中央纪委、中央宣传部、中央政法委、中央文明办、高检院、教育部、监察部、民政部、司法部、财政部、农业部、文化部、卫生部、预防腐败局、公务员局、知识产权局、食品药品监管局为成员单位。（三）调整联席会议主要职责，增加以下内容：推进政务诚信、商务诚信、社会诚信和司法公信建设；推进信用标准和联合征信技术规范的建立；协调推进政府信用信息资源整合和交换，建立健全覆盖全社会的征信系统，推进信用信息的开放和应用；指导地方和行业信用体系建设，推进有条件的地区和重点领域试点先行；协调推进信用文化建设和诚信宣传工作；承办国务院交办的其他事项。

联席会议不刻制印章，不正式行文，请按照有关文件精神认真组织开展工作。

自本批复印发之日起，《国务院关于同意调整社会信用体系建设部际联席会议职责和成员单位的批复》（国函〔2008〕101号）停止执行。

附件：社会信用体系建设部际联席会议制度

国务院

2012年7月17日

附件：

社会信用体系建设部际联席会议制度

……

二、成员单位

联席会议由中央纪委、中央宣传部、中央政法委、中央文明办、发展改革委、教育部、工业和信息化部、公安部、监察部、民政部、司法部、财政部、人力资源和社会保障部、环境保护部、住房和城乡建设部、农业部、商务部、文化部、卫生部、人民银行、海关总署、税务总局、工商总局、质检总局、知识产权局、预防腐败局、法制办、银监会、证监会、保监会、公务员局、食品药品监管局、外汇局、高法院、高检院共35个部门和单位组成，发展改革委、人民银行为牵头单位。

联席会议召集人由发展改革委主任、人民银行行长担任，发展改革委一位副主任、人民银行一位副行长作为召集人助手，联席会议成员为有关部门、单位负责同志。联席会议成员因工作变动需要调整的，由所在单位提出，联席会议确定。

国务院办公厅关于建立国务院社会信用体系建设部际联席会议制度的通知

国办函〔2007〕43 号

各省、自治区、直辖市人民政府，国务院各部委、各直属机构：

为加强组织领导和统筹协调，稳步推进社会信用体系建设工作，经国务院同意，建立国务院社会信用体系建设部际联席会议（以下简称联席会议）制度。现将有关事项通知如下：

一、主要职责

负责统筹协调社会信用体系建设工作，研究拟订重大政策措施；协调解决推进社会信用体系建设工作中的重大问题；指导、督促、检查有关政策措施的落实；完成国务院交办的其他工作。

二、组成人员

召集人：华建敏　　国务委员兼国务院秘书长
成　员：张　平　　国务院副秘书长
朱之鑫　　发展改革委副主任
郑少东　　公安部部长助理
姜增伟　　全国整规办主任、商务部副部长
苏　宁　　人民银行副行长
孙松璞　　海关总署副署长
宋　兰　　税务总局副局长
刘玉亭　　工商总局副局长
蒲长城　　质检总局副局长
宋大涵　　法制办副主任
唐双宁　　银监会副主席

屠光绍　证监会副主席
袁　力　保监会主席助理
邓先宏　外汇局副局长
陈大卫　国信办副主任

三、工作机构及职责

联席会议办公室设在国务院办公厅，主要负责联席会议的组织、联络和协调工作；根据召集人的提议或成员单位的建议，研究提出联席会议议题；汇总并通报成员单位有关工作情况；协调、督促成员单位履行工作职责和落实联席会议决定事项；承办联席会议交办的其他事项。

四、工作规则

联席会议由召集人或召集人委托的同志主持，以会议纪要形式明确会议议定事项。联席会议成员因工作变动需要调整的，由所在单位提出，联席会议确定。根据工作需要，联席会议可邀请其他部门参加会议，研究相关工作。

五、工作要求

各成员单位要按照职责分工，主动研究社会信用体系建设工作的有关问题，积极参加联席会议，认真落实联席会议布置的工作任务。要相互配合，相互支持，形成合力，认真做好社会信用体系建设有关工作。

国务院办公厅
二○○七年四月十八日

国务院办公厅关于社会信用体系建设的若干意见

国办发〔2007〕17号

一、加快推进社会信用体系建设的重要性和紧迫性

市场经济是信用经济。社会信用体系是市场经济体制中的重要制度安排。党中央、国务院高度重视社会信用体系建设工作。党的十六大、十六届三中全会明确了社会信用体系建设的方向和目标。我国“十一五”规划提出，以完善信贷、纳税、合同履约、产品质量的信用记录为重点，加快建设社会信用体系。2007年召开的全国金融工作会议进一步提出，以信贷征信体系建设为重点，全面推进社会信用体系建设，加快建立与我国经济社会发展水平相适应的社会信用体系基本框架和运行机制。

建设社会信用体系，是完善我国社会主义市场经济体制的客观需要，是整顿和规范市场经济秩序的治本之策。当前，恶意拖欠和逃废银行债务、逃骗偷税、商业欺诈、制假售假、非法集资等现象屡禁不止，加快建设社会信用体系，对于打击失信行为，防范和化解金融风险，促进金融稳定和发展，维护正常的社会经济秩序，保护群众权益，推进政府更好地履行经济调节、市场监管、社会管理和公共服务的职能，具有重要的现实意义。

近几年，一些部门和地区相继开展了多种形式的社会信用体系建设试点工作。总体看，我国社会信用体系建设取得了一定进展，但还存在许多亟待解决的问题。面对新的形势，社会信用体系建设任务艰巨，时间紧迫，必须进一步统一思想，明确任务，加强协调，确保社会信用体系建设顺利进行。

二、社会信用体系建设的指导思想、目标和基本原则

社会信用体系建设要以邓小平理论和“三个代表”重要思想为指导，牢固树立和全面落实科学发展观，以法制为基础，信用制度为核心，以健全信贷、纳税、合同履约、产品质量的信用记录为重点，坚持“统筹规划、分类指导，政府推动、

培育市场，完善法规、严格监管，有序开放、维护安全”的原则，建立全国范围信贷征信机构与社会征信机构并存、服务各具特色的征信机构体系，最终形成体系完整、分工明确、运行高效、监管有力的社会信用体系基本框架和运行机制。

结合我国实际，明确长远目标、阶段性目标和工作重点，区别不同情况，采取不同政策，有计划、分步骤地推进社会信用体系建设工作。要加大组织协调力度，促进信用信息共享，整合信用服务资源，加快建设企业和个人信用服务体系。要坚持从市场需求出发，积极培育和发展信用服务市场，改善外部环境，促进竞争和创新。要抓紧健全法律法规，理顺监管体制，明确监管责任，依法规范信用服务行为和市场秩序，保护当事人的合法权益。要按照循序渐进的原则扩大对外开放，积极引进先进的管理经验和技术，促进信用服务行业发展，满足市场需要，维护国家信息安全。

三、完善行业信用记录，推进行业信用建设

社会信用体系建设涉及经济社会生活的各个方面。商品的生产、交换、分配和消费是社会信用关系发展的基础，社会信用体系的发展要与生产力发展水平和市场化程度相适应。根据我国的国情和现阶段经济社会发展的需要，针对我国市场经济秩序中存在的突出矛盾和问题，借鉴国际经验，进一步完善信贷、纳税、合同履约、产品质量的信用记录，推进行业信用建设。

行业信用建设是社会信用体系建设的重要组成部分，对于促进企业和个人自律，形成有效的市场约束，具有重要作用。要依托“金税”、“金关”等管理系统，完善纳税人信用数据库，建立健全企业、个人偷逃骗税记录。要实行合同履约备案和重大合同鉴证制度，探索建立合同履约信用记录，依法打击合同欺诈行为。要依托“金质”管理系统，推动企业产品质量记录电子化，定期发布产品质量信息，加强产品质量信用分类管理。要继续推进中小企业信用制度建设和价格信用建设。要发挥商会、协会的作用，促进行业信用建设和行业守信自律。国务院有关部门要根据职责分工和实际工作需要，抓紧研究建立市场主体信用记录，实行内部信用分类管理，健全负面信息披露制度和守信激励制度，提高公共服务和市场监管水平。各部门要积极配合，及时沟通情况，建立信用信息共享制度，逐步建设和完善以组织机构代码和身份证号码等为基础的实名制信息共享平台体系，形成失信行为联合惩戒机制，真正使失信者“一处失信，寸步难行”。

四、加快信贷征信体系建设，建立金融业统一征信平台

金融是现代经济的核心。金融业特别是银行业是社会信用信息的主要提供者和使用者。要以信贷征信体系建设为切入点，进一步健全证券业、保险业及外汇管理的信用管理系统，加强金融部门的协调和合作，逐步建立金融业统一征信平台，促进金融业信用信息整合和共享，稳步推进我国金融业信用体系建设。各地区、各部门要积极支持信贷征信体系的建设和发展，充分利用其信用信息资源，加强信用建设和管理。信贷征信机构要依法采集企业和个人信息，依法向政府部门、金融监管机构、金融机构、企业和个人提供方便、快捷、高效的征信服务。

五、培育信用服务市场，稳妥有序对外开放

要加大诚实守信的宣传教育力度，培育全社会的信用意识，树立良好的社会信用风尚。要鼓励扩大信用产品使用范围，培育信用服务市场需求，支持信用服务市场发展。要坚持以市场为导向，培育和发展种类齐全、功能互补、依法经营、有市场公信力的信用服务机构，依法自主收集、整理、加工、提供信用信息，鼓励信用产品的开发和创新，满足全社会多层次、多样化、专业化的信用服务需求。

政府信息公开是信用服务市场发展的基础。各部门、各地区在保护国家机密、商业秘密和个人隐私的前提下，要依法公开在行政管理中掌握的信用信息。地方人民政府要进一步推进本地区社会信用体系建设，充分利用信贷、纳税、合同履约、产品质量的信用记录，改善地方信用环境，减少重复建设和资源浪费。具备条件的地区，可以本着节约高效、量力而行的原则，积极探索社会信用体系建设的有效方式和途径。

在严格监管、完善制度、维护信息安全的前提下，循序渐进、稳步适度地开放信用服务市场，引进国外先进的管理经验和技术。根据世界贸易组织关于一般例外及安全例外的原则，基础信用信息数据库建设、信用服务中涉及信息保护要求高的领域不予开放。

六、完善法律法规，加强组织领导

完备的法律法规和国家标准体系，是信用行业健康发展的保障。要按照信息共享，公平竞争，有利于公共服务和监管，维护国家信息安全的要求，制定有关法律法规。要坚持规范与发展并重的原则，促进信用服务行业健康发展。要严格

区分公共信息和企业、个人的信用信息，妥善处理好信息公开与依法保护个人隐私、商业秘密和国家信息安全的关系，切实保护当事人合法权益。要加快信用服务行业国家标准化建设，形成完整、科学的信用标准体系。

透明高效的监管体制是信用行业健康发展的重要保障。为加强统筹协调，由国务院办公厅牵头建立国务院社会信用体系建设部际联席会议制度，指导推进有关工作。按照统一领导、综合监管的原则，根据具体业务范围和各部门的职责分工，分别指定有关部门具体负责日常监管，落实监管责任。有关部门要依法严格市场准入，监督和管理信用服务机构，查处违法违规行为，完善市场退出机制，维护市场秩序，防止非法采集和滥用信用信息，促进社会信用体系和信用服务市场健康发展。

国务院办公厅

二〇〇七年三月二十三日

（二）环境信用体系政策

关于印发《企业环境信用评价办法（试行）》的通知

环发〔2013〕150 号

各省、自治区、直辖市环境保护厅（局），新疆生产建设兵团环境保护局，辽河保护区管理局，各省、自治区、直辖市、新疆生产建设兵团发展改革委，中国人民银行上海总部，各分行、营业管理部，省会（首府）城市中心支行，各银监局：

为贯彻落实《国务院关于加强环境保护重点工作的意见》（国发〔2011〕35 号）关于“建立企业环境行为信用评价制度”的规定，以及《国务院办公厅关于社会信用体系建设的若干意见》（国办发〔2007〕17 号）有关要求，在总结地方企业环境信用评价工作经验的基础上，环境保护部会同发展改革委、人民银行、银监会，联合制定了《企业环境信用评价办法（试行）》，现印发你们。

请按照本办法要求，积极推进企业环境信用评价工作，督促企业自觉履行环境保护法定义务和社会责任，并引导公众参与环境监督，促进有关部门协同配合，加快建立环境保护“守信激励、失信惩戒”的机制，推动社会信用体系建设。

附件：企业环境信用评价办法（试行）

环境保护部

发展改革委

人民银行

银监会

2013 年 12 月 18 日

附件：

企业环境信用评价办法（试行）

第一章 总 则

第一条 为加快建立环境保护“守信激励、失信惩戒”的机制，督促企业持续改进环境行为，自觉履行环境保护法定义务和社会责任，并引导公众参与环境监督，促进有关部门协同配合，推进环境信用体系建设，根据《环境保护法》的有关规定，以及《国务院办公厅关于社会信用体系建设的若干意见》（国办发〔2007〕17 号）和《国务院关于加强环境保护重点工作的意见》（国发〔2011〕35 号）关于建立企业环境信用评价制度的有关要求，制定本办法。

第二条 企业环境信用评价的信息收集、信用等级评定、评价结果公开与应用，适用本办法。

本办法所称企业环境信用评价，是指环保部门根据企业环境行为信息，按照规定的指标、方法和程序，对企业环境行为进行信用评价，确定信用等级，并向社会公开，供公众监督和有关部门、机构及组织应用的环境管理手段。

本办法所称企业环境行为，是指企业在生产经营活动中遵守环保法律、法规、规章、规范性文件、环境标准和履行环保社会责任等方面的表现。企业通过合同等方式委托其他机构或者组织实施的具有环境影响的行为，视为该企业的环境行为。

第三条 污染物排放总量大、环境风险高、生态环境影响大的企业，应当纳入环境信用评价范围。

下列企业应当纳入环境信用评价范围：

（一）环境保护部公布的国家重点监控企业；

（二）设区的市级以上地方人民政府环保部门公布的重点监控企业；

（三）重污染行业内的企业，重污染行业包括：火电、钢铁、水泥、电解铝、煤炭、冶金、化工、石化、建材、造纸、酿造、制药、发酵、纺织、制革和采矿业 16 类行业，以及国家确定的其他污染严重的行业；

（四）产能严重过剩行业内的企业；

（五）从事能源、自然资源开发、交通基础设施建设，以及其他开发建设活动，可能对生态环境造成重大影响的企业；

（六）污染物排放超过国家和地方规定的排放标准的企业，或者超过经有关地方人民政府核定的污染物排放总量控制指标的企业；

（七）使用有毒、有害原料进行生产的企业，或者在生产中排放有毒、有害物质的企业；

（八）上一年度发生较大及以上突发环境事件的企业；

（九）上一年度被处以 5 万元以上罚款、暂扣或者吊销许可证、责令停产整顿、挂牌督办的企业；

（十）省级以上环保部门确定的应当纳入环境信用评价范围的其他企业。

第四条 企业环境信用评价工作实行分级管理。

省级环保部门负责组织实施本行政区域内国家重点监控企业的环境信用评价工作。

其他参评企业环境信用评价的管理职责，由省、自治区、直辖市环保部门规定。

第五条 环保部门应当明确机构，负责具体组织实施企业环境信用评价工作。

第六条 企业环境信用评价，应当公开、透明，实行强制与自愿相结合的原则。

列入本办法第三条规定范围内的企业，应当参加环境信用评价。

鼓励未纳入本办法第三条规定范围内的企业，自愿申请参加环境信用评价。

参加环境信用评价的企业，以下简称参评企业。

第七条 环保部门和发展改革、人民银行、银行业监管机构及其他有关部门，密切合作，共同构建环境保护“守信激励、失信惩戒”机制。

第八条 环保部门应当记录企业的环境行为信息，建设企业环境行为信息管理系统，对企业环境信用评价工作实施信息化管理。

第九条 环保部门开展企业环境信用评价，不得向参评企业收取任何费用。

第十条 环保部门工作人员在企业环境信用评价工作中，滥用职权、玩忽职守、徇私舞弊的，依法给予行政处分。

第二章 评价指标和等级

第十一条 企业环境信用评价内容，包括污染防治、生态保护、环境管理、社会监督四个方面。

《企业环境信用评价指标及评分方法（试行）》附后（略）。

第十二条　企业的环境信用，分为环保诚信企业、环保良好企业、环保警示企业、环保不良企业四个等级，依次以绿牌、蓝牌、黄牌、红牌表示。

第十三条　企业环境信用评价，采取评分方式。

环保部门根据参评企业的环境行为信息，按照企业环境信用评价指标及评分方法，得出参评企业的评分结果，确定参评企业的环境信用等级。

评定环保诚信企业，按照前款和本办法第十四条的规定执行。

第十四条　环保部门根据企业环境信用评价指标及评分方法，对遵守环保法规标准并且各项评价指标均获得满分，同时还自愿开展下列两种以上活动，积极履行环保社会责任的参评企业，可以评定为“环保诚信企业”：

（一）在污染物排放符合国家和地方规定的排放标准与总量控制指标的基础上，自愿与环保部门签订进一步削减污染物排放量的协议，并取得协议约定的减排效果的；

（二）自愿申请清洁生产审核并通过验收的；

（三）自愿申请环境管理体系认证并通过认证的；

（四）根据环境保护部为规范企业环境信息公开行为而制定的国家标准，即《企业环境报告书编制导则》（HJ 617—2011），全面、完整地主动公开企业环境信息的；

（五）主动加强与所在社区和相关环保组织的联系与沟通，就企业的建设项目和经营活动所造成的环境影响听取意见和建议，积极改善企业环境行为，并取得良好环境效益和社会效果的；

（六）自愿选择遵守环保法规标准的原材料供货商，优先选购环境友好产品和服务，积极构建绿色供应链，倡导绿色采购的；

（七）主动举办或者积极参与环保知识宣传等环保公益活动的；

（八）主动采用国际组织或者其他国家先进的环境标准与环保实践惯例的；

（九）自愿实施履行环保社会责任的其他活动的。

第十五条　在上一年度，企业有下列情形之一的，实行“一票否决”，直接评定为“环保不良企业”：

（一）因为环境违法构成环境犯罪的；

（二）建设项目环境影响评价文件未按规定通过审批，擅自开工建设的；

（三）建设项目环保设施未建成、环保措施未落实、未通过竣工环保验收或者验收不合格，主体工程正式投入生产或者使用的；

（四）建设项目性质、规模、地点、采用的生产工艺或者防治污染、防止生态破坏的措施发生重大变动，未重新报批环境影响评价文件，擅自投入生产或者使用的；

（五）主要污染物排放总量超过控制指标的；

（六）私设暗管或者利用渗井、渗坑、裂隙、溶洞等排放、倾倒、处置水污染物，或者通过私设旁路排放大气污染物的；

（七）非法排放、倾倒、处置危险废物，或者向无经营许可证或者超出经营许可范围的单位或个人提供或者委托其收集、贮存、利用、处置危险废物的；

（八）环境违法行为造成集中式生活饮用水水源取水中断的；

（九）环境违法行为对生活饮用水水源保护区、自然保护区、国家重点生态功能区、风景名胜区、居住功能区、基本农田保护区等环境敏感区造成重大不利影响的；

（十）违法从事自然资源开发、交通基础设施建设，以及其他开发建设活动，造成严重生态破坏的；

（十一）发生较大及以上突发环境事件的；

（十二）被环保部门挂牌督办，整改逾期未完成的；

（十三）以暴力、威胁等方式拒绝、阻挠环保部门工作人员现场检查的；

（十四）违反重污染天气应急预案有关规定，对重污染天气响应不力的。

第十六条 被评定为环保不良企业，或者连续两年被评定为环保警示企业的，两年之内不得被评定为环保诚信企业。

第三章 评价信息来源

第十七条 企业环境信用评价，应当以环保部门通过现场检查、监督性监测、重点污染物总量控制核查，以及履行监管职责的其他活动制作或者获取的企业环境行为信息为基础。

省级环保部门可以对用于企业环境信用评价的数据来源和采集频次等事项，做出具体规定。

第十八条 环保部门在评价企业环境信用过程中，可以综合考虑企业自行监测数据、排污申报登记数据。

公众、社会组织以及媒体提供的企业环境行为信息，经核实后可以作为企业环境信用评价的依据。

环保部门可以要求参评企业协助提供有关企业环境管理规章制度、企业环保机构和人员配置等企业内部环境管理方面的信息，该信息经核实后可以作为企业环境信用评价的依据。

第十九条　组织实施企业环境信用评价的环保部门，可以向有关发展改革部门查询和调取参评企业项目投资管理方面的信息，也可以向有关银行业监管机构查询和调取参评企业申请和获取信贷资金方面的信息。

第四章　评价程序

第二十条　企业环境信用评价周期原则上为一年，评价期间原则上为上一年度。评价结果反映企业上一年度1月1日至12月31日期间的环境信用状况。

企业环境信用评价工作原则上应当在每年4月底前完成。

省级环保部门可以根据实际情况，对评价周期、评价期间和完成时限作出调整。

第二十一条　组织实施企业环境信用评价的环保部门，应当在每年1月底前，确定纳入本年度环境信用评价范围的企业名单，并通过本部门政府网站公布，同时报送上级环保部门备案。

第二十二条　环保部门应当于每年2月底前，根据规定的评价指标及评分方法，对企业环境行为进行信用评价，就企业的环境信用等级，提出初评意见。

初评意见应当及时反馈参评企业，并通过政府网站进行公示，公示期不得少于15天。

第二十三条　有关企业对初评意见有异议的，应当在初评意见公示期满前，向发布公示的环保部门提出异议，并提供相关资料或证据；逾期未反馈意见的，视为无异议。

第二十四条　公众、环保团体或者其他社会组织，对初评意见有异议的，可以在公示期满前，向发布公示的环保部门提出异议，并提供相关资料或证据。

第二十五条　环保部门应当在收到对初评意见的异议之日起20个工作日内进行复核，并将复核意见告知异议人。

复核需要现场核查、监测或者鉴定的，所需时间不计入复核期间。

第二十六条　企业、公众、环保团体或者其他社会组织对初评意见提出异议，环保部门对异议人的告知，可以采用信函、传真、电子邮件等书面方式。

第五章 评价结果公开与共享

第二十七条 环保部门应当在企业环境信用评价结果确定后 5 个工作日内，通过政府网站、报纸等媒体或者新闻发布会等方式，公开发布评价结果。

第二十八条 环保诚信企业、环保良好企业或者环保警示企业发生一般突发环境事件的，环保部门应当将其信用等级下调一级，并向社会公布。

环保诚信企业、环保良好企业或者环保警示企业出现第十五条所列“一票否决”情形的，环保部门应当将其信用等级直接降为环保不良企业，并向社会公布。

第二十九条 在企业环境信用评价结果公布后，环保警示企业或者环保不良企业主动改善环境行为、实施有效整改的，可向环保部门提交申请及相关证明材料，要求在其环境行为信息记录中，补充其整改信息。

环保部门应当在收到企业申请及相关证明材料之日起一个月内进行核实。

对经核实的整改信息，环保部门应当将其记录在企业环境行为信息管理系统中，并在核实后的三个月内向社会公布。

第三十条 企业环境信用评价结果在环保部门和发展改革、人民银行、银行业监管机构及其他有关部门之间，实现信息共享。

具备条件的地区，应当将企业环境信用评价结果，纳入本地区社会信用信息公共平台。

第三十一条 组织实施企业环境信用评价的环保部门，应当将企业环境信用评价结果通报给以下部门或者机构：

（一）同级发展改革、国有资产监督管理、商务、人民银行等有关主管部门；

（二）银行、证券、保险监管机构；

（三）监察机关及其他有关机构；

（四）有关工会组织、有关行业协会。

前款所列部门或者机构，可以结合工作职责，在行政许可、公共采购、评先创优、金融支持、资质等级评定、安排和拨付有关财政补贴专项资金中，充分应用企业环境信用评价结果，并向环保部门及时反馈评价结果的应用情况。

第六章 守信激励和失信惩戒

第三十二条 建立健全环境保护守信激励机制。

对环保诚信企业，可以采取以下激励性措施：

（一）对其危险废物经营许可证、可用作原料的固体废物进口许可证以及其他行政许可申请事项，予以积极支持；

（二）优先安排环保专项资金或者其他资金补助；

（三）优先安排环保科技项目立项；

（四）新建项目需要新增重点污染物排放总量控制指标时，纳入调剂顺序并予以优先安排；

（五）建议财政等有关部门在确定和调整政府采购名录时，将其产品或者服务优先纳入名录；

（六）环保部门在组织有关评优评奖活动中，优先授予其有关荣誉称号；

（七）建议银行业金融机构予以积极的信贷支持；

（八）建议保险机构予以优惠的环境污染责任保险费率；

（九）将环保诚信企业名单推荐给有关国有资产监督管理部门、有关工会组织、有关行业协会以及其他有关机构，并建议授予环保诚信企业及其负责人有关荣誉称号；

（十）国家或者地方规定的其他激励性措施。

第三十三条 引导环保良好企业持续改进环境行为。

环保良好企业应当保持其良好环境行为，并逐步改进其内部环境管理。

各级环保部门应当鼓励环保良好企业改进其环境行为，引导其积极开展本办法第十四条所列履行环保社会责任的活动，推动其向环保诚信企业目标努力。

第三十四条 对环保警示企业实行严格管理。

对环保警示企业，可以采取以下约束性措施：

（一）责令企业按季度向组织实施环境信用评价工作和直接对该企业实施日常环境监管的环保部门，书面报告信用评价中发现问题的整改情况；

（二）从严审查其危险废物经营许可证、可用作原料的固体废物进口许可证以及其他行政许可申请事项；

（三）加大执法监察频次；

（四）从严审批各类环保专项资金补助申请；

（五）环保部门在组织有关评优评奖活动中，暂停授予其有关荣誉称号；

（六）建议银行业金融机构严格贷款条件；

（七）建议保险机构适度提高环境污染责任保险费率；

（八）将环保警示企业名单通报有关国有资产监督管理部门、有关工会组织、有关行业协会以及其他有关机构，建议对环保警示企业及其负责人暂停授予先进企业或者先进个人等荣誉称号；

（九）国家或者地方规定的其他约束性措施。

第三十五条 建立健全环境保护失信惩戒机制。

对环保不良企业，应当采取以下惩戒性措施：

（一）责令其向社会公布改善环境行为的计划或者承诺，按季度向实施环境信用评价管理和直接对该企业实施日常环境监管的环保部门，书面报告企业环境信用评价中发现问题的整改情况；

改善环境行为的计划或者承诺的内容，应当包括加强内部环境管理，整改失信行为，增加自行监测频次，加大环保投资，落实环保责任人等具体措施及完成时限。

（二）结合其环境失信行为的类别和具体情节，从严审查其危险废物经营许可证、可用作原料的固体废物进口许可证以及其他行政许可申请事项；

（三）加大执法监察频次；

（四）暂停各类环保专项资金补助；

（五）建议财政等有关部门在确定和调整政府采购名录时，取消其产品或者服务；

（六）环保部门在组织有关评优评奖活动中，不得授予其有关荣誉称号；

（七）建议银行业金融机构对其审慎授信，在其环境信用等级提升之前，不予新增贷款，并视情况逐步压缩贷款，直至退出贷款；

（八）建议保险机构提高环境污染责任保险费率；

（九）将环保不良企业名单通报有关国有资产监督管理部门、有关工会组织、有关行业协会以及其他有关机构，建议对环保不良企业及其负责人不得授予先进企业或者先进个人等荣誉称号；

（十）国家或者地方规定的其他惩戒性措施。

第七章　附　则

第三十六条 有关地方环保部门已经制定企业环境信用评价管理规范性文件的，可以继续适用。

第三十七条 本办法自 2014 年 3 月 1 日起实施。

附：企业环境信用评价指标及评分方法（试行）（略）

关于加快推进企业环境行为评价工作的意见

环发〔2005〕125号

各省、自治区、直辖市环境保护局（厅），副省级城市环境保护局，解放军环境保护局，新疆生产建设兵团环境保护局：

公开企业环境信息是保障公众环境知情权的重要措施，是促进工业污染防治工作的重要手段，是环境政策和管理制度的改革与创新。2003年以来，我局与世界银行合作，在部分省、市开展企业环境行为评价试点工作，对促进企业遵守环保法律法规、加强污染治理，推动公众参与等起到了积极作用。为贯彻落实胡锦涛总书记关于“要积极创造条件，完善公众参与的法律保障，为各种社会力量参与人口资源环境工作搭建平台”的指示精神，我局决定在全国推广试点工作经验，加快推进企业环境行为评价工作，现提出以下意见。

一、充分认识开展企业环境行为评价的重要性

加强企业环境监管，提高工业污染防治水平是环保工作的重点。近年来，各地通过调整产业结构，加大环保执法力度，工业污染防治取得较大进展，工业产品的污染排放强度下降，环境污染加剧的趋势得到初步控制。但是，企业超标排污现象仍时有发生，工业污染物排放情况日趋复杂，因环境污染引发的纠纷、群体性事件逐年增多，加强企业环境监管仍是一项长期和紧迫的任务。充分运用法律、行政、经济和信息等各种监管手段，特别是发挥公众参与和社会监督的作用，是当前提高环境监管效率、促进企业污染防治的有效措施。

随着人民生活水平的提高，公众环境意识普遍增强，要求政府、企业公开环境信息，接受社会监督的愿望日益迫切。企业环境行为评价是环保部门将企业遵守环保法律法规的情况，以直观明了的形式向社会公开的环境管理手段。开展企业环境行为评价有利于增强企业的环境守法和社会责任意识，有利于保障人民群众的环境权益，化解因污染问题引发的环境纠纷，促进环保部门改进工作方式、提高环境管理水平。各级环保部门要充分认识实施企业环境行为评价的重要意义，

切实把这项工作抓紧抓好。

二、明确企业环境行为评价工作的目标和原则

从2006年起，各省、自治区、直辖市要选择部分地区开展试点工作，有条件的地区要全面推行企业环境行为评价；到2010年前，全国所有城市全面推行企业环境行为评价，并纳入社会信用体系建设。

开展企业环境行为评价，应当坚持以下原则：

——统筹规划，扎实推进。要提高认识，明确职责，制定工作计划，做好宣传动员、机构建设、人员培训、部门协调等各项基础工作，有步骤地推进企业环境行为评价。

——因地制宜，突出重点。要结合本地区实际情况，把对当地经济社会和环境影响大、社会普遍关注的企业作为环境行为评价的重点对象，采取切实可行的评价方式，确保评价工作的积极效果。

——程序严密，公正透明。要认真制定企业环境行为评价工作程序，并严格执行，力求评价过程公开、评价方法科学、评价结果公正。

——动态管理，持续改进。要及时跟踪企业和社会各界对评价情况的反应，不断改进工作，建立配套的奖惩措施，促进环保部门提高评价工作水平，引导企业不断改善环境行为。

三、认真做好企业环境行为评价的组织实施

企业环境行为评价是由环保部门根据企业的环境信息，按照一定的程序和指标，对其环境行为进行综合评价定级。评价结果通常分为很好、好、一般、差和很差，为方便公众了解和辩识，以绿色、蓝色、黄色、红色和黑色分别进行标示，并向社会公布。

绿色：企业达到国家或地方污染物排放标准和环境管理要求，通过ISO 14001认证或者通过清洁生产审核，模范遵守环境保护法律法规。

蓝色：企业达到国家或地方污染物排放标准和环境管理要求，没有环境违法行为。

黄色：企业达到国家或地方污染物排放标准，但超过总量控制指标，或有过其他环境违法行为。

红色：企业做了控制污染的努力，但未达到国家或地方污染物排放标准，或

者发生过一般或较大环境事件。

黑色：企业污染物排放严重超标或多次超标，对环境造成较为严重影响，有重要环境违法行为或者发生重大或特别重大环境事件。

各省、自治区、直辖市环保部门要统一组织和指导本行政区企业的环境行为评价工作。地市级环保部门负责组织实施本行政区企业的环境行为评价工作，并向社会公布评价结果。

（一）建立机构

环保部门开展企业环境行为评价工作，要成立工作机构，负责组织实施。要积极争取当地政府的支持，成立由政府领导、有关部门参加的企业环境行为评价工作领导小组；组织有关专家成立技术组，负责技术指导。

（二）确定评价对象

企业环境行为评价对象应当包括：严重超标和超总量控制指标排污的企业、使用有毒有害原材料的企业、群众反映强烈的排污企业、在当地有重要影响的企业（包括服务业企业）和其他重点污染源。参加环境行为评价企业的主要污染物排放总量之和要达到当地工业排污总量的80%以上。有条件的地方，可以探索将第三产业纳入企业环境行为评价范围。

（三）确定企业环境行为评价标准

企业环境行为评价指标体系，包括企业污染物排放行为、环境管理行为、环境社会行为、环境守法或违法行为等方面。各地要按照《企业环境行为评价技术指南》（见附件，以下简称《指南》），选择适合当地情况的环境行为评价标准类别（A类或B类）。

（四）实施步骤

企业环境行为评价的实施可以分为准备、评价、公开、持续实施等四个阶段。在准备阶段，做好组织领导和宣传动员工作；在评价阶段，做好数据核实和部门协调工作；在公开阶段，做好结果反馈和效果评估工作；在持续实施阶段，做好政策制定和制度衔接工作。企业环境行为评价周期一般为半年或一年，有条件的地区可以缩短评价周期并增加公布频次。

在实施过程中，为保证评价的客观、公正，环保部门要切实抓好评价工作中的几个重要环节：将初步评价结果书面告知有关企业，做好复审工作；认真核定企业环境行为评价结果，并在政府网站或当地主要媒体上进行公示，征求社会各方面意见；当企业环境行为发生较大变化时，应及时重新评定并公布；定期组织企业所在地单位和居民代表，参加企业污染控制情况报告会，听取企业治理污染情况报告，以便实施公众监督。

四、加强企业环境行为评价工作的领导

各级环保部门要高度重视企业环境行为评价工作，加强组织协调，将评价工作纳入年度工作计划并给予必要的经费保证。可将企业环境行为评价结果通报国土、工商、银行及证券监管等部门，并积极将评价结果纳入社会信用体系或建设环境信用体系；应组织和帮助评价结果属于一般、差和很差的企业制定有针对性的整改计划，并督促和帮助其认真落实，尽快改善环境行为。

企业环境行为评价工作涉及环境监测、监察、统计、污染控制等各方面。各级环保部门要加强环保基础工作，按照企业环境行为评价工作的需要，建立企业环境行为数据库和相应的管理信息系统，以保证数据来源的合法性及数据的准确性。

各级环保部门要积极探索制定有利于推进企业环境行为评价的政策措施。对于环境行为评价结果连续两年为绿色的企业，可优先安排环保专项资金项目、清洁生产示范项目、循环经济试点项目，申请上市或再融资的，可免除环保核查；对于环境行为评价结果为红色和黑色的企业要实行限期治理；连续两次以上评价结果为黑色的企业，应责令其停产整治，仍然达不到环保要求的，应报请同级人民政府实施关闭。

附件：企业环境行为评价技术指南

国家环境保护总局

二〇〇五年十一月二十一日

附件：

企业环境行为评价技术指南

企业环境行为评价是指环保部门根据企业环境信息，按照一定的指标和程序，对其进行综合评价定级，评价结果通常分为很好、好、一般、差和很差，为方便

公众了解和辩识，以绿色、蓝色、黄色、红色和黑色分别进行标示，并向社会公布。为指导各地开展企业环境行为评价，在试点工作的基础上，编制了《企业环境行为评价技术指南》(以下简称《指南》)。本《指南》主要分实施步骤、评价体系和管理信息系统三部分。

一、关于实施步骤

企业环境行为评价的实施可以分为准备、评价、公开及持续改进四个阶段。各地也可根据实际情况加以调整。

（一）准备阶段

1．明确目的

企业环境行为评价的主要目的是，发挥社会监督在环境管理中的作用，促进企业持续改善环境行为，提高环保部门的管理水平。

2．建立组织机构，加强组织协调

企业环境行为评价由省级环保部门统一组织和指导，地市级环保部门负责组织实施。要建立相应的组织机构，制定工作计划和实施方案。为增强企业环境行为评价工作的权威性，环保部门应积极争取当地政府的支持，成立由市政府领导和相关部门参加的企业环境行为评价工作领导小组。同时，领导小组下设办公室，办公室设在环保部门，由环保部门具体负责实施。企业环境行为评价涉及经济综合部门、行业协会、企业、新闻媒体及公众，要加强相关部门和企事业单位的协调和沟通，积极做好宣传和培训工作，寻求他们的支持和配合。

3．建立技术队伍

企业环境行为评价是环境管理的一项新手段，要做到公正、公平，基础工作尤为重要。要成立技术组，建立信息数据库和环境行为评级运算程序等。技术组主要由环保部门工作人员及有关专家组成。

（二）评价阶段

1．确定评价对象

企业环境行为评价对象应当包括：严重超标和超总量控制指标排放的企业、使用有毒有害原材料的企业、群众反映强烈的排污企业、在当地有重要影响的企业（包括服务业企业）和重点污染源。参加环境行为评价企业的主要污染物排放总量之和要达到当地工业排污总量的 80%以上。

2．收集数据

要在现有环境监测、监察、统计、污染控制等环境信息的基础上，按照企业环境行为评价的工作需要，建立企业环境行为数据库和相应的计算机管理信息系统，要确保数据来源的合法性及数据的准确性，使评价结果客观、准确、公正。在数据不全时，应进行专项调查，完成信息收集。在进行前期数据处理时，要做好数据核对。环保部门负有数据审定的主要责任，包括数据复查及必要的监测。

3．建立管理信息系统

企业环境行为评价涉及大量数据的处理及计算，应建立环境行为评价信息系统，包括数据收集、核对、更新、查询；环境行为评价与分级信息；结果及报表生成；解释及帮助等内容。该系统应尽可能纳入环保部门现有的信息系统，使其成为环保部门日常管理工作的组成部分。

4．初步评价

运用管理信息系统，输入相关数据，进行数据分析，自动生成初步评价结果。

（三）公开阶段

1．公开方式

公开阶段包括试公开和正式公开；可通过电视、报纸、广播、互联网等公开。选定何种方式取决于信息公开的目的和可行性，但都要便于公众了解和反馈意见。从试点情况来看，公开企业环境行为评价结果的周期太短，企业环境行为的改善不明显，周期太长，给予企业的压力会削弱，不利于企业进行整改，也不便于公众参与监督。各地可根据实际情况确定公开企业环境行为评价结果的周期，至少每年更新公布一次企业环境行为评价的结果。一般情况下，每半年公开一次的效果较好。具体公开时间可以配合地方环境保护重大活动时间进行选择，如可以选择每年 6 月 5 日世界环境日。在正式公开后，可以每月对企事业单位的环境行为等级在有关媒体进行重复公开，以加强持久的刺激作用。

2．试公开

试公开和正式公开是确保评价结果公正必须经过的步骤。试公开主要在政府和相关企业内部进行，主要目的是提高企业环境行为评价的可靠性和准确性。通过试公开可以发现和纠正公开过程中可能出现的一些技术问题和政策问题。

3．正式公开

正式公开之前可以对评价结果进行公示。正式公开的内容应包括企业名称、法人代表、地址和评价等级等。

4．公开效果评估

企业环境行为评价结果公开后，应对公开效果及时进行评估。可以采用问卷调查、网络调查或设立热线电话等方式。做好调查结果的汇总和分析。

（四）持续改进

要持续不断地开展企业环境行为评价工作，完善相关制度和方法，使之成为日常环境管理的组成部分。

1．制定相关政策

各地可以根据实际情况制定适合本地区的企业环境行为评价的相关政策。为促进企业环境行为评价的制度化，地方环保部门可以编制操作技术手册、媒体宣传材料以及公众参与的具体办法等。

2．与其他管理制度的衔接

企业环境行为评价要与环保专项资金使用、清洁生产示范、循环经济试点、企业上市环保核查、限期治理、停产整治等环境管理制度或环保工作相衔接。

二、关于评价体系

评价体系包括评价指标、评价标准和评价方法以及等级划分等。

1．评价指标

企业环境行为评价指标体系由以下三部分构成：①污染排放指标。主要从地表水、大气、固体废物和厂界噪声四个环境要素来考察企业污染行为。针对地表水和大气环境要素，分别从浓度排放和总量控制要求两个方面来分析和评价。根据试点情况，结合现行环境标准，选取了13个评价因子，包括化学需氧量、石油类、氰化物、砷、汞、铅、镉、六价铬、氨氮、烟尘、工业粉尘、二氧化硫、工业固体废物。指标值须采用企业环境统计数据（以避免数出多门）。②环境管理指标。主要从企业内部的环境管理角度来评判企业的环境行为，其内容包括落实环境管理的基本要求、清洁生产审核和环境管理体系认证（ISO 14001认证）情况。其中环境管理基本要求包括6个方面：按期缴纳排污费；按期进行排污申报；按期、如实填报环境统计资料；排污口的规范化管理；建设项目符合规定程序和实行“三同时”；落实企业环保人员、环保机构及环保管理制度情况。③社会影响指标。主要从社会影响来考察企业环境行为，包括公众的投诉情况、突发环境事件（分为一般环境事件、较大环境事件、重大环境事件和特别重大环境事件）、环境违法及行政处罚情况。企业环境行为评价指标由 17 项指标组成，具体见表1。

表 1　企业环境行为评价指标及分类评价标准

指 标	评 价 标 准	
	A 类（一般适用东部地区）	B 类（一般适用中西部地区）
1. 达标排放	每个排放口主控污染因子达标率大于或等于 80%或平均浓度达到相应的排放标准，危险废物处置处理率达到 100%	每个排放口主控污染因子平均浓度达到相应排放标准，危险废物处置处理率达到 100%
2. 屡次不达标	监督检查和监督监测不达标率大于等于 50%	
3. 总量控制	（1）凡持有排污许可证者，按许可量要求排放 （2）未实行许可证者，要求达标排放	（1）凡持有排污许可证者，按许可量要求排放 （2）未实行许可证者，要求达标排放
4. 行政处罚	因环境违法行为受到行政处罚，有一张或一张以上行政处罚决定书	因环境违法行为受到行政处罚，有两张或两张以上行政处罚决定书
5. 重要环境违法行为	有下列违法行为情形之一： （1）以规避环境监管为目的的排放方式排放废水； （2）污染防治设施拆除或长期闲置或污染防治能力严重不足（小于 90%），时间 1 个月以上； （3）产生废水、固体废物，但无经验收合格的污染防治设施或未提供或委托给有相应资质的运营企业； （4）某一违法行为，经责令改正，逾期仍未得到改正； （5）限期治理任务未能按期完成	有下列违法行为情形之一： （1）以规避环境监管为目的的排放方式排放废水； （2）污染防治设施拆除或长期闲置或污染防治能力严重不足（小于 90%），时间 1 个月以上； （3）产生废水、固体废物，但无经验收合格的污染防治设施或未提供或委托给有相应资质的运营企业； （4）某一违法行为，经责令改正，逾期仍未得到改正； （5）限期治理任务未能按期完成
6. 突发环境事件	一般环境事件（符合下列情形之一）： （1）发生 3 人以下死亡； （2）因环境污染造成跨县级行政区域纠纷，引起一般群体性影响的； （3）4、5 类放射源丢失、被盗或失控。 较大环境事件（符合下列情形之一）： （1）发生 3 人以上、10 人以下死亡，或中毒（重伤）50 人以下； （2）因环境污染造成跨地级行政区域纠纷，使当地经济、社会活动受到影响； （3）3 类放射源丢失、被盗或失控。	一般环境事件（符合下列情形之一）： （1）发生 3 人以下死亡； （2）因环境污染造成跨县级行政区域纠纷，引起一般群体性影响的； （3）4、5 类放射源丢失、被盗或失控。 较大环境事件（以下情况之一者）： （1）发生 3 人以上、10 人以下死亡，或中毒（重伤）50 人以下； （2）因环境污染造成跨地级行政区域纠纷，使当地经济、社会活动受到影响； （3）3 类放射源丢失、被盗或失控。重大环境事件（符合下列情形之一）：

指 标	评价标准	
	A 类（一般适用东部地区）	B 类（一般适用中西部地区）
6. 突发环境事件	重大环境事件（符合下列情形之一）： (1) 发生 10 人以上、30 人以下死亡，或中毒（重伤）50 人以上、100 人以下； (2) 区域生态功能部分丧失或濒危物种生存环境受到污染； (3) 因环境污染使当地经济、社会活动受到较大影响，疏散转移群众 1 万人以上、5 万人以下的； (4) 因环境污染造成重要河流、湖泊、水库及沿海水域大面积污染，或县级以上城镇水源地取水中断的污染事件。特别重大环境事件（符合下列情形之一）： (1) 发生 30 人以上死亡，或中毒（重伤）100 人以上 (2) 因环境事件需疏散、转移群众 5 万人以上，或直接经济损失 1000 万元以上； (3) 区域生态功能严重丧失或濒危物种生存环境遭到严重污染； (4) 因环境污染使当地正常的经济、社会活动受到严重影响	(1) 发生 10 人以上、30 人以下死亡，或中毒（重伤）50 人以上、100 人以下； (2) 区域生态功能部分丧失或濒危物种生存环境受到污染； (3) 因环境污染使当地经济、社会活动受到较大影响，疏散转移群众 1 万人以上、5 万人以下的； (4) 因环境污染造成重要河流、湖泊、水库及沿海水域大面积污染，或县级以上城镇水源地取水中断的污染事件。特别重大环境事件（符合下列情形之一）： (1) 发生 30 人以上死亡，或中毒（重伤）100 人以上； (2) 因环境事件需疏散、转移群众 5 万人以上或直接经济损失 1000 万元以上； (3) 区域生态功能严重丧失或濒危物种生存环境遭到严重污染； (4) 因环境污染使当地正常的经济、社会活动受到严重影响； (5) 利用放射性物质进行人为
7. 按期缴纳排污费	(1) 一年中有 70%以上月份（季度）的排污费在规定的 20 天之内交纳，其余月份（季度）的排污费在两个月内交纳	(1) 一年中有 70%以上月份（季度）的排污费在规定的 20 天之内交纳，其余月份（季度）的排污费在两个月内交纳
8. 按期进行排污申报	按时完成年度排污申报登记工作，凡持有排污许可证的企业按时上报总量控制月报表	按时完成年度排污申报登记工作，凡持有排污许可证的企业按时上报总量控制月报表
9. 排污口规范化整治	(1) 对已下达整治任务企业的排污口应做到“一明显、二合理、三便于”，以通过验收为准； (2) 对于未下达排污口整治的企业暂按规范化处理	备选指标，有条件的中西部地区可参照东部地区的指标说明考核企业

指 标	评 价 标 准	
	A 类（一般适用东部地区）	B 类（一般适用中西部地区）
10. 实行“三同时”和建设项目规定程序	(1) 环境影响评价文件依法经有审批权限的环保行政主管部门批准； (2) 建设项目执行环保“三同时”制度，环保验收合格	(1) 环境影响评价文件依法经有审批权限的环保行政主管部门批准； (2) 建设项目执行环保“三同时”制度，环保验收合格
11. 环保机构、人员、制度	(1) 有专管和兼管的环保机构； (2) 有专职或兼职环保人员； (3) 有满足企业环境管理需要的相应制度，如环保岗位责任制、环保设施运行管理制度、环境行为报告制度、环保档案管理制度等	(1) 有专管和兼管的环保机构； (2) 有专职或兼职环保人员； (3) 有满足企业环境管理需要的相应制度，如环保岗位责任制、环保设施运行管理制度、环境行为报告制度、环保档案管理制度等
12. 环境统计	按期、如实填报环境统计资料	按期、如实填报环境统计资料
13. 固体废物综合利用率达 80%	固体废物处置处理率达到 100%，综合利用率大于等于 80%	固体废物处置处理率达到 100%，综合利用率大于等于 80%
14. 群众多次投诉	有过三次以上群众有效投诉，并造成一定环境影响和危害	有过三次以上群众有效投诉，并造成一定环境影响和危害
15. 群众投诉	有一次群众有效投诉	有一次群众有效投诉
16. 清洁生产	通过清洁生产审核，达到国内领先或国际先进水平	通过清洁生产审核，达到国内领先或国际先进水平
17. ISO 14001 认证	通过 ISO 14001 认证	通过 ISO 14001 认证

2．评价标准

考虑到东、中、西部经济发展水平和环保工作基础差异较大，只有选择适当的评价标准，使当地环境保护成效不同的企业都得到恰当的评价，才能产生良好的管理效果。为此，我们提出了两套评价标准（见表 1），A 类标准一般适用于东部地区，B 类标准一般适用于中西部地区。

3．评价方法

使用单一指标判别法，具体判别方法如图 1 所示。

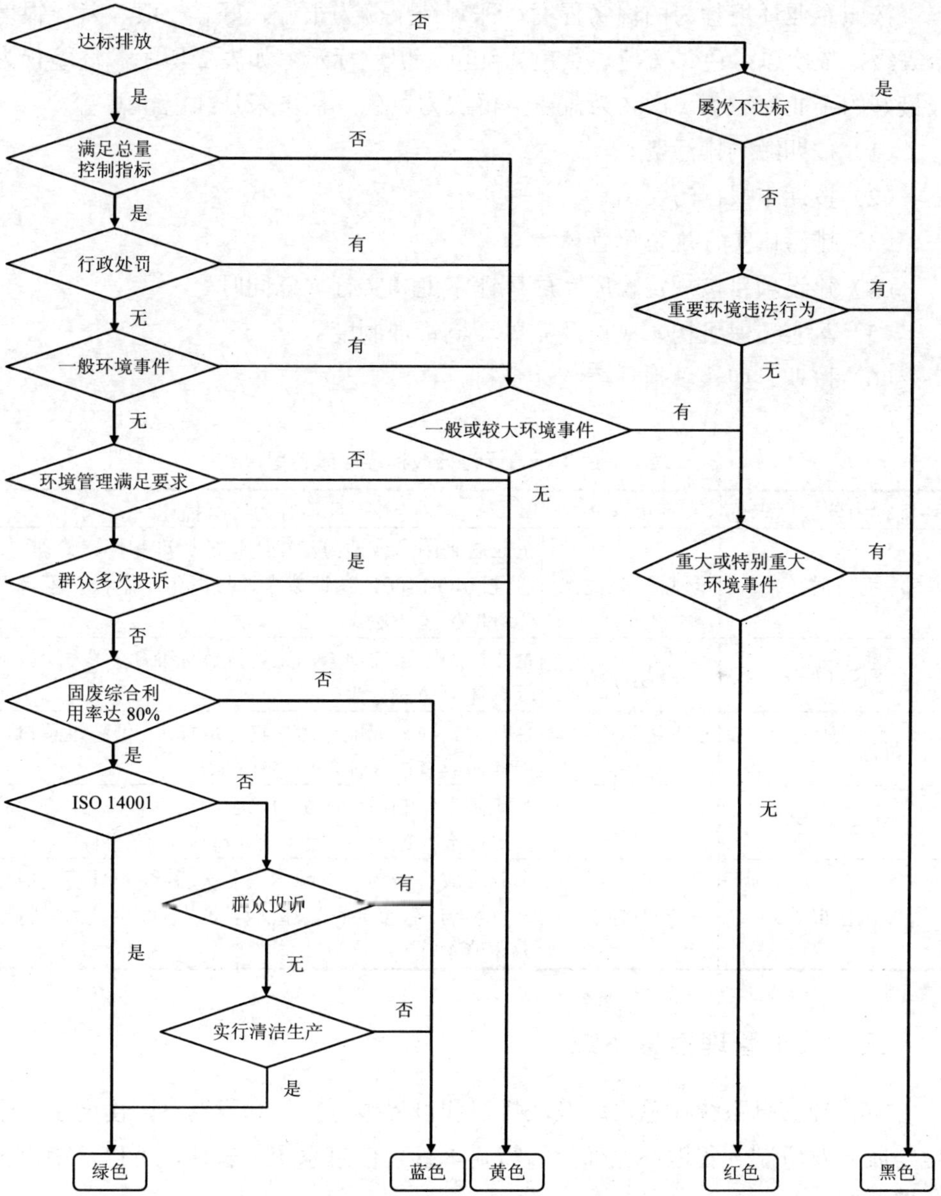

图 1　企业环境行为评价方法与等级划分逻辑框图

4．环境行为等级划分

按照企业环境行为的优劣程度，评判结果分为很好、好、一般、差、很差五个等级，依次以绿色、蓝色、黄色、红色、黑色标示。如表 2 所示。环境行为等级最好的企业为绿色，次之为蓝色，再次为黄色，接下来是红色和黑色。

（1）按期缴纳排污费

（2）按期申报排污

（3）排污口实行规范化管理

（4）建设项目按规定程序完成环评审批和实行“三同时”

（5）落实环保机构、人员及完善环境管理制度

（6）按期、如实填报环境统计资料

表 2　企业环境行为分级标准：颜色等级

环境行为分级标志色	环境含义	环境行为等级描述
绿色（很好）	环境行为优秀	企业达到国家或地方污染物排放标准和环境管理要求，通过 ISO 14001 认证或者通过清生产审核，模范遵守环境保护法律法规
蓝色（好）	环境守法	企业达到国家或地方污染物排放标准和环境管理要求，没有环境违法行为
黄色（一般）	基本达到环境管理要求	企业达到国家或地方污染物排放标准，但超过总量控制指标，或有过其他环境违法行为
红色（差）	环境违法	企业做了控制污染的努力，但未达到国家或地方污染物排放标准，或者发生过一般或较大环境事件
黑色（很差）	严重违法	企业排放污染物严重超标或多次超标，对环境造成较为严重影响，有重要环境违法行为或者发生重大或特别重大环境事件

三、关于管理信息系统

本管理信息系统在总局政策法规司和世界银行指导和资助下，由南京大学环境学院开发研制。各地环保部门如需要本管理信息系统的软件，可以从南京大学免费获取。

（一）管理信息系统的结构和功能

企业环境行为的评价结果由信息系统自动生成。企业环境行为评价分级是管理信息系统的核心内容。其主要过程是根据系统库存的环境管理规范和环境标准，

对企业的污染排放、环境管理行为以及其他环境行为进行分析和判别，将各单项判别结果写入评价指标表。系统将依据企业环境行为五色分级评判标准，对评价指标表进行综合评判，产生最终的企业环境行为评价分级结果。本《指南》推荐的系统主要包括查询更新子系统、报表管理和统计分析子系统以及系统维护子系统。查询更新子系统主要负责数据的录入、验证，企业环境行为单表和多表的查询；报表管理和统计分析子系统主要实现企业环境行为评级报表的管理以及各项统计分析结果的输出；系统维护子系统主要负责管理信息系统日常的运行维护工作以及系统的改善和扩充。

（二）管理信息系统的用户界面和主要窗体

信息系统的人机界面采用了多级菜单驱动方式，用户可以通过系统主控面板，进入企业环境行为综合查询，企业环境行为评价结果报表和企业环境行为评价等子菜单。同时系统的菜单条和工具条提供了特定窗口下数据查询和编辑功能。此外系统的帮助菜单项提供关于系统功能、系统操作和信息系统版权等方面较为详尽的信息。用户以窗体的方式查询和编辑企业环境行为时，系统将出现试点企业名录，用户可以直接从试点企业名录选择任何一家企业。为方便用户查询，系统还提供企业筛选子菜单，用户可根据查询要求，定义查询条件，快速检索到所关心的企业。

作为系统的特点之一，报表管理菜单提供关于企业环境行为评级指标和最终评级结果的综合性信息。管理者可以较为方便地通过信函的方式将企业环境行为的各项评级指标和最终评级结果报表告知企业，以利于提高工作效率。同时，报表管理菜单还向管理者提供统计分析功能，管理者可以借此客观和定量分析环境行为评价对企业环境行为的影响。

十四、排污权交易政策

国务院办公厅关于进一步推进排污权有偿使用和交易试点工作的指导意见

国办发〔2014〕38号

各省、自治区、直辖市人民政府，国务院各部委、各直属机构：

排污权是指排污单位经核定、允许其排放污染物的种类和数量。2007年以来，国务院有关部门组织天津、河北、内蒙古等11个省（区、市）开展排污权有偿使用和交易试点，取得了一定进展。为进一步推进试点工作，促进主要污染物排放总量持续有效减少，经国务院同意，现提出以下指导意见：

一、总体要求

（一）高度重视排污权有偿使用和交易试点工作。建立排污权有偿使用和交易制度，是我国环境资源领域一项重大的、基础性的机制创新和制度改革，是生态文明制度建设的重要内容，将对更好地发挥污染物总量控制制度作用，在全社会树立环境资源有价的理念，促进经济社会持续健康发展产生积极影响。各地区、各有关部门要充分认识做好试点工作的重要意义，妥善处理好政府与市场、制度改革创新与保持经济平稳发展、新企业与老企业、试点地区与非试点地区的关系，把握好试点政策出台的时机、力度和节奏，因地制宜、循序渐进推进试点工作。

（二）工作目标。以邓小平理论、“三个代表”重要思想、科学发展观为指导，贯彻落实党的十八大和十八届二中、三中全会精神，按照党中央、国务院的决策部署，充分发挥市场在资源配置中的决定性作用，积极探索建立环境成本合理负担机制和污染减排激励约束机制，促进排污单位树立环境意识，主动减少污染物排放，加快推进产业结构调整，切实改善环境质量。到2017年，试点地区排污权有偿使用和交易制度基本建立，试点工作基本完成。

二、建立排污权有偿使用制度

（三）严格落实污染物总量控制制度。实施污染物排放总量控制是开展试点的前提。试点地区要严格按照国家确定的污染物减排要求，将污染物总量控制指标分解到基层，不得突破总量控制上限。试点的污染物应为国家作为约束性指标进行总量控制的污染物，试点地区也可选择对本地区环境质量有突出影响的其他污染物开展试点。

（四）合理核定排污权。核定排污权是试点工作的基础。试点地区应于2015年年底前全面完成现有排污单位排污权的初次核定，以后原则上每5年核定一次。现有排污单位的排污权，应根据有关法律法规标准、污染物总量控制要求、产业布局和污染物排放现状等核定。新建、改建、扩建项目的排污权，应根据其环境影响评价结果核定。排污权以排污许可证形式予以确认。试点地区不得超过国家确定的污染物排放总量核定排污权，不得为不符合国家产业政策的排污单位核定排污权。排污权由地方环境保护部门按污染源管理权限核定。

（五）实行排污权有偿取得。试点地区实行排污权有偿使用制度，排污单位在缴纳使用费后获得排污权，或通过交易获得排污权。排污单位在规定期限内对排污权拥有使用、转让和抵押等权利。对现有排污单位，要考虑其承受能力、当地环境质量改善要求，逐步实行排污权有偿取得。新建项目排污权和改建、扩建项目新增排污权，原则上要以有偿方式取得。有偿取得排污权的单位，不免除其依法缴纳排污费等相关税费的义务。

（六）规范排污权出让方式。试点地区可以采取定额出让、公开拍卖方式出让排污权。现有排污单位取得排污权，原则上采取定额出让方式，出让标准由试点地区价格、财政、环境保护部门根据当地污染治理成本、环境资源稀缺程度、经济发展水平等因素确定。新建项目排污权和改建、扩建项目新增排污权，原则上通过公开拍卖方式取得，拍卖底价可参照定额出让标准。

（七）加强排污权出让收入管理。排污权使用费由地方环境保护部门按照污染源管理权限收取，全额缴入地方国库，纳入地方财政预算管理。排污权出让收入统筹用于污染防治，任何单位和个人不得截留、挤占和挪用。缴纳排污权使用费金额较大、一次性缴纳确有困难的排污单位，可分期缴纳，缴纳期限不得超过五年，首次缴款不得低于应缴总额的40%。试点地区财政、审计部门要加强对排污权出让收入使用情况的监督。

三、加快推进排污权交易

（八）规范交易行为。排污权交易应在自愿、公平、有利于环境质量改善和优化环境资源配置的原则下进行。交易价格由交易双方自行确定。试点初期，可参照排污权定额出让标准等确定交易指导价格。试点地区要严格按照《国务院关于清理整顿各类交易场所切实防范金融风险的决定》（国发〔2011〕38 号）等有关规定，规范排污权交易市场。

（九）控制交易范围。排污权交易原则上在各试点省份内进行。涉及水污染物的排污权交易仅限于在同一流域内进行。火电企业（包括其他行业自备电厂，不含热电联产机组供热部分）原则上不得与其他行业企业进行涉及大气污染物的排污权交易。环境质量未达到要求的地区不得进行增加本地区污染物总量的排污权交易。工业污染源不得与农业污染源进行排污权交易。

（十）激活交易市场。国务院有关部门要研究制定鼓励排污权交易的财税等扶持政策。试点地区要积极支持和指导排污单位通过淘汰落后和过剩产能、清洁生产、污染治理、技术改造升级等减少污染物排放，形成“富余排污权”参加市场交易；建立排污权储备制度，回购排污单位“富余排污权”，适时投放市场，重点支持战略性新兴产业、重大科技示范等项目建设。积极探索排污权抵押融资，鼓励社会资本参与污染物减排和排污权交易。

（十一）加强交易管理。排污权交易按照污染源管理权限由相应的地方环境保护部门负责。跨省级行政区域的排污权交易试点，由环境保护部、财政部和发展改革委负责组织。排污权交易完成后，交易双方应在规定时限内向地方环境保护部门报告，并申请变更其排污许可证。

四、强化试点组织领导和服务保障

（十二）加强组织领导。试点地区地方人民政府要加强对试点工作的组织领导，制定具体可行的工作方案和配套政策规定，建立协调机制，加强能力建设，主动接受社会监督，积极稳妥推进试点工作。财政部、环境保护部、发展改革委负责对地方人民政府的试点申请进行确认，并加强对试点工作的指导、协调，对排污权交易平台建设等给予适当支持，按照各自职能分别研究制定排污权核定、使用费收取使用和交易价格等管理规定。

（十三）提高服务质量。试点地区要及时公开排污权核定、排污权使用费收取使用、排污权拍卖及回购等情况以及当地环境质量状况、污染物总量控制要求等信息，确保试点工作公开透明。要优化工作流程，认真做好排污单位“富余排污权”核定、排污许可证发放变更等工作；加强部门协作配合，积极研究制定帮扶政策，为排污单位参与排污权交易提供便利。

（十四）严格监督管理。排污单位应当准确计量污染物排放量，主动向当地环境保护部门报告。重点排污单位应安装污染源自动监测装置，与当地环境保护部门联网，并确保装置稳定运行、数据真实有效。试点地区要强化对排污单位的监督性监测，加大执法监管力度，对于超排污权排放或在交易中弄虚作假的排污单位，要依法严肃处理，并予以曝光。

试点省份每年要向国务院报告试点工作进展情况，其他地方可参照本意见开展试点工作。财政部、环境保护部、发展改革委要跟踪总结试点地区的经验做法，加强政策研究，为全面推行排污权有偿使用和交易制度奠定基础。

国务院办公厅

2014 年 8 月 6 日

用市场机制推进污染物减排——解读《关于进一步推进排污权有偿使用和交易试点工作的指导意见》（新闻稿）

国务院办公厅近日印发《关于进一步推进排污权有偿使用和交易试点工作的指导意见》，意在发挥市场机制推进环境保护和污染物减排。就这一文件，记者25日采访了有关专家。

环境资源领域一项基础性制度改革

指导意见提出，到2015年底前试点地区全面完成现有排污单位排污权核定，到2017年底基本建立排污权有偿使用和交易制度，为全面推行排污权有偿使用和交易制度奠定基础。

“这是我国首次明确该方面的时间表，说明我国将更多通过市场机制选择最有效率的方法，推动节能减排和生态文明建设。”环境保护部环境与经济政策研究中心主任夏光说。

排污权是指排污单位经核定、允许其排放污染物的种类和数量。指导意见指出，建立排污权有偿使用和交易制度，是我国环境资源领域一项重大的、基础性的机制创新和制度改革，是生态文明制度建设的重要内容。

国家行政学院经济学部副主任董小君说，市场化的产权交易已成为国际节能减排的主流方式。我国的排污权有偿使用和交易制度仍处于起步阶段，让企业通过市场化途径削减节能减排压力，使购买排污权的企业能扩大再生产，出售排污权企业获得资金支持，就能使节能减排成为企业的主动行为。

对制度的进一步完善

我国从2007年开始推进排污权有偿使用和交易试点，目前已有十余个省份作为国家级试点单位，一些省份也自行选择部分市（县）开展试点。

夏光说，在试点过程中暴露出一些问题，包括对市场手段搞环保不熟悉，习惯于用行政命令的办法；很多试点工作仍然是政府在推动，市场机制发挥不够充分；市场规模总体仍然较小；存在很多技术性操作问题；很多地方拿排污权交易做旗帜，实际上干别的事情，还存在很多不规范操作等。

“指导意见对不规范操作进行限制和指导，这是对制度的完善。”他说。

指导意见明确，不得为不符合国家产业政策的排污单位核定排污权，提出建立排污权储备制度，回购排污单位“富余排污权”，适时投放市场，重点支持战略性新兴产业、重大科技示范等项目建设。

董小君说，给予多少排污权，就意味着该行业发展空间有多大。通过排污权约束淘汰落后产能，支持战略性新兴产业，体现了国家产业结构调整的思路。

进一步明确政府监管范围和职能

指导意见进一步明确了排污权使用费的收取、监督、使用，并对试点地区地方政府的组织领导和服务保障工作提出了要求。

夏光说，进一步明确政府的监管范围和职能，有利于充分发挥市场“看不见的手”和政府“看得见的手”的作用，并督促地方政府主动作为，为完善并全面推进排污权有偿使用和交易制度奠定基础。

他预计，指导意见的出台将对市场产生一定震动作用，在加速推进节能减排的同时，很多企业将从中获得商机。

关于印发《排污权出让收入管理暂行办法》的通知

财税〔2015〕61 号

各省、自治区、直辖市、计划单列市财政厅（局）、发展改革委、物价局、环境保护厅（局）：

为了规范排污权出让收入管理，建立健全环境资源有偿使用制度，发挥市场机制作用促进污染物减排，根据《中华人民共和国环境保护法》和《国务院办公厅关于进一步推进排污权有偿使用和交易试点工作的指导意见》（国办发〔2014〕38 号）等规定，我们制定了《排污权出让收入管理暂行办法》，现印发给你们，请遵照执行。

财政部
国家发展改革委
环境保护部
2015 年 7 月 23 日

附件：

排污权出让收入管理暂行办法

第一章　总　则

第一条　为了规范排污权出让收入管理，建立健全环境资源有偿使用制度，发挥市场机制作用促进污染物减排，根据《中华人民共和国环境保护法》和《国务院办公厅关于进一步推进排污权有偿使用和交易试点工作的指导意见》（国办发〔2014〕38 号）等规定，制定本办法。

第二条　经财政部、环境保护部、国家发展改革委确认及有关省、自治区、直辖市自行确定开展排污权有偿使用和交易试点地区（以下简称试点地区）的排污权出让收入征收、使用和管理，适用本办法。

第三条　本办法所称污染物，是指国家作为约束性指标进行总量控制的污染物，以及试点地区选择对本地区环境质量有突出影响的其他污染物。

试点地区要严格按照国家确定的污染物减排要求，将污染物总量控制指标分解到企事业单位，不得突破总量控制上限。

第四条　本办法所称排污权，是指排污单位按照国家或者地方规定的污染物排放标准，以及污染物排放总量控制要求，经核定允许其在一定期限内排放污染物的种类和数量。

排污权由试点地区县级以上地方环境保护主管部门（以下简称地方环境保护部门）按照污染源管理权限核定，并以排污许可证形式予以确认。

第五条　本办法所称排污权出让收入，是指政府以有偿出让方式配置排污权取得的收入，包括采取定额出让方式出让排污权收取的排污权使用费和通过公开拍卖等方式出让排污权取得的收入。

第六条　本办法所称现有排污单位，是指试点地区核定初始排污权以及排污权有效期满后重新核定排污权时，已建成投产或环境影响评价文件通过审批的排污单位。

第七条　排污权出让收入属于政府非税收入，全额上缴地方国库，纳入地方财政预算管理。

第八条　排污权出让收入的征收、使用和管理应当接受审计监督。

第二章　征收缴库

第九条　试点地区地方人民政府采取定额出让或通过市场公开出让（包括拍卖、挂牌、协议等）方式出让排污权。

对现有排污单位取得排污权，采取定额出让方式。

对新建项目排污权和改建、扩建项目新增排污权，以及现有排污单位在排污许可证核定的排污权基础上新增排污权，通过市场公开出让方式。

第十条　采取定额出让方式出让排污权的，排污单位应当按照排污许可证确认的污染物排放种类、数量和规定征收标准缴纳排污权使用费。

第十一条　排污权使用费的征收标准由试点地区省级价格、财政、环境保护部门根据当地环境资源稀缺程度、经济发展水平、污染治理成本等因素确定。

第十二条　排污权有效期原则上为五年。有效期满后，排污单位需要延续排污权的，应当按照地方环境保护部门重新核定的排污权，继续缴纳排污权使用费。

第十三条 缴纳排污权使用费金额较大、一次性缴纳确有困难的排污单位，可在排污权有效期内分次缴纳，首次缴款不得低于应缴总额的40%。

分次缴纳排污权使用费的具体办法由试点地区确定。

第十四条 排污权使用费由地方环境保护部门按照污染源管理权限负责征收。

负责征收排污权使用费的地方环境保护部门，应当根据排污许可证确认的排污单位排放污染物种类、数量和规定征收标准，以及分次缴纳办法，确定排污单位应缴纳的排污权使用费数额，并予以公告。

排污权使用费数额确定后，由负责征收排污权使用费的地方环境保护部门向排污单位送达排污权使用费缴纳通知单。

排污单位应当自接到排污权使用费缴纳通知单之日起7日内，缴纳排污权使用费。

第十五条 对现有排污单位取得排污权，考虑其承受能力，经试点地区省级人民政府批准，在试点初期可暂免缴纳排污权使用费。

现有排污单位将无偿取得的排污权进行转让、抵押的，应当按规定征收标准补缴转让、抵押排污权的使用费。

第十六条 通过市场公开出让方式出让排污权的，出让底价由试点地区省级价格、财政、环境保护部门参照排污权使用费的征收标准确定。

市场公开出让排污权的具体方式、流程和管理办法，由试点地区依据相关法律、行政法规予以规定。

第十七条 试点地区应当建立排污权储备制度，将储备排污权适时投放市场，调控排污权市场，重点支持战略性新兴产业、重大科技示范等项目建设。储备排污权主要来源包括：

（一）预留初始排污权；

（二）通过市场交易回购排污单位的富余排污权；

（三）由政府投入全部资金进行污染治理形成的富余排污权；

（四）排污单位破产、关停、被取缔、迁出本行政区域或不再排放实行总量控制的污染物等原因，收回其无偿取得的排污权。

第十八条 排污单位通过市场公开出让方式购买政府出让排污权的，应当一次性缴清款项，或者按照排污权交易合同的约定缴款。

第十九条　排污单位支付购买排污权的款项，由地方环境保护部门征收或委托排污权交易机构代征。

第二十条　地方环境保护部门或委托的排污权交易机构征收排污权出让收入时，应当向排污单位开具省级财政部门统一印制的票据。

第二十一条　排污权出让收入具体缴库办法按照省级财政部门非税收入收缴管理有关规定执行。

第二十二条　地方环境保护部门及委托的排污权交易机构应当严格按规定范围、标准、时限或排污权交易合同约定征收和代征排污权出让收入，确保将排污权出让收入及时征缴到位。

第二十三条　任何单位和个人均不得违反本办法规定，自行改变排污权出让收入的征收范围和标准，也不得违反排污权交易规则低价出让排污权。

严禁违规对排污单位减免、缓征排污权出让收入，或者以先征后返、补贴等形式变相减免排污权出让收入。

第二十四条　地方环境保护部门应当定期向社会公开污染物总量控制、排污权核定、排污权出让方式、价格和收入、排污权回购和储备等信息。

第三章　使用管理

第二十五条　排污权出让收入纳入一般公共预算，统筹用于污染防治。

第二十六条　政府回购排污单位的排污权、排污权交易平台建设和运行维护等排污权有偿使用和交易相关工作经费，由地方同级财政预算予以安排。

第二十七条　相关资金支付按照财政国库管理制度有关规定执行。

第四章　法律责任

第二十八条　单位和个人违反本办法规定，有下列情形之一的，依照《财政违法行为处罚处分条例》和《违反行政事业性收费和罚没收入收支两条线管理规定行政处分暂行规定》等国家有关规定追究法律责任；涉嫌犯罪的，依法移送司法机关处理：

（一）擅自减免排污权出让收入或者改变排污权出让收入征收范围、对象和标准的；

（二）隐瞒、坐支应当上缴的排污权出让收入的；

（三）滞留、截留、挪用应当上缴的排污权出让收入的；

（四）不按照规定的预算级次、预算科目将排污权出让收入缴入国库的；

（五）违反规定使用排污权出让收入的；

（六）其他违反国家财政收入管理规定的行为。

第二十九条 有偿取得排污权的单位，不免除其法定污染治理责任和依法缴纳排污费等其他税费的义务。

第三十条 排污权出让收入征收、使用管理有关部门的工作人员违反本办法规定，在排污权出让收入征收和使用管理工作中徇私舞弊、玩忽职守、滥用职权的，依法给予处分；涉嫌犯罪的，依法移送司法机关。

第五章 附 则

第三十一条 试点省、自治区、直辖市根据本办法制定具体实施办法，并报财政部、国家发展改革委、环境保护部备案。

第三十二条 本办法由财政部会同国家发展改革委、环境保护部负责解释。

第三十三条 本办法自 2015 年 10 月 1 日起施行。

关于开展碳排放权交易试点工作的通知

发改办气候〔2011〕2601号

北京市、天津市、上海市、重庆市、广东省、湖北省、深圳市发展改革委：

根据党中央、国务院关于应对气候变化工作的总体部署，为落实“十二五”规划关于逐步建立国内碳排放交易市场的要求，推动运用市场机制以较低成本实现2020年我国控制温室气体排放行动目标，加快经济发展方式转变和产业结构升级，经综合考虑并结合有关地区申报情况和工作基础，我委同意北京市、天津市、上海市、重庆市、湖北省、广东省及深圳市开展碳排放权交易试点。

请各试点地区高度重视碳排放权交易试点工作，切实加强组织领导，建立专职工作队伍，安排试点工作专项资金，抓紧组织编制碳排放权交易试点实施方案，明确总体思路、工作目标、主要任务、保障措施及进度安排，报我委审核后实施。同时，各试点地区要着手研究制定碳排放权交易试点管理办法，明确试点的基本规则，测算并确定本地区温室气体排放总量控制目标，研究制定温室气体排放指标分配方案，建立本地区碳排放权交易监管体系和登记注册系统，培育和建设交易平台，做好碳排放权交易试点支撑体系建设，保障试点工作的顺利进行。

特此通知。

国家发展改革委办公厅

二〇一一年十月二十九日

十五、其他环境经济政策

国务院关于创新重点领域投融资机制鼓励社会投资的指导意见（摘录）

国发〔2014〕60号

……

二、创新生态环保投资运营机制

……

（三）深化林业管理体制改革。推进国有林区和国有林场管理体制改革，完善森林经营和采伐管理制度，开展森林科学经营。深化集体林权制度改革，稳定林权承包关系，放活林地经营权，鼓励林权依法规范流转。鼓励荒山荒地造林和退耕还林林地林权依法流转。减免林权流转税费，有效降低流转成本。

（四）推进生态建设主体多元化。在严格保护森林资源的前提下，鼓励社会资本积极参与生态建设和保护，支持符合条件的农民合作社、家庭农场（林场）、专业大户、林业企业等新型经营主体投资生态建设项目。对社会资本利用荒山荒地进行植树造林的，在保障生态效益、符合土地用途管制要求的前提下，允许发展林下经济、森林旅游等生态产业。

（五）推动环境污染治理市场化。在电力、钢铁等重点行业以及开发区（工业园区）污染治理等领域，大力推行环境污染第三方治理，通过委托治理服务、托管运营服务等方式，由排污企业付费购买专业环境服务公司的治污减排服务，提高污染治理的产业化、专业化程度。稳妥推进政府向社会购买环境监测服务。建立重点行业第三方治污企业推荐制度。

（六）积极开展排污权、碳排放权交易试点。推进排污权有偿使用和交易试点，建立排污权有偿使用制度，规范排污权交易市场，鼓励社会资本参与污染减排和排污权交易。加快调整主要污染物排污费征收标准，实行差别化排污收费政策。加快在国内试行碳排放权交易制度，探索森林碳汇交易，发展碳排放权交易市场，鼓励和支持社会投资者参与碳配额交易，通过金融市场发现价格的功能，调整不同经济主体利益，有效促进环保和节能减排。

……

六、鼓励社会资本加强能源设施投资

（十八）鼓励社会资本参与电力建设。在做好生态环境保护、移民安置和确保工程安全的前提下，通过业主招标等方式，鼓励社会资本投资常规水电站和抽水蓄能电站。在确保具备核电控股资质主体承担核安全责任的前提下，引入社会资本参与核电项目投资，鼓励民间资本进入核电设备研制和核电服务领域。鼓励社会资本投资建设风光电、生物质能等清洁能源项目和背压式热电联产机组，进入清洁高效煤电项目建设、燃煤电厂节能减排升级改造领域。

（十九）鼓励社会资本参与电网建设。积极吸引社会资本投资建设跨区输电通道、区域主干电网完善工程和大中城市配电网工程。将海南联网Ⅱ回线路和滇西北送广东特高压直流输电工程等项目作为试点，引入社会资本。鼓励社会资本投资建设分布式电源并网工程、储能装置和电动汽车充换电设施。

（二十）鼓励社会资本参与油气管网、储存设施和煤炭储运建设运营。支持民营企业、地方国有企业等参股建设油气管网主干线、沿海液化天然气（LNG）接收站、地下储气库、城市配气管网和城市储气设施，控股建设油气管网支线、原油和成品油商业储备库。鼓励社会资本参与铁路运煤干线和煤炭储配体系建设。国家规划确定的石化基地炼化一体化项目向社会资本开放。

（二十一）理顺能源价格机制。进一步推进天然气价格改革，2015 年实现存量气和增量气价格并轨，逐步放开非居民用天然气气源价格，落实页岩气、煤层气等非常规天然气价格市场化政策。尽快出台天然气管道运输价格政策。按照合理成本加合理利润的原则，适时调整煤层气发电、余热余压发电上网标杆电价。推进天然气分布式能源冷、热、电价格市场化。完善可再生能源发电价格政策，研究建立流域梯级效益补偿机制，适时调整完善燃煤发电机组环保电价政策。

……

九、建立健全政府和社会资本合作（PPP）机制

（二十九）推广政府和社会资本合作（PPP）模式。认真总结经验，加强政策引导，在公共服务、资源环境、生态保护、基础设施等领域，积极推广 PPP 模式，规范选择项目合作伙伴，引入社会资本，增强公共产品供给能力。政府有关部门要严格按照预算管理有关法律法规，完善财政补贴制度，切实控制和防范财政风险。健全 PPP 模式的法规体系，保障项目顺利运行。鼓励通过 PPP 方式盘活存量资源，变现资金要用于重点领域建设。

（三十）规范合作关系保障各方利益。政府有关部门要制定管理办法，尽快发布标准合同范本，对 PPP 项目的业主选择、价格管理、回报方式、服务标准、信息披露、违约处罚、政府接管以及评估论证等进行详细规定，规范合作关系。平衡好社会公众与投资者利益关系，既要保障社会公众利益不受损害，又要保障经营者合法权益。

（三十一）健全风险防范和监督机制。政府和投资者应对 PPP 项目可能产生的政策风险、商业风险、环境风险、法律风险等进行充分论证，完善合同设计，健全纠纷解决和风险防范机制。建立独立、透明、可问责、专业化的 PPP 项目监管体系，形成由政府监管部门、投资者、社会公众、专家、媒体等共同参与的监督机制。

（三十二）健全退出机制。政府要与投资者明确 PPP 项目的退出路径，保障项目持续稳定运行。项目合作结束后，政府应组织做好接管工作，妥善处理投资回收、资产处理等事宜。

国务院

2014 年 11 月 16 日

国务院办公厅转发财政部　发展改革委　人民银行关于在公共服务领域推广政府和社会资本合作模式指导意见的通知（摘录）

国办发〔2015〕42号

……

四、规范推进政府和社会资本合作项目实施

……

（十二）广泛采用政府和社会资本合作模式提供公共服务。在能源、交通运输、水利、环境保护、农业、林业、科技、保障性安居工程、医疗、卫生、养老、教育、文化等公共服务领域，鼓励采用政府和社会资本合作模式，吸引社会资本参与。其中，在能源、交通运输、水利、环境保护、市政工程等特定领域需要实施特许经营的，按《基础设施和公用事业特许经营管理办法》执行。

国务院办公厅

2015年5月22日

关于推进水污染防治领域政府和社会资本合作的实施意见

财建〔2015〕90号

各省、自治区、直辖市、计划单列市财政厅（局）、环境保护厅（局），新疆生产兵团财务局、环境保护局：

切实加强水污染防治力度，保障国家水安全，关系国计民生，是环境保护重点工作。在水污染防治领域大力推广运用政府和社会资本合作（PPP）模式，对提高环境公共产品与服务供给质量，提升水污染防治能力与效率具有重要意义。为深入贯彻落实党中央和国务院精神，积极实施水污染防治行动计划，规范水污染防治领域PPP项目操作流程，完善投融资环境，引导社会资本积极参与、加大投入，根据《关于推广运用政府和社会资本合作模式有关问题的通知》（财金〔2014〕76号），就扎实推进水污染防治领域PPP工作提出如下意见。

一、总体目标

（一）完善制度规范，优化机制设计。

在水污染防治领域形成以合同约束、信息公开、过程监管、绩效考核等为主要内容，多层次、一体化、综合性的PPP工作规范体系，实现合作双方风险分担、利益共享、权益融合。建立和完善水污染防治领域稳定、长效的社会资本投资回报机制。

（二）转变供给方式，改进管理模式。

加强水污染防治专项资金等政策引导，建立公平公正的社会资本投资环境。转变政府职能，拓宽环境基本公共服务供给渠道，改变政府单一供给格局。创新项目管理模式，强化社会整体水污染防治能力，提高水污染防治服务质量与管理效率。

（三）推进水污染防治，提高水环境质量。

优化水资源综合开发途径，创新水环境综合治理模式。充分发挥市场机制作用，鼓励和引导社会资本参与水污染防治项目建设和运营。拓宽投融资渠道，加大资金投入，切实改善水环境质量。

二、基本原则

（一）坚持存量为主原则。

水污染防治领域推广运用PPP模式，以费价机制透明合理、现金流支撑能力相对较强的存量项目为主。经充分论证的新建项目可采取PPP模式。坚持物有所值原则转化存量项目、遴选新建项目。鼓励结合项目自然条件和技术特点，创新融资模式，盘活存量资产，形成改进项目运营管理的有效途径，构建社会资本全程参与、全面责任、全生命周期管理的规范化PPP模式。

（二）坚持因地制宜原则。

充分考虑不同地区、不同流域和湖泊、不同领域项目特点，因地制宜，采取差异化的合作模式与推进策略，分类、分批推进水污染防治领域政府和社会资本合作。

（三）坚持突出重点原则。

纳入国家重点支持江河湖泊动态名录或水污染防治专项资金等相关资金支持的地区，率先推进PPP模式。纳入国家一般引导江河湖泊动态目录的江河湖泊，按照逐步推进、务求实效思路，积极推广运用PPP模式。

三、总体要求

（一）明晰项目边界。

逐步将水污染防治领域全面向社会资本开放，推广运用PPP模式，以饮用水水源地环境综合整治、湖泊水体保育、河流环境生态修复与综合整治、湖滨河滨缓冲带建设、湿地建设、水源涵养林建设、地下水环境修复、污染场地修复、城市黑臭水体治理、重点河口海湾环境综合整治、入海排污口清理整治、畜禽养殖污染防治、农业面源污染治理、农村环境综合整治、工业园区污染集中治理（含工业废水毒性减排）、城镇污水处理（含再生水利用、污泥处置）及管网建设、城镇生活垃圾收运及处置、环境监测与突发环境事件应急处置等为重点。鼓励对项目有效整合，打包实施PPP模式，提升整体收益能力，扩展外部效益。

（二）健全回报机制。

综合采用使用者付费、政府可行性缺口补助、政府付费等方式，分类支持经营性、准公益性和公益性项目。积极发掘水污染防治相关周边土地开发、供水、林下经济、生态农业、生态渔业、生态旅游等收益创造能力较强的配套项目资源，鼓励实施城乡供排水一体、厂网一体和行业“打包”，实现组合开发，吸引社会资本参与。完善市政污水处理、垃圾处理等水污染防治领域价格形成机制，建立基于保障合理收益原则的收费标准动态调整机制。优化政府补贴体系，探索水污染防治领域市场化风险规避与补偿机制。

（三）规范操作流程。

在项目识别、准备、采购、执行和移交等操作过程中，以及物有所值评价、财政承受能力论证、合作伙伴选择、收益补偿机制确立、项目公司组建、合作合同签署、绩效评价等方面，应根据财政部关于 PPP 工作的统一指导和管理办法规范推进，地方各级财政部门会同环境保护部门抓紧研究制定符合当地实际情况的操作办法，实现规范化管理。

四、组织实施

（一）鼓励水污染防治领域推进 PPP 工作。

各级环境保护、财政部门组织实施多层次推介工作，积极从国民经济和社会发展规划、水污染防治行动计划、主要污染物减排计划、水污染防治领域专项规划等既定规划中遴选潜在项目，及时筛选评估社会资本发起 PPP 项目建议，推进水污染防治领域 PPP 工作。

（二）定期组织评选。

对拟采用 PPP 模式的水污染防治项目，由当地环境保护、财政部门组织编制或委托第三方机构编制实施方案。实施方案具体应包含项目实施内容、产品及服务质量和标准、投融资结构、财务测算与风险分析、技术及经济可行性论证、合作伙伴要求、合同结构、权益分配和风险分担、政府支持方式、配套措施等。财政部、环境保护部每半年在全国范围内组织一次水污染防治领域 PPP 项目评选工作，从中选择部分优质项目予以推介。各地可自愿上报。

（三）加大评价及监管力度。

地方各级财政、环境保护部门要加强组织实施，积极统筹协调，研究建立议事协调及联审机制，有力有序推进。省级财政、环境保护部门建立对 PPP 项目的实施监督机制。

五、保障机制

（一）市场环境建设。

建立公平、开放、透明的市场环境，维护市场机制基础性作用。规范项目合作伙伴选择程序，建立合理的风险分担、收益共享机制。健全风险防范机制，加强行业监管和质、价监督。培育第三方专业机构，完善咨询中介市场。完善付费机制，鼓励采用第三方支付体系。

（二）资金支持。

地方各级财政部门要统筹运用水污染防治专项等相关资金，优化调整使用方向，扩大资金来源渠道，对 PPP 项目予以适度政策倾斜。水污染防治 PPP 项目有关财政资金纳入中期财政规划管理。综合采用财政奖励、投资补助、融资费用补贴、政府付费等方式，支持水污染防治领域 PPP 项目实施落实。逐步从“补建设”向“补运营”、“前补助”向“后奖励”转变。鼓励社会资本建立环境保护基金，重点支持水污染防治领域 PPP 项目。

（三）融资支持。

地方财政、环境保护部门应积极协调相关部门，着力支持 PPP 项目融资能力提升，尽快建立向金融机构推介 PPP 项目的常态化渠道，鼓励金融机构为相关项目提高授信额度、增进信用等级。健全社会资本投入市场激励机制，推行排污权有偿使用，完善排污权交易市场。鼓励环境金融服务创新，支持开展排污权、收费权、政府购买服务协议及特许权协议项下收益质押担保融资，探索开展污水垃圾处理服务项目预期收益质押融资。

（四）配套措施。

各级财政、环境保护部门要加强组织实施，统筹协调，履行责任，加强监管，切实提高水污染防治能力水平，实现水环境质量改善。建立独立、透明、可问责、专业化的 PPP 项目监管体系，实行信息公开，鼓励公众参与，接受公众监督。建立政府、服务使用者共同参与的综合性评价体系，推广第三方绩效评价，形成评价结果应用机制和项目后评价机制。环境保护部门要进一步完善水污染防治领域特许经营管理制度，降低准入门槛，清理审批限制，拓宽社会资本进入渠道。

财政部
环境保护部
2015 年 4 月 9 日

政府核准投资项目管理办法（摘录）

中华人民共和国国家发展和改革委员会令

第11号

第一章　总　则

……

第四条　项目核准机关对企业提交的项目申请报告，应当主要从维护经济安全、合理开发利用资源、保护生态环境、优化重大布局、保障公共利益、防止出现垄断等方面依法进行审查，作出是否予以核准的决定，并加强监督管理。

……

第四章　核准内容及效力

第二十三条　项目核准机关主要根据以下条件对项目进行审查：

（一）符合国家法律法规和宏观调控政策；

（二）符合发展规划、产业政策、技术政策和准入标准；

（三）合理开发并有效利用了资源；

（四）不影响我国国家安全、经济安全和生态安全；

（五）对公众利益，特别是项目建设地的公众利益不产生重大不利影响。

第二十四条　项目单位依据项目核准文件，依法办理规划许可、土地使用、资源利用、安全生产等相关手续。

……

第五章　监督管理和法律责任

第二十七条　项目核准机关应当会同行业管理、城乡规划（建设）、国土资源、环境保护、金融监管、安全生产监管等部门，加强对企业投资项目的稽察和监管。

……

第二十九条　各级发展改革部门应当会同行业管理、城乡规划（建设）、国土资源、环境保护、金融监管、安全生产监管等部门加快完善信息系统，建立发展规划、产业政策、技术政策、准入标准、诚信记录等信息的横向互通制度，及时通报对违法违规行为的查处情况，实现行政审批和市场监管的信息共享。

主　任：徐绍史

2014 年 5 月 14 日

外商投资项目核准和备案管理办法（摘录）

中华人民共和国国家发展和改革委员会令

第12号

……

第三章　项目核准

第八条　拟申请核准的外商投资项目应按国家有关要求编制项目申请报告。项目申请报告应包括以下内容：

（一）项目及投资方情况；

（二）资源利用和生态环境影响分析；

（三）经济和社会影响分析。

外国投资者并购境内企业项目申请报告应包括并购方情况、并购安排、融资方案和被并购方情况、被并购后经营方式、范围和股权结构、所得收入的使用安排等。

……

第十条　项目申请报告应附以下文件：

（一）中外投资各方的企业注册证明材料及经审计的最新企业财务报表（包括资产负债表、利润表和现金流量表）、开户银行出具的资金信用证明；

（二）投资意向书，增资、并购项目的公司董事会决议；

（三）城乡规划行政主管部门出具的选址意见书（仅指以划拨方式提供国有土地使用权的项目）；

（四）国土资源行政主管部门出具的用地预审意见（不涉及新增用地，在已批准的建设用地范围内进行改扩建的项目，可以不进行用地预审）；

（五）环境保护行政主管部门出具的环境影响评价审批文件；

（六）节能审查机关出具的节能审查意见；

（七）以国有资产出资的，需由有关主管部门出具的确认文件；

（八）根据有关法律法规的规定应当提交的其他文件。

……

第十六条　对外商投资项目的核准条件是：

（一）符合国家有关法律法规和《外商投资产业指导目录》、《中西部地区外商投资优势产业目录》的规定；

（二）符合发展规划、产业政策及准入标准；

（三）合理开发并有效利用了资源；

（四）不影响国家安全和生态安全；

（五）对公众利益不产生重大不利影响；

（六）符合国家资本项目管理、外债管理的有关规定。

第十七条　对予以核准的项目，项目核准机关出具书面核准文件，并抄送同级行业管理、城乡规划、国土资源、环境保护、节能审查等相关部门；对不予核准的项目，应以书面说明理由，并告知项目申报单位享有依法申请行政复议或者提起行政诉讼的权利。

……

第六章　监督管理

第二十七条　各级发展改革部门应当会同同级行业管理、城乡规划、国土资源、环境保护、金融监管、安全生产监管等部门，对项目申报单位执行项目情况和外商投资项目核准或备案情况进行稽察和监督检查，加快完善信息系统，建立发展规划、产业政策、准入标准、诚信记录等信息的横向互通制度，严肃查处违法违规行为并纳入不良信用记录，实现行政审批和市场监管的信息共享。

主　任：徐绍史

2014 年 5 月 17 日

关于开展政府和社会资本合作的指导意见

发改投资〔2014〕2724号

各省、自治区、直辖市及计划单列市、新疆生产建设兵团发展改革委：

为贯彻落实《国务院关于创新重点领域投融资机制鼓励社会投资的指导意见》（国发〔2014〕60号）有关要求，鼓励和引导社会投资，增强公共产品供给能力，促进调结构、补短板、惠民生，现就开展政府和社会资本合作提出如下指导意见。

一、充分认识政府和社会资本合作的重要意义

政府和社会资本合作（PPP）模式是指政府为增强公共产品和服务供给能力、提高供给效率，通过特许经营、购买服务、股权合作等方式，与社会资本建立的利益共享、风险分担及长期合作关系。开展政府和社会资本合作，有利于创新投融资机制，拓宽社会资本投资渠道，增强经济增长内生动力；有利于推动各类资本相互融合、优势互补，促进投资主体多元化，发展混合所有制经济；有利于理顺政府与市场关系，加快政府职能转变，充分发挥市场配置资源的决定性作用。

二、准确把握政府和社会资本合作的主要原则

（一）转变职能，合理界定政府的职责定位。开展政府和社会资本合作，对转变政府职能、提高管理水平提出了更高要求。政府要牢固树立平等意识及合作观念，集中力量做好政策制定、发展规划、市场监管和指导服务，从公共产品的直接“提供者”转变为社会资本的“合作者”以及PPP项目的“监管者”。

（二）因地制宜，建立合理的投资回报机制。根据各地实际，通过授予特许经营权、核定价费标准、给予财政补贴、明确排他性约定等，稳定社会资本收益预期。加强项目成本监测，既要充分调动社会资本积极性，又要防止不合理让利或利益输送。

（三）合理设计，构建有效的风险分担机制。按照风险收益对等原则，在政府和社会资本间合理分配项目风险。原则上，项目的建设、运营风险由社会资本承

担，法律、政策调整风险由政府承担，自然灾害等不可抗力风险由双方共同承担。

（四）诚信守约，保证合作双方的合法权益。在平等协商、依法合规的基础上，按照权责明确、规范高效的原则订立项目合同。合同双方要牢固树立法律意识、契约意识和信用意识，项目合同一经签署必须严格执行，无故违约必须承担相应责任。

（五）完善机制，营造公开透明的政策环境。从项目选择、方案审查、伙伴确定、价格管理、退出机制、绩效评价等方面，完善制度设计，营造良好政策环境，确保项目实施决策科学、程序规范、过程公开、责任明确、稳妥推进。

三、合理确定政府和社会资本合作的项目范围及模式

（一）项目适用范围。PPP 模式主要适用于政府负有提供责任又适宜市场化运作的公共服务、基础设施类项目。燃气、供电、供水、供热、污水及垃圾处理等市政设施，公路、铁路、机场、城市轨道交通等交通设施，医疗、旅游、教育培训、健康养老等公共服务项目，以及水利、资源环境和生态保护等项目均可推行 PPP 模式。各地的新建市政工程以及新型城镇化试点项目，应优先考虑采用 PPP 模式建设。

（二）操作模式选择。

1. 经营性项目。对于具有明确的收费基础，并且经营收费能够完全覆盖投资成本的项目，可通过政府授予特许经营权，采用建设—运营—移交（BOT）、建设—拥有—运营—移交（BOOT）等模式推进。要依法放开相关项目的建设、运营市场，积极推动自然垄断行业逐步实行特许经营。

2. 准经营性项目。对于经营收费不足以覆盖投资成本、需政府补贴部分资金或资源的项目，可通过政府授予特许经营权附加部分补贴或直接投资参股等措施，采用建设—运营—移交（BOT）、建设—拥有—运营（BOO）等模式推进。要建立投资、补贴与价格的协同机制，为投资者获得合理回报积极创造条件。

3. 非经营性项目。对于缺乏“使用者付费”基础、主要依靠“政府付费”回收投资成本的项目，可通过政府购买服务，采用建设—拥有—运营（BOO）、委托运营等市场化模式推进。要合理确定购买内容，把有限的资金用在刀刃上，切实提高资金使用效益。

（三）积极开展创新。各地可以根据当地实际及项目特点，积极探索、大胆创新，通过建立合理的“使用者付费”机制等方式，增强吸引社会资本能力，并灵

活运用多种 PPP 模式，切实提高项目运作效率。

四、建立健全政府和社会资本合作的工作机制

（一）健全协调机制。按照部门联动、分工明确、协同推进等要求，与有关部门建立协调推进机制，推动规划、投资、价格、土地、金融等部门密切配合、形成合力，保障政府和社会资本合作积极稳妥推进。

（二）明确实施主体。按照地方政府的相关要求，明确相应的行业管理部门、事业单位、行业运营公司或其他相关机构，作为政府授权的项目实施机构，在授权范围内负责 PPP 项目的前期评估论证、实施方案编制、合作伙伴选择、项目合同签订、项目组织实施以及合作期满移交等工作。

（三）建立联审机制。为提高工作效率，可会同相关部门建立 PPP 项目的联审机制，从项目建设的必要性及合规性、PPP 模式的适用性、财政承受能力以及价格的合理性等方面，对项目实施方案进行可行性评估，确保“物有所值”。审查结果作为项目决策的重要依据。

（四）规范价格管理。按照补偿成本、合理收益、节约资源以及社会可承受的原则，加强投资成本和服务成本监测，加快理顺价格水平。加强价格行为监管，既要防止项目法人随意提价损害公共利益、不合理获利，又要规范政府价格行为，提高政府定价、调价的科学性和透明度。

（五）提升专业能力。加强引导，积极发挥各类专业中介机构在 PPP 项目的资产评估、成本核算、经济补偿、决策论证、合同管理、项目融资等方面的积极作用，提高项目决策的科学性、项目管理的专业性以及项目实施效率。加强 PPP 相关业务培训，培养专业队伍和人才。

五、加强政府和社会资本合作项目的规范管理

（一）项目储备。根据经济社会发展需要，按照项目合理布局、政府投资有效配置等原则，切实做好 PPP 项目的总体规划、综合平衡和储备管理。从准备建设的公共服务、基础设施项目中，及时筛选 PPP 模式的适用项目，按照 PPP 模式进行培育开发。各省区市发展改革委要建立 PPP 项目库，并从 2015 年 1 月起，于每月 5 日前将项目进展情况按月报送国家发展改革委（具体要求见附件 1）。

（二）项目遴选。会同行业管理部门、项目实施机构，及时从项目储备库或社会资本提出申请的潜在项目中筛选条件成熟的建设项目，编制实施方案并提交联

审机制审查，明确经济技术指标、经营服务标准、投资概算构成、投资回报方式、价格确定及调价方式、财政补贴及财政承诺等核心事项。

（三）伙伴选择。实施方案审查通过后，配合行业管理部门、项目实施机构，按照《招标投标法》、《政府采购法》等法律法规，通过公开招标、邀请招标、竞争性谈判等多种方式，公平择优选择具有相应管理经验、专业能力、融资实力以及信用状况良好的社会资本作为合作伙伴。

（四）合同管理。项目实施机构和社会资本依法签订项目合同，明确服务标准、价格管理、回报方式、风险分担、信息披露、违约处罚、政府接管以及评估论证等内容。各地可参考《政府和社会资本合作项目通用合同指南》（见附件 2），细化完善合同文本，确保合同内容全面、规范、有效。

（五）绩效评价。项目实施过程中，加强工程质量、运营标准的全程监督，确保公共产品和服务的质量、效率和延续性。鼓励推进第三方评价，对公共产品和服务的数量、质量以及资金使用效率等方面进行综合评价，评价结果向社会公示，作为价费标准、财政补贴以及合作期限等调整的参考依据。项目实施结束后，可对项目的成本效益、公众满意度、可持续性等进行后评价，评价结果作为完善 PPP 模式制度体系的参考依据。

（六）退出机制。政府和社会资本合作过程中，如遇不可抗力或违约事件导致项目提前终止时，项目实施机构要及时做好接管，保障项目设施持续运行，保证公共利益不受侵害。政府和社会资本合作期满后，要按照合同约定的移交形式、移交内容和移交标准，及时组织开展项目验收、资产交割等工作，妥善做好项目移交。依托各类产权、股权交易市场，为社会资本提供多元化、规范化、市场化的退出渠道。

六、强化政府和社会资本合作的政策保障

（一）完善投资回报机制。深化价格管理体制改革，对于涉及中央定价的 PPP 项目，可适当向地方下放价格管理权限。依法依规为准经营性、非经营性项目配置土地、物业、广告等经营资源，为稳定投资回报、吸引社会投资创造条件。

（二）加强政府投资引导。优化政府投资方向，通过投资补助、基金注资、担保补贴、贷款贴息等多种方式，优先支持引入社会资本的项目。合理分配政府投资资金，优先保障配套投入，确保 PPP 项目如期、高效投产运营。

（三）加快项目前期工作。联合有关部门建立并联审批机制，在科学论证、遵

守程序的基础上，加快推进规划选址、用地预审、环评审批、审批核准等前期工作。协助项目单位解决前期工作中的问题和困难，协调落实建设条件，加快项目建设进度。

（四）做好综合金融服务。鼓励金融机构提供财务顾问、融资顾问、银团贷款等综合金融服务，全程参与 PPP 项目的策划、融资、建设和运营。鼓励项目公司或合作伙伴通过成立私募基金、引入战略投资者、发行债券等多种方式拓宽融资渠道。

七、扎实有序开展政府和社会资本合作

（一）做好示范推进。各地可选取市场发育程度高、政府负债水平低、社会资本相对充裕的市县，以及具有稳定收益和社会效益的项目，积极推进政府和社会资本合作，并及时总结经验、大力宣传，发挥好示范带动作用。国家发展改革委将选取部分推广效果显著的省区市和重点项目，总结典型案例，组织交流推广。

（二）推进信用建设。按照诚信践诺的要求，加强全社会信用体系建设，保障政府和社会资本合作顺利推进。政府要科学决策，保持政策的连续性和稳定性；依法行政，防止不当干预和地方保护；认真履约，及时兑现各类承诺和合同约定。社会资本要守信自律，提高诚信经营意识。

（三）搭建信息平台。充分利用并切实发挥好信息平台的桥梁纽带作用。可以利用现代信息技术，搭建信息服务平台，公开 PPP 项目的工作流程、评审标准、项目信息、实施情况、咨询服务等相关信息，保障信息发布准确及时、审批过程公正透明、建设运营全程监管。

（四）加强宣传引导。大力宣传政府和社会资本合作的重大意义，做好政策解读，总结典型案例，回应社会关切，通过舆论引导，培育积极的合作理念，建立规范的合作机制，营造良好的合作氛围，充分发挥政府、市场和社会资本的合力作用。

开展政府和社会资本合作是创新投融资机制的重要举措，各地要高度重视，切实加强组织领导，抓紧制定具体的政策措施和实施办法。各级发展改革部门要按照当地政府的统一部署，认真做好 PPP 项目的统筹规划、综合协调等工作，会同有关部门积极推动政府和社会资本合作顺利实施。

附件：1. PPP 项目进展情况按月报送制度

2. 政府和社会资本合作项目通用合同指南（略）

国家发展改革委

2014 年 12 月 2 日

附件 1：

PPP 项目进展情况按月报送制度

一、各省区市发展改革委要建立 PPP 项目库，及时跟踪调度、梳理汇总项目实施进展。从 2015 年 1 月起，于每月 5 日前将 PPP 项目进展情况，通过全国发展改革系统纵向网按月报送至国家发展改革委。

二、报送内容包括文字材料及进展情况表。文字材料主要包括 PPP 项目的推进措施、进展情况、存在问题及意见建议等内容。进展情况按下表要求填写。

PPP 项目进展情况表

填表单位：　　　　　　　　　　填报日期：　　　　　　　　　　单位：亿元

序号	项目名称	建设内容及规模	行业	项目总投资	PPP 操作模式	社会资本情况		项目进展情况（截至上月底）	备注
						主体名称	投资额		
一	在建项目								
1	×××项目								
2	×××项目								
	……								
二	拟建项目								
1	×××项目								
2	×××项目								
	……								

备注：PPP 操作模式指 BOT、BOO、BOOT 等，根据具体情况填写。

关于印发《战略性新兴产业专项债券发行指引》的通知（摘录）

发改办财金〔2015〕756 号

各省、自治区、直辖市及计划单列市、新疆生产建设兵团发展改革委：

为加大债券融资方式对信息电网油气等重大网络工程、健康与养老服务、生态环保、清洁能源、粮食和水利、交通、油气及矿产资源保障工程七大类重大投资工程包，以及信息消费、绿色消费、住房消费、旅游休闲消费、教育文体消费和养老健康消费六大领域消费工程的支持力度，拉动重点领域投资和消费需求增长，特别是为增强战略性新兴产业支撑作用，培育新的增长点，现将我委制定的《战略性新兴产业专项债券发行指引》印发你们，请在企业债券预审工作中认真贯彻执行。

附件：战略性新兴产业专项债券发行指引

国家发展改革委办公厅

2015 年 3 月 31 日

附件：

战略性新兴产业专项债券发行指引

一、鼓励节能环保、新一代信息技术、生物、高端装备制造、新能源、新材料、新能源汽车等领域符合条件的企业发行战略性新兴产业专项债券融资，重点支持《“十二五”国家战略性新兴产业发展规划》（国发〔2012〕28 号）中明确的重大节能技术与装备产业化工程、重大环保技术装备及产品产业化示范工程、重要资源循环利用工程、宽带中国工程、高性能集成电路工程、新型平板显示工程、物联网和云计算工程、信息惠民工程、蛋白类等生物药物和疫苗工程、高性能医学诊疗设备工程、生物育种工程、生物基材料工程、航空装备工程、空间基础设施工程、先进轨道交通装备及关键部件工程、海洋工程装备工程、智能制造装备工程、新能源集成应用工程、关键材料升级换代工程以及新能源汽车工程等二十大产业创新发展工程项目。

……

关于鼓励和引导社会资本参与重大水利工程建设运营的实施意见（摘录）

发改农经〔2015〕488 号

……

二、完善优惠和扶持政策

（十）推进水权制度改革。开展水权确权登记试点，培育和规范水权交易市场，积极探索多种形式的水权交易流转方式，鼓励开展地区间、用水户间的水权交易，允许各地通过水权交易满足新增合理用水需求，通过水权制度改革吸引社会资本参与水资源开发利用和节约保护。依法取得取水权的单位或个人通过调整产品和产业结构、改革工艺、节水等措施节约水资源的，可在取水许可有效期和取水限额内，经原审批机关批准后，依法有偿转让其节约的水资源。在保障灌溉面积、灌溉保证率和农民利益的前提下，建立健全工农业用水水权转让机制。

（十一）实行税收优惠。社会资本参与的重大水利工程，符合《公共基础设施项目企业所得税优惠目录》、《环境保护、节能节水项目企业所得税优惠目录》规定条件的，自项目取得第一笔生产经营收入所属纳税年度起，第一年至第三年免征企业所得税，第四年至第六年减半征收企业所得税。

国家发展改革委

财政部

水利部

2015 年 3 月 19 日

关于印发《环保“领跑者”制度实施方案》的通知

财建〔2015〕501 号

各省、自治区、直辖市、计划单列市财政厅（局）、发展改革委、工业和信息化厅（局）、环境保护厅（局），新疆生产建设兵团财务局、发展改革委、工业和信息化局、环境保护局：

为贯彻落实《环境保护法》、《大气污染防治行动计划》（国发〔2013〕37 号）、《中共中央　国务院关于加快推进生态文明建设的意见》（中发〔2015〕12 号）和《水污染防治行动计划》（国发〔2015〕17 号）的有关要求，我们研究制定了《环保“领跑者”制度实施方案》，现印发你们，请认真组织实施。

附件：环保“领跑者”制度实施方案

财政部

国家发展改革委

工业和信息化部

环境保护部

2015 年 6 月 25 日

附件：

环保“领跑者”制度实施方案

环保“领跑者”是指同类可比范围内环境保护和治理环境污染取得最高成绩和效果即环境绩效最高的产品。实施环保“领跑者”制度对激发市场主体节能减排内生动力、促进环境绩效持续改善、加快生态文明制度体系建设具有重要意义。为贯彻落实《环境保护法》、《大气污染防治行动计划》（国发〔2013〕37 号）、《中共中央　国务院关于加快推进生态文明建设的意见》（中发〔2015〕12 号）和《水污染防治行动计划》（国发〔2015〕17 号）的有关要求，制定本方案。

一、基本思路

建立环保“领跑者”制度，以企业自愿为前提，通过表彰先进、政策鼓励、提升标准，推动环境管理模式从“底线约束”向“底线约束”与“先进带动”并重转变。制定环保“领跑者”指标，发布环保“领跑者”名单，树立先进典型，并对环保“领跑者”给予适当政策激励，引导全社会向环保“领跑者”学习，倡导绿色生产和绿色消费。

二、环保“领跑者”的基本要求

综合考虑产品本身的环境影响、市场规模、环保潜力、技术发展趋势以及相关环保标准规范、环保检测能力等情况，面向大气、水体、固体废弃物及噪声污染源头削减，选择使用量大、减排潜力大、相关产品及环境标准完善、环境友好替代技术成熟的产品实施环保“领跑者”制度，并逐步扩展到其他产品。具体要求：

（一）产品环保水平须达到《环境标志产品技术要求》标准，且为同类型可比产品中环境绩效领先的产品。

（二）推行绿色供应链环境管理，注重产品环境友好设计，采用高效的清洁生产技术，达到国际先进清洁生产水平，全生命周期污染排放较低。

（三）产品为量产的定型产品，性能优良，达到产品质量标准要求，近一年内产品质量国家监督抽查中，该品牌产品无不合格。

（四）生产企业为中国大陆境内合法的独立法人，具备完备的质量管理体系、健全的供应体系和良好的售后服务能力，承诺“领跑者”产品在主流销售渠道正常供货。

三、环保“领跑者”的遴选和发布

环保“领跑者”遴选和发布工作委托第三方机构开展，每年遴选和发布一次。根据《大气污染防治行动计划》、《水污染防治行动计划》确定的部门分工，有关部门根据实际情况，研究提出拟开展环保“领跑者”产品名录，并将相关具体要求在公众媒体上公开。相关企业在规定期限内自愿申报，按照专家评审、社会公示等方式确定环保“领跑者”名单。

环保“领跑者”标志委托第三方机构征集、设计，按程序审定后向社会公布。入围产品的生产企业可在产品明显位置或包装上使用环保“领跑者”标志，在品牌宣传、产品营销中使用环保“领跑者”标志。严禁伪造、冒用环保“领跑者”标志，以及利用环保“领跑者”标志做虚假宣传、误导消费者。

四、保障措施

（一）建立标准动态更新机制。

建立并完善环保“领跑者”指标以及现有环保标准的动态更新机制。根据行业环保状况、清洁生产技术发展、市场环保水平变化等情况，建立环保“领跑者”指标的动态更新机制，不断提高环保“领跑者”指标要求。将环保“领跑者”指标与现有的环境标志产品技术要求、清洁生产评价指标体系以及相关产品质量标准相衔接，带动现有环保标准适时提升。

（二）加强管理。

定期发布环保“领跑者”产品名录及环保“领跑者”名单，树立环保标杆。加强对第三方机构的监督管理，确保环保“领跑者”认定过程客观公正。环保“领跑者”称号实行动态化更新管理。开展跟踪调查，对出现产品质量不合格或违法排污等不符合环保“领跑者”条件的，撤销称号，并予以曝光。

（三）完善激励政策。

财政部会同有关部门制定激励政策，给予环保“领跑者”名誉奖励和适当政策支持。鼓励环保“领跑者”的技术研发、宣传和推广，为环保“领跑者”创造更好的市场空间。

（四）加强宣传推广。

通过公开发文、政府网站、大众传媒等方式向全社会宣传实施环保“领跑者”制度的目的与意义，扩大制度影响力。利用电视、网络、图书、期刊和报纸等大众传媒，以及召开新闻发布会、表彰会、推介会等形式宣传环保“领跑者”，树立标杆，弘扬典型，表彰先进，为制度实施营造良好的社会氛围、舆论氛围。

第三篇　国际环境经济政策选摘

典型国家环境税费政策汇总

英国环境税介绍

根据《京都议定书》协议，英国承诺到2010年温室气体排放比1990年减少20%。为了实现减排目标，英国于1997年开始建立环境税制以实现其环境改善目标。开征环境税有助于实现经济增长和环境相协调，与政府追求经济增长的核心目标是一致的。环境税也是英国政府实现环境改善的主要政策工具，是应对环境保护市场失灵的基本手段。

1 环境税及其发展

英国通过建立环境核算账户对环境变化产生的经济影响进行核算。环境核算账户是英国国民经济核算账户的一个重要组成部分，包括环境投入（如自然资源的消耗）和环境产出（如大气排放和废物）两个部分，全面反映政府和企业在环境保护方面的支出以及通过环境税取得的财政收入基本情况。

英国的环境税主要涉及能源、污染、交通和资源这四个方面。为与欧盟其他国家和经济合作与发展组织（OECD）进行比较，英国国家统计局办公室（The Officefor National Statistics，ONS）根据欧盟统计局（Eurostat）与OECD提出的国际税收指导，于2006年对英国的环境税进行了重新分类。调整后的英国环境税主要分为以下四类：

- 能源类，包括气候变化税（Climate change levy）、碳氢油税（Duty on hydrocarbon oils）、化石燃料税（Fossil fuel levy）；
- 交通类，包括航空乘客税（Air passenger duty）、机动车税（Vehicle excise duty）；
- 污染类，垃圾填埋税（Landfill tax）；
- 资源类，资源总量税（Aggregates levy）。

环境税收入由1993年的197亿英镑增加到2010年的421亿英镑，18年增长了114%。环境税历年具体收入和占税收和GDP的比例如表1所示。环境税历年各项税收收入及所占比例如表2和图1所示。

表1　环境税历年收入及占税收和GDP的比例

年份	占税收比例（%）	占GDP比例（%）	环境税收入（亿英镑）
1993	9.0	3.0	197.37
1994	9.3	3.1	218.20
1995	9.3	3.2	238.08
1996	9.5	3.3	256.43
1997	9.4	3.3	273.05
1998	9.7	3.5	306.70
1999	9.7	3.5	326.00
2000	9.3	3.4	331.36
2001	8.6	3.1	320.03
2002	8.7	3.1	328.46
2003	8.6	3.0	340.30
2004	8.3	2.9	352.57
2005	7.8	2.8	352.66
2006	7.3	2.7	358.08
2007	7.5	2.7	384.95
2008	7.2	2.7	389.76
2009	8.1	2.8	394.88
2010	8.1	2.9	421.66

表 2　环境税历年各项税收收入　　单位：亿英镑

年份	能源类	交通类	污染类	资源税
1993	159.86	34.82	0	0
1994	176.62	38.81	0	0
1995	192.71	42.93	0	0
1996	207.80	45.02	1.13	0
1997	219.51	47.76	3.61	0
1998	246.62	54.54	3.33	0
1999	262.16	57.57	4.30	0
2000	266.79	55.46	4.61	0
2001	257.59	49.26	5.02	0
2002	266.70	51.08	5.41	2.13
2003	267.31	55.01	6.07	3.40
2004	276.21	56.19	6.72	3.28
2005	277.39	56.58	7.33	3.27
2006	277.56	59.71	8.04	3.21
2007	289.72	72.67	8.77	3.39
2008	289.06	74.00	9.54	3.34
2009	283.25	74.30	8.42	2.75
2010	307.22	79.34	10.65	2.89

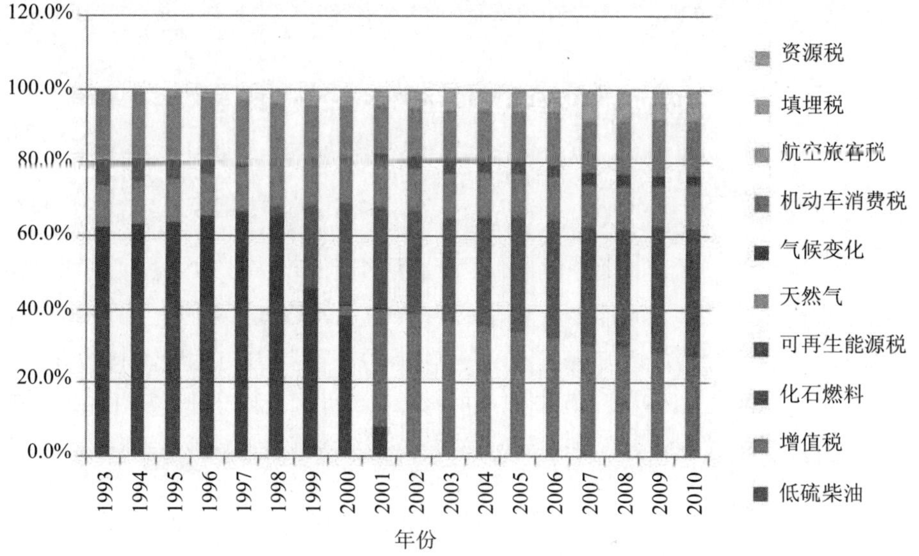

图 1　环境税各项税收历年所占比例

如图 2 所示，英国的环境税收入是通过向各行各业收缴而来的，其中 2000—2007 年，家庭缴纳的环境税平均占环境税总收入的 50%以上，交通运输业平均占了 16%左右，零售业和制造业各占了 7%和 6%。各行业对于环境税收入的贡献比如图 2 所示。

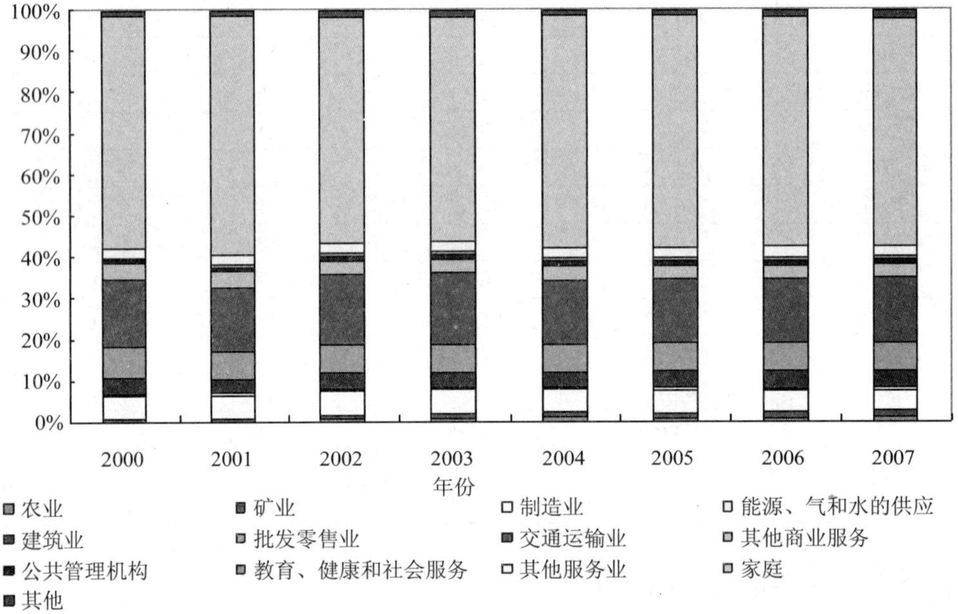

图 2　各行业对于环境税收入的贡献比例

2　能源税收（气候变化）

英国的能源税包括交通运输和固定源使用的能源产品税收，交通的主要能源产品是汽油和柴油，固定源能源产品包括燃料油、天然气、煤和电力。20 世纪 90 年代以前，英国能源税主要依赖于交通运输能源税。英国的运输燃料税几乎是欧洲乃至世界最高的，这归因于 20 世纪 90 年代燃料税的直线上升。从 1990 年开始，英国政府引入了化石燃料税，针对电力征收，是一种从价税。

……

2.1　气候变化税

为了鼓励企业减少能源消耗和使用可再生能源，帮助英国政府实现温室气体减排国际国内目标，英国自 2001 年 4 月 1 日起开征了旨在节约能源和保护环境的气候变化税，向特定能源（主要是电力、天然气、液化石油气和固体燃料）的供应者（主要供应给工业、商业及公共部门）一次性征收。这是世界上首次征收气候变化税。

2.1.1　气候变化税简介

英国最早涉及气候变化税有关内容的法律条例是 1996 年的金融法案。根据 2001 年制定的《气候变化税条例》和《气候变化协议条例》，气候变化税开始登上英国的历史舞台。气候变化税的纳税人是使用燃料（为加热、照明或动能而消耗的电力、天然气、固体燃料或液化石油气等）的工商业和公共部门。不同能源品种根据其能源含量当量而不是碳排放当量，执行不同的税率，税基是电力每千瓦时。税率从 2001 年实施以来未曾改变，但是英国政府决定从 2007 年才开始，每年根据通货膨胀对税率略作调整。具体税率如表 3 所示。

表 3　英国气候变化税　　单位：便士/千瓦时

年份	煤	电力	天然气	液化石油气
2001—2006	0.15	0.43	0.15	0.07
2007 年 4 月起	1.54	0.41	0.154	0.071 8
2011 年 4 月起	1.321（便士/千克）	0.485	0.169	1.083（便士/千克）
2012 年 4 月起	1.387（便士/千克）	0.509	0.177	1.137（便士/千克）

2.1.2　气候变化税的配套优惠政策

税法规定气候变化税免征范围是家用能源、小规模企业和非营利机构使用的燃料，使用新能源和可再生能源发电。为了促进企业提高能效，英国政府出台了一系列气候变化税的配套措施如：

- 签订气候变化协议，根据协议，能源密集型企业只要达到一定的能效或减排目标，即可减免 80%的气候变化税；
- 对农业部门生产企业在 5 年过渡期内减免 50%的气候变化税；
- 对达到国家标准的节能建筑，提供 40%的印花税优惠，对零排放建筑免征印花税；
- 对中小企业能效设备返还公司税（7%）；
- 使用石油产品、热电联产和可再生能源均可减免税收；
- 为了保护企业竞争力，气候变化税出台的同时，由用人单位缴纳的英国国民社会保险税率降低了 0.3 个百分点，以使气候变化税符合“税收中立”的原则。

此外，英国政府还对列入节能设备技术目录的产品实施加速折旧，由节能产品而产生额外费用可以在 1 年内计提折旧。目前加入这一协定的已经有 44 个行业企业，基本都能实现自己的减排目标。同时还设立了气候变化税的减排基金和针对小企业的碳基金，以此鼓励更多的企业提高能效、减少气体排放。英国财政部面向大企业设立了上亿英镑的减排基金和针对小企业的碳信托基金拨款。只要是与财政部签订减排协议的企业，都可申请一定数量的无息贷款，用于技术改造和设备更新等。目前与财政部签订协议的企业越来越多，许多企业都超额完成了减排任务。

2.1.3 气候变化税的影响

- 气候变化税的主要影响是通过宣传提高了社会对于环境的关注，而并非价格影响。气候变化税对能源节约型领域的影响微不足道，因为这一领域的大部分企业没有全部纳税，而且没有宣传的影响。不同能耗主体价格上升主要依据这个群体是否受制于这项收费，及其所消耗能源的类别。多数情况下，能源成本的增加很少（5%或更少）。
- 英国的能源需求对价格上涨的弹性较小，在气候变化税所涉及的多个领域，能源需求下降幅度仅在 1%～2%之间或更少。而这主要是通过包括宣传影响在内的非经济因素实现的。气候变化税税收比其他税种要低得多，而且比 20 世纪 90 年代的其他环境税也要低很多。因此，征收气候变化税也不能帮助英国经济有较大改善。气候变化税的税收循环是减少在职人员的社保支出，以减少通货膨胀指数，提高就业。尽管就业和收入的影响需要一段时间才能对 GDP 产生影响，但从长期角度看，对 GDP 的正面影响虽然较小，但也不能忽视。

2.2 燃油税

根据英国 1979 年制定的“碳氢油税法案”（Hydrocarbon Oil Duties Act 1979），碳氢油税是指对石油、由煤炭生产的煤焦油和油页岩、泥煤或者其他沥青物质等液体碳氢化合物征收的一种税，即英国的燃油税。

英国燃油税最早开征于 1909 年，由于石油价格多年的连续上涨，1919 年该税被废止，并用机动车税代替该税。1928 年由于燃油价格下降，政府决定再次征收燃油税。1998 年出台了燃油税法案（Fossil Fuel Levy Act 1998），2001 年、

2005 年和 2009 年相继对燃油税进行了调整，调整种类涉及汽油、柴油、重油、航空用油、交通用液化天然气等多种油品。各油品近年碳氢油税税率调整情况如表 4 所示。

表 4　近年碳氢油税税率调整情况

调整日期	车用汽油（便士/升）			柴油（便士/升）		航空汽油（便士/升）	重质油（便士/升）		道路燃油气（便士/千克）	
	含铅汽油和其他轻质油	无铅汽油	生物乙醇	柴油	生物柴油/混合柴油	航空汽油	燃料油	瓦斯油	天然气	其他道路用气
2009/4/1	62.07	54.19	34.19	54.19	34.19	31.03	10.00	10.42	19.26	24.82
2009/5/1	63.91	54.19	34.19	54.19	34.19	33.34	10.00	10.42	19.26	24.82
2009/9/1	65.91	56.19	36.19	56.19	36.19	34.57	10.37	10.80	22.16	27.67
2010/4/1	66.91	57.19	57.19	57.19	57.19	38.35	10.55	10.99	23.60	30.53
2010/10/1	67.91	58.19	58.19	58.19	58.19	38.35	10.74	11.18	25.05	31.95
2011/1/1	68.67	58.95	58.95	58.95	58.95	38.35	10.88	11.33	26.15	33.04
2011/3/23	67.67	57.95	57.95	57.95	57.95	37.70	10.70	11.14	24.70	31.61
2012/8/1	70.69	60.97	60.97	60.97	60.97	39.66	11.26	11.72	29.07	37.34

资料来源：英国税务海关总署。

3　污染排放税收（垃圾填埋税）

3.1　垃圾填埋税简介

垃圾填埋税（Landfill Tax）是对需要填埋处理的废物为课税对象的一种环境税，英国从 1996 年 10 月 1 日起，开始对居民垃圾征收垃圾填埋税。旨在减少垃圾填埋量，并促进环境友好的、可持续的废物管理方式。此项税收收入专门用于垃圾填埋方面的环保项目，并鼓励人们回收利用废品。

1996 年的《金融法案》涵盖了有关垃圾填埋税的主要内容，根据税法规定，废弃物是人们有意丢弃的物品，不管是将物品置于地面之上、地面之下或水面之下，或者置于矿洞的洞穴中，只要属于废物处理，都需要缴纳填埋税。该法案也提供了如下 3 个二级条例：

- 1996 年垃圾填埋税条例（SI 1996 No.152 7）：规定了该税在实施方面的

具体内容，如注册、信息收集和核算程序，并包括了垃圾填埋公共基金等方面的内容；

- 2011 年垃圾填埋税命令（SI 2011 No.101 7）：定义了征收低税率的废物类别；
- 2009 年垃圾填埋税命令（SI 2009 No.192 9）：列出了在垃圾填埋地需要缴纳垃圾填埋税的具体活动。

英国将垃圾分为三类：一般垃圾、低税率垃圾（惰性废物，即虽然不能直接回收利用，但经过工业处理可以化解）、免税垃圾（可以直接回收利用的垃圾）。垃圾填埋税的纳税人是垃圾填埋的运营者。垃圾填埋税根据要处理的废物重量征收，并根据要处理的废物是否属于活性物质实行差别税率。自 1996 年以来，垃圾填埋税的税率经过多次调整，但总体而言，该税采用两档税率，即标准税率和低税率。对惰性废物填埋税适用较低税率，定为每吨 2.5 英镑。为了改善居民生活环境，鼓励替代填埋废弃物的处理方式，减少填埋导致的碳排放和环境污染，英国政府逐年提高了垃圾填埋税税率，1996 年 10 月以来税率的主要变化见表 5。

表 5　垃圾填埋税历年税率变化

税率变化日期	标准税率	低税率
1996 年 10 月 1 日	7	2
1999 年 4 月 1 日	10	2
2000 年 4 月 1 日	11	2
2001 年 4 月 1 日	12	2
2002 年 4 月 1 日	13	2
2003 年 4 月 1 日	14	2
2004 年 4 月 1 日	15	2
2005 年 4 月 1 日	18	2
2006 年 4 月 1 日	21	2
2007 年 4 月 1 日	24	2
2008 年 4 月 1 日	32	2.5
2009 年 4 月 1 日	40	2.5
2010 年 4 月 1 日	48	2.5
2011 年 4 月 1 日	56	2.5

另外，根据英国 2009 年的预算案，2011 年至 2013 年期间，每年 4 月 1 日起，填埋税的标准税率每年提高 8 英镑，低税率到 2011 年 3 月 31 日之前一直维持每

吨 2.50 英镑的水平。2010 年的政府紧急预算案又提出，2014 年之后，政府还要继续提高填埋税的标准税率，到 2020 年，每吨垃圾填埋税的标准税率控制在每吨 80 英镑之下。

3.2　垃圾填埋税税收优惠政策

英国规定，如果处理废物中同时含有标准税率和低税率物质时，一般要按照标准税率纳税。但若含有的标准税率物质量较少时，也可以申请适用低税率。例如，当废物中含有大量的砖块、石头、混凝土等建筑垃圾，同时又含有少量的木头、塑料等物质且难以分别处理时，即可以申请低税率。垃圾填埋税主要规定了四种免税的情况：

- 为了航行目的，河流、运河、水道、码头或港口疏浚中产生的物质免税。但是英国要求清理出的物质必须含有可脱水的固体成分。这主要是为了保持和欧盟委员会的规定相一致。
- 采石采矿作业和垃圾填埋场垃圾填埋处置产生的废物可以申请免税。商业采矿采石作业或者尾矿回采过程中产生的废弃物质必须是自然产生的，且必须和地面上的物质含有相同的化学成分。
- 受污染土地修复产生的废弃物免税。这些修复的土地必须是工业或其他经济活动中留下的。要获得免税待遇，修复方必须进行申请并获得相应的资格认证证书，垃圾填埋场也必须获得一个证书，并标明在垃圾处理场可以获得免税的最大废物重量。但是如果修复土地再次被用于房屋或者工程建设，自工程建设之日开始，免税证书就失效了。政府规定，所有的免税证书的有效期截止到 2012 年 3 月 31 日。在此之后，受污染土地的修复也要交纳填埋税。
- 用于采石厂填埋的废物可以获得免税，但限于以前采石活动留下的采矿区的填埋，并需要进行申请。

3.3　垃圾填埋税的用途和影响

为了减缓垃圾填埋场对邻近社区的影响，英国政府设立了垃圾填埋社区基金（Landfill Communities Fund，LCF），正式的名称是垃圾填埋税减免方案。这种创新的税收减免机制可以使垃圾填埋场主将税款投给环境实体，帮助其实施环境项目，实现垃圾填埋税条例中的环境目标。

垃圾填埋场主最多可以将应缴填埋税税款的 6.2%贡献给环境实体，由此可以获得相当于贡献资金 90%的税额抵免。剩余的 10%由垃圾填埋场主自行负担，或由第三方支付给场主。

LCF的设计考虑到了多方合作，将公立部门、私营部门和志愿行业结合起来，追求共同的环境目标，创造环境效益和更多的工作机会，改善垃圾填埋场邻近社区的生活。通过LCF实施的项目必须是非盈利的，且在垃圾填埋场10英里范围之内的，并需要达到下列目标之一：

- 修复已废弃且不可利用的土地，包括废弃建筑的石棉拆除和废钢厂土地的污染物控制等；
- 降低、防止或减缓污染物产生的影响，而这些污染物是在已经停止的生产/施工过程中产生的；
- 提供或改善基本的公共宜居环境，包括运动场地、体育设施、公园、残疾人专用设施、公共花园、动物园设施以及林荫木栈道等；
- 保护或改善生物及其原始栖息地；
- 修复宗教或历史建筑，如有价值的公共建筑和地标式建筑如磨坊、陵墓、清真寺和教堂等。

目前，LCF资金资助的项目包括Kellingley儿童活动场地、Guru Nanak Gurdwara社区中心大楼、Pulborough河流自然保护项目、One Minet滑板公园、Exeter教堂图书馆、Fife保护红松鼠项目以及伯明翰公园的生物多样性行动等。自1996年至今，已有将近3万个项目由LCF资助完成。

3.4 垃圾填埋税的征收管理

在英国，财政部负责各项税收的收缴工作，包括垃圾填埋税的征收，垃圾填埋社区基金（LCF）的现期目标也是由财政部设定的。英国税务海关总署负责收取未捐给LCF的垃圾填埋税，并评估垃圾填埋场主由于捐款而获得税收减免的申请。税务海关总署同时还负责审批和监督LCF监管方ENTRUST。

英国食品和农业部负责履行政府的废物管理战略。2003年4月，英国对LCF进行了改革，包括取消LCF用于废物科研和教育项目的资金。时至今日，食品和农业部已实施方案成功履行了政府的废物管理政策。

4 交通税收

交通类税收主要包括对机动车辆的拥有和使用征税，如汽车消费税，还有向其他交通工具（如飞机）及其相关交通服务征税，如向租赁飞机和定期航班征收飞机乘客税。交通税收既可能是针对交通工具进口或销售的一次性税收，又可能是如每年的道路税等经常性税收。汽油、柴油和其他运输燃料税包含在能源税中，详见第 2 章有关能源税的讨论。

4.1　汽车消费税

汽车消费税是对已经注册登记并在道路上正常行驶的机动车按年征收的一种消费税。开征机动车税的目的在于促使消费者使用更加环保的汽车产品。税法规定，消费者使用电动汽车是免税的。

英国机动车征税最早始于 1896 年的“英联邦轻型机动车征税计划”，当时只对摩托车征税。1903 年制定了“摩托车法案”（the Motor Car Act 1903），开始对所有的道路上行驶的车辆征收。1919 年英国废除了汽油税，并提高了机动车税的税负。直到 20 世纪 90 年代晚期，英国机动车税都采用固定税率的税率征收，机动车税和购买与使用的汽车类型无关。英国于 1994 年制定了机动车消费和注册法案（Vehicle Excise and Registration Act 1994）。2001 年开始对机动车实行差别税率，税率的高低与机动车排放的二氧化碳相联系，车辆产生的二氧化碳越多，车主支付的税收也越多。自此，英国成为欧盟国家中唯一不以机动车特征为征税依据的国家。

根据二氧化碳排放量大小征税的制度给机动车生产厂商和消费者提供了一个明确的政策信号，体现了政府对消费者使用小排放量、低污染机动车的激励。机动车税根据排放量大小征税的同时，也对使用不同燃油类型的机动车规定了不同的税率。总体而言，使用天然气和液化石油气等清洁燃料的汽车的税率稍低。

自 2009 年 10 月起，英国对汽车消费税的税率进行了新的调整。2001 年 3 月 1 日以后登记的小汽车根据二氧化碳排放量被划分为 13 个档次，消费者将根据新的汽车排量分组缴税，具体各档税率如表 6 所示。

表 6　2001 年 3 月 1 日之后登记的机动车税率　　单位：英镑

汽车税分组档次	CO_2 排放量/（g/km）	汽油或柴油车		可替代性燃油车	
		12 个月	6 个月	12 个月	6 个月
A 组	低于 100	0	—	0	—
B 组	101～110	20	—	10	—
C 组	111～120	30	—	20	—
D 组	121～130	95	52.25	85	46.75
E 组	131～140	115	63.25	105	57.75
F 组	141～150	130	71.50	120	66

汽车税分组档次	CO_2 排放量/(g/km)	汽油或柴油车		可替代性燃油车	
		12 个月	6 个月	12 个月	6 个月
G 组	151～165	165	90.75	155	85.25
H 组	166～175	190	104.50	180	99
I 组	176～185	210	115.50	200	110
J 组	186～200	245	134.75	235	129.25
K 组	201～225	260	143	250	137.50
L 组	226～255	445	244.75	435	239.25
M 组	超过 255	460	253	450	247.50

注：K 组还包括 CO_2 排放量超过 225g/km 但在 2006 年 3 月 23 日之前注册的机动车。

资料来源：英国交通部。

然而 2010 年 4 月 1 日之后登记注册的机动车，消费者要在第一年按另外的税率支付机动车税（见表 7），第二年开始再按上述标准税率缴税。

表 7　2010 年 4 月 1 日之后登记的新车第一年税率　　单位：英镑

汽车税分组档次	CO_2 排放量/(g/km)	汽油或柴油车		可替代性燃油车	
		12 个月	6 个月	12 个月	6 个月
A 组	低于 100	0	—	0	—
B 组	101～110	0	—	0	—
C 组	111～120	0	—	0	—
D 组	121～130	0	—	0	—
E 组	131～140	115	63.25	105	57.75
F 组	141～150	130	71.50	120	66
G 组	151～165	165	90.75	155	85.25
H 组	166～175	265	—	255	—
I 组	176～185	315	—	305	—
J 组	186～200	445	—	435	—
K 组	201～225	580	—	570	—
L 组	226～255	790	—	780	—
M 组	超过 255	1 000	—	990	—

资料来源：英国交通部。

不同种类和用途的机动车不必缴费也可以获得机动车税牌，如电动汽车、1973 年前生产的车、有轨电车、无人车、警车、消防车、救护和医疗服务用车、矿车、某些农业和道路维护用车、推土车和铲雪车、正在接受检测的车辆、外国军方车辆以及皇家车辆等。

汽车消费税由英国司机和车辆许可局（Driver and Vehicle Licensing Agency）负责收缴和执行。2009 年，汽车消费税为英国带来了 56.3 亿英镑的财政收入。

4.2　航空乘客税

航空乘客税是对从英国机场起飞的载重量超过 10 吨或者座位数量在 20 座以上的应税航空器上搭乘的乘客征收的一种消费税，是对因航空排放造成的环境污染进行补偿征收的税，由航空公司或票务代理公司在向旅客出售机票时代收。

英国第 30 号财政法案（修订）决定从 1994 年 11 月 1 日起开征航空乘客税。其税率的高低取决于飞行距离和乘客所选择的仓位。航空乘客税根据航空目的地不同分四档税率征收，见表 8。2008 年政府提出要重构航空乘客税，税率从根据目的地征收变更为根据航空里程征收，并根据目的地距伦敦的航空里程差异把税率分为 A、B、C、D 四组，见表 9。

表 8　航空乘客税旧税率　　单位：英镑

旧税率	2007 年前	2007 年 2 月至 2009 年 10 月
欧洲目的地，最低舱位	5	10
欧洲目的地，其他舱位	10	20
其他目的地，最低舱位	20	40
其他目的地，其他舱位	40	80

表 9　航空乘客税新税率　　单位：英镑

新税率	2009 年 11 月起		2010 年 11 月起		2012 年 4 月起	
	最低舱位	其他舱位	最低舱位	其他舱位	最低舱位	其他舱位
A 组（0～2 000 英里）	11	22	12	24	13	26
B 组（2 001～4 000 英里）	45	90	60	120	65	130
C 组（4 001～6 000 英里）	50	100	75	150	81	162
D 组（6 000 英里以上）	55	110	85	170	92	184

乘客可以在应税航班发生七日内进行纳税申报，否则将受到惩罚。在完成纳税登记之后，财政部将每月寄给纳税人一个纳税单，纳税人在履行纳税义务之后寄回财政部门。纳税人必须确保航空乘客税申报单上申报数量真实准确，并保证纳税义务的公正公平。

以下几种情况下乘客可以享受免征飞机乘客税的优惠政策，其中包括飞机机务人员、2 岁以下且不占座位的婴幼儿、经停但未转机的乘客、飞行时间不超过 1 小时且在同一机场起飞降落的飞机以及军用飞机等。

据英国财政部预计，航空乘客税的税率提高可以在 2010 年至 2012 年期间每年削减 30 万吨二氧化碳排放量，同时也大幅提高了旅客的航空成本，直接影响到旅客出行和机场运营。机场运营商协会认为航空工业支付的资金已超出其环境成本。该协会认为，提高航空乘客税税率的措施不利于 GDP 的增长，将影响英国就业，是一项不利于经济增长的措施。

5 资源税

资源总量税又名石方税，是对商业开采的岩石、沙子和大理石等矿产资源征收的一种总量税，煤、褐煤、页岩、板岩、黏土和金属矿石，石膏，萤石等物质免税。政府认为，资源开采和运输过程产生了噪声、粉尘、视觉污染，也加快了生物多样性丧失，对环境造成了不良的影响，因此，资源的价格应该反映环境成本，以促进资源循环利用或者替代资源的使用。

5.1 资源总量税简介

为开征资源税，英国政府曾对资源开发产生的环境成本在 1997 年 9 月至 1998 年 3 月和 1998 年 9 月至 1999 年 2 月期间进行了研究。在此期间，政府也曾试图寻找替代税收的解决方案，由于认为矿业协会提出的改善环境的措施不足以应对产生的环境问题，在 2000 年预算报告中，政府决定于 2002 年 4 月开征资源总量税，对利用英国陆地和水域范围内石方（石头、沙子、砂粒、矿石）的进行商业开采活动的开采者征税。并根据资源开采对环境造成损害的评估的环境成本，设定税率为每吨 1.6 英镑，到 2011 年 4 月 1 日税率已经提高到每吨 2 英镑。该税以减少石方总量的需求为目的，适用于在英国境内陆地和领海范围内的海底挖出的碎石和沙子、提取砾石和岩石等矿物制品。开采的资源若用于产品出口则不征税，但从国外进口上述资源并用于建筑等领域却需要纳税。

5.2 资源总量税的优惠政策及影响

对于完全由以下材质组成的石方免税：废陶土或废球黏土；特定的工业矿物加工废料；建筑工地产生的石方；航道挖掘产生的石方；公路修建施工过程中产生的石方。此外，对再生矿物制品不征税，对回收的石方或已税的石方不再重复征税。并鼓励使用再生材料。纳税人也可以申请特定减免税优惠。

英国开征资源总量税后，可征税的石方总数逐年减少，从 2005 年的 2.47 亿吨减少到 2010 年的 1.63 亿吨，减少了 34%。可见英国采矿数量逐渐减少，说明资源总量税促进了环境的改善。

在开征资源总量税的同时，英国政府降低了 0.1%的雇主社会保障税税负。并将征收的资源总量税用于支付治理采石地粉尘噪声、恢复自然景观和社区娱乐场所、恢复生物栖息地生存质量、保护当地的生物多样性、恢复和保护当地的历史环境、减轻污染等相关费用。并每年拿出 350 万英镑用于其他替代资源的开发，以降低矿产资源开发对环境造成的影响。

6　英国环境税的征收管理

在英国，一般由英国税务及海关总署（Her Majesty's Revenue and Customs）负责税务的征收管理。税务海关总署是英国政府的非部长制政府部门之一，主要职责包括税项征收、进口管制及部分形式的国家支援。下面对英国环境税的征收管理基本情况做如下介绍：

（一）纳税申报。税款的征收一般以纳税人（公司或个人）填写的纳税申报表为依据。公司税按每个财政年度（由 4 月 1 日至次年 3 月 31 日）规定的税率申报纳税。公司应在申报表之外附加其年度会计报表，如果公司在正常的税款支付期之前未能及时提供足够的信息以便税务官员估定税款（财务结算期结束的 9 个月之内），那么税务当局可对其处以罚息。

对个人而言，其所得税及资本利得税则按纳税年度（4 月 6 日至次年 4 月 5 日）申报。个人应在其纳税申报表中详细填报其所得、利得及其申请的费用、津贴、折扣等。独立个人劳务者也必须在申报其应税的经营或职业所得时附送经营报表。雇员如个别的投资收入，可由其雇主代扣税款（对于此类纳税人，税务机关一般隔几年才会要求其填报纳税申报表）。纳税人一般须在收到报表 30 日之内填报。

（二）征收和支付方式。英国对公司及个人分别规定不同的规则，适用直接征收制或预扣制。公司一般在会计年度结束后 9 个月内支付其税款。对个人，如果税款的预扣制不能实施，税务机关则会采取直接征收制：雇员分季按估计收入预缴，待实际数字计算出来后再进行调整。个人应就其经营所得、职业收入等在每年 1 月 1 日及 7 月 1 日分两次缴付税款。非职业性所得则以当年收入为基础在 1 月 1 日支付。资本利得及其他适用较高税率的所得（如利息）则在下一年度的 12 月 1 日前支付。

7 英国的碳交易

2002 年 4 月，英国政府开始实施自愿性的碳排放交易制度（UK ETS），主要目的是在欧盟碳排放交易尚未启动前，为英国政府和企业积累相关经验，以保证其在应对气候变化领域的领跑者地位和国内工商业的竞争优势。至 2006 年 12 月，UK ETS 为英国累计减排约相当于 720 万吨二氧化碳的排放量。UK ETS 于 2007 年 3 月正式纳入欧盟碳排放配额交易体制（EU ETS）。

EU ETS 是根据欧盟“排放交易”指令 2003/87/EC 及其修正案建立起来的强制性碳减排法律制度。EU ETS 将欧盟根据《京都议定书》承担的到 2012 年较 1990 年减排 8%的国际义务分配给各个成员国。各成员国根据其承担的减排义务制定“国家分配计划”，确定纳入 EU ETS 的碳排放总额，并将碳排放配额分配给国内的相关企业。企业的实际排放量如果大于排放配额，则需要从交易市场买入排放配额，否则将会受到重罚；企业的实际排放量如果小于排放配额，则可以在交易市场上出售多余的排放配额。

EU ETS 分阶段实施，第一阶段（2005—2007 年）为试验阶段，至少 95%的排放配额免费发放给企业；第二阶段（2008—2012 年）开始正式运行，至少 90%排放配额免费发放给企业；第三阶段（2013—2020 年），免费分配给企业的排放配额逐年减少，从 2013 年的 80%减少到 2020 年的 30%。英国在 EU ETS 第二阶段承担减排 12.5%的义务，每年的碳排放总额为 2.462 亿吨二氧化碳当量。目前，英国约有 900 处排放源处于 EU ETS 的监管之下，它们的碳排放量约占英国的 50%。

德国环境税介绍

环境税收政策是德国在环境保护工作中具有间接影响力的重要手段。开征环境税有助于德国实现经济增长和环境相协调，与政府追求经济增长的核心目标是一致的。德国的二氧化碳排放量在逐年降低，该国在欧盟应对气候变化方面，无论从政策、措施到行动做得都非常好。德国在环境税费领域丰富的实践经验对中国有着重要的借鉴意义。

1　德国环境税概况

德国税收主要分为联邦税、地方税和共享税。2009 年 7 月 1 日之前，除机动车税外，其他环境税收均属于联邦税。2009 年 7 月 1 日以后，机动车税由州税归入联邦税，至此所有德国环境税都属于联邦税。

2011 年前，德国的环境税主要包括能源税、电力税和机动车税，2011 年德国政府又开征了航空税和燃料税。德国现行环境税具体划分为：

1. 能源类，主要包括：
- 能源税（Energy tax）；
- 电力税（Electricity tax）；
- 核燃料税（Nuclear fuel tax）。
2. 污染类，主要包括：废水污染税费（Wastewater charge）
3. 交通类，主要包括：
- 机动车税（Motor vehicle tax）；
- 航空税（Air transportation tax）。

德国环境税收入近几年来持续增长，2009 年环境相关税收收入为 543 亿欧元，2010 年增加到近 545 亿欧元，2011 年又开征了航空税和核燃料税，环境相关税收上升到 575 亿欧元。环境税近年具体收入和占联邦税收入的比例及各项税收所占环境税比例如表 1 和图 1 所示。

表 1　环境税近年收入及占联邦税比例

	2009 年	2010 年	2011 年
联邦税	893.18	934.26	991.34
能源税	398.22	398.38	400.36
电力税	62.78	61.71	72.47
机动车税	82.01	84.88	84.22
航空税	—	—	9.05
核燃料税	—	—	9.22
环境税合计	543.01	544.97	575.32
占联邦税	60.80%	58.33%	58.03%

资料来源：德国统计局。

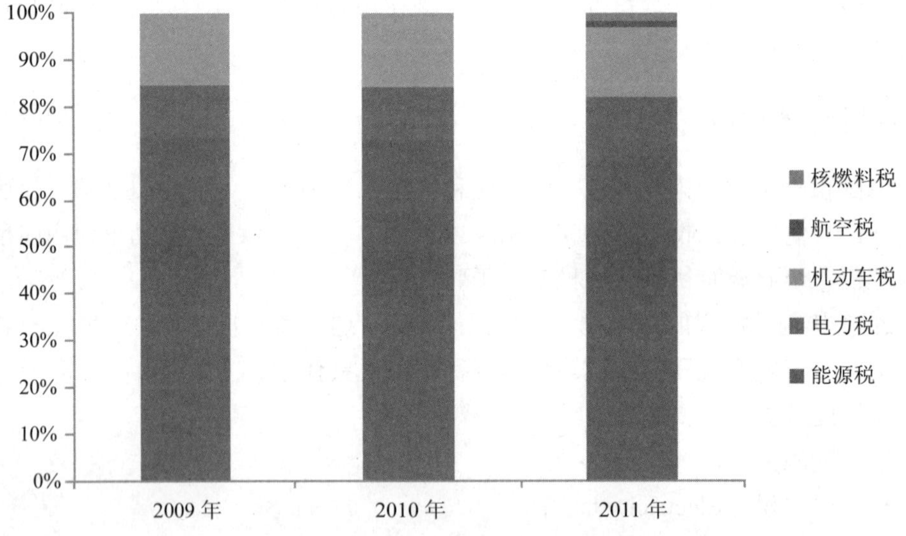

图 1　环境税各项税收近年所占比例

2　能源税收

德国的能源类税收包括能源税、电力税和核燃料税。德国 1999 年首先对摩托车燃料、轻质燃料油、天然气和电力征税。能源税主要包括汽油、柴油、燃料油、液化气、天然气和煤炭等。从 2000 年开始对重质燃料油征税。核燃料税是德国政府于 2011 年最新开征的税种。

2.1　能源税简介

德国对用作动力或供热燃料的能源产品和动力加以征收能源税。开征能源税的目的是借助税收杠杆影响能源价格，挑战能源市场供求关系，推动生产高耗能产品的生产技术改革，提高社会生产力；同时降低能源消费，树立能源保护意识，对具有稀缺性和不可再生性的能源予以保护；并减少能源使用对环境的污染。

能源税的法律依据是德国政府 2006 年颁布生效的《能源税法》，德国立法机关同时还颁布了《能源税实施细则》。对《能源税法》进行阐释并规定具体操作问题。

能源税的主要征税对象包括汽油、柴油、轻质燃料油、重质燃料油、液化气、天然气、煤炭以及用作动力或供热燃料的生态柴油和植物油。能源产品和动力只有在被用作动力燃料或供热燃料时才能被征以能源税。

能源税的纳税人是在经济流通环境中生产或销售能源产品的一方，可以是生产场所、储存仓库、加油站和消费者之间的任何一方。但是作为流转税的一种，能源税的最终税负将转移到消费者身上。为了让纳税义务人拥有足够的时间将税收负担转嫁给下一方，税法允许纳税人有一定的纳税期限。煤炭和天然气的纳税期限为 40 天，其他能源平均为 55 天。

能源税采用从量定额征收，对不同类型的能源规定不同的税率和计量单位。德国能源税具体的税率如表 2 所示。

表 2　德国能源税税率

能源	征税对象与方法	税额（欧元）
用作动力燃料时：		
无铅汽油	含硫量每千克高于 10 毫克（1 000 升）	669.80
	含硫量每千克低于 10 毫克（1 000 升）	654.50
含铅汽油	1 000 升	721
柴油	含硫量每千克高于 10 毫克（1 000 升）	485.70
	含硫量每千克低于 10 毫克（1 000 升）	470.40
液化气	2018 年 12 月 31 日以前（1 000 千克）	180.32
	2019 年 1 月 1 日起（1 000 千克）	409
天然气	2018 年 12 月 31 日以前（100 万瓦特时）	13.90
	2019 年 1 月 1 日起（100 万瓦特时）	31.80
用作供热燃料时：		
轻质燃料油	1 000 升	61.35
重质燃料油	1 000 升	25

能源	征税对象与方法	税额（欧元）
液化气	1 000 千克	60.60
天然气及其他碳氢化合物气体	100 万瓦特时	5.50
煤炭	1 000 兆焦耳	0.33

资料来源：德国联邦司法部，能源税法。

2.2 能源税税收优惠政策

德国对能源税的征收设置了一系列税收优惠或减免政策，既包括提供给能源生产商的税收优惠，也包括对某些能源使用企业的税收减免以及其他涉及民生和环保的能源税税收优惠政策。具体包括：

- 能源产品用作动力或供热燃料以外的用途时无须征税，包括用作原材料或在电解和冶金过程中使用时；
- 能源产品生产商在生产或运营中所消耗的用作动力或供热燃料的能源，也无需征税；
- 根据《能源税法》，生产企业应缴纳的能源税额超过 205 欧元时，其余的液化气和天然气的能源税仅需依现行税率的 40%缴纳，燃料油仅需依现行税率的 27%征收，并同样可以抵扣掉 205 欧元作为纳税人的自留款；
- 生产型企业可根据缴纳的能源税相应减少在社会养老保险上的支出；
- 航空公司和海运公司无须为飞行器或船只维修和运营时所需的能源产品缴纳能源税；
- 对农林用途的柴油给予税收减免，在每年消耗柴油低于 1 万升时，只征收每 1 千升 214.8 欧元的定额税，并额外享受 350 欧元的税收减免；
- 煤炭用于动力或供热燃料发电的，可免缴能源税；
- 对于所消耗的汽油或柴油，公交公司只需按每 1 千升 54.02 欧元的优惠税率缴纳能源税；
- 使用生物沼气、污水气、炼焦气及类似气体用于供热或动力燃料时，可予以税收减免；
- 为残疾人或社区管理服务的企业，若其经营范围在农业或统计局认定的产品生产范围内，也可享受相应的税收优惠。

2.3 能源税的征管及使用

德国能源税属于联邦政府专属的中央税收，在联邦政府财政收入中占有重要位置。德国海关负责对能源税进行征管。表 3 总结了德国 2009—2011 年能源税的财政收入及其所占联邦税收入的比例。由此可见，德国能源税是联邦税的重要税种之一，近年来在联邦税收中的占比保持在40%以上。

表3　德国能源税收入及其占比　　单位：亿欧元

	2009年	2010年	2011年
联邦税收入	893.18	934.26	991.34
能源税收入	398.22	398.38	400.36
能源税占比（%）	44.58	42.64	40.39

资料来源：德国统计局网站。

德国能源税的收入主要用于联邦政府的财政支出。为保护本国企业的国际竞争力，德国政府已减免了能源税纳税企业在养老保险上的支出，因此联邦政府将大部分能源税收入用于支付法定养老保险的退休金，小部分用于交通建设。

2.4　能源税实施效果

对德国的一项研究显示，由于能源税的实施，截至2002年年底，二氧化碳减排量将超过了700万吨，同时会创造6万个新的就业岗位。另一项对能源税效果的研究显示，税收实现了预期的生态效果，包括能源耗费的降低以及二氧化碳的排放到2005年下降2%～3%。该研究也表明，能源税对劳动力市场亦有正面影响，创造了25万个新的就业岗位。将税收收入投入到养老基金，不仅提高了雇员的净工资，还降低了雇员和雇主交纳养老保险的金额。

3　污染排放税收（废水污染税费）

3.1　废水污染税简介

德国现行的污染排放税主要是废水污染税，该税是政府向直接将废水排入水域（包括地表、地下）的单位和个人征收的一种税。其法律依据是1994年11月3日颁布的《废水纳税法》。

根据《废水纳税法》，废水是由家庭、商业、农业或其他用途产生的，其特性发生变化的和在干热天气流在一起的水（脏水），以及建筑物的固定面积流来或积聚起来的水（雨水），从处理、储存和堆放废物的设备释放和积聚起来的液体也视为脏水（《废水纳税法》第2条）。

该税的目的是保持和改善水资源质量。废水污染税的征税主体是由各州进行征收，其纳税义务人是直接排放废水的排放者，各州可规定公共法人团体作为排放者负有纳税义务。其税率是根据废水的有害性而定，以氧化物、磷、氮、有机卤化物、金属汞、镉、铬、镍、铅、铜和它的化合物以及废水对鱼的毒性为基础，废水纳税按有害单位计算。在评估有害性时，对测量设备有害性的规定要与当时的科学技术水平相符合，目的是为简化审理程序，或者是为了减少在确定有害性时所需要的人力和物力上的浪费。

根据税法，自 1981 年以来，废水污染税从 12 德国马克每有害当量增长到 1997 年的 70 德国马克，之后一直保持该税率不变。这里所指的有害当量可以代表 50 千克的 COD、25 千克氮、3 千克磷、2 千克有机卤素、20 克水银、100 克钙、500 克铬、500 克镍、500 克铅或 1 千克锌。1981 年 1 月以来税率的主要变化如表 4 所示。

表 4　废水污染税历年税率变化

税率变化日期	每有害当量税率（马克）
1981 年 1 月 1 日	12
1982 年 1 月 1 日	18
1983 年 1 月 1 日	24
1984 年 1 月 1 日	30
1985 年 1 月 1 日	36
1986 年 1 月 1 日	40
1991 年 1 月 1 日	50
1993 年 1 月 1 日	60
1997 年 1 月 1 日之后	70

资料来源：德国《废水纳税法》。

3.2　废水污染税税收优惠政策

1. 根据《废水纳税法》的规定，下列情况的废水排放没有纳税义务：

- 使用前从水域提取的水已被污染，但没有《税法》所规定以外的其他毒性；
- 开采矿物原料形成的表层水域中被污染的水，这些水只用于清洗提取的产品，不含其他有害物，并保证没有有害物进入水域；
- 由船只产生并排放的受污染的水；
- 3 公顷大小固定面积和铁路的雨水，未由公共排水道排走时。

2. 州可以规定把废水排入地下层。地下水由于其自然特性，不适合用传统的水净化法提取饮用水，此时废水排入地下层无纳税义务。

3. 如新建或扩大废水处理设备有可能减少 20%以上有害物或有害物群，并减少排入水域的总有害物。对于新建或扩大废水处理设备的费用，可以同设备投入使用前 3 年为排放所欠的税一起结算。如果税已支付，可要求退还，但不能要求偿还利息。

3.3 废水污染税的用途和影响

废水纳税的收入，应用于保持和改善水域资源的措施。州可以对执行《废水纳税法》和州补充法律条款所产生的管理费用作出规定，从废水纳税的收入得到补偿。废水污染税收入具体可用于：

- 建立废水处理设备；
- 建立雨水回收池和雨水净化设备；
- 在拦水坝、湖和湖岸边建立环形接受渠道，建立清除污水的总收集设备；
- 建立清除淤泥的设备；
- 采取观察和改善水域资源的措施，如提高雨水低水位和增加氧气含量；
- 设备的研发，改善水域资源；
- 为废水处理设施和其他保护和改善水域资源的设备培训企业人员。

4 交通税收

德国的交通类税收主要包括机动车税和新开征的航空税。汽油、柴油及其他运输燃料税包含在能源税中，详见第 2 章有关能源税的讨论。

4.1 机动车税

4.1.1 机动车税简介

德国机动车税是对在公共道路上行驶的德国机动车或对在德国公共道路上行驶的外国机动车征收的一种交通税。征收机动车辆税的法律基础是 1994 年的《机动车辆税法》。该税 2010 年之前是由州财政管理的交通税，所收税款归属各州。2010 年之后，机动车税纳入联邦税收。机动车税是真正意义上的税，并不是因为使用公共道路而征收，因此其征收与公共道路的建设没有直接联系。

德国机动车税的征收以汽缸总容积（Cylinder Capacity）和尾气排放标准为计税依据。以一辆 1.5 L、满足 Euro 2 排放标准的汽油轿车为例：每 $100cm^3$ 气缸容量需缴纳 7.36 欧元的汽车税，则每年所需缴纳的机动车税为 15×7.36=110.40 欧元。机动车税为一年缴纳一次，缴纳日期以机动车得到上路许可证之日为准，当年机动车税超过 500 欧元时，需增加 3%的附加费用；超过 1 000 欧元时，需增加 6%的附加费用。具体税率征收标准如表 5 所示。

表 5 德国机动车税的征收标准（欧元/（100 cm^3 • a））

排放标准/总重量	汽油	柴油
Euro 3、Euro 4、3.0L 机动车	6.75	15.44
Euro 2	7.36	17.25
Euro 1	15.13	28.55
非低排放量（可在臭氧预警期间行使）	21.07	33.29
非低排放量（不可在臭氧预警期间行使）	25.36	37.58
其他	25.36	37.58

资料来源：《北京市机动车排污收费/收税政策研究》，清华大学，环保部环境规划院，2010 年。

4.1.2 机动车税税收优惠

根据税法规定，机动车税对电动汽车和排污量较少的个人汽车有税务减免的优惠政策。个人汽车是指与载重汽车相对，其建造种类及配置对应且符合载人要求，也可用于货运，除驾驶座外，最多可运载 8 人的汽车。这种税务优惠是与车相联系，而不是车主，即在汽车转手的情况下，已享受的税务减免不能转移给新车主。此外，用于农业、国防、外交和慈善等用途的车辆也享受相应的税收减免。

由于税收激励政策的实施，使提前达到 Euro 3（2000 年实施）和 Euro 4（2005 年实施）标准的机动车的市场份额迅速增长，如图 2 所示。

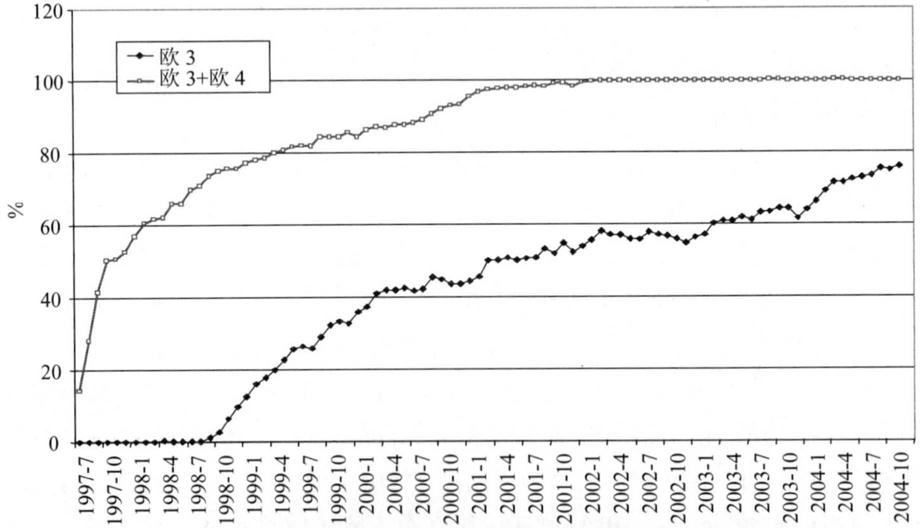

图 2 1997—2004 年德国新客车的总销售量达到欧 3 和欧 4 标准的机动车份额

资料来源：德国环境、自然资源保护和核安全部。

4.2 航空税

2010 年，德国颁布了《航空税法》，该法于同年 12 月 15 日生效。但是，凡是 2010 年 9 月 1 日起预订的 2011 年 1 月 1 日及之后机票的乘客，均需缴纳航空税。

德国根据航程长短分三个等级征收航空税：国内及欧洲境内 2 500 公里以内的短途航班，每位乘客需支付 8 欧元航空税；6 000 公里以内的中长距离航班，需缴纳 25 欧元；超过 6 000 公里的远距离航班将收取 45 欧元税款。

《航空税法》也规定了一系列税收优惠政策，下列情况无须缴纳航空税：

- 转机的乘客；
- 2 岁以下无单独座位的儿童；
- 军事飞机；
- 由于中途停飞而重复起飞的飞机；
- 医务飞机；
- 非商务飞机；
- 空乘组离港；
- 往返于德国海岛的海岛永久居民；
- 往返于国内、丹麦或荷兰北海海岛的乘客。

2011 年，航空税收入已经为德国财政增加了 9.05 亿欧元的收入。德国规定航空税收入纳入政府基本财政，不专门用于环境保护类项目。

5 德国环境税的征收管理

在德国，一般由德国联邦税务局和州税务局负责税务的行政管理。地方税务办公室属于州税务局，负责管理共享税和税收返还工作。目前德国大约有 650 个地方税务办公室。下面对德国环境税的征收管理基本情况做一介绍：

（一）征收管理。德国环境税的征管普遍采用电算化。绝大多数纳税人都是通过电子邮件后委托税务代理机构进行纳税申报的。纳税人纳税申报后，税务局主要是凭借计算机和网络对申报表进行审核、征收和缴库。电算化在环境税征管的过程中应用广泛，有效地提高了税务局的工作效率。

（二）纳税申报。由于德国税务机关没有税法宣传的义务，纳税人一般通过税务代理了解税收政策。且大多数纳税人不愿花费时间自行报税。因此纳税人大多委托税务代理（注册会计师）进行纳税申报。德国的大型企业一般内部设有专门的税务部门，并有自己完善的税务体系。但有些纳税人也会委托外面的会计师编制财务报表，或作为税务顾问为企业提供咨询服务等。

（三）税务审计。德国的州和地方税务局内部一般设有税务检查机构，专门负责税务审计。税务局根据企业规模、人数及利润大小确定重点审计对象。对大型企业进行年审，中小企业三年审一次，对小业主实行随机抽样检查。

6 德国的碳交易

根据《京都议定书》的规定，欧盟需要承担碳减排任务，即到 2012 年较 1990 年降低 8%。欧盟在 2003 年建立欧盟排放交易系统（EU ETS），将减排义务分配给各个成员国。各成员国根据其承担的减排义务制定“国家分配计划”，确定纳入 EU ETS 的碳排放总额，并将碳排放配额分配给国内的相关企业。

在德国国内碳交易参与企业的选择上，德国核查了国内所有机器设备的二氧化碳排放量，对于排放量达到一定量以上的设备，其生产企业需要与德国联邦环保局在达成自愿协议的基础上，经审核取得排放权，进行排放交易。企业在申报排放权指标时还要按照技术标准核实自有设备的二氧化碳排放情况，联邦环保局会进行调查核实。

此外，德国还规定了严格的申报审核批准程序。获得排放权的企业在排放权取得和交易环节，应按照有关法律法规，缴纳相应的开户费、登记管理费、交易费或罚金等。

7 德国环境责任法

颁布日期：1990.12.10　　施行日期：1991.01.01　　颁布单位：德国

第 1 条【环境影响设备的责任】

由于附录一列举之设备对环境造成影响而导致任何人身伤亡、健康受损或财产损失，设备所有人应对受害人因之而生的损害负赔偿责任。

第 2 条【未完工设备的责任】

（1）如果环境影响是由尚未完工设备所引发，且该影响是以设备完工后存在之危险性为基础，该未完工设备之所有人应负本法第一条之责任；

（2）如果环境影响是由停建之设备所引发，且该影响是以设备关闭前存在之危险性为基础，此前设备之所有人应负本法第一条之责任；

第 3 条【定义】

（1）损害由于环境影响所造成，系指损害由已在地面、空气、水中蔓延的物质、振动、噪声、辐射、烟雾、热能和其他现象所造成。

（2）“设备”是指工厂、仓库等固定设施；

（3）“设备”还包括：

a）机器、装置、运载工具和其他不固定的技术设施；

b）其他与设备或其组成部分具有空间上或操作技术上之关联，且与环境影响之发生有关的辅助设施。

第 4 条【免责事由】

因不可抗力所导致的损害不负赔偿责任。

第 5 条【财产损害责任的限制】

如果设备运行符合预期目标及相关规定[①]，且财产仅遭受轻微损害，或者根据当地普遍状况，损害在可以容忍的合理限度内，对于财产损失的赔偿责任应予免除。

第 6 条【因果关系推定】

（1）根据特定案件之状况，如果某设备可以引起相应损害之发生，应推定损害是由该设备造成。在个案中该设备能否引发损害，其应根据其操作流程、所使用的装置和设施、所使用和排放物质的种类及浓度、气象状况、损害发生的时间与地点、损害的性质与范围以及与损害发生相关的其他所有因素来确定。

（2）前款规定不适用于设备按照预期目标和相关规定运行的情形。该情形是指遵守特定操作义务，且此过程中未发生故障。

（3）特定操作义务，是指依行政法所颁发之许可、须履行之负担、可执行之命令或法律条款中具体规定之义务，其意旨在于避免与损害发生可能相关的环境影响。

（4）如果检验某操作是否符合此类许可、负担、可执行之命令和法律条款中规定之特定操作义务，于下列情形，应推定遵循了该义务：

1. 在该设备能够引发相关环境影响的期限内进行检验，但并找到违反相关操作义务的证据；或者

2. 诉求损害赔偿的时间距相关环境影响发生已逾 10 年。

第 7 条【因果关系推定的排除】

（1）如果多个设备可以引起损害之发生，根据案件特定事实，另外因素可以

引起损害发生时，上述因果关系推定应不予适用。此因素在个案中能否引起损害发生，应根据发生损害的时间和地点、损害的性质与范围以及与损害发生相关的其他所有情况来确定。

（2）仅有一个设备可以引起损害之发生，但根据个案，其他事实也可以引起损害发生时，因果关系推定应不适用。

第 8 条【受害者对设备所有人之资讯请求权】

（1）有任何事实可证明损害是由某设备导致的，受害人得要求设备所有人提供必要的资讯，以确定受害人是否依本法规定享有损害赔偿请求权。但此请求权应以获取所运用的工厂设备和装置、所采用或排放物质的种类和浓度、设备所引发的其他影响以及根据第 6 条第 3 款规定之特定操作义务等资讯为限。

（2）前款规定之请求权不适用于依法作为保密事项的相关过程，或者保密对于设备所有人或第三人有优先之利益。

（3）如果有证据表明设备所有人未提供完全、准确和充分之资讯，或者未在合理期限内提供，受害人得要求查阅必要之文件。此情形下应适用前两款之规定。

（4）《德国民法典》第 259 条至 261 条之规定亦应予以适用。[②]

第 9 条【受害人对行政机关之资讯请求权】

如果有任何事实表明某设备引起损害之发生，受害人得要求向该设备颁发许可、负有监管职责，或者负责记录环境影响的行政机关提供必要的资讯，以确定受害人是否依本法规定享有损害赔偿请求权。但如果资讯之提供将妨害其任务之完成，或信息之披露将对于联邦与各州的利益造成伤害，或依法律或事件的本质，参与者或第三人之合法利益而必须保密之事项，行政机关得拒绝提供此类资讯。第 8 条第 1 款第 2 项应适用于政府颁发许可或对设备负有监管职责的情形；受害人还得请求行政机关提供有关设备所有人、法定代表人或送达代理人的姓名和住址之详细信息。

第 10 条【设备所有人的知情权】

（1）如果受害人依本法对设备所有人提起诉讼，设备所有人可以请求受害人和其他设备所有人提供必要的接收到的信息，或者查询必要的证据材料，也可以请求行政机关提供第 9 条所列的必要信息，以确定设备所有人对受害人赔偿责任的范围，或者应从其他设备所有人处获得赔偿之抗辩的范围。

（2）第 8 条第 2 款、第 3 款第 1 项适用于针对受害人的抗辩；第 8 条第 1 款第 2 项、第 2 款到第 4 款适用于针对其他设备所有人的抗辩；第 9 条适用于对行政机关掌握信息的知情权。

第 11 条【受害人共同过错】

如果损害发生之部分原因归因于受害人过错，应适用《德国民法典》254 条之规定。[③]在财产受损之情形，财产实际控制人的过错视为受害人过错。

第 12 条【致人死亡赔偿责任的范围】

（1）在致人死亡情形，赔偿范围包括死者生前的医疗费、因劳动能力丧失或减损而造成的收入损失以及由此而生的任何额外费用。此外赔偿义务人还应赔偿丧葬费用。

（2）如果死者遭受伤害时已有或将有扶养第三人的义务，该第三人因死者死亡而丧失被扶养的权利，赔偿义务人应当赔偿该第三人相当于死者在其预期寿命内将要承担的数额。如果该第三人在死者遭受伤害时已经孕育但尚未出生，赔偿义务人亦应予以支付。

第 13 条【人身伤害赔偿责任的范围】

在身体、健康受损情形，赔偿范围应包括医疗费、因劳动能力永久或临时丧失或减损而导致的收入损失以及由此而产生的任何额外费用。

第 14 条【赔偿金的定期金支付形式】

（1）对受害人因劳动能力丧失或减损而致的收入损失及由此而产生的额外费用，以及依本法第 12 条第 2 款向第三人支付的损害赔偿金将以定期金形式支付。

（2）《德国民法典》第 843 条第 2～4 款之规定应相应适用之。[④]

第 15 条【责任的最高限额】

在损害是由单一环境影响所致时，赔偿义务人对死亡、身体和健康损害的赔偿最高不超过 160 000 000 马克，财产损失亦遵循此限。如果不同赔偿金额超过前项规定之各自最高限额，单个赔偿金额应根据赔偿总量与最高限额的比例予以削减。

第 16 条【恢复原状的费用】

（1）如果财产损害的同时侵害了自然生态或特定景色，受害人将之恢复到未受侵害前的状态，应适用《德国民法典》第 251 条第 2 款之规定[⑤]，因恢复原状而产生的费用，并不因其超过财产本身的价值视为是不适当的。

（2）赔偿义务人应对赔偿权利人主张的其他的必要费用予以赔偿。

第 17 条【时效】

《德国民法典》中侵权行为适用的时效期间亦适用于本法。[⑥]

第 18 条【其他法上的责任】

（1）本法规定不影响其他法中有关责任之规定。

（2）本法规定不适用于由《原子能法》[⑦]和《1960 年核能领域中第三方责任巴黎公约》[⑧]、《1962 年核动力船舶经营人责任布鲁塞尔公约》[⑨]以及《1971 年海上核材料运输民事责任布鲁塞尔公约》[⑩]等规制下的核事故引发的损害。

第 19 条【履行责任的保障】

（1）附录二所列举之设备所有人应保证其能够履行因设备引发环境影响导致的人身伤亡、健康受损或财产损失而负的赔偿责任。如果某已停止运行之设备出现某种特别的危害，主管机关可以责令设备关闭时之所有人在此后最大可达 10 年内继续提供足够赔偿金或其他金钱保障以履行相关义务。

（2）这些保障以以下方式提供

1．通过与在本法适用范围内有权从事经营活动的保险公司签订责任保险合同；或者

2．由联邦或某个州承担履行担保或保证责任；或者

3. 由在本法适用范围内有权从事经营活动的信用机构提供履行担保或保证责任，但以该信用机构保证提供相当于责任保险的金钱保障为限。

（3）《强制保险法》第 2 条第 1 款第 1～5 项所列种类免除为履行赔偿责任提供金钱保障的义务。[⑪]

（4）如果附录二所列设备之所有人未履行提供金钱保障的义务，并且未在主管机关指定的合理期限内提交已提供金钱保障的证据，主管机关可以责令该设备全部或部分停止运行。

第 20 条【制定行政法规的授权】

（1）经联邦参议院同意，联邦政府应制定有关下列议题的行政法规

1. 依本法第 19 条之规定，设备所有人履行提供金钱保障所必须遵循的期限；

2．金钱保障的范围和数额；

3．关于信用机构提供履行担保或保证的要求；

4．负责监管金钱保障之行政机关的程序和权力；

5.《保险合同法》第 158c 条第 2 款规定之主管机关及其告知义务；

6. 对设备所有人、保险公司和其他提供履行担保或保证之机构负有监管职能的行政机关的义务。

（2）行政法规在呈交联邦参议院前应提交给联邦议院。该法规可能会被联邦

议院决议修改或驳回，驳回决议应向联邦政府作出。如果某法规在提交本届会议三周届满时仍未进入联邦议院议题，应原状退还联邦政府。联邦议院应根据能组成一届议会的议员的申请将法规提交审议。

第 21 条【刑事处罚】

（1）任何人

1. 违反第 19 条第 1 款第 1 项和依据第 20 条第 1 款第 1、2 类制定的行政法规，未提供或未充分提供金钱保障；或者

2. 违反依第 19 条第 1 款第 2 项发布的可执行之命令，应处以 1 年以下监禁或者处以罚金。

（2）如果违法者是基于过失，应处以六个月以下监禁或日最高 180 马克的罚金。

第 22 条【行政处罚】

（1）行政违法行为是指违反根据第 20 条第 1 款 3～6 类之规定制定的行政法规，且该法规含有作为违法行为构成要件的行政处罚条款。

（2）对行政违法行为，最高可处以 10 000 马克的罚金。

第 23 条【过渡条款】

本法不适用于其生效之前已发生之任何损害。

附录一（针对《环境责任法》第 1 条）

第 1 条所称“列举的设备”应属于以下条款：

1. 如果附录中所列设备是以达到或超过规定的容量限制或设备规模为基础来界定的，适当的标准应当是法律允许的操作范围；在超过的情形应是操作的实际范围。

法律允许的操作范围是有行政法颁布的相关许可、主管机关作出的要求、可执行的命令或法律规定所界定的。

2. 如果附录中所列设备是以物质的特定数量为基础来界定的，适当的标准应当是该数量

a）能否在设备的常规操作中呈现；或者

b）能否在设备常规操作中断时生成

3. 某经营者数个设备分割开来未达到容量限制、设备规模或物质数量的规定，但将之从空间或技术操作层面上结合起来能达到上述标准，应认为属于本法第 1

条所称设备之范围。

发热、采矿和能源

1．熔炉使用固体、气体、液体燃料的发电站、热电站、热力站的热容量须超过

a）固体和液体燃料：50 兆瓦特；或者

b）气体燃料：100 兆瓦特

2．使用下列物质的熔炉设备

a）煤、焦炭、煤砖、泥煤砖、泥炭、石油、甲醇、乙醇、原木；以及

（aa）未涂有或包含木材防腐剂且涂层中不含有机卤化物的已油漆、装饰或有涂层的木料及其残余；或者

（bb）未涂有或包含木材防腐剂且涂层中不含有机卤化物的胶合板、刨花、纤维板或其他类型的粘合木及其残余；

其热容量达到或超过 50 兆瓦特；或者

b）气体燃料

（aa）含有硫黄、液化气和氢等类似成分的公用事业供气、未经处理的天然气、石油气；

（bb）垃圾处理场释放的硫化物含量超过千分之一的气体；农业生产释放的生物气；

（cc）焦炉煤气、矿内气体、炼铁废气、高炉煤气、炼厂干气或硫化物含量超过千分之一的混合气体；

其热容量达到或超过 100 兆瓦特。

3．使用其他易燃固体、液体、气体材料的熔炉设备，其热容量达到或超过 1 兆瓦特。

4．使用废油或垃圾填埋气的内燃动力设备。

5．热容量达到或超过 10 兆瓦特，用作发电机或工作机器的非闭路汽轮机。

6．冷却水吞吐量达到或超过 10 000 米^3/时的冷却塔，包括用以核燃料裂变和已用过核燃料再处理的冷却塔设备。

7．达到或超过 30 吨/时的粉碎或干馏煤设备。

8．将褐煤和无烟煤制成煤砖的设备

9．无烟煤、褐煤、木材、泥炭、沥青等的干馏设备，但木炭窑除外。

10．焦油、焦油制品、焦油水或气体水的蒸馏或进一步加工设备。

11．将固体燃料转化成煤气或水煤气的设备。

12．气化或液化煤设备。

13．通过分解碳氢化合物制作城市煤气的设备。

14．从页岩或其他岩石或砂石中提炼石油的露天开采设备，以及对这些石油进行蒸馏和进一步加工的设备。

15．核燃料工厂内的设备

——用于铀化物或钚化物的化学转化

——处理含有核燃料的残余物。

16．浓缩铀企业的技术处理设备，以及铀氟集装箱的储存和操作设备。

17．保存可溶性铀化核燃料的设备。

18．放射性废物的处理设备。

石头、泥土、玻璃、陶瓷等制品和建筑材料

19．水泥生产设备。

20．铝土、白云岩、石膏、石灰岩、硅藻土、菱镁矿、石英、耐火黏土的锻造设备。

21．石棉的萃取、处理和加工设备。

22．石棉产品的机械加工和处理设备。

23．膨胀珠光体、板岩或黏土的设备。

24．玻璃制造设备，包括废气玻璃以及不用作医疗或电信目的的玻璃纤维。

25．用黏土锻造陶瓷制品的设备，其体积须达到或超过 3 立方米，且每立方米可容纳至少 300 千克黏土。但用电热设备不连续锻造且没有废气排放者除外。

26．矿物质冶炼设备。

27．沥青或焦油与矿物质混合物的制造或冶炼设备，包括沥青修路材料的再加工设备与焦油碎片的制造设备，但这些设备在同一地方投入使用后应有可以运转至少 12 个月的合预期。

钢铁及其他金属，包括其处理工序

28．矿石的锻造、熔炼和熔结设备。

29．生铁或天然非铁金属的生产设备。

30．钢铁生产设备和铸铁或生钢熔炼设备，但熔炼能力在 2.5 吨/时以下的除外。

31．可容纳 1 000 千克以上的锌或锌含量熔炼设备，或者其他非铁金属熔炼设备，包括投入 500 千克以上的精炼厂，但下列设备除外：

——真空熔炼设备；

——易熔锌铋合金或锌、铝、铜合金铸件的熔炼设备；

——作为压力模具铸件和重力模具铸件铸造机器组成部分的熔炼设备；

——贵金属或者由贵金属或贵金属与铜组成合金的熔炼设备；

——波峰焊设备。

32．用火焰清理剥开钢铁，尤其是锭铁、混凝土路面、兵舍、薄钢片、金属板表面的设备。

33．金属轧件设备，但下列情形除外：

——宽度小于650毫米的金属板冷轧机；以及

——重金属生产量低于8吨/时，轻金属低于2吨/时的非铁金属轧件设备。

34．铁、韧铁或者钢铁铸件，但月产量少于80吨、设备模具或核心用冷却方法制造的除外。

35．非铁金属的铸造，但下列情形如下：

——钟和艺术品的铸造

——运用金属模具的铸造

——在可动坩埚熔化金属的设备

——从易熔锌、铋合金或锌、铝、铜合金铸件中制造制图工具的铸造设备

36．用火焰喷射装置为金属表面涂上铅、锡或锌等金属保护层，且生产量在每小时1吨以上。

37．若任何一个铁锤的压力大于1千焦，则浇铸装置必须由一个以上的机械动力铁锤构成，同种类的垂直上下运动的工作物与前述情况一样。

38．用爆破方式进行浇铸或进行镀金属的装置，该装置每一次爆破释放10千克爆破物。

39．用来切碎片的装有旋转打磨机的装置，该装置拥有500kW以上的旋转翼。

40．用来生产热工艺无缝或焊接钢管的装置。

41．生产船龙骨的工厂或生产船部件的工厂（船部件最短为20米）。

42．生产铅制蓄电池的工厂。

43．用压挤方式生产金属粉粉末的工厂。

44．除了上述43种生产方式外的生产铅、镁、铁粉或者包含铅、镍的粉末的工厂。

化学品、药物、矿物油提炼和深加工

45．通过化学转化过程对物质的商业制造设备，尤其是：

a）无机化学品诸如酸、盐等的制造；

b）通过湿法或电能辅助的金属或非金属子制造；

c）金刚砂或碳化物的制造；

d）卤素或卤素产品、硫或硫产品的制造；

e）含磷或含氮肥料的制造；

f）乙炔的气压溶解制造；

g）有机化学物或容积诸如酒精、醛、酮、酸、酯、醋酸盐、天空醚等的制造；

h）塑料和人造纤维的制造；

i）纤维素硝酸钾的制造；

j）合成树脂的制造；

k）碳化氢的制造；

l）合成橡胶的制造；

m）化学物、橡胶或橡胶制品的再利用；

n）焦油色素或焦油色素媒介的制造；

o）肥皂和清洁剂的制造；

但不包括核燃料的制造或裂变，以及核废料的处理，本附录另有规定者除外。

46．化学品再处理设备以及核废料处理设备中的废水处理设备。

47．对除草剂、杀虫剂或其活性成分进行机械混合、包装或重新包装的设备。

48．药物或药物成分的商业制造设备，如：

a）萃取、提炼及类似方法的制造设备及其组成部分，但用未加温乙醇的萃取设备除外；

b）利用屠宰后畜体、活体动物和动物体成分以及动物的代谢产物；或者

c）利用微生物及其组成部分，以及微生物代谢产物。

49．石化企业中矿物油、废油或润滑剂或获取石蜡时提炼、精炼或产品深加工设备。

50．制造诸如润滑油、润滑脂、金属加工油灯润滑剂的设备。

51．煤烟制造设备。

52．制造碳或人工石墨的锻烧设备。

53．时生产量在 1 吨以上的有机溶剂再加工的提炼设备。

54．日生产量在 1 吨以上的天然树脂熔炼设备。

55．日生产量在1吨以上的清漆、涂料或印刷油墨生产设备。

有机物表面处理，塑料片卷的制造以及加工树脂和塑料的其他技术。

56．装饰物体或材料表面的清漆设备，包括相关的干燥设备，但这些清漆须含有有机溶剂且每小时使用量超过25千克。

57．用来生产薄片或者板材带有轮转机的印刷装置，包括那些即将被淘汰的设备，如果他们使用的染料或油漆：

a）有机溶剂只包括乙醇且用量大于50千克/时；

b）包括其他有机溶剂且用量大于25千克/时。

58．用来涂层、充实、渗透的装置，包括相关的即将被淘汰的设备。如果这些设备使用的玻璃纤维、矿物纤维或者板材及薄片的材料：

a）是人工合成的树脂；

b）是塑料或橡胶，生产过程中要消耗25千克/时以上的有机溶剂。

59．用来给产品或材料渗透或涂层的设备，这些设备在生产过程中使用的是焦油或热沥青，用热沥青给电缆或钢丝绳之类的产品涂层的设备不包括在内。

60．用苯酚或甲酚的树脂来给金属线绝缘的设备。

61．包括即将被淘汰的相关设备在内，只要是生产覆盖在机器上的薄片的设备，这些设备使用的是塑料及软化药剂或者其他物质与氧化亚麻籽油的混合。

木材、纤维素

62．从木材、稻草或类似纤维材料中制造纤维素的设备。

63．木纤维板、硬纸板或木纤维席的制造设备。

食物、奢侈品、饲料、农产品

64．养育家禽或养猪的饲养场，至少要提供空间给：

a）50 000只母鸡；

b）100 000只小母鸡；

c）100 000只肥家禽；

d）1 700只肥猪；

e）500只以上的母猪。

如果这些动物是被混合圈养的，那么每一种类动物所占的比例就要在以上数据上增加，当他们的总和达到 100%时，那么饲养场就达到饱和了，根据 a 到 e 的数据，在计算饲养场的面积时，任何一个种类的动物低于5%时，就不要把他们算进去。

65．处理动物尸体的设备以及储存、收集动物部分肢体或者动物制成品用来运输到动物尸体处理厂的设备。

66．日产量在500吨以上的食品或饲料厂。

67．使用萃取剂达到1吨以上的萃取蔬菜脂肪或蔬菜油的工厂。

废物与残渣

68．固体和液体物质部分或全部进行焚化的处理装置。

69．可燃性固体和液体物质在削减供氧系统下的热分解设备。

70．从固体物质中恢复单一成分的焚化装置，但从垃圾焚化炉中分离贵金属且日用原材料少于200千克的除外。

71．《封闭物质循环与废物管理法》名录下的固体废物处理设备，且每小时处理量须在1吨以上；但归入家庭类或类似可以再利用物质的处理设备除外。

72．日产量达100吨以上的固体废物（固体废物定义见“封闭物质循环第一章第一段”及“废物处置法”）转移厂，从自然资源中提取或加工出泥土或岩石的工厂不包括在内。

73．堆制肥料设备。

74．利用化学方法处置含氰化物的精矿及亚硝酸盐或酸性物质的工厂。工厂的处理方式能使残余物质循环利用或者废弃物得到处置。

75．用来存储、处置或销毁废弃物（废弃物定义见“封闭物质循环第二章第二段”和“废物处置法”）的固定设备（固定设备定义见“封闭物质循环第四章”和“废物处置法”）。

76．热处理或处置国内废弃物的固定装置（固定装置定义见“封闭物质循环第四章”和“废物处置法”）。

77．处理或储存汽车残骸（残骸定义见“封闭物质循环第五章”和“废物处置法”）的设备。

物质的储存、装载和卸载

78．储存易燃气体的容器设备，但容量须在3吨以上。

79．储存矿物油以及从其他物质中制造的液态矿物油产品或甲醛产品，但容量须在10 000吨以上。

80．储存丙烯腈的容器设备，但容量需在350吨以上。

81．储存氯的容器设备，但容量须在10吨以上。

82．储存二氧化硫的容器设备，但容量须在20吨以上。

83．储存液体氧的容器设备，但容量须在 200 吨以上。

84．容量在 25 吨以上的硝酸铵储存设备以及依《1986 年危险物质法令》附录四第 2 类 A 组所列含有硝酸铵成分的制剂储存设备。

85．容量在 5 吨以上的碱性氯酸盐储存设备。

86．容量在 5 吨以上的除草剂或杀虫剂及其活性成分。

87．容量在 100 吨以上的三氧化硫储存设备。

88．容量在 100 吨以上的、依《1986 年危险物质法令》附录四第 2 类 B 组所列含有硝酸铵成分的制剂储存设备。

89.《危险物质法令》附录二所列举的、容量在 20 吨以上的物质及制剂成分，但该附录第 1-4、6、14、15、17、18、21、25、26、36、39-42、45、56、64-67、76、81、83、84、102、110、114、116、173、184、185、211、223、305、306、310、317 等类除外。

混合性设备

90．制造、处理、加工、修复或销毁《爆炸物法》所界定的易爆物质，如爆炸剂、雷管、燃料、烟花爆竹以及类似物质；包括弹药和其他爆炸物的装载、卸载或分解，但火柴制造设备除外。

91．赛璐珞制造设备。

92．以氮含量达到 12.6%的硝酸纤维素为基础的清漆和印刷油墨的制造。

93．天然沥青的熔化或提炼设备。

94．沥青煮器。

95．日产量在 1 吨以上的建筑防腐剂、净化剂，木材防腐剂或黏合剂，但仅用水做制造该类产品稀释剂的设备除外。

96．运用卤代芳烃制造木材防腐剂的设备。

附录二（针对《环境责任法》第 19 条）

1. 针对危险物质事故条例第 1 章和第 7 章中的设备，应当具备安全性分析。

2. 从固体材料中用灰化的方法把单独的组成元素复原的设备，如果在上述设备的一般操作过程中，这些固体材料含有在危险物质事故条例第 2 章中定义的物质（从锅炉废渣中提取稀有金属的工厂不包括在内），或包含一般操作过程中万一失败而释放的物质，若原材料使用量少于 200 千克。

3．生产添加剂的工厂，这些添加剂时要加在含氮量达 12.6%的含纤维素沥青的原料的油漆或印刷墨中。

【注释】

*本法译自德国政府官方刊登的英文版，同时参考了德文版。以下注释为译者根据需要所加，原文并无。

[①]指第 6 条第 2 款第 2 项。

[②]《德国民法典》第 259 条至 261 条之规定：

第 259 条【计算义务的范围；代替宣誓的保证】

（1）对与收入和支出相关的管理负有详细报告义务的人，应向权利人提交包括收入或者支出在内的、系统整理汇编的计算书，习惯上应附给凭证的，并应提供凭证。

（2）如果权利人有理由认为，计算书中关于收入报告的制作未尽必要注意时，经要求，义务人应在记录中作如下保证代替宣誓：据他所知，他以他力所能及，做到了将收入完全报告。

（3）对于无关紧要的事务，没有义务作出代替宣誓的保证。

第 260 条【关于交付或者告知包括财产的义务】

（1）有义务交付包括财产，或者告知现存包括财产的人，应向权利人提出现存财产目录。

（2）如果权利人有理由认为，目录的编制未尽必要注意时，经要求，义务人应在记录中作如下保证代替宣誓：据他所知，他以他力所能及，做到了将现状完全报告。

（3）于此适用第 259 条第 3 款的规定。

第 261 条【作出代替宣誓的保证】

（1）代替宣誓的保证，除规定应在执行法院进行外，应在义务人提交计算书或者财产目录的所在地的初级法院进行。如果义务人住所或者居所在国内，义务人可以向其住所或者居所所在地的初级法院作出保证。

（2）法院可以作出裁定，对代替宣誓的保证作出符合情况的修改。

（3）作出代替宣誓的保证所需的费用，应由要求作出保证的人负担。

[③]《德国民法典》第 254 条【共同过失】

（1）被害人对损害的发生负有共同过失的，应根据情况，特别是根据损害在多大程度上是由当事人的一方或者另一方造成的，来确定赔偿义务和赔偿范围。

（2）即使被害人的过失仅限于对债务人既不知也不可知的、有造成异常严重损害的危险怠于提醒债务人注意，或者怠于防止或者减少损害时，也同样适用前款规定。于此准用第 278 条的规定。

第 278 条【履行辅助人的过失；重大过失】

债务人对其法定代理人或者其为清偿债务而使用的人所犯过失，应与自己的过失负同一范围的责任。第 276 条第 2 款的规定不予适用。

第 276 条【归责于自己的责任】

（2）债务人因故意行为而应负的责任，不得事先免除。

[④]第 843 条【金钱定期金或者一次给付赔偿总额】

（2）对此定期金适用第 760 条的规定。赔偿义务人是否以及应以何种方式，并在多大金额范围内提供担保，应根据情况加以确定。

（3）如果存在有重大原因，受害人可以不要求定期金而要求一次给付赔偿总额。

（4）上述请求权不因有他人对受害人提供抚养而消灭。

第 760 条【预付】

（1）终身定期金应预先支付。

（2）金钱定期金应在按每三个月预付；其他定期金应预付的期间，根据定期金的性质和目的加以确定。

（3）债权人在应，预付定期金的期间开始时仍存活的，即取得该期到期的全部金额。

[⑤]第 251 条【不规定期限以金钱赔偿损害】

（2）如果只有支付不相当的费用才能恢复原状时，赔偿义务人可以金钱赔偿损害。因救治动物而产生的费用，并不因其大大超过动物本身的价值视为是不相当的。

[⑥]参见《德国民法典》第 194 条至第 225 条。

[⑦]本法是关于原子能的和平利用与灾难预防。

[⑧]该公约签订于 1960 年 7 月 29 日，本法所指版本是 1985 年 7 月 15 日公布，参《联邦法律公报》1985 年第 2 期，第 963 页。

[⑨]参见《联邦法律公报》1975 年第 2 期，第 957、977 页。

[⑩]该公约签订于 1971 年 12 月 17 日，参《联邦法律公报》1975 年第 2 期，第 957、1026 页。

[⑪]本法所指《强制保险法》文本系于 1965 年 4 月 5 日公布（参《联邦法律公报》第 1 期，第 358 页），1988 年 3 月 22 日最后修订（《联邦法律公报》第 1 期，第 358 页）的版本。

美国环境税介绍

美国可算是世界上税收制度最为完善的国家之一，企业和民众需缴纳的各项税目占其收入的比例高于世界大多数国家，正可谓是“美国万税”。美国税收可归为联邦税、州税和地方税这三类。税种主要有：个人所得税、企业所得税、社会保障税、消费税、关税、财产税、地产税、遗产税等。

1 美国环境税总览

2010 财年，美国税收收入 2.16 万亿美元，占 GDP 的 24.8%。其中个人所得税 8 985.49 亿美元，占总税收的 41.5%；社会保障税 8 648.14 亿美元，占 40.0%；企业所得税 1914.37 亿美元，占 8.9%；以及消费税 669.09 亿美元，占 3.1%。表 1 列出了美国 2010 财年税收收入及各项税收占比情况。

表 1 2010 年美国税收收入及占比 单位：亿美元

税种	税收	百分比
个人所得税	8 985.49	41.5%
社会保障税	8 648.14	40.0%
企业所得税	1 914.37	8.9%
消费税	669.09	3.1%
其他	1 410.15	6.5%
总计	21 627.24	100.0%

资料来源：OECD 网站。

1971 年，美国国会通过了关于向环境排放硫化物征税的议案，并在 1987 年建议对一氧化硫和一氧化氮的排放征税。此后，美国政府逐步把税收手段引进环保领域，至今已形成了一套相对完善的环境税收制度。美国的环境税主要涉及能源、交通、环境和污染这四个方面。具体划分为以下四类：

- 能源类，包括燃油税（Fuel tax）；
- 环境类，包括石油税（Tax on petroleum）、臭氧消耗税（Tax on Ozone-depleting chemicals）、特定化学品税（Tax on certain chemicals）、特定进口物质税（Tax on certain imported substances）；
- 交通类，包括机动车税（州税）；
- 污染类，包括废物处理税费（州税）、轮胎税费（州税）。

2 能源税收

美国的能源税收主要是交通运输的燃料税收，燃油税普遍被视为最有效的财政调节手段之一。燃油税是一项以提高油品价格来控制消费总量、提升能源使用效率的财政政策。美国的燃油税主要是机动车燃油税，由联邦机动车燃油税、州机动车燃油消费税以及附加的其他税费（州和地方征收的销售税、收入税、石油检验费、州地下储油罐费等）组成。征税对象主要是汽油、柴油、乙醇汽油、煤油、航空燃料、液化石油气、压缩天然气和其他燃料，主要还是对车用燃油征税。

2.1 燃油税概述

20 世纪初，为了缓解由于汽车数量快速增长而带来的交通压力，美国政府通过征收道路使用费来筹集道路建设维护资金。但由于收费成本过高，美国进行了燃油税替代道路费的费改税改革。机动车燃油税最初于 1919 年在俄勒冈州开始征收，税率最初设为 1 美分/加仑。随后燃油税逐渐在各州普及，至 1939 年美国全国均开始征收州燃油税，平均税率为 3.8 美分/加仑。随着 1932 年收入法的建立，美国第一个联邦汽油税于 1932 年 6 月 6 日开始实施，最初的税率为 1 美分/加仑。1993 年开始，联邦汽油税涨到 18.4 美分/加仑。

除联邦燃油税外，各州也执行不同的税率。截至 2012 年 7 月，美国机动车汽柴油燃油税分别为 48.9 美分/加仑和 53.8 美分/加仑，各地区具体分类税率如表 2 所示。其中，其他税包括适用的销售税、毛收入税、石油检验费、县和地方税收、地下储油罐费以及其他各种环境税等。

表 2　机动车汽、柴油燃油税　　单位：美分/加仑

区域	汽油				柴油			
	州消费税	其他州税	总州税	总州和联邦税	州消费税	其他州税	总州税	总州和联邦税
东北部	23.1	6.5	29.6	48	32.2	1.6	33.8	58.2
亚特兰大中部	12.4	19.6	32	50.4	12.8	23.1	35.8	60.2
亚特兰大南部	14.7	15.1	29.8	48.2	15.3	13.3	28.6	53.0
中西部	22.3	7.4	29.7	48.1	21.7	8.1	29.8	54.2
南部	19.3	0.8	20.1	38.5	20.0	0.5	20.5	44.9
落基山脉地区	22.9	0.2	23	41.4	21.6	0.3	21.9	46.3
西部	32.5	9.7	42.2	60.6	17.2	20.3	37.5	61.9
全美	21.0	9.5	30.5	48.9	19.0	10.4	29.4	53.8

资料来源：美国石油学会。

2011 年，美国的航空汽油税为 19.4 美分/加仑。2007 财年美国喷气燃油税率为 21.9 美分/加仑，除非喷气燃油用于商业航空器（如美国航空、全美航空及小型商业喷气式飞机），因为这些商业航空器需缴纳联邦交通税，所以所用喷气燃油可享受 4.4 美分/加仑的折扣税率。

2.2　燃油税的使用及影响

美国国会在 1932 年首次通过立法启动燃油税征收，最初燃油税上缴国库。1956 年国会通过立法设立“公路信托基金”，规定征收的燃油税全部存入这一基金，专用于联邦公路计划。1982 年国会把联邦燃油税从每加仑 4 美分提高到 9 美分，并规定把其中的 1 美分存入新设立的“大众交通账户”，用于发展公共交通。在目前每加仑 18.3 美分的联邦燃油税中，有 2.86 美分是拨给“大众交通账户”的。2007 年美国交通部部长宣布，60%的联邦汽油税用于高速公路和桥梁建设，40%用于指定项目。但其他的税收收入也会用于联邦交通项目。

航空燃油税则主要用于机场和空中交通控制运营的费用，由联邦航空局负责统一管理。

燃油税为美国的公路建设提供了重要的资金保障，做出了重要贡献。据统计，联邦燃油税占联邦政府公路资金收入的 70%以上，各州征收的燃油税费约占公路收入的 60%。同时，机动车燃油税也是汽车税费的主要组成部分，与汽车相关的税费中，燃油税占联邦汽车税费的 60%～80%。

3 环境税收

根据《美国法典》第 26 卷第 4611～4682 条，美国的环境税收主要包括石油税（Tax on petroleum）、特定化学品税（Tax on certain chemicals）、特定进口物质税（Tax on certain imported substances）和臭氧消耗税（Tax on ozone-depleting）。

3.1 石油税（Tax on petroleum）

石油税包括美国生产的用于使用或出口的原油和用于消耗、使用或储存的进口石油产品。根据美国国内税收法令（IRC）第 4611 条款，为了给溢油责任信托基金融资，美国于 1989 年开始征收石油税。一般对炼油厂的进口原油，进入美国销售、使用或贮存的石油产品，以及用于消耗或出口的国内原油征收。其中广义原油包括原油和天然气。石油产品包括原油、成品油和残油以及其他液态碳氢炼油产品。

石油税的纳税人是炼油厂运营方或石油产品进口商。对于原油：在炼油厂收到国内原油之前，使用或出口该原油需缴纳溢油责任税。但对于用于提炼或生产天然气伴随出产的原油，不征收该税。这时，原油使用者和出口商是石油税的纳税人。对于进口石油产品：当进口石油产品进入美国用于销售、使用或贮存时，对其征收石油税。将石油产品引进美国的人需缴纳该税，包括进口原油需缴纳的税，尽管该原油随后会被炼油厂接受。美国仅对任何进口石油产品征收一次性税款，因此为了避免税目的二次征收，收购进口石油产品的炼油厂运营方必须证实已为原油缴纳石油税。

石油税税率为有害物质超级基金融资率及溢油责任信托基金融资率之和。有害物质超级基金融资率为 9.7 美分/桶。对于溢油责任信托基金融资率，如果原油或石油产品是在 2016 年 12 月 31 日之前接收或进入美国本土，其比率为 8 美分/桶；如果原油或石油产品是在 2017 年 1 月 1 日之后接收或进入美国本土，其比率为 9 美分/桶。

溢油责任信托基金的支出包括，清除溢油的花费和其他某些未得到赔偿的索赔。此外，基金可以补偿其他法令中有关石油排放和污染的具体规定。信托基金的款项可以支付所有联邦政府的行政开支，并对《综合石油污染责任和赔偿法案》下的国际基金亦有贡献。

3.2 特定化学品税（Tax on certain chemicals）

根据《美国法典》，美国对销售任何应税化学品的生产商、制造商或出口商征收特定化学品税（Tax on certain chemicals）。该税目共涉及 42 种化学品，表 3 列出了这 42 种特定化学品的税率。

表 3　特定化学品及其税率税　　单位：美元/吨

税基	税率	税基	税率	税基	税率
乙炔	4.87	三氧化二砷	3.41	氟化氢	4.23
苯	4.87	硫化钡	2.30	氧化铅	4.14
丁烷	4.87	溴	4.45	水银	4.45
丁烯	4.87	镉	4.45	镍	4.45
丁二烯	4.87	氯气	2.70	磷	4.45
乙烯	4.87	铬	4.45	氧化亚锡	2.85
甲烷	3.44	亚铬酸盐	1.52	氯化锡	2.12
卫生球	4.87	重铬酸钾	1.69	氯化锌	2.22
丙烯	4.87	重铬酸钠	1.87	硫酸锌	1.90
甲苯	4.87	钴	4.45	氢氧化钾	0.22
二甲苯	4.87	硫酸铜	1.87	氢氧化钠	0.28
氨气	2.64	氧化铜	3.59	硫酸	0.26
三氧化二锑	3.75	氧化亚铜	3.97	硝酸	0.24
砷	4.45	盐酸	0.29		

资料来源：《美国法典》第 26 篇。

下列情况可以免征特定化学品税：

- 用作燃料的甲烷或丁烷；
- 用作生产化肥的物质；
- 用作空气污染控制副产品的硫酸；
- 煤提取物质；
- 用作生产汽车燃料等的物质；
- 精炼工艺期间暂时存在的物质；
- “二甲苯”，不包含二甲苯的分离异构体；
- 回收铬、钴与镍；
- 用作生产动物饲料的物质；
- 应纳税有机化学品混合物的烃流。

3.3　特定进口物质税（Tax on certain imported substances）

根据《美国法典》，美国对出售或使用任何应税物质的进口商征收特定进口物质税（Tax on certain imported substances）。若进口的应税物质是以应税化学品作为生产原料的，并且这种原料的重量超过了应纳税物质的 50%（若不满足此重量规定，由秘书处与环境保护局管理人员以及海关理事协商后确定），则按照特定化学品税项征税；若进口商未向秘书处提供足够信息，税率为应当为此类物质估定价值的 5%。表 4 列出了应税的特定物质。

表 4　应税特定物质列表

Cumene 异内基苯	Methylene chloride 二氯甲烷
Styrene 苯乙烯	Polypropylene 聚丙烯
Ammonium nitrate 硝酸铵	Propylene glycol 丙二醇
Nickel oxide 氧化镍	Formaldehyde 甲醛
Isopropyl alcohol 异丙醇	Acetone 丙酮
Ethylene glycol 乙二醇	Acrylonitrile 丙烯腈
Vinyl chloride 氯乙烯	Methanol 甲醇
Polyethylene resins 聚乙烯树脂	Propylene oxide 氧化丙烯
Polybutadiene 聚丁二烯	Polypropylene resins 聚丙烯
Styrene-butadiene，latex 丁二烯，橡胶	Ethylene oxide 环氧乙烷
Styrene-butadiene，snpf 丁二烯	Ethylene dichloride 二氯乙烯
Synthetic rubber，not containing fillers 合成橡胶，不包括填料	Cyclohexane 环己烷
Urea 尿素	Isophthalic acid 间苯二甲酸
Ferronickel 镍铁	Maleic anhydride 马来酸酐
Ferrochromium nov 3 pct 铁铬合金	Phthalic anhydride 肽酸酐
Ferrochrome ov 3 pct. Carbon 铬铁合金	Ethyl methyl ketone 甲乙酮
Unwrought nickel 未加工镍	Chloroform 氯仿
Nickel waste and scrap 镍废品	Carbon tetrachloride 四氟化碳
Wrought nickel rods and wire 锻造镍条和镍丝	Chromic acid 铬酸
Nickel powders 镍粉	Hydrogen peroxide 过氧化氢
Phenolic resins 酚醛树脂	Polystyrene homopolymer resins 聚苯乙烯树脂
Polyvinylchloride resins 聚氯乙烯树脂	Melamine 三聚氰胺
Polystyrene resins and copolymers 聚苯乙烯树脂和共聚物	Acrylic and methacrylic acid resins 丙烯酸和甲基丙烯酸树脂
Ethyl alcohol for nonbeverage use 非饮料使用乙醇	Vinyl resins 乙烯树脂
Ethylbenzene 乙苯	Vinyl resins，NSPF. 乙烯树脂

资料来源：《美国法典》第 26 条。

3.4　臭氧消耗税（Tax on Ozone-depleting chemicals）

美国对销售或使用破坏臭氧的化学品（Ozone-Depleting Chemicals，ODCs），以及进口包含ODCs或由ODCs生产的货物征收臭氧消耗税（Tax on ozonedepleting chemicals）。对消耗臭氧层的化学品征税时，纳税金额应等于基本纳税额乘以该化学品的臭氧消耗系数。表 5 列出了消耗臭氧的化学品及其臭氧消耗系数和 2012 年的税率。需要注意的是，该税率已将臭氧消耗系数计入其中，计算应税金额时只需将税率乘以重量，无须再乘上臭氧消耗系数。

表 5　臭氧消耗化学品及其臭氧消耗系数

简　称	中文名称	臭氧消耗系数	2012 年税率（美元/磅）
CFC-11	三氯氟甲烷	1.0	13.00
CFC-12	二氯二氟甲烷	1.0	13.00
CFC-113	三氯三氟乙烷	0.8	10.40
CFC-114	二氯四氟乙烷	1.0	13.00
CFC-115	一氯五氟乙烷	0.6	7.80
Halon-1211	溴氯二氟甲烷	3.0	39.00
Halon-1301	溴三氟甲烷	10.0	130.00
Halon-2402	二溴四氟乙烷	6.0	78.00
Carbon tetrachloride	四氯化碳	1.1	14.30
Methyl chloroform	甲基氯仿	0.1	1.30
CFC-13	氯三氟甲烷	1.0	13.00
CFC-111	五氯氟乙烷	1.0	13.00
CFC-112	四氯二氟乙烷	1.0	13.00
CFC-211	七氯氟丙烷	1.0	13.00
CFC-212	六氯二氟丙烷	1.0	13.00
CFC-213	五氯三氟丙烷	1.0	13.00
CFC-214	四氯四氟丙烷	1.0	13.00
CFC-215	三氯五氟丙烷	1.0	13.00
CFC-216	二氯六氟丙烷	1.0	13.00
CFC-217	氯七氟丙烷	1.0	13.00

资料来源：美国国家税务局。

进口应纳税产品是指任何在生产过程中将 ODC 用作原材料，且进入美国用于销售、使用或储存的产品。这类产品的应税金额基于在生产过程中所用 ODC

的重量。如果无法用准确的方法计算该重量，则应税金额可计为该产品价值的 1%。

以下几种情况无须缴纳臭氧消耗税。

- 定量吸入器。不对使用或出售用于推进剂的 ODCs 征税，出售时免税需获得采购方提供的免税证明；
- 回收的 ODCs。不对回收过程中转化或恢复的 ODCs 征税。不对从《蒙特利尔破坏臭氧层物质管制议定书》签署国进口的回收 Halon-1301 或 Halon-2402 征税；
- 出口的 ODCs。对于无须征税的销售环节，买卖双方均需进行注册登记，且出售时免税需获得采购方提供的免税证明；
- ODCs 用于给料。包括将某种 ODC 转变成一种或多种化合物时免税，但将 ODC 用于混合物时不可免税。

4 交通税收

美国的交通类税收主要包括与汽车销售和使用有关的机动车税收（Tax on Motor vehicles），如机动车购置税费、机动车消费税、机动车使用税费等。交通税收即可能是针对交通工具进口或销售的一次性税收，也可能是每年的经常性税收。在美国，机动车税属于州和地方税种。

大多数州规定机动车税率按车价乘以固定比率征收，如佛罗里达州按汽车价格的 6%一次性征收机动车税；爱荷华州按汽车销售或租赁价的 5%征收一次性机动车注册费；华盛顿特区则根据机动车重量一次性征收相当于机动车市场平均价值的 6%～8%的机动车消费税；路易斯安那州根据汽车税前销售价的 1%～5.5%征收机动车购置税；马萨诸塞州则按机动车价值的 2.5%征收年机动车消费税，具体估价根据使用年限进行调整；密西西比州对首次注册机动车执照的单位或个人征收 8.8 美元/年的机动车执照税，延期 7.7 美元/年；俄克拉荷马州对购置新车征收车价 3.25%的机动车消费税，购置二手车时对前 1500 美元征收 17.6 美元，再征收超出部分 3.25%的机动车消费税；得克萨斯州按车价的 6.25%征收机动车销售和使用税；按车价的 0.3%征收机动车消费税。此外，还有加利福尼亚州、科罗拉多州、阿拉巴马州、犹他州、西弗吉尼亚州和华盛顿州等在州内征收机动车税费。表 6 概括了各州机动车税的基本情况。

表 6 美国各州机动车税基本情况

州名	税目	税率
佛罗里达州	机动车税（一次性）	车价的 6%
爱荷华州	机动车注册费（一次性）	售车价或租车价的 5%
华盛顿特区	机动车消费税（一次性）	车价的 6%～8%
路易斯安那州	机动车购置税（一次性）	税前车价的 1.0%～5.5%
马萨诸塞州	机动车消费税（每年）	车价的 2.5%
密西西比州	机动车执照税（每年）	8.8 美元/年
俄克拉荷马州	机动车消费税（一次性）	新车车价的 3.25%
得克萨斯州	机动车销售和使用税（一次性）	车价的 6.25%

资料来源：OECD 网站。

5 污染类税收

美国的污染类税收主要是废物处理方面的税收，如固体废物处理税费、轮胎税费、危险废物税费以及电子废物回收费等，属于州和地方税种。

美国的轮胎税费（Tax on tyres）也属于州和地方税种。许多州政府为了减少废旧轮胎对环境的污染，加强对废旧轮胎的回收与管理，已经对轮胎征收了不同的税费。美国各州征收的固体废物和轮胎税费虽然大多数称为费，但是 OECD 仍将其归类为税收一类。

美国各州将征收到的废物处理方面的税费收入投入到各种基金当中，如

- 伊利诺伊州将 72%的轮胎使用费收入投入到旧轮胎管理基金、20%用于紧急公共健康基金、4%用于一般财政基金、4%返还给零售商；
- 密苏里州将轮胎费收入的 96%纳入固体废物管理基金，其余 4%投入到一般基金。电池费收入的 96%纳入危险废物基金，其余 4%投入到一般基金；
- 华盛顿州将危险物质税收入拨付给州生态局，帮助清理和管理州内的固废和危废。固体废物税收入用来帮助当地政府进行公共项目的维护修理。

丹麦环境税介绍

丹麦是著名的高收入、高税收、高消费和高福利国家。税收不仅保证了整个国家的经济运转，同时也有效支撑了其福利制度。丹麦税收系统分为直接税和间接税两种。直接从收入中征收的税种属于直接税，主要有所得税和财产税。间接税是指纳税人通过购买商品或服务而缴纳的税，包括增值税、消费税、关税、绿色税和房地产税等。

1 丹麦环境税总览

2009 年 5 月 28 日，丹麦议会通过了对丹麦税法的重要改革，改革的主要目的是降低较高的所得税税负。2010 年丹麦税收收入达到 8 422 亿丹麦克朗，约合 1 391.3 亿美元，占 GDP 的 48.3%。据丹麦财政部预测，丹麦 2012 年的税收收入将达到 8 657 亿丹麦克朗，约合 1 430.1 亿美元，占 GDP 的 46.7%。其中，个人税收部分，包括劳动力市场贡献和财产税，将达到 4 520 亿丹麦克朗，约合 746.7 亿美元，占总税收的 52%；增值税 2 860 亿丹麦克朗，约合 472.5 亿美元，占总税收的 33%；其他税收占 15%。

税收负担是指一个国家的税收收入占国内生产总值（GDP）的比例。2010 年丹麦的税负为 48.3%，预计到 2012 年为 46.7%。表 1 和图 1 分别列出了丹麦近年税收收入、GDP 及税收负担和近 20 年丹麦各税收占比情况。

表 1 丹麦近年税收收入、GDP 及税收负担　　单位：亿美元

年份	总税收	GDP	税负
2004	1 190.9	2 422.2	49.2%
2005	1 301.8	2 552.8	51.0%

年份	总税收	GDP	税负
2006	1 341.8	2 695.6	49.8%
2007	1 373.8	2 800.6	49.1%
2008	1 386.2	2 875.8	48.2%
2009	1 319.8	2 735.9	48.2%
2010	1 391.3	2 878.9	48.3%
2011	1 385.0	2 952.3	46.9%
2012	1 430.1	3 065.5	46.7%

资料来源：丹麦统计局和财政部。

注：2011 年和 2012 年数据根据丹麦财政部预测。

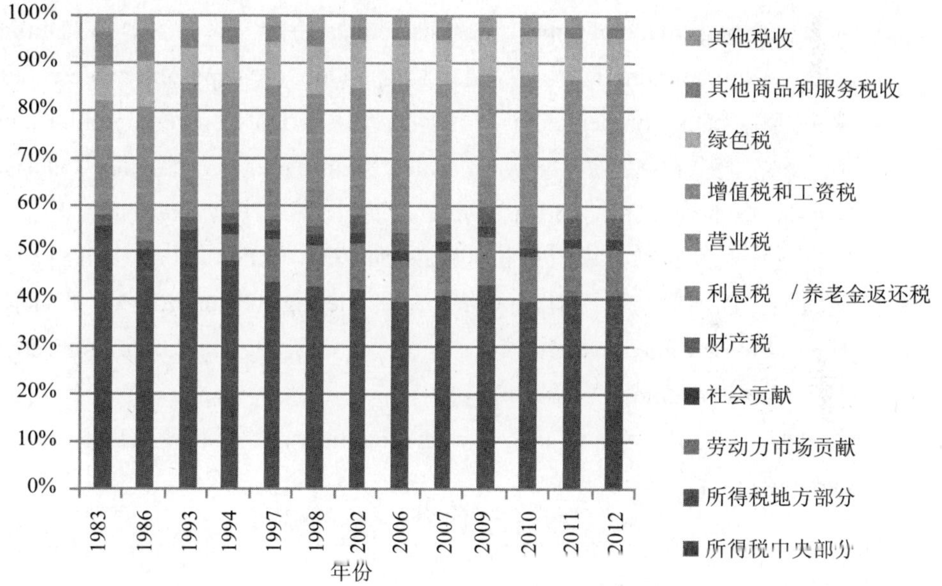

图 1　近 20 年丹麦各税收占比情况

资料来源：丹麦统计局和财政部。

注：2011 年和 2012 年数据根据丹麦财政部预测。

丹麦税务部包括丹麦税务和关税局（the Danish Tax and Customs Administration-SKAT），丹麦的税收通过该局进行征管。SKAT 成立于 2005 年 11 月 1 日，由市政和国家税务局合并而来，是一个独立的行政机构，下属单位分布在全国各地，雇有员工约 8 000 人。除 SKAT 外，丹麦税收当局包括税务委员会、国家税务法庭以及许多地方税务和税务评估法庭。

丹麦是欧盟第一批实施环境税的国家之一，从 20 世纪 80 年代以来征收了一系列具有显著环保目的的税种。尤其是 1992 年率先开征了二氧化碳税，受到国际社会的关注。近 30 年来，丹麦国内生产总值增长了 50%左右，二氧化碳排放量减少了 13.9%，创造了“减排和经济繁荣并存”的先例。丹麦的环境税主要涉及能源、交通、气候变化、资源和污染五个方面。具体划分为以下五类：

- 能源类，包括碳税（Duty on CO_2）、硫税（Duty on sulfur）、对煤、石油、天然气和电力征收的能源税（Duty on coal，electricity，natural gas，petrol，and certain mineral oil products）等；
- 污染类，包括氮氧化物税（Tax on nitrogen oxides）、纸袋塑料袋税（Duty on carrier bags made of paper，plastics，etc.）、特定零售品容器税（Duty on certain retail containers）、一次性餐具税（Duty on disposable tableware）、杀虫剂税（Duty on pesticides）、氯化溶剂税（Duty on certain chlorinated solvents）、镍镉电池税（Duty on sealed NiCd-batteries）、轮胎税（Duty on tyres）、废水税（Duty on wastewater）、废物税（Duty on waste）等；
- 气候变化类，包括温室气体税（Duty on CFC，HFC，PFAC and SF_6）；
- 交通类，包括机动车注册税（Motor vehicle registration duty）、机动车重量税（Motor vehicle weight tax）、机动车强制险税（Duty on motor vehicle compulsory insurance）等；
- 资源类，包括水量税（Tax on water quantity）、原材料税（Duty on raw materials）等。

2 能源税收

丹麦能源税是针对煤、石油、天然气和电力消费而征收的一种税，发动机用油（包括汽油、柴油）也包含在内。其目的是促进能源节约和刺激以其他能源替代石油。能源税收具体包括能源税、碳税和硫税，征收能源税能够使公司及家庭在能源消耗上厉行节俭，减少对环境的破坏。

2.1 碳税（Duty on CO_2）

2.1.1 碳税的发展

丹麦是世界上最早实施碳税的国家之一。1990 年丹麦议会提出，2005 年 CO_2 排放水平比 1988 年减少 20%，之后根据《京都议定书》和欧盟的减排义务分配协议，丹麦把减排目标调整为 2008—2012 年 CO_2 的排放水平比 1990 年降低 21%，排放额度为 5490 万吨 CO_2。碳税是减排目标的重要政策工具。

为了刺激能源节约和能源替代，达到碳减排目标，丹麦于 1992 年开征碳税，最初指向家庭能源产品消费，工业的能源消费免税。1995 年作为绿色税制改革的一部分，其征收范围扩大到企业，以平衡家庭和企业的税负差异。碳税是丹麦能源税改革的一个转折点，自引入碳税后，企业不用缴纳能源税。

2.1.2 税基和税率

碳税的征税对象是使用的能源，由于 CO_2 排放量单纯由燃料中的碳含量决定，因此税基的选择并非实际的排放量，而代之以不同的燃料。轻质燃油的税率最高，约合每吨 84 美元。现行税制根据不同燃料的碳含量设计不同的税率，使不同能源种类的税负水平大致相当于排放每吨 CO_2 征税 100 丹麦克朗。具体各能源产品的碳税税率如表 2 所示。

表 2 丹麦各能源产品碳税税率

	基本税基	具体税基	税率	单位
1	煤	煤	70.592	美元/吨
		褐煤	47.907	美元/吨
2	焦炭	石油焦炭	80.576	美元/吨
3	柴油	汽油和柴油	0.071	美元/升
		含生物燃料大于 6.8%的汽油和柴油	0.066	美元/升
4	电力消耗	电力	0.011	美元/千瓦时
5	重燃油	焦油	0.076	美元/公斤
6	轻燃油	燃油	0.084	美元/公斤
7	测量或估算的 NO_x 排放	煤油	0.071	美元/升
8	天然气	天然气	0.060	美元/立方米
9	其他交通能源产品	车用汽油（液化石油气）	0.043	美元/升
10	其他固定燃料	液化石油气	0.079 4	美元/公斤
		精炼气	0.078 6	美元/公斤
		其他高含水量燃料	60.724	美元/吨
		其他低含水量燃料	79.834	美元/吨
11	其他测量或估算的排放量	汽油	0.064	美元/升
12	无铅汽油	含生物燃料大于 4.8%的汽油	0.060	美元/升

资料来源：OECD 网站。

2.1.3 碳税税收优惠政策

碳税的税收优惠主要涉及经济、外交、特定交通运输以及出口等领域，具体包括：

- 运往外交服务或国际组织的能源产品；
- 飞行器上使用的能源产品；
- 在商业渔船和对外贸易船只上使用的能源产品；
- 应用在蒸汽轮船和火车上的煤和褐煤；
- 出口的煤和石油；
- 用于发电和电力传送的能源产品；
- 炼油厂用于生产和消耗的能源产品等。

此外，丹麦在对企业开征碳税的同时采用了被称为“二氧化碳协议”的补贴计划，即特定企业可以与能源部签署自愿协议，承诺完成一系列协议中明确的能源保护措施，在此情况下，企业可适用较低税率，得到减税。该方案的设计是为了确保不会大幅度削弱丹麦企业的竞争力，强调采用适当的刺激使企业减少能源密集型生产。

2.1.4 碳税的使用与影响

丹麦从 1992 年开始征收碳税，1994 年的碳税税收为 5.12 亿美元，2004 年为 8.08 亿美元，到 2010 年上升至 10.24 亿美元。如图 2 所示，1994 年至今，碳税税收呈总体上升的趋势。企业缴纳的碳税主要通过降低雇主的社会保障缴款、对改善能效的节能项目给予财政资助以及捐赠给小企业基金等形式全部返还给工业企业。

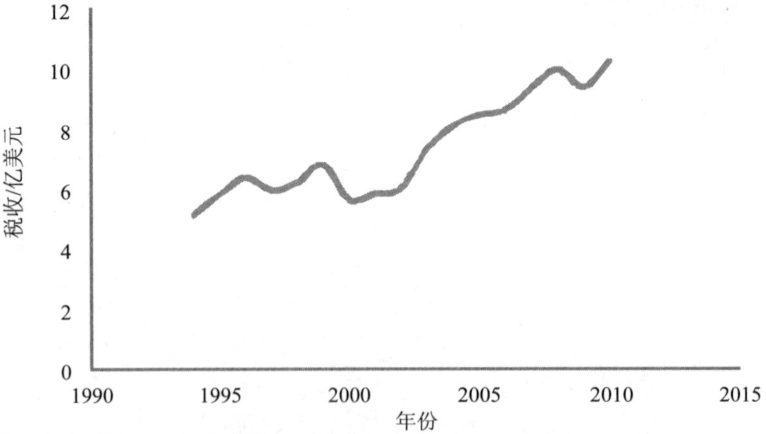

图 2 丹麦历年碳税收入变化

资料来源：OECD 网站。

1999 年对丹麦碳税实施效果的评估报告表明，2005 年企业排放的 CO_2 将减少 3.8%，相当于 230 万吨。其中的一半功劳应归功于碳税，另一半是财政补助和自愿减排协议的功劳。丹麦财政部下属的一个委员会得出的结论是，对企业征收碳税产生了良好的环境效益，并体现了经济效率。1920—2002 年，丹麦能源消耗总量变化不大，从能源消耗结构看，煤、焦炭和油的消耗比重逐步降低，天然气和可再生能源的使用比重逐步增加，显示出税收对能源替代的影响。丹麦能源署发布数据显示，整个能源业的 CO_2 排放呈减少态势，从 1990 年的 5270 万吨减少到 2005 年的 4 940 万吨。生产每千瓦时电排放的 CO_2 则由 1990 年的 937 克减少到 2005 年的 517 克。

2.2　硫税（Duty on sulphur）

2.2.1　硫税的发展

根据《联合国和欧洲经济委员会关于长期跨国界空气污染的协议》（UN-ECE Convertion on Long Range Transboundary Air Pollution），丹麦须在 2000 年将 SO_2 排放降低到 1980 年排放量的 80%，2000 年 SO_2 的排放总量不超过 9 万吨。虽然 20 世纪 80 年代，丹麦的硫排放下降了很多，但为了满足上述目标丹麦还需要采取其他的措施。因此，丹麦政府于 1996 年开征了硫税，包括对化石燃料的硫含量和排入大气的 SO_2 征税。在之后的关于大气污染物中 SO_2 减排的国际公约中，丹麦将排放上限定在了 2010 年的 5.5 万吨。

2.2.2　税基和税率

硫税主要应用于工业和家庭，可以通过以下机制发挥作用：

- 提高在生产中使用含硫燃料的能源成本，以降低能源的总体消费；
- 改变能源价格结构，使低硫燃料价格相对便宜，刺激以低硫燃料替代高硫燃料；
- 在每种不同的燃料类型中，刺激新的低硫燃料的发展；
- 促进现有的先进清洁设备的改善。

硫税的税基可以是化石燃料的硫含量或 SO_2 排放量，两种征税方法具体为：

（1）产品税，即对含硫量超过 0.05%的应税化石燃料的含硫量征收。此类硫税涉及范围广，既有工业也有家庭用户，使用含硫燃料的单位都要缴税；

纳税人：使用含硫物质的企业或家庭、含硫产品的进口商和批发商、含硫产品的制造商和生产商；

税基：化石燃料中的硫含量，包括煤、石油、天然气、电力等；

税率：2.922 9 欧元/千克硫，约合 3.6 美元/千克硫；

（2）排放税，即对 SO_2 的实际排放量征税。此类只适用于工业，SO_2 排放量相对容易核算。

纳税人：排放 SO_2 的企业；

税基：SO_2 的排放量；

税率：1.461 5 欧元/千克 SO_2，约合 1.8 美元/千克 SO_2；

2.2.3　硫税税收优惠政策

硫税的税收优惠主要涉及外交、航空航海及技术研究等领域，具体包括：

- 运往外交服务或国际组织的货物；
- 航空器使用的应税含硫物品；
- 航海部门商船使用的应税含硫物品；
- 对作为技术用途的矿物油无纳税义务的企业等。

2.2.4　硫税的征管与使用

硫税按月缴纳给丹麦海关，纳税主体是提取、加工和进口煤、石油、天然气的公司，需在税务部门注册登记。将木材、秸秆、粪便作为能源（容量超过 1 000kW）的公司也需要登记。若公司通过脱硫或其他措施固硫减少了硫的排放，也可到税务部门登记。登记过的公司在购进来自其他注册公司或国外已纳税的商品时不需要重复交税。

硫税的收入全额归中央政府统一纳入预算管理，未实行专款专用。丹麦在 1995 年的绿色税收改革中决定，企业所交的碳税和硫税必须返回到企业，并将其用于节能方面的投资，从而建立一条资金链来支持小企业，包括农业。硫税的税收返还主要体现在烟气脱硫的返还，即企业已经按照燃料的含硫量缴纳税款后，根据其采取脱硫措施产生的 SO_2 减排量给予相应的税款返还。税收收入一般通过补贴和减少雇主缴纳的社会保险金来返还给企业，体现环境税“税收中性”的特点。

2.2.5　硫税的影响

丹麦从 1996 年开征硫税，1996—2000 年，逐步降低了各种含硫燃料的起征含硫量。1996 年的硫税税收为 5 120 万美元，2000 年为 2 450 万美元，到 2010 年降至 840 万美元。硫税税收的下降也反映出来所取得的环境效益。硫税的征收降低了燃料中的含硫量，高硫燃料被低硫燃料替代。如图 3 所示，1996 年至今，硫税税收呈总体下降的趋势。

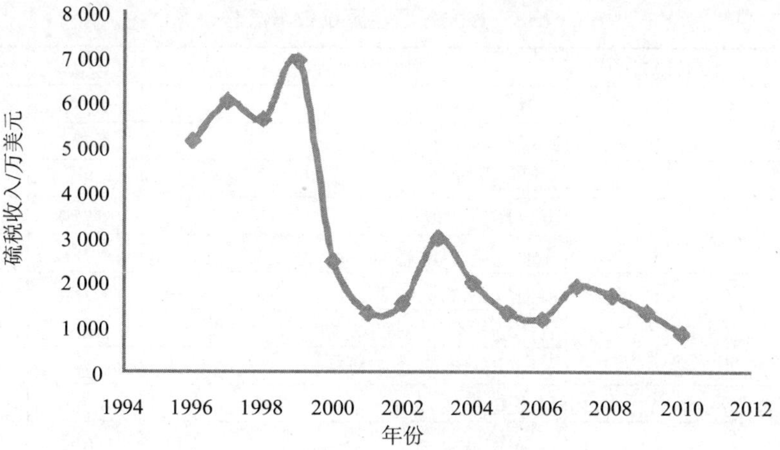

图 3 丹麦历年硫税收入变化

资料来源：OECD 网站。

丹麦开始引进硫税时，碳税就已得到普遍认可。硫税除了可以减少硫的排放，也可以激励企业减少 CO_2 排放。在硫税的影响下，含硫高的燃料价格更高，从而实现能源消费减少的趋势。为了减少税负，企业更倾向于用含硫量低的燃料例如石油、天然气去代替含硫量高的煤，这最终也会导致 CO_2 排放量的减少。

2.3 能源税

1973 年，丹麦在第一部国家环境保护法案中提到了“污染者付费原则”。1977 年，丹麦开始征收普通能源消费税，由于 1973 年的石油危机，能源消费税最初的征税对象是石油产品和电。为了保持国际竞争力和就业率，所有注册缴纳增值税的企业免除能源税（汽车燃油除外）。丹麦从 1982 年开始对煤征收能源税，为了继续减少对石油的依赖，税率相对较低。

为了预防由于国家能源消费量的增大而导致财政赤字的扩大，以及由于受到当时世界性燃料价格下跌的刺激，丹麦政府于 1986 年提高了能源税税率。另外，考虑到提高税率所带来的负面社会效应，政府小幅降低了家庭用户加热用电的能源税税率。表 3 总结了丹麦目前各项能源税的税率。

表 3　丹麦各项能源税税率汇总

税目	基本税基	具体税基	税率	单位
煤	煤	褐煤	9.786	美元/吉焦
		矿煤	9.786	美元/吉焦
	焦炭	石油焦炭	9.786	美元/吉焦
	其他固定燃料	废物燃烧供暖	3.789	美元/吉焦
		其他高含水量燃料	9.786	美元/吉焦
煤	其他固定燃料	其他低含水量燃料	9.786	美元/吉焦
		焚化场用作燃料的废物	5.239	美元/吉焦
		木焦炭	9.786	美元/吉焦
石油	含铅汽油	含铅汽油	0.780	美元/升
	无铅汽油	无铅汽油	0.663	美元/升
		含生物燃料大于 4.8%的无铅汽油	0.651	美元/升
天然气	天然气	天然气和民用燃气	0.388	美元/立方米
		由特定燃气网传送的民用燃气	0.388	美元/立方米
	其他交通能源产品	机动车用天然气	0.483	美元/立方米
电	电力消耗	每年耗电超过 4 000 度用于取暖的住房	0.103	美元/度
		其他用途的电耗	0.122	美元/度
定矿物油产品	柴油	低硫柴油	0.456	美元/升
		机动车用柴油和汽油	0.474	美元/升
	轻质燃油	燃油	0.398	美元/千克
		非车用柴油和汽油	0.351	美元/升
	其他交通能源产品	液化石油气	0.295	美元/升
		气化油	0.733	美元/升
		相当于柴油产品的能源税	0.118	美元/吉焦
		相当于汽油产品的能源税	0.202	美元/吉焦
		机动车用煤油	0.474	美元/升
		其他车用汽油	0.542	美元/千克
	其他固定燃料	焦油	0.358	美元/千克
		炼油厂汽油	0.450	美元/千克
		非机动车用煤油	0.351	美元/升
		润滑油和动力油	0.351	美元/升
		生物燃料含量大于 6.8%的低硫柴油	0.421	美元/升

资料来源：OECD 网站。

3　交通税收

丹麦为了维护其在节能减排和应对气候变化等方面的全球领先地位，将汽车消费的门槛定得很高。在购买和使用两个环节上，政府都对汽车消费课以重税，严格控制了汽车总量和碳排放总量。丹麦对机动车征收的两种税目分别是机动车注册税和机动车重量税（年税）。机动车注册税根据新车购置价征收，年税根据燃料类型征收。

开征机动车税的主要目的和初始目的都是增加财政收入。保证机动车主承担一定的道路维护费用。同时，机动车注册税也为了降低丹麦机动车的使用，鼓励使用更小型的车和更清洁的燃料。

3.1　机动车注册税（Motor vehicle registration duty）

2005 年，丹麦轿车和摩托车的注册税是购置价的 105%～180%，价格包括 25% 的增值税、关税和零售商利润。为了鼓励安全轿车的使用，配备安全气囊和 ABS 系统的车可以缴纳较低档税率。出租车和小型商务车的税率分别是购置价的 70% 和 50%。丹麦目前各种车型的机动车注册税如表 4 所示。

表 4　丹麦各种车型的机动车注册税

车型	分类	税率
轿车	大型（价值≥12 592 美元）	13 665 美元+售价的 180%
	小型（价值＜12 592 美元）	售价的 105%
摩托车	大型（价值≥3 972 美元）	售价的 180%
	中型（1 418＜价值＜3 972 美元）	售价的 105%
	小型（价值＜1 418 美元）	0
商务车	小型（价值≥2 784 美元）	售价的 50%
出租车（价值≥37 891 美元）		售价的 70%

资料来源：OECD 网站。

机动车注册税的税收优惠主要涉及残疾人用车、公共服务车辆、皇家用车以及特定用途车辆等，具体包括：

- 为方便残疾人轮椅上下而设计的出租车和公共汽车；
- 政府车辆；
- 皇家车辆；

- 超过 4 吨最大允许重量的商务车；
- 电动汽车；
- 灵柩车。

3.2 绿色车辆所有税（the Owners green tax）

1997 年以前，机动车年税根据车重征收。所有 1997 年之前销售的机动车均需要缴纳基于车重的年税，轻型机动车的税率低于重的车。从 1997 年 7 月开始，汽车税的征收依据改为由 Directive93/116 测量的能耗值。在此基础上，丹麦分别为汽油车和柴油车定义了 24 种车型，车型的分类仍然是基于机动车的总重量。

表 5 给出了 1997 年某些车型的年税值（每年将上涨 1.5%）。表 6 给出了对第一类车型和第四类车型适用于更高的排放标准（Euro 3/4）的每年减免税费示例。

表 5　1997 年部分车型的绿色车辆所有税

车　型		燃耗（km/L）	年税（Dkr）
汽油车	1	＞20.0	200
	11	10.0～10.5	2 200
	24	＜4.5	7 400
柴油车	1	＞22.5	790
	11	10.2～11.3	3 890
	24	＜5.1	10 130

资料来源：《北京市机动车排污收费政策研究》，清华大学，环境保护部环境规划院，2010 年。

表 6　部分车型适用更高排放标准的减免税费

车　型	年份	Euro 3（Dkr）	Euro 4（Dkr）
第一类车型（＜1 000kg）	1998—2000	350	450
	2001	0	100
	2002—2005	0	100
第四类车型（2 500～2 500kg）	1998—2000	1 150	1 600
	2001	1 150	1 600
	2002—2005	0	450

资料来源：《北京市机动车排污收费政策研究》，清华大学，环境保护部环境规划院，2010 年。

3.3 机动车税的影响

丹麦的机动车税收已经逐步由注册税转为年税，这将影响低能耗燃油的购买量。根据丹麦环保局统计，丹麦的汽车保有量在欧盟国家里算是比较低的（平均每千人保有 338 辆车），但是丹麦的机动车燃油效率在欧盟国家中却是相对较高的。

关于丹麦较高的机动车注册税存在很多争论，这项税收被认为不是环境友好型的，也不能提供经济刺激鼓励人们选择更加环保的生活方式。这是由于更加节能环保的汽车往往更加昂贵，却又无法享受税收优惠。更高的税负阻碍了消费者购买新车，因此注册税被认为是非环保的，无法支持丹麦绿色汽车的发展。但是，机动车税为丹麦政府带来的财政收入却是相当可观的，如表 7 所示。

表 7 丹麦近年交通类税收收入 单位：亿丹麦克朗

交通相关税收	1995 年	2000 年	2002 年	2005 年
机动车注册税	149.67	141.22	144.87	177.40
机动车重量税/绿色车辆所有税	44.04	69.30	79.43	83.20
总交通类税收	193.71	210.52	224.3	260.60
总环境税收入	424.74	588.73	628.46	670.72
交通类税收占环境税收入比重	45.6%	35.8%	35.7%	38.9%

资料来源：Speck et al.，2006。

4 污染类税收

丹麦的污染类税收主要包括氮氧化物税（Tax on nitrogen oxides）、纸袋塑料袋税（Duty on carrier bags made of paper，plastics，etc.）、特定零售品容器税（Duty on certain retail containers）、一次性餐具税（Duty on disposable tableware）、农药税（Duty on pesticides）、氯化溶剂税（Duty on certain chlorinated solvents）、镍镉电池税（Duty on sealed NiCd-batteries）、轮胎税（Duty on tyres）、废水税（Duty on wastewater）、废物税（Duty on waste）等。下面主要就纸袋塑料袋税、特定零售品容器税和一次性餐具税这三种包装税的基本情况进行介绍。

4.1 包装税的发展

丹麦对多种产品征收包装税，具体税目包括特定零售品容器税（Duty on certain retail containers）、纸袋塑料袋税（Duty on carrier bags made of paper，plastics，etc.）和一次性餐具税（Duty on disposable tableware）。

为了鼓励包装物的重复利用，更重要的是减少包装材料的使用量和丢弃量，丹麦早在1978年就对大多数饮料容器征收基于体积的包装物税。税收针对新包装征收，因此鼓励了可回用包装材料的使用。同时，包装税也可以帮助减少对于生产包装材料资源的使用。

丹麦随后在1988年开征了一次性餐具税，1994年又开征了针对纸袋和塑料袋的基于重量的包装税，两种税都有利于材料的再利用，降低了废物的产生量（丹麦环保局，2004）。

1998年，丹麦国会决定扩充已有的基于容积的容器税，之前的容器税仅针对包装如烈酒、红酒、啤酒、软饮、矿泉水、果汁、醋等液体商品的瓶装和罐装征税（丹麦环保局，1999；欧洲环保局 2005）。扩大后的容器税，采用按容积和重量两种征税方式。根据1998年10月7日的《包装税综合法案》第726号，新的基于重量的包装税从1999年1月1日起生效。

4.2 包装税的税制要素

包装税的纳税人是包装、装瓶和填充商品的企业，进口由境外包装商品的企业，以及买卖未使用的包装材料的企业。根据瑞典《包装税综合法案》，包装税的应税产品包括包装下列零售物品（体积小于20升）的包装材料：

- 酒、红酒、果酒和啤酒；
- 软饮、柠檬汽水或其他含CO_2的物品；
- 水；
- 醋和食用油；
- 甲基化酒精；
- 肥皂、洗涤用品、光泽剂等日用品；
- 润滑油和能源税法中应税的矿物油产品；
- 杀虫剂相关法律中的应税杀虫剂；
- 油漆、清漆、染料、油灰、填充料等；
- 香水产品和化妆品等；
- 防冻剂和玻璃水；
- 环境和能源部2000年7月31日第734号条例规定的化学品；
- 牛奶、奶制品、人造奶油/黄油以及奶油和植物油混合；
- 猫粮狗粮；
- 各类酱、芥末酱、番茄酱和番茄汁等。

基于重量的包装税包括纸袋塑料袋税和一次性餐具税以及特定零售品容器

税，具体税率如表 8 所示。基于体积的特定零售品容器税税率如表 9 所示。

表 8　基于重量的包装税税目及相应税率　　单位：美元/kg

税目	税基	税率
纸袋塑料袋税	纸袋	1.65
	塑料袋	3.62
一次性餐具税	一次性餐具	3.16
特定零售品容器税	EPS 和 PVC 质容器	3.35
	铝质容器	5.49
	玻璃和陶质容器	0.30
	以纸和硬纸板为主要材料	0.16
	以纸和硬纸板为次要材料	0.09
	木质容器	0.09
	不锈钢和铁质容器	1.52
	经 UN 认可的不锈钢和铁质容器	1.22

资料来源：OECD 网站。

表 9　基于体积的特定零售品容器税税率

体积	盛啤酒、矿泉水、柠檬水的容器	装红酒或烈酒的纸板或金属板容器	装红酒或烈酒的玻璃、塑料或金属容器	单位
＜10 cl	0.008	0.013	0.021	美元/只
10～40 cl	0.016	0.025	0.041	美元/只
40～60 cl	0.026	0.041	0.066	美元/只
60～110 cl	0.053	0.082	0.132	美元/kg
110～160 cl	0.079	0.124	0.198	美元/kg
＞160 cl	0.105	0.165	0.264	美元/kg

资料来源：OECD 网站。

4.3　包装税的影响

丹麦包装税有效地减少了包装材料的使用。此外，丹麦还有回收瓶系统，此系统每年可以避免约 32.5 万吨废弃瓶的产生。整只的瓶子经过洗刷后在丹麦或境外重新使用。在瓶子出口进行重复使用时，丹麦将包装税收入进行税收返还，这有助于红酒瓶的重复使用。此项对于红酒和烈性酒的措施每年可避免额外 6 万吨废弃物的产生（丹麦环保局，2004）。2003 年，有 99%的可回装和 80%不可回装的饮料容器得到返还，而此目标分别是 98%和 95%。

研究人员对丹麦包装税的税收收入进行了综合统计，包括了纸袋塑料袋税、零售品容器税和一次性餐具税三个税目的收入。具体历年税收收入如表 10 所示，历年税收变化趋势如图 4 所示。如图 4 所示，纸袋塑料袋税和一次性餐具税的税收收入稳中有涨，而零售品容器税由于从 1999 年起扩大了征税范围，税收收入在随后的几年内有较大的增长。

表 10　丹麦包装税历年税收收入　　单位：亿美元

年份	纸袋塑料袋税	零售品容器税	一次性餐具税	合计
1994	0.200	0.476	0.086	0.762
1998	0.256	0.951	0.083	1.290
1999	0.252	0.816	0.086	1.154
2000	0.200	0.756	0.080	1.036
2005	0.329	1.037	0.194	1.560
2009	0.375	1.901	0.230	2.506

资料来源：OECD 网站。

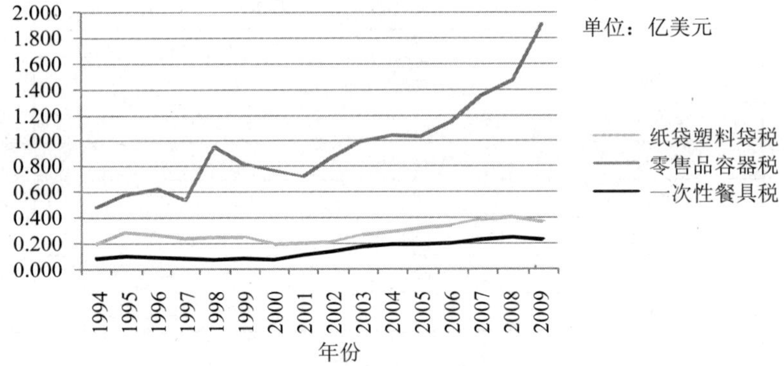

图 4　丹麦包装税收入历年变化趋势

资料来源：OECD 网站。

瑞典环境税介绍

1　瑞典环境税总览

与丹麦类似，瑞典税收系统分为直接税和间接税两种。直接从收入中征收的税种属于直接税，主要有所得税和财产税。间接税是指纳税人通过购买商品或服务而缴纳的税，包括增值税、消费税、关税、社会保障贡献等。根据瑞典税务局的统计口径，环境税（包括能源类、交通类、污染类、资源类等税收）属于消费税一类。

2010 年瑞典基本政府部门税收收入达到 1.519 万亿瑞典克朗，约合 2291.3 亿美元，占 GDP 的 45.9%。基本政府部门包括中央政府、社会保障基金和地方政府。税收负担是指一个国家的税收收入占国内生产总值（GDP）的比例。相对于 GDP，税收降低、支出增加，瑞典的税负由 2005 年的 49.3%降至 2010 年的 45.9%。表 1 列出了瑞典近年税收收入及税收负担。

表 1　瑞典近年税收收入及税收负担　　单位：亿美元

年份	总税收	税负
2005	2 033.4	49.3%
2006	2 129.1	48.7%
2007	2 219.2	47.9%
2008	2 248.6	46.5%
2009	2 188.4	46.9%
2010	2 291.3	45.9%

资料来源：瑞典税务局。

瑞典是世界上最早开征环境税的国家，也是最早将所得税向能源税和污染税转移的国家。环境税在瑞典的环境保护工作中起到了十分重要的作用。1991 年，瑞典经历了一次明显的环境税改革，改革总体目标是将个人所得税降低近 710 亿瑞典克朗，约合 95 亿欧元，占当年 GDP 的 4.6%。而由此带来的税收减少则通过征收增值税、硫税和碳税来弥补。虽然此次改革并非税收中性，但环境税收入的增加抵消了部分财政收入的下降。根据瑞典统计局的数据，2010 年瑞典环境税收入约为 895.71 亿瑞典克朗，约合 135.07 亿美元，占 GDP 近 3%。

瑞典的环境相关税费主要是向能源和交通部门征收，主要涉及能源、交通、污染和资源类税收，现行环境税具体划分为以下四类：

- 能源类，包括碳税（Tax on CO_2）、硫税（Tax on sulphur）、能源税 （Energy tax on electricity and fuels）和核电税（Tax on nuclear power）；
- 污染类，包括氮氧化物税费（Tax/charge on NOx emissions）、杀虫剂税（Tax on pesticides）、废物税（Tax on waste）和水污染费（Water pollution fee）；
- 交通类，包括机动车税（Motor vehicle tax）和堵车税（Tax on congestion）；
- 资源类，包括天然沙砾税（Natural gravel Tax）。

2 能源税收

同丹麦能源税类似，瑞典能源税也是针对煤、石油、天然气和电力消费而征收的税，发动机用油（包括汽油、柴油）包含在内。其目的是促进能源节约和刺激以其他能源替代化石能源。能源税收具体包括能源税、碳税、硫税和核电税。

2.1 能源税的发展

瑞典税收系统从 20 世纪 50 年代后期就开始对化石燃料征收能源税。1957 年，开始对矿物油和煤征收能源税，1964 年开始对液化石油气征收能源税。在瑞典，80%的温室气体排放都是由于排放 CO_2 造成的。自 1991 年改革后，瑞典税收系统又引进了碳税和硫税。

2.2 能源税的税制要素

瑞典政府不断提高能源税税率，使其在 1990 年达到了高峰，当时对石油征收 960 瑞典克朗/m^3 的税率（合 103.96 欧元/m^3），对煤的税率是 460 瑞典克朗/m^3（合 49.62 欧元/m^3）。自开征碳税和硫税后，基本的能源税降低了 50%。

1993 年以后，工业不再缴纳能源税，开始缴纳碳税：

- 1993—1997 年，工业缴纳 50%的碳税；

- 1998—2000 年，工业缴纳 25%的碳税；
- 2001—2004 年，工业分别缴纳 35%、30%、25%和 21%的碳税。

瑞典能源税具体包括对煤、石油、天然气和汽油等能源征税，表 2 总结了瑞典目前各项能源税的税率。

表 2 瑞典各项能源税税率汇总

税目	基本税基	具体税基	税率	单位
燃料	无铅汽油	双冲程发动机用无铅汽油	0.518	美元/升
		无铅汽油，环境等级 1	0.748	美元/升
		无铅汽油，环境等级 2	0.752	美元/升
电	电力消耗	某些偏远地区	0.025	美元/千瓦时
		制造业或商业温室	0.001	美元/千瓦时
		其他用途的电耗	0.038	美元/千瓦时
核电	核电	核电站供热装置	1 720.55	美元/兆瓦
碳税	煤	用于工业、农业、园林和渔业的煤	75.305	美元/1 000 千克
	焦炭	用于工业、农业、园林和渔业的焦炭	75.305	美元/1 000 千克
	柴油	柴油，环境等级 1	0.618	美元/升
		柴油，环境等级 2	0.653	美元/升
		柴油，环境等级 3	0.672	美元/升
碳税	轻质燃油	供热用油	0.519	美元/升
	天然气	固定使用的天然气	0.000 4	美元/升
	其他交通能源产品	交通用液化石油气	0.227	美元/千克
		交通用甲烷	3.850	美元/吉焦
		交通用天然气	0.000 2	美元/升
	其他固定燃料	含碳燃料和石油	358.59	美元/1 000 千克
		供热用松木原油	518.85	美元/米^3
		固定使用的液化石油气	452.32	美元/吨
		固定使用的甲烷	7.604	美元/吉焦
硫税	含硫化石燃料	煤	4.081	美元/千克含硫
		焦炭	4.081	美元/千克含硫
		柴油	3.673	美元/米^3/含 S 重 0.1%
		重质燃油	3.673	美元/米^3/含 S 重 0.1%
		轻质燃油	3.673	美元/米^3/含 S 重 0.1%
		泥炭	4.081	美元/kg 含硫
		石油焦炭	4.081	美元/kg 含硫

资料来源：OECD 网站，2011 年 1 月 1 日更新。

瑞典碳税的纳税人是石油公司。当汽油运出纳税仓库后，石油公司开始缴税，随后汽油站收到汽油，家庭和汽油购买到缴税后的汽油。瑞典的汽油零售价格约为 12 元人民币/L，其中生产成本占 29%、毛利 7%、碳税和增值税 64%。碳税的承担者是汽车使用者、石油经销商和加油站。

2.3 能源税的税收优惠政策

瑞典能源税实行多项税收优惠政策。其中，

1）燃料能源税免税政策，下列燃料无须缴纳能源税：

- 生物燃料；
- 航空用汽油；
- 用于溶剂的汽油；
- 生产矿物油、含碳燃料和石油焦炭的汽油；
- 一升包装规格销售的燃料；
- 生产、储存和运输时损失的燃料；
- 在瑞典境内和运往其他欧盟国家在外交时使用的燃料。

2）电力能源税免税政策，下列电力无须缴纳能源税：

- 风电厂发电；
- 规模小于 100 千瓦的电厂发电，由发电者自用的部分；
- 规模小于 50 千瓦的电厂发电，无偿输送给消费者的部分；
- 船舶自用的发电；
- 用于电力生产和传输的电；
- 处理电力传输中断时的临时用电；
- 火车或其他铁路交通用电；
- 除了机动车和供热外的其他用电；
- 生产矿物油、含碳燃料和石油焦炭的电力；
- 热电联产电厂发电，用于内部电、气、热、水供应的电力；
- 电网传输用电。

3）硫税免税政策，下列情况无须缴纳硫税：

- 除汽油外所有用于火车或其他铁路交通的燃料；
- 除汽油外所有用于船舶的燃料，私人使用除外；
- 除汽油外所有用于商业航空的燃料和私人用航空燃料；
- 硫含量小于 0.05%的油；

- 除了机动车或供热用以外的燃料；
- 在冶金过程中、除金属外的其他矿合物生产产品时，或碱回收锅炉中使用的燃料；
- 生产矿物油、含碳燃料和石油焦炭的燃料。

4）目前工业、农业、林业和渔业均无须缴纳能源税，且仅需支付 21%的碳税。若这些行业企业的碳税税负超过了销售额的 0.8%，则企业还可额外享受 24%的税负减免；若企业的碳税税负超过了销售额的 1.2%，则超过销售额 1.2%的那部分税负将全额退还给企业；

瑞典财政部考虑到若工厂排放污染物遵守欧盟法规，则不应该再额外接受国内的控制措施管制。于是该国财政部计划对列入欧盟碳排放交易系统的工厂进行碳税减免，计划第一步是于 2008 年 7 月起，将这些工厂的碳税税率降低了 6%。

2.4　能源税的影响

2010 年，能源税共为瑞典带来超过 100 亿美元的财政收入，其中碳税占比最大，税收 37.95 亿美元，燃料能源税收入 27.98 亿美元，电能源税收入 29.24 亿美元。除 2009 年外，近年能源税税收呈总体上升的趋势，表 3 列出了瑞典各项能源税近年的税收收入。各项税收所占能源税总收入比例如图 1 所示，占比最大的三个税目分别是碳税、电能源税和燃料能源税。

表 3　瑞典各项能源税近年税收收入　　单位：亿美元

年份	燃料能源税	电能源税	碳税	硫税	核电税	总计
2005	26.05	24.02	34.38	0.16	2.40	87.01
2006	26.14	25.43	33.56	0.11	4.34	89.58
2007	28.79	27.87	37.18	0.08	4.79	98.71
2008	29.70	28.49	39.06	0.09	6.03	103.37
2009	26.43	25.97	34.08	0.05	4.44	90.97
2010	27.98	29.24	37.95	0.07	5.55	100.79

资料来源：OECD 网站。

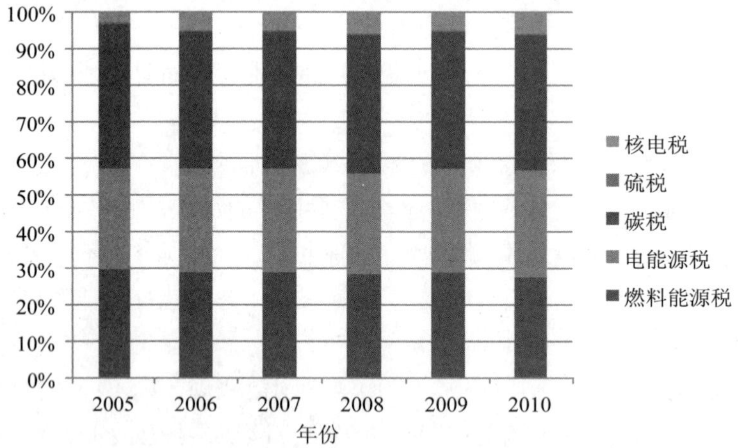

图 1　瑞典近年各项能源税收入所占能源税总收入的比例

瑞典环保局对瑞典碳税的评估报告显示，碳税等能源税同瑞典其他环境政策一起对减少 CO_2 排放发挥了作用。在许多情况下，能源生产厂家因为碳税的实施改变了燃料的使用类型。瑞典环保局研究认为：与若仍维持 1990 年之前政策下产生的排放量相比，1995 年瑞典排放量减少了 15%，其中 90%的排放量减少归功于碳税等能源税收。

与此同时，瑞典硫税促进了清洁燃料的使用及烟道废气的清洁，减少了高硫燃料的使用。据一项评估瑞典环境经济政策的研究显示，燃料油的平均含硫量从 1990 年的 0.65%降至 2000 年的 0.4%。瑞典估计，由于硫税的实施，瑞典 1989—1995 年的硫排放每年减少 19 000 吨。同期的制造业中，约有 59%的硫减排可归功于硫税的实施。

3　污染类税收

瑞典的污染类税收主要包括氮氧化物费（Tax/charge on NO_x emissions）、杀虫剂税（Tax on pesticides）、废物税（Tax on waste）和水污染费（Water pollution fee）等。下面主要就氮氧化物费和杀虫剂税这两种污染税费的基本情况进行介绍。

3.1　氮氧化物费

3.1.1　氮氧化物费的背景

和 SO_2 一样，NO_x 是酸雨的主要成因，给瑞典森林和湖泊里的动植物造成了广泛的伤害。由于大部分国土面积被特殊的花岗岩基岩所覆盖，瑞典对酸化的环境显得尤其脆弱。这使得控制酸雨、NO_x和 SO_2 在瑞典（和挪威）成为设立环境政策的重要目标，尽管事实证明瑞典的酸雨常常是由其他地区的污染物排放所造成的。经 OECD 统计，NO_x 的主要污染源包括：道路交通（41%），工业机械和过程（27%），以及发电（11%）。

1985 年瑞典国会决议，到 1995 年，NO_x 排放总量比 1980 年水平削减 30%。到 1991 年排放降低了 70%，但设定的目标到 1998 年才得以实现。可见，现有的政策法规已无法实现 NO_x 减排目标，因此瑞典需要引进 NO_x 收费制度。于是，瑞典首先于 1990 年颁布了《NO_x 法案》（FSF 1990：613），1992 年开始征收 NO_x 费。作为现有政策措施的补充，此项收费目的在于加速和刺激对于先进燃烧和低污染技术的投资，并且有效的实施措施将污染物排放降低在许可范围内。

3.1.2 氮氧化物费的税制要素

NO_x 费只针对燃煤电厂征收，考虑到小型燃煤厂安装连续监测的高额成本，NO_x 费只针对大型燃煤厂征收。1996 年以前，只对有效能源输出量在 40GWh 以上的锅炉、固定燃烧装置和燃气涡轮征收。随着科技的发展，减排效率提高而监测成本大幅降低，1997 年开始，NO_x 费的征收范围由 40GWh 以上的燃煤电厂降低至 25GWh 以上。截至 2006 年 3 月，收费对象为 260 家工厂，400 个锅炉。纳入收费的 NO_x 排放只占排放总量的 8%。

大中型锅炉的税率设定为 40 瑞典克朗/kgNO_x，约合美元/kgNO_x。企业可以自行选择以实测数据或是估算数据作为缴费依据，但实测的排放量通常低于估算值。若选择实测，必须进行连续监测，且每年要由独立有资质的第三方进行一次测量。若是估算，则按照锅炉 250mg/J，燃气涡轮 600mg/J 的排放标准计算。

3.1.3 氮氧化物费的征管和返还

瑞典环保局是 NO_x 费的征管部门。纳税人必须在每年的 1 月 25 日前到环保局进行注册，提交一个包括锅炉的 NO_x 排放量和有效能源输出量数据的回执，并附上企业设备的连续监测报告。监测成本约为 NO_x 费总收入的 3%。环保局审查这些数据并以次计算净缴费额或返还额，每年的 10 月 1 日前净支付者需向环保局缴纳 NO_x 费，而环保局则在 12 月 1 日前向净收入者支付税收返还（由于税收返还比例根据缴费企业输出的有效用能制定，输出等量有用能的两个排放源，NO_x 排放量大的企业为净支付者，排放量小的则成为净收入者）。环保局每年随机选择一些企业进行现场视察，目标是每 5 年内将所有企业审查一遍。

瑞典的 NO_x 收费十分之高，是法国此项收费的 200 倍。瑞典对此的解决之道

是对 NO_x 费实行税收返还，即除了将收入的 0.7%作为环保局的行政管理费用外，其余的 99.3%均按照电厂的能源产出量进行返还，返还的比例为 1.1 美元/MWh 有用能源。这也意味着污染行业作为一个整体并没有向社会付出任何代价，但这也为此项收费提供了政策上的可行性。税收返还的目的是（1）避免扭曲排放 NO_x 的企业和不排放 NO_x 企业间的竞争机制，（2）刺激企业降低单位能源 NO_x 的排放量，提高能效。

3.1.4 氮氧化物费的影响

瑞典的 NO_x 费是一项比较成功的税费政策，它被视为电厂完成减排目标的主要原因。在实施以前，仅 NO_x 费的宣布就迅速带动了减排的动力。使用高效技术的创新和补贴使减排成本由 20～80 瑞典克朗/kg 减少到 10 瑞典克朗/kg。

受 NO_x 收费政策影响的行业包括：能源行业、钢铁行业、造纸行业、废物燃烧工业、食品和饮料行业、化学工业等。下列工业在 1992—1993 年的排放水平发生了如下变化：

- 废物燃烧：下降了 42%；
- 电厂等能源工厂：下降了 23%；
- 造纸行业：下降了 17%；
- 钢铁行业：下降了 13%（Lovgren 1993，OECD 1997 引用）

除了 NO_x 收费外，瑞典的许多工厂还要遵守当地的法规标准。但根据一项研究显示，大约 2/3 的 NO_x 减排总量均归因于 NO_x 收费（AF-Energikonsult AB，1996）。

瑞典 NO_x 费的收入已从 1994 年的 6750 万美元增长到 2010 年的 1.13 亿美元。NO_x 费历年收入如表 4 所示。

表 4 瑞典 NO_x 费历年收入　　单位：万美元

年份	税收收入	年份	税收收入
1994	6 750	2003	7 840
1995	7 020	2004	8 130
1996	9 590	2005	7 700
1997	7 910	2006	7 880
1998	7 360	2007	8 050
1999	6 800	2008	10 430
2000	5 580	2009	9 330
2001	5 480	2010	11 340
2002	6 060		

资料来源：OECD 网站。

3.2　杀虫剂税

为了减少农业和林业对于杀虫剂的使用，从而减少农业对环境的损害，瑞典于1984年开征了杀虫剂税。在瑞典，杀虫剂税属于能源和环境税的一种，瑞典税务局将其与其他环境税一起，归为消费税一类。

杀虫剂税的纳税人可以是杀虫剂的生产商、进口商、批发商或零售商。杀虫剂税的税基是杀虫剂的活性成分量，税率由最初的 0.5 美元/kg 活性成分增长到1988年的1.0美元/kg，1994年又增至2.4美元/kg。现在的税率是4美元/kg活性成分。林木防腐剂常被归为杀虫剂一类，但在这里不对其征收杀虫剂税。

杀虫剂税在近 5 年内平均每年为瑞典政府带来约 1 152 万美元的财政收入，杀虫剂税历年税收收入如表 5 所示。但是该项税收与在农业领域对于减少杀虫剂使用的支出如研发、咨询服务或补贴方面没有特别的关联。

表5　瑞典杀虫剂税历年税收收入　　单位：万美元

年份	杀虫剂税收入	年份	杀虫剂税收入
1994	290	2003	830
1995	450	2004	830
1996	520	2005	1 030
1997	680	2006	1 100
1998	690	2007	1 200
1999	480	2008	1 350
2000	630	2009	930
2001	570	2010	1 180
2002	450		

资料来源：瑞典统计局。

通过征收杀虫剂税，瑞典实现了国会设立的在1986—1990年这五年内杀虫剂使用量减半的国家目标。到1993年，杀虫剂的销售已经降至1981—1985年平均水平的35%。1994年，几乎所有杀虫剂使用量的减少都是由于在农业和园艺杀虫剂中占比75%的除草剂使用量的减少。

国际法和各国法律中关于环境污染责任保险的有关规定

一、国际法关于环境责任险

（一）海洋石油运输领域

《国际油污损害民事责任公约》第 7 条规定：载运 2 000 吨以上散装货油的船舶所有人，必须进行保险或取得其财务保证，以便承担其对油污损害所应负的责任。

（二）核能领域

《核能领域第三者责任公约》第 10 条规定：核设施的经营者应当按照主管机关规定的数额和类型，建立并保持保险或者其他财务保证，以便承担相关责任。《核损害民事责任维也纳公约》第 7 条也有相似规定。

（三）海洋环保领域

《联合国海洋法公约》第 235 条规定：为对污染海洋环境所造成的一切损害保证迅速而适当的补偿，各国应在适当情形下，拟订诸如强制保险或补偿基金等关于给付适当补偿的标准和程序。

（四）危险废物领域

《危险废物越境转移及其处置所造成损害的责任和赔偿问题议定书》第 11 条规定：运营者应就危险废物损害责任，保持保险、保证金或其他财务担保，包括无力偿付时提供赔偿的财务机制。

（五）工业事故领域

《关于工业事故跨界影响造成损害的民事责任和赔偿议定书》第 11 条规定：运营者应就其工业事故损害责任，保持保险、保证金或其他财务担保。

（六）其他规定

国际法学会 1997 年《关于环境损害的国际法责任和赔偿的决议》第 10 条规定：各国应当确保营运者具有承担赔偿责任的财务能力，并要求营运者作出关于保险和其他财务保证的适当安排。如果营运者没有建立保险或者保险数额不足，则国家应当考虑建立“国家保险基金”。

联合国国际法委员会 2004 年《危险活动引起跨界损害所造成的损失的国际责任原则草案》第 6 条规定：相关缔约国应采取必要措施确保经营者为偿付索赔建立并维持保险、债券或其他财政担保。

二、各国关于环境污染责任保险的相关规定

（一）美国

《1954 年原子能法》规定：

“经营或使用核设施不办理保险或事前不对经济责任采取相应的防护措施，不能取得经营或使用核设施的许可权。”

《1976 年资源保全与恢复法》关于危险废物处理、贮存和处置设施的所有者和经营者标准中规定，要求经营者“须采取保险、担保债券、自保险（self-insurance）资格等财务措施”。该法授权美国环保局发布行政命令，要求业者就日后对第三人的损害赔偿责任和关闭估算费用等进行投保；在有关危险废物贮存、处理、处置的法规中，强制要求管理者应为在该设施的运行期间内、因危险废物的管理和操作所造成的对他人人身或者财产的损害购买保险；该法规还要求土地填埋设施的管理者、地面贮存和土地处理单位的管理者，为非突发或非事故性事件（如渗漏和对地下水的渐进性污染）购买保险。当前，在美国的 50 个州中，已经有 45 个州出台了相应的危险废物处置责任保险制度的规定。

《1980 综合环境反应、补偿与责任法》（CERCLA，即“超级基金法案”）该

法第 107 节、第 108 节和第 401 节，分别以责任（Liability）、财务责任（Financial responsibility）和污染保险（Pollution insurance）为题，对污染责任保险做了相应规定。为了保证责任人有支付治理费用的能力，该法规定所有潜在的责任人（所有人、营运人等）必须有财政担保，财政担保的形式有：保险、担保、担保债券、信用证或合格的自我保险。

《联邦水污染控制法》规定，所有进入美国的船只必须投保责任保险，以保障该法规定的、由于石油污染海洋而应负担的责任。

（二）德国

德国兼用强制责任保险与财务保证或担保相结合的制度。

德国《环境责任法》（1990 年 12 月颁布，1991 年 1 月 1 日起施行）相关规定：

“第 19 条　【履行责任的保障】

（1）附录二所列举之设备所有人应保证其能够履行因设备引发环境影响导致的人身伤亡、健康受损或财产损失而负的赔偿责任。如果某已停止运行之设备出现某种特别的危害，主管机关可以责令设备关闭时之所有人在此后最大可达 10 年内继续提供足够赔偿金或其他金钱保障以履行相关义务。

（2）这些保障以以下方式提供：

1．通过与在本法适用范围内有权从事经营活动的保险公司签订责任保险合同；或者

2．由联邦或某个州承担履行担保或保证责任；或者

3. 由在本法适用范围内有权从事经营活动的信用机构提供履行担保或保证责任，但以该信用机构保证提供相当于责任保险的金钱保障为限。

（3）《强制保险法》第 2 条第 1 款第 1～5 项所列种类免除为履行赔偿责任提供金钱保障的义务。

（4）如果附录二所列设备之所有人未履行提供金钱保障的义务，并且未在主管机关指定的合理期限内提交已提供金钱保障的证据，主管机关可以责令该设备全部或部分停止运行。”

（三）印度

1．印度《公共责任保险法》（1991 年第 6 号法案，针对经营、运输、处置危险物质等过程中对第三者的损害风险）规定：

“4．所有者提供保险证书的义务：

（1）每一个所有者在处理有害物质之前，都必须提供一个或多个保险证书，用于准备在第 3 条第 1 款所规定的情形下提供保险协议。在本法案生效前夕处理有害物质的所有者，必须尽快提供保险证书，期限是在本法案生效之后 1 年之内。

（2）对第 1 款中规定的保险证书，每一个所有者都必须在其有效期限之内及时更新，以保证在处理过程中保险证书始终保持有效。

（2A）所有者提供或者更新的保险证书任何一份的保险额都不得少于该所有者拥有或者支配下的有害物质处理业务的已缴足资本（实收资本额），可按规定不大于 5 000 万卢比。

注解：在本款中，已缴足资本指的是非股份制公司的所有者在保险协议签订之日的所有资产和股票的市值。

（2B）对一份保险证书，保险人的责任不超过基于该保险证书的保险协议所规定的总数额。

（2C）每个所有者在交纳保险金的同时，必须向保险方另行交纳归作环境救济基金的一定数额，该数额按规定可不高于保险金总额。

（2D）保险方必须向第 7A 条第 3 款规定的管理机构按规定的缴纳方式和期限，缴纳按第（2C）款从所有者收取的归作救济基金的款项，若保险方未缴纳该款项，则通过从保险方收取土地收益金或公共基金的方式予以补足。

（3）中央政府可通过公告方式对第（1）款的所有者中实行豁免权，对象包括：

（a）中央政府；

（b）各个州政府；

（c）由中央政府或某一州政府拥有的或支配的法人；

（d）地方管理机构。

本款设定的条件是：除非某一所有者已经设立和维持一个基金，该基金能够设定规定以达成第 3 条第（1）款所规定的所有责任。”

2．印度环境部于 1992 年 3 月 24 日公布了《适用公共责任保险法的化学物质名录和数量限值》（List of Chemicals with Quantities for Application of Public Liability Insurance Act），具体列举了五大类共 182 种“危险物质”的种类和各自的数量限值。对超过该数量限值的危险化学物质，商务公司必须购买商业责任保险，国有公司和政府必须缴纳公共责任保险金。

（四）瑞典

瑞典《环境保护法》（1969年通过，1995年修订）规定：

“第十章　环境损害保险

第65条　根据《环境损害赔偿法》，为赔偿某些情况下受害人的损失，政府或者政府指定的机构应当按照批准的条件制定保险政策（环境损害保险）。依本法或依本法发布的命令从事需要许可证和需审批的活动的人，应当按照政府或政府指定机构制定的价目表缴纳一定数额的保险金。该保险金应当按照有关历法年度缴纳。

第66条　根据保险项目的具体规定，环境损害保险对《环境损害赔偿法》规定的下列人身伤害和财产损失提供赔偿：

1. 依《环境损害赔偿法》有权获得赔偿但又不能得到赔偿或者受害人已丧失损害赔偿权的；

2. 难以确定伤害和损失责任人的。”

（五）法国

法国《环境法》第218/2条规定：

“在法国港口注册、运输2 000吨以上散装货物船舶之船主，如果无法证明他遵照上述公约规定为其船舶办理了足额保险或经济担保，不得容许其船舶从事商贸活动。”

（六）俄罗斯

俄罗斯联邦独立后，2002年1月10日公布了新的《环境保护法》，将环境污染责任保险制度写入其中，实行强制性国家生态保险。

俄罗斯《环境保护法》第四章“环境保护领域的经济调整”对于环境污染责任保险做了肯定性的规定，指出环境保护领域的经济调整方式包括“扶持旨在保护环境的产业、创新和其他活动（包括生态保险）”。该法第18条对“生态保险”做了专门规定，即：（1）实行生态保险，是为了在发生生态风险时保护法人和自然人的财产利益。（2）在俄罗斯联邦可以实行强制性国家生态保险。（3）俄罗斯联邦境内的生态保险，根据俄罗斯联邦法律办理。

（七）芬兰

芬兰1995年生效的《环境污染损害赔偿法》（737/1994）和1999年生效的《环境污染损害保险法》（81/1998）确立了环境污染损害的保险制度。

《环境污染损害保险法》（1999年1月1日开始实施）规定，所有可能对环境产生危害的企业都必须在保险公司购买环境保险，根据企业的规模和可能产生的环境危害的程度，保险金额从1 000万到30万芬兰马克不等。

该法规定所有芬兰领土上发生的环境损害都必须得到赔偿，即使环境损害的责任者无法确认，环境损害赔偿的资金来自特殊的环境保险公司。据此，即使受害者无法确定环境损害的来源，也可以从环境保险公司得到赔偿，这种做法最大限度地保护了受害者的利益。

（八）巴西

巴西于1981年颁布首部环境法，即第6.938号法律，第14项条款要求污染者无论在是否具有过错的情况下都必须对环境以及第三方造成的损害进行赔偿。此后，巴西国会于1998年2月12日通过的第9.605号环境犯罪法，对违反环境标准的行为处以最高至5 000万巴西里亚伊（约合2 232万美元）的罚款。最近，巴西本国以及外国银行都开始要求企业客户采取措施降低环境风险，将企业是否能够出具保险单或控制污染的保证条款作为批准给予贷款的条件。

赤道原则 ——用以确定、评估和管理项目融资过程所涉及社会和环境风险的金融界指标

序言

项目融资是在全球各地融资发展中一种举足轻重的融资方式，贷款人主要以单一项目所产生的收益作为还款的资金来源与风险的抵押品[1]。项目融资人可能会遇到一些社会和环境问题，特别是位于新兴市场的项目。

鉴于此，采纳赤道原则的金融机构（EPFIs）通过采纳这些原则，以确保所融资的项目按照对社会负责的方式发展，并体现健全的环境管理实践。借此，受项目影响的生态系统和社区可尽量免受不利影响。如果这些影响无可避免，则应采取措施减轻、降低影响及/或对影响进行恰当的赔偿。我们相信，采纳和遵守赤道原则会促进借款方与当地受影响社区的关系，对融资方本身、借款方和当地利益关系方也有重大裨益。我们由此认识到作为项目融资方，我们有机会促进负责任的环境管理和对社会负责的发展。EPFIs 会考虑根据实践经验不时审查赤道原则，

---

1 项目融资是一种融资方式，贷款方主要以单一项目所产生的收益作为还款的资金来源与风险的抵押品。这类融资一般用于大型、复杂且价值不菲的设施。有关设施可能包括发电厂、化学加工厂、矿井、运输基建、环境和电讯基建等。项目融资的形式，可以是新资本设施建设的融资，或现有设施（不论有否改善)的重新融资。于有关交易中，贷款方获支付的款项通常全部或绝大部分来自设施的产品购买合约所产生的款项(如发电厂出售的电力)。借款方通常是特定目的实体(Special Purpose Entity)，即除开发、拥有和经营有关设施之外，不可担当其他职能的实体。因此，还款主要取决于项目的现金流量和项目资产的整体价值。资料来源：巴塞尔银行监管委员会，统一资本计量和资本标准的国际协议（International Convergence of Capital Measurement and Capital Standards)(巴塞尔 II)，2005 年11月。http://www.bis.org/publ/bcbs118.pdf 。

以使之反映业界持续学习和逐步形成的良好惯例。

赤道原则旨在提供一套通用的基础和框架，以便各 EPFI 自行实施与项目融资活动相关的内部社会和环境政策、程序和标准。假如借款方不愿意或不能够遵守与实施赤道原则相关的社会和环境政策和程序，我们将拒绝为项目提供贷款。

范围

赤道原则适用于全球各行各业项目资金总成本超过 1 000 万美元的所有新项目融资。此外，虽然目前不计划就过往项目追溯应用赤道原则，但当任何项目涉及扩建或提升现有厂房设备，而有关改动在规模或范围上可能会对环境及/或社会造成重大影响，或者对现有影响的性质或程度带来重大转变，则该项目的融资应遵循赤道原则。

赤道原则的范围也包括项目融资顾问活动。在此情况下，EPFIs 承诺会引导客户明白赤道原则的内容、应用和在预期项目中采纳赤道原则的益处，并要求客户在之后寻求融资时，向 EPFI 表示有意遵守赤道原则的规定。

原则声明

EPFI 仅会为符合以下第 1～9 项原则的项目提供贷款：

原则 1：审查和分类

当项目提请融资时，作为社会和环境问题内部审查和尽职调查工作的一部分，EPFI 将按照国际金融公司（IFC）的环境和社会筛选准则，根据项目潜在影响和风险的程度将项目分类（附件一）。

原则 2：社会和环境评估

对于每个评定为 A 类或 B 类的项目，借款方均须开展社会和环境评估（“评估”）过程[1]，以适当的并令 EPFI 满意的方式解决有关建议项目的社会和环境影响

1 社会和环境评估是确定建议项目在其影响范围内所造成的社会和环境影响与风险（包括劳工、健康和安全）的过程。为符合赤道原则的要求，评估工作，不论是由借款方、顾问或外部专家完成，都将全面、准确和客观地评价和说明相关事项。根据项目的性质与规模，评估文件可能包括全面的社会和环境影响评估、有限的或集中于某个问题的环境或社会评估（如审核），或是关于环境选址、污染标准、设计规范或施工标准的明确应用。此外，还可能需要进行一项或多项专门研究。

和风险（可能包括附件二示例清单中所列的问题）。评估还应提议适用于建议项目的性质和规模的缓解和管理措施。

原则 3：适用的社会和环境标准

假如项目位于非经合组织成员国，或位于未被世界银行发展指标数据库定义为高收入的经合组织成员国，则评估将以当时适用的国际金融公司绩效标准（附件三），以及当时适用的特定行业环境、健康和安全导则（“EHS 导则”）（附件四）作为参考。评估将在令相关 EPFI 满意的前提下，确定项目整体上符合或在合理情况下偏离适用的绩效标准和 EHS 导则的程度。被世界银行发展指标数据库定义为高收入的经合组织成员国，其在监管、许可和公众征询过程上的要求大致符合，甚至超越国际金融公司绩效标准（附件三）和 EHS 导则（附件四）的要求。因此，为避免重复，并简化 EPFI 审查有关项目的过程，根据高收入经合组织成员国的地方或国家法律的要求进行的评估（或与之相当的）过程可代替国际金融公司绩效标准、EHS 导则和下文原则 4、5 和 6 详述的进一步要求。然而，EPFI 仍须按照上文原则 1 和 2 将有关项目分类和审查。

以上两种情况下的评估程序都应审核项目对相关东道国在社会和环境事宜方面的法律、法规和许可的符合性。

原则 4：行动计划和管理系统

任何 A 类和 B 类项目如位于非经合组织成员国，或位于未被世界银行发展指标数据库定义为高收入的经合组织成员国，则其借款方须准备一份行动计划[1]，借以处理相关问题，并引用评估所得出的结论。行动计划将描述须采取什么行动来实行缓解措施、纠错行动和监测措施，以便管理在评估中识别出的影响和风险，同时为上述行动设定优先顺序。借款方则会发展、维持或建立一套社会和环境管理系统，以便管理这些影响、风险和行动计划内定义的、为符合相应东道国社会和环境法律法规，以及适用绩效标准和 EHS 导则的要求而制定的纠错行动。

1 行动计划可以是对常规整改措施的简要介绍，也可以是一系列文件（例如迁移行动计划、土著居民计划、紧急情况准备和响应计划、退役计划等）。行动计划的详细和复杂程度，以及已制定的措施和行动的优先顺序将依据项目的潜在影响和风险而确定。为了与绩效标准 1 保持一致，内部社会和环境管理系统将包括以下元素：（i）社会和环境评估；（ii）管理计划；（iii）组织架构；（iv）培训；（v）社会交流；（vi）监督；以及（vii）报告。

对于位于高收入经合组织成员国的项目，EPFIs 可要求按照有关的许可和监管要求，以及东道国法律的规定，制订一份行动计划。

原则 5：磋商和披露

任何 A 类和 B 类项目（如适当）如位于非经合组织成员国，或位于未被世界银行发展指标数据库定义为高收入的经合组织成员国，则其政府、借款方或第三方专家须通过系统且符合当地文化的方式，与受项目影响的社区进行磋商[1]。对受影响社区构成重大不利影响的项目，磋商过程须确保在受影响社区自由的、事先的和知情的情况下进行，并须为其知情参与提供便利，以便在相关 EPFI 满意的前提下，确定项目是否已充分考虑受影响社区所关注的问题。[2]

为了达到上述目标，借款方将于合理的最短期间内，将评估文件和行动计划，或相关的非技术概要以当地语言和在文化上适当之方式向公众公开。借款方将会考虑磋商的过程和结果，包括在磋商后协议的任何行动，并制成文件。对于具有不利社会或环境影响的项目，披露工作应在社会和环境评估过程的早期阶段进行，在任何情况下，均应在项目开工之前进行，并应一直持续下去。

原则 6：投诉机制

任何 A 类和 B 类项目（如适用）如位于非经合组织成员国，或位于未被世界银行发展指标数据库定义为高收入的经合组织成员国，为了确保磋商、披露和与社区交流能够在项目兴建和运作期间持续进行，其借款方将按照项目风险和不利影响的程度设立一套投诉机制，作为管理系统的一部分。此举可让借款方收集并促进解决受影响社区中，某一个人或团体对项目的社会和环境绩效所表达的关注和投诉。借款方会在与社区交流过程中将该机制告知受影响的社区，并确保投诉机制能够及时和透明地以文化上适当之方式解决社区的问题，而受影响社区的方方面面均能参与其中。

---

1 受影响社区是项目影响范围内可能受项目不利影响的当地人口社区。如需要有系统地进行磋商，EPFIs 或会要求编制公众磋商和披露计划。

2 磋商的原则是「自由」（不受外部操纵、滋扰或强压和威迫）、「事前」（及时披露信息）和「知情」（相关的、易于理解的和可获得的信息），并应在项目的整个过程，而并非仅在初步阶段应用。借款方将根据受影响社区的语言偏好、决策过程以及弱势或易受伤害团体的需要来调整其磋商过程。咨询土著居民必须符合绩效标准 7 详述的特定规定。此外，应注意东道国法规是否赋予所确认的土著居民特别权利。

原则 7：独立审查

任何 A 类项目和 B 类项目（如适当），均须由与借款方并无直接联系的独立社会或环境专家审查评估、行动计划和磋商过程的相关文件，以协助 EPFI 进行尽职审查，并评估项目是否符合赤道原则。

原则 8：承诺性条款

赤道原则的一项重要内容是要求在契约中加入有关合规的承诺性条款。A 类和 B 类项目的借款方将须在融资文件内加入以下承诺性条款：

a）遵守东道国社会和环境法律、法规和许可等各方面要求；

b）在项目兴建和运作期间符合行动计划内的所有要求（如适用）；

c）按与 EPFI 议定的格式提交由内部职员或第三方专家编制的定期报告（提供报告的频率与影响的严重程度成正比，又或按照法律的规定，但每年至少应提交一次）。报告应 i）记录行动计划的执行情况（如适用），及 ii）提供有关符合当地、东道国社会和环境法律、法规和许可的合规陈述；

d）按照协议的退役计划在适用和适当情况下退役相关设施。

假如借款方未能遵守其社会和环境承诺性条款，EPFI 将与借款方协作，以尽可能使其符合承诺性条款的要求。但假如借款方未能在议定的宽限期内重新遵守承诺性条款，则 EPFIs 将保留在其认为适当的时候，行使补救措施的权利。

原则 9：独立监测和报告

为确保于贷款期限内持续监测和汇报，EPFIs 将要求所有 A 类项目和 B 类项目（如适当）委任独立环境及/或社会专家，或要求借款方聘请有资格且经验丰富的外部专家，核实将要提交给 EPFIs 的监测信息。

原则 10：EPFI 报告

采纳赤道原则的各 EPFI 承诺在适当考虑保密因素的前提下，最少每年向公众报告其实施赤道原则的过程和经验。[1]

---

1 有关报告内容应至少包括各 EPFI 所筛查的交易的数量，包括交易分类（也可能包括按行业或地区细分的交易清单）， 以及有关实施赤道原则的信息。

免责声明

采纳赤道原则的 EPFIs 认为，赤道原则是金融界中各机构各自发展其内部社会和环境政策、程序和惯例的基准。与所有内部政策一样，赤道原则没有对任何法人、公众或个人设定任何权利或责任。机构是在没有依靠或求助于国际金融公司或世界银行的情况下，自愿和独立地采纳与实施赤道原则。

本文是对 The“‘Equator Principles’，July 2006”的简体中文翻译，其英文原版为官方正式版本。

附件一：

项目的分类

作为项目预期社会和环境影响审查的一部分，EPFIs 会运用一套基于国际金融公司环境和社会筛查标准的社会和环境分类系统，来反映根据评估所得出的项目影响程度。

这些类别包括：

A 类项目对社会或环境可能造成严重的负面影响，并且这种影响是多样的、不可逆转的或前所未有的；

B 类项目对社会或环境可能造成一定的负面影响，并且影响的数量较少，一般集中在一定区域，大部分是可逆的，并能够通过缓解措施容易得以改善；

C 类项目对社会或环境影响轻微或无不利影响。

附件二：

在社会和环境评估文件中会涵盖的潜在社会和环境问题的示例清单

评估文件的内容会涵盖以下问题（如适用）：

a）对基准社会和环境状况的评估

b）对环境和社会有利而可行的替代方案的考虑

c）东道国法律和法规、适用的国际条约和协议的规定

d）对人权和社区健康和安全（包括项目使用保安人员的风险、影响和管理）的保护

e）对文化财产和遗产的保护

f）生物多样性（包括濒危物种，改造过的、自然的和关键栖息地内的生态敏感区域）的保护和保存，以及法律规定的保护区的识别

g）可持续性管理和使用可再生自然资源（包括通过适当的独立认证系统进行可持续资源管理）

h）危险物质的使用和管理

i）主要危害的评估和管理

j）劳工问题（包括四个核心劳工标准），以及职业健康和安全

k）防火和生命安全

l）社会经济影响

m）土地征用和非自愿搬迁

n）对受影响社区和弱势或易受伤害团体的影响

o）对土著居民和其独有文化体系和价值观的影响

p）对现有项目、拟建项目和预计日后兴建的项目的累计影响

q）就项目设计、评审和执行向受影响人士进行咨询

r）能源的有效生产、运送和使用

s）污染防治和废弃物最少化、污染（污水和废气）控制、固体和化学废物管理

附注：上列清单仅供参考。项目的社会和环境评估过程不一定会识别或涉及上述各项问题。

附件三：

国际金融公司社会和环境可持续性绩效标准

截至2006年4月30日，适用的国际金融公司绩效标准包括：

绩效标准1：社会和环境评估和管理系统

绩效标准2：劳动和工作条件

绩效标准 3：污染预防和控制

绩效标准 4：社区健康和安全

绩效标准 5：土地征用和非自愿迁移

绩效标准 6：生物多样性的保护和可持续自然资源的管理

绩效标准 7：土著居民

绩效标准 8：文化遗产

附注：国际金融公司已制定一套导则注释，附于各项绩效标准内。EPFIs 或借款方虽并无正式采纳上述导则注释，但在寻求绩效标准的进一步指引或诠释时，可以导则注释作为有用的参照。国际金融公司绩效标准、导则注释和行业环境、健康和安全导则可于 www.ifc.org/enviro 上下载。

附件四：

特定行业环境、健康和安全导则（“EHS 导则”）

EPFIs 将采纳适用的国际金融公司现行的环境、健康和安全导则（“EHS 导则”），这些导则可能会不时地接受修订。国际金融公司目前使用两套互相补充的“EHS 导则”[可于国际金融公司网站（www .ifc.org/enviro）上下载]，包括于 1998 年 7 月 1 日正式使用的世界银行污染防治与控制手册（World Bank's Pollution Prevention and Abatement Handbook）《污染防治与控制手册》第 III 部所载的所有环境指引，以及国际金融公司于 1991 年至 2003 年期间在网站刊登的一系列环境、健康和安全导则。最后编制而成的新指引将会纳入减轻污染的生产概念和环境管理制度，并取代现行的行业指引、污染防治与控制手册和国际金融公司导则。

假若个别项目并无特定行业指引，则污染防治与控制手册的一般环境指引和国际金融公司职业健康和安全导则（2003）在针对该项目进行了必要的修订后可适用。

下表载列为截至 2006 年 3 月 1 日止生效的世界银行导则和国际金融公司导则。

特定行业环境、健康和安全指南：

例外情况（以下为目前使用的，但未包括在《污染预防与减轻手册》内的世界银行指南）

世界银行指南《污染预防与减轻手册》	国际金融公司指南
1. 铝业	1. 机场
2. 贱金属和铁矿开采	2. 瓷砖制造业
3. 酿酒厂	3. 建材厂
4. 水泥制造业	4. 电力输配
5. 氯碱厂房	5. 鱼类加工业
6. 煤矿开采和生产	6. 食品和饮料加工
7. 焦炭制造业	7. 林业经营：伐木
8. 铜冶炼业	8. 气库系统
9. 乳品工业	9. 地热项目
10. 染料制造业	10. 危险材料管理
11. 电子制造业	11. 医疗护理
12. 电镀业	12. 生命与消防安全
13. 铸造厂	13. 职业健康和安全
14. 蔬果加工业	14. 办公大楼
15. 普通环保指南	15. 海上油气
16. 玻璃制造业	16. 多氯联苯业
17. 工业用地	17. 农药处理和应用
18. 钢铁制造业	18. 种植业
19. 铅和锌冶炼业	19. 港口和海港设施
20. 肉类加工和熬油	20. 铁路运输系统
21. 小型钢厂	21. 公路和高速公路
22. 混合肥料厂房	22. 电信业
23. 监测业	23. 旅游和酒店发展业
24. 镍冶炼和提炼	24. 废物管理设施业
25. 氮肥厂房	25. 污水再用业
26. 油气开发（陆上）	26. 未开发土地管理
27. 农药配制业	27. 风能转换系统
28. 农药制造业	28. 木制品行业
29. 石化制造业	
30. 石油提炼业	
31. 制药业	
32. 磷酸盐肥料厂房	
33. 印刷业	
34. 纸浆和造纸厂	
35. 制糖业	

世界银行指南《污染预防与减轻手册》	国际金融公司指南
36. 皮革制造和涂饰业	
37. 纺织业	
38. 火力发电新厂	
39. 火力发电厂复建	
40. 植物油加工业	
41. 木材防腐业	

关于金融机构和可持续性的科勒维科什俄宣言

金融机构（FIs）能够也应该在提高环境和社会可持续性中扮演正面角色。这个宣言，由200 多家公民社会团体批准，呼吁金融机构接纳六项承诺，并立即采取步骤去实施，以维持金融机构在社会上的营业许可权。这些承诺反映了公民社会对金融服务在促进可持续性中的角色和责任的期望。

1. 金融机构的角色和责任

金融业促进和管理资本的作用是很重要的，并且金融像通讯或者技术一样，不是天生就与可持续性对立的。然而在全球化的背景下，金融机构往往以对公民不负责、危害环境、人权和社会公正的方式在引导资金流动、建立金融市场和影响国际政策中发挥着关键的作用。

金融机构已经在不负责任的输送资金给不道德的公司、腐败政府和臭名昭著的项目中起到了一定作用。在发展中世界，金融机构在发展资金中的作用越来越大，这意味着它们要为国际金融危机和发展中国家的沉重债务承担重要的责任。然而，大多数金融机构并不为它们的交易造成的环境和社会危害负责，尽管它们急于要为它们的金融服务带来的经济发展和益处揽功。

只有相对少数的机构，在它们作为债权人、分析家、包销商、顾问或投资者时，有效地运用它们的权利将资金慎重地投到可持续性企业，或者鼓励它们的客户采纳可持续性。

相同地，绝大多数的金融机构并不主动建立重视社区和环境的金融市场。作为公司，金融机构的注意力集中在股东价值最大化；作为金融家，它们寻求利益最大化；这个双重角色意味着金融机构在建立以短期回报为主的金融市场时发挥了举足轻重的作用。这些短期视角对公司把短期利益放在比如社会稳定和生态健康这些长期可持续目标之前造成了强烈的压力。

最后，通过国际公共政策机构如布雷顿森林（Bretton Woods）体系的工作，金融机构的权力已经逐渐扩张，与此同时国家撤销了对经济和金融市场的管制，使其自由化和私有化。金融机构不仅积极推动了这些政策和进程，而且也从增加的利润和影响中获益。

在大多情况下，金融机构不公正的受益以牺牲公众和环境利益为代价。例如，在金融危机中，许多金融机构向负债国家收取较高的风险溢价，同时还从公众“赎出”中获利。一些金融机构已经公开反对使用创新的方法来解决债务危机，比如由公民社会组织提出，目前在国际货币基金组织（International Monetary Fund）讨论的主权债务重组进程。而且金融机构的声音在致力解决阻碍公平性和可持续性进展的避税港问题中一直是缺失的。

因此，公民社会越来越质疑金融行业的公信力和责任心，同时反对发放金融机构的社会营业执照。作为全球经济的主要参与者，金融机构应接受反映企业社会责任运动中最佳做法的可持续承诺，同时仅仅承认有志愿措施是不够的，它们必须支持帮助推动行业可持续性的法规。

2. 关键原则的六项承诺

承认金融机构像所有企业一样从社会公共利益出发行事，金融机构应促进环境恢复和保护，推动普遍人权和社会正义。这些原则应该内化在它们提供金融产品和服务以及处理业务过程中。金融和商业已经处于世界自然资源基础、生产和消费之间历史性分离的中心。当我们到达了所有商业依赖的生态限制的边缘，金融业应该为扭转这种分离造成的影响分担责任。因此，金融机构正确的目标之一应是环境保护和社会正义的提高而不仅是单纯的投资回报最大化。为达到这个目标，金融机构必须接受以下六项承诺：

（1）可持续性承诺

金融机构必须扩大其使命，由优先考虑利益最大化到一种社会和环境可持续性的视野。可持续性承诺需要金融机构充分地把对生态限制、社会公正和经济公平的考虑纳入企业战略和核心业务领域（包括信贷、投资、保险、咨询），把可持续目标与最大限度地提高股东价值和客户满意度放在同等位置上，并积极争取对那些推动可持续性的交易融资。

（2）“不伤害”承诺

金融机构应该通过防止和减小它们的业务和经营对社会和/或环境的有害影响来承诺不伤害。金融机构应该基于《防范性原则》制定政策、程序和标准以减少环境和社会危害，在它们及其客户经营的地方改善社会和环境条件，并避免介入破坏可持续性的交易。

（3）负责任承诺

金融机构必须承担它们的交易带来的环境和社会影响的全部责任。金融机构也必须支付它们接受和创造的全部和公正的风险份额。包括金融风险以及社区承受的社会和环境代价。

（4）问责制承诺

金融机构必须对它们的利益相关方负责，尤其是那些受到它们资助公司或活动影响的。问责制意味着利益相关方在影响他们的环境和生活质量的金融决策中应该有一个有影响力的声音——既要通过确保利益相关方权利受到法律保护，又要通过金融机构自身的实践和程序来实现。

（5）透明度承诺

金融机构必须对利益相关者透明，不只通过强有力的、定期的和规范的披露，还要回应利益相关方对于金融机构政策、程序和交易的专门信息的需求。商业机密不能作为拒绝向利益相关者提供信息的借口。

（6）可持续市场和治理承诺

金融机构必须通过积极支持有利于可持续性和促进社会和环境外部性全面成本核算的公共政策、法规和/或市场机制确保市场更能够促进可持续发展。

3. 实施宣言

这个文件为金融机构提供了《关于金融机构和可持续性的科勒维科什俄宣言》的实施指南。《宣言》呼吁广泛的承诺，而金融机构对如何实施可能有不同的诠释。文件同时澄清了公民社会目前（2003）对金融机构承诺实施《科勒维科什俄宣言》六项关键原则的期望。

金融机构可以与利益相关者合作，采取以下直接的步骤：

（1）可持续性承诺

①衡量环境和社会影响

金融机构应该衡量在核心经营领域它们的投资组合对环境和社会的影响，包括贷款、投资、担保和咨询。

②持续改善对环境和社会有影响的业务

尽管一些金融机构接受了不断改善它们管理系统的概念，但所有的金融机构都必须评估业务所面临的可持续性方面的挑战和问题，并且树立目标、战略、时间表和业绩指标以增加业务的可持续性层面。

③促进可持续性

金融机构必须积极寻求把它们的经营转变到改善环境和社会条件的可持续性实践中。这可能包括，比如，通过把投资从矿物燃料转到可再生能源以减少它们的碳排放；或者是可持续性企业的资本化。金融机构应该利用其影响确保她们投资或支持的公司和项目符合最佳做法。金融机构应该为改善客户的可持续性表现设定明确的时间表，如果必要，还要撤销对不作为客户的支持。

④实施和能力建设

金融机构应该采取一切必要的步骤确保工作人员受到培训并拥有能力以保证可持续性目标能够被满足，程序、政策和标准被实施。工作人员的业绩考察和奖金应与可持续性目标和时间表的完成情况挂钩。

（2）“不伤害”承诺

①可持续性程序

在《防范性原则》的基础上，金融机构应该建立基于交易的程序，即在环境和社会敏感性基础上对潜在交易进行甄别和分类。基于交易的敏感性，金融机构应履行适当水平的尽职调查、利益相关方协商和评估。同时也应建立影响、合法实施并监测敏感交易的程序。

②可持续性标准

金融机构应该采用国际认可的、具体行业的、最佳实践标准作为进行融资或者拒绝投资某交易的基础，例如《世界大坝委员会指南》（World Commission on Dams Guidelines）、森林管理委员会（Forest Stewardship Council standards）标准。银行应在利益相关者的帮助和指导下制定辅助的行业标准。森林行业这样的标准已经有了，对于其他的问题/行业比如采矿业和大坝项目则正在制定。这些标准将会有所不同，但应至少涵盖这样的问题比如：尊重国际条约、禁入区、两性平等问题、供应链问题、人权等。

（3）负责任承诺

①承担交易影响带来的全部责任

金融机构必须全部和公正地支付它们接受和创造的风险份额。这意味着金融机构不应帮助工程承包国家加重发展中国家的债务负担。同时意味着金融机构应该对由它们交易制造但由社区承受的环境和社会代价付全部责任。这个包括利用它们的影响和资源解决社区的需要，因为他们的生计和生活方式受到了交易产生的环境和社会的不利影响的危害。

②承认它们在发展中国家债务危机中的角色

金融机构应该认识到国家偿还外债的能力依赖于社会和生态系统的维持，而且发展中国家的债务负担在社会、环境和经济上都是不可持续的。金融机构不应该反对用创新手段解决发展中国家债务危机的努力，并且应支持重大债务减轻/免除的呼吁。

（4）问责制承诺

①公共咨询

金融机构在制定可持续性政策、目标、程序和标准时可以通过咨询公民社会团体来提高公信力。金融机构应纳入受它们的信贷、贷款、担保和咨询功能影响的利益相关者的观点。这包括尊重受影响社区对交易说“不”的权利。

②利益相关者权利

金融机构必须支持增加利益相关方权利的监管工作，让他们在金融机构的治理和交易中拥有一个更大影响力的声音。

（5）透明度承诺

①企业可持续性报告

金融机构应按照公民社会支持的国际认可的报告格式出版年度可持续性报告。金融机构应进一步公开金融业务的可持续性层面、行业和地区的核心经营活动的细节以及金融机构可持续政策和目标的实施。

②信息披露

金融机构应该做出利于信息披露的假设。尤其是针对已经完成的交易，还有正在进行中的交易。金融机构应及时地公开提供公司和重大交易的资料，而不是躲在商业机密的借口后面。

（6）可持续市场和治理的承诺

①公共政策和监管

金融机构必须承认政府在设定公司和金融机构运作的市场框架中理应扮演的角色。金融机构应通过积极支持公共政策、促进社会和环境外部性内在化的调控和市场机制，使得市场更有能力促进可持续性。

②金融实践

金融机构应该避免和不鼓励避税港和货币投机的不恰当使用。它们是不公平的并且制造不稳定因素。金融机构也应努力使金融决策基于更长期的视野，并且鼓励客户也这样做。

备注：

第三篇　国际环境经济政策选摘“典型国家环境税费政策汇总”来源：

[1] 李晓琼，高树婷，葛察忠. 环境税他山之石可借鉴[J]. 环境经济，2014（6）：18.

[2] 高树婷，李晓琼，王金南，葛察忠，杨琦佳，任雅娟，龙凤. 中英环境税收政策之异同[J]. 环境经济，2013（7）：54-55.

环境经济政策汇编

（上册）

环境保护部政策法规司　编

中国环境出版社·北京

图书在版编目（CIP）数据

环境经济政策汇编：全2册/环境保护部政策法规司编．—北京：中国环境出版社，2016.2

ISBN 978-7-5111-2384-8

Ⅰ．①环…　Ⅱ．①环…　Ⅲ．①环境经济—环境政策—汇编—中国　Ⅳ．①X-012

中国版本图书馆CIP数据核字（2016）第031881号

出 版 人　王新程
责任编辑　陶克菲
责任校对　尹　芳
封面设计　彭　杉

出版发行　中国环境出版社
（100062　北京东城区广渠门内大街16号）
网　　址：http://www.cesp.com.cn
电子邮箱：bjgl@cesp.com.cn
联系电话：010-67112765（编辑管理部）
发行热线：010-67125803　010-67113405（传真）

印　　刷　北京中科印刷有限公司
经　　销　各地新华书店
版　　次　2016年5月第1版
印　　次　2016年5月第1次印刷
开　　本　787×960　1/16
印　　张　87.25（全2册）
字　　数　1690千字
定　　价　240.00元（全2册）

【版权所有。未经许可请勿翻印、转载，违者必究】
如有缺页、破损、倒装等印装质量问题，请寄回本社更换

前　言

环境经济政策是按照市场经济规律的要求，运用价格、税收、财政、信贷、收费和保险等经济手段，调节或影响市场主体的行为，以实现经济建设与环境保护协调发展的政策手段，是解决环境问题、促进生态文明建设最为有效的手段之一。

新修订的《环境保护法》中对财政、税收、价格、保险、生态补偿等一系列环境经济政策均作出了明确规定。2015 年 4 月 25 日发布的《中共中央　国务院关于加快推进生态文明建设的意见》明确要求“完善经济政策。健全价格、财税、金融等政策，激励、引导各类主体积极投身生态文明建设”，并对资源产品价格改革、矿产资源有偿使用制度改革、财政资金投入、环境税费政策、环境污染责任保险等提出了具体要求。

相对于传统行政手段的“外部约束”，环境经济政策是一种“内在约束”力量，有利于形成环境保护长效机制，具有促进环保技术创新、增强市场竞争力、降低环境治理成本与行政监控成本等优点。为加强环境经济政策制定与实施工作，2006 年 7 月，国家环境保护总局对政策法规司的职能作出调整，增加下列职责，即“组织拟订环境经济政策；参与国家产业、财政、税收、价格、信贷、贸易等方面经济政策拟订工作，并归口与国家有关综合经济部门的相关协调”。

近年来，环保部加强与国家经济部门的协调合作，推进环境经济政策的研究制定与组织实施工作。绿色信贷、环境污染责任保险、绿色证券、环境税费、“高污染、高环境风险”产品名录及绿色贸易、绿色采购等环境经济政策取得积极成效，为促进环境保护优化经济增长、落实国家节能减排目标提供了有力的政策支持。

为及时总结和宣传中国环境经济政策成果，促进政府有关部门和社会各界认识、掌握环境经济政策，环境保护部政策法规司组织环境规划院汇总了近年来国家层面有关环境经济政策的重要文件，形成了本书。

本书由三篇组成，依次为第一篇“综合性环境经济政策”，第二篇“专项环境经济政策”，第三篇“国际环境经济政策选摘”。本书共收录现行有效的政策文件316篇，国际经验8篇。

它不仅是各级环境保护行政主管部门和其他依法行使环境保护监督管理职能部门的管理人员的基本工具书，同时也为各级政府经济部门的工作人员、企业事业单位的工作人员、环境咨询人员、环境教学研究人员以及其他关心环境保护事业的人士，提供了关于环境经济政策最新实践进展的准确信息和可靠资料。

环境保护部政策法规司

二〇一六年四月

目　录

（上册）

第一篇　综合性环境经济政策

（下册）

第三篇　国际环境经济政策选摘

第一篇　综合性环境经济政策

一、法律法规

中华人民共和国环境保护法

（1989 年 12 月 26 日第七届全国人民代表大会常务委员会第十一次会议通过
2014 年 4 月 24 日第十二届全国人民代表大会常务委员会第八次会议修订）

第一章　总　则

第一条　为保护和改善环境，防治污染和其他公害，保障公众健康，推进生态文明建设，促进经济社会可持续发展，制定本法。

第二条　本法所称环境，是指影响人类生存和发展的各种天然的和经过人工改造的自然因素的总体，包括大气、水、海洋、土地、矿藏、森林、草原、湿地、野生生物、自然遗迹、人文遗迹、自然保护区、风景名胜区、城市和乡村等。

第三条　本法适用于中华人民共和国领域和中华人民共和国管辖的其他海域。

第四条　保护环境是国家的基本国策。

国家采取有利于节约和循环利用资源、保护和改善环境、促进人与自然和谐的经济、技术政策和措施，使经济社会发展与环境保护相协调。

第五条　环境保护坚持保护优先、预防为主、综合治理、公众参与、损害担责的原则。

第六条 一切单位和个人都有保护环境的义务。

地方各级人民政府应当对本行政区域的环境质量负责。

企业事业单位和其他生产经营者应当防止、减少环境污染和生态破坏，对所造成的损害依法承担责任。

公民应当增强环境保护意识，采取低碳、节俭的生活方式，自觉履行环境保护义务。

第七条 国家支持环境保护科学技术研究、开发和应用，鼓励环境保护产业发展，促进环境保护信息化建设，提高环境保护科学技术水平。

第八条 各级人民政府应当加大保护和改善环境、防治污染和其他公害的财政投入，提高财政资金的使用效益。

第九条 各级人民政府应当加强环境保护宣传和普及工作，鼓励基层群众性自治组织、社会组织、环境保护志愿者开展环境保护法律法规和环境保护知识的宣传，营造保护环境的良好风气。

教育行政部门、学校应当将环境保护知识纳入学校教育内容，培养学生的环境保护意识。

新闻媒体应当开展环境保护法律法规和环境保护知识的宣传，对环境违法行为进行舆论监督。

第十条 国务院环境保护主管部门，对全国环境保护工作实施统一监督管理；县级以上地方人民政府环境保护主管部门，对本行政区域环境保护工作实施统一监督管理。

县级以上人民政府有关部门和军队环境保护部门，依照有关法律的规定对资源保护和污染防治等环境保护工作实施监督管理。

第十一条 对保护和改善环境有显著成绩的单位和个人，由人民政府给予奖励。

第十二条 每年 6 月 5 日为环境日。

第二章 监督管理

第十三条 县级以上人民政府应当将环境保护工作纳入国民经济和社会发展规划。

国务院环境保护主管部门会同有关部门，根据国民经济和社会发展规划编制国家环境保护规划，报国务院批准并公布实施。

县级以上地方人民政府环境保护主管部门会同有关部门，根据国家环境保护规划的要求，编制本行政区域的环境保护规划，报同级人民政府批准并公布实施。

环境保护规划的内容应当包括生态保护和污染防治的目标、任务、保障措施等，并与主体功能区规划、土地利用总体规划和城乡规划等相衔接。

第十四条　国务院有关部门和省、自治区、直辖市人民政府组织制定经济、技术政策，应当充分考虑对环境的影响，听取有关方面和专家的意见。

第十五条　国务院环境保护主管部门制定国家环境质量标准。

省、自治区、直辖市人民政府对国家环境质量标准中未作规定的项目，可以制定地方环境质量标准；对国家环境质量标准中已作规定的项目，可以制定严于国家环境质量标准的地方环境质量标准。地方环境质量标准应当报国务院环境保护主管部门备案。

国家鼓励开展环境基准研究。

第十六条　国务院环境保护主管部门根据国家环境质量标准和国家经济、技术条件，制定国家污染物排放标准。

省、自治区、直辖市人民政府对国家污染物排放标准中未作规定的项目，可以制定地方污染物排放标准；对国家污染物排放标准中已作规定的项目，可以制定严于国家污染物排放标准的地方污染物排放标准。地方污染物排放标准应当报国务院环境保护主管部门备案。

第十七条　国家建立、健全环境监测制度。国务院环境保护主管部门制定监测规范，会同有关部门组织监测网络，统一规划国家环境质量监测站（点）的设置，建立监测数据共享机制，加强对环境监测的管理。

有关行业、专业等各类环境质量监测站（点）的设置应当符合法律法规规定和监测规范的要求。

监测机构应当使用符合国家标准的监测设备，遵守监测规范。监测机构及其负责人对监测数据的真实性和准确性负责。

第十八条　省级以上人民政府应当组织有关部门或者委托专业机构，对环境状况进行调查、评价，建立环境资源承载能力监测预警机制。

第十九条　编制有关开发利用规划，建设对环境有影响的项目，应当依法进行环境影响评价。

未依法进行环境影响评价的开发利用规划，不得组织实施；未依法进行环境影响评价的建设项目，不得开工建设。

第二十条 国家建立跨行政区域的重点区域、流域环境污染和生态破坏联合防治协调机制，实行统一规划、统一标准、统一监测、统一的防治措施。

前款规定以外的跨行政区域的环境污染和生态破坏的防治，由上级人民政府协调解决，或者由有关地方人民政府协商解决。

第二十一条 国家采取财政、税收、价格、政府采购等方面的政策和措施，鼓励和支持环境保护技术装备、资源综合利用和环境服务等环境保护产业的发展。

第二十二条 企业事业单位和其他生产经营者，在污染物排放符合法定要求的基础上，进一步减少污染物排放的，人民政府应当依法采取财政、税收、价格、政府采购等方面的政策和措施予以鼓励和支持。

第二十三条 企业事业单位和其他生产经营者，为改善环境，依照有关规定转产、搬迁、关闭的，人民政府应当予以支持。

第二十四条 县级以上人民政府环境保护主管部门及其委托的环境监察机构和其他负有环境保护监督管理职责的部门，有权对排放污染物的企业事业单位和其他生产经营者进行现场检查。被检查者应当如实反映情况，提供必要的资料。实施现场检查的部门、机构及其工作人员应当为被检查者保守商业秘密。

第二十五条 企业事业单位和其他生产经营者违反法律法规规定排放污染物，造成或者可能造成严重污染的，县级以上人民政府环境保护主管部门和其他负有环境保护监督管理职责的部门，可以查封、扣押造成污染物排放的设施、设备。

第二十六条 国家实行环境保护目标责任制和考核评价制度。县级以上人民政府应当将环境保护目标完成情况纳入对本级人民政府负有环境保护监督管理职责的部门及其负责人和下级人民政府及其负责人的考核内容，作为对其考核评价的重要依据。考核结果应当向社会公开。

第二十七条 县级以上人民政府应当每年向本级人民代表大会或者人民代表大会常务委员会报告环境状况和环境保护目标完成情况，对发生的重大环境事件应当及时向本级人民代表大会常务委员会报告，依法接受监督。

第三章　保护和改善环境

第二十八条 地方各级人民政府应当根据环境保护目标和治理任务，采取有效措施，改善环境质量。

未达到国家环境质量标准的重点区域、流域的有关地方人民政府，应当制定限期达标规划，并采取措施按期达标。

第二十九条　国家在重点生态功能区、生态环境敏感区和脆弱区等区域划定生态保护红线，实行严格保护。

各级人民政府对具有代表性的各种类型的自然生态系统区域，珍稀、濒危的野生动植物自然分布区域，重要的水源涵养区域，具有重大科学文化价值的地质构造、著名溶洞和化石分布区、冰川、火山、温泉等自然遗迹，以及人文遗迹、古树名木，应当采取措施予以保护，严禁破坏。

第三十条　开发利用自然资源，应当合理开发，保护生物多样性，保障生态安全，依法制定有关生态保护和恢复治理方案并予以实施。

引进外来物种以及研究、开发和利用生物技术，应当采取措施，防止对生物多样性的破坏。

第三十一条　国家建立、健全生态保护补偿制度。

国家加大对生态保护地区的财政转移支付力度。有关地方人民政府应当落实生态保护补偿资金，确保其用于生态保护补偿。

国家指导受益地区和生态保护地区人民政府通过协商或者按照市场规则进行生态保护补偿。

第三十二条　国家加强对大气、水、土壤等的保护，建立和完善相应的调查、监测、评估和修复制度。

第三十三条　各级人民政府应当加强对农业环境的保护，促进农业环境保护新技术的使用，加强对农业污染源的监测预警，统筹有关部门采取措施，防治土壤污染和土地沙化、盐渍化、贫瘠化、石漠化、地面沉降以及防治植被破坏、水土流失、水体富营养化、水源枯竭、种源灭绝等生态失调现象，推广植物病虫害的综合防治。

县级、乡级人民政府应当提高农村环境保护公共服务水平，推动农村环境综合整治。

第三十四条　国务院和沿海地方各级人民政府应当加强对海洋环境的保护。向海洋排放污染物、倾倒废弃物，进行海岸工程和海洋工程建设，应当符合法律法规规定和有关标准，防止和减少对海洋环境的污染损害。

第三十五条　城乡建设应当结合当地自然环境的特点，保护植被、水域和自然景观，加强城市园林、绿地和风景名胜区的建设与管理。

第三十六条　国家鼓励和引导公民、法人和其他组织使用有利于保护环境的产品和再生产品，减少废弃物的产生。

国家机关和使用财政资金的其他组织应当优先采购和使用节能、节水、节材等有利于保护环境的产品、设备和设施。

第三十七条 地方各级人民政府应当采取措施，组织对生活废弃物的分类处置、回收利用。

第三十八条 公民应当遵守环境保护法律法规，配合实施环境保护措施，按照规定对生活废弃物进行分类放置，减少日常生活对环境造成的损害。

第三十九条 国家建立、健全环境与健康监测、调查和风险评估制度；鼓励和组织开展环境质量对公众健康影响的研究，采取措施预防和控制与环境污染有关的疾病。

第四章 防治污染和其他公害

第四十条 国家促进清洁生产和资源循环利用。

国务院有关部门和地方各级人民政府应当采取措施，推广清洁能源的生产和使用。

企业应当优先使用清洁能源，采用资源利用率高、污染物排放量少的工艺、设备以及废弃物综合利用技术和污染物无害化处理技术，减少污染物的产生。

第四十一条 建设项目中防治污染的设施，应当与主体工程同时设计、同时施工、同时投产使用。防治污染的设施应当符合经批准的环境影响评价文件的要求，不得擅自拆除或者闲置。

第四十二条 排放污染物的企业事业单位和其他生产经营者，应当采取措施，防治在生产建设或者其他活动中产生的废气、废水、废渣、医疗废物、粉尘、恶臭气体、放射性物质以及噪声、振动、光辐射、电磁辐射等对环境的污染和危害。

排放污染物的企业事业单位，应当建立环境保护责任制度，明确单位负责人和相关人员的责任。

重点排污单位应当按照国家有关规定和监测规范安装使用监测设备，保证监测设备正常运行，保存原始监测记录。

严禁通过暗管、渗井、渗坑、灌注或者篡改、伪造监测数据，或者不正常运行防治污染设施等逃避监管的方式违法排放污染物。

第四十三条 排放污染物的企业事业单位和其他生产经营者，应当按照国家有关规定缴纳排污费。排污费应当全部专项用于环境污染防治，任何单位和个人不得截留、挤占或者挪作他用。

依照法律规定征收环境保护税的，不再征收排污费。

第四十四条　国家实行重点污染物排放总量控制制度。重点污染物排放总量控制指标由国务院下达，省、自治区、直辖市人民政府分解落实。企业事业单位在执行国家和地方污染物排放标准的同时，应当遵守分解落实到本单位的重点污染物排放总量控制指标。

对超过国家重点污染物排放总量控制指标或者未完成国家确定的环境质量目标的地区，省级以上人民政府环境保护主管部门应当暂停审批其新增重点污染物排放总量的建设项目环境影响评价文件。

第四十五条　国家依照法律规定实行排污许可管理制度。

实行排污许可管理的企业事业单位和其他生产经营者应当按照排污许可证的要求排放污染物；未取得排污许可证的，不得排放污染物。

第四十六条　国家对严重污染环境的工艺、设备和产品实行淘汰制度。任何单位和个人不得生产、销售或者转移、使用严重污染环境的工艺、设备和产品。

禁止引进不符合我国环境保护规定的技术、设备、材料和产品。

第四十七条　各级人民政府及其有关部门和企业事业单位，应当依照《中华人民共和国突发事件应对法》的规定，做好突发环境事件的风险控制、应急准备、应急处置和事后恢复等工作。

县级以上人民政府应当建立环境污染公共监测预警机制，组织制定预警方案；环境受到污染，可能影响公众健康和环境安全时，依法及时公布预警信息，启动应急措施。

企业事业单位应当按照国家有关规定制定突发环境事件应急预案，报环境保护主管部门和有关部门备案。在发生或者可能发生突发环境事件时，企业事业单位应当立即采取措施处理，及时通报可能受到危害的单位和居民，并向环境保护主管部门和有关部门报告。

突发环境事件应急处置工作结束后，有关人民政府应当立即组织评估事件造成的环境影响和损失，并及时将评估结果向社会公布。

第四十八条　生产、储存、运输、销售、使用、处置化学物品和含有放射性物质的物品，应当遵守国家有关规定，防止污染环境。

第四十九条　各级人民政府及其农业等有关部门和机构应当指导农业生产经营者科学种植和养殖，科学合理施用农药、化肥等农业投入品，科学处置农用薄膜、农作物秸秆等农业废弃物，防止农业面源污染。

禁止将不符合农用标准和环境保护标准的固体废物、废水施入农田。施用农药、化肥等农业投入品及进行灌溉，应当采取措施，防止重金属和其他有毒有害物质污染环境。

畜禽养殖场、养殖小区、定点屠宰企业等的选址、建设和管理应当符合有关法律法规规定。从事畜禽养殖和屠宰的单位和个人应当采取措施，对畜禽粪便、尸体和污水等废弃物进行科学处置，防止污染环境。

县级人民政府负责组织农村生活废弃物的处置工作。

第五十条　各级人民政府应当在财政预算中安排资金，支持农村饮用水水源地保护、生活污水和其他废弃物处理、畜禽养殖和屠宰污染防治、土壤污染防治和农村工矿污染治理等环境保护工作。

第五十一条　各级人民政府应当统筹城乡建设污水处理设施及配套管网，固体废物的收集、运输和处置等环境卫生设施，危险废物集中处置设施、场所以及其他环境保护公共设施，并保障其正常运行。

第五十二条　国家鼓励投保环境污染责任保险。

第五章　信息公开和公众参与

第五十三条　公民、法人和其他组织依法享有获取环境信息、参与和监督环境保护的权利。

各级人民政府环境保护主管部门和其他负有环境保护监督管理职责的部门，应当依法公开环境信息、完善公众参与程序，为公民、法人和其他组织参与和监督环境保护提供便利。

第五十四条　国务院环境保护主管部门统一发布国家环境质量、重点污染源监测信息及其他重大环境信息。省级以上人民政府环境保护主管部门定期发布环境状况公报。

县级以上人民政府环境保护主管部门和其他负有环境保护监督管理职责的部门，应当依法公开环境质量、环境监测、突发环境事件以及环境行政许可、行政处罚、排污费的征收和使用情况等信息。

县级以上地方人民政府环境保护主管部门和其他负有环境保护监督管理职责的部门，应当将企业事业单位和其他生产经营者的环境违法信息记入社会诚信档案，及时向社会公布违法者名单。

第五十五条 重点排污单位应当如实向社会公开其主要污染物的名称、排放方式、排放浓度和总量、超标排放情况，以及防治污染设施的建设和运行情况，接受社会监督。

第五十六条 对依法应当编制环境影响报告书的建设项目，建设单位应当在编制时向可能受影响的公众说明情况，充分征求意见。

负责审批建设项目环境影响评价文件的部门在收到建设项目环境影响报告书后，除涉及国家秘密和商业秘密的事项外，应当全文公开；发现建设项目未充分征求公众意见的，应当责成建设单位征求公众意见。

第五十七条 公民、法人和其他组织发现任何单位和个人有污染环境和破坏生态行为的，有权向环境保护主管部门或者其他负有环境保护监督管理职责的部门举报。

公民、法人和其他组织发现地方各级人民政府、县级以上人民政府环境保护主管部门和其他负有环境保护监督管理职责的部门不依法履行职责的，有权向其上级机关或者监察机关举报。

接受举报的机关应当对举报人的相关信息予以保密，保护举报人的合法权益。

第五十八条 对污染环境、破坏生态，损害社会公共利益的行为，符合下列条件的社会组织可以向人民法院提起诉讼：

（一）依法在设区的市级以上人民政府民政部门登记；

（二）专门从事环境保护公益活动连续五年以上且无违法记录。

符合前款规定的社会组织向人民法院提起诉讼，人民法院应当依法受理。

提起诉讼的社会组织不得通过诉讼牟取经济利益。

第六章 法律责任

第五十九条 企业事业单位和其他生产经营者违法排放污染物，受到罚款处罚，被责令改正，拒不改正的，依法作出处罚决定的行政机关可以自责令改正之日的次日起，按照原处罚数额按日连续处罚。

前款规定的罚款处罚，依照有关法律法规按照防治污染设施的运行成本、违法行为造成的直接损失或者违法所得等因素确定的规定执行。

地方性法规可以根据环境保护的实际需要，增加第一款规定的按日连续处罚的违法行为的种类。

第六十条 企业事业单位和其他生产经营者超过污染物排放标准或者超过重

点污染物排放总量控制指标排放污染物的，县级以上人民政府环境保护主管部门可以责令其采取限制生产、停产整治等措施；情节严重的，报经有批准权的人民政府批准，责令停业、关闭。

第六十一条 建设单位未依法提交建设项目环境影响评价文件或者环境影响评价文件未经批准，擅自开工建设的，由负有环境保护监督管理职责的部门责令停止建设，处以罚款，并可以责令恢复原状。

第六十二条 违反本法规定，重点排污单位不公开或者不如实公开环境信息的，由县级以上地方人民政府环境保护主管部门责令公开，处以罚款，并予以公告。

第六十三条 企业事业单位和其他生产经营者有下列行为之一，尚不构成犯罪的，除依照有关法律法规规定予以处罚外，由县级以上人民政府环境保护主管部门或者其他有关部门将案件移送公安机关，对其直接负责的主管人员和其他直接责任人员，处十日以上十五日以下拘留；情节较轻的，处五日以上十日以下拘留：

（一）建设项目未依法进行环境影响评价，被责令停止建设，拒不执行的；

（二）违反法律规定，未取得排污许可证排放污染物，被责令停止排污，拒不执行的；

（三）通过暗管、渗井、渗坑、灌注或者篡改、伪造监测数据，或者不正常运行防治污染设施等逃避监管的方式违法排放污染物的；

（四）生产、使用国家明令禁止生产、使用的农药，被责令改正，拒不改正的。

第六十四条 因污染环境和破坏生态造成损害的，应当依照《中华人民共和国侵权责任法》的有关规定承担侵权责任。

第六十五条 环境影响评价机构、环境监测机构以及从事环境监测设备和防治污染设施维护、运营的机构，在有关环境服务活动中弄虚作假，对造成的环境污染和生态破坏负有责任的，除依照有关法律法规规定予以处罚外，还应当与造成环境污染和生态破坏的其他责任者承担连带责任。

第六十六条 提起环境损害赔偿诉讼的时效期间为三年，从当事人知道或者应当知道其受到损害时起计算。

第六十七条 上级人民政府及其环境保护主管部门应当加强对下级人民政府及其有关部门环境保护工作的监督。发现有关工作人员有违法行为，依法应当给予处分的，应当向其任免机关或者监察机关提出处分建议。

依法应当给予行政处罚，而有关环境保护主管部门不给予行政处罚的，上级人民政府环境保护主管部门可以直接作出行政处罚的决定。

第六十八条　地方各级人民政府、县级以上人民政府环境保护主管部门和其他负有环境保护监督管理职责的部门有下列行为之一的，对直接负责的主管人员和其他直接责任人员给予记过、记大过或者降级处分；造成严重后果的，给予撤职或者开除处分，其主要负责人应当引咎辞职：

（一）不符合行政许可条件准予行政许可的；

（二）对环境违法行为进行包庇的；

（三）依法应当作出责令停业、关闭的决定而未作出的；

（四）对超标排放污染物、采用逃避监管的方式排放污染物、造成环境事故以及不落实生态保护措施造成生态破坏等行为，发现或者接到举报未及时查处的；

（五）违反本法规定，查封、扣押企业事业单位和其他生产经营者的设施、设备的；

（六）篡改、伪造或者指使篡改、伪造监测数据的；

（七）应当依法公开环境信息而未公开的；

（八）将征收的排污费截留、挤占或者挪作他用的；

（九）法律法规规定的其他违法行为。

第六十九条　违反本法规定，构成犯罪的，依法追究刑事责任。

第七章　附　则

第七十条　本法自 2015 年 1 月 1 日起施行。

中华人民共和国大气污染防治法（摘录）

（1987 年 9 月 5 日第六届全国人民代表大会常务委员会第二十二次会议通过
根据 1995 年 8 月 29 日第八届全国人民代表大会常务委员会第十五次会议
《关于修改〈中华人民共和国大气污染防治法〉的决定》修正
2000 年 4 月 29 日第九届全国人民代表大会常务委员会第十五次会议第一次修订
2015 年 8 月 29 日第十二届全国人民代表大会常务委员会第十六次会议第二次修订）

……

第三章　大气污染防治的监督管理

第二十一条　国家对重点大气污染物排放实行总量控制。

……

国家逐步推行重点大气污染物排污权交易。

……

第二十七条　国家对严重污染大气环境的工艺、设备和产品实行淘汰制度。

国务院经济综合主管部门会同国务院有关部门确定严重污染大气环境的工艺、设备和产品淘汰期限，并纳入国家综合性产业政策目录。

生产者、进口者、销售者或者使用者应当在规定期限内停止生产、进口、销售或者使用列入前款规定目录中的设备和产品。工艺的采用者应当在规定期限内停止采用列入前款规定目录中的工艺。

被淘汰的设备和产品，不得转让给他人使用。

第二十八条　国务院环境保护主管部门会同有关部门，建立和完善大气污染损害评估制度。

……

第四章　大气污染防治措施

第一节　燃煤和其他能源污染防治

……

第三十四条　国家采取有利于煤炭清洁高效利用的经济、技术政策和措施，鼓励和支持洁净煤技术的开发和推广。

国家鼓励煤矿企业等采用合理、可行的技术措施，对煤层气进行开采利用，对煤矸石进行综合利用。从事煤层气开采利用的，煤层气排放应当符合有关标准规范。

……

第三节　机动车船等污染防治

……

第五十条　国家倡导低碳、环保出行，根据城市规划合理控制燃油机动车保有量，大力发展城市公共交通，提高公共交通出行比例。

国家采取财政、税收、政府采购等措施推广应用节能环保型和新能源机动车船、非道路移动机械，限制高油耗、高排放机动车船、非道路移动机械的发展，减少化石能源的消耗。

省、自治区、直辖市人民政府可以在条件具备的地区，提前执行国家机动车大气污染物排放标准中相应阶段排放限值，并报国务院环境保护主管部门备案。

城市人民政府应当加强并改善城市交通管理，优化道路设置，保障人行道和非机动车道的连续、畅通。

……

中华人民共和国水污染防治法（摘录）

（1984 年 5 月 11 日第六届全国人民代表大会常务委员会第五次会议通过
根据 1996 年 5 月 15 日第八届全国人民代表大会常务委员会第十九次会议
《关于修改〈中华人民共和国水污染防治法〉的决定》修正
2008 年 2 月 28 日第十届全国人民代表大会常务委员会第三十二次会议修订）

第一章　总　则

……

第七条　国家通过财政转移支付等方式，建立健全对位于饮用水水源保护区区域和江河、湖泊、水库上游地区的水环境生态保护补偿机制。

……

第三章　水污染防治的监督管理

……

第二十四条　直接向水体排放污染物的企业事业单位和个体工商户，应当按照排放水污染物的种类、数量和排污费征收标准缴纳排污费。

排污费应当用于污染的防治，不得挪作他用。

……

第四章　水污染防治措施

……

第四十四条　城镇污水应当集中处理。

县级以上地方人民政府应当通过财政预算和其他渠道筹集资金，统筹安排建设城镇污水集中处理设施及配套管网，提高本行政区域城镇污水的收集率和处理率。

国务院建设主管部门应当会同国务院经济综合宏观调控、环境保护主管部门，根据城乡规划和水污染防治规划，组织编制全国城镇污水处理设施建设规划。县级以上地方人民政府组织建设、经济综合宏观调控、环境保护、水行政等部门编制本行政区域的城镇污水处理设施建设规划。县级以上地方人民政府建设主管部门应当按照城镇污水处理设施建设规划，组织建设城镇污水集中处理设施及配套管网，并加强对城镇污水集中处理设施运营的监督管理。

城镇污水集中处理设施的运营单位按照国家规定向排污者提供污水处理的有偿服务，收取污水处理费用，保证污水集中处理设施的正常运行。向城镇污水集中处理设施排放污水、缴纳污水处理费用的，不再缴纳排污费。收取的污水处理费用应当用于城镇污水集中处理设施的建设和运行，不得挪作他用。

城镇污水集中处理设施的污水处理收费、管理以及使用的具体办法，由国务院规定。

……

第七章　法律责任

……

第八十五条　因水污染受到损害的当事人，有权要求排污方排除危害和赔偿损失。

由于不可抗力造成水污染损害的，排污方不承担赔偿责任；法律另有规定的除外。

水污染损害是由受害人故意造成的，排污方不承担赔偿责任。水污染损害是由受害人重大过失造成的，可以减轻排污方的赔偿责任。

水污染损害是由第三人造成的，排污方承担赔偿责任后，有权向第三人追偿。

第八十六条　因水污染引起的损害赔偿责任和赔偿金额的纠纷，可以根据当事人的请求，由环境保护主管部门或者海事管理机构、渔业主管部门按照职责分工调解处理；调解不成的，当事人可以向人民法院提起诉讼。当事人也可以直接向人民法院提起诉讼。

第八十七条　因水污染引起的损害赔偿诉讼，由排污方就法律规定的免责事由及其行为与损害结果之间不存在因果关系承担举证责任。

第八十八条　因水污染受到损害的当事人人数众多的，可以依法由当事人推选代表人进行共同诉讼。

环境保护主管部门和有关社会团体可以依法支持因水污染受到损害的当事人

向人民法院提起诉讼。

国家鼓励法律服务机构和律师为水污染损害诉讼中的受害人提供法律援助。

第八十九条 因水污染引起的损害赔偿责任和赔偿金额的纠纷，当事人可以委托环境监测机构提供监测数据。环境监测机构应当接受委托，如实提供有关监测数据。

……

中华人民共和国固体废物污染环境防治法（摘录）

（1995年10月30日第八届全国人民代表大会常务委员会第十六次会议通过
2004年12月29日第十届全国人民代表大会常务委员会第十三次会议修订）

第一章　总　则

……

第三条　国家对固体废物污染环境的防治，实行减少固体废物的产生量和危害性、充分合理利用固体废物和无害化处置固体废物的原则，促进清洁生产和循环经济发展。

国家采取有利于固体废物综合利用活动的经济、技术政策和措施，对固体废物实行充分回收和合理利用。

国家鼓励、支持采取有利于保护环境的集中处置固体废物的措施，促进固体废物污染环境防治产业发展。

……

第三章　固体废物污染环境的防治

第一节　一般规定

……

第二十五条　禁止进口不能用作原料或者不能以无害化方式利用的固体废物；对可以用作原料的固体废物实行限制进口和自动许可进口分类管理。

国务院环境保护行政主管部门会同国务院对外贸易主管部门、国务院经济综合宏观调控部门、海关总署、国务院质量监督检验检疫部门制定、调整并公布禁止进口、限制进口和自动许可进口的固体废物目录。

禁止进口列入禁止进口目录的固体废物。进口列入限制进口目录的固体废物，应当经国务院环境保护行政主管部门会同国务院对外贸易主管部门审查许可。进口列入自动许可进口目录的固体废物，应当依法办理自动许可手续。

进口的固体废物必须符合国家环境保护标准，并经质量监督检验检疫部门检验合格。

进口固体废物的具体管理办法，由国务院环境保护行政主管部门会同国务院对外贸易主管部门、国务院经济综合宏观调控部门、海关总署、国务院质量监督检验检疫部门制定。

……

第二节　工业固体废物污染环境的防治

……

第二十八条　国务院经济综合宏观调控部门应当会同国务院有关部门组织研究、开发和推广减少工业固体废物产生量和危害性的生产工艺和设备，公布限期淘汰产生严重污染环境的工业固体废物的落后生产工艺、落后设备的名录。

生产者、销售者、进口者、使用者必须在国务院经济综合宏观调控部门会同国务院有关部门规定的期限内分别停止生产、销售、进口或者使用列入前款规定的名录中的设备。生产工艺的采用者必须在国务院经济综合宏观调控部门会同国务院有关部门规定的期限内停止采用列入前款规定的名录中的工艺。

列入限期淘汰名录被淘汰的设备，不得转让给他人使用。

……

第三十条　产生工业固体废物的单位应当建立、健全污染环境防治责任制度，采取防治工业固体废物污染环境的措施。

……

第五章　法律责任

……

第八十四条　受到固体废物污染损害的单位和个人，有权要求依法赔偿损失。

赔偿责任和赔偿金额的纠纷，可以根据当事人的请求，由环境保护行政主管部门或者其他固体废物污染环境防治工作的监督管理部门调解处理；调解不成的，当事人可以向人民法院提起诉讼。当事人也可以直接向人民法院提起诉讼。

国家鼓励法律服务机构对固体废物污染环境诉讼中的受害人提供法律援助。

第八十五条　造成固体废物污染环境的，应当排除危害，依法赔偿损失，并采取措施恢复环境原状。

第八十六条　因固体废物污染环境引起的损害赔偿诉讼，由加害人就法律规定的免责事由及其行为与损害结果之间不存在因果关系承担举证责任。

第八十七条　固体废物污染环境的损害赔偿责任和赔偿金额的纠纷，当事人可以委托环境监测机构提供监测数据。环境监测机构应当接受委托，如实提供有关监测数据。

……

中华人民共和国节约能源法（摘录）

（1997 年 11 月 1 日第八届全国人民代表大会常务委员会第二十八次会议通过
2007 年 10 月 28 日第十届全国人民代表大会常务委员会第三十次会议修订）

……

第五章　激励措施

第六十条　中央财政和省级地方财政安排节能专项资金，支持节能技术研究开发、节能技术和产品的示范与推广、重点节能工程的实施、节能宣传培训、信息服务和表彰奖励等。

第六十一条　国家对生产、使用列入本法第五十八条规定的推广目录的需要支持的节能技术、节能产品，实行税收优惠等扶持政策。

国家通过财政补贴支持节能照明器具等节能产品的推广和使用。

第六十二条　国家实行有利于节约能源资源的税收政策，健全能源矿产资源有偿使用制度，促进能源资源的节约及其开采利用水平的提高。

第六十三条　国家运用税收等政策，鼓励先进节能技术、设备的进口，控制在生产过程中耗能高、污染重的产品的出口。

第六十四条　政府采购监督管理部门会同有关部门制定节能产品、设备政府采购名录，应当优先列入取得节能产品认证证书的产品、设备。

第六十五条　国家引导金融机构增加对节能项目的信贷支持，为符合条件的节能技术研究开发、节能产品生产以及节能技术改造等项目提供优惠贷款。

国家推动和引导社会有关方面加大对节能的资金投入，加快节能技术改造。

第六十六条　国家实行有利于节能的价格政策，引导用能单位和个人节能。

国家运用财税、价格等政策，支持推广电力需求侧管理、合同能源管理、节能自愿协议等节能办法。

国家实行峰谷分时电价、季节性电价、可中断负荷电价制度，鼓励电力用户合理调整用电负荷；对钢铁、有色金属、建材、化工和其他主要耗能行业的企业，分淘汰、限制、允许和鼓励类实行差别电价政策。

第六十七条　各级人民政府对在节能管理、节能科学技术研究和推广应用中有显著成绩以及检举严重浪费能源行为的单位和个人，给予表彰和奖励。

……

中华人民共和国循环经济促进法（摘录）

（2008 年 8 月 29 日第十一届全国人民代表大会常务委员会第四次会议通过）

……

第五章　激励措施

第四十二条　国务院和省、自治区、直辖市人民政府设立发展循环经济的有关专项资金，支持循环经济的科技研究开发、循环经济技术和产品的示范与推广、重大循环经济项目的实施、发展循环经济的信息服务等。具体办法由国务院财政部门会同国务院循环经济发展综合管理等有关主管部门制定。

第四十三条　国务院和省、自治区、直辖市人民政府及其有关部门应当将循环经济重大科技攻关项目的自主创新研究、应用示范和产业化发展列入国家或者省级科技发展规划和高技术产业发展规划，并安排财政性资金予以支持。

利用财政性资金引进循环经济重大技术、装备的，应当制定消化、吸收和创新方案，报有关主管部门审批并由其监督实施；有关主管部门应当根据实际需要建立协调机制，对重大技术、装备的引进和消化、吸收、创新实行统筹协调，并给予资金支持。

第四十四条　国家对促进循环经济发展的产业活动给予税收优惠，并运用税收等措施鼓励进口先进的节能、节水、节材等技术、设备和产品，限制在生产过程中耗能高、污染重的产品的出口。具体办法由国务院财政、税务主管部门制定。

企业使用或者生产列入国家清洁生产、资源综合利用等鼓励名录的技术、工艺、设备或者产品的，按照国家有关规定享受税收优惠。

第四十五条　县级以上人民政府循环经济发展综合管理部门在制定和实施投资计划时，应当将节能、节水、节地、节材、资源综合利用等项目列为重点投资领域。

对符合国家产业政策的节能、节水、节地、节材、资源综合利用等项目，金融机构应当给予优先贷款等信贷支持，并积极提供配套金融服务。

对生产、进口、销售或者使用列入淘汰名录的技术、工艺、设备、材料或者产品的企业，金融机构不得提供任何形式的授信支持。

第四十六条　国家实行有利于资源节约和合理利用的价格政策，引导单位和个人节约和合理使用水、电、气等资源性产品。

国务院和省、自治区、直辖市人民政府的价格主管部门应当按照国家产业政策，对资源高消耗行业中的限制类项目，实行限制性的价格政策。

对利用余热、余压、煤层气以及煤矸石、煤泥、垃圾等低热值燃料的并网发电项目，价格主管部门按照有利于资源综合利用的原则确定其上网电价。

省、自治区、直辖市人民政府可以根据本行政区域经济社会发展状况，实行垃圾排放收费制度。收取的费用专项用于垃圾分类、收集、运输、贮存、利用和处置，不得挪作他用。

国家鼓励通过以旧换新、押金等方式回收废物。

第四十七条　国家实行有利于循环经济发展的政府采购政策。使用财政性资金进行采购的，应当优先采购节能、节水、节材和有利于保护环境的产品及再生产品。

第四十八条　县级以上人民政府及其有关部门应当对在循环经济管理、科学技术研究、产品开发、示范和推广工作中做出显著成绩的单位和个人给予表彰和奖励。

企业事业单位应当对在循环经济发展中做出突出贡献的集体和个人给予表彰和奖励。

……

中华人民共和国可再生能源法（摘录）

（2005 年 2 月 28 日第十届全国人民代表大会常务委员会第十四次会议通过）

……

第五章　价格管理与费用分摊

第十九条　可再生能源发电项目的上网电价，由国务院价格主管部门根据不同类型可再生能源发电的特点和不同地区的情况，按照有利于促进可再生能源开发利用和经济合理的原则确定，并根据可再生能源开发利用技术的发展适时调整。

上网电价应当公布。

依照本法第十三条第三款规定实行招标的可再生能源发电项目的上网电价，按照中标确定的价格执行；但是，不得高于依照前款规定确定的同类可再生能源发电项目的上网电价水平。

第二十条　电网企业依照本法第十九条规定确定的上网电价收购可再生能源电量所发生的费用，高于按照常规能源发电平均上网电价计算所发生费用之间的差额，附加在销售电价中分摊。具体办法由国务院价格主管部门制定。

第二十一条　电网企业为收购可再生能源电量而支付的合理的接网费用以及其他合理的相关费用，可以计入电网企业输电成本，并从销售电价中回收。

第二十二条　国家投资或者补贴建设的公共可再生能源独立电力系统的销售电价，执行同一地区分类销售电价，其合理的运行和管理费用超出销售电价的部分，依照本法第二十条规定的办法分摊。

第二十三条　进入城市管网的可再生能源热力和燃气的价格，按照有利于促进可再生能源开发利用和经济合理的原则，根据价格管理权限确定。

第六章　经济激励与监督措施

第二十四条　国家财政设立可再生能源发展专项资金，用于支持以下活动：

（一）可再生能源开发利用的科学技术研究、标准制定和示范工程；

（二）农村、牧区生活用能的可再生能源利用项目；

（三）偏远地区和海岛可再生能源独立电力系统建设；

（四）可再生能源的资源勘查、评价和相关信息系统建设；

（五）促进可再生能源开发利用设备的本地化生产。

第二十五条　对列入国家可再生能源产业发展指导目录、符合信贷条件的可再生能源开发利用项目，金融机构可以提供有财政贴息的优惠贷款。

第二十六条　国家对列入可再生能源产业发展指导目录的项目给予税收优惠。具体办法由国务院规定。

第二十七条　电力企业应当真实、完整地记载和保存可再生能源发电的有关资料，并接受电力监管机构的检查和监督。

电力监管机构进行检查时，应当依照规定的程序进行，并为被检查单位保守商业秘密和其他秘密。

……

中华人民共和国清洁生产促进法（摘录）

（2002 年 6 月 29 日第九届全国人民代表大会常务委员会第二十八次会议通过 根据 2012 年 2 月 29 日第十一届全国人民代表大会常务委员会第二十五次会议《关于修改〈中华人民共和国清洁生产促进法〉的决定》修正）

……

第二章　清洁生产的推行

第七条　国务院应当制定有利于实施清洁生产的财政税收政策。

国务院及其有关部门和省、自治区、直辖市人民政府，应当制定有利于实施清洁生产的产业政策、技术开发和推广政策。

……

第九条　中央预算应当加强对清洁生产促进工作的资金投入，包括中央财政清洁生产专项资金和中央预算安排的其他清洁生产资金，用于支持国家清洁生产推行规划确定的重点领域、重点行业、重点工程实施清洁生产及其技术推广工作，以及生态脆弱地区实施清洁生产的项目。中央预算用于支持清洁生产促进工作的资金使用的具体办法，由国务院财政部门、清洁生产综合协调部门会同国务院有关部门制定。

县级以上地方人民政府应当统筹地方财政安排的清洁生产促进工作的资金，引导社会资金，支持清洁生产重点项目。

……

第四章　鼓励措施

……

第三十一条　对从事清洁生产研究、示范和培训，实施国家清洁生产重点技术改造项目和本法第二十八条规定的自愿节约资源、削减污染物排放量协议中载明的技术改造项目，由县级以上人民政府给予资金支持。

第三十二条　在依照国家规定设立的中小企业发展基金中，应当根据需要安排适当数额用于支持中小企业实施清洁生产。

第三十三条　依法利用废物和从废物中回收原料生产产品的，按照国家规定享受税收优惠。

……

最高人民法院关于审理环境民事公益诉讼案件适用法律若干问题的解释

法释〔2015〕1号

为正确审理环境民事公益诉讼案件，根据《中华人民共和国民事诉讼法》《中华人民共和国侵权责任法》《中华人民共和国环境保护法》等法律的规定，结合审判实践，制定本解释。

第一条 法律规定的机关和有关组织依据民事诉讼法第五十五条、环境保护法第五十八条等法律的规定，对已经损害社会公共利益或者具有损害社会公共利益重大风险的污染环境、破坏生态的行为提起诉讼，符合民事诉讼法第一百一十九条第二项、第三项、第四项规定的，人民法院应予受理。

第二条 依照法律、法规的规定，在设区的市级以上人民政府民政部门登记的社会团体、民办非企业单位以及基金会等，可以认定为环境保护法第五十八条规定的社会组织。

第三条 设区的市，自治州、盟、地区，不设区的地级市，直辖市的区以上人民政府民政部门，可以认定为环境保护法第五十八条规定的“设区的市级以上人民政府民政部门”。

第四条 社会组织章程确定的宗旨和主要业务范围是维护社会公共利益，且从事环境保护公益活动的，可以认定为环境保护法第五十八条规定的“专门从事环境保护公益活动”。

社会组织提起的诉讼所涉及的社会公共利益，应与其宗旨和业务范围具有关联性。

第五条 社会组织在提起诉讼前五年内未因从事业务活动违反法律、法规的规定受过行政、刑事处罚的，可以认定为环境保护法第五十八条规定的“无违法记录”。

第六条 第一审环境民事公益诉讼案件由污染环境、破坏生态行为发生地、损害结果地或者被告住所地的中级以上人民法院管辖。

中级人民法院认为确有必要的，可以在报请高级人民法院批准后，裁定将本院管辖的第一审环境民事公益诉讼案件交由基层人民法院审理。

同一原告或者不同原告对同一污染环境、破坏生态行为分别向两个以上有管辖权的人民法院提起环境民事公益诉讼的，由最先立案的人民法院管辖，必要时由共同上级人民法院指定管辖。

第七条　经最高人民法院批准，高级人民法院可以根据本辖区环境和生态保护的实际情况，在辖区内确定部分中级人民法院受理第一审环境民事公益诉讼案件。

中级人民法院管辖环境民事公益诉讼案件的区域由高级人民法院确定。

第八条　提起环境民事公益诉讼应当提交下列材料：

（一）符合民事诉讼法第一百二十一条规定的起诉状，并按照被告人数提出副本；

（二）被告的行为已经损害社会公共利益或者具有损害社会公共利益重大风险的初步证明材料；

（三）社会组织提起诉讼的，应当提交社会组织登记证书、章程、起诉前连续五年的年度工作报告书或者年检报告书，以及由其法定代表人或者负责人签字并加盖公章的无违法记录的声明。

第九条　人民法院认为原告提出的诉讼请求不足以保护社会公共利益的，可以向其释明变更或者增加停止侵害、恢复原状等诉讼请求。

第十条　人民法院受理环境民事公益诉讼后，应当在立案之日起五日内将起诉状副本发送被告，并公告案件受理情况。

有权提起诉讼的其他机关和社会组织在公告之日起三十日内申请参加诉讼，经审查符合法定条件的，人民法院应当将其列为共同原告；逾期申请的，不予准许。

公民、法人和其他组织以人身、财产受到损害为由申请参加诉讼的，告知其另行起诉。

第十一条　检察机关、负有环境保护监督管理职责的部门及其他机关、社会组织、企业事业单位依据民事诉讼法第十五条的规定，可以通过提供法律咨询、提交书面意见、协助调查取证等方式支持社会组织依法提起环境民事公益诉讼。

第十二条　人民法院受理环境民事公益诉讼后，应当在十日内告知对被告行为负有环境保护监督管理职责的部门。

第十三条 原告请求被告提供其排放的主要污染物名称、排放方式、排放浓度和总量、超标排放情况以及防治污染设施的建设和运行情况等环境信息，法律、法规、规章规定被告应当持有或者有证据证明被告持有而拒不提供，如果原告主张相关事实不利于被告的，人民法院可以推定该主张成立。

第十四条 对于审理环境民事公益诉讼案件需要的证据，人民法院认为必要的，应当调查收集。

对于应当由原告承担举证责任且为维护社会公共利益所必要的专门性问题，人民法院可以委托具备资格的鉴定人进行鉴定。

第十五条 当事人申请通知有专门知识的人出庭，就鉴定人作出的鉴定意见或者就因果关系、生态环境修复方式、生态环境修复费用以及生态环境受到损害至恢复原状期间服务功能的损失等专门性问题提出意见的，人民法院可以准许。

前款规定的专家意见经质证，可以作为认定事实的根据。

第十六条 原告在诉讼过程中承认的对己方不利的事实和认可的证据，人民法院认为损害社会公共利益的，应当不予确认。

第十七条 环境民事公益诉讼案件审理过程中，被告以反诉方式提出诉讼请求的，人民法院不予受理。

第十八条 对污染环境、破坏生态，已经损害社会公共利益或者具有损害社会公共利益重大风险的行为，原告可以请求被告承担停止侵害、排除妨碍、消除危险、恢复原状、赔偿损失、赔礼道歉等民事责任。

第十九条 原告为防止生态环境损害的发生和扩大，请求被告停止侵害、排除妨碍、消除危险的，人民法院可以依法予以支持。

原告为停止侵害、排除妨碍、消除危险采取合理预防、处置措施而发生的费用，请求被告承担的，人民法院可以依法予以支持。

第二十条 原告请求恢复原状的，人民法院可以依法判决被告将生态环境修复到损害发生之前的状态和功能。无法完全修复的，可以准许采用替代性修复方式。

人民法院可以在判决被告修复生态环境的同时，确定被告不履行修复义务时应承担的生态环境修复费用；也可以直接判决被告承担生态环境修复费用。

生态环境修复费用包括制定、实施修复方案的费用和监测、监管等费用。

第二十一条 原告请求被告赔偿生态环境受到损害至恢复原状期间服务功能损失的，人民法院可以依法予以支持。

第二十二条　原告请求被告承担检验、鉴定费用，合理的律师费以及为诉讼支出的其他合理费用的，人民法院可以依法予以支持。

第二十三条　生态环境修复费用难以确定或者确定具体数额所需鉴定费用明显过高的，人民法院可以结合污染环境、破坏生态的范围和程度、生态环境的稀缺性、生态环境恢复的难易程度、防治污染设备的运行成本、被告因侵害行为所获得的利益以及过错程度等因素，并可以参考负有环境保护监督管理职责的部门的意见、专家意见等，予以合理确定。

第二十四条　人民法院判决被告承担的生态环境修复费用、生态环境受到损害至恢复原状期间服务功能损失等款项，应当用于修复被损害的生态环境。

其他环境民事公益诉讼中败诉原告所需承担的调查取证、专家咨询、检验、鉴定等必要费用，可以酌情从上述款项中支付。

第二十五条　环境民事公益诉讼当事人达成调解协议或者自行达成和解协议后，人民法院应当将协议内容公告，公告期间不少于三十日。

公告期满后，人民法院审查认为调解协议或者和解协议的内容不损害社会公共利益的，应当出具调解书。当事人以达成和解协议为由申请撤诉的，不予准许。

调解书应当写明诉讼请求、案件的基本事实和协议内容，并应当公开。

第二十六条　负有环境保护监督管理职责的部门依法履行监管职责而使原告诉讼请求全部实现，原告申请撤诉的，人民法院应予准许。

第二十七条　法庭辩论终结后，原告申请撤诉的，人民法院不予准许，但本解释第二十六条规定的情形除外。

第二十八条　环境民事公益诉讼案件的裁判生效后，有权提起诉讼的其他机关和社会组织就同一污染环境、破坏生态行为另行起诉，有下列情形之一的，人民法院应予受理：

（一）前案原告的起诉被裁定驳回的；

（二）前案原告申请撤诉被裁定准许的，但本解释第二十六条规定的情形除外。

环境民事公益诉讼案件的裁判生效后，有证据证明存在前案审理时未发现的损害，有权提起诉讼的机关和社会组织另行起诉的，人民法院应予受理。

第二十九条　法律规定的机关和社会组织提起环境民事公益诉讼的，不影响因同一污染环境、破坏生态行为受到人身、财产损害的公民、法人和其他组织依据民事诉讼法第一百一十九条的规定提起诉讼。

第三十条　已为环境民事公益诉讼生效裁判认定的事实，因同一污染环境、破坏生态行为依据民事诉讼法第一百一十九条规定提起诉讼的原告、被告均无需举证证明，但原告对该事实有异议并有相反证据足以推翻的除外。

对于环境民事公益诉讼生效裁判就被告是否存在法律规定的不承担责任或者减轻责任的情形、行为与损害之间是否存在因果关系、被告承担责任的大小等所作的认定，因同一污染环境、破坏生态行为依据民事诉讼法第一百一十九条规定提起诉讼的原告主张适用的，人民法院应予支持，但被告有相反证据足以推翻的除外。被告主张直接适用对其有利的认定的，人民法院不予支持，被告仍应举证证明。

第三十一条 被告因污染环境、破坏生态在环境民事公益诉讼和其他民事诉讼中均承担责任，其财产不足以履行全部义务的，应当先履行其他民事诉讼生效裁判所确定的义务，但法律另有规定的除外。

第三十二条 发生法律效力的环境民事公益诉讼案件的裁判，需要采取强制执行措施的，应当移送执行。

第三十三条 原告交纳诉讼费用确有困难，依法申请缓交的，人民法院应予准许。

败诉或者部分败诉的原告申请减交或者免交诉讼费用的，人民法院应当依照《诉讼费用交纳办法》的规定，视原告的经济状况和案件的审理情况决定是否准许。

第三十四条 社会组织有通过诉讼违法收受财物等牟取经济利益行为的，人民法院可以根据情节轻重依法收缴其非法所得、予以罚款；涉嫌犯罪的，依法移送有关机关处理。

社会组织通过诉讼牟取经济利益的，人民法院应当向登记管理机关或者有关机关发送司法建议，由其依法处理。

第三十五条 本解释施行前最高人民法院发布的司法解释和规范性文件，与本解释不一致的，以本解释为准。

最高人民法院

2015 年 1 月 6 日

最高人民法院关于审理环境侵权责任纠纷案件适用法律若干问题的解释

法释〔2015〕12号

（2015年2月9日最高人民法院审判委员会第1644次会议通过）

为正确审理环境侵权责任纠纷案件，根据《中华人民共和国侵权责任法》《中华人民共和国环境保护法》《中华人民共和国民事诉讼法》等法律的规定，结合审判实践，制定本解释。

第一条　因污染环境造成损害，不论污染者有无过错，污染者应当承担侵权责任。污染者以排污符合国家或者地方污染物排放标准为由主张不承担责任的，人民法院不予支持。

污染者不承担责任或者减轻责任的情形，适用海洋环境保护法、水污染防治法、大气污染防治法等环境保护单行法的规定；相关环境保护单行法没有规定的，适用侵权责任法的规定。

第二条　两个以上污染者共同实施污染行为造成损害，被侵权人根据侵权责任法第八条规定请求污染者承担连带责任的，人民法院应予支持。

第三条　两个以上污染者分别实施污染行为造成同一损害，每一个污染者的污染行为都足以造成全部损害，被侵权人根据侵权责任法第十一条规定请求污染者承担连带责任的，人民法院应予支持。

两个以上污染者分别实施污染行为造成同一损害，每一个污染者的污染行为都不足以造成全部损害，被侵权人根据侵权责任法第十二条规定请求污染者承担责任的，人民法院应予支持。

两个以上污染者分别实施污染行为造成同一损害，部分污染者的污染行为足以造成全部损害，部分污染者的污染行为只造成部分损害，被侵权人根据侵权责任法第十一条规定请求足以造成全部损害的污染者与其他污染者就共同造成的损害部分承担连带责任，并对全部损害承担责任的，人民法院应予支持。

第四条　两个以上污染者污染环境，对污染者承担责任的大小，人民法院应当根据污染物的种类、排放量、危害性以及有无排污许可证、是否超过污染物排放标准、是否超过重点污染物排放总量控制指标等因素确定。

第五条 被侵权人根据侵权责任法第六十八条规定分别或者同时起诉污染者、第三人的，人民法院应予受理。

被侵权人请求第三人承担赔偿责任的，人民法院应当根据第三人的过错程度确定其相应赔偿责任。

污染者以第三人的过错污染环境造成损害为由主张不承担责任或者减轻责任的，人民法院不予支持。

第六条 被侵权人根据侵权责任法第六十五条规定请求赔偿的，应当提供证明以下事实的证据材料：

（一）污染者排放了污染物；

（二）被侵权人的损害；

（三）污染者排放的污染物或者其次生污染物与损害之间具有关联性。

第七条 污染者举证证明下列情形之一的，人民法院应当认定其污染行为与损害之间不存在因果关系：

（一）排放的污染物没有造成该损害可能的；

（二）排放的可造成该损害的污染物未到达该损害发生地的；

（三）该损害于排放污染物之前已发生的；

（四）其他可以认定污染行为与损害之间不存在因果关系的情形。

第八条 对查明环境污染案件事实的专门性问题，可以委托具备相关资格的司法鉴定机构出具鉴定意见或者由国务院环境保护主管部门推荐的机构出具检验报告、检测报告、评估报告或者监测数据。

第九条 当事人申请通知一至两名具有专门知识的人出庭，就鉴定意见或者污染物认定、损害结果、因果关系等专业问题提出意见的，人民法院可以准许。当事人未申请，人民法院认为有必要的，可以进行释明。

具有专门知识的人在法庭上提出的意见，经当事人质证，可以作为认定案件事实的根据。

第十条 负有环境保护监督管理职责的部门或者其委托的机构出具的环境污染事件调查报告、检验报告、检测报告、评估报告或者监测数据等，经当事人质证，可以作为认定案件事实的根据。

第十一条 对于突发性或者持续时间较短的环境污染行为，在证据可能灭失或者以后难以取得的情况下，当事人或者利害关系人根据民事诉讼法第八十一条规定申请证据保全的，人民法院应当准许。

第十二条　被申请人具有环境保护法第六十三条规定情形之一，当事人或者利害关系人根据民事诉讼法第一百条或者第一百零一条规定申请保全的，人民法院可以裁定责令被申请人立即停止侵害行为或者采取污染防治措施。

第十三条　人民法院应当根据被侵权人的诉讼请求以及具体案情，合理判定污染者承担停止侵害、排除妨碍、消除危险、恢复原状、赔礼道歉、赔偿损失等民事责任。

第十四条　被侵权人请求恢复原状的，人民法院可以依法裁判污染者承担环境修复责任，并同时确定被告不履行环境修复义务时应当承担的环境修复费用。

污染者在生效裁判确定的期限内未履行环境修复义务的，人民法院可以委托其他人进行环境修复，所需费用由污染者承担。

第十五条　被侵权人起诉请求污染者赔偿因污染造成的财产损失、人身损害以及为防止污染扩大、消除污染而采取必要措施所支出的合理费用的，人民法院应予支持。

第十六条　下列情形之一，应当认定为环境保护法第六十五条规定的弄虚作假：

（一）环境影响评价机构明知委托人提供的材料虚假而出具严重失实的评价文件的；

（二）环境监测机构或者从事环境监测设备维护、运营的机构故意隐瞒委托人超过污染物排放标准或者超过重点污染物排放总量控制指标的事实的；

（三）从事防治污染设施维护、运营的机构故意不运行或者不正常运行环境监测设备或者防治污染设施的；

（四）有关机构在环境服务活动中其他弄虚作假的情形。

第十七条　被侵权人提起诉讼，请求污染者停止侵害、排除妨碍、消除危险的，不受环境保护法第六十六条规定的时效期间的限制。

第十八条　本解释适用于审理因污染环境、破坏生态造成损害的民事案件，但法律和司法解释对环境民事公益诉讼案件另有规定的除外。

相邻污染侵害纠纷、劳动者在职业活动中因受污染损害发生的纠纷，不适用本解释。

第十九条　本解释施行后，人民法院尚未审结的一审、二审案件适用本解释规定。本解释施行前已经作出生效裁判的案件，本解释施行后依法再审的，不适用本解释。

本解释施行后，最高人民法院以前颁布的司法解释与本解释不一致的，不再适用。

最高人民法院

2015 年 6 月 1 日

二、综合政策

生态文明体制改革总体方案（摘录）

一、生态文明体制改革的总体要求

……

（四）生态文明体制改革的目标。到2020年，构建起由自然资源资产产权制度、国土空间开发保护制度、空间规划体系、资源总量管理和全面节约制度、资源有偿使用和生态补偿制度、环境治理体系、环境治理和生态保护市场体系、生态文明绩效评价考核和责任追究制度等八项制度构成的产权清晰、多元参与、激励约束并重、系统完整的生态文明制度体系，推进生态文明领域国家治理体系和治理能力现代化，努力走向社会主义生态文明新时代。

构建归属清晰、权责明确、监管有效的自然资源资产产权制度，着力解决自然资源所有者不到位、所有权边界模糊等问题。

构建反映市场供求和资源稀缺程度、体现自然价值和代际补偿的资源有偿使用和生态补偿制度，着力解决自然资源及其产品价格偏低、生产开发成本低于社会成本、保护生态得不到合理回报等问题。

构建更多运用经济杠杆进行环境治理和生态保护的市场体系，着力解决市场主体和市场体系发育滞后、社会参与度不高等问题。

……

六、健全资源有偿使用和生态补偿制度

（二十七）加快自然资源及其产品价格改革。按照成本、收益相统一的原则，充分考虑社会可承受能力，建立自然资源开发使用成本评估机制，将资源所有者权益和生态环境损害等纳入自然资源及其产品价格形成机制。加强对自然垄断环节的价格监管，建立定价成本监审制度和价格调整机制，完善价格决策程序和信息公开制度。推进农业水价综合改革，全面实行非居民用水超计划、超定额累进加价制度，全面推行城镇居民用水阶梯价格制度。

（二十八）完善土地有偿使用制度。扩大国有土地有偿使用范围，扩大招拍挂出让比例，减少非公益性用地划拨，国有土地出让收支纳入预算管理。改革完善工业用地供应方式，探索实行弹性出让年限以及长期租赁、先租后让、租让结合供应。完善地价形成机制和评估制度，健全土地等级价体系，理顺与土地相关的出让金、租金和税费关系。建立有效调节工业用地和居住用地合理比价机制，提高工业用地出让地价水平，降低工业用地比例。探索通过土地承包经营、出租等方式，健全国有农用地有偿使用制度。

（二十九）完善矿产资源有偿使用制度。完善矿业权出让制度，建立符合市场经济要求和矿业规律的探矿权采矿权出让方式，原则上实行市场化出让，国有矿产资源出让收支纳入预算管理。理清有偿取得、占用和开采中所有者、投资者、使用者的产权关系，研究建立矿产资源国家权益金制度。调整探矿权采矿权使用费标准、矿产资源最低勘查投入标准。推进实现全国统一的矿业权交易平台建设，加大矿业权出让转让信息公开力度。

（三十）完善海域海岛有偿使用制度。建立海域、无居民海岛使用金征收标准调整机制。建立健全海域、无居民海岛使用权招拍挂出让制度。

（三十一）加快资源环境税费改革。理顺自然资源及其产品税费关系，明确各自功能，合理确定税收调控范围。加快推进资源税从价计征改革，逐步将资源税扩展到占用各种自然生态空间，在华北部分地区开展地下水征收资源税改革试点。加快推进环境保护税立法。

（三十二）完善生态补偿机制。探索建立多元化补偿机制，逐步增加对重点生态功能区转移支付，完善生态保护成效与资金分配挂钩的激励约束机制。制定横向生态补偿机制办法，以地方补偿为主，中央财政给予支持。鼓励各地区开展生态补偿试点，继续推进新安江水环境补偿试点，推动在京津冀水源涵养区、广西

广东九洲江、福建广东汀江－韩江等开展跨地区生态补偿试点，在长江流域水环境敏感地区探索开展流域生态补偿试点。

（三十三）完善生态保护修复资金使用机制。按照山水林田湖系统治理的要求，完善相关资金使用管理办法，整合现有政策和渠道，在深入推进国土江河综合整治的同时，更多用于青藏高原生态屏障、黄土高原－川滇生态屏障、东北森林带、北方防沙带、南方丘陵山地带等国家生态安全屏障的保护修复。

（三十四）建立耕地草原河湖休养生息制度。编制耕地、草原、河湖休养生息规划，调整严重污染和地下水严重超采地区的耕地用途，逐步将25度以上不适宜耕种且有损生态的陡坡地退出基本农田。建立巩固退耕还林还草、退牧还草成果长效机制。开展退田还湖还湿试点，推进长株潭地区土壤重金属污染修复试点、华北地区地下水超采综合治理试点。

……

八、健全环境治理和生态保护市场体系

（四十一）培育环境治理和生态保护市场主体。采取鼓励发展节能环保产业的体制机制和政策措施。废止妨碍形成全国统一市场和公平竞争的规定和做法，鼓励各类投资进入环保市场。能由政府和社会资本合作开展的环境治理和生态保护事务，都可以吸引社会资本参与建设和运营。通过政府购买服务等方式，加大对环境污染第三方治理的支持力度。加快推进污水垃圾处理设施运营管理单位向独立核算、自主经营的企业转变。组建或改组设立国有资本投资运营公司，推动国有资本加大对环境治理和生态保护等方面的投入。支持生态环境保护领域国有企业实行混合所有制改革。

（四十二）推行用能权和碳排放权交易制度。结合重点用能单位节能行动和新建项目能评审查，开展项目节能量交易，并逐步改为基于能源消费总量管理下的用能权交易。建立用能权交易系统、测量与核准体系。推广合同能源管理。深化碳排放权交易试点，逐步建立全国碳排放权交易市场，研究制定全国碳排放权交易总量设定与配额分配方案。完善碳交易注册登记系统，建立碳排放权交易市场监管体系。

（四十三）推行排污权交易制度。在企业排污总量控制制度基础上，尽快完善初始排污权核定，扩大涵盖的污染物覆盖面。在现行以行政区为单元层层分解机制基础上，根据行业先进排污水平，逐步强化以企业为单元进行总量控制、通过

排污权交易获得减排收益的机制。在重点流域和大气污染重点区域，合理推进跨行政区排污权交易。扩大排污权有偿使用和交易试点，将更多条件成熟地区纳入试点。加强排污权交易平台建设。制定排污权核定、使用费收取使用和交易价格等规定。

（四十四）推行水权交易制度。结合水生态补偿机制的建立健全，合理界定和分配水权，探索地区间、流域间、流域上下游、行业间、用水户间等水权交易方式。研究制定水权交易管理办法，明确可交易水权的范围和类型、交易主体和期限、交易价格形成机制、交易平台运作规则等。开展水权交易平台建设。

（四十五）建立绿色金融体系。推广绿色信贷，研究采取财政贴息等方式加大扶持力度，鼓励各类金融机构加大绿色信贷的发放力度，明确贷款人的尽职免责要求和环境保护法律责任。加强资本市场相关制度建设，研究设立绿色股票指数和发展相关投资产品，研究银行和企业发行绿色债券，鼓励对绿色信贷资产实行证券化。支持设立各类绿色发展基金，实行市场化运作。建立上市公司环保信息强制性披露机制。完善对节能低碳、生态环保项目的各类担保机制，加大风险补偿力度。在环境高风险领域建立环境污染强制责任保险制度。建立绿色评级体系以及公益性的环境成本核算和影响评估体系。积极推动绿色金融领域各类国际合作。

（四十六）建立统一的绿色产品体系。将目前分头设立的环保、节能、节水、循环、低碳、再生、有机等产品统一整合为绿色产品，建立统一的绿色产品标准、认证、标识等体系。完善对绿色产品研发生产、运输配送、购买使用的财税金融支持和政府采购等政策。

中共中央　国务院
关于加快推进生态文明建设的意见

生态文明建设是中国特色社会主义事业的重要内容，关系人民福祉，关乎民族未来，事关“两个一百年”奋斗目标和中华民族伟大复兴中国梦的实现。党中央、国务院高度重视生态文明建设，先后出台了一系列重大决策部署，推动生态文明建设取得了重大进展和积极成效。但总体上看我国生态文明建设水平仍滞后于经济社会发展，资源约束趋紧，环境污染严重，生态系统退化，发展与人口资源环境之间的矛盾日益突出，已成为经济社会可持续发展的重大瓶颈制约。

加快推进生态文明建设是加快转变经济发展方式、提高发展质量和效益的内在要求，是坚持以人为本、促进社会和谐的必然选择，是全面建成小康社会、实现中华民族伟大复兴中国梦的时代抉择，是积极应对气候变化、维护全球生态安全的重大举措。要充分认识加快推进生态文明建设的极端重要性和紧迫性，切实增强责任感和使命感，牢固树立尊重自然、顺应自然、保护自然的理念，坚持绿水青山就是金山银山，动员全党、全社会积极行动、深入持久地推进生态文明建设，加快形成人与自然和谐发展的现代化建设新格局，开创社会主义生态文明新时代。

一、总体要求

（一）指导思想。以邓小平理论、“三个代表”重要思想、科学发展观为指导，全面贯彻党的十八大和十八届二中、三中、四中全会精神，深入贯彻习近平总书记系列重要讲话精神，认真落实党中央、国务院的决策部署，坚持以人为本、依法推进，坚持节约资源和保护环境的基本国策，把生态文明建设放在突出的战略位置，融入经济建设、政治建设、文化建设、社会建设各方面和全过程，协同推进新型工业化、信息化、城镇化、农业现代化和绿色化，以健全生态文明制度体系为重点，优化国土空间开发格局，全面促进资源节约利用，加大自然生态系统和环境保护力度，大力推进绿色发展、循环发展、低碳发展，弘扬生态文化，倡导绿色生活，加快建设美丽中国，使蓝天常在、青山常在、绿水常在，实现中华民族永续发展。

（二）基本原则

坚持把节约优先、保护优先、自然恢复为主作为基本方针。在资源开发与节约中，把节约放在优先位置，以最少的资源消耗支撑经济社会持续发展；在环境保护与发展中，把保护放在优先位置，在发展中保护、在保护中发展；在生态建设与修复中，以自然恢复为主，与人工修复相结合。

坚持把绿色发展、循环发展、低碳发展作为基本途径。经济社会发展必须建立在资源得到高效循环利用、生态环境受到严格保护的基础上，与生态文明建设相协调，形成节约资源和保护环境的空间格局、产业结构、生产方式。

坚持把深化改革和创新驱动作为基本动力。充分发挥市场配置资源的决定性作用和更好发挥政府作用，不断深化制度改革和科技创新，建立系统完整的生态文明制度体系，强化科技创新引领作用，为生态文明建设注入强大动力。

坚持把培育生态文化作为重要支撑。将生态文明纳入社会主义核心价值体系，加强生态文化的宣传教育，倡导勤俭节约、绿色低碳、文明健康的生活方式和消费模式，提高全社会生态文明意识。

坚持把重点突破和整体推进作为工作方式。既立足当前，着力解决对经济社会可持续发展制约性强、群众反映强烈的突出问题，打好生态文明建设攻坚战；又着眼长远，加强顶层设计与鼓励基层探索相结合，持之以恒全面推进生态文明建设。

（三）主要目标

到 2020 年，资源节约型和环境友好型社会建设取得重大进展，主体功能区布局基本形成，经济发展质量和效益显著提高，生态文明主流价值观在全社会得到推行，生态文明建设水平与全面建成小康社会目标相适应。

——国土空间开发格局进一步优化。经济、人口布局向均衡方向发展，陆海空间开发强度、城市空间规模得到有效控制，城乡结构和空间布局明显优化。

——资源利用更加高效。单位国内生产总值二氧化碳排放强度比 2005 年下降 40%～45%，能源消耗强度持续下降，资源产出率大幅提高，用水总量力争控制在 6700 亿立方米以内，万元工业增加值用水量降低到 65 立方米以下，农田灌溉水有效利用系数提高到 0.55 以上，非化石能源占一次能源消费比重达到 15%左右。

——生态环境质量总体改善。主要污染物排放总量继续减少，大气环境质量、重点流域和近岸海域水环境质量得到改善，重要江河湖泊水功能区水质达标率提高到 80%以上，饮用水安全保障水平持续提升，土壤环境质量总体保持稳定，环境风险得到有效控制。森林覆盖率达到 23%以上，草原综合植被覆盖度达到 56%，湿地面积不低于 8 亿亩，50%以上可治理沙化土地得到治理，自然岸线保有率不低于 35%，生物多样性丧失速度得到基本控制，全国生态系统稳定性明显增强。

——生态文明重大制度基本确立。基本形成源头预防、过程控制、损害赔偿、责任追究的生态文明制度体系，自然资源资产产权和用途管制、生态保护红线、生态保护补偿、生态环境保护管理体制等关键制度建设取得决定性成果。

二、强化主体功能定位，优化国土空间开发格局

国土是生态文明建设的空间载体。要坚定不移地实施主体功能区战略，健全空间规划体系，科学合理布局和整治生产空间、生活空间、生态空间。

（四）积极实施主体功能区战略。全面落实主体功能区规划，健全财政、投资、产业、土地、人口、环境等配套政策和各有侧重的绩效考核评价体系。推进市县落实主体功能定位，推动经济社会发展、城乡、土地利用、生态环境保护等规划“多规合一”，形成一个市县一本规划、一张蓝图。区域规划编制、重大项目布局必须符合主体功能定位。对不同主体功能区的产业项目实行差别化市场准入政策，明确禁止开发区域、限制开发区域准入事项，明确优化开发区域、重点开发区域禁止和限制发展的产业。编制实施全国国土规划纲要，加快推进国土综合整治。构建平衡适宜的城乡建设空间体系，适当增加生活空间、生态用地，保护和扩大绿地、水域、湿地等生态空间。

（五）大力推进绿色城镇化。认真落实《国家新型城镇化规划（2014—2020年）》，根据资源环境承载能力，构建科学合理的城镇化宏观布局，严格控制特大城市规模，增强中小城市承载能力，促进大中小城市和小城镇协调发展。尊重自然格局，依托现有山水脉络、气象条件等，合理布局城镇各类空间，尽量减少对自然的干扰和损害。保护自然景观，传承历史文化，提倡城镇形态多样性，保持特色风貌，防止“千城一面”。科学确定城镇开发强度，提高城镇土地利用效率、建成区人口密度，划定城镇开发边界，从严供给城市建设用地，推动城镇化发展由外延扩张式向内涵提升式转变。严格新城、新区设立条件和程序。强化城镇化过程中的节能理念，大力发展绿色建筑和低碳、便捷的交通体系，推进绿色生态城区建设，提高城镇供排水、防涝、雨水收集利用、供热、供气、环境等基础设施建设水平。所有县城和重点镇都要具备污水、垃圾处理能力，提高建设、运行、

管理水平。加强城乡规划“三区四线”（禁建区、限建区和适建区，绿线、蓝线、紫线和黄线）管理，维护城乡规划的权威性、严肃性，杜绝大拆大建。

（六）加快美丽乡村建设。完善县域村庄规划，强化规划的科学性和约束力。加强农村基础设施建设，强化山水林田路综合治理，加快农村危旧房改造，支持农村环境集中连片整治，开展农村垃圾专项治理，加大农村污水处理和改厕力度。加快转变农业发展方式，推进农业结构调整，大力发展农业循环经济，治理农业污染，提升农产品质量安全水平。依托乡村生态资源，在保护生态环境的前提下，加快发展乡村旅游休闲业。引导农民在房前屋后、道路两旁植树护绿。加强农村精神文明建设，以环境整治和民风建设为重点，扎实推进文明村镇创建。

（七）加强海洋资源科学开发和生态环境保护。根据海洋资源环境承载力，科学编制海洋功能区划，确定不同海域主体功能。坚持“点上开发、面上保护”，控制海洋开发强度，在适宜开发的海洋区域，加快调整经济结构和产业布局，积极发展海洋战略性新兴产业，严格生态环境评价，提高资源集约节约利用和综合开发水平，最大程度减少对海域生态环境的影响。严格控制陆源污染物排海总量，建立并实施重点海域排污总量控制制度，加强海洋环境治理、海域海岛综合整治、生态保护修复，有效保护重要、敏感和脆弱海洋生态系统。加强船舶港口污染控制，积极治理船舶污染，增强港口码头污染防治能力。控制发展海水养殖，科学养护海洋渔业资源。开展海洋资源和生态环境综合评估。实施严格的围填海总量控制制度、自然岸线控制制度，建立陆海统筹、区域联动的海洋生态环境保护修复机制。

三、推动技术创新和结构调整，提高发展质量和效益

从根本上缓解经济发展与资源环境之间的矛盾，必须构建科技含量高、资源消耗低、环境污染少的产业结构，加快推动生产方式绿色化，大幅提高经济绿色化程度，有效降低发展的资源环境代价。

（八）推动科技创新。结合深化科技体制改革，建立符合生态文明建设领域科研活动特点的管理制度和运行机制。加强重大科学技术问题研究，开展能源节约、资源循环利用、新能源开发、污染治理、生态修复等领域关键技术攻关，在基础研究和前沿技术研发方面取得突破。强化企业技术创新主体地位，充分发挥市场对绿色产业发展方向和技术路线选择的决定性作用。完善技术创新体系，提高综合集成创新能力，加强工艺创新与试验。支持生态文明领域工程技术类研究中心、

实验室和实验基地建设，完善科技创新成果转化机制，形成一批成果转化平台、中介服务机构，加快成熟适用技术的示范和推广。加强生态文明基础研究、试验研发、工程应用和市场服务等科技人才队伍建设。

（九）调整优化产业结构。推动战略性新兴产业和先进制造业健康发展，采用先进适用节能低碳环保技术改造提升传统产业，发展壮大服务业，合理布局建设基础设施和基础产业。积极化解产能严重过剩矛盾，加强预警调控，适时调整产能严重过剩行业名单，严禁核准产能严重过剩行业新增产能项目。加快淘汰落后产能，逐步提高淘汰标准，禁止落后产能向中西部地区转移。做好化解产能过剩和淘汰落后产能企业职工安置工作。推动要素资源全球配置，鼓励优势产业走出去，提高参与国际分工的水平。调整能源结构，推动传统能源安全绿色开发和清洁低碳利用，发展清洁能源、可再生能源，不断提高非化石能源在能源消费结构中的比重。

（十）发展绿色产业。大力发展节能环保产业，以推广节能环保产品拉动消费需求，以增强节能环保工程技术能力拉动投资增长，以完善政策机制释放市场潜在需求，推动节能环保技术、装备和服务水平显著提升，加快培育新的经济增长点。实施节能环保产业重大技术装备产业化工程，规划建设产业化示范基地，规范节能环保市场发展，多渠道引导社会资金投入，形成新的支柱产业。加快核电、风电、太阳能光伏发电等新材料、新装备的研发和推广，推进生物质发电、生物质能源、沼气、地热、浅层地温能、海洋能等应用，发展分布式能源，建设智能电网，完善运行管理体系。大力发展节能与新能源汽车，提高创新能力和产业化水平，加强配套基础设施建设，加大推广普及力度。发展有机农业、生态农业，以及特色经济林、林下经济、森林旅游等林产业。

四、全面促进资源节约循环高效使用，推动利用方式根本转变

节约资源是破解资源瓶颈约束、保护生态环境的首要之策。要深入推进全社会节能减排，在生产、流通、消费各环节大力发展循环经济，实现各类资源节约高效利用。

（十一）推进节能减排。发挥节能与减排的协同促进作用，全面推动重点领域节能减排。开展重点用能单位节能低碳行动，实施重点产业能效提升计划。严格执行建筑节能标准，加快推进既有建筑节能和供热计量改造，从标准、设计、建设等方面大力推广可再生能源在建筑上的应用，鼓励建筑工业化等建设模式。优

先发展公共交通，优化运输方式，推广节能与新能源交通运输装备，发展甩挂运输。鼓励使用高效节能农业生产设备。开展节约型公共机构示范创建活动。强化结构、工程、管理减排，继续削减主要污染物排放总量。

（十二）发展循环经济。按照减量化、再利用、资源化的原则，加快建立循环型工业、农业、服务业体系，提高全社会资源产出率。完善再生资源回收体系，实行垃圾分类回收，开发利用"城市矿产"，推进秸秆等农林废弃物以及建筑垃圾、餐厨废弃物资源化利用，发展再制造和再生利用产品，鼓励纺织品、汽车轮胎等废旧物品回收利用。推进煤矸石、矿渣等大宗固体废弃物综合利用。组织开展循环经济示范行动，大力推广循环经济典型模式。推进产业循环式组合，促进生产和生活系统的循环链接，构建覆盖全社会的资源循环利用体系。

（十三）加强资源节约。节约集约利用水、土地、矿产等资源，加强全过程管理，大幅降低资源消耗强度。加强用水需求管理，以水定需、量水而行，抑制不合理用水需求，促进人口、经济等与水资源相均衡，建设节水型社会。推广高效节水技术和产品，发展节水农业，加强城市节水，推进企业节水改造。积极开发利用再生水、矿井水、空中云水、海水等非常规水源，严控无序调水和人造水景工程，提高水资源安全保障水平。按照严控增量、盘活存量、优化结构、提高效率的原则，加强土地利用的规划管控、市场调节、标准控制和考核监管，严格土地用途管制，推广应用节地技术和模式。发展绿色矿业，加快推进绿色矿山建设，促进矿产资源高效利用，提高矿产资源开采回采率、选矿回收率和综合利用率。

五、加大自然生态系统和环境保护力度，切实改善生态环境质量

良好生态环境是最公平的公共产品，是最普惠的民生福祉。要严格源头预防、不欠新账，加快治理突出生态环境问题、多还旧账，让人民群众呼吸新鲜的空气，喝上干净的水，在良好的环境中生产生活。

（十四）保护和修复自然生态系统。加快生态安全屏障建设，形成以青藏高原、黄土高原－川滇、东北森林带、北方防沙带、南方丘陵山地带、近岸近海生态区以及大江大河重要水系为骨架，以其他重点生态功能区为重要支撑，以禁止开发区域为重要组成的生态安全战略格局。实施重大生态修复工程，扩大森林、湖泊、湿地面积，提高沙区、草原植被覆盖率，有序实现休养生息。加强森林保护，将天然林资源保护范围扩大到全国；大力开展植树造林和森林经营，稳定和扩大退耕还林范围，加快重点防护林体系建设；完善国有林场和国有林区经营管理体制，

深化集体林权制度改革。严格落实禁牧休牧和草畜平衡制度，加快推进基本草原划定和保护工作；加大退牧还草力度，继续实行草原生态保护补助奖励政策；稳定和完善草原承包经营制度。启动湿地生态效益补偿和退耕还湿。加强水生生物保护，开展重要水域增殖放流活动。继续推进京津风沙源治理、黄土高原地区综合治理、石漠化综合治理，开展沙化土地封禁保护试点。加强水土保持，因地制宜推进小流域综合治理。实施地下水保护和超采漏斗区综合治理，逐步实现地下水采补平衡。强化农田生态保护，实施耕地质量保护与提升行动，加大退化、污染、损毁农田改良和修复力度，加强耕地质量调查监测与评价。实施生物多样性保护重大工程，建立监测评估与预警体系，健全国门生物安全查验机制，有效防范物种资源丧失和外来物种入侵，积极参加生物多样性国际公约谈判和履约工作。加强自然保护区建设与管理，对重要生态系统和物种资源实施强制性保护，切实保护珍稀濒危野生动植物、古树名木及自然生境。建立国家公园体制，实行分级、统一管理，保护自然生态和自然文化遗产原真性、完整性。研究建立江河湖泊生态水量保障机制。加快灾害调查评价、监测预警、防治和应急等防灾减灾体系建设。

（十五）全面推进污染防治。按照以人为本、防治结合、标本兼治、综合施策的原则，建立以保障人体健康为核心、以改善环境质量为目标、以防控环境风险为基线的环境管理体系，健全跨区域污染防治协调机制，加快解决人民群众反映强烈的大气、水、土壤污染等突出环境问题。继续落实大气污染防治行动计划，逐渐消除重污染天气，切实改善大气环境质量。实施水污染防治行动计划，严格饮用水源保护，全面推进涵养区、源头区等水源地环境整治，加强供水全过程管理，确保饮用水安全；加强重点流域、区域、近岸海域水污染防治和良好湖泊生态环境保护，控制和规范淡水养殖，严格入河（湖、海）排污管理；推进地下水污染防治。制定实施土壤污染防治行动计划，优先保护耕地土壤环境，强化工业污染场地治理，开展土壤污染治理与修复试点。加强农业面源污染防治，加大种养业特别是规模化畜禽养殖污染防治力度，科学施用化肥、农药，推广节能环保型炉灶，净化农产品产地和农村居民生活环境。加大城乡环境综合整治力度。推进重金属污染治理。开展矿山地质环境恢复和综合治理，推进尾矿安全、环保存放，妥善处理处置矿渣等大宗固体废物。建立健全化学品、持久性有机污染物、危险废物等环境风险防范与应急管理工作机制。切实加强核设施运行监管，确保核安全万无一失。

（十六）积极应对气候变化。坚持当前长远相互兼顾、减缓适应全面推进，通过节约能源和提高能效，优化能源结构，增加森林、草原、湿地、海洋碳汇等手段，有效控制二氧化碳、甲烷、氢氟碳化物、全氟化碳、六氟化硫等温室气体排放。提高适应气候变化特别是应对极端天气和气候事件能力，加强监测、预警和预防，提高农业、林业、水资源等重点领域和生态脆弱地区适应气候变化的水平。扎实推进低碳省区、城市、城镇、产业园区、社区试点。坚持共同但有区别的责任原则、公平原则、各自能力原则，积极建设性地参与应对气候变化国际谈判，推动建立公平合理的全球应对气候变化格局。

六、健全生态文明制度体系

加快建立系统完整的生态文明制度体系，引导、规范和约束各类开发、利用、保护自然资源的行为，用制度保护生态环境。

（十七）健全法律法规。全面清理现行法律法规中与加快推进生态文明建设不相适应的内容，加强法律法规间的衔接。研究制定节能评估审查、节水、应对气候变化、生态补偿、湿地保护、生物多样性保护、土壤环境保护等方面的法律法规，修订土地管理法、大气污染防治法、水污染防治法、节约能源法、循环经济促进法、矿产资源法、森林法、草原法、野生动物保护法等。

（十八）完善标准体系。加快制定修订一批能耗、水耗、地耗、污染物排放、环境质量等方面的标准，实施能效和排污强度“领跑者”制度，加快标准升级步伐。提高建筑物、道路、桥梁等建设标准。环境容量较小、生态环境脆弱、环境风险高的地区要执行污染物特别排放限值。鼓励各地区依法制定更加严格的地方标准。建立与国际接轨、适应我国国情的能效和环保标识认证制度。

（十九）健全自然资源资产产权制度和用途管制制度。对水流、森林、山岭、草原、荒地、滩涂等自然生态空间进行统一确权登记，明确国土空间的自然资源资产所有者、监管者及其责任。完善自然资源资产用途管制制度，明确各类国土空间开发、利用、保护边界，实现能源、水资源、矿产资源按质量分级、梯级利用。严格节能评估审查、水资源论证和取水许可制度。坚持并完善最严格的耕地保护和节约用地制度，强化土地利用总体规划和年度计划管控，加强土地用途转用许可管理。完善矿产资源规划制度，强化矿产开发准入管理。有序推进国家自然资源资产管理体制改革。

（二十）完善生态环境监管制度。建立严格监管所有污染物排放的环境保护管理制度。完善污染物排放许可证制度，禁止无证排污和超标准、超总量排污。违法排放污染物、造成或可能造成严重污染的，要依法查封扣押排放污染物的设施设备。对严重污染环境的工艺、设备和产品实行淘汰制度。实行企事业单位污染物排放总量控制制度，适时调整主要污染物指标种类，纳入约束性指标。健全环境影响评价、清洁生产审核、环境信息公开等制度。建立生态保护修复和污染防治区域联动机制。

（二十一）严守资源环境生态红线。树立底线思维，设定并严守资源消耗上限、环境质量底线、生态保护红线，将各类开发活动限制在资源环境承载能力之内。合理设定资源消耗"天花板"，加强能源、水、土地等战略性资源管控，强化能源消耗强度控制，做好能源消费总量管理。继续实施水资源开发利用控制、用水效率控制、水功能区限制纳污三条红线管理。划定永久基本农田，严格实施永久保护，对新增建设用地占用耕地规模实行总量控制，落实耕地占补平衡，确保耕地数量不下降、质量不降低。严守环境质量底线，将大气、水、土壤等环境质量"只能更好、不能变坏"作为地方各级政府环保责任红线，相应确定污染物排放总量限值和环境风险防控措施。在重点生态功能区、生态环境敏感区和脆弱区等区域划定生态红线，确保生态功能不降低、面积不减少、性质不改变；科学划定森林、草原、湿地、海洋等领域生态红线，严格自然生态空间征（占）用管理，有效遏制生态系统退化的趋势。探索建立资源环境承载能力监测预警机制，对资源消耗和环境容量接近或超过承载能力的地区，及时采取区域限批等限制性措施。

（二十二）完善经济政策。健全价格、财税、金融等政策，激励、引导各类主体积极投身生态文明建设。深化自然资源及其产品价格改革，凡是能由市场形成价格的都交给市场，政府定价要体现基本需求与非基本需求以及资源利用效率高低的差异，体现生态环境损害成本和修复效益。进一步深化矿产资源有偿使用制度改革，调整矿业权使用费征收标准。加大财政资金投入，统筹有关资金，对资源节约和循环利用、新能源和可再生能源开发利用、环境基础设施建设、生态修复与建设、先进适用技术研发示范等给予支持。将高耗能、高污染产品纳入消费税征收范围。推动环境保护费改税。加快资源税从价计征改革，清理取消相关收费基金，逐步将资源税征收范围扩展到占用各种自然生态空间。完善节能环保、新能源、生态建设的税收优惠政策。推广绿色信贷，支持符合条件的项目通过资本市场融资。探索排污权抵押等融资模式。深化环境污染责任保险试点，研究建立巨灾保险制度。

（二十三）推行市场化机制。加快推行合同能源管理、节能低碳产品和有机产品认证、能效标识管理等机制。推进节能发电调度，优先调度可再生能源发电资源，按机组能耗和污染物排放水平依次调用化石类能源发电资源。建立节能量、碳排放权交易制度，深化交易试点，推动建立全国碳排放权交易市场。加快水权交易试点，培育和规范水权市场。全面推进矿业权市场建设。扩大排污权有偿使用和交易试点范围，发展排污权交易市场。积极推进环境污染第三方治理，引入社会力量投入环境污染治理。

（二十四）健全生态保护补偿机制。科学界定生态保护者与受益者权利义务，加快形成生态损害者赔偿、受益者付费、保护者得到合理补偿的运行机制。结合深化财税体制改革，完善转移支付制度，归并和规范现有生态保护补偿渠道，加大对重点生态功能区的转移支付力度，逐步提高其基本公共服务水平。建立地区间横向生态保护补偿机制，引导生态受益地区与保护地区之间、流域上游与下游之间，通过资金补助、产业转移、人才培训、共建园区等方式实施补偿。建立独立公正的生态环境损害评估制度。

（二十五）健全政绩考核制度。建立体现生态文明要求的目标体系、考核办法、奖惩机制。把资源消耗、环境损害、生态效益等指标纳入经济社会发展综合评价体系，大幅增加考核权重，强化指标约束，不唯经济增长论英雄。完善政绩考核办法，根据区域主体功能定位，实行差别化的考核制度。对限制开发区域、禁止开发区域和生态脆弱的国家扶贫开发工作重点县，取消地区生产总值考核；对农产品主产区和重点生态功能区，分别实行农业优先和生态保护优先的绩效评价；对禁止开发的重点生态功能区，重点评价其自然文化资源的原真性、完整性。根据考核评价结果，对生态文明建设成绩突出的地区、单位和个人给予表彰奖励。探索编制自然资源资产负债表，对领导干部实行自然资源资产和环境责任离任审计。

（二十六）完善责任追究制度。建立领导干部任期生态文明建设责任制，完善节能减排目标责任考核及问责制度。严格责任追究，对违背科学发展要求、造成资源环境生态严重破坏的要记录在案，实行终身追责，不得转任重要职务或提拔使用，已经调离的也要问责。对推动生态文明建设工作不力的，要及时诫勉谈话；对不顾资源和生态环境盲目决策、造成严重后果的，要严肃追究有关人员的领导责任；对履职不力、监管不严、失职渎职的，要依纪依法追究有关人员的监管责任。

七、加强生态文明建设统计监测和执法监督

坚持问题导向，针对薄弱环节，加强统计监测、执法监督，为推进生态文明建设提供有力保障。

（二十七）加强统计监测。建立生态文明综合评价指标体系。加快推进对能源、矿产资源、水、大气、森林、草原、湿地、海洋和水土流失、沙化土地、土壤环境、地质环境、温室气体等的统计监测核算能力建设，提升信息化水平，提高准确性、及时性，实现信息共享。加快重点用能单位能源消耗在线监测体系建设。建立循环经济统计指标体系、矿产资源合理开发利用评价指标体系。利用卫星遥感等技术手段，对自然资源和生态环境保护状况开展全天候监测，健全覆盖所有资源环境要素的监测网络体系。提高环境风险防控和突发环境事件应急能力，健全环境与健康调查、监测和风险评估制度。定期开展全国生态状况调查和评估。加大各级政府预算内投资等财政性资金对统计监测等基础能力建设的支持力度。

（二十八）强化执法监督。加强法律监督、行政监察，对各类环境违法违规行为实行“零容忍”，加大查处力度，严厉惩处违法违规行为。强化对浪费能源资源、违法排污、破坏生态环境等行为的执法监察和专项督察。资源环境监管机构独立开展行政执法，禁止领导干部违法违规干预执法活动。健全行政执法与刑事司法的衔接机制，加强基层执法队伍、环境应急处置救援队伍建设。强化对资源开发和交通建设、旅游开发等活动的生态环境监管。

八、加快形成推进生态文明建设的良好社会风尚

生态文明建设关系各行各业、千家万户。要充分发挥人民群众的积极性、主动性、创造性，凝聚民心、集中民智、汇集民力，实现生活方式绿色化。

（二十九）提高全民生态文明意识。积极培育生态文化、生态道德，使生态文明成为社会主流价值观，成为社会主义核心价值观的重要内容。从娃娃和青少年抓起，从家庭、学校教育抓起，引导全社会树立生态文明意识。把生态文明教育作为素质教育的重要内容，纳入国民教育体系和干部教育培训体系。将生态文化作为现代公共文化服务体系建设的重要内容，挖掘优秀传统生态文化思想和资源，创作一批文化作品，创建一批教育基地，满足广大人民群众对生态文化的需求。通过典型示范、展览展示、岗位创建等形式，广泛动员全民参与生态文明建设。组织好世界地球日、世界环境日、世界森林日、世界水日、世界海洋日和全国节

能宣传周等主题宣传活动。充分发挥新闻媒体作用，树立理性、积极的舆论导向，加强资源环境国情宣传，普及生态文明法律法规、科学知识等，报道先进典型，曝光反面事例，提高公众节约意识、环保意识、生态意识，形成人人、事事、时时崇尚生态文明的社会氛围。

（三十）培育绿色生活方式。倡导勤俭节约的消费观。广泛开展绿色生活行动，推动全民在衣、食、住、行、游等方面加快向勤俭节约、绿色低碳、文明健康的方式转变，坚决抵制和反对各种形式的奢侈浪费、不合理消费。积极引导消费者购买节能与新能源汽车、高能效家电、节水型器具等节能环保低碳产品，减少一次性用品的使用，限制过度包装。大力推广绿色低碳出行，倡导绿色生活和休闲模式，严格限制发展高耗能、高耗水服务业。在餐饮企业、单位食堂、家庭全方位开展反食品浪费行动。党政机关、国有企业要带头厉行勤俭节约。

（三十一）鼓励公众积极参与。完善公众参与制度，及时准确披露各类环境信息，扩大公开范围，保障公众知情权，维护公众环境权益。健全举报、听证、舆论和公众监督等制度，构建全民参与的社会行动体系。建立环境公益诉讼制度，对污染环境、破坏生态的行为，有关组织可提起公益诉讼。在建设项目立项、实施、后评价等环节，有序增强公众参与程度。引导生态文明建设领域各类社会组织健康有序发展，发挥民间组织和志愿者的积极作用。

九、切实加强组织领导

健全生态文明建设领导体制和工作机制，勇于探索和创新，推动生态文明建设蓝图逐步成为现实。

（三十二）强化统筹协调。各级党委和政府对本地区生态文明建设负总责，要建立协调机制，形成有利于推进生态文明建设的工作格局。各有关部门要按照职责分工，密切协调配合，形成生态文明建设的强大合力。

（三十三）探索有效模式。抓紧制定生态文明体制改革总体方案，深入开展生态文明先行示范区建设，研究不同发展阶段、资源环境禀赋、主体功能定位地区生态文明建设的有效模式。各地区要抓住制约本地区生态文明建设的瓶颈，在生态文明制度创新方面积极实践，力争取得重大突破。及时总结有效做法和成功经验，完善政策措施，形成有效模式，加大推广力度。

（三十四）广泛开展国际合作。统筹国内国际两个大局，以全球视野加快推进生态文明建设，树立负责任大国形象，把绿色发展转化为新的综合国力、综合影响力和国际竞争新优势。发扬包容互鉴、合作共赢的精神，加强与世界各国在生态文明领域的对话交流和务实合作，引进先进技术装备和管理经验，促进全球生态安全。加强南南合作，开展绿色援助，对其他发展中国家提供支持和帮助。

（三十五）抓好贯彻落实。各级党委和政府及中央有关部门要按照本意见要求，抓紧提出实施方案，研究制定与本意见相衔接的区域性、行业性和专题性规划，明确目标任务、责任分工和时间要求，确保各项政策措施落到实处。各地区各部门贯彻落实情况要及时向党中央、国务院报告，同时抄送国家发展改革委。中央就贯彻落实情况适时组织开展专项监督检查。

中共中央　国务院

2015 年 4 月 25 日

中共中央关于全面推进依法治国若干重大问题的决定（摘录）

（2014年10月23日中国共产党第十八届中央委员会第四次全体会议通过）

……

二、完善以宪法为核心的中国特色社会主义法律体系，加强宪法实施

……

用严格的法律制度保护生态环境，加快建立有效约束开发行为和促进绿色发展、循环发展、低碳发展的生态文明法律制度，强化生产者环境保护的法律责任，大幅度提高违法成本。建立健全自然资源产权法律制度，完善国土空间开发保护方面的法律制度，制定完善生态补偿和土壤、水、大气污染防治及海洋生态环境保护等法律法规，促进生态文明建设。

……

2014年10月23日

中共中央关于全面深化改革若干重大问题的决定（摘录）

（2013年11月12日中国共产党第十八届中央委员会第三次全体会议通过）

……

（18）完善税收制度。深化税收制度改革，完善地方税体系，逐步提高直接税比重。推进增值税改革，适当简化税率。调整消费税征收范围、环节、税率，把高耗能、高污染产品及部分高档消费品纳入征收范围。逐步建立综合与分类相结合的个人所得税制。加快房地产税立法并适时推进改革，加快资源税改革，推动环境保护费改税。

建设生态文明，必须建立系统完整的生态文明制度体系，实行最严格的源头保护制度、损害赔偿制度、责任追究制度，完善环境治理和生态修复制度，用制度保护生态环境。

……

（51）健全自然资源资产产权制度和用途管制制度。对水流、森林、山岭、草原、荒地、滩涂等自然生态空间进行统一确权登记，形成归属清晰、权责明确、监管有效的自然资源资产产权制度。建立空间规划体系，划定生产、生活、生态空间开发管制界限，落实用途管制。健全能源、水、土地节约集约使用制度。

健全国家自然资源资产管理体制，统一行使全民所有自然资源资产所有者职责。完善自然资源监管体制，统一行使所有国土空间用途管制职责。

（52）划定生态保护红线。坚定不移实施主体功能区制度，建立国土空间开发保护制度，严格按照主体功能区定位推动发展，建立国家公园体制。建立资源环境承载能力监测预警机制，对水土资源、环境容量和海洋资源超载区域实行限制性措施。对限制开发区域和生态脆弱的国家扶贫开发工作重点县取消地区生产总值考核。

探索编制自然资源资产负债表，对领导干部实行自然资源资产离任审计。建立生态环境损害责任终身追究制。

（53）实行资源有偿使用制度和生态补偿制度。加快自然资源及其产品价格改革，全面反映市场供求、资源稀缺程度、生态环境损害成本和修复效益。坚持使用资源付费和谁污染环境、谁破坏生态谁付费原则，逐步将资源税扩展到占用各种自然生态空间。稳定和扩大退耕还林、退牧还草范围，调整严重污染和地下水严重超采区耕地用途，有序实现耕地、河湖休养生息。建立有效调节工业用地和居住用地合理比价机制，提高工业用地价格。坚持谁受益、谁补偿原则，完善对重点生态功能区的生态补偿机制，推动地区间建立横向生态补偿制度。发展环保市场，推行节能量、碳排放权、排污权、水权交易制度，建立吸引社会资本投入生态环境保护的市场化机制，推行环境污染第三方治理。

（54）改革生态环境保护管理体制。建立和完善严格监管所有污染物排放的环境保护管理制度，独立进行环境监管和行政执法。建立陆海统筹的生态系统保护修复和污染防治区域联动机制。健全国有林区经营管理体制，完善集体林权制度改革。及时公布环境信息，健全举报制度，加强社会监督。完善污染物排放许可制，实行企事业单位污染物排放总量控制制度。对造成生态环境损害的责任者严格实行赔偿制度，依法追究刑事责任。

2013 年 11 月 15 日

坚定不移沿着中国特色社会主义道路前进 为全面建成小康社会而奋斗

——在中国共产党第十八次全国代表大会上的报告（摘录）

……

八、大力推进生态文明建设

建设生态文明，是关系人民福祉、关乎民族未来的长远大计。面对资源约束趋紧、环境污染严重、生态系统退化的严峻形势，必须树立尊重自然、顺应自然、保护自然的生态文明理念，把生态文明建设放在突出地位，融入经济建设、政治建设、文化建设、社会建设各方面和全过程，努力建设美丽中国，实现中华民族永续发展。

坚持节约资源和保护环境的基本国策，坚持节约优先、保护优先、自然恢复为主的方针，着力推进绿色发展、循环发展、低碳发展，形成节约资源和保护环境的空间格局、产业结构、生产方式、生活方式，从源头上扭转生态环境恶化趋势，为人民创造良好生产生活环境，为全球生态安全作出贡献。

（一）优化国土空间开发格局。国土是生态文明建设的空间载体，必须珍惜每一寸国土。要按照人口资源环境相均衡、经济社会生态效益相统一的原则，控制开发强度，调整空间结构，促进生产空间集约高效、生活空间宜居适度、生态空间山清水秀，给自然留下更多修复空间，给农业留下更多良田，给子孙后代留下天蓝、地绿、水净的美好家园。加快实施主体功能区战略，推动各地区严格按照主体功能定位发展，构建科学合理的城市化格局、农业发展格局、生态安全格局。提高海洋资源开发能力，发展海洋经济，保护海洋生态环境，坚决维护国家海洋权益，建设海洋强国。

（二）全面促进资源节约。节约资源是保护生态环境的根本之策。要节约集约利用资源，推动资源利用方式根本转变，加强全过程节约管理，大幅降低能源、水、土地消耗强度，提高利用效率和效益。推动能源生产和消费革命，控制能源消费总量，加强节能降耗，支持节能低碳产业和新能源、可再生能源发展，确保国家能源安全。加强水源地保护和用水总量管理，推进水循环利用，建设节水型社会。严守耕地保护红线，严格土地用途管制。加强矿产资源勘查、保护、合理开发。发展循环经济，促进生产、流通、消费过程的减量化、再利用、资源化。

（三）加大自然生态系统和环境保护力度。良好生态环境是人和社会持续发展的根本基础。要实施重大生态修复工程，增强生态产品生产能力，推进荒漠化、石漠化、水土流失综合治理，扩大森林、湖泊、湿地面积，保护生物多样性。加快水利建设，增强城乡防洪抗旱排涝能力。加强防灾减灾体系建设，提高气象、地质、地震灾害防御能力。坚持预防为主、综合治理，以解决损害群众健康突出环境问题为重点，强化水、大气、土壤等污染防治。坚持共同但有区别的责任原则、公平原则、各自能力原则，同国际社会一道积极应对全球气候变化。

（四）加强生态文明制度建设。保护生态环境必须依靠制度。要把资源消耗、环境损害、生态效益纳入经济社会发展评价体系，建立体现生态文明要求的目标体系、考核办法、奖惩机制。建立国土空间开发保护制度，完善最严格的耕地保护制度、水资源管理制度、环境保护制度。深化资源性产品价格和税费改革，建立反映市场供求和资源稀缺程度、体现生态价值和代际补偿的资源有偿使用制度和生态补偿制度。积极开展节能量、碳排放权、排污权、水权交易试点。加强环境监管，健全生态环境保护责任追究制度和环境损害赔偿制度。加强生态文明宣传教育，增强全民节约意识、环保意识、生态意识，形成合理消费的社会风尚，营造爱护生态环境的良好风气。

2012 年 11 月 8 日

国务院关于加强环境保护重点工作的意见（摘录）

国发〔2011〕35号

……

三、改革创新环境保护体制机制

（十三）实施有利于环境保护的经济政策。把环境保护列入各级财政年度预算并逐步增加投入。适时增加同级环保能力建设经费安排。加大对重点流域水污染防治的投入力度，完善重点流域水污染防治专项资金管理办法。完善中央财政转移支付制度，加大对中西部地区、民族自治地方和重点生态功能区环境保护的转移支付力度。加快建立生态补偿机制和国家生态补偿专项资金，扩大生态补偿范围。积极推进环境税费改革，研究开征环境保护税。对生产符合下一阶段标准车用燃油的企业，在消费税政策上予以优惠。制定和完善环境保护综合名录。对"高污染、高环境风险"产品，研究调整进出口关税政策。支持符合条件的企业发行债券用于环境保护项目。加大对符合环保要求和信贷原则的企业和项目的信贷支持。建立企业环境行为信用评价制度。健全环境污染责任保险制度，开展环境污染强制责任保险试点。严格落实燃煤电厂烟气脱硫电价政策，制定脱硝电价政策。对可再生能源发电、余热发电和垃圾焚烧发电实行优先上网等政策支持。对高耗能、高污染行业实行差别电价，对污水处理、污泥无害化处理设施、非电力行业脱硫脱硝和垃圾处理设施等鼓励类企业实行政策优惠。按照污泥、垃圾和医疗废物无害化处置的要求，完善收费标准，推进征收方式改革。推行排污许可证制度，开展排污权有偿使用和交易试点，建立国家排污权交易中心，发展排污权交易市场。

国务院

二〇一一年十月十七日

国务院关于印发大气污染防治行动计划的通知（摘录）

国发〔2013〕37号

……

六、发挥市场机制作用，完善环境经济政策

（十九）发挥市场机制调节作用。本着“谁污染、谁负责，多排放、多负担，节能减排得收益、获补偿”的原则，积极推行激励与约束并举的节能减排新机制。

分行业、分地区对水、电等资源类产品制定企业消耗定额。建立企业“领跑者”制度，对能效、排污强度达到更高标准的先进企业给予鼓励。

全面落实“合同能源管理”的财税优惠政策，完善促进环境服务业发展的扶持政策，推行污染治理设施投资、建设、运行一体化特许经营。完善绿色信贷和绿色证券政策，将企业环境信息纳入征信系统。严格限制环境违法企业贷款和上市融资。推进排污权有偿使用和交易试点。

（二十）完善价格税收政策。根据脱硝成本，结合调整销售电价，完善脱硝电价政策。现有火电机组采用新技术进行除尘设施改造的，要给予价格政策支持。实行阶梯式电价。

推进天然气价格形成机制改革，理顺天然气与可替代能源的比价关系。

按照合理补偿成本、优质优价和污染者付费的原则合理确定成品油价格，完善对部分困难群体和公益性行业成品油价格改革补贴政策。

加大排污费征收力度，做到应收尽收。适时提高排污收费标准，将挥发性有机物纳入排污费征收范围。

研究将部分“两高”行业产品纳入消费税征收范围。完善“两高”行业产品出口退税政策和资源综合利用税收政策。积极推进煤炭等资源税从价计征改革。符合税收法律法规规定，使用专用设备或建设环境保护项目的企业以及高新技术企业，可以享受企业所得税优惠。

（二十一）拓宽投融资渠道。深化节能环保投融资体制改革，鼓励民间资本和社会资本进入大气污染防治领域。引导银行业金融机构加大对大气污染防治项目的信贷支持。探索排污权抵押融资模式，拓展节能环保设施融资、租赁业务。

地方人民政府要对涉及民生的“煤改气”项目、黄标车和老旧车辆淘汰、轻型载货车替代低速货车等加大政策支持力度，对重点行业清洁生产示范工程给予引导性资金支持。要将空气质量监测站点建设及其运行和监管经费纳入各级财政预算予以保障。

在环境执法到位、价格机制理顺的基础上，中央财政统筹整合主要污染物减排等专项，设立大气污染防治专项资金，对重点区域按治理成效实施“以奖代补”；中央基本建设投资也要加大对重点区域大气污染防治的支持力度。

国务院

2013 年 9 月 10 日

国务院关于印发水污染防治行动计划的通知（摘录）

国发〔2015〕17号

……

四、强化科技支撑

（十三）大力发展环保产业。规范环保产业市场。对涉及环保市场准入、经营行为规范的法规、规章和规定进行全面梳理，废止妨碍形成全国统一环保市场和公平竞争的规定和做法。健全环保工程设计、建设、运营等领域招投标管理办法和技术标准。推进先进适用的节水、治污、修复技术和装备产业化发展。（发展改革委牵头，科技部、工业和信息化部、财政部、环境保护部、住房城乡建设部、水利部、海洋局等参与）

加快发展环保服务业。明确监管部门、排污企业和环保服务公司的责任和义务，完善风险分担、履约保障等机制。鼓励发展包括系统设计、设备成套、工程施工、调试运行、维护管理的环保服务总承包模式、政府和社会资本合作模式等。以污水、垃圾处理和工业园区为重点，推行环境污染第三方治理。（发展改革委、财政部牵头，科技部、工业和信息化部、环境保护部、住房城乡建设部等参与）

五、充分发挥市场机制作用

（十四）理顺价格税费。加快水价改革。县级及以上城市应于2015年底前全面实行居民阶梯水价制度，具备条件的建制镇也要积极推进。2020年底前，全面实行非居民用水超定额、超计划累进加价制度。深入推进农业水价综合改革。（发展改革委牵头，财政部、住房城乡建设部、水利部、农业部等参与）

完善收费政策。修订城镇污水处理费、排污费、水资源费征收管理办法，合理提高征收标准，做到应收尽收。城镇污水处理收费标准不应低于污水处理和污泥处理处置成本。地下水水资源费征收标准应高于地表水，超采地区地下水水资源费征收标准应高于非超采地区。（发展改革委、财政部牵头，环境保护部、住房城乡建设部、水利部等参与）

健全税收政策。依法落实环境保护、节能节水、资源综合利用等方面税收优惠政策。对国内企业为生产国家支持发展的大型环保设备，必需进口的关键零部件及原材料，免征关税。加快推进环境保护税立法、资源税税费改革等工作。研究将部分高耗能、高污染产品纳入消费税征收范围。（财政部、税务总局牵头，发展改革委、工业和信息化部、商务部、海关总署、质检总局等参与）

（十五）促进多元融资。引导社会资本投入。积极推动设立融资担保基金，推进环保设备融资租赁业务发展。推广股权、项目收益权、特许经营权、排污权等质押融资担保。采取环境绩效合同服务、授予开发经营权益等方式，鼓励社会资本加大水环境保护投入。（人民银行、发展改革委、财政部牵头，环境保护部、住房城乡建设部、银监会、证监会、保监会等参与）

增加政府资金投入。中央财政加大对属于中央事权的水环境保护项目支持力度，合理承担部分属于中央和地方共同事权的水环境保护项目，向欠发达地区和重点地区倾斜；研究采取专项转移支付等方式，实施“以奖代补”。地方各级人民政府要重点支持污水处理、污泥处理处置、河道整治、饮用水水源保护、畜禽养殖污染防治、水生态修复、应急清污等项目和工作。对环境监管能力建设及运行费用分级予以必要保障。（财政部牵头，发展改革委、环境保护部等参与）

（十六）建立激励机制。健全节水环保“领跑者”制度。鼓励节能减排先进企业、工业集聚区用水效率、排污强度等达到更高标准，支持开展清洁生产、节约用水和污染治理等示范。（发展改革委牵头，工业和信息化部、财政部、环境保护部、住房城乡建设部、水利部等参与）

推行绿色信贷。积极发挥政策性银行等金融机构在水环境保护中的作用，重点支持循环经济、污水处理、水资源节约、水生态环境保护、清洁及可再生能源利用等领域。严格限制环境违法企业贷款。加强环境信用体系建设，构建守信激励与失信惩戒机制，环保、银行、证券、保险等方面要加强协作联动，于 2017 年底前分级建立企业环境信用评价体系。鼓励涉重金属、石油化工、危险化学品运输等高环境风险行业投保环境污染责任保险。（人民银行牵头，工业和信息化部、环境保护部、水利部、银监会、证监会、保监会等参与）

实施跨界水环境补偿。探索采取横向资金补助、对口援助、产业转移等方式，建立跨界水环境补偿机制，开展补偿试点。深化排污权有偿使用和交易试点。（财政部牵头，发展改革委、环境保护部、水利部等参与）

国务院

2015 年 4 月 2 日

国务院关于加快发展节能环保产业的意见（摘录）

国发〔2013〕30号

……

六、强化约束激励，营造有利的市场和政策环境

……

（三）加大财政投入。加大中央预算内投资和中央财政节能减排专项资金对节能环保产业的投入，继续安排国有资本经营预算支出支持重点企业实施节能环保项目。地方各级人民政府要提高认识，加大对节能环保重大工程和技术装备研发推广的投入力度，解决突出问题。要进一步转变政府职能，完善财政支持方式和资金管理办法，简化审批程序，强化监管，充分调动各方面积极性，推动节能环保产业积极有序发展。

（四）拓展投融资渠道。大力发展绿色信贷，按照风险可控、商业可持续的原则，加大对节能环保项目的支持力度。积极创新金融产品和服务，按照现有政策规定，探索将特许经营权等纳入贷款抵（质）押担保物范围。支持绿色信贷和金融创新，建立绿色银行评级制度。支持融资性担保机构加大对符合产业政策、资质好、管理规范的节能环保企业的担保力度。支持符合条件的节能环保企业发行企业债券、中小企业集合债券、短期融资券、中期票据等债务融资工具。选择资质条件较好的节能环保企业，开展非公开发行企业债券试点。稳步发展碳汇交易。鼓励和引导民间投资和外资进入节能环保领域。

（五）完善价格、收费和土地政策。加快制定实施鼓励余热余压余能发电及背压热电、可再生能源发展的上网和价格政策。完善电力峰谷分时电价政策，扩大应用面并逐步扩大峰谷价差。对超过产品能耗（电耗）限额标准的企业和产品，实行惩罚性电价。严格落实燃煤电厂脱硫、脱硝电价政策和居民用电阶梯价格，推行居民用水用气阶梯价格。深化市政公用事业市场化改革，完善供热计量价格和收费管理办法，完善污水处理费和垃圾处理费政策，将污泥处理费用纳入污水

处理成本，完善对自备水源用户征收污水处理费的制度。改进垃圾处理费征收方式，合理确定收费载体和标准，提高收缴率和资金使用效率。对城镇污水垃圾处理设施、“城市矿产”示范基地、集中资源化处理中心等国家支持的节能环保重点工程用地，在土地利用年度计划安排中给予重点保障。严格落实并不断完善现有节能、节水、环境保护、资源综合利用的税收优惠政策。

（六）推行市场化机制。建立主要终端用能产品能效“领跑者”制度，明确实施时限。推进节能发电调度。强化电力需求侧管理，开展城市综合试点。研究制定强制回收产品和包装物目录，建立生产者责任延伸制度，推动生产者落实废弃产品回收、处理等责任。采取政府建网、企业建厂等方式，鼓励城镇污水垃圾处理设施市场化建设和运营。深化排污权有偿使用和交易试点，建立完善排污权有偿使用和交易政策体系，研究制定排污权交易初始价格和交易价格政策。开展碳排放权交易试点。健全污染者付费制度，完善矿产资源补偿制度，加快建立生态补偿机制。

国务院

2013 年 8 月 1 日

国务院批转发展改革委关于 2015 年深化经济体制改革重点工作意见的通知（摘录）

国发〔2015〕26 号

……

二、持续简政放权，加快推进政府自身改革

（二）多管齐下改革投融资体制，研究制定深化投融资体制改革的决定。调整财政性资金投资方式，对竞争性领域产业存在市场失灵的特定环节，研究由直接支持项目改为更多采取股权投资等市场化方式予以支持。积极推广政府和社会资本合作（PPP）模式，出台基础设施和公用事业特许经营办法，充分激发社会投资活力。以用好铁路发展基金为抓手，深化铁路投融资改革。深化公路投融资体制改革，修订收费公路管理条例。出台政府投资条例，研究制定政府核准和备案投资项目管理条例，逐步将投资管理纳入法治化轨道。

（三）不失时机加快价格改革，制定加快完善市场决定价格机制的若干意见。修订中央和地方政府定价目录，大幅缩减政府定价种类和项目。稳步分批放开竞争性商品和服务价格，取消绝大部分药品政府定价，建立健全药品市场价格监管规则，放开烟叶收购价格和部分铁路运价，下放一批基本公共服务收费定价权。实现存量气与增量气价格并轨，理顺非居民用天然气价格，试点放开部分直供大用户供气价格。扩大输配电价改革试点，完善煤电价格联动机制。总结新疆棉花、东北和内蒙古大豆目标价格改革试点经验，改进补贴办法，降低操作成本。推进农业水价综合改革，合理调整农业水价，建立精准补贴机制。督促各地完善污水处理和排污收费政策并提高收费标准。全面实行保基本、促节约的居民用水、用气阶梯价格制度。

……

四、落实财税改革总体方案，推动财税体制改革取得新进展

（十五）力争全面完成营改增，将营改增范围扩大到建筑业、房地产业、金融业和生活服务业等领域。进一步调整消费税征收范围、环节、税率。组织实施煤炭资源税费改革，制定原油、天然气、煤炭外其他品目资源税费改革方案，研究扩大资源税征收范围。研究提出综合与分类相结合个人所得税改革方案。推进环境保护税立法。推动修订税收征收管理法。

……

六、加快推进城镇化、农业农村和科技体制等改革，推动经济结构不断优化

（二十三）建立规范多元可持续的城市建设投融资机制，允许地方政府通过发债等多种方式拓宽城市建设融资渠道，制定项目收益债券试点管理办法。开展城市地下综合管廊和“海绵城市”建设试点，鼓励社会资本参与城市公用设施建设和运营，拓宽多元投资渠道。

……

九、加快生态文明制度建设，促进节能减排和保护生态环境

要加强生态文明制度顶层设计，完善国土空间开发、资源节约利用、环境治理和生态修复相关制度，加快建立源头严防、过程严管、后果严惩的制度体系，用制度保障生态文明。

……

（三十六）出台加快推进生态文明建设的意见，制定生态文明体制改革总体方案。出台生态文明建设目标体系，建立生态文明建设评价指标体系。深入推进生态文明先行示范区和生态文明建设示范区建设。加快划定生态保护红线。加强主体功能区建设，完善土地、农业等相关配套制度，建立国土空间开发保护制度。启动生态保护与建设示范区创建。建立资源环境承载能力监测预警机制，完善监测预警方法并开展试点。开展市县“多规合一”试点。在 9 个省份开展国家公园体制试点。研究建立矿产资源国家权益金制度。加快推进自然生态空间统一确权登记，逐步健全自然资源资产产权制度。

（三十七）强化节能节地节水、环境、技术、安全等市场准入标准，制订或修

改50项左右节能标准。修订固定资产投资项目节能评估和审查暂行办法。调整全国工业用地出让最低价标准。实施能效领跑者制度，发布领跑者名单。修订重点行业清洁生产评价指标体系。

（三十八）扎实推进以环境质量改善为核心的环境保护管理制度改革。编制实施土壤污染防治行动计划。实施大气污染防治行动计划和水污染防治行动计划。建立重点地区重污染天气预警预报机制。研究提出“十三五”污染物排放总量控制方案思路。研究制定排污许可证管理办法，推行排污许可制度。完善主要污染物排污权核定办法，推进排污权有偿使用和交易试点。开展国土江河综合整治试点，扩大流域上下游横向补偿机制试点。修订建设项目环境保护管理条例。推行环境污染第三方治理。扩大碳排放权交易试点。

（三十九）推进国有林场和国有林区改革，总结国有林场改革试点经验，抓紧制定林场林区基础设施、化解金融债务、深山职工搬迁、富余职工安置等配套支持政策，研究制定五大林区改革实施方案。出台深化集体林权制度改革意见。

国务院

2015年5月8日

国务院办公厅关于推行环境污染第三方治理的意见

国办发〔2014〕69号

各省、自治区、直辖市人民政府，国务院各部委、各直属机构：

环境污染第三方治理（以下简称第三方治理）是排污者通过缴纳或按合同约定支付费用，委托环境服务公司进行污染治理的新模式。第三方治理是推进环保设施建设和运营专业化、产业化的重要途径，是促进环境服务业发展的有效措施。近年来，各地区、有关部门在第三方治理方面进行了积极探索，取得初步成效，但还存在体制机制不健全，法律、政策有待完善等问题。为推行第三方治理，经国务院同意，现提出以下意见：

一、总体要求

（一）指导思想。全面贯彻落实党的十八大和十八届二中、三中、四中全会精神，坚持社会主义市场经济改革方向，按照党中央、国务院的决策部署，以环境公用设施、工业园区等领域为重点，以市场化、专业化、产业化为导向，营造有利的市场和政策环境，改进政府管理和服务，健全统一规范、竞争有序、监管有力的第三方治理市场，吸引和扩大社会资本投入，推动建立排污者付费、第三方治理的治污新机制，不断提升我国污染治理水平。

（二）基本原则。

1. 坚持排污者付费。根据污染物种类、数量和浓度，排污者承担治理费用，受委托的第三方治理企业按照合同约定进行专业化治理。

2. 坚持市场化运作。充分发挥市场配置资源的决定性作用，尊重企业主体地位，营造良好的市场环境，积极培育可持续的商业模式，避免违背企业意愿的“拉郎配”。

3. 坚持政府引导推动。更好地发挥政府作用，创新投资运营机制，加强政策扶持和激励，强化市场监管和环保执法，为社会资本进入创造平等机会。

（三）主要目标。到2020年，环境公用设施、工业园区等重点领域第三方治理取得显著进展，污染治理效率和专业化水平明显提高，社会资本进入污染治理市场的活力进一步激发。环境公用设施投资运营体制改革基本完成，高效、优质、可持续的环境公共服务市场化供给体系基本形成；第三方治理业态和模式趋于成熟，涌现一批技术能力强、运营管理水平高、综合信用好、具有国际竞争力的环境服务公司。

二、推进环境公用设施投资运营市场化

（四）改革投资运营模式。推动环境公用设施管理向独立核算、自主经营的企业化模式转变，实行投资、建设、运营和监管分开，形成权责明确、制约有效、管理专业的市场化运行机制。对可经营性好的城市污水、垃圾处理设施，采取特许经营、委托运营等方式引入社会资本，通过资产租赁、转让产权、资产证券化等方式盘活存量资产。鼓励打破以项目为单位的分散运营模式，采取打捆方式引入第三方进行整体式设计、模块化建设、一体化运营。对以政府为责任主体的城镇污染场地治理和区域性环境整治等，采用环境绩效合同服务等方式引入第三方治理。鼓励地方政府引入环境服务公司开展综合环境服务。

（五）推进审批便利化。对政府和社会资本合作开展的第三方治理项目，要认真编制实施方案，从项目可行性、财政负担能力、公众意愿和接受程度等方面进行科学评估和充分论证，相关部门要依法依规加快规划选址、土地利用、节能、环评等前期建设条件的审查。各地区要改进审批方式，提高审批效率。有条件的地区要建立联合审查制度，在政府统一的政务审批平台上实行并联审批。

（六）合理确定收益。对特许经营、委托运营类项目，要参考本行业平均利润、银行存贷款利率等因素，科学确定投资收益水平，并逐步向约定公共服务质量下的风险收益转变，政府不得承诺不合理的高额固定收益回报。对环境绩效合同服务类项目，要建立公平、合理的绩效考核和评价机制，公共财政支付水平与治理绩效挂钩。完善价格调整机制，明确约定中标价的调整周期、调整因素和启动条件等。

（七）保障公共环境权益。统筹好公益性和经营性关系，对项目经营者处置相关的特许经营权、土地使用权、设施和企业股权等资产及其权益作出限制性约定，不得随意转让。建立退出机制，制定临时接管预案，在项目经营者发生危害公共利益和公共安全情形时，及时启动临时接管预案。

三、创新企业第三方治理机制

（八）明确相关方责任。排污企业承担污染治理的主体责任，第三方治理企业按照有关法律法规和标准以及排污企业的委托要求，承担约定的污染治理责任。抓紧出台第三方治理的规章制度，对相关方的责任边界、处罚对象、处罚措施等作出规定。

（九）规范合作关系。研究制定第三方治理管理办法，发布标准合同范本，保障相关方合法权益。排污企业和第三方治理企业应按照有关法律法规和市场规则，签订委托治理合同，约定治理标准、内容、费用；通过履约保证金（保函）、担保、调解、仲裁等方式，建立健全履约保障和监督机制。

（十）培育企业污染治理新模式。在工业园区等工业集聚区，引入环境服务公司，对园区企业污染进行集中式、专业化治理，开展环境诊断、生态设计、清洁生产审核和技术改造等；组织实施园区循环化改造，合理构建企业间产业链，提高资源利用效率，降低污染治理综合成本。在电力、钢铁等行业和中小企业，鼓励推行环境绩效合同服务等方式引入第三方治理。

（十一）探索实施限期第三方治理。选择若干有条件地区的高污染、高环境风险行业，对因污染物超过排放标准或总量控制要求，被环境保护主管部门责令限制生产、停产整治且拒不自行治理污染的企业，列出企业清单向社会公布，督促相关企业在规定期限内委托环境服务公司进行污染治理。

四、健全第三方治理市场

（十二）扩大市场规模。各级政府要增加环境基本公共服务有效供给，加大环保投入，大力推动环保产业发展；严格执行环保法律法规和标准，强化环保执法，增强排污企业委托第三方治理的内生动力。鼓励政府投融资平台和社会资本建立混合所有制企业，参与第三方治理。第三方治理取得的污染物减排量，计入排污企业的排污权账户，由排污企业作为排污权的交易和收益主体。

（十三）加快创新发展。支持第三方治理企业加强科技创新、服务创新、商业模式创新，通过兼并、联合、重组等方式，实行规模化、品牌化、网络化经营。以国家级环保产业园区、骨干环境服务公司等为载体，建设一批产学研用紧密结合的环保技术创新和成果转化平台。

（十四）发挥行业组织作用。相关行业组织要积极借鉴国内外先进经验和做法，加强对第三方治理的跟踪研究；开展业务培训和案例分析，及时总结推广成功的商业模式；组织开展技术咨询、绩效评估等。建立健全行业自律机制，提高行业整体素质。

（十五）规范市场秩序。对环境公用设施，一律采用公开招标或竞争性谈判方式确定特许经营方或委托运营方。实施综合评标制度，将服务能力与质量、运营方案、业绩信用等列为招投标条件，不得设定地域歧视性条件，避免低价低质中标。推动建立企业诚信档案和信用累积制度，第三方治理企业要如实向社会公开污染治理设施建设、运行和污染排放情况。

（十六）完善监管体系。健全政府、投资者、公众等共同参与的监督机制，实行准入、运营、退出全过程监管，探索综合监管模式。探索实施黑名单制度，将技术服务能力弱、运营管理水平低、综合信用差的环境服务公司列入黑名单，定期向社会公布。依法公开第三方治理项目环境监管信息。

五、强化政策引导和支持

（十七）完善价格和收费政策。加大差别电价、水价实施力度。提高排污费征收标准，实行差别化排污收费。完善污水、垃圾处理收费政策，适当提高收费标准，逐步覆盖全处理成本。严格落实垃圾发电价格政策。建立健全鼓励使用再生水、促进垃圾资源化的价格机制。全面落实燃煤发电机组脱硫、脱硝、除尘等环保电价政策。

（十八）加大财税支持力度。对符合条件的第三方治理项目给予中央资金支持，有条件的地区也要对第三方治理项目投资和运营给予补贴或奖励。积极探索以市场化的基金运作等方式引导社会资本投入，健全多元化投入机制。研究明确第三方治理税收优惠政策。

（十九）创新金融服务模式。鼓励银行业金融机构创新金融产品和服务，开展节能环保信贷资产证券化，研究推进能效贷款、绿色金融租赁、碳金融产品、节能减排收益权和排污权质押融资；对国家鼓励发展的第三方治理重大项目，在贷款额度、贷款利率、还贷条件等方面给予优惠。加快推行绿色银行评级制度。鼓励保险公司开发相关环境保险产品，引导高污染、高环境风险企业投保。

（二十）发展环保资本市场。对符合条件的第三方治理企业，上市融资、发行企业债券实行优先审批；支持发行中小企业集合债券、公司债、中期票据等债务融资工具；支持适度发展融资租赁业务，引入低成本外资。选择综合信用好的环境服务公司，开展非公开发行企业债券试点。探索发展债券信用保险。

六、加强组织实施

（二十一）强化组织协调。发展改革委、财政部要加强统筹协调，制定推进第三方治理的投融资、财税等政策。环境保护部要健全环保标准和政策，强化执法监督。住房城乡建设部要深化城镇环境公共基础设施领域改革，加强建设和运营管理。人民银行、银监会、证监会、保监会要会同有关部门研究支持环境服务业发展的金融政策。各省（区、市）政府要加强组织领导，健全工作机制，结合本地区实际，制定推行第三方治理的实施细则。

（二十二）总结推广经验。选择有条件的地区和行业，就第三方治理制度和模式进行改革示范。发展改革委、财政部要会同环境保护部、住房城乡建设部等部门，密切跟踪改革进展情况，协调解决工作中的困难和问题，及时总结推广各地成熟的经验和做法，重大情况向国务院报告。

国务院办公厅

2014 年 12 月 27 日

三、规划方案

中华人民共和国国民经济和社会发展第十一个五年规划纲要（摘录）

（2006 年 3 月 14 日第十届全国人民代表大会第四次会议批准）

……

第二十二章　发展循环经济

……

第六节　强化促进节约的政策措施

加快循环经济立法。实行单位能耗目标责任和考核制度。完善重点行业能耗和水耗准入标准、主要用能产品和建筑物能效标准、重点行业节能设计规范和取水定额标准。严格执行设计、施工、生产等技术标准和材料消耗核算制度。实行强制淘汰高耗能高耗水落后工艺、技术和设备的制度。推行强制性能效标识制度和节能产品认证制度。加强电力需求侧管理、政府节能采购、合同能源管理。实行有利于资源节约、综合利用和石油替代产品开发的财税、价格、投资政策。增强全社会的资源忧患意识和节约意识。

……

第二十四章　加大环境保护力度

……

第四节　实行强有力的环保措施

各地区要切实承担对所辖地区环境质量的责任，实行严格的环保绩效考核、环境执法责任制和责任追究制。各级政府要将环保投入作为本级财政支出的重点并逐年增加。健全环境监管体制，提高监管能力，加大环保执法力度。实施排放总量控制、排放许可和环境影响评价制度。实行清洁生产审核、环境标识和环境认证制度，严格执行强制淘汰和限期治理制度，建立跨省界河流断面水质考核制度。实行环境质量公告和企业环保信息公开制度，鼓励社会公众参与并监督环保。大力发展环保产业，建立社会化多元化环保投融资机制，运用经济手段加快污染治理市场化进程。积极参与全球环境与发展事务，认真履行环境国际公约。

……

第三十二章　推进财政税收体制改革

调整和规范中央与地方、地方各级政府间的收支关系，建立健全与事权相匹配的财税体制。实行有利于促进科技进步、转变增长方式、优化经济结构的财税制度。

第一节　完善财政体制

加快公共财政体系建设，明确界定各级政府的财政支出责任，合理调整政府间财政收入划分。完善中央和省级政府的财政转移支付制度，理顺省级以下财政管理体制，有条件的地方可实行省级直接对县的管理体制，逐步推进基本公共服务均等化。改革预算编制制度，提高预算的规范性和透明度。继续深化部门预算、国库集中收付、政府采购和收支两条线管理制度改革。建立国库现金管理和国债余额管理制度，推进政府会计改革。加强预算执行审计，提高预算执行的严肃性。建立财政预算绩效评价体系，提高财政资金使用效率。加强政府债务管理，防范政府债务风险。完善非税收入管理制度，规范对土地和探矿权、采矿权出让收入的管理。

第二节　完善税收制度

在全国范围内实现增值税由生产型转为消费型。适当调整消费税征收范围，合理调整部分应税品目税负水平和征缴办法。适时开征燃油税。合理调整营业税征税范围和税目。完善出口退税制度。统一各类企业税收制度。实行综合和分类相结合的个人所得税制度。改革房地产税收制度，稳步推行物业税并相应取消有关收费。改革资源税制度。完善城市维护建设税、耕地占用税、印花税。

……

第三十四章　完善现代市场体系

……

第一节　健全全国统一开放市场

进一步打破行政性垄断和地区封锁，完善商品市场，健全资本、土地、技术和劳动力等要素市场。严格界定公益性用地和经营性用地，经营性基础设施用地实行有偿使用，完善经营性用地招标拍卖挂牌出让和非经营性用地公开供地制度。规范发展产权交易市场。积极发展技术市场。逐步建立城乡统一的劳动力市场。

第二节　完善价格形成机制

积极稳妥地推进资源性产品价格改革。合理调整水利工程供水、城市供水和再生水价格。推进电价改革，逐步建立发电、售电价格由市场竞争形成，输电、配电价格由政府定价的机制。适时推进石油价格改革，建立与替代能源价格挂钩的天然气价格形成机制。扩大市场形成土地价格的范围。

第三节　规范市场秩序

打击各种违法经营活动，规范市场主体行为和市场竞争秩序。清理整顿对企业的乱收费、乱罚款和各种摊派。加强价格监管，禁止价格欺诈、价格操纵等行为。以完善信贷、纳税、合同履约、产品质量的信用记录为重点，加快建设社会信用体系，健全失信惩戒制度。

……

第四十七章　调整和完善经济政策

根据公共财政服从和服务于公共政策的原则，按照公共财政配置的重点要转到为全体人民提供均等化基本公共服务的方向，合理划分政府间事权，合理界定财政支出范围。公共财政预算安排的优先领域是：农村义务教育和公共卫生、农业科技推广、职业教育、农村劳动力培训、促进就业、社会保障、减少贫困、计划生育、防灾减灾、公共安全、公共文化、基础科学与前沿技术以及社会公益性技术研究、能源和重要矿产资源地质勘查、污染防治、生态保护、资源管理和国家安全等。重点支持的区域是：限制开发区域和禁止开发区域，中西部地区特别是革命老区、民族地区、边疆地区、贫困地区，三峡库区，资源枯竭型城市等。

充分发挥税收的调节作用，完善和制定鼓励资源节约型和环境友好型社会建设、促进就业和再就业、促进科技发展和增强自主创新能力、促进文化体制改革，以及振兴装备制造业和其他产业健康发展的税收政策。

按照社会主义集中力量办大事原则，在经济发展和财力增加基础上逐步增加中央政府投资规模。完善政府投资管理体制，整合政府投资，改进投资方式，加强项目监管。

加强和改进产业政策工作，增强对国内产业发展、对外贸易和利用外资的统筹，加强信贷、土地、环保、安全、科技等政策和产业政策的配合，采用经济手段促进产业发展。加强对高技术产业和装备制造业薄弱环节的扶持，重点支持研究开发，培育核心竞争力。按照适度偏紧原则调控高耗能产业规模，控制生产能力盲目扩张。按照引导产业集群发展、减少资源跨区域大规模调动的原则优化产业布局，促进主要使用海路进口资源的产业在沿海地区布局，主要使用国内资源和陆路进口资源的产业在中西部重点开发区域布局。实施品牌战略，支持拥有自主知识产权和知名品牌、竞争力强的大企业发展成为跨国公司。实施中小企业成长工程。依法淘汰落后工艺技术，关闭破坏资源、污染环境和不具备安全生产条件的企业。

2006 年 3 月 14 日

中华人民共和国国民经济和社会发展第十二个五年规划纲要（摘录）

（2011 年 3 月 14 日第十一届全国人民代表大会第四次会议批准）

第一篇　转变方式　开创科学发展新局面

……

第四章　政策导向

——健全节能减排激励约束机制。优化能源结构，合理控制能源消费总量，完善资源性产品价格形成机制和资源环境税费制度，健全节能减排法律法规和标准，强化节能减排目标责任考核，把资源节约和环境保护贯穿于生产、流通、消费、建设各领域各环节，提升可持续发展能力。

……

第三篇　转型升级　提高产业核心竞争力

第十章　培育发展战略性新兴产业

……

第三节　加强政策支持和引导

设立战略性新兴产业发展专项资金和产业投资基金，扩大政府新兴产业创业投资规模，发挥多层次资本市场融资功能，带动社会资金投向处于创业早中期阶段的创新型企业。综合运用风险补偿等财政优惠政策，鼓励金融机构加大信贷支持力度。完善鼓励创新、引导投资和消费的税收支持政策。加快建立有利于战略性新兴产业发展的行业标准和重要产品技术标准体系。支持新产品应用的配套基础设施建设，为培育和拓展市场需求创造良好环境。

……

第四篇 营造环境推动服务业大发展

第十五章 加快发展生产性服务业

第一节 有序拓展金融服务业

服务实体经济，防范系统性风险，有序发展和创新金融组织、产品和服务，全面提升金融服务水平。发挥大型金融机构的综合性服务功能，积极发展中小金融机构，围绕促进小型微型企业发展、推动科技创新、发展绿色经济、支持企业跨境经营，以及发展网上交易等新型服务业态，创新金融产品和服务模式。更好地发挥信用融资、证券、信托、理财、租赁、担保、网商银行等各类金融服务的资产配置和融资服务功能。加强金融基础设施建设，进一步健全金融市场的登记、托管、交易、清算系统。拓宽保险服务领域，积极发展责任保险、信用保险，探索发展巨灾保险，创新保险营销服务方式，规范发展保险中介市场，推进再保险市场建设，建立健全保险服务体系。

……

第六篇 绿色发展 建设资源节约型、环境友好型社会

面对日趋强化的资源环境约束，必须增强危机意识，树立绿色、低碳发展理念，以节能减排为重点，健全激励与约束机制，加快构建资源节约、环境友好的生产方式和消费模式，增强可持续发展能力，提高生态文明水平。

……

第二十一章 积极应对全球气候变化

第一节 控制温室气体排放

……

探索建立低碳产品标准、标识和认证制度，建立完善温室气体排放统计核算制度，逐步建立碳排放交易市场。

……

第二十二章 加强资源节约和管理

……

第二节 加强水资源节约

实行最严格的水资源管理制度，加强用水总量控制与定额管理，严格水资源保护，加快制定江河流域水量分配方案，加强水权制度建设，建设节水型社会。强化水资源有偿使用，严格水资源费的征收、使用和管理。

第二十三章 大力发展循环经济

……

第三节 推广绿色消费模式

倡导文明、节约、绿色、低碳消费理念，推动形成与我国国情相适应的绿色生活方式和消费模式。鼓励消费者购买使用节能节水产品、节能环保型汽车和节能省地型住宅，减少使用一次性用品，限制过度包装，抑制不合理消费。推行政府绿色采购，逐步提高节能节水产品和再生利用产品比重。

第四节 强化政策和技术支撑

加强规划指导、财税金融等政策支持，完善法律法规和标准，实行生产者责任延伸制度，制订循环经济技术和产品名录，建立再生产品标识制度，建立完善循环经济统计评价制度。开发应用源头减量、循环利用、再制造、零排放和产业链接技术，推广循环经济典型模式。深入推进国家循环经济示范，组织实施循环经济“十百千示范”行动。推进甘肃省和青海柴达木循环经济示范区等循环经济示范试点、山西资源型经济转型综合配套改革试验区建设。

……

第二十五章 促进生态保护和修复

……

第三节　建立生态补偿机制

按照谁开发谁保护、谁受益谁补偿的原则，加快建立生态补偿机制。加大对重点生态功能区的均衡性转移支付力度，研究设立国家生态补偿专项资金。推行资源型企业可持续发展准备金制度。鼓励、引导和探索实施下游地区对上游地区、开发地区对保护地区、生态受益地区对生态保护地区的生态补偿。积极探索市场化生态补偿机制。加快制定实施生态补偿条例。

……

第四十九章　深化资源性产品价格和环保收费改革

建立健全能够灵活反映市场供求关系、资源稀缺程度和环境损害成本的资源性产品价格形成机制，促进结构调整、资源节约和环境保护。

第一节　完善资源性产品价格形成机制

继续推进水价改革，完善水资源费、水利工程供水价格和城市供水价格政策。积极推进电价改革，推行大用户电力直接交易和竞价上网试点，完善输配电价形成机制，改革销售电价分类结构。积极推行居民用电、用水阶梯价格制度。进一步完善成品油价格形成机制，积极推进市场化改革。理顺天然气与可替代能源比价关系。按照价、税、费、租联动机制，适当提高资源税税负，完善计征方式，将重要资源产品由从量定额征收改为从价定率征收，促进资源合理开发利用。

第二节　推进环保收费制度改革

建立健全污染者付费制度，提高排污费征收率。改革垃圾处理费征收方式，适度提高垃圾处理费标准和财政补贴水平。完善污水处理收费制度。积极推进环境税费改革，选择防治任务繁重、技术标准成熟的税目开征环境保护税，逐步扩大征收范围。

第三节　建立健全资源环境产权交易机制

引入市场机制，建立健全矿业权和排污权有偿使用和交易制度。规范发展探矿权、采矿权交易市场，发展排污权交易市场，规范排污权交易价格行为，健全法律法规和政策体系，促进资源环境产权有序流转和公开、公平、公正交易。

2011 年 3 月 16 日

中共中央关于制定国民经济和社会发展第十三个五年规划的建议（摘录）

（2015 年 10 月 29 日中国共产党第十八届中央委员会第五次全体会议通过）

……

五、坚持绿色发展，着力改善生态环境

……

支持绿色清洁生产，推进传统制造业绿色改造，推动建立绿色低碳循环发展产业体系，鼓励企业工艺技术装备更新改造。发展绿色金融，设立绿色发展基金。

……

建立健全用能权、用水权、排污权、碳排放权初始分配制度，创新有偿使用、预算管理、投融资机制，培育和发展交易市场。推行合同能源管理和合同节水管理。

……

国务院关于印发国家环境保护"十二五"规划的通知（摘录）

国发〔2011〕42号

……

四、完善环境保护基本公共服务体系

53. 中央财政通过一般性转移支付和生态补偿等措施，加大对西部地区、禁止开发区域和限制开发区域、特殊困难地区的支持力度，提高环境保护基本公共服务供给水平。地方各级人民政府要保障环境保护基本公共服务支出，加强基层环境监管能力建设。（财政部、发展改革委、环境保护部、林业局、水利部）

……

五、完善政策措施

……

（四）完善环境经济政策。

69. 落实燃煤电厂烟气脱硫电价政策，研究制定脱硝电价政策，对污水处理、污泥无害化处理设施、非电力行业脱硫脱硝和垃圾处理设施等企业实行政策优惠。对非居民用水要逐步实行超额累进加价制度，对高耗水行业实行差别水价政策。研究鼓励企业废水"零排放"的政策措施。（发展改革委、工业和信息化部、环境保护部、住房城乡建设部、财政部、电监会、水利部）

70. 健全排污权有偿取得和使用制度，发展排污权交易市场。（财政部、环境保护部、发展改革委、工业和信息化部）

71. 推进环境税费改革。全面落实污染者付费原则，完善污水处理收费制度，收费标准要逐步满足污水处理设施稳定运行和污泥无害化处置需求。改革垃圾处理费征收方式，加大征收力度，适度提高垃圾处理收费标准和财政补贴水平。（财政部、发展改革委、住房城乡建设部、环境保护部、税务总局）

72. 建立企业环境行为信用评价制度，加大对符合环保要求和信贷原则企业和项目的信贷支持。建立银行绿色评级制度，将绿色信贷成效与银行工作人员履职评价、机构准入、业务发展相挂钩。（人民银行、环境保护部、银监会）

73. 推行政府绿色采购，逐步提高环保产品比重，研究推行环保服务政府采购。推行资源型企业可持续发展准备金制度。（财政部、环境保护部、国管局、中直管理局）

74. 探索建立国家生态补偿专项资金。研究制定实施生态补偿条例。建立流域、重点生态功能区等生态补偿机制。（发展改革委、财政部、环境保护部、住房城乡建设部、农业部、水利部、林业局、海洋局、能源局）

……

（七）加大投入力度。

79. 把环境保护经费列入各级财政年度预算并逐步增加投入。适时增加同级环境保护能力建设经费安排。加大对中西部地区环境保护的支持力度。围绕推进环境基本公共服务均等化和改善环境质量状况，完善一般性转移支付制度，加大对国家重点生态功能区、中西部地区和民族自治地方环境保护的转移支付力度。深化“以奖促防”、“以奖促治”、“以奖代补”等政策，强化各级财政资金的引导作用。（财政部、发展改革委、环境保护部）

80. 推进环境金融产品创新，完善市场化融资机制。探索排污权抵押融资模式。推动建立财政投入与银行贷款、社会资金的组合使用模式。鼓励符合条件的地方融资平台公司以直接、间接的融资方式拓宽环境保护投融资渠道。支持符合条件的环保企业发行债券或改制上市，鼓励符合条件的环保上市公司实施再融资。探索发展环保设备设施的融资租赁业务。鼓励多渠道建立环保产业发展基金。引导各类创业投资企业、股权投资企业、社会捐赠资金和国际援助资金增加对环境保护领域的投入。（人民银行、财政部、发展改革委、环境保护部、银监会、证监会、民政部）

国务院

二〇一一年十二月十五日

国务院办公厅关于印发国家环境保护“十二五”规划重点工作部门分工方案的通知（摘录）

国办函〔2012〕147号

……

三、加强重点领域环境风险防控

（一）推进环境风险全过程管理。

31. 开展环境风险调查与评估。以排放重金属、危险废物、持久性有机污染物和生产使用危险化学品的企业为重点，全面调查重点环境风险源和环境敏感点，建立环境风险源数据库。研究环境风险的产生、传播、防控机制。（环境保护部、工业和信息化部、科技部、发展改革委、电监会、安全监管总局、财政部、国资委）

32. 开展环境污染与健康损害调查，建立环境与健康风险评估体系。（环境保护部、卫生部、财政部）

33. 完善以预防为主的环境风险管理制度，落实企业主体责任。制定环境风险评估规范，完善相关技术政策、标准、工程建设规范。建立企业突发环境事件报告与应急处理制度、特征污染物监测报告制度。（环境保护部、工业和信息化部、安全监管总局、公安部、住房城乡建设部、国资委、交通运输部）

34. 对重点风险源、重要和敏感区域定期进行专项检查，对高风险企业要予以挂牌督办、限期整改或搬迁，对不具备整改条件的，应依法予以关停。（环境保护部、工业和信息化部、发展改革委、安全监管总局、监察部、国土资源部、水利部、能源局、国资委）

35. 完善突发环境事件应急救援体系，构建政府引导、部门协调、分级负责、社会参与的环境应急救援机制，依法科学妥善处置突发环境事件。（环境保护部、发展改革委、公安部、财政部、住房城乡建设部、交通运输部、卫生部、安全监管总局、水利部、气象局、海洋局、监察部、工业和信息化部）

36. 建立环境事故处置和损害赔偿恢复机制。将有效防范和妥善应对重大突发环境事件作为地方人民政府的重要任务，纳入环境保护目标责任制。（环境保护部、财政部、监察部、司法部、交通运输部）

37. 推进环境污染损害鉴定评估机构建设，建立鉴定评估工作机制，完善损害赔偿制度。建立损害评估、损害赔偿以及损害修复技术体系。健全环境污染责任保险制度，研究建立重金属排放等高环境风险企业强制保险制度。（环境保护部、司法部、工业和信息化部、保监会、发展改革委、财政部、科技部、农业部、交通运输部）

……

五、完善政策措施

（四）完善环境经济政策。

69. 落实燃煤电厂烟气脱硫电价政策，研究制定脱硝电价政策，对污水处理、污泥无害化处理设施、非电力行业脱硫脱硝和垃圾处理设施等企业实行政策优惠。对非居民用水要逐步实行超额累进加价制度，对高耗水行业实行差别水价政策。研究鼓励企业废水“零排放”的政策措施。（发展改革委、工业和信息化部、环境保护部、住房城乡建设部、财政部、电监会、水利部）

70. 健全排污权有偿取得和使用制度，发展排污权交易市场。（财政部、环境保护部、发展改革委、工业和信息化部）

71. 推进环境税费改革。全面落实污染者付费原则，完善污水处理收费制度，收费标准要逐步满足污水处理设施稳定运行和污泥无害化处置需求。改革垃圾处理费征收方式，加大征收力度，适度提高垃圾处理收费标准和财政补贴水平。（财政部、发展改革委、住房城乡建设部、环境保护部、税务总局）

72. 建立企业环境行为信用评价制度，加大对符合环保要求和信贷原则企业和项目的信贷支持。建立银行绿色评级制度，将绿色信贷成效与银行工作人员履职评价、机构准入、业务发展相挂钩。（人民银行、环境保护部、银监会）

73. 推行政府绿色采购，逐步提高环保产品比重，研究推行环保服务政府采购。推行资源型企业可持续发展准备金制度。（财政部、环境保护部、国管局、中直管理局）

74. 探索建立国家生态补偿专项资金。研究制定实施生态补偿条例。建立流域、重点生态功能区等生态补偿机制。（发展改革委、财政部、环境保护部、住房城乡建设部、农业部、水利部、林业局、海洋局、能源局）

国务院办公厅

2012年8月21日

国务院关于印发节能减排“十二五”规划的通知（摘录）

国发〔2012〕40号

……

五、保障措施

……

（六）完善促进节能减排的经济政策。

深化资源性产品价格改革，理顺煤、电、油、气、水、矿产等资源类产品价格关系，建立充分反映市场供求、资源稀缺程度以及环境损害成本的价格形成机制。完善差别电价、峰谷电价、惩罚性电价，尽快出台鼓励余热余压发电和煤层气发电的上网政策，全面推行居民用电阶梯价格。严格落实脱硫电价，研究完善燃煤电厂烟气脱硝电价政策。完善矿业权有偿取得制度。加快供热体制改革，全面实施热计量收费制度。完善污水处理费政策。改革垃圾处理收费方式，提高收缴率，降低征收成本。完善节能产品政府采购制度。扩大环境标志产品政府采购范围，完善促进节能环保服务的政府采购政策。落实国家支持节能减排的税收优惠政策，改革资源税，加快推进环境保护税立法工作，调整进出口税收政策，合理调整消费税范围和税率结构。推进金融产品和服务方式创新，积极改进和完善节能环保领域的金融服务，建立企业节能环保水平与企业信用等级评定、贷款联动机制，探索建立绿色银行评级制度。推行重点区域涉重金属企业环境污染责任保险。

国务院

2012年8月6日

国务院关于印发“十二五”节能减排综合性工作方案的通知（摘录）

国发〔2011〕26号

……

八、完善节能减排经济政策

（三十二）推进价格和环保收费改革。深化资源性产品价格改革，理顺煤、电、油、气、水、矿产等资源性产品价格关系。推行居民用电、用水阶梯价格。完善电力峰谷分时电价政策。深化供热体制改革，全面推行供热计量收费。对能源消耗超过国家和地区规定的单位产品能耗（电耗）限额标准的企业和产品，实行惩罚性电价。各地可在国家规定基础上，按程序加大差别电价、惩罚性电价实施力度。严格落实脱硫电价，研究制定燃煤电厂烟气脱硝电价政策。进一步完善污水处理费政策，研究将污泥处理费用逐步纳入污水处理成本问题。改革垃圾处理收费方式，加大征收力度，降低征收成本。

（三十三）完善财政激励政策。加大中央预算内投资和中央财政节能减排专项资金的投入力度，加快节能减排重点工程实施和能力建设。深化“以奖代补”、“以奖促治”以及采用财政补贴方式推广高效节能家用电器、照明产品、节能汽车、高效电机产品等支持机制，强化财政资金的引导作用。国有资本经营预算要继续支持企业实施节能减排项目。地方各级人民政府要加大对节能减排的投入。推行政府绿色采购，完善强制采购和优先采购制度，逐步提高节能环保产品比重，研究实行节能环保服务政府采购。

（三十四）健全税收支持政策。落实国家支持节能减排所得税、增值税等优惠政策。积极推进资源税费改革，将原油、天然气和煤炭资源税计征办法由从量征收改为从价征收并适当提高税负水平，依法清理取消涉及矿产资源的不合理收费基金项目。积极推进环境税费改革，选择防治任务重、技术标准成熟的税目开征环境保护税，逐步扩大征收范围。完善和落实资源综合利用和可再生能源发展的税收优惠政策。调整进出口税收政策，遏制高耗能、高排放产品出口。对用于制造大型环保及资源综合利用设备确有必要进口的关键零部件及原材料，抓紧研究制定税收优惠政策。

（三十五）强化金融支持力度。加大各类金融机构对节能减排项目的信贷支持力度，鼓励金融机构创新适合节能减排项目特点的信贷管理模式。引导各类创业投资企业、股权投资企业、社会捐赠资金和国际援助资金增加对节能减排领域的投入。提高高耗能、高排放行业贷款门槛，将企业环境违法信息纳入人民银行企业征信系统和银监会信息披露系统，与企业信用等级评定、贷款及证券融资联动。推行环境污染责任保险，重点区域涉重金属企业应当购买环境污染责任保险。建立银行绿色评级制度，将绿色信贷成效与银行机构高管人员履职评价、机构准入、业务发展相挂钩。

国务院

二〇一一年八月三十一日

国务院办公厅关于印发2014—2015年节能减排低碳发展行动方案的通知（摘录）

国办发〔2014〕23号

……

五、进一步加强政策扶持

（十五）完善价格政策。严格清理地方违规出台的高耗能企业优惠电价政策。落实差别电价和惩罚性电价政策，节能目标完成进度滞后地区要进一步加大差别电价和惩罚性电价执行力度。对电解铝企业实行阶梯电价政策，并逐步扩大到其他高耗能行业和产能过剩行业。落实燃煤机组环保电价政策。完善污水处理费政策，研究将污泥处理费用纳入污水处理成本。完善垃圾处理收费方式，提高收缴率。

（十六）强化财税支持。各级人民政府要加大对节能减排的资金支持力度，整合各领域节能减排资金，加强统筹安排，提高使用效率，努力促进资金投入与节能减排工作成效相匹配。严格落实合同能源管理项目所得税减免政策。实施煤炭等资源税从价计征改革，清理取消有关收费基金。开展环境保护税立法工作，加快推进环境保护费改税。

（十七）推进绿色融资。银行业金融机构要加快金融产品和业务创新，加大对节能减排降碳项目的支持力度。支持符合条件的企业上市、发行非金融企业债务融资工具、企业债券等，拓宽融资渠道。建立节能减排与金融监管部门及金融机构信息共享联动机制，促进节能减排信息在金融机构中实现共享，作为综合授信和融资支持的重要依据。积极引导多元投资主体和各类社会资金进入节能减排降碳领域。

六、积极推行市场化节能减排机制

（十八）实施能效领跑者制度。定期公布能源利用效率最高的空调、冰箱等量大面广终端用能产品目录，单位产品能耗最低的乙烯、粗钢、电解铝、平板玻璃等高耗能产品生产企业名单，以及能源利用效率最高的机关、学校、医院等公共机构名单，对能效领跑者给予政策扶持，引导生产、购买、使用高效节能产品。适时将能效领跑者指标纳入强制性国家标准。

（十九）建立碳排放权、节能量和排污权交易制度。推进碳排放权交易试点，研究建立全国碳排放权交易市场。加快制定节能量交易工作实施方案，依托现有交易平台启动项目节能量交易。继续推进排污权有偿使用和交易试点。

（二十）推行能效标识和节能低碳产品认证。修订能效标识管理办法，将实施能效标识的产品由 28 类扩大到 35 类。整合节能和低碳产品认证制度，制定节能低碳产品认证管理办法，将实施节能认证的产品由 117 类扩大到 139 类，强化对认证结果的采信。将产品能效作为质量监管的重点，严厉打击能效虚标行为。

（二十一）强化电力需求侧管理。落实电力需求侧管理办法，完善配套政策，严格目标责任考核。建设国家电力需求侧管理平台，推广电能服务，继续实施电力需求侧管理城市综合试点。电网企业要确保完成年度电力电量节约指标，并对平台建设及试点工作给予支持和配合。电力用户要积极采用节电技术产品，优化用电方式，提高电能利用效率。通过推行电力需求侧管理机制，2014—2015 年节约电量 400 亿千瓦时，节约电力 900 万千瓦。

2014 年 5 月 26 日

重金属污染综合防治“十二五”规划（摘录）

……

五、政策保障

（三）强化环境经济政策。

1. 完善落后产能淘汰机制。进一步完善重金属污染严重企业及落后产能退出机制。鼓励各地结合实际，提高重金属行业淘汰标准、扩大淘汰产品和工艺范围。制定重金属产能退出的财政奖励、转型后土地使用权及出让、贷款贴息、生产配额等经济激励政策，鼓励重金属污染企业主动退出。

2. 发挥信贷税收综合调控作用。环保部门要继续完善“高污染、高环境风险”产品（工艺）名录，作为相关部门制定财税、金融等政策的参考和依据。各相关部门在符合世界贸易组织规则前提下，研究制定对相关产品实行禁止加工贸易、加征出口关税等政策措施。落实资源综合利用、技术开发等税收优惠政策，鼓励重金属资源回收利用，推进含重金属危险废物安全处置和综合利用。研究建立危险废物处理保证金制度。

3. 推行环境污染责任保险制度。推进环境污染损害鉴定评估工作，建立重金属污染损害评估的技术支撑体系、资金保障体系和相关政策体系。引进市场机制，推进保险经纪中介服务，逐步完善污染赔偿机制。重点区域内的重点企业应购买环境污染责任保险，重金属企业发生污染事故后，其保险赔偿金应优先用于对受害者的救治和赔偿。加大对重金属污染受害者的法律援助力度。

4. 提高重金属排污费缴纳标准。充分考虑污染治理成本和环境损失成本等因素，分行业、分种类逐步提高重金属污染物排污费缴纳标准，促使企业升级改造，减少污染物排放。加大超标排放的处罚力度。

2011 年 2 月

关于印发《全国地下水污染防治规划（2011—2020年）》的通知（摘录）

环发〔2011〕128号

……

五、保障措施

（三）创新经济政策、拓展融资渠道。

地方各级人民政府要加大地下水污染防治的资金投入，建立多元化环保投融资机制，拓展融资渠道，落实规划项目资金，积极推进规划实施。相关企业要积极筹集治理资金，确保治理任务按时完成。要做好项目前期工作，现有相关渠道要加大对地下水污染防治项目资金的支持力度。加强与城市饮用水安全保障规划等相关规划的衔接，加强与其他污染防治项目的协调，突出重点，强化绩效。对于符合国家支持政策的规划项目，待具备条件后，可在现有投资渠道中予以统筹考虑。进一步完善排污收费制度，加大排污费征收力度，有效调动企业治污积极性。从高制定地下水水资源费征收标准，完善差别水价等政策，加大征收力度，限制地下水过量开采。探索建立受益地区对地下水饮用水水源保护区的生态补偿机制。鼓励社会资本参与污染防治设施的建设和运行。

环境保护部

2011年10月28日

关于印发《重点流域水污染防治规划（2011—2015 年）》的通知（摘录）

环发〔2012〕58 号

……

第八章　政策措施

……

四、创新环境政策，形成长效机制

完善流域水环境保护政策机制，探索和建立有利于流域水污染防治和经济发展方式转变的政策体系。完善流域内跨市断面考核和赔偿补偿机制，积极推进流域水生态补偿机制。鼓励主要污染物排污权有偿使用和交易机制的试点示范工作。探索建立农村环境保护政策机制，研究解决农村水环境保护管理体制、运行模式、资金投入等问题，加大“以奖促治”实施力度。

环境保护部
发展改革委
财政部
水利部
二〇一二年五月十六日

国务院关于印发“十二五”节能环保产业发展规划的通知（摘录）

国发〔2012〕19号

……

五、保障措施

（一）完善价格、收费和土地政策。

加快推进资源性产品价格改革。研究制定鼓励余热余压发电及背压热电的上网和价格政策。完善电力峰谷分时电价政策。对能源消耗超过国家和地区规定的单位产品能耗（电耗）限额标准的企业和产品，实行惩罚性电价。严格落实脱硫电价，研究制定燃煤电厂脱硝电价政策。深化市政公用事业市场化改革，进一步完善污水处理费政策，研究将污泥处理费用逐步纳入污水处理成本，研究完善对自备水源用户征收污水处理费制度。改进垃圾处理收费方式，合理确定收费载体和标准，降低收取成本，提高收缴率。对于城镇污水垃圾处理设施、“城市矿产”示范基地、集中资源化处理中心等国家支持的项目用地，在土地利用年度计划安排中给予重点保障。

（二）加大财税政策支持力度。

各级政府要安排财政资金支持和引导节能环保产业发展。安排中央财政节能减排和循环经济发展专项资金，采取补助、贴息、奖励等方式，支持节能减排重点工程和节能环保产业发展重点工程，加快推行合同能源管理。中央预算内投资和其他中央财政专项资金，要加大对节能环保产业的支持力度。国有资本经营预算优先安排企业实施节能环保项目。严格落实并不断完善现有节能、节水、环境保护、资源综合利用税收优惠政策。全面改革资源税。积极推进环境税费改革。落实节能服务公司实施合同能源管理项目税收优惠政策。

（三）拓宽投融资渠道。

鼓励银行业金融机构在满足监管要求的前提下，积极开展金融创新，加大对节能环保产业的支持力度。按照政策规定，探索将特许经营权、收费权等纳入贷款抵押担保物范围。建立银行绿色评级制度，将绿色信贷成效作为对银行机构进行监管和绩效评价的要素。鼓励信用担保机构加大对资质好、管理规范的节能环保企业的融资担保支持力度。支持符合条件的节能环保企业发行企业债券、中小企业集合债券、短期融资券、中期票据等，重点用于环保设施和再生资源回收利用设施建设。选择若干资质条件较好的节能环保企业，开展非公开发行企业债券试点。支持符合条件的节能环保企业上市融资。研究设立节能环保产业投资基金。推动落实支持循环经济发展的投融资政策措施。鼓励和引导民间投资和外资进入节能环保产业领域，支持民间资本进入污水、垃圾处理等市政公用事业建设。

（四）完善进出口政策。

通过完善出口卖方信贷和买方信贷政策，鼓励节能环保设备由以单机出口为主向以成套供货为主的设备总承包和工程总承包转变；安排对外援助时，根据对外工作需要和受援国要求，积极安排公共环境基础设施、工业污染防治设施建设等节能环保项目。建立进口再生资源加工区，强化联合监管，积极完善与国际规则、惯例相适应，且有利于我国获取国际再生资源、促进国内节能环保产业健康发展的进口管理体制机制。对用于制造大型节能环保设备确有必要进口的关键零部件及原材料，研究免征进口关税和进口增值税。

国务院

二〇一二年六月十六日

关于印发《“十二五”全国环境保护法规和环境经济政策建设规划》的通知

环发〔2011〕129号

为指导和推进全国环境保护法规和环境经济政策的制定与实施，依据《国民经济和社会发展第十二个五年规划纲要》、国务院印发的《“十二五”节能减排综合性工作方案》、《国务院关于加强环境保护重点工作的意见》和环境保护部“十二五”规划总体安排中关于建立完善的环境保护法规政策体系，实施有利于环境保护的经济政策等相关要求，特制定本规划。

一、“十一五”环境保护法规和环境经济政策建设基本情况

“十一五”期间，全国环境保护系统认真落实《国务院关于落实科学发展观 加强环境保护的决定》和实施《“十一五”全国环境保护法规建设规划》，环境保护法规和环境经济政策工作取得积极进展。

（一）环境保护法规建设

1. 主要进展

制（修）定环境保护法律。“十一五”期间，全国人大常委会修订了《水污染防治法》，制定了《循环经济促进法》。在《侵权责任法》、《物权法》和其他有关法律中，特别规定了有关环境保护的内容。最高人民法院和最高人民检察院分别做出了关于惩治环境犯罪的司法解释。《大气污染防治法（修订草案）》已提请国务院审议。

完善环境行政法规。国务院制定或者修订了《规划环境影响评价条例》、《全国污染源普查条例》、《废弃电器电子产品回收处理管理条例》、《消耗臭氧层物质管理条例》、《民用核安全设备监督管理条例》、《放射性物品运输安全管理条例》、《防治海岸工程建设项目污染损害海洋环境管理条例》等7项环保行政法规，发布了《节能减排综合性工作方案》、《关于加强重金属污染防治工作的指导意见》等法规性文件。此外，国务院环保部门组织起草的《放射性废物安全管理条例（草

案)》、《环境监测管理条例（草案)》、《畜禽养殖污染防治管理条例（草案)》已提请国务院审议。

出台环境保护部门规章。国务院环保部门制定或者修订了《环境信息公开办法（试行)》、《环境监测管理办法》、《电子废物污染环境防治管理办法》、《限期治理管理办法（试行)》、《环境行政处罚办法》、《环境标准管理办法》等 26 个部门规章。

2. 存在问题

某些领域尚存立法空白。在土壤环境保护、核安全、危险化学品环境管理、环境监测、生物安全、遗传资源保护以及与人民群众生活环境密切相关的电磁辐射、光污染、重金属以及持久性有机污染物等方面，还没有制定法律或行政法规。一些重要的环境管理制度，如排污许可、总量控制、区域限批等，缺少实施性法规。一些国际环境条约签署后，缺乏国内配套立法。

环境监管制度内容交叉重叠。我国环境法律法规中确立的环境管理制度达二十多项，但不少法律制度的内容重叠、交叉，甚至相互矛盾。这既浪费了有限的立法资源，又导致法律之间相互冲突，不仅增加了修订工作的难度，也给执法工作造成困难。

对环保违法惩罚力度弱。整体而言，现行环保立法关于环境违法行为法律后果的规定，行政处罚普遍偏轻，民事赔偿范围过窄，刑事制裁乏力。较低的环境违法成本，难以对违法行为起到有效的惩罚和威慑作用。

约束政府行为的法律制度不完善。政府是环境保护的主要责任主体，政府履行环境责任的好坏直接关系到当地环境质量的优劣。现行环保法律对政府行为规范不够，对于与环境保护相关的行政决策和行政执行行为，法律监督和制约制度不够完善。

环保社会监督的法律机制不健全。现行环保法律关于公民环境权益、环境损害赔偿和环境纠纷调解处理等规定尚不完善，公众参与环境决策、环境监督以及自身环境权益维护缺乏程序和渠道，公众的环境监督作用难以有效发挥。

（二）环境经济政策建设

1. 主要进展

中国环境宏观战略研究圆满完成。战略研究历时 3 年，经过深入研究，形成了战略研究综合报告和专题报告等一系列重要成果，研究报告共 600 多万字，数字、资料翔实。2010 年 12 月 28 日，温家宝总理做出重要批示："要重视研究成果的利用。制定‘十二五’规划，要认真参考这份报告。《报告》可发发改委和有关部门。”同年12月20日，李克强副总理主持召开研究成果应用座谈会，指出：“研究的目的在于应用。要把研究提出的新理念、新战略切实转化为可操作的新举措、新政策，将有效的政策措施上升到法律层面。”

国家加快了环境经济政策制定的步伐。环保部门主动协调和配合发展改革委、财政部、国土资源部、商务部、税务总局、人民银行、银监会、保监会等部门，推动出台了《关于落实环保政策法规防范信贷风险的通知》、《关于环境污染责任保险工作的指导意见》、《燃煤发电机组脱硫电价及脱硫设施运行管理办法》、《关于逐步建立矿山环境治理和生态恢复责任机制的指导意见》、《环境保护、节能节水项目企业所得税优惠目录（试行）》和《环境保护专用设备企业所得税优惠目录》等环境经济政策文件。

地方积极开展环境经济政策试点工作。河北、山西等20多个省市出台了绿色信贷政策实施性文件，湖南、江苏等10个省市开展了环境污染责任保险试点，湖北、广东等地开展了排污收费改革，辽宁、浙江、海南等10多个省市开展重要生态功能区、流域和矿产开发生态补偿试点，河南、山东等10多个省市出台了排污权有偿使用和排污权交易的政策性文件，开展排污权交易试点探索。

环境经济政策成效初步显现。4万余条企业环境违法信息进入人民银行征信系统，成为信贷重要依据。开展环境污染责任保险的地区、行业和企业数量不断增加，利用市场手段防范环境风险、维护污染受害群众利益的新机制正在形成。环保专用设备、环保项目和资源综合利用等方面的税收优惠政策，对企业加大环境保护投资起到明显的推进和引导作用。200多种“双高”产品被取消出口退税，并被禁止加工贸易。燃煤发电机组脱硫电价等价格政策，有力促进了重点行业节能减排。

2. 存在问题

环境经济政策作用空间有待拓展。从社会再生产过程看，环境经济政策主要集中在生产环节，用以调节流通、分配、消费行为的环境经济政策仍不完善。即使在生产环节，也仍然缺乏直接针对污染排放和生态破坏行为征收的独立环境税，尚未建立起完善的排污权有偿使用和交易政策体系。在对外贸易合作方面，还未建立起指导和规范“走出去”企业环境行为的政策体系。

一些重要环境经济政策缺乏法律法规支撑。目前，我国一些重要环境经济政策，如排污权有偿使用和交易、生态补偿和环境责任保险等环境经济政策，尚缺乏明确、具体的法律法规依据。这些政策在试点后的全面推行将面临着法律障碍。

现有政策之间协调不够、配套措施不足、技术保障不力。排污权有偿使用与环境税费之间需要进一步协调，环境污染风险评估和污染损害评估技术规范尚不完善，污染源实时监测监控网络和执法监管体系不够完善，一定程度上阻碍了环境经济政策的全面和有效推行。

环境损害成本的合理负担机制尚未形成。环境损害成本的合理负担机制主要有环境资源产品定价机制、收费机制和税收机制等。建立这些机制有利于环境损害成本内化为市场主体的生产成本，从根本上解决“资源低价、环境无价”导致的资源配置不合理问题。目前该机制尚未有效形成，市场主体加大环保投资、防控环境风险的内在动力不足，绿色信贷、环境污染责任保险、绿色证券等环境经济政策有效实施缺乏根本推动力。

二、指导思想、原则和目标

（一）指导思想

以邓小平理论和“三个代表”重要思想为指导，紧紧围绕科学发展的主题、加快转变经济发展方式的主线和提高生态文明水平的新要求，加强环境保护法规和环境经济政策建设，为推动从主要用行政办法保护环境到综合运用法律、经济、技术和必要的行政办法解决环境问题的历史性转变，探索代价小、效益好、排放低、可持续的中国环保新道路提供有力保障。

（二）规划原则

健全法规，完善政策。加快环境保护法规建设进程，切实提高环境保护法规质量，形成覆盖各个领域、门类齐全、功能完备、措施有力的环境保护法规体系。继续拓展、深化环境经济政策体系，进一步充分发挥环境经济政策在调整产业结构、转变发展方式中的重要作用。

统筹规划，系统协调。环境保护法规和各项环境经济政策的制定和实施，要放在环境保护工作的整体框架内综合考虑，避免冲突和矛盾，充分发挥法律、政策之间的协同效应。

联系实际，注重创新。各项环境法律规章的制定、修订以及环境经济政策体系的建设，都要紧密结合我国环境问题的具体情况和环境管理的实际需求，高度重视环境保护法规及环境经济政策的创新，确保制定的法规和政策具有针对性、前瞻性和有效性。

突出重点，整体推进。结合“十二五”时期环境保护的重点任务和需要解决的突出环境问题，以修订环境保护法、大气污染防治法，制定土壤环境保护、环境应急管理、核安全、化学品环境管理等方面的法律法规为重点，不断完善环境保护法规体系；深入推进排污权有偿使用和交易、生态补偿、环境税等环境经济政策的试点工作，争取尽快在总结试点经验的基础上出台相关法规和政策文件，推动环境保护法规和环境经济政策建设工作的全面提升。

（三）主要目标

根据我国环境保护法规和环境经济政策建设的现状以及我国环境保护的实际需要，借鉴国外和国内其他领域立法和政策制定的经验，加快修订现有法律法规和制定新法，积极推进环境经济政策的研究、制定和实施工作，到2015年形成比较完善的、促进生态文明建设的环境保护法规和环境经济政策框架体系。

三、重点领域和主要任务

（一）环境保护法规建设

1. 做好《环境保护法》修订

积极配合全国人大环资委、法工委，针对《环境保护法》实施过程中存在的突出问题，围绕加强政府环境责任、完善监管制度、推动公众参与和强化法律责任等重点内容，吸收实践证明行之有效的环境管理制度和措施，全力做好《环境保护法》的修订工作。同时，积极开展环境法典编纂的前期研究。

2. 完善环境保护法律体系

通过修订现有法律和制定新法，不断完善环境保护法律体系，从法律上、制度上推动中央重大决策部署的贯彻落实，解决环保事业发展中带有根本性、全局性、稳定性和长期性的问题。一是紧紧围绕推动科学发展和加快转变经济发展方式，抓紧修订《大气污染防治法》、《环境噪声污染防治法》、《固体废物污染环境防治法》、《环境影响评价法》等法律。二是着力解决损害群众健康的突出环境问题，研究起草土壤环境保护、环境应急管理、机动车污染防治、生物多样性保护等方面的立法。三是保障国家核与辐射安全，尽快研究制定《核安全法》，积极推动《原子能法》，完善核安全法律法规体系。

3. 推动环保行政法规进程

一是及时总结探索环保新道路的实践经验，将提高行政管理效能、有效解决环境保护面临的实际问题的环境管理制度，上升为环保行政法规。抓紧制定放射性废物安全管理条例、环境监测管理条例、土壤环境保护条例、畜禽养殖污染防治条例以及化学品环境管理、机动车污染防治方面的法规，抓紧修订《建设项目环境保护管理条例》和《核电厂核事故应急管理条例》，研究论证环境责任、电磁辐射环境管理、环境应急管理等法规。二是依法及时制定现行环保法律需要配套的行政法规，保障环保法律的有效实施。三是对环保法律明确授权制定排污许可、总量控制等方面的法规，抓紧完成授权立法，增强环保法律的可操作性。四是对我国缔结或者参加的《生物多样性公约》、《关于持久性有机污染物的斯德哥尔摩公约》等与环境保护有关的国际条约，抓紧研究制定相关配套法规，切实履行国际条约规定的义务。

4. 加快环保部门规章步伐

着力构建逻辑清晰、充满活力、富有效率的环境保护部门规章体系。一是推动环境保护监督管理手段与方式的规范化、制度化、法制化，通过及时制定部门规章，完善长效环境管理制度，为解决环境管理工作面临的新情况新问题提供依据。二是在通盘研究的基础上，通过适时开展规章以及规范性文件的清理工作，对不同时期制定的环境监督管理内容相近的规章以及规范性文件，进行适度整合修改，消除法律规范之间存在的不协调现象。三是对环保法律法规中需要进一步明确具体含义的规定，以及法律法规制定后出现新情况需要明确适用法律依据的，通过及时做出解释，保证法律法规的有效实施。

5. 积极参与其他领域立法

全国人大、国务院和国务院有关部门与环境保护密切相关的立法项目，如自然遗产保护法、生态补偿条例、城镇排水与污水处理条例等，应当高度重视，认真研究，积极提出环境保护方面的意见和建议，推动相关立法顺利开展。

6. 大力支持地方环保立法

一是积极支持、指导和推动地方制定环境法规或者规章，更加突出地方特色，更加注重针对性和可操作性，以适应地方环保工作的实际需要，补充国家环境立法的不足，并为其他地方的环境立法提供有益借鉴。二是加强地方环保立法的调研，将立法条件比较成熟、应当用法律规范来调整、具有普遍适用意义、各方面意见比较一致的地方立法经验及时上升为适用全国的环保法律法规。三是加强地方环保立法工作的交流和培训，构建环保立法工作者交流平台，实现环保立法信息共享。

7. 推进环境经济政策法制化

及时评估和总结环境公共财政、绿色金融、环境税费改革、绿色贸易政策、生态补偿、排污权有偿使用和交易、环境价格政策、环保综合名录等环境经济政策的实施效果，有计划、有重点地将实践证明成熟的环境经济政策上升为法律法规，充分发挥环境经济政策对于环境保护工作的规范和引导作用。

8. 开展环境立法后评估

一是合理选择评估对象。结合经济社会发展和环境管理工作的实际需求，积极开展对《水污染防治法》、《环境影响评价法》、《建设项目环境保护管理条例》等法律法规的立法后评估工作。二是创新评估方式。通过文献研究、抽样调查、网络调查、问卷调查、实地调研、召开座谈会或者论证会、专家咨询、案卷评查、相关立法比较分析等多种形式，开展环境立法后评估。三是明确评估重点。对环境法律制度的科学性、立法技术的规范性、法律规定的可操作性、法规之间的协调性、法律执行的有效性等做出客观评价，为修改完善环境法律法规、改进环境执法提供重要依据。

9. 探索环境司法保障机制

一是研究建立环境行政执法与司法的相互配合机制，制定环保部门与公安机关、人民检察院和人民法院的沟通协调办法。二是加快制定环境污染损害评估鉴定的办法以及污染损害纠纷调处的程序规定，保障公众的环境救济权。三是推动环境公益诉讼，对于严重污染环境和破坏生态，损害国家和公众环境利益的，积极支持环保团体提起环境公益诉讼。

10. 创新环境立法模式

一是注重保护公众环境权益。在环境立法项目的选择上，要以直接危害群众健康的环境问题为重点，以保护人民群众生产生活环境为目标，注重保障公众的环境知情权、参与权和监督权。二是推进科学立法、民主立法，不断扩大公民对环境立法的有序参与，通过公布法律法规草案和举行立法座谈会、论证会、听证会等多种形式，认真听取各方面意见尤其是基层群众的意见，广泛征求国务院各部门、地方各级政府和管理相对人的意见，切实做到集思广益、凝聚共识，增强环保法律法规贯彻实施的群众基础。三是密切跟踪国际环境立法趋势，研究借鉴国外的环境立法经验，从中吸取适合中国国情的有益经验。

（二）环境经济政策建设

1. 推动现有税制“绿色化”

一是配合财税部门，将严重污染环境、大量消耗资源的商品纳入消费税征收范围，修订消费税税目税率表；对生产符合下一阶段标准车用燃油的企业，在消费税政策上予以优惠。二是适时修订《环境保护、节能节水项目企业所得税优惠目录（试行）》、《环境保护专用设备企业所得税优惠目录（2008 年版）》和《资源综合利用企业所得税优惠目录（2008 年版）》。三是选择防治任务重、技术标准成熟的税目开征环境保护税，逐步扩大征收范围。

2. 完善环保收费制度

一是结合重金属污染防治规划、持久性有机污染物污染防治规划，研究逐步提高收费标准，推动修订排污费征收标准管理办法。二是研究提出促进有机肥使用，秸秆和畜禽粪便等农村废弃物综合利用的财税扶持政策，推进征收方式改革。三是推动完善城镇污水和垃圾处理收费政策，逐步提高收费标准。四是推动制定核设施退役费用、放射性废物、危险废物处置费用收取和管理办法。

3. 改革环境价格政策

一是研究制定燃煤电厂烟气脱硝脱汞电价政策，对可再生能源发电、余热发电和垃圾焚烧发电实行优先上网等政策支持。二是推动制定废旧荧光灯管回收和无害化处置补贴政策。三是推动制定限制类和淘汰类高耗水企业惩罚性水价，完善鼓励再生水、海洋淡水、微咸水、矿井水和雨水开发利用的价格政策。四是推动制定高耗能、高污染行业差别电价政策，对污水处理、污泥无害化处理、非电力行业脱硫脱硝和垃圾处理设施等鼓励类企业实行政策优惠。五是研究基于环境成本考虑的资源性产品定价政策，将资源开采过程中的生态环境破坏成本，纳入煤炭、石油、天然气、稀缺资源等资源定价体系中。

4. 深化环境金融服务

一是健全绿色信贷政策。以国家确定的节能减排、淘汰落后产能的重点行业、涉重金属行业、对土壤造成严重污染的行业，以及环境风险高、环境污染事故发生次数较多、损害较大的行业为重点，研究制定绿色信贷行业指南。构建绿色信贷环境信息的网络途径和数据平台。研究制定绿色信贷环境信息管理办法。研究建立绿色信贷政策效果评估制度。建立企业环境行为信用评价制度。二是深化环境污染责任保险政策。以《关于环境污染责任保险工作的指导意见》规定的六大重点领域、重金属排放行业以及国家规定的其他高环境风险行业为重点，开展环境污染责任保险。健全环境污染责任保险制度，开展环境污染强制责任保险试点。抓紧制定环境污染责任保险配套技术规范，包括硫酸、合成氨、造纸、铅锌冶炼、铅蓄电池、铅汞采选冶炼等行业的环境风险评估技术指南。研究提出对环境污染责任投保企业和承保公司给予保费补贴和政策优惠的措施建议。三是完善绿色证券政策。进一步规范上市公司环境保护核查和后督察制度，推动上市公司持续改进环境行为，建立和完善上市公司环境信息披露机制，推进在部分地区开展上市公司环境绩效评估试点。四是开展环境保护债券政策研究，积极支持符合条件的企业发行债券用于环境保护项目。

5. 健全绿色贸易政策

一是推动修订取消出口退税的商品清单和加工贸易禁止类商品目录，配合有关部门，采取禁止、限制、允许、鼓励等手段，减少由于贸易导致的环境污染和生态破坏。二是研究充分利用 WTO 框架下的环境保护条款，积极应对国外起诉我国限制稀缺性矿产资源产品出口的贸易纠纷。研究制定既充分考虑我国自身的贸易利益，又尽可能地拓展出口市场的环境服务和产品清单，积极参与 WTO 相关标准的制定。三是积极参与 WTO 对华贸易政策的环境议题审议，以及中国对 WTO 其他成员方贸易政策的环境议题评议，并开展国内环境政策和措施的贸易影响分析。四是推动对外投资和对外援助的环境保护工作。研究制定中国企业境外投资环境行为指南，强化境外中资企业和对外援助机构的社会责任。

6. 建立排污权有偿使用和交易制度

一是研究制定主要污染物排污权有偿使用和交易指导意见及有关技术指南。二是扩大排污权有偿使用和交易试点范围，研究将二氧化硫、氮氧化物排污权有偿使用和交易试点适当扩展到排放份额比重大、监测条件好的行业，继续拓展化学需氧量、氨氮排污权有偿使用和排污交易试点区域。

7. 构建生态补偿机制

一是针对流域、重要生态功能区、自然保护区、矿产资源开发、资源枯竭型城市五大领域，开展生态系统有偿服务与生物多样性经济价值评估研究，合理确定补偿标准，拟定补偿技术指南，逐步构建生态补偿机制和政策体系，推动建立国家生态补偿专项资金。二是选择自然保护区、重要生态功能区等典型地区开展生态补偿试点，鼓励、引导和探索实施下游地区对上游地区、开发地区对保护地区、生态受益地区对生态保护地区的生态补偿。三是配合有关部门，推进矿产资源开发和资源型城市发展转型基金试点，并实行补偿绩效考核。四是研究制定低、中放射性固体废物区域处置补偿机制问题。

8. 完善公共财政支持环保政策

一是研究提出将环境质量状况、重点生态功能区、环境基本公共服务建设成效作为一般性转移支付重要因素的政策建议，争取将环境基本公共服务均等化建设作为环境财政专项转移支付的重点；完善中央财政转移支付制度，加大对中西部地区、民族自治地方、革命老区和重点生态功能区环境保护的转移支付力度。二是优化环保投资统计体系和绩效评价体系，并研究环保专项资金的支出方式，提高资金使用效率。三是配合财政部门，继续加强政府绿色采购制度建设，强化产品生产、流通、消费全过程的环保要求，定期调整、优化政府绿色采购清单。研究将环境服务纳入绿色采购清单，支持环境服务业的发展。四是深化农村环保“以奖促治”和“以奖代补”政策。

9. 制定和完善环境保护综合名录

制定和完善“双高”（高污染、高环境风险）产品名录等环境保护综合名录，建立“双高”产品名录动态管理数据库，提高“双高”产品名录等环境保护综合名录的针对性、可操作性，为财政、税收、贸易、信贷、保险、产业、科技等部门落实节能减排提供环保依据。

10. 推进污染损害鉴定评估

一是组建环境污染损害鉴定评估专业队伍，逐步建立健全工作机制，研究制定系列环境污染损害鉴定评估技术规范。二是积极开展试点工作，力求重点突破。2011—2012 年为探索试点阶段，重点开展案例研究和试点工作，在国家和试点地区初步形成环境污染损害鉴定评估工作能力。2013—2015 年为重点突破阶段，以制定重点领域管理与技术规范以及队伍建设为主，强化国家和试点地区的环境污染损害鉴定评估队伍的能力建设。为推动相关立法进程，全面推进相关工作的深入开展打好基础。

四、保障措施

（一）加强组织协调

环境保护部要统筹规划、统一协调、精心组织、抓好落实。政策法规司及有关（司）局要按照职责分工，做好相关环境保护法规和专项环境经济政策的研究制定工作。环保部门要主动加强与其他部门的协调合作，强化部门间联动，加大法规和政策的制定和实施力度。

（二）加大经费保障

各级环保部门应进一步加强对环境保护法规和环境经济政策制定的经费保障。应根据环境保护法规和环境经济政策建设的实际需要，有计划地列专题、安排相关科研项目，组织研发法规和政策制定、实施过程中所需的相关技术和方法。重点加大法规和政策基础研究、可行性论证、试点及执行情况跟踪调查和后评估方面的经费支持力度。

（三）建设人才队伍

各级环保部门应重视所属环境政策法规研究单位的工作，稳定支持其从事环境政策法规研究。鼓励国家、地方环境政策法规研究单位紧密协作、联合攻关。制定环境政策法规人才管理和高层次人才引进的激励政策。针对学科带头人、骨干和基层工作者分别制定人才教育、培训和培养计划。加大对人才培养与政策法规研究团队建设的支持力度，加快选配一批具有世界前沿水平的环境政策法规研究专家和创新团队。

（四）强化培训宣传

切实加大环境保护法规和环境经济政策的培训和宣传力度。精心组织、适时开展对地方政府、地方环保部门和相关经济部门、司法机关以及企业事业单位有关人员的培训和宣讲，并通过新闻媒体营造良好的舆论氛围，促进规划的贯彻落实。

（五）扩大公众参与

强化环境保护法规和环境经济政策制定过程中的信息公开，畅通公众参与渠道，通过面向社会征集意见，召开专家咨询会、论证会、听证会等形式，广泛听取社会各界的意见。

环境保护部

2011 年 11 月 1 日

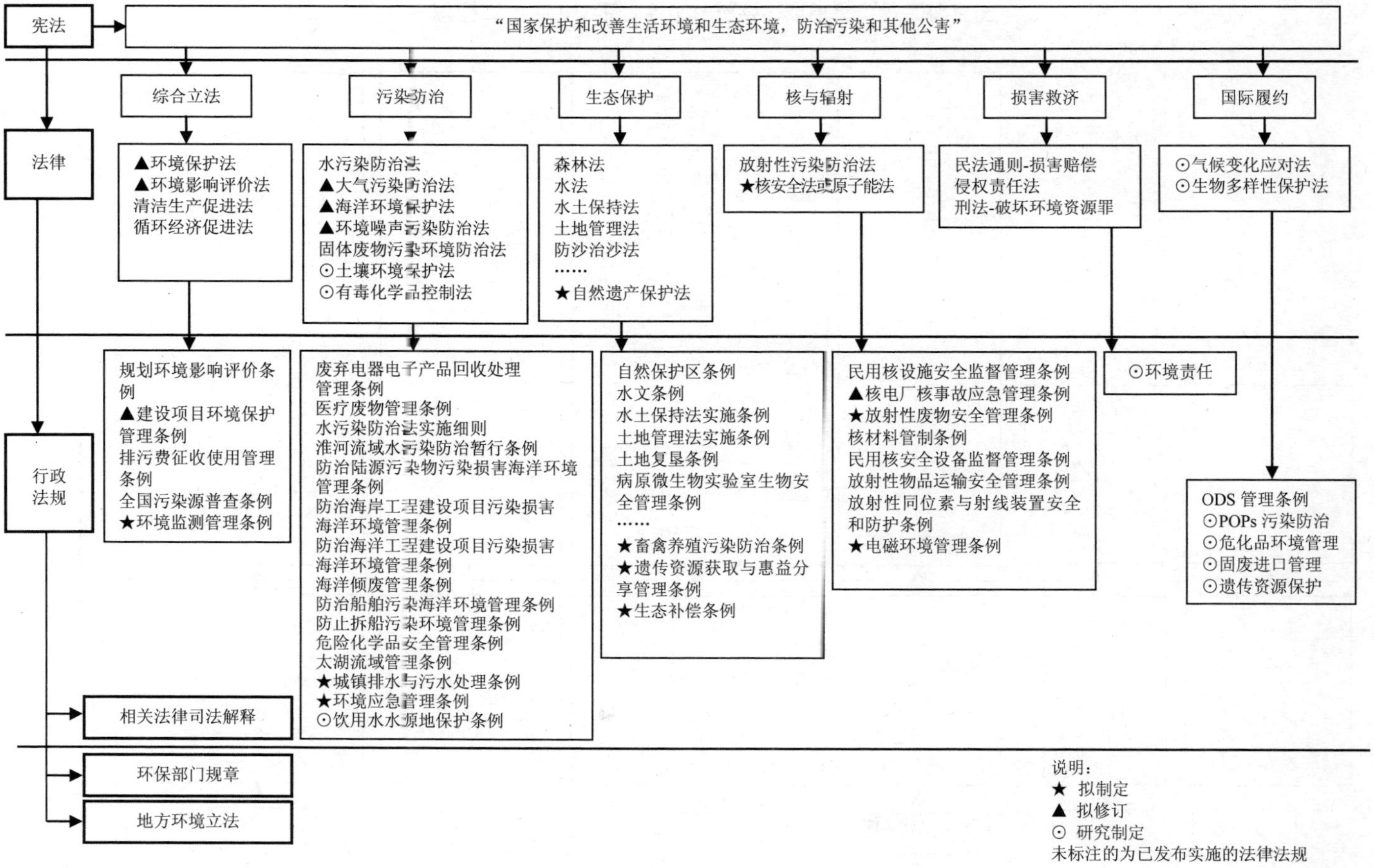

附图一 “十二五”全国环境保护法规建设框架体系图

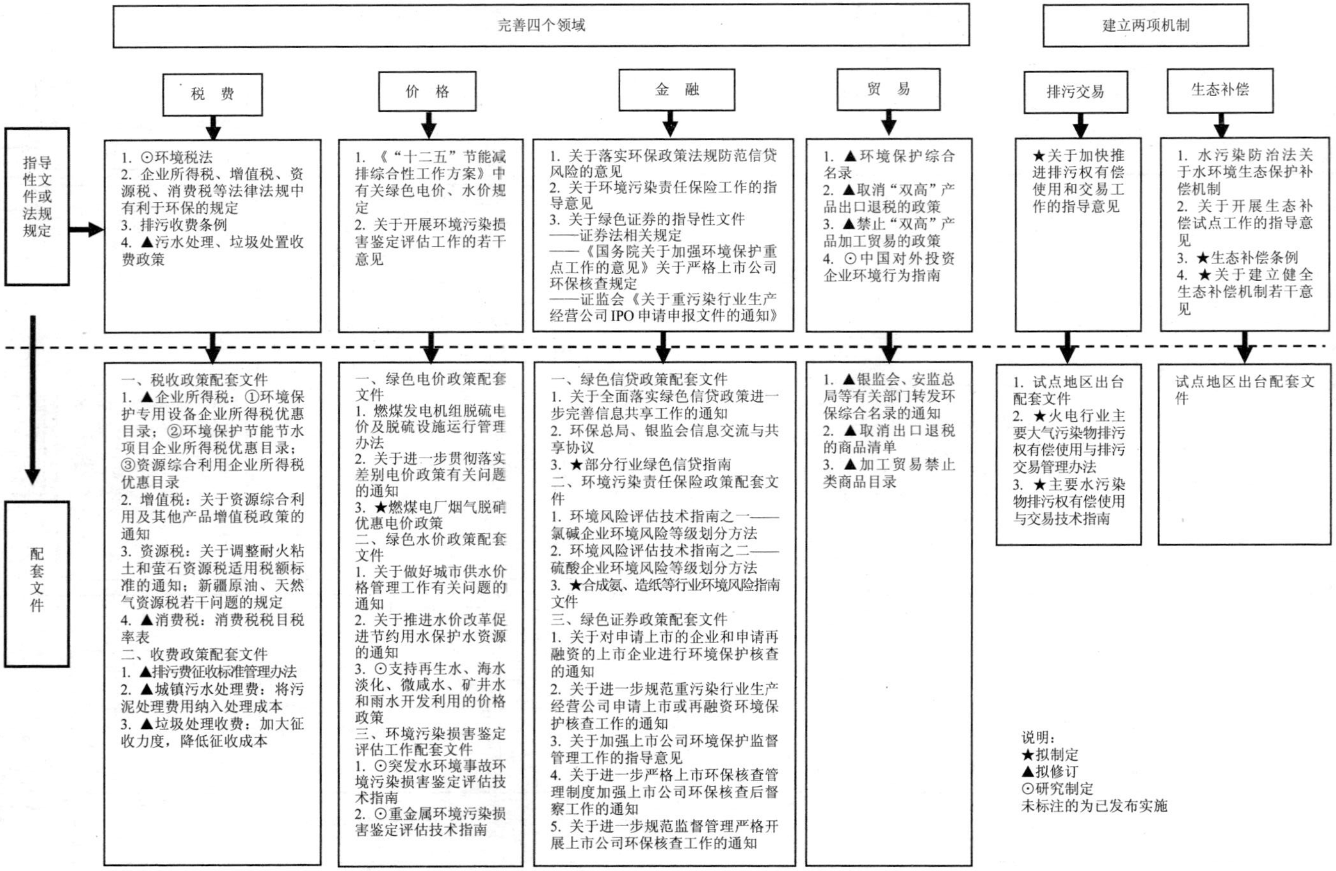

附图二　“十二五”全国环境经济政策建设框架体系图

关于印发国家应对气候变化规划的通知（2014—2020年）（摘录）

发改气候〔2014〕2347号

……

第七章　健全激励约束机制

……

第二节　建立碳交易制度

推动自愿减排交易活动。实施《温室气体自愿减排交易管理办法》，建立自愿减排交易登记注册系统和信息发布制度，推动开展自愿减排交易活动。探索建立基于项目的自愿减排交易与碳排放权交易之间的抵销机制。深化碳排放权交易试点。深入开展北京、天津、上海、重庆、湖北、广东、深圳等碳排放权交易试点，研究制定相关配套政策，总结评估试点工作经验，完善试点实施方案。加快建立全国碳排放交易市场。总结温室气体自愿减排交易和碳排放权交易试点工作，研究制订碳排放交易总体方案，明确全国碳排放交易市场建设的战略目标、工作思路、实施步骤和配套措施。做好碳排放权分配、核算核证、交易规则、奖惩机制、监管体系等方面制度设计，制定全国碳排放交易管理办法。培育和规范交易平台，在重点发展好碳交易现货市场的基础上，研究有序开展碳金融产品创新。

健全碳排放交易支撑体系。制定不同行业减排项目的减排量核证方法学。制定工作规范和认证规则，开展温室气体排放第三方核证机构认可。研究制定相关法律法规、配套政策及监管制度。建立碳排放交易登记注册系统和信息发布制度。统筹规划碳排放交易平台布局，加强资质审核和监督管理。加快碳排放交易专业人才培养。研究与国外碳排放交易市场衔接。积极参与全球性和行业性多边碳排放交易规则和制度的制定。密切跟踪其他国家（地区）碳交易市场发展情况。根据我国国情，研究我国碳排放交易市场与国外碳排放交易市场衔接可行性。在条件成熟的情况下，探索我国与其他国家（地区）开展双边和多边碳排放交易活动相关合作机制。

……

第四节　完善财税和价格政策

加大财政投入。进一步加大财政支持应对气候变化工作力度。在财政预算中安排资金，支持应对气候变化试点示范、技术研发和推广应用、能力建设和宣传教育；加快低碳产品和设备的规模化推广使用，对购买低碳产品和服务的消费者提供补贴。积极创新财政资金使用方式。

完善税收政策。综合运用免税、减税和税收抵扣等多种税收优惠政策，促进低碳技术研发应用。研究对低碳产品（企业）的增值税（所得税）优惠政策。企业购进或者自制低碳设备发生的进项税额，符合相关规定的，允许从销项税额中抵扣。实行鼓励先进节能低碳技术设备进口的税收优惠政策。落实促进新能源和可再生能源发展的税收优惠政策。在资源税、环境税、消费税、进出口税等税制改革中，积极考虑应对气候变化需要。研究符合我国国情的碳税制度。

完善政府采购政策。逐步建立完善强制性政府绿色低碳采购政策体系，有效增加绿色低碳产品市场需求。在低碳产品标识、认证工作基础上，研究编制低碳产品政府采购目录。财政资金优先采购低碳产品。研究将专业化节能服务纳入政府采购。

完善价格政策。加快推进能源资源价格改革，建立和完善反映资源稀缺程度、市场供求关系和环境成本的价格形成机制。逐步理顺天然气与可替代能源比价关系、煤电价格关系。积极推行差别电价、惩罚性电价、居民阶梯电价、分时电价，引导用户合理用电。

深化供热体制改革，全面推进供热计量收费。积极推进水价改革，促进水资源节约合理配置。完善城市停车收费政策，建立分区域、分时段的差别收费政策。完善生活垃圾处理收费制度。

第五节　完善投融资政策

完善投资政策。研究建立重点行业碳排放准入门槛。探索运用投资补助、贷款贴息等多种手段，引导社会资本广泛投入应对气候变化领域，鼓励拥有先进低碳技术的企业进入基础设施和公用事业领域。支持外资投入低碳产业发展、适应气候变化重点项目及低碳技术研发应用。

强化金融支持。引导银行业金融机构建立和完善绿色信贷机制，鼓励金融机构创新金融产品和服务方式，拓宽融资渠道，积极为符合条件的低碳项目提供融资支持。提高抵抗气候变化风险的能力。根据碳市场发展情况，研究碳金融发展模式。引导外资进入国内碳市场开展交易活动。

发展多元投资机构。完善多元化资金支持低碳发展机制，研究建立支持低碳发展的政策性投融资机构。吸引社会各界资金特别是创业投资基金进入低碳技术的研发推广、低碳发展重大项目建设领域。积极发挥中国清洁发展机制基金和各类股权投资基金在低碳发展中的作用。

国家发展改革委

2014 年 9 月 19 日

第二篇　专项环境经济政策

一、环境财政政策

中华人民共和国预算法（2014 年修正）（摘录）

（1994 年 3 月 22 日第八届全国人民代表大会第二次会议通过　1994 年 3 月 22 日中华人民共和国主席令第二十一号公布　自 1995 年 1 月 1 日起施行　根据 2014 年 8 月 31 日第十二届全国人民代表大会常务委员会第十次会议《全国人民代表大会常务委员会关于修改〈中华人民共和国预算法〉的决定》修正　自 2015 年 1 月 1 日起施行）

第一章　总　则

……

第六条　一般公共预算是对以税收为主体的财政收入，安排用于保障和改善民生、推动经济社会发展、维护国家安全、维持国家机构正常运转等方面的收支预算。

中央一般公共预算包括中央各部门（含直属单位，下同）的预算和中央对地方的税收返还、转移支付预算。

中央一般公共预算收入包括中央本级收入和地方向中央的上解收入。中央一般公共预算支出包括中央本级支出、中央对地方的税收返还和转移支付。

第七条　地方各级一般公共预算包括本级各部门（含直属单位，下同）的预算和税收返还、转移支付预算。

地方各级一般公共预算收入包括地方本级收入、上级政府对本级政府的税收返还和转移支付、下级政府的上解收入。地方各级一般公共预算支出包括地方本级支出、对上级政府的上解支出、对下级政府的税收返还和转移支付。

第八条 各部门预算由本部门及其所属各单位预算组成。

第九条 政府性基金预算是对依照法律、行政法规的规定在一定期限内向特定对象征收、收取或者以其他方式筹集的资金，专项用于特定公共事业发展的收支预算。

政府性基金预算应当根据基金项目收入情况和实际支出需要，按基金项目编制，做到以收定支。

第十条 国有资本经营预算是对国有资本收益作出支出安排的收支预算。

国有资本经营预算应当按照收支平衡的原则编制，不列赤字，并安排资金调入一般公共预算。

第十一条 社会保险基金预算是对社会保险缴款、一般公共预算安排和其他方式筹集的资金，专项用于社会保险的收支预算。

社会保险基金预算应当按照统筹层次和社会保险项目分别编制，做到收支平衡。

第十二条 各级预算应当遵循统筹兼顾、勤俭节约、量力而行、讲求绩效和收支平衡的原则。

各级政府应当建立跨年度预算平衡机制。

……

第十六条 国家实行财政转移支付制度。财政转移支付应当规范、公平、公开，以推进地区间基本公共服务均等化为主要目标。

财政转移支付包括中央对地方的转移支付和地方上级政府对下级政府的转移支付，以为均衡地区间基本财力、由下级政府统筹安排使用的一般性转移支付为主体。

按照法律、行政法规和国务院的规定可以设立专项转移支付，用于办理特定事项。建立健全专项转移支付定期评估和退出机制。市场竞争机制能够有效调节的事项不得设立专项转移支付。

上级政府在安排专项转移支付时，不得要求下级政府承担配套资金。但是，按照国务院的规定应当由上下级政府共同承担的事项除外。

2014 年 8 月 31 日

（一）污染减排财政政策

关于印发《中央财政主要污染物减排专项资金管理暂行办法》的通知

财建〔2007〕112号

各省、自治区、直辖市、计划单列市财政厅（局）、环境保护局（厅）：

为支持国家确定的主要污染物减排工作，提高资金使用效益，确保主要污染物减排的指标、监测和考核体系建设顺利实施，推动主要污染物减排目标的实现，根据有关法律、法规，我们制定了《中央财政主要污染物减排专项资金管理暂行办法》。现印发给你们，请遵照执行。

附件：中央财政主要污染物减排专项资金管理暂行办法

财政部

环保总局

2007年4月17日

附件：

中央财政主要污染物减排专项资金管理暂行办法

第一条 为支持国家确定的主要污染物减排工作，中央财政设立主要污染物减排专项资金（以下简称减排资金）。为加强减排资金管理，提高资金使用效益，根据国家有关法律法规，制定本办法。

第二条 按照政府与市场职能划分的原则，减排资金重点用于支持中央环境保护部门履行政府职能而推进的主要污染物减排指标、监测和考核体系建设，以及用于对主要污染物减排取得突出成绩的企业和地区的奖励。减排资金主要用于以下几方面：

（一）支持国家、省、市国控重点污染源自动监控中心能力建设；

（二）补助污染源监督性监测能力建设和环境监察执法能力建设；

（三）补助国控重点污染源监督性监测运行费用；

（四）补助提高环境统计基础能力和信息传输能力项目；

（五）围绕主要污染物减排开展的排污权交易平台建设及交易试点工作等；

（六）主要污染物减排工作取得突出成绩的企业和地区的奖励；

（七）财政部、环保总局确定的与主要污染物减排有关的其他工作。

第三条 实行减排资金预算目标管理责任制。

财政部、环保总局每年年初共同研究确定减排资金预算目标管理的具体内容、目标、要求和考核等内容，年底联合将减排资金预算目标管理责任制的落实情况向国务院报告。

环保总局与各地区各项目单位签订预算目标管理责任书。环保总局对落实减排资金预算目标管理责任制负总责。

各地区和项目单位应确保建设和运行资金及时到位，按时完成项目年度预算目标。

第四条 减排资金由财政部、环保总局共同管理。

（一）财政部主要负责减排资金的预算和资金管理。具体职责如下：

1. 确定减排资金年度总预算；

2. 确定减排资金年度预算安排的原则和重点；

3. 审核并按预算管理程序下达项目预算；

4. 对减排工作取得突出成绩的企业和地区给予奖励；

5. 监督检查经费的管理和使用情况。

（二）环保总局主要负责减排资金项目的监督管理。具体职责如下：

1. 根据国务院确定的主要污染物减排任务科学制定减排规划和年度减排建设及奖励计划，发布相关的建设标准、技术规范，明确建设要求、实施进度，制定减排项目管理办法，并报财政部备案；

2. 根据减排规划和年度计划并结合年度总预算，组织项目申报、审查；要充分论证，周密制定建设方案，既要吸收借鉴世界先进经验，又要勇于创新，务必使污染减排指标、监测和考核体系达到国际一流水平；

3. 按照预算管理程序向财政部提出年度预算建议；

4. 切实加强项目管理，建立严格的责任制，并落实到相关地区和企业，对落实预算目标负总责；

5. 会同财政部加强监督检查和项目绩效考评。

第五条　建立主要污染物减排奖励机制。

（一）对超额完成国家确定的主要污染物减排指标的企业和地区予以奖励；

（二）对积极开展排污权交易试点的企业和地区予以奖励。

具体奖励办法由财政部会同环保总局另行制定。

第六条　减排资金专款专用，任何单位和个人不得挤占、截留和挪用。

财政部、环保总局将不定期地开展检查和考核，对项目预算执行情况和项目实施情况进行监督检查。

对于违反本办法及有关要求，弄虚作假、截留、挪用、挤占专项资金的行为，财政部、环保总局将视情况采取通报批评、停止资金安排、取消申报资格等措施予以相应处理；构成犯罪的，移交司法机关依法追究刑事责任。

第七条　本办法由财政部会同环保总局负责解释。

第八条　本办法自印发之日起实施。

关于印发《中央财政主要污染物减排专项资金项目管理暂行办法》的通知

环发〔2007〕67 号

各省、自治区、直辖市环境保护局（厅）、财政厅（局），计划单列市环境保护局、财政局：

为规范中央财政主要污染物减排专项资金项目（以下简称“减排项目”）管理，确保主要污染物减排指标、监测和考核体系建设顺利实施，推动主要污染物减排目标的实现，根据有关法律、法规和《中央财政主要污染物减排专项资金管理暂行办法》，我们制定了《中央财政主要污染物减排专项资金项目管理暂行办法》。现印发给你们，请遵照执行。

因时间紧、任务重，2007 年度减排项目申报和审批程序应按照环保总局 2007 年 3 月中旬的会议部署和要求执行。

附件：中央财政主要污染物减排专项资金项目管理暂行办法

环保总局

财政部

2007 年 5 月 11 日

附件：

中央财政主要污染物减排专项资金项目管理暂行办法

第一章　总　则

第一条　为规范中央财政主要污染物减排专项资金项目（以下简称“减排项

目”）管理，确保主要污染物减排指标、监测和考核体系（以下简称“三大体系”）建设顺利实施，推动主要污染物减排目标的实现，根据有关法律、法规和《中央财政主要污染物减排专项资金管理暂行办法》，制定本办法。

第二条　减排项目实行统一监管、分级实施的原则。环保总局和财政部负责减排项目审查、管理、监督和检查；省级环保部门和财政部门负责本辖区减排项目的组织、申报和实施。

第二章　项目申报和审批

第三条　环保总局和财政部根据国家主要污染物减排任务要求和年度预算安排原则及重点，联合发布减排项目申报通知，规定申报具体事宜。

第四条　各级环保部门和项目单位按照年度申报通知的要求做好项目前期准备工作；省级环保部门和财政部门在规定时间内联合向环保总局和财政部统一申报项目，申报材料包括资金申请报告、建设方案、预算目标管理责任书和资金承诺函。

建设方案内容包括：建设目标、依据、背景及现状、建设内容、实施进度、资金筹措方案和效益分析等项内容。

第五条　项目组织申报的具体程序和要求：

（一）“三大体系”建设项目：

1. 中央本级项目建设方案由建设任务承担单位组织编制后报送环保总局。

2. 地方项目由省级环保部门和财政部门在对各市（地）、县上报的基础情况、工作和资金需求、运行条件落实等情况进行审核的基础上，编制项目建设方案，经专家论证后，统一编制项目申报材料报送环保总局和财政部。

3. 环保总局会同财政部对上报项目进行论证和审查。

（二）其他项目：

减排项目运行费补助等的申报和审批程序另行规定。

第六条　环保总局根据审查结果，编制减排项目年度预算报送财政部。

第三章　项目组织和实施

第七条　按照减排资金目标预算管理的要求，省级环保部门和财政部门在上报“三大体系”建设项目时，须出具预算目标管理责任书和资金承诺函，承诺配套资金及时到位、项目按进度实施、工程建设保质保量、按照国家核准的建设内容完成建设目标，系统持续运行，并保证运行实效。

预算目标管理责任书和资金承诺函作为减排专项资金申请的必要条件和项目申报材料的基本内容。责任书和资金承诺函的落实情况将作为监督检查的重点。

第八条 中央本级“三大体系”建设项目由环保总局负责组织实施，地方“三大体系”项目由省级环保部门和财政部门负责组织实施。其他项目由项目单位负责实施。

第九条 地方各级财政部门要加大减排的投入，落实“三大体系”建设所需资金，确保建设和运行资金到位，并督促项目单位落实应由其承担的项目建设配套资金及时到位。

第十条 项目建设应统一标准和技术规范，相关项目建设标准和规范由环保总局负责制定。

第十一条 要切实强化工程实施管理制度，严格落实项目法人责任制、招投标制、合同制和工程监理制，加强对建设资金、工程质量和进度的监督管理，确保项目按计划完成建设任务。

第十二条 要建立项目进展情况报告制度，省级环保部门和财政部门每半年将项目进展情况报告环保总局和财政部，项目进展情况报告的内容包括项目建设进度、招投标情况、中央和地方资金到位情况、资金使用情况及项目管理措施等。

第十三条 专项资金项目建设内容一经审查确定，原则上不得调整。如确需调整的，必须按照规定程序报环保总局、财政部同意后方可执行。

第四章 项目竣工验收

第十四条 减排项目应按照计划在规定时间内建成并投入使用。

中央本级项目由环保总局和财政部组织验收，地方项目由省级环保部门和财政部门组织验收，并将项目验收结果及时报环保总局和财政部备案，环保总局和财政部进行抽查。

第十五条 项目实施单位要做好验收准备工作，要提交验收报告、整理归档项目资料、编制财务竣工决算、项目总结，提交试运行数据成果以及项目实施效益情况分析。

第十六条 项目验收要成立验收小组，验收小组应由环保、财政等相关部门代表及专家组成。验收小组要根据目标预算管理的要求，审阅工程档案、资料、财务决算报表，实地查验建设工程和设备安装运转情况，依据建设方案对工程质量、资金管理和使用情况、环境效益和社会效益等作出全面评价。对遗留问题提出具体的解决意见，限期整改。限期未完成整改或整改未达标的，按本办法第十九条处理。

第十七条　项目验收后的运行管理。

（一）“三大体系”能力建设项目

省级环保部门和财政部门应加强监督管理，保证设备正常运行和数据真实有效，使项目在污染减排核查工作中真正发挥效益，做到统一采集、公布国控重点污染源污染物排放总量，及时跟踪各地区和重点企业主要污染源污染物排放变化情况，以此考核区域污染减排责任落实情况。

（二）其他项目

由项目所在地环保部门负责日常监督管理，保证项目所建设施稳定运行，确保发挥长期减排效益。

第五章　项目检查和处罚

第十八条　环保总局和财政部将不定期地开展检查和考核，重点对项目实施情况和减排情况进行监督检查，加强项目绩效评估。

第十九条　对于违反本办法及有关要求，环保总局和财政部将视情况采取通报批评、取消申报资格以及停止资金安排或追缴已拨付资金等处罚措施予以处理，并追究有关人员责任，构成犯罪的，依法追究刑事责任。

第六章　附　则

第二十条　本办法由环保总局会同财政部负责解释。

第二十一条　本办法自发布之日起施行。

关于印发《节能减排补助资金管理暂行办法》的通知

财建〔2015〕161 号

各省、自治区、直辖市、计划单列市财政厅（局），新疆生产建设兵团财务局：

为促进能源节约，提高能源利用效率，保护和改善环境，根据《中华人民共和国预算法》、《中华人民共和国节约能源法》、《中华人民共和国循环经济促进法》、《中华人民共和国清洁生产促进法》等相关法律法规以及十八届三中全会深化财税体制改革的具体要求，我部制定了《节能减排补助资金管理暂行办法》。现予印发，请遵照执行。

附件：节能减排补助资金管理暂行办法

财政部

2015 年 5 月 12 日

附件：

节能减排补助资金管理暂行办法

第一条 为规范和加强节能减排补助资金管理，提高财政资金使用效益，根据《中华人民共和国预算法》、《中华人民共和国节约能源法》等相关法律法规以及十八届三中全会关于深化财税体制改革的具体要求，制定本办法。

第二条 本办法所称节能减排补助资金，是指通过中央财政预算安排，用于支持节能减排方面的专项资金。

第三条 节能减排补助资金实行专款专用，专项管理。

第四条 节能减排补助资金重点支持范围：

（一）节能减排体制机制创新；

（二）节能减排基础能力及公共平台建设；

（三）节能减排财政政策综合示范；

（四）重点领域、重点行业、重点地区节能减排；

（五）重点关键节能减排技术示范推广和改造升级；

（六）其他经国务院批准的有关事项。

第五条　节能减排补助资金分配结合节能减排工作性质、目标、投资成本、节能减排效果以及能源资源综合利用水平等因素，主要采用补助、以奖代补、贴息和据实结算等方式。以奖代补主要根据节能减排工作绩效分配；据实结算项目主要采用先预拨、后清算的资金拨付方式。

第六条　财政部根据项目任务、特点等情况，将资金下达地方或纳入中央部门预算。

第七条　项目实施过程中，因实施环境和条件发生重大变化需要调整时，应按规定程序上报财政部和有关部门，经批准后执行。

第八条　资金支付应按照国库集中支付制度有关规定执行。涉及政府采购的，应按照政府采购有关法律制度规定执行。

第九条　财政部会同有关部门对节能减排补助资金使用情况进行监督检查和绩效考评。

第十条　任何单位或个人不得截留、挪用专项资金。对违反规定，骗取、截留、挪用专项资金的，依照《财政违法行为处罚处分条例》等国家有关规定进行处理。涉嫌犯罪的，依法移送司法机关处理。

第十一条　本办法由财政部负责解释。

第十二条　本办法自发布之日起施行。《财政部　国家发展改革委关于印发〈节能技术改造财政奖励资金管理办法〉的通知》（财建〔2011〕367 号）、《财政部　工业和信息化部　国家能源局关于印发〈淘汰落后产能中央财政奖励资金管理办法〉的通知》（财建〔2011〕180 号）、《财政部　工业和信息化部关于印发〈工业企业能源管理中心建设示范项目财政补助资金管理暂行办法〉的通知》（财建〔2009〕647 号）、《财政部　国家发展改革委关于印发〈合同能源管理财政奖励资金管理暂行办法〉的通知》（财建〔2010〕249 号）、《财政部关于印发〈夏热冬冷地区既有建筑节能改造补助资金管理暂行办法〉的通知》（财建〔2012〕148 号）同时废止。

关于加强大气污染防治专项资金管理提高使用绩效的通知

财建〔2015〕733 号

有关省、自治区、直辖市财政厅（局）、环境保护厅（局）：

大气污染防治关系人民群众身体健康，关系产业转型升级，关系生态文明建设。近年来，在中央大气污染防治专项资金（以下简称专项资金）支持下，各地建成了一大批大气污染治理重点项目，取得了良好的政策效果，专项资金成为大气污染治理的有效政策杠杆。但也存在预算执行进度较慢、资金安排保障重点任务不够等问题。根据国务院领导有关重要批示精神，为进一步加强专项资金管理，有效推动重点项目实施，提高资金使用绩效，现将有关事项通知如下：

一、抓紧专项资金预算执行

（一）抓紧细化预算安排。中央财政将专项资金切块下达到相关省份，地方负责细化落实到具体项目。各地资金使用方案应经省级政府批准。2015 年专项资金细化安排方案还未上报的，最迟于 2015 年 8 月 30 日前上报财政部、环境保护部。对重点大气污染防治项目，应由省直接安排，对点多面广的项目可由市县安排，防止简单将资金层层切块到市县。

（二）建立预算执行通报制度。各省级财政、环保部门要按季度报告专项资金预算执行情况，详细说明资金分配使用情况，资金拨付至项目单位以及滞留在各级财政部门的情况及原因（报表格式见附件 1（略））。财政部、环境保护部将适时通报各地预算执行情况，对预算执行进度较慢的提出整改要求。

（三）对重点项目资金实行动态跟踪。各省级财政、环保部门要对专项资金支持的重点项目实施动态监管、追踪问效，按季度报告项目进展情况，详细说明项目资金到位、项目进展和成效等情况（报表格式见附件 2（略））。

二、强化大气治理重点任务资金政策保障

（一）资金安排向重点治理任务倾斜。大气污染治理任务重、资金需求量大，各地应按照轻重缓急安排专项资金，优先保障国家确定的重点治理任务，同时因地制宜保障好省级政府确定的重点工作。按照国务院统一部署，2015 年专项资金安排应向燃煤锅炉改造、散煤替代等重点工作倾斜，真正把资金用在刀刃上。

（二）围绕重点任务加强统筹协调。注重顶层设计，加强省内各地区的协作对接，形成区域间联防联控，防止进度不平衡形成大气污染治理的“洼地”，影响整体效果。各级财政、环保部门要与同级发改、工信、交通、能源等部门加强协调配合，强化对重点工作任务的行业指导与系统推进，确保重点任务尽快落实。

三、加强专项资金管理使用的指导和考核

（一）指导完善专项资金使用管理方式。财政部、环境保护部将及时总结、推广专项资金管理使用好的做法及经验。地方应不断探索完善资金管理使用方式，要合理划清政府与市场的边界，对可以通过市场解决的大气污染治理项目，要积极引入社会资金；对政府承担一定支出责任的项目，要区分财政支持的层次性，采取先建后补、以奖代补、财政贴息等方式，放大资金使用效果。

（二）加强专项资金管理使用绩效考核。环境保护部、财政部将综合各地专项资金使用、大气污染治理工作量、污染减排量、环境空气质量改善状况等因素，对专项资金使用开展绩效考核，资金清算与考核结果挂钩，对成绩突出的给予奖励，对治理效果不好的扣减专项资金，真正实现奖优罚劣。

财政部

环境保护部

2015 年 8 月 18 日

关于印发《城镇污水处理设施配套管网建设以奖代补专项资金管理办法》的通知

财建〔2009〕501 号

各省、自治区、直辖市、计划单列市财政厅（局），新疆生产建设兵团财务局：

为加快推进节能减排工作，进一步规范城镇污水处理设施配套管网建设以奖代补专项资金管理，提高资金使用效益，我部在充分听取中央有关部门和地方财政部门意见的基础上，重新制定了《城镇污水处理设施配套管网建设以奖代补专项资金管理办法》。现印发给你们，请遵照执行。

执行中遇到问题或有何建议，请及时向我部反馈。

附件：城镇污水处理设施配套管网建设以奖代补专项资金管理办法

财政部

2009 年 8 月 26 日

附件：

城镇污水处理设施配套管网建设以奖代补专项资金管理办法

第一章　总　则

第一条　根据《国务院关于印发节能减排综合性工作方案的通知》（国发〔2007〕15 号）及国务院关于推进主要污染物减排工作的有关部署，为支持城镇污水处理设施建设，提高城镇污水处理能力，中央财政设立城镇污水处理设施配套管网建设以奖代补专项资金（以下简称专项资金）。为规范专项资金管理，提高资金使用效益，特制定本办法。

第二条　专项资金专项用于城镇污水处理设施配套管网建设，重点投向中西部地区，兼顾东部地区。

第三条　为明确责任，促进地方加快推进节能减排工作，中央财政对专项资金分配采取以奖代补方式，实行专项转移支付。

第四条　专项资金管理实行公开、公平、公正原则，接受社会监督。

第二章　以奖代补的范围

第五条　以奖代补范围：

1. 奖励范围为建成污水处理设施配套管网项目；

2. 补助范围为纳入《全国城镇污水处理及再生设施建设“十一五”规划》的城镇污水处理设施配套管网项目，以及根据国务院要求经财政部认定的城镇污水处理设施配套管网项目。

第六条　专项资金不得用于以下项目：

（一）不属于第五条范围的项目；

（二）属于第五条范围但未履行基本建设程序的项目。

第三章　以奖代补的核定原则

第七条　专项资金按因素法，采取以奖代补方式进行分配。本着鼓励快建、多建并早日投入使用的原则，多完成多奖励，少完成少奖励。

第八条　专项资金分配方案如下：

中央财政根据各地上一年度实际新增管网建设长度、新增污水处理量及主要污染物减排任务完成情况等计算奖励资金。奖励资金分配后，年度中央财政以奖代补专项资金若有余额，再按规划按因素法计算分配补助资金。东部地区只分配奖励资金，不分配补助资金。其中：

1. 实际新增管网建设长度奖励标准：中西部地区每公里奖励 40 万元、东部地区每公里奖励 20 万元。

2. 实际新增污水处理量奖励标准：每 1 万立方米/日奖励 40 万元。

3. 实际主要污染物减排任务完成情况奖励标准：与“十一五”规划主要污染物化学需氧量（COD）减排目标挂钩，具体奖励系数设 1、1.1、1.2 三个档次。奖励基数为实际新增管网建设长度、新增污水处理量奖励之和。

4. 补助资金分配按“十一五”国家规划管网建设长度、新增污水处理能力两个因素分配。管网建设长度、新增污水处理能力占补助资金的权重分别为70%、30%。

第九条 专项资金分配公式如下：

东部地区分省（市）专项资金分配额

=实际新增管网建设长度奖励+实际新增污水处理量奖励+ COD减排奖励

中西部地区分省（区、市、兵团）专项资金分配额

=（实际新增管网建设长度奖励+实际新增污水处理量奖励+COD等减排奖励）+[（规划内该地污水处理需配套管网总长度/规划内中西部地区污水处理设施需配套管网总长度合计）×（年度中央财政补助资金规模×70%）]+[（规划内该地新增污水处理能力/规划内中西部地区新增污水处理能力合计）×（年度中央财政补助资金规模×30%）]

第十条 地方财政部门应会同相关部门将专项资金奖励、补助到第五条范围的具体项目。奖励、补助标准如下：

1．配套管网已建成并使用的，中西部地区每公里奖励标准为40万元、东部地区每公里奖励标准为20万元。

2．实际新增污水处理量每增加1万立方米/日奖励40万元。

3．完成及超额完成“十一五”规划年度COD减排目标的地区，可适当提高奖励标准。

4．采取上述奖励措施后，当年未用完的专项资金，用于第五条范围内的在建配套管网建设，中西部地区每公里补助20万元、东部地区每公里补助10万元。

5．已享受在建管网每公里补助20万元或10万元的项目，建设完成投入使用后每公里再奖励20万元或10万元。

第十一条 地方财政部门应会同相关部门按照轻重缓急的原则，对第五条范围内的项目进行合理排序：

1．优先考虑重点流域区域内污水处理能力大的设施配套管网建设。

2．重点考虑水源地污水处理设施配套管网建设。

3．兼顾废水排放量大的人口集聚地城镇的污水处理设施配套管网建设。

4．已纳入“十一五”规划在“十一五”前已建成和已开工建设的污水处理厂的管网完善工程建设。

5．第五条范围的其他污水处理设施配套管网建设。

第四章　专项资金的下达和使用

第十二条　中央财政按规定范围、标准将专项资金奖励和补助到省级财政部门，具体项目由各地确定。

第十三条　中央财政通过转移支付方式下拨专项资金。

专项资金拨付到省级财政部门后，省级财政部门应当会同相关部门做好相关工作，明确具体实施项目，并及时将资金按规定拨付到项目所在地市、县级财政部门。

第十四条　省级财政部门应在收到专项资金后 2 个月内将具体实施项目清单（或预算下达文件）报财政部备案。未按要求报财政部备案的，视同未将专项资金落实到具体项目处理，情节严重的，扣减专项资金。

第十五条　地方财政部门要将专项资金纳入地方同级财政预算管理。

第十六条　有关单位应严格按规定使用专项资金，任何单位和个人不得以任何理由、任何形式截留、挤占、挪用，也不得用于平衡本级预算。

第十七条　地方财政部门应与相关部门加强沟通配合，按照职责分工，各司其责，齐抓共管，形成合力，加快污水处理设施配套管网建设项目前期工作进度，完善项目审批（核准）手续，抓紧项目的组织实施。

第十八条　地方财政部门应会同相关部门积极筹措配套建设资金，建立健全地方政府对城镇污水处理设施配套管网建设资金投入的长效机制，确保规划目标稳步实施。

地方政府配套资金落实情况将作为下一年度专项资金分配依据之一。

第十九条　地方财政部门应统筹使用污水处理设施配套管网建设的各类资金，防止重复安排。

第二十条　地方财政部门应督促项目建设单位做好项目财务管理工作，加强财政资金管理，提高财政资金使用效益。

第二十一条　地方财政部门应会同相关部门研究深化污水处理运营和管理机制改革，促进污水处理设施建设、配套管网建设、收费制度、运行成本等各项政策综合配套协调，形成综合治理体系。

第五章　专项资金的绩效评价和监督管理

第二十二条　使用专项资金的相关省级财政部门应按要求定期向财政部报送

专项资金预算执行情况报告（另发），并于年度终了1个月内向财政部汇总报送年度专项资金绩效评价报告（另发）。经审核确认的绩效评价报告将作为奖励资金分配的依据之一。

第二十三条 财政部将会同相关部门对专项资金使用效果进行不定期或重点监督检查。财政部授权驻相关省、自治区、直辖市财政监察专员办事处或委托财政投资评审机构对专项资金使用情况等进行核查。

第二十四条 地方财政部门应会同地方相关部门加强对城镇污水处理设施配套管网建设和运行的监管，建立健全监管制度，重点对资金到位及使用、工程进度、工程质量、建成项目运行、主要污染物减排等情况进行监督检查，建立健全污水处理各类信息报告和评估制度。

第二十五条 对于专项资金不能按规定时间落实到具体项目、地方配套资金不能及时到位，以及不能及时并按要求报送专项资金预算执行情况和绩效评价报告等的地方，中央财政将适当扣减其下一年度专项资金。

第二十六条 对于截留、挪用专项资金等违法行为，一经核实，财政部将收回已安排的专项资金，并按《财政违法行为处罚处分条例》（国务院令第427号）的相关规定进行处理。

第六章 附 则

第二十七条 本办法自印发之日起施行。财政部《城镇污水处理设施配套管网以奖代补资金管理暂行办法》（财建〔2007〕730号）同时废止。

第二十八条 各省、自治区、直辖市、计划单列市财政部门及新疆生产建设兵团财务局，可根据本办法，结合当地实际，制定具体实施办法，报财政部备案。

第二十九条 本办法由财政部负责解释。

关于印发《城市管网专项资金管理暂行办法》的通知

财建〔2015〕201号

各省、自治区、直辖市、计划单列市财政厅（局）、住房城乡建设厅（委），新疆生产建设兵团财务局、建设局：

为贯彻落实党的十八大以来关于城市建设和新型城镇化的战略部署，推进污水处理设施配套管网、海绵城市和地下综合管廊项目建设，构建城市生态空间，增强城市综合承载能力，提高资金使用效益，根据《中华人民共和国预算法》和《国务院关于加强城市基础设施建设的意见》（国发〔2013〕36号），我们制定了《城市管网专项资金管理暂行办法》。现予印发，请遵照执行。

附件：城市管网专项资金管理暂行办法

财政部

住房城乡建设部

2015年6月1日

附件：

城市管网专项资金管理暂行办法

第一条　为了规范和加强城市管网专项资金管理，提高财政资金使用效益，根据《中华人民共和国预算法》和《国务院关于加强城市基础设施建设的意见》（国发〔2013〕36号），制定本办法。

第二条　本办法所称城市管网专项资金（以下简称专项资金），是指通过中央财政预算安排，支持城市管网建设、城市地下空间集约利用、城市排水防涝及水生态修复等城市生态空间建设的专项资金。

第三条 专项资金实行专款专用，专项管理。

第四条 专项资金由财政部会同住房城乡建设部负责管理。

第五条 专项资金用于支持以下事项：

（一）城镇污水处理设施配套管网及污水泵站建设；

（二）海绵城市建设试点；

（三）地下综合管廊建设试点；

（四）城市生态空间建设其他需要支持的事项。

第六条 专项资金根据不同的支持事项采取不同方式进行分配。

支持城镇污水处理设施配套管网及污水泵站建设事项的，根据年度资金规模和建设任务完成情况等对相关地区进行奖励。

用于海绵城市、地下综合管廊建设等试点示范类事项的，通过竞争性评审等方式，确定支持范围，在支持期内安排奖补资金。

第七条 财政部会同住房城乡建设部等相关部门根据国家确定的年度支持重点领域，组织地方申报，并评审各地申报方案。

第八条 地方财政和住房城乡建设等相关部门主要职责包括：

（一）负责落实地方扶持政策措施及应承担的资金；

（二）按规定组织专项资金申报，核实并提供相关材料；

（三）按规定管理和使用中央拨付的专项资金，组织实施相关工作，落实工作任务。

第九条 专项资金采用奖励、补助等方式予以支持。对按规定采用政府和社会资本合作（PPP）模式的项目予以倾斜支持。

第十条 专项资金的支付应当按照国家有关财政管理制度的规定执行。属于政府采购管理范围的，应当按照国家有关政府采购的规定执行。属于引入社会资本管理范围的，应当按照国家有关政府和社会资本合作的规定执行。

第十一条 财政部会同住房城乡建设部等相关部门制定绩效评价办法，组织实施对地方的绩效考核，并依据绩效评价结果奖优罚劣。对于绩效评价结果较好、达到既定目标的，给予奖励；对于绩效评价结果较差，无法达到既定目标的，建立退出机制，并收回中央财政资金。

第十二条 地方财政部门会同住房城乡建设等相关部门按照职责分工，对有关工作组织实施和资金使用情况进行监督检查。

第十三条　任何单位或个人不得骗取、截留、挪用专项资金，不得将专项资金用于偿还既有债务。违反规定的，依照《财政违法行为处罚处分条例》等有关规定追究法律责任。

第十四条　本办法由财政部会同住房城乡建设部负责解释。

第十五条　本办法自发布之日起施行。2011 年 5 月 23 日印发的《财政部　住房城乡建设部关于印发〈“十二五”期间城镇污水处理设施配套管网建设项目资金管理办法〉的通知》（财建〔2011〕266 号）同时废止。

关于印发《中央财政关闭小企业补助资金管理办法》的通知

财企〔2010〕231号

各省、自治区、直辖市、计划单列市财政厅（局）、工业和信息化主管部门，新疆生产建设兵团财务局、工业和信息化主管部门：

为进一步加强关闭小企业专项补助资金的管理，认真做好关闭落后小企业工作，加快推进节能减排、淘汰落后产能，促进产业结构调整和优化升级，财政部、工业和信息化部修改制定了《中央财政关闭小企业补助资金管理办法》（以下简称《管理办法》），现印发给你们，请结合实际认真遵照执行。

同时将申请2010年度关闭小企业补助资金及编制2011年关闭小企业计划工作等有关事项明确如下：

一、根据今年的实际工作情况，2010年度全国关闭小企业计划不另行编制和下达。各省级财政、工业和信息化主管部门应按照《管理办法》有关规定，于2010年10月15日前联合报送2010年度中央财政关闭小企业补助资金的申请。

二、各省级财政、工业和信息化主管部门应于今年10月31日前，补报2011年度关闭小企业计划。

三、今明两年补助资金支持的重点是：围绕促进节能减排、淘汰落后生产能力和安全隐患治理，重点关闭小冶炼、小化工、小建材以及小造纸、小制革、小印染、小酿造等能耗高、污染严重、安全隐患突出的小企业。

附件：中央财政关闭小企业补助资金管理办法

财政部

工业和信息化部

2010年9月17日

附件：

中央财政关闭小企业补助资金管理办法

第一章　总　则

第一条　为了充分发挥中央财政关闭小企业补助资金作用，促进产业结构调整和优化升级，节约资源和能源，提高财政资金使用效益，根据国家有关法律法规和产业政策，特制定本办法。

第二条　本办法所称关闭小企业是指地方政府根据国家有关法律法规和产业政策，对存在产能过剩、资源能源浪费、环境污染、安全隐患突出、布局不合理等问题的各类小企业实施的行政性关闭。

第三条　关闭小企业补助资金的补助范围和重点每年由工业和信息化部会同财政部根据国家宏观经济调控目标及产业政策确定并适时予以调整。

第四条　省级（含计划单列市）工业和信息化主管部门会同同级财政部门每年向工业和信息化部、财政部上报本地区关闭小企业年度计划。中央财政对计划内当年实施关闭的小企业，采取以奖代补的形式给予适当的补助（奖励）资金。

第二章　资金使用和分配

第五条　关闭小企业补助资金主要用于关闭企业职工安置等支出。根据关闭小企业工作的实际进度，补助资金结余可以转结下年使用。

第六条　关闭小企业补助资金按照“突出重点、公开透明、确保实效”的原则，综合考虑实际关闭的小企业安置职工人数、地域差异等因素进行分配。

补助标准：符合条件的关闭小企业补助金额=本企业在岗职工人数（人）×所在地级市上一年度企业在岗职工平均工资总额（元/年）×补助系数。补助系数根据中央财政年度预算安排、关闭小企业涉及的职工人数等因素综合确定。对于国家级贫困县（市），补助系数适当提高。

第七条　关闭小企业补助资金由中央财政拨付给省级财政部门。省级财政部门会同工业和信息化主管部门制订具体的资金使用方案并组织实施，及时下达资金到有关企业。

第三章　关闭计划及审核

第八条　工业和信息化部根据国家推进节能减排，淘汰落后，抑制部分行业产能过剩，促进产业结构调整和优化升级的要求，每年年初确定下一年度的关闭小企业工作任务。

第九条　各省工业和信息化主管部门按照工业和信息化部确定的年度工作任务和重点，会同同级财政部门，结合当地实际，确定本地区关闭小企业工作目标，并落实到具体企业，编制本地关闭小企业年度计划。

第十条　各省工业和信息化主管部门会同财政部门于每年 4 月 30 日前，联合向工业和信息化部、财政部报送下一个年度关闭小企业计划报告，并附以下材料：

（一）地方小企业关闭计划申报表（附表 1（略））；

（二）小企业项目合法的审批（核准、备案）、注册手续；

（三）企业的工商营业执照、税务登记复印件；

（四）其他证明材料。

第十一条　工业和信息化部、财政部对各地上报的年度关闭小企业计划组织审核。经审核符合中央财政补助条件的关闭小企业名单，由两部委于 6 月底前联合批复下达省级工业和信息化主管部门、财政部门。

第十二条　各省工业和信息化主管部门会同财政部门认真组织实施审核通过的年度关闭小企业计划。

第四章　资金申请和审核

第十三条　各省级财政部门会同工业和信息化主管部门应于每年 9 月 30 日前分批向财政部、工业和信息化部报送本年度关闭小企业补助资金申请文件。资金申请文件应详细说明关闭工作实施过程、成效、存在的问题、工作建议等。财政部、工业和信息化部对各地上报的资金申请文件分批进行审核，工业和信息化部负责审核关闭小企业的实施情况及提出资金补助建议，财政部对符合条件的小企业按补助标准下达关闭小企业补助资金。

第十四条　各省申请年度关闭小企业补助资金的申请报告，需附报以下材料：

（一）关闭小企业基本情况表和汇总表（附表 2（略）、附表 3（略））；

（二）关闭小企业已签订劳动合同职工的花名册（附表 4（略））；

（三）地方工业和信息化部门等出具的小企业实施关闭文件及其他证明材料；

（四）企业原生产经营有关证照（工商营业执照、税务登记证、生产许可证等）已被注销的证明材料；

（五）企业关闭上一年度财务会计报告；

（六）企业所在地级市上一年度企业在岗职工平均工资证明材料；

（七）国家级贫困县（市）文件；

（八）其他需要说明的材料。

第五章　监督管理

第十五条　各地工业和信息化主管部门对上报的关闭小企业年度计划和实施效果的真实性负责；各地财政部门要加强资金的管理，确保财政资金使用的规范、安全和有效。

第十六条　工业和信息化部、财政部及财政部驻各地财政监察专员办事处应根据确定的关闭小企业工作目标对各地关闭小企业计划完成情况及补助资金使用情况进行检查。发现弄虚作假、未按要求完成关闭任务、虚报冒领、截留挪用财政资金或其他违规行为的，要追回资金，并依法依规处理。

第六章　附　则

第十七条　本办法自发布之日起执行，原《财政部关于印发〈中央财政关闭小企业专项补助资金管理办法〉的通知》（财企〔2006〕339 号）同时废止。

第十八条　本办法由财政部、工业和信息化部负责解释。

（二）资源综合利用财政政策

关于印发《循环经济发展专项资金管理暂行办法》的通知

财建〔2012〕616号

各省、自治区、直辖市、计划单列市财政厅（局）、发展改革委（经贸委、经信委、工信厅）：

为规范循环经济发展专项资金管理，提高财政资金使用效益，根据《中华人民共和国循环经济促进法》、《中华人民共和国预算法》等法律法规，财政部、国家发展改革委联合制定了《循环经济发展专项资金管理暂行办法》。现予印发，请遵照执行。

附件：循环经济发展专项资金管理暂行办法

财政部
国家发展改革委
2012年7月20日

附件：

循环经济发展专项资金管理暂行办法

第一章　总　则

第一条　为规范循环经济发展专项资金管理，提高财政资金使用效益，根据《中华人民共和国循环经济促进法》、《中华人民共和国预算法》等法律法规，制定本办法。

第二条 本办法所称循环经济发展专项资金（以下简称专项资金），是指为促进循环经济发展，提高资源利用效率，保护和改善环境，实现可持续发展，由中央财政预算安排的，专项用于支持循环经济重点工程和项目的实施、循环经济技术和产品的示范与推广、循环经济基础能力建设等方面的财政专项资金。

第三条 专项资金由财政部会同国务院循环经济发展综合管理等有关主管部门按照职责分工共同管理，各司其职，各负其责。

第四条 专项资金的使用和安排应当坚持以下原则：

（一）坚持充分发挥市场基础性作用与政府引导相结合。尊重市场经济规律，通过引导、示范、培育市场等方式，调动全社会的积极性。

（二）坚持创新财政资金支持方式。找准循环经济发展薄弱环节和突出问题，并根据每个环节的特点，分别采取不同的支持方式。

（三）坚持集中财力，重点突破。通过机制创新，将专项资金的使用和其他专项资金衔接起来，发挥财政资金合力作用。

（四）坚持“科学、公开、公正”，并接受社会监督。

第三章 专项资金支持范围

第五条 专项资金支持的重点工作和范围包括：

（一）国家“城市矿产”示范基地建设。本办法所称“城市矿产”是指工业化和城镇化过程中产生和蕴藏在废旧机电设备、电线电缆、通讯工具、汽车、家电、电子产品、金属和塑料包装物以及废料中，可循环利用的钢铁、有色金属、稀贵金属、塑料、橡胶、玻璃等资源，其利用量相当于原生矿产资源。

1. 示范基地的“城市矿产”资源新增加工处理能力（含改造）建设。

2. 示范基地内的基础设施和公共服务平台建设。

3. 示范基地“城市矿产”资源回收体系建设。

（二）餐厨废弃物资源化利用和无害化处理。

1. 餐厨废弃物收运体系建设。

2. 资源化利用和无害化处理项目建设。

3. 能力建设。包括电子信息管理平台、监测系统等。

（三）园区循环化改造示范。

1. 循环化改造的关键补链项目构建。

2. 公共服务设施建设。

（四）再制造。本办法所称再制造是指对废旧汽车零部件、工程机械、机床等进行专业化修复的批量化生产过程，再制造产品达到与原有产品相同的质量和性能。

重点支持可再制造技术进步、旧件回收体系建设、再制造产品推广及产业化发展等。

（五）清洁生产技术示范推广。

1. 技术推广应用。重点支持能够显著提升企业清洁生产水平的成熟、先进、适用清洁生产技术的推广应用。

2. 技术应用示范。重点支持对行业整体清洁生产水平影响较大，具有推广应用前景，但尚未实现突破的共性、关键技术应用示范。

（六）循环经济（含清洁生产，下同）基础能力建设。

1. 循环经济法规、规划及政策研究。

2. 循环经济相关标准制定、目录编制。

3. 循环经济发展宣传教育、组织动员等。

4. 循环经济管理信息系统建设。

5. 循环经济发展综合评价与统计体系和规划、方案、项目评审及考核、验收等。

（七）国务院循环经济发展综合管理部门、财政部协商确定的其他重点工作。

第六条 对中央基建投资、中央财政节能减排专项资金等已支持的重点工作（工程）或项目，专项资金不再予以支持。

第四章 专项资金的支持方式

第七条 对循环经济的重点工作，专项资金采取不同的方式予以支持。

第八条 支持国家“城市矿产”示范基地建设的专项资金，采取预拨与清算相结合的综合财政补助方式。

（一）地方政府根据国家发展改革委、财政部要求，以及当地“城市矿产”资源情况提出示范基地建设方案（实施期原则上不超过 5 年）。

（二）国家发展改革委、财政部按规定对地方政府提出的方案进行论证并批复。对已批复的方案，地方政府与两部委签订承诺书并具体组织实施。

（三）财政部、国家发展改革委根据方案，以新增“城市矿产”资源集聚利用量为依据，并参考再生资源利用成本及市场售价测算核定补助资金，总额不超过新增投资额的一定比例。补助资金由地方政府按照国家发展改革委、财政部批复的有关实施方案统筹使用，专项用于“城市矿产”示范基地建设，资金使用方案及其调整情况需报两部委备案。

（四）承诺书签订后，中央财政按补助资金的50%拨付启动资金，5 年内再生资源利用量已超过建设方案中设定目标 90%以上的，由地方政府提出考核和余款拨付申请，国家发展改革委、财政部组织考核，考核合格的拨付余款；不合格的不予拨付余款并扣回部分已拨付补助资金。3 年内工作无实质进展的，将已拨付补助资金全部扣回。

第九条　支持餐厨废弃物资源化利用和无害化处理、园区循环化改造示范的专项资金，支持方式比照国家“城市矿产”示范基地支持方式执行。具体实施方案由国家发展改革委、财政部另行制定。

第十条　支持再制造的专项资金，在构建完善质量保证体系的前提下，主要采取补贴的方式支持旧件回收及再制造产品的推广及产业化发展。具体实施方案由国家发展改革委、财政部另行制定。

第十一条　支持清洁生产技术示范推广的专项资金，对于成熟的先进、适用清洁生产技术，在组织专家论证的基础上，通过政府购买技术的形式，在全行业免费推广。过渡期内，对中西部地区的企业或部分重点企业采用成熟先进的清洁生产技术进行的改造可给予适当奖励。

对于未实现突破的重大共性、关键性技术进行应用示范，并按照项目投资额的一定比例予以补助，应用示范项目成功后可按项目投资额一定倍数进行政府购买，并免费在全行业推广。

具体实施方案由国务院财政部门、清洁生产综合协调部门会同国务院有关部门另行制定。

第十二条　支持循环经济基础能力建设的专项资金，按照部门预算管理规定，纳入国务院有关部门的部门预算。

第十三条　其他重点工作的资金支持方式由财政部会同国务院循环经济发展综合管理等有关主管部门另行确定。

第五章　监督管理

第十四条　财政部会同国务院循环经济发展综合管理等有关主管部门按照职

责分工对专项资金使用情况实施监督检查、追踪问效，对专项资金使用管理情况实施专项核查。对达不到要求的，责令限期整改，经整改仍达不到要求的，扣回已拨付资金。

第十五条 相关单位及省级财政部门、循环经济发展综合管理等有关部门对申报材料的合法性、真实性负责，并应加强对本单位、本地区专项资金使用和项目实施情况的监督检查。

第十六条 专项资金应当坚持专款专用，任何单位和个人不得以任何形式、任何理由截留、挤占和挪用。违反本办法规定的，国务院财政部门会同循环经济发展综合管理等有关主管部门将视情节分别给予通报批评、取消申报资格、停止资金拨付或收回已拨付补助资金，并按照《财政违法行为处罚处分条例》（国务院令第427号）规定对有关单位和个人予以处罚。

第六章 附 则

第十七条 本办法由财政部、国家发展改革委负责解释。

第十八条 本办法自2012年9月1日施行。

关于印发《矿产资源节约与综合利用专项资金管理办法》的通知

财建〔2013〕81号

中央有关部门，有关中央企业，各省、自治区、直辖市、计划单列市财政厅（局）、国土资源主管部门：

为规范矿产资源节约与综合利用专项资金管理，提高资金使用效益，根据《中华人民共和国预算法》等有关法律、法规规定，我们制定了《矿产资源节约与综合利用专项资金管理办法》。现印发给你们，请遵照执行。

财政部

国土资源部

2013年3月26日

附件：

矿产资源节约与综合利用专项资金管理办法

第一章　总　则

第一条　为了加强和规范矿产资源节约与综合利用专项资金（以下简称专项资金）管理，提高资金使用效益，依据《中华人民共和国预算法》、《财政部　国土资源部关于将矿产资源专项收入统筹安排使用的通知》（财建〔2010〕925号）等规定制定本办法。

第二条　专项资金由中央财政通过中央分成的矿产资源专项收入安排，主要用于矿产资源综合利用示范基地（以下简称示范基地）建设。

第三条　专项资金安排按照党的十八大提出的全面促进资源节约和加强矿产

资源保护、合理开发等有关要求，以加强全过程节约管理，推动资源利用方式根本转变为目的，以“关系全局、意义深远、带动性强”为原则，选择资源分布相对集中、资源潜力大、综合利用前景好、矿产开发布局基本合理的地区，依托大型骨干矿业集团，开展示范基地建设工作。

第四条 专项资金专款专用，任何单位和个人不得截留、挤占和挪用。

第二章 支持重点及条件

第五条 专项资金重点支持提高矿产资源开采回采率、选矿回收率和综合利用率，低品位、共伴生、难选冶及尾矿资源高效利用，以及多矿种兼探兼采和综合开发利用。主要包括以下 7 个领域：

（一）油气及共伴生资源综合利用。重点支持油盐、油钾的综合开发利用，支持稠油、低渗、超低渗油气资源综合利用；积极开展页岩气、致密砂岩气、煤层气、油砂、油页岩、天然气水合物等综合开发利用。

（二）煤炭及共伴生资源综合利用。重点支持煤炭煤层气、煤铝的综合开发利用；支持特厚煤层、缺煤地区极薄和中薄煤层、特殊稀缺煤种及煤系伴生高岭土资源的综合开发利用，“以矸换煤”绿色开采等。

（三）黑色金属综合利用。重点支持钒钛磁铁矿、赤铁矿、褐铁矿、菱铁矿等低品位、难利用铁矿及尾矿资源综合利用，锰、铬矿资源高效利用。

（四）有色金属综合利用。重点支持低品位、难选冶、共伴生铜、铅、锌、钨、钼、镍、锡、锑、铝土矿等资源及尾矿综合利用。

（五）稀有、稀土及贵金属综合利用。重点支持轻、重稀土资源综合利用，稀有金属综合利用，低品位金矿及共伴生、尾矿资源综合利用。

（六）化工及非金属综合利用。重点支持钾盐、中低品位磷矿、硼铁矿、萤石、石墨资源及其他特色非金属资源综合利用。

（七）铀矿及共伴生资源综合利用。重点支持煤铀、硼铀、钼铀等矿床共生组合，北方砂岩型、南方硬岩型铀矿及共伴生铼资源等综合开发利用。

第六条 示范基地建设责任主体为矿山企业，应当具备以下基本条件：

（一）法定证照齐全、有效；

（二）依法履行了采矿权人的法定义务，按时、足额缴纳国家有关税费；

（三）矿山企业在相关领域和专业具有较强的技术优势和创新能力，具备必备的人才条件、技术装备和组织管理能力；管理机构健全，有专门的矿山地质、采矿、选矿管理机构和技术人员；

（四）采选技术方法先进，具有规模效应，示范效应突出，可大幅度提高资源利用水平；

（五）矿产资源节约与综合利用水平达到设计或国土资源行政主管部门核定的标准；

（六）近三年矿产资源开发利用年度检查合格，无违法违规记录；

（七）近三年无重大生产安全事故和环境污染事故；

（八）列入矿产资源开发整合方案的，已完成资源整合，并实现规模化、集约化开发利用；

（九）有关资源节约与综合利用工作已纳入矿山企业发展规划，示范基地建设工作能及时有效开展；

（十）具有较强的资金筹措能力，可以落实配套资金。

第三章　支持方式及使用范围

第七条　专项资金由财政部和国土资源部共同管理。财政部负责确定专项资金年度预算，国土资源部负责确定示范基地名单。

第八条　国土资源部、财政部发布矿产资源综合利用示范基地建设工作安排和要求，省级国土资源部门、财政部门，以及有关中央企业在充分论证的基础上，提出示范基地建议名单。

第九条　国土资源部会同财政部组织专家对各省和有关中央企业提出的建议名单中的示范基地进行论证，确定示范基地名单。

第十条　示范基地所在地省级国土资源部门、财政部门或所属中央企业依据《全国矿产资源规划》、《矿产资源节约与综合利用“十二五”规划》，以及国土资源部和财政部有关制度规定和工作要求，负责组织示范基地建设单位编制矿产资源综合利用示范基地建设3～5年实施方案。

实施方案应明确示范基地建设总体目标和建设任务、年度目标和建设任务，以及年度资金投入。目标任务应当可量化、可考核，资金投入应包括自筹资金和财政补助资金。

第十一条　国土资源部、财政部组织专家对示范基地建设实施方案进行审查论证，一次性核定示范基地建设总投资和年度投资，并确定总目标和年度建设目标。

对于实施方案通过审查论证的示范基地，国土资源部、财政部将在向社会公示后，与其所在地省级人民政府或所属中央企业签订示范建设合作协议。财政部、国土资源部将根据财力可能一次性确定总补助资金和各年度补助资金，并按项目进展情况下达补助资金。中央财政补助资金原则上不超过项目总投资的50%。

第十二条 专项资金重点用于以下方面：

（一）综合利用相关技术工艺的科技攻关，工程化、工业化技术研究及生产实验研究；

（二）提高开采回采率、选矿回收率、综合利用率水平，尾矿及固体废弃物综合利用相关的工程建设及设备采购；

（三）成熟先进技术、方法、工艺的转化、推广与应用；

（四）技术标准规范的制定、发布，总结推广相关的技术标准、规范以及生产管理模式的相关支出。

第十三条 专项资金不得用于下列事项：

（一）职工工资、奖金、津补贴及其他福利性支出；投资性支出、捐款及赞助；各种罚款、违约金、滞纳金等支出；缴纳税费等；

（二）支付矿山建设引起的居民搬迁补偿、征地补偿、青苗补偿等相关支出；

（三）购置和修建与项目实施无关的设备、装备、房屋、基础设施等固定资产；

（四）公务车辆、生产辅助材料、低值易耗品、配件及燃料采购等支出；

（五）归还贷款本息；

（六）与矿产资源节约与综合利用工作无关的费用。

第四章 预算及财务管理

第十四条 专项资金支付按照财政国库管理制度的有关规定执行。

第十五条 专项资金实行专账核算，各项支出标准参照国家相关标准执行。

第十六条 示范基地建设单位要严格执行国家有关财务会计制度，及时办理年度资金结算和竣工财务决算。示范基地所在地省级财政、国土资源部门或所属中央企业负责批复竣工财务决算，并做好项目决算审计和竣工验收工作。

第十七条 预算一经下达，原则上不做调整。对于示范基地项目地点、建设内容、建设期限、资金投入确需变更的，由省级国土资源、财政部门或所属中央企业审核后报国土资源部、财政部批准。

第五章 监督检查

第十八条 财政部、国土资源部每年将根据本办法第五条规定及经论证的实施方案对示范基地年度建设情况进行考核。

对考核合格的示范基地，财政部、国土资源部将按计划给予持续支持；对考核不合格的项目，财政部、国土资源部将暂停下一年度预算安排，要求其限期整改，经整改仍不符合要求的，取消示范资格并收回已拨付资金。

第十九条 示范基地所在地省级财政部门、国土资源部门或所属中央企业应当强化专项资金监管，建立专项资金使用约束机制，督促矿山企业完善内部财务管理制度，加强示范基地建设工作的监督检查，确保各项目标任务的实现。督促项目承担单位加快预算执行进度，提高专项资金使用效益，重大事项要及时向财政部和国土资源部报告。

第二十条 示范基地建设单位应严格按照批准下达的预算，合理安排使用资金，不得扩大支出范围，不得用于本办法规定支出范围以外的其他支出，自觉接受、主动配合财政、审计及监察等部门的监督检查。

第二十一条 对在示范建设过程中发生安全生产或环境污染事故，以及有其他违法违规行为的示范基地建设单位，财政部、国土资源部将暂停支持，并责令其整改，对于情节特别严重的将收回示范资金，取消其示范资格。

第二十二条 对违反规定，截留、挤占、挪用等违规使用项目资金的，依照《财政违法行为处罚处分条例》及有关法律法规予以处理。涉嫌犯罪的，移送司法机关处理。

第六章 附 则

第二十三条 本办法由财政部、国土资源部负责解释。

第二十四条 本办法自印发之日起实施，原《矿产资源节约与综合利用专项资金管理办法》（财建〔2010〕312 号）同时废止。

关于印发《废弃电器电子产品处理基金征收使用管理办法》的通知

财综〔2012〕34 号

各省、自治区、直辖市人民政府，国务院各部委、各直属机构：

《废弃电器电子产品处理基金征收使用管理办法》已经国务院批准，现印发给你们，请遵照执行。

附件：废弃电器电子产品处理基金征收使用管理办法

财政部
环境保护部
国家发展改革委
工业和信息化部
海关总署
国家税务总局
二○一二年五月二十一日

附件：

废弃电器电子产品处理基金征收使用管理办法

第一章　总　则

第一条　为了规范废弃电器电子产品处理基金征收使用管理，根据《废弃电器电子产品回收处理管理条例》（国务院令第 551 号，以下简称《条例》）的规定，制定本办法。

第二条　废弃电器电子产品处理基金（以下简称基金）是国家为促进废弃电器电子产品回收处理而设立的政府性基金。

第三条　基金全额上缴中央国库，纳入中央政府性基金预算管理，实行专款专用，年终结余结转下年度继续使用。

第二章　征收管理

第四条　电器电子产品生产者、进口电器电子产品的收货人或者其代理人应当按照本办法的规定履行基金缴纳义务。

电器电子产品生产者包括自主品牌生产企业和代工生产企业。

第五条　基金分别按照电器电子产品生产者销售、进口电器电子产品的收货人或者其代理人进口的电器电子产品数量定额征收。

第六条　纳入基金征收范围的电器电子产品按照《废弃电器电子产品处理目录》（以下简称《目录》）执行，具体征收范围和标准见附件（略）。

第七条　财政部会同环境保护部、国家发展改革委、工业和信息化部根据废弃电器电子产品回收处理补贴资金的实际需要，在听取有关企业和行业协会意见的基础上，适时调整基金征收标准。

第八条　电器电子产品生产者应缴纳的基金，由国家税务局负责征收。进口电器电子产品的收货人或者其代理人应缴纳的基金，由海关负责征收。

第九条　电器电子产品生产者按季申报缴纳基金。

国家税务局对电器电子产品生产者征收基金，适用税收征收管理的规定。

第十条　进口电器电子产品的收货人或者其代理人在货物申报进口时缴纳基金。

海关对基金的征收缴库管理，按照关税征收缴库管理的规定执行。

第十一条　对采用有利于资源综合利用和无害化处理的设计方案以及使用环保和便于回收利用材料生产的电器电子产品，可以减征基金，具体办法由财政部会同环境保护部、国家发展改革委、工业和信息化部、税务总局、海关总署另行制定。

第十二条　电器电子产品生产者生产用于出口的电器电子产品免征基金，由电器电子产品生产者依据《中华人民共和国海关出口货物报关单》列明的出口产品名称和数量，向国家税务局申请从应缴纳基金的产品销售数量中扣除。

第十三条　电器电子产品生产者进口电器电子产品已缴纳基金的，国内销售时免征基金，由电器电子产品生产者依据《中华人民共和国海关进口货物报关单》和《进口废弃电器电子产品处理基金缴款书》列明的进口产品名称和数量，向国家税务局申请从应缴纳基金的产品销售数量中扣除。

第十四条 基金收入在政府收支分类科目中列 103 类 01 款 75 项“废弃电器电子产品处理基金收入”（新增）下的有关目级科目。

第十五条 未经国务院批准或者授权，任何地方、部门和单位不得擅自减免基金，不得改变基金征收对象、范围和标准。

第十六条 电器电子产品生产者、进口电器电子产品的收货人或者其代理人缴纳的基金计入生产经营成本，准予在计算应纳税所得额时扣除。

第三章 使用管理

第十七条 基金使用范围包括：

（一）废弃电器电子产品回收处理费用补贴；

（二）废弃电器电子产品回收处理和电器电子产品生产销售信息管理系统建设，以及相关信息采集发布支出；

（三）基金征收管理经费支出；

（四）经财政部批准与废弃电器电子产品回收处理相关的其他支出。

第十八条 依照《条例》和《废弃电器电子产品处理资格许可管理办法》（环境保护部令第 13 号）的规定取得废弃电器电子产品处理资格的企业（以下简称处理企业），对列入《目录》的废弃电器电子产品进行处理，可以申请基金补贴。

给予基金补贴的处理企业名单，由财政部、环境保护部会同国家发展改革委、工业和信息化部向社会公布。

第十九条 国家鼓励电器电子产品生产者自行回收处理列入《目录》的废弃电器电子产品。各省（区、市）环境保护主管部门在编制本地区废弃电器电子产品处理发展规划时，应当优先支持电器电子产品生产者设立处理企业。

第二十条 对处理企业按照实际完成拆解处理的废弃电器电子产品数量给予定额补贴。

基金补贴标准为：电视机 85 元/台、电冰箱 80 元/台、洗衣机 35 元/台、房间空调器 35 元/台、微型计算机 85 元/台。

上述实际完成拆解处理的废弃电器电子产品是指整机，不包括零部件或散件。

财政部会同环境保护部、国家发展改革委、工业和信息化部根据废弃电器电子产品回收处理成本变化情况，在听取有关企业和行业协会意见的基础上，适时调整基金补贴标准。

第二十一条　处理企业拆解处理废弃电器电子产品应当符合国家有关资源综合利用、环境保护的要求和相关技术规范，并按照环境保护部制定的审核办法核定废弃电器电子产品拆解处理数量后，方可获得基金补贴。

第二十二条　处理企业按季对完成拆解处理的废弃电器电子产品种类、数量进行统计，填写《废弃电器电子产品拆解处理情况表》，并在每个季度结束次月的5日前报送各省（区、市）环境保护主管部门。

第二十三条　处理企业报送《废弃电器电子产品拆解处理情况表》时，应当同时提供以下资料：

（一）废弃电器电子产品入库和出库记录报表；

（二）废弃电器电子产品拆解处理作业记录报表；

（三）废弃电器电子产品拆解产物出库和入库记录报表；

（四）废弃电器电子产品拆解产物销售凭证或处理证明。

相关报表和凭证按照环境保护部统一规定的格式报送。

第二十四条　各省（区、市）环境保护主管部门接到处理企业报送的《废弃电器电子产品拆解处理情况表》及相关资料后组织开展审核工作，并在每个季度结束次月的月底前将审核意见连同处理企业填写的《废弃电器电子产品拆解处理情况表》，以书面形式上报环境保护部。

环境保护部负责对各省（区、市）环境保护主管部门上报情况进行核实，确认每个处理企业完成拆解处理的废弃电器电子产品种类、数量，并汇总提交财政部。

财政部按照环境保护部提交的废弃电器电子产品拆解处理种类、数量和基金补贴标准，核定对每个处理企业补贴金额并支付资金。资金支付按照国库集中支付制度有关规定执行。

第二十五条　环境保护部、税务总局、海关总署等有关部门应当按照中央政府性基金预算编制的要求，编制年度基金支出预算，报财政部审核。

财政部应当按照预算管理规定审核基金支出预算并批复下达相关部门。

第二十六条　基金支出在政府收支分类科目中列211类61款“废弃电器电子产品处理基金支出”（新增）。

第四章　监督管理

第二十七条　电器电子产品生产者、进口电器电子产品的收货人或者其代理人应当分别向国家税务局、海关报送电器电子产品销售和进口的基本数据及情况，并按照规定申报缴纳基金，自觉接受国家税务局、海关的监督检查。

第二十八条　处理企业应当按照规定建立废弃电器电子产品的数据信息管理系统，跟踪记录废弃电器电子产品接收、贮存和处理，拆解产物出入库和销售，最终废弃物出入库和处理等信息，全面反映废弃电器电子产品在处理企业内部运转流程，并如实向环境保护等主管部门报送废弃电器电子产品回收和拆解处理的基本数据及情况。

第二十九条　处理企业申请基金补贴相关资料及记录废弃电器电子产品回收和拆解处理情况的原始凭证应当妥善保存备查，保存期限不得少于5年。

第三十条　环境保护部和各省（区、市）环境保护主管部门应当建立健全基金补贴审核制度，通过数据系统比对、书面核查、实地检查等方式，加强废弃电器电子产品拆解处理的环保核查和数量审核，防止弄虚作假、虚报冒领补贴资金等行为的发生。

第三十一条　财政部会同环境保护部、国家发展改革委、工业和信息化部建立实时监控废弃电器电子产品回收处理和生产销售的信息管理系统（以下简称监控系统）。

处理企业和电器电子产品生产者应当配合有关部门建立监控系统。处理企业建立的废弃电器电子产品数据信息管理系统应当与监控系统对接。电器电子产品生产者应当按照建立监控系统的要求，登记企业信息并报送电器电子产品生产销售情况。

第三十二条　财政部、审计署、环境保护部、国家发展改革委、工业和信息化部、税务总局、海关总署应当按照职责加强对基金缴纳、使用情况的监督检查，依法对基金违法违规行为进行处理、处罚。

第三十三条　有关行业协会应当协助环境保护主管部门和财政部门做好废弃电器电子产品拆解处理种类、数量的审核工作。

第三十四条　环境保护部和各省（区、市）环境保护主管部门应当分别公开全国和本地区处理企业拆解处理废弃电器电子产品及接受基金补贴情况，接受公众监督。

任何单位和个人有权监督和举报基金缴纳和使用中的违法违规问题。有关部门应当按照职责分工对单位和个人举报投诉的问题进行调查和处理。

第五章　法律责任

第三十五条　单位和个人有下列情形之一的，依照《财政违法行为处罚处分条例》（国务院令第427号）和《违反行政事业性收费和罚没收入收支两条线管理规定行政处分暂行规定》（国务院令第281号）等法律法规进行处理、处罚、处分；构成犯罪的，依法追究刑事责任：

（一）未经国务院批准或者授权，擅自减免基金或者改变基金征收范围、对象和标准的；

（二）以虚报、冒领等手段骗取基金补贴的；

（三）滞留、截留、挪用基金的；

（四）其他违反政府性基金管理规定的行为。

处理企业有第一款第（二）项行为的，取消给予基金补贴的资格，并向社会公示。

第三十六条　电器电子产品生产者违反基金征收管理规定的，由国家税务局比照税收违法行为予以行政处罚。进口电器电子产品的收货人或者其代理人违反基金征收管理规定的，由海关比照关税违法行为予以行政处罚。

第三十七条　基金征收、使用管理有关部门的工作人员违反本办法规定，在基金征收和使用管理工作中滥用职权、玩忽职守、徇私舞弊，构成犯罪的，依法追究刑事责任；尚不构成犯罪的，依法给予处分。

第六章　附　则

第三十八条　本办法由财政部、环境保护部、国家发展改革委、工业和信息化部、税务总局、海关总署负责解释。

第三十九条　本办法自2012年7月1日起执行。

关于发布《废弃电器电子产品处理基金征收管理规定》的通知

国家税务总局公告 2012 年第 41 号

根据国务院批准的《关于印发〈废弃电器电子产品处理基金征收使用管理办法〉的通知》（财综〔2012〕34 号）的规定，现将国家税务总局制定的《废弃电器电子产品处理基金征收管理规定》予以发布，自 2012 年 7 月 1 日起施行。

各地对执行中遇到的情况和问题，请及时报告税务总局（征管科技司）。

特此公告。

国家税务总局

二〇一二年八月二十日

废弃电器电子产品处理基金征收管理规定

第一条 为做好废弃电器电子产品处理基金（以下简称基金）的征收管理工作，根据国务院批准的《关于印发〈废弃电器电子产品处理基金征收使用管理办法〉的通知》（财综〔2012〕34 号，以下简称《办法》），制定本规定。

第二条 中华人民共和国境内电器电子产品的生产者，为基金缴纳义务人，应当按照本规定缴纳基金。

第三条 基金的征收范围、征收标准依照《国内销售电器电子产品基金征收范围和标准》（附件 1（略））执行。

基金的征收范围、征收标准调整的，依照调整后的范围和标准执行。

第四条 基金由国家税务局负责征收。

基金缴纳义务人向其主管税务机关申报缴纳基金。

对基金缴纳义务人征收基金，适用税收征收管理的规定。

第五条　基金缴纳义务人销售应征基金产品时缴纳基金。本规定所称销售，是指通过从购买方取得货物、货币或其他经济利益转让应征基金产品所有权。

基金缴纳义务人受托加工生产应征基金产品的，不论原料和主要材料由何方提供，不论在财务上是否做销售处理，均由受托方缴纳基金。

第六条　基金缴纳义务人将应征基金产品用于生产非应征基金产品、在建工程、管理部门、非生产机构、提供劳务、馈赠、赞助、集资、广告、样品、职工福利、奖励等方面，于移送使用时缴纳基金。

第七条　基金缴纳义务人销售或受托加工生产相关电器电子产品，按照从量定额的办法计算应缴纳基金。应缴纳基金的计算公式为：

应缴纳基金=销售数量（受托加工数量）×征收标准

第八条　基金缴纳义务的发生时间按照如下要求确定：

（一）基金缴纳义务人销售电器电子产品的，按不同的销售结算方式分别为：

1．采取赊销和分期收款结算方式的，为书面合同约定的收款日期的当天，书面合同没有约定收款日期或者无书面合同的，为发出电器电子产品的当天；

2．采取预收货款结算方式的，为发出电器电子产品的当天；

3．采取托收承付和委托银行收款方式的，为发出电器电子产品并办妥托收手续的当天；

4．采取其他结算方式的，为收讫销售款或者取得索取销售款凭据的当天。

（二）受托加工应征基金产品，基金缴纳义务人只收取加工费的，为委托方提货的当天。

（三）基金缴纳义务人将应征基金产品用于本规定第六条规定情形的，为移送使用的当天。

（四）基金缴纳义务人以委托代销方式销售应征基金产品的，为收到代销单位的代销清单或者收到全部或者部分货款的当天。未收到代销清单及货款的，为发出应征基金产品满 180 天的当天。

第九条　基金缴纳义务人出口电器电子产品，免征基金。

第十条　基金缴纳义务人购进或者收回委托加工电器电子产品已缴纳基金的，从应征基金产品销售数量中扣除；不足扣除部分，可留待下期继续扣除。

第十一条　基金缴纳义务人应当准确核算购进和委托加工收回的已缴纳基金的电器电子产品数量，不能准确核算的，按实际销售数量征收基金。

第十二条　基金缴纳义务人已缴纳基金的电器电子产品发生销货退回的，准予在当期申报中扣除，不足扣除部分，可留待下期继续扣除。

第十三条 对采用有利于资源综合利用和无害化处理的设计方案以及使用环保和便于回收利用材料生产的电器电子产品，可以减征基金的，按照国务院相关部门的具体规定执行。

第十四条 基金缴纳义务人按季申报缴纳基金。

基金缴纳义务人应当自季度终了之日起十五日内申报缴纳基金，向主管税务机关报送《废弃电器电子产品处理基金申报表》(附件 2（略))。

第十五条 国家税务局征收基金应使用税收票证。

第十六条 基金缴纳义务人应妥善保管基金缴款凭证、增值税专用发票及清单、海关进（出）口货物报关单、代理出口货物证明、委托代理出口协议、委托加工协议、退货证明及其他相关资料。

基金缴纳义务人应当自觉接受税务机关的监督检查，提供有关资料，如实反映情况，不得拒绝、隐瞒。

第十七条 基金缴纳义务人违反基金征收管理规定的，税务机关比照税收违法行为予以行政处罚。

第十八条 本规定自 2012 年 7 月 1 日起施行。

关于进一步明确废弃电器电子产品处理基金征收产品范围的通知

财综〔2012〕80 号

各省、自治区、直辖市财政厅（局）、国家税务局：

根据《财政部　环境保护部　国家发展改革委　工业和信息化部　海关总署　国家税务总局关于印发〈废弃电器电子产品处理基金征收使用管理办法〉的通知》（财综〔2012〕34 号）的规定，现就国家税务局对电器电子产品生产者征收废弃电器电子产品处理基金（以下简称基金）的产品范围通知如下：

一、纳入基金征收范围的电视机，是指含有电视调谐器（高频头）的用于接收信号并还原出图像及伴音的终端设备，包括阴极射线管（黑白、彩色）电视机、液晶电视机、等离子电视机、背投电视机以及其他用于接收信号并还原出图像及伴音的终端设备。

二、纳入基金征收范围的电冰箱，是指具有制冷系统、消耗能量以获取冷量的隔热箱体，包括各自装有单独外门的冷藏冷冻箱（柜）、容积≤500 升的冷藏箱（柜）、制冷温度>−40℃且容积≤500 升的冷冻箱（柜），以及其他具有制冷系统、消耗能量以获取冷量的隔热箱体。

对上述产品中分体形式的设备，按其制冷系统设备的数量计征基金。对自动售货机、容积<50 升的车载冰箱以及不具有制冷系统的柜体，不征收基金。

三、纳入基金征收范围的洗衣机，是指干衣量≤10 千克的依靠机械作用洗涤衣物（含兼有干衣功能）的器具，包括波轮式洗衣机、滚筒式洗衣机、搅拌式洗衣机、脱水机以及其他依靠机械作用洗涤衣物（含兼有干衣功能）的器具。

四、纳入基金征收范围的房间空调器，是指制冷量≤14000 瓦（12046 大卡/时）的房间空气调节器具，包括整体式空调（窗机、穿墙机、移动式等）、分体形式空调（分体壁挂、分体柜机、一拖多、单元式空调器等）以及其他房间空气调节器。

对分体形式空调器，按室外机的数量计征基金。对不具有制冷系统的空气调节器，不征收基金。

五、纳入基金征收范围的微型计算机，是指接口类型仅包括 VGA（模拟信号接口）、DVI（数字视频接口）或 HDMI（高清晰多媒体接口）的台式微型计算机的显示器、主机和显示器一体形式的台式微型计算机、便携式微型计算机（含笔记本电脑、平板电脑、掌上电脑）以及其他信息事务处理实体。

六、本通知自 2012 年 7 月 1 日起执行。

财政部
国家税务总局
2012 年 10 月 15 日

关于完善废弃电器电子产品处理基金等政策的通知

财综〔2013〕110号

各省、自治区、直辖市、计划单列市财政厅（局）、环境保护厅（局）、发展改革委、工业和信息化主管部门：

为促进废弃电器电子产品处理的规模化、产业化、专业化发展，提升行业技术装备水平，推动优质废弃电器电子产品处理企业（以下简称处理企业）做大做强，淘汰落后处理企业，根据《财政部 环境保护部 国家发展改革委 工业和信息化部 海关总署 国家税务总局关于印发〈废弃电器电子产品处理基金征收使用管理办法〉的通知》（财综〔2012〕34号）等规定，现就有关事项通知如下：

一、将已建成的优质处理企业纳入基金补贴范围

优质处理企业是指再生资源利用领域全国性龙头企业和电器电子产品生产大型骨干企业设立的处理企业，并具备下列条件：（一）具有国内领先水平的废弃电器电子产品拆解处理技术设备，具备持续的技术设备研发和创新能力；（二）具有废弃电器电子产品的无害化资源化深度处理能力，资源回收利用率和附加值高；（三）废弃电器电子产品处理的环境污染控制标准高；（四）企业管理规范，有完善的废弃电器电子产品回收处理信息管理系统，内部控制制度有效；（五）有稳定的废弃电器电子产品回收渠道；（六）企业诚信度高，社会信誉良好。

本通知发布前已建成但尚未纳入相关省（区、市）废弃电器电子产品处理发展规划（以下简称规划）的优质处理企业，可以向设区的市级环保部门申请废弃电器电子产品处理资格，并向财政部、环境保护部、发展改革委、工业和信息化部申请废弃电器电子产品处理基金（以下简称基金）补贴。

设区的市级环保部门对提出申请的优质处理企业资质情况进行审查，对符合条件的颁发废弃电器电子产品处理资格证书。财政部会同环境保护部、发展改革委、工业和信息化部对提出基金补贴申请的优质处理企业相关条件进行审核，并

组织专家进行现场核查，对达到合格标准的，纳入基金补贴范围。

二、调整完善各省（区、市）废弃电器电子产品处理发展规划

对获得基金补贴的优质处理企业，由相关省（区、市）环保部门会同有关部门将其纳入本地区规划。本通知发布后新设立的优质处理企业申请废弃电器电子产品处理资格和基金补贴，必须先符合各省（区、市）规划的要求。

严格控制处理企业规划数量，优化处理企业结构。除将已获得基金补贴的优质处理企业纳入规划外，本通知发布前已经在环境保护部备案的各省（区、市）废弃电器电子产品处理企业规划数量不再增加。各省（区、市）环保部门要会同有关部门通过修订本地区规划，淘汰技术设备落后、不符合环保要求、资源综合利用率低、缺乏诚信和管理混乱的企业，并将优质处理企业纳入规划。

合理核定处理企业的处理能力。设区的市级环保部门要切实规范废弃电器电子产品处理资格审查和许可管理，根据处理企业配备的关键处理设备（如 CRT 切割机）台数、以每天 8 小时工作时间为标准，并区分废弃电器电子产品类别，科学合理核定处理企业的处理能力，确保真实准确，不得虚增处理能力。凡不符合上述要求的，设区的市级环保部门要重新核定处理企业的处理能力，并按规定对其换发废弃电器电子产品处理资格证书。各省（区、市）环保部门要督促和指导设区的市级环保部门做好处理能力核定工作，并于 2014 年 1 月 20 日前将重新核定后的本地区处理企业的处理能力报环境保护部和财政部备案。

三、明确基金补贴企业退出规定

各级环保部门要会同有关部门通过现场检查、驻厂监管、重点抽查、委托专业机构审核、信息系统实时监控等方式，加强对处理企业拆解处理废弃电器电子产品的审核和环境执法监督。财政部会同环境保护部、发展改革委、工业和信息化部对处理企业进行综合评估。在审核监督和综合评估中发现处理企业有下列情形之一的，取消给予基金补贴的资格，并从相关省（区、市）规划中剔除：（一）存在违法经营行为的；（二）以虚报、冒领等手段骗取基金补贴的；（三）非法利用处置废弃电器电子产品拆解产物的；（四）自 2014 年起，经各级环保部门审核确认的废弃电器电子产品不规范拆解处理数量占其申报拆解处理总量连续两年超过 5%的；（五）自 2014 年起，各类废弃电器电子产品年实际拆解处理量低于许可处理能力的 20%的，以及资源产出率低于 40%的。

四、全面公开废弃电器电子产品处理信息

各省（区、市）环保部门要在政府网站显著位置公开本地区处理企业规划数量、名称、处理设施地址、处理的废弃电器电子产品类别和能力等；按季度公开本地区处理企业完成拆解处理的废弃电器电子产品种类、数量，以及拆解产物和最终废弃物利用处置情况；及时公开本地区废弃电器电子产品拆解处理的环保核查和数量审核情况，以及处理企业接受基金补贴情况。环境保护部要在政府网站显著位置公开各省（区、市）处理企业规划数量、名称、布局、处理能力等；按季度公开各省（区、市）处理企业完成拆解处理的废弃电器电子产品种类、数量及审核情况；及时公开各省（区、市）处理企业接受基金补贴情况等。通过提高废弃电器电子产品处理信息透明度，更好地接受社会公众监督，营造公平市场环境，增强行业发展的自律性，促进行业持续健康发展。

财政部
环境保护部
发展改革委
工业和信息化部
2013 年 12 月 2 日

（三）新能源财政政策

关于印发《可再生能源发展基金征收使用管理暂行办法》的通知

财综〔2011〕115号

各省、自治区、直辖市财政厅（局）、发展改革委、能源局、物价局，财政部驻各省、自治区、直辖市财政监察专员办事处，国家电网公司、中国南方电网有限责任公司、内蒙古自治区电力有限责任公司：

为了促进可再生能源的开发利用，根据《中华人民共和国可再生能源法》有关规定，财政部会同国家发展改革委、国家能源局共同制定了《可再生能源发展基金征收使用管理暂行办法》，现印发给你们，请遵照执行。

附件：可再生能源发展基金征收使用管理暂行办法

财政部
国家发展改革委
国家能源局
2011年11月29日

附件：

可再生能源发展基金征收使用管理暂行办法

第一章　总　则

第一条　为了促进可再生能源的开发利用，根据《中华人民共和国可再生能源法》的有关规定，制定本办法。

第二条　可再生能源发展基金的资金筹集、使用管理和监督检查等适用本办法。

第二章　资金筹集

第三条　可再生能源发展基金包括国家财政公共预算安排的专项资金（以下简称可再生能源发展专项资金）和依法向电力用户征收的可再生能源电价附加收入等。

第四条　可再生能源发展专项资金由中央财政从年度公共预算中予以安排（不含国务院投资主管部门安排的中央预算内基本建设专项资金）。

第五条　可再生能源电价附加在除西藏自治区以外的全国范围内，对各省、自治区、直辖市扣除农业生产用电（含农业排灌用电）后的销售电量征收。

第六条　各省、自治区、直辖市纳入可再生能源电价附加征收范围的销售电量包括：

（一）省级电网企业（含各级子公司）销售给电力用户的电量；

（二）省级电网企业扣除合理线损后的趸售电量（即实际销售给转供单位的电量，不含趸售给各级子公司的电量）；

（三）省级电网企业对境外销售电量；

（四）企业自备电厂自发自用电量；

（五）地方独立电网（含地方供电企业，下同）销售电量（不含省级电网企业销售给地方独立电网的电量）；

（六）大用户与发电企业直接交易的电量。

省（自治区、直辖市）际间交易电量，计入受电省份的销售电量征收可再生能源电价附加。

第七条　可再生能源电价附加征收标准为 8 厘/千瓦时。根据可再生能源开发利用中长期总量目标和开发利用规划，以及可再生能源电价附加收支情况，征收标准可以适时调整。

第八条　可再生能源电价附加由财政部驻各省、自治区、直辖市财政监察专员办事处（以下简称专员办）按月向电网企业征收，实行直接缴库，收入全额上缴中央国库。

电力用户应缴纳的可再生能源电价附加，按照下列方式由电网企业代征：

（一）大用户与发电企业直接交易电量的可再生能源电价附加，由代为输送电量的电网企业代征；

（二）地方独立电网销售电量的可再生能源电价附加，由地方电网企业在向电力用户收取电费时一并代征；

（三）企业自备电厂自发自用电量应缴纳的可再生能源电价附加，由所在地电网企业代征；

（四）其他社会销售电量的可再生能源电价附加，由省级电网企业在向电力用户收取电费时一并代征。

第九条 可再生能源电价附加收入填列政府收支分类科目第 103 类 01 款 68 项“可再生能源电价附加收入”。

第十条 省级电网企业和地方独立电网企业，应于每月 10 日前向驻当地专员办申报上月实际销售电量（含自备电厂自发自用电量，下同）和应缴纳的可再生能源电价附加。专员办应于每月 12 日前完成对企业申报的审核，确定可再生能源电价附加征收额，并向申报企业开具《非税收入一般缴款书》。省级电网企业和地方独立电网企业，应于每月 15 日前，按照专员办开具《非税收入一般缴款书》所规定的缴款额，足额上缴可再生能源电价附加。

第十一条 专员办根据省级电网企业和地方独立电网企业全年实际销售电量，在次年 3 月底前完成对相关企业全年应缴可再生能源电价附加的汇算清缴工作。

专员办开展汇算清缴工作时，应对电力用户欠缴电费、电网企业核销坏账损失的电量情况进行审核，经确认后不计入相关企业全年实际销售电量。

第十二条 中央财政按照可再生能源附加实际代征额的 2‰付给相关电网企业代征手续费，代征手续费从可再生能源发展基金支出预算中安排，具体支付方式按照财政部的有关规定执行。代征电网企业不得从代征收入中直接提留代征手续费。

第十三条 对可再生能源电价附加征收增值税而减少的收入，由财政预算安排相应资金予以弥补，并计入“可再生能源电价附加收入”科目核算。

第三章 资金使用

第十四条 可再生能源发展基金用于支持可再生能源发电和开发利用活动：

（一）可再生能源发展专项资金主要用于支持以下可再生能源开发利用活动：

1. 可再生能源开发利用的科学技术研究、标准制定和示范工程；

2. 农村、牧区生活用能的可再生能源利用项目；

3. 偏远地区和海岛可再生能源独立电力系统建设；

4. 可再生能源的资源勘查、评价和相关信息系统建设；

5. 促进可再生能源开发利用设备的本地化生产；

6. 《中华人民共和国可再生能源法》规定的其他相关事项。

（二）可再生能源电价附加收入用于以下补助：

1. 电网企业按照国务院价格主管部门确定的上网电价，或者根据《中华人民共和国可再生能源法》有关规定通过招标等竞争性方式确定的上网电价，收购可再生能源电量所发生的费用，高于按照常规能源发电平均上网电价计算所发生费用之间的差额；

2. 执行当地分类销售电价，且由国家投资或者补贴建设的公共可再生能源独立电力系统，其合理的运行和管理费用超出销售电价的部分；

3. 电网企业为收购可再生能源电量而支付的合理的接网费用以及其他合理的相关费用，不能通过销售电价回收的部分。

第十五条 相关企业申请可再生能源发展专项资金补助的具体办法，按照《财政部关于印发〈可再生能源发展专项资金管理暂行办法〉的通知》（财建〔2006〕237 号）等有关文件的规定执行。

可再生能源发展专项资金用于固定资产投资的，还应按照中央政府投资管理的有关规定执行。

第十六条 电网企业应按照《可再生能源法》相关规定，全额收购其电网覆盖范围内符合并网技术标准的可再生能源并网发电项目的上网电量。

第十七条 可再生能源电价附加补助资金的申报、审核、拨付等具体办法，由财政部会同国家发展改革委、国家能源局另行制定。

第十八条 可再生能源发展专项资金支出填列政府收支分类科目中第 211 类 12 款 01 项“可再生能源”；可再生能源电价附加支出填列政府收支分类科目中第 211 类 15 款 01 项“可再生能源电价附加收入安排的支出”（新增）。

第四章 监督检查

第十九条 财政、价格、能源、审计部门按照职责分工，对可再生能源电价附加的征收、拨付、使用和管理情况进行监督检查。

第二十条 省级电网企业和地方独立电网企业，应及时足额上缴可再生能源电价附加，不得拖延缴纳。

第二十一条 未经批准，多征、减征、缓征、停征或截留、挤占、挪用可再生能源电价附加收入的单位及责任人，由财政、价格、能源、审计等相关部门依照《中华人民共和国价格法》、《财政违法行为处罚处分条例》、《价格违法行为行政处罚规定》等法律法规追究法律责任。

第五章 附 则

第二十二条 本办法由财政部会同国家发展改革委、国家能源局解释。

第二十三条 本办法自 2012 年 1 月 1 日起施行。

关于印发《可再生能源电价附加补助资金管理暂行办法》的通知

财建〔2012〕102号

各省、自治区、直辖市财政厅（局）、发展改革委、能源局、物价局，新疆生产建设兵团财务局、发展改革委、能源主管部门、价格主管部门，国家电网公司、中国南方电网有限责任公司、内蒙古自治区电力有限责任公司：

为促进可再生能源开发利用，规范可再生能源电价附加资金管理，提高资金使用效率，根据《中华人民共和国可再生能源法》和《财政部　国家发展改革委　国家能源局关于印发〈可再生能源发展基金征收使用管理暂行办法〉的通知》（财综〔2011〕115号），财政部、国家发展改革委、国家能源局共同制定了《可再生能源电价附加补助资金管理暂行办法》，现印发给你们，请遵照执行。

附件：可再生能源电价附加补助资金管理暂行办法

财政部

国家发展改革委

国家能源局

2012年3月14日

附件：

可再生能源电价附加补助资金管理暂行办法

第一章　总　则

第一条　根据《中华人民共和国可再生能源法》和《财政部　国家发展改革

委　国家能源局关于印发〈可再生能源发展基金征收使用管理暂行办法〉的通知》（财综〔2011〕115号），制定本办法。

第二条　本办法所称可再生能源发电是指风力发电、生物质能发电（包括农林废弃物直接燃烧和气化发电、垃圾焚烧和垃圾填埋气发电、沼气发电）、太阳能发电、地热能发电和海洋能发电等。

第二章　补助项目确认

第三条　申请补助的项目必须符合以下条件：

（一）属于《财政部　国家发展改革委　国家能源局关于印发〈可再生能源发展基金征收使用管理暂行办法〉的通知》规定的补助范围。

（二）按照国家有关规定已完成审批、核准或备案，且已经过国家能源局审核确认。具体审核确认办法由国家能源局另行制定。

（三）符合国家可再生能源价格政策，上网电价已经价格主管部门审核批复。

第四条　符合本办法第三条规定的项目，可再生能源发电企业、可再生能源发电接网工程项目单位、公共可再生能源独立电力系统项目单位，按属地原则向所在地省级财政、价格、能源主管部门提出补助申请（格式见附1（略））。省级财政、价格、能源主管部门初审后联合上报财政部、国家发展改革委、国家能源局。

第五条　财政部、国家发展改革委、国家能源局对地方上报材料进行审核，并将符合条件的项目列入可再生能源电价附加资金补助目录。

第三章　补助标准

第六条　可再生能源发电项目上网电量的补助标准，根据可再生能源上网电价、脱硫燃煤机组标杆电价等因素确定。

第七条　专为可再生能源发电项目接入电网系统而发生的工程投资和运行维护费用，按上网电量给予适当补助，补助标准为：50公里以内每千瓦时1分钱，50～100公里每千瓦时2分钱，100公里及以上每千瓦时3分钱。

第八条　国家投资或者补贴建设的公共可再生能源独立电力系统的销售电价，执行同一地区分类销售电价，其合理的运行和管理费用超出销售电价的部分，通过可再生能源电价附加给予适当补助，补助标准暂定为每千瓦每年0.4万元。

第九条　可再生能源发电项目、接网工程及公共可再生能源独立电力系统的价格政策，由国家发展改革委根据不同类型可再生能源发电的特点和不同地区的情况，按照有利于促进可再生能源开发利用和经济合理的原则确定，并根据可再生能源开发利用技术的发展适时调整。

根据《中华人民共和国可再生能源法》有关规定通过招标等竞争性方式确定的上网电价，按照中标确定的价格执行，但不得高于同类可再生能源发电项目的政府定价水平。

第四章 预算管理和资金拨付

第十条 按照中央政府性基金预算管理要求和程序，财政部会同国家发展改革委、国家能源局编制可再生能源电价附加补助资金年度收支预算。

第十一条 可再生能源电价附加补助资金原则上实行按季预拨、年终清算。省级电网企业、地方独立电网企业根据本级电网覆盖范围内的列入可再生能源电价附加资金补助目录的并网发电项目和接网工程有关情况，于每季度第三个月10日前提出下季度可再生能源电价附加补助资金申请表（格式见附 2（略）），经所在地省级财政、价格、能源主管部门审核后，报财政部、国家发展改革委、国家能源局。

公共可再生能源独立电力系统项目于年度终了后随清算报告一并提出资金申请。

第十二条 财政部根据可再生能源电价附加收入、省级电网企业和地方独立电网企业资金申请等情况，将可再生能源电价附加补助资金拨付到省级财政部门。省级财政部门按照国库管理制度有关规定及时拨付资金。

第十三条 省级电网企业、地方独立电网企业应根据可再生能源上网电价和实际收购的可再生能源发电上网电量，按月与可再生能源发电企业结算电费。

第十四条 年度终了后1个月内，省级电网企业、地方独立电网企业、公共可再生能源独立电力系统项目单位，应编制上年度可再生能源电价附加补助资金清算申请表（格式见附 3（略）），报省级财政、价格、能源主管部门，并提交全年电费结算单或电量结算单等相关证明材料。

第十五条 省级财政、价格、能源主管部门对企业上报材料进行初步审核，提出初审意见，上报财政部、国家发展改革委、国家能源局。

第十六条 财政部会同国家发展改革委、国家能源局组织审核地方上报材料，并对补助资金进行清算。

第五章　附　则

第十七条　本办法由财政部会同国家发展改革委、国家能源局负责解释。

第十八条　本办法自发布之日起施行。2012 年可再生能源电价附加补助资金的申报、审核、拨付等按本办法执行。

关于印发《可再生能源发展专项资金管理暂行办法》的通知

财建〔2015〕87 号

各省、自治区、直辖市、计划单列市财政厅（局），新疆生产建设兵团财务局：

为促进可再生能源开发利用，优化能源结构，保障能源安全，根据《中华人民共和国预算法》、《中华人民共和国可再生能源法》等相关法律法规以及党的十八届三中全会关于深化财税体制改革的具体要求，我部制定了《可再生能源发展专项资金管理暂行办法》。现予印发，请遵照执行。

附件：可再生能源发展专项资金管理暂行办法

财政部

2015 年 4 月 2 日

附件：

可再生能源发展专项资金管理暂行办法

第一条　为规范和加强可再生能源发展专项资金管理，提高资金使用效益，根据《中华人民共和国预算法》、《中华人民共和国可再生能源法》等有关法律法规规定，制定本办法。

第二条　可再生能源发展专项资金，是指通过中央财政预算安排，用于支持可再生能源和新能源开发利用的专项资金。

第三条　可再生能源发展专项资金实行专款专用，专项管理。

第四条　可再生能源发展专项资金由财政部会同有关部门管理。

第五条　财政部主要职责如下：

（一）会同相关部门制订可再生能源发展专项资金管理制度以及相关配套文件；

（二）负责可再生能源发展专项资金预算编制和下达；

（三）监督检查资金使用情况，组织开展绩效评价。

第六条 国务院有关部门主要职责如下：

（一）按照有关法律规定，制订可再生能源和新能源相关行业工作方案；

（二）会同财政部门组织实施可再生能源和新能源开发利用工作；

（三）负责监督检查可再生能源和新能源开发利用工作执行及完成情况。

第七条 地方财政和相关主管部门主要职责如下：

（一）落实地方扶持政策措施及应承担的专项资金，制定具体操作规程；

（二）组织可再生能源发展专项资金申报，核实并提供相关材料；

（三）按规定管理可再生能源发展专项资金，对相关工作实施、任务完成以及资金使用情况进行监督检查。

第八条 可再生能源发展专项资金重点支持范围：

（一）可再生能源和新能源重点关键技术示范推广和产业化示范；

（二）可再生能源和新能源规模化开发利用及能力建设；

（三）可再生能源和新能源公共平台建设；

（四）可再生能源、新能源等综合应用示范；

（五）其他经国务院批准的有关事项。

第九条 由财政部会同有关部门组织地方和中央部门申请可再生能源发展专项资金，具体办法另行制定。

第十条 可再生能源发展专项资金根据项目任务、特点等情况采用奖励、补助、贴息等方式支持并下达地方或纳入中央部门预算。

第十一条 资金分配结合可再生能源和新能源相关工作性质、目标、投资成本以及能源资源综合利用水平等因素，主要采用竞争性分配、因素法分配和据实结算等方式。对据实结算项目，主要采用先预拨、后清算的资金拨付方式。

第十二条 项目实施过程中，因实施环境和条件发生重大变化需要调整时，应按规定程序上报财政部和有关部门，经批准后执行。

第十三条 资金支付应按照国库集中支付制度有关规定执行。涉及政府采购的，应按照政府采购有关法律制度规定执行。

第十四条 省级财政部门会同有关部门按照职责分工，将本年度可再生能源发展专项资金安排使用及其项目实施情况及时报财政部和有关部门备案。

第十五条　财政部会同有关部门对可再生能源发展专项资金使用情况进行监督检查和绩效考评。

第十六条　任何单位或个人不得截留、挪用可再生能源发展专项资金。对违反规定，骗取、截留、挪用可再生能源发展专项资金的，依照《财政违法行为处罚处分条例》等国家有关规定进行处理。涉嫌犯罪的，依法移送司法机关处理。

第十七条　本办法由财政部商有关部门按职责分工负责解释。

第十八条　本办法自发布之日起施行。《财政部关于印发〈可再生能源发展专项资金管理暂行办法〉的通知》（财建〔2006〕237号）、《财政部关于印发〈生物能源和生物化工非粮引导奖励资金管理暂行办法〉的通知》（财建〔2007〕282号）、《财政部关于印发〈生物能源和生物化工原料基地补助资金管理暂行办法〉的通知》（财建〔2007〕435号）、《财政部关于印发〈生物燃料乙醇弹性补贴财政财务管理办法〉的通知》（财建〔2007〕724号）、《财政部关于印发〈秸秆能源化利用补助资金暂行办法〉的通知》（财建〔2008〕735号）、《财政部关于印发〈太阳能光电建筑应用财政补助资金管理暂行办法〉的通知》（财建〔2009〕129号）、《财政部　科技部　国家能源局关于实施金太阳示范工程的通知》（财建〔2009〕397号）、《财政部　国家能源局　农业部关于印发〈绿色能源示范县建设补助资金管理暂行办法〉的通知》（财建〔2011〕113号）同时废止。

关于 2016—2020 年新能源汽车推广应用财政支持政策的通知

财建〔2015〕134 号

各省、自治区、直辖市、计划单列市财政厅（局）、科技厅（局、科委）、工业和信息化主管部门、发展改革委：

新能源汽车推广应用工作实施以来，销售数量快速增加，产业化步伐不断加快。为保持政策连续性，促进新能源汽车产业加快发展，按照《国务院办公厅关于加快新能源汽车推广应用的指导意见》（国办发〔2014〕35 号）等文件要求，财政部、科技部、工业和信息化部、发展改革委（以下简称四部委）将在 2016—2020 年继续实施新能源汽车推广应用补助政策。现将有关事项通知如下：

一、补助对象、产品和标准

四部委在全国范围内开展新能源汽车推广应用工作，中央财政对购买新能源汽车给予补助，实行普惠制。具体的补助对象、产品和标准是：

（一）补助对象。补助对象是消费者。新能源汽车生产企业在销售新能源汽车产品时按照扣减补助后的价格与消费者进行结算，中央财政按程序将企业垫付的补助资金再拨付给生产企业。

（二）补助产品。中央财政补助的产品是纳入“新能源汽车推广应用工程推荐车型目录”（以下简称“推荐车型目录”）的纯电动汽车、插电式混合动力汽车和燃料电池汽车。

（三）补助标准。补助标准主要依据节能减排效果，并综合考虑生产成本、规模效应、技术进步等因素逐步退坡。2016 年各类新能源汽车补助标准见附件 1（略）。2017—2020 年除燃料电池汽车外其他车型补助标准适当退坡，其中：2017—2018 年补助标准在 2016 年基础上下降 20%，2019—2020 年补助标准在 2016 年基础上下降 40%。

二、对企业和产品的要求

新能源汽车生产企业应具备较强的研发、生产和推广能力，应向消费者提供良好的售后服务保障，免除消费者后顾之忧；纳入中央财政补助范围的新能源汽车产品应具备较好的技术性能和安全可靠性。基本条件是：

（一）产品性能稳定并安全可靠。纳入中央财政补助范围的新能源汽车产品应符合新能源汽车纯电动续驶里程等技术要求，应通过新能源汽车专项检测、符合新能源汽车相关标准。其中，插电式混合动力汽车还需符合相关综合燃料消耗量要求。纳入中央财政补助范围的新能源汽车产品技术要求见附件 2（略）。

（二）售后服务及应急保障完备。新能源汽车生产企业要建立新能源汽车产品质量安全责任制，完善售后服务及应急保障体系，在新能源汽车产品销售地区建立售后服务网点，及时解决新能源汽车技术故障。

（三）加强关键零部件质量保证。新能源汽车生产企业应对消费者提供动力电池等储能装置、驱动电机、电机控制器质量保证，其中乘用车生产企业应提供不低于 8 年或 12 万公里（以先到者为准，下同）的质保期限，商用车生产企业（含客车、专用车、货车等）应提供不低于 5 年或 20 万公里的质保期限。汽车生产企业及动力电池生产企业应承担动力电池回收利用的主体责任。

（四）确保与《车辆生产企业及产品公告》保持一致。新能源汽车生产企业应及时向社会公开车辆基本性能信息，并保证所销售的新能源汽车与《车辆生产企业及产品公告》（以下简称《公告》）及“推荐车型目录”内产品一致。

三、资金申报和下达

（一）年初预拨补助资金。每年 2 月底前，生产企业将本年度新能源汽车预计销售情况通过企业注册所在地财政、科技、工信、发改部门（以下简称四部门）申报，由四部门负责审核并于 3 月底前逐级上报至四部委。四部委组织审核后按照一定比例预拨补助资金。

（二）年度终了后进行资金清算。年度终了后，2 月底前，生产企业提交上年度的清算报告及产品销售、运行情况，包括销售发票、产品技术参数和车辆注册登记信息等，按照上述渠道于 3 月底前逐级上报至四部委。四部委组织审核并对补助资金进行清算。

四、工作要求

各地要科学制定地方性扶持政策，进一步加大环卫、公交等公益性行业新能源汽车推广支持力度，和中央财政支持政策形成互补和合力，加快完善新能源汽车应用环境。四部委将加强对新能源汽车推广情况的监督、核查。有下列情形之一的，四部委将视情节给予通报批评、扣减补助资金、取消新能源汽车补助资格、暂停或剔除“推荐车型目录”中有关产品等处罚措施：

（一）提供虚假技术参数，骗取产品补助资格的；

（二）提供虚假推广信息，骗取财政补助资金的；

（三）销售产品的关键零部件型号、电池容量、技术参数等与《公告》产品不一致的。

五、实施期限及其他

本政策实施期限是2016—2020年，四部委将根据技术进步、产业发展、推广应用规模、成本变化等因素适时调整补助政策。

对地方政府的新能源汽车推广要求和考核奖励政策将另行研究制定。

财政部

科技部

工业和信息化部

发展改革委

2015年4月22日

关于分布式光伏发电实行按照电量补贴政策等有关问题的通知

财建〔2013〕390号

各省、自治区、直辖市、计划单列市财政厅（局），国家电网公司、中国南方电网有限责任公司：

为贯彻落实《国务院关于促进光伏产业健康发展的若干意见》（国发〔2013〕24号），现将分布式光伏发电项目按电量补贴等政策实施办法通知如下：

一、分布式光伏发电项目按电量补贴实施办法

（一）项目确认。国家对分布式光伏发电项目按电量给予补贴，补贴资金通过电网企业转付给分布式光伏发电项目单位。申请补贴的分布式光伏发电项目必须符合以下条件：

1. 按照程序完成备案。具体备案办法由国家能源局另行制定。

2. 项目建成投产，符合并网相关条件，并完成并网验收等电网接入工作。

符合上述条件的项目可向所在地电网企业提出申请，经同级财政、价格、能源主管部门审核后逐级上报。国家电网公司、中国南方电网有限责任公司（以下简称南方电网公司）经营范围内的项目，由其下属省（区、市）电力公司汇总，并经省级财政、价格、能源主管部门审核同意后报国家电网公司和南方电网公司。国家电网公司和南方电网公司审核汇总后报财政部、国家发展改革委、国家能源局。地方独立电网企业经营范围内的项目，由其审核汇总，报项目所在地省级财政、价格、能源主管部门，省级财政、价格、能源管理部门审核后报财政部、国家发展改革委、国家能源局。财政部、国家发展改革委、国家能源局对报送项目组织审核，并将符合条件的项目列入补助目录予以公告。国家电网公司、南方电网公司、地方独立电网企业经营范围内电网企业名单详见附件（略）。

享受金太阳示范工程补助资金、太阳能光电建筑应用财政补助资金的项目不属于分布式光伏发电补贴范围。光伏电站执行价格主管部门确定的光伏发电上网电价，不属于分布式光伏发电补贴范围。

（二）补贴标准。补贴标准综合考虑分布式光伏上网电价、发电成本和销售电价等情况确定，并适时调整。具体补贴标准待国家发展改革委出台分布式光伏上网电价后再另行发文明确。

（三）补贴电量。电网企业按用户抄表周期对列入分布式光伏发电项目补贴目录内的项目发电量、上网电量和自发自用电量等进行抄表计量，作为计算补贴的依据。

（四）资金拨付。中央财政根据可再生能源电价附加收入及分布式光伏发电项目预计发电量，按季向国家电网公司、南方电网公司及地方独立电网企业所在省级财政部门预拨补贴资金。电网企业根据项目发电量和国家确定的补贴标准，按电费结算周期及时支付补贴资金。具体支付办法由国家电网公司、南方电网公司、地方独立电网企业制定。国家电网公司和南方电网公司具体支付办法报财政部备案，地方独立电网企业具体支付办法报省级财政部门备案。

年度终了后 1 个月内，国家电网公司、南方电网公司对经营范围内的项目上年度补贴资金进行清算，经省级财政、价格、能源主管部门审核同意后报财政部、国家发展改革委、国家能源局。地方独立电网企业对经营范围内的项目上年度补贴资金进行清算，由省级财政部门会同价格、能源主管部门核报财政部、国家发展改革委、国家能源局。财政部会同国家发展改革委、国家能源局审核清算。

二、改进光伏电站、大型风力发电等补贴资金管理

除分布式光伏发电补贴资金外，光伏电站、大型风力发电、地热能、海洋能、生物质能等可再生能源发电的补贴资金继续按《财政部　国家发展改革委　国家能源局关于印发〈可再生能源电价附加补助资金管理暂行办法〉的通知》（财建〔2012〕102 号，以下简称《办法》）管理。为加快资金拨付，对有关程序进行简化。

（一）国家电网公司和南方电网公司范围内的并网发电项目和接网工程，补贴资金不再通过省级财政部门拨付，中央财政直接拨付给国家电网公司、南方电网公司。年度终了后 1 个月内，各省（区、市）电力公司编制上年度并网发电项目和接网工程补贴资金清算申请表，经省级财政、价格、能源主管部门审核后，报国家电网公司、南方电网公司汇总。国家电网公司、南方电网公司审核汇总后报财政部、国家发展改革委和国家能源局。地方独立电网企业仍按《办法》规定程序申请补贴资金。

（二）按照《可再生能源法》，光伏电站、大型风力发电、地热能、海洋能、

生物质能等可再生能源发电补贴资金的补贴对象是电网企业。电网企业要按月与可再生能源发电企业根据可再生能源上网电价和实际收购的可再生能源发电上网电量及时全额办理结算。

（三）公共可再生能源独立电力系统项目补贴资金，于年度终了后由省级财政、价格、能源主管部门随清算报告一并提出资金申请。

（四）中央财政已拨付的可再生能源电价附加资金，各地财政部门应于 8 月底全额拨付给电网企业。2012 年补贴资金按照《办法》进行清算。2013 年以后的补贴资金按照本通知拨付和清算。

三、本通知自印发之日起实施。

财政部

2013 年 7 月 24 日

关于对分布式光伏发电自发自用电量免征政府性基金有关问题的通知

财综〔2013〕103 号

各省、自治区、直辖市财政厅（局），财政部驻各省、自治区、直辖市、计划单列市财政监察专员办事处：

为了促进光伏产业健康发展，根据《国务院关于促进光伏产业健康发展的若干意见》（国发〔2013〕24 号）的有关规定，对分布式光伏发电自发自用电量免收可再生能源电价附加、国家重大水利工程建设基金、大中型水库移民后期扶持基金、农网还贷资金等 4 项针对电量征收的政府性基金。上述规定自本通知发文之日起施行。

财政部

2013 年 11 月 19 日

关于出台页岩气开发利用补贴政策的通知

财建〔2012〕847号

各省、自治区、直辖市、计划单列市财政厅（局）、发展改革委（能源局），新疆生产建设兵团财务局、发展改革委：

为大力推动我国页岩气勘探开发，增加天然气供应，缓解天然气供需矛盾，调整能源结构，促进节能减排，中央财政安排专项资金，支持页岩气开发利用。现将有关事项通知如下：

一、页岩气界定标准及补贴条件

页岩气是指赋存于富有机质泥页岩及其夹层中，以吸附或游离态为主要存在方式的非常规天然气。具体界定标准为：

（一）赋存于烃源岩内。具有较高的有机质含量（TOC＞1.0%），吸附气含量大于20%。

（二）夹层及厚度。夹层粒度为粉砂岩以下（包括粉砂岩）或碳酸盐岩，单层厚度不超过1米。

（三）夹层比例。气井目的层夹层总厚度不超过气井目的层的20%。

页岩气补贴条件为：

（一）已开发利用的页岩气；

（二）企业已安装可以准确计量页岩气开发利用的计量设备，并能准确提供页岩气开发利用量。

二、补贴标准

中央财政对页岩气开采企业给予补贴，2012—2015年的补贴标准为0.4元/立方米，补贴标准将根据页岩气产业发展情况予以调整。地方财政可根据当地页岩气开发利用情况对页岩气开发利用给予适当补贴，具体标准和补贴办法由地方根据当地实际情况研究确定。

三、补贴金额

中央财政安排的页岩气补贴资金按以下方式计算：

补贴资金＝开发利用量×补贴标准

四、申请程序

（一）每年 1 月底前，页岩气开发利用企业（包括中央直属企业）向项目所在地财政部门和能源主管部门提出资金申请报告，并提供上年页岩气开发利用数量，以及录井、岩心分析数据、测井、压裂施工数据、压后监测数据和试采数据等勘探资料。

（二）企业的资金申请报告，由所在地财政部门和能源主管部门核实汇总后上报省级财政部门和能源主管部门。省级财政部门和能源主管部门审核汇总后于 2 月底联合上报财政部和国家能源局。

（三）财政部、国家能源局将组织专家对地方上报的资金申请报告和审核情况进行复审，对符合补贴条件的项目在财政部和国家能源局网站上予以公示（公示时间 1 周），对无异议的下达补贴资金。

五、监督检查

申请中央财政补贴的页岩气开发企业，必须提供真实材料。各级财政部门和能源主管部门应按有关政策要求，严格把关，认真审核，采取书面审查、现场审核、专家审核、查阅原始凭证等方式，重点审核企业所提供的资料是否真实、开发利用的页岩气是否符合政策规定等。对提供虚假材料、虚报冒领财政补贴资金的，各级财政部门应扣回相关补贴资金，情节严重的，按照《财政违法行为处罚处分条例》（国务院令第 427 号）规定，依法追究有关单位和人员责任。

六、本实施意见由财政部会同国家能源局负责解释。

七、本办法自印发之日起实施。

财政部

国家能源局

2012 年 11 月 1 日

关于页岩气开发利用财政补贴政策的通知

财建〔2015〕112 号

各省、自治区、直辖市、计划单列市财政厅（局）、发展改革委（能源局），新疆生产建设兵团财务局、发展改革委：

为加快推动我国页岩气产业发展，提升我国能源安全保障能力，调整能源结构，促进节能减排，“十三五”期间，中央财政将继续实施页岩气财政补贴政策。现将有关事项通知如下：

一、补贴标准

2016—2020 年，中央财政对页岩气开采企业给予补贴，其中：2016—2018 年的补贴标准为 0.3 元/立方米；2019—2020 年补贴标准为 0.2 元/立方米。财政部、国家能源局将根据产业发展、技术进步、成本变化等因素适时调整补贴政策。

二、资金申请与拨付

补贴资金按照先预拨，后清算的方式拨付。每年 3 月底前，页岩气开发利用企业向项目所在地财政部门和能源主管部门提出本年度页岩气开采计划和开发利用数量，并提供上年度资金清算报告以及录井、岩心分析数据、测井、压裂施工数据、压后监测数据和试采数据等勘探资料；项目所在地财政部门和能源部门审核后逐级上报至财政部和国家能源局。

国家能源局和财政部对地方上报的材料进行复审。财政部根据复审结果拨付上年度清算资金和本年度预拨资金。

三、其他事项

其他有关情况继续按《财政部国家能源局关于出台页岩气开发利用补贴政策的通知》（财建〔2012〕847 号）执行。

财政部

国家能源局

2015 年 4 月 17 日

（四）其他环境财政政策

关于印发《中央农村环境保护专项资金管理暂行办法》的通知

财建〔2009〕165号

各省、自治区、直辖市、计划单列市财政厅（局）、环境保护局（厅）：

根据全国农村环境保护工作电话电话会议精神，中央财政设立了农村环境保护专项资金。为规范资金管理，提高资金使用效益，我们制定了《中央农村环境保护专项资金管理暂行办法》，现印发给你们，请遵照执行。执行中如有问题，请及时反馈我们。

附件：中央农村环境保护专项资金管理暂行办法

财政部

环境保护部

2009年4月21日

附件：

中央农村环境保护专项资金管理暂行办法

第一章　总　则

第一条　为规范中央农村环境保护专项资金管理，提高资金使用效益，根据《中华人民共和国预算法》等有关法律法规规定，以及《国务院办公厅转发环境保护部等部门关于实行“以奖促治”加快解决突出的农村环境问题实施方案的通知》

（国办发〔2009〕11 号）要求，并结合农村环保工作特点，制定本办法。

第二条 中央农村环境保护专项资金（以下简称专项资金）是指中央财政为支持农村环境保护，鼓励各地有效解决危害群众身体健康的突出问题，促进农村生态示范建设而设立的专项补助资金。

第三条 专项资金对开展农村环境综合整治的村庄，实行“以奖促治”；对通过生态环境建设达到生态示范建设标准的村镇，实行“以奖代补”。

第四条 专项资金的管理实行“突出重点、注重实效、公开透明、专款专用、强化监管”的原则。

第二章 资金支持范围

第五条 实行“以奖促治”方式的专项资金（以下简称“以奖促治”资金）重点支持以下内容：

（一）农村饮用水水源地保护；

（二）农村生活污水和垃圾处理；

（三）畜禽养殖污染治理；

（四）历史遗留的农村工矿污染治理；

（五）农业面源污染和土壤污染防治；

（六）其他与村庄环境质量改善密切相关的环境综合整治措施。

“以奖促治”资金主要用于符合以上内容的农村环境污染防治设施或工程支出。

第六条 实行“以奖代补”方式的专项资金（以下简称“以奖代补”资金）重点支持通过开展生态示范建设，达到环境保护部有关生态示范建设标准的村镇。

“以奖代补”资金主要用于农村生态示范成果巩固和提高所需的环境污染防治设施或工程，以及环境污染防治设施运行维护支出等。

第七条 专项资金不得用于人员工资、津贴补贴及奖金和公务车辆、办公用房购建等支出。

第八条 项目前期经费以及考核验收、开展监督监测等工作经费由环境保护部门按照预算管理程序向同级财政部门申请列入部门预算安排。

第九条 各地在申请专项资金的同时，应通过地方财政和村庄自筹落实农村环境污染防治设施或工程建成后的运行费用，以确保环境综合整治的持续效果。

第三章　专项资金管理

第十条　建立专项资金考核奖励机制，由财政部会同环境保护部对各地专项资金和项目执行情况进行考核，考核结果作为专项资金安排的重要依据。

第十一条　省级财政部门应在中央财政下达资金预算后的 20 个工作日内，及时下达专项资金预算。

第十二条　专项资金实行县级财政报账制，县级财政、环保部门应加强专项资金拨付工作的审核和管理，确保专款专用、专项核算，不得截留、挤占和挪用。

第十三条　专项资金连续两年未动用的，未动用资金一律作为财政拨款净结余处理。

省级财政部门会同环保部门在申报下一年度专项资金预算时，应同时提出净结余资金安排建议，报财政部和环境保护部审批。

第四章　专项资金监督检查

第十四条　财政部将会同环境保护部或委托评审机构对专项资金的使用情况和项目实施情况进行监督检查。

第十五条　违反规定，截留、挪用专项资金或有其他违规行为的，依照《财政违法行为处罚处分条例》（国务院令第 427 号）的规定进行处理。

第十六条　地方财政部门应当会同环境保护部门建立健全监管制度，加强对专项资金的监督和考核，确保专项资金按规定使用。

第十七条　专项资金支持的村镇应当按照政务公开要求，将专项资金安排和使用详细情况、项目安排和具体实施情况等向受益地区农民张榜公布。有条件的地方应当将有关情况在财政和环境保护部门的政府门户网站上予以公布，以接受社会监督。

第五章　附　则

第十八条　省级财政和环保部门，可以根据本办法，结合当地实际，制定具体实施办法，报财政部和环境保护部备案。

第十九条　本办法自 2009 年 5 月 1 日起实施。

关于加强“十二五”中央农村环境保护专项资金管理的指导意见

财建〔2011〕1070号

各省、自治区、直辖市、计划单列市财政厅（局）、环境保护厅（局）、新疆生产建设兵团财务局、环境保护局：

为加强“十二五”中央农村环境保护专项资金（以下简称专项资金）管理，进一步提升农村环境综合整治效果，促进“以奖促治”政策取得更大成效，推动国家环境保护“十二五”规划目标的实现，根据《国务院办公厅转发环境保护部等部门关于实行“以奖促治”加快解决突出的农村环境问题实施方案的通知》（国办发〔2009〕11号）等有关规定，现提出以下意见：

一、总体要求、基本原则和工作目标

（一）总体要求。

以科学发展观为指导，进一步强化地方政府职责，深化“以奖促治、以奖代补”政策，建立资金引导、示范引导、政策引导的专项资金管理体系，加大农村环境综合整治和生态示范建设力度，在着力解决危害群众健康、威胁城乡居民食品安全、影响农村可持续发展的突出环境问题的同时，为“十二五”主要污染物总量减排和重点流域水污染防治作出积极贡献。

（二）基本原则。

中央引导，地方推动。推动资金和项目审批权限下放，将工作重心下移，中央重在政策引导，工作职责主要在地方政府。

统筹规划，突出重点。各地应结合本地区经济社会发展规划和环境保护规划，统筹规划农村环境综合整治工作，将污染防治重点流域区域、国家扶贫开发重点县作为重点支持范围。

集中投入，连片整治。中央和地方财政共同加大投入力度，整合各方资源，吸引社会资金，鼓励农民投工投劳，大力推进农村环境连片整治，不断提高资金使用效益。

因地制宜、注重实效。各地应结合本地区自然环境、社会经济条件和发展上的优势，选取合适的环保适用技术和运行管理模式，切实解决农村环境问题。

（三）主要目标。

通过中央和地方财政资金支持，到2015年，全国共完成6万个建制村（占全国总数的10%）的环境综合整治任务，建成一大批国家级生态示范乡镇和国家级生态村，使环境问题突出、严重危害群众健康的村庄基本得到治理，农村环境质量初步改善，农民群众环保意识明显提升，有效推动农村环境监测、监察执法、污染减排、环保宣教等工作机制的建立和完善。

二、完善资金投入机制，全面推进农村环境连片整治

“十二五”期间，应着重完善农村环保资金投入机制。中央财政将进一步加大资金投入力度，全面推进农村环境连片整治，逐步扩大农村环境连片整治示范范围，加快农村突出环境问题的解决进程。农村环境连片整治示范省份，要在巩固试点示范的基础上，进一步扩大连片整治实施范围、提升连片整治实施效果；非示范省份应积极开展连片整治试点。

地方各级财政、环保部门要结合本地区工作实际及财力状况，建立稳定的农村环保资金渠道，不断加大投入力度，积极配合专项资金投向，并切实保障项目前期经费、组织实施经费以及考核验收、监督监测、成效评估等工作经费。同时，地方各级财政、环保部门要同国土、建设、交通、农业、水利等涉农部门加强协调沟通，鼓励和支持其他涉农资金与农村环保资金整合，集中投入综合整治，提高资金使用效益。

三、强化激励和监督手段，不断促进资金管理机制创新

（一）优化预算安排。为进一步强化地方职责，充分调动各地开展农村环境综合整治的积极性和主动性，“十二五”期间，财政部、环境保护部根据各地农村环境综合整治工作开展情况并结合财力可能，核定对各地的资金补助规模，支持各地开展农村环境综合整治和国家级生态乡镇、国家级生态村的创建。各地在资金补助规模范围内按照有关规定及要求自主选择项目，制定农村环境综合整治实施方案报财政部、环境保护部备案。各地报备的实施方案是预算安排、项目实施和监督检查的重要依据。

（二）加强监督检查。建立预算执行跟踪与通报制度，每季度通报示范省预算执行情况和项目实施情况；加强项目实施情况督查和专项资金核查，强化过程和结果监督；加强项目验收和环境成效评估，总结经验，不断优化工作机制。

（三）完善奖惩机制。实行项目储备、预算执行、项目实施成效与预算安排联动；鼓励农村污染防治项目适用技术和工艺的研发及推广，引导国家重大环保科研成果的示范试点应用；推动管理创新，对采取投资、设计、建设和运营一体化模式的项目进行补助（奖励）；鼓励各地探索建立农村环境综合整治长效机制，对委托第三方运营的农村环境污染防治设施运行维护费用进行补助（奖励）等。

地方各级财政和环保部门要不断完善专项资金管理各项制度，认真执行责任制、报备制、参与制、公示制等制度，建立县级环保部门审核、县级财政部门按照项目实施进度核付资金的县级报账制度，完善项目招投标制度，建立专家审查和现场勘察相结合的项目审查机制。要不断推动专项资金管理机制创新，加强专项资金监管，充分运用信息公开、督促检查、审计监督、考核验收等手段，确保资金使用安全高效。

四、加强顶层设计，不断完善项目管理基础工作

（一）加强统筹规划。各地应结合本地区经济社会发展规划和环境保护规划，认真谋划农村环境连片整治工作，组织编制“十二五”农村环境连片整治实施方案，明确治理重点区域、治理重点内容、预期治理成效等，提高连片整治工作的系统性、科学性。连片整治村庄原则上从实施方案中选取，并根据实施情况进行动态调整。

（二）合理确定连片整治布局。农村环境连片整治区域要按照国办发〔2009〕11 号文件规定的“以奖促治”政策优先实施范围要求，保障直接影响群众健康的水环境安全，并结合当地污染防治、生态保护的重点工程确定。为进一步突出治理成效，在具体项目布局时，要将三个方面的村庄纳入重点支持范围：一是《关于印发〈“问题村”环境治理应对机制与程序〉的通知》（环办函〔2010〕44 号）确定的“问题村”；二是全国主要污染物排放总量控制“十二五”规划确定的纳入减排范畴的村庄；三是重点流域水污染防治“十二五”规划所确定重点流域优先控制单元范围内的村庄。

（三）科学选取治理方式和技术模式。在收录本地区科研院所和环保企业研发技术的基础上，结合本地区农村环境污染现状，对区域性存在突出环境问题的村庄实行连片整治，因地制宜，科学选取适宜不同自然生态条件和经济发展水平的低成本、高效益、便于运行维护的农村环保治理方式和实用技术。

（四）建立农村环境综合整治项目库。进行项目储备，适时掌握项目申报、资金安排、项目实施、运行维护等情况，提高项目管理的计划性和科学性。项目库实行分级管理和动态管理，按国家、省、市、县四级（省直管县除外）权限建立项目库。省级财政、环保部门定期组织将符合条件的项目入库，做好项目储备，动态更新已安排项目的实施情况及运行维护情况。

（五）建立农村环境污染防治设施运行维护长效机制。项目布局时，要预先考虑农村环境污染防治设施建成后的运行维护问题，包括运行维护方式、资金解决渠道等；实施方案制定和污染防治技术选取时，既要考虑建设成本问题，还要考虑运行维护成本和难易程度；项目通过验收后，县级人民政府应及时组织办理资产移交，结合本地区城乡基础设施管理权限划分，明确设施管理主体，加强技术指导，建立健全设施维修、养护、运行等各项规章制度，并结合各地实际情况，采取财政补贴、村镇自筹、收取费用等方式解决运行维护资金。鼓励开展集中运营和委托第三方运营，促进设施运行维护的专业化、市场化。

五、采取综合配套措施，不断提高专项资金使用效益

（一）加强示范引导。“十二五”期间，财政部、环境保护部通过重点支持各地开展农村环境连片整治示范，促使各地积极探索农村环境污染防治的有效途径。各地要建成一批符合本地区自然生态条件和经济发展水平的示范区，不断总结经验，为本地区乃至全国发挥示范引领作用，并通过新闻媒体宣传、搭建信息交流平台等，进一步扩大示范效应。

（二）加强政策引导。建立农村主要水污染物及农业源污染减排统计、监测和考核体系，通过实施农村环境综合整治项目促进农村地区污染减排，调动各地开展农村环境综合整治的积极性。研究制定相关财税政策和投融资政策，鼓励、吸引社会资金投入，建立农村环境污染防治的长效机制。

（三）加强科技支撑。通过规范制定、资质管理、信息收集以及技术示范推广等，规范项目建设，提升项目实施水平，引导推动农村环保技术开发、设备制造、技术服务、设施运营等农村环保产业发展。

财政部

环境保护部

2011 年 12 月 8 日

关于发挥一事一议财政奖补作用推动美丽乡村建设试点的通知

财农改〔2013〕3号

各省、自治区、直辖市、计划单列市财政厅（局），新疆生产建设兵团财务局：

为深入贯彻落实党的十八大和2013年中央1号文件精神，按照2013年全国一事一议财政奖补工作现场会要求，决定将美丽乡村建设作为一事一议财政奖补工作的主攻方向，从今年起启动美丽乡村建设试点。现将有关事项通知如下：

一、充分认识开展美丽乡村建设试点的重要意义

党的十八大提出，建设生态文明，是关系人民福祉、关乎民族未来的长远大计。要把生态文明建设放在突出位置，融入经济建设、政治建设、文化建设、社会建设各方面和全过程，努力建设美丽中国，实现中华民族永续发展。今年中央1号文件提出要推进农村生态文明建设，努力建设美丽乡村。开展美丽乡村建设试点，是贯彻落实十八大精神、实现全面建成小康社会目标的需要；是推进生态文明建设、实现永续发展的需要；是强化农业基础、推进农业现代化的需要；是优化公共资源配置、推动城乡发展一体化的需要。

二、美丽乡村建设试点目标和基本原则

美丽乡村建设试点目标是，适应城乡发展一体化新形势和广大农民过上美好生活的新期待，注重发挥一事一议财政奖补自下而上民主决策、农村民生需求导向和以县为主统筹使用的制度优势，注重发挥财政资金“四两拨千斤”的引领撬动作用，通过局部试点，探索总结好的经验做法和有效模式，为在更大范围内开展美丽乡村建设积累经验，完善政策。

美丽乡村建设试点的基本原则：一是坚持以人为本，尊重农民主体地位。要始终坚持议字当先，严守一事一议民主议事程序，尊重农民主体作用，调动农民参与美丽乡村建设的积极性，让美丽乡村建设成果惠及广大农民。二是坚持规划引导，突出地域特色。立足农村经济社会发展实际，依托自然地理条件，适应资

源禀赋和民俗文化差异，突出地域特色，因地制宜，因势利导，科学编制美丽乡村建设试点规划。三是坚持试点先行，重点突破。鼓励各地结合实际先行先试，突出重点，统筹协调，在局部地区取得重点突破和经验模式后再逐步推开。四是坚持多元投入，整合资源。充分发挥一事一议民办公助和财政资金“四两拨千斤”作用，加大资金整合力度，集中力量办大事。五是坚持以县为主，统筹推进。继续完善一事一议财政奖补“以县为主”的工作机制，发挥县级在美丽乡村建设中的组织规划、指导协调和管理监督等责任，形成齐抓共管、协同配合的工作格局。六是坚持改革创新，完善制度机制。深化乡村治理和公共服务供给保障机制等改革，创新适应美丽乡村建设的体制机制。

三、开展美丽乡村建设试点的主要内容

（一）继续抓好村级公益事业建设，逐步实现道路硬化、卫生净化、村庄绿化、村庄亮化、环境美化等目标，改善村容村貌和农民人居环境，为乡村生态农业、生态旅游、农家乐等发展创造良好条件，促进农村产业形态优化升级。

（二）加强中心村和农村新社区建设，推动有条件的行政村、自然村落归并整合，优化村庄布局，引导农村人口适度集中居住，节约集约土地。

（三）建立健全农村基础设施和公益事业的长效管护机制。

四、开展美丽乡村建设试点的有关要求

（一）抓紧制定美丽乡村建设试点方案。各地要尽快明确试点范围、支持重点、扶持政策、资金项目管理要求、绩效评价等内容，制定试点方案。以省为单位开展美丽乡村建设试点的省份要抓紧研究制定全省试点方案，并报工作小组审批后组织实施。局部试点省份可在中央财政重点支持 2～3 个县市的基础上，适当扩大试点范围，选择自然条件较好、领导重视、工作基础扎实、有资金整合意愿和能力的县市进行试点。试点方案于 7 月底前报送工作小组办公室同意备案后抓紧组织实施。

（二）科学编制美丽乡村建设试点规划。根据本地区域差异特征，综合考虑地理、文化、资源禀赋、经济发展水平等因素，实行差别化美丽乡村建设路径。结合县域总体规划和城镇发展规划，加快供水、污水处理、垃圾收集处理等专项规划向周边农村延伸，按照生活宜居、环境优美、设施完善的要求，区分不同村庄类型，因地制宜探索相应的建设标准和模式。

（三）加大美丽乡村建设试点资金投入和整合力度。要调整支出结构，增加美丽乡村建设投入，在此基础上进一步发挥财政资金“四两拨千斤”作用，引导农民、村集体和社会各方面资金共同投入美丽乡村建设。要适应公共资源加速向农村倾斜、延伸的新形势，发挥一事一议财政奖补平台作用，切实加大财政资金整合力度，推进进村建设性资金的统筹使用，提高财政资金使用效率和合力。

（四）加强美丽乡村建设试点项目和资金监管，强化激励约束机制。在试点村的选择上，要综合考虑村庄规模、受益人口、自然经济条件等因素，遵循公平、公开、公正原则合理确定，严禁大拆大建和搞锦上添花和劳民伤财的形象工程、样板工程；在立项过程中，要严格遵守一事一议民主议事程序，健全自下而上民主决策机制，严禁加重农民负担或违背农民意愿搞行政命令和“运动式”创建活动；在项目实施过程中，注重发挥综改、财政等部门牵头组织作用，注意发挥交通、水利、住建、文化等专业技术部门的协调配合作用，加强监督检查和竣工验收，提高建设质量和水平。严格资金使用管理，强化约束机制，试点地区实行美丽乡村建设资金专户管理和报账制，切实防止借整合之名改变资金性质及用途，或截留挪用美丽乡村建设试点资金。加强监督检查和绩效考评，严格问责制度，对资金使用管理中存在违规违纪行为的，依照《财政违法行为处罚处分条例》（国务院令第 427 号）等有关规定进行严肃处理。

（五）加强调查研究和跟踪指导。要充分估计美丽乡村建设的复杂性、艰巨性和长期性，深入基层开展调研和督导，及时掌握新情况，解决新问题，进一步细化实施方案，明确建设重点，完善支持政策，健全工作机制，探索总结规律性经验和成熟模式，为扩大试点奠定基础。

（六）加强美丽乡村建设试点的组织领导。进一步发挥现有农村综合改革领导小组及办公室作用，加强顶层设计和统筹协调，指导推动美丽乡村建设试点工作。建立健全相关部门联席会议制度，加强资金和政策整合，形成工作合力和政策的积聚效应。各级农村综合改革领导小组办公室、财政、农业等部门要认真履行职责，加强沟通协调，精心组织实施，确保试点工作顺利推进。

财政部

2013 年 7 月 1 日

关于印发《江河湖泊生态环境保护项目资金管理办法》的通知

财建〔2013〕788号

各省、自治区、直辖市、计划单列市财政厅（局）、环境保护厅（局），新疆生产建设兵团财务局、环境保护局：

为贯彻落实党的十八大关于生态文明建设的战略部署，加强水生态环境保护，规范项目资金管理，提高投资效益，我们制定了《江河湖泊生态环境保护项目资金管理办法》，现印发你们。请根据此办法，结合本地实际情况，加强项目资金管理。

附件：江河湖泊生态环境保护项目资金管理办法

财政部

环境保护部

2013年11月12日

附件：

江河湖泊生态环境保护项目资金管理办法

第一章　总　则

第一条　为引导地方按照“水系统筹、集中连片；保护优先、防治并举；综合施策、持续发展”的原则开展江河湖泊生态环境保护工作，提高财政资金使用效益，根据国家预算管理有关规定，制定本办法。

第二条　本办法所称江河湖泊生态环境保护专项资金（以下简称专项资金）

是指中央财政专项用于湖泊、河流、地下水等流域生态环境保护的资金。

第三条　根据国务院有关规定，各省（自治区、直辖市、计划单列市，下同）人民政府是江河湖泊生态环境保护工作实施的责任主体。江河湖泊生态环境保护以地方投入为主，中央安排专项资金予以适当支持，并加强对地方工作的指导监督。

第四条　各级财政部门、环境保护部门应加强与发展改革、水利等部门的沟通协调，共同推进江河湖泊生态环境保护各项工作。

第五条　专项资金管理按照公开、公平、公正原则，接受社会监督。

第二章　专项资金使用范围

第六条　专项资金使用范围包括：

（一）江河湖泊生态安全调查与评估项目。包括对江河湖泊流域生态环境保护、流域范围内产业结构及现行保护机制的调查，以此为基础开展的水生态健康、生态系统服务功能、流域社会经济影响等评价工作。

（二）饮用水水源地保护项目。包括饮用水水源规范化建设、饮用水水源地环境综合整治及环境风险防范等。

（三）流域污染源治理项目。包括与流域水环境直接相关的生活污水垃圾处理、畜禽养殖污染治理和面源污染综合整治等。

（四）生态修复与保护项目。包括湖泊水体保育、湖滨河滨缓冲带建设、湿地建设、河流生态建设、生态涵养林建设以及地下水环境修复等。

（五）环境监管能力建设项目。包括流域水环境监测、监察、应急、信息等能力建设。

专项资金应主要用于本条第一款（二）、（三）、（四）规定的范围，不得用于上述五项中的征地拆迁补偿、亭台楼阁及楼堂馆所建设、交通工具和日常办公设备购置等支出。

第七条　对于已安排中央财政其他专项补助资金的项目，专项资金不再安排。

第三章　专项资金分配方式与依据

第八条　专项资金按照“集中投入、逐个销号”的原则对满足一定标准的江河湖泊通过竞争等方式选取部分予以重点支持，其他纳入储备库，可视情况予以一般引导。

财政部、环境保护部可根据国务院的相关工作部署确定通过其他方式予以支持。

第九条 参与竞争的江河湖泊应当满足以下标准：

（一）纳入国家相关规划或党中央、国务院明确要求予以支持。

（二）江河湖泊总体水质现状好于Ⅲ类（含Ⅲ类），或者总体水质现状劣于Ⅲ类，但在三年内能够显著提高。

（三）地方已按要求编制完成江河湖泊生态环境保护总体方案。

（四）地方及社会已投入部分资金用于总体方案确定的内容。

第十条 财政部、环境保护部根据实际工作需要和专项资金预算规模组织竞争，具体事宜由财政部、环境保护部另行确定。

第十一条 通过竞争，财政部、环境保护部选取部分江河湖泊，建立国家重点支持江河湖泊动态名录。中央与省政府签署协议，根据江河湖泊生态环境保护目标任务和控制投资额，明确一定时期内专项资金支持规模，滚动安排。各年度专项资金安排规模将综合考虑年度任务量、绩效、专项资金预算规模等因素。

控制投资额由财政部、环境保护部综合考虑流域生态空间规模、生态环境保护难易程度、项目造价标准及各地实际发展水平等因素确定。

第十二条 经竞争未纳入重点支持的江河湖泊，以及原湖泊生态环境保护专项资金已安排的水质良好湖泊，纳入储备库。由财政部、环境保护部综合考虑项目前期工作、绩效、专项资金预算规模等因素选取部分，将其纳入国家一般引导江河湖泊动态名录。中央除第 1 年安排部分启动资金外，其余年度依据绩效和监督检查结果予以安排，具体由财政部、环境保护部另行确定。

第十三条 纳入储备库的江河湖泊可继续参加以后组织的竞争。国家重点支持江河湖泊动态名录、国家一般引导江河湖泊动态名录和储备库实行滚动管理，并予以公布。

第四章 专项资金拨付与使用

第十四条 专项资金由中央对省实行专项转移支付。地方财政部门应会同同级环境保护部门严格按规定程序执行预算。

省级财政部门收到专项资金后，应当会同同级环境保护部门，依据江河湖泊生态环境保护方案确定的年度目标任务，在规定时间内将专项资金细化落实到具体项目，并填写备案表（详见附件（略）），报送财政部、环境保护部备案，抄送财政部驻本省财政监察专员办事处。

第十五条　地方各级财政部门应会同环境保护部门，积极协调发展改革、水利部门等明确江河湖泊生态环境保护总体方案中各类项目的资金渠道。鼓励地方积极整合统筹各类资金，集中用于江河湖泊生态环境保护。

第十六条　对专项资金安排的项目，地方财政、环境保护部门会同有关部门可按规定的使用范围全额打足；鼓励社会资本参与投资，激发市场投资活力，提高投资效益。

第十七条　专项资金严格按照国库集中支付制度有关规定支付，专款专用。使用专项资金的地方要将专项资金纳入地方同级财政预算管理，不得用于平衡本级预算。

第五章　专项资金绩效评价与监督管理

第十八条　各级财政、环境保护部门应当加强江河湖泊生态环境保护项目资金绩效评价和监督管理。对江河湖泊生态环境保护总体方案实施情况，每年开展绩效评价，实施动态监督管理。财政部驻各省财政监察专员办事处应加强项目资金分解下达、支付和使用的全过程监督。

第十九条　绩效评价和监督管理主要包括江河湖泊生态环境保护总体方案确定的目标任务完成情况、地方及社会投入情况、长效管护机制推进情况、专项资金预算执行情况等。

第二十条　省财政、环境保护部门在监督管理过程中，如发现重大事项和问题，应及时报告财政部、环境保护部。

第二十一条　国家重点支持和一般引导的江河湖泊将根据绩效评价和监督检查结果实行滚动管理。

（一）国家重点支持的江河湖泊：对绩效评价和监督检查结果持续较差的，中央按照协议采取相应处罚措施。对绩效评价和监督检查结果较好的，中央按照协议，继续安排专项资金。按期完成协议的，退出国家重点支持江河湖泊动态名录，中央除兑付已承诺专项资金外，可根据专项资金预算规模在一定时期内适当安排资金用于巩固保护成效，发挥示范作用。

（二）国家一般引导的江河湖泊：年度绩效评价和监督检查结果较差的，退出国家一般引导江河湖泊动态名录，专项资金暂停支持。绩效评价和监督检查结果较好的，在后续安排中优先考虑纳入国家重点支持江河湖泊动态名录。

第二十二条 各地区和单位不得以任何理由、任何方式骗取、截留、挤占、挪用专项资金。对以上违法行为，一经查实，依照《财政违法行为处罚处分条例》的相关规定进行处理。

第六章 附 则

第二十三条 各地可根据本办法，结合本地实际，制定江河湖泊生态环境保护项目资金管理具体实施办法，报送财政部、环境保护部备案，抄送财政部驻当地财政监察专员办事处。

第二十四条 本办法由财政部、环境保护部负责解释。

第二十五条 本办法自印发之日起施行，《财政部 环境保护部关于印发〈湖泊生态环境保护试点管理办法〉的通知》（财建〔2011〕464号）、《财政部 环境保护部关于印发〈三河三湖及松花江流域水污染防治项目资金管理办法〉的通知》（财建〔2012〕601号）、《财政部 环境保护部关于印发湖泊生态环境保护申报评分标准（试行）的通知》（财建〔2012〕87号）同时废止。

关于印发《老旧汽车报废更新补贴资金管理办法》的通知

财建〔2013〕183号

各省、自治区、直辖市、计划单列市财政厅（局）、商务主管部门，新疆生产建设兵团财务局、商务局：

为了进一步规范老旧汽车报废更新专项补贴资金的管理和使用，鼓励老旧汽车报废更新，根据《报废汽车回收管理办法》（国务院令第307号）和《国务院批转财政部等部门〈交通和车辆税费改革实施方案〉的通知》（国发〔2000〕34号）要求，我们对《老旧汽车报废更新补贴资金管理暂行办法》进行了修订，现将《老旧汽车报废更新补贴资金管理办法》印发给你们，请遵照执行。

附件：老旧汽车报废更新补贴资金管理办法

财政部

商务部

2013年4月26日

附件：

老旧汽车报废更新补贴资金管理办法

第一章　总　则

第一条　根据《报废汽车回收管理办法》和《国务院批转财政部、国家计委等部门〈交通和车辆税费改革实施方案〉的通知》（国发〔2000〕34号）要求，为进一步规范管理和使用老旧汽车报废更新专项补贴资金（以下简称补贴资金），制定本办法。

第二条 本办法所称老旧汽车报废更新，是指按有关规定报废老旧汽车，并换购新车。

第三条 本办法所称补贴资金，是指根据《国务院批转财政部、国家计委等部门〈交通和车辆税费改革实施方案〉的通知》规定，从车辆购置税中安排的用于老旧汽车报废更新补贴的专项资金。

第四条 财政部、商务部根据补贴资金额度、老旧汽车数量和国家政策，于每年 12 月底之前制定并向社会公告下一年度全国补贴车辆范围和补贴标准。

第五条 商务部会同财政部指导省级商务、财政主管部门组织实施老旧汽车报废更新补贴工作。

第二章 补贴资金的申请、审核和发放

第六条 各市（州）商务主管部门应当会同财政部门设立老旧汽车报废更新联合服务窗口（以下简称联合服务窗口），受理、审核补贴资金申请。有条件的区（县）也可设立联合服务窗口。联合服务窗口设置地点应当方便车主办理补贴资金申请手续。

商务主管部门应当及时向社会公布联合服务窗口的设置地点、办公时间、负责人员、联系方式等信息。

第七条 商务主管部门是联合服务窗口的牵头单位，负责审核申请车辆是否属于申领补贴范围，相关申领手续是否齐全、真实、有效等，主要包括审核《报废汽车回收证明》的有效性、车主提交的《老旧汽车报废更新补贴资金申请表》（样式见附件 1（略））等有关材料，核对信息管理系统中回收的报废车辆有关信息，录入申请、补贴信息，综合协调、汇总数据等工作。对符合条件的申请，转交财政部门；对不符合条件的，退回申请人并说明理由。

财政部门负责对商务主管部门审核通过的补贴信息进行核对，并对符合要求车主发放补贴资金。

第八条 符合条件的老旧汽车报废更新车主，应当于车辆报废更新当年 9 月 1 日至下一年 1 月 31 日期间，到报废车辆车籍所在地市（州）、县联合服务窗口申请补贴资金，并填写《老旧汽车报废更新补贴资金申请表》、提供车辆报废更新的相关材料。

车主逾期申领补贴资金的，有关部门不予受理。

第三章　补贴资金管理

第九条　财政部会同商务部参考各地汽车保有量、上一年度补贴资金发放情况等因素，于每年 5 月底前向省级财政部门预拨补贴资金，省级财政部门应当于当年 6 月底前将预拨补贴资金下达市（州）。

第十条　省级财政部门应当会同商务主管部门于每年3月31日前将上一年度老旧汽车报废更新补贴工作总结和资金清算表（样式见附件2（略））报送财政部、商务部。商务部负责汇总全国补贴资金发放和清算情况并报送财政部。财政部根据补贴资金发放情况和清算申请与各地进行清算。

第十一条　补贴资金的支付按照财政国库管理制度有关规定执行。各地结余的补贴资金，应当纳入下一年度补贴资金总量中统筹安排，专款专用。

第四章　保障措施

第十二条　省级商务主管部门要加强统筹规划，引导报废汽车回收拆解企业合理布局、完善回收网络，支持有条件的企业向县延伸回收网点，鼓励企业开展上门服务，方便车主交车和办理相关手续，并及时向社会公布承担老旧汽车报废更新车辆回收工作的回收拆解企业及其回收网点名单、联系方式。

第十三条　各地商务主管部门要积极与财政部门沟通和协调。

第十四条　各地商务、财政主管部门应当通过电视、网络、报纸等渠道，加强政策宣传，保证车主及时准确了解老旧汽车报废更新补贴范围、标准、申请办理程序等，并对车主在申请补贴过程中的问询做好相关解释工作。

第五章　监督管理

第十五条　财政部、商务部指导省级财政、商务主管部门对老旧汽车报废更新补贴实施监督管理。

各地财政、商务主管部门应在各自职责范围内加强对老旧汽车报废更新补贴实施、资金发放、信息统计上报等情况的跟踪检查和监督管理，确保资金安全和及时发放。

第十六条　省级商务主管部门要组织做好补贴资金申请办理资料存档、信息统计工作。对本地补贴资金申请办理、发放资料，应当作为工作档案留存，并由专人负责管理。

第十七条 省级财政、商务主管部门对老旧汽车报废更新补贴实施情况，应当每年组织重点抽查。财政部、商务部对实施情况进行不定期检查。

对未按规定审核补贴资金申请、上报补贴资金发放情况，或者所报补贴资金发放情况不真实的，暂缓安排该地区补贴资金；情节严重的，在全国范围内通报。

第十八条 对挪用、骗取补贴资金的单位和个人，依据《财政违法行为处罚处分条例》等有关规定进行处理。

任何单位或者个人均有权对补贴资金的发放情况进行监督、举报。

第六章 附 则

第十九条 本办法由财政部会同商务部负责解释。

第二十条 各省级财政、商务主管部门可结合本地实际情况制定本地区补贴资金管理和发放具体实施细则，并报财政部、商务部备案。

本办法自发布之日起施行，《财政部 国家经贸委关于发布〈老旧汽车汽车报废更新补贴资金管理暂行办法〉的通知》（财建〔2002〕742 号）同时废止。

关于印发《老旧运输船舶和单壳油轮报废更新中央财政补助专项资金管理办法》的通知

财建〔2014〕24号

各省、自治区、直辖市、计划单列市财政厅（局）、交通运输厅（局、委）、发展改革委、船舶工业主管部门，交通运输部各直属海事局，中国船级社：

根据《国务院关于印发船舶工业加快结构调整促进转型升级实施方案（2013—2015年）的通知》（国发〔2013〕29号）等有关规定，中央财政设立了老旧运输船舶和单壳油轮报废更新补助专项资金。为加强资金管理，提高资金使用效益，特制定《老旧运输船舶和单壳油轮报废更新中央财政补助专项资金管理办法》。现印发给你们，请遵照执行。

财政部

交通运输部

国家发展改革委

工业和信息化部

2014年2月24日

附件：

老旧运输船舶和单壳油轮报废更新中央财政补助专项资金管理办法

第一章　总　则

第一条　为了规范老旧运输船舶和单壳油轮报废更新中央财政补助专项资金的管理，提高航运企业船舶技术水平，优化船队结构，根据《国务院关于印发船舶工业加快结构调整促进转型升级实施方案（2013—2015年）的通知》（国发

〔2013〕29 号）等有关规定，特制定本办法。

第二条 本办法所称老旧运输船舶和单壳油轮报废更新中央财政补助专项资金（以下简称补助资金），是指中央财政通过公共财政预算安排的，用于鼓励老旧运输船舶和单壳油轮提前报废更新的补助资金。

第三条 凡符合本办法规定条件，在 2013 年 1 月 1 日至 2015 年 12 月 31 日期间提前报废更新老旧运输船舶和单壳油轮的船舶所有人，可以按本办法规定申请补助资金。

第二章　补助范围和标准

第四条 老旧运输船舶和单壳油轮拆解后申请补助资金的船舶所有人，其拆解的船舶应同时符合下列条件：

（一）从事国内沿海或国际远洋的老旧运输船舶。其中，单壳油轮不小于 600 载重吨，其他运输船舶不小于 1 000 总吨。

（二）于 2012 年 12 月 31 日前取得所有权，并持有有效期至 2013 年 1 月 1 日之后的船舶登记、船舶检验等证书、国内沿海《船舶营业运输证》或《国际海上运输船舶备案证明书》。

（三）比规定的强制报废船龄或单壳油轮限期淘汰时间提前 1～10 年（含 1 年、10 年）拆解。符合《关于发布提前淘汰国内航行单壳油轮实施方案的公告》（交通运输部公告 2009 年第 52 号）和《经 1978 年议定书修订的 1973 年国际防止船舶造成污染公约》要求的单壳油轮，按规定的限期淘汰时间执行；其他船舶按《老旧运输船舶管理规定》（交通运输部令 2009 年第 14 号）执行。

（四）2013 年 1 月 1 日至 2015 年 12 月 31 日期间在交通运输部认可的国内船舶拆解企业拆解完毕，并办理船舶所有权、国籍、营运资格等注销手续。

第五条 在拆解船舶的基础上，更新船舶后申请补助资金的船舶所有人，其新建的船舶应同时符合下列条件：

（一）新建船舶与拆解船舶的船舶所有人相同。

（二）2013 年 1 月 1 日至 2015 年 12 月 31 日期间，船舶建造完成并取得海事机构核发的船舶登记证书和中国船级社核发的船舶检验证书、入级证书。新建船舶应为沿海或远洋运输船舶，具体船舶类型由企业自主选择。

（三）新建造船舶的总吨应不小于拆解船舶的总吨。根据自愿原则，同一船舶所有人可将其全部拆解和新建造船舶的总吨分别合并后对应计算，也可将拆解和新建造船舶的总吨分别一一对应计算。

（四）满足中国船级社公布的国际新公约、新规范和新标准的要求。

第六条 补助标准根据所拆解的船舶确定，按以下公式计算：

单船补助金额=补助基数×船舶总吨×船龄系数×船舶类型系数

其中：补助基数为 0.15 万元；船舶总吨以拆解船舶检验证书核定为准。

船龄系数按船舶拆解办理船舶所有权注销手续时的实际船龄计算提前淘汰的年限，对应《老旧运输船舶和单壳油轮提前报废船龄系数表》（附表 1（略））确定。

船舶类型系数：客船、液化气船、化学品船、油船、推（拖）轮为 1.5，集装箱船、冷藏船、多用途船、滚装货船为 1.2，散货船、杂货船、其他货船为 1.0，驳船为 0.6。

第三章 补助资金的申请

第七条 船舶所有人在完成老旧运输船舶或单壳油轮拆解后新船建造的，可以一次性申请全部补助资金，也可以分两次申请各 50%的补助资金。拆解船舶后不新建船舶以及新建船舶总吨小于拆解船舶总吨的，只能申请 50%补助资金。共有船舶补助资金的申请人和补助资金的分配方式，由船舶共有人协商确定。

第八条 申请补助资金的船舶所有人在对船舶进行拆解前，应填写《老旧运输船舶和单壳油轮提前报废申请表》（附表 2（略）），向拆解船舶企业所在地市（设区的市，下同）级交通运输主管部门提出申请。

第九条 市级交通运输主管部门会同拆船企业所在海事管理机构、中国船级社各指派 1～2 名工作人员到拆船现场实施监督，查验并核销相关证书，对实船进行验证，拍摄照片。船舶所有人按规定办理相关船舶注销手续。

第十条 船舶拆解完工后，市级交通运输主管部门应会同拆船企业所在海事管理机构、中国船级社应各指派 1～2 名工作人员进行现场验收，并共同编制《船舶拆解完工报告书》（附表 3（略））。

第十一条 船舶所有人在 2013 年 1 月 1 日至《交通运输部 财政部 国家发展改革委 工业和信息化部关于印发老旧运输船舶和单壳油轮提前报废更新实施方案的通知》（交水发〔2013〕729 号）发布前已经拆解船舶并申请补助资金的，需出具船厂拆解证明、船舶相关证书注销证明及相关拆解过程图片材料，并向所在地市级交通运输主管部门申请补发市级交通运输主管部门、拆船企业所在海事管理机构、中国船级社共同签署的《船舶拆解完工报告书》。

第十二条 《船舶拆解完工报告书》（一式四份）与拆解船舶的资料和证件一并建档，市级交通运输主管部门、拆船企业所在海事管理机构、中国船级社和船舶所有人各留存一份。

第十三条 申请补助资金的船舶所有人与船舶制造企业签订新造船合同后，应将有关情况报船舶制造企业所在地的市级船舶行业管理部门，市级船舶行业管理部门报省级船舶行业管理部门书面备案。

第十四条 船舶所有人完成船舶拆解后申请补助资金的，应向其所在地市级交通运输主管部门提交下列材料：

（一）《老旧运输船舶和单壳油轮提前报废更新补助资金申请表》（附表 4（略））。

（二）运输许可证、工商营业执照（船舶所有人为自然人的，提供身份证）原件及其复印件。

（三）拆解船舶的《船舶拆解完工报告书》原件和船舶所有权注销登记证书原件及复印件。

（四）《船舶营运证》或《国际海上运输船舶备案证明书》注销证书原件。

第十五条 在拆解船舶的基础上，船舶所有人完成船舶建造后申请补助资金的，应当向其所在地市级交通运输主管部门提交下列材料：

（一）《老旧运输船舶和单壳油轮提前报废更新补助资金申请表》（附表 4（略））。

（二）水路运输许可证、工商营业执照复印件。

（三）对应拆解船舶的《船舶拆解完工报告书》复印件。

（四）与船舶制造企业签订的船舶建造合同、新建船舶的船舶所有权登记证书、入级证书的原件及复印件。

（五）中国船级社出具的符合国际新规范、新公约和新标准要求的证明文件。

（六）在船舶拆解后已经领取了 50%补助资金的，提供领取 50%补助资金的证明；船舶拆解后未领取补助资金、新建船舶后一次性领取全部资金的，还应当提供本办法第十四条规定的材料。

第十六条 市级交通运输、财政主管部门应当依照本办法，对申请人提交的相关材料进行审核，符合条件的，应在规定的时间内报送省级交通运输、财政主管部门核准。

第十七条　有关省级交通运输主管部门会同同级财政部门根据本办法规定的补助范围及标准，结合本地、本单位情况，于每年4月30日前向交通运输部、财政部报送预拨次年补助资金申请文件，由交通运输部审核汇总后报财政部审批。申请文件中应说明申请的补助资金数额及拟提前拆解或者新建的船舶艘数、总吨位。

第四章　补助资金的下达和拨付

第十八条　财政部根据各地上报的补助资金申请情况向有关省级财政部门预拨补助资金。有关省级财政部门应当根据对各地市补助资金审核情况，将补助资金以专项转移支付方式下达市级财政部门。市级财政部门应会同同级交通运输主管部门在规定的时间内发放补助资金，补助资金按各50%的比例分别在完成拆船和造船后分两次发放。补助资金的支付，按照财政国库管理制度有关规定执行。

第十九条　市级财政部门应会同同级交通运输主管部门将资金发放情况报省级财政、交通运输主管部门备查。有关省级交通运输主管部门会同同级财政部门应分别于2014年7月31日、2015年1月31日、2015年7月31日和2016年2月29日前向交通运输部报送补助资金每半年的发放情况，由交通运输部汇总后抄送财政部等有关部门。

第二十条　老旧运输船舶和单壳油轮报废更新补助政策实施到期后，由财政部与有关省级财政主管部门对该项资金统一进行清算。对于确已开工但在2015年12月31日前未完成船舶建造的，经省级交通运输主管部门和中国船级社核查后，由交通运输部汇总后报财政部，资金清算日可延长至2018年12月31日。

第二十一条　市级交通运输部门应专卷保存船舶所有人提交的补助资金申请材料。

第五章　监督管理

第二十二条　各相关管理部门要按照本办法的职责分工，明确相关责任，切实加强对补助资金使用的监督管理，对补助资金的安排和使用情况组织不定期重点抽查。对申报情况不真实的地区和单位，中央财政将相应扣减或收回补助资金。对违反规定，截留、挪用、骗取补助资金的单位及个人，依照《财政违法行为处罚处分条例》等国家有关规定追究法律责任。

第二十三条　补助资金的发放情况应当接受群众和社会监督。

第六章　附　则

第二十四条　有关省级财政部门可会同同级交通运输、船舶行业、发展和改革主管部门依据本办法制定具体实施办法。

第二十五条　本办法由财政部商交通运输部、国家发展改革委、工业和信息化部负责解释。

第二十六条　本办法自印发之日起施行。

二、环境收费政策

（一）排污费政策

排污费征收使用管理条例

中华人民共和国国务院令

第369号

第一章　总　则

第一条　为了加强对排污费征收、使用的管理，制定本条例。

第二条　直接向环境排放污染物的单位和个体工商户（以下简称排污者），应当依照本条例的规定缴纳排污费。

排污者向城市污水集中处理设施排放污水、缴纳污水处理费用的，不再缴纳排污费。排污者建成工业固体废物贮存或者处置设施、场所并符合环境保护标准，或者其原有工业固体废物贮存或者处置设施、场所经改造符合环境保护标准的，自建成或者改造完成之日起，不再缴纳排污费。

国家积极推进城市污水和垃圾处理产业化。城市污水和垃圾集中处理的收费办法另行制定。

第三条　县级以上人民政府环境保护行政主管部门、财政部门、价格主管部门应当按照各自的职责，加强对排污费征收、使用工作的指导、管理和监督。

第四条 排污费的征收、使用必须严格实行“收支两条线”，征收的排污费一律上缴财政，环境保护执法所需经费列入本部门预算，由本级财政予以保障。

第五条 排污费应当全部专项用于环境污染防治，任何单位和个人不得截留、挤占或者挪作他用。

任何单位和个人对截留、挤占或者挪用排污费的行为，都有权检举、控告和投诉。

第二章 污染物排放种类、数量的核定

第六条 排污者应当按照国务院环境保护行政主管部门的规定，向县级以上地方人民政府环境保护行政主管部门申报排放污染物的种类、数量，并提供有关资料。

第七条 县级以上地方人民政府环境保护行政主管部门，应当按照国务院环境保护行政主管部门规定的核定权限对排污者排放污染物的种类、数量进行核定。

装机容量 30 万千瓦以上的电力企业排放二氧化硫的数量，由省、自治区、直辖市人民政府环境保护行政主管部门核定。

污染物排放种类、数量经核定后，由负责污染物排放核定工作的环境保护行政主管部门书面通知排污者。

第八条 排污者对核定的污染物排放种类、数量有异议的，自接到通知之日起 7 日内，可以向发出通知的环境保护行政主管部门申请复核；环境保护行政主管部门应当自接到复核申请之日起 10 日内，作出复核决定。

第九条 负责污染物排放核定工作的环境保护行政主管部门在核定污染物排放种类、数量时，具备监测条件的，按照国务院环境保护行政主管部门规定的监测方法进行核定；不具备监测条件的，按照国务院环境保护行政主管部门规定的物料衡算方法进行核定。

第十条 排污者使用国家规定强制检定的污染物排放自动监控仪器对污染物排放进行监测的，其监测数据作为核定污染物排放种类、数量的依据。

排污者安装的污染物排放自动监控仪器，应当依法定期进行校验。

第三章 排污费的征收

第十一条 国务院价格主管部门、财政部门、环境保护行政主管部门和经济贸易主管部门，根据污染治理产业化发展的需要、污染防治的要求和经济、技术

条件以及排污者的承受能力，制定国家排污费征收标准。

国家排污费征收标准中未作规定的，省、自治区、直辖市人民政府可以制定地方排污费征收标准，并报国务院价格主管部门、财政部门、环境保护行政主管部门和经济贸易主管部门备案。

排污费征收标准的修订，实行预告制。

第十二条　排污者应当按照下列规定缴纳排污费：

（一）依照大气污染防治法、海洋环境保护法的规定，向大气、海洋排放污染物的，按照排放污染物的种类、数量缴纳排污费。

（二）依照水污染防治法的规定，向水体排放污染物的，按照排放污染物的种类、数量缴纳排污费；向水体排放污染物超过国家或者地方规定的排放标准的，按照排放污染物的种类、数量加倍缴纳排污费。

（三）依照固体废物污染环境防治法的规定，没有建设工业固体废物贮存或者处置的设施、场所，或者工业固体废物贮存或者处置的设施、场所不符合环境保护标准的，按照排放污染物的种类、数量缴纳排污费；以填埋方式处置危险废物不符合国家有关规定的，按照排放污染物的种类、数量缴纳危险废物排污费。

（四）依照环境噪声污染防治法的规定，产生环境噪声污染超过国家环境噪声标准的，按照排放噪声的超标声级缴纳排污费。

排污者缴纳排污费，不免除其防治污染、赔偿污染损害的责任和法律、行政法规规定的其他责任。

第十三条　负责污染物排放核定工作的环境保护行政主管部门，应当根据排污费征收标准和排污者排放的污染物种类、数量，确定排污者应当缴纳的排污费数额，并予以公告。

第十四条　排污费数额确定后，由负责污染物排放核定工作的环境保护行政主管部门向排污者送达排污费缴纳通知单。

排污者应当自接到排污费缴纳通知单之日起 7 日内，到指定的商业银行缴纳排污费。商业银行应当按照规定的比例将收到的排污费分别解缴中央国库和地方国库。具体办法由国务院财政部门会同国务院环境保护行政主管部门制定。

第十五条　排污者因不可抗力遭受重大经济损失的，可以申请减半缴纳排污费或者免缴排污费。

排污者因未及时采取有效措施，造成环境污染的，不得申请减半缴纳排污费或者免缴排污费。

排污费减缴、免缴的具体办法由国务院财政部门、国务院价格主管部门会同国务院环境保护行政主管部门制定。

第十六条 排污者因有特殊困难不能按期缴纳排污费的，自接到排污费缴纳通知单之日起 7 日内，可以向发出缴费通知单的环境保护行政主管部门申请缓缴排污费；环境保护行政主管部门应当自接到申请之日起 7 日内，作出书面决定；期满未作出决定的，视为同意。

排污费的缓缴期限最长不超过 3 个月。

第十七条 批准减缴、免缴、缓缴排污费的排污者名单由受理申请的环境保护行政主管部门会同同级财政部门、价格主管部门予以公告，公告应当注明批准减缴、免缴、缓缴排污费的主要理由。

第四章 排污费的使用

第十八条 排污费必须纳入财政预算，列入环境保护专项资金进行管理，主要用于下列项目的拨款补助或者贷款贴息：

（一）重点污染源防治；

（二）区域性污染防治；

（三）污染防治新技术、新工艺的开发、示范和应用；

（四）国务院规定的其他污染防治项目。

具体使用办法由国务院财政部门会同国务院环境保护行政主管部门征求其他有关部门意见后制定。

第十九条 县级以上人民政府财政部门、环境保护行政主管部门应当加强对环境保护专项资金使用的管理和监督。

按照本条例第十八条的规定使用环境保护专项资金的单位和个人，必须按照批准的用途使用。

县级以上地方人民政府财政部门和环境保护行政主管部门每季度向本级人民政府、上级财政部门和环境保护行政主管部门报告本行政区域内环境保护专项资金的使用和管理情况。

第二十条 审计机关应当加强对环境保护专项资金使用和管理的审计监督。

第五章 罚 则

第二十一条 排污者未按照规定缴纳排污费的，由县级以上地方人民政府环境保护行政主管部门依据职权责令限期缴纳；逾期拒不缴纳的，处应缴纳排污费数额 1 倍以上 3 倍以下的罚款，并报经有批准权的人民政府批准，责令停产停业整顿。

第二十二条 排污者以欺骗手段骗取批准减缴、免缴或者缓缴排污费的，由县级以上地方人民政府环境保护行政主管部门依据职权责令限期补缴应当缴纳的排污费，并处所骗取批准减缴、免缴或者缓缴排污费数额 1 倍以上 3 倍以下的罚款。

第二十三条 环境保护专项资金使用者不按照批准的用途使用环境保护专项资金的，由县级以上人民政府环境保护行政主管部门或者财政部门依据职权责令限期改正；逾期不改正的，10 年内不得申请使用环境保护专项资金，并处挪用资金数额 1 倍以上 3 倍以下的罚款。

第二十四条 县级以上地方人民政府环境保护行政主管部门应当征收而未征收或者少征收排污费的，上级环境保护行政主管部门有权责令其限期改正，或者直接责令排污者补缴排污费。

第二十五条 县级以上人民政府环境保护行政主管部门、财政部门、价格主管部门的工作人员有下列行为之一的，依照刑法关于滥用职权罪、玩忽职守罪或者挪用公款罪的规定，依法追究刑事责任；尚不够刑事处罚的，依法给予行政处分：

（一）违反本条例规定批准减缴、免缴、缓缴排污费的；

（二）截留、挤占环境保护专项资金或者将环境保护专项资金挪作他用的；

（三）不按照本条例的规定履行监督管理职责，对违法行为不予查处，造成严重后果的。

第六章 附 则

第二十六条 本条例自 2003 年 7 月 1 日起施行。1982 年 2 月 5 日国务院发布的《征收排污费暂行办法》和 1988 年 7 月 28 日国务院发布的《污染源治理专项基金有偿使用暂行办法》同时废止。

总理 朱镕基

2003 年 1 月 2 日

环保总局《排污费征收使用管理条例》解读（新闻稿）

问：制定本条例的背景是什么？

答：排污收费制度是我国环保法律规定的一项重要制度，也是世界各国的通行做法。实行这一制度，对于防治环境污染，改善环境质量，具有重要意义。我国先后于 1982 年、1988 年公布实施了《征收排污费暂行办法》和《污染源治理专项基金有偿使用暂行办法》。

但是，随着环境保护事业的发展和财政管理体制的改革，排污收费制度在实施中出现了一些新的问题，主要表现在：（一）法律依据发生变化。根据《中华人民共和国水污染防治法》、《中华人民共和国大气污染防治法》等有关环境保护法律规定，排污费由单一的超标收费改为排污收费与超标收费并存。（二）财政体制发生变化，要求排污费实行收支两条线，收缴分离，排污费使用也由“拨改贷”改为“贷改投”。（三）原办法规定排污收费的对象主要是企业，根据新的情况，需要将个体工商户纳入。（四）原办法缺乏对排污费使用实施监督的规定，致使排污费被截留、挤占或者挪用的情况时有发生。为解决上述问题，我国在总结 20 来年排污费征收和使用管理实践经验的基础上制定了《排污费征收使用管理条例》。该条例于 2002 年 1 月 30 日经国务院第 54 次常务会议通过，于 2003 年 1 月 2 日由国务院第 369 号令发布，自 2003 年 7 月 1 日起施行。

问：制定条例的主要思路是什么？

答：一是根据《大气污染防治法》、《水污染防治法》、《海洋环境保护法》等法律的规定，将排污收费由原来的超标收费改为排污即收费和超标收费并行；二是按照污染要素的不同，将排污收费由原来的单因子收费改为多因子收费；三是根据收费体制的变化，强调排污费实行收支两条线、收缴分离，明确排污费必须纳入财政预算，列入环境保护专项资金进行管理，并加强审计监督；四是加大对排污费征收、使用中各种违法行为的处罚力度。

问：能否介绍一下条例的主要内容。

答：《排污费征收使用管理条例》分 6 章共 26 条。主要内容如下：

一、排污费的征收对象

条例对排污费的征收对象做了明确界定，即“直接向环境排放污染物的单位和个体工商户（以下简称排污者）”。同时规定：“排污者向城市污水集中处理设施排放污水、缴纳污水处理费用的，不再缴纳排污费。排污者建成工业固体废物贮存或者处置设施、场所并符合环境保护标准，或者其原有工业固体废物贮存或者处置设施、场所经改造符合环境保护标准的，自建成或者改造完成之日起，不再缴纳排污费”。

二、排污费的征收

为了严格规范排污费的征收管理，条例在以下四个方面做了明确规定：

1. 明确排污费征收标准的制定权限。

2. 规定污染物排放种类、数量的申报、核定和复核程序。

3. 明确排污费数额的确定原则和程序。

4. 规定排污费减免缓缴的原则和程序。

同时，为了加强对排污费减免缓工作的管理，防止权力滥用，条例第 17 条还规定：“批准减缴、免缴、缓缴排污费的排污者名单由受理申请的环境保护行政主管部门会同同级财政部门、价格主管部门予以公告，公告应当注明批准减缴、免缴、缓缴排污费的主要理由。”

三、关于排污费的使用

1. 严格实行收支两条线，条例第 18 条明确规定：排污费必须纳入财政预算，列入环境保护专项资金进行管理，主要用于下列项目的拨款补助或者贷款贴息：（一）重点污染源防治；（二）区域性污染防治；（三）污染防治新技术、新工艺的开发、示范和应用；（四）国务院规定的其他污染防治项目。这样，既可以确保收费与使用分开，又能带动更多的资金投入污染防治中。

2. 为防止环境保护专项资金被截留、挤占和挪用，条例进一步明确财政、环保、审计等有关主管部门应当对环境保护专项资金的使用情况加强监督和审计（第 19 条、第 20 条）。

此外，条例还对不按规定征收、缴纳排污费、骗取批准减免缓缴排污费、不按规定使用环境保护专项资金的行为规定了相应的法律责任（第 21 条、第 22 条、第 23 条、第 24 条）。

关于做好《排污费征收使用管理条例》及其配套规章实施工作的通知

环发〔2003〕103 号

各省、自治区、直辖市环境保护局（厅）：

为了认真履行环保部门的职责，确保《排污费征收使用管理条例》（以下简称《条例》）及配套规章自 2003 年 7 月 1 日起全面贯彻实施，并推进污染物总量控制工作，现通知如下：

一、加强统一领导，做好综合协调

各级环保部门要加强对《条例》及配套规章贯彻实施的统一领导，落实《条例》赋予环保部门的职责，明确目标和任务，将《条例》的贯彻实施列入各级环保部门的重要议事日程，并充分借助新闻媒体对《条例》及配套规章开展各种形式的宣传工作。各级环境监察机构要认真组织对排污费征收人员的培训，保证持证上岗。

《条例》规定了环保、财政、价格、经济、审计等部门相应的职责，各级环保部门要加强与各相关部门的综合协调，并自觉接受同级审计部门关于排污费征收及环境保护专项资金使用和管理的审计监督。同时，各级环保部门要主动与行政监察、审计、财政等部门共同研究，出台排污费足额征收的奖励措施，以促进征收力度的不断加大。

二、组织做好排污申报和核定工作

排污申报和核定工作是《条例》赋予环保部门的重要工作，是排污费征收的关键环节。各级环保部门要严格按照总局印发的《关于排污费征收核定有关工作的通知》（环发〔2003〕64 号）要求，认真组织做好此项工作。采取先重点排污单位，后一般排污单位的原则逐步推进，要求于 2003 年 12 月 15 日前完成 2004 年度的排污申报。同时按照《条例》规定的权限和方法认真组织 2003 年 7—12

月污染物排放种类和数量的核定工作，为2004年1月15日前完成排污量年度审核工作做好充分准备。通过排污申报、核定，对辖区内的污染源进行全面的摸底调查，准确全面掌握污染源和污染物排放的种类、数量等情况，为依法全面足额征收排污费，也为总量控制、排污许可证管理、环境统计等环境管理提供可靠的基础数据。

三、建立排污费征收公告制度和稽查机制

认真执行排污费征收公告制度。各级环境监察部门对排污者的排污申报进行核定，确定应缴纳的排污费数额，必须先予以公告后实施；对于批准减缴、免缴、缓缴的排污者，环保部门应会同同级财政、价格主管部门予以公告，公告形式请各地自定。

《条例》明确了上级环保部门对下级环保部门征收排污费的稽查权，对应当征收而未征收或者少征收排污费的，上级环保部门有权责令其限期改正，或者直接责令排污者补缴排污费。按照此项要求，环境监察部门要建立排污费征收的稽查机制，确保排污费依法足额征收。

四、做好经费保障和排污费资金管理使用的衔接

按照《条例》有关征收的排污费一律上缴财政，环境保护执法所需经费列入本部门预算，由本级财政予以保障的规定，财政部、国家环保总局已出台了相应的办法，各级环保部门要主动与财政部门协调，提前做好专项资金的使用预算，做好排污费的使用、管理和环保部门的经费保障工作。

按照“收支两条线”的要求，原城乡建设环境保护部和财政部印发的《征收超标准排污费财务管理和会计核算办法》（城环字〔1984〕453号）、原国家环保局和财政部印发的《环境保护排污费预算会计制度》（环监字〔1990〕第331号）中有关排污费的财务管理和会计核算制度将于2003年6月30日终止执行。请做好原有排污费会计核算的结账工作，将2003年6月30日前的排污费征收、使用情况进行总结汇总，并将汇总情况和分析情况于2003年8月30日前报国家环保总局。结存的排污费资金按《排污费资金收缴使用管理办法》和《关于环保部门实行收支两条线管理后经费安排的实施办法》管理使用。各级环保部门要充分用好有关政策，加强环境监察机构的建设和配备必要的设备。

《条例》的公布实施是我国排污收费制度的重大改革，各级环境监察部门要严

格按照《条例》及配套规定的征收范围、权限、时限和程序征收排污费，不得简化征收程序，降低或提高征收标准，不得擅自扩大排污费减、免和缓征的范围，不得跨权限征收，坚决杜绝协商收费、人情收费。各地在实施过程中出现的问题要稳妥解决，难以解决的问题及时上报，确保《条例》的贯彻执行。

国家环保总局

2003 年 6 月 19 日

排污费资金收缴使用管理办法

中华人民共和国财政部令

国家环境保护总局

2003 年第 17 号

第一章　总　则

第一条　为了加强和规范排污费资金的收缴、使用和管理，提高排污费资金使用效益，促进污染防治，改善环境质量，根据《排污费征收使用管理条例》，结合环境保护工作实际，制定本办法。

第二条　排污费资金纳入财政预算，作为环境保护专项资金管理，全部专项用于环境污染防治，任何单位和个人不得截留、挤占或者挪作他用。

第三条　环境保护专项资金按照预算资金管理办法，坚持“量入为出和专款专用”的原则。

第四条　排污费资金的收缴、使用必须实行“收支两条线”，各级财政和环境保护行政主管部门应当建立健全各项规章制度，对排污费资金收缴、使用进行严格管理，加强监督检查。

第二章　排污费资金的收缴管理

第五条　排污费按月或者按季属地化收缴。

装机容量 30 万千瓦以上的电力企业的二氧化硫排污费，由省、自治区、直辖市人民政府环境保护行政主管部门核定和收缴，其他排污费由县级或市级地方人民政府环境保护行政主管部门核定和收缴。

第六条　排污者依照《排污费征收使用管理条例》对环境保护行政主管部门核定的污染物排放种类、数量提出复核申请的，如果对复核结果仍有异议，应当先按照复核的污染物种类、数量缴纳排污费，并可以依法申请行政复议或者提起行政诉讼。

第七条 排污者对核定的污染物排放种类、数量无异议的，由负责污染物排放核定工作的环境保护行政部门，根据排污费征收标准和排污者排放的污染物种类、数量，确定排污者应当缴纳的排污费数额并予以公告。

第八条 排污费数额确定后，由负责污染物排放核定工作的环境保护行政主管部门向排污者送达“排污费缴费通知单”，作为排污者缴纳排污费的依据。环境保护行政部门应当同时建立排污收费台账。

第九条 排污者应当在接到“排污费缴费通知单”7 日内，填写财政部门监制的“一般缴款书”（五联），到财政部门指定的商业银行缴纳排污费。

对于未设银行账户的排污者以现金方式缴纳的排污费，由执收的环境保护行政主管部门使用省、自治区、直辖市财政部门统一印制的行政事业性收费票据，向排污者收取款项，并填写“一般缴款书”于当日将收取的款项缴至财政部门指定的商业银行。

第十条 商业银行应当在收到排污费的当日将排污费资金缴入国库。国库部门负责按 1∶9 的比例，10%作为中央预算收入缴入中央国库，作为中央环境保护专项资金管理；90%作为地方预算收入，缴入地方国库，作为地方环境保护专项资金管理。

第十一条 收缴排污费的环境保护行政主管部门应当根据“一般缴款书”回联，认真核对排污费缴库数额，及时与国库对账，并将“一般缴款书”回联与对应的“排污费缴费通知单”存根一并立卷归档。

第十二条 各省、自治区、直辖市财政、环境保护行政主管部门应当在每季度终了后的 30 日内，将本行政区域内排污费资金收缴情况书面上报国务院财政、环境保护行政主管部门。

第三章 环境保护专项资金的支出范围

第十三条 环境保护专项资金应当用于下列污染防治项目的拨款补助和贷款贴息：

（一）重点污染源防治项目。包括技术和工艺符合环境保护及其他清洁生产要求的重点行业、重点污染源防治项目；

（二）区域性污染防治项目。主要用于跨流域、跨地区的污染治理及清洁生产项目；

（三）污染防治新技术、新工艺的推广应用项目。主要用于污染防治新技术、新工艺的研究开发以及资源综合利用率高、污染物产生量少的清洁生产技术、工艺的推广应用；

（四）国务院规定的其他污染防治项目。

环境保护专项资金不得用于环境卫生、绿化、新建企业的污染治理项目以及与污染防治无关的其他项目。

第四章　环境保护专项资金使用的管理

第十四条　国务院财政、环境保护行政主管部门每年应当根据国家环境保护宏观政策和污染防治工作重点，编制下一年度环境保护专项资金申请指南。

地方财政、环境保护行政主管部门可以根据国务院财政、环境保护行政主管部门编制的环境保护专项资金申请指南，制定本地区环境保护专项资金申请指南，指导环境保护专项资金的申报和使用。

第十五条　申请使用中央环境保护专项资金的，应当按照以下程序及要求进行申报：

（一）申报程序：中央环境保护专项资金按照隶属关系以项目形式申报。项目组织实施单位或承担单位为中央直属的，通过其主管部门向国务院财政部门和环境保护行政主管部门提出申请；项目组织实施单位或承担单位为非中央直属的，通过其所在地的省、自治区、直辖市财政、环境保护行政主管部门联合向国务院财政、环境保护行政主管部门提出申请。

（二）申请材料要求：申请材料分正文和附件两部分，正文为申请经费的正式文件，附件为每个项目的可行性研究报告。

项目可行性研究报告内容包括：项目的目的、技术路线、投资概算、申请补助金额及使用方向、项目实施的保障措施、预期的社会效益、经济效益、环境效益等。

申请使用贷款贴息的单位，还应当提供经办银行出具的专项贷款合同和利息结算清单。

第十六条　国务院环境保护行政主管部门对申报中央环境保护专项资金的项目进行形式审查后，国务院财政、环境保护行政主管部门应当组织有关专家进行评审，按项目的轻重缓急及专家评审结果排序，统一纳入项目库管理，并根据财力状况联合下达项目预算。

环境保护专项资金的拨付方式按国家有关规定执行。

第十七条 地方环境保护专项资金的申报、项目评审及预算下达参照本办法第十五条、第十六条执行。

第十八条 财政部门应当将环境保护专项资金纳入年度预算，按项目进度和资金使用计划及时拨付资金，并对环境保护专项资金的专款专用及其他配套资金的到位情况进行监督检查，确保项目按时完成。

第十九条 项目承担单位收到环境保护专项资金后，应当严格按照有关规定组织项目的实施。污染治理项目在实施过程中应当严格执行国家有关招投标管理规定。环境保护行政主管部门应当根据项目进度检查治理技术方案的实施以及污染物总量削减措施的执行。项目完成后，应当根据国家有关规定及时验收。

第二十条 各省、自治区、直辖市财政、环境保护行政主管部门应当于年度终了后的30日内，将排污费征收情况及环境保护专项资金使用情况年度报告上报国务院财政、环境保护行政主管部门。

第五章 排污费资金收缴使用的违规处理

第二十一条 环境保护行政主管部门在排污费收缴工作中，应当严格执行国家的有关法律法规，依法及时足额收缴。对擅自设立排污收费项目、改变收费范围的，同级财政部门应当责令改正，并按照《国务院关于违反财政法规处罚的暂行规定》（国发〔1987〕58 号）予以处罚，并对负有直接责任的主管人员和其他直接负责人员按有关规定给予行政处分。

第二十二条 排污者在规定的期限内未足额缴纳排污费的，由收缴部门责令其限期缴纳，并从滞纳之日起加收2‰的滞纳金。

排污者拒不按前款规定缴纳排污费和滞纳金的，按照《排污费征收使用管理条例》的有关规定予以处罚。

第二十三条 环境保护专项资金使用者必须严格按照环境保护专项资金的使用范围确保专款专用，发挥资金使用效益。不按批准用途使用环境保护专项资金并逾期不改的，按照《排污费征收使用管理条例》的有关规定予以处罚。

第二十四条 对弄虚作假、截留、挤占、挪用排污费资金，应收未收或者少收排污费等违反财务制度和财经纪律的行为，应当给予有关责任人员经济和行政处罚；构成犯罪的，移交司法机关处理。

第六章　附　则

第二十五条　财政部门应当将收到的环境保护专项资金纳入一般预算收入科目中“排污费收入”核算；对纳入预算支出的环境保护专项资金，应纳入一般预算支出科目中“排污费支出”核算。

项目承担单位对申请取得的环境保护专项资金，应当按照国家统一的财务、会计制度的规定进行相应的财务、会计处理。

第二十六条　本办法由国务院财政部门会同国务院环境保护行政主管部门负责解释。此前与本办法不一致的规定一律以本办法为准。

第二十七条　本办法自2003年7月1日起施行。

部长　项怀诚

局长　解振华

2003年3月20日

关于排污费征收核定有关工作的通知

环发〔2003〕64 号

各省、自治区、直辖市环境保护局（厅）：

为了做好排污费的征收工作，规范排污费征收核定程序，根据《排污费征收使用管理条例》（国务院令第 369 号）的有关规定，现就排污费征收核定有关工作通知如下：

一、县级以上环境保护局应当切实加强本行政区域内排污费征收管理工作的贯彻实施，其所属的环境监察机构具体负责排污费征收管理工作。

县级环境保护局负责行政区划范围内排污费的征收管理工作。

直辖市、设区的市级环境保护局负责本行政区域市区范围内排污费的征收管理工作。

省、自治区环境保护局负责装机容量 30 万千瓦以上的电力企业排放二氧化硫排污费的征收管理工作。

二、负责征收排污费的环境监察机构应要求所辖行政区域范围内的一切排污单位和个体工商户（以下简称排污者）于每年 12 月 15 日前，填报《全国排放污染物申报登记报表（试行）》（或《第三产业排污申报登记简表（试行）》、《畜禽养殖场排污申报登记简表（试行）》、《建筑施工场所排污申报登记简表（试行）》），申报下一年度正常作业条件下排放污染物种类、数量、浓度等情况，并提供与污染物排放有关的资料。排污者申报下一年度排放污染物的情况，应当以本年度污染物排放实际情况和下一年度生产计划所需排放污染物情况为依据。

新建、扩建、改建项目，应当在项目试生产前 3 个月内办理排污申报手续。在城市市区范围内，建筑施工过程中使用机械设备，可能产生环境噪声污染的，施工单位必须在工程开工 15 日前办理排污申报手续。

排放污染物需作重大改变或者发生紧急重大改变的，排污者必须分别在变更前 15 日内或改变后 3 日内履行变更申报手续，填报《排污变更申报登记表（试行）》。

排污者可以采取书面填表、网上申报等申报方式进行排污申报。

三、环境监察机构应当在每年 1 月 15 日前依据排污者申报的《全国排放污染物申报登记报表（试行）》进行排污收费年度审核；对排污者申报的新建、扩建、改建项目《全国排放污染物申报登记报表（试行）》和排放污染物需作重大改变或者发生紧急重大改变的《排污变更申报登记表（试行）》应当及时进行审核。

对符合要求的，环境监察机构向排污者发回经审核同意的《全国排放污染物申报登记报表（试行）》；对符合减免规定的，按规定予以减免并公告；对不符合要求的，责令限期补报；逾期未报的，视为拒报。

四、环境监察机构应当依据《排污费征收使用管理条例》，按照下列规定顺序对排污者排放污染物的种类、数量进行核定：

（一）排污者按照规定正常使用国家强制检定并经依法定期校验的污染物排放自动监控仪器，其监测数据作为核定污染物排放种类、数量的依据；

（二）具备监测条件的，按照国家环境保护总局规定的监测方法监测所得的监督监测数据；

（三）不具备监测条件的，按照国家环境保护总局规定的物料衡算方法计算所得物料衡算数据；

（四）设区市级以上环境监察机构可以结合当地实际情况，对餐饮、娱乐、服务等第三产业的小型排污者，采用抽样测算的办法核算排污量。

五、各级环境监察机构应当在每月或者每季终了后 10 日内，依据经审核的《全国排放污染物申报登记报表（试行）》、《排污变更申报登记表（试行）》，并结合当月或者当季的实际排污情况，核定排污者排放污染物的种类、数量，并向排污者送达《排污核定通知书（试行）》。排污者对核定结果有异议的，自接到《排污核定通知书（试行）》之日起 7 日内，可以向发出通知的环境监察机构申请复核；环境监察机构应当自接到复核申请之日起 10 日内，做出复核决定。

对拒报、谎报《全国排放污染物申报登记报表（试行）》、《排污变更申报登记表（试行）》的，由环境监察机构直接确定其排放污染物的种类、数量，并向排污者送达《排污核定通知书（试行）》。

六、各级环境监察机构应当按月或按季根据排污费征收标准和经核定的排污者排放污染物种类、数量，确定排污者应当缴纳的排污费数额，并予以公告。

排污费数额确定后，由环境监察机构向排污者送达《排污费缴纳通知单（试行）》。

排污者应当自接到《排污费缴纳通知单（试行）》之日起 7 日内，到指定的商业银行缴纳排污费。

逾期未缴纳的，负责征收排污费的环境监察机构从逾期未缴纳之日起 7 日内向排污者下达《排污费限期缴纳通知书（试行）》。

七、《全国排放污染物申报登记报表（试行）》、《排污变更申报登记表（试行）》、《排污核定复核决定通知书（试行）》的格式和内容由国家环境保护总局统一规定。《排污费缴纳通知单（试行）》由国家环境保护总局统一印制。

八、各级环境监察机构应当使用由国家环境保护总局统一规定的排污费征收管理系统软件。

九、上级环境监察机构应加强对下级环境监察部门征收排污费的稽查工作。对县级以上环境监察机构应当征收而未征收或者少征收排污费的，上级环境监察机构可以责令其限期改正，或直接责令排污者到指定的商业银行补缴排污费。

国家环保总局

2003 年 4 月 15 日

关于减免及缓缴排污费有关问题的通知

财综〔2003〕38号

各省、自治区、直辖市、计划单列市财政厅（局）、计委、物价局、环保局，新疆生产建设兵团财务局，国务院各部委、各直属机构：

为加强排污费征收管理，规范排污费减免及缓缴行为，根据《排污费征收使用管理条例》（国务院令第369号）的规定，现就减免及缓缴排污费等有关问题通知如下：

一、排污者遇台风、火山爆发、洪水、干旱、地震等不可抗力自然灾害以及因突发公共卫生事件、火灾、他人破坏等遭受重大直接经济损失，可以按照本通知规定申请减缴或者免缴排污费；排污者因未及时采取有效措施，造成环境污染的，不得申请减缴或者免缴排污费。

符合本条规定的排污者申请减免排污费的最高限额不得超过1年的排污费应缴额。

二、排污者遇不可抗力自然灾害和其他突发事件申请减免排污费，由市（地、州）级以上财政、价格主管部门会同环保部门负责审批。

（一）装机容量30万千瓦以上的电力企业申请减免二氧化硫排污费，按照下列权限审批：

1. 减免排污费数额在500万元以下（含500万元）的，由省、自治区、直辖市财政、价格主管部门会同环保部门审批。

2. 减免排污费数额在500万元以上的，由省、自治区、直辖市财政、价格主管部门会同环保部门提出审核意见，报国务院财政、价格主管部门会同环保部门审批。

（二）除本条（一）规定以外，申请减免排污费，按照下列权限审批：

1. 减免排污费数额在50万元以下（含50万元）的，由市（地、州）财政、价格主管部门会同环保部门审批。

2. 减免排污费数额在50万元以上500万元以下（含500万元）的，由省、自治区、直辖市财政、价格主管部门会同环保部门审批。

3. 减免排污费数额在500万元以上的，由省、自治区、直辖市财政、价格主管部门会同环保部门提出审核意见，报国务院财政、价格主管部门会同环保部门审批。

三、减免排污费按照下列程序办理：

（一）排污者自遇不可抗力自然灾害和其他突发事件之日起30日内，向本通知第二条规定具有审批权限的市（地、州）级以上财政、价格、环保部门提出减免排污费的书面申请。书面申请包括排污者名称、减免理由、减免数额、减免期限等内容。其中，属于国务院财政、价格主管部门会同环保部门审批减免的排污费，排污者应当自遇不可抗力自然灾害和其他突发事件之日起30日内，将书面申请报送省、自治区、直辖市财政、价格、环保部门，由省、自治区、直辖市财政、价格主管部门会同环保部门提出审核意见，并将书面申请连同审核意见报国务院财政、价格、环保部门。排污者申请减免排污费数额超过负责征收排污费的环保部门和同级财政、价格主管部门审批权限的，其书面申请应当同时抄送负责征收排污费的环保部门和同级财政、价格主管部门。

（二）市（地、州）级以上财政、价格、环保部门收到排污者减免排污费的书面申请后，应当在30日内由环保部门先进行调查核实，并提出审核意见报同级财政、价格主管部门。

（三）市（地、州）级以上财政、价格主管部门应当在收到环保部门审核意见的30日内按照本通知第二条规定的权限，会同环保部门作出是否批准减免排污费的决定，并以书面形式批复申请减免排污费的排污者，同时抄送上级财政、价格、环保部门以及负责征收排污费的环保部门和同级财政、价格主管部门。其中，属于国务院财政、价格主管部门会同环保部门审批减免的排污费，由国务院财政、价格主管部门会同环保部门批复省、自治区、直辖市财政、价格、环保部门，同时抄送申请减免排污费的排污者。

四、养老院、残疾人福利机构、殡葬机构、幼儿园、特殊教育学校、中小学校（不含其所办企业）等国务院财政、价格、环保部门规定的非营利性社会公益事业单位，在达标排放污染物的情况下，经负责征收排污费的环保部门核准后可以免缴排污费。

五、排污者有下列情形之一的，可以按照本通知规定申请缓缴排污费：

（一）遇不可抗力自然灾害和其他突发事件，正在申请减免排污费以及市（地、州）级以上财政、价格、环保部门正在批复减免排污费期间。

（二）企业由于经营困难处于破产、倒闭、停产、半停产状态。

符合本条规定的排污者申请缓缴排污费的最长期限不超过 3 个月。在批准缓缴后 1 年内不得再重新申请。

六、缓缴排污费按照下列程序办理：

（一）排污者自接到排污费缴纳通知单之日起 7 日内，向负责征收排污费的环保部门提出缓缴排污费的书面申请，书面申请包括排污者名称、缓缴理由、缓缴期限等内容。

（二）负责征收排污费的环保部门自接到申请之日起 7 日内，应当作出是否批准缓缴排污费的书面决定，期满未作出决定的，视为同意缓缴排污费。

七、批准减免或缓缴排污费的排污者名单，由环保部门会同同级财政、价格主管部门每半年公告一次。公告应当包括批准机关、批准文号、批准减免或缓缴排污费的主要理由等内容。

八、对批准减免或缓缴排污费的排污者，不免除其防治污染的责任和法律、行政法规规定的其他责任。

九、各地区和有关部门应当严格按照本通知规定执行，不得以任何名义擅自扩大排污费减免及缓缴的范围，也不得超越审批权限或违反审批程序批准减免及缓缴排污费。

十、对排污者以欺骗手段骗取减免或缓缴排污费，以及县级以上财政、价格、环保部门违反本通知规定批准减免或缓缴排污费的，按照《排污费征收使用管理条例》（国务院令第 369 号）的规定进行处罚。

十一、本通知自 2003 年 7 月 1 日起执行。过去有关规定与本通知不一致的，一律以本通知为准。

十二、各省、自治区、直辖市可根据本通知规定制定减免及缓缴排污费的具体办法，报国务院财政、价格、环保部门备案。

财政部
国家发展改革委
国家环保总局
2003 年 6 月 3 日

关于排污费收缴有关问题的通知

各省、自治区、直辖市、计划单列市财政厅（局），财政部驻各省、自治区、直辖市、计划单列市财政监察专员办事处，人民银行各分行、营业管理部、省会（首府）城市中心支行、深圳、大连、青岛、宁波、厦门市中心支行，各省、自治区、直辖市、计划单列市环境保护局（厅）：

《排污费征收使用管理条例》（国务院令第369号）（以下简称《条例》）以及《排污费资金收缴使用管理办法》（财政部、国家环境保护总局令第17号，以下简称《办法》）定于2003年7月1日起施行，为做好排污费的收缴工作，现将有关问题通知如下：

一、根据《条例》及《办法》规定，中央财政集中10%排污费，将《2003年政府预算收支科目》一般预算收入科目中“7001排污费收入”调整为中央与地方共用收入科目。

各级环境保护行政主管部门征收的排污费（含滞纳金，下同）按中央和地方1∶9的分成比例，通过上述科目缴库。

二、除财政部对收缴排污费的商业银行另有要求外，排污者应当按《办法》规定时限，到商业银行缴纳排污费；执收的环境保护行政主管部门按《办法》规定代收的排污费，应于收取当日就近缴入商业银行。商业银行于当日将收纳的排污费全额缴入国库。

三、各级国库部门应当按照《办法》规定比例，办理排污费入库手续。

四、排污费收入退库的范围

（一）由于工作疏忽，发生技术性差错需要退库的。

（二）根据《办法》第六条规定，依法申请行政复议或者提起行政诉讼后需要退库的。

五、排污费收入退库的审核及办理

（一）符合排污费收入退库范围需要办理退库的，由排污者提供原始缴费凭证，向执收的环境保护行政主管部门提出退库申请，执收的环境保护行政主管部门审核后，报省级环境保护行政主管部门，省级环境保护行政主管部门会同同级财政部门核定后送财政部驻省级财政监察专员办事处，由其按有关规定核准后，开具“收入退还书”送同级国库部门，国库部门负责安规定的分成比例，分别从中央和地方国库库款的相应预算科目中退付。

（二）排污者通过商业银行直接缴纳的排污费直接退付给排污者；以现金方式由执收的环境保护行政主管部门代缴的排污费，通过执收的环境保护行政主管部门退付给排污者，环境保护行政主管部门应当及时足额退付，不得截留、挤占或挪用。

六、各级财政部门、国库部门、环境保护行政主管部门要做好排污费入库数额的对账工作，发现问题及时处理。

七、排污费收入退库未尽事宜，按《中华人民共和国国家金库条例实施细则》执行。

八、本通知自 2003 年 7 月 1 日起施行。

2003 年 7 月 1 日

排污费征收工作稽查办法

国家环境保护总局令

第 42 号

第一条 为保障依法、全面、足额征收排污费，纠正排污费征收过程中的违法违规行为，根据《排污费征收使用管理条例》，制定本办法。

第二条 排污费征收稽查，是指上级环境保护行政主管部门对下级环境保护行政主管部门排污费征收行为进行监督、检查和处理的活动。

实施排污费征收稽查，上级环境保护行政主管部门可以对下级环境保护行政主管部门以及相关排污者进行立案调查。

第三条 设区的市级以上环境保护行政主管部门负责排污费征收稽查工作。

设区的市级以上环境保护行政主管部门所属的环境监察机构承担排污费征收稽查具体工作。

省级以上环境保护行政主管部门可以委托设区的市级以上的下级环境保护行政主管部门实施排污费征收稽查。

第四条 各级环境监察机构不得同时对同一排污费征收稽查案件进行稽查。

上级环境监察机构正在稽查的案件，下级环境监察机构不得另行组织稽查。

下级环境监察机构正在稽查的案件，上级环境监察机构不得直接介入或者接管该稽查案件，但可能影响稽查结果的除外。

第五条 下级环境监察机构应当于每年的 2 月底前将本辖区内上一年度排污费征收稽查情况报上一级环境监察机构。上级环境监察机构发现稽查结果显失公正的，经调查核实后，应当予以纠正。

第六条 排污费征收稽查工作经费列入本部门预算，由同级财政予以保障。

第七条 对排污费征收和稽查工作有显著成绩的单位和个人，应当予以奖励和表彰。

第八条 有稽查权限的环境监察机构应当制定年度排污费征收稽查计划并组织实施。

有稽查权限的环境监察机构可以根据公众举报、有关部门转办等确定稽查对象，并实施专项稽查。

第九条　下级环境保护行政主管部门有下列情形之一的，应当予以立案稽查：

（一）应当征收而未征收排污费的；

（二）核定的排污量与实际的排污量明显不符的；

（三）提高或降低排污费征收标准征收排污费的；

（四）违反国家有关规定减征、免征或者缓征排污费的；

（五）未按国家有关规定的程序征收排污费的；

（六）对排污者拒缴、欠缴排污费等违法行为，未依法催缴、未依法实施行政处罚或者未依法申请人民法院强制执行的；

（七）不执行收支两条线规定，未将排污费缴入国库的；

（八）排污费征收过程中的其他违法、违规行为。

对于不按国家规定，由环境保护行政主管部门以外的机构征收排污费，或者干预排污费征收工作的，也应当予以稽查。

实施排污费征收稽查，追缴排污费，不受追溯时限限制。

第十条　实施排污费征收稽查的环境监察机构，应当向被稽查对象发出《排污费征收稽查通知书》，告知稽查时间、稽查内容以及需要提供的相关材料。但事先告知可能有碍稽查的除外。

第十一条　环境监察机构在实施排污费征收稽查时，稽查人员应当两人以上，并向被稽查对象以及相关排污者出示环境监察执法证件。

稽查人员与被稽查对象以及相关排污者有直接利害关系的，应当回避。

第十二条　稽查人员在实施稽查时，有权行使以下职权：

（一）约见和询问被稽查对象以及相关排污者有关人员；

（二）现场检查相关排污者生产经营及污染物排放情况；

（三）查询被稽查对象排污费征收情况，查询相关排污者有关能耗、物耗、产品销售台账等，收集相关资料。

被稽查对象及相关排污者应当积极配合，认真接受稽查人员的约见和询问，如实提供与稽查相关资料，不得以任何理由和借口拒绝、阻挠或者妨碍稽查工作。

第十三条　稽查人员应当为稽查涉及的相关排污者保守商业和技术秘密。

第十四条　排污费征收稽查采取询问、调取查阅资料、现场核查等方式进行。

稽查人员调查取证时，应当制作笔录。

调取有关资料应当填写《调取资料清单》，一式两份。一份交被稽查对象，一份留存，所调取的资料原件应当自调取之日起60日内完整退还。

第十五条 负责稽查的环境监察机构应当于稽查结束后30日内制作《排污费征收稽查报告》，报本级环境保护行政主管部门。

第十六条 环境保护行政主管部门应当对《排污费征收稽查报告》进行审查并做出处理决定，制作《排污费征收稽查处理决定书》，送达被稽查对象，同时予以公告。

第十七条 对下级环境保护行政主管部门应当征收而未征收排污费，或者排污量核定与实际排污量明显不符以及未按照排污费征收标准计算排污费数额，导致少征收排污费的，上级环境保护行政主管部门应当责令限期改正。逾期不改正的，由上级环境保护行政主管部门直接责令排污者补缴排污费至其指定的商业银行或信用社（国库经收处），商业银行或信用社（国库经收处）应当于当日将收到的排污费按照国家规定的中央、地方预算比例解缴本级以上各级国库。

第十八条 经稽查，发现下级环境保护行政主管部门连续十二个月，对辖区内20家以上排污者应当征收而未征收排污费或者少征收排污费的，上级环境保护行政主管部门应当责令限期改正；逾期不改正的，可由上一级环境保护行政主管部门直接核定并征收该辖区内所有的排污费，期限不超过一年。

第十九条 对排污者拒缴、欠缴排污费行为，未依法催缴、未依法实施行政处罚或者未依法申请人民法院强制执行的，上级环境保护行政主管部门应当责令负责征收排污费的环境保护行政主管部门在7日内催缴，依法实施行政处罚或者依法申请人民法院强制执行；也可以直接责令排污者补缴排污费至其指定的商业银行或者信用社（国库经收处），商业银行或者信用社（国库经收处）应当于当日将收到的排污费按国家规定的中央、地方预算比例解缴本级以上各级国库。

第二十条 对其他违反法定程序征收排污费的，上级环境保护行政主管部门应当责令限期改正。

第二十一条 对违反国家规定，由环境保护行政主管部门以外的机构征收排污费的，上级环境保护行政主管部门应当会同同级有关部门依法责令限期改正；逾期不改正的，由上一级环境保护行政主管部门直接核定并征收排污费，期限不超过一年。

第二十二条 经稽查，发现多征收排污费的，应当按照相关规定办理退库，或者在下月（季）征收排污费时扣除。

第二十三条　经稽查，发现排污者少缴排污费且属于排污者责任的，做出排污费征收稽查处理决定的环境保护行政主管部门应当按照排污费征收稽查处理决定追缴排污费，并从滞纳之日起按日加收 2‰的滞纳金，滞纳金收入随追缴的排污费一并缴入国库。排污者少缴排污费属于征收机构责任的，不另加收滞纳金。

应当补缴排污费的排污者，逾期仍不缴纳排污费和滞纳金的，由做出排污费征收稽查处理决定的环境保护行政主管部门，依照《排污费征收使用管理条例》等有关规定予以处罚。排污者逾期不履行处罚决定的，由做出排污费征收稽查处理决定的环境保护行政主管部门直接申请本部门所在地基层人民法院强制执行。

第二十四条　县级以上人民政府环境保护行政主管部门工作人员有下列行为之一的，依法给予行政处分；构成犯罪的，依法追究刑事责任：

（一）违反国家规定批准减缴、免缴或者缓缴排污费的；

（二）不执行收支两条线规定，未将排污费依法缴入国库的；

（三）不履行排污费征收管理职责，情节严重的。

第二十五条　对经稽查发现的应当由其他部门管辖的排污收费中的违法违纪案件，移送有管辖权的部门处理；构成犯罪的，移送司法机关，依法追究刑事责任。

第二十六条　排污费征收稽查工作结束后，应当将稽查中形成的有关材料立卷归档。

第二十七条　排污费征收稽查的常用法律文书格式，由国务院环境保护行政主管部门统一规定。

第二十八条　本办法自 2007 年 12 月 1 日起施行。

局长　周生贤

2007 年 10 月 23 日

关于调整排污费征收标准等有关问题的通知

发改价格〔2014〕2008 号

各省、自治区、直辖市发展改革委、物价局，财政厅（局），环保厅（局）：

为全面贯彻党的十八届三中全会精神，落实国务院印发的《大气污染防治行动计划》和《节能减排“十二五”规划》等要求，确保实现节能减排约束性目标，促使企业减少污染物排放，保护生态环境，现就调整排污费征收标准等有关问题通知如下：

一、调整排污费征收标准，促进企业治污减排。2015 年 6 月底前，各省（区、市）价格、财政和环保部门要将废气中的二氧化硫和氮氧化物排污费征收标准调整至不低于每污染当量 1.2 元，将污水中的化学需氧量、氨氮和五项主要重金属（铅、汞、铬、镉、类金属砷）污染物排污费征收标准调整至不低于每污染当量 1.4 元。在每一污水排放口，对五项主要重金属污染物均须征收排污费；其他污染物按照污染当量数从多到少排序，对最多不超过 3 项污染物征收排污费。各省（区、市）价格、财政和环保部门可以结合当地实际情况，在调整主要污染物排污费征收标准的同时，适当调整其他污染物排污费征收标准。鼓励污染重点防治区域及经济发达地区，按高于上述标准调整排污费征收标准，充分发挥价格杠杆作用，促进治污减排和环境保护。

二、加强污染物在线监测，提高排污费收缴率。各地要结合行业特点，采取有效措施，加强对企业排放污染物种类、数量的监测，切实提高排污费收缴率。一是对已经安装污染源自动监控设施且通过有效性审核的企业，应严格按照自动监控数据核定排污费。二是扩大以自动监控数据核定排污费的应用范围。2014 年底前，所有具备安装条件的国家重点监控企业，要完成主要污染物自动监控设施的安装并正常运行；2015 年底前，国家重点监控企业中的钢铁、造纸、水泥等主要污染行业，实现严格按自动监控数据核定排污费；2016 年底前，所有国家重点监控企业均要实现按自动监控数据核定排污费。三是对排放污染物种类多、无组织排放且难以在线监控的企业，应按照环保部规定的物料衡算方法和监督性监测数据，严格核定排污费。四是大力推广政府从第三方购买专业服务，由第三方负责安装、运营和维护污染源自动监控设施，确保监控数据真实、准确。五是切实加大排污费执收力度，做到应收尽收。

三、实行差别收费政策，建立约束激励机制。企业污染物排放浓度值高于国家或地方规定的污染物排放限值，或者企业污染物排放量高于规定的排放总量指标的，按照各省（区、市）规定的征收标准加一倍征收排污费；同时存在上述两种情况的，加二倍征收排污费。企业生产工艺装备或产品属于《产业结构调整指导目录（2011年本）（修正）》规定的淘汰类的，也要按照各省（区、市）规定的征收标准加一倍征收排污费。企业污染物排放浓度值低于国家或地方规定的污染物排放限值50%以上的，减半征收排污费。各地要加强对超限值排放污染物的监测和动态甄别工作，确保差别排污收费政策落实到位。

四、加强环境执法检查，主动接受社会监督。各级价格、财政和环保部门要按照各自职责，加强环境执法检查和对排污费征收情况的检查，严厉打击偷排偷放、非法排放有毒有害污染物、不正常使用污染防治设施等违法行为；坚决查处未按规定缴纳排污费或者逾期不缴纳的行为，并依据有关规定进行处罚。要向社会公开企业污染物排放、排污费征收及使用情况等信息，提高透明度。要设立热线电话、网络举报等平台，畅通公众表达渠道；对举报的违法排污，擅自减征、免征、缓征排污费等问题，发现一起，查处一起，曝光一起。

各省（区、市）价格、财政和环保部门要在2015年6月底前，将调整排污费征收标准等政策落实情况报国家发展改革委、财政部和环境保护部；国家发展改革委、财政部和环境保护部将联合建立排污费收缴情况季度通报制度，对不按规定落实政策的地区，将予以通报。

国家发展改革委

财政部

环境保护部

2014年9月1日

环境保护部　国家发改委等部门联合发文调整排污费征收标准建立差别排污收费机制（新闻稿）

国家发展改革委、财政部和环境保护部日前联合印发了《关于调整排污费征收标准等有关问题的通知》（发改价格〔2014〕2008 号，以下简称《通知》），要求各省（区、市）结合实际，调整污水、废气主要污染物排污费征收标准，提高收缴率，实行差别化污染收费政策，利用经济手段、价格杠杆作用，建立有效的约束和激励机制，促使企业主动治污减排，保护生态环境。

《通知》规定，2015 年 6 月底前，各省（区、市）要将废气中的二氧化硫和氮氧化物排污费征收标准调整至不低于每污染当量 1.2 元，污水中的化学需氧量、氨氮和 5 项主要重金属（铅、汞、铬、镉、类金属砷）排污费征收标准不低于每污染当量 1.4 元。国家鼓励污染重点防治区域及经济较发达地区制定高于上述标准的征收标准。各地要建立差别排污收费机制，对超排放限值或超总量指标排放污染物的，以及列入淘汰目录的企业，要实行较高的征收标准；对治污效果较好的企业实行较低的征收标准。

《通知》强调，各地要按照规定的时间和进度，逐步扩大以自动监控数据核定排污费的应用范围，提高收缴率，做到排污费应收尽收。要大力推广政府从第三方购买服务，由第三方负责安装、运营和维护污染源自动监控设施，确保监控数据真实、准确。

环境保护部环境监察局相关负责人表示，按照环境保护部领导要求，环境监察局将要求和指导各地排污费征收标准的规范实施，提高国控污染源数据传输有效率。同时加强环境执法和排污费征收情况检查，严厉打击偷排偷放、非法排放有毒有害污染物、不正常使用污染防治设施等违法行为。坚决查处少收、漏收等未按规定缴纳排污费和逾期不缴纳排污费等行为。此外进一步加强信息公开，按时向社会公开排污收费信息，提高政策执行透明度，主动接受社会监督。

中国环境报记者童克难北京报道

2014 年 9 月 9 日

关于印发《挥发性有机物排污收费试点办法》的通知

财税〔2015〕71号

各省、自治区、直辖市、计划单列市财政厅（局）、发展改革委、物价局、环境保护厅（局）：

为了规范挥发性有机物排污收费管理，改善环境质量，根据《中华人民共和国大气污染防治法》、《排污费征收使用管理条例》、《国务院关于印发大气污染防治行动计划的通知》（国发〔2013〕37号）等规定，我们制定了《挥发性有机物排污收费试点办法》，现印发给你们，请遵照执行。

附件：挥发性有机物排污收费试点办法

财政部

国家发展改革委

环境保护部

2015年6月18日

附件：

挥发性有机物排污收费试点办法

第一条　为了促使企业减少挥发性有机物（以下简称VOCs）排放，提高VOCs污染控制技术，改善生活和生态环境质量，根据《中华人民共和国大气污染防治法》、《排污费征收使用管理条例》、《国务院关于印发大气污染防治行动计划的通知》（国发〔2013〕37号）等规定，制定本办法。

第二条　石油化工行业和包装印刷行业（以下简称试点行业）VOCs排污费

的征收、使用和管理，适用本办法。试点行业范围见附1（略）。

各省、自治区、直辖市可以根据本地区实际情况增加VOCs排污收费试点行业，并制定增加试点行业VOCs排污收费办法。

第三条 本办法所称VOCs，是指特定条件下具有挥发性的有机化合物的统称。具有挥发性的有机化合物主要包括非甲烷总烃（烷烃、烯烃、炔烃、芳香烃）、含氧有机化合物（醛、酮、醇、醚等）、卤代烃、含氮化合物、含硫化合物等。

第四条 直接向大气排放VOCs的试点行业企业（以下简称排污者）应当缴纳VOCs排污费。

第五条 每一排放口排放的VOCs均征收VOCs排污费，不受对前3项污染物征收排污费限制。

第六条 VOCs排污费按VOCs排放量折合的污染当量数计征。计算公式如下：

VOCs污染当量数=VOCs排放量（千克）/VOCs污染当量值（千克）

石油化工行业排污者的VOCs排放量，应区分生产过程的VOCs污染源项，分别采取实测、物料衡算和模型等方法进行计算，具体计算办法见附2（略）。包装印刷行业排污者的VOCs排放量，应根据生产工艺过程中投用原辅料及回收有机溶剂量，按物料衡算法进行计算，具体计算办法见附3（略）。

对VOCs中的苯、甲苯、二甲苯等污染物已征收排污费的，应当将其排放量从VOCs排放量中扣除。

VOCs污染当量值暂定为0.95千克。

第七条 有关VOCs排污费征收标准的规定，由国家发展改革委、财政部、环境保护部确定。

第八条 VOCs排污费由地方环境保护主管部门按照污染源管理权限负责征收。

第九条 排污者应在规定期限内向地方环境保护主管部门报送《试点行业VOCs排放申报登记表》（见附4（略）），申报VOCs排放量。

石油化工行业排污者在报送《试点行业VOCs排放申报登记表》时，应一并填报各污染源项情况表，详细列明各污染源项生产装置、工作流程、处理设施等信息。

包装印刷行业排污者在报送《试点行业VOCs排放申报登记表》时，应一并提供购买、使用原辅料和有机溶剂的发票、结算或领料凭证；原料供货商提供的

VOCs 含量说明；危险废物处理发票等材料。

第十条　排污者应当保证其报送材料的真实性、有效性和完整性。

第十一条　地方环境保护主管部门应当对排污者报送的申报材料进行审核。发现申报材料不完整的，应当要求排污者限期补报。

地方环境保护主管部门认为有必要的，可以委托有能力的第三方机构对排污者报送的申报材料进行审核。

第十二条　地方环境保护主管部门根据石油化工行业排污者各污染源项 VOCs 排放情况，以及包装印刷行业排污者投用原辅料中 VOCs 含量、VOCs 去除量和回收量等信息，计算排污者 VOCs 排放量。根据 VOCs 排放量和 VOCs 排污费征收标准，确定排污者应缴纳的排污费数额，并予以公告。

第十三条　地方环境保护主管部门应当定期对排污者进行专项稽查。发现排污者申报不实、少缴纳排污费的，应当追缴排污费并按《中华人民共和国大气污染防治法》的有关规定予以处罚。

第十四条　地方环境保护主管部门应当定期向社会公布本地区排污者应缴纳 VOCs 排污费数额、实际缴纳 VOCs 排污费数额和欠缴 VOC 排污费数额。

第十五条　地方环境保护主管部门征收的 VOCs 排污费，应全额上缴国库，纳入一般公共预算管理。

第十六条　VOCs 排污费的具体征收缴库、使用管理、违规处理等按现行排污费有关规定执行。

第十七条　各省、自治区、直辖市根据本办法制定具体实施办法，并报财政部、国家发展改革委、环境保护部备案。

第十八条　本办法由财政部会同国家发展改革委、环境保护部负责解释。

第十九条　本办法自 2015 年 10 月 1 日起施行。

（二）资源费政策

取水许可和水资源费征收管理条例

中华人民共和国国务院令

第460号

第一章 总 则

第一条 为加强水资源管理和保护，促进水资源的节约与合理开发利用，根据《中华人民共和国水法》，制定本条例。

第二条 本条例所称取水，是指利用取水工程或者设施直接从江河、湖泊或者地下取用水资源。取用水资源的单位和个人，除本条例第四条规定的情形外，都应当申请领取取水许可证，并缴纳水资源费。本条例所称取水工程或者设施，是指闸、坝、渠道、人工河道、虹吸管、水泵、水井以及水电站等。

第三条 县级以上人民政府水行政主管部门按照分级管理权限，负责取水许可制度的组织实施和监督管理。国务院水行政主管部门在国家确定的重要江河、湖泊设立的流域管理机构（以下简称流域管理机构），依照本条例规定和国务院水行政主管部门授权，负责所管辖范围内取水许可制度的组织实施和监督管理。县级以上人民政府水行政主管部门、财政部门和价格主管部门依照本条例规定和管理权限，负责水资源费的征收、管理和监督。

第四条 下列情形不需要申请领取取水许可证：

（一）农村集体经济组织及其成员使用本集体经济组织的水塘、水库中的水的；

（二）家庭生活和零星散养、圈养畜禽饮用等少量取水的；

（三）为保障矿井等地下工程施工安全和生产安全必须进行临时应急取（排）水的；

（四）为消除对公共安全或者公共利益的危害临时应急取水的；

（五）为农业抗旱和维护生态与环境必须临时应急取水的。

前款第（二）项规定的少量取水的限额，由省、自治区、直辖市人民政府规定；第（三）项、第（四）项规定的取水，应当及时报县级以上地方人民政府水行政主管部门或者流域管理机构备案；第（五）项规定的取水，应当经县级以上人民政府水行政主管部门或者流域管理机构同意。

第五条　取水许可应当首先满足城乡居民生活用水，并兼顾农业、工业、生态与环境用水以及航运等需要。省、自治区、直辖市人民政府可以依照本条例规定的职责权限，在同一流域或者区域内，根据实际情况对前款各项用水规定具体的先后顺序。

第六条　实施取水许可必须符合水资源综合规划、流域综合规划、水中长期供求规划和水功能区划，遵守依照《中华人民共和国水法》规定批准的水量分配方案；尚未制定水量分配方案的，应当遵守有关地方人民政府间签订的协议。

第七条　实施取水许可应当坚持地表水与地下水统筹考虑，开源与节流相结合、节流优先的原则，实行总量控制与定额管理相结合。流域内批准取水的总耗水量不得超过本流域水资源可利用量。行政区域内批准取水的总水量，不得超过流域管理机构或者上一级水行政主管部门下达的可供本行政区域取用的水量；其中，批准取用地下水的总水量，不得超过本行政区域地下水可开采量，并应当符合地下水开发利用规划的要求。制定地下水开发利用规划应当征求国土资源主管部门的意见。

第八条　取水许可和水资源费征收管理制度的实施应当遵循公开、公平、公正、高效和便民的原则。

第九条　任何单位和个人都有节约和保护水资源的义务。对节约和保护水资源有突出贡献的单位和个人，由县级以上人民政府给予表彰和奖励。

第二章　取水的申请和受理

第十条　申请取水的单位或者个人（以下简称申请人），应当向具有审批权限的审批机关提出申请。申请利用多种水源，且各种水源的取水许可审批机关不同的，应当向其中最高一级审批机关提出申请。

取水许可权限属于流域管理机构的，应当向取水口所在地的省、自治区、直辖市人民政府水行政主管部门提出申请。省、自治区、直辖市人民政府水行政主管部门，应当自收到申请之日起 20 个工作日内提出意见，并连同全部申请材料转报流域管理机构；流域管理机构收到后，应当依照本条例第十三条的规定作出处理。

第十一条 申请取水应当提交下列材料：

（一）申请书；

（二）与第三者利害关系的相关说明；

（三）属于备案项目的，提供有关备案材料；

（四）国务院水行政主管部门规定的其他材料。

建设项目需要取水的，申请人还应当提交由具备建设项目水资源论证资质的单位编制的建设项目水资源论证报告书。论证报告书应当包括取水水源、用水合理性以及对生态与环境的影响等内容。

第十二条 申请书应当包括下列事项：

（一）申请人的名称（姓名）、地址；

（二）申请理由；

（三）取水的起始时间及期限；

（四）取水目的、取水量、年内各月的用水量等；

（五）水源及取水地点；

（六）取水方式、计量方式和节水措施；

（七）退水地点和退水中所含主要污染物以及污水处理措施；

（八）国务院水行政主管部门规定的其他事项。

第十三条 县级以上地方人民政府水行政主管部门或者流域管理机构，应当自收到取水申请之日起 5 个工作日内对申请材料进行审查，并根据下列不同情形分别作出处理：

（一）申请材料齐全、符合法定形式、属于本机关受理范围的，予以受理；

（二）提交的材料不完备或者申请书内容填注不明的，通知申请人补正；

（三）不属于本机关受理范围的，告知申请人向有受理权限的机关提出申请。

第三章 取水许可的审查和决定

第十四条 取水许可实行分级审批。

下列取水由流域管理机构审批：

（一）长江、黄河、淮河、海河、滦河、珠江、松花江、辽河、金沙江、汉江的干流和太湖以及其他跨省、自治区、直辖市河流、湖泊的指定河段限额以上的取水；

（二）国际跨界河流的指定河段和国际边界河流限额以上的取水；

（三）省际边界河流、湖泊限额以上的取水；

（四）跨省、自治区、直辖市行政区域的取水；

（五）由国务院或者国务院投资主管部门审批、核准的大型建设项目的取水；

（六）流域管理机构直接管理的河道（河段）、湖泊内的取水。

前款所称的指定河段和限额以及流域管理机构直接管理的河道（河段）、湖泊，由国务院水行政主管部门规定。其他取水由县级以上地方人民政府水行政主管部门按照省、自治区、直辖市人民政府规定的审批权限审批。

第十五条　批准的水量分配方案或者签订的协议是确定流域与行政区域取水许可总量控制的依据。跨省、自治区、直辖市的江河、湖泊，尚未制定水量分配方案或者尚未签订协议的，有关省、自治区、直辖市的取水许可总量控制指标，由流域管理机构根据流域水资源条件，依据水资源综合规划、流域综合规划和水中长期供求规划，结合各省、自治区、直辖市取水现状及供需情况，商有关省、自治区、直辖市人民政府水行政主管部门提出，报国务院水行政主管部门批准；设区的市、县（市）行政区域的取水许可总量控制指标，由省、自治区、直辖市人民政府水行政主管部门依据本省、自治区、直辖市取水许可总量控制指标，结合各地取水现状及供需情况制定，并报流域管理机构备案。

第十六条　按照行业用水定额核定的用水量是取水量审批的主要依据。省、自治区、直辖市人民政府水行政主管部门和质量监督检验管理部门对本行政区域行业用水定额的制定负责指导并组织实施。尚未制定本行政区域行业用水定额的，可以参照国务院有关行业主管部门制定的行业用水定额执行。

第十七条　审批机关受理取水申请后，应当对取水申请材料进行全面审查，并综合考虑取水可能对水资源的节约保护和经济社会发展带来的影响，决定是否批准取水申请。

第十八条　审批机关认为取水涉及社会公共利益需要听证的，应当向社会公告，并举行听证。取水涉及申请人与他人之间重大利害关系的，审批机关在作出是否批准取水申请的决定前，应当告知申请人、利害关系人。申请人、利害关系人要求听证的，审批机关应当组织听证。因取水申请引起争议或者诉讼的，审批机关应当书面通知申请人中止审批程序；争议解决或者诉讼终止后，恢复审批程序。

第十九条　审批机关应当自受理取水申请之日起 45 个工作日内决定批准或者不批准。决定批准的，应当同时签发取水申请批准文件。对取用城市规划区地下水的取水申请，审批机关应当征求城市建设主管部门的意见，城市建设主管部门应当自收到征求意见材料之日起 5 个工作日内提出意见并转送取水审批机关。本条第一款规定的审批期限，不包括举行听证和征求有关部门意见所需的时间。

第二十条 有下列情形之一的，审批机关不予批准，并在作出不批准的决定时，书面告知申请人不批准的理由和依据：

（一）在地下水禁采区取用地下水的；

（二）在取水许可总量已经达到取水许可控制总量的地区增加取水量的；

（三）可能对水功能区水域使用功能造成重大损害的；

（四）取水、退水布局不合理的；

（五）城市公共供水管网能够满足用水需要时，建设项目自备取水设施取用地下水的；

（六）可能对第三者或者社会公共利益产生重大损害的；

（七）属于备案项目，未报送备案的；

（八）法律、行政法规规定的其他情形。

审批的取水量不得超过取水工程或者设施设计的取水量。

第二十一条 取水申请经审批机关批准，申请人方可兴建取水工程或者设施。需由国家审批、核准的建设项目，未取得取水申请批准文件的，项目主管部门不得审批、核准该建设项目。

第二十二条 取水申请批准后 3 年内，取水工程或者设施未开工建设，或者需由国家审批、核准的建设项目未取得国家审批、核准的，取水申请批准文件自行失效。建设项目中取水事项有较大变更的，建设单位应当重新进行建设项目水资源论证，并重新申请取水。

第二十三条 取水工程或者设施竣工后，申请人应当按照国务院水行政主管部门的规定，向取水审批机关报送取水工程或者设施试运行情况等相关材料；经验收合格的，由审批机关核发取水许可证。直接利用已有的取水工程或者设施取水的，经审批机关审查合格，发给取水许可证。审批机关应当将发放取水许可证的情况及时通知取水口所在地县级人民政府水行政主管部门，并定期对取水许可证的发放情况予以公告。

第二十四条 取水许可证应当包括下列内容：

（一）取水单位或者个人的名称（姓名）；

（二）取水期限；

（三）取水量和取水用途；

（四）水源类型；

（五）取水、退水地点及退水方式、退水量。

前款第（三）项规定的取水量是在江河、湖泊、地下水多年平均水量情况下允许的取水单位或者个人的最大取水量。取水许可证由国务院水行政主管部门统一制作，审批机关核发取水许可证只能收取工本费。

第二十五条　取水许可证有效期限一般为5年，最长不超过10年。有效期届满，需要延续的，取水单位或者个人应当在有效期届满45日前向原审批机关提出申请，原审批机关应当在有效期届满前，作出是否延续的决定。

第二十六条　取水单位或者个人要求变更取水许可证载明的事项的，应当依照本条例的规定向原审批机关申请，经原审批机关批准，办理有关变更手续。

第二十七条　依法获得取水权的单位或者个人，通过调整产品和产业结构、改革工艺、节水等措施节约水资源的，在取水许可的有效期和取水限额内，经原审批机关批准，可以依法有偿转让其节约的水资源，并到原审批机关办理取水权变更手续。具体办法由国务院水行政主管部门制定。

第四章　水资源费的征收和使用管理

第二十八条　取水单位或者个人应当缴纳水资源费。取水单位或者个人应当按照经批准的年度取水计划取水。超计划或者超定额取水的，对超计划或者超定额部分累进收取水资源费。水资源费征收标准由省、自治区、直辖市人民政府价格主管部门会同同级财政部门、水行政主管部门制定，报本级人民政府批准，并报国务院价格主管部门、财政部门和水行政主管部门备案。其中，由流域管理机构审批取水的中央直属和跨省、自治区、直辖市水利工程的水资源费征收标准，由国务院价格主管部门会同国务院财政部门、水行政主管部门制定。

第二十九条　制定水资源费征收标准，应当遵循下列原则：

（一）促进水资源的合理开发、利用、节约和保护；

（二）与当地水资源条件和经济社会发展水平相适应；

（三）统筹地表水和地下水的合理开发利用，防止地下水过量开采；

（四）充分考虑不同产业和行业的差别。

第三十条　各级地方人民政府应当采取措施，提高农业用水效率，发展节水型农业。农业生产取水的水资源费征收标准应当根据当地水资源条件、农村经济发展状况和促进农业节约用水需要制定。农业生产取水的水资源费征收标准应当低于其他用水的水资源费征收标准，粮食作物的水资源费征收标准应当低于经济作物的水资源费征收标准。农业生产取水的水资源费征收的步骤和范围由省、自治区、直辖市人民政府规定。

第三十一条 水资源费由取水审批机关负责征收；其中，流域管理机构审批的，水资源费由取水口所在地省、自治区、直辖市人民政府水行政主管部门代为征收。

第三十二条 水资源费缴纳数额根据取水口所在地水资源费征收标准和实际取水量确定。水力发电用水和火力发电贯流式冷却用水可以根据取水口所在地水资源费征收标准和实际发电量确定缴纳数额。

第三十三条 取水审批机关确定水资源费缴纳数额后，应当向取水单位或者个人送达水资源费缴纳通知单，取水单位或者个人应当自收到缴纳通知单之日起7 日内办理缴纳手续。直接从江河、湖泊或者地下取用水资源从事农业生产的，对超过省、自治区、直辖市规定的农业生产用水限额部分的水资源，由取水单位或者个人根据取水口所在地水资源费征收标准和实际取水量缴纳水资源费；符合规定的农业生产用水限额的取水，不缴纳水资源费。取用供水工程的水从事农业生产的，由用水单位或者个人按照实际用水量向供水工程单位缴纳水费，由供水工程单位统一缴纳水资源费；水资源费计入供水成本。为了公共利益需要，按照国家批准的跨行政区域水量分配方案实施的临时应急调水，由调入区域的取用水的单位或者个人，根据所在地水资源费征收标准和实际取水量缴纳水资源费。

第三十四条 取水单位或者个人因特殊困难不能按期缴纳水资源费的，可以自收到水资源费缴纳通知单之日起 7 日内向发出缴纳通知单的水行政主管部门申请缓缴；发出缴纳通知单的水行政主管部门应当自收到缓缴申请之日起 5 个工作日内作出书面决定并通知申请人；期满未作决定的，视为同意。水资源费的缓缴期限最长不得超过 90 日。

第三十五条 征收的水资源费应当按照国务院财政部门的规定分别解缴中央和地方国库。因筹集水利工程基金，国务院对水资源费的提取、解缴另有规定的，从其规定。

第三十六条 征收的水资源费应当全额纳入财政预算，由财政部门按照批准的部门财政预算统筹安排，主要用于水资源的节约、保护和管理，也可以用于水资源的合理开发。

第三十七条　任何单位和个人不得截留、侵占或者挪用水资源费。审计机关应当加强对水资源费使用和管理的审计监督。

第五章　监督管理

第三十八条　县级以上人民政府水行政主管部门或者流域管理机构应当依照本条例规定，加强对取水许可制度实施的监督管理。县级以上人民政府水行政主管部门、财政部门和价格主管部门应当加强对水资源费征收、使用情况的监督管理。

第三十九条　年度水量分配方案和年度取水计划是年度取水总量控制的依据，应当根据批准的水量分配方案或者签订的协议，结合实际用水状况、行业用水定额、下一年度预测来水量等制定。国家确定的重要江河、湖泊的流域年度水量分配方案和年度取水计划，由流域管理机构会同有关省、自治区、直辖市人民政府水行政主管部门制定。县级以上各地方行政区域的年度水量分配方案和年度取水计划，由县级以上地方人民政府水行政主管部门根据上一级地方人民政府水行政主管部门或者流域管理机构下达的年度水量分配方案和年度取水计划制定。

第四十条　取水审批机关依照本地区下一年度取水计划、取水单位或者个人提出的下一年度取水计划建议，按照统筹协调、综合平衡、留有余地的原则，向取水单位或者个人下达下一年度取水计划。取水单位或者个人因特殊原因需要调整年度取水计划的，应当经原审批机关同意。

第四十一条　有下列情形之一的，审批机关可以对取水单位或者个人的年度取水量予以限制：

（一）因自然原因，水资源不能满足本地区正常供水的；

（二）取水、退水对水功能区水域使用功能、生态与环境造成严重影响的；

（三）地下水严重超采或者因地下水开采引起地面沉降等地质灾害的；

（四）出现需要限制取水量的其他特殊情况的。

发生重大旱情时，审批机关可以对取水单位或者个人的取水量予以紧急限制。

第四十二条　取水单位或者个人应当在每年的 12 月 31 日前向审批机关报送本年度的取水情况和下一年度取水计划建议。审批机关应当按年度将取用地下水的情况抄送同级国土资源主管部门，将取用城市规划区地下水的情况抄送同级城市建设主管部门。审批机关依照本条例第四十一条第一款的规定，需要对取水单位或者个人的年度取水量予以限制的，应当在采取限制措施前及时书面通知取水单位或者个人。

第四十三条 取水单位或者个人应当依照国家技术标准安装计量设施，保证计量设施正常运行，并按照规定填报取水统计报表。

第四十四条 连续停止取水满 2 年的，由原审批机关注销取水许可证。由于不可抗力或者进行重大技术改造等原因造成停止取水满 2 年的，经原审批机关同意，可以保留取水许可证。

第四十五条 县级以上人民政府水行政主管部门或者流域管理机构在进行监督检查时，有权采取下列措施：

（一）要求被检查单位或者个人提供有关文件、证照、资料；

（二）要求被检查单位或者个人就执行本条例的有关问题作出说明；

（三）进入被检查单位或者个人的生产场所进行调查；

（四）责令被检查单位或者个人停止违反本条例的行为，履行法定义务。

监督检查人员在进行监督检查时，应当出示合法有效的行政执法证件。有关单位和个人对监督检查工作应当给予配合，不得拒绝或者阻碍监督检查人员依法执行公务。

第四十六条 县级以上地方人民政府水行政主管部门应当按照国务院水行政主管部门的规定，及时向上一级水行政主管部门或者所在流域的流域管理机构报送本行政区域上一年度取水许可证发放情况。流域管理机构应当按照国务院水行政主管部门的规定，及时向国务院水行政主管部门报送其上一年度取水许可证发放情况，并同时抄送取水口所在地省、自治区、直辖市人民政府水行政主管部门。上一级水行政主管部门或者流域管理机构发现越权审批、取水许可证核准的总取水量超过水量分配方案或者协议规定的数量、年度实际取水总量超过下达的年度水量分配方案和年度取水计划的，应当及时要求有关水行政主管部门或者流域管理机构纠正。

第六章 法律责任

第四十七条 县级以上地方人民政府水行政主管部门、流域管理机构或者其他有关部门及其工作人员，有下列行为之一的，由其上级行政机关或者监察机关责令改正；情节严重的，对直接负责的主管人员和其他直接责任人员依法给予行政处分；构成犯罪的，依法追究刑事责任：

（一）对符合法定条件的取水申请不予受理或者不在法定期限内批准的；

（二）对不符合法定条件的申请人签发取水申请批准文件或者发放取水许可证的；

（三）违反审批权限签发取水申请批准文件或者发放取水许可证的；

（四）对未取得取水申请批准文件的建设项目，擅自审批、核准的；

（五）不按照规定征收水资源费，或者对不符合缓缴条件而批准缓缴水资源费的；

（六）侵占、截留、挪用水资源费的；

（七）不履行监督职责，发现违法行为不予查处的；

（八）其他滥用职权、玩忽职守、徇私舞弊的行为。

前款第（六）项规定的被侵占、截留、挪用的水资源费，应当依法予以追缴。

第四十八条　未经批准擅自取水，或者未依照批准的取水许可规定条件取水的，依照《中华人民共和国水法》第六十九条规定处罚；给他人造成妨碍或者损失的，应当排除妨碍、赔偿损失。

第四十九条　未取得取水申请批准文件擅自建设取水工程或者设施的，责令停止违法行为，限期补办有关手续；逾期不补办或者补办未被批准的，责令限期拆除或者封闭其取水工程或者设施；逾期不拆除或者不封闭其取水工程或者设施的，由县级以上地方人民政府水行政主管部门或者流域管理机构组织拆除或者封闭，所需费用由违法行为人承担，可以处 5 万元以下罚款。

第五十条　申请人隐瞒有关情况或者提供虚假材料骗取取水申请批准文件或者取水许可证的，取水申请批准文件或者取水许可证无效，对申请人给予警告，责令其限期补缴应当缴纳的水资源费，处 2 万元以上 10 万元以下罚款；构成犯罪的，依法追究刑事责任。

第五十一条　拒不执行审批机关作出的取水量限制决定，或者未经批准擅自转让取水权的，责令停止违法行为，限期改正，处 2 万元以上 10 万元以下罚款；逾期拒不改正或者情节严重的，吊销取水许可证。

第五十二条　有下列行为之一的，责令停止违法行为，限期改正，处 5000 元以上 2 万元以下罚款；情节严重的，吊销取水许可证：

（一）不按照规定报送年度取水情况的；

（二）拒绝接受监督检查或者弄虚作假的；

（三）退水水质达不到规定要求的。

第五十三条　未安装计量设施的，责令限期安装，并按照日最大取水能力计算的取水量和水资源费征收标准计征水资源费，处 5000 元以上 2 万元以下罚款；情节严重的，吊销取水许可证。计量设施不合格或者运行不正常的，责令限期更换或者修复；逾期不更换或者不修复的，按照日最大取水能力计算的取水量和水资源费征收标准计征水资源费，可以处 1 万元以下罚款；情节严重的，吊销取水许可证。

第五十四条 取水单位或者个人拒不缴纳、拖延缴纳或者拖欠水资源费的，依照《中华人民共和国水法》第七十条规定处罚。

第五十五条 对违反规定征收水资源费、取水许可证照费的，由价格主管部门依法予以行政处罚。

第五十六条 伪造、涂改、冒用取水申请批准文件、取水许可证的，责令改正，没收违法所得和非法财物，并处 2 万元以上 10 万元以下罚款；构成犯罪的，依法追究刑事责任。

第五十七条 本条例规定的行政处罚，由县级以上人民政府水行政主管部门或者流域管理机构按照规定的权限决定。

第七章 附 则

第五十八条 本条例自 2006 年 4 月 15 日起施行。1993 年 8 月 1 日国务院发布的《取水许可制度实施办法》同时废止。

总 理 温家宝

2006 年 2 月 21 日

关于印发《水资源费征收使用管理办法》的通知

财综〔2008〕79号

第一章　总　则

第一条　为加强水资源费征收使用管理，促进水资源节约、保护和合理利用，根据《中华人民共和国水法》和《取水许可和水资源费征收管理条例》（国务院令第460号，以下简称《条例》）的规定，制定本办法。

第二条　水资源费属于政府非税收入，全额纳入财政预算管理。

第三条　水资源费征收、使用和管理应当接受财政、价格、审计部门和上级水行政主管部门的监督检查。

第二章　征　收

第四条　直接从江河、湖泊或者地下取用水资源的单位（包括中央直属水电厂和火电厂）和个人，除按《条例》第四条规定不需要申领取水许可证的情形外，均应按照本办法规定缴纳水资源费。对从事农业生产取水征收水资源费，按照《条例》有关规定执行。

第五条　水资源费由县级以上地方水行政主管部门按照取水审批权限负责征收。其中，由流域管理机构审批取水的，水资源费由取水口所在地省、自治区、直辖市水行政主管部门代为征收。

第六条　按照国务院或其授权部门批准的跨省、自治区、直辖市水量分配方案调度的水资源，由调入区域水行政主管部门按照取水审批权限负责征收水资源费。其他跨省、自治区、直辖市实施的调水，水资源费的征收机关和资金分配，由相关省、自治区、直辖市人民政府协商确定，并报财政部、国家发展改革委、水利部审核同意后执行。相关省、自治区、直辖市不能协商一致的，由流域管理机构提出意见，报财政部、国家发展改革委、水利部审批确定。

第七条　上级水行政主管部门可以委托下级水行政主管部门征收水资源费。

委托征收应当以书面形式授权。流域管理机构审批取水并由省、自治区、直辖市水行政主管部门代为征收水资源费的，不得再委托下级水行政主管部门征收。

第八条 水资源费征收标准，由各省、自治区、直辖市价格主管部门会同同级财政部门、水行政主管部门制定，报本级人民政府批准，并报国家发展改革委、财政部和水利部备案。其中，由流域管理机构审批取水的中央直属和跨省、自治区、直辖市水利工程的水资源费征收标准，由国家发展改革委会同财政部、水利部制定。

第九条 水资源费缴纳数额根据取水口所在地水资源费征收标准和实际取水量确定。水力发电用水和火力发电贯流式冷却用水的水资源费缴纳数额，可以根据取水口所在地水资源费征收标准和实际发电量确定。对开采矿产资源用水，不得按矿产品开采量计征水资源费。

第十条 所有取水单位和个人均应安装取水计量设施。因取水单位和个人原因未安装取水计量设施或者计量设施不能准确计量取水量的，由水行政主管部门按照其最大取水能力核定取水量，并按核定的取水量确定水资源费征收数额。

第十一条 本办法第五条、第九条规定的取水口跨省、自治区、直辖市界的，其取水口所在地由流域管理机构与相关省、自治区、直辖市水行政主管部门协商确定，并报水利部备案；不能协商一致的，由流域管理机构提出意见报水利部审批确定。

第十二条 水资源费按月征收。取水单位和个人应按月向负责征收水资源费的水行政主管部门报送取水量（或发电量）。负责征收水资源费的水行政主管部门按照核定的取水量（或发电量）和规定的征收标准，确定水资源费征收数额，并按月向取水单位和个人送达水资源费缴纳通知单。缴纳通知单应载明缴费标准、取水量（或发电量）、缴费数额、缴费时间和地点等事项。其中，流域管理机构审批取水的，取水量（或发电量）由取水口所在地省、自治区、直辖市水行政主管部门商流域管理机构核定。取水单位和个人应当自收到缴纳通知单之日起 7 日内办理缴款手续。

第十三条 取水单位和个人申请缓缴水资源费，按照《条例》第三十四条的规定执行。

第十四条 县级以上地方水行政主管部门征收水资源费，应到指定的价格主管部门申领《收费许可证》，并使用省、自治区、直辖市财政部门统一印制的财政票据。

第三章 缴 库

第十五条 除南水北调受水区外，县级以上地方水行政主管部门征收的水资源费，按照1∶9的比例分别上缴中央和地方国库。南水北调受水区的北京市、天津市、河北省、江苏省、山东省、河南省因筹集南水北调工程基金，其水资源费在中央与地方之间的划分，按照《国务院办公厅关于印发〈南水北调工程基金筹集和使用管理办法〉的通知》（国办发〔2004〕86号）的规定执行。省、自治区、直辖市以下各级之间水资源费的分配比例，由各省、自治区、直辖市财政部门确定。

第十六条 对跨省、自治区、直辖市水利水电工程，水资源费在相关省、自治区、直辖市之间的分配比例，由相关省、自治区、直辖市人民政府协商确定，并报财政部、水利部审核同意后执行。相关省、自治区、直辖市不能协商一致的，由流域管理机构综合考虑水利水电工程上下游、左右岸关系等情况，商相关省、自治区、直辖市人民政府提出分配比例的意见，报财政部、水利部审批确定。对三峡电站水资源费的资金解缴和分配，由财政部会同水利部提出意见，报请国务院确定。

第十七条 水资源费实行就地缴库。负责征收水资源费的水行政主管部门填写“一般缴款书”，随水资源费缴纳通知单一并送达取水单位或个人，由取水单位或个人持“一般缴款书”在规定时限内到商业银行办理缴款。在填写“一般缴款书”时，上缴中央国库收入部分，“财政机关”栏填写“财政部”，“预算级次”栏填写“中央级”，“收款国库”栏填写实际收纳款项的国库名称；上缴地方国库收入部分，按照各省、自治区、直辖市确定的地方各级水资源费分配比例，分别填写相应的财政机关、预算级次和国库名称。

第十八条 水资源费收入在“政府收支分类科目”列第103类“非税收入”02款“专项收入”02项“水资源费收入”，作为中央和地方共用收入科目。

第十九条 各省、自治区、直辖市财政部门和水行政主管部门要确保将中央分成的水资源费及时足额上缴中央国库。财政部驻各省、自治区、直辖市财政监察专员办事处负责监缴上缴中央国库的水资源费。

第四章 使用管理

第二十条 水资源费全额纳入财政预算管理，由财政部门按照批准的部门预算统筹安排。其中，中央分成的水资源费纳入中央财政预算管理，省、自治区、直辖市以下各级分成的水资源费纳入地方同级财政预算管理。

第二十一条 水资源费专项用于水资源的节约、保护和管理，也可以用于水资源的合理开发。任何单位和个人不得平调、截留或挪作他用。使用范围包括：

（一）水资源调查评价、规划、分配及相关标准制定；

（二）取水许可的监督实施和水资源调度；

（三）江河湖库及水源地保护和管理；

（四）水资源管理信息系统建设和水资源信息采集与发布；

（五）节约用水的政策法规、标准体系建设以及科研、新技术和产品开发推广；

（六）节水示范项目和推广应用试点工程的拨款补助和贷款贴息；

（七）水资源应急事件处置工作补助；

（八）节约、保护水资源的宣传和奖励；

（九）水资源的合理开发。

第二十二条 县级以上水行政主管部门会同有关部门按规定编制水资源费收支预算，并纳入部门预算报同级财政部门审核。财政部门按照县级以上水行政主管部门会同有关部门履行水资源节约、保护、管理职能以及水资源合理开发等需要，核定预算支出。其中，用于水资源开发涉及固定资产投资的，要纳入固定资产投资计划统筹安排使用。资金支付按照财政国库管理制度有关规定执行。

第二十三条 水资源费支出在“政府收支分类科目”列第 213 类“农林水事务”03 款“水利”31 项“水资源费支出”。

第五章 违规处理

第二十四条 取水单位和个人违反本办法规定，拒不缴纳、拖延缴纳或者拖欠水资源费的，依照《中华人民共和国水法》第七十条规定处罚。取水单位和个人对处罚决定不服的，可以依法申请行政复议或者提起行政诉讼。

第二十五条 水资源费的征收、使用及管理部门和单位违反本办法规定，多征、减征、缓征、停征，或者侵占、截留、挪用、坐收坐支水资源费的，由财政部门、价格主管部门和审计部门按照各自职责依照相关法律、法规进行处罚，对直接负责的主管人员和其他直接责任人员依照《违反行政事业性收费和罚没收入收支两条线管理规定行政处分暂行规定》（国务院令第 281 号），给予行政处分。构成犯罪的，依法追究刑事责任。

第六章　附　则

第二十六条　各省、自治区、直辖市根据本办法制定具体实施办法，并报财政部、国家发展改革委、水利部备案。

第二十七条　本办法由财政部商国家发展改革委、水利部负责解释。

第二十八条　本办法自2009年1月1日起执行。

财政部

国家发展改革委

水利部

2008年11月10日

关于水资源费征收标准有关问题的通知

发改价格〔2013〕29号

各省、自治区、直辖市发展改革委、物价局、财政厅（局）、水利（水务）厅（局）：

自2006年《取水许可和水资源费征收管理条例》（国务院令第460号）颁布以来，各地积极推进水资源费改革，征收范围不断扩大，征收标准逐步提高，征收力度不断加强，对促进水资源节约、保护、管理与合理开发利用发挥了积极作用。但是，仍存在水资源费标准分类不规范、征收标准特别是地下水征收标准总体偏低、水资源状况和经济发展水平相近地区征收标准差异过大、超计划或者超定额取水累进收取水资源费制度未普遍落实等问题。为指导各地进一步加强水资源费征收标准管理，规范征收标准制定行为，促进水资源节约和保护，现就有关问题提出如下意见：

一、明确水资源费征收标准制定原则。（一）充分反映不同地区水资源禀赋状况，促进水资源的合理配置；（二）统筹地表水和地下水的合理开发利用，防止地下水过量开采，促进水资源特别是地下水资源的保护；（三）支持低消耗用水，鼓励回收利用水，限制超量取用水，促进水资源的节约；（四）考虑不同产业和行业取用水的差别特点，促进水资源的合理利用；（五）充分考虑当地经济发展水平和社会承受能力，促进社会和谐稳定。

二、规范水资源费标准分类。区分地表水和地下水分类制定水资源费征收标准。地表水分为农业、城镇公共供水、工商业、水力发电、火力发电贯流式、特种行业及其他取用水；地下水分为农业、城镇公共供水、工商业、特种行业及其他取用水。特种行业取用水包括洗车、洗浴、高尔夫球场、滑雪场等取用水。在上述分类范围内，各省（自治区、直辖市）可根据本地区水资源状况、产业结构和调整方向等情况，进行细化分类。

三、合理确定水资源费征收标准调整目标。各地要积极推进水资源费改革，综合考虑当地水资源状况、经济发展水平、社会承受能力以及不同产业和行业取用水的差别特点，结合水利工程供水价格、城市供水价格、污水处理费改革进展情况，合理确定每个五年规划本地区水资源费征收标准计划调整目标。在 2015 年底（“十二五”末）以前，地表水、地下水水资源费平均征收标准原则上应调整到本通知建议的水平以上，具体水平见附表。各地可参照上述目标制定本地区水资源费征收标准调整计划和实施时间表，分步推进。

全省（区、市）范围内不同市县水资源状况、地下水开采和利用等情况差异较大的地区，可分区域制定不同的水资源费征收标准。

四、严格控制地下水过量开采。同一类型取用水，地下水水资源费征收标准要高于地表水，水资源紧缺地区地下水水资源费征收标准要大幅高于地表水；超采地区的地下水水资源费征收标准要高于非超采地区，严重超采地区的地下水水资源费征收标准要大幅高于非超采地区；城市公共供水管网覆盖范围内取用地下水的自备水源水资源费征收标准要高于公共供水管网未覆盖地区，原则上要高于当地同类用途的城市供水价格。

五、支持农业生产和农民生活合理取用水。对规定限额内的农业生产取水，不征收水资源费。对超过限额部分尚未征收水资源费且经济社会发展水平低、农民承受能力弱的地区，要妥善把握开征水资源费的时机；对超过限额部分已经征收水资源费的地区，应综合考虑当地水资源条件、农业用水价格水平、农业水费收取情况、农民承受能力以及促进农业节约用水需要等因素从低制定征收标准。主要供农村人口生活用水的集中式饮水工程，暂按当地农业生产取水水资源费政策执行。

农业生产用水包括种植业、畜牧业、水产养殖业、林业用水。

六、鼓励水资源回收利用。采矿排水（疏干排水）应当依法征收水资源费。采矿排水（疏干排水）由本企业回收利用的，其水资源费征收标准可从低征收。对取用污水处理回用水免征水资源费。

七、合理制定水力发电用水征收标准。各地应充分考虑水力发电利用水力势能发电、基本不消耗水量的特点，合理制定当地水力发电用水水资源费征收标准，具体标准可参照中央直属和跨省水力发电水资源费征收标准执行。

八、对超计划或者超定额取水制定惩罚性征收标准。除水力发电、城市供水企业取水外，各取水单位或个人超计划或者超定额取水实行累进收取水资源费。由流域管理机构审批取水的中央直属和跨省、自治区、直辖市水利工程超计划或者超定额取水的，超出计划或定额不足 20%的水量部分，在原标准基础上加一倍征收；超出计划或定额 20%及以上、不足 40%的水量部分，在原标准基础上加两倍征收；超出计划或定额40%及以上水量部分，在原标准基础上加三倍征收。其他超计划或者超定额取水的，具体比例和加收标准由各省、自治区、直辖市物价、财政、水利部门制定。由政府制定商品或服务价格的，经营者超计划或者超定额取水缴纳的水资源费不计入商品或服务定价成本。

各地要认真落实超计划或者超定额取水累进收取水资源费制度，尽快制定累进收取水资源费具体办法。

九、加强水资源费征收使用管理。各级水资源费征收部门不得重复征收水资源费，不得擅自扩大征收范围、提高征收标准、超越权限收费。要采取切实措施，加大地下水自备水源水资源费征收力度，不得擅自降低征收标准，不得擅自减免、缓征或停征水资源费，确保应征尽征，防止地下水过量开采。同时，要严格落实《水资源费征收使用管理办法》（财综〔2008〕79号）的规定，确保将水资源费专项用于水资源的节约、保护和管理，也可以用于水资源的合理开发，任何单位和个人不得平调、截留或挪作他用。

十、做好组织实施和宣传工作。各地要高度重视水资源费征收标准制定工作，加强组织领导，周密部署，协调配合，抓好落实。要认真做好水资源费改革和征收标准调整的宣传工作，努力营造良好的舆论环境。

各地制定和调整的水资源费征收标准，要及时报国家发展改革委、财政部和水利部备案。

附件：“十二五”末各地区水资源费最低征收标准

国家发展改革委

财政部

水利部

2013年1月7日

附件：

“十二五”末各地区水资源费最低征收标准

单位：元/立方米

省（区、市）	地表水水资源费平均征收标准	地下水水资源费平均征收标准
北京	1.6	4
天津		
山西	0.5	2
内蒙古		
河北	0.4	1.5
山东		
河南		
辽宁	0.3	0.7
吉林		
黑龙江		
宁夏		
陕西		
江苏	0.2	0.5
浙江		
广东		
云南		
甘肃		
新疆		
上海	0.1	0.2
安徽		
福建		
江西		
湖北		
湖南		
广西		
海南		
重庆		
四川		
贵州		
西藏		
青海		

关于印发《中央分成水资源费使用管理暂行办法》的通知

财农〔2011〕24号

各省、自治区、直辖市、计划单列市财政厅（局）、水利（务）厅（局），新疆生产建设兵团财务局、水利局：

为规范中央分成水资源费使用管理，充分发挥资金使用效益，根据《取水许可和水资源费征收管理条例》（中华人民共和国国务院令第460号）、《水资源费征收使用管理办法》（财综〔2008〕79号）的相关规定，财政部、水利部研究制定了《中央水资源费使用管理暂行办法》。现印发你们，请遵照执行。

附件：中央分成水资源费使用管理暂行办法

财政部
水利部
2011年3月30日

附件：

中央分成水资源费使用管理暂行办法

第一章　总　则

第一条　为加强和规范中央分成水资源费使用管理，提高中央分成水资源费使用效益，落实最严格水资源管理制度，促进水资源节约、保护和管理，根据《中华人民共和国预算法》、《取水许可和水资源费征收管理条例》（中华人民共和国国务院令第460号）及《水资源费征收使用管理办法》（财综〔2008〕79号）等法律法规以及相关规定，制定本办法。

第二条　中央分成水资源费是县级以上地方水行政主管部门依法征收并按比例上缴中央国库的水资源费。中央分成水资源费全额纳入中央财政预算，专项用于水资源节约、保护和管理，也可以用于水资源的合理开发。

第三条　中央分成水资源费按照统一规划、统筹兼顾、突出重点、合理安排和注重实效的原则安排使用。

第四条　中央分成水资源费实行项目管理，分为中央本级项目和地方项目。

中央本级项目是指纳入水利部、新疆生产建设兵团部门预算的项目；地方项目是指水利部确定的由地方承担的项目，项目经费由中央财政通过转移支付方式支持。

第二章　使用范围

第五条　根据《水资源费征收使用管理办法》（财综〔2008〕79 号）第二十一条规定，中央分成水资源费用于以下方面：

（一）水资源调查评价、规划、分配及相关标准制定。包括水资源科学考察与调查评价；水资源规划；水量分配；用水总量控制管理；水权制度建设；水资源管理标准体系建设；水资源重大专题及政策法规研究等。

（二）取水许可的监督实施和水资源调度。包括水资源论证；取水许可总量控制管理与取水许可监督实施；水政执法和水事纠纷调处、水资源调度等。

（三）江河湖库及水源地保护和管理。包括水功能区管理；纳污总量控制管理；入河排污口监督管理；水源地保护；地下水管理、保护与超采区治理；水生态系统保护与修复、河湖水系连通等。

（四）水资源管理信息系统建设和水资源信息采集与发布。包括水资源管理信息系统设计、开发、设备购置与运行维护；水资源监测和应急能力建设；水资源信息采集、传输、发布、维护等。

（五）节约用水的政策法规、标准体系建设以及科研、新技术和产品开发推广。包括节约用水政策法规制定；用水定额管理；节水标准体系建设；节水和非常规水源利用的新技术和产品开发推广等。

（六）节水示范项目和推广应用试点工程的拨款补助和贷款贴息。

（七）水资源应急事件处置工作补助。

（八）节约、保护水资源的宣传和奖励。包括水资源节约、保护和管理的宣传、奖励以及水资源管理人才培训与交流等。

（九）水资源的合理开发及其他与水资源节约、保护和管理有关事项。

第六条 中央分成水资源费项目资金的支出范围包括办公费、设备材料费、测试化验加工费、专用车船费、燃料动力费、交通差旅费、会议费、培训费、宣传奖励费、劳务咨询费、委托业务费、拨款补助和贷款贴息等。

（一）办公费：是指为开展项目而购置的日常办公用品的费用以及印刷、出版、资料、文献检索及知识产权费用等。

（二）设备材料费：是指在项目实施过程中各种原材料、辅助材料、专用仪器设备的购置、租赁、维护和升级改造费用；信息系统设计、开发、集成和软件购买费用；为应对和预防危害供水安全、水事纠纷等突发性事件购置、租赁应急设备、装备以及工作补助的费用。

（三）测试化验加工费：是指在项目实施过程中的监测、采集、检验、测试、化验及加工等费用。

（四）专用车船费：是指购置、运行和维护水资源监测、监察以及应急净水等专用车船而发生的费用。

（五）燃料动力费：是指在项目实施过程中运行相关大型仪器设备等发生的可以单独计量的水、电、气、燃料消耗费用。

（六）交通差旅费：是指在项目实施中需要支付的交通工具的租用、燃料、维修、过桥过路、保险费用以及外埠差旅费用。差旅费的开支标准应当按照国家有关规定执行。

（七）会议费：是指在项目实施中为组织开展业务研讨、咨询以及协调项目等活动而发生的会议费用。项目承担单位应当按照国家有关规定，严格控制会议规模、数量、开支标准和会期。

（八）培训费：是指开展水资源节约、保护和管理培训而支出的费用。培训费的开支标准应当按照国家有关规定执行。

（九）宣传奖励费：指开展节约、保护水资源的宣传和奖励而发生的费用。

（十）劳务咨询费：是指在项目实施过程中支付给项目组成员中没有工资性收入的临时聘用人员的劳务性费用和支付给临时聘请的咨询专家的费用。专家咨询费不得支付给参与专项经费及其项目管理相关的工作人员。

（十一）委托业务费：是指项目承担单位委托外单位协助完成项目部分业务工作而支付的费用。

（十二）拨款补助和贷款贴息：是指水资源监测、计量以及示范项目和推广应用试点工程的拨款补助和贷款贴息。

第七条　中央分成水资源费不得用于下列支出：

（一）项目承担单位人员的工资、津补贴、福利等；

（二）一般公务用车购置及运行费；

（三）修建楼堂馆所；

（四）弥补经营性亏损和偿还债务；

（五）其他与本办法使用规定不相符的支出。

第三章　项目申报与批复

第八条　水利部负责组织编制中央分成水资源费项目规划，建立项目库。

第九条　中央分成水资源费年度实施项目由水利部根据中央分成水资源费项目规划，结合水资源节约、保护和管理工作需要确定。

第十条　中央本级年度实施项目由水利部、新疆生产建设兵团按照部门预算管理程序分别组织申报、实施。

地方年度实施项目由水利部商财政部于每年 3 月底前下达预算控制数；省级水利、财政部门组织编制项目实施方案，每年 4 月 30 日前联合向水利部、财政部申报；水利部负责组织对地方项目实施方案进行审核，报财政部审定。省级水利、财政部门对申报材料的真实性、合规性负责。

第十一条　省级水利部门根据下达的项目与资金，负责组织项目实施。

第十二条　项目资金支付按照财政国库管理制度的有关规定执行。

第四章　资金监督与检查验收

第十三条　各级财政、水利部门及项目承担单位应当严格执行国家有关资金使用管理规定，切实做到专款专用，严禁截留、滞留、转移、挪用资金和随意调整预算。属于政府采购范围的，应当按照政府采购制度的有关规定执行。

第十四条　各级财政、水利部门要按照现行法律法规及预算和财务管理制度加强对中央分成水资源费的使用管理和监督检查。

第十五条　水利部负责组织对重点项目进行验收和绩效评价。验收和绩效评价结果作为项目申报、选择承担单位及确定预算额度的重要依据。

省级财政、水利部门负责组织本行政区域内地方项目的验收和绩效评价，并将验收和绩效评价结果报财政部、水利部。

第十六条 对中央分成水资源费使用管理过程中存在财政违法行为的单位及个人，依照《财政违法行为处罚处分条例》（国务院令第427号）及有关法律、法规给予处理、处罚、处分。

第五章 附 则

第十七条 本办法由财政部、水利部负责解释。

第十八条 本办法自2011年3月30日起施行。

关于三峡电站水资源费征收使用管理有关问题的通知

财综〔2011〕19号

湖北省、重庆市人民政府，财政部驻湖北省财政监察专员办事处，中国人民银行武汉分行、重庆营业管理部，中国长江三峡集团公司：

根据《取水许可和水资源费征收管理条例》（国务院令第460号）和《财政部 国家发展改革委 水利部关于印发〈水资源费征收使用管理办法〉的通知》（财综〔2008〕79号，以下简称《通知》）的规定，经国务院同意，现将三峡电站水资源费征收使用管理有关问题通知如下：

一、自2009年9月1日起，中国长江电力股份有限公司按照三峡电站实际发电量和《国家发展改革委　财政部　水利部关于中央直属和跨省水利工程水资源费征收标准及有关问题的通知》（发改价格〔2009〕1779号）规定的征收标准缴纳水资源费。2009年9月1日以来中国长江电力股份有限公司尚未缴纳的水资源费予以补征。

二、三峡电站水资源费收入的10%上缴中央国库，其余90%按比例（湖北省16.67%、重庆市83.33%）在湖北省和重庆市之间进行分配，并分别上缴两省市国库。

三、在《政府收支分类科目》103类02款02项“水资源费收入”下增设01目“三峡电站水资源费收入”，用于核算上缴中央和地方国库的三峡电站水资源费收入。

四、三峡电站水资源费由财政部驻湖北省财政监察专员办事处（以下简称湖北专员办）负责按月征收，暂实行以下收缴方式。中国长江电力股份有限公司于每月10日前向湖北专员办申报上月实际发电量和应缴纳的水资源费。湖北专员办于每月12日前完成对申报的审核，确定水资源费征收数额，对中央分成的10%部分，由湖北专员办向中国长江电力股份有限公司开具《非税收入一般缴款书》；对湖北省分成的15.003%部分和重庆市分成的74.997%部分，由湖北专员办分别向中国长江电力股份有限公司开具两份《一般缴款书》。中国长江电力股份有限公司于每月15日前按《非税收入一般缴款书》和两份《一般缴款书》规定的缴款额足额上缴资金，其中：中央分成收入，由中国长江电力股份有限公司缴入财政部为湖北专员办开设的中央财政汇缴专户；湖北省分成收入，由中国长江电力股份有限公司通过其开户银行就地缴入国家金库湖北省宜昌市中心支库；重庆市分成收入，由中国长江电力股份有限公司从其开户银行通过中国现代化支付系统汇划至国家金库重庆市分库，汇款凭证中“收款人账号”为“278”、“附言”中应载明“地方级，103020201 三峡电站水资源费收入”，同时将加盖开户银行业务印章的《一般缴款书》第三、四联寄往国库金库重庆市分库，第五联送湖北专员办，并将汇款凭证复印件寄往重庆市财政局。国家金库重庆市分库收到汇款和缴款凭证后，及时准确办理入库手续。收款国库与湖北专员办及同级财政部门之间要加强资金入库的对账工作，确保缴库资金准确和安全。

湖北专员办根据中国长江电力股份有限公司全年实际发电量，在次年3月底前完成对该公司全年应缴水资源费的清算和征缴。

五、缴入中央国库的三峡电站水资源费收入，由中央财政安排使用；缴入湖北省和重庆市国库的三峡电站水资源费收入，分别由两省市统筹安排，重点用于三峡库区及三峡大坝下游水资源节约、保护和管理，也可以用于相关地区水资源的合理开发，具体使用范围按照《通知》的规定执行。

六、湖北省、重庆市人民政府要加强三峡电站水资源费使用管理，确保专款专用，并制定具体使用管理办法。财政部、国家发展改革委、水利部、中国人民银行和审计署按照职责加强对三峡电站水资源费征收缴库及使用情况的监督检查。

财政部
国家发展改革委
水利部
中国人民银行
2011年4月16日

关于规范水能（水电）资源有偿开发使用管理有关问题的通知

财综〔2010〕105 号

各省、自治区、直辖市财政厅（局）、发展改革委、物价局、能源局：

近几年，一些省市自行出台地方性水能（水电）资源有偿开发使用政策，以水能（水电）资源开发使用权有偿出让名义向水电企业收取出让金、补偿费等名目的费用，不仅违反了行政事业性收费和政府性基金审批管理规定，而且加重了水电企业负担，影响了水电企业正常的生产经营活动。为建立规范的水资源有偿使用制度，促进水电行业持续健康发展，现就有关问题通知如下：

一、各地停止执行自行出台的水能（水电）资源有偿开发使用政策。根据《中共中央　国务院关于治理向企业乱收费、乱罚款和各种摊派等问题的决定》（中发〔1997〕14 号）的规定，各地不得对已建、在建和新建水电项目有偿出让水能（水电）资源开发权，不得以水能（水电）资源有偿开发使用名义向水电企业或项目开发单位和个人收取水能资源使用权出让金、水能资源开发利用权有偿出让金、水电资源开发补偿费等名目的费用。

二、切实加强水资源费征收使用管理，规范水资源有偿使用制度。按照《取水许可和水资源费征收管理条例》（国务院令第 460 号）、《财政部　国家发展改革委　水利部关于印发〈水资源费征收使用管理办法〉的通知》（财综〔2008〕79 号）和《国家发展改革委　财政部　水利部关于中央直属和跨省水利工程水资源费征收标准及有关问题的通知》（发改价格〔2009〕1779 号）的规定，各地应加强水资源费征收管理，确保水资源费及时足额征收，按规定专项用于水资源节约、保护和管理，并用于水资源的合理开发，任何单位和个人不得平调、截留或挪作他用。

三、凡未经财政部、国家发展改革委同意，各地一律不得越权设立涉及水电企业的行政事业性收费项目；未经国务院或财政部批准，不得设立涉及水电企业的政府性基金项目。凡违反规定的，要予以严肃查处。

财政部

国际发展改革委

国家能源局

2010 年 11 月 23 日

关于同意收取草原植被恢复费有关问题的通知

财综〔2010〕29号

农业部，各省、自治区、直辖市财政厅（局）、发展改革委、物价局：

为保护和恢复草原植被，改善生态环境，根据《中华人民共和国草原法》的规定，现将草原植被恢复费有关问题通知如下：

一、进行矿藏勘查开采和工程建设征用或使用草原的单位和个人，应向相关省、自治区、直辖市（以下简称省级）草原行政主管部门或其委托的草原监理站（所）缴纳草原植被恢复费。

因工程建设、勘查、旅游等活动需要临时占用草原且未履行恢复义务的单位和个人，应向县级以上地方草原行政主管部门或其委托的草原监理站（所）缴纳草原植被恢复费。

在草原上修建直接为草原保护和畜牧业生产服务的工程设施，以及农牧民按规定标准建设住宅使用草原的，不缴纳草原植被恢复费。

二、草原植被恢复费收费标准由国家发展改革委、财政部另行制定。

三、勘查、开采矿藏和工程建设需征用或使用草原的，用地单位和个人应按规定权限向省级以上草原行政主管部门提出申请，经审核同意的，向省级草原行政主管部门或其委托的草原监理站（所）缴纳草原植被恢复费。用地单位和个人在办理建设用地审批手续时未获批准的，省级草原行政主管部门或其委托的草原监理站（所）应当将收取的草原植被恢复费全部退还用地单位和个人。

四、县级以上地方草原行政主管部门或其委托的草原监理站（所）收取草原植被恢复费，使用省级财政部门统一印制的财政票据。

五、县级以上地方草原行政主管部门或其委托的草原监理站（所）收取的草原植被恢复费，全额缴入地方国库，具体缴库办法按照省级财政部门的规定执行。草原植被恢复费收入列“政府收支分类科目”第103类“非税收入”02款“专项收入”13项“草原植被恢复费收入”。

六、征用或使用草原未获得建设用地批准，省级草原行政主管部门或其委托的草原监理站（所）需将收取的草原植被恢复费退还用地单位和个人时，应由省级草原行政主管部门或其委托的草原监理站（所）按实际发生的退还金额，附有关证明材料，向省级财政部门申请办理草原植被恢复费退库手续。

七、草原植被恢复费纳入财政预算管理，专项用于草原行政主管部门组织的草原植被恢复、保护和管理。使用范围包括：草原调查规划、人工草原建设、草原植被恢复、退化沙化草原改良和治理、草原生态监测、草原病虫害防治、草原防火和管护等开支。任何单位和个人不得截留或挪作他用。

八、省级财政部门商同级草原行政主管部门根据省以下各级草原行政主管部门承担的恢复草原植被职责，确定草原植被恢复费在省以下各级之间的资金使用比例，并报财政部备案。

九、县级以上地方草原行政主管部门应按规定编制草原植被恢复费收支预算，报同级财政部门审核。财政部门根据县级以上地方草原行政主管部门开展草原植被恢复、保护和管理工作需要，核定草原植被恢复费支出预算。草原植被恢复费支出列“政府收支分类科目”第 213 类“农林水事务”01 款“农业”53 项“草原植被恢复费支出”。草原植被恢复费的支付按照财政国库管理制度有关规定执行。

十、县级以上地方草原行政主管部门及其委托的草原监理站（所）应严格按照本规定执行，不得多收、减收、缓收、停收或者侵占、截留、挪用草原植被恢复费，并自觉接受财政、价格、审计部门和上级草原行政主管部门的监督检查。

财政部

国家发展改革委

2010 年 4 月 27 日

关于草原植被恢复费收费标准及有关问题的通知

发改价格〔2010〕1235号

农业部，各省、自治区、直辖市发展改革委、物价局、财政厅（局）：

根据《财政部　国家发展改革委关于同意收取草原植被恢复费有关问题的通知》（财综〔2010〕29号）规定，经研究，现将草原植被恢复费收费标准及有关问题通知如下：

一、进行矿藏勘查开采和工程建设征用或使用草原的单位和个人，向省、自治区、直辖市草原行政主管部门或其委托的草原监理站（所）缴纳草原植被恢复费的收费标准，以及因工程建设、勘查、旅游等活动需要临时占用草原且未履行恢复义务的单位和个人，向县级以上地方草原行政主管部门或其委托的草原监理站（所）缴纳草原植被恢复费的收费标准，由所在地省、自治区、直辖市价格主管部门会同财政部门核定，并报国家发展改革委、财政部备案。在草原上修建直接为草原保护和畜牧业生产服务的工程设施，以及农牧民按规定标准建设住宅使用草原的，不缴纳草原植被恢复费。

二、收费单位应到指定的价格主管部门办理收费许可证，并使用省级财政部门统一印制的财政票据。

三、收费单位应严格执行批准的收费项目和收费标准，不得自行增设收费项目、扩大收费范围或提高收费标准，并自觉接受价格、财政、审计部门的监督检查。

四、上述规定自本通知发布之日起执行。

国家发展改革委

财政部

2010年6月7日

关于长江河道砂石资源费收费标准及有关问题的通知

发改价格〔2009〕3085号

水利部，长江水利委员会，上海、江苏、安徽、江西、湖北、湖南、重庆、四川省（直辖市）发展改革委、物价局、财政厅（局）：

水利部《关于延期执行长江河道砂石资源费收费标准的函》（水财务函〔2009〕317号）收悉。经研究，现就核定长江河道砂石资源费收费标准及有关问题通知如下：

一、长江水利委员会和沿江省、直辖市水行政主管部门向在长江宜宾以下干流河道从事采砂（含吹填造地采砂）、采石、取土和淘金活动的单位和个人收取的长江河道砂石资源费，按照开采的砂石量按月计收。具体收费标准为：

（一）长江宜昌以上干流河道，每吨1元。

（二）长江宜昌到湖口干流河道，每吨1.5元。

（三）长江湖口以下干流河道，每吨2元。

二、收费单位应按规定到指定的价格主管部门申领收费许可证，并按照财务隶属关系使用财政部和省、直辖市财政部门统一印制的票据。收费单位应严格按照上述规定收费，自觉接受价格、财政部门的监督检查。

三、上述规定自发布之日起执行。《国家发展改革委、财政部关于重新核定长江河道砂石资源费征收标准的通知》（发改价格〔2006〕2073号）同时废止。

国家发展改革委

财政部

2009年12月9日

（三）其他相关环境收费政策

关于印发《污水处理费征收使用管理办法》通知

财税〔2014〕151 号

各省、自治区、直辖市、计划单列市财政厅（局）、发展改革委、物价局、住房城乡建设厅（建委、市政管委、水务局）：

为了规范污水处理费征收使用管理，保障城镇污水处理设施运行维护和建设，防治水污染，保护环境，根据《水污染防治法》、《城镇排水与污水处理条例》的规定，我们制定了《污水处理费征收使用管理办法》，现印发给你们，请遵照执行。

附件：污水处理费征收使用管理办法

财政部
国家发展改革委
住房城乡建设部
2014 年 12 月 31 日

附件：

污水处理费征收使用管理办法

第一章　总　则

第一条　为了规范污水处理费征收使用管理，保障城镇污水处理设施运行维护和建设，防治水污染，保护环境，根据《水污染防治法》、《城镇排水与污水处理条例》的规定，制定本办法。

第二条 城镇污水处理费的征收、使用和管理适用本办法。

第三条 污水处理费是按照“污染者付费”原则，由排水单位和个人缴纳并专项用于城镇污水处理设施建设、运行和污泥处理处置的资金。

第四条 污水处理费属于政府非税收入，全额上缴地方国库，纳入地方政府性基金预算管理，实行专款专用。

第五条 鼓励各地区采取政府与社会资本合作、政府购买服务等多种形式，共同参与城镇排水与污水处理设施投资、建设和运营，合理分担风险，实现权益融合，加强项目全生命周期管理，提高城镇排水与污水处理服务质量和运营效率。

第六条 污水处理费的征收、使用和管理应当接受财政、价格、审计部门和上级城镇排水与污水处理主管部门的监督检查。

第二章 征收缴库

第七条 凡设区的市、县（市）和建制镇已建成污水处理厂的，均应当征收污水处理费；在建污水处理厂、已批准污水处理厂建设项目可行性研究报告或项目建议书的，可以开征污水处理费，并应当在开征 3 年内建成污水处理厂投入运行。

第八条 向城镇排水与污水处理设施排放污水、废水的单位和个人（以下称缴纳义务人），应当缴纳污水处理费。

向城镇排水与污水处理设施排放污水、废水并已缴纳污水处理费的，不再缴纳排污费。

向城镇排水与污水处理设施排放的污水超过国家或者地方规定排放标准的，依法进行处罚。

第九条 单位或个人自建污水处理设施，污水处理后全部回用，或处理后水质符合国家规定的排向自然水体的水质标准，且未向城镇排水与污水处理设施排水的，不缴纳污水处理费；仍向城镇排水与污水处理设施排水的，应当足额缴纳污水处理费。

第十条 除本办法第十一条规定的情形外，污水处理费按缴纳义务人的用水量计征。用水量按下列方式核定：

（一）使用公共供水的单位和个人，其用水量以水表显示的量值为准。

（二）使用自备水源的单位和个人已安装计量设备的，其用水量以计量设备显示的量值为准；未安装计量设备或者计量设备不能正常使用的，其用水量按取水设施额定流量每日运转 24 小时计算。

第十一条　因大量蒸发、蒸腾造成排水量明显低于用水量，且排水口已安装自动在线监测设施等计量设备的，经县级以上地方城镇排水与污水处理主管部门（以下称城镇排水主管部门）认定并公示后，按缴纳义务人实际排水量计征污水处理费。对产品以水为主要原料的企业，仍按其用水量计征污水处理费。

建设施工临时排水、基坑疏干排水已安装排水计量设备的，按计量设备显示的量值计征污水处理费；未安装排水计量设备或者计量设备不能正常使用的，按施工规模定额征收污水处理费。

第十二条　污水处理费的征收标准，按照覆盖污水处理设施正常运营和污泥处理处置成本并合理盈利的原则制定，由县级以上地方价格、财政和排水主管部门提出意见，报同级人民政府批准后执行。

污水处理费的征收标准暂时未达到覆盖污水处理设施正常运营和污泥处理处置成本并合理盈利水平的，应当逐步调整到位。

第十三条　使用公共供水的单位和个人，其污水处理费由城镇排水主管部门委托公共供水企业在收取水费时一并代征，并在发票中单独列明污水处理费的缴款数额。

城镇排水主管部门应当与公共供水企业签订代征污水处理费合同，明确双方权利义务。

公共供水企业代征的污水处理费与其水费收入应当分账核算，并及时足额上缴代征的污水处理费，不得隐瞒、滞留、截留和挪用。

公共供水企业代征的污水处理费，由城镇排水主管部门征缴入库。

第十四条　使用自备水源的单位和个人，其污水处理费由城镇排水主管部门或其委托的单位征收。

各地区应当加强对自备水源的管理，加大对使用自备水源单位和个人污水处理费的征收力度。

第十五条　污水处理费一般应当按月征收，并全额上缴地方国库。

公共供水企业应当按规定时限如实向城镇排水主管部门申报售水量和代征的污水处理费数额。使用自备水源的单位和个人应当按规定时限如实向城镇排水主管部门或其委托的单位申报用水量（排水量）和应缴纳的污水处理费数额。

城镇排水主管部门或其委托的单位应当对申报情况进行审核，确定污水处理费征收数额。收取污水处理费时，使用省级财政部门统一印制的票据。具体缴库办法按照省级财政部门的规定执行。

第十六条 城镇排水主管部门应当核实公共供水企业全年实际售水量，在次年 3 月底前完成对公共供水企业全年应缴污水处理费的汇算清缴工作。

对因用水户欠缴水费、公共供水企业核销坏账损失的水量，经城镇排水主管部门审核确认后，不计入公共供水企业全年实际应代征污水处理费的水量。

第十七条 公共供水企业、城镇排水主管部门委托的单位代征污水处理费，由地方财政从污水处理费支出预算中支付代征手续费，具体办法由县级以上地方财政部门规定。

第十八条 城镇排水主管部门及其委托的单位、公共供水企业要严格按照规定的范围、标准和时限要求征收或者代征污水处理费，确保将污水处理费征缴到位。

第十九条 任何单位和个人均不得违反本办法规定，自行改变污水处理费的征收对象、范围和标准。

严禁对企业违规减免或者缓征污水处理费。已经出台污水处理费减免或者缓征政策的，应当予以废止。

第二十条 城镇排水主管部门应当将污水处理费的征收依据、征收主体、征收标准、征收程序、法律责任等进行公示。

第三章 使用管理

第二十一条 污水处理费专项用于城镇污水处理设施的建设、运行和污泥处理处置，以及污水处理费的代征手续费支出，不得挪作他用。

第二十二条 征收的污水处理费不能保障城镇排水与污水处理设施正常运营的，地方财政应当给予补贴。

第二十三条 缴入国库的污水处理费与地方财政补贴资金统筹使用，通过政府购买服务方式，向提供城镇排水与污水处理服务的单位支付服务费。

服务费应当覆盖合理服务成本并使服务单位合理收益。

服务费按照合同约定的污水处理量、污泥处理处置量、排水管网维护、再生水量等服务质量和数量予以确定。

第二十四条 城镇排水主管部门与财政部门、价格主管部门协商一致后，与城镇排水与污水处理服务单位签订政府购买服务合同。

政府购买服务合同应当包括城镇排水与污水处理服务范围和期限、服务数量和质量、服务费支付标准及调整机制、绩效考核、风险分担、信息披露、政府接管、权利义务和违约责任等内容。

第二十五条　城镇排水主管部门应当根据城镇排水与污水处理服务单位履行政府购买服务合同的情况，以及城镇污水处理设施出水水质和水量的监督检查结果，按期核定服务费。

财政部门应当及时、足额拨付服务费。

第二十六条　城镇排水与污水处理服务单位应当定期公布污水处理量、主要污染物削减量、污水处理设施出水水质状况等信息。

第二十七条　城镇排水与污水处理服务单位违反规定擅自停运城镇污水处理设施，以及城镇污水处理设施的出水质未达到国家或者地方规定的水污染物排放标准的，应当按照合同约定相应扣减服务费，并依法对其进行处罚。

第二十八条　城镇排水主管部门、财政部门可以委托第三方评估机构，对城镇排水与污水处理服务绩效进行评估，绩效评估结果应当与服务费支付相挂钩并向社会公开。

第二十九条　各地区可以通过合理确定投资收益水平，吸引社会资本参与投资、建设和运营城镇排水与污水处理项目，提高污水处理服务质量和运营效率。

各地区应当按照《政府采购法》及有关规定，通过公开招标、竞争性谈判等竞争性方式选择符合要求的城镇排水与污水处理服务单位，并采取特许经营、委托运营等多种服务方式。

第三十条　县级以上地方财政部门对城镇排水与污水处理服务费支出（包括污水处理费安排的支出和财政补贴资金）实行预决算管理。

城镇排水主管部门应当根据城镇排水与污水处理设施的建设、运行和污泥处理处置情况，编制年度城镇排水与污水处理服务费支出预算，经同级财政部门审核后，纳入同级财政预算报经批准后执行。

城镇排水主管部门应当根据城镇排水与污水处理服务费支出预算执行情况编制年度决算，经同级财政部门审核后，纳入同级财政决算。

县级以上地方财政部门会同排水主管部门可以将城镇排水与污水处理服务费支出纳入中长期财政规划管理，加强预算控制，保障政府购买服务合同有效执行。

第三十一条　污水处理费的资金支付按照财政国库管理制度有关规定执行。

第三十二条　城镇排水主管部门和财政部门应当每年向社会公布污水处理费的征收、使用情况。

第四章　法律责任

第三十三条　单位和个人违反本办法规定，有下列情形之一的，依照《财政违法行为处罚处分条例》和《违反行政事业性收费和罚没收入收支两条线管理规定行政处分暂行规定》等国家有关规定追究法律责任；涉嫌犯罪的，依法移送司法机关处理：

（一）擅自减免污水处理费或者改变污水处理费征收范围、对象和标准的；

（二）隐瞒、坐支应当上缴的污水处理费的；

（三）滞留、截留、挪用应当上缴的污水处理费的；

（四）不按照规定的预算级次、预算科目将污水处理费缴入国库的；

（五）违反规定扩大污水处理费开支范围、提高开支标准的；

（六）其他违反国家财政收入管理规定的行为。

第三十四条　缴纳义务人不缴纳污水处理费的，按照《城镇排水与污水处理条例》第五十四条规定，由城镇排水主管部门责令限期缴纳，逾期拒不缴纳的，处应缴纳污水处理费数额 1 倍以上 3 倍以下罚款。

第三十五条　污水处理费征收、使用管理有关部门的工作人员违反本办法规定，在污水处理费征收和使用管理工作中徇私舞弊、玩忽职守、滥用职权的，依法给予处分；涉嫌犯罪的，依法移送司法机关。

第五章　附　则

第三十六条　各省、自治区、直辖市根据本办法制定具体实施办法，并报财政部、国家发展改革委、住房城乡建设部备案。

第三十七条　本办法由财政部会同国家发展改革委、住房城乡建设部负责解释。

第三十八条　本办法自 2015 年 3 月 1 日起施行。此前有关污水处理费征收使用管理规定与本办法不一致的，以本办法为准。

土地复垦条例

中华人民共和国国务院令

第 592 号

第一章　总　则

第一条　为了落实十分珍惜、合理利用土地和切实保护耕地的基本国策，规范土地复垦活动，加强土地复垦管理，提高土地利用的社会效益、经济效益和生态效益，根据《中华人民共和国土地管理法》，制定本条例。

第二条　本条例所称土地复垦，是指对生产建设活动和自然灾害损毁的土地，采取整治措施，使其达到可供利用状态的活动。

第三条　生产建设活动损毁的土地，按照“谁损毁，谁复垦”的原则，由生产建设单位或者个人（以下称土地复垦义务人）负责复垦。但是，由于历史原因无法确定土地复垦义务人的生产建设活动损毁的土地（以下称历史遗留损毁土地），由县级以上人民政府负责组织复垦。

自然灾害损毁的土地，由县级以上人民政府负责组织复垦。

第四条　生产建设活动应当节约集约利用土地，不占或者少占耕地；对依法占用的土地应当采取有效措施，减少土地损毁面积，降低土地损毁程度。

土地复垦应当坚持科学规划、因地制宜、综合治理、经济可行、合理利用的原则。复垦的土地应当优先用于农业。

第五条　国务院国土资源主管部门负责全国土地复垦的监督管理工作。县级以上地方人民政府国土资源主管部门负责本行政区域土地复垦的监督管理工作。

县级以上人民政府其他有关部门依照本条例的规定和各自的职责做好土地复垦有关工作。

第六条　编制土地复垦方案、实施土地复垦工程、进行土地复垦验收等活动，应当遵守土地复垦国家标准；没有国家标准的，应当遵守土地复垦行业标准。

制定土地复垦国家标准和行业标准，应当根据土地损毁的类型、程度、自然地理条件和复垦的可行性等因素，分类确定不同类型损毁土地的复垦方式、目标和要求等。

第七条 县级以上地方人民政府国土资源主管部门应当建立土地复垦监测制度，及时掌握本行政区域土地资源损毁和土地复垦效果等情况。

国务院国土资源主管部门和省、自治区、直辖市人民政府国土资源主管部门应当建立健全土地复垦信息管理系统，收集、汇总和发布土地复垦数据信息。

第八条 县级以上人民政府国土资源主管部门应当依据职责加强对土地复垦情况的监督检查。被检查的单位或者个人应当如实反映情况，提供必要的资料。

任何单位和个人不得扰乱、阻挠土地复垦工作，破坏土地复垦工程、设施和设备。

第九条 国家鼓励和支持土地复垦科学研究和技术创新，推广先进的土地复垦技术。

对在土地复垦工作中作出突出贡献的单位和个人，由县级以上人民政府给予表彰。

第二章 生产建设活动损毁土地的复垦

第十条 下列损毁土地由土地复垦义务人负责复垦：

（一）露天采矿、烧制砖瓦、挖沙取土等地表挖掘所损毁的土地；

（二）地下采矿等造成地表塌陷的土地；

（三）堆放采矿剥离物、废石、矿渣、粉煤灰等固体废弃物压占的土地；

（四）能源、交通、水利等基础设施建设和其他生产建设活动临时占用所损毁的土地。

第十一条 土地复垦义务人应当按照土地复垦标准和国务院国土资源主管部门的规定编制土地复垦方案。

第十二条 土地复垦方案应当包括下列内容：

（一）项目概况和项目区土地利用状况；

（二）损毁土地的分析预测和土地复垦的可行性评价；

（三）土地复垦的目标任务；

（四）土地复垦应当达到的质量要求和采取的措施；

（五）土地复垦工程和投资估（概）算；

（六）土地复垦费用的安排；

（七）土地复垦工作计划与进度安排；

（八）国务院国土资源主管部门规定的其他内容。

第十三条 土地复垦义务人应当在办理建设用地申请或者采矿权申请手续时，随有关报批材料报送土地复垦方案。

土地复垦义务人未编制土地复垦方案或者土地复垦方案不符合要求的，有批准权的人民政府不得批准建设用地，有批准权的国土资源主管部门不得颁发采矿许可证。

本条例施行前已经办理建设用地手续或者领取采矿许可证，本条例施行后继续从事生产建设活动造成土地损毁的，土地复垦义务人应当按照国务院国土资源主管部门的规定补充编制土地复垦方案。

第十四条 土地复垦义务人应当按照土地复垦方案开展土地复垦工作。矿山企业还应当对土地损毁情况进行动态监测和评价。

生产建设周期长、需要分阶段实施复垦的，土地复垦义务人应当对土地复垦工作与生产建设活动统一规划、统筹实施，根据生产建设进度确定各阶段土地复垦的目标任务、工程规划设计、费用安排、工程实施进度和完成期限等。

第十五条 土地复垦义务人应当将土地复垦费用列入生产成本或者建设项目总投资。

第十六条 土地复垦义务人应当建立土地复垦质量控制制度，遵守土地复垦标准和环境保护标准，保护土壤质量与生态环境，避免污染土壤和地下水。

土地复垦义务人应当首先对拟损毁的耕地、林地、牧草地进行表土剥离，剥离的表土用于被损毁土地的复垦。

禁止将重金属污染物或者其他有毒有害物质用作回填或者充填材料。受重金属污染物或者其他有毒有害物质污染的土地复垦后，达不到国家有关标准的，不得用于种植食用农作物。

第十七条 土地复垦义务人应当于每年 12 月 31 日前向县级以上地方人民政府国土资源主管部门报告当年的土地损毁情况、土地复垦费用使用情况以及土地复垦工程实施情况。

县级以上地方人民政府国土资源主管部门应当加强对土地复垦义务人使用土地复垦费用和实施土地复垦工程的监督。

第十八条 土地复垦义务人不复垦，或者复垦验收中经整改仍不合格的，应当缴纳土地复垦费，由有关国土资源主管部门代为组织复垦。

确定土地复垦费的数额，应当综合考虑损毁前的土地类型、实际损毁面积、损毁程度、复垦标准、复垦用途和完成复垦任务所需的工程量等因素。土地复垦费的具体征收使用管理办法，由国务院财政、价格主管部门商国务院有关部门制定。

土地复垦义务人缴纳的土地复垦费专项用于土地复垦。任何单位和个人不得截留、挤占、挪用。

第十九条 土地复垦义务人对在生产建设活动中损毁的由其他单位或者个人使用的国有土地或者农民集体所有的土地，除负责复垦外，还应当向遭受损失的单位或者个人支付损失补偿费。

损失补偿费由土地复垦义务人与遭受损失的单位或者个人按照造成的实际损失协商确定；协商不成的，可以向土地所在地人民政府国土资源主管部门申请调解或者依法向人民法院提起民事诉讼。

第二十条 土地复垦义务人不依法履行土地复垦义务的，在申请新的建设用地时，有批准权的人民政府不得批准；在申请新的采矿许可证或者申请采矿许可证延续、变更、注销时，有批准权的国土资源主管部门不得批准。

第三章 历史遗留损毁土地和自然灾害损毁土地的复垦

第二十一条 县级以上人民政府国土资源主管部门应当对历史遗留损毁土地和自然灾害损毁土地进行调查评价。

第二十二条 县级以上人民政府国土资源主管部门应当在调查评价的基础上，根据土地利用总体规划编制土地复垦专项规划，确定复垦的重点区域以及复垦的目标任务和要求，报本级人民政府批准后组织实施。

第二十三条 对历史遗留损毁土地和自然灾害损毁土地，县级以上人民政府应当投入资金进行复垦，或者按照“谁投资，谁受益”的原则，吸引社会投资进行复垦。土地权利人明确的，可以采取扶持、优惠措施，鼓励土地权利人自行复垦。

第二十四条 国家对历史遗留损毁土地和自然灾害损毁土地的复垦按项目实施管理。

县级以上人民政府国土资源主管部门应当根据土地复垦专项规划和年度土地复垦资金安排情况确定年度复垦项目。

第二十五条 政府投资进行复垦的，负责组织实施土地复垦项目的国土资源主管部门应当组织编制土地复垦项目设计书，明确复垦项目的位置、面积、目标任务、工程规划设计、实施进度及完成期限等。

土地权利人自行复垦或者社会投资进行复垦的，土地权利人或者投资单位、个人应当组织编制土地复垦项目设计书，并报负责组织实施土地复垦项目的国土资源主管部门审查同意后实施。

第二十六条 政府投资进行复垦的，有关国土资源主管部门应当依照招标投标法律法规的规定，通过公开招标的方式确定土地复垦项目的施工单位。

土地权利人自行复垦或者社会投资进行复垦的，土地复垦项目的施工单位由土地权利人或者投资单位、个人依法自行确定。

第二十七条 土地复垦项目的施工单位应当按照土地复垦项目设计书进行复垦。

负责组织实施土地复垦项目的国土资源主管部门应当健全项目管理制度，加强项目实施中的指导、管理和监督。

第四章 土地复垦验收

第二十八条 土地复垦义务人按照土地复垦方案的要求完成土地复垦任务后，应当按照国务院国土资源主管部门的规定向所在地县级以上地方人民政府国土资源主管部门申请验收，接到申请的国土资源主管部门应当会同同级农业、林业、环境保护等有关部门进行验收。

进行土地复垦验收，应当邀请有关专家进行现场踏勘，查验复垦后的土地是否符合土地复垦标准以及土地复垦方案的要求，核实复垦后的土地类型、面积和质量等情况，并将初步验收结果公告，听取相关权利人的意见。相关权利人对土地复垦完成情况提出异议的，国土资源主管部门应当会同有关部门进一步核查，并将核查情况向相关权利人反馈；情况属实的，应当向土地复垦义务人提出整改意见。

第二十九条 负责组织验收的国土资源主管部门应当会同有关部门在接到土地复垦验收申请之日起 60 个工作日内完成验收，经验收合格的，向土地复垦义务人出具验收合格确认书；经验收不合格的，向土地复垦义务人出具书面整改意见，列明需要整改的事项，由土地复垦义务人整改完成后重新申请验收。

第三十条 政府投资的土地复垦项目竣工后，负责组织实施土地复垦项目的国土资源主管部门应当依照本条例第二十八条第二款的规定进行初步验收。初步验收完成后，负责组织实施土地复垦项目的国土资源主管部门应当按照国务院国土资源主管部门的规定向上级人民政府国土资源主管部门申请最终验收。上级人民政府国土资源主管部门应当会同有关部门及时组织验收。

土地权利人自行复垦或者社会投资进行复垦的土地复垦项目竣工后，由负责组织实施土地复垦项目的国土资源主管部门会同有关部门进行验收。

第三十一条 复垦为农用地的，负责组织验收的国土资源主管部门应当会同有关部门在验收合格后的 5 年内对土地复垦效果进行跟踪评价，并提出改善土地质量的建议和措施。

第五章 土地复垦激励措施

第三十二条 土地复垦义务人在规定的期限内将生产建设活动损毁的耕地、林地、牧草地等农用地复垦恢复原状的，依照国家有关税收法律法规的规定退还已经缴纳的耕地占用税。

第三十三条 社会投资复垦的历史遗留损毁土地或者自然灾害损毁土地，属于无使用权人的国有土地的，经县级以上人民政府依法批准，可以确定给投资单位或者个人长期从事种植业、林业、畜牧业或者渔业生产。

社会投资复垦的历史遗留损毁土地或者自然灾害损毁土地，属于农民集体所有土地或者有使用权人的国有土地的，有关国土资源主管部门应当组织投资单位或者个人与土地权利人签订土地复垦协议，明确复垦的目标任务以及复垦后的土地使用和收益分配。

第三十四条 历史遗留损毁和自然灾害损毁的国有土地的使用权人，以及历史遗留损毁和自然灾害损毁的农民集体所有土地的所有权人、使用权人，自行将损毁土地复垦为耕地的，由县级以上地方人民政府给予补贴。

第三十五条 县级以上地方人民政府将历史遗留损毁和自然灾害损毁的建设用地复垦为耕地的，按照国家有关规定可以作为本省、自治区、直辖市内进行非农建设占用耕地时的补充耕地指标。

第六章 法律责任

第三十六条 负有土地复垦监督管理职责的部门及其工作人员有下列行为之一的，对直接负责的主管人员和其他直接责任人员，依法给予处分；直接负责的主管人员和其他直接责任人员构成犯罪的，依法追究刑事责任：

（一）违反本条例规定批准建设用地或者批准采矿许可证及采矿许可证的延续、变更、注销的；

（二）截留、挤占、挪用土地复垦费的；

（三）在土地复垦验收中弄虚作假的；

（四）不依法履行监督管理职责或者对发现的违反本条例的行为不依法查处的；

（五）在审查土地复垦方案、实施土地复垦项目、组织土地复垦验收以及实施监督检查过程中，索取、收受他人财物或者谋取其他利益的；

（六）其他徇私舞弊、滥用职权、玩忽职守行为。

第三十七条　本条例施行前已经办理建设用地手续或者领取采矿许可证，本条例施行后继续从事生产建设活动造成土地损毁的土地复垦义务人未按照规定补充编制土地复垦方案的，由县级以上地方人民政府国土资源主管部门责令限期改正；逾期不改正的，处10万元以上20万元以下的罚款。

第三十八条　土地复垦义务人未按照规定将土地复垦费用列入生产成本或者建设项目总投资的，由县级以上地方人民政府国土资源主管部门责令限期改正；逾期不改正的，处10万元以上50万元以下的罚款。

第三十九条　土地复垦义务人未按照规定对拟损毁的耕地、林地、牧草地进行表土剥离，由县级以上地方人民政府国土资源主管部门责令限期改正；逾期不改正的，按照应当进行表土剥离的土地面积处每公顷1万元的罚款。

第四十条　土地复垦义务人将重金属污染物或者其他有毒有害物质用作回填或者充填材料的，由县级以上地方人民政府环境保护主管部门责令停止违法行为，限期采取治理措施，消除污染，处10万元以上50万元以下的罚款；逾期不采取治理措施的，环境保护主管部门可以指定有治理能力的单位代为治理，所需费用由违法者承担。

第四十一条　土地复垦义务人未按照规定报告土地损毁情况、土地复垦费用使用情况或者土地复垦工程实施情况的，由县级以上地方人民政府国土资源主管部门责令限期改正；逾期不改正的，处2万元以上5万元以下的罚款。

第四十二条　土地复垦义务人依照本条例规定应当缴纳土地复垦费而不缴纳的，由县级以上地方人民政府国土资源主管部门责令限期缴纳；逾期不缴纳的，处应缴纳土地复垦费1倍以上2倍以下的罚款，土地复垦义务人为矿山企业的，由颁发采矿许可证的机关吊销采矿许可证。

第四十三条 土地复垦义务人拒绝、阻碍国土资源主管部门监督检查，或者在接受监督检查时弄虚作假的，由国土资源主管部门责令改正，处 2 万元以上 5 万元以下的罚款；有关责任人员构成违反治安管理行为的，由公安机关依法予以治安管理处罚；有关责任人员构成犯罪的，依法追究刑事责任。

破坏土地复垦工程、设施和设备，构成违反治安管理行为的，由公安机关依法予以治安管理处罚；构成犯罪的，依法追究刑事责任。

第七章　附　则

第四十四条 本条例自公布之日起施行。1988 年 11 月 8 日国务院发布的《土地复垦规定》同时废止。

总　理　温家宝

二〇一一年三月五日

商品零售场所塑料购物袋有偿使用管理办法

（商务部、发展改革委、工商总局令 2008 年第 8 号）

第一条　为节约资源、保护生态环境，引导消费者减少使用塑料购物袋，制订本办法。

第二条　本办法所称商品零售场所是指向消费者提供零售服务的各类超市、商场、集贸市场。

本办法所称塑料购物袋是指由商品零售场所提供的，用于装盛消费者所购商品，具有提携功能的塑料袋。但不包括商品零售场所基于卫生及食品安全目的，用于装盛散装生鲜食品、熟食、面食等商品的塑料预包装袋。

塑料购物袋的材质及技术要求由国家相关标准予以规范。

第三条　商品零售场所应当依据本办法向消费者有偿提供塑料购物袋。

第四条　商务主管部门、价格主管部门、工商行政管理部门依照有关法律法规，在各自职责范围内对商品零售场所塑料购物袋有偿使用过程中的经营行为进行监督管理。

第五条　商品零售场所对塑料购物袋应当依法明码标价。

第六条　商品零售场所可自主制定塑料购物袋价格，但不得有下列行为：

（一）低于经营成本销售塑料购物袋；

（二）不标明价格或不按规定的内容方式标明价格销售塑料购物袋；

（三）采取打折或其他方式不按标示的价格向消费者销售塑料购物袋；

（四）向消费者无偿或变相无偿提供塑料购物袋。

第七条　商品零售场所应当在销售凭证上单独列示消费者购买塑料购物袋的数量、单价和款项。

以出租摊位形式经营的集贸市场对消费者开具销售凭证确有困难的除外。

第八条　商品零售场所应向依法设立的塑料购物袋生产厂家、批发商或进口商采购塑料购物袋，并索取相关证照，建立塑料购物袋购销台账，以备查验。

第九条　商品零售场所不得销售不符合国家相关标准的塑料购物袋。

第十条 商品零售场所应采取措施，为消费者自带购物袋、购物篮购物提供便利。

第十一条 鼓励商品零售场所提供符合相关质量标准和环保要求的塑料购物袋替代品。

第十二条 以出租摊位形式经营的集贸市场，可以由开办单位或经其批准在市场内设立的专营（或兼营）塑料购物袋经营摊位实行塑料购物袋统一采购、销售。

第十三条 商品零售场所的经营者（以下简称经营者）对违反本办法有关规定的行为承担相应责任。

下列商品零售场所，由开办单位或出租单位对违反本办法有关规定的行为承担相应责任：

（一）以出租摊位形式经营的集贸市场；

（二）场内外租超市、柜台；

（三）大型超市、商场引厂进店的经营摊位。

第十四条 商品零售场所的经营者、开办单位或出租单位违反本办法第六条有关价格行为和明码标价规定的，由价格主管部门责令改正，并可视情节处以5000元以下罚款。

第十五条 商品零售场所的经营者、开办单位或出租单位违反本办法第六条有关竞争行为和第七条规定的，由工商行政管理部门责令改正，并可视情节处以10000元以下罚款。

第十六条 商品零售场所经营者、开办单位或出租单位违反本办法第八条规定的，由工商行政管理部门责令改正，并可视情节处以20000元以下罚款。

第十七条 商品零售场所经营者、开办单位或出租单位违反本办法第九条规定的，由工商行政管理部门依据《中华人民共和国产品质量法》等法律法规予以处罚。

第十八条 商品零售场所经营者、开办单位或出租单位因违反本办法相关规定受到处罚的，商务主管部门、价格主管部门和工商行政管理部门可将处罚情况向社会公告。

第十九条 鼓励新闻媒体对违反本办法规定的行为进行舆论监督。

任何单位或个人可向当地商务主管部门、价格主管部门和工商行政管理部门举报违反本办法规定的行为。

第二十条　各省、自治区、直辖市人民政府商务主管部门可会同同级价格主管、工商行政管理部门依据本办法制订实施细则，经同级人民政府批准后实施，并报商务部、国家发展和改革委员会、国家工商行政管理总局备案。

第二十一条　本办法由商务部、国家发展和改革委员会、国家工商行政管理总局负责解释。

第二十二条　本办法自2008年6月1日起实施。

部　长　陈德铭

主　任　张　平

局　长　周伯华

二〇〇八年五月十五日

三、绿色税收政策

（一）综合性税收政策

关于进一步做好税收促进节能减排工作的通知

国税函〔2010〕180号

各省、自治区、直辖市和计划单列市国家税务局、地方税务局：

根据国务院的部署，为进一步做好税收促进节能减排工作，现就有关事项通知如下：

一、充分认识做好税收促进节能减排工作的重要意义。节能减排是实现科学发展，构建资源节约型和环境友好型社会的重要举措。当前，我国节能减排工作取得积极成效，但面临的形势依然十分严峻。2010年是实现“十一五”节能减排目标的决战之年，各级税务机关要充分认识做好税收促进节能减排工作的重要性和紧迫性，切实增强责任感和使命感，进一步加大工作力度，为实现“十一五”节能减排目标作出积极贡献。

二、认真落实促进节能减排的各项税收政策。目前，我国已出台了支持节能减排技术研发与转让，鼓励企业使用节能减排专用设备，倡导绿色消费和适度消费，抑制高耗能、高排放及产能过剩行业过快增长等一系列税收政策。各级税务机关要不折不扣地抓好落实，同时加强对政策执行情况的调研分析，提出进一步完善的意见和建议，努力建立健全税收促进节能减排的长效机制，充分发挥税收调控作用。要进一步加大执法督察力度，将政策落实情况纳入税收执法责任制考核内容，并列入今年税收执法检查的必查项目和重点工作，税务总局将适时组织抽查。

三、切实做好节能减排税收政策的宣传、咨询和辅导。各级税务机关要采取有效措施，优化纳税服务，帮助纳税人及时准确掌握节能减排税收政策内容及办税程序。要综合运用税务网站、办税服务厅等载体，加大节能减排税收政策解读和宣传力度。要结合本地区产业发展和节能减排工作实际，丰富充实纳税指南库中节能减排税收政策的内容，依托 12366 纳税服务热线、在线访谈等渠道，有针对性地为纳税人提供税收政策咨询辅导。要优化办税工作流程，使符合条件的纳税人及时享受节能减排税收优惠。

四、依法加强对“两高”及产能过剩行业和企业税收征管。各级税务机关要认真做好税收分析工作，密切监控相关行业和企业依法纳税情况。要把“两高”及产能过剩行业作为本地自行确定税收专项检查项目的重点，认真部署开展检查工作。对税务总局已经安排的重点税源检查中从事上述行业的企业要加大自查辅导力度和抽查比例。在开展税收专项检查和案件查处过程中，对虚假申报骗取出口退（免）税、偷逃税款等违法行为，要依法加大查处力度。

五、深入开展税务系统“节能减排全民行动”。各级税务机关要加强能源资源和生态环境国情宣传教育，采取多种形式搞好节能宣传活动，形成税务系统全民节能减排的良好氛围，进一步增强广大税务干部职工节约意识。要广泛开展“节能减排全民行动”，普及节能环保知识和方法，推介节能新技术、新产品，确保实现各单位能耗指标比去年降低 5%的目标。

各级税务机关要加强对税收促进节能减排工作的领导，精心组织，扎实做好税收政策落实、优化纳税服务和加强税收征管等促进节能减排的各项工作。要明确职责分工，确保责任到位、措施到位。

国家税务总局

二〇一〇年五月六日

关于促进节能服务产业发展增值税营业税和企业所得税政策问题的通知

财税〔2010〕110号

各省、自治区、直辖市、计划单列市财政厅（局）、国家税务局、地方税务局，新疆生产建设兵团财务局：

为鼓励企业运用合同能源管理机制，加大节能减排技术改造工作力度，根据税收法律法规有关规定和《国务院办公厅转发发展改革委等部门关于加快推进合同能源管理促进节能服务产业发展意见的通知》（国办发〔2010〕25号）精神，现将节能服务公司实施合同能源管理项目涉及的增值税、营业税和企业所得税政策问题通知如下：

一、关于增值税、营业税政策问题

（一）对符合条件的节能服务公司实施合同能源管理项目，取得的营业税应税收入，暂免征收营业税。

（二）节能服务公司实施符合条件的合同能源管理项目，将项目中的增值税应税货物转让给用能企业，暂免征收增值税。

（三）本条所称“符合条件”是指同时满足以下条件：

1. 节能服务公司实施合同能源管理项目相关技术应符合国家质量监督检验检疫总局和国家标准化管理委员会发布的《合同能源管理技术通则》（GB/T 24915—2010）规定的技术要求；

2. 节能服务公司与用能企业签订节能效益分享型合同，其合同格式和内容，符合《合同法》和国家质量监督检验检疫总局和国家标准化管理委员会发布的《合同能源管理技术通则》（GB/T 24915—2010）等规定。

二、关于企业所得税政策问题

（一）对符合条件的节能服务公司实施合同能源管理项目，符合企业所得税税法有关规定的，自项目取得第一笔生产经营收入所属纳税年度起，第一年至第三年免征企业所得税，第四年至第六年按照25%的法定税率减半征收企业所得税。

（二）对符合条件的节能服务公司，以及与其签订节能效益分享型合同的用能企业，实施合同能源管理项目有关资产的企业所得税税务处理按以下规定执行：

1. 用能企业按照能源管理合同实际支付给节能服务公司的合理支出，均可以在计算当期应纳税所得额时扣除，不再区分服务费用和资产价款进行税务处理；

2. 能源管理合同期满后，节能服务公司转让给用能企业的因实施合同能源管理项目形成的资产，按折旧或摊销期满的资产进行税务处理，用能企业从节能服务公司接受有关资产的计税基础也应按折旧或摊销期满的资产进行税务处理；

3. 能源管理合同期满后，节能服务公司与用能企业办理有关资产的权属转移时，用能企业已支付的资产价款，不再另行计入节能服务公司的收入。

（三）本条所称“符合条件”是指同时满足以下条件：

1. 具有独立法人资格，注册资金不低于100万元，且能够单独提供用能状况诊断、节能项目设计、融资、改造（包括施工、设备安装、调试、验收等）、运行管理、人员培训等服务的专业化节能服务公司；

2. 节能服务公司实施合同能源管理项目相关技术应符合国家质量监督检验检疫总局和国家标准化管理委员会发布的《合同能源管理技术通则》（GB/T 24915—2010）规定的技术要求；

3. 节能服务公司与用能企业签订节能效益分享型合同，其合同格式和内容，符合《合同法》和国家质量监督检验检疫总局和国家标准化管理委员会发布的《合同能源管理技术通则》（GB/T 24915—2010）等规定；

4. 节能服务公司实施合同能源管理的项目符合《财政部　国家税务总局国家发展改革委关于公布环境保护节能节水项目企业所得税优惠目录（试行）的通知》（财税〔2009〕166号）“4. 节能减排技术改造”类中第一项至第八项规定的项目和条件；

5. 节能服务公司投资额不低于实施合同能源管理项目投资总额的70%；

6. 节能服务公司拥有匹配的专职技术人员和合同能源管理人才，具有保障项目顺利实施和稳定运行的能力。

（四）节能服务公司与用能企业之间的业务往来，应当按照独立企业之间的业务往来收取或者支付价款、费用。不按照独立企业之间的业务往来收取或者支付价款、费用，而减少其应纳税所得额的，税务机关有权进行合理调整。

（五）用能企业对从节能服务公司取得的与实施合同能源管理项目有关的资产，应与企业其他资产分开核算，并建立辅助账或明细账。

（六）节能服务公司同时从事适用不同税收政策待遇项目的，其享受税收优惠项目应当单独计算收入、扣除，并合理分摊企业的期间费用；没有单独计算的，不得享受税收优惠政策。

三、本通知自 2011 年 1 月 1 日起执行。

财政部

国家税务总局

二〇一〇年十二月三十日

（二）增值税政策

中华人民共和国增值税暂行条例（摘录）

中华人民共和国国务院令

第538号

（1993年12月13日中华人民共和国国务院令第134号发布

2008年11月5日国务院第34次常务会议修订通过）

第一条　在中华人民共和国境内销售货物或者提供加工、修理修配劳务以及进口货物的单位和个人，为增值税的纳税人，应当依照本条例缴纳增值税。

第二条　增值税税率：

（一）纳税人销售或者进口货物，除本条第（二）项、第（三）项规定外，税率为17%。

（二）纳税人销售或者进口下列货物，税率为13%：

1. 粮食、食用植物油；

2. 自来水、暖气、冷气、热水、煤气、石油液化气、天然气、沼气、居民用煤炭制品；

3. 图书、报纸、杂志；

4. 饲料、化肥、农药、农机、农膜；

5. 国务院规定的其他货物。

（三）纳税人出口货物，税率为零；但是，国务院另有规定的除外。

（四）纳税人提供加工、修理修配劳务（以下称应税劳务），税率为17%。

税率的调整，由国务院决定。

……

第十五条　下列项目免征增值税：

（一）农业生产者销售的自产农产品；

（二）避孕药品和用具；

（三）古旧图书；

（四）直接用于科学研究、科学试验和教学的进口仪器、设备；

（五）外国政府、国际组织无偿援助的进口物资和设备；

（六）由残疾人的组织直接进口供残疾人专用的物品；

（七）销售的自己使用过的物品。

除前款规定外，增值税的免税、减税项目由国务院规定。任何地区、部门均不得规定免税、减税项目。

第十六条 纳税人兼营免税、减税项目的，应当分别核算免税、减税项目的销售额；未分别核算销售额的，不得免税、减税。

总　理　温家宝

二〇〇八年十一月十日

中华人民共和国增值税暂行条例实施细则（摘录）

中华人民共和国财政部
国家税务总局　令
第50号

……

第五条　一项销售行为如果既涉及货物又涉及非增值税应税劳务，为混合销售行为。除本细则第六条的规定外，从事货物的生产、批发或者零售的企业、企业性单位和个体工商户的混合销售行为，视为销售货物，应当缴纳增值税；其他单位和个人的混合销售行为，视为销售非增值税应税劳务，不缴纳增值税。

本条第一款所称非增值税应税劳务，是指属于应缴营业税的交通运输业、建筑业、金融保险业、邮电通信业、文化体育业、娱乐业、服务业税目征收范围的劳务。

本条第一款所称从事货物的生产、批发或者零售的企业、企业性单位和个体工商户，包括以从事货物的生产、批发或者零售为主，并兼营非增值税应税劳务的单位和个体工商户在内。

……

第三十五条　条例第十五条规定的部分免税项目的范围，限定如下：

（一）第一款第（一）项所称农业，是指种植业、养殖业、林业、牧业、水产业。

农业生产者，包括从事农业生产的单位和个人。

农产品，是指初级农产品，具体范围由财政部、国家税务总局确定。

（二）第一款第（三）项所称古旧图书，是指向社会收购的古书和旧书。

（三）第一款第（七）项所称自己使用过的物品，是指其他个人自己使用过的物品。

中华人民共和国财政部
国家税务总局
2008年12月18日

1. 资源综合利用增值税政策

关于再生资源增值税政策的通知

财税〔2008〕157 号

各省、自治区、直辖市、计划单列市财政厅（局）、国家税务局，财政部驻各省、自治区、直辖市、计划单列市财政监察专员办事处，新疆生产建设兵团财务局：

为了促进再生资源的回收利用，促进再生资源回收行业的健康有序发展，节约资源，保护环境，促进税收公平和税制规范，经国务院批准，决定调整再生资源回收与利用的增值税政策，现通知如下：

一、取消“废旧物资回收经营单位销售其收购的废旧物资免征增值税”和“生产企业增值税一般纳税人购入废旧物资回收经营单位销售的废旧物资，可按废旧物资回收经营单位开具的由税务机关监制的普通发票上注明的金额，按 10%计算抵扣进项税额”的政策。

二、单位和个人销售再生资源，应当依照《中华人民共和国增值税暂行条例》（以下简称增值税条例）、《中华人民共和国增值税暂行条例实施细则》及财政部、国家税务总局的相关规定缴纳增值税。但个人（不含个体工商户）销售自己使用过的废旧物品免征增值税。增值税一般纳税人购进再生资源，应当凭取得的增值税条例及其细则规定的扣税凭证抵扣进项税额，原印有“废旧物资”字样的专用发票停止使用，不再作为增值税扣税凭证抵扣进项税额。

三、在 2008 年 12 月 31 日前，各地主管税务机关应注销企业在防伪税控系统中“废旧物资经营单位”的档案信息，收缴企业尚未开具的专用发票，重新核定企业增值税专用发票的最高开票限额和最大购票数量，做好增值税专用发票的发售工作。

四、在 2010 年底以前，对符合条件的增值税一般纳税人销售再生资源缴纳的增值税实行先征后退政策。

（一）适用退税政策的纳税人范围。

适用退税政策的增值税一般纳税人应当同时满足以下条件：

1. 按照《再生资源回收管理办法》（商务部令 2007 年第 8 号）第七条、第八条规定应当向有关部门备案的，已经按照有关规定备案；

2. 有固定的再生资源仓储、整理、加工场地；

3. 通过金融机构结算的再生资源销售额占全部再生资源销售额的比重不低于 80%；

4. 自 2007 年 1 月 1 日起，未因违反《中华人民共和国反洗钱法》、《中华人民共和国环境保护法》、《中华人民共和国税收征收管理法》、《中华人民共和国发票管理办法》或者《再生资源回收管理办法》受到刑事处罚或者县级以上工商、商务、环保、税务、公安机关相应的行政处罚（警告和罚款除外）。

（二）退税比例。

对符合退税条件的纳税人 2009 年销售再生资源实现的增值税，按 70%的比例退回给纳税人；对其 2010 年销售再生资源实现的增值税，按 50%的比例退回给纳税人。

（三）纳税人申请退税时，除按有关规定提交的相关资料外，应提交下列资料：

1. 按照《再生资源回收管理办法》第七条、第八条规定应当向有关部门备案的，商务主管部门核发的备案登记证明的复印件；

2. 再生资源仓储、整理、加工场地的土地使用证和房屋产权证或者其租赁合同的复印件；

3. 通过金融机构结算的再生资源销售额及全部再生资源销售额的有关数据及资料。为保护纳税人的商业秘密，不要求纳税人提交其与客户通过银行交易的详细记录，对于有疑问的，可到纳税人机构所在地等场所进行现场核实；

4. 自 2007 年 1 月 1 日起，未因违反《中华人民共和国反洗钱法》、《中华人民共和国环境保护法》、《中华人民共和国税收征收管理法》、《中华人民共和国发票管理办法》或者《再生资源回收管理办法》受到刑事处罚或者县级以上工商、商务、环保、税务、公安机关相应的行政处罚（警告和罚款除外）的书面声明。

（四）退税业务由财政部驻当地财政监察专员办事处及负责初审和复审的财政部门按照本通知及相关规定办理。

1. 退税申请办理时限。（1）纳税人一般按季申请退税，申请退税金额较大的，也可以按月申请，具体时限由财政部驻当地财政监察专员办事处确定；（2）负责初审的财政机关应当在收到退税申请之日起 10 个工作日内，同时向负责复审和终审的财政机关提交初审意见；（3）负责复审的财政机关应当在收到初审意见之日起 5 个工作日内向负责终审的财政机关提交复审意见；（4）负责终审的财政机关是财政部驻当地财政监察专员办事处，其应当在收到复审意见之日的 10 个工作日内完成终审并办理妥当有关退税手续。

2. 负责初审的财政机关对于纳税人第一次申请退税的，应当在上报初审意见前派人到现场审核有关条件的满足情况；有特殊原因不能做到的，应在提交初审意见后 2 个月内派人到现场审核有关条件的满足情况，发现有不满足条件的，及时通知负责复审或者终审的财政机关。

3. 负责初审、复审的财政机关应当定期（自收到纳税人第一次退税申请之日起至少每 12 个月一次）向同级公安、商务、环保和税务部门及人民银行对纳税人申明的内容进行核实，对经查实的与声明不符的问题要严肃处理。凡问题在初次申请退税之日前发生的，应当追缴纳税人此前骗取的退税款，根据《财政违法行为处罚处分条例》的相关规定进行处罚，并取消其以后申请享受本通知规定退税政策的资格；凡问题在初次申请退税之日后发生的，取消其刑事处罚和行政处罚生效之日起申请享受本通知规定退税政策的资格。

五、报废船舶拆解和报废机动车拆解企业，适用本通知的各项规定。

六、本通知所称再生资源，是指《再生资源回收管理办法》（商务部令 2007 年第 8 号）第二条所称的再生资源，即在社会生产和生活消费过程中产生的，已经失去原有全部或部分使用价值，经过回收、加工处理，能够使其重新获得使用价值的各种废弃物。上述加工处理，仅指清洗、挑选、整理等简单加工。

七、各级国家税务机关要加强与财政、公安、商务、环保、人民银行等部门的信息沟通，加强对重点行业的纳税评估，采取有效措施，强化对再生资源的产生、回收经营、加工处理等各个环节的税收管理，堵塞偷逃税收的漏洞，保证增值税链条机制的正常运行。

八、本通知自 2009 年 1 月 1 日起执行。《财政部　国家税务总局关于废旧物资回收经营业务有关增值税政策的通知》（财税〔2001〕78 号）、《国家税务总局关于加强废旧物资回收经营单位和使用废旧物资生产企业增值税征收管理的通知》（国税发〔2004〕60 号）、《国家税务总局关于中国再生资源开发公司废旧物资回收经营业务中有关税收问题的通知》（国税函〔2004〕736 号）、《国家税务总局关于中国再生资源开发公司废旧物资回收经营业务有关增值税问题的批复》（国税函〔2006〕1227号）、《国家税务总局关于加强海关进口增值税专用缴款书和废旧物资发票管理有关问题的通知》（国税函〔2004〕128号）关于废旧物资发票管理的规定、《国家税务总局关于加强废旧物资增值税管理有关问题的通知》（国税函〔2005〕544号）、《国家税务总局关于废旧物资回收经营企业使用增值税防伪税控一机多票系统开具增值税专用发票有关问题的通知》（国税发〔2007〕43号）同时废止。

财政部

国家税务总局

二〇〇八年十二月九日

关于再生资源增值税退税政策若干问题的通知

财税〔2009〕119号

各省、自治区、直辖市、计划单列市财政厅（局）、国家税务局，新疆生产建设兵团财务局，财政部驻各省、自治区、直辖市、计划单列市财政监察专员办事处：

根据各地的反映，现对《财政部　国家税务总局关于再生资源增值税政策的通知》（财税〔2008〕157号）的有关政策问题明确如下：

一、财税〔2008〕157号第四条第（一）款“通过金融机构结算”，是指纳税人销售再生资源时按照中国人民银行《关于印发〈支付结算办法〉的通知》（银发〔1997〕393号）规定的票据、信用卡和汇兑、托收承付、委托收款等结算方式进行货币给付及其资金清算。纳税人销售再生资源发生的应收账款，应在纳税人按照银发〔1997〕393号文件规定进行资金清算后方可计入通过金融机构结算的再生资源销售额。纳税人销售再生资源按照银发〔1997〕393号文件规定取得的预收货款，应在销售实现后方可计入通过金融机构结算的再生资源销售额。纳税人之间发生的互抵货款，不应计入通过金融机构计算的再生资源销售额。纳税人通过金融机构结算的再生资源销售额占全部再生资源销售额的比重是否不低于80%的要求，应按纳税人退税申请办理时限（按月、按季等）进行核定。

二、财税〔2008〕157号文件所称再生资源的具体范围，操作时按照2008年底以前税务机关批准适用免征增值税政策的再生资源的具体范围执行，但必须符合财税〔2008〕157号文件第六条的规定，其中加工处理仅限于清洗、挑选、破碎、切割、拆解、打包等改变再生资源密度、湿度、长度、粗细、软硬等物理性状的简单加工。

三、财税〔2008〕157号文件第四条第（一）款规定按照《再生资源回收管理办法》（商务部令2007年第8号）第七条、第八条规定应当向有关部门备案的，应当自备案当月1日起享受退税政策。

四、纳税人申请退税时提供的2009年10月1日以后开具的再生资源收购凭证、扣税凭证或销售发票，除符合现行发票管理有关规定外，还应注明购进或销售的再生资源的具体种类（从废旧金属、报废电子产品、报废机电设备及其零部件、废造纸原料、废轻化工原料、废塑料、废玻璃和其他再生资源等 8 类之中选择填写），否则不得享受退税。

五、负责初审的财政机关和税务主管机关应当加强联系，及时就纳税人的征税和退税等情况进行沟通。负责初审的财政机关应当定期向税务主管机关通报受理和审批的申请退税纳税人名单及批准的退税额，税务主管机关对在日常税收征管、纳税检查、纳税评估、稽查等过程中发现的纳税人的异常情况及时通报给负责初审的财政机关。对于税务主管机关通报有异常情况的纳税人，负责初审的财政机关应将有关情况及时上报负责复审和终审的财政机关，各级财政机关应暂停办理该纳税人的退税，并会同税务主管机关进一步查明情况。对于查实存在将非再生资源混作再生资源购进或销售等骗取退税行为的，除追缴其此前骗取的退税款并根据《财政违法行为处罚处分条例》（国务院令第 427 号）的规定进行处罚外，取消其以后享受再生资源退税政策的资格。

六、本通知自 2009 年 10 月 1 日起执行。

财政部

国家税务总局

二〇〇九年九月二十九日

关于印发《资源综合利用产品和劳务增值税优惠目录》的通知

财税〔2015〕78号

各省、自治区、直辖市、计划单列市财政厅（局）、国家税务局，新疆生产建设兵团财务局：

为了落实国务院精神，进一步推动资源综合利用和节能减排，规范和优化增值税政策，决定对资源综合利用产品和劳务增值税优惠政策进行整合和调整。现将有关政策统一明确如下：

一、纳税人销售自产的资源综合利用产品和提供资源综合利用劳务（以下称销售综合利用产品和劳务），可享受增值税即征即退政策。具体综合利用的资源名称、综合利用产品和劳务名称、技术标准和相关条件、退税比例等按照本通知所附《资源综合利用产品和劳务增值税优惠目录》（以下简称《目录》）的相关规定执行。

二、纳税人从事《目录》所列的资源综合利用项目，其申请享受本通知规定的增值税即征即退政策时，应同时符合下列条件：

（一）属于增值税一般纳税人。

（二）销售综合利用产品和劳务，不属于国家发展改革委《产业结构调整指导目录》中的禁止类、限制类项目。

（三）销售综合利用产品和劳务，不属于环境保护部《环境保护综合名录》中的“高污染、高环境风险”产品或者重污染工艺。

（四）综合利用的资源，属于环境保护部《国家危险废物名录》列明的危险废物的，应当取得省级及以上环境保护部门颁发的《危险废物经营许可证》，且许可经营范围包括该危险废物的利用。

（五）纳税信用等级不属于税务机关评定的C级或D级。

纳税人在办理退税事宜时，应向主管税务机关提供其符合本条规定的上述条件以及《目录》规定的技术标准和相关条件的书面声明材料，未提供书面声明材料或者出具虚假材料的，税务机关不得给予退税。

三、已享受本通知规定的增值税即征即退政策的纳税人，自不符合本通知第二条规定的条件以及《目录》规定的技术标准和相关条件的次月起，不再享受本通知规定的增值税即征即退政策。

四、已享受本通知规定的增值税即征即退政策的纳税人，因违反税收、环境保护的法律法规受到处罚（警告或单次1万元以下罚款除外）的，自处罚决定下达的次月起36个月内，不得享受本通知规定的增值税即征即退政策。

五、纳税人应当单独核算适用增值税即征即退政策的综合利用产品和劳务的销售额和应纳税额。未单独核算的，不得享受本通知规定的增值税即征即退政策。

六、各省、自治区、直辖市、计划单列市税务机关应于每年2月底之前在其网站上，将本地区上一年度所有享受本通知规定的增值税即征即退政策的纳税人，按下列项目予以公示：纳税人名称、纳税人识别号，综合利用的资源名称、数量，综合利用产品和劳务名称。

七、本通知自2015年7月1日起执行。《财政部　国家税务总局关于资源综合利用及其他产品增值税政策的通知》（财税〔2008〕156号）、《财政部　国家税务总局关于资源综合利用及其他产品增值税政策的补充的通知》（财税〔2009〕163号）、《财政部　国家税务总局关于调整完善资源综合利用及劳务增值税政策的通知》（财税〔2011〕115号）、《财政部　国家税务总局关于享受资源综合利用增值税优惠政策的纳税人执行污染物排放标准的通知》（财税〔2013〕23号）同时废止。上述文件废止前，纳税人因主管部门取消《资源综合利用认定证书》，或者因环保部门不再出具环保核查证明文件的原因，未能办理相关退（免）税事宜的，可不以《资源综合利用认定证书》或环保核查证明文件作为享受税收优惠政策的条件，继续享受上述文件规定的优惠政策。

附件：资源综合利用产品和劳务增值税优惠目录

财政部

国家税务总局

2015年6月12日

附件：

资源综合利用产品和劳务增值税优惠目录

类别	序号	综合利用的资源名称	综合利用产品和劳务名称	技术标准和相关条件	退税比例
一、共、伴生矿产资源	1.1	油母页岩	页岩油	产品原料 95%以上来自所列资源	70%
	1.2	煤炭开采过程中产生的煤层气（煤矿瓦斯）	电力	产品燃料 95%以上来自所列资源	100%
	1.3	油田采油过程中产生的油污泥（浮渣）	乳化油调和剂、防水卷材辅料产品	产品原料 70%以上来自所列资源	70%
二、废渣、废水（液）、废气	2.1	废渣	砖瓦（不含烧结普通砖）、砌块、陶粒、墙板、管材（管桩）、混凝土、砂浆、道路井盖、道路护栏、防火材料、耐火材料（镁铬砖除外）、保温材料、矿（岩）棉、微晶玻璃、U 型玻璃	产品原料 70%以上来自所列资源	70%
	2.2	废渣	水泥、水泥熟料	1.42.5 及以上等级水泥的原料20%以上来自所列资源，其他水泥、水泥熟料的原料 40%以上来自所列资源； 2．纳税人符合《水泥工业大气污染物排放标准》（GB 4915—2013)规定的技术要求	70%
	2.3	建（构）筑废物、煤矸石	建筑砂石骨料	1.产品原料 90%以上来自所列资源； 2. 产品以建（构）筑废物为原料的，符合《混凝土用再生粗骨料》（GB/T 25177—2010）或《混凝土和砂浆用再生细骨料》（GB/T 25176—2010）的技术要求；以煤矸石为原料的，符合《建设用砂》（GB/T 14684—2011）或《建设用卵石、碎石》（GB/T 14685—2011）规定的技术要求	50%

类别	序号	综合利用的资源名称	综合利用产品和劳务名称	技术标准和相关条件	退税比例
二、废渣、废水（液）、废气	2.4	粉煤灰、煤矸石	氧化铝、活性硅酸钙、瓷绝缘子、煅烧高岭土	氧化铝、活性硅酸钙生产原料25%以上来自所列资源，瓷绝缘子生产原料中煤矸石所占比重30%以上，煅烧高岭土生产原料中煤矸石所占比重90%以上	50%
	2.5	煤矸石、煤泥、石煤、油母页岩	电力、热力	1. 产品燃料 60%以上来自所列资源； 2. 纳税人符合《火电厂大气污染物排放标准》（GB 13223—2011）和国家发展改革委、环境保护部、工业和信息化部《电力（燃煤发电企业）行业清洁生产评价指标体系》规定的技术要求	50%
	2.6	氧化铝赤泥、电石渣	氧化铁、氢氧化钠溶液、铝酸钠、铝酸三钙、脱硫剂	1. 产品原料 90%以上来自所列资源； 2. 生产过程中不产生二次废渣	50%
	2.7	废旧石墨	石墨异形件、石墨块、石墨粉、石墨增碳剂	1. 产品原料 90%以上来自所列资源； 2. 纳税人符合《工业炉窑大气污染物排放标准》（GB 9078—1996)规定的技术要求	50%
	2.8	垃圾以及利用垃圾发酵产生的沼气	电力、热力	1. 产品燃料 80%以上来自所列资源； 2. 纳税人符合《火电厂大气污染物排放标准》(GB 13223—2011）或《生活垃圾焚烧污染控制标准》(GB 18485—2014）规定的技术要求	100%
	2.9	退役军用发射药	涂料用硝化棉粉	产品原料 90%以上来自所列资源	50%
	2.10	废旧沥青混凝土	再生沥青混凝土	1. 产品原料 30%以上来自所列资源； 2. 产品符合《再生沥青混凝土》（GB/T 25033—2010）规定的技术要求	50%

类别	序号	综合利用的资源名称	综合利用产品和劳务名称	技术标准和相关条件	退税比例
二、废渣、废水（液）、废气	2.11	蔗渣	蔗渣浆、蔗渣刨花板和纸	1.产品原料70%以上来自所列资源； 2. 生产蔗渣浆及各类纸的纳税人符合国家发展改革委、环境保护部、工业和信息化部《制浆造纸行业清洁生产评价指标体系》规定的技术要求	50%
	2.12	废矿物油	润滑油基础油、汽油、柴油等工业油料	1. 产品原料 90%以上来自所列资源； 2. 纳税人符合《废矿物油回收利用污染控制技术规范》（HJ 607—2011）规定的技术要求	50%
	2.13	环己烷氧化废液	环氧环己烷、正戊醇、醇醚溶剂	1. 产品原料 90%以上来自所列资源； 2. 纳税人必须通过 ISO 9000、ISO 14000 认证	50%
	2.14	污水处理厂出水、工业排水（矿井水）、生活污水、垃圾处理厂渗透（滤）液等	再生水	1. 产品原料 100%来自所列资源； 2. 产品符合《再生水水质标准》（SL368—2006）规定的技术要求	50%
	2.15	废弃酒糟和酿酒底锅水，淀粉、粉丝加工废液、废渣	蒸汽、活性炭、白炭黑、乳酸、乳酸钙、沼气、饲料、植物蛋白	产品原料 80%以上来自所列资源	70%
	2.16	含油污水、有机废水、污水处理后产生的污泥，油田采油过程中产生的油污泥（浮渣），包括利用上述资源发酵产生的沼气	微生物蛋白、干化污泥、燃料、电力、热力	产品原料或燃料 90%以上来自所列资源，其中利用油田采油过程中产生的油污泥（浮渣）生产燃料的，原料 60%以上来自所列资源	70%
	2.17	煤焦油、荒煤气（焦炉煤气）	柴油、石脑油	1. 产品原料 95%以上来自所列资源； 2. 纳税人必须通过 ISO9000、ISO14000 认证	50%
	2.18	燃煤发电厂及各类工业企业生产过程中产生的烟气、高硫天然气	石膏、硫酸、硫酸铵、硫黄	1. 产品原料 95%以上来自所列资源； 2. 石膏的二水硫酸钙含量 85%以上，硫酸的浓度 15%以上，硫酸铵的总氮含量 18%以上	50%

类别	序号	综合利用的资源名称	综合利用产品和劳务名称	技术标准和相关条件	退税比例
二、废渣、废水（液）、废气	2.19	工业废气	高纯度二氧化碳、工业氢气、甲烷	1. 产品原料 95%以上来自所列资源； 2. 高纯度二氧化碳产品符合（GB 10621—2006），工业氢气产品符合（GB/T 3634.1—2006），甲烷产品符合（HG/T 3633—1999）规定的技术要求	70%
	2.20	工业生产过程中产生的余热、余压	电力、热力	产品原料 100%来自所列资源	100%
三、再生资源	3.1	废旧电池及其拆解物	金属及镍钴锰氢氧化物、镍钴锰酸锂、氯化钴	1. 产品原料中 95%以上利用上述资源； 2. 镍钴锰氢氧化物符合《镍、钴、锰三元素复合氢氧化物》（GB/T 26300—2010）规定的技术要求	30%
	3.2	废显（定）影液、废胶片、废相纸、废感光剂等废感光材料	银	1. 产品原料 95%以上来自所列资源； 2. 纳税人必须通过 ISO 9000、ISO 14000 认证	30%
	3.3	废旧电机、废旧电线电缆、废铝制易拉罐、报废汽车、报废摩托车、报废船舶、废旧电器电子产品、废旧太阳能光伏器件、废旧灯泡（管），及其拆解物	经冶炼、提纯生产的金属及合金（不包括铁及铁合金）	1. 产品原料 70%来自所列资源； 2. 法律、法规或规章对相关废旧产品拆解规定了资质条件的，纳税人应当取得相应的资质	30%
	3.4	废催化剂、电解废弃物、电镀废弃物、废旧线路板、烟尘灰、湿法泥、熔炼渣、线路板蚀刻废液、锡箔纸灰	经冶炼、提纯或化合生产的金属、合金及金属化合物（不包括铁及铁合金），冰晶石	1. 产品原料 70%来自所列资源； 2. 纳税人必须通过 ISO 9000、ISO 14000 认证	30%
	3.5	报废汽车、报废摩托车、报废船舶、废旧电器电子产品、废旧农机具、报废机器设备、废旧生活用品、工业边角余料、建筑拆解物等产生或拆解出来的废钢铁	炼钢炉料	1. 产品原料 95%以上来自所列资源； 2. 炼钢炉料符合《废钢铁》（GB 4223—2004）规定的技术要求； 3. 法律、法规或规章对相关废旧产品拆解规定了资质条件	30%

类别	序号	综合利用的资源名称	综合利用产品和劳务名称	技术标准和相关条件	退税比例
三、再生资源	3.5	报废汽车、报废摩托车、报废船舶、废旧电器电子产品、废旧农机具、报废机器设备、废旧生活用品、工业边角余料、建筑拆解物等产生或拆解出来的废钢铁	炼钢炉料	的，纳税人应当取得相应的资质； 4. 纳税人符合工业和信息化部《废钢铁加工行业准入条件》的相关规定； 5. 炼钢炉料的销售对象应为符合工业和信息化部《钢铁行业规范条件》或《铸造行业准入条件》并公告的钢铁企业或铸造企业	30%
	3.6	稀土产品加工废料，废弃稀土产品及拆解物	稀土金属及稀土氧化物	1. 产品原料 95%以上来自所列资源； 2. 纳税人符合国家发展改革委、环境保护部、工业和信息化部《稀土冶炼行业清洁生产评价指标体系》规定的技术要求	
	3.7	废塑料、废旧聚氯乙烯（PVC）制品、废铝塑（纸铝、纸塑）复合纸包装材料	汽油、柴油、石油焦、炭黑、再生纸浆、铝粉、塑木（木塑）制品、（汽车、摩托车、家电、管材用）改性再生专用料、化纤用再生聚酯专用料、瓶用再生聚对苯二甲酸乙二醇酯（PET）树脂及再生塑料制品	1. 产品原料 70%以上来自所列资源； 2. 化纤用再生聚酯专用料杂质含量低于 0.5mg/g、水分含量低于 1%，瓶用再生聚对苯二甲酸乙二醇酯（PET）树脂乙醛质量分数小于等于 1μg/g； 3. 纳税人必须通过 ISO 9000、ISO 14000 认证	50%
	3.8	废纸、农作物秸秆	纸浆、秸秆浆和纸	1. 产品原料 70%以上来自所列资源； 2. 废水排放符合《制浆造纸工业水污染物排放标准》（GB 3544—2008）规定的技术要求； 3. 纳税人符合《制浆造纸行业清洁生产评价指标体系》规定的技术要求； 4. 纳税人必须通过 ISO9000、ISO14000 认证	50%

类别	序号	综合利用的资源名称	综合利用产品和劳务名称	技术标准和相关条件	退税比例
三、再生资源	3.9	废旧轮胎、废橡胶制品	胶粉、翻新轮胎、再生橡胶	1. 产品原料 95%以上来自所列资源； 2. 胶粉符合（GB/T 19208—2008）规定的技术要求；翻新轮胎符合（GB 7037—2007）、（GB 14646—2007）或（HG/T 3979—2007）规定的技术要求；再生橡胶符合（GB/T 13460—2008）规定的技术要求； 3. 纳税人必须通过 ISO 9000、ISO 14000 认证	50%
	3.10	废弃天然纤维、化学纤维及其制品	纤维纱及织布、无纺布、毡、黏合剂及再生聚酯产品	产品原料 90%以上来自所列资源	50%
	3.11	人发	档发	产品原料 90%以上来自所列资源	70%
	3.12	废玻璃	玻璃熟料	1. 产品原料 95%以上来自所列资源； 2. 产品符合《废玻璃分类》（SB/T 10900—2012）的技术要求； 3. 纳税人符合《废玻璃回收分拣技术规范》（SB/T11108—2014）规定的技术要求	50%
四、农林剩余物及其他	4.1	餐厨垃圾、畜禽粪便、稻壳、花生壳、玉米芯、油茶壳、棉籽壳、三剩物、次小薪材、农作物秸秆、蔗渣，以及利用上述资源发酵产生的沼气	生物质压块、沼气等燃料，电力、热力	1. 产品原料或者燃料 80%以上来自所列资源； 2. 纳税人符合《锅炉大气污染物排放标准》（GB 13271—2014）、《火电厂大气污染物排放标准》（GB 13223—2011）或《生活垃圾焚烧污染控制标准》（GB 18485—2001）规定的技术要求	100%

类别	序号	综合利用的资源名称	综合利用产品和劳务名称	技术标准和相关条件	退税比例
四、农林剩余物及其他	4.2	三剩物、次小薪材、农作物秸秆、沙柳	纤维板、刨花板，细木工板、生物炭、活性炭、栲胶、水解酒精、纤维素、木质素、木糖、阿拉伯糖、糠醛、箱板纸	产品原料 95%以上来自所列资源	70%
	4.3	废弃动物油和植物油	生物柴油、工业级混合油	1. 产品原料 70%以上来自所列资源； 2. 工业级混合油的销售对象须为化工企业	70%
五、资源综合利用劳务	5.1	垃圾处理、污泥处理处置劳务			70%
	5.2	污水处理劳务		污水经加工处理后符合《城镇污水处理厂污染物排放标准》（GB 18918—2002）规定的技术要求或达到相应的国家或地方水污染物排放标准中的直接排放限值	70%
	5.3	工业废气处理劳务		经治理、处理后符合《大气污染物综合排放标准》（GB 16297—1996）规定的技术要求或达到相应的国家或地方水污染物排放标准中的直接排放限值	70%

备注：

1. 概念和定义。

“纳税人”，是指从事表中所列的资源综合利用项目的增值税一般纳税人。

“废渣”，是指采矿选矿废渣、冶炼废渣、化工废渣和其他废渣。其中，采矿选矿废渣，是指在矿产资源开采加工过程中产生的煤矸石、粉末、粉尘和污泥；冶炼废渣，是指转炉渣、电炉渣、铁合金炉渣、氧化铝赤泥和有色金属灰渣，但不包括高炉水渣；化工废渣，是指硫铁矿渣、硫铁矿煅烧渣、硫酸渣、硫石膏、磷石膏、磷矿煅烧渣、含氰废渣、电石渣、磷肥渣、硫黄渣、碱渣、含钡废渣、铬渣、盐泥、总溶剂渣、黄磷渣、柠檬酸渣、脱硫石膏、氟石膏、钛石膏和废石膏模；其他废渣，是指粉煤灰、燃煤炉渣、江河（湖、海、渠）道淤泥、淤沙、建筑垃圾、废玻璃、污水处理厂处理污水产生的污泥。

“蔗渣”，是指以甘蔗为原料的制糖生产过程中产生的含纤维 50%左右的固体废弃物。

“再生水”，是指对污水处理厂出水、工业排水（矿井水）、生活污水、垃圾处理厂渗透（滤）液等水源进行回收，经适当处理后达到一定水质标准，并在一定范围内重复利用的水资源。

“冶炼”，是指通过焙烧、熔炼、电解以及使用化学药剂等方法把原料中的金属提取出来，减少金属中所含的杂质或增加金属中某种成分，炼成所需要的金属。冶炼包括火法冶炼、湿法提取或电化学沉积。

“烟尘灰”，是指金属冶炼厂火法冶炼过程中，为保护环境经除尘器（塔）收集的粉灰状及泥状残料物。

“湿法泥”，是指湿法冶炼生产排出的污泥，经集中环保处置后产生的中和渣，且具有一定回收价值的污泥状废弃物。

“熔炼渣”，是指有色金属火法冶炼过程中，由于比重的差异，金属成分因比重大沉底形成金属锭，而比重较小的硅、铁、钙等化合物浮在金属表层形成的废渣。

“农作物秸秆”，是指农业生产过程中，收获了粮食作物（指稻谷、小麦、玉米、薯类等）、油料作物（指油菜籽、花生、大豆、葵花籽、芝麻籽、胡麻籽等）、棉花、麻类、糖料、烟叶、药材、花卉、蔬菜和水果等以后残留的茎秆。

“三剩物”，是指采伐剩余物（指枝丫、树梢、树皮、树叶、树根及藤条、灌木等）、造材剩余物（指造材截头）和加工剩余物（指板皮、板条、木竹截头、锯末、碎单板、木芯、刨花、木块、篾黄、边角余料等）。

“次小薪材”，是指次加工材（指材质低于针、阔叶树加工用原木最低等级但具有一定利用价值的次加工原木，按《次加工原木》（LY/T 1369—2011）标准执行）、小径材（指长度在 2 米以下或径级 8 厘米以下的小原木条、松木杆、脚手杆、杂木杆、短原木等）和薪材。

“垃圾”，是指城市生活垃圾、农作物秸秆、树皮废渣、污泥、合成革及化纤废弃物、病死畜禽等养殖废弃物等垃圾。

“垃圾处理”，是指运用填埋、焚烧、综合处理和回收利用等形式，对垃圾进行减量化、资源化和无害化处理处置的业务。

“污水处理”，是指将污水（包括城镇污水和工业废水）处理后达到《城镇污水处理厂污染物排放标准》（GB 18918—2002），或达到相应的国家或地方水污染物排放标准中的直接排放限值的业务。其中，城镇污水是指城镇居民生活污水，机关、学校、医院、商业服务机构及各种公共设施排水，以及允许排入城镇污水收集系统的工业废水和初期雨水。工业废水是指工业生产过程中产生的，不允许排入城镇污水收集系统的废水和废液。

“污泥处理处置”，是指对污水处理后产生的污泥进行稳定化、减量化和无害化处理处置的业务。

2. 综合利用的资源比例计算方式。

（1）综合利用的资源占生产原料或者燃料的比重，以重量比例计算。其中，水泥、水泥熟料原料中掺兑废渣的比重，按以下方法计算：

①对经生料烧制和熟料研磨阶段生产的水泥，其掺兑废渣比例计算公式为：掺兑废渣比例＝（生料烧制阶段掺兑废渣数量＋熟料研磨阶段掺兑废渣数量）÷（除废渣以外的生料数量＋生料烧制和熟料研磨阶段掺兑废渣数量＋其他材料数量）×100%；

②对外购水泥熟料采用研磨工艺生产的水泥，其掺兑废渣比例计算公式为：掺兑废渣比例＝熟料研磨阶段掺兑废渣数量÷（熟料数量＋熟料研磨阶段掺兑废渣数量＋其他材料数量）×100%；

③对生料烧制的水泥熟料，其掺兑废渣比例计算公式为：掺兑废渣比例＝生料烧制阶段掺兑废渣数量÷（除废渣以外的生料数量＋生料烧制阶段掺兑废渣数量＋其他材料数量）×100%。

（2）综合利用的资源为余热、余压的，按其占生产电力、热力消耗的能源比例计算。

3. 表中所列综合利用产品，应当符合相应的国家或行业标准。既有国家标准又有行业标准的，应当符合相对高的标准；没有国家标准或行业标准的，应当符合按规定向质量技术监督部门备案的企业标准。

表中所列各类国家标准、行业标准，如在执行过程中有更新、替换，统一按最新的国家标准、行业标准执行。

4. 表中所称“以上”均含本数。

2. 新能源产业增值税政策

关于光伏发电增值税政策的通知

财税〔2013〕66号

各省、自治区、直辖市、计划单列市财政厅（局）、国家税务局：

为鼓励利用太阳能发电，促进相关产业健康发展，根据国务院批示精神，现将光伏发电增值税政策通知如下：

自2013年10月1日至2015年12月31日，对纳税人销售自产的利用太阳能生产的电力产品，实行增值税即征即退50%的政策。

请遵照执行。

财政部

国家税务总局

2013年9月23日

关于大型水电企业增值税政策的通知

财税〔2014〕10号

财政部　国家税务总局各省、自治区、直辖市、计划单列市财政厅（局）、国家税务局，新疆生产建设兵团财务局：

为支持水电行业发展，统一和规范大型水电企业增值税政策，经国务院批准，现将大型水电企业增值税优惠政策通知如下：

一、装机容量超过100万千瓦的水力发电站（含抽水蓄能电站）销售自产电力产品，自2013年1月1日至2015年12月31日，对其增值税实际税负超过8%的部分实行即征即退政策；自2016年1月1日至2017年12月31日，对其增值税实际税负超过12%的部分实行即征即退政策。

二、本通知所称的装机容量，是指单站发电机组额定装机容量的总和。该额定装机容量包括项目核准（审批）机关依权限核准（审批）的水力发电站总装机容量（含分期建设和扩机），以及后续因技术改造升级等原因经批准增加的装机容量。

三、《财政部　国家税务总局关于三峡电站电力产品增值税税收政策问题的通知》（财税〔2002〕24号）、《财政部　国家税务总局关于葛洲坝电站电力产品增值税政策问题的通知》（财税〔2002〕168号）、《财政部关于小浪底水利工程电力产品增值税政策问题的通知》（财税〔2006〕2号）、《国家税务总局关于黄河上游水电开发有限责任公司电力产品增值税税收政策问题的通知》（国税函〔2004〕52号）自2014年1月1日起废止。

财政部

国家税务总局

2014年2月12日

关于风力发电增值税政策的通知

财税〔2015〕74号

各省、自治区、直辖市、计划单列市财政厅（局）、国家税务局，新疆生产建设兵团财务局：

为鼓励利用风力发电，促进相关产业健康发展，现将风力发电增值税政策通知如下：

自2015年7月1日起，对纳税人销售自产的利用风力生产的电力产品，实行增值税即征即退50%的政策。

请遵照执行。

财政部

国家税务总局

2015年6月12日

关于新型墙体材料增值税政策的通知

财税〔2015〕73 号

各省、自治区、直辖市、计划单列市财政厅（局）、国家税务局，新疆生产建设兵团财务局：

为加快推广新型墙体材料，促进能源节约和耕地保护，现就部分新型墙体材料增值税政策明确如下：

一、对纳税人销售自产的列入本通知所附《享受增值税即征即退政策的新型墙体材料目录》（以下简称《目录》）的新型墙体材料，实行增值税即征即退 50% 的政策。

二、纳税人销售自产的《目录》所列新型墙体材料，其申请享受本通知规定的增值税优惠政策时，应同时符合下列条件：

（一）销售自产的新型墙体材料，不属于国家发展和改革委员会《产业结构调整指导目录》中的禁止类、限制类项目。

（二）销售自产的新型墙体材料，不属于环境保护部《环境保护综合名录》中的“高污染、高环境风险”产品或者重污染工艺。

（三）纳税信用等级不属于税务机关评定的 C 级或 D 级。

纳税人在办理退税事宜时，应向主管税务机关提供其符合上述条件的书面声明材料，未提供书面声明材料或者出具虚假材料的，税务机关不得给予退税。

三、已享受本通知规定的增值税即征即退政策的纳税人，自不符合本通知第二条规定条件的次月起，不再享受本通知规定的增值税即征即退政策。

四、纳税人应当单独核算享受本通知规定的增值税即征即退政策的新型墙体材料的销售额和应纳税额。未按规定单独核算的，不得享受本通知规定的增值税即征即退政策。

五、各省、自治区、直辖市、计划单列市税务机关应于每年 2 月底之前在其网站上，将享受本通知规定的增值税即征即退政策的纳税人按下列项目予以公示：纳税人名称、纳税人识别号、新型墙体材料的名称。

六、已享受本通知规定的增值税即征即退政策的纳税人，因违反税收、环境保护的法律法规受到处罚（警告或单次 1 万元以下罚款除外），自处罚决定下达的次月起 36 个月内，不得享受本通知规定的增值税即征即退政策。

七、《目录》所列新型墙体材料适用的国家标准、行业标准，如在执行过程中有更新、替换，统一按新的国家标准、行业标准执行。

八、本通知自 2015 年 7 月 1 日起执行。

附件：享受增值税即征即退政策的新型墙体材料目录

财政部

国家税务总局

2015 年 6 月 12 日

附件：

享受增值税即征即退政策的新型墙体材料目录

一、砖类

（一）非黏土烧结多孔砖（符合 GB 13544—2011 技术要求）和非黏土烧结空心砖（符合 GB 13545—2014 技术要求）

（二）承重混凝土多孔砖（符合 GB 25779—2010 技术要求）和非承重混凝土空心砖（符合 GB/T 24492—2009 技术要求）

（三）蒸压粉煤灰多孔砖（符合 GB 26541—2011 技术要求）、蒸压泡沫混凝土砖（符合 GB/T 29062—2012 技术要求）。

（四）烧结多孔砖（仅限西部地区，符合 GB 13544—2011 技术要求）和烧结空心砖（仅限西部地区，符合 GB 13545—2014 技术要求）。

二、砌块类

（一）普通混凝土小型空心砌块（符合 GB/T 8239—2014 技术要求）。

（二）轻集料混凝土小型空心砌块（符合 GB/T 15229—2011 技术要求）。

（三）烧结空心砌块（以煤矸石、江河湖淤泥、建筑垃圾、页岩为原料，符合 GB13545—2014 技术要求）和烧结多孔砌块（以页岩、煤矸石、粉煤灰、江河湖淤泥及其他固体废弃物为原料，符合 GB 13544—2011 技术要求）。

（四）蒸压加气混凝土砌块（符合 GB 11968—2006 技术要求）、蒸压泡沫混凝土砌块（符合 GB/T 29062—2012 技术要求）。

（五）石膏砌块（以脱硫石膏、磷石膏等化学石膏为原料，符合 JC/T 698—2010 技术要求）。

（六）粉煤灰混凝土小型空心砌块（符合 JC/T 862—2008 技术要求）。

三、板材类

（一）蒸压加气混凝土板（符合 GB 15762—2008 技术要求）。

（二）建筑用轻质隔墙条板（符合 GB/T 23451—2009 技术要求）和建筑隔墙用保温条板（符合 GB/T 23450—2009 技术要求）。

（三）外墙外保温系统用钢丝网架模塑聚苯乙烯板（符合 GB 26540—2011 技术要求）。

（四）石膏空心条板（符合 JC/T 829—2010 技术要求）。

（五）玻璃纤维增强水泥轻质多孔隔墙条板（简称 GRC 板，符合 GB/T 19631—2005 技术要求）。

（六）建筑用金属面绝热夹芯板（符合 GB/T 23932—2009 技术要求）。

（七）建筑平板。其中：纸面石膏板（符合 GB/T 9775—2008 技术要求）；纤维增强硅酸钙板（符合 JC/T 564.1—2008、JC/T 564.2—2008 技术要求）；纤维增强低碱度水泥建筑平板（符合 JC/T 626—2008 技术要求）；维纶纤维增强水泥平板（符合 JC/T 671—2008 技术要求）；纤维水泥平板（符合 JC/T412.1—2006、JC/T412.2—2006 技术要求）。

四、符合国家标准、行业标准和地方标准的混凝土砖、烧结保温砖（砌块）（以页岩、煤矸石、粉煤灰、江河湖淤泥及其他固体废弃物为原料，加入成孔材料焙烧而成）、中空钢网内模隔墙、复合保温砖（砌块）、预制复合墙板（体），聚氨酯硬泡复合板及以专用聚氨酯为材料的建筑墙体。

（三）营业税政策

关于支持农村饮水安全工程建设运营税收政策的通知

财税〔2012〕30号

各省、自治区、直辖市、计划单列市财政厅（局）、国家税务局、地方税务局，新疆生产建设兵团财务局：

为贯彻落实《中共中央　国务院关于加快水利改革发展的决定》（中发〔2011〕1号）精神，改善农村人居环境，提高农村生活质量，支持农村饮水安全工程（以下简称饮水工程）的建设、运营，经国务院批准，现将有关税收政策通知如下：

一、对饮水工程运营管理单位为建设饮水工程而承受土地使用权，免征契税。

二、对饮水工程运营管理单位为建设饮水工程取得土地使用权而签订的产权转移书据，以及与施工单位签订的建设工程承包合同免征印花税。

三、对饮水工程运营管理单位自用的生产、办公用房产、土地，免征房产税、城镇土地使用税。

四、对饮水工程运营管理单位向农村居民提供生活用水取得的自来水销售收入，免征增值税。

五、对饮水工程运营管理单位从事《公共基础设施项目企业所得税优惠目录》规定的饮水工程新建项目投资经营的所得，自项目取得第一笔生产经营收入所属纳税年度起，第一年至第三年免征企业所得税，第四年至第六年减半征收企业所得税。

本文所称饮水工程，是指为农村居民提供生活用水而建设的供水工程设施。本文所称饮水工程运营管理单位是指负责农村饮水安全工程运营管理的自来水公司、供水公司、供水（总）站（厂、中心）、村集体、在民政部门注册登记的用水户协会等单位。对于既向城镇居民供水，又向农村居民供水的饮水工程运营管理单位，依据向农村居民供水收入占总供水收入的比例免征增值税；依据向农村居民供水量占总供水量的比例免征契税、印花税、房产税和城镇土地使用税。无法提供具体比例或所提供数据不实的，不得享受上述税收优惠政策。

上述政策（第五条除外）的执行期限暂定为 2011 年 1 月 1 日至 2015 年 12 月 31 日。自 2011 年 1 月 1 日至本文发布之日期间应予免征的税款（不包括印花税），可在以后应纳的相应税款中抵减或予以退税。

财政部

国家税务总局

二〇一二年四月二十四日

关于转让自然资源使用权营业税政策的通知

财税〔2012〕6号

各省、自治区、直辖市、计划单列市财政厅（局）、地方税务局，北京、西藏、宁夏、青海省（自治区、直辖市）国家税务局，新疆生产建设兵团财务局：

根据经济发展形势，经研究，现将在中华人民共和国境内（以下称境内）转让自然资源使用权有关营业税政策明确如下：

一、在《国家税务总局关于印发〈营业税税目注释〉（试行稿）的通知》（国税发〔1993〕149号）第八条“转让无形资产”税目注释中增加“转让自然资源使用权”子目。

转让自然资源使用权，是指权利人转让勘探、开采、使用自然资源权利的行为。

自然资源使用权，是指海域使用权、探矿权、采矿权、取水权和其他自然资源使用权（不含土地使用权）。

县级以上地方人民政府或自然资源行政主管部门出让、转让或收回自然资源使用权的行为，不征收营业税。

二、在境内转让自然资源使用权，是指所转让的自然资源使用权涉及的自然资源在境内。

本通知自2012年2月1日起执行。

财政部

国家税务总局

二〇一二年一月六日

（四）消费税政策

中华人民共和国消费税暂行条例（摘录）

中华人民共和国国务院令

第539号

（1993年12月13日中华人民共和国国务院令第135号发布

2008年11月5日国务院第34次常务会议修订通过）

第一条 在中华人民共和国境内生产、委托加工和进口本条例规定的消费品的单位和个人，以及国务院确定的销售本条例规定的消费品的其他单位和个人，为消费税的纳税人，应当依照本条例缴纳消费税。

……

第四条 纳税人生产的应税消费品，于纳税人销售时纳税。纳税人自产自用的应税消费品，用于连续生产应税消费品的，不纳税；用于其他方面的，于移送使用时纳税。

委托加工的应税消费品，除受托方为个人外，由受托方在向委托方交货时代收代缴税款。委托加工的应税消费品，委托方用于连续生产应税消费品的，所纳税款准予按规定抵扣。

进口的应税消费品，于报关进口时纳税。

……

第十条 纳税人应税消费品的计税价格明显偏低并无正当理由的，由主管税务机关核定其计税价格。

第十一条 对纳税人出口应税消费品，免征消费税；国务院另有规定的除外。出口应税消费品的免税办法，由国务院财政、税务主管部门规定。

第十二条 消费税由税务机关征收，进口的应税消费品的消费税由海关代征。

个人携带或者邮寄进境的应税消费品的消费税，连同关税一并计征。具体办法由国务院关税税则委员会会同有关部门制定。

总　理　温家宝

二〇〇八年十一月十日

中华人民共和国消费税暂行条例实施细则（摘录）

中华人民共和国财政部

国家税务总局令

第 51 号

……

第六条 条例第四条第一款所称用于连续生产应税消费品，是指纳税人将自产自用的应税消费品作为直接材料生产最终应税消费品，自产自用应税消费品构成最终应税消费品的实体。

条例第四条第一款所称用于其他方面，是指纳税人将自产自用应税消费品用于生产非应税消费品、在建工程、管理部门、非生产机构、提供劳务、馈赠、赞助、集资、广告、样品、职工福利、奖励等方面。

第七条 条例第四条第二款所称委托加工的应税消费品，是指由委托方提供原料和主要材料，受托方只收取加工费和代垫部分辅助材料加工的应税消费品。对于由受托方提供原材料生产的应税消费品，或者受托方先将原材料卖给委托方，然后再接受加工的应税消费品，以及由受托方以委托方名义购进原材料生产的应税消费品，不论在财务上是否作销售处理，都不得作为委托加工应税消费品，而应当按照销售自制应税消费品缴纳消费税。

委托加工的应税消费品直接出售的，不再缴纳消费税。

委托个人加工的应税消费品，由委托方收回后缴纳消费税。

……

第二十二条 出口的应税消费品办理退税后，发生退关，或者国外退货进口时予以免税的，报关出口者必须及时向其机构所在地或者居住地主管税务机关申报补缴已退的消费税税款。

纳税人直接出口的应税消费品办理免税后，发生退关或者国外退货，进口时已予以免税的，经机构所在地或者居住地主管税务机关批准，可暂不办理补税，待其转为国内销售时，再申报补缴消费税。

第二十三条　纳税人销售的应税消费品，如因质量等原因由购买者退回时，经机构所在地或者居住地主管税务机关审核批准后，可退还已缴纳的消费税税款。

中华人民共和国财政部

国家税务总局

2008 年 12 月 18 日

1. 污染减排消费税政策

关于对电池、涂料征收消费税的通知

财税〔2015〕16号

各省、自治区、直辖市、计划单列市财政厅（局）、国家税务局、新疆生产建设兵团财务局：

为促进节能环保，经国务院批准，自2015年2月1日起对电池、涂料征收消费税。现将有关事项通知如下：

一、将电池、涂料列入消费税征收范围（具体税目注释见附件），在生产、委托加工和进口环节征收，适用税率均为4%。

二、对无汞原电池、金属氢化物镍蓄电池（又称“氢镍蓄电池”或“镍氢蓄电池”）、锂原电池、锂离子蓄电池、太阳能电池、燃料电池和全钒液流电池免征消费税。

2015年12月31日前对铅蓄电池缓征消费税；自2016年1月1日起，对铅蓄电池按4%税率征收消费税。

对施工状态下挥发性有机物（Volatile Organic Compounds，VOC）含量低于420克/升（含）的涂料免征消费税。

三、除上述规定外，电池、涂料消费税征收管理的其他事项依照《中华人民共和国消费税暂行条例》、《中华人民共和国消费税暂行条例实施细则》等相关规定执行。

附件1：电池税目征收范围注释

附件2：涂料税目征收范围注释

财政部

国家税务总局

2015年1月26日

附件 1：

电池税目征收范围注释

电池，是一种将化学能、光能等直接转换为电能的装置，一般由电极、电解质、容器、极端，通常还有隔离层组成的基本功能单元，以及用一个或多个基本功能单元装配成的电池组。范围包括：原电池、蓄电池、燃料电池、太阳能电池和其他电池。

一、原电池

原电池又称一次电池，是按不可以充电设计的电池。按照电极所含的活性物质分类，原电池包括锌原电池、锂原电池和其他原电池。

（一）锌原电池。以锌做负极的原电池，包括锌二氧化锰原电池、碱性锌二氧化锰原电池、锌氧原电池（又称“锌空气原电池”）、锌氧化银原电池（又称“锌银原电池”）、锌氧化汞原电池（又称“汞电池”、“氧化汞原电池”）等。

（二）锂原电池。以锂做负极的原电池，包括锂二氧化锰原电池、锂亚硫酰氯原电池、锂二硫化铁原电池、锂二氧化硫原电池、锂氧原电池（又称“锂空气原电池”）、锂氟化碳原电池等。

（三）其他原电池。指锌原电池、锂原电池以外的原电池。

原电池又可分为无汞原电池和含汞原电池。汞含量低于电池重量的 0.0001%（扣式电池按 0.0005%）的原电池为无汞原电池；其他原电池为含汞原电池。

二、蓄电池

蓄电池又称二次电池，是按可充电、重复使用设计的电池；包括酸性蓄电池、碱性或其他非酸性蓄电池、氧化还原液流蓄电池和其他蓄电池。

（一）酸性蓄电池。一种含酸性电解质的蓄电池，包括铅蓄电池（又称“铅酸蓄电池”）等。

铅蓄电池，指含以稀硫酸为主电解质、二氧化铅正极和铅负极的蓄电池。

（二）碱性或其他非酸性蓄电池。一种含碱性或其他非酸性电解质的蓄电池，包括金属锂蓄电池、锂离子蓄电池、金属氢化物镍蓄电池（又称“氢镍蓄电池”或“镍氢蓄电池”）、镉镍蓄电池、铁镍蓄电池、锌氧化银蓄电池（又称“锌银蓄电池”）、碱性锌二氧化锰蓄电池（又称“可充碱性锌二氧化锰电池”）、锌氧蓄电池（又称“锌空气蓄电池”）、锂氧蓄电池（又称“锂空气蓄电池”）等。

（三）氧化还原液流电池。一种通过正负极电解液中不同价态离子的电化学反应来实现电能和化学能互相转化的储能装置，目前主要包括全钒液流电池。全钒液流电池是通过正负极电解液中不同价态钒离子的电化学反应来实现电能和化学能互相转化的储能装置。

（四）其他蓄电池。除上述（一）、（二）、（三）外的蓄电池。

三、燃料电池

燃料电池，指通过一个电化学过程，将连续供应的反应物和氧化剂的化学能直接转换为电能的电化学发电装置。

四、太阳能电池

太阳能电池，是将太阳光能转换成电能的装置，包括晶体硅太阳能电池、薄膜太阳能电池、化合物半导体太阳能电池等，但不包括用于太阳能发电储能用的蓄电池。

五、其他电池

除原电池、蓄电池、燃料电池、太阳能电池以外的电池。

附件 2：

涂料税目征收范围注释

涂料是指涂于物体表面能形成具有保护、装饰或特殊性能的固态涂膜的一类液体或固体材料之总称。

涂料由主要成膜物质、次要成膜物质等构成。按主要成膜物质涂料可分为油脂类、天然树脂类、酚醛树脂类、沥青类、醇酸树脂类、氨基树脂类、硝基类、过滤乙烯树脂类、烯类树脂类、丙烯酸酯类树脂类、聚酯树脂类、环氧树脂类、聚氨酯树脂类、元素有机类、橡胶类、纤维素类、其他成膜物类等。

关于对电池　涂料征收进口环节消费税的通知

财关税〔2015〕4号

海关总署：

经国务院批准，对电池、涂料征收进口环节消费税，现将有关事项通知如下：

一、自2015年2月1日起对电池（铅蓄电池除外）、涂料征收进口环节消费税，适用税率均为4%。

对无汞原电池、金属氢化物镍蓄电池（又称“氢镍蓄电池”或“镍氢蓄电池”）、锂原电池、锂离子蓄电池、太阳能电池、燃料电池、全钒液流电池以及施工状态下挥发性有机物含量低于420克/升（含）的涂料免征进口环节消费税。

二、自2016年1月1日起对铅蓄电池（税则号列：85071000、85072000）征收进口环节消费税，适用税率为4%。

电池、涂料进口环节消费税税目税率表分别见附件1、附件2。

特此通知。

财政部

国家税务总局

2015年1月29日

附件 1：

电池进口环节消费税税目税率表

税则号列	商品名称	税率（%）
ex85061011	电池、燃料电池以及汞含量低于电池重量的0.0001%（扣式电池按0.0005%）的无汞原电池及原电池组除外	4
ex85061012		
ex85061019		
ex85061090		
ex85063000		
ex85064000		
ex85066000		
ex85068000		
ex85078090		
85071000	起动活塞式发动机用铅酸蓄电池	
85072000	其他铅酸蓄电池	
85073000	镍镉蓄电池	
85074000	镍铁蓄电池	

注：“ex”表示征收消费税的商品应在该税号范围内，以具体商品描述为准。

附件 2：

涂料进口环节消费税税目税率表

税则号列	商品名称	税率（%）
ex32081000	涂料，施工状态下挥发性有机物含量低于420克/升（含）的涂料除外	4
ex32082010		
ex32082020		
ex32089010		
ex32089090		
ex32091000		
ex32099010		
ex32099020		
ex32099090		
ex32100000		
ex32149000		

注：“ex”表示征收消费税的商品应在该税号范围内，以具体商品描述为准。

关于调整消费税政策的通知

财税〔2014〕93号

各省、自治区、直辖市、计划单列市财政厅（局）、国家税务局，新疆生产建设兵团财务局：

经国务院批准，现将消费税政策调整事项通知如下：

一、取消气缸容量250毫升（不含）以下的小排量摩托车消费税。气缸容量250毫升和250毫升（不含）以上的摩托车继续分别按3%和10%的税率征收消费税。

二、取消汽车轮胎税目。

三、取消车用含铅汽油消费税，汽油税目不再划分二级子目，统一按照无铅汽油税率征收消费税。

四、取消酒精消费税。取消酒精消费税后，“酒及酒精”品目相应改为“酒”，并继续按现行消费税政策执行。

五、本通知自2014年12月1日起执行。

财政部

国家税务总局

2014年11月25日

关于调整乘用车消费税政策的通知

财税〔2008〕105 号

各省、自治区、直辖市、计划单列市财政厅（局）、国家税务局，新疆生产建设兵团财务局：

为促进节能减排，进一步完善消费税税制，经国务院批准，现将乘用车消费税政策做如下调整：

一、气缸容量（排气量，下同）在 1.0 升以下（含 1.0 升）的乘用车，税率由 3%下调至 1%；

二、气缸容量在 3.0 升以上至 4.0 升（含 4.0 升）的乘用车，税率由 15%上调至 25%；

三、气缸容量在 4.0 升以上的乘用车，税率由 20%上调至 40%。

调整后的乘用车消费税税率见附件。

本通知自 2008 年 9 月 1 日起执行。生产企业在 2008 年 9 月 1 日前销出的乘用车发生退货的，按政策调整前的原税率退税。出口企业在 2008 年 9 月 1 日前收购的出口应税乘用车，并取得消费税税收缴款书（出口货物专用）的，在 2008 年 9 月 1 日以后出口的，按原税率退税。

附件：乘用车消费税税目税率表

财政部

国家税务总局

二〇〇八年八月一日

附件：

乘用车消费税税目税率表

税目	税率
小汽车：	
乘用车：	
（1）气缸容量（排气量，下同）在 1.0 升以下（含 1.0 升）的	1%
（2）气缸容量在 1.0 升以上至 1.5 升（含 1.5 升）的	3%
（3）气缸容量在 1.5 升以上至 2.0 升（含 2.0 升）的	5%
（4）气缸容量在 2.0 升以上至 2.5 升（含 2.5 升）的	9%
（5）气缸容量在 2.5 升以上至 3.0 升（含 3.0 升）的	12%
（6）气缸容量在 3.0 升以上至 4.0 升（含 4.0 升）的	25%
（7）气缸容量在 4.0 升以上的	40%

关于提高成品油消费税的通知

财税〔2014〕94号

各省、自治区、直辖市、计划单列市财政厅（局）、国家税务局，新疆生产建设兵团财务局：

为促进环境治理和节能减排，经国务院批准，现将提高成品油消费税问题通知如下：

一、将汽油、石脑油、溶剂油和润滑油的消费税单位税额在现行单位税额基础上提高0.12元/升。

二、将柴油、航空煤油和燃料油的消费税单位税额在现行单位税额基础上提高0.14元/升。航空煤油继续暂缓征收。

三、本通知自2014年11月29日起执行。

财政部

国家税务总局

2014年11月28日

关于进一步提高成品油消费税的通知

财税〔2014〕106号

各省、自治区、直辖市、计划单列市财政厅（局）、国家税务局，新疆生产建设兵团财务局：

为促进环境治理和节能减排，现将提高成品油消费税问题通知如下：

一、将汽油、石脑油、溶剂油和润滑油的消费税单位税额由1.12元/升提高到1.4元/升。

二、将柴油、航空煤油和燃料油的消费税单位税额由0.94元/升提高到1.1元/升。航空煤油继续暂缓征收。

三、本通知自2014年12月13日起执行。

财政部

国家税务总局

2014年12月12日

关于继续提高成品油消费税的通知

财税〔2015〕11号

各省、自治区、直辖市、计划单列市财政厅（局）、国家税务局，新疆生产建设兵团财务局：

为促进环境治理和节能减排，现将提高成品油消费税问题通知如下：

一、将汽油、石脑油、溶剂油和润滑油的消费税单位税额由1.4元/升提高到1.52元/升。

二、将柴油、航空煤油和燃料油的消费税单位税额由1.1元/升提高到1.2元/升。航空煤油继续暂缓征收。

三、本通知自2015年1月13日起执行。

财政部

国家税务总局

2015年1月12日

关于调整部分进口燃料油消费税政策的通知

财关税〔2010〕56号

海关总署：

经国务院批准，自2010年1月1日起至12月31日，对用作生产乙烯、芳烃等化工产品原料的进口燃料油（税号：27101922、ex27101929、27101999）返还消费税。具体返税管理办法参照《财政部　海关总署　税务总局关于进口石脑油消费税先征后返有关问题的通知》（财预〔2009〕347号）执行。

财政部

2010年11月18日

关于延续执行部分石脑油燃料油消费税政策的通知

财税〔2011〕87 号

各省、自治区、直辖市、计划单列市财政厅（局）、国家税务局，中国人民银行上海总部，各分行、营业管理部，省会（首府）城市中心支行，各副省级城市中心支行：

为促进我国烯烃类化工行业的发展，经国务院批准，现将用于生产乙烯、芳烃类化工产品的石脑油、燃料油消费税退（免）税政策延续问题明确如下：

一、自 2011 年 10 月 1 日起，对生产石脑油、燃料油的企业（以下简称生产企业）对外销售的用于生产乙烯、芳烃类化工产品的石脑油、燃料油，恢复征收消费税。

二、自 2011 年 10 月 1 日起，生产企业自产石脑油、燃料油用于生产乙烯、芳烃类化工产品的，按实际耗用数量暂免征消费税。

三、自 2011 年 10 月 1 日起，对使用石脑油、燃料油生产乙烯、芳烃的企业（以下简称使用企业）购进并用于生产乙烯、芳烃类化工产品的石脑油、燃料油，按实际耗用数量暂退还所含消费税。退还石脑油、燃料油所含消费税计算公式为：

应退还消费税税额=石脑油、燃料油实际耗用数量×石脑油、燃料油消费税单位税额

使用企业所在地主管国家税务局（以下简称主管税务机关）负责退税工作。主管税务机关根据使用企业石脑油、燃料油实际耗用量核定应退税金额，并开具“收入退还书”（预算科目为：101020121 成品油消费税退税），后附退税审批表、退税申请书等，送交当地国库部门。国库部门审核后从中央预算收入中退付税款。

四、2011 年 1 月 1 日至 9 月 30 日，生产企业销售给使用企业用于生产乙烯、芳烃类化工产品的石脑油、燃料油，仍按《财政部　国家税务总局关于提高成品油消费税税率后相关成品油消费税政策的通知》（财税〔2008〕168 号）、《财政部　国家税务总局关于调整部分燃料油消费税政策的通知》（财税〔2010〕66 号）和《国家税务总局关于印发〈石脑油消费税免税管理办法〉的通知》（国税发〔2008〕45 号）规定免征消费税。

五、在 2011 年 1 月 1 日至 9 月 30 日期间，对使用企业购进的用于生产乙烯、芳烃类化工产品的已含消费税石脑油、燃料油，按照本通知第三条规定退还。

六、主管税务机关要对使用企业 2011 年 1 月 1 日至 9 月 30 日购进石脑油、燃料油的库存情况认真检查核实，对耗用库存的已享受退（免）消费税的石脑油、燃料油，不得退税。

七、2010 年 12 月 31 日前，生产企业自营进口或委托代理进口的石脑油、燃料油消费税应退未退的，仍按《财政部　国家税务总局关于提高成品油消费税税率后相关成品油消费税政策的通知》（财税〔2008〕168 号）、《财政部　国家税务总局关于调整部分燃料油消费税政策的通知》（财税〔2010〕66 号）、《财政部　国家税务总局关于调整成品油进口环节消费税的通知》（财关税〔2008〕103 号）、《财政部关于调整部分进口燃料油消费税政策的通知》（财关税〔2010〕56 号）和《财政部　海关总署　国家税务总局关于进口石脑油消费税先征后返有关问题的通知》（财预〔2009〕347 号）继续退还。

八、用石脑油、燃料油生产乙烯、芳烃类化工产品的产量占本企业用石脑油、燃料油生产产品总量的 50%以上（含 50%）的企业，享受本通知规定的退（免）消费税政策。符合本条规定条件的企业，应在本通知下发后到主管税务机关提请退（免）税资格认定。

九、乙烯类化工产品是指乙烯、丙烯、丁二烯及衍生品；芳烃类化工产品是指苯、甲苯、二甲苯、重芳烃、混合芳烃及衍生品。

十、使用企业生产乙烯、芳烃类化工产品过程中所生产的消费税应税产品，照章缴纳消费税。

十一、用于生产乙烯、芳烃类化工产品的石脑油、燃料油消费税具体退（免）税管理办法，由国家税务总局另行制定。

十二、财政部驻各地财政监察专员办事处要加强对消费税退（免）税政策执行情况的监督检查。各级国家税务局要加强对消费税退（免）税的组织、监督，严格管理，堵塞漏洞。对于发现并经查实的骗取退（免）税的行为，依法处罚，并取消退（免）消费税的资格。

财政部

中国人民银行

国家税务总局

二〇一一年九月十五日

关于完善石脑油、燃料油生产乙烯、芳烃类化工产品消费税退税政策的通知

财税〔2013〕2号

各省、自治区、直辖市、计划单列市财政厅（局）、国家税务局，中国人民银行上海总部，各分行、营业管理部，省会（首府）城市中心支行，大连、青岛、宁波、厦门、深圳市中心支行，海关总署广东分署、各直属海关，新疆生产建设兵团财务局：

为规范石脑油、燃料油消费税退税政策，现将《财政部　中国人民银行　国家税务总局关于延续执行部分石脑油　燃料油消费税政策的通知》（财税〔2011〕87号）中的成品油消费税退税政策调整如下：

一、我国境内使用石脑油、燃料油（以下简称油品）生产乙烯、芳烃类化工产品（以下简称化工产品）的企业（以下简称使用企业），仅以自营或委托方式进口油品生产化工产品，向进口消费税纳税地海关（以下简称海关）申请退还已缴纳的消费税（以下简称退税）。办理退税时，海关根据使用企业生产化工产品实际耗用的油品数量核定应退税金额，开具收入退还书，使用"进口成品油消费税退税"科目（101020221）退税。

二、使用企业仅以国产油品生产化工产品，向主管税务机关（以下简称税务机关）申请退税。办理退税时，税务机关根据使用企业生产化工产品实际耗用的油品数量核定应退税金额，开具收入退还书，使用"成品油消费税退税"科目（101020121）退税。

三、使用企业既购进国产油品又购进进口油品生产化工产品的，应分别核算国产与进口油品的购进量及其用于生产化工产品的实际耗用量，向税务机关提出退税申请。税务机关负责对企业退税资料进行审核。对国产油品退税，按照本通知第二条第二款办理。对进口油品退税，税务机关出具初审意见，连同进口货物报关单、海关专用缴款书和自动进口许可证等材料，送交海关复审。海关按照本通知第一条第二款办理。使用企业未分别核算国产与进口油品的购进量和实际耗

用量的，不予办理退税。

四、税务机关和海关应向相关国库部门提供收入退还书，后附退税审批表、退税申请书等相关资料；国库部门经审核无误后，从相应预算科目中退付税款给申请企业。

五、税务机关和海关应加强合作，及时交换与退税相关的信息。

六、本通知自下发之日起执行。财税〔2011〕87 号文件与本通知不一致的，按本通知执行。税务机关此前已办理退税的，不予调整。未办理退税的，按照本通知规定办理。

财政部

中国人民银行

海关总署

国家税务总局

2013 年 2 月 1 日

2. 资源综合利用消费税政策

关于对利用废弃的动植物油生产纯生物柴油免征消费税的通知

财税〔2010〕118号

各省、自治区、直辖市、计划单列市财政厅（局）、国家税务局，新疆生产建设兵团财务局：

经国务院批准，对利用废弃的动物油和植物油为原料生产的纯生物柴油免征消费税。现将有关政策通知如下：

一、从2009年1月1日起，对同时符合下列条件的纯生物柴油免征消费税：

（一）生产原料中废弃的动物油和植物油用量所占比重不低于70%。

（二）生产的纯生物柴油符合国家《柴油机燃料调合生物柴油（BD100）》标准。

二、对不符合本通知第一条规定的生物柴油，或者以柴油、柴油组分调合生产的生物柴油照章征收消费税。

三、从2009年1月1日至本通知下发前，生物柴油生产企业已经缴纳的消费税，符合本通知第一条免税规定的予以退还。

中华人民共和国财政部

国家税务总局

二〇一〇年十二月十七日

关于明确废弃动植物油生产纯生物柴油免征消费税适用范围的通知

财税〔2011〕46号

各省、自治区、直辖市、计划单列市财政厅（局）、国家税务局，新疆生产建设兵团财务局，财政部驻各省、自治区、直辖市、计划单列市监察专员办事处：

为方便税收征管，现将《财政部　国家税务总局关于对利用废弃的动植物油生产纯生物柴油免征消费税的通知》（财税〔2010〕118号）所称“废弃的动物油和植物油”的范围明确如下：

一、餐饮、食品加工单位及家庭产生的不允许食用的动植物油脂。主要包括泔水油、煎炸废弃油、地沟油和抽油烟机凝析油等。

二、利用动物屠宰分割和皮革加工修削的废弃物处理提炼的油脂，以及肉类加工过程中产生的非食用油脂。

三、食用油脂精炼加工过程中产生的脂肪酸、甘油脂及含少量杂质的混合物。主要包括酸化油、脂肪酸、棕榈酸化油、棕榈油脂肪酸、白土油及脱臭馏出物等。

四、油料加工或油脂储存过程中产生的不符合食用标准的油脂。

特此通知，请遵照执行。

财政部

国家税务总局

二〇一一年六月十五日

关于对废矿物油再生油品免征消费税的通知

财税〔2013〕105号

各省、自治区、直辖市、计划单列市财政厅（局）、国家税务局，新疆生产建设兵团财务局：

为促进资源综合利用和环境保护，经国务院批准，自2013年11月1日至2018年10月31日，对以回收的废矿物油为原料生产的润滑油基础油、汽油、柴油等工业油料免征消费税。现将有关政策通知如下：

一、废矿物油，是指工业生产领域机械设备及汽车、船舶等交通运输设备使用后失去或降低功效更换下来的废润滑油。

二、纳税人利用废矿物油生产的润滑油基础油、汽油、柴油等工业油料免征消费税，应同时符合下列条件：

（一）纳税人必须取得省级以上（含省级）环境保护部门颁发的《危险废物（综合）经营许可证》，且该证件上核准生产经营范围应包括“利用”或“综合经营”字样。生产经营范围为“综合经营”的纳税人，还应同时提供颁发《危险废物（综合）经营许可证》的环境保护部门出具的能证明其生产经营范围包括“利用”的材料。

纳税人在申请办理免征消费税备案时，应同时提交污染物排放地环境保护部门确定的该纳税人应予执行的污染物排放标准，以及污染物排放地环境保护部门在此前6个月以内出具的该纳税人的污染物排放符合上述标准的证明材料。

纳税人回收的废矿物油应具备能显示其名称、特性、数量、接受日期等项目的《危险废物转移联单》。

（二）生产原料中废矿物油重量必须占到90%以上。产成品中必须包括润滑油基础油，且每吨废矿物油生产的润滑油基础油应不少于0.65吨。

（三）利用废矿物油生产的产品与利用其他原料生产的产品应分别核算。

三、符合本通知第二条规定的纳税人销售免税油品时，应在增值税专用发票上注明产品名称，并在产品名称后加注“（废矿物油）”。

四、符合本通知第二条规定的纳税人利用废矿物油生产的润滑油基础油连续加工生产润滑油，或纳税人（包括符合本通知第二条规定的纳税人及其他纳税人）外购利用废矿物油生产的润滑油基础油加工生产润滑油，在申报润滑油消费税额时按当期销售的润滑油数量扣减其耗用的符合本通知规定的润滑油基础油数量的余额计算缴纳消费税。

五、对未达到相应的污染物排放标准或被取消《危险废物（综合）经营许可证》的纳税人，自发生违规排放行为之日或《危险废物（综合）经营许可证》被取消之日起，取消其享受本通知规定的免征消费税政策的资格，且三年内不得再次申请。纳税人自发生违规排放行为之日起已申请并办理免税的，应予追缴。

六、各级税务机关应采取严密措施，对享受本通知规定的免征消费税政策的纳税人加强动态监管。凡经核实纳税人弄虚作假骗取享受本通知规定的免征消费税政策的，税务机关追缴其此前骗取的免税税款，并自纳税人发生上述违法违规行为年度起，取消其享受本通知规定的免征消费税政策的资格，且纳税人三年内不得再次申请。

发生违规排放行为之日，是指已由污染物排放地环境保护部门查证确认的、纳税人发生未达到应予执行的污染物排放标准行为的当日。

七、自 2013 年 11 月 1 日至本通知下发前，纳税人已经缴纳的消费税，符合本通知免税规定的予以退还。

财政部

国家税务总局

2013 年 12 月 12 日

关于以外购或委托加工汽柴油连续生产汽柴油允许抵扣消费税政策问题的通知

财税〔2014〕15号

各省、自治区、直辖市、计划单列市财政厅（局）、国家税务局，新疆生产建设兵团财务局：

为支持汽油、柴油质量升级，应对大气污染问题，经国务院批准，自2014年1月1日起，以外购或委托加工收回的已税汽油、柴油为原料连续生产汽油、柴油，准予从汽、柴油消费税应纳税额中扣除原料已纳的消费税税款。自2014年1月1日起至本通知下发前，纳税人符合本通知规定准予抵扣的消费税，可以从后续月份应纳消费税税款中抵减。

请遵照执行。

财政部

国家税务总局

2014年2月19日

（五）企业所得税政策

中华人民共和国企业所得税法（摘录）

中华人民共和国主席令〔2007〕63号

（2007年3月16日第十届全国人民代表大会第五次会议通过）

……

第四章　税收优惠

第二十五条　国家对重点扶持和鼓励发展的产业和项目，给予企业所得税优惠。

……

第二十七条　企业的下列所得，可以免征、减征企业所得税：

（一）从事农、林、牧、渔业项目的所得；

（二）从事国家重点扶持的公共基础设施项目投资经营的所得；

（三）从事符合条件的环境保护、节能节水项目的所得；

（四）符合条件的技术转让所得；

（五）本法第三条第三款规定的所得。

第二十八条　符合条件的小型微利企业，减按20%的税率征收企业所得税。

国家需要重点扶持的高新技术企业，减按15%的税率征收企业所得税。

……

第三十三条　企业综合利用资源，生产符合国家产业政策规定的产品所取得的收入，可以在计算应纳税所得额时减计收入。

第三十四条　企业购置用于环境保护、节能节水、安全生产等专用设备的投资额，可以按一定比例实行税额抵免。

中华人民共和国主席　胡锦涛

二〇〇七年三月十六日

中华人民共和国企业所得税法实施条例（摘录）

中华人民共和国国务院令

第 512 号

（《中华人民共和国企业所得税法实施条例》已经 2007 年 11 月 28 日国务院第 197 次常务会议通过，现予公布，自 2008 年 1 月 1 日起施行）

……

第八十八条　企业所得税法第二十七条第（三）项所称符合条件的环境保护、节能节水项目，包括公共污水处理、公共垃圾处理、沼气综合开发利用、节能减排技术改造、海水淡化等。项目的具体条件和范围由国务院财政、税务主管部门商国务院有关部门制订，报国务院批准后公布施行。

企业从事前款规定的符合条件的环境保护、节能节水项目的所得，自项目取得第一笔生产经营收入所属纳税年度起，第一年至第三年免征企业所得税，第四年至第六年减半征收企业所得税。

……

第九十九条　企业所得税法第三十三条所称减计收入，是指企业以《资源综合利用企业所得税优惠目录》规定的资源作为主要原材料，生产国家非限制和禁止并符合国家和行业相关标准的产品取得的收入，减按 90%计入收入总额。

前款所称原材料占生产产品材料的比例不得低于《资源综合利用企业所得税优惠目录》规定的标准。

第一百条　企业所得税法第三十四条所称税额抵免，是指企业购置并实际使用《环境保护专用设备企业所得税优惠目录》、《节能节水专用设备企业所得税优惠目录》和《安全生产专用设备企业所得税优惠目录》规定的环境保护、节能节水、安全生产等专用设备的，该专用设备的投资额的 10%可以从企业当年的应纳税额中抵免；当年不足抵免的，可以在以后 5 个纳税年度结转抵免。

享受前款规定的企业所得税优惠的企业，应当实际购置并自身实际投入使用前款规定的专用设备；企业购置上述专用设备在 5 年内转让、出租的，应当停止享受企业所得税优惠，并补缴已经抵免的企业所得税税款。

总　理　温家宝

二〇〇七年十二月六日

1. 污染减排企业所得税政策

关于公布节能节水专用设备企业所得税优惠目录（2008年版）和环境保护专用设备企业所得税优惠目录（2008年版）的通知

财税〔2008〕115号

各省、自治区、直辖市、计划单列市财政厅（局）、国家税务局、地方税务局、发展改革委、经贸委（经委），新疆生产建设兵团财务局：

《节能节水专用设备企业所得税优惠目录（2008年版）》和《环境保护专用设备企业所得税优惠目录（2008年版）》，已经国务院批准，现予以公布，自2008年1月1日起施行。

附件：1. 节能节水专用设备企业所得税优惠目录（2008年版）
2. 环境保护专用设备企业所得税优惠目录（2008年版）

财政部
国家税务总局
国家发展和改革委员会
二〇〇八年八月二十日

附件 1：

节能节水专用设备企业所得税优惠目录（2008 年版）

序号	设备类别	设备名称	性能参数	应用领域	能效标准
一、节能设备					
1	中小型三相电动机	节能中小型三相异步电动机	电压 660V 及以下、额定功率 0.55～315kW 范围内，单速封闭扇冷式、N 设计的一般用途、防爆电动机。效率指标不小于节能评价值	工业生产电力拖动	GB 18613—2002
2	空气调节设备	能效等级 1 级的单元式空气调节机	名义制冷量大于 7 000W，能效比达到能效等级 1 级要求	工业制冷	GB 19576—2004
		能效等级 1 级的风管送风式空调（热泵）机组	能效比达到能效等级 1 级要求	工业制冷	GB 19576—2004
		能效等级 1 级的屋顶式空调（热泵）机组	制冷量为 28～420kW，能效比达到能效等级 1 级要求	工业制冷	GB 19576—2004
		能效等级 1 级的冷水机组	能效比达到能效等级 1 级要求	工业制冷	GB 19577—2004
2	空气调节设备	能效等级 1 级的房间空气调节器	名义制冷量小于 14 000W，能效比达到能效等级 1 级要求	工业制冷	GB 12021.3—2004
3	通风机	节能型离心通风机	效率达到节能评价值要求	工业生产传输	GB 19761—2005
		节能型轴流通风机	效率达到节能评价值要求	工业生产传输	
		节能型空调离心通风机	效率达到节能评价值要求	工业生产传输	
4	水泵	节能型单级清水离心泵	单级清水离心泵（单吸和双吸），效率达到节能评价值要求	工业生产传输	GB 19762—2005
		节能型多级清水离心泵	多级清水离心泵，效率达到节能评价值要求	工业生产传输	
5	空气压缩机	高效空气压缩机	输入比功率不小于节能评价值的 103%	工业生产	GB 19153—2003

序号	设备类别	设备名称	性能参数	应用领域	能效标准
6	变频器	高压大容量变频器	额定电压不超过 10kV、额定容量 500kVA 以上	高压大功率电动机	
6	配电变压器	高效油浸式配电变压器	三相 10kV，无励磁调压额定容量 30～1 600kVA 的油浸式，空载损耗和负载损耗应不大于节能评价值的 36%	电力输配电	GB 20052—2006
	配电变压器	高效干式配电变压器	三相 10KV，无励磁调压额定容量 30～2 500kVA 的干式配电变压器，空载损耗和负载损耗应不大于节能评价值的 36%	电力输配电	
7	高压电动机	节能型三相异步高压电动机	机座号 355—360，效率指标不小于节能评价值	工业生产电力拖动	
8	节电器	电机轻载节电器	额定电压不超过 10kV、50/60Hz、额定容量 500～2 500kVA，节电率达到 30%以上	工业生产电力拖动	
9	交流接触器	永磁式交流接触器	1 000V 及以下的电压：50Hz 交流电源供电、额定电流 1 000A 以下的接触器。功耗小于 0.5VA	电力控制	
10	用电过程优化控制器	配电系统节电设备	额定电压不超过 10kV、50/60Hz、额定容量不超过 2 500kVA 采用微电脑实时控制，具有电压自动检测控制、时间+电压控制、电压梯度控制模式，可根据不同的输入电压、不同时间及工艺要求进行过程能量优化控制的功能	工业生产及商用配电系统	
11	工业锅炉	热水锅炉	热效率在 GB/T17954—2000 表 2 中一级指标的基础上再提高 5%	工业生产	GB/T 17954—2000
		蒸汽锅炉			
12	工业加热装置	铜锭感应加热炉	额定功率 1 600kW，加热处理每吨铜锭，单耗电量从 250kW·h/t 降到 180kW·h/t	铜加工业	GB 5959.3—1988 GB/10067.3—2005
		高阻抗电弧炉	容量 40T，熔炼每吨钢节能 20kW·h/t 电极消耗降低 15%～20%	钢铁冶炼	GB 5959.2—1988 GB/10067.2—2005

序号	设备类别	设备名称	性能参数	应用领域	能效标准
13	节煤、节油、节气关键件	汽车电磁风扇离合器	不小于3级变速；第2级变速是柔性连接	汽车节能	QC/T77—2007
二、节水设备					
14	洗衣机	工业洗衣机	单位洗涤容量用水量≤15/kg，洗涤率＞35%	适用于商业用工业洗衣机（水洗机），不包括干洗机和隧道式洗涤机组	QB/T 2323—2004 工业洗衣机中第6.3.10条，第6.3.8a条
15	热换器	空冷式换热器	强度和密封性能：经管束压力试验符合 GB/T 15386—1994 的要求	适用于设计压力≤35MPa的空冷式换热器.不适用于铝或其他有色金属制受压元件的空冷式换热器	GB/T 15386—1994 中第8.3条
16	冷却塔	冷却塔	冷却能力：实测冷却能力与设计冷却能力的百分比≥95%；漂水率：冷却水量≤1 000m³/h的冷却塔不得有明显漂水现象，冷却水量＞1 000m³/h的冷却塔漂水率＜0.01%	适用于用水冷却的冷却塔	GB 7190.1—1997 GB 7190.2—1997
17	滴灌机具	喷灌机	机械行业标准	农业、园林、林业灌溉	机械行业标准
18	滴灌机具	滴灌带（管）	铺设长度80m以上，滴水均匀度＞90%，工作压力＞0.1MPa，滴灌带能够承受130N（滴灌管能够承受180N）的拉力不破裂、不渗漏	适用于棉花、蔬菜、果树等经济作物的滴灌	

附件 2：

环境保护专用设备企业所得税优惠目录（2008 年版）

序号	类别	设备名称	性能参数	应用领域
1	一、水污染治理设备	高负荷厌氧 EGSB 反应器	有机负荷≥20kg/（m^3·d）；BOD_5 去除率≥90%	工业废水处理和垃圾渗滤液处理
2		膜生物反应器	进入水质：COD＜400mg/L；BOD_5＜200mg/L；pH 值：6～9；NH_4-N≤20mg/L；工作通量≥120L/（m^2·h）；水回收率≥95%；出水达到《城市污水再生利用城市杂用水水质》（GB/T 18920）。使用寿命≥5 年	生活污水处理和中水回用处理
3		反渗透过滤器	采用聚酰胺复合反渗透膜，净水寿命（膜材料的更换周期）≥2 年；对规定分子量物质的截留率应达到设计的额定制	工业废水处理
4		重金属离子去除器	对重金属离子（Cr^{3+}、Cu^{2+}、Ni^{2+}、Pb^{2+}、Cd^{2+}、Hg^{2+}等）去除率≥99.9%，废渣达到无害化处理	工业废水处理
5		紫外消毒灯	杀菌效率≥99.9%；紫外剂量≥16mj/cm^2；灯管寿命≥9 000h；设备耐压：0.1～0.8MPa/cm^2；使用寿命≥10 年	城市污水处理和工业废水处理
6		污泥浓缩脱水一体机	脱水后泥饼含固率≥25%	城市污水处理和工业废水处理
7		污泥干化机	单台蒸发水量 1～15t/h；单台污泥日处理能力≥100t；干化后污泥固含量≥80%	污水处理
8	二、大气污染防治设备	湿法脱硫专用喷嘴	流量≥40m^3/h；雾化浆滴平均直径≤2 100μm，流速：额定值±10%；喷雾角：额定值±10%；粒径分布均匀度：0.8～1.2；流量密度变化幅度：±10%	燃煤发电机组脱硫
9		湿法脱硫专用除雾器	在除雾器出口雾滴夹带的浓度≤75mg/m^3，除雾器阻力≤150Pa；临界分离粒径≤25～35μm	燃煤发电机组脱硫
10		袋式除尘器	除尘效率≥99.5%；排放浓度≤40mg/m^3；出口温度≤120℃；林格曼一级；设备阻力低＜1 200Pa；漏风率≤3%；耐压强度＞5kPa；滤袋寿命≥3 年；耐高温、高湿，耐腐蚀	发电机组、工业锅炉、工业窑炉除尘

序号	类别	设备名称	性能参数	应用领域
11	二、大气污染防治设备	型煤锅炉	热效率＞80%，煤渣含炭量≤2%；低热负荷燃烧运行良好；各项污染物排放指标均低于《锅炉大气污染排放标准》（GB 13271）	用于采暖、洗浴、饮用水、制冷的热水锅炉
12	三、固体废物处置设备	危险废弃物焚烧炉	处理量＞10t/d；焚烧温度：危险废物≥1 100 ℃、多氯联苯≥1 200℃、医院临床废物≥850℃；烟气停留时间＞2s；残渣热灼减率＜5%；焚烧炉燃烧效率＞65%；烟气排放达到《危险废物焚烧污染控制标准》（GB 18484）	工业、医疗垃圾和危险废弃物焚烧处理
13		医疗废物高温高压灭菌锅	灭菌温度≥1 100℃，压力≥200kPa，灭菌时间≤25min，干燥时间≤15min。灭菌效率 99.99%，气体中的微生物被截流的效率 99.99%。达到 100%灭活，排水排气均达到国家相应的排放标准	医疗废物处理
14	四、环境监测仪器仪表	在线固定污染源排放烟气连续监测仪	含尘量测量范围：0-200-2 000mg/m³；精度：±2%；气体污染物测量范围：SO_2/NO_x：0-250-2 500mg/m³；CO：0-500-5 000mg/m³；气体污染物测量精度：±1%满量程；流速测量范围：0～35m/s；流速测量精度：±0.2m/s；压力：±3 000Pa；精度：±1%；温度：0～200℃；精度：±1℃；湿度：0～20%；精度：±2%满量程	大气污染源监测
15		化学需氧量水质在线自动监测仪	COD：0～2 000mg/L；具有数据远程传输功能：精度：±2%；分辨率：1mg/L；误差：＜5%；最短测量周期：5min	水质污染监测
16		五日生物需氧量水质自动分析仪	BOD_5：0～500mg/L；精度：±2%；分辨率：15ppm；具有数据远程传输功能	水质污染监测
17	五、清洁生产设备	WSA 冷凝器（湿式催化剂转化冷凝器）	用低浓度（1%～4%）二氧化硫烟气制硫酸，产出硫酸浓度＞96%，二氧化硫转化率＞99%，设备使用寿命 10～15 年	有色金属冶炼和化工生产
18		电热同转窑	日处理高砷烟尘物料 4～9t，电功率 189kW，窑内温度 456℃，砷直接回收率 92%～96%，生产白砷质量为三氧化二砷含量大于 95%	有色金属冶炼
19		少空气干燥器	工业用干燥器节能效果 50%以上，具备可调控的干燥曲线设置系统，启动程序和干燥过程自动完成	陶瓷、电瓷、耐火材料生产

关于执行环境保护专用设备企业所得税优惠目录节能节水专用设备企业所得税优惠目录和安全生产专用设备企业所得税优惠目录有关问题的通知

财税〔2008〕48 号

各省、自治区、直辖市、计划单列市财政厅（局）、国家税务局、地方税务局，新疆生产建设兵团财务局：

根据《中华人民共和国企业所得税法》（以下简称企业所得税法）和《中华人民共和国企业所得税法实施条例》（国务院令第 512 号）有关规定，经国务院批准，财政部、税务总局、发展改革委公布了《环境保护专用设备企业所得税优惠目录》、《节能节水专用设备企业所得税优惠目录》，财政部、税务总局、安监总局公布了《安全生产专用设备企业所得税优惠目录》（以下统称《目录》）。现将执行《目录》的有关问题通知如下：

一、企业自 2008 年 1 月 1 日起购置并实际使用列入《目录》范围内的环境保护、节能节水和安全生产专用设备，可以按专用设备投资额的 10%抵免当年企业所得税应纳税额；企业当年应纳税额不足抵免的，可以向以后年度结转，但结转期不得超过 5 个纳税年度。

二、专用设备投资额，是指购买专用设备发票价税合计价格，但不包括按有关规定退还的增值税税款以及设备运输、安装和调试等费用。

三、当年应纳税额，是指企业当年的应纳税所得额乘以适用税率，扣除依照企业所得税法和国务院有关税收优惠规定以及税收过渡优惠规定减征、免征税额后的余额。

四、企业利用自筹资金和银行贷款购置专用设备的投资额，可以按企业所得税法的规定抵免企业应纳所得税额；企业利用财政拨款购置专用设备的投资额，不得抵免企业应纳所得税额。

五、企业购置并实际投入适用、已开始享受税收优惠的专用设备，如从购置之日起5个纳税年度内转让、出租的，应在该专用设备停止使用当月停止享受企业所得税优惠，并补缴已经抵免的企业所得税税款。转让的受让方可以按照该专用设备投资额的10%抵免当年企业所得税应纳税额；当年应纳税额不足抵免的，可以在以后5个纳税年度结转抵免。

六、根据经济社会发展需要及企业所得税优惠政策实施情况，国务院财政、税务主管部门会同国家发展改革委、安监总局等有关部门适时对《目录》内的项目进行调整和修订，并在报国务院批准后对《目录》进行更新。

财政部
国家税务总局
二〇〇八年九月二十三日

关于公布环境保护节能节水项目企业所得税优惠目录（试行）的通知

财税〔2009〕166号

各省、自治区、直辖市、计划单列市财政厅（局）、国家税务局、地方税务局、发展改革委、经贸委（经委）、新疆生产建设兵团财务局：

《环境保护、节能节水项目企业所得税优惠目录（试行）》，已经国务院批准，现予以公布，自2008年1月1日起施行。

附件：环境保护节能节水项目企业所得税优惠目录（试行）

财政部

国家税务总局

国家发展改革委

二〇〇九年十二月三十一日

附件：

环境保护节能节水项目企业所得税优惠目录（试行）

序号	类别	项目	条件
1	公共污水处理	城镇污水处理项目	1. 根据全国城镇污水处理设施建设规划等全国性规划设立； 2. 专门从事城镇污水的收集、贮存、运输、处置以及污泥处置（含符合国家产业政策和准入条件的水泥窑协同处置）； 3. 根据国家规定获得污水处理特许经营权，或符合环境保护行政主管部门规定的生活污水类污染治理设施运营资质条件； 4. 项目设计、施工和运行管理人员具备国家相应职业资格； 5. 项目按照国家法律法规要求，通过相关验收； 6. 项目经设区的市或者市级以上环境保护行政主管部门总量核查；

序号	类别	项目	条件
1	公共污水处理		7. 排放水符合国家及地方规定的水污染物排放标准和重点水污染物排放总量控制指标； 8. 国务院财政、税务主管部门规定的其他条件
		工业废水处理项目	1. 根据全国重点流域水污染防治规划等全国性规划设立，但按照国家规定作为企业必备配套设施的自用的污水处理项目除外； 2. 专门从事工业污水的收集、贮存、运输、处置以及污泥处置（含符合国家产业政策和准入条件的水泥窑协同处置）； 3. 符合环境保护行政主管部门规定的工业废水类污染治理设施运营资质条件； 4. 项目设计、施工和运行管理人员具备国家相应职业资格； 5. 项目按照国家法律法规要求，通过相关验收； 6. 项目经设区的市或者市级以上环境保护行政主管部门总量核查； 7. 排放水符合国家及地方规定的水污染物排放标准和重点水污染物排放总量控制指标； 8. 国务院财政、税务主管部门规定的其他条件
2	公共垃圾处理	生活垃圾处理项目	1. 根据全国城镇垃圾处理设施建设规划等全国性规划设立； 2. 专门从事生活垃圾的收集、贮存、运输、处置； 3. 采用符合国家规定标准的卫生填埋、焚烧、热解、堆肥、水泥窑协同处置等工艺，其中：水泥窑协同处置要符合国家产业政策和准入条件； 4. 根据国家规定获得垃圾处理特许经营权，或符合环境保护行政主管部门规定的生活垃圾类污染治理设施运营资质条件； 5. 项目设计、施工和运行管理人员具备国家相应职业资格； 6. 按照国家法律法规要求，通过相关验收； 7. 项目经设区的市或者市级以上环境保护行政主管部门总量核查； 8. 国务院财政、税务主管部门规定的其他条件
		工业固体废物处理项目 危险废物处理项目	1. 根据全国危险废物处置设施建设规划等全国性规划设立，但按照国家规定作为企业必备配套设施的自用的废弃物处理项目除外； 2. 专门从事工业固体废物或危险废物的收集、贮存、运输、处置； 3. 采用符合国家规定标准的卫生填埋、焚烧、热解、堆肥、水泥窑协同处置等工艺，其中：水泥窑协同处置要符合国家产业政策和准入条件； 4. 工业固体废物处理项目符合环境保护行政主管部门规定的工业固体废物类污染治理设施运营资质条件，危险废物处理项目取得县级以上人民政府环境保护行政主管部门颁发的危险废物经营许可证； 5. 项目设计、施工和运行管理人员具备国家相应职业资格； 6. 按照国家法律法规要求，通过相关验收； 7. 项目经设区的市或者市级以上环境保护行政主管部门总量核查； 8. 国务院财政、税务主管部门规定的其他条件

序号	类别	项目	条件
3	沼气综合开发利用	畜禽养殖场和养殖小区沼气工程项目	1. 单体装置容积不小于300立方米，年平均日产沼气量不低于300立方米/天，且符合国家有关沼气工程技术规范的项目； 2. 废水排放、废渣处置、沼气利用符合国家和地方有关标准，不产生二次污染； 3. 项目包括完整的发酵原料的预处理设施、沼渣和沼液的综合利用或进一步处理系统，沼气净化、储存、输配和利用系统； 4. 项目设计、施工和运行管理人员具备国家相应职业资格； 5. 项目按照国家法律法规要求，通过相关验收； 6. 国务院财政、税务主管部门规定的其他条件
4	节能减排技术改造	1. 既有高能耗建筑节能改造项目 2. 既有建筑太阳能光热、光电建筑一体化技术或浅层地能热泵技术改造项目 3. 既有居住建筑供热计量及节能改造项目 4. 工业锅炉、工业窑炉节能技术改造项目 5. 电机系统节能、能量系统优化技术改造项目 6. 煤炭工业复合式干法选煤技术改造项目 7. 钢铁行业干式除尘技术改造项目 8. 有色金属行业干式除尘净化技术改造项目	1. 具有独立法人资质，且注册资金不低于100万元的节能减排技术服务公司以合同能源管理的形式，通过以节省能源费用或节能量来支付项目成本的节能减排技术改造项目； 2. 项目应符合国家产业政策，并达到国家有关节能和环境标准； 3. 经建筑能效测评机构检测，既有高能耗建筑节能改造和北方既有居住建筑供热计量及节能改造达到现行节能强制性标准要求，既有建筑太阳能光热、光电建筑一体化技术或浅层地能热泵技术改造后达到现行国家有关标准要求； 4. 经省级节能节水主管部门验收，工业锅炉、工业窑炉技术改造和电机系统节能、能量系统优化技术改造项目年节能量折算后不小于1 000吨标准煤，煤炭工业复合式干法选煤技术改造、钢铁行业干式除尘技术改造和有色金属行业干式除尘净化技术改造项目年节水量不小于200万立方米； 5. 项目应纳税所得额的计算应符合独立交易原则； 6. 国务院财政、税务主管部门规定的其他条件

序号	类别	项目	条件
4	节能减排技术改造	9. 燃煤电厂烟气脱硫技术改造项目	1. 按照国家有关法律法规设立的，具有独立法人资质，且注册资金不低于 500 万元的专门从事脱硫服务的公司从事的符合规定的脱硫技术改造项目； 2. 改造后，采用干法或半干法脱硫的项目脱硫效率应高于 85%，采用湿法或其他方法脱硫的项目脱硫效率应高于 98%； 3. 项目改造后经国家有关部门评估，综合效益良好； 4. 设施能够稳定运行，达到环境保护行政主管部门对二氧化硫的排放总量及浓度控制要求； 5. 项目应纳税所得额的计算应符合独立交易原则； 6. 国务院财政、税务主管部门规定的其他条件
5	海水淡化	用作工业、生活用水的海水淡化项目	1. 符合《海水利用专项规划》中规定的发展重点以及区域布局等要求； 2. 规模不小于淡水产量 10 000 吨/日； 3. 热法海水淡化项目的物能消耗指标为吨水耗电量小于 1.8 千瓦时/吨、造水比大于 8，膜法海水淡化项目的能耗指标为吨水耗电量小于 4.0 千瓦时/吨； 4. 国务院财政、税务主管部门规定的其他条件
		用作海岛军民饮用水的海水淡化项目	1. 符合《海水利用专项规划》中规定的发展重点以及区域布局等要求； 2. 热法海水淡化项目的物能消耗指标为吨水耗电量小于 1.8 千瓦时/吨、造水比大于 8，膜法海水淡化项目的能耗指标为吨水耗电量小于 4.0 千瓦时/吨； 3. 国务院财政、税务主管部门规定的其他条件

关于环境保护节能节水安全生产等专用设备投资抵免企业所得税有关问题的通知

国税函〔2010〕256号

各省、自治区、直辖市和计划单列市国家税务局、地方税务局：

现就环境保护、节能节水、安全生产等专用设备投资抵免企业所得税的有关问题通知如下：

根据《财政部　国家税务总局关于全国实施增值税转型改革若干问题的通知》（财税〔2008〕170号）规定，自2009年1月1日起，增值税一般纳税人购进固定资产发生的进项税额可从其销项税额中抵扣，因此，自2009年1月1日起，纳税人购进并实际使用《环境保护专用设备企业所得税优惠目录》、《节能节水专用设备企业所得税优惠目录》和《安全生产专用设备企业所得税优惠目录》范围内的专用设备并取得增值税专用发票的，在按照《财政部　国家税务总局关于执行环境保护专用设备企业所得税优惠目录　节能节水专用设备企业所得税优惠目录和安全生产专用设备企业所得税优惠目录有关问题的通知》（财税〔2008〕48号）第二条规定进行税额抵免时，如增值税进项税额允许抵扣，其专用设备投资额不再包括增值税进项税额；如增值税进项税额不允许抵扣，其专用设备投资额应为增值税专用发票上注明的价税合计金额。企业购买专用设备取得普通发票的，其专用设备投资额为普通发票上注明的金额。

国家税务总局

二〇一〇年六月二日

关于公共基础设施项目和环境保护节能节水项目企业所得税优惠政策问题的通知

财税〔2012〕10号

各省、自治区、直辖市、计划单列市财政厅（局）、国家税务局、地方税务局，新疆生产建设兵团财务局：

根据《中华人民共和国企业所得税法》（以下简称新税法）和《中华人民共和国企业所得税法实施条例》（国务院令第512号）的有关规定，现就企业享受公共基础设施项目和环境保护、节能节水项目企业所得税优惠政策问题通知如下：

一、企业从事符合《公共基础设施项目企业所得税优惠目录》规定，于2007年12月31日前已经批准的公共基础设施项目投资经营的所得，以及从事符合《环境保护、节能节水项目企业所得税优惠目录》规定，于2007年12月31日前已经批准的环境保护、节能节水项目的所得，可在该项目取得第一笔生产经营收入所属纳税年度起，按新税法规定计算的企业所得税"三免三减半"优惠期间内，自2008年1月1日起享受其剩余年限的减免企业所得税优惠。

二、如企业既符合享受上述税收优惠政策的条件，又符合享受《国务院关于实施企业所得税过渡优惠政策的通知》（国发〔2007〕39号）第一条规定的企业所得税过渡优惠政策的条件，由企业选择最优惠的政策执行，不得叠加享受。

财政部

国家税务总局

二〇一二年一月五日

关于落实节能服务企业合同能源管理项目企业所得税优惠政策有关征收管理问题的公告

国家税务总局　国家发展改革委公告2013年第77号

为鼓励企业采用合同能源管理模式开展节能服务，规范合同能源管理项目企业所得税管理，根据《中华人民共和国企业所得税法》及其实施条例（以下简称企业所得税法）、《国务院办公厅转发发展改革委等部门关于加快推行合同能源管理促进节能服务产业发展意见的通知》（国办发〔2010〕25号）、《财政部　国家税务总局关于促进节能服务产业发展增值税、营业税和企业所得税政策问题的通知》（财税〔2010〕110号）和《国家税务总局关于进一步做好税收促进节能减排工作的通知》（国税函〔2010〕180号）的有关规定，现就落实合同能源管理项目企业所得税优惠政策有关征收管理问题公告如下：

一、对实施节能效益分享型合同能源管理项目（以下简称项目）的节能服务企业，凡实行查账征收所得税的居民企业并符合企业所得税法和本公告有关规定的，该项目可享受财税〔2010〕110号规定的企业所得税“三免三减半”优惠政策。如节能服务企业的分享型合同约定的效益分享期短于6年的，按实际分享期享受优惠。

二、节能服务企业享受“三免三减半”项目的优惠期限，应连续计算。对在优惠期限内转让所享受优惠的项目给其他符合条件的节能服务企业，受让企业承续经营该项目的，可自项目受让之日起，在剩余期限内享受规定的优惠；优惠期限届满后转让的，受让企业不得就该项目重复享受优惠。

三、节能服务企业投资项目所发生的支出，应按税法规定作资本化或费用化处理。形成的固定资产或无形资产，应按合同约定的效益分享期计提折旧或摊销。

节能服务企业应分别核算各项目的成本费用支出额。对在合同约定的效益分享期内发生的期间费用划分不清的，应合理进行分摊，期间费用的分摊应按照项目投资额和销售(营业)收入额两个因素计算分摊比例，两个因素的权重各为50%。

四、节能服务企业、节能效益分享型能源管理合同和合同能源管理项目应符合财税〔2010〕110 号第二条第（三）项所规定的条件。

五、享受企业所得税优惠政策的项目应属于《财政部　国家税务总局　国家发展改革委关于公布环境保护节能节水项目企业所得税优惠目录（试行）的通知》（财税〔2009〕166 号）规定的节能减排技术改造项目，包括余热余压利用、绿色照明等节能效益分享型合同能源管理项目。

六、合同能源管理项目优惠实行事前备案管理。节能服务企业享受合同能源管理项目企业所得税优惠的，应向主管税务机关备案。涉及多个项目优惠的，应按各项目分别进行备案。节能服务企业应在项目取得第一笔收入的次年 4 个月内，完成项目享受优惠备案。办理备案手续时需提供以下资料：

（一）减免税备案申请；

（二）能源管理合同复印件；

（三）国家发展改革委、财政部公布的第三方机构出具的《合同能源管理项目情况确认表》（附件 1），或者政府节能主管部门出具的合同能源管理项目确认意见；

（四）《合同能源管理项目应纳税所得额计算表》（附件 2）；

（五）项目第一笔收入的发票复印件；

（六）合同能源管理项目发生转让的，受让节能服务企业除提供上述材料外，还需提供项目转让合同、项目原享受优惠的备案文件。

七、企业享受优惠条件发生变化的，应当自发生变化之日起 15 日内向主管税务机关书面报告。如不再符合享受优惠条件的，应停止享受优惠，并依法缴纳企业所得税。对节能服务企业采取虚假手段获取税收优惠的、享受优惠条件发生变化而未及时向主管税务机关报告的以及未按本公告规定报送备案资料而自行减免税的，主管税务机关应按照税收征管法等有关规定进行处理。税务部门应设立节能服务企业项目管理台账和统计制度，并会同节能主管部门建立监管机制。

八、合同能源管理项目确认由国家发展改革委、财政部公布的第三方节能量审核机构负责，并出具《合同能源管理项目情况确认表》，或者由政府节能主管部门出具合同能源管理项目确认意见。第三方机构在合同能源管理项目确认过程中应严格按照国家有关要求认真审核把关，确保审核结果客观、真实。对在审核过程中把关不严、弄虚作假的第三方机构，一经查实，将取消其审核资质，并按相关法律规定追究责任。

九、本公告自 2013 年 1 月 1 日起施行。本公告发布前，已按有关规定享受税收优惠政策的，仍按原规定继续执行；尚未享受的，按本公告规定执行。

特此公告。

附件：1.合同能源管理项目情况确认表（略）

2. 合同能源管理项目应纳税所得额计算表（略）

国家税务总局

国家发展改革委

2013 年 12 月 17 日

关于中国清洁发展机制基金及清洁发展机制项目实施企业有关企业所得税政策问题的通知

财税〔2009〕30号

各省、自治区、直辖市、计划单列市财政厅（局）、国家税务局、地方税务局，新疆生产建设兵团财务局：

经国务院批准，现就中国清洁发展机制基金（以下简称清洁基金）和清洁发展机制项目（以下简称CDM项目）实施企业的有关企业所得税政策明确如下：

一、关于清洁基金的企业所得税政策

对清洁基金取得的下列收入，免征企业所得税：

（一）CDM项目温室气体减排量转让收入上缴国家的部分；

（二）国际金融组织赠款收入；

（三）基金资金的存款利息收入、购买国债的利息收入；

（四）国内外机构、组织和个人的捐赠收入。

二、关于CDM项目实施企业的企业所得税政策

（一）CDM项目实施企业按照《清洁发展机制项目运行管理办法》（发展改革委、科技部、外交部、财政部令第37号）的规定，将温室气体减排量的转让收入，按照以下比例上缴给国家的部分，准予在计算应纳税所得额时扣除：

1. 氢氟碳化物（HFC）和全氟碳化物（PFC）类项目，为温室气体减排量转让收入的65%；

2. 氧化亚氮（N_2O）类项目，为温室气体减排量转让收入的30%；

3. 《清洁发展机制项目运行管理办法》第四条规定的重点领域以及植树造林项目等类清洁发展机制项目，为温室气体减排量转让收入的2%。

（二）对企业实施的将温室气体减排量转让收入的65%上缴给国家的HFC和PFC类CDM项目，以及将温室气体减排量转让收入的30%上缴给国家的N_2O类CDM项目，其实施该类CDM项目的所得，自项目取得第一笔减排量转让收入所属纳税年度起，第一年至第三年免征企业所得税，第四年至第六年减半征收企业

所得税。

企业实施CDM项目的所得，是指企业实施CDM项目取得的温室气体减排量转让收入扣除上缴国家的部分，再扣除企业实施CDM项目发生的相关成本、费用后的净所得。

企业应单独核算其享受优惠的CDM项目的所得，并合理分摊有关期间费用，没有单独核算的，不得享受上述企业所得税优惠政策。

三、本通知自2007年1月1日起执行。

财政部

国家税务总局

二○○九年三月二十三日

2. 资源综合利用企业所得税政策

关于公布资源综合利用企业所得税优惠目录（2008 年版）的通知

财税〔2008〕117 号

各省、自治区、直辖市、计划单列市财政厅（局）、国家税务局、地方税务局、发展改革委、经贸委（经委），新疆生产建设兵团财务局：

《资源综合利用企业所得税优惠目录（2008 年版）》，已经国务院批准，现予以公布，自 2008 年 1 月 1 日起施行。2004 年 1 月 12 日国家发展改革委、财政部、国家税务总局发布的《资源综合利用目录（2003 年修订）》同时废止。

附件：资源综合利用企业所得税优惠目录（2008 年版）

财政部

国家税务总局

国家发展和改革委员会

二〇〇八年八月二十日

附件：

资源综合利用企业所得税优惠目录（2008年版）

类别	序号	综合利用的资源	生产的产品	技术标准
一、共生、伴生矿产资料	1	煤系共生、伴生矿产资源、瓦斯	高岭岩、铝钒土、膨润土、电力、热力及燃气	1. 产品原料 100%来自所列资源 2. 煤炭开发中的废弃物 3. 产品符合国家和行业标准
二、废水（液）、废气、废渣	2	煤矸石、石煤、粉煤灰、采矿和选矿废渣、冶炼废渣、工业炉渣、脱硫石膏、磷石膏、江河（渠）道的清淤（淤沙）、风积沙、建筑垃圾、生活垃圾焚烧余渣、化工废渣、工业废渣	砖（瓦）、砌块、墙板类产品、石膏类制品以及商品粉煤灰	产品原料 70%以上来自所列资源
	3	转炉渣、电炉渣、铁合金炉渣、氧化铝赤泥、化工废渣、工业废渣	铁、铁合金料、精矿粉、稀土	产品原料 100%来自所列资源
	4	化工、纺织、造纸工业废液及废渣	银、盐、锌、纤维、碱、羊毛脂、聚乙烯醇、硫化钠、亚硫酸钠、硫氰酸钠、硝酸、铁盐、铬盐、木素磺酸盐、乙酸、乙二酸、乙酸钠、盐酸、黏合剂、酒精、香兰素、饲料酵母、肥料、甘油、乙氰	产品原料 70%以上来自所列资源
	5	制盐液（苦卤）及硼酸废液	氯化钾、硝酸钾、溴素、氯化镁、氢氧化镁、无水硝、石膏、硫酸镁、硫酸钾、肥料	产品原料 70%以上来自所列资源
	6	工矿废水、城市污水	再生水	1. 产品原料 100%来自所列资源 2. 达到国家有关标准

类别	序号	综合利用的资源	生产的产品	技术标准
二、废水（液）、废气、废渣	7	废生物质油，废弃润滑油	生物柴油及工业油料	产品原料 100%来自所列资源
	8	焦炉煤气，化工、石油（炼油）化工废气、发酵废气、火炬气、炭黑尾气	硫黄、硫酸、磷铵、硫铵、脱硫石膏，可燃气、轻烃、氢气，硫酸亚铁、有色金属，二氧化碳、干冰、甲醇、合成氨	

关于执行资源综合利用企业所得税优惠目录有关问题的通知

财税〔2008〕47号

各省、自治区、直辖市、计划单列市财政厅（局）、国家税务局、地方税务局，新疆生产建设兵团财务局：

根据《中华人民共和国企业所得税法》和《中华人民共和国企业所得税法实施条例》（国务院令第512号，以下简称实施条例）有关规定，经国务院批准，财政部、税务总局、发展改革委公布了《资源综合利用企业所得税优惠目录》（以下简称《目录》）。现将执行《目录》的有关问题通知如下：

一、企业自2008年1月1日起以《目录》中所列资源为主要原材料，生产《目录》内符合国家或行业相关标准的产品取得的收入，在计算应纳税所得额时，减按90%计入当年收入总额。享受上述税收优惠时，《目录》内所列资源占产品原料的比例应符合《目录》规定的技术标准。

二、企业同时从事其他项目而取得的非资源综合利用收入，应与资源综合利用收入分开核算，没有分开核算的，不得享受优惠政策。

三、企业从事不符合实施条例和《目录》规定范围、条件和技术标准的项目，不得享受资源综合利用企业所得税优惠政策。

四、根据经济社会发展需要及企业所得税优惠政策实施情况，国务院财政、税务主管部门会同国家发展改革委等有关部门适时对《目录》内的项目进行调整和修订，并在报国务院批准后对《目录》进行更新。

财政部

国家税务总局

二〇〇八年九月二十三日

关于资源综合利用企业所得税优惠管理问题的通知

国税函〔2009〕185号

各省、自治区、直辖市和计划单列市国家税务局、地方税务局：

为贯彻落实资源综合利用的企业所得税优惠政策，现就有关管理问题通知如下：

一、本通知所称资源综合利用企业所得税优惠，是指企业自2008年1月1日起以《资源综合利用企业所得税优惠目录（2008年版）》（以下简称《目录》）规定的资源作为主要原材料，生产国家非限制和非禁止并符合国家及行业相关标准的产品取得的收入，减按90%计入企业当年收入总额。

二、经资源综合利用主管部门按《目录》规定认定的生产资源综合利用产品的企业（不包括仅对资源综合利用工艺和技术进行认定的企业），取得《资源综合利用认定证书》，可按本通知规定申请享受资源综合利用企业所得税优惠。

三、企业资源综合利用产品的认定程序，按《国家发展改革委　财政部　国家税务总局关于印发〈国家鼓励的资源综合利用认定管理办法〉的通知》（发改环资〔2006〕1864号）的规定执行。

四、2008年1月1日之前经资源综合利用主管部门认定取得《资源综合利用认定证书》的企业，应按本通知第二条、第三条的规定，重新办理认定并取得《资源综合利用认定证书》，方可申请享受资源综合利用企业所得税优惠。

五、企业从事非资源综合利用项目取得的收入与生产资源综合利用产品取得的收入没有分开核算的，不得享受资源综合利用企业所得税优惠。

六、税务机关对资源综合利用企业所得税优惠实行备案管理。备案管理的具体程序，按照国家税务总局的相关规定执行。

七、享受资源综合利用企业所得税优惠的企业因经营状况发生变化而不符合《目录》规定的条件的，应自发生变化之日起15个工作日内向主管税务机关报告，并停止享受资源综合利用企业所得税优惠。

八、企业实际经营情况不符合《目录》规定条件，采用欺骗等手段获取企业所得税优惠，或者因经营状况发生变化而不符合享受优惠条件，但未及时向主管税务机关报告的，按照税收征管法及其实施细则的有关规定进行处理。

九、税务机关应对企业的实际经营情况进行监督检查。税务机关发现资源综合利用主管部门认定有误的，应停止企业享受资源综合利用企业所得税优惠，并及时与有关认定部门协调沟通，提请纠正，已经享受的优惠税额应予追缴。

十、各省、自治区、直辖市和计划单列市国家税务局、地方税务局可根据本通知制定具体管理办法。

十一、本通知自 2008 年 1 月 1 日起执行。

国家税务总局

二〇〇九年四月十日

（六）资源税政策

中华人民共和国资源税暂行条例

（1993年12月25日中华人民共和国国务院令第139号发布
根据2011年9月30日《国务院关于修改〈中华人民共和国资源税暂行条例〉的决定》
修订）

第一条 在中华人民共和国领域及管辖海域开采本条例规定的矿产品或者生产盐（以下称开采或者生产应税产品）的单位和个人，为资源税的纳税人，应当依照本条例缴纳资源税。

第二条 资源税的税目、税率，依照本条例所附《资源税税目税率表》及财政部的有关规定执行。

税目、税率的部分调整，由国务院决定。

第三条 纳税人具体适用的税率，在本条例所附《资源税税目税率表》规定的税率幅度内，根据纳税人所开采或者生产应税产品的资源品位、开采条件等情况，由财政部商国务院有关部门确定；财政部未列举名称且未确定具体适用税率的其他非金属矿原矿和有色金属矿原矿，由省、自治区、直辖市人民政府根据实际情况确定，报财政部和国家税务总局备案。

第四条 资源税的应纳税额，按照从价定率或者从量定额的办法，分别以应税产品的销售额乘以纳税人具体适用的比例税率或者以应税产品的销售数量乘以纳税人具体适用的定额税率计算。

第五条 纳税人开采或者生产不同税目应税产品的，应当分别核算不同税目应税产品的销售额或者销售数量；未分别核算或者不能准确提供不同税目应税产品的销售额或者销售数量的，从高适用税率。

第六条 纳税人开采或者生产应税产品，自用于连续生产应税产品的，不缴纳资源税；自用于其他方面的，视同销售，依照本条例缴纳资源税。

第七条 有下列情形之一的，减征或者免征资源税：

（一）开采原油过程中用于加热、修井的原油，免税。

（二）纳税人开采或者生产应税产品过程中，因意外事故或者自然灾害等原因遭受重大损失的，由省、自治区、直辖市人民政府酌情决定减税或者免税。

（三）国务院规定的其他减税、免税项目。

第八条 纳税人的减税、免税项目，应当单独核算销售额或者销售数量；未单独核算或者不能准确提供销售额或者销售数量的，不予减税或者免税。

第九条 纳税人销售应税产品，纳税义务发生时间为收讫销售款或者取得索取销售款凭据的当天；自产自用应税产品，纳税义务发生时间为移送使用的当天。

第十条 资源税由税务机关征收。

第十一条 收购未税矿产品的单位为资源税的扣缴义务人。

第十二条 纳税人应纳的资源税，应当向应税产品的开采或者生产所在地主管税务机关缴纳。纳税人在本省、自治区、直辖市范围内开采或者生产应税产品，其纳税地点需要调整的，由省、自治区、直辖市税务机关决定。

第十三条 纳税人的纳税期限为 1 日、3 日、5 日、10 日、15 日或者 1 个月，由主管税务机关根据实际情况具体核定。不能按固定期限计算纳税的，可以按次计算纳税。

纳税人以 1 个月为一期纳税的，自期满之日起 10 日内申报纳税；以 1 日、3 日、5 日、10 日或者 15 日为一期纳税的，自期满之日起 5 日内预缴税款，于次月 1 日起 10 日内申报纳税并结清上月税款。

扣缴义务人的解缴税款期限，比照前两款的规定执行。

第十四条 资源税的征收管理，依照《中华人民共和国税收征收管理法》及本条例有关规定执行。

第十五条 本条例实施办法由财政部和国家税务总局制定。

第十六条 本条例自 1994 年 1 月 1 日起施行。1984 年 9 月 18 日国务院发布的《中华人民共和国资源税条例（草案）》、《中华人民共和国盐税条例（草案）》同时废止。

附：

资源税税目税率表

税目		税率
一、原油		销售额的5%～10%
二、天然气		销售额的5%～10%
三、煤炭	焦煤	每吨8～20元
	其他煤炭	每吨0.3～5元
四、其他非金属矿原矿	普通非金属矿原矿	每吨或者每立方米0.5～20元
	贵重非金属矿原矿	每千克或者每克拉0.5～20元
五、黑色金属矿原矿		每吨2～30元
六、有色金属矿原矿	稀土矿	每吨0.4～60元
	其他有色金属矿原矿	每吨0.4～30元
七、盐	固体盐	每吨10～60元
	液体盐	每吨2～10元

中华人民共和国资源税暂行条例实施细则

中华人民共和国财政部令　第66号

第一条　根据《中华人民共和国资源税暂行条例》(以下简称条例)，制定本细则。

第二条　条例所附《资源税税目税率表》中所列部分税目的征税范围限定如下：

(一)原油，是指开采的天然原油，不包括人造石油。

(二)天然气，是指专门开采或者与原油同时开采的天然气。

(三)煤炭，是指原煤，不包括洗煤、选煤及其他煤炭制品。

(四)其他非金属矿原矿，是指上列产品和井矿盐以外的非金属矿原矿。

(五)固体盐，是指海盐原盐、湖盐原盐和井矿盐。

液体盐，是指卤水。

第三条　条例第一条所称单位，是指企业、行政单位、事业单位、军事单位、社会团体及其他单位。

条例第一条所称个人，是指个体工商户和其他个人。

第四条　资源税应税产品的具体适用税率，按本细则所附的《资源税税目税率明细表》执行。

矿产品等级的划分，按本细则所附《几个主要品种的矿山资源等级表》执行。

对于划分资源等级的应税产品，其《几个主要品种的矿山资源等级表》中未列举名称的纳税人适用的税率，由省、自治区、直辖市人民政府根据纳税人的资源状况，参照《资源税税目税率明细表》和《几个主要品种的矿山资源等级表》中确定的邻近矿山或者资源状况、开采条件相近矿山的税率标准，在浮动30%的幅度内核定，并报财政部和国家税务总局备案。

第五条　条例第四条所称销售额为纳税人销售应税产品向购买方收取的全部价款和价外费用，但不包括收取的增值税销项税额。

价外费用，包括价外向购买方收取的手续费、补贴、基金、集资费、返还利润、奖励费、违约金、滞纳金、延期付款利息、赔偿金、代收款项、代垫款项、包装费、包装物租金、储备费、优质费、运输装卸费以及其他各种性质的价外收费。但下列项目不包括在内：

（一）同时符合以下条件的代垫运输费用：

1. 承运部门的运输费用发票开具给购买方的；

2. 纳税人将该项发票转交给购买方的。

（二）同时符合以下条件代为收取的政府性基金或者行政事业性收费：

1. 由国务院或者财政部批准设立的政府性基金，由国务院或者省级人民政府及其财政、价格主管部门批准设立的行政事业性收费；

2. 收取时开具省级以上财政部门印制的财政票据；

3. 所收款项全额上缴财政。

第六条　纳税人以人民币以外的货币结算销售额的，应当折合成人民币计算。其销售额的人民币折合率可以选择销售额发生的当天或者当月 1 日的人民币汇率中间价。纳税人应在事先确定采用何种折合率计算方法，确定后 1 年内不得变更。

第七条　纳税人申报的应税产品销售额明显偏低并且无正当理由的、有视同销售应税产品行为而无销售额的，除财政部、国家税务总局另有规定外，按下列顺序确定销售额：

（一）按纳税人最近时期同类产品的平均销售价格确定；

（二）按其他纳税人最近时期同类产品的平均销售价格确定；

（三）按组成计税价格确定。组成计税价格为：

组成计税价格＝成本×（1+成本利润率）÷（1−税率）

公式中的成本是指：应税产品的实际生产成本。公式中的成本利润率由省、自治区、直辖市税务机关确定。

第八条　条例第四条所称销售数量，包括纳税人开采或者生产应税产品的实际销售数量和视同销售的自用数量。

第九条　纳税人不能准确提供应税产品销售数量的，以应税产品的产量或者主管税务机关确定的折算比换算成的数量为计征资源税的销售数量。

第十条　纳税人在资源税纳税申报时，除财政部、国家税务总局另有规定外，应当将其应税和减免税项目分别计算和报送。

第十一条　条例第九条所称资源税纳税义务发生时间具体规定如下：

（一）纳税人销售应税产品，其纳税义务发生时间是：

1. 纳税人采取分期收款结算方式的，其纳税义务发生时间，为销售合同规定的收款日期的当天；

2. 纳税人采取预收货款结算方式的，其纳税义务发生时间，为发出应税产品的当天；

3. 纳税人采取其他结算方式的，其纳税义务发生时间，为收讫销售款或者取得索取销售款凭据的当天。

（二）纳税人自产自用应税产品的纳税义务发生时间，为移送使用应税产品的当天。

（三）扣缴义务人代扣代缴税款的纳税义务发生时间，为支付货款的当天。

第十二条　条例第十一条所称的扣缴义务人，是指独立矿山、联合企业及其他收购未税矿产品的单位。

第十三条　条例第十一条把收购未税矿产品的单位规定为资源税的扣缴义务人，是为了加强资源税的征管。主要是适应税源小、零散、不定期开采、易漏税等税务机关认为不易控管、由扣缴义务人在收购时代扣代缴未税矿产品资源税为宜的情况。

第十四条　扣缴义务人代扣代缴的资源税，应当向收购地主管税务机关缴纳。

第十五条　跨省、自治区、直辖市开采或者生产资源税应税产品的纳税人，其下属生产单位与核算单位不在同一省、自治区、直辖市的，对其开采或者生产的应税产品，一律在开采地或者生产地纳税。实行从量计征的应税产品，其应纳税款一律由独立核算的单位按照每个开采地或者生产地的销售量及适用税率计算划拨；实行从价计征的应税产品，其应纳税款一律由独立核算的单位按照每个开采地或者生产地的销售量、单位销售价格及适用税率计算划拨。

第十六条　本细则自 2011 年 11 月 1 日起施行。

财政部

二〇一一年十月二十八日

关于发布修订后的《资源税若干问题的规定》的公告

国家税务总局公告　2011年第63号

根据已经修订的资源税暂行条例及其实施细则，现将修订后的《资源税若干问题的规定》予以发布，自2011年11月1日起施行。

特此公告。

国家税务总局

二○一一年十一月二十八日

附件：

资源税若干问题的规定

一、一些特殊情况销售额的确定

纳税人开采应税产品由其关联单位对外销售的，按其关联单位的销售额征收资源税。

纳税人既有对外销售应税产品，又有将应税产品自用于除连续生产应税产品以外的其他方面的，则自用的这部分应税产品，按纳税人对外销售应税产品的平均价格计算销售额征收资源税。

纳税人将其开采的应税产品直接出口的，按其离岸价格（不含增值税）计算销售额征收资源税。

二、自产自用产品的课税数量

资源税纳税人自产自用应税产品，因无法准确提供移送使用量而采取折算比换算课税数量办法的，具体规定如下：

煤炭，对于连续加工前无法正确计算原煤移送使用量的，可按加工产品的综合回收率，将加工产品实际销量和自用量折算成的原煤数量作为课税数量。

金属和非金属矿产品原矿，因无法准确掌握纳税人移送使用原矿数量的，可将其精矿按选矿比折算成的原矿数量作为课税数量。

三、自产自用产品的征税范围

资源税条例及其实施细则中所说的应当征收资源税的视同销售的自产自用产品，包括用于非生产项目和生产非应税产品两部分。

四、资源税扣缴义务人适用的税额（率）标准规定如下：

（一）独立矿山、联合企业收购未税资源税应税产品的单位，按照本单位应税产品税额（率）标准，依据收购的数量（金额）代扣代缴资源税。

（二）其他收购单位收购的未税资源税应税产品，按主管税务机关核定的应税产品税额（率）标准，依据收购的数量（金额）代扣代缴资源税。

收购数量（金额）的确定比照课税数量（销售额）的规定执行。

扣缴义务人代扣代缴资源税的纳税义务发生时间为支付首笔货款或首次开具支付货款凭据的当天。

除以上修改外，资源税的代扣代缴仍按总局1998年下发的《中华人民共和国资源税代扣代缴管理办法》执行。

五、新旧税制衔接的具体征税规定

（一）按实物量计算缴纳资源税的油气田在2011年11月1日以后开采的原油、天然气，依照新的资源税条例规定及税率缴纳资源税；此前开采的油气依法缴纳矿区使用费。

（二）按销售额计算缴纳资源税的油气田2011年11月1日以前开采的原油、天然气，在2011年11月1日以后销售和自用于非连续生产应税油气的，依照新的资源税条例规定及税率缴纳资源税；其在2011年11月1日以前签订的销售油气的合同，在2011年11月1日以后收讫销售款或者收到索取销售款凭据的，依照新的资源税条例规定及税率缴纳资源税。

六、黑色金属矿原矿、有色金属矿原矿

（一）黑色金属矿原矿、有色金属矿原矿，是指纳税人开采后自用、销售的，用于直接入炉冶炼或作为主产品先入选精矿、制造人工矿，再最终入炉冶炼的金属矿石原矿。

（二）金属矿产品自用原矿，是指入选精矿、直接入炉冶炼或制造烧结矿、球团矿等所用原矿。

（三）铁矿石直接入炉用的原矿，是指粉矿、高炉原矿、高炉块矿、平炉块矿等。

（四）独立矿山指只有采矿或只有采矿和选矿，独立核算、自负盈亏的单位，其生产的原矿和精矿主要用于对外销售。

（五）联合企业指采矿、选矿、冶炼（或加工）连续生产的企业或采矿、冶炼（或加工）连续生产的企业，其采矿单位，一般是该企业的二级或二级以下核算单位。

七、原油、天然气

（一）原油中的稠油、高凝油与稀油划分不清或不易划分的，一律按原油的数量课税。

（二）凝析油视同原油，征收资源税。

（三）开采海洋石油、天然气资源的企业，是指在中华人民共和国内海、领海、大陆架及其他属于中华人民共和国行使管辖权的海域内依法从事开采海洋石油、天然气资源的企业。

八、盐

（一）北方海盐，是指辽宁、河北、天津、山东四省、市所产的海盐。

南方海盐，是指浙江、福建、广东、海南、广西五省、自治区所产的海盐。江苏省所产海盐比照南方海盐征税。

液体盐俗称卤水，是指氯化钠含量达到一定浓度的溶液，是用于生产碱和其他产品的原料。

（二）纳税人以自产的液体盐加工固体盐，按固体盐税额征税，以加工的固体盐数量为课税数量。纳税人以外购的液体盐加工固体盐，其加工固体盐所耗用液体盐的已纳税额准予抵扣。

九、铝土矿和耐火黏土

铝土矿一般是指包括三水铝石、一水硬铝石、一水软铝石、高岭石、蛋白石等多种矿物的混合体。是用于提炼铝氧的一种矿石，通常呈致密块状、豆状、鲕状等集合体，质地比较坚硬，其铝硅比为 3∶12，含铝量（指三氧化二铝，下同）一般在 40%～75%。铝土矿主要用于冶炼金属铝、制造高铝水泥、耐火材料、磨料等。本税目的征收范围包括高铝黏土在内的所有铝土矿。

耐火黏土是指耐火度大于 1 580℃的黏土，矿物成分以高岭土或水白云母—高岭土类为主。耐火黏土呈土状，其铝硅比小于 2.6，含铝量一般大于 30%。依其理化性能、矿石特征和用途，在工业上一般分为软质黏土、半软质黏土、硬质黏土和高铝黏土等四种。耐火黏土主要用于冶金、机械、轻工、建材等部门。高铝黏土不同于一般的耐火黏土，其有用成分的含量、矿石特征等均与铝土矿相同。高铝黏土既可用于生产耐火材料，又可用于提炼金属铝。本税目的征收范围是除高铝黏土以外的耐火黏土。

十、石英砂

石英砂主要用于玻璃、耐火材料、陶瓷、铸造、石油、化工、环保、研磨等行业。是一种具有矽氧或二氧化矽的化合物，其主要成分是二氧化硅，呈各种颜色，为透明与半透明的晶体，形态各异。本税目的征收范围包括石英砂、石英岩、石英砂岩、脉石英或石英石等。

十一、矿泉水等水气矿产

矿泉水是含有符合国家标准的矿物质元素的一种水气矿产，可供饮用或医用等。此外，水气矿产还包括地下水、二氧化碳气、硫化氢气、氦气、氡气等。矿泉水等水气矿产属于“其他非金属矿原矿——未列举名称的其他非金属矿原矿”。

十二、本规定自2011年11月1日起执行。《国家税务总局关于印发〈资源税若干问题的规定〉的通知》（国税发〔1994〕015号）和《国家税务总局关于印发〈资源税几个应税产品范围问题的解答〉的通知》（国税函〔1997〕628号），自2011年11月1日起废止。

关于实施煤炭资源税改革的通知

财税〔2014〕72 号

各省、自治区、直辖市、计划单列市财政厅（局）、地方税务局，西藏、宁夏自治区国家税务局，新疆生产建设兵团财务局：

为促进资源节约集约利用和环境保护，推动转变经济发展方式，规范资源税费制度，经国务院批准，自 2014 年 12 月 1 日起在全国范围内实施煤炭资源税从价计征改革，同时清理相关收费基金。现将煤炭资源税改革有关事项通知如下：

一、关于计征方法

煤炭资源税实行从价定率计征。煤炭应税产品（以下简称应税煤炭）包括原煤和以未税原煤加工的洗选煤（以下简称洗选煤）。应纳税额的计算公式如下：

应纳税额=应税煤炭销售额×适用税率

二、关于应税煤炭销售额

应税煤炭销售额依照《中华人民共和国资源税暂行条例实施细则》第五条和本通知的有关规定确定。

（一）纳税人开采原煤直接对外销售的，以原煤销售额作为应税煤炭销售额计算缴纳资源税。

原煤应纳税额=原煤销售额×适用税率

原煤销售额不含从坑口到车站、码头等的运输费用。

（二）纳税人将其开采的原煤，自用于连续生产洗选煤的，在原煤移送使用环节不缴纳资源税；自用于其他方面的，视同销售原煤，依照《中华人民共和国资源税暂行条例实施细则》第七条和本通知的有关规定确定销售额，计算缴纳资源税。

（三）纳税人将其开采的原煤加工为洗选煤销售的，以洗选煤销售额乘以折算率作为应税煤炭销售额计算缴纳资源税。

洗选煤应纳税额=洗选煤销售额×折算率×适用税率

洗选煤销售额包括洗选副产品的销售额，不包括洗选煤从洗选煤厂到车站、码头等的运输费用。

折算率可通过洗选煤销售额扣除洗选环节成本、利润计算，也可通过洗选煤市场价格与其所用同类原煤市场价格的差额及综合回收率计算。折算率由省、自治区、直辖市财税部门或其授权地市级财税部门确定。

（四）纳税人将其开采的原煤加工为洗选煤自用的，视同销售洗选煤，依照《中华人民共和国资源税暂行条例实施细则》第七条和本通知有关规定确定销售额，计算缴纳资源税。

三、关于适用税率

煤炭资源税税率幅度为2%～10%，具体适用税率由省级财税部门在上述幅度内，根据本地区清理收费基金、企业承受能力、煤炭资源条件等因素提出建议，报省级人民政府拟定。结合当前煤炭行业实际情况，现行税费负担较高的地区要适当降低负担水平。省级人民政府需将拟定的适用税率在公布前报财政部、国家税务总局审批。

跨省煤田的适用税率由财政部、国家税务总局确定。

四、关于税收优惠

（一）对衰竭期煤矿开采的煤炭，资源税减征30%。

衰竭期煤矿，是指剩余可采储量下降到原设计可采储量的20%（含）以下，或者剩余服务年限不超过5年的煤矿。

（二）对充填开采置换出来的煤炭，资源税减征50%。

纳税人开采的煤炭，同时符合上述减税情形的，纳税人只能选择其中一项执行，不能叠加适用。

五、关于征收管理

（一）纳税人同时销售（包括视同销售）应税原煤和洗选煤的，应当分别核算原煤和洗选煤的销售额；未分别核算或者不能准确提供原煤和洗选煤销售额的，一并视同销售原煤按本通知第二条第（一）款计算缴纳资源税。

（二）纳税人同时以自采未税原煤和外购已税原煤加工洗选煤的，应当分别核算；未分别核算的，按本通知第二条第（三）款计算缴纳资源税。

（三）纳税人 2014 年 12 月 1 日前开采或洗选的应税煤炭，在 2014 年 12 月 1 日后销售和自用的，按本通知规定缴纳资源税；2014 年 12 月 1 日前签订的销售应税煤炭的合同，在 2014 年 12 月 1 日后收讫销售款或者取得索取销售款凭据的，按本通知规定缴纳资源税。

各地应结合当地实际情况制定具体实施办法，报财政部、国家税务总局备案。对煤炭资源税改革运行中出现的问题，请及时上报财政部、国家税务总局。

此前有关规定与本通知不一致的，一律以本通知为准。

财政部

国家税务总局

2014 年 10 月 9 日

关于调整原油、天然气资源税有关政策的通知

财税〔2014〕73 号

各省、自治区、直辖市、计划单列市财政厅（局）、地方税务局，天津、上海、广东、深圳、西藏、宁夏、海南省（自治区、直辖市、计划单列市）国家税务局，新疆生产建设兵团财务局：

根据国务院常务会议精神，现将原油、天然气资源税有关政策通知如下：

一、关于原油、天然气资源税适用税率

原油、天然气矿产资源补偿费费率降为零，相应将资源税适用税率由 5%提高至 6%。

二、关于原油、天然气资源税优惠政策

（一）对油田范围内运输稠油过程中用于加热的原油、天然气免征资源税。

（二）对稠油、高凝油和高含硫天然气资源税减征 40%。

稠油，是指地层原油黏度大于或等于 50 毫帕/秒或原油密度大于或等于 0.92 克/立方厘米的原油。高凝油，是指凝固点大于 40℃的原油。高含硫天然气，是指硫化氢含量大于或等于 30 克/立方米的天然气。

（三）对三次采油资源税减征 30%。

三次采油，是指二次采油后继续以聚合物驱、复合驱、泡沫驱、气水交替驱、二氧化碳驱、微生物驱等方式进行采油。

（四）对低丰度油气田资源税暂减征 20%。

陆上低丰度油田，是指每平方公里原油可采储量丰度在 25 万立方米（不含）以下的油田；陆上低丰度气田，是指每平方公里天然气可采储量丰度在 2.5 亿立方米（不含）以下的气田。

海上低丰度油田，是指每平方公里原油可采储量丰度在 60 万立方米（不含）以下的油田；海上低丰度气田，是指每平方公里天然气可采储量丰度在 6 亿立方

米（不含）以下的气田。

（五）对深水油气田资源税减征 30%。

深水油气田，是指水深超过 300 米（不含）的油气田。

符合上述减免税规定的原油、天然气划分不清的，一律不予减免资源税；同时符合上述两项及两项以上减税规定的，只能选择其中一项执行，不能叠加适用。

财政部和国家税务总局根据国家有关规定及实际情况的变化适时对上述政策进行调整。

三、关于原油、天然气资源税优惠政策实施

为便于征管，对开采稠油、高凝油、高含硫天然气、低丰度油气资源及三次采油的陆上油气田企业，根据以前年度符合上述减税规定的原油、天然气销售额占其原油、天然气总销售额的比例，确定资源税综合减征率和实际征收率，计算资源税应纳税额。计算公式为：

综合减征率＝Σ（减税项目销售额×减征幅度×6%）÷总销售额

实际征收率＝6%－综合减征率

应纳税额＝总销售额×实际征收率

中国石油天然气集团公司和中国石油化工集团公司（以下简称中石油、中石化）陆上油气田企业的综合减征率和实际征收率由财政部和国家税务总局确定，具体综合减征率和实际征收率按本通知所附《陆上油气田企业原油、天然气资源税综合减征率和实际征收率表》（以下简称附表）执行。今后财政部和国家税务总局将根据陆上油气田企业原油、天然气资源状况、产品结构的实际变化等情况对附表内容进行调整。附表中未列举的中石油、中石化陆上对外合作油气田及全资和控股陆上油气田企业，比照附表中所列同一区域油气田企业的综合减征率和实际征收率执行；其他陆上油气田企业的综合减征率和实际征收率，暂比照附表中邻近油气田企业的综合减征率和实际征收率执行。海上油气田开采符合本通知所列资源税优惠规定的原油、天然气，由主管税务机关据实计算资源税减征额。

四、关于中外合作油气田及海上自营油气田资源税征收管理

（一）开采海洋或陆上油气资源的中外合作油气田，在 2011 年 11 月 1 日前已签订的合同继续缴纳矿区使用费，不缴纳资源税；自 2011 年 11 月 1 日起新签订的合同缴纳资源税，不再缴纳矿区使用费。开采海洋油气资源的自营油气田，自

2011 年 11 月 1 日起缴纳资源税，不再缴纳矿区使用费。

（二）开采海洋或陆上油气资源的中外合作油气田，按实物量计算缴纳资源税，以该油气田开采的原油、天然气扣除作业用量和损耗量之后的原油、天然气产量作为课税数量。中外合作油气田的资源税由作业者负责代扣，申报缴纳事宜由参与合作的中国石油公司负责办理。计征的原油、天然气资源税实物随同中外合作油气田的原油、天然气一并销售，按实际销售额（不含增值税）扣除其本身所发生的实际销售费用后入库。海上自营油气田比照上述规定执行。

（三）海洋原油、天然气资源税由国家税务总局海洋石油税务管理机构负责征收管理。

本通知自 2014 年 12 月 1 日起执行。《财政部　国家税务总局关于原油天然气资源税改革有关问题的通知》（财税〔2011〕114 号）同时废止。

财政部

国家税务总局

2014 年 10 月 9 日

关于调整铅锌矿石等税目资源税适用税额标准的通知

财税〔2007〕100号

各省、自治区、直辖市、计划单列市财政厅（局）、地方税务局，新疆生产建设兵团财务局：

根据铅锌矿石、铜矿石和钨矿石的市场价格以及生产经营情况，为进一步促进其合理开发利用，经研究决定，自2007年8月1日起，对上述三种矿产品资源税适用税额标准作如下调整：

一、铅锌矿石单位税额标准：一等矿山调整为每吨20元；二等矿山调整为每吨18元；三等矿山调整为每吨16元；四等矿山调整为每吨13元；五等矿山调整为每吨10元。

二、铜矿石单位税额标准：一等矿山调整为每吨7元；二等矿山调整为每吨6.5元；三等矿山调整为每吨6元；四等矿山调整为每吨5.5元；五等矿山调整为每吨5元。

三、钨矿石单位税额标准：三等矿山调整为每吨9元；四等矿山调整为每吨8元；五等矿山调整为每吨7元。

请遵照执行。

财政部

国家税务总局

二〇〇七年七月五日

关于调整硅藻土、珍珠岩、磷矿石和玉石等资源税税额标准的通知

财税〔2008〕91号

各省、自治区、直辖市、计划单列市财政厅（局）、地方税务局，新疆生产建设兵团财务局：

为发挥资源税的调节作用，促进资源节约开采和利用，自2008年10月1日起，调整硅藻土、玉石等部分矿产品的资源税税额标准，调整后的税额标准分别为：硅藻土、玉石每吨20元，磷矿石每吨15元，膨润土、沸石、珍珠岩每吨10元。

请遵照执行。

财政部

国家税务总局

二〇〇八年九月十六日

关于调整耐火黏土和萤石资源税适用税额标准的通知

财税〔2010〕20号

各省、自治区、直辖市、计划单列市财政厅（局）、地方税务局，新疆生产建设兵团财务局：

根据《中华人民共和国资源税暂行条例》的有关规定，为促进耐火黏土和萤石的合理开发利用，经研究决定：

自2010年6月1日起，将耐火黏土中的高铝黏土（包括耐火级矾土、研磨级矾土等）和焦宝石的资源税适用税额标准调整为每吨20元，将其他耐火黏土的资源税适用税额标准调整为每吨6元；将萤石（也称氟石）的资源税适用税额标准调整为每吨20元。

请依照执行。

财政部

国家税务总局

二〇一〇年五月十一日

关于调整铁矿石资源税适用税额标准的通知

财税〔2015〕46号

各省、自治区、直辖市、计划单列市财政厅（局）、地方税务局，西藏、宁夏、青海省（自治区）国家税务局，新疆生产建设兵团财务局：

经国务院批准，现将铁矿石资源税有关政策事项通知如下：

一、自2015年5月1日起，将铁矿石资源税由减按规定税额标准的80%征收调整为减按规定税额标准的40%征收。

二、请有关省（区、市）财政、税务部门抓紧做好政策组织实施工作，确保政策及时落实到位。

财政部

国家税务总局

2015年4月27日

关于调整新疆维吾尔自治区煤炭资源税税额标准的通知

财税〔2009〕26号

新疆维吾尔自治区财政厅、地方税务局，新疆生产建设兵团财务局：

根据《中华人民共和国资源税暂行条例》的有关规定，经研究决定，自2009年3月1日起，将你区的煤炭（不含焦煤）资源税适用税额提高为每吨3元。

请遵照执行。

财政部

国家税务总局

二〇〇九年三月十二日

关于印发《新疆原油　天然气资源税改革若干问题的规定》的通知

财税〔2010〕54号

新疆维吾尔自治区财政厅、地方税务局：

根据中共中央　国务院新疆工作座谈会关于在新疆率先进行资源税改革的决定精神，经国务院批准，财政部、国家税务总局制定了《新疆原油　天然气资源税改革若干问题的规定》，现印发给你们，请遵照执行。

财政部

国家税务总局

二〇一〇年六月一日

附件：

新疆原油　天然气资源税改革若干问题的规定

一、根据中共中央　国务院新疆工作座谈会关于在新疆率先进行资源税改革的决定精神，制定本规定。

二、本规定适用于在新疆开采原油、天然气缴纳资源税的纳税人。

三、原油、天然气资源税实行从价计征，税率为5%。应纳税额计算公式为：

应纳税额＝销售额×税率

四、本规定所称销售额，按照《中华人民共和国增值税暂行条例》及其实施细则的有关规定确定。

五、纳税人开采的原油、天然气，自用于连续生产原油、天然气的，不缴纳资源税；自用于其他方面的，视同销售，依照本规定计算缴纳资源税。

六、有下列情形之一的，免征或者减征资源税：

（一）油田范围内运输稠油过程中用于加热的原油、天然气，免征资源税。

（二）稠油、高凝油和高含硫天然气资源税减征 40%。

稠油，是指地层原油黏度大于或等于 50 毫帕/秒或原油密度大于或等于 0.92 克/立方厘米的原油。高凝油，是指凝固点大于 40℃的原油。高含硫天然气，是指硫化氢含量大于或等于 30 克/立方米的天然气。

（三）三次采油资源税减征 30%。

三次采油，是指二次采油后继续以聚合物驱、三元复合驱、泡沫驱、二氧化碳驱、微生物驱等方式进行采油。

上述所列项目的标准或条件如需要调整，由财政部、国家税务总局根据国家有关规定标准及实际情况的变化作出调整。

纳税人开采的原油、天然气，同时符合本条第（二）、（三）款规定的减税情形的，纳税人只能选择其中一款执行，不能叠加适用。

七、为便于征管，对开采稠油、高凝油、高含硫天然气和三次采油的纳税人按以下办法计征资源税：根据纳税人以前年度符合本规定第六条规定的减税条件的油气产品销售额占其全部油气产品总销售额的比例，确定其资源税综合减征率及实际征收率，计算资源税应纳税额。计算公式为：

综合减征率＝Σ（减税项目销售额×减征幅度×5%）÷总销售额

实际征收率＝5%－综合减征率

应纳税额＝总销售额×实际征收率

综合减征率和实际征收率由财政部和国家税务总局确定，并根据原油、天然气产品结构的实际变化情况每年进行调整。

纳税人具体的综合减征率和实际征收率暂按本规定所附《新疆区内各油气田原油天然气资源税实际征收率表》执行。

八、资源税纳税义务发生时间、纳税地点、纳税期限、征收管理等按照现行《中华人民共和国资源税暂行条例》及其实施细则等有关规定执行。

九、本规定自 2010 年 6 月 1 日起执行。

（七）车船税和车辆购置税政策

中华人民共和国车船税法（摘录）

中华人民共和国主席令

第四十三号

（2011 年 2 月 25 日第十一届全国人民代表大会常务委员会第十九次会议通过）

……

第四条　对节约能源、使用新能源的车船可以减征或者免征车船税；对受严重自然灾害影响纳税困难以及有其他特殊原因确需减税、免税的，可以减征或者免征车船税。具体办法由国务院规定，并报全国人民代表大会常务委员会备案。

第五条　省、自治区、直辖市人民政府根据当地实际情况，可以对公共交通车船，农村居民拥有并主要在农村地区使用的摩托车、三轮汽车和低速载货汽车定期减征或者免征车船税。

……

中华人民共和国主席　胡锦涛

2011 年 2 月 25 日

中华人民共和国车船税法实施条例（摘录）

中华人民共和国国务院令

第611号

（《中华人民共和国车船税法实施条例》已经2011年11月23日国务院第182次常务会议通过，现予公布，自2012年1月1日起施行。）

……

第十条 节约能源、使用新能源的车船可以免征或者减半征收车船税。免征或者减半征收车船税的车船的范围，由国务院财政、税务主管部门商国务院有关部门制订，报国务院批准。

对受地震、洪涝等严重自然灾害影响纳税困难以及其他特殊原因确需减免税的车船，可以在一定期限内减征或者免征车船税。具体减免期限和数额由省、自治区、直辖市人民政府确定，报国务院备案。

……

总　理　温家宝

二〇一一年十二月五日

中华人民共和国车辆购置税暂行条例（摘录）

国务院令第294号

……

第三条　车辆购置税的征收范围包括汽车、摩托车、电车、挂车、农用运输车。具体征收范围依照本条例所附《车辆购置税征收范围表》执行。

车辆购置税征收范围的调整，由国务院决定并公布。

……

第九条　车辆购置税的免税、减税，按照下列规定执行：

（一）外国驻华使馆、领事馆和国际组织驻华机构及其外交人员自用的车辆，免税；

（二）中国人民解放军和中国人民武装警察部队列入军队武器装备订货计划的车辆，免税；

（三）设有固定装置的非运输车辆，免税；

（四）有国务院规定予以免税或者减税的其他情形的，按照规定免税或者减税。

……

国务院

2000年10月22日

1. 污染减排车船税和车辆购置税政策

关于允许汽车以旧换新补贴与车辆购置税减征政策同时享受的通知

财建〔2010〕1号

各省、自治区、直辖市、计划单列市财政厅（局）、商务主管部门，新疆生产建设兵团财务局、商务主管部门：

为进一步完善汽车以旧换新政策，实现扩大消费与促进节能减排并举的目标，经国务院批准，现决定从2010年1月1日起，允许符合条件的车主同时享受汽车以旧换新补贴和1.6升及以下乘用车车辆购置税减征政策。2010年购买新车的车主申请汽车以旧换新补贴资金，不需要再提供车辆购置税完税凭证原件及复印件。

各地财政、商务主管部门要认真做好有关宣传和解释工作，推动汽车以旧换新工作顺利开展。

财政部

商务部

二〇一〇年一月四日

关于1.6升及以下排量乘用车车辆购置税减征政策到期停止执行的通知

财税〔2010〕127号

各省、自治区、直辖市、计划单列市财政厅（局）、国家税务局，新疆生产建设兵团财务局：

经国务院批准，对1.6升及以下排量乘用车减按7.5%的税率征收车辆购置税的政策于2010年12月31日到期后停止执行，自2011年1月1日起，对1.6升及以下排量乘用车统一按10%的税率征收车辆购置税。

财政部

国家税务总局

二〇一〇年十二月二十七日

关于城市公交企业购置公共汽电车辆免征车辆购置税有关问题的通知

国税发〔2012〕61号

各省、自治区、直辖市和计划单列市国家税务局、交通运输厅（局、委），新疆生产建设兵团交通局，天津、上海市交通运输和港口管理局：

根据《财政部　国家税务总局关于城市公交企业购置公共汽电车辆免征车辆购置税的通知》（财税〔2012〕51号）规定，对城市公交企业自2012年1月1日起至2015年12月31日止购置的公共汽电车辆免征车辆购置税。现就有关问题通知如下：

一、各省、自治区、直辖市和计划单列市（以下简称各省、区、市）国家税务局与交通运输主管部门应互相配合，共同做好此项工作。各省、区、市交通运输厅（局、委）负责编制本地区《城市公共交通管理部门（包括县及县级以上公交行政管理部门、交通运输管理部门等）与城市公交企业名录》，于2012年7月20日前交各省、区、市国家税务局备案。

二、各省、区、市国家税务局应于2012年8月1日前将本省、区、市《城市公共交通管理部门与城市公交企业名录》下发至各地（市）级国家税务局。

三、县级以上（含县级）交通运输主管部门应向所在地地（市）级国家税务局报送本地区城市公交企业公共汽电车辆购置计划、采购合同或税务机关要求提供的其他资料。报送资料中应包括城市公交企业名称、新购置公共汽电车辆型号、数量、购置价格与用途等项内容。车辆购置税征收管理机关依据地（市）级国家税务局审核意见，为城市公交企业办理车辆购置税免税手续。对于因特殊情况确需调整车辆购置计划的，县级以上（含县级）交通运输主管部门应说明理由，并重新向所在地地（市）级国家税务局报送公共汽电车辆购置计划、采购合同或税务机关要求提供的其他资料。

四、城市公交企业到车辆购置税征收管理机关申请办理车辆购置税免税手续，除应按照《车辆购置税征收管理办法》规定提供相关资料外，还应提供所在地县级以上（含县级）交通运输主管部门出具的城市公交企业和公共汽电车辆认定证明、公共汽电车辆购置计划、采购合同或税务机关要求提供的其他证明材料的原件与复印件，原件经税务机关核对后退还申请人，复印件由税务机关留存。

五、城市公交企业为新购置的公共汽电车辆办理免税手续后，因车辆转让、改变用途等原因导致免税条件消失的，应当到税务机关重新办理申报缴税手续。未按规定办理的，依据征管法的规定处理。

六、城市公交企业购置公共汽电车辆日期以《机动车销售统一发票》开具日期为准。

国家税务总局

交通运输部

二〇一二年六月二十六日

2. 新能源汽车车船税和车辆购置税政策

关于免征新能源汽车车辆购置税的公告

中华人民共和国财政部　国家税务总局　中华人民共和国工业和信息化部

公告2014年第53号

为促进我国交通能源战略转型、推进生态文明建设、支持新能源汽车产业发展，经国务院批准，现将免征新能源汽车车辆购置税有关事项公告如下：

一、自2014年9月1日至2017年12月31日，对购置的新能源汽车免征车辆购置税。

二、对免征车辆购置税的新能源汽车，由工业和信息化部、国家税务总局通过发布《免征车辆购置税的新能源汽车车型目录》（以下简称《目录》）实施管理。

（一）列入《目录》的新能源汽车须同时符合以下条件：

1. 获得许可在中国境内销售的纯电动汽车、插电式（含增程式）混合动力汽车、燃料电池汽车。

2. 使用的动力电池不包括铅酸电池。

3. 纯电动续驶里程须符合附件1要求。

4. 插电式混合动力乘用车综合燃料消耗量（不含电能转化的燃料消耗量）与现行的常规燃料消耗量国家标准中对应目标值相比小于60%；插电式混合动力商用车综合燃料消耗量（不含电能转化的燃料消耗量）与现行的常规燃料消耗量国家标准中对应限值相比小于60%。

5. 通过新能源汽车专项检测，符合新能源汽车标准要求。具体要求见附件2。

（二）汽车生产企业或进口汽车经销商（以下简称企业）向工业和信息化部提交《目录》申请报告。具体要求见附件3。

提出申请的企业须同时符合以下条件：

1. 生产或进口符合列入《目录》条件的新能源汽车。

2. 对新能源汽车动力电池、电机、电控等关键零部件提供不低于 5 年或 10 万公里（以先到者为准）质保。

3. 有较强的售后服务保障能力。

（三）工业和信息化部会同国家税务总局等部门，对企业提交的申请材料进行审查；通过审查的车型列入《目录》，由工业和信息化部、国家税务总局发布。自《目录》发布之日起，购置列入《目录》的新能源汽车免征车辆购置税；购置时间为机动车销售统一发票（或有效凭证）上注明的日期。

（四）财政部、国家税务总局、工业和信息化部等部门将适时组织开展《目录》车型专项检查。企业对申报材料的真实性和产品质量负责。对产品与申报材料不符，产品性能指标未达到要求，或者提供其他虚假信息骗取列入《目录》车型资格的企业，取消该申报车型享受免征车辆购置税政策资格，并依照相关规定予以处理。

（五）财政部、国家税务总局、工业和信息化部将根据我国新能源汽车标准体系发展、技术进步和车型变化，适时修订、调整列入《目录》车型的条件。

三、工业和信息化部根据《目录》确定免征车辆购置税的车辆，税务机关据此办理免税手续。

（一）标注免税标识。

1. 工业和信息化部在机动车合格证电子信息中增加“是否列入《免征车辆购置税的新能源汽车车型目录》”字段。

2. 对列入《目录》的新能源汽车，企业上传机动车整车出厂合格证信息时，在“是否列入《免征车辆购置税的新能源汽车车型目录》”字段标注“是”，即免税标识。

3. 工业和信息化部对企业上传的机动车整车出厂合格证信息中的免税标识进行审核，并将通过审核的信息传送给国家税务总局。

（二）税务机关依据工业和信息化部传送的车辆合格证电子信息中的免税标识，办理免税手续。

附件：1.新能源汽车纯电动续驶里程要求（略）

2. 新能源汽车产品专项检验标准目录（略）

3. 《免征车辆购置税的新能源汽车车型目录》申请报告（略）

财政部

国家税务总局

工业和信息化部

2014 年 8 月 1 日

关于节约能源使用新能源车船税优惠政策的通知

财税〔2015〕51号

各省、自治区、直辖市、计划单列市财政厅（局）、地方税务局、工业和信息化主管部门，西藏、宁夏自治区国家税务局，新疆生产建设兵团财务局、工业和信息化委员会：

为促进节约能源，鼓励使用新能源，根据《中华人民共和国车船税法》及其实施条例有关规定，经国务院批准，现将节约能源、使用新能源车船的车船税优惠政策通知如下：

一、对节约能源车船，减半征收车船税。

（一）减半征收车船税的节约能源乘用车应同时符合以下标准：

1. 获得许可在中国境内销售的排量为1.6升以下（含1.6升）的燃用汽油、柴油的乘用车（含非插电式混合动力乘用车和双燃料乘用车）；

2. 综合工况燃料消耗量应符合标准，具体标准见附件1（略）；

3. 污染物排放符合《轻型汽车污染物排放限值及测量方法（中国第五阶段）》（GB 18352.5—2013）标准中I型试验的限值标准。

（二）减半征收车船税的节约能源商用车应同时符合下列标准：

1. 获得许可在中国境内销售的燃用天然气、汽油、柴油的重型商用车（含非插电式混合动力和双燃料重型商用车）；

2. 燃用汽油、柴油的重型商用车综合工况燃料消耗量应符合标准，具体标准见附件2；

3. 污染物排放符合《车用压燃式、气体燃料点燃式发动机与汽车排气污染物排放限值及测量方法（中国Ⅲ、Ⅳ、Ⅴ阶段）》（GB 17691—2005）标准中第Ⅴ阶段的标准。

减半征收车船税的节约能源船舶和其他车辆等的标准另行制定。

二、对使用新能源车船，免征车船税。

（一）免征车船税的使用新能源汽车是指纯电动商用车、插电式（含增程式）

混合动力汽车、燃料电池商用车。纯电动乘用车和燃料电池乘用车不属于车船税征税范围，对其不征车船税。

（二）免征车船税的使用新能源汽车（不含纯电动乘用车和燃料电池乘用车，下同），应同时符合下列标准：

1. 获得许可在中国境内销售的纯电动商用车、插电式（含增程式）混合动力汽车、燃料电池商用车；

2. 纯电动续驶里程符合附件 3（略）标准；

3. 使用除铅酸电池以外的动力电池；

4. 插电式混合动力乘用车综合燃料消耗量（不计电能消耗）与现行的常规燃料消耗量国家标准中对应目标值相比小于 60%；插电式混合动力商用车（含轻型、重型商用车）燃料消耗量（不含电能转化的燃料消耗量）与现行的常规燃料消耗量国家标准中对应限值相比小于 60%；

5. 通过新能源汽车专项检测，符合新能源汽车标准，具体标准见附件 3（略）。

免征车船税的使用新能源船舶的标准另行制定。

三、符合上述标准的节约能源乘用车、商用车，以及使用新能源汽车，由财政部、国家税务总局、工业和信息化部不定期联合发布《享受车船税减免优惠的节约能源使用新能源汽车车型目录》（以下简称《目录》）予以公告。

四、汽车生产企业或进口汽车经销商（以下简称企业），生产或进口符合上述标准的汽车的，可自愿向工业和信息化部提出将其产品列入《目录》的书面申请，并按照有关要求填写书面报告（报告样本见附件 4、附件 5（略）），通过工业和信息化部节能汽车税收优惠目录申报系统、新能源汽车税收优惠目录申报系统提交申报资料。申请人对申报资料的真实性负责。

五、财政部、国家税务总局、工业和信息化部组织有关专家对企业申报资料进行审查，并将审查结果在工业和信息化部网站公示 5 个工作日，没有异议的，纳入《目录》，予以发布。对产品与申报材料不符，产品性能指标未达到标准，或者企业提供其他虚假信息的，应及时从《目录》中撤销该车型，并依照相关法律法规对该企业予以处理。

六、本通知发布后，列入《目录》的节约能源、使用新能源汽车，自《目录》公告之日起，按《目录》和本通知相关规定享受车船税减免优惠政策；《目录》公告后取得的节约能源、使用新能源汽车，属于第一批、第二批《节约能源使用新能源车辆减免车船税的车型目录》，但未列入《目录》的，不得享受相关优惠政策；

《目录》公告前，已取得的列入第一批、第二批《节约能源使用新能源车辆减免车船税的车型目录》的节约能源、使用新能源汽车，不论是否转让，可继续享受车船税减免优惠政策。

七、本通知自发布之日起执行。《财政部　国家税务总局　工业和信息化部关于节约能源使用新能源车船车船税政策的通知》（财税〔2012〕19号）同时废止。

财政部

国家税务总局

工业和信息化部

2015年5月7日

（八）进出口税收政策

关于调整大型环保及资源综合利用设备等重大技术装备进口税收政策的通知

财关税〔2010〕50号

各省、自治区、直辖市、计划单列市财政厅（局）、工业和信息化主管部门、国家税务局，新疆生产建设兵团财务局，海关总署广东分署、各直属海关：

按照《财政部　国家发展改革委　工业和信息化部　海关总署　国家税务总局　国家能源局关于调整重大技术装备进口税收政策的通知》（财关税〔2009〕55号）规定，根据国内相关产业发展情况，在广泛听取有关主管部门、行业协会及企业意见的基础上，经研究决定，对大型环保和资源综合利用设备、应急柴油发电机组、机场行李自动分拣系统、重型模锻液压机及其关键零部件、原材料进口税收政策予以调整，现通知如下：

一、自2010年6月1日起，对符合规定条件的国内企业为生产国家支持发展的大型环保和资源综合利用设备、应急柴油发电机组、机场行李自动分拣系统、重型模锻液压机（见附件1）而确有必要进口部分关键零部件、原材料（见附件2），免征关税和进口环节增值税。

二、自2011年1月1日起，对财关税〔2009〕55号文件附件《重大技术装备进口税收政策暂行规定》第三条所列项目和企业进口本通知附件3所列自用设备以及按照合同随上述设备进口的技术及配套件、备件，一律征收进口税收。

三、国内企业申请享受本通知附件1有关领域进口税收优惠政策的，具体申请要求和程序应按照财关税〔2009〕55号文件有关规定执行。其中，企业在2010年6月1日至12月31日、2011年1月1日至12月31日期间进口规定范围内的零部件、原材料申请享受本进口税收政策的，分别应在2010年10月15日至11月15日、2011年3月1日至31日期间按照财关税〔2009〕55号文件规定的程序提交申请文件。

工业和信息化部或省级工业和信息化主管部门应按照财关税〔2009〕55号文件规定审查企业的申请文件，申请文件符合规定的，应当予以受理，并向申请企业出具受理证明文件。申请企业凭受理部门出具的证明文件，可向海关申请凭税款担保先予办理有关零部件及原材料放行手续。省级工业和信息化主管部门在2010年10—11月和2011年3月期间受理的申请企业，应在2011年4月15日前一并将申请文件及初审意见汇总上报工业和信息化部。

四、《财政部　海关总署　国家税务总局关于调整重大技术装备进口税收政策暂行规定有关清单的通知》（财关税〔2010〕17号）附件1、2、3中“大型高炉余压透平发电装置”更名为“大型高炉煤气余压透平能量回收利用装置”，国内企业申请享受该装备进口税收优惠政策的，具体申请要求和程序比照本通知第三条执行。

财关税〔2010〕17号文件附件3第十三类“输变电设备”项下“直流输变电设备”包括第1、2、4、5、9条商品；“交流输变电设备”包括第10、11、13、14、15、17、18条商品；“交直流通用输变电设备”包括第3、6、7、8、12、16、19、20、21、22、23、24、26条商品。

财政部

工业和信息化部

海关总署

国家税务总局

二〇一〇年九月三十日

附件1：

大型环保及资源综合利用设备等重大技术装备目录

编号	名称	技术规格要求	销售业绩要求
一	大型清洁高效发电装备		
（一）	百万千瓦级核电机组		
2	常规岛设备：应急柴油发电机组	50Hz/6.6kV/10.5kV	持有合同订单
九	大型环保及资源综合利用设备		
（一）	大气污染治理设备		

编号	名称	技术规格要求	销售业绩要求
4	300MW 及以上燃煤电站烟气脱硝成套设备：吸收剂系统、催化反应设备	脱硝效率：70%～90%，氨逃逸率≤3ppm	持有合同订单
（二）	工业废水、城市污水、污泥处理设备		
1	城市污水处理成套设备：转盘式膜反应分离器、转盘式微滤机	转盘式膜反应分离器：过滤精度≤0.038μm，出水浊度＜2NTU；转盘式微滤机：过滤精度≤10μm，出水固体悬浮物＜10mg/L	持有合同订单
2	污泥处理成套设备：污泥浓缩脱水设备、中低温污泥干化处理设备	污泥浓缩脱水设备：处理能力≥$20m^3/h$；中低温污泥干化处理设备：处理能力≥$50m^3/d$，出泥含固率≥60%DS	持有合同订单
3	水质在线监测系统	可在线监测COD_{Cr}、总磷、氨氮、TOC、UV、高锰酸盐指数、总氮六价铬、正磷酸盐指数等项目	持有合同订单
（四）	资源综合利用设备		
5	煤气综合利用净化设备：脱酸塔、喷淋式饱和器		持有合同订单
6	木塑产品生产线		持有合同订单
十	大型施工机械和基础设施专用设备		
（二）	机场专用设备		
1	机场行李自动分拣系统	单套分拣能力大于 5 000 件/时	持有合同订单
十二	大型、精密、高速数控设备、数控系统、功能部件与基础制造装备		
（三）	基础制造装备		
2	重型模锻液压机	400MN 及以上	持有合同订单

注：本表一式四份，第三方机构、税务部门、节能服务企业及用能单位各留存一份。

附件 2：

大型环保及资源综合利用设备等重大技术装备进口关键零部件、原材料商品清单（摘录）

一、大型清洁高效发电装备

（一）百万千瓦级核电机组

2. 常规岛设备

设备名称	一级部件	二级部件	单机用量	税则号列（供参考）
应急柴油发电机组	涡轮增压器		2 台	84148030
	机械动力泵		22 台	84133021 84138100 84133030
	曲轴		1 个	84831090
	滤清器		4 个	84212300
	核级转速控制系统		1 套	90328900 84099991
	喷油器总成		18 套	84248999
	1E 级控制柜		6 套	84133021

九、大型环保及资源综合利用设备

（一）大气污染治理设备

4. 300MW 及以上燃煤电站烟气脱硝成套设备

设备名称	一级部件	二级部件	单机用量	税则号列（供参考）
（1）吸收剂系统	氨逃逸分析仪		2 台/300MW	90271000
	氨喷射系统	喷嘴及喷枪	4 个/300MW	84242000
	气动调节球阀	气动执行器	4 个/300MW	84123900
（2）催化反应设备	催化剂模块		300 个/300MW	38151900

（二）工业废水、城市污水、污泥处理设备

1. 城市污水处理成套设备

（1）转盘式膜反应分离器	过滤部件	板式盘片	48～720 片	84219990
（2）转盘式微滤机	过滤部件	扇形盘片	48～720 片	84219990

2. 污泥处理成套设备				
（1）污泥浓缩脱水设备	过滤组件	不锈钢滤网	500～600kg	84219990
（2）中低温污泥干化处理设备	干化组件	连续式污泥进料布料装置	1 台	84798999
		烘干滤带	422.4～500m^2	59119000
		蒸发仓箱	3 个	73269010
		密封条	20m^2	40169390
3. 水质在线监测系统	控制单元	PLC	1 个	85371011
		PLC 主存储器	1 个	85389000
		输出扩展模块	1 个	85389000
		通讯插件	1 个	85389000
	数据采集单元	GPRS 无线模块	1～8 个	84717090
		GSM 无线模块	1～8 个	84717090
		CPU 模块	1～8 个	84717090
	测量单元	氨氮气敏电极	1 个	83111000
		蠕动泵管	9 米	39173200
（四）资源综合利用设备				
1. 煤气综合利用净化设备				
（1）脱酸塔	塔体	镍基合金板	10 吨	75062000
（2）喷淋式饱和器	罐体	镍基合金板	20 吨	75062000
2. 木塑产品生产线	挤出机部件	减速箱	1 套	84834090
	控制系统	温控模块	4 套	90330000
		直流调速器、变频器	2 套	85044099
十、大型施工机械和基础设施专用设备				
（二）机场专用设备				
设备名称	一级部件	二级部件	单机用量	税则号列（供参考）
1. 机场行李自动分拣系统	托盘倾翻式分拣机及导入线		1～4 套	84798999
	360^0 自动条码读取站		1～60 套	84719000
	行李称重仪		80～200 台	84232090
	电动滚筒		240～600 台	84313900
	变频器		100～1 000 台	85044099
十二、大型、精密、高速数控设备、数控系统、功能部件与基础制造装备				
（三）基础制造装备				

设备名称	一级部件	二级部件	单机用量	税则号列（供参考）
2. 重型模锻液压机	液压系统	液压柱塞泵	51 套	8413503190
		液压齿轮泵	7 套	8413602290
		液压阀	25 套	8481803990
		球胆蓄能器	69 套	8412909000
		PLC 系统	1 套	8537101101
		液压系统配件	17 套	8412909000

注：该目录的编号按照财关税〔2010〕17 号文件附件 2 已有序列编制。

附件 3：

进口不予免税的部分重大技术装备目录

编号	税则号列	设备名称	技术规格
十六、环保和资源综合利用设备			
17	84212990	转盘式膜反应分离器	所有规格
18	84212990	转盘式微滤机	所有规格
19	84213990	脱酸塔（煤气综合利用）	所有规格
20	84213990	喷淋式饱和器（煤气综合利用）	所有规格
21	84772090	木塑产品生产线	所有规格

注：该目录的编号按照财关税〔2010〕17 号文件附件 1 已有序列编制。

关于调整进口天然气税收优惠政策有关问题的通知

财关税〔2013〕74 号

各省、自治区、直辖市、计划单列市财政厅（局）、国家税务局，海关总署广东分署、各直属海关：

根据天然气价格调整情况及有关企业申请，经研究决定，对《财政部　海关总署　国家税务总局关于对 2011—2020 年期间进口天然气及 2010 年底前“中亚气”项目进口天然气按比例返还进口环节增值税有关问题的通知》（财关税〔2011〕39 号，以下简称《通知》）中有关事项进行调整，具体通知如下：

一、自 2013 年 7 月 1 日起，《通知》中规定的液化天然气销售定价调整为 31.45 元/GJ（见《通知》附表 2（略）），管道天然气销售定价调整为 1.11 元/立方米（见《通知》附表 3（略））。

二、《通知》附件《天然气进口环节增值税税收返还暂行规定》第二款调整为“本规定所指经国家准许的进口天然气项目为经国家发展改革委核（批）准建设的天然气管道和液化天然气接收装置项目”。

三、增加部分项目享受税收优惠政策，具体为：

1. 新增加中缅天然气管道项目享受优惠政策，该项目进口规模为 100 亿立方米/年，进口企业为中国联合石油有限责任公司和云南中石油国际事业有限公司。享受政策起始时间为 2013 年 7 月 1 日。

2. 新增加浙江 LNG 项目享受优惠政策，该项目进口规模为 300 万吨/年，进口企业为中海石油气电集团有限责任公司和中海浙江宁波液化天然气有限公司。享受政策起始时间为 2012 年 9 月 1 日。

3. 新增加广东珠海 LNG 项目享受优惠政策，该项目进口规模为 350 万吨/年，进口企业为中海石油气电集团有限责任公司和广东珠海金湾液化天然气有限公司。享受政策起始时间为 2013 年 8 月 1 日。

特此通知。

财政部
海关总署
国家税务总局
2013年11月7日

关于调整重大技术装备进口税收政策有关目录的通知

财关税〔2013〕14 号

各省、自治区、直辖市、计划单列市财政厅（局）、工业和信息化主管部门、国家税务局，新疆生产建设兵团财务局，海关总署广东分署、各直属海关，财政部驻各省、自治区、直辖市、计划单列市财政监察专员办事处：

按照《财政部　国家发展改革委　工业和信息化部海关总署　国家税务总局　国家能源局关于调整重大技术装备进口税收政策的通知》（财关税〔2009〕55 号）规定，根据国内相关产业发展情况，在广泛听取有关主管部门、行业协会及企业意见的基础上，经研究决定，对集成电路设备等装备及其关键零部件、原材料进口税收政策予以调整，现通知如下：

一、自 2013 年 4 月 1 日起，对符合规定条件的国内企业为生产国家支持发展的直流场设备、高速铁路信号系统、生活垃圾精分选成套系统装备、举高消防车、染色机、新型农业机械、太阳能电池设备、集成电路关键设备、新型平板显示器件生产设备、锂离子动力电池设备、电子元器件生产设备等装备（见附件 1（略））而确有必要进口部分关键零部件、原材料（见附件 2（略）），免征关税和进口环节增值税。自 2013 年 4 月 1 日起，取消液压支架等装备进口关键零部件及原材料免税政策；调整直流输变电设备、交流输变电设备等装备的技术规格要求（见附件 1（略））；调整六氟化硫断路器、串联补偿装置、PTA 工艺空气压缩机组、大型空分设备、刮板输送机、刮板转载机、混凝土泵车、等离子刻蚀机等装备的进口零部件清单（见附件 2（略））。

二、国内企业申请享受本通知附件 1 中新增装备或技术规格提高的装备有关进口零部件及原材料免税政策的，具体申请要求和程序应按照财关税〔2009〕55 号文件有关规定执行。其中，企业在 2013 年 4 月 1 日至 12 月 31 日期间进口规定范围内的零部件、原材料申请享受本进口税收政策的，应在 2013 年 4 月 1 日至 4 月 30 日期间按照财关税〔2009〕55 号文件规定的程序提交申请文件。申请企业凭受理部门出具的证明文件，可向海关申请凭税款担保先予办理有关零部件及原材料放行手续。省级工业和信息化主管部门在 2013 年 4 月 1 日至 30 日期间受理的申请文件，应在 2013 年 5 月 15 日前一并将申请文件及初审意见汇总上报工业和信息化部。

财政部

工业和信息化部

海关总署

国家税务总局

2013 年 3 月 25 日

关于取消加工贸易项下进口钢材保税政策的通知

财关税〔2014〕37 号

各省、自治区、直辖市、计划单列市财政厅（局）、国家税务局，新疆生产建设兵团财务局，海关总署广东分署、各直属海关：

为贯彻落实《国务院关于化解产能严重过剩矛盾的指导意见》（国发〔2013〕41 号）中“落实公平税赋政策，取消加工贸易项下进口钢材保税政策”的精神，现就取消加工贸易项下进口钢材保税政策的有关问题通知如下：

一、首批对国内完全能够生产、质量能够满足下游加工企业需要的进口热轧板、冷轧板、窄带钢、棒线材、型材、钢铁丝、电工钢等 78 个税号的钢材产品（具体产品清单见附件），取消加工贸易项下进口钢材保税政策，自 2014 年 7 月 31 日起，征收关税和进口环节税。

对 2014 年 7 月 31 日前已签订的合同，且在 2014 年 12 月 31 日前实际进口的，允许在合同有效期内继续以保税的方式开展加工贸易。

二、上述政策措施适用于综合保税区等海关特殊监管区域，但 2014 年 7 月 31 日前区内已设立并从事附件所列产品加工贸易的企业暂予以除外。

特此通知。

附件：首批取消加工贸易项下进口钢材保税政策的产品清单

财政部
海关总署
国家税务总局
2014 年 7 月 2 日

附件：

首批取消加工贸易项下进口钢材保税政策的产品清单

序号	税则号列	货品名称
1	72081000	轧压花纹的热轧卷材
2	72082500	厚度≥4.75mm 其他经酸洗的热轧卷材
3	72082610	屈服强度大于 355 牛顿/平方毫米，3mm≤厚度＜4.75mm 其他经酸洗热轧卷材
4	72082690	其他 3mm≤厚度＜4.75mm 其他经酸洗热轧卷材
5	72082710	厚度＜1.5mm 的其他经酸洗的热轧卷材
6	72082790	其他厚度＜3mm 的其他经酸洗的热轧卷材
7	72083600	厚度＞10mm 的其他热轧卷材
8	72083700	4.75mm≤厚度≤10mm 的其他热轧卷材
9	72083810	屈服强度大于 355 牛顿/平方毫米，3mm≤厚度＜4.75mm 的其他卷材
10	72083890	其他 3mm≤厚度＜4.75mm 的其他卷材
11	72083910	厚度＜1.5mm 的其他热轧卷材
12	72083990	其他厚度＜3mm 的其他热轧卷材
13	72084000	轧有凸起花纹的热轧非卷材
14	72085200	4.75mm≤厚度≤10mm 的热轧非卷材
15	72085310	屈服强度大于 355 牛顿/平方毫米，3mm≤厚度＜4.75mm 的热轧非卷材
16	72085390	其他 3mm≤厚度＜4.75mm 的热轧非卷材
17	72085410	厚度＜1.5mm 的热轧非卷材
18	72085490	其他厚度＜3mm 的热轧非卷材
19	72089000	其他热轧铁或非合金钢宽平板轧材
20	72091510	屈服强度大于 355 牛顿/平方毫米，厚度≥3mm 的冷轧卷材
21	72091590	其他厚度≥3mm 的冷轧卷材
22	72091610	屈服强度大于 275 牛顿/平方毫米，1mm＜厚度＜3mm 的冷轧卷材
23	72091690	其他 1mm＜厚度＜3mm 的冷轧卷材
24	72091710	屈服强度大于 275 牛顿/平方毫米，0.5mm≤厚度≤1mm 的冷轧卷材
25	72091790	其他 0.5mm≤厚度≤1mm 的冷轧卷材
26	72091810	厚度＜0.3mm 的冷轧卷材
27	72091890	其他厚度＜0.5mm 的冷轧卷材

序号	税则号列	货品名称
28	72092500	厚度≥3mm 的冷轧非卷材
29	72092600	1mm＜厚度＜3mm 的冷轧非卷材
30	72092700	0.5mm≤厚度≤1mm 的冷轧非卷材
31	72092800	厚度＜0.5mm 的冷轧非卷材
32	72099000	其他冷轧铁或非合金钢宽平板轧材
33	72111300	未轧花纹的四面轧制的热轧非卷材
34	72111400	厚度≥4.75mm 的其他热轧板材
35	72111900	其他热轧铁或非合金钢窄板材
36	72112300	冷轧含炭量＜0.25%的板材
37	72112900	冷轧其他铁或非合金钢窄板材
38	72119000	冷轧的铁或非合金钢其他窄板材
39	72131000	带有轧制花纹的热轧盘条
40	72132000	其他易切削钢制热轧盘条
41	72139100	直径＜14mm 圆截面的其他热轧盘条
42	72139900	其他热轧盘条
43	72141000	锻造的铁或非合金钢条、杆
44	72142000	热加工带有轧制花纹的条、杆
45	72143000	热加工易切削钢的条、杆
46	72149100	热加工其他矩形截面的条杆
47	72149900	热加工其他条、杆
48	72151000	冷加工其他易切削钢制条、杆
49	72155000	冷加工或冷成形的其他条、杆
50	72159000	铁及非合金钢的其他条、杆
51	72161010	截面高度＜80mm 的 H 型钢
52	72161020	截面高度低于 80 毫米的工字钢
53	72161090	截面高度＜80mmU 型钢
54	72162100	热加工截面高度＜80mm 角钢
55	72162200	热加工截面高度＜80mm 丁字钢
56	72163100	热加工截面高度≥80mm 槽型钢
57	72163210	截面高度在 200 毫米以上的工字钢
58	72163290	热加工截面高度≥80mm 工字型钢
59	72163311	截面高度在 800 毫米以上的 H 型缸
60	72163319	截面高度≥200mmH 型钢
61	72163390	其他截面高度≥80mmH 型钢
62	72164010	热加工截面高度≥80mm 角钢
63	72164020	热加工截面高度≥80mm 丁字钢

序号	税则号列	货品名称
64	72165010	热加工乙字钢
65	72165020	热加工球扁钢
66	72165090	热加工其他角材、型材及异型材
67	72166100	冷加工板材制的角材、型材及异型材
68	72166900	冷加工其他角材、型材及异型材
69	72169100	冷加工其他板材制角材、型材及异型材
70	72169900	其他角材、型材及异型材
71	72171000	未镀或涂层的铁或非合金钢丝
72	72172000	镀或涂锌的铁或非合金钢丝
73	72173010	镀或涂铜的铁丝和非合金钢丝
74	72173090	镀或涂其他贱金属的铁丝和非合金钢丝
75	72179000	其他铁丝或非合金钢丝
76	72251100	取向性硅电钢宽板
77	72251900	其他硅电钢宽板
78	72261100	取向性硅电钢窄板

四、绿色价格政策

中华人民共和国价格法（摘录）

（1997年12月29日第八届全国人民代表大会常务委员会第二十九次会议通过
1997年12月29日中华人民共和国主席令第九十二号公布　自1998年5月1日起施行）

……

第三章　政府的定价行为

第十八条　下列商品和服务价格，政府在必要时可以实行政府指导价或者政府定价：

（一）与国民经济发展和人民生活关系重大的极少数商品价格；

（二）资源稀缺的少数商品价格；

（三）自然垄断经营的商品价格；

（四）重要的公用事业价格；

（五）重要的公益性服务价格。

第十九条　政府指导价、政府定价的定价权限和具体适用范围，以中央的和地方的定价目录为依据。

中央定价目录由国务院价格主管部门制定、修订，报国务院批准后公布。

地方定价目录由省、自治区、直辖市人民政府价格主管部门按照中央定价目录规定的定价权限和具体适用范围制定，经本级人民政府审核同意，报国务院价格主管部门审定后公布。

省、自治区、直辖市人民政府以下各级地方人民政府不得制定定价目录。

第二十条　国务院价格主管部门和其他有关部门，按照中央定价目录规定的定价权限和具体适用范围制定政府指导价、政府定价；其中重要的商品和服务价格的政府指导价、政府定价，应当按照规定经国务院批准。

省、自治区、直辖市人民政府价格主管部门和其他有关部门，应当按照地方定价目录规定的定价权限和具体适用范围制定在本地区执行的政府指导价、政府定价。

市、县人民政府可以根据省、自治区、直辖市人民政府的授权，按照地方定价目录规定的定价权限和具体适用范围制定在本地区执行的政府指导价、政府定价。

第二十一条　制定政府指导价、政府定价，应当依据有关商品或者服务的社会平均成本和市场供求状况、国民经济与社会发展要求以及社会承受能力，实行合理的购销差价、批零差价、地区差价和季节差价。

第二十二条　政府价格主管部门和其他有关部门制定政府指导价、政府定价，应当开展价格、成本调查，听取消费者、经营者和有关方面的意见。

政府价格主管部门开展对政府指导价、政府定价的价格、成本调查时，有关单位应当如实反映情况，提供必需的账簿、文件以及其他资料。

第二十三条　制定关系群众切身利益的公用事业价格、公益性服务价格、自然垄断经营的商品价格等政府指导价、政府定价，应当建立听证会制度，由政府价格主管部门主持，征求消费者、经营者和有关方面的意见，论证其必要性、可行性。

第二十四条　政府指导价、政府定价制定后，由制定价格的部门向消费者、经营者公布。

第二十五条　政府指导价、政府定价的具体适用范围、价格水平，应当根据经济运行情况，按照规定的定价权限和程序适时调整。

消费者、经营者可以对政府指导价、政府定价提出调整建议。

……

1997 年 12 月 29 日

（一）水资源价格政策

中华人民共和国水法（摘录）

中华人民共和国主席令

第七十四号

（《中华人民共和国水法》已由中华人民共和国第九届全国人民代表大会常务委员会第二十九次会议于2002年8月29日修订通过，现将修订后的《中华人民共和国水法》公布，自2002年10月1日起施行）

……

第五章　水资源配置和节约使用

第四十七条　国家对用水实行总量控制和定额管理相结合的制度。

省、自治区、直辖市人民政府有关行业主管部门应当制订本行政区域内行业用水定额，报同级水行政主管部门和质量监督检验行政主管部门审核同意后，由省、自治区、直辖市人民政府公布，并报国务院水行政主管部门和国务院质量监督检验行政主管部门备案。

县级以上地方人民政府发展计划主管部门会同同级水行政主管部门，根据用水定额、经济技术条件以及水量分配方案确定的可供本行政区域使用的水量，制定年度用水计划，对本行政区域内的年度用水实行总量控制。

第四十八条　直接从江河、湖泊或者地下取用水资源的单位和个人，应当按照国家取水许可制度和水资源有偿使用制度的规定，向水行政主管部门或者流域管理机构申请领取取水许可证，并缴纳水资源费，取得取水权。但是，家庭生活和零星散养、圈养畜禽饮用等少量取水的除外。

实施取水许可制度和征收管理水资源费的具体办法，由国务院规定。

第四十九条　用水应当计量，并按照批准的用水计划用水。

用水实行计量收费和超定额累进加价制度。

供水企业和自建供水设施的单位应当加强供水设施的维护管理，减少水的漏失。

……

第五十四条　各级人民政府应当积极采取措施，改善城乡居民的饮用水条件。

第五十五条　使用水工程供应的水，应当按照国家规定向供水单位缴纳水费。供水价格应当按照补偿成本、合理收益、优质优价、公平负担的原则确定。具体办法由省级以上人民政府价格主管部门会同同级水行政主管部门或者其他供水行政主管部门依据职权制定。

……

第六十七条　在饮用水水源保护区内设置排污口的，由县级以上地方人民政府责令限期拆除、恢复原状；逾期不拆除、不恢复原状的，强行拆除、恢复原状，并处五万元以上十万元以下的罚款。

未经水行政主管部门或者流域管理机构审查同意，擅自在江河、湖泊新建、改建或者扩大排污口的，由县级以上人民政府水行政主管部门或者流域管理机构依据职权，责令停止违法行为，限期恢复原状，处五万元以上十万元以下的罚款。

第六十八条　生产、销售或者在生产经营中使用国家明令淘汰的落后的、耗水量高的工艺、设备和产品的，由县级以上地方人民政府经济综合主管部门责令停止生产、销售或者使用，处二万元以上十万元以下的罚款。

第六十九条　有下列行为之一的，由县级以上人民政府水行政主管部门或者流域管理机构依据职权，责令停止违法行为，限期采取补救措施，处二万元以上十万元以下的罚款；情节严重的，吊销其取水许可证：

（一）未经批准擅自取水的；

（二）未依照批准的取水许可规定条件取水的。

第七十条　拒不缴纳、拖延缴纳或者拖欠水资源费的，由县级以上人民政府水行政主管部门或者流域管理机构依据职权，责令限期缴纳；逾期不缴纳的，从滞纳之日起按日加收滞纳部分千分之二的滞纳金，并处应缴或者补缴水资源费一倍以上五倍以下的罚款。

第七十一条　建设项目的节水设施没有建成或者没有达到国家规定的要求，擅自投入使用的，由县级以上人民政府有关部门或者流域管理机构依据职权，责令停止使用，限期改正，处五万元以上十万元以下的罚款。

中华人民共和国主席　　江泽民

二〇〇二年八月二十九日

1. 城市供水价格政策

关于做好城市供水价格管理工作有关问题的通知

发改价格〔2009〕1789 号

各省、自治区、直辖市发展改革委、物价局、住房城乡建设厅，海南省水务局，北京、天津、上海市水务局，重庆市市政管委：

近期，部分城市相继出台了城市供水价格调整方案，对于促进节约用水和水污染防治，缓解供水和污水处理单位的运行困难，保障城市供水和污水处理行业健康发展起到了积极作用。但也有少数地方因调价方案和调价程序不完善，宣传解释工作不到位，群众反映强烈。为确保水价调整工作的规范有序，现就有关问题通知如下：

一、明确水价调整的总体要求。当前，水价调整的总体要求，一是要以建立有利于促进节约用水、合理配置水资源和提高用水效率为核心的水价形成机制为目标，促进水资源的可持续利用。二是要统筹社会经济发展和供水、污水处理行业健康发展的需要，重点缓解污水处理费偏低的问题。要充分考虑社会承受能力，合理把握水价调整的力度和时机，防止集中出台调价项目。三是要切实做好宣传解释工作，争取社会的理解与支持，确保水价调整工作的平稳实施。

二、严格履行水价调整程序。一是加大成本监审力度。要加强对城市供水定价成本的监审，完善成本约束机制，促使供水企业加强内部管理和强化自我约束，切实加大水费收缴力度，严格控制人员的不合理增长，着力降低管网漏损，抑制不合理的成本支出。二是依法履行听证制度。水价调整方案的制定和出台，要充分听取社会各方面的意见，加强与听证参加人及社会各界的沟通，提高水价决策的透明度。三是合理确定水价调整时机和力度。各地要统筹考虑本地区水价调整工作，区分轻重缓急，合理把握水价的调整节奏和调整幅度，水价矛盾积累较大的地区，要统筹安排，分步到位。

三、完善水价计价方式。一是积极推行居民生活用水阶梯式水价和非居民用水超定额用水加价制度。具备条件的地区，要尽快实施居民生活用水阶梯式水价制度，合理确定不同级别的水量基数及其比价关系，减少水价调整对低收入家庭的影响，提高居民节水意识。对非居民生活用水，要继续实施超定额累进加价制度。二是尽快对环卫、绿化等市政公用设施用水实行计量计价。实施按用水量计取水费，促进节水和降低供水企业产销差。三是适当确定各级水量间的差价。实行阶梯式水价和超定额加价的城市，可在合理核定各级水量基数的情况下，适当扩大各级水量间的价差，促进节约用水。

四、理顺水价结构。一是简化水价分类。要按照“补偿成本、合理收益、促进节水和公平负担”的原则，综合考虑当地各类用水的结构，逐步将现行城市供水价格分类简化为居民生活用水、非居民生活用水和特种用水三类。其中，非居民生活用水包括工业、经营服务用水和行政事业单位用水等。特种用水主要包括洗浴、洗车用水等，特种用水范围各地可根据当地实际自行确定。二是突出调整重点。污水处理费偏低的地区，调整城镇水价时要优先调整污水处理费标准。同时，要综合考虑供水和污水处理单位的运营情况，着力解决供水和污水处理行业发展面临的问题，促进供排水行业协调发展。三是理顺再生水与城市供水的比价关系。各地要加大再生水设施建设的投入，研究制定对再生水的生产使用的优惠政策，努力降低再生水使用成本。再生水水价的确定，要结合再生水水质、用途等情况，与自来水价格保持适当差价，鼓励再生水的使用。具备条件的地区，要强制部分行业使用再生水，扩大再生水使用范围。

五、做好对低收入家庭的保障工作。为避免调价对低收入家庭产生较大影响，各地在调整水价时要充分考虑低收入家庭的承受能力。要根据水价调整的影响，对低收入家庭因地制宜地采取提高低保标准、增加补贴等多种方式，确保其基本生活用水，保障其基本生活水平不降低。

六、加强宣传解释。要充分认识做好宣传解释工作的重要性，将宣传解释工作贯穿于水价调整的全过程。要拟定详细和便于社会理解的宣传方案，采取多种方式，向群众充分解释当前水资源和水污染治理面临的形势，加大节水和污水处理力度的紧迫性，供水及污水处理单位运行面临的困难，对低收入家庭的照顾措施，以及政府在供水及污水处理等方面的投入和补贴政策等相关措施，全面阐述水价调整的必要性，正确引导社会舆论，为推进水价改革创造良好的社会氛围。

水价调整涉及面广，社会影响大。各级价格、建设主管部门要在当地党委、政府的领导下，审慎决策，密切配合，精心组织，周密安排，把握水价调整时机，统筹考虑与其他价格改革的衔接，加强跟踪调查和指导，稳妥地做好水价调整工作，确保水价调整平稳实施。各地执行中遇到的问题和情况，请及时向国家发展改革委、住房城乡建设部反映。

发展改革委

住房城乡建设部

二〇〇九年七月六日

关于加快建立完善城镇居民用水阶梯价格制度的指导意见

发改价格〔2013〕2676号

各省、自治区、直辖市发展改革委、物价局、住房城乡建设厅（市政管委、水务局），新疆生产建设兵团发展改革委、建设局：

为深入贯彻党的十八届三中全会精神，落实国务院关于完善资源性产品价格形成机制决策部署，加快建立完善城镇居民阶梯水价制度，现提出如下意见：

一、加快建立完善居民阶梯水价制度的必要性

我国是水资源短缺的国家，人均水资源占有量仅为世界平均水平的四分之一，城市缺水问题尤为突出。为促进节约用水，近年来，一些地方结合水价调整实行了居民阶梯水价制度（以下简称“居民阶梯水价”），节水效果比较明显。但从实施情况看，还存在各地居民阶梯水价进展不平衡、制度不完善等问题，影响了阶梯水价机制作用的有效发挥。

目前，居民生活用水占全国城镇供水总量的比例接近50%。一方面，随着我国城镇化进程加快，用水人口增加，城镇水资源短缺的形势将更为严峻；另一方面，水资源浪费严重，节水意识不强。加快建立完善居民阶梯水价制度，充分发挥价格机制调节作用，对提高居民节约意识，引导节约用水，促进水资源可持续利用具有十分重要的意义。

二、加快建立完善居民阶梯水价制度的总体要求和基本原则

（一）总体要求。加快建立完善居民阶梯水价制度，要以保障居民基本生活用水需求为前提，以改革居民用水计价方式为抓手，通过健全制度、落实责任、加大投入、完善保障等措施，充分发挥阶梯价格机制的调节作用，促进节约用水，提高水资源利用效率。

（二）基本原则。一是保障基本需求。区分基本需求和非基本需求，保持居民

基本生活用水价格相对稳定；对非基本用水需求，价格要反映水资源稀缺程度。二是促进公平负担。居民生活用水价格总体上要逐步反映供水成本，并兼顾不同收入居民的承受能力，多用水多负担。三是坚持因地制宜。根据各地水资源禀赋状况、经济社会发展水平、居民生活用水习惯等因素，制定符合实际、确保实效的居民阶梯水价制度。

（三）主要目标。2015 年底前，设市城市原则上要全面实行居民阶梯水价制度；具备实施条件的建制镇，也要积极推进居民阶梯水价制度。

三、建立完善居民阶梯水价制度的主要内容

（一）各阶梯水量确定。阶梯设置应不少于三级。第一级水量原则上按覆盖80%居民家庭用户的月均用水量确定，保障居民基本生活用水需求；第二级水量原则上按覆盖 95%居民家庭用户的月均用水量确定，体现改善和提高居民生活质量的合理用水需求；第三级水量为超出第二级水量的用水部分。各地应结合当地实际，根据《城市居民生活用水量标准》（GB/T 50331）和近三年居民实际月人均用水量合理确定分级水量。第一、第二级水量可参考《各地城市居民生活用水阶梯水量建议值》（见附件）确定。各地可进一步细化阶梯级数，设置四级或五级阶梯。

（二）各阶梯价格制定。根据不同阶梯的保障功能，第一和第二级要保持适当价差，第三级要反映水资源稀缺程度，拉大价差，抑制不合理消费。原则上，一、二、三级阶梯水价按不低于 1∶1.5∶3 的比例安排；缺水地区，含水质型缺水地区，应进一步加大价差，具体由各地根据当地水资源稀缺状况等因素确定。实行阶梯水价后增加的收入，应用于供水企业实施户表改造、弥补供水成本上涨和保持第一级水价相对稳定等。

（三）计量缴费周期。各地在确定计量缴费周期时，应考虑季节性用水差异，以月或季、年度作为计量缴费周期，具体由各地结合实际确定。实施居民阶梯水价原则上以居民家庭用户为单位，对家庭人口数量较多的，要通过适当增加用水基数等方式妥善解决。

（四）全面推行成本公开。制定和调整居民阶梯水价要按照有关规定和程序，严格实施成本监审和成本公开。切实做到供水企业成本公开和定价成本监审公开，把成本公开作为各级政府价格主管部门制定和调整水价的一项基本制度，主动接受社会监督，不断提高水价调整的科学性和透明度。

四、保障措施和工作要求

（一）制定具体实施方案。各地应按照国家统一要求，尽快制定本地区居民阶梯水价具体实施方案，结合实际，适当考虑家庭人口差异，合理确定阶梯水量、分档水价、计价周期，妥善处理合表用户水价问题，明确推进居民阶梯水价的步骤、进度要求，制定确保阶梯水价落实到位的保障措施。今后凡调整城市供水价格的，必须同步建立起阶梯水价制度。已实施居民阶梯水价的城镇，要按本指导意见要求进一步调整和完善。

（二）做好方案论证和听证。各地在制定居民用水阶梯价格方案的过程中，要充分听取各方面意见，对实施方案进行认真研究论证。方案形成后，应按《政府制定价格听证办法》规定进行听证后实施。

（三）加快城市“一户一表”改造。推进“一户一表”改造是实行阶梯水价制度的重要基础条件。国家对户表改造资金实行支持政策，各地列入全国城镇供水设施改造与建设“十二五”规划的管网改造项目，可将户表改造工作纳入项目建设内容；地方也要加大力度，通过增加财政投入、发行企业债券等多渠道筹集资金，限期完成“一户一表”改造。新建住宅要严格按照国家标准要求，设置分户水表，便于户外读表。户表改造和新建住宅水表应积极推行智能化管理。供水企业因实施计量到户增加的改造、运营和维护费用，可计入供水成本。未实行“一户一表”的合表居民用户和执行居民生活用水价格的非居民用户，水价标准应按高于第一级阶梯价格水平确定。

（四）做好低收入家庭保障工作。各地在建立居民阶梯水价制度工作时，要充分考虑低收入家庭经济承受能力，对低收入居民家庭可以设定一定数量的减免优惠水量或增加补贴等方式，确保其基本生活水平不因实施阶梯水价制度而降低。

（五）加强宣传引导。充分利用各种媒体，采取多种形式，宣传我国水资源紧缺现状、实行阶梯水价制度的重要意义，做好政策宣传解读，及时回应社会关切，争取社会各方理解和支持。

（六）加大督促检查力度。各级价格、城市供水主管部门要高度重视建立完善居民阶梯水价制度工作，明确任务和要求，加强跟踪指导和监督检查，确保各项措施落实到位，务求实效。2015 年底前，各省级价格、城市供水主管部门每半年要向国家发展改革委、住房城乡建设部报送一次本地推进居民阶梯水价制度工作进展情况。国家发展改革委、住房城乡建设部将适时检查通报各地工作进展情况。

国家发展改革委

住房城乡建设部

2013 年 12 月 31 日

附件：

各地城市居民生活用水阶梯水量建议值

单位：吨/人 · 月

地区	地域分区	阶梯水量建议值	
		第一级	第二级
内蒙古、辽宁、吉林、黑龙江	1	2.4	4.1
北京、天津、河北、山西、山东、河南、陕西、甘肃、宁夏	2	2.6	4.3
上海、江苏、浙江、安徽、福建、江西、湖北、湖南	3	3.6	5.5
广东、广西、海南	4	4.6	6.7
重庆、四川、贵州、云南	5	3	4.3
西藏、青海、新疆	6	2.6	4.3

注：1. 表中地域分区及阶梯水量建议值依据《城市居民生活用水量标准》（GB/T 50331）制定；

2.《城市居民生活用水量标准》中第 6 区三省份居民生活用水量标准较实际偏低，调整为按第 2 区执行；

3. 考虑到地区差异，各地可结合近三年居民实际用水量作适当调整。

2. 水源供水价格政策

关于南水北调东线一期主体工程运行初期供水价格政策的通知

发改价格〔2014〕30 号

江苏省、山东省物价局，中国南水北调东线总公司筹备组：

根据国务院南水北调工程建设委员会第七次全体会议原则同意的东线一期主体工程水价方案和有关文件规定，经商财政部、水利部、国务院南水北调办，制定南水北调东线一期主体工程运行初期供水价格，现通知如下：

一、东线一期主体工程运行初期供水价格按照保障工程正常运行和满足还贷需要的原则确定，不计利润，并按规定计征营业税及其附加。各口门采取分区段定价的方式，将主体工程划分为 7 个区段，同一区段内各口门执行同一价格。具体价格如下：南四湖以南各口门 0.36 元/立方米（含税，下同）、南四湖下级湖各口门 0.63 元/立方米、南四湖上级湖（含上级湖）至长沟泵站前各口门 0.73 元/立方米、长沟泵站后至东平湖（含东平湖）各口门 0.89 元/立方米、东平湖至临清邱屯闸各口门 1.34 元/立方米、临清邱屯闸至大屯水库各口门 2.24 元/立方米、东平湖以东各口门 1.65 元/立方米。

二、东线一期主体工程实行两部制水价，基本水价按照合理偿还贷款本息、适当补偿工程基本运行维护费用的原则制定，计量水价按补偿基本水价以外的其他成本费用以及计入规定税金的原则制定。7 个区段各口门两部制水价详见附件。

东线一期主体工程供用水单位要严格执行国家规定的供水价格，受水区价格主管部门要加强对供水价格执行情况的监督检查。供水管理单位要将水费收入主要用于工程的贷款偿还和运行维护，充分发挥工程效益，加强水费支出管理，确保水利工程水费取之于水、用之于水。

上述规定自南水北调东线一期主体工程正式通水之日起执行。

国家发展改革委
2014 年 1 月 7 日

附件：

南水北调东线一期主体工程运行初期各口门供水价格

单位：元/立方米

序号	区段划分	区段内各口门供水价格		
		综合水价	基本水价	计量水价
1	南四湖以南	0.36	0.16	0.2
2	南四湖下级湖	0.63	0.28	0.35
3	南四湖上级湖（含上级湖）至长沟泵站前	0.73	0.33	0.4
4	长沟泵站后至东平湖（含东平湖）	0.89	0.4	0.49
5	东平湖至临清邱屯闸	1.34	0.69	0.65
6	临清邱屯闸至大屯水库	2.24	1.09	1.15
7	东平湖以东	1.65	0.82	0.83

（二）电价政策

1. 燃煤发电电价政策

关于印发《燃煤发电机组环保电价及环保设施运行监管办法》的通知

发改价格〔2014〕536号

各省、自治区、直辖市发展改革委、物价局、环保厅（局）、电力公司，国家电网公司，南方电网公司，华能、大唐、华电、国电、中电投集团公司，国家开发投资公司，神华集团公司：

鉴于加强环保电价和环保设施运行监管是促进燃煤发电机组减少污染物排放、改善大气质量的重要措施，国家发展改革委和环境保护部特制定了《燃煤发电机组环保电价及环保设施运行监管办法》，现印发给你们，请按照执行。

附件：《燃煤发电机组环保电价及环保设施运行监管办法》

国家发展改革委
环境保护部
2014年3月28日

附件：

燃煤发电机组环保电价及环保设施运行监管办法

第一条　为发挥价格杠杆的激励和约束作用，促进燃煤发电企业建设和运行环保设施，减少二氧化硫、氮氧化物、烟粉尘排放，切实改善大气环境质量，根据《中华人民共和国价格法》、《中华人民共和国环境保护法》、《中华人民共和国大气污染防治法》、《国务院关于印发大气污染防治行动计划的通知》（国发〔2013〕37号）等有关规定，制定本办法。

第二条 本办法适用于符合国家建设管理规定的燃煤发电机组（含循环流化床燃煤发电机组，不含以生物质、垃圾、煤气等燃料为主掺烧部分煤炭的发电机组）脱硫、脱硝、除尘电价（以下简称“环保电价”）及脱硫、脱硝、除尘设施（以下简称“环保设施”）运行管理。

第三条 对燃煤发电机组新建或改造环保设施实行环保电价加价政策。环保电价加价标准由国家发展改革委制定和调整。

第四条 安装环保设施的燃煤发电企业，环保设施验收合格后，由省级环境保护主管部门函告省级价格主管部门，省级价格主管部门通知电网企业自验收合格之日起执行相应的环保电价加价。

新建燃煤发电机组同步建设环保设施的，执行国家发展改革委公布的包含环保电价的燃煤发电机组标杆上网电价。

第五条 新建燃煤发电机组应按环保规定同步建设环保设施，不得设置烟气旁路通道。新建燃煤发电机组的环保设施由审批环境影响报告书的环境保护主管部门进行先期单项验收。先期单项验收结果纳入工程竣工环保总体验收。

现有燃煤发电机组应按照国家和地方政府确定的时间进度完成环保设施建设改造，由发电企业向负责审批的环境保护主管部门申请环保验收。市级环境保护主管部门验收的，验收结果报省级环境保护主管部门。

第六条 环境保护主管部门应在受理发电企业环保设施验收申请材料之日起30个工作日内，对验收合格的环保设施出具验收合格文件。

第七条 燃煤发电机组排放污染物应符合《火电厂大气污染物排放标准》（GB 13223—2011）规定的限值要求。其中，大气污染防治重点控制区按照相关要求执行特别排放限值；地方有更严格排放标准要求的，执行地方排放标准。火电厂大气污染物排放标准调整时，执行环保电价应满足的排放限值相应调整。

第八条 燃煤发电企业应按照国家有关规定安装运行烟气排放连续监测系统（以下简称“CEMS”），并与省级环境保护主管部门和省级电网企业联网，实时传输数据。CEMS发生故障不能正常运行时，发电企业应在12小时内向所在地市级及省级环境保护主管部门报告，限期恢复正常。

第九条 燃煤发电企业应按环境保护主管部门有关要求，自行或委托有资质的机构在全面测试烟气流速、污染物浓度分布基础上确定最具代表性点位；对所有 CEMS 监测仪表进行日常巡检和维护保养，并确保其正常运行。

第十条 燃煤发电企业应把环保设施作为主体设备纳入企业发电主设备管理系统统一管理，建立相应的管理制度。

第十一条 燃煤发电企业因检修维护、更新改造需暂停环保设施运行的，应在计划停运 5 个工作日前报省级环境保护主管部门批准并报告省级电网企业；环保设施因事故停运的，应在 24 小时内向所在地环境保护主管部门报告。

第十二条 燃煤发电企业应建立机组生产运行、环保设施运行台账，按日记录设施运行和维护情况、CEMS 数据、燃料分析报表（硫分、干燥无灰基挥发分、灰分等）、脱硫剂用量、脱硝还原剂消耗量、喷氨系统开关时间、电场电流电压、除尘压差、旁路挡板门启停时间、环保设施运行事故及处理情况等，运行台账应逐月归档管理。

第十三条 燃煤发电企业应按要求于每季度初 5 个工作日内将上一季度的环保分布式控制系统（以下简称“DCS”）历史数据报送省级环境保护主管部门和环境保护部区域环保督查中心。发电企业必须存储保留完整的 DCS 历史数据一年以上。脱硫脱硝除尘 DCS 主要参数应逐步设置于同一集控室内。

第十四条 省级电网企业应建立辖区内发电企业的监控平台，实时监控发电企业的环保设施 DCS 和 CEMS 主要参数，分析污染物排放情况，并将相关数据提供给省级环境保护主管部门等作为确定各企业污染物排放达标情况的参考依据。

第十五条 燃煤发电机组二氧化硫、氮氧化物、烟尘排放浓度小时均值超过限值要求仍执行环保电价的，由政府价格主管部门没收超限值时段的环保电价款。超过限值 1 倍及以上的，并处超限值时段环保电价款 5 倍以下罚款。

因发电机组启机导致脱硫除尘设施退出、机组负荷低导致脱硝设施退出并致污染物浓度超过限值，CEMS 因故障不能及时采集和传输数据，以及其他不可抗拒的客观原因导致环保设施不正常运行等情况，应没收该时段环保电价款，但可免于罚款。

第十六条 燃煤发电企业通过改装 CEMS 或 DCS 软、硬件设备，修改 CEMS 或 DCS 主要参数，篡改 CEMS 或 DCS 历史监测数据或故意损坏丢失数据库等手段，以及其他原因人为导致数据失实的，经环境保护主管部门核实，由政府价格主管部门没收相应时段环保电价款，并从重处以罚款。无法判断燃煤发电企业人为致使监测数据失真起始时间的，自检查发现之日起前一季度时间起计算电量。

第十七条 环保电价按照污染物种类分项考核。单项污染物超过执行标准的，对相应单项环保电价款予以没收和罚款。

污染物排放浓度小时均值以与环境保护主管部门联网的 CEMS 数据为准。超限值时段根据环保设施 DCS 历史数据库数据核定。

第十八条 省级环境保护主管部门根据日常检查结果、CEMS 自动监测数据有效性审核情况和发电企业上报的 DCS 关键参数，每季度核实辖区内各燃煤发电机组环保设施运行情况，确定发电机组分项污染物的小时浓度均值不同超标倍数的时间段、因客观原因致环保设施不正常运行时间累加值以及认定人为数据作假的事实等，于下季度初 20 个工作日内函告省级价格主管部门。省级环境保护主管部门定期向社会公告所辖地区各燃煤发电机组污染物排放情况。

第十九条 省级价格主管部门负责环保电价款的核算、没收和罚款。省级价格主管部门根据省级环境保护主管部门提供的上季度各燃煤发电机组环保设施运行情况，以及电网企业提供的燃煤发电机组电量核算环保电价款，及时下发没收环保电价款和罚款决定，并抄送省级环境保护主管部门。省级价格主管部门应对上年度本省（自治区、直辖市）燃煤发电企业涉及环保电价的典型价格违法案件进行公告。

第二十条 电网企业应严格执行价格主管部门确定的环保电价，以燃煤发电企业实际上网电量按月支付环保电价款，并及时向省级价格和环保主管部门提供燃煤发电机组污染物排放浓度小时均值超限值时段所对应的日均电量。

第二十一条 国务院环保部门会同其他监管部门依法定期组织对燃煤发电企业环保设施运行情况进行核查，并向社会公告核查中存在问题的发电企业。政府价格主管部门根据国家核查结果对没有达到污染物排放要求的发电企业没收相应环保电价款并处相应罚款。

第二十二条 对燃煤发电企业没收的环保电价款及罚款上缴当地省级财政主管部门，专项用于电力企业环保设施运行奖励、在线监控及联网系统建设维护、环境污染防治、补贴环保电价缺口等减排工作。

第二十三条 燃煤发电企业未按规定安装环保设施及 CEMS，或环保设施及 CEMS 没有达到国家规定要求的，由省级环境保护主管部门按照《环境保护法》、《大气污染防治法》、《污染源自动监控管理办法》等规定予以处罚。

第二十四条　燃煤发电企业擅自拆除、闲置或者无故停运环保设施及 CEMS，未按国家环保规定排放污染物的，由环境保护主管部门按照《环境保护法》、《大气污染防治法》、《污染源自动监控管理办法》有关规定予以处罚，并根据《刑法》、《最高人民法院、最高人民检察院关于办理环境污染刑事案件适用法律若干问题的解释》、《环境保护违法违纪行为处分暂行规定》等有关规定，追究有关责任人的责任。

第二十五条　电网企业拒报或谎报燃煤发电机组超限值排放时段所对应的电量，以及拒绝执行或未能及时执行或不按实际上网电量足额执行环保电价的，按照《价格法》、《环境保护法》、《大气污染防治法》和《价格违法行为行政处罚规定》等有关规定，由省级及以上价格主管部门会同环境保护主管部门予以处罚。

第二十六条　省级环境保护主管部门未如实或未在规定时间向价格主管部门函告燃煤发电机组环保设施运行情况，由环境保护部通报批评、责令改正，并按照《环境保护法》和《环境保护违法违纪行为处分暂行规定》等有关规定追究有关责任人责任。

第二十七条　省级价格主管部门未按时下发符合条件的燃煤发电企业执行环保电价通知、未足额没收前述应当没收的环保电价款并处相应罚款的，由国家发展改革委通报批评、责令改正，并按照《价格法》、《价格违法行为行政处罚规定》等有关规定追究有关责任人责任。

第二十八条　各省（区、市）价格主管部门、环境保护主管部门要会同国家能源局派出机构加强对燃煤发电企业环保设施运行情况及环保电价执行情况的跟踪检查。鼓励群众向各级环境保护主管部门举报燃煤发电企业非正常停运环保设施的行为，经查属实的，环境保护主管部门会同价格主管部门给予适当奖励。支持、鼓励新闻舆论对燃煤发电机组环保设施运行情况进行监督。燃煤发电企业应按照《国家重点监控企业自行监测及信息公开办法（试行）》（环发〔2013〕81 号）要求，在省级环境保护主管部门组织的平台上及时发布自行监测信息。

第二十九条　省级价格主管部门可会同环境保护主管部门依据本办法制定实施细则。

第三十条　本办法由国家发展改革委会同环境保护部负责解释。

第三十一条　本办法自 2014 年 5 月 1 日起实施。《燃煤发电机组脱硫电价及脱硫设施运行管理办法（试行）》（发改价格〔2007〕1176 号）同时废止。

关于进一步疏导环保电价矛盾的通知

发改价格〔2014〕1908号

各省、自治区、直辖市发展改革委、物价局、电力公司，国家电网公司、南方电网公司，华能、大唐、华电、国电、中电投集团公司：

为进一步疏导燃煤发电企业脱硝、除尘等环保电价矛盾，推进部分地区工商业用电同价，决定适当调整相关电价。现就有关事项通知如下：

一、降低有关省（自治区、直辖市）燃煤发电企业脱硫标杆上网电价，具体降价标准见附件1。未执行标杆电价的统调燃煤发电企业上网电价同步下调。

二、适当降低跨省、跨区域电网送电价格标准，具体降价标准见附件2。

三、将上述降价空间主要用于疏导脱硝、除尘环保电价矛盾，对脱硝、除尘排放达标并经环保部门验收合格的燃煤发电企业，电网企业自验收合格之日起分别支付脱硝、除尘电价每千瓦时1分钱和0.2分钱。

四、省级电网企业与可再生能源发电企业结算电价标准，按当地燃煤发电企业含脱硫、脱硝、除尘电价的标杆上网电价执行。

五、广东省实施工商用电同价。江西省分步推进工商业用电同价，商业和非居民照明用电各电压等级电价每千瓦时均降低0.164 7元。

六、云南、贵州向广东送电的价格每千瓦时下调0.2分钱，到广东的落地电价执行广东省燃煤发电含脱硫、脱硝、除尘电价的标杆上网电价。自2015年1月1日起，云南、贵州向广东送电价格由供需双方自主协商确定，输电价格按国家规定执行。

七、以上电价调整自2014年9月1日起执行。

八、电价调整后，发电企业、煤炭企业要切实采取有效措施，共同营造煤电行业良好的经营环境，将发电用煤价格维持在合理区间，防止过度下跌，促进煤电行业协调发展。

九、请各省（区、市）价格主管部门组织电网经营企业和发电企业严格贯彻执行上述调价措施。发电企业应按规定运行环保设施，做到达标排放，接受社会监督。电网企业应及时支付环保电费，不得拖欠发电企业环保电费资金。

附件：1. 各省（区、市）统调燃煤发电企业上网电价调整表

2. 有关跨省、跨区域电网送电价格调整表

国家发展改革委

2014 年 8 月 20 日

附件 1：

各省（区、市）统调燃煤发电企业上网电价调整表

单位：元/千瓦时（含税）

省级电网	降价标准	调整后标杆上网电价
北京	0.006 3	0.392 4
天津	0.005 4	0.404 9
河北北网	0.008 7	0.414 1
河北南网	0.008 2	0.423 4
山西	0.011 5	0.377 2
山东	0.008 1	0.439 6
内蒙古西部	0.012 0	0.300 4
上海	0.005 0	0.459 3
江苏	0.011 0	0.431 0
浙江	0.011 0	0.458 0
安徽	0.004 7	0.428 4
福建	0.004 5	0.437 9
湖北	0.011 0	0.459 2
湖南	0.005 9	0.494 0
河南	0.019 1	0.419 1
江西	0.031 7	0.455 5
四川	0.005 5	0.455 2
重庆	0.006 8	0.438 3

省级电网	降价标准	调整后标杆上网电价
辽宁	0.009 8	0.404 4
吉林	0.008 0	0.401 4
黑龙江	0.004 5	0.406 4
内蒙古东部	0.008 0	0.310 4
陕西	0.009 0	0.389 4
甘肃	0.004 0	0.328 9
宁夏	0.009 0	0.279 1
青海	0.003 0	0.354 0
广东	0.012 0	0.502 0
广西	0.009 8	0.457 4
云南	0.000 0	0.372 6
贵州	0.003 5	0.381 3
海南	0.011 0	0.477 8

备注：标杆上网电价含脱硫、脱硝和除尘电价。

附件 2：

有关跨省、跨区域电网送电价格调整表

单位：分/千瓦时（含税）

类别	项目	降价标准
点对网	山西送华北	0.70
	内蒙古西部送华北	0.70
	山西送山东	0.81
	宁东送山东	0.81
	陕西送河北南网	0.82
	皖电东送	0.47
	内蒙古东部送黑龙江	0.60
	内蒙古东部送吉林	0.60
	内蒙古东部送辽宁	0.60
	湖南鲤鱼江电厂送广东	1.20

类别	项目	降价标准
网对网	内蒙古西部送华北	1.20
	山西送华北	0.90
	山西送河北南网	0.90
	东北送华北	0.55
	云南送广东	0.20
	贵州送广东	0.20

备注：1. 通过宁东直流工程送山东价格按上表所列标准调整后，有关电价相应调整。其中，华电灵武二期、京能水洞沟、鲁能鸳鸯湖电厂送山东电量为每千瓦时 0.303 2 元，宁东换流站结算价格为每千瓦时 0.331 2 元，山东落地电价为每千瓦时 0.416 1 元。

2. 内蒙古东部向辽宁送电价格调整后，呼辽直流工程配套电源项目呼伦贝尔、伊敏三期、鄂温克电厂的上网电价相应调整为每千瓦时 0.300 元，辽宁落地电量结算价格为每千瓦时 0.378 1 元。

3. “皖电东送”燃煤发电企业上网电价调整为每千瓦时 0.416 4 元。

4. 云南、贵州向广东送电的价格按上表所列标准调整为每千瓦时 0.386 元，送广东落地电价调整为每千瓦时 0.502 元。

5. 送电价格调整后，华北、东北、华东、华中、西北区域电网公司统购统销电量与省（区、市）电网公司的结算价格相应调整。

关于扩大脱硝电价政策试点范围有关问题的通知

发改价格〔2012〕4095号

各省、自治区、直辖市发展改革委、物价局，国家电网公司、南方电网公司、内蒙古电力公司，华能、大唐、华电、国电、中电投、神华集团公司：

为加快燃煤机组脱硝设施建设，提高发电企业脱硝积极性，减少氮氧化物排放，促进环境保护，决定进一步加大脱硝电价政策试行力度。现将有关事项通知如下：

一、扩大脱硝电价试点范围。自2013年1月1日起，将脱硝电价试点范围由现行14个省（自治区、直辖市）的部分燃煤发电机组，扩大为全国所有燃煤发电机组。燃煤发电机组安装脱硝设施、具备在线监测功能且运行正常的，持国家或省级环保部门出具的脱硝设施验收合格文件，报省级价格主管部门审核后，执行脱硝电价。脱硝电价标准为每千瓦时8厘钱。

二、脱硝电价资金暂由电网企业垫付。发电企业执行脱硝电价后，电网企业增加的购电资金暂由其垫付，今后择机在销售电价中予以解决。

三、加强对脱硝电价政策执行的监管。各省、自治区、直辖市价格主管部门要及时对已安装脱硝设施的燃煤机组执行脱硝电价，调动发电企业脱硝积极性；会同有关部门加强对发电企业脱硝设施运行情况的监管，督促发电企业提高脱硝效率。同时，要注意总结脱硝电价政策实施情况，妥善处理出现的问题，并及时向我委报告。

国家发展改革委

2012年12月28日

关于加快燃煤电厂脱硝设施验收及落实脱硝电价政策有关工作的通知

环办〔2013〕21号

各省、自治区、直辖市、新疆生产建设兵团环境保护厅（局）、发展改革委、物价局：

为落实《国家发展改革委关于扩大脱硝电价政策试点范围有关问题的通知》（发改价格〔2012〕4095号）要求，确保脱硝电价政策及时执行到位，全面完成氮氧化物减排目标，现将有关要求通知如下：

一、加快脱硝设施验收工作

现有燃煤机组进行脱硝设施改造的，改造完成后，由建设单位向所在地省级环保部门申请环保验收，经验收合格取得验收审批文件；新建燃煤机组工程同步建设脱硝设施的，由环境保护部委托所在地省级环保部门对脱硝设施进行先期单项验收，验收审批文件抄报环境保护部，先期单项验收结果纳入工程竣工环保总体验收，工程竣工环保总体验收时，不再重复开展脱硝设施验收工作。

省级环保部门应在受理验收申请之日起30个工作日内，对验收合格的脱硝设施出具验收合格文件。

二、脱硝设施必须符合规定要求并正常运行

（一）安装脱硝设施的燃煤机组氮氧化物排放浓度达到《火电厂大气污染物排放标准》（GB 13223—2011）相应的排放限值要求。

（二）脱硝设施必须安装分散式控制系统（简称“DCS”），实时监控脱硝系统运行情况，记录用于氮氧化物减排核查核算相关参数，并确保能随机调阅相关参数及趋势曲线，相关数据至少保存一年以上。

（三）脱硝设施必须安装烟气在线监测设施，通过有效性审核，并取得设备监督考核合格标志。脱硝设施入口和烟囱入口均须安装烟气自动在线监测设施，安

装应符合《固定污染源烟气排放连续监测技术规范》（HJ/T 75—2007）的相关要求。设置永久、安全、便于采样和测试的操作平台，操作平台应符合《固定污染源排气中颗粒物测定与气态污染物采样方法》（GB/T 16157—1996）的要求。

三、及时落实脱硝电价政策

（一）对 2013 年 1 月 1 日前建成投运并通过国家或省级环保部门验收的燃煤发电机组脱硝设施，尚未执行脱硝电价的，自 2013 年 1 月 1 日起执行脱硝电价。

（二）2013 年 1 月 1 日以后安装、具备在线监测功能且运行正常的脱硝设施，经省级环保部门验收合格后，报省级价格主管部门审核，自验收合格之日起执行脱硝电价。以“点对网”方式跨省、区送电的燃煤发电机组脱硝设施，经当地省级环保部门验收合格并经当地省级价格主管部门审核后，向落地省价格主管部门或区域电网公司提出申请，自验收合格之日起执行脱硝电价。

各地在脱硝设施运行、验收及脱硝电价执行过程中遇到的问题，请及时向环境保护部和国家发展改革委报告。

环境保护部办公厅

国家发展和改革委员会办公厅

2013 年 2 月 17 日

关于调整发电企业上网电价有关事项的通知

发改价格〔2013〕1942号

各省、自治区、直辖市发展改革委、物价局、电力公司，国家电网公司、南方电网公司，华能、大唐、华电、国电、中电投集团公司，国家开发投资公司、神华集团公司：

为贯彻落实《国家发展改革委关于调整可再生能源电价附加标准与环保电价有关事项的通知》（发改价格〔2013〕1651号），决定在保持销售电价水平不变的情况下适当调整电价水平。现就有关事项通知如下：

一、降低有关省（区、市）燃煤发电企业脱硫标杆上网电价，具体降价标准见附件1。各地未执行标杆电价的统调燃煤发电企业上网电价同步下调。

二、适当降低跨省、跨区域送电价格标准，具体降价标准见附件2。

三、在上述电价基础上，对脱硝达标并经环保部门验收合格的燃煤发电企业，上网电价每千瓦时提高1分钱；对采用新技术进行除尘、烟尘排放浓度低于$30mg/m^3$（重点地区低于$20mg/m^3$），并经环保部门验收合格的燃煤发电企业，上网电价每千瓦时提高0.2分钱。

四、适当疏导部分地区燃气发电价格矛盾。提高上海、江苏、浙江、广东、海南、河南、湖北、宁夏等省（区、市）天然气发电上网电价，用于解决因存量天然气价格调整而增加的发电成本。具体调价标准由省级价格主管部门从紧制定，并报我委备案。

五、将向除居民生活和农业生产以外的其他用电征收的可再生能源电价附加标准由每千瓦时0.8分钱提高至1.5分钱（西藏、新疆除外）。

六、以上电价调整自2013年9月25日起执行。

七、请各省（区、市）价格主管部门组织电网经营企业和发电企业严格贯彻执行上述调价措施。同时，不得超越价格管理权限另行降低发电企业上网电价，不得自行降低对电力用户尤其是高耗能企业的销售电价。

国家发展改革委

2013年9月30日

附件 1：

各省（区、市）统调燃煤机组上网电价调整表

单位：分/千瓦时（含税）

省级电网	降价标准
北京	1.35
天津	1.35
河北北网	1.35
河北南网	1.04
山西	0.90
山东	1.17
内蒙古西部	1.05
内蒙古东部	1.15
辽宁	1.20
吉林	0.83
黑龙江	0.60
上海	2.50
江苏	2.50
浙江	2.50
安徽	1.49
福建	1.44
湖北	1.98
河南	1.30
湖南	1.35
江西	1.00
四川	0.00
重庆	1.60
陕西	1.10
甘肃	1.34
宁夏	1.25
青海	0.90
广东	1.90
广西	2.20
云南	0.00
贵州	0.97
海南	1.35

附件 2：

有关跨省、跨区域送电价格调整表

单位：分/千瓦时（含税）

类别	项目	降价标准
点对网	山西送华北	0.90
	内蒙古西部送华北	1.35
	山西送山东	1.17
	宁东送山东	1.17
	陕西送河北南网	1.04
	皖电东送	1.49
	内蒙古东部送黑龙江	0.60
	内蒙古东部送吉林	0.83
	内蒙古东部送辽宁	1.20
	湖南鲤鱼江电厂送广东	1.90
网对网	内蒙古西部送华北	1.05
	山西送华北	0.70
	山西送河北南网	0.70
	黑龙江送辽宁	0.60
	吉林送辽宁	0.83
	东北送华北	0.60
	云南送广东	0.20
	贵州送广东	0.20

备注：1. 通过宁东直流工程送山东价格按上表所列标准调整后，有关电价相应调整。其中，华电灵武二期、京能水洞沟、鲁能鸳鸯湖电厂送山东电量为每千瓦时 0.311 3 元、宁东换流站结算价格为每千瓦时 0.339 3 元，山东落地电价为每千瓦时 0.424 8 元。

2. 内蒙古东部向辽宁送电价格调整后，呼辽直流工程配套电源项目呼伦贝尔、伊敏三期、鄂温克电厂的上网电价相应调整为每千瓦时 0.306 元，辽宁落地电量结算价格为每千瓦时 0.384 4 元。

3. “皖电东送”燃煤发电企业上网电价调整为每千瓦时 0.421 1 元。

4. 云南、贵州向广东送电的价格按上表所列标准调整后，送广东落地电价相应调整。

5. 核电秦山联营公司 1、2 号机组上网电价调整为每千瓦时 0.414 元。

6. 送电价格调整后，华北、东北、华东、华中、西北区域电网公司统购统销电量与省（市）电网公司的结算价格相应调整。

2. 可再生能源发电电价政策

关于印发《可再生能源发电价格和费用分摊管理试行办法》的通知

发改价格〔2006〕7号

各省、自治区、直辖市发展改革委、物价局、电力公司，国家电网公司、南方电网公司：

为促进可再生能源的开发利用，根据《中华人民共和国可再生能源法》，我委研究制定了《可再生能源发电价格和费用分摊管理试行办法》，现印发你们，请按照执行。对执行中出现问题，请及时报告我委。

附件：可再生能源发电价格和费用分摊管理试行办法

中华人民共和国国家发展和改革委员会

二〇〇六年一月四日

附件：

可再生能源发电价格和费用分摊管理试行办法

第一章　总　则

第一条　为促进可再生能源发电产业的发展，依据《中华人民共和国可再生能源法》和《价格法》，特制定本办法。

第二条　本办法的适用范围为：风力发电、生物质发电（包括农林废弃物直接燃烧和气化发电、垃圾焚烧和垃圾填埋气发电、沼气发电)、太阳能发电、海洋能发电和地热能发电。水力发电价格暂按现行规定执行。

第三条　中华人民共和国境内的可再生能源发电项目，2006 年及以后获得政府主管部门批准或核准建设的，执行本办法；2005 年 12 月 31 日前获得政府主管部门批准或核准建设的，仍执行现行有关规定。

第四条　可再生能源发电价格和费用分摊标准本着促进发展、提高效率、规范管理、公平负担的原则制定。

第五条　可再生能源发电价格实行政府定价和政府指导价两种形式。政府指导价即通过招标确定的中标价格。可再生能源发电价格高于当地脱硫燃煤机组标杆上网电价的差额部分，在全国省级及以上电网销售电量中分摊。

第二章　电价制定

第六条　风力发电项目的上网电价实行政府指导价，电价标准由国务院价格主管部门按照招标形成的价格确定。

第七条　生物质发电项目上网电价实行政府定价的，由国务院价格主管部门分地区制定标杆电价，电价标准由各省（自治区、直辖市）2005 年脱硫燃煤机组标杆上网电价加补贴电价组成。补贴电价标准为每千瓦时 0.25 元。发电项目自投产之日起，15 年内享受补贴电价；运行满 15 年后，取消补贴电价。自 2010 年起，每年新批准和核准建设的发电项目的补贴电价比上一年新批准和核准建设项目的补贴电价递减 2%。发电消耗热量中常规能源超过 20%的混燃发电项目，视同常规能源发电项目，执行当地燃煤电厂的标杆电价，不享受补贴电价。

第八条　通过招标确定投资人的生物质发电项目，上网电价实行政府指导价，即按中标确定的价格执行，但不得高于所在地区的标杆电价。

第九条　太阳能发电、海洋能发电和地热能发电项目上网电价实行政府定价，其电价标准由国务院价格主管部门按照合理成本加合理利润的原则制定。

第十条　公共可再生能源独立电力系统，对用户的销售电价执行当地省级电网的分类销售电价。

第十一条　鼓励电力用户自愿购买可再生能源电量，电价按可再生能源发电价格加上电网平均输配电价执行。

第三章　费用支付和分摊

第十二条　可再生能源发电项目上网电价高于当地脱硫燃煤机组标杆上网电价的部分、国家投资或补贴建设的公共可再生能源独立电力系统运行维护费用高于当地省级电网平均销售电价的部分，以及可再生能源发电项目接网费用等，通过向电力用户征收电价附加的方式解决。

第十三条　可再生能源电价附加向省级及以上电网企业服务范围内的电力用户（包括省网公司的趸售对象、自备电厂用户、向发电厂直接购电的大用户）收取。地县自供电网、西藏地区以及从事农业生产的电力用户暂时免收。

第十四条　可再生能源电价附加由国务院价格主管部门核定，按电力用户实际使用的电量计收，全国实行统一标准。

第十五条　可再生能源电价附加计算公式为：可再生能源电价附加=可再生能源电价附加总额/全国加价销售电量可再生能源电价附加总额=Σ[（可再生能源发电价格−当地省级电网脱硫燃煤机组标杆电价）×电网购可再生能源电量+（公共可再生能源独立电力系统运行维护费用−当地省级电网平均销售电价×公共可再生能源独立电力系统售电量）+可再生能源发电项目接网费用以及其他合理费用]其中：(1) 全国加价销售电量＝规划期内全国省级及以上电网企业售电总量−农业生产用电量−西藏电网售电量。(2) 电网购可再生能源电量＝规划的可再生能源发电量－厂用电量。(3) 公共可再生能源独立电力系统运行维护费用=公共可再生能源独立电力系统经营成本×（1+增值税率）。(4) 可再生能源发电项目接网费用以及其他合理费用，是指专为可再生能源发电项目接入电网系统而发生的工程投资和运行维护费用，以政府有关部门批准的设计文件为依据。在国家未明确输配电成本前，暂将接入费用纳入可再生能源电价附加中计算。

第十六条　按照省级电网企业加价销售电量占全国电网加价销售电量的比例，确定各省级电网企业应分摊的可再生能源电价附加额。计算公式为：各省级电网企业应分摊的电价附加额=全国可再生能源电价附加总额×省级电网企业服务范围内的加价售电量/全国加价销售电量。

第十七条　可再生能源电价附加计入电网企业销售电价，由电网企业收取，单独记账，专款专用。所涉及的税收优惠政策，按国务院规定的具体办法执行。

第十八条　可再生能源电价附加由国务院价格主管部门根据可再生能源发展的实际情况适时调整，调整周期不少于一年。

第十九条　各省级电网企业实际支付的补贴电费以及发生的可再生能源发电项目接网费用，与其应分摊的可再生能源电价附加额的差额，在全国范围内实行统一调配。具体管理办法由国家电力监管部门根据本办法制定，报国务院价格主管部门核批。

第四章　附　则

第二十条　可再生能源发电企业和电网企业必须真实、完整地记载和保存可再生能源发电上网交易电量、价格和金额等有关资料，并接受价格主管部门、电力监管机构及审计部门的检查和监督。

第二十一条　不执行本办法的有关规定，对企业和国家利益造成损失的，由国务院价格主管部门、电力监管机构及审计部门进行审查，并追究主要责任人的责任。

第二十二条　本办法自2006年1月1日起执行。

第二十三条　本办法由国家发展和改革委员会负责解释。

关于印发《可再生能源电价附加补助资金管理暂行办法》的通知

财建〔2012〕102 号

各省、自治区、直辖市财政厅（局）、发展改革委、能源局、物价局，新疆生产建设兵团财务局、发展改革委、能源主管部门、价格主管部门，国家电网公司、中国南方电网有限责任公司、内蒙古自治区电力有限责任公司：

为促进可再生能源开发利用，规范可再生能源电价附加资金管理，提高资金使用效率，根据《中华人民共和国可再生能源法》和《财政部　国家发展改革委　国家能源局关于印发〈可再生能源发展基金征收使用管理暂行办法〉的通知》（财综〔2011〕115 号），财政部、国家发展改革委、国家能源局共同制定了《可再生能源电价附加补助资金管理暂行办法》，现印发给你们，请遵照执行。

附件：可再生能源电价附加补助资金管理暂行办法

财政部
国家发展改革委
国家能源局
二〇一二年三月十四日

附件：

可再生能源电价附加补助资金管理暂行办法

第一章　总　则

第一条　根据《中华人民共和国可再生能源法》和《财政部　国家发展改革

委　国家能源局关于印发〈可再生能源发展基金征收使用管理暂行办法〉的通知》（财综〔2011〕115号），制定本办法。

第二条　本办法所称可再生能源发电是指风力发电、生物质能发电（包括农林废弃物直接燃烧和气化发电、垃圾焚烧和垃圾填埋气发电、沼气发电）、太阳能发电、地热能发电和海洋能发电等。

第二章　补助项目确认

第三条　申请补助的项目必须符合以下条件：

（一）属于《财政部　国家发展改革委　国家能源局关于印发〈可再生能源发展基金征收使用管理暂行办法〉的通知》规定的补助范围。

（二）按照国家有关规定已完成审批、核准或备案，且已经过国家能源局审核确认。具体审核确认办法由国家能源局另行制定。

（三）符合国家可再生能源价格政策，上网电价已经价格主管部门审核批复。

第四条　符合本办法第三条规定的项目，可再生能源发电企业、可再生能源发电接网工程项目单位、公共可再生能源独立电力系统项目单位，按属地原则向所在地省级财政、价格、能源主管部门提出补助申请[格式见附1（略）]。省级财政、价格、能源主管部门初审后联合上报财政部、国家发展改革委、国家能源局。

第五条　财政部、国家发展改革委、国家能源局对地方上报材料进行审核，并将符合条件的项目列入可再生能源电价附加资金补助目录。

第三章　补助标准

第六条　可再生能源发电项目上网电量的补助标准，根据可再生能源上网电价、脱硫燃煤机组标杆电价等因素确定。

第七条　专为可再生能源发电项目接入电网系统而发生的工程投资和运行维护费用，按上网电量给予适当补助，补助标准为：50公里以内每千瓦时1分钱，50～100公里每千瓦时2分钱，100公里及以上每千瓦时3分钱。

第八条　国家投资或者补贴建设的公共可再生能源独立电力系统的销售电价，执行同一地区分类销售电价，其合理的运行和管理费用超出销售电价的部分，通过可再生能源电价附加给予适当补助，补助标准暂定为每千瓦每年0.4万元。

第九条　可再生能源发电项目、接网工程及公共可再生能源独立电力系统的价格政策，由国家发展改革委根据不同类型可再生能源发电的特点和不同地区的情况，按照有利于促进可再生能源开发利用和经济合理的原则确定，并根据可再生能源开发利用技术的发展适时调整。

根据《中华人民共和国可再生能源法》有关规定通过招标等竞争性方式确定的上网电价，按照中标确定的价格执行，但不得高于同类可再生能源发电项目的政府定价水平。

第四章　预算管理和资金拨付

第十条　按照中央政府性基金预算管理要求和程序，财政部会同国家发展改革委、国家能源局编制可再生能源电价附加补助资金年度收支预算。

第十一条　可再生能源电价附加补助资金原则上实行按季预拨、年终清算。省级电网企业、地方独立电网企业根据本级电网覆盖范围内的列入可再生能源电价附加资金补助目录的并网发电项目和接网工程有关情况，于每季度第三个月10日前提出下季度可再生能源电价附加补助资金申请表[格式见附2（略）]，经所在地省级财政、价格、能源主管部门审核后，报财政部、国家发展改革委、国家能源局。

公共可再生能源独立电力系统项目于年度终了后随清算报告一并提出资金申请。

第十二条　财政部根据可再生能源电价附加收入、省级电网企业和地方独立电网企业资金申请等情况，将可再生能源电价附加补助资金拨付到省级财政部门。省级财政部门按照国库管理制度有关规定及时拨付资金。

第十三条　省级电网企业、地方独立电网企业应根据可再生能源上网电价和实际收购的可再生能源发电上网电量，按月与可再生能源发电企业结算电费。

第十四条　年度终了后1个月内，省级电网企业、地方独立电网企业、公共可再生能源独立电力系统项目单位，应编制上年度可再生能源电价附加补助资金清算申请表[格式见附3（略）]，报省级财政、价格、能源主管部门，并提交全年电费结算单或电量结算单等相关证明材料。

第十五条　省级财政、价格、能源主管部门对企业上报材料进行初步审核，提出初审意见，上报财政部、国家发展改革委、国家能源局。

第十六条　财政部会同国家发展改革委、国家能源局组织审核地方上报材料，并对补助资金进行清算。

第五章　附　则

第十七条　本办法由财政部会同国家发展改革委、国家能源局负责解释。

第十八条　本办法自发布之日起施行。2012 年可再生能源电价附加补助资金的申报、审核、拨付等按本办法执行。

关于调整可再生能源电价附加标准与环保电价有关事项的通知

发改价格〔2013〕1651号

各省、自治区、直辖市发展改革委、物价局、电力公司，国家电网公司、南方电网公司，华能、大唐、华电、国电、中电投集团公司：

为支持可再生能源发展，鼓励燃煤发电企业进行脱硝、除尘改造，促进环境保护，决定适当调整可再生能源电价附加和燃煤发电企业脱硝等环保电价标准，现将有关事项通知如下：

一、将向除居民生活和农业生产以外的其他用电征收的可再生能源电价附加标准由每千瓦时0.8分钱提高至1.5分钱。

二、将燃煤发电企业脱硝电价补偿标准由每千瓦时0.8分钱提高至1分钱。

三、对采用新技术进行除尘设施改造、烟尘排放浓度低于30mg/m^3（重点地区低于20mg/m^3），并经环保部门验收合格的燃煤发电企业除尘成本予以适当支持，电价补偿标准为每千瓦时0.2分钱。

四、以上价格调整自2013年9月25日起执行。

五、在保持现有销售电价总水平不变的情况下，主要利用电煤价格下降腾出的电价空间解决上述电价调整资金来源。各省（区、市）具体电价调整方案，由省级价格主管部门研究拟订，于2013年9月10日前上报我委审批。

国家发展改革委

2013年8月27日

关于调整可再生能源电价附加征收标准的通知

财综〔2013〕89号

财政部驻各省、自治区、直辖市、计划单列市财政监察专员办事处：

为了促进可再生能源的开发利用，自2013年9月25日起，将向除居民生活和农业生产以外的其他用电量征收的可再生能源电价附加征收标准提高至1.5分钱/千瓦时。财政部驻各地财政监察专员办事处要严格按照本通知的规定，切实加强对可再生能源电价附加的征收管理和监督检查，确保资金应收尽收，及时入库。

财政部

2013年9月10日

关于完善农林生物质发电价格政策的通知

发改价格〔2010〕1579号

各省、自治区、直辖市发展改革委、物价局：

为促进农林生物质发电产业健康发展，决定进一步完善农林生物质发电价格政策。现将有关事项通知如下：

一、对农林生物质发电项目实行标杆上网电价政策。未采用招标确定投资人的新建农林生物质发电项目，统一执行标杆上网电价每千瓦时0.75元（含税，下同）。通过招标确定投资人的，上网电价按中标确定的价格执行，但不得高于全国农林生物质发电标杆上网电价。

二、已核准的农林生物质发电项目（招标项目除外），上网电价低于上述标准的，上调至每千瓦时0.75元；高于上述标准的国家核准的生物质发电项目仍执行原电价标准。

三、农林生物质发电上网电价在当地脱硫燃煤机组标杆上网电价以内的部分，由当地省级电网企业负担；高出部分，通过全国征收的可再生能源电价附加分摊解决。脱硫燃煤机组标杆上网电价调整后，农林生物质发电价格中由当地电网企业负担的部分要相应调整。

四、农林生物质发电企业和电网企业要真实、完整地记载和保存项目上网交易电量、价格和补贴金额等资料，接受有关部门监督检查。各级价格主管部门要加强对农林生物质上网电价执行情况和电价附加补贴结算情况的监管，确保电价政策执行到位。

五、上述规定自2010年7月1日起实行。

国家发展改革委

二〇一〇年七月十八日

关于完善太阳能光伏发电上网电价政策的通知

发改价格〔2011〕1594号

各省、自治区、直辖市发展改革委、物价局：

为规范太阳能光伏发电价格管理，促进太阳能光伏发电产业健康持续发展，决定完善太阳能光伏发电价格政策。现将有关事项通知如下：

一、制定全国统一的太阳能光伏发电标杆上网电价。按照社会平均投资和运营成本，参考太阳能光伏电站招标价格，以及我国太阳能资源状况，对非招标太阳能光伏发电项目实行全国统一的标杆上网电价。

（一）2011年7月1日以前核准建设、2011年12月31日建成投产、我委尚未核定价格的太阳能光伏发电项目，上网电价统一核定为每千瓦时1.15元（含税，下同）。

（二）2011年7月1日及以后核准的太阳能光伏发电项目，以及2011年7月1日之前核准但截至2011年12月31日仍未建成投产的太阳能光伏发电项目，除西藏仍执行每千瓦时1.15元的上网电价外，其余省（区、市）上网电价均按每千瓦时1元执行。今后，我委将根据投资成本变化、技术进步情况等因素适时调整。

二、通过特许权招标确定业主的太阳能光伏发电项目，其上网电价按中标价格执行，中标价格不得高于太阳能光伏发电标杆电价。

三、对享受中央财政资金补贴的太阳能光伏发电项目，其上网电量按当地脱硫燃煤机组标杆上网电价执行。

四、太阳能光伏发电项目上网电价高于当地脱硫燃煤机组标杆上网电价的部分，仍按《可再生能源发电价格和费用分摊管理试行办法》（发改价格〔2006〕7号）有关规定，通过全国征收的可再生能源电价附加解决。

国家发展改革委

二〇一一年七月二十四日

关于完善垃圾焚烧发电价格政策的通知

发改价格〔2012〕801号

各省、自治区、直辖市发展改革委、物价局：

为引导垃圾焚烧发电产业健康发展，促进资源节约和环境保护，决定进一步完善垃圾焚烧发电价格政策。现将有关事项通知如下：

一、进一步规范垃圾焚烧发电价格政策

以生活垃圾为原料的垃圾焚烧发电项目，均先按其入厂垃圾处理量折算成上网电量进行结算，每吨生活垃圾折算上网电量暂定为280千瓦时，并执行全国统一垃圾发电标杆电价每千瓦时0.65元（含税，下同）；其余上网电量执行当地同类燃煤发电机组上网电价。

二、完善垃圾焚烧发电费用分摊制度

垃圾焚烧发电上网电价高出当地脱硫燃煤机组标杆上网电价的部分实行两级分摊。其中，当地省级电网负担每千瓦时0.1元，电网企业由此增加的购电成本通过销售电价予以疏导；其余部分纳入全国征收的可再生能源电价附加解决。

三、切实加强垃圾焚烧发电价格监管

（一）省级价格主管部门依据垃圾发电项目核准文件、垃圾处理合同，以及当地有关部门支付垃圾处理费的银行转账单等，定期对垃圾处理量进行核实。电网企业依据省级价格主管部门核定的垃圾发电上网电量和常规能源发电上网电量支付电费。

（二）当以垃圾处理量折算的上网电量低于实际上网电量的50%时，视为常规发电项目，不得享受垃圾发电价格补贴；当折算上网电量高于实际上网电量的50%且低于实际上网电量时，以折算的上网电量作为垃圾发电上网电量；当折算上网电量高于实际上网电量时，以实际上网电量作为垃圾发电上网电量。

（三）各级价格主管部门要加强对垃圾焚烧发电上网电价执行和电价附加补贴结算的监管，做好垃圾处理量、上网电量及电价补贴的统计核查工作，确保上网电价政策执行到位。各发电企业和电网企业必须真实、完整地记载和保存垃圾焚烧发电项目上网电量、价格、补贴金额和垃圾处理量等资料，接受有关部门监督检查。

（四）对虚报垃圾处理量、不据实核定垃圾处理量和上网电量等行为，将予以严肃查处，取消相关垃圾焚烧发电企业电价补贴，并依法追究有关人员责任。

（五）电网企业应按照《可再生能源法》和有关规定，承担垃圾焚烧发电项目接入系统的建设和管理责任。

四、执行时间

本通知自 2012 年 4 月 1 日起执行。2006 年 1 月 1 日后核准的垃圾焚烧发电项目均按上述规定执行。

国家发展改革委

二〇一二年三月二十八日

关于完善核电上网电价机制有关问题的通知

发改价格〔2013〕1130号

各省、自治区、直辖市发展改革委、物价局，国家电网公司、南方电网公司，中国核工业集团公司、中广核集团公司、国家核电技术有限公司：

为了促进核电健康发展，合理引导核电投资，决定完善核电上网电价机制。现将有关事项通知如下：

一、对新建核电机组实行标杆上网电价政策。根据目前核电社会平均成本与电力市场供需状况，核定全国核电标杆上网电价为每千瓦时0.43元。

二、全国核电标杆上网电价高于核电机组所在地燃煤机组标杆上网电价（含脱硫、脱硝加价，下同）的地区，新建核电机组投产后执行当地燃煤机组标杆上网电价。

三、全国核电标杆上网电价低于核电机组所在地燃煤机组标杆上网电价的地区，承担核电技术引进、自主创新、重大专项设备国产化任务的首台或首批核电机组或示范工程，其上网电价可在全国核电标杆电价基础上适当提高，具体由省级价格主管部门提出方案报我委核批。

四、全国核电标杆上网电价保持相对稳定。今后将根据核电技术进步、成本变化、电力市场供需状况变化情况对核电标杆电价进行评估并适时调整。

五、上述政策适用于2013年1月1日后投产的核电机组。2013年1月1日以前投产的核电机组，电价仍按原规定执行。

国家发展改革委

2013年6月15日

关于海上风电上网电价政策的通知

发改价格〔2014〕1216 号

各省、自治区、直辖市发展改革委、物价局，华能、大唐、华电、国电、中电投集团公司，国家电网公司，南方电网公司：

为促进海上风电产业健康发展，鼓励优先开发优质资源，经研究，现就海上风电上网电价有关事项通知如下：

一、对非招标的海上风电项目，区分潮间带风电和近海风电两种类型确定上网电价。2017 年以前（不含 2017 年）投运的近海风电项目上网电价为每千瓦时 0.85 元（含税，下同），潮间带风电项目上网电价为每千瓦时 0.75 元。

二、鼓励通过特许权招标等市场竞争方式确定海上风电项目开发业主和上网电价。通过特许权招标确定业主的海上风电项目，其上网电价按照中标价格执行，但不得高于以上规定的同类项目上网电价水平。

三、2017 年及以后投运的海上风电项目上网电价，我委将根据海上风电技术进步和项目建设成本变化，结合特许权招投标情况研究制定。

国家发展改革委

2014 年 6 月 5 日

3. 其他电价政策

国务院办公厅转发发展改革委关于完善差别电价政策意见的通知

国办发〔2006〕77号

各省、自治区、直辖市人民政府，国务院各部委、各直属机构：

发展改革委《关于完善差别电价政策的意见》已经国务院同意，现转发给你们，请认真贯彻执行。

实行差别电价政策，有利于遏制高耗能产业的盲目发展和低水平重复建设，淘汰落后生产能力，促进产业结构调整和技术升级，缓解能源供应紧张局面。各地区、各部门要统一思想，充分认识实施和完善差别电价政策的重要意义，全面落实科学发展观，增强对能源、资源、环境问题的紧迫感和危机感，从全局和战略高度出发，认真做好落实差别电价政策的各项工作，加快推进资源节约型、环境友好型社会建设，促进建立节约能源、资源和降低能耗的长效机制。各地区要加强领导，精心组织，及时进行督促检查，确保政策落实到位。同时，要切实采取有力措施，制订预案，做好企业关停并转及职工安置等善后准备工作，维护社会稳定。

国务院办公厅

二〇〇六年九月十七日

附件：

关于完善差别电价政策的意见

发展改革委

为调整和优化产业结构，加快淘汰高耗能产业中的落后产能，促进节约能源和降低能耗，现就进一步做好对部分高耗能产业实行差别电价政策提出以下意见：

一、充分认识完善差别电价政策的必要性

2004 年 6 月以来，国家将电解铝、铁合金、电石、烧碱、水泥、钢铁等 6 个高耗能产业的企业区分淘汰类、限制类、允许和鼓励类并试行差别电价政策，对遏制高耗能产业盲目发展、促进产业结构调整和技术升级、缓解电力供应紧张矛盾发挥了积极作用。但由于有关方面认识不尽一致，相关措施不够得力等原因，差别电价政策在部分地区尚未得到很好落实。当前，电力供应紧张状况逐步缓解，个别地区擅自对高耗能产业用电实行价格优惠，部分高耗能产业又出现了盲目发展的势头，这种现象如不及时加以引导，必将引发新一轮高耗能产业产能过剩，加大产业结构调整难度，加剧资源浪费与环境污染。将产业政策和价格杠杆有机结合起来，进一步完善差别电价政策，有利于正确引导投资，遏制高耗能产业盲目发展和低水平扩张，促进建立节约能源和降低能耗的长效机制，对保持国民经济平稳较快发展和建设资源节约型、环境友好型社会都是十分必要的。

二、完善差别电价政策的指导思想、目标和原则

（一）指导思想。以科学发展观为指导，按照建设资源节约型、环境友好型社会的要求，利用价格杠杆，鼓励和支持环保、节能等先进生产技术，淘汰落后生产能力，引导高耗能产业合理布局，抑制高耗能产业盲目发展，推进产业结构优化升级。

（二）目标。抑制高耗能企业盲目投资和低水平重复建设，促进现有高耗能企业进行节能降耗技术改造，逐步淘汰落后生产能力，提高高耗能产业的整体技术装备水平和竞争能力，实现资源优化配置。

（三）原则。一是以国家产业政策为依据确定电价政策，促进产业政策贯彻落实。二是合理确定高耗能产业的总体电价水平，对允许和鼓励类企业执行正常电价水平，对限制类、淘汰类企业用电适当提高电价，以限制和淘汰落后产能，促进结构调整。三是坚持区别对待，各地可以结合实际情况，适当加大差别电价实施力度。

三、完善差别电价政策的主要措施

（一）禁止自行出台优惠电价措施。各地一律不得违反国家法律、法规和政策规定，自行出台对高耗能企业实行优惠电价的措施，已经出台实施的要立即停止执行。

（二）扩大差别电价实施范围。在对电解铝、铁合金、电石、烧碱、水泥、钢铁 6 个行业继续实行差别电价的同时，将黄磷、锌冶炼 2 个行业也纳入差别电价政策实施范围。根据国务院批准的《产业结构调整指导目录（2005 年本）》，制订《部分高耗能产业实行差别电价目录》（见附件 1），明确实行差别电价的 8 个高耗能行业淘汰类、限制类企业的划分标准。

（三）加大差别电价实施力度。今后 3 年内，将淘汰类企业电价提高到比目前高耗能行业平均电价高 50%左右的水平，提价标准由现行的 0.05 元调整为 0.20 元；对限制类企业的提价标准由现行的 0.02 元调整为 0.05 元（各年度差别电价最低标准见附件 2）。各地可在此基础上，根据实际情况进一步提高标准，报国家发展改革委备案。

（四）严格执行对企业自备电厂的收费政策。除国家鼓励发展的资源综合利用（如利用余热、余压或煤矸石发电等）、热电联产的自备电厂外，严格执行企业自备电厂自发自用电量缴纳三峡工程建设基金、农网还贷资金、大中型水库移民后期扶持基金、城市公用事业附加等规定，地方各级人民政府均不得随意减免。企业自备电厂与电网相连的，应向接网的电网企业支付系统备用费。国家发展改革委、电监会要对各地执行自备电厂收费政策的情况进行检查，抓紧完善有关政策。自备电厂欠缴上述费用的，各级价格主管部门要会同有关部门和单位予以追缴。

（五）加强对差别电价收入的管理。执行差别电价增加的电费收入，作为政府性基金全额上缴中央国库，并实行“收支两条线”管理。具体征收使用管理办法由财政部会同国家发展改革委另行发布。

四、确保差别电价政策执行到位

各省（区、市）差别电价政策的实施由省级人民政府负责，要成立由省级人民政府负责同志为组长的工作小组，对高耗能企业和自备电厂进行认真甄别和分类，拟定工作方案，确保自2006年10月1日起对所有列入附件1的高耗能企业执行差别电价政策，并于10月底以前将贯彻落实情况报国家发展改革委和电监会。国家电网公司、南方电网公司负责按照各省（区、市）政府提出的企业名单，严格执行差别电价政策。国家发展改革委和电监会等有关部门要派出工作组，督促差别电价政策的落实，并将进展情况及时报告国务院。

附件：1. 部分高耗能产业实行差别电价目录

2. 部分高耗能产业差别电价标准

附件1：

部分高耗能产业实行差别电价目录

为发挥价格杠杆的调节作用，加强价格政策与产业政策的协调配合，制止部分高耗能产业低水平重复建设，促进产业结构调整和优化升级，根据《国务院关于发布实施〈促进产业结构调整暂行规定〉的决定》（国发〔2005〕40号）和《产业结构调整指导目录（2005年本）》（国家发改委令第40号），特制订本目录。对列入本目录的企业或生产设备实行差别电价。

一、钢铁行业

（一）淘汰类。

1. 生产地条钢、钢锭或连铸坯的工频炉和中频炉感应炉。

2. 20吨及以下电炉（不含机械铸造电炉和10吨以上高合金钢电炉）。

3. 300m^3及以下的高炉（不含100m^3以上铁合金高炉及200m^3以上专业铸铁管厂高炉）。

4. 20吨及以下转炉（不含铁合金转炉）。

（二）限制类。

1. 2005年8月以后建设的公称容量70吨以下的电炉项目、1 000m^3以下高炉和 120 吨以下转炉项目。

2. 2005 年 8 月以后建设的公称容量 70 吨及以上、未同步配套烟尘回收装置，能源消耗、新水耗量等达不到标准的电炉项目。

二、铁合金（含工业硅）行业

（一）淘汰类。

1. 3 000 千伏安以下半封闭直流还原电炉、3 000 千伏安以下精炼电炉（硅钙合金、电炉金属锰、硅铝合金、硅钙钡铝、钨铁、钒铁等特殊品种的电炉除外）。

2. 5 000 千伏安以下的铁合金（含工业硅）矿热电炉。

3. 不符合行业准入条件的铁合金（含工业硅）企业（自 2007 年 1 月 1 日起执行）。

（二）限制类。

2005 年 1 月 1 日以后建设的 2.5 万千伏安以下，2.5 万千伏安及以上环保、能耗等达不到准入要求的铁合金（含工业硅）矿热电炉项目（对中西部具有独立运行的小水电及矿产资源优势的国家确定的重点贫困地区新建铁合金矿热电炉按不小于 1.25 万千伏安执行）。

三、电解铝行业

（一）淘汰类。

铝自焙电解槽。

（二）限制类。

2004 年 5 月 1 日以后建设的电解铝项目（淘汰自焙槽生产能力置换项目及环保改造项目除外）。

四、锌冶炼行业

限制类。

2004 年 5 月 1 日以后建设的单系列 10 万吨/年规模以下锌冶炼项目。

五、电石行业

（一）淘汰类。

1. 5 000 千伏安以下（1 万吨/年以下）电石炉及开放式电石炉。

2. 排放不达标的电石炉。

（二）限制类。

2005 年 1 月 1 日以后建设的 2.5 万千伏安以下（能力小于 4.5 万吨）和 2.5 万千伏安以上环保、能耗等达不到准入要求的电石矿热炉项目。

六、烧碱行业

（一）淘汰类。

1. 汞法烧碱。

2. 石墨阳极隔膜法烧碱。

（二）限制类。

2006 年 1 月 1 日以后建设的 15 万吨/年以下烧碱装置（用离子膜技术淘汰老装置的搬迁企业除外）。

七、黄磷行业

淘汰类。

1 000 吨/年以下黄磷生产线。

八、水泥行业

（一）淘汰类。

1. 窑径 2.2 米及以下水泥机械化立窑生产线。

2. 窑径 2.5 米及以下水泥干法中空窑（生产特种水泥除外）。

3. 直径 1.83 米以下水泥粉磨设备。

4. 水泥土（蛋）窑、普通立窑。

（二）限制类。

2004 年 5 月 1 日后建设的水泥机立窑、干法中空窑、立波尔窑、湿法窑、日产 1 500 吨及以下熟料新型干法水泥生产线。

附件 2：

部分高耗能产业差别电价标准

单位：元/千瓦时

行业		现行差别电价标准	2006 年 10 月 1 日起	2008 年 1 月 1 日起
电解铝、铁合金、钢铁、电石、烧碱、水泥、黄磷、锌冶炼	淘汰类	0.05	0.15	0.20
	限制类	0.02	0.04	0.05

关于坚决贯彻执行差别电价政策禁止自行出台优惠电价的通知

发改价格〔2007〕773 号

各省、自治区、直辖市发展改革委、经贸委、物价局，各区域电监局、城市电监办，国家电网公司、南方电网公司：

2006 年 9 月，国务院办公厅转发《国家发展改革委关于完善差别电价政策的意见》（国办发〔2006〕77 号），规定对电解铝、铁合金、电石、烧碱、水泥、钢铁、黄磷、锌冶炼 8 个高耗能行业实行差别电价政策，明确了对上述行业中淘汰类和限制类企业用电实行加价的时间和标准，同时规定各地一律不得自行对高耗能企业实行优惠电价，已经实行优惠电价的要立即停止执行。但各地贯彻落实差别电价政策工作进展很不平衡。河北、天津、山西、辽宁、吉林、山东、上海、浙江、江苏、福建、湖南、四川、广西、贵州、海南 15 个省（区、市）转发了国务院办公厅文件，甄别并公布了执行差别电价的企业名单和加价标准，贯彻执行情况较好；北京、甘肃、湖北、河南、安徽、广东、云南等 7 个省（市）虽已转发国务院办公厅文件，但未具体明确执行差别电价的企业名单；内蒙古、黑龙江、陕西、宁夏、青海、新疆、重庆、江西 8 个省（区、市）既未转发国务院办公厅文件，也未对高耗能企业进行甄别。吉林、黑龙江、内蒙古、陕西、青海、甘肃、宁夏、湖北、四川、重庆、福建、贵州、江苏、海南等 14 个省（区、市）还以实行发供电联动、协议供电、大用户用电直供、竞价上网等名义自行出台了对高耗能企业的优惠电价措施。为确保国务院确定的差别电价政策的贯彻落实，现通知如下：

一、提高认识

对高耗能企业实行差别电价和禁止实行优惠电价，是加强和改善宏观调控、促进节能降耗和产业结构调整的重要措施。部分省份贯彻落实差别电价政策不到位，甚至自行出台对高耗能企业电价优惠措施的行为，不符合落实科学发展观和构建和谐社会的要求，严重干扰了国家宏观调控政策的实施。各地要进一步统一思想，切实做到令行禁止，坚决落实国家关于抑制高耗能行业盲目发展的价格措施，保持国民经济又好又快平稳发展。

二、自查自纠

各地要对照国办发〔2006〕77号文件要求，立即开展自查自纠。凡是自行对高耗能企业实行优惠电价措施的，应立即停止执行；凡是没有按照国办发〔2006〕77号文件规定的范围和加价标准对高耗能行业实行差别电价政策的，必须于2007年4月底前贯彻落实到位。各地要按照国家电监会、国家发展改革委《关于印发〈电力用户向发电企业直接购电试点暂行办法〉的通知》（电监输电〔2004〕17号）有关规定，对大用户直购电试点情况进行清理，凡是未经国家电监会、国家发展改革委批准自行实施大用户直购电的，要立即停止执行。各地自查自纠情况于4月底前上报国家发展改革委和国家电监会。

三、坚决制止违规行为

对于未贯彻落实差别电价政策或继续对高耗能企业实行优惠电价措施的，国家发展改革委和国家电监会将报请国务院通报批评，并追究有关负责人责任。国家发展改革委将根据差别电价落实情况调整各地电力规划，调减电力建设规模和相应的电力项目。调出规划的电力项目不予办理核准手续；国家电监会、国家发展改革委将停止在该地区开展大用户直接向发电企业购电试点工作。

四、电网企业要严格执行国家电价政策

国家电网公司、南方电网公司要每月初向国家发展改革委和国家电监会报告各地执行差别电价政策和纠正优惠电价措施的情况，并要求所属省级电网公司严格按照省级政府有关部门确定的企业名单执行差别电价政策，拒绝执行地方政府违反国家规定自行出台的对高耗能企业的优惠电价措施。对未贯彻执行差别电价政策或继续执行地方政府自行出台的优惠电价措施的电网企业，将依照《价格法》予以严肃查处，追究有关负责人责任，并相应降低该地区的输配电价水平。

五、加强监督检查

国家发展改革委、国家电监会将于 2007 年 5 月派出工作组，对各地贯彻落实差别电价政策和纠正优惠电价措施情况进行督查，并将督查情况上报国务院。

国家发展改革委

国家电监会

二〇〇七年四月九日

关于对贯彻落实差别电价政策及禁止自行出台优惠电价等情况进行督查的通知

发改电〔2007〕129号

各省、自治区、直辖市发展改革委、物价局、经贸委（经委）、电力公司，华北电监局（北京）、东北电监局（沈阳）、西北电监局（西安）、华东电监局（上海）、华中电监局（武汉）、南方电监局（广州）、太原电监办、济南电监办、兰州电监办、杭州电监办、南京电监办、福州电监办、郑州电监办、长沙电监办、成都电监办、昆明电监办、贵阳电监办，国家电网公司、南方电网公司（广州）：

根据国家发展改革委、国家电监会《关于坚决贯彻执行差别电价政策禁止自行出台优惠电价的通知》（发改价格〔2007〕773号）要求，为督促各地尽快贯彻落实差别电价政策，国家发展改革委、国家电监会决定对各地执行国家差别电价政策及禁止出台优惠电价情况进行全面督查。现将有关情况通知如下：

一、督查内容

（一）差别电价政策执行情况。主要包括：（1）是否转发国务院办公厅国办发〔2006〕77号文件并制定具体实施办法；（2）是否成立由省级人民政府负责同志为组长的工作小组；（3）是否按照国办发〔2006〕77号文件中的《部分高耗能产业实行差别电价目录》对高耗能企业和自备电厂进行认真甄别和分类，并正式公布名单；（4）是否按照国办发〔2006〕77号文件规定的范围、加价标准和时间对高耗能企业实行差别电价政策；（5）2006年、2007年本省（区、市）八大类高耗能企业各有多少家，其中鼓励类、限制类、淘汰类分别有多少家，已执行差别电价的高耗能企业多少家，加价电量及加价收入有多少，2006年与2005年比较变化情况等；（6）本地在贯彻落实差别电价政策方面还采取哪些措施。

（二）停止优惠电价措施情况。（1）何时自行出台了对高耗能企业优惠电价措施；（2）采取何种方式享受优惠电价的行业或企业及优惠形式；（3）停止执行优惠电价的具体措施及时间。

（三）自行实施大用户直购电情况。（1）自行批准对高耗能企业实施大用户直购电的时间、企业数量和企业类型；（2）停止实施大用户直购电的时间及相应措施。

（四）开展自查自纠的情况。

二、组织安排

国家发展改革委、国家电监会将联合组成10个督查组，于5月中下旬开始，用10天左右的时间，对全国30个省（区、市，除西藏外）进行督查。具体时间和行程安排由各督查组确定，并通知有关省（区、市）有关部门。

三、督查方式

督查采取听取汇报、查阅资料与实地检查相结合的方式进行。

（一）听取省级政府发改、价格、经贸、电监等部门和电网公司汇报，了解地方根据《国家发展改革委、国家电监会关于坚决贯彻执行差别电价政策禁止自行出台优惠电价的通知》（发改价格〔2007〕773号）文件自查自纠情况，以及省级政府和有关部门的意见与建议。

（二）查阅各省（区、市）贯彻落实差别电价政策以及自查自纠的有关书面材料及相关文件资料。

（三）每个省（区、市）实地抽查2～3个限制类和淘汰类高耗能企业。

四、工作要求

（一）各省（区、市）有关部门和单位要充分认识实施差别电价政策对淘汰落后企业、调整经济结构的意义，把落实差别电价政策作为当前经济工作中的一件大事来抓，确保政策落实到位。

（二）各地要按照督查内容认真做好相关准备工作。要提前准备好各地贯彻落实差别电价政策、出台优惠电价措施以及自查自纠情况的书面材料及相关文件资料，并认真填写附表（附后）。

（三）各有关部门和单位要积极配合督查组开展督查工作。省级发展改革委、物价局、经贸委、区域电监局负责组织有关部门和企业如实向督查组汇报贯彻《通知》以及自查自纠等情况。

国家发展改革委

国家电监会

二〇〇七年四月二十九日

关于进一步贯彻落实差别电价政策有关问题的通知

发改价格〔2007〕2655号

各省、自治区、直辖市发展改革委、经贸委（经委）、物价局、财政厅（局），各区域电监局、城市电监办，国家电网公司、南方电网公司：

今年6月份，国务院部署了对高耗能、高排放行业的专项大检查。从检查结果看，各地贯彻落实差别电价政策工作取得了显著成效，但进展很不平衡。其中，河北、福建、江西、宁夏、新疆等省（区）只对部分高耗能行业执行了差别电价政策；云南省尚未执行2007年差别电价标准；四川、湖北等省仍以大用户直供电和协议供电等名义对部分高耗能企业实行电价优惠。为确保差别电价政策的全面贯彻落实，经国务院批准，现将有关事项通知如下：

一、加强对高耗能企业的甄别工作

各省（区、市）发展改革、经贸、价格、电监等部门要按照省级人民政府确定的职责分工，以国家电网公司、南方电网公司供电营业区范围内的高耗能企业名单（见附件）为基础，连同地方电网供电营业区内的高耗能企业，对本地区高耗能企业进行逐个甄别，将其区分为允许鼓励类、限制类和淘汰类企业，并在当地主要媒体上向社会公告。各地要在2007年12月1日前将甄别后的所有高耗能企业名单和执行差别电价情况，报国家发展改革委和国家电监会备案。国家电网公司、南方电网公司应要求所属省级电网公司，严格按照省级人民政府有关部门确定的企业名单，全面、及时地将差别电价政策落实到位。

二、调整差别电价收入用途

将电网企业执行差别电价增加的电费收入全额上缴地方国库，纳入省级财政预算，实行“收支两条线”管理，专项用于支持当地经济结构调整和节能减排工作。电网企业已经收取但尚未上缴中央国库的差别电价收入，改为全额上缴地方国库。各省级地方财政部门应根据本地区情况，研究制定差别电价收入的具体管理办法，促进差别电价政策和节能减排措施的实施。

三、取消对高耗能企业的优惠电价政策

（一）取消国家出台的对电解铝、铁合金和氯碱企业的电价优惠政策。1999年，原国家计委和财政部曾联合发文对13家产能规模在5万吨以上的电解铝企业用电价格平均每千瓦时优惠2分钱左右；2000—2005年，国家发展改革委在调整终端用户销售电价时，对符合国家产业政策的电解铝、铁合金、氯碱企业用电价格比其他工业企业平均每千瓦时累计少提价约2分钱。为引导高耗能行业发展，促使其节能降耗，决定取消上述电价优惠政策。

1．对铁合金行业的电价优惠，自2007年10月20日起全部取消。国家发展改革委颁发的各省（区、市）现行销售电价表中在大工业电价下单列“电石、电炉铁合金、电解烧碱、合成氨、电炉黄磷”电价的，执行该类电价；没有单列上述高耗能行业电价的，执行大工业电价，不再另行优惠。

2．电解铝行业的用电价格，在销售电价表中单列或注明实行优惠的，原则上应在2007年内予以取消，改为执行大工业电价下的“电石、电炉铁合金、电解烧碱、合成氨、电炉黄磷”类电价；若单列的电解铝行业电价与上述电价价差每千瓦时大于5分钱的，2007年内先取消电价优惠5分钱，其余优惠原则上2008年内取消。

3．对氯碱行业的电价优惠，原则上2008年内取消。

取消电解铝、氯碱两个行业电价优惠的具体实施意见，国家发展改革委、国家电监会另行下达。

（二）立即停止执行各地自行出台的对高耗能企业的优惠电价措施。对仍在以大用户直供电和协议用电名义自行对高耗能企业实行优惠的四川、湖北等省，要在收到本通知之日起，立即停止对高耗能企业的电价优惠行为。没有按照要求取消优惠的，国家发展改革委将调减其电力建设规模和相应的电力项目。调出规划的电力项目不予办理核准手续。

四、加强监督检查

今年四季度国家发展改革委、国家电监会将组织开展全国电力价格专项检查，重点检查各地贯彻落实差别电价政策情况；电网企业提高、降低或变相降低标准

向有关高耗能企业收取差别电价等价格违法行为。对存在问题严重的地区或企业，将通过新闻媒体公开曝光，并提请国务院通报批评。

国家发展改革委

财政部

国家电监会

二〇〇七年九月三十日

附件：2007年国家电网企业供电的高耗能企业名单（略）

关于居民生活用电试行阶梯电价的指导意见的通知

发改价格〔2011〕2617 号

各省、自治区、直辖市发展改革委、物价局、电力公司，各区域电监局、各省电监办，国家电网公司、南方电网公司：

为了促进资源节约型和环境友好型社会建设，逐步减少电价交叉补贴，理顺电价关系，引导居民合理、节约用电，经商国家电监会，国家发展改革委制定了《关于居民生活用电试行阶梯电价的指导意见》（以下简称《指导意见》），现印发你们，请按照执行。

各地价格主管部门要按照《指导意见》要求，结合这次电价调整制定居民阶梯电价具体实施方案，履行价格听证程序后试点推行。试点过程如遇相关问题和情况，请及时报告。

附件：关于居民生活用电试行阶梯电价的指导意见

国家发展改革委

二〇一一年十一月二十九日

附件：

关于居民生活用电试行阶梯电价的指导意见

一、推行居民阶梯电价的必要性

居民阶梯电价是指将现行单一形式的居民电价，改为按照用户消费的电量分段定价，用电价格随用电量增加呈阶梯状逐级递增的一种电价定价机制。

长期以来，我国对居民电价采取低价政策。近年来我国能源供应紧缺、环境压力加大等矛盾逐步凸显，煤炭等一次能源价格持续攀升，电力价格也随之上涨，但居民电价的调整幅度和频率均低于其他行业用电，居民生活用电价格一直处于较低水平。从而造成用电量越多的用户，享受的补贴越多；用电量越少的用户，享受的补贴越少，既没有体现公平负担的原则，也不能合理体现电能资源价值，不利于资源节约和环境保护。为了促进资源节约和环境友好型社会建设，引导居民合理用电、节约用电，有必要对居民生活用电实行阶梯电价。

二、实施居民阶梯电价遵循的原则

实行阶梯电价要遵循以下原则：一是补偿成本与公平负担相结合。居民用电价格总体上要逐步反映用电成本，同时，兼顾不同收入居民的承受能力，用电少的居民少负担，用电多的居民多负担。二是统一政策与因地制宜相结合。国家制定阶梯电价政策总体框架和指导性意见，各地结合当地自然地理环境、经济发展程度、居民收入和用电水平等情况，确定具体实施方案。三是立足当前与着眼长远相结合。阶梯电价近期应着力于建立机制，保证大多数居民电价基本稳定；长远目标要逐步反映电力资源价值，引导居民节约用电。

三、居民阶梯电价的电量分档和电价确定

（一）分档电量和电价

居民阶梯电价将城乡居民每月用电量按照满足基本用电需求、正常合理用电需求和较高生活质量用电需求划分为三档，电价实行分档递增。其中：

第一档电价原则上维持较低价格水平，三年之内保持基本稳定。

第二档电价逐步调整到弥补电力企业正常合理成本并获得合理收益的水平。起步阶段电价在现行基础上提价 10%左右。今后电价按照略高于销售电价平均提价标准调整。

第三档电价在弥补电力企业正常合理成本和收益水平的基础上，再适当体现资源稀缺状况，补偿环境损害成本。起步阶段提价标准不低于每度电 0.2 元，今后按照略高于第二档调价标准的原则调整，最终电价控制在第二档电价的 1.5 倍左右。

（二）可供选择的指导性方案

方案一：以省（区、市）为单位，第一档电量按照覆盖 70%居民家庭的月均

用电量确定，即保证户均月用电量在该档电量范围内居民户数占居民总户数的比例达到70%；起步阶段电价保持基本稳定。第二档电量按照覆盖90%居民家庭的月均用电量确定；起步阶段电价提价标准不低于每度电5分钱。第三档为超出第二档的电量；起步阶段电价提价标准不低于每度电0.20元。

方案二：以省（区、市）为单位，第一档电量按照覆盖80%居民用户的月均用电量确定，即保证户均月用电量在该档电量范围内居民户数占居民总户数的比例达到80%；起步阶段电价每度电提高1分钱左右。第二档电量按照覆盖95%居民用户的月均用电量确定；起步阶段电价提价标准不低于每度电5分钱。第三档为超出第二档的电量；起步阶段电价提价标准不低于每度电0.20元。

上述两个方案涉及的全国平均电量分档标准见附件（略）。国家发展改革委将商有关部门，根据征求意见情况对《指导意见》进一步修改完善后，选择修改完善的方案用于指导各地。

（三）各地阶梯电价具体实施方案，由省（区、市）人民政府按照本指导意见确定。

四、实施范围

（一）居民阶梯电价执行范围为，省级电网供电区域内实行“一户一表”的城乡居民用户。

（二）使用预付费电能表的居民用户，在实现远程自动抄表前，可按购电量以年为周期执行阶梯电价；其他“一户一表”居民用户，在实现远程自动抄表前，应按供电企业抄表周期执行阶梯电价。供电企业抄表周期原则上不超过两个月。

（三）对未实行“一户一表”的合表居民用户和执行居民电价的非居民用户（如学校等），暂不执行居民阶梯电价。电价水平按略低于三档电价加权平均提价水平调整。

五、其他事项

（一）居民用电存在特殊情况的地区，由省级价格主管部门因地制宜地采取措施妥善处理。

（二）鼓励居民用电实行峰谷分时电价。各地在推行居民阶梯电价的基础上，可同时制定居民用电峰谷分时电价办法。是否执行峰谷分时电价，由居民自行选择。选择执行峰谷分时电价的居民用户，其峰谷分时计量表计由电网企业免费安装。

（三）实行阶梯电价后电网企业增加的收入，主要用于弥补脱硫成本增加、居民用户电表改造和弥补发电企业燃料成本上涨等项支出。

（四）居民用电户原则上以住宅为单位，一个房产证明对应的住宅为一“户”。没有房产证明的，以供电企业为居民用户安装的电表为单位。

（五）省级以下电网供电范围内的居民用电也应实行阶梯电价，具体办法由省级价格主管部门参照本指导意见制定。

六、有关要求

（一）对居民生活用电实行阶梯电价，事关广大人民群众的切身利益，各省（区、市）价格主管部门应予以高度重视，组织专门力量，会同有关部门积极稳妥地制定本地区居民阶梯电价实施方案。

（二）各地在制定居民阶梯电价实施方案过程中，要充分听取社会各方面意见，对阶梯电价的实施范围、档次划分、户数认定等方面进行认真论证。实施方案形成后，应按《政府制定价格听证办法》规定进行价格听证后实施。

（三）各地要加快对居民用电“一户一表”改造，电网企业要提高抄表到户率，按时抄表计费，为推行居民阶梯电价创造条件。“一户一表”改造过程中，电网经营企业不得再向居民用户收取电表改造费用。

关于取消电解铝等高耗能行业电价优惠有关问题的通知

发改价格〔2007〕3550 号

各省、自治区、直辖市发展改革委、经贸委（经委）、物价局，各区域电监局、城市电监办，国家电网公司、南方电网公司，中国铝业公司：

为引导高耗能行业健康发展，促进节能降耗，根据国家发展改革委、财政部、国家电监会《关于进一步贯彻落实差别电价政策有关问题的通知》（发改价格〔2007〕2655 号）有关规定，现将取消电解铝等高耗能行业电价优惠有关事项通知如下：

一、逐步取消电解铝企业用电价格优惠

（一）各省（区、市）在电网销售电价表中对电解铝企业单列电价并实行价格优惠的，要尽快改为执行电网销售电价表中大工业电价下的“电石、电炉铁合金、电解烧碱、合成氨、电炉黄磷”类电价，不再另行优惠。其中：（1）电解铝企业电价与“电石、电炉铁合金、电解烧碱、合成氨、电炉黄磷”类电价相比优惠幅度在 5 分钱及以内的，自 2007 年 12 月 25 日起执行“电石、电炉铁合金、电解烧碱、合成氨、电炉黄磷”类电价。（2）优惠幅度在 5～10 分钱的，自 2007 年 12 月 25 日起取消电价优惠 5 分钱，自 2008 年 7 月 1 日起取消剩余的电价优惠。（3）优惠幅度超过 10 分钱的，自 2007 年 12 月 25 日和 2008 年 7 月 1 日起各取消 5 分钱，剩余电价优惠自 2009 年 1 月 1 日起每年取消优惠 5 分钱。

（二）电网销售电价表中没有单设“电石、电炉铁合金、电解烧碱、合成氨、电炉黄磷”类电价的，按照电解铝企业电价比大工业电价低 10%的原则取消优惠，取消优惠电价的步骤和方法同前款规定。

各省（区、市）取消电解铝企业优惠电价的具体实施方案见附件一（略）。

二、适当调整部分地区电价分类

（一）将四川省 “电解铝”、“10 万吨以上电解铝”、“电石、黄磷”电价并入“氯碱、电炉钢、电炉铁合金”电价类别。调整后的销售电价表见附件二（略）。

（二）将重庆市 “电石”类电价并入“电石、电炉铁合金、电解烧碱、合成氨、电炉黄磷”电价类别，并将“电石、电炉铁合金、电解烧碱、合成氨、电炉黄磷”类电价每千瓦时提高 1 分钱。调整后的销售电价表见附件三（略）。

（三）将甘肃省 “电解铝”类电价与“电炉铁合金、电石、电解烧碱”类电价合并。调整后的销售电价表见附件四（略）。

（四）取消广西自治区销售电价表中单列的“平果铝业公司电解铝生产用电电价”，并适当调整大工业电价水平。调整后的销售电价表见附件五（略）。

三、其他事项

（一）分步取消辽宁省锦州、丹东、辽阳铁合金厂和吉林省吉林铁合金厂用电价格优惠，即 2007 年 10 月 20 日起每千瓦时取消 5 分钱，剩余电价优惠自 2008 年 7 月 1 日起全部取消。

（二）云南省云南铜业有限公司用电价格，自 2007 年 12 月 25 日起执行云南省电网销售电价表中“电炉铁合金、电解烧碱、合成氨、电炉黄磷、电铝锭”类电价标准。

（三）湖北省大冶有色公司用电价格，自 2007 年 12 月 25 日起执行湖北省电网销售电价表中大工业用电类电价标准。

（四）对云南省氯碱企业恢复征收农网还贷资金每千瓦时 2 分钱和三峡建设基金每千瓦时 0.4 分钱；对新疆自治区氯碱企业恢复征收农网还贷资金每千瓦时 2 分钱。

（五）取消各地氯碱企业电价优惠的实施方案另行下达。

四、国家电网公司、南方电网公司要督促所属电网企业及时取消对高耗能企业的电价优惠。各省（区、市）价格主管部门、各电力监管机构要加强监督检查，确保国家取消高耗能行业电价优惠的有关政策落到实处。

国家发展改革委
国家电监会
二〇〇七年十二月二十一日

关于电解铝企业用电实行阶梯电价政策的通知

发改价格〔2013〕2530号

各省（自治区、直辖市）发展改革委、物价局、经信委（工信委、工信厅），国家电网公司、南方电网公司、内蒙古电力公司，中国有色金属工业协会：

为贯彻落实《国务院关于化解产能严重过剩矛盾的指导意见》（国发〔2013〕41号）精神，更好地发挥价格杠杆在化解产能过剩、加快转型升级、促进技术进步、提高能效水平方面的积极作用，决定对电解铝企业用电实行阶梯电价政策。现将有关事项通知如下：

一、对电解铝企业用电实行阶梯电价

（一）电解铝企业铝液电解交流电耗（含义及计算方法见附件）不高于每吨13 700千瓦时的，其铝液电解用电（含来自于自备电厂电量）不加价；高于每吨13 700千瓦时但不高于13 800千瓦时的，其铝液电解用电每千瓦时加价0.02元；高于每吨13 800千瓦时的，其铝液电解用电每千瓦时加价0.08元。

（二）电解铝企业用电阶梯电价按年执行，每年根据上年实际电耗水平执行相应的电价标准。

（三）国家将根据情况适时调整电解铝企业用电实行阶梯电价政策的交流电耗分档和加价标准。

二、严禁自行出台优惠电价措施

（一）各地要严格执行国家电价政策，不得自行降低对电解铝企业的用电价格，已经对电解铝企业用电实行电价优惠的，应立即纠正。

（二）各地要严格按照《国务院批转发展改革委、能源办关于加快关停小火电机组若干意见的通知》（国发〔2007〕2号）有关规定，对电解铝企业自备电厂自发自用电量收取相应的政府性基金、附加和系统备用费，不得自行减免。

三、规范电解铝企业与发电企业电力直接交易行为

（一）电解铝企业铝液电解交流电耗高于每吨 13 700 千瓦时或节能目标考核为未完成等级的，不得与电力企业进行电力直接交易。

（二）电解铝企业铝液电解交流电耗不高于每吨 13 350 千瓦时的，省级人民政府有关部门应优先支持其参与电力直接交易，电量与电价由交易双方协商确定。

四、建立健全相关配套制度

（一）省级工业主管部门要完善辖区内电解铝企业的能源消费和统计管理体系，节能监察机构要加大监察工作力度，并对电解铝企业主要耗能设备、能源消耗情况及相关信息进行监管。

（二）电网企业要对电解铝企业铝液电解用电进行计量，计量装置应装设于电解铝企业整流器交流侧，并由质检部门或授权机构定期校验加封。对拥有自备电厂的电解铝企业，要在自备电厂发电机组出口端安装经质检部门或授权机构鉴定合格的电能计量装置并按期抄表。

（三）中国有色金属工业协会要加强对电解铝企业的指导和服务工作，建立电解铝企业的生产经营和能源消耗基础信息的数据库，并动态更新。

（四）电解铝企业要完善独立、可核查的能源计量和统计台账，保留铝液生产量原始记录及凭证；并将集控室原始生产数据信息至少保存三年，不得擅自修改或删除。

五、加强部门之间的分工协作

省级人民政府有关部门要明确阶梯电价政策甄别认定执行的程序，省级价格主管部门、工业主管部门、节能主管部门和电网企业要根据职责分工，密切协作，共同做好电解铝企业用电阶梯电价政策实施工作，确保阶梯电价政策执行到位。

（一）自 2014 年起，每年一季度内省级工业主管部门要对省内所有电解铝企业上一年铝液生产量及其耗电量进行统计、核查，确定其吨铝液电解交流电耗，并将相关情况函告省级价格主管部门。

（二）省级价格主管部门要在每年 4 月 15 日前明确所有电解铝企业应执行的电价标准，向社会公布，并报国家发展改革委、工业和信息化部备案。

（三）省级电网企业应根据省级价格主管部门公布的企业名单和电价标准，按

照抄见的铝液电解用电量（含来自于自备电厂电量）及时收取加价电费。

六、严格管理和规范使用加价电费资金

因实施阶梯电价政策而增加的加价电费，10%留电网企业用于弥补执行阶梯电价增加的成本，90%归地方政府使用，主要用于奖励能效先进企业，支持企业节能技术改造、淘汰落后和转型升级。对在一年内改造达标的企业，可将其缴纳的加价电费予以适当返还。具体加价电费资金管理使用办法由省级人民政府有关部门制定。

七、加强监督检查

省级价格主管部门要会同有关部门加强对电解铝企业用电阶梯电价政策落实情况的监督检查，并督促电网企业及时足额上缴加价电费资金。省级工业主管部门要将辖区内电解铝企业吨铝液电解交流电耗在官方网站上向社会公布，并动态更新，接受社会监督。国家发展改革委、工业和信息化部将组织力量不定期对电解铝企业执行阶梯电价政策情况进行核查和抽查，必要时进行交叉检查。

上述规定自 2014 年 1 月 1 日起执行。原对电解铝企业执行的差别电价和惩罚性电价政策相应停止执行。

国家发展改革委
工业和信息化部
2013 年 12 月 13 日

附件：吨铝液电解交流电耗含义及计算方法（略）

关于清理对高耗能企业优惠电价等问题的通知

发改价格〔2010〕978号

各省、自治区、直辖市发展改革委、物价局、经贸委（经委），各区域电监局、城市电监办，国家电网公司、南方电网公司：

为了抑制高耗能企业盲目发展，促进经济发展方式转变和经济结构调整，根据国务院《关于进一步加大工作力度确保实现“十一五”节能减排目标的通知》（国发〔2010〕12号）精神，决定取消对高耗能企业的优惠电价措施。现将有关事项通知如下：

一、取消对高耗能企业的用电价格优惠

国家颁布的目录电价表中，铁合金、氯碱、电石等高耗能企业用电价格低于大工业电价10%以上的，暂时调整到比大工业电价低10%的水平。其中，两者价差在每千瓦时5分钱以内的，自2010年6月1日起调整到位；价差大于5分钱的，自2010年6月1日起，每年取消5分钱优惠，直至达到比大工业电价低10%的水平。上述高耗能企业用电价格低于大工业电价不足10%的，维持现行电价不变。

辽宁抚顺铝厂、山东铝厂、福建南平铝厂和浙江华东铝业公司电价优惠，按国家发展改革委、国家电监会《关于取消电解铝等高耗能行业电价优惠有关问题的通知》（发改价格〔2007〕3550号）确定的原则取消，具体实施方案另行下达。

取消上述电价优惠后电网企业增加的电费收入，用于疏导电价矛盾和电力需求侧管理。

二、坚决制止各地自行出台的优惠电价措施

各省（区、市）价格主管部门要会同电力监管等部门对国家电价政策执行情况进行自查自纠。凡是自行对高耗能企业（包括多晶硅）实行电价优惠，或未经批准以电力用户与发电企业直接交易、双边交易等名义变相对高耗能企业实行优惠电价的，要立即停止执行。各地要将自查自纠情况于6月10日前上报国家发展

改革委、国家电监会和国家能源局。

符合国家规定条件的大型工业企业，可以按国家电监会、国家发展改革委、国家能源局联合下发的《关于完善电力用户与发电企业直接交易试点工作有关问题的通知》（电监市场〔2009〕20号）规定，申请与发电企业进行直接交易试点，但要按规定程序履行审批手续，并且遵循自愿原则，当地政府及其有关部门不得强制规定交易对象、电量和电价。

三、加大差别电价政策实施力度

继续对电解铝、铁合金、电石、烧碱、水泥、钢铁、黄磷、锌冶炼8个行业实行差别电价政策，并进一步提高差别电价加价标准，自2010年6月1日起，将限制类企业执行的电价加价标准由现行每千瓦时0.05元提高到0.10元，淘汰类企业执行的电价加价标准由现行每千瓦时0.20元提高到0.30元。在此基础上，各地可根据需要，进一步提高对淘汰类和限制类企业的加价标准。各地要严格执行差别电价政策，并加强对高耗能企业的动态甄别工作，及时更新执行差别电价的企业名单，确保差别电价政策全面落实到位。

四、对超能耗产品实行惩罚性电价

对能源消耗超过国家和地方规定的单位产品能耗（电耗）限额标准的，实行惩罚性电价。超过限额标准一倍以上的，比照淘汰类电价加价标准执行；超过限额标准一倍以内的，由省级价格主管部门会同电力监管机构制定加价标准。省级节能主管部门要会同有关单位在2010年6月底以前提出超能耗（电耗）企业和产品名单，省级价格主管部门会同电力监管机构按企业和产品名单落实惩罚性电价政策。

五、整顿电价秩序

各级价格主管部门、电力管理部门和电网企业要严格执行国家电价政策，不得擅自改变国家规定的上网电价和销售电价标准；不得违反规定对发电企业规定电量基数，降低基数外电量上网电价；不得强制规定电力直接交易的对象和电价标准；不得自行改变峰谷电价、丰枯电价的时段和电价标准，不得假借大用户与发电企业直接交易等名义对高耗能企业实行优惠电价。电网企业不得以跨省、跨区域电能交易名义，强迫发电企业降低上网电价；不得违反规定相互进行没有电能物理流量的虚假交易和接力送电；不得执行地方政府违反国家规定自行出台的优惠电价措施。省级价格主管部门和电力监管机构要加强对跨省、跨区域交易情况的监管，将电网企业购外省电价低于本省平均购电价的部分，用于疏导电价矛盾。

六、加强监督检查

省级价格主管部门要尽快向省级人民政府汇报，并会同有关部门按照以上要求进行自查自纠，立即停止执行自行出台的优惠电价措施；国家电网公司、南方电网公司要督促所属电网企业严格执行国家电价政策，自觉抵制各种违规出台的优惠电价措施。国家发展改革委、国家电监会和国家能源局将会同有关部门组成工作组，对各地执行差别电价情况和对自行出台优惠电价的自查自纠情况进行督查，并将督查情况报告国务院。对继续保留电价优惠或变相优惠的，不按国家规定对高耗能企业严格执行差别电价政策的，以及继续以各种名目降低发电企业上网电价的，将严肃查处；情节严重的，将追究有关责任人责任。

国家发展改革委

国家电监会

国家能源局

二〇一〇年五月十二日

关于电动汽车用电价格政策有关问题的通知

发改价格〔2014〕1668号

各省、自治区、直辖市发展改革委、物价局，国家电网公司、南方电网公司：

为贯彻落实国务院办公厅《关于加快新能源汽车推广应用的指导意见》（国办发〔2014〕35号）精神，利用价格杠杆促进电动汽车推广应用，现将有关事项通知如下：

一、对电动汽车充换电设施用电实行扶持性电价政策

（一）对向电网经营企业直接报装接电的经营性集中式充换电设施用电，执行大工业用电价格。2020年前，暂免收基本电费。

（二）其他充电设施按其所在场所执行分类目录电价。其中，居民家庭住宅、居民住宅小区、执行居民电价的非居民用户中设置的充电设施用电，执行居民用电价格中的合表用户电价；党政机关、企事业单位和社会公共停车场中设置的充电设施用电执行“一般工商业及其他”类用电价格。

（三）电动汽车充换电设施用电执行峰谷分时电价政策。鼓励电动汽车在电力系统用电低谷时段充电，提高电力系统利用效率，降低充电成本。

二、对电动汽车充换电服务费实行政府指导价管理

（一）充换电设施经营企业可向电动汽车用户收取电费及充换电服务费两项费用。其中，电费执行国家规定的电价政策，充换电服务费用于弥补充换电设施运营成本。

（二）2020年前，对电动汽车充换电服务费实行政府指导价管理。充换电服务费标准上限由省级人民政府价格主管部门或其授权的单位制定并调整。

（三）制定充换电服务费标准应遵循“有倾斜、有优惠”的原则，在国家及地方政府通过财政补贴、无偿划拨充换电设施建设场所等方式降低充换电设施建设运营成本的基础上，确保电动汽车使用成本显著低于燃油（或低于燃气）汽车使

用成本，增强电动汽车在终端市场的竞争力。

（四）当电动车发展达到一定规模并在交通运输市场具有一定竞争力后，结合充换电设施服务市场发展情况，逐步放开充换电服务费，通过市场竞争形成。

三、将电动汽车充换电设施配套电网改造成本纳入电网企业输配电价

电网企业要做好电动汽车充换电配套电网建设改造工作，电动汽车充换电设施产权分界点至电网的配套接网工程，由电网企业负责建设和运行维护，不得收取接网费用，相应成本纳入电网输配电成本统一核算。

国家发展改革委

2014 年 7 月 22 日

（三）煤炭价格政策

关于进一步完善电煤价格临时干预措施的通知

发改电〔2008〕248号

各省、自治区、直辖市发展改革委、经贸委（经委）、物价局：

我委第46号公告规定，自2008年6月19日起至12月31日，对全国发电用煤实施临时价格干预措施。为确保临时干预措施的全面落实并取得实效，决定进一步完善相关政策，现将有关事宜通知如下：

一、公布主要煤炭生产企业电煤销售价格。各产煤省（区、市）价格主管部门要掌握主要煤炭生产企业6月19日及之前重点合同和非重点合同电煤结算价格、热值等，作为煤炭生产企业执行限价的依据。自8月初起，各主要煤炭生产企业须每月向省级价格主管部门或其授权机构报告电煤结算价格、热值、数量等情况。省级价格主管部门汇总后，要通过新闻媒体定期向社会公布主要煤炭生产企业电煤价格、热值、合同兑现率等情况，加强社会监督。具体企业名单由省级价格主管部门指定。

二、制定主要港口和集散地动力煤最高限价。鉴于主要煤炭运输港口市场煤交易价格对全国煤价水平影响重大，且电煤与其他动力煤难以区分，决定在主要港口对动力煤进行统一限价。自发文之日起至今年12月31日，秦皇岛港、天津港、唐山港等港口动力煤平仓价格，不得超过6月19日价格水平，具体价格水平见附件（略）。各地可参照上述规定，制定本地区重要港口或煤炭集散地动力煤最高限价。

三、加强对重点电煤合同兑现率的监管。煤炭生产经营企业原则上不得在港口变更重点合同收货人，不得将重点合同电煤交给关联销售公司进行销售，转变为市场电煤或其他用煤。我委将组织有关单位按价格、热值、数量统计重点合同兑现率，对未按合同约定执行的，依据合同未兑现煤量比例，相应削减其次年重点合同运力计划，并按价格违法所得收缴相应差价款。

四、加强价格监督检查。各级价格主管部门要加强电煤价格检查，按照《价格法》和《价格违法行为行政处罚条例》规定，重点查处煤炭生产企业违反政府限价、擅自提高价格的行为；通过降低煤质、以次充好、变更重点合同属性等手段变相涨价的行为；中间环节囤积居奇、哄抬价格，违反最高限价或经营差率规定的行为。对查处的典型案例，将通过新闻媒体予以曝光。

国家发展改革委

二〇〇八年七月二十三日

关于切实保障电煤供应稳定电煤价格的紧急通知

发改价格〔2011〕659号

各省、自治区、直辖市发展改革委、经贸委（经信委）、物价局，中国煤炭工业协会、中国电力企业联合会：

今年以来，各地、各部门及相关企业认真贯彻落实国务院关于稳定消费价格总水平的要求，加强煤炭产运需衔接和价格调控工作，保持了煤炭价格的基本稳定。但仍有少数地区和企业采取降低电煤合同兑现率、降低热值、高价搭售市场煤等手段变相涨价。为进一步规范电煤市场秩序，稳定煤炭价格，促进煤炭、电力行业和谐健康发展，现就有关事项通知如下：

一、各负其责，切实抓好电煤价格调控工作

保持价格总水平基本稳定是今年宏观调控的首要任务，稳定煤炭价格对保持价格总水平基本稳定具有十分重要的作用。国务院《关于稳定消费价格总水平保障群众基本生活的通知》（国发〔2010〕40号）明确要求“煤电双方要衔接好2011年度电煤供需合同，煤炭行业要加强自律，保持价格稳定”。我委《关于切实做好稳定物价工作保障群众基本生活的紧急通知》（发改电〔2010〕386号）、《关于做好2011年煤炭产运需衔接工作的通知》（发改运行〔2010〕2880号）规定，2011年重点合同电煤价格维持2010年水平不变，并不得以任何形式变相涨价。各地区、各部门要认真抓好贯彻落实工作，各司其职，各负其责，确保上述要求落到实处。各煤炭和电力企业要识大体、顾大局，加强企业自律，严格执行稳定电煤价格的各项规定，不得把合同煤兑现量与市场煤购买量挂钩，不得通过降低煤炭质量等方式变相涨价，不得擅自提价或价外加价。各级人民政府尤其是煤炭主产区人民政府要切实加强煤炭价格监管，维护正常的煤炭生产经营秩序和价格秩序。

二、加强协调，努力保障电煤稳定供应

各产煤省（区）要充分认识做好电煤稳定供应工作的重要性，妥善处理好煤

炭安全生产和稳定供应的关系，加大电煤产运需协调力度，在确保安全生产的前提下，加快推进煤炭资源整合进度，充分发挥现有生产能力，努力增加煤炭尤其是电煤供应。要强化全国一盘棋思想，不得分割市场、限制煤炭出省。要加强电煤运输组织调运，优先组织、安排重点电煤合同的请车和装车，重点保障华中、华东等电煤供应偏紧地区的电煤供应和运输。

三、诚实守信，严格执行电煤合同

煤炭产运需企业要牢固树立诚实守信意识，认真执行《合同法》，严格按照合同约定的数量、质量、价格和时间进行电煤交易。我委将会同铁道部、交通部等有关部门和行业协会对 2011 年重点电煤合同履约情况进行监督检查，对不严格履行合同和合同兑现率低的企业，除承担相应违约责任外，还将予以通报批评。

四、清费治乱，进一步减轻煤炭企业负担

各级价格主管部门要组织精干队伍，对涉煤收费进行认真清理。重点清理在煤炭生产、销售过程中的各类收费和基金，我委将会同相关部门对一些重点地区违规设立的涉煤收费和基金进行重点清查，违规收入收缴中央财政。

五、强化执法，严肃查处涉煤价格违法行为

组织对重点省份开展涉煤价格专项检查。重点查处煤炭企业违反国家煤价调控政策、擅自提高价格的行为，通过降低煤质、以次充好等手段变相涨价的行为，以及串通涨价、哄抬价格等违法行为。对违反国家规定的煤炭企业，要依法收缴违法所得，并处以五倍以内的罚款；没有违法所得或违法所得无法确定的，最高处以 500 万元罚款。对影响较大的典型案件要依法从严从重处理，并通报批评，公开曝光。

国家发展改革委

二〇一一年三月二十八日

关于对电煤实施临时价格干预和加强电煤价格调控的公告

2011 年第 30 号

为防止煤、电价格轮番上涨，促进煤炭和电力行业协调、稳定、健康发展，根据《价格法》第三十条规定，决定自即日起至 2008 年 12 月 31 日，对全国发电用煤实施临时价格干预措施，现公告如下：

一、全国煤炭生产企业供发电用煤，包括重点合同电煤和非重点合同电煤，其出矿价（车板价）均以 2008 年 6 月 19 日实际结算价格为最高限价；当日没有交易的，以此前最近一次实际结算价格作为最高限价。临时价格干预期间，煤炭生产企业供发电用煤出矿价（车板价）一律不得超过最高限价。

为稳定非重点合同电煤的市场销售价格，省级价格主管部门要采取限定差价率等措施，控制流通环节费用。

二、煤炭供需双方已签订合同的，要严格按照合同约定的数量、质量和价格履行电煤合同。禁止将重点合同煤转为市场煤销售。煤炭运输等流通企业要执行规定的收费标准，不得擅自提价或价外加价。

三、各煤炭生产企业要严格执行上述临时价格干预措施。各地价格主管部门要加强检查，重点查处违反政府限价、擅自提高价格的行为；通过降低煤质、以次充好等欺诈手段变相涨价的行为；不执行电煤供应合同、将重点合同煤转为市场煤销售的行为等。对违反电煤价格临时干预措施的企业将依照《价格法》、《价格违法行为行政处罚规定》予以严肃处理。对查处的典型案件，在有关媒体上予以曝光。

国家发展改革委办公厅

二〇一一年十一月一日

关于加强发电用煤价格调控的通知

发改电〔2011〕299号

各省、自治区、直辖市发展改革委、物价局、经贸委（经信委），中国煤炭工业协会，神华集团公司、中煤能源集团公司，华能、大唐、华电、国电、中电投集团公司：

为进一步规范煤炭市场秩序，稳定发电用煤（以下简称“电煤”）价格，根据《中华人民共和国价格法》第三十条规定，决定对电煤在全国范围内实施临时价格干预措施，并就加强电煤价格调控有关事项通知如下：

一、充分认识加强电煤价格调控的必要性

煤炭是重要的基础能源，其价格变动对下游行业特别是火电行业影响很大。近期，我国火力发电企业成本快速上升，经营困难加剧，购煤发电能力受到较大制约，加之南方部分省份水电出力下降，电力供应矛盾逐步积累，如不能妥善化解，将对迎峰度冬期间电力供应和国民经济稳定发展以及群众生活造成严重不利影响。为理顺煤电价格关系，促进煤炭、电力行业协调稳定发展，创造国民经济平稳健康的良好环境，有必要加强调控，稳定电煤价格。

二、对电煤实行临时价格干预

（一）对合同电煤适当控制价格涨幅。纳入国家跨省区产运需衔接的年度重点合同电煤，2012年合同价格在2011年年初签订的合同价格基础（合同未约定价格的，以2011年第一笔结算价格为基础）上，上涨幅度不得超过5%。产煤省（区、市）自产自用的电煤，年度合同价格涨幅不得超过上年合同价格（2011年电煤合同有多个价格的，以合同双方确定的最高实际结算价格为准）的5%。煤炭生产经营企业不得采取降低热值、降低煤质、以次充好等手段变相涨价，不得降低电煤合同兑现率、高价搭售市场煤。发电企业不得抬价抢购、超过国家规定价格涨幅签订电煤合同。

（二）对市场交易电煤实行最高限价。2012 年 1 月 1 日起，秦皇岛港、黄骅港、天津港、京唐港、国投京唐港、曹妃甸港、营口港、锦州港和大连港发热量 5 500 大卡的电煤平仓价最高不得超过每吨 800 元，其他热值电煤平仓价格按 5 500 大卡限价标准相应折算。

电煤交易双方通过铁路、公路直达运输的电煤市场交易价格，不得超过 2011 年 4 月底的实际结算价格，也不得采取改变结算方式等手段变相涨价。

电煤价格在全国范围内基本稳定后，我委将及时公告解除临时价格干预。

三、全面清理整顿涉煤基金和收费

（一）取消违规设立的涉煤基金和收费项目。除国务院批准设立的矿产资源补偿费、煤炭可持续发展基金，以及依法设立的对煤炭征收的价格调节基金外，凡属省级以下地方人民政府越权或擅自设立的附加在煤炭上征收的所有基金和收费项目，必须在 2011 年 12 月 31 日前由相关地方人民政府自行取消。

（二）规范省级政府随煤炭征收基金的标准。省级人民政府对煤炭征收的价格调节基金和其他基金、收费项目，征收标准合计不得高于国务院批准的山西省煤炭可持续发展基金每吨 23 元的征收标准，不得对省内外用煤实行不同标准；超过每吨 23 元，以及对省内外实行不同标准的，必须在 2011 年 12 月 31 日前进行整改；未对煤炭设立基金、收费项目的，不得新设基金、收费项目；已设基金、收费项目征收标准合计低于每吨 23 元的，不得提高。

四、确保电煤价格调控措施落实到位

（一）落实地方责任。省级人民政府价格主管部门要主动向政府汇报加强发电用煤价格调控的具体要求，并采取积极措施，确保电煤价格调控措施落到实处。各地要在 2011 年 12 月底前建立电煤生产经营情况监测制度，按月监测主要煤炭生产经营企业的电煤结算价格、产量、合同兑现率、热值等情况，并通过新闻媒体向社会公布，接受社会监督；要严格按照规定清理涉煤基金和收费，确保 2012 年 1 月 1 日之后没有越权设立、超标准征收、双重标准征收基金和收费的现象；要积极协调铁路管理部门加强铁路运力调配，优先保障电煤运输特别是重点合同电煤的运输；要积极督促煤炭企业严格执行国家电煤价格调控措施，加快释放煤炭产能，增加煤炭尤其是电煤供应。

（二）加强企业自律。煤炭生产经营企业要加强自律，严格执行国家电煤价格临时干预措施；在保证安全的前提下，努力增加煤炭产量，保障电煤供应，要信守合同，保证重点合同电煤的兑现率。发电企业要严格按照国家电煤价格调控政策要求，及时与煤炭企业签订电煤购销合同，积极组织购买电煤，保障电力供应。

五、开展监督检查

（一）强化电煤价格临时干预政策的监督检查。我委将对 2011 年全国电煤重点合同价格执行情况，以及 2012 年电煤临时价格干预措施落实情况开展重点检查和抽查。严肃查处违反国家电煤价格调控政策，擅自提高价格、以次充好、串通涨价、哄抬价格等行为。对违反规定的煤炭、电力企业，要依法没收违法所得，并处以违法所得 5 倍以下的罚款；没有违法所得或违法所得无法确定的，最高处以 500 万元罚款。对性质严重、影响较大的典型案件要进行通报批评和公开曝光。对有关责任人员的违纪违法问题，要提请监察机关追究责任。

（二）实施自查自纠和联合督查。各地要在 2012 年 1 月 15 日前，将本地实施电煤价格调控的方案，特别是清理整顿基金收费项目、提高重点电煤合同兑现率、释放煤炭产能、切实保障电煤供应等方面的具体措施，报送我委。我委将会同有关部门组成联合督查组，到煤炭主产省、煤电供应关系紧张的省份进行督查，对不认真落实国家电煤调控政策的单位和企业，予以通报。

国家发展改革委

二〇一一年十一月三十日

国务院办公厅关于深化电煤市场化改革的指导意见

国办发〔2012〕57号

各省、自治区、直辖市人民政府，国务院各部委、各直属机构：

为深入贯彻落实党的十八大精神，加快完善社会主义市场经济体制，更大程度更广范围发挥市场在资源配置中的基础性作用，形成科学合理的电煤运行和调节机制，保障电煤稳定供应，促进经济持续健康发展，经国务院同意，现就深化电煤市场化改革提出以下指导意见：

一、抓住有利时机深化电煤市场化改革

煤炭是我国的基础能源，占一次能源生产和消费的70%左右。电煤是煤炭消费的主体，占消费总量的一半以上。深化电煤市场化改革，搞好产运需衔接，对保障电煤稳定供应和电力正常生产，满足经济发展和群众生活需求具有十分重要的意义。上世纪90年代以来，我国煤炭订货市场化改革不断推进，价格逐步放开，对纳入订货范围的电煤实行政府指导价和重点合同管理，对保障经济发展曾经发挥了积极的作用。但由于重点合同电煤与市场煤在资源供给、运力配置和价格水平上存在着明显差异，限制了市场机制作用的发挥，造成不公平竞争，合同签订时纠纷不断，执行中兑现率偏低，不利于煤炭的稳定供应，越来越不适应社会主义市场经济发展的要求，改革势在必行。今年以来，煤炭供需形势出现了近年来少有的宽松局面，重点合同电煤与市场煤价差明显缩小，一些地方还出现倒挂，电力企业经营状况有所改善，改革的条件基本成熟。为此，应抓住当前有利时机，坚定不移地推进改革。

二、主要任务

电煤市场化改革是能源领域的一项重要改革。要坚持市场化取向，充分发挥市场在配置煤炭资源中的基础性作用，以取消重点电煤合同、实施电煤价格并轨

为核心，逐步形成合理的电煤运行和调节机制，实现煤炭、电力行业持续健康发展，保障经济社会发展和人民生活的能源需求。

（一）建立电煤产运需衔接新机制。自2013年起，取消重点合同，取消电煤价格双轨制，发展改革委不再下达年度跨省区煤炭铁路运力配置意向框架。煤炭企业和电力企业自主衔接签订合同，自主协商确定价格。鼓励双方签订中长期合同。地方各级人民政府对煤电企业正常经营活动不得干预。委托煤炭工业协会对合同的签订和执行情况进行汇总。运输部门要组织好运力衔接，对落实运力的合同由发展改革委、铁道部、交通运输部备案。

（二）加强煤炭市场建设。加快健全区域煤炭市场，逐步培育和建立全国煤炭交易市场，形成以全国煤炭交易中心为主体、区域煤炭市场为补充，与我国社会主义市场经济体制相适应的统一开放、竞争有序的煤炭交易市场体系，为实施电煤市场化改革提供比较完善的市场载体。煤炭工业协会在发展改革委指导下做好衔接协调，研究制定交易规则，培育和发展全国煤炭交易市场体系。

（三）完善煤电价格联动机制。继续实施并不断完善煤电价格联动机制，当电煤价格波动幅度超过5%时，以年度为周期，相应调整上网电价，同时将电力企业消纳煤价波动的比例由30%调整为10%。鉴于当前重点合同电煤与市场煤价格接近，此次电煤价格并轨后上网电价总体暂不作调整，对个别问题视情况个别解决。

（四）推进电煤运输市场化改革。铁道部、交通运输部要加强对有关路局、港航企业的指导，完善煤炭运力交易市场，依据煤炭供需双方签订的合同和运输能力，合理配置运力并保持相对稳定，对大中型煤电企业签订的中长期电煤合同适当优先保障运输。对签订虚假合同、造成运力浪费或不兑现运力、影响资源配置的行为要依法依规加大惩罚力度。铁道部要周密制定电煤铁路运输管理办法，进一步建立公开公平的运力配置机制。

（五）推进电力市场化改革。鼓励煤电联营，增强互保能力。改进发电调度方式，在坚持优先调度节能环保高效机组的基础上，逐步增加经济调度因素，同等条件下对发电价格低的机组优先安排上网，促进企业改善管理、降低能耗和提高技术水平，为实行竞价上网改革探索经验。

三、完善调控监管体系

依法加强和改善市场调控监管，创造公平公正的市场竞争环境。制定电煤价格异常波动的应对预案，在电煤价格出现非正常波动时，依据价格法有关规定采取临时干预措施。充分利用国内国外两个市场、两种资源，加强煤炭进出口调节，促进供需平衡。加强煤炭应急储备建设，完善供应保障应急预案。加强煤炭经营监管和电煤合同履行检查，规范流通秩序，进一步清理和取消不合理收费，严肃查处乱涨价、乱收费以及串通涨价等违法行为。煤炭、电力行业协会要加强与政府部门的沟通配合，加强企业诚信体系建设，做好行业自律工作。

四、切实加强组织协调

电煤市场化改革涉及重大利益调整，社会关注度高。各地区、各有关部门要统一思想，提高认识，增强大局观念，加强协调配合，形成工作合力。发展改革委要会同有关部门充分发挥煤电油气运保障工作部际协调机制作用，及时协调解决电煤市场化改革中的重大问题，指导做好煤炭产运需衔接工作。同时，继续加强对电价形成机制改革、电力体制改革、煤炭期货市场建设等重大问题研究。

国务院办公厅

2012 年 12 月 20 日

关于解除发电用煤临时价格干预措施的通知

发改价格〔2012〕3956号

各省、自治区、直辖市发展改革委、物价局、经贸委（经信委），中国煤炭工业协会，神华集团公司、中煤能源集团公司，华能、大唐、华电、国电、中电投集团公司：

为进一步深化煤炭市场化改革，充分发挥市场配置资源的基础性作用，根据当前发电用煤（以下简称“电煤”）供需形势和价格变化情况，决定解除自2012年1月1日起实施的电煤临时价格干预措施。现将有关事项通知如下：

一、解除电煤临时价格干预措施

鉴于当前电煤供需逐步趋缓、电煤价格在全国范围内基本稳定，根据《中华人民共和国价格法》第三十二条规定，决定从2013年1月1日起，解除对电煤的临时价格干预措施，即取消《国家发展改革委关于加强发电用煤价格调控的通知》（发改电〔2011〕299号）中对合同电煤价格涨幅和市场交易电煤最高限价的有关规定，电煤由供需双方自主协商定价。

二、进一步做好煤炭价格监测工作

解除对电煤临时价格干预措施后，各省级价格主管部门要进一步加强煤炭价格监测工作，特别是电煤价格监测，进一步完善电煤生产经营情况监测制度，建立电煤价格监测、预警制度。山西、内蒙古、陕西等主要产煤省（区）价格主管部门要按月监测主要煤炭生产企业的电煤结算价格、产量、热值、成本等情况。若电煤价格出现非正常变化，要及时向我委报告。

三、切实加强电煤市场监管

各省级价格主管部门要继续加强对电煤市场的监管，切实做好对煤炭生产、销售过程中各类违规设立的涉煤基金和收费项目的清理整顿工作，并开展监督检查。地方各级政府不得采取行政手段不正当干预企业煤炭供销等经营活动。严禁企业之间达成价格垄断协议控制煤价；不得采取降低热值、降低煤质、以次充好等手段变相涨价；不得哄抬煤炭价格。对煤炭经营中的价格违法行为，各级价格主管部门将依法予以严肃查处。

国家发展改革委

2012 年 12 月 18 日

（四）油气价格政策

关于实施成品油价格和税费改革的通知

国发〔2008〕37号

各省、自治区、直辖市人民政府，国务院各部委、各直属机构：

为建立完善的成品油价格形成机制和规范的交通税费制度，促进节能减排和结构调整，公平负担，依法筹措交通基础设施维护和建设资金，国务院决定实施成品油价格和税费改革。现通知如下：

一、实施成品油价格和税费改革的必要性

我国现行成品油价格和交通税费政策，对保障国内成品油市场供应，加快交通基础设施建设步伐，促进国民经济平稳较快发展，起到了积极作用。但随着我国石油需求不断增加，经济社会发展与资源环境之间的矛盾日益突出；以费代税、负担不公平等弊端日益显现；二级收费公路规模过大，结构不合理，与地方经济发展和群众出行的矛盾越来越尖锐。迫切需要理顺成品油价格和交通税费机制。

近期国际市场油价持续回落，为实施成品油价格和税费改革提供了十分难得的机遇。及时把握当前有利时机，推进成品油价格和税费改革，对规范政府收费行为，公平社会负担，促进节能减排和结构调整，依法筹措交通基础设施维护和建设资金，促进交通事业稳定健康发展，都具有重大而深远的意义。

二、改革的主要内容

（一）关于成品油税费改革。

提高现行成品油消费税单位税额，不再新设立燃油税，利用现有税制、征收方式和征管手段，实现成品油税费改革相关工作的有效衔接。

1. 取消公路养路费等收费。取消公路养路费、航道养护费、公路运输管理费、公路客货运附加费、水路运输管理费、水运客货运附加费等六项收费。

2. 逐步有序取消政府还贷二级公路收费。抓紧制定实施方案和中央补助支持政策，由省、自治区、直辖市人民政府根据相关方案和政策统筹研究，逐步有序取消政府还贷二级公路收费。各地可以省为单位统一取消，也可在省内区分不同情况，分步取消。实施方案由国家发展改革委会同交通运输部、财政部制订，报国务院批准后实施。

3. 提高成品油消费税单位税额。汽油消费税单位税额每升提高 0.8 元，柴油消费税单位税额每升提高 0.7 元，其他成品油单位税额相应提高。加上现行单位税额，提高后的汽油、石脑油、溶剂油、润滑油消费税单位税额为每升 1 元，柴油、燃料油、航空煤油为每升 0.8 元。

4. 征收机关、征收环节和计征方式。成品油消费税属于中央税，由国家税务局统一征收（进口环节继续委托海关代征）。纳税人为在我国境内生产、委托加工和进口成品油的单位和个人。纳税环节在生产环节（包括委托加工和进口环节）。计征方式实行从量定额计征，价内征收。

今后将结合完善消费税制度，积极创造条件，适时将消费税征收环节后移到批发环节，并改为价外征收。

5. 特殊用途成品油消费税政策。提高成品油消费税单位税额后，对进口石脑油恢复征收消费税。2010 年 12 月 31 日前，对国产的用作乙烯、芳烃类产品原料的石脑油免征消费税；对进口的用作乙烯、芳烃类产品原料的石脑油已纳消费税予以返还。航空煤油暂缓征收消费税。对用外购或委托加工收回的已税汽油生产的乙醇汽油免征消费税；用自产汽油生产的乙醇汽油，按照生产乙醇汽油所耗用的汽油数量申报纳税。对外购或委托加工收回的汽油、柴油用于连续生产甲醇汽油、生物柴油的，准予从消费税应纳税额中扣除原料已纳消费税税款。

6. 新增税收收入的分配。新增成品油消费税连同由此相应增加的增值税、城市维护建设税和教育费附加具有专项用途，不作为经常性财政收入，不计入现有与支出挂钩项目的测算基数，除由中央本级安排的替代航道养护费等支出外，其余全部由中央财政通过规范的财政转移支付方式分配给地方。改革后形成的交通资金属性不变、资金用途不变、地方预算程序不变、地方事权不变。具体转移支付办法由财政部会同交通运输部等有关部门制定并组织落实。新增税收收入按以下顺序分配：

一是替代公路养路费等六项收费的支出。具体额度以 2007 年的养路费等六费收入为基础，考虑地方实际情况按一定的增长率来确定。

二是补助各地取消政府还贷二级公路收费。每年安排一定数量的专项补助资金，用途包括债务偿还、人员安置、养护管理和公路建设等。

三是对种粮农民增加补贴，对部分困难群体和公益性行业，考虑用油量和价格水平变动情况，通过完善成品油价格形成机制中相应的配套补贴办法给予补助支持。

四是增量资金，按照各地燃油消耗量、交通设施当量里程等因素进行分配，适当体现全国交通的均衡发展。

（二）关于完善成品油价格形成机制。

国产陆上原油价格继续实行与国际市场直接接轨。国内成品油价格继续与国际市场有控制地间接接轨。成品油定价既要反映国际市场石油价格变化和企业生产成本，又要考虑国内市场供求关系；既要反映石油资源稀缺程度，促进资源节约和环境保护，又要兼顾社会各方面承受能力。

1. 国内成品油出厂价格以国际市场原油价格为基础，加国内平均加工成本、税金和适当利润确定。当国际市场原油一段时间内平均价格变化超过一定水平时，相应调整国内成品油价格。

2. 汽、柴油价格继续实行政府定价和政府指导价。（1）汽、柴油零售实行最高零售价格。最高零售价格由出厂价格和流通环节差价构成。适当缩小出厂到零售之间流通环节差价。（2）汽、柴油批发实行最高批发价格。（3）对符合资质的民营批发企业汽、柴油供应价格，合理核定其批发价格与零售价格价差。（4）供军队、新疆生产建设兵团和国家储备用汽、柴油供应价格，按国家核定的出厂价格执行。（5）合理核定供铁路、交通等专项部门用汽、柴油供应价格。（6）上述差价由国家发展改革委根据实际情况适时调整。

3. 在国际市场原油价格持续上涨或剧烈波动时，继续对汽、柴油价格进行适当调控，以减轻其对国内市场的影响。

4. 航空煤油等其他成品油价格继续按现行办法管理。液化气改为实行最高出厂价格管理。

5. 国家发展改革委根据上述完善后的成品油价格形成机制，另行制定石油价格管理办法。

（三）关于完善成品油价格配套措施。

1. 继续发挥石油企业内部上下游利益调节机制作用。当国际市场原油价格大幅上涨，国家实施有控制地调整汽、柴油价格措施时，原油加工企业会出现暂时性困难，中石油、中石化两公司要继续按照石油企业内部上下游利益调节机制，平衡好内部利益关系，调动炼油企业生产积极性，保证市场供应。

2. 完善相关行业价格联动机制。（1）铁路货运价格，根据上年国内柴油价格上涨影响铁路运输成本增加的情况，由铁路运输企业消化20%，其余部分通过提高铁路货物运输价格疏导，原则上每年调整一次。具体幅度由国家发展改革委商铁道部确定。（2）民航国内航线旅客运输价格，首先在运价浮动机制内，由航空公司自主调整具体票价，需要调整燃油附加时，根据航空煤油价格影响民航运输成本变化情况，由航空公司消化20%，其余部分通过调整燃油附加标准或基准票价的方式疏导。调整燃油附加标准间隔时间原则上不少于半年。燃油附加具体收取标准由国家发展改革委会同民航局按照上述原则确定。（3）出租车和道路客运价格，由各地进一步完善价格联动机制，根据油价变动情况，通过法定程序，决定调整运价或燃油附加。

3. 完善对种粮农民、部分困难群体和公益性行业补贴的机制。（1）种粮农民。当年成品油价格变动引起的农民种粮增支，继续纳入农资综合直补政策统筹考虑给予补贴。对种粮农民综合直补只增不减。（2）城市公交、农村道路客运（含岛际和农村水路客运）、林业、渔业（含远洋渔业）。成品油价格调整影响上述行业增加的成本，由中央财政通过专项转移支付的方式给予补贴。补贴比例按现行政策执行，补贴标准随成品油价格的升降而增减，具体补贴办法由财政部商有关部门另行制定。新的补贴办法从2009年起执行。（3）出租车。在运价调整前，因油价上涨增加的成本，继续由财政给予临时补贴。（4）低收入困难群体。各地综合考虑成品油、液化气等调价和市场物价变动因素，继续做好城乡低保对象等困难群体基本生活保障工作。

4. 继续实行石油涨价收入财政调节机制。为合理调节石油涨价收入，妥善处理各方面利益关系，继续按相关规定征收石油特别收益金。

（四）妥善解决改革的相关问题。

1. 妥善安置交通收费征稽人员。妥善做好改革涉及人员的安置工作，是成品油税费改革顺利推进的重要保证。要按照转岗不下岗、待安置期间级别不变、合规合理的待遇不变的总体要求，由省、自治区、直辖市人民政府负总责，多渠道安置，有关部门给予指导、协调和支持，确保改革稳妥有序推进。各地要锁定改革涉及的征稽收费人员数量，严格把关，防止突击进人。

对公路养路费征稽人员的安置措施：一是交通运输行业内部转岗；二是税务

部门接收；三是地方人民政府统筹协调，多种渠道安置改革涉及人员。

人员安置工作指导意见由交通运输部会同中央编办、财政部、人力资源社会保障部、税务总局制订，报国务院批准后实施。

2. 研究解决普通公路建设发展，特别是二级公路发展问题。地方要以这次改革为契机，利用中央财政给予的支持政策，整合现有资源，更好地用于发展二级公路。同时有关部门要按照六费原有资金功能不变的原则，抓紧研究建立和理顺普通公路投融资体制，促进普通公路健康发展。

3. 加强成品油市场监管。加强油品市场监测和监管，坚决禁止成品油生产企业为规避税收只开具发票而无实际货物交付和突击销售成品油等非正常销售成品油行为，严厉打击油品走私、经营假冒伪劣油品以及合同欺诈等违法行为，确保成品油市场稳定。

（五）实施时间。完善成品油价格形成机制，理顺成品油价格，自发文之日起实施。成品油税费改革自 2009 年 1 月 1 日起实施。

三、切实做好改革的实施工作

成品油价格和税费改革是党中央、国务院做出的重大决策，是贯彻落实科学发展观、促进经济社会平稳较快发展的重要举措。各地区、各有关部门要统一思想，充分认识改革的必要性和紧迫性，切实把思想和行动统一到中央的决策部署上来，精心组织，周密部署，共同做好有关工作，确保改革方案平稳实施。

（一）加强组织领导。国务院有关部门组成的成品油价格和税费改革部际协调小组，要切实做好改革方案的组织实施工作；各省、自治区、直辖市人民政府要成立由主要负责同志牵头的改革领导小组，主要负责同志负总责，发展改革、价格、财政、交通、税务、编制、人事等相关部门密切配合，落实责任，确保改革措施落实到位。

（二）保证队伍稳定和资金有效衔接。地方各级人民政府要切实担负起安置人员和维护稳定的责任，把人员安置的工作摆在推进改革的突出位置，提前筹划，周全安排，妥善安置。各级财政部门要做好改革前后资金安排及预算衔接工作；中央财政要通过向地方预拨资金，确保养护管理及人员经费等需要，保障改革平稳顺利推进。

（三）确保取消收费政策到位，严格禁止乱收费。各地要按照改革方案的统一安排，在 2009 年 1 月 1 日零时全部取消公路养路费等六项收费，已经提前预收的要及时清退，要加强检查，确保取消收费政策落到实处。对确定撤销的政府还贷二级公路收费站点，省级人民政府要及时向社会公布其位置和名称，接受社会监督；同时做好财务清理工作，防止国有资产流失和逃废银行债务。绝不允许任何地方、部门、单位和个人，以任何理由、任何名义继续收取或变相收取明令取消的各项收费。违反规定的，要严肃查处，并追究相关责任人的责任。国家发展改革委、财政部要会同有关部门尽快制定下发配套文件，并加大督查力度。

（四）加强宣传解释工作。要通过广播、电视、报纸、网络等多种媒体，有针对性地开展宣传解释工作，取得群众的理解和支持，为改革的顺利实施创造有利的舆论环境。地方各级人民政府要结合本地实际情况，加强舆论引导。

（五）确保社会大局稳定。成品油价格和税费改革涉及面广，情况复杂。各地要密切关注市场情况和社会动态，针对改革过程中可能出现的新情况、新问题，提前做好应对预案，并妥善处理，切实维护社会稳定的大局。

各地区、各有关部门贯彻落实情况，要及时向国务院报告。

国务院
二〇〇八年十二月十八日

关于油品质量升级价格政策有关意见的通知

发改价格〔2013〕1845号

各省、自治区、直辖市、新疆生产建设兵团发展改革委、物价局，中国石油天然气集团公司、中国石油化工集团公司、中国海洋石油总公司：

为贯彻落实《国务院关于印发大气污染防治行动计划的通知》（国发〔2013〕37号）要求，加快推进我国油品质量升级步伐，经请示国务院同意，现就油品质量升级加价政策有关事项通知如下：

一、加价标准。按照合理补偿成本、优质优价和污染者付费原则，根据油品质量升级成本调查审核结果，在企业适当消化部分升级成本的基础上，确定车用汽、柴油（标准品，下同）质量标准升级至第四阶段的加价标准分别为每吨290元和370元；从第四阶段升级至第五阶段的加价标准分别为每吨170元和160元。普通柴油价格参照同标准车用柴油价格执行。第四、第五阶段油品质量标准在全国全面实施后，将重新进行成本监审，必要时调整加价标准。

二、操作方式。按照国务院确定的油品质量升级时间表，第四阶段车用汽油标准过渡期至2013年底，第四阶段车用柴油标准过渡期至2014年底；第五阶段车用汽油和柴油标准过渡期均至2017年底。各地结合当地油品升级进程，经省级人民政府同意后，可以省为单位或以城市为单位自行确定油品质量升级进程，并适时按上述加价标准操作，同时报国家发展改革委备案。

三、试点地区加价政策衔接。北京、上海、广东、江苏等已进行试点加价的地区要进一步加快油品质量升级步伐，2013年10月份全面供应更高一级质量标准的油品（北京市已完成升级），并做好价格衔接工作。

四、组织实施工作。成品油生产企业要加大油品质量升级改造力度，加快升级步伐，确保按照汽、柴油质量标准升级实施时间如期供应合格油品，保障市场供应。各地要紧密结合当地实际，合理确定当地升级进程，与石油企业做好油品供应衔接，并严格执行国家规定的加价标准。同时，有关部门和地方要完善对部分困难群体和公益性行业成品油价格改革补贴政策，适时启动油价补贴机制及油运价格联动机制，及时疏导油品质量升级加价政策对相关行业和群体的影响。

五、加强质量监管。请环境保护部、商务部、工商总局、质检总局、能源局等有关部门根据职能分工，紧密合作，加强油品生产、批发、零售环节质量监管力度，严格市场准入管理和产品质量监督检查，严厉打击质量违法行为，对以次充好、掺杂掺假、油品质量虚假标示等违法违规行为要从严查处，确保油品质量升级效果落到实处。各地油品质量升级加价后，要配合开展油品质量监督检查和巡查，加大油品市场质量监管力度，进一步发挥新闻媒体的舆论监督作用，对违法违规企业的典型案件要公开曝光，提高企业违规成本，确保终端油品质量达标，切实保护消费者利益。

六、做好宣传解释。社会各方面对油品质量升级问题高度关注，各地在出台加价政策时，要结合当地实际情况做好宣传解释工作，重点从油品质量升级有利于治理大气污染和环境保护的角度进行正面引导，并做好应急舆情处置预案，确保方案平稳实施。

国家发展改革委

2013 年 9 月 16 日

关于建立健全居民生活用气阶梯价格制度的指导意见

发改价格〔2014〕467号

各省、自治区、直辖市发展改革委、物价局：

为深入贯彻党的十八届三中全会精神，落实国务院关于深化资源性产品价格改革决策部署，现就建立健全居民生活用气阶梯价格制度提出如下意见：

一、建立健全居民生活用气阶梯价格制度的必要性

天然气是一种不可再生的清洁能源，我国天然气人均资源占有量不到世界平均水平的10%。随着经济和社会的发展，我国天然气消费持续快速增长，国内天然气产量已不能满足日益增长的市场需求，对外依存度不断提高。但长期以来，我国对居民用气实行低价政策，一方面，由于居民气价明显低于工商业等其他用户价格，交叉补贴现象严重，导致用气量越大的用户，享受的补贴越多，没有体现公平负担的原则；另一方面，造成部分居民用户过度消费天然气，特别是加大了冬季用气高峰时调峰保供的压力。

近年来，部分城市率先实施了阶梯气价政策，在保障居民基本用气需求、引导节约用气、缓解供气压力等方面起到了良好的政策效果。为进一步促进天然气市场的可持续健康发展，确保居民基本用气需求，同时引导居民合理用气、节约用气，有必要在全国范围内建立健全居民用气阶梯价格制度。

二、基本原则和主要内容

（一）基本原则

实行居民用气阶梯价格制度，遵循以下基本原则：一是保障基本与反映资源稀缺程度相结合。对于居民基本生活用气需求，实行相对较低价格；对超出基本生活用气需求的部分，要适当提高价格，以反映天然气资源稀缺程度。二是补偿成本与公平负担相结合。居民生活用气价格总体上要逐步反映用气成本，减少交

叉补贴。同时，公平用气负担，用气多的居民多负担。三是统一政策与因地制宜相结合。国家制定居民生活用气阶梯价格政策的总体框架和指导性意见，各地结合当地自然地理环境、经济发展和居民用气特点，确定具体实施方案。

（二）主要内容

1. 分档气量的确定。按照满足不同用气需求，将居民用气量分为三档，其中：

第一档用气量，按覆盖区域内 80%居民家庭用户的月均用气量确定，保障居民基本生活用气需求；

第二档用气量，按覆盖区域内 95%居民家庭用户的月均用气量确定，体现改善和提高居民生活质量的合理用气需求；

第三档用气量，为超出第二档的用气部分。

2. 分档气价的安排。各档气量价格实行超额累进加价，其中：

第一档气价，按照基本补偿供气成本的原则确定，并在一定时期内保持相对稳定；

第二档气价，按照合理补偿成本、取得合理收益的原则制定，价格水平原则上与第一档气保持 1.2 倍左右的比价；

第三档气价，按照充分体现天然气资源稀缺程度、抑制过度消费的原则制定，价格水平原则上与第一档气保持 1.5 倍左右的比价。

3. 关于独立采暖

各地可结合当地气候、采暖用气需求等实际情况，单独制定独立采暖用气阶梯价格制度，也可综合考虑采暖用气和非采暖用气情况，将独立采暖用气纳入统一阶梯价格制度。确定分档气量和气价时，应统筹考虑不同住房面积用气数量差异，以及天然气独立采暖与集中供热等不同方式（以煤炭为燃料集中供热的，应考虑煤炭的环境成本）、天然气与电力等不同能源的采暖成本衔接，着重保障基本住房面积的采暖需求。

4. 实施范围

居民生活用气为通过城市燃气管网向居民家庭供应的所有燃气。居民用户原则上以住宅为单位，一个房产证明对应为一个居民户；没有房产证明的，以当地供气企业为居民安装的气表为单位。单个居民用户或单个气表对应家庭居民人数较多的，由各地根据实际情况妥善研究解决办法。

对学校、养老福利机构等执行居民气价的非居民用户，气价水平按当地居民第一档、第二档气价平均水平执行。

5．计价周期。阶梯气价可以月为周期执行，也可以季度或年为周期，具体由各地结合当地实际情况合理确定。用气量在周期之间不累计、不结转。

6．建立动态调整机制。各地可根据当地经济社会发展、居民生活水平提高、居民生活用气变化等实际情况，适时调整各档气量和气价。

7．收入用途。实行阶梯气价后供气企业增加的收入，主要用于“一户一表”改造、弥补居民基本生活用气供应和储气调峰成本，以及减少与工商业交叉补贴等方面。

三、工作要求

（一）加强组织领导。居民生活用气阶梯价格制度是天然气价格改革的重要组成部分，关系居民切身利益。各地价格主管部门要加快工作步伐，2015 年底前所有已通气城市均应建立起居民生活用气阶梯价格制度。今后凡制定或调整居民生活用气销售价格的城市，要同步建立起阶梯价格制度；已实行阶梯气价的城市，要根据本指导意见进一步完善相关政策。

天然气销售价格管理权限已下放至市县的省份，省级价格主管部门要加强工作指导，确保居民用气阶梯价格方案平稳实施。

（二）制定实施方案。各地价格主管部门要按照国家统一要求，组织专门力量，会同有关部门，结合当地用气实际情况，合理确定各档气量、分档气价、计价周期等，尽快制定实行居民用气阶梯价格制度的实施方案，妥善处理方案实施过程中可能面临的问题。

（三）做好价格论证和听证。各地在制定居民用气阶梯价格方案的过程中，要充分听取各方面意见，对阶梯气价的实施范围、档次划分、价格安排等方面进行认真研究论证。方案形成后，应按《政府制定价格听证办法》的规定进行价格听证后实施。

（四）保障低收入群体利益。各地在建立居民用气阶梯价格制度工作中，要充分考虑低收入家庭经济承受能力，对低收入家庭，要采取提高低保标准、增加补贴或设定减免优惠气量等方式，确保其基本生活水平不因气价调整而降低。

（五）加强宣传引导。各地要加强与新闻媒体沟通，采取多种形式，宣传我国天然气资源现状、实行阶梯气价的重要意义，做好政策宣传解读和引导，及时回应社会关切，争取社会各方理解和支持。

国家发展改革委

2014 年 3 月 20 日

关于完善城市公交车成品油价格补助政策加快新能源汽车推广应用的通知

各省、自治区、直辖市、计划单列市财政厅（局）、工业和信息化主管部门、交通运输厅（局、委），新疆生产建设兵团财务局、工业和信息化委员会、交通局：

按照《国务院关于印发节能与新能源汽车产业发展规划（2012－2020年）的通知》(国发〔2012〕22号)、《国务院关于印发大气污染防治行动计划的通知》(国发〔2013〕37号)、《国务院办公厅关于加快新能源汽车推广应用的指导意见》(国办发〔2014〕35号）等文件要求，为进一步加快新能源汽车推广应用，促进公交行业节能减排和结构调整，实现公交行业健康、稳定发展，经国务院批准，从2015年起对城市公交车成品油价格补助政策进行调整。有关事项通知如下：

一、充分认识城市公交车成品油价格补助政策调整的重要意义

2006年起实施的成品油价格补助政策，促进了石油价格形成机制的不断完善和城市公交行业的稳定发展。但成品油价格补助政策的长期执行，实际形成了鼓励购买和使用燃油公交车、阻碍新能源公交车推广应用的不良机制，不利于优化公交行业能源消费结构，与国家节能减排、大气污染防治和发展新能源汽车的工作要求不相符，迫切需要发挥价格机制的调节作用，建立鼓励新能源公交车应用、限制燃油公交车增长的新机制。

二、总体思路和基本原则

通过完善城市公交车成品油价格补助政策，进一步理顺补助对象和环节，加快新能源公交车替代燃油公交车步伐。一方面还原燃油公交车的真实使用成本，遏制燃油公交车数量增加势头，另一方面调动企业购买和使用新能源公交车的积极性，鼓励在新增和更新城市公交车时优先选择新能源公交车，推动新能源公交车规模化推广应用，促进公交行业节能减排，为大气污染防治作出贡献。

（一）总体思路。统筹考虑各类城市公交车购置和运营成本，在对城市公交行业补助总体水平相对稳定的前提下，调整优化财政补助支出结构，平衡传统燃油公交车和新能源公交车的使用成本，逐步形成新能源汽车的比较优势。循序渐进，分类实施，推动形成有利于城市公交行业节能减排和新能源汽车产业发展的政策环境，确保公交行业平稳转型、健康发展。

（二）基本原则。

一是统筹兼顾，突出重点。统筹考虑城市用油、用气、新能源等公交车一定期限内购置及运营成本，调整现行成品油价格补贴政策，加大对新能源公交车支持力度，及时研究制订用气公交车支持政策。

二是总量稳定，结构优化。在对城市公交行业补助总体规模稳定的前提下，通过逐年降低城市公交车成品油价格补助和增加新能源公交车运营补助，加大对新能源公交车支持力度，逐步形成新能源公交车的比较优势，优化城市公交车辆产品结构。

三是分类实施，循序渐进。对现行城市公交车成品油价格补助中因税费改革产生的补助（即 2008 年国务院实施成品油价格和税费改革时，对因取消公路养路费等六项收费后提高汽柴油消费税形成的涨价给予的补助，以下简称费改税补助）和成品油价格上涨产生的补助（以下简称涨价补助）区别对待。费改税补助，以 2013 年实际执行数为基数予以保留。涨价补助与新能源公交车推广完成情况挂钩，补助金额逐步减少。

四是绩效考核，有奖有罚。对各省（区、市）新能源公交车推广情况进行考核，完成新能源公交车推广目标的，给予新能源公交车运营补助；对未完成目标的，按照一定比例扣减本省（区、市）成品油价格补助中的涨价补助。

三、政策措施

（一）调整现行城市公交车成品油价格补助政策。

1. 现行城市公交车成品油价格补助中的费改税补助作为基数保留，不作调整。2015—2019 年，费改税补助数额以 2013 年实际执行数作为基数予以保留，暂不做调整。

2. 现行城市公交车成品油价格补助中的涨价补助以 2013 年作基数，逐年调整。2015—2019 年，现行城市公交车成品油价格补助中的涨价补助以 2013 年实际执行数作为基数逐步递减，其中 2015 年减少 15%、2016 年减少 30%、2017 年减少 40%、2018 年减少 50%、2019 年减少 60%，2020 年以后根据城市公交车用能结构情况另行确定。

（二）涨价补助数额与新能源公交车推广数量挂钩。2015—2019 年，城市公交车成品油价格补助中的涨价补助数额与新能源公交车推广数量挂钩。其中，大气污染治理重点区域和重点省市（包括北京、上海、天津、河北、山西、江苏、浙江、山东、广东、海南），2015—2019 年新增及更换的公交车中新能源公交车比重应分别达到 40%、50%、60%、70%和 80%。中部省（包括安徽、江西、河南、湖北、湖南）和福建省 2015—2019 年新增及更换的公交车中新能源公交车比重应分别达到 25%、35%、45%、55%和 65%。其他省（区、市）2015—2019 年新增及更换的公交车中新能源公交车比重应分别达到 10%、15%、20%、25%和 30%。达到上述推广比例要求的，涨价补助按照政策调整后的标准全额拨付。未能达到上述推广比例要求的，扣减当年应拨涨价补助数额的 20%。新能源公交车推广考核具体办法由工业和信息化部、交通运输部、财政部另行制订。

（三）调整后的城市公交车成品油价格补助资金由地方统筹使用。调整后的城市公交车成品油价格补助资金由地方统筹用于城市公交车补助。各省（区、市）财政、工业和信息化、交通运输等部门根据本地实际制定具体管理办法。城市公交车补助问题由地方政府通过增加财政补助、调整运价等方式予以解决，确保公交行业稳定。

（四）中央财政对完成新能源公交车推广目标的地区给予新能源公交车运营补助。为加快新能源公交车替换燃油公交车步伐，2015—2019 年期间中央财政对达到新能源公交车推广目标的省份，对纳入工业和信息化部“新能源汽车推广应用工程推荐车型目录”、年运营里程不低于 3 万公里（含 3 万公里）的新能源公交车以及非插电式混合动力公交车，按照其实际推广数量给予运营补助。具体标准见附件。2020 年以后再综合考虑产业发展、成本变化及优惠电价等因素调整运营补助政策。

四、资金申请和拨付

（一）城市公交车成品油价格补助。调整后的城市公交车成品油价格补助资金将采取年初预拨、年度清算的资金拨付方式，即：

1. 在每年 4 月底前，中央财政将各省（区、市）当年应享受的全部费改税补助资金和 80%的涨价补助资金，提前拨付给省级财政部门（2015 年度补助资金将在政策发布后一个月内拨付地方）。

2. 剩余20%的涨价补助资金，在下一年度4月底前，对该省（区、市）的新能源公交车推广工作核查后，向符合条件的省（区、市）进行拨付，不符合条件的将不予拨付。具体的申报、核查程序以及时间要求如下：

（1）由县、市级交通运输部门和道路运输管理机构组织力量，对本辖区城市公交企业新增及更换公交车数量、新能源公交车实际推广使用数量、新能源公交车行驶里程及车辆购置发票等相关证明材料进行统计、整理、汇总，经核实并公示无异后，于每年2月10日前，逐级上报至省级交通运输部门，同时抄报同级财政、工业和信息化、审计部门。

（2）省级交通运输部门收到下级交通运输部门上报的车辆信息及相关证明材料后，经审核和重点抽查，将本省（区、市）新增及更换公交车数量、新能源公交车实际推广数量、新能源公交车运营里程等情况整理汇总，于每年2月底前，上报至交通运输部，并抄送同级财政、工业和信息化、审计部门及财政部驻当地财政监察专员办事处。

（3）交通运输部会同工业和信息化部对各省（区、市）公交车推广情况进行整理、汇总和分析，核定各省（区、市）新能源公交车推广数量和占新增及更换的公交车的比例，确定各省（区、市）是否完成相应的新能源汽车推广任务，将审核报告于每年3月底前提交至财政部。

（4）财政部根据交通运输部、工业和信息化部审核结果，向符合条件的省（区、市）拨付剩余20%的城市公交车成品油价格补助资金。

3. 省级财政部门收到财政部下达的补助资金（包括预拨资金和清算资金）后，应当会同同级交通运输、工业和信息化部门逐级下拨资金。基层财政、交通运输和工业和信息化部门应当及时将补助资金发放到补助对象。

（二）新能源公交车运营补助。新能源公交车运营补助资金将采取存量部分年初拨付、增量部分年终清算的方式，即：

1. 在每年4月底前，中央财政对以前年度（从2015年1月1日起）已购买并上牌，且在正常运行（年运营里程不得低于3万公里）的新能源公交车，按照附件中确定的补助标准，将运营补助资金拨付给省级财政部门，与城市公交车成品油价格补助预拨资金一并下达。

2. 当年新投入运营的新能源公交车，中央财政将于下一年度4月底前，向符合条件的省（区、市）拨付运营补助资金，与城市公交车成品油价格补助清算资金一并下达；不符合要求的将不予拨付。补助资金应当专款专用，全额用于补助实际用油者和新能源公交车的运营，不得挪作他用。

五、保障措施

城市公交车成品油价格补助政策调整涉及城市公交企业和广大群众切身利益，实施新能源汽车替代燃油车是一个系统工程，各地区要统一思想，精心组织，周密部署，做好有关工作，确保顺利实施。

（一）加强组织领导。城市公交车成品油价格补助政策调整以省（区、市）为单位实施，财政部、工业和信息化部、交通运输部分工协作，共同督促地方政府加强领导，精心部署，切实做好政策调整的组织实施工作。财政部牵头负责政策制订和调整、组织实施并具体负责中央财政补助资金的管理。工业和信息化部负责采取切实有效措施打破地方保护，督促企业加大新能源公交车生产供应和提高质量安全保障等。交通运输部负责对各地新能源公交车替代燃油公交车工作的考核、监督与指导。

（二）加强监督检查。各省级财政、工业和信息化、交通运输部门要联合有关部门加强对城市公交车成品油价格补助政策调整工作的监督检查，规范补助资金的申请和发放程序，加强资金管理。对弄虚作假、套取补助资金的公交企业，一经查实，追回上年度补助资金，并取消下年度补助资格；对虚报瞒报新能源公交车推广数量和推广比例、扩大范围发放补助资金、截留挪用补助资金的部门和管理人员，一经查实，将严肃处理，并追究相关责任人的责任。

（三）做好政策宣传。财政部、工业和信息化部、交通运输部会同有关部门和行业协会、企业做好宣传工作，加强舆论引导，及时回应社会关切，争取社会各方理解和支持，确保政策调整平稳实施。地方各级人民政府要结合本地实际情况，加强舆论引导。

（四）维护行业稳定。各省（区、市）要加强公交行业动态信息监控，及时掌握改革动态；要充分考虑公共财政保障能力、公众承受能力和企业运营成本，加快建立城市公交成本票价制度，消化补助政策调整给企业增加的运营成本，维护城市公交行业健康稳定发展。

（五）做好政策衔接。地方政府及相关部门应当按照本通知要求，尽快完善补助资金的发放管理制度，并将调整后的补助程序、补助对象、补助标准和金额等内容及时向社会公布。

本通知自2015年1月1日起实施。2009年财政部、交通运输部联合发布的《城乡道路客运成品油价格补助专项资金管理暂行办法》（财建〔2009〕1008号）中关于城市公交的内容同时废止。

附件：节能与新能源公交车运营补助标准（2015—2019年）

财政部

工业和信息化部

交通运输部

2015年5月11日

附件：

节能与新能源公交车运营补助标准（2015—2019年）

单位：万元/辆/年

车辆类型	车长L（米）		
	6≤L＜8	8≤L＜10	L≥10
纯电动公交车	4	6	8
插电式混合动力（含增程式）公交车	2	3	4
燃料电池公交车	6		
超级电容公交车	2		
非插电式混合动力公交车	2		

（五）行业价格政策

关于调整节能汽车推广补贴政策的通知

财建〔2011〕754 号

各省、自治区、直辖市、计划单列市财政厅（局）、发展改革委、工业和信息化主管部门，有关企业：

自 2010 年 6 月 1 日财政部、国家发展改革委、工业和信息化部启动节能汽车推广工作以来，我国节能汽车市场占有率大幅提升，节能汽车技术进步明显加快。为继续引导和鼓励汽车生产企业加大节能技术研发投入，促进产品结构优化升级，逐步降低油耗水平，根据行业节能技术进步、油耗标准推进等情况，财政部、国家发展改革委、工业和信息化部报经国务院批准同意，决定对现行节能汽车推广补贴政策进行调整。现将调整有关事项通知如下：

一、现行节能汽车推广补贴政策执行到 2011 年 9 月 30 日。推广企业要认真总结 2010 年 6 月 1 日—2011 年 9 月 30 日推广情况，编制补贴资金清算报告，于 2011 年 10 月 31 日前由省级财政部门会同发展改革委、工业和信息化主管部门审核后上报财政部。财政部、国家发展改革委、工业和信息化部将组织专项核查并根据核查情况对补贴资金进行清算。

二、从 2011 年 10 月 1 日起实施新的节能汽车推广补贴政策。

（一）推广车辆要达到产品综合燃料消耗量标准，具体限值如下：

整车整备质量（CM）/ kg	具有两排及以下座椅且装有手动挡变速器的车辆/（L/100km）	具有三排或三排以上座椅或装有非手动挡变速器的车辆/（L/100km）
CM≤750	4.8	5.2
750＜CM≤865	5.1	5.4
865＜CM≤980	5.3	5.7

整车整备质量（CM）/kg	具有两排及以下座椅且装有手动挡变速器的车辆/（L/100km）	具有三排或三排以上座椅或装有非手动挡变速器的车辆/（L/100km）
980＜CM≤1 090	5.6	6.0
1 090＜CM≤1 205	6.0	6.3
1 205＜CM≤1 320	6.3	6.6
CM＞1 320	6.7	6.9

（二）推广补贴标准不变，即对消费者购买节能汽车继续给予一次性 3 000 元定额补助，由生产企业在销售时兑付给购买者。

（三）其他有关事项按《“节能产品惠民工程”节能汽车（1.6 升及以下乘用车）推广实施细则》（财建〔2010〕219 号）执行。有关核查工作暂按《“节能产品惠民工程”节能汽车（1.6 升及以下乘用车）推广专项核查办法》（工信部联装〔2010〕566 号）执行。

请各地和有关推广企业认真做好节能汽车推广补贴政策调整的宣传、解释和执行工作，确保推广工作顺利进行。

财政部

国家发展改革委

工业和信息化部

二〇一一年九月七日

关于发挥价格杠杆作用促进光伏产业健康发展的通知

发改价格〔2013〕1638号

各省、自治区、直辖市发展改革委、物价局：

为充分发挥价格杠杆引导资源优化配置的积极作用，促进光伏发电产业健康发展，根据《国务院关于促进光伏产业健康发展的若干意见》（国发〔2013〕24号）有关要求，决定进一步完善光伏发电项目价格政策。现就有关事项通知如下：

一、光伏电站价格

（一）根据各地太阳能资源条件和建设成本，将全国分为三类太阳能资源区，相应制定光伏电站标杆上网电价。各资源区光伏电站标杆上网电价标准见附件。

（二）光伏电站标杆上网电价高出当地燃煤机组标杆上网电价（含脱硫等环保电价，下同）的部分，通过可再生能源发展基金予以补贴。

二、分布式光伏发电价格

（一）对分布式光伏发电实行按照全电量补贴的政策，电价补贴标准为每千瓦时0.42元（含税，下同），通过可再生能源发展基金予以支付，由电网企业转付；其中，分布式光伏发电系统自用有余上网的电量，由电网企业按照当地燃煤机组标杆上网电价收购。

（二）对分布式光伏发电系统自用电量免收随电价征收的各类基金和附加，以及系统备用容量费和其他相关并网服务费。

三、执行时间

分区标杆上网电价政策适用于2013年9月1日后备案（核准），以及2013年9月1日前备案（核准）但于2014年1月1日及以后投运的光伏电站项目；电价补贴标准适用于除享受中央财政投资补贴之外的分布式光伏发电项目。

四、其他规定

（一）享受国家电价补贴的光伏发电项目，应符合可再生能源发展规划，符合固定资产投资审批程序和有关管理规定。

（二）光伏发电项目自投入运营起执行标杆上网电价或电价补贴标准，期限原则上为20年。国家根据光伏发电发展规模、发电成本变化情况等因素，逐步调减光伏电站标杆上网电价和分布式光伏发电电价补贴标准，以促进科技进步，降低成本，提高光伏发电市场竞争力。

（三）鼓励通过招标等竞争方式确定光伏电站上网电价或分布式光伏发电电价补贴标准，但通过竞争方式形成的上网电价和电价补贴标准，不得高于国家规定的标杆上网电价和电价补贴标准。

（四）电网企业要积极为光伏发电项目提供必要的并网接入、计量等电网服务，及时与光伏发电企业按规定结算电价。同时，要及时计量和审核光伏发电项目的发电量与上网电量，并据此申请电价补贴。

（五）光伏发电企业和电网企业必须真实、完整地记载和保存光伏发电项目上网电量、自发自用电量、电价结算和补助金额等资料，接受有关部门监督检查。弄虚作假的视同价格违法行为予以查处。

（六）各级价格主管部门要加强对光伏发电上网电价执行和电价附加补助结算的监管，确保光伏发电价格政策执行到位。

国家发展改革委

2013年8月26日

附件：

全国光伏电站标杆上网电价表

单位：元/千瓦时（含税）

资源区	光伏电站标杆上网电价	各资源区所包括的地区
Ⅰ类资源区	0.90	宁夏，青海海西，甘肃嘉峪关、武威
Ⅱ类资源区	0.95	北京，天津，黑龙江，吉林，辽宁，四川，云南，内蒙古赤峰、通辽
Ⅲ类资源区	1.00	除Ⅰ类、Ⅱ类资源区以外的其他地区

注：西藏自治区光伏电站标杆电价另行制定。

关于运用价格手段促进水泥行业产业结构调整有关事项的通知

发改价格〔2014〕880号

各省、自治区、直辖市发展改革委、经信委（工信委、工信厅）、物价局、质检局，国家电网公司、南方电网公司、内蒙古电力公司：

为落实《国务院关于化解产能过剩矛盾的指导意见》（国发〔2013〕41号）有关要求，促进水泥行业技术进步，提高能源资源利用效率，改善环境，决定运用价格手段加快淘汰水泥落后产能，促进产业结构调整。现就有关事项通知如下：

一、对淘汰类水泥熟料企业生产用电实行更加严格的差别电价政策。对《产业结构调整指导目录（2011年本）（修正）》明确淘汰的利用水泥立窑、干法中空窑（生产高铝水泥、硫铝酸盐水泥等特种水泥除外）、立波尔窑、湿法窑生产熟料的企业，其用电价格在现行目录销售电价基础上每千瓦时加价0.4元。

各地可以结合实际情况进一步加大差别电价实施力度，在上述规定基础上进一步扩大实施范围和提高加价标准。

二、对其他水泥企业生产用电实行基于能耗标准的阶梯电价政策。结合《水泥单位产品能源消耗限额》（GB 16780—2012），对其他水泥熟料及粉磨企业实施基于可比熟料（水泥）综合电耗水平的阶梯电价政策。具体办法另文下达。

三、完善差别电价执行程序。省级人民政府有关部门要明确淘汰类水泥熟料生产线（企业）差别电价甄别认定执行程序，省级发展改革部门、价格主管部门、工业主管部门和电网企业要根据职责分工，密切协作，共同做好差别电价政策实施工作，确保政策执行到位。

（一）各省（区、市）淘汰类水泥熟料生产线（企业）名单，由企业所在地省级工业主管部门会同发展改革部门在2014年6月底前，严格按照国家产业政策、环保标准等规定逐个进行甄别，并向社会公布，同时函告省级价格主管部门。

（二）省级价格主管部门根据省级工业主管部门和发展改革部门甄别提出的淘汰类水泥熟料生产线（企业）名单，及时明确其应执行的差别电价标准，并向社会公布，同时将有关情况报国家发展改革委、工业和信息化部备案。

（三）省级电网企业根据省级价格主管部门公布的企业名单和电价标准，按照抄见的水泥企业用电量收取加价电费，并及时将收费情况报省级发展改革部门、工业主管部门、价格主管部门备案。

四、严格生产许可证管理和行政执法。各级质检部门要进一步加强水泥生产线生产许可证管理。充分发挥生产许可证制度对淘汰落后产能的作用，凡不符合国家产业政策的水泥生产线，一律不予以换（发）生产许可证。

五、严格管理和规范使用加价电费资金。因实施差别电价政策而增加的加价电费，10%留电网企业用于弥补执行差别电价增加的成本，90%归地方政府使用，主要用于支持水泥行业节能技术改造、淘汰落后和转型升级。具体办法由省级人民政府有关部门制定。

六、加大监督检查力度。省级价格主管部门要会同有关部门加强对水泥熟料生产线（企业）用电差别电价政策落实情况的监督检查，督促电网企业及时足额上缴加价电费资金。省级工业主管部门要将辖区内淘汰类水泥熟料生产线（企业）在官方网站上向社会公布，并动态更新，接受社会监督。国家发展改革委、工业和信息化部将组织力量不定期对水泥熟料生产线（企业）执行差别电价政策情况进行核查和抽查，必要时进行交叉检查。各级质检部门要加大执法监管力度，严厉打击无证生产违法行为。

上述规定自 2014 年 7 月 1 日起执行。

国家发展改革委
工业和信息化部
质检总局
2014 年 5 月 5 日

五、生态补偿政策

（一）综合性政策

关于开展生态补偿试点工作的指导意见

环发〔2007〕130号

各省、自治区、直辖市环境保护局（厅），新疆生产建设兵团环境保护局：

为贯彻落实《国务院关于落实科学发展观加强环境保护的决定》（国发〔2005〕39号）和第六次全国环境保护大会精神，推动建立生态补偿机制，完善环境经济政策，促进生态环境保护，现就开展生态补偿试点工作提出如下意见：

一、充分认识开展生态补偿试点工作的重要意义

（一）建立生态补偿机制是贯彻落实科学发展观的重要举措

生态补偿机制是以保护生态环境、促进人与自然和谐为目的，根据生态系统服务价值、生态保护成本、发展机会成本，综合运用行政和市场手段，调整生态环境保护和建设相关各方之间利益关系的环境经济政策。建立和完善生态补偿机制，有利于推动环境保护工作实现从以行政手段为主向综合运用法律、经济、技术和行政手段的转变，有利于推进资源的可持续利用，加快环境友好型社会建设，实现不同地区、不同利益群体的和谐发展。

（二）建立生态补偿机制是落实新时期环保工作任务的迫切要求

党中央、国务院对建立生态补偿机制提出明确要求，并将其作为加强环境保护的重要内容。《国务院关于落实科学发展观加强环境保护的决定》要求“要完善生态补偿政策，尽快建立生态补偿机制。中央和地方财政转移支付应考虑生态补偿因素，国家和地方可分别开展生态补偿试点”。《国务院 2007 年工作要点》（国发〔2007〕8 号）将“加快建立生态环境补偿机制”列为抓好节能减排工作的重要任务。国家《节能减排综合性工作方案》（国发〔2007〕15 号）也明确要求改进和完善资源开发生态补偿机制，开展跨流域生态补偿试点工作。

（三）开展试点工作是全面建立生态补偿机制的重要实践基础

为探索建立生态补偿机制，一些地区积极开展工作，研究制订了一些政策，取得了一定成效。但是，生态补偿涉及复杂的利益关系调整，目前对生态补偿原理性探讨较多，针对具体地区、流域的实践探索较少，尤其是缺乏经过实践检验的生态补偿技术方法与政策体系。因此，有必要通过在重点领域开展试点工作，探索建立生态补偿标准体系，以及生态补偿的资金来源、补偿渠道、补偿方式和保障体系，为全面建立生态补偿机制提供方法和经验。

二、明确开展生态补偿试点工作的指导思想、原则和目标

（四）指导思想

以科学发展观为指导，以保护生态环境、促进人与自然和谐发展为目的，以落实生态环境保护责任、理清相关各方利益关系为核心，着力建立和完善重点领域生态补偿标准体系，探索解决生态补偿关键问题的方法和途径，在实践中取得经验，为全面建立生态补偿机制提供方法、技术与实践支持。

（五）基本原则

谁开发、谁保护，谁破坏、谁恢复，谁受益、谁补偿，谁污染、谁付费。要明确生态补偿责任主体，确定生态补偿的对象、范围。环境和自然资源的开发利用者要承担环境外部成本，履行生态环境恢复责任，赔偿相关损失，支付占用环境容量的费用；生态保护的受益者有责任向生态保护者支付适当的补偿费用。

责、权、利相统一。生态补偿涉及多方利益调整，需要广泛调查各利益相关者情况，合理分析生态保护的纵向、横向权利义务关系，科学评估维护生态系统功能的直接和间接成本，研究制订合理的生态补偿标准、程序和监督机制，确保利益相关者责、权、利相统一，做到应补则补，奖惩分明。

共建共享，双赢发展。区域或流域生态环境保护的各利益相关者应在履行环保职责的基础上，加强生态保护和环境治理方面的相互配合，并积极加强经济活动领域的分工协作，共同致力于改善区域、流域生态环境质量，拓宽发展空间，推动区域可持续发展。

政府引导与市场调控相结合。要充分发挥政府在生态补偿机制建立过程中的引导作用，结合国家相关政策和当地实际情况研究改进公共财政对生态保护投入机制，同时要研究制订完善调节、规范市场经济主体的政策法规，增强其珍惜环境和资源的压力和动力，引导建立多元化的筹资渠道和市场化的运作方式。

因地制宜，积极创新。要在试点工作中结合试点地区的特点，积极总结借鉴国内外经验，科学论证、积极创新，探索建立多样化生态补偿方式，为加快推进建立生态环境机制提供新方法、新经验。

（六）目标

通过试点工作，研究建立自然保护区、重要生态功能区、矿产资源开发和流域水环境保护等重点领域生态补偿标准体系，落实补偿各利益相关方责任，探索多样化的生态补偿方法、模式，建立试点区域生态环境共建共享的长效机制，推动相关生态补偿政策法规的制定和完善，为全面建立生态补偿机制奠定基础。

三、探索建立重点领域的生态补偿机制

（七）加快建立自然保护区生态补偿机制

理顺和拓宽自然保护区投入渠道。加强与有关地方和部门的协调，推动完善政府对自然保护区建设的投入机制，按照事权划分原则，将自然保护区基础设施、管护能力建设和基本管护费用，以及扶持保护区内原住居民进行生态移民的费用纳入相应层级的政府财政预算，推动建立各级自然保护区管护专项资金，加大对自然保护区的财政支持力度，提高自然保护区规范化建设水平。加强自然保护区与国际组织、非政府组织、绿色团体、研究机构、企业、社区的交流，争取社会各界以各种方式参与和支持自然保护区的建设管理，拓展自然保护区生态补偿资金的来源和渠道。

组织引导自然保护区和社区共建共享。积极组织自然保护区内及周边社区居民开展自然生态保护知识与技能培训，优先聘用保护区内及周边社区居民参加保护区的管护工作。通过资金、物质补偿、提供就业机会和优惠政策等形式，吸引和帮助自然保护区内的居民开展生态移民。引导保护区及周边社区居民转变生产

生活方式，因地制宜发展有机食品、生态旅游等特色产业，增加就业机会，降低周边社区对自然保护区的压力。

研究建立自然保护区生态补偿标准体系。根据各自然保护区主要保护对象的不同，评估保护区内居民基本生活保障，以及对维护保护区正常生态功能的基本建设、人员工资、基本运行费用、必须生态建设投入等生态保护投入和管护能力建设需求，测算保护区野生动物引起人身伤害和经济损失；全面评价周边地区各类建设项目对自然保护区生态环境破坏或功能区划调整、范围调整带来的生态损失，及其对自然保护区生态效益的利用情况，收集与充实相关数据、信息，建立自然保护区生态补偿标准的测算方法与技术体系。

（八）探索建立重要生态功能区生态补偿机制

建立健全重要生态功能区的协调管理与投入机制。加强与有关地方和部门的协调，加强饮用水源区等重要生态功能区域的生态保护与建设，配合有关部门推动生态保护与建设资金、项目的整合与规范，支持重要生态功能区的生态环境保护与恢复，并对区域生态功能重要、生态保护建设任务重而经济发展受到制约的地区给予扶持和补偿。积极配合有关部门，推进重要生态功能区财税政策和管理政策改革，加大对重要生态功能区的财政转移支付力度。

加强重要生态功能区的环境综合整治。加强重要生态功能区的生态环境监测、评估，建立和完善生态环境质量评价体系。推动环境保护专项资金向重要生态功能区倾斜。加大重要生态功能区内的城乡环境综合整治力度，在继续加强城市环境综合整治和工业污染防治的同时，积极采取控污、截污等多种手段，有效控制农村面源污染，促进城乡经济社会与环境的协调发展。

研究建立重要生态功能区生态补偿标准体系。在监测、评估重要生态功能区生态环境状况基础上，按照维护区域重要生态功能的原则，综合考虑居民公平享受公共服务、减少发展制约因素，以及保护自然资源、维持生态系统服务功能等方面的需求，开展重要生态功能区生态补偿标准核算研究，建立重要生态功能区生态补偿标准核算方法体系。

（九）推动建立矿产资源开发的生态补偿机制

推动建立矿产资源开发生态补偿长效机制。联合有关部门推动建立矿山生态补偿基金，解决矿产资源开发造成的历史遗留和区域性环境污染、生态破坏的补偿问题，以及环境健康损害赔偿问题，按照企业和政府共同负担的原则加大矿山环境整治力度，“多还旧账”。现有和新建矿山要落实企业矿山环境治理和生态恢复责任，建立矿产资源开发环境治理与生态恢复保证金制度，做到“不欠新账”。改革现有矿山企业成本核算制度，将环境治理与生态恢复费用列入矿山企业的生产成本。

研究制定科学的矿产资源开发生态补偿标准体系。各地环保部门要结合本地实际研究制定和完善矿山环境治理、生态恢复标准，科学评估矿产资源开发造成的环境污染与生态破坏，提出矿山环境整治和生态修复目标要求。要联合国土资源部门制定矿山环境保护与治理规划，实施环境综合整治和生态修复工程，根据矿山环境治理和生态恢复成本，并考虑矿山企业承受能力与有关受损状况，合理确定提取矿产资源开发环境治理与生态恢复保证金，以及征收矿山生态补偿基金的标准。联合财政、国土资源等部门全面落实矿产资源开发环境治理与生态恢复责任机制，科学评价矿产资源开发环境治理与生态恢复保证金和矿山生态补偿基金的使用状况。

（十）推动建立流域水环境保护的生态补偿机制

建立流域生态补偿标准体系。各地应当确保出境水质达到考核目标，根据出入境水质状况确定横向赔偿和补偿标准。重点流域跨省界断面水质标准，依据国家《“十一五”水污染物总量削减目标责任书》确定；其他流域跨界断面水质标准，参照有关区域发展规划和重点流域跨界断面水质标准，并结合区域生态用水需求评估确定。补偿标准应当依照实际水质与目标水质标准的差距，根据环境治理成本并结合当地经济社会发展状况确定。积极维护饮水安全，研究各类饮用水源区建设项目和水电开发项目对区域生态环境和当地群众生产生活用水质量的影响，开展饮用水源区生态补偿标准研究。

促进合作，推动建立流域生态保护共建共享机制。搭建有助于建立流域生态补偿机制的政府管理平台，促进流域上下游地区协作，采取资金、技术援助和经贸合作等措施，支持上游地区开展生态保护和污染防治工作，引导上游地区积极发展循环经济和生态经济，限制发展高耗能、重污染的产业。引导下游地区企业吸收上游地区富余劳动力。支持流域上下游地区政府达成基于水量分配和水质控制的环境合作协议。试点地区要积极探索当地居民土地入股等补偿方式，支持生态保护成本的直接负担者分享水电开发收益等流域生态保护带来的经济效益。

推动建立专项资金。加强与有关各方协调，多渠道筹集资金，建立促进跨行政区的流域水环境保护的专项资金，重点用于流域上游地区的环境污染治理与生态保护恢复补偿，并兼顾上游突发环境事件对下游造成污染的赔偿。建立专项资金的申请、使用、效益评估与考核制度，促进全流域共同参与流域水环境保护。

四、加强生态补偿试点工作的组织实施

（十一）合理选择试点地区

各级环保部门要选择具有一定条件和基础的地区开展生态补偿试点工作。我局将按照国家“十一五”规划要求，结合《全国自然保护区发展规划》和《国家重点生态功能保护区规划》的编制和实施，选择开展规范化建设的国家级自然保护区和优先启动建设的国家重点生态功能保护区开展生态补偿试点工作；在开展煤炭工业可持续发展政策措施试点和深化煤炭资源有偿使用改革试点工作的地区开展煤矿等矿产资源开发的生态补偿试点工作；积极配合财政、发展改革部门推动开展跨省流域生态补偿试点工作。各地环保部门要结合本地实际情况和生态保护重点工作，分别选择条件成熟的地区开展生态补偿试点工作。

（十二）积极强化基础支撑

建立生态补偿机制的基础和核心问题是区分各利益相关者的环境保护责任，并评估资源开发、工程建设等活动的生态环境代价，建立生态补偿标准的测算方法体系。各级环保部门要结合试点工作，积极开展相关研究，区分试点地区的纵向、横向环保责任，提出试点地区生态保护和恢复的目标要求，明确生态补偿的主体、客体和标准测算方法，加强环境监测、检查监督能力建设，科学评估现有生态保护和建设投入的实际效果，为在不同范围内建立和落实生态补偿政策和制度提供基础支撑。

（十三）做好部门协调

各级环保部门要加强与综合经济管理部门和相关行业主管部门的协调，主动为推动建立和完善生态补偿机制提供支持。配合相关部门积极探索各类生态补偿方式，推动开展环境资源费用制度改革，构建区域生态共建共享合作平台，增强财政转移支付的生态补偿功能。我局将结合试点工作中面临的实际问题，积极联合有关部门研究制订相关指导意见、技术标准和管理办法，推动制定确立生态补偿机制法律地位的相关立法，完善相关环境监管制度。各地环保部门也要结合本地实际联合相关部门研究制定相关政策措施，促进省域范围内生态补偿工作。

（十四）扩大交流与宣传

积极加强国内外交流与合作，充分借鉴国内外生态补偿实践经验，丰富生态补偿的内涵和措施体系。加强相关人员的培训，普及生态补偿知识，积极宣传推

广生态补偿的重要意义和成功经验，吸引国际组织、企业和社区居民参与试点工作，拓宽生态补偿的资金渠道。

（十五）加强组织领导

各级环保部门和各试点地区要加强生态补偿政策试点工作的组织和领导，根据实际情况选取重点领域，争取安排一定的启动资金，开展生态补偿试点工作。各试点地区要结合本地实际，在立法、行政权限许可范围内制订或完善相关规章制度，将强化环境监管与建立生态补偿机制相结合，建立和完善区域环境监督管理体系，落实生态环境保护责任。自然保护区、重要生态功能区、重要矿产资源开发区和流域上游地区等重点区域要明确生态环境保护和恢复责任，并积极创新相关体制、政策和管理模式，我局将及时总结和推广成功经验，并配合有关部门研究完善地方政府考核机制，科学评价生态环境保护工作成效，为联合有关部门制定相关政策、完善相关法律制度奠定基础。

国家环境保护总局

二〇〇七年八月二十四日

关于印发《国家重点生态功能区转移支付办法》的通知

财预〔2011〕428号

各省、自治区、直辖市财政厅（局）：

为维护国家生态安全，推动地方政府加强生态环境保护和改善民生，充分发挥国家重点生态功能区转移支付的政策导向功能，提高转移支付资金的使用绩效，特制定《国家重点生态功能区转移支付办法》，现予印发，请遵照执行。

附件：国家重点生态功能区转移支付办法

财政部

二○一一年七月十九日

附件：

国家重点生态功能区转移支付办法

为维护国家生态安全，引导地方政府加强生态环境保护力度，提高国家重点生态功能区所在地政府基本公共服务保障能力，促进经济社会可持续发展，中央财政在均衡性转移支付项下设立国家重点生态功能区转移支付。

基本原则

（一）公平公正，公开透明。贯彻民主理财理念，补助范围的确定、转移支付分配、资金使用与绩效考评等具体办法，由财政部会同中央有关部门并广泛征求地方意见后研究制定。转移支付办法和分配结果公开。

（二）重点突出，分类处理。根据国务院颁布的《全国主体功能区规划》，考虑中央财政承受能力，适当扩大转移支付范围，逐步加大转移支付力度。

（三）注重激励，强化约束。实施绩效考评机制，对生态环境保护较好和重点民生领域保障力度较大的地区给予适当奖励；对因非不可抗拒因素而生态环境状况恶化，以及公共服务水平相对下降的地区予以适当处罚。

资金分配

（一）范围确定

1．青海三江源自然保护区、南水北调中线水源地保护区、海南国际旅游岛中部山区生态保护核心区等国家重点生态功能区。

2．《全国主体功能区规划》中限制开发区域（重点生态功能区）和禁止开发区域。

3．生态环境保护较好的省区。

对环境保护部制定的《全国生态功能区划》中其他国家生态功能区，给予引导性补助。

不享受中央均衡性转移支付省市的国家重点生态功能区暂不纳入补助范围。

（二）分配办法

1．测算级次。国家重点生态功能区转移支付按县测算，下达到省，省级财政根据本地实际情况分配落实到相关市县。

2．测算办法。选取影响财政收支的客观因素，适当考虑人口规模、可居住面积、海拔、温度等成本差异系数，采用规范的公式化方式进行分配。用公式表示：

某省（区、市）国家重点生态功能区转移支付应补助数=Σ该省（区、市）纳入转移支付范围的市县政府标准财政收支缺口×补助系数+纳入转移支付范围的市县政府生态环境保护特殊支出+禁止开发区补助+省级引导性补助

其中：

①纳入转移支付范围的市县政府标准财政收支缺口，根据中央均衡性转移支付测算的该省纳入转移支付市县标准支出总额和该省（区、市）标准收支缺口率测算确定。

②生态环境保护特殊支出，是指按照中央出台的重大环境保护和生态建设工程规划，地方需安排的支出，包括南水北调中线水源地污水、垃圾处理运行费用等。

③补助系数，根据中央财政财力状况及纳入转移支付范围市县政府标准财政收支缺口等因素计算确定。

④禁止开发区补助，根据各地国家层面禁止开发区域的面积和个数分省测算。

⑤省级引导性补助，参照环境保护部制定的《全国生态功能区划》，对省级生态功能较为重要的县市按照其标准收支缺口给予引导性补助。

监督考评

省级政府要做好资金分配和监管工作。享受转移支付的基层政府要将资金重点用于环境保护以及涉及民生的基本公共服务领域。为提高转移支付资金使用效益，财政部将定期会同有关部门对国家重点生态功能区转移支付分配情况和使用效果进行评估。

资金分配情况

资金到位率。主要考核省级财政是否将该项转移支付资金以一般性转移支付方式及时足额分配给指定的国家重点生态功能区所涉市县。在省对下转移支付资金分配时，对承担生态环境保护和治理支出责任的地市本级，可由所在省（区、市）根据本地实际情况按照规范的办法适当补助。财政部通过委托驻各地财政监察专员办事处进行专项检查等方式进行核查。

省对下转移支付。考核省级政府对享受该项转移支付市县的财政支持情况。

①在测算省对下一般性转移支付及衡量财政困难程度时，此项转移支付不计入财力。

②在分配省对下涉及农业、教育、卫生、社会保障等民生领域的专项转移支付时，对国家重点生态功能区所属市县的补助比例不得低于财政状况相同地区的水平。

资金使用效果

1. 环境保护和治理。财政部将委托相关部门，对享受该项转移支付市县的生态环境质量，采取定期普查、年度抽查以及专项检查相结合的方式进行绩效评估，每 3 年对生态环境进行一次全面考核。县域生态环境指标（EI）根据不同类型的生态功能区特点设置，主要包括自然生态指标和环境状况指标两部分（详见下表），采用综合指数法，对每个市县生态环境年际变化量进行评价。生态环境考评指标由环境保护部负责制定，并会同有关部门实施监测。

生态环境指标（EI）体系

指标类型	一级指标		二级指标
共同指标	自然生态指标		包括：林地覆盖率、草地覆盖率、水域湿地覆盖率、耕地和建设用地比例
	环境状况指标		包括：SO_2 排放强度、COD 排放强度、固废排放强度、工业污染源排放达标率、III类或优于III类水质达标率、优良以上空气质量达标率
特征指标	自然生态指标	水源涵养类型	水源涵养指数
		生物多样性维护类型	生物丰度指数
		防风固沙类型	植被覆盖指数
			未利用地比例
		水土保持类型	坡度大于 15 度耕地面积比
			未利用地比例

2．基本公共服务。重点评估享受该项转移支付市县公共服务状况。具体指标包括：学龄儿童净入学率、每万人口医院（卫生院）床位数、参加新型农村合作医疗保险人口比例、参加城镇居民基本医疗保险人口比例等。

激励约束

根据考评结果，实施相应的激励约束措施。

对未将转移支付资金按规定方式下达到转移支付范围的省份，责令其改正。

对省级政府减少国家重点生态功能区所属市县转移支付力度，中央财政按照对该地国家重点生态功能区转移支付资金总额的 10%进行扣减。出现明显“挤出效应”的省份，酌情加大扣减力度。

对生态环境明显改善的地区，中央财政给予适当奖励。对非因不可控因素而导致生态环境恶化的地区，按一定比例暂缓下达补助资金，待生态环境状况改善后再行下达；对生态环境持续恶化的县市，下一年度将不再享受此项转移支付，待生态环境指标恢复到 2009 年水平时，重新纳入转移支付范围。

学龄儿童净入学率、每万人口医院（卫生院）床位数、参加新型农村合作医疗保险人口比例、参加城镇居民基本医疗保险人口比例等指标中任何一项出现下降的，中央财政将按照其应享受转移支付的 20%予以扣减。多项指标均出现下降的，不重复扣减。

采取激励约束措施后，各地实际享受的转移支付用公式表示为：

某省（区、市）国家重点生态功能区转移支付实际补助数=该省（区、市）此

项转移支付应补助数±该省（区、市）奖惩补助数

附则

（一）各地应根据本地生态环境保护特点、省以下财力分布情况，研究制定对下重点生态功能区转移支付办法，连同当年资金分配情况，一并报财政部备案。

（二）财政部会同有关部门公布国家重点生态功能区转移支付办法、生态环境指标变化、分配结果等信息。

（三）本办法由财政部负责解释。

（四）本办法自2011年起施行。

国务院关于生态补偿机制建设工作情况的报告

2013 年 4 月 23 日在第十二届全国人民代表大会常务委员会第二次会议上
国家发展和改革委员会主任　徐绍史

全国人民代表大会常务委员会：

我受国务院委托，向全国人大常委会报告生态补偿机制建设工作情况，请审议。

一、工作进展及主要成效

党的十八大把生态文明建设放在突出地位，纳入中国特色社会主义事业“五位一体”总体布局，明确提出了全面建设社会主义生态文明的目标任务。建立生态补偿机制，是建设生态文明的重要制度保障。在综合考虑生态保护成本、发展机会成本和生态服务价值的基础上，采取财政转移支付或市场交易等方式，对生态保护者给予合理补偿，是明确界定生态保护者与受益者权利义务、使生态保护经济外部性内部化的公共制度安排，对于实施主体功能区战略、促进欠发达地区和贫困人口共享改革发展成果，对于加快建设生态文明、促进人与自然和谐发展具有重要意义。

党中央、全国人大、国务院高度重视生态补偿机制建设。2005 年，党的十六届五中全会《关于制定国民经济和社会发展第十一个五年规划的建议》首次提出，按照谁开发谁保护、谁受益谁补偿的原则，加快建立生态补偿机制。第十一届全国人大四次会议审议通过的“十二五”规划纲要就建立生态补偿机制问题作了专门阐述，要求研究设立国家生态补偿专项资金，推行资源型企业可持续发展准备金制度，加快制定实施生态补偿条例。党的十八大报告明确要求建立反映市场供求和资源稀缺程度、体现生态价值和代际补偿的资源有偿使用制度和生态补偿制度。全国人大连续三年将建立生态补偿机制作为重点建议。2005 年以来，国务院每年都将生态补偿机制建设列为年度工作要点，并于 2010 年将研究制定生态补偿条例列入立法计划。根据中央精神，近年来，各地区、各部门在大力实施生态保护建设工程的同时，积极探索生态补偿机制建设，在森林、草原、湿地、流域和水资源、矿产资源开发、海洋以及重点生态功能区等领域取得积极进展和初步成效，生态补偿机制建设迈出重要步伐。

（一）各部门密切协作，合力推进生态补偿机制建设。

1. 开展生态补偿政策法规研究制订工作。2006 年以来，发展改革委根据第十届全国人大四次会议审议通过的“十一五”规划纲要要求，组织编制《全国主体功能区规划》，指导地方编制省级功能区规划，为建立生态补偿机制提供了空间布局框架和制度基础；同时，会同有关部门、地方、科研机构在建立生态补偿机制方面开展了大量研究，成立了由发展改革委、财政部等 11 个部门和单位组成的生态补偿条例起草领导小组和工作小组，聘请多名各领域专家组成专家咨询委员会，先后派出 10 个调研组赴 18 个省（区、市）进行专题调研，系统总结地方的经验做法，明确了工作方向和工作重点。与亚行等国际组织合作，组织开展了 9 项专题研究，在宁夏、四川、江西等地举办生态补偿国际研讨会，厘清了生态补偿机制建设的主要理论问题。在此基础上，发展改革委会同有关部门起草了《关于建立健全生态补偿机制的若干意见》征求意见稿和《生态补偿条例》草稿，提出了建立生态补偿机制的总体思路和政策措施。

2. 初步形成生态补偿制度框架。一是建立了中央森林生态效益补偿基金制度。根据森林法的有关规定，财政部、林业局先后出台了国家级公益林区划界定办法和中央财政森林生态效益补偿基金管理办法，在森林领域率先开展生态补偿。其中，国有国家级公益林每亩每年补助 5 元，集体和个人所有的国家级公益林补偿标准从最初的每亩每年 5 元提高到 2010 年的 10 元和今年的 15 元，目前补偿范围已达 18.7 亿亩。二是建立了草原生态补偿制度。2011 年，财政部会同农业部出台了草原生态保护奖励补助政策，对禁牧草原按每亩每年 6 元的标准给予补助，对落实草畜平衡制度的草场按每亩每年 1.5 元的标准给予奖励，同时对人工种草良种和牧民生产资料给予补贴，对草原生态改善效果明显的地方给予绩效奖励。截至 2012 年年底，草原禁牧补助实施面积达 12.3 亿亩，享受草畜平衡奖励的草原面积达 26 亿亩。三是探索建立水资源和水土保持生态补偿机制。今年 3 月，国务院批复了丹江口库区及上游地区对口协作工作方案，支持南水北调中线工程受水区的北京市、天津市对水源区的湖北、河南、陕西等省开展对口协作。今年年初，发展改革委、财政部、水利部出台文件要求进一步提高水资源费征收标准，并正在研究制定水土保持补偿费征收使用管理办法。四是形成了矿山环境治理和生态恢复责任制度。从2003年起，国家设立矿山地质环境专项资金，支持地方开展历史遗留和矿业权人灭失矿山的地质环境治理。2006年，国务院批准同意在山西省开展煤炭工业可持续发展试点；同年，财政部会同国土资源部、原环保总局出台了建立矿山环境治理和生态恢复责任机制的指导意见，要求按矿产品销售收入的一定比例，提取矿山环境治理和生态恢复保证金。2010年，国土资源部出台发展绿色矿业的指导意见。五是建立了重点生态功能区转移支付制度。2008年以来，财政部出台了国家重点生态功能区转移支付办法，通过提高转移支付补助系数的方式，加大对青海三江源保护区、南水北调中线水源地等国家重点生态功能区的转移支付力度。目前，转移支付实施范围已扩大到466个县（市、区）。同时，中央财政还对国家级自然保护区、国家级风景名胜区、国家森林公园、国家地质公园等禁止开发区给予补助。

3. 加大生态补偿资金投入力度。据统计，中央财政安排的生态补偿资金总额从2001年的23亿元增加到2012年的约780亿元，累计约2 500亿元。其中，中央森林生态效益补偿资金从2001年的10亿增加到2012年的133亿元，累计安排549亿元；草原生态奖励补助资金从2011年的136亿元增加到2012年的150亿元，累计安排286亿元；矿山地质环境专项资金从2003年的1.7亿元增加到2012年的47亿元，累计安排237亿元；水土保持补助资金从2001年的13亿元增加到2012年的54亿元，累计安排269亿元；国家重点生态功能区转移支付从2008年的61亿元增加到2012年的371亿元，累计安排1 101亿元。财政部会同海洋局从2010年开始，利用中央分成海域使用金38.8亿元，开展海洋保护区和生态脆弱区的整治修复。近年来，中央财政还对湿地保护和流域水环境保护给予了适当补助。此外，1998年以来，国家先后启动实施了退耕还林、退牧还草、天然林保护、京津风沙源治理、西南岩溶地区石漠化治理、长江黄河上中游等重点区域水土流失综合治理、青海三江源自然保护区、甘肃甘南黄河重要水源补给区以及塔里木河、石羊河、黑河等生态脆弱河流综合治理等重大生态建设工程，累计投入约8 000亿元。

4. 积极开展生态补偿试点。为探索重点区域综合性生态补偿办法，拓宽生态补偿领域，有关部门组织开展了相关试点。按照国务院批复的《西部大开发“十二五”规划》要求，发展改革委组织开展了祁连山、秦岭—六盘山、武陵山、黔东南、川西北、滇西北、桂北等7个不同类型的生态补偿示范区建设，通过整合资金、明确重点、完善办法、落实责任，为建立生态补偿机制提供经验。2007年，原环保总局出台了关于开展生态补偿试点的指导意见。2010 年，财政部会同林业局启动了湿地保护补助工作，将 27 个国际重要湿地、43 个湿地类型自然保护区、86 个国家湿地公园纳入补助范围。2011 年，财政部会同环境保护部出台了涉及浙江、安徽两省的新安江流域水环境补偿试点实施方案，明确补偿的资金来源、标准和具体办法，开展跨省级行政区域水环境生态补偿试点。今年，财政部会同环境保护部开展了生物多样性保护补助，会同林业局启动了沙化土地封禁保护补助试点。

5. 加强监测和监督考核。按照国家有关规划和政策要求，各部门完善统计评价体系，加强对生态补偿实施情况的跟踪分析和监督检查。财政部会同环境保护部制定出台了国家重点生态功能区县域生态环境质量考核办法，采取地方自查与中央抽查相结合的方式进行定期考核，将转移支付资金拨付与县域生态环境状况评估结果挂钩。财政部会同林业局建立森林生态效益补偿基金绩效评价体系，把生态补偿资金与森林质量挂钩。财政部会同农业部出台了中央财政草原生态保护奖励补助资金绩效评价办法，形成了落实草原生态保护补助政策的奖罚机制。环境保护部、水利部加强跨省断面水质监测体系建设，对主要河流跨省断面水质进行实时在线监测。住房和城乡建设部加强了对国家级风景名胜区资源保护情况的遥感动态监测。海洋局出台了海洋生态资本评估技术导则等规范。按照国务院批准的青海三江源生态建设和环境保护试验区总体方案，青海省在试验区建立绿色绩效考评制度，取消了地区生产总值等经济指标要求。

（二）各地主动探索，积极推进重点领域生态补偿实践。

1. 在森林方面。2012 年，已有 27 个省（区、市）建立了省级财政森林生态效益补偿基金，用于支持国家级公益林和地方公益林保护，资金规模达 51 亿元。例如，山东省省级财政安排专项资金，同时组织市、县财政分别对省、市、县级生态公益林进行补偿，形成了中央、省、市、县四级联动的补偿机制。广东省由省、市、县按比例筹集公益林补偿资金。福建省从江河下游地区筹集资金，用于对上游地区森林生态效益补偿。各地对地方公益林的补偿标准，东部地区明显高于中央对国家级公益林补偿标准，西部地区则大多低于中央补偿标准。北京市对生态公益林每亩每年补助 40 元，并建立了护林员补助制度，每人每月补助 480 元。

2. 在草原方面。内蒙古自治区多渠道筹集国家草原生态保护奖补配套资金，2011 年，自治区、盟（市）和旗（县）三级财政落实配套资金 10.3 亿元，并根据草原承载能力，核定了 2 689 万个羊单位的减畜任务，分三年完成。甘肃省将该省草原分为青藏高原区、黄土高原区和荒漠草原区，实行差别化的禁牧补助和草畜平衡奖励政策，将减畜任务分解到县、乡、村和牧户，层层签订草畜平衡及减畜责任书。2010年，青海省在三江源试验区率先开展草原生态管护公益岗位试点，从业人员3万多人，每人每年补助1.2万元；省财政支持建立了三江源保护发展基金。

3. 在湿地方面。各地加大财政补助力度，逐步将重要湿地纳入生态补偿范围。天津市安排专项资金，对古海岸与湿地国家级自然保护区内集体或个人长期委托管理的土地进行经济补偿。山东省对实施退耕（渔）还湿区域内农民给予补偿，并对农民转产转业给予支持。黑龙江省、广东省每年各安排1 000万元，专项用于湿地生态效益补偿试点。苏州市将重点生态湿地村、水源地村纳入补偿范围，对因保护生态环境造成的经济损失给予补偿。

4. 在流域和水源地方面。在中央财政支持重点流域生态补偿试点的同时，各地积极开展流域横向水生态补偿实践探索，形成了多种补偿模式。例如，浙江省在全省8大水系开展流域生态补偿试点，对水系源头所在市、县进行生态环保财力转移支付，成为全国第一个实施省内全流域生态补偿的省份。江西省安排专项资金，对“五河一湖”（赣江、抚河、信江、饶河、修河和鄱阳湖）及东江源头保护区进行生态补偿，补偿资金的20%按保护区面积分配，80%按出境水质分配，出境水质劣于Ⅱ类标准时取消该补偿资金。江苏省在太湖流域、湖北省在汉江流域、福建省在闽江流域分别开展了流域生态补偿，断面水质超标时由上游给予下游补偿，断面水质指标值优于控制指标时由下游给予上游补偿。北京市安排专门资金，支持密云水库上游河北省张家口市、承德市实施“稻改旱”工程，在周边有关市（县）实施100万亩水源林建设工程。天津市安排专项资金用于引滦水源保护工程。

5. 在矿产资源开发方面。已有30个省（区、市）建立了矿山环境恢复治理保证金制度。截至2012年年底，已有80%的矿山缴纳了保证金，累计612亿元，占应缴总额的62%。山西省从2006年开始进行生态环境恢复补偿试点，对所有煤炭企业征收煤炭可持续发展基金、矿山环境治理恢复保证金和转产发展资金。截至2012年年底，山西省累计征收煤炭可持续发展基金970亿元、煤炭企业提取矿山环境恢复治理保证金311亿元，提取转产发展资金140亿元。

6. 在海洋方面。山东、福建、广东等省坚持环境治理海陆统筹，在围填海、跨海桥梁、航道、海底排污管道等工程建设中开展海洋生态补偿试点。山东省

2011—2012 年累计征收海洋工程生态补偿费 7 750 万元，专项用于海洋与渔业生态环境修复、保护、整治和管理。福建省、广东省要求项目开发主体在红树林种植、珊瑚礁异地迁植、中华白海豚保护等方面履行义务，对工程建设造成的生态损害进行补偿。广东省大亚湾开发区安排资金扶持失海社区发展，对失海渔民给予创业扶持和生活补贴。

7. 在重点生态功能区方面。江苏省对国家级自然保护区、国家级森林公园，以及省级重点自然保护区、重要湿地和重要水源涵养地所在市、县给予生态转移支付。江西省从 2011 年起每年安排 1 000 万元专项资金，设立省级自然保护区奖励制度。福建省安排生态保护财力转移支付资金，采取补助和奖励相结合的方式，支持限制开发区域和禁止开发区域增强公共服务保障能力。广东省安排专项财政资金，支持 26 个纳入省级重点生态功能区的县开展生态修复和改善民生。

（三）生态补偿机制建立的成效和经验。

1. 为有效保护生态环境注入了新活力。生态补偿制度的建立与生态建设、环境综合治理互为补充，相辅相成，开创了我国生态保护工作的新局面。经过多年努力，我国公益林有效保护面积达到 23.6 亿亩，退耕还林工程累计造林 4.4 亿亩，生物多样性保护日益加强，退牧还草工程区植被覆盖度和产草量大幅提高，累计治理水土流失面积 55 万平方公里，沙化土地面积持续减少，湿地生态系统修复取得积极进展，江河水源涵养区和重要水源地保护得到加强，我国生态状况总体呈现生态恶化态势得到初步遏制，重点治理区生态改善的势头。这些都与生态补偿机制的建立有着直接的关系。生态补偿作为一种制度安排，不仅有利于带动生态保护投入的增加，更重要的是有利于建立生态保护者恪尽职守、生态受益者积极参与的激励机制。

2. 促进了欠发达地区转型发展。中央生态补偿投入的重点在中西部地区、重点生态区和贫困地区。生态补偿机制建设工作不仅促进了这些地区的经济社会发展，而且带动了这些地区转型发展。中西部地区更加注重在保护中开发、在开发中保护，经济增速连续 5 年超过东部地区，区域发展差距逐步扩大趋势得到初步遏制，特色优势产业得到健康发展，基本公共服务能力显著提高，社会保障覆盖面进一步扩大，人民生活水平明显提升，集中连片贫困地区群众脱贫致富步伐加快，生态保护取得积极进展，主要污染物排放强度降低，国家生态安全屏障得到加强，初步实现了经济发展、民生改善和生态恢复共赢局面。

3. 积累了宝贵的工作经验。一是坚持生态补偿与实施主体功能区战略相结合，明确重点生态功能区战略定位，不断提升生态公共产品产出能力；二是坚持生态补偿与实施区域发展总体战略相结合，促进欠发达地区转型发展，努力保障和改善民生；三是坚持生态补偿与生态建设、环境综合治理相结合，形成生态环境保护的整体合力；四是坚持生态补偿与权责落实相结合，明确生态保护者与受益者的权利义务，充分调动全社会保护生态环境的积极性；五是坚持生态补偿与改革创新相结合，既重视自上而下的顶层设计又重视自下而上的实践探索。

二、存在的主要问题

生态补偿机制建设虽然取得了积极进展，但由于这项工作起步较晚，涉及的利益关系复杂，对规律的认知水平有限，实施工作难度较大，因此在工作实践中还存在不少矛盾和问题，需要认真加以解决。

（一）生态补偿力度有待进一步加强。一是补偿范围偏窄。现有生态补偿主要集中在森林、草原、矿产资源开发等领域，流域、湿地、海洋等生态补偿尚处于起步阶段，耕地及土壤生态补偿尚未纳入工作范畴。二是补偿标准普遍偏低。地方反映，集体所有国家级公益林现行补偿标准仍然偏低；随着牛羊肉价格上涨，草畜平衡补助不足以弥补生产成本增加和减畜经济损失。此外，有的领域补偿标准过于笼统，不适应不同生态区域的实际情况。三是补偿资金来源渠道和补偿方式单一。补偿资金主要依靠中央财政转移支付，地方政府和企事业单位投入、优惠贷款、社会捐赠等其他渠道明显缺失。除资金补助外，产业扶持、技术援助、人才支持、就业培训等补偿方式未得到应有的重视。此外，随着转移支付补偿资金渠道增多，生态建设、环境综合治理和生态补偿资金的关系需要进一步理清。四是补偿资金支付和管理办法不完善。有的地方补偿资金没有做到及时足额发放，有的甚至出现挤占、挪用补偿资金现象。

（二）配套基础性制度需要加快完善。一是相关产权制度不健全。明确生态补偿主体、对象及其服务价值，必须以界定产权为前提，产权不够明晰制约生态补偿机制的建立。例如，集体林权制度改革需提高发证率和到户率；全国还有近四分之一草原未承包，机动草原面积过大，南方草地和半农半牧区草原权属不明晰，草原与林地权属存在较多争议。二是部分省级主体功能区规划尚未发布，省级生态功能区划和功能定位需加快明确，为落实生态补偿提供基础。三是基础工作和技术支撑不到位。生态补偿标准体系、生态服务价值评估核算体系、生态环境监测评估体系建设滞后，有关方面对生态系统服务价值测算、生态补偿标准等问题尚未取得共识，缺乏统一、权威的指标体系和测算方法。现有重点生态领域的监测评估力量分散在各个部门，不能满足实际工作的需要。

（三）保护者和受益者的权责落实不到位。一是对生态保护者合理补偿不到位。重点生态区的人民群众为保护生态环境作出很大贡献，但由于多种原因，还存在着保护成本较高、补偿偏低的现象。除了标准偏低和有的地方未及时足额拨付补偿资金外，一些地方还没有把生态区域、生态保护者的底数摸清楚，不能有效实施生态补偿全覆盖，也是影响保护者积极性的原因之一。二是生态保护者的责任不到位。补偿资金与保护责任挂钩不紧密，尽管投入了补偿资金，但有的地方仍然存在生态保护效果不佳的状况，甚至在个别地方还存在着一边享受生态补偿、一边破坏生态的现象。三是生态受益者履行补偿义务的意识不强。生态产品作为公共产品，生态受益者普遍存在着免费消费心理，缺乏补偿意识，需要加强宣传和引导。四是开发者生态保护义务履行不到位，例如，还有部分矿产资源开发企业没有缴纳矿山环境恢复治理保证金。

（四）多元化补偿方式尚未形成。近年来一些地方开展的横向生态补偿实践仍处于探索过程中，实施效果还有待观察，一些有条件的地方还尚未实施。横向生态补偿发展不足的主要原因是，在国家和地方层面，尚缺乏横向生态补偿的法律依据和政策规范；开发地区、受益地区与生态保护地区、流域上游地区与下游地区之间缺乏有效的协商平台和机制。资源税改革尚未覆盖煤炭等主要矿产品种，环境税尚在研究论证过程中，制约了生态补偿资金筹集。碳汇交易、排污权交易、水权交易等市场化补偿方式仍处于探索阶段。

（五）政策法规建设滞后。目前，我国还没有生态补偿的专门立法，现有涉及生态补偿的法律规定分散在多部法律之中，缺乏系统性和可操作性。尽管近年来有关部门出台了一些生态补偿的政策文件和部门规章，但其权威性和约束性不够。现有的政策法规，也存在着有法不依、执法不严的现象。

总体来看，我国的生态补偿机制还没有根本确立，谁开发谁保护、谁受益谁补偿的利益调节格局还没有真正形成，在促进生态环境保护方面的作用还没有充分发挥，需要付出长期艰苦的努力。

三、下一步工作打算

随着我国工业化、城镇化快速发展，资源约束趋紧、环境污染严重、生态系统退化的形势将更加严峻，必须进一步加快生态补偿机制建立的进程，为推动生态环境质量改善，推进生态文明建设作出贡献。下一步的工作重点是：

（一）切实加大生态补偿投入力度。中央财政将在均衡性转移支付中，考虑不同区域生态功能因素和支出成本差异，通过提高转移支付系数等方式，加大对重点生态功能区特别是中西部重点生态功能区的转移支付力度。归并规范现有生态环保方面的专项资金，完善资金分配办法，重点支持国家重点生态功能区生态保护和恢复，鼓励跨省流域、区域开展生态补偿试点。完善矿山环境治理恢复责任机制，加大矿山地质环境治理和生态恢复保证金征收力度。完善森林、草原、水、海洋等各种资源费征收管理办法，加大各种资源费中用于生态补偿的比重。推进煤炭等资源税从价计征改革，研究扩大资源税征收范围，适当调整税负水平。适时开征环境税。加大水土保持生态效益补偿资金的筹集力度。

（二）进一步明确受益者和保护者的权责。生态补偿的支付主体是生态受益者，以及代表受益者的各级人民政府。中央政府主要负责国家重点生态功能区、重要生态区域、大型废旧矿区和跨省流域的生态补偿；地方各级政府主要负责本辖区内重点生态功能区、重要生态区域、废旧矿区、集中饮用水水源地及流域海域的生态补偿。将生态补偿列入各级政府预算，切实履行支付义务，确保补偿资金及时足额发放。引导企业、社会团体、非政府组织等各类受益主体履行生态补偿义务，督促生态损害者切实履行治理修复责任。督促受偿者切实履行生态保护建设责任，保证生态产品的供给和质量。加强对生态补偿资金使用和权责落实的监督管理。

（三）积极开展多元化补偿方式探索和试点工作。充分应用经济手段和法律手段，探索多元化生态补偿方式。搭建协商平台，完善支持政策，引导和鼓励开发地区、受益地区与生态保护地区、流域上游与下游通过自愿协商建立横向补偿关系，采取资金补助、对口协作、产业转移、人才培训、共建园区等方式实施横向生态补偿。积极运用碳汇交易、排污权交易、水权交易、生态产品服务标志等补偿方式，探索市场化补偿模式，拓宽资金渠道。在东江、九龙江、赤水河、滦河、东江湖等开展流域和水资源生态补偿试点，在水土流失严重地区、重要蓄滞洪区开展水生态补偿试点。加快推进祁连山等 7 个生态补偿示范区建设。在天津、山东、浙江、福建、广东等省开展海洋生态补偿试点；在西北地区开展沙化土地封禁保护补助试点；在山西、内蒙古、陕西、新疆等省份的生态脆弱区开展矿产资源开发生态补偿试点；在中东部地区典型煤矿塌陷区建立土地复垦示范区；在具备条件的地区开展耕地及土壤生态补偿试点；在云南、四川、贵州、新疆等省（区）

开展风景名胜区生态补偿试点。

（四）健全配套制度体系。进一步深化产权制度改革，明确界定林权、草原承包经营权、矿山开采权、水权，完善产权登记制度。加快建立生态补偿标准体系，根据各领域、不同类型地区的特点，完善测算方法，分别制定生态补偿标准，并逐步加大补偿力度。切实加强监测能力建设，健全重点生态功能区、跨省流域断面水量水质国家重点监控点位和自动监测网络，制定和完善监测评估指标体系，及时提供动态监测评估信息。逐步建立生态补偿统计信息发布制度，抓紧建立生态补偿效益评估机制，积极培育生态服务评估机构。将生态补偿机制建设工作成效纳入地方政府的绩效考核。强化科技支撑，开展生态补偿理论和实践重大课题研究。

（五）加快出台生态补偿政策法规。通过完善政策和立法，建立健全生态补偿长效机制。抓紧修改完善《关于建立健全生态补偿机制的若干意见》，在认真总结近年实践经验基础上，研究提出推进工作的主要措施。加快研究起草生态补偿条例，明确生态补偿的基本原则、主要领域、补偿范围、补偿对象、资金来源、补偿标准、相关利益主体的权利义务、考核评估办法、责任追究等，争取早日出台。鼓励各地出台规范性文件或地方法规，不断推进生态补偿的制度化和法制化。

（六）加强组织领导和监督检查。建立由发展改革委、财政部等部门组成的部际协调机制，加强对生态补偿工作的指导、协调和监督，研究解决生态补偿机制建设工作中的重大问题。加强对生态补偿资金分配使用的监督考核，加大对重点领域和区域生态补偿特别是试点工作的指导协调。指导各地按照中央的总体部署，严格资金使用管理，强化监督检查，确保生态补偿政策落到实处。

（七）提升全社会生态补偿意识。使谁开发谁保护、谁受益谁补偿的意识深入人心，是生态补偿机制建立和真正发挥作用的社会基础。进一步加强生态补偿宣传教育力度，使各级领导干部确立提供生态公共产品也是发展的理念，使生态保护者和生态受益者以履行义务为荣、以逃避责任为耻，自觉抵制不良行为；引导全社会树立生态产品有价、保护生态人人有责的思想，营造珍惜环境、保护生态的好氛围。

在大力推进生态补偿工作的同时，国家还将继续实施天然林保护、退耕还林、退牧还草、青海三江源自然保护区等重点生态建设工程，加强荒漠化、石漠化、水土流失综合治理，强化重点流域和区域水污染防治，使生态补偿、生态建设和环境综合治理得到同步推进。

委员长、各位副委员长、秘书长、各位委员，多年来，全国人大及人大常委会高度关注和积极推动生态补偿机制建设工作，许多人大代表深入实际调查研究，提出了许多有价值的意见和建议，对政府工作发挥了重要的监督和指导作用。今后，我们将更加自觉地接受全国人大的监督和指导，进一步增强工作的责任感和紧迫感，扎实推进生态补偿机制建设各项工作，更加有效地推进生态文明建设，努力开创建设美丽中国新局面。

（二）专项生态补偿政策

1. 水土保持补偿政策

关于印发《水土保持补偿费征收使用管理办法》的通知

财综〔2014〕8号

各省、自治区、直辖市财政厅（局）、发展改革委、物价局、水利（水务）厅局，中国人民银行上海总部、各分行、营业管理部、省会（首府）城市中心支行、大连、青岛、宁波、厦门、深圳中心支行：

为了规范水土保持补偿费征收使用管理，促进水土流失预防和治理，改善生态环境，根据《中华人民共和国水土保持法》的规定，我们制定了《水土保持补偿费征收使用管理办法》，现印发给你们，请遵照执行。

财政部

国家发展改革委

水利部

中国人民银行

2014年1月29日

附件：

水土保持补偿费征收使用管理办法

第一章　总　则

第一条　为了规范水土保持补偿费征收使用管理，促进水土流失防治工作，改善生态环境，根据《中华人民共和国水土保持法》的规定，制定本办法。

第二条　水土保持补偿费是水行政主管部门对损坏水土保持设施和地貌植被、不能恢复原有水土保持功能的生产建设单位和个人征收并专项用于水土流失预防治理的资金。

第三条　水土保持补偿费全额上缴国库，纳入政府性基金预算管理，实行专款专用，年终结余结转下年使用。

第四条　水土保持补偿费征收、缴库、使用和管理应当接受财政、价格、人民银行、审计部门和上级水行政主管部门的监督检查。

第二章　征　收

第五条　在山区、丘陵区、风沙区以及水土保持规划确定的容易发生水土流失的其他区域开办生产建设项目或者从事其他生产建设活动，损坏水土保持设施、地貌植被，不能恢复原有水土保持功能的单位和个人（以下简称缴纳义务人），应当缴纳水土保持补偿费。

前款所称其他生产建设活动包括：

（一）取土、挖砂、采石（不含河道采砂）；

（二）烧制砖、瓦、瓷、石灰；

（三）排放废弃土、石、渣。

第六条　县级以上地方水行政主管部门按照下列规定征收水土保持补偿费。

开办生产建设项目的单位和个人应当缴纳的水土保持补偿费，由县级以上地方水行政主管部门按照水土保持方案审批权限负责征收。其中，由水利部审批水土保持方案的，水土保持补偿费由生产建设项目所在地省（区、市）水行政主管部门征收；生产建设项目跨省（区、市）的，由生产建设项目涉及区域各相关省（区、市）水行政主管部门分别征收。

从事其他生产建设活动的单位和个人应当缴纳的水土保持补偿费，由生产建设活动所在地县级水行政主管部门负责征收。

第七条 水土保持补偿费按照下列方式计征：

（一）开办一般性生产建设项目的，按照征占用土地面积计征。

（二）开采矿产资源的，在建设期间按照征占用土地面积计征；在开采期间，对石油、天然气以外的矿产资源按照开采量计征，对石油、天然气按照油气生产井占地面积每年计征。

（三）取土、挖砂、采石以及烧制砖、瓦、瓷、石灰的，按照取土、挖砂、采石量计征。

（四）排放废弃土、石、渣的，按照排放量计征。对缴纳义务人已按照前三种方式计征水土保持补偿费的，其排放废弃土、石、渣，不再按照排放量重复计征。

第八条 水土保持补偿费的征收标准，由国家发展改革委、财政部会同水利部另行制定。

第九条 开办一般性生产建设项目的，缴纳义务人应当在项目开工前一次性缴纳水土保持补偿费。

开采矿产资源处于建设期的，缴纳义务人应当在建设活动开始前一次性缴纳水土保持补偿费；处于开采期的，缴纳义务人应当按季度缴纳水土保持补偿费。

从事其他生产建设活动的，缴纳水土保持补偿费的时限由县级水行政主管部门确定。

第十条 缴纳义务人应当向负责征收水土保持补偿费的水行政主管部门如实报送征占用土地面积（矿产资源开采量、取土挖砂采石量、弃土弃渣量）等资料。

负责征收水土保持补偿费的水行政主管部门审核确定水土保持补偿费征收额，并向缴纳义务人送达水土保持补偿费缴纳通知单。缴纳通知单应当载明征占用土地面积（矿产资源开采量、取土挖砂采石量、弃土弃渣量）、征收标准、缴纳金额、缴纳时间和地点等事项。

缴纳义务人应当按照缴纳通知单的规定缴纳水土保持补偿费。

第十一条 下列情形免征水土保持补偿费：

（一）建设学校、幼儿园、医院、养老服务设施、孤儿院、福利院等公益性工程项目的；

（二）农民依法利用农村集体土地新建、翻建自用住房的；

（三）按照相关规划开展小型农田水利建设、田间土地整治建设和农村集中供水工程建设的；

（四）建设保障性安居工程、市政生态环境保护基础设施项目的；

（五）建设军事设施的；

（六）按照水土保持规划开展水土流失治理活动的；

（七）法律、行政法规和国务院规定免征水土保持补偿费的其他情形。

第十二条　除本办法规定外，任何单位和个人均不得擅自减免水土保持补偿费，不得改变水土保持补偿费征收对象、范围和标准。

第十三条　县级以上地方水行政主管部门征收水土保持补偿费，应当到指定的价格主管部门申领《收费许可证》，并使用省级财政部门统一印制的票据。

第十四条　县级以上地方水行政主管部门应当对水土保持补偿费的征收依据、征收标准、征收主体、征收程序、法律责任等进行公示。

第三章　缴　库

第十五条　县级以上地方水行政主管部门征收的水土保持补偿费，按照1∶9的比例分别上缴中央和地方国库。

地方各级政府之间水土保持补偿费的分配比例，由各省（区、市）财政部门商水行政主管部门确定。

第十六条　水土保持补偿费实行就地缴库方式。

负责征收水土保持补偿费的水行政主管部门填写“一般缴款书”，随水土保持补偿费缴纳通知单一并送达缴纳义务人，由缴纳义务人持“一般缴款书”在规定时限内到商业银行办理缴款。在填写“一般缴款书”时，预算科目栏填写“1030176水土保持补偿费收入”，预算级次栏填写“中央和地方共享收入”，收款国库栏填写实际收纳款项的国库名称。

第十七条　水土保持补偿费收入在政府收支分类科目中列103类01款76项“水土保持补偿费收入”，作为中央和地方共用收入科目。

第十八条　地方各级水行政主管部门要确保将中央分成的水土保持补偿费收入及时足额上缴中央国库，不得截留、占压、拖延上缴。

财政部驻各省（区、市）财政监察专员办事处负责监缴中央分成的水土保持补偿费。

第四章 使用管理

第十九条 水土保持补偿费专项用于水土流失预防和治理，主要用于被损坏水土保持设施和地貌植被恢复治理工程建设。

第二十条 县级以上水行政主管部门应当根据水土保持规划，编制年度水土保持补偿费支出预算，报同级财政部门审核。财政部门应当按照政府性基金预算管理规定审核水土保持补偿费支出预算并批复下达。其中，水土保持补偿费用于固定资产投资项目的，由发展改革部门商同级水行政主管部门纳入固定资产投资计划。

第二十一条 水土保持补偿费的资金支付按照财政国库管理制度有关规定执行。

第二十二条 水土保持补偿费支出在政府收支分类科目中列 213 类 70 款“水土保持补偿费安排的支出” 01 项“综合治理和生态修复”、02 项“预防保护和监督管理”、03 项“其他水土保持补偿费安排的支出”。

第二十三条 各级财政、水行政主管部门应当严格按规定使用水土保持补偿费，确保专款专用，严禁截留、转移、挪用资金和随意调整预算。

第五章 法律责任

第二十四条 单位和个人违反本办法规定，有下列情形之一的，依照《财政违法行为处罚处分条例》和《违反行政事业性收费和罚没收入收支两条线管理规定行政处分暂行规定》等国家有关规定追究法律责任；涉嫌犯罪的，依法移送司法机关处理：

（一）擅自减免水土保持补偿费或者改变水土保持补偿费征收范围、对象和标准的；

（二）隐瞒、坐支应当上缴的水土保持补偿费的；

（三）滞留、截留、挪用应当上缴的水土保持补偿费的；

（四）不按照规定的预算级次、预算科目将水土保持补偿费缴入国库的；

（五）违反规定扩大水土保持补偿费开支范围、提高开支标准的；

（六）其他违反国家财政收入管理规定的行为。

第二十五条 缴纳义务人拒不缴纳、拖延缴纳或者拖欠水土保持补偿费的，依照《中华人民共和国水土保持法》第五十七条规定进行处罚。缴纳义务人对处罚决定不服的，可以依法申请行政复议或者提起行政诉讼。

第二十六条　缴纳义务人缴纳水土保持补偿费，不免除其水土流失防治责任。

第二十七条　水土保持补偿费征收、使用管理有关部门的工作人员违反本办法规定，在水土保持补偿费征收和使用管理工作中徇私舞弊、玩忽职守、滥用职权的，依法给予处分；涉嫌犯罪的，依法移送司法机关。

第六章　附　则

第二十八条　各省（区、市）根据本办法制定具体实施办法，并报财政部、国家发展改革委、水利部、中国人民银行备案。

第二十九条　按本办法规定开征水土保持补偿费后，原各地区征收的水土流失防治费、水土保持设施补偿费、水土流失补偿费等涉及水土流失防治和补偿的收费予以取消。

第三十条　本办法由财政部商国家发展改革委、水利部、中国人民银行负责解释。

第三十一条　本办法自 2014 年 5 月 1 日起施行。

关于水土保持补偿费收费标准（试行）的通知

发改价格〔2014〕886号

各省、自治区、直辖市发展改革委、物价局，财政厅（局），水利（水务）厅（局）：

为规范水土保持补偿费收费管理，根据《中华人民共和国水土保持法》、《财政部、国家发展改革委、水利部、中国人民银行关于印发〈水土保持补偿费征收使用管理办法〉的通知》（财综〔2014〕8号）等规定，现就水土保持补偿费试行收费标准等有关问题通知如下：

一、制定水土保持补偿费收费标准的基本原则：

（一）预防和治理水土流失，促进水土资源的保护和合理利用；

（二）考虑不同区域水土流失状况和不同行业对生态环境的影响差异；

（三）与国家资源税改革及其他资源补偿类收费政策相衔接；

（四）与经济社会发展阶段相适应，充分考虑相关企业承受能力；

（五）考虑企业生产技术、管理水平、生态环境治理投入等方面的差异；

（六）在自然地理环境相似的地区，对中央和地方企业不得制定歧视性收费标准。

二、水土保持补偿费收费标准按下列规定执行：

（一）对一般性生产建设项目，按照征占用土地面积一次性计征，东部地区每平方米不超过2元（不足1平方米的按1平方米计，下同），中部地区每平方米不超过2.2元，西部地区每平方米不超过2.5元。

对水利水电工程建设项目，水库淹没区不在水土保持补偿费计征范围之内。

（二）开采矿产资源的，建设期间，按照征占用土地面积一次性计征，具体收费标准按照本条第一款执行。开采期间，石油、天然气以外的矿产资源按照开采量（采掘、采剥总量）计征。石油、天然气根据油、气生产井（不包括水井、勘探井）占地面积按年征收，每口油、气生产井占地面积按不超过2 000平方米计算；对丛式井每增加一口井，增加计征面积按不超过400平方米计算，每平方米每年收费不超过2元。各地在核定具体收费标准时，应充分评估损害程度，对生产技术先进、管理水平较高、生态环境治理投入较大的资源开采企业，在核定收费标准时应按照从低原则制定。

（三）取土、挖砂（河道采砂除外）、采石以及烧制砖、瓦、瓷、石灰的，根据取土、挖砂、采石量，按照每立方米 0.5～2 元计征（不足 1 立方米的按 1 立方米计）。对缴纳义务人已按前两种方式计征水土保持补偿费的，不再重复计征。

（四）排放废弃土、石、渣的，根据土、石、渣量，按照每立方米 0.5～2 元计征（不足 1 立方米的按 1 立方米计）。对缴纳义务人已按前三种方式计征水土保持补偿费的，不再重复计征。

上述各类收费具体标准由各省、自治区、直辖市价格主管部门、财政部门会同水行政主管部门根据本地实际情况制定。

三、县级以上地方水行政主管部门征收水土保持补偿费，应到同级价格主管部门办理收费许可证，并使用省级财政部门统一印制的票据。

四、相关收费单位要在收费场所显著位置和门户网站对水土保持补偿费的收费依据、收费标准、收费主体、收费范围等内容进行公示。

五、收费单位应严格执行批准的收费项目和收费标准，不得自行增设收费项目和提高收费标准，并自觉接受价格、财政、审计和上级水行政主管部门的监督检查。各级价格主管部门应加强对收费单位收费许可证的年度审验。

六、上述规定自本通知印发之日起执行，试行两年。各省、自治区、直辖市根据本通知规定制定具体的水土保持补偿费收费标准，报国家发展改革委、财政部、水利部备案。

国家发展改革委

财政部

水利部

2014 年 5 月 7 日

2. 矿产资源生态补偿政策

矿产资源补偿费征收管理规定

（1994年2月27日国务院令第150号发布　根据1997年7月13日国务院第222号令发布的《国务院关于修改〈矿产资源补偿费征收管理规定〉的决定》修改）

第一条　为了保障和促进矿产资源的勘查、保护与合理开发，维护国家对矿产资源的财产权益，根据《中华人民共和国矿产资源法》的有关规定，制定本规定。

第二条　在中华人民共和国领域和其他管辖海域开采矿产资源，应当依照本规定缴纳矿产资源补偿费；法律、行政法规另有规定的，从其规定。

第三条　矿产资源补偿费按照矿产品销售收入的一定比例计征。企业缴纳的矿产资源补偿费列入管理费用。采矿权人对矿产品自行加工的，按照国家规定价格计算销售收入；国家没有规定价格的，按照征收时矿产品的当地市场平均价格计算销售收入。采矿权人向境外销售矿产品的，按照国际市场销售价格计算销售收入。本规定所称矿产品，是指矿产资源经过开采或者采选后，脱离自然赋存状态的产品。

第四条　矿产资源补偿费由采矿权人缴纳。矿产资源补偿费以矿产品销售时使用的货币结算；采矿权人对矿产品自行加工的，以其销售最终产品时使用的货币结算。

第五条　矿产资源补偿费按照下列方式计算：征收矿产资源补偿费金额= 矿产品销售收入×补偿费费率×开采回采率系数开采回采率系数=核定开采回采率/实际开采回采率

核定开采回采率，以按照国家有关规定经批准的矿山设计为准；按照国家有关规定，只要求有开采方案，不要求有矿山设计的矿山企业，其开采回采率由县级以上地方人民政府负责地质矿产管理工作的部门会同同级有关部门核定。不能按照本条第一款、第二款规定的方式计算矿产资源补偿费的矿种，由国务院地质矿产主管部门会同国务院财政部门另行制定计算方式。

第六条　矿产资源补偿费依照本规定附录所规定的费率征收。矿产资源补偿费费率的调整，由国务院财政部门、国务院地质矿产主管部门、国务院计划主管部门共同确定，报国务院批准施行。

第七条　矿产资源补偿费由地质矿产主管部门会同财政部门征收。矿区在县级行政区域内的，矿产资源补偿费由矿区所在地的县级人民政府负责地质矿产管理工作的部门负责征收。矿区范围跨县级以上行政区域的，矿产资源补偿费由所涉及行政区域的共同上一级人民政府负责地质矿产管理工作的部门负责征收。矿区范围跨省级行政区域的和在中华人民共和国领海与其他管辖海域的，矿产资源补偿费由国务院地质矿产主管部门授权的省级人民政府地质矿产主管部门负责征收。

第八条　采矿权人应当于每年的 7 月 31 日前缴纳上半年的矿产资源补偿费；于下一年度 1 月 31 日前缴纳上一年度下半年的矿产资源补偿费。采矿权人在中止或者终止采矿活动时，应当结缴矿产资源补偿费。

第九条　采矿权人在缴纳矿产资源补偿费时，应当同时提交已采出的矿产品的矿种、产量、销售数量、销售价格和实际开采回采率等资料。

第十条　征收的矿产资源补偿费，应当及时上缴，并按照下款规定的中央与省、自治区、直辖市的分成比例分别入库，年终不再结算。中央与省、直辖市矿产资源补偿费的分成比例为 5∶5；中央与自治区矿产资源补偿费的分成比例为 4∶6。

第十一条　矿产资源补偿费纳入国家预算，实行专项管理，主要用于矿产资源勘查。矿产资源补偿费的具体使用管理办法，由国务院财政部门、国务院地质矿产主管部门、国务院计划主管部门共同制定。

第十二条　采矿权人有下列情形之一的，经省级人民政府地质矿产主管部门会同同级财政部门批准，可以免缴矿产资源补偿费：

（一）从废石（矸石）中回收矿产品的；

（二）按照国家有关规定经批准开采已关闭矿山的非保安残留矿体的；

（三）国务院地质矿产主管部门会同国务院财政部门认定免缴的其他情形。

第十三条　采矿权人有下列情形之一的，经省级人民政府地质矿产主管部门会同同级财政部门批准，可以减缴矿产资源补偿费：

（一）从尾矿中回收矿产品的；

（二）开采未达到工业品位或者未计算储量的低品位矿产资源的；

（三）依法开采水体下、建筑物下、交通要道下的矿产资源的；

（四）由于执行国家定价而形成政策性亏损的；

（五）国务院地质矿产主管部门会同国务院财政部门认定减缴的其他情形。采矿权人减缴的矿产资源补偿费超过应当缴纳的矿产资源补偿费 50%的，须经省级人民政府批准。批准减缴矿产资源补偿费的，应当报国务院地质矿产主管部门和国务院财政部门备案。

第十四条 采矿权人在规定期限内未足额缴纳矿产资源补偿费的，由征收机关责令限期缴纳，并从滞纳之日起按日加收滞纳补偿费 2‰的滞纳金。采矿权人未按照前款规定缴纳矿产资源补偿费和滞纳金的，由征收机关处以应当缴纳的矿产资源补偿费 3 倍以下的罚款；情节严重的，由采矿许可证颁发机关吊销其采矿许可证。

第十五条 采矿权人采取伪报矿种，隐匿产量、销售数量，或者伪报销售价格、实际开采回采率等手段，不缴或者少缴矿产资源补偿费的，由征收机关追缴应当缴纳的矿产资源补偿费，并处以应当缴纳的矿产资源补偿费 5 倍以下的罚款；情节严重的，由采矿许可证颁发机关吊销其采矿许可证。

第十六条 采矿权人未按照本规定第九条的规定报送有关资料的，由征收机关责令限期报送；逾期不报送的，处以 5 000 元以下罚款；仍不报送的，采矿许可证颁发机关可以吊销其采矿许可证。

第十七条 依照本规定对采矿权人处以的罚款、加收的滞纳金应当上缴国库。

第十八条 当事人对行政处罚决定不服的，可以自接到处罚决定通知之日起 15 日内向作出处罚决定的机关的上一级机关申请复议；当事人也可以自接到处罚决定通知之日起 15 日内直接向人民法院起诉。当事人逾期不申请复议也不向人民法院起诉、又不履行处罚决定的，作出处罚决定的机关可以申请人民法院强制执行。

第十九条 本规定发布前的地方性法规和地方人民政府发布的规章及行政性文件的内容，与本规定相抵触的，以本规定为准。

第二十条 省、自治区、直辖市人民政府可以根据本规定制定实施办法。

第二十一条 本规定由地质矿产部负责解释。

第二十二条 本规定自 1994 年 4 月 1 日起施行。

关于逐步建立矿山环境治理和生态恢复责任机制的指导意见

财建〔2006〕215号

各省、自治区、直辖市、计划单列市财政厅（局）、国土资源厅（局）、环境保护局（厅）：

为了加强矿山环境治理和生态恢复，促使矿山企业合理负担其资源与环境成本，理顺资源价格形成机制，根据《矿产资源法》、《环境保护法》中有关加强生态环境保护、防止环境污染的有关规定，贯彻落实《国务院关于全面整顿和规范矿产资源开发秩序的通知》（国发〔2005〕28 号）的有关要求，财政部、国土资源部、环保总局就逐步建立矿山环境治理和生态恢复责任机制提出指导意见如下：

一、从2006年起要逐步建立矿山环境治理和生态恢复责任机制。各地可根据本地实际，选择煤炭等行业的矿山进行试点，在试点的基础上再全面推开。具备条件的地区可先行在所有矿山企业普遍推开。

二、地方环境保护、国土资源行政主管部门应当组织有资质的机构对试点矿山逐个进行评估，按照基本恢复矿山环境和生态功能的原则，提出矿山环境治理和生态恢复目标及要求。地方国土资源、环境保护行政主管部门应当督促新建和已投产矿山企业根据上述要求，制订矿山生态环境保护和综合治理方案，并提出达到矿山环境治理及生态恢复目标的具体措施。在此基础上，地方国土资源、环境保护行政主管部门要会同财政部门依据新矿山设计年限或已服役矿山的剩余寿命，以及环境治理和生态恢复所需要的费用等因素，确定按矿产品销售收入的一定比例，由矿山企业分年预提矿山环境治理恢复保证金，并列入成本。

三、各地要按照“企业所有、政府监管、专款专用”的原则，由企业在地方财政部门指定的银行开设保证金账户，并按规定使用资金。地方财政部门会同国土资源、环境保护行政主管部门对企业预提的矿山环境治理恢复保证金进行监管。具体办法由各地根据本地区企业实际情况和国家有关规定自行制定。

四、对本通知发布前的矿山环境治理问题，各级政府要制定矿区环境治理和生态恢复规划，按企业和政府共同负担的原则加大投入力度。对不属于企业职责或责任人已经灭失的矿山环境问题，以地方政府为主根据财力区分重点逐步解决。

五、各级财政、国土资源、环境保护行政主管部门要高度重视建立矿山环境治理和生态恢复责任机制的工作，切实负起责任，采取有效措施督促企业按规定提取矿山环境治理恢复保证金，确保资金专项用于矿山环境治理和生态恢复。财政部、国土资源部、环保总局将对各地工作进行指导和检查，并研究采取必要措施推动此项工作。

财政部

国土资源部

环保总局

二〇〇六年二月十日

关于印发《矿山地质环境恢复治理专项资金管理办法》的通知

财建〔2013〕80号

各省、自治区、直辖市、计划单列市财政厅（局）、国土资源主管部门：

为规范矿山地质环境恢复治理专项资金管理，提高资金使用效益，根据《中华人民共和国预算法》等有关法律、法规规定，我们制定了《矿山地质环境恢复治理专项资金管理办法》。现印发给你们，请遵照执行。

附件：矿山地质环境恢复治理专项资金管理办法

财政部

国土资源部

2013年3月27日

附件：

矿山地质环境恢复治理专项资金管理办法

第一章　总　则

第一条　为了规范矿山地质环境恢复治理专项资金管理，提高资金使用效益，根据《中华人民共和国预算法》、《财政部　国土资源部关于将矿产资源专项收入统筹安排使用的通知》（财建〔2010〕925号）等有关规定制定本办法。

第二条　本办法适用于中央财政通过中央分成的矿产资源专项收入安排的矿山地质环境恢复治理专项资金（以下简称专项资金）的使用管理。

第三条　本办法所称的矿山地质环境恢复治理是指对国有矿山在计划经济时

期形成的或责任人已经灭失的、因矿山开采活动造成矿山地质环境破坏的恢复和治理。

第四条 专项资金重点支持可以充分挖掘低效、废弃工矿用地潜力，能够同时体现环境效益、社会效益和经济效益的矿山地质环境恢复治理项目。

第五条 专项资金实行专款专用，任何单位和个人不得截留、挤占、坐支和挪用。

第二章 支出范围

第六条 专项资金用于矿山地质环境恢复治理工程支出及其他相关支出。工程支出包括矿山地质灾害治理、地形地貌景观破坏治理、矿区地下含水层破坏治理和矿区土地复垦等。

第七条 矿山地质灾害治理支出，是指采取工程或技术手段对采矿活动引发的地质灾害实施治理发生的支出。支出范围主要包括矿区的采空区塌陷治理、地裂缝治理、泥石流治理、滑坡及崩塌治理等。

第八条 地形地貌景观治理支出，是指对因采矿活动造成的土地毁坏、山体破损、岩石裸露、植被破坏和废（渣）石堆放等问题治理发生的支出。支出范围主要包括削坡、修建台阶、护坡、修建挡土墙、防渗、排水、加固、挖填和植被恢复等。

第九条 矿区地下含水层破坏治理支出，是指对矿区地下含水层破坏进行综合治理发生的支出。支出范围主要包括回填采空区、矿坑水处理、覆盖密封、帷幕注浆隔水、灌浆堵漏、防渗、回灌、修补含水层、供水和排水等治理工程。

第十条 矿区土地复垦支出，是指对采矿过程中，因挖损、塌陷、压占和污染等造成破坏的土地，采取整治措施，使其恢复到可供利用状态发生的支出。支出范围主要包括回填、推覆平整及铺垫表土，污染土壤修复、输排水、废石覆盖和修建道路等。

第十一条 其他相关支出，是指与项目实施相关的勘察规划设计费、工程监理费、竣工验收费，以及其他经财政部、国土资源部批准的支出。

第十二条 专项资金不得用于下列支出：

（一）对外投资，赞助和捐赠支出，支付滞纳金、罚款、违约金、赔偿金。

（二）购置与项目实施无关的设备、装备等固定资产；修建与项目实施无关的房屋、道路、通信、电力等基础设施。

（三）人员工资、津贴补贴及奖金和公务车辆支出。

（四）其他与项目无关的支出。

第三章　预算管理

第十三条　国土资源部会同财政部依据《全国矿产资源规划》、《全国矿山地质环境保护与治理规划》和各地实际情况确定支持重点。

第十四条　省级国土资源主管部门、财政部门依据国土资源部、财政部确定的支持重点，确定具体项目并组织编制项目实施方案。

实施方案应明确项目总体目标和建设任务、年度目标和建设任务，以及项目总投入和年度资金投入。目标任务应当可量化、可考核，资金投入应包括自筹资金和财政补助资金。

第十五条　国土资源部会同财政部组织专家对项目实施方案进行审查论证，一次性核定项目总投资和各年度投资，并核定总目标和各年度目标。对于实施方案通过审查论证的项目，将根据财力可能一次性确定总补助资金和各年度补助资金，并按项目进展情况下达补助资金。

第十六条　项目资金预算一经下达，原则上不做调整。因项目施工量变化需调整预算的，由省级财政、国土资源主管部门批准，调增预算由地方财政自行解决；涉及项目地点、施工期限变更的，由省级国土资源主管部门和财政部门审核后报国土资源部、财政部批准。

第十七条　专项资金拨付按照财政国库管理制度的有关规定执行。

第十八条　项目工作经费由国土资源主管部门按照预算管理程序向同级财政部门申请列入部门预算安排。

第四章　财务管理

第十九条　专项资金实行专账管理、单独核算。

项目承担单位要按照国家有关财务会计制度做好专项资金的核算工作，及时办理年度资金结算和竣工财务决算。竣工财务决算由省级财政部门批复。省级财政、国土资源主管部门要组织做好项目决算审计、验收等工作。

第二十条　项目实施形成的各类景观和设施，待项目竣工验收后，由项目所在地县级以上人民政府确定的管护责任单位管理。

第五章　监督检查

第二十一条　财政部、国土资源部每年将根据经论证的实施方案对项目建设情况进行考核。

对考核合格的项目，财政部、国土资源部将按计划给予持续支持；对考核不合格的项目，财政部、国土资源部将暂停下一年度预算安排，要求其限期整改，经整改仍不符合要求的，取消支持并收回已拨付资金。

第二十二条　省级财政、国土资源主管部门要落实项目资金的监管责任，确保专款专用，督促项目承担单位加快预算执行进度，提高专项资金使用效益，重大事项要及时向财政部和国土资源部报告。

第二十三条　项目承担单位要严格按照批准下达的预算，合理安排使用资金，不得扩大支出范围，不得用于本办法规定支出范围以外的其他支出，自觉接受财政、审计、监察等部门的监督检查。

第二十四条　对违反规定，截留、挤占、挪用等违规使用项目资金的，依照《财政违法行为处罚处分条例》及有关法律法规予以处理。涉嫌犯罪的，移送司法机关处理。

第六章　附　则

第二十五条　本办法由财政部、国土资源部负责解释。

第二十六条　本办法自印发之日起实施。

关于进一步规范矿产资源补偿费征收管理的通知

国土资发〔2013〕77号

矿产资源补偿费自1994年开始征收以来，征收额持续增长，管理制度逐步完善，征收水平不断提高，成效显著，但也存在没有严格执行与开采回采率系数挂钩、一些矿产品计征销售收入的核定缺乏统一标准等问题。为解决实际工作中存在的问题，推进矿产资源补偿费征收管理科学化、规范化，切实保护采矿权人合法权益，维护国家财产权益，促进合理开发利用，根据《中华人民共和国矿产资源法》、《矿产资源补偿费征收管理规定》（国务院令第150号）及有关规定，现就有关事项通知如下：

一、进一步提高对规范矿产资源补偿费征收管理重要性的认识

矿产资源补偿费征收是采矿权人因开采消耗属于国家所有的矿产资源而对国家的经济补偿，是矿产资源有偿开采和维护国家财产权益的重要体现。进一步加强补偿费征收与开采回采率挂钩，规范征收管理，是贯彻节约资源基本国策，落实节约优先战略的重要措施，是完善资源有偿使用制度的重要经济手段，有利于引导和激励矿山企业提高资源开发利用水平，有利于推进资源节约集约利用，推动资源利用方式转变，有利于维护矿山企业的合法权益。各省（区、市）国土资源主管部门要从全面落实节约优先战略、推进生态文明建设，统筹做好保障科学发展、保护国土资源、维护群众权益的高度，进一步提高认识，加强组织协调，切实抓好落实。

二、科学规范计征矿产资源补偿费

（一）加强矿产资源补偿费征收与开采回采率系数挂钩

矿山开采回采率高低直接反映矿产资源的开发利用水平，所有应考核开采回采率的矿山要严格按照国务院令第150号规定的方式，即矿产资源补偿费征收金额=矿产品销售收入×费率×开采回采率系数（核定开采回采率与实际开采回采率

之比），运用开采回采率系数的实际结果计算征收金额，实际开采回采率高于核定开采回采率，开采回采率系数小于 1，相应地少缴，反之多缴，充分发挥开采回采率系数的引导和调节作用。

（二）严格确定开采回采率系数

1. 煤矿以采区作为开采回采率考核单元，非煤固体矿山以矿山生产的矿块（盘区）作为开采回采率考核单元。

2. 核定开采回采率原则上以经批准的矿山设计或开发利用方案为准。对已有核定开采回采率的矿山企业，要组织进行复查，公示复查结果。复查的要求参照《关于加强矿产资源补偿费征收管理促进煤矿回采率提高的通知》（国土资发〔2006〕88 号）。对无核定开采回采率的矿山企业，由各省（区、市）国土资源主管部门组织进行核定。

3. 实际开采回采率应依据矿山储量动态检测的结果确定。按照《关于全面开展矿山储量动态监督管理工作的通知》（国土资发〔2006〕87 号）和《国土资源部关于印发〈矿山储量动态管理要求〉的通知》（国土资发〔2008〕163 号）的要求，全面开展矿山企业的储量动态检测工作，提交矿山储量年报，计算当年实际开采回采率。

上一年度矿山停采或按照国土资源主管部门规定等没有考核实际开采回采率的，计算开采回采率系数采用的实际开采回采率为最近一次考核的实际数值。

4. 矿泉水及普通建筑砂、石、黏土等开采回采率系数原则上取 1，钾盐矿开采回采率系数以综合利用系数代替，地热以回灌系数代替（见附件）。

5. 开采回采率系数按照“当年用上年的原则”使用，即当年矿产资源补偿费征收用上一年度的开采回采率系数。

（三）规范确定矿产品计征销售收入

1. 计征对象的界定。计征矿产资源补偿费的矿产品是以公开交易市场价格销售的原矿或者选矿（初加工）产品。对于以原矿或选矿（初加工）产品直接形成市场销售收入的，其实际销售收入即为计征销售收入，不再进行折算。对于采选冶联合企业销售冶炼（加工）产品的，其计征矿产品销售收入应相对于选矿（初加工）产品进行折算，无选矿（初加工）产品的，可相对于原矿进行折算。

2. 矿产品计征销售价格的确定。计征矿产资源补偿费的矿产品价格是指在竞争条件下矿产品公开交易市场的实际销售价格。对于企业内部自用无实际市场销售价格，企业以内部定价或企业垄断价格等计算销售收入，申报、缴纳矿产资源补偿费的，由负责征收的征管机构按照当地国土资源主管部门会同或委托同级物价部门确定的当地公开交易市场平均销售价格核定计征销售价格；无法计算当地公开交易市场平均销售价格的，参照国内行业公认度较高的矿产品现货交易所公布的最近一个季度的平均销售价格核定计征销售价格，征收矿产资源补偿费。

3．难以核定销售价格或销售收入的矿产资源补偿费计征办法。

（1）采选冶联合企业销售冶炼（加工）产品的，计征矿产资源补偿费的矿产品销售价格应根据冶炼（加工）产品的销售价格通过计征调整系数进行确定。矿产品计征销售收入计算公式为：矿产品计征销售收入=计征矿产资源补偿费的矿产品销售量×冶炼（加工）产品销售价格×计征调整系数。

计征调整系数确定原则为：最近三年当地同类选矿（初加工）产品的公开交易市场平均销售价格除以相应冶炼（加工）产品的当地公开交易市场平均销售价格。无法计算当地选矿（初加工）或冶炼（加工）产品市场平均销售价格的，计算计征调整系数的选矿（初加工）和冶炼（加工）产品的公开交易市场平均销售价格均参照国内行业公认度较高的矿产品现货交易所公布的最近三年的平均销售价格。无选矿（初加工）产品或选矿（初加工）产品无实际销售价格的，可使用原矿的实际销售价格计算计征调整系数。采用以上方法仍难以确定计征调整系数的，可采用冶炼（加工）产品的销售收入扣减冶炼（加工）环节直接成本的方法，确定计征矿产资源补偿费的矿产品销售收入。

（2）对于所确定的计征对象无公开交易市场销售价格或难以核定其销售收入的，锰矿等 9 种矿产计征销售收入按附件确定，如需调整计征调整系数的，须按以上计征调整系数确定原则，由各省级国土资源主管部门研究制定并报部备案；各省级国土资源主管部门自行组织研究制定其他矿种计征销售收入办法的，须报部备案。

（3）采矿权人生产多种矿产品或矿产品中有多个计价的共伴生成分的，应当分别计算其产品销售收入并按相应费率计征。采矿权人无法区分主矿种与共伴生矿种矿产品销售收入的，以总销售收入和主矿种对应费率计征。

（4）对于开采建筑石材、普通建筑石料等非金属矿产，无市场销售收入或难以核定计征销售收入的，依据实际消耗资源储量，以当地公开交易市场最近一个季度或最近一个年度的平均销售价格核定其计征销售收入，计征矿产资源补偿费；对于间断性生产或财务账目不全的小矿（核定实际生产规模不足小型矿山生产规模上限十分之一）等难以计算其实际储量消耗的，依据采矿许可证批准的年生产规模，以当地矿产品公开交易市场最近一个年度的平均销售价格核定其年度计征销售收入，采用年度定额的方式计征矿产资源补偿费。

三、加强组织领导，完善管理制度

（一）加强队伍建设。各级国土资源主管部门要进一步充实征管队伍，强化征收的技术要求，加强培训，提高征管人员的业务素质，不断巩固履行征收矿产资源补偿费法定职责的主体地位。认真贯彻《财政部　国土资源部关于将矿产资源专项收入统筹安排使用的通知》（财建〔2010〕925 号）要求，保障对征管工作的投入，落实必要的工作经费，配备必要的设备，确保征管工作正常开展。

（二）完善征收管理制度。各级国土资源主管部门要完善矿产资源补偿费的纳费登记、申报、缴纳、稽查等征收管理制度，进一步细化征收管理。认真执行减免规定，规范减免，对于符合减免条件的要依法给予减免，引导和激励采矿权人提高资源综合利用效率；健全完善减免制度，批准减缴、免缴矿产资源补偿费的，要自批准之日起 1 个月内按规定备案。各省级国土资源主管部门要重点抓好部颁发采矿许可证的矿山企业以及省级颁发采矿许可证的大型矿山企业的征收工作，推进建立属地征收和分级征收相结合的征收机制。

（三）严格入库管理。各级国土资源主管部门要严格执行“收支两条线”管理。规范使用“矿产资源补偿费自收汇缴专用收据”和“矿产资源补偿费专用缴款书”、“矿产资源补偿费收入退还书”等专用票据，及时将矿山企业缴纳的矿产资源补偿费足额入库，不得设立过渡性账户，不得截留、坐支和挪用。

（四）加强日常监管。各级国土资源主管部门要认真落实矿产开发利用年度检查中关于矿山储量动态检测和实际开采回采率考核的有关要求，充分利用矿产开发利用年度检查网上报备系统，及时掌握矿山企业开发利用情况。做好矿产资源补偿费征收统计网络直报工作，认真审核企业缴费情况，开展年度定期和不定期检查，对存在问题的矿山企业要及时稽查，加强对采矿权人履行缴费义务的日常监管。

矿产资源补偿费征收工作政策性强、技术要求高、任务重，国土资源主管部门作为征收主体，要切实承担起国家和法律赋予的职责，认真落实本通知要求，结合各地实际，进一步加强和规范矿产资源补偿费征收管理工作，征收工作中发生的重大事项和存在的突出问题，及时报部。

本通知自发布之日起实行，有效期 5 年。原地质矿产部印发的《关于共、伴生矿产征收矿产资源补偿费问题的复函》（地函〔1994〕276 号）、《关于如何计征采、选、冶联合企业矿产资源补偿费的函》（地函〔1995〕130 号）、《关于征收钾盐资源补偿费问题的复函》（地函〔1996〕184 号）、《关于〈河北省地热水、矿泉水、砖瓦黏土矿产资源补偿费计算方式〉的批复》（地函〔1997〕152 号）以及国土资源部印发的《关于征收黄金矿产资源补偿费有关问题的通知》（国土资发〔1999〕510 号）同时废止。

国土资源部

2013 年 7 月 4 日

附件：

锰矿等 9 种矿产计征销售收入确定方法表

矿种	计征对象	适用范围	销售收入计算方法	计征调整系数	说明
锰矿	原矿	无实际或难以确定原矿市场销售价格的	采出矿石量×原矿平均品位×硅锰合金平均销售价格×计征调整系数	0.4	取最近一个季度国内行业公认度较高的矿产品现货交易所硅锰合金平均销售价格乘以计征调整系数核定原矿计征销售价格
铜矿	铜精矿	无铜精矿市场销售价格的	铜精矿产量×铜精矿品位×电解铜平均销售价格×计征调整系数	0.8	取最近一个季度国内行业公认度较高的矿产品现货交易所电解铜平均销售价格乘以计征调整系数核定铜精矿的计征销售价格
钨矿	精矿	采选企业无钨精矿市场销售价格的	钨精矿产量×碳化钨粉平均销售价格×计征调整系数	0.4	取最近一个季度国内行业公认度较高的矿产品现货交易所的碳化钨粉平均销售价格乘以计征调整系数核定钨精矿价格
	精矿	采选冶联合企业，无钨精矿市场销售价格的	钨精矿产量×APT销售价格或氧化钨销售价格或钨粉销售价格或碳化钨粉销售价格×计征调整系数	不同钨矿产品对应的计征调整系数： APT（仲钨酸铵）：0.65； 氧化钨：0.55； 钨粉或碳化钨精：0.4	取不同钨矿产品的销售价格乘以对应的计征调整系数核定钨精矿的计征销售价格

矿种	计征对象	适用范围	销售收入计算方法	计征调整系数	说明
镍矿	原矿	无原矿市场销售价格的	采出矿石量×原矿平均品位×金属镍平均销售价格×计征调整系数	①硫化镍镍品位＜1%的贫矿，计征调整系数为0.2； ②1%≤硫化镍镍品位＜2%的富矿，计征调整系数为0.3； ③2%≤硫化镍镍品位＜3%的富矿，计征调整系数为0.4； ④硫化镍镍品位≥3%的特富矿，计征调整系数为0.5	取最近一个季度国内行业公认度较高的矿产品现货交易所金属镍平均销售价格乘以对应的计征调整系数核定原矿的计征销售价格
	精矿	采选冶一体化企业无镍精矿市场销售价格的	消耗精矿量×精矿品位×金属镍平均销售价格×计征调整系数	①镍精矿品位＜10%，计征调整系数为0.6； ②镍精矿品位≥10%，计征调整系数为0.7	取最近一个季度国内行业公认度较高的矿产品现货交易所镍平均销售价格乘以对应的计征调整系数核定镍精矿计征销售价格
	镍硫精矿	生产镍硫的企业、无镍硫精矿市场销售价格的	镍硫精矿量×镍硫品位×金属镍平均销售价格×计征调整系数	①镍硫品位＜40%，计征调整系数为0.8； ②镍硫品位≥40%，计征调整系数为0.9	取最近一个季度国内行业公认度较高的矿产品现货交易所金属镍平均销售价格乘以相应的计征调整系数核定镍硫精矿计征销售价格
金矿	原矿或精矿	对于无原矿或精矿市场销售价格或难以确定其市场销售收入的	黄金矿产品销售量（原矿产品产量×原矿平均品位或金精矿产品销量×金精矿品位）×Au99.95的黄金平均销售价格×计征调整系数	矿产品为合质金，0.7； 矿产品为金精矿及其他选矿中间产品，0.78； 开采共伴生矿床的，0.7； 开采砂矿的（砂金、合质金），0.65	取最近一个季度国内行业公认度较高的黄金现货交易所Au99.95黄金平均销售价格乘以相应的计征调整系数核定计征销售价格。 Au99.95指成色不低于99.95%金锭
钾盐	钾盐矿产品（氯化钾、硫酸钾和硫酸钾镁肥等）	开发利用钾盐资源的企业	钾盐矿产品（氯化钾、硫酸钾和硫酸钾镁肥等）销量×出厂价（不含税）×综合利用系数		钾盐矿产资源补偿费的计征以综合利用系数代替开采回采率系数，计算公式为：综合利用系数=（$W_{卤水}\times T_{卤水}$）/（$W_{产品}\times T_{产品}$）×100%。其中，$W_{卤水}$为采取卤水的重量；$T_{卤水}$为采取卤水所含有用成分的品位；$W_{产品}$为最终产品的重量；$T_{产品}$为最终产品所含有用成分的品位

矿种	计征对象	适用范围	销售收入计算方法	计征调整系数	说明
石墨	原矿	无原矿市场销售价格的	采出矿石量×石墨精矿粉平均销售价格/吨石墨精矿粉所需的矿石量×计征调整系数	0.5	以石墨精矿粉平均销售价格除以吨石墨精矿粉所需的矿石量再乘以计征调整系数核定原矿销售价格
地热	原矿	开发利用地热资源的企业	地热水开采量×（当地每立方米地下水资源收费标准+每立方米地下水提高一定温度（ΔT）所需当地煤的费用）×回灌系数		收费标准采取“水+热”。其中“水”比照当地水务部门制定的地下水资源费收费标准；“热”的附加值计算按当地标准煤的市场价格，计算出每立方米地下水提高一定温度ΔT（ΔT=开采地热水的最高温度−25℃）所需当地煤的费用。 矿产资源补偿费的计征以回灌系数代替开采回采率系数，计算公式为：回灌系数=1−回灌率（回灌量/取水量）。当回灌量大于等于取水量的80%，回灌系数均取0.2。适宜回灌的地区，设置回灌系数，否则回灌系数取1
矿泉水	原矿	开发利用矿泉水的企业	矿泉水及其系列饮料销售收入×计征调整系数	饮用矿泉水桶装取0.5，瓶装取0.25，饮料（含矿泉啤酒）取0.2。西部地区可适当下调5%～10%	

3. 草原生态补偿政策

关于做好建立草原生态保护补助奖励机制前期工作的通知

财农〔2010〕568号

内蒙古、四川、云南、西藏、甘肃、宁夏、新疆、青海省（自治区）财政厅、农牧（畜牧）厅（局），新疆生产建设兵团财务局、农业局：

根据国务院常务会议决定，国家从2011年开始在内蒙古、新疆、西藏、青海、四川、甘肃、宁夏和云南8个主要草原牧区省（区）及新疆生产建设兵团，全面建立草原生态保护补助奖励机制，对牧民实行草原禁牧补助、草畜平衡奖励、牧业生产补贴等政策措施。为确保草原生态保护补助奖励政策落到实处，现就做好有关前期工作通知如下：

一、充分认识做好前期工作的重要性

在8个牧区省份及新疆生产建设兵团全面建立草原生态保护补助奖励机制是党中央、国务院统筹我国经济社会发展全局作出的重大决策，是贯彻落实科学发展观，推动科学发展，构建和谐社会的具体体现，是加快草原保护，促进牧民增收，实现牧区经济社会和生态环境协调发展的重要举措。草原生态保护奖励机制政策实施范围广、时间紧、任务重、工作难度大，关系到千百万牧民的切身利益，需要切实做好前期工作。各级财政、农牧部门要早动员、早部署、早落实，为全面启动草原生态保护补助奖励机制奠定扎实的基础。

二、扎实做好前期工作

（一）推进草原承包

草原禁牧补助和草畜平衡奖励按照已承包到户（含联户）的草原面积发放。

农牧部门要加强草原承包管理，尚未实行草原承包的，要尽快落实到户，签订承包合同；已承包到户的，要进一步规范承包合同内容，特别要明确承包经营者落实草畜平衡、保护草原生态的义务和责任；实行联户承包的，要尽快在承包合同中确定联户成员的具体权益和责任。

（二）划定禁牧区域

各级财政、农牧部门要按照草原生态、牧业生产和社会发展实际，结合主体功能区划，以乡镇或村组为基本单元，将生态脆弱、生存环境恶劣、草场严重退化、不宜放牧以及位于大江大河水源涵养区的草原划为禁牧区，其他草原划为草畜平衡区。划定区域要有明确的四至界限，禁牧面积和草畜平衡面积要落实到已承包草原的牧户。

（三）落实基本草原制度

各级农牧部门要根据《草原法》有关规定，加快推进基本草原划定工作，把禁牧区和草畜平衡区草原全部纳入基本草原范围，并设立保护标志，实施最严格的保护，确保基本草原用途不改变，数量不减少，质量不下降。要对划定的基本草原进行统一登记建档，对划定的基本草原要按照县级 1∶10 万、乡级 1∶5 万比例尺全部转绘上图，并做详细的标注和说明。

（四）核定草原载畜量

各级农牧部门要按照《天然草地合理载畜量的计算》（NY/T 635-2002）标准，根据天然草原可食产草量、牧草利用率和再生率等指标，制定适合本地区的载畜量核定标准，确定天然草原合理载畜量并分解到户。各地根据核定的载畜量，制定减畜计划，将减畜数量分解到户。

（五）核实牧户数量

各级财政、农牧部门要对已承包草原并实施禁牧和草畜平衡的牧户，进行逐级逐户统计核实，切实把牧户基础情况统计完整。

（六）搜集整理本底资料

各级财政、农牧部门要做好草原资源与生态、气候、土壤、水文、经济社会、牧业生产、牧民收入等方面的历史及现状资料的整理收集，为开展草原监测、执法监督、绩效评价提供依据。

（七）建立电子档案管理系统

各级财政、农牧部门要尽快收集整理牧民草原承包、禁牧休牧和草畜平衡等信息资料，采用农业部统一开发的电子档案管理系统，做好录入工作，实现上下联网，加强动态管理。

三、切实加强组织领导

一是明确工作责任。各级财政、农牧部门要把落实好草原生态保护补助奖励机制作为当前的重点工作，切实抓紧抓好。要及时向同级政府汇报工作进展情况，尽快成立草原生态保护补助奖励机制工作领导小组，明确责任，落实任务，确保各项工作有力有序有效开展。

二是密切协调配合。各级财政、农牧部门要积极争取相关部门的理解支持，对草原生态保护补助奖励机制前期工作中的重大事项，及时沟通交流，统一思想，达成共识，形成合力，保质保量地完成各项任务。

三是搞好基础调查。各级财政、农牧部门要以认真负责的态度，求真务实的精神，深入基层，深入牧户，认真倾听农牧民的意见建议，充分掌握基本情况，为制定和落实具体政策措施奠定基础。

四是加大保障力度。各级财政部门要加大经费保障力度，确保前期工作需要。各级农牧部门要进一步加强草原执法监督和技术推广队伍建设，合理调配人力物力，充实力量，加强培训，提高工作能力和水平。

五是加强宣传引导。各级财政、农牧部门要积极会同有关部门，通过广播电视、入户宣讲、政策明白纸等多种形式，加大政策宣传力度，使广大牧民充分了解政策内容，为落实草原生态保护补助奖励机制营造良好氛围。

有关省（区）财政、农牧厅（局）要加快工作进度，于 2011 年 3 月 31 日前完成各项前期工作，联合向财政部、农业部上报草原生态保护补助奖励机制前期工作情况、经费申请及实施方案，并填写《草原和牧民基础情况统计表》，相关数据与此前上报数据有较大出入的，请详细说明原因和数据口径。财政部、农业部将把前期工作完成状况纳入绩效考核。

财政部

农业部

二〇一〇年十二月三十一日

附件：

草原和牧民基础情况统计表

项目	单位	数量	备注
一、全省（区）草原基本情况			数据统计截至日为 2011 年 2 月 28 日
1. 全部草原面积	万亩		
2. 可利用草原面积	万亩		
3. 草原承包面积	万亩		
其中：草原承包到户面积	万亩		
草原承包到联户面积	万亩		
4. 可利用草原中禁牧面积	万亩		
其中：禁牧面积中已承包到户面积	万亩		
禁牧面积中已承包到联户面积	万亩		
5. 可利用草原中草畜平衡面积	万亩		
其中：草畜平衡面积中已承包到户面积	万亩		
草畜平衡面积中已承包到联户面积	万亩		
6. 人工草场面积	万亩		含多年生、一年生人工牧草地，不包括青贮玉米
7. 草原退化率	%		
二、全省（区）草畜平衡情况			
1. 草原超载率	%		
2. 草原合理载畜量	万羊单位		
3. 草原实际载畜量	万羊单位		
4. 实现草畜平衡需减少的草原载畜量	万羊单位		
5. 草原年亩均产草量（折合干草）	公斤/亩·年		
三、全省（区）牧民情况			
1. 牧民人数	人		承包草原并禁牧或草畜平衡的牧民
2. 牧民生产资料综合补贴牧民户数	户		
3. 禁牧牧民户数	户		承包草原并禁牧的牧民
4. 草畜平衡牧民户数	户		承包草原并实现草畜平衡的牧民

关于印发完善退牧还草政策的意见的通知

发改西部〔2011〕1856号

内蒙古、四川、贵州、云南、西藏、甘肃、宁夏、新疆、青海省（自治区）及新疆生产建设兵团发展改革委、农（牧）业厅、财政（务）厅（局）：

为进一步完善退牧还草政策，巩固和扩大退牧还草成果，深入推进退牧还草工程，我们提出了《关于完善退牧还草政策的意见》，业经国务院同意。现印发你们，请结合实际贯彻落实。

附件：关于完善退牧还草政策的意见

国家发展改革委
农业部
财政部
二〇一一年八月二十二日

附件：

关于完善退牧还草政策的意见

实施退牧还草是党中央、国务院为保护草原生态环境、改善民生作出的重大决策。工程自2003年实施以来，取得了显著成效，但也出现了一些新情况、新问题。为进一步完善退牧还草政策，巩固和扩大退牧还草成果，深入推进退牧还草工程，现提出以下意见：

一、适当调整建设内容，强化配套措施合理布局草原围栏。

实行禁牧封育的草原，原则上不再实施围栏建设，可根据实际情况酌情安排。今后重点安排划区轮牧和季节性休牧围栏建设，并与推行草畜平衡挂钩。按照围栏建设任务的30%安排重度退化草原补播改良任务。逐步扩大岩溶地区草地治理试点范围。

配套建设舍饲棚圈和人工饲草地。在具有发展舍饲圈养潜力的工程区，对缺乏棚圈的退牧户，按照每户 80 平米的标准，配套实施舍饲棚圈建设，推动传统畜牧业向现代牧业转变。在具备稳定地表水水源的工程区，配套实施人工饲草地建设，解决退牧后农牧户饲养牲畜的饲料短缺问题。

继续安排退牧还草任务。经国务院同意的《全国草原保护建设利用总体规划》提出，279 个退牧还草工程实施县（旗、团场）共需治理退化草原 23.76 亿亩，目前尚有约 16 亿亩退化草原需要治理。“十二五”时期，继续安排退牧还草围栏建设任务 5 亿亩，配套实施退化草原补播改良任务 1.5 亿亩，根据各地实际情况配套建设一定规模的人工饲草地和舍饲棚圈。

二、完善补助政策，巩固退牧还草成果从 2011 年起，适当提高中央投资补助比例和标准。

围栏建设中央投资补助比例由现行的 70%提高到 80%，地方配套由 30%调整为 20%，取消县及县以下资金配套。青藏高原地区围栏建设每亩中央投资补助由 17.5 元提高到 20 元，其他地区由 14 元提高到 16 元。补播草种费每亩中央投资补助由 10 元提高到 20 元。人工饲草地建设每亩中央投资补助 160 元，主要用于草种购置、草地整理、机械设备购置及贮草设施建设等。舍饲棚圈建设每户中央投资补助 3 000 元，主要用于建筑材料购置等。按照围栏建设、补播草种费、人工饲草地和舍饲棚圈建设中央投资总额的 2%安排退牧还草工程前期工作费。

从 2011 年起，不再安排饲料粮补助，在工程区内全面实施草原生态保护补助奖励机制。对实行禁牧封育的草原，中央财政按照每亩每年补助 6 元的测算标准对牧民给予禁牧补助，5 年为一个补助周期；对禁牧区域以外实行休牧、轮牧的草原，中央财政对未超载的牧民，按照每亩每年 1.5 元的测算标准给予草畜平衡奖励。

三、加强组织领导，保证工程顺利实施加强组织协调。

有关部门要抓紧研究制定退牧还草工程“十二五”规划，完善工程管理办法，形成分工明确、相互配合的工作机制。在国家统一政策指导下，退牧还草工程实行“目标、任务、资金、责任”四到省。省级人民政府对退牧还草工程负总责，逐级落实责任制，按照本意见要求抓紧制定实施方案。工程区所在地县级人民政府要将退牧还草工程纳入改善民生、保护生态、发展现代农牧业中统筹考虑，把退牧还草各项措施落到实处。

加强项目管理。要健全实施方案、作业设计、工程建设审批制度，严格工程招标制度。要落实项目实施合同制，工程县应与农牧户签订禁牧、休牧、轮牧合同书，明确权利、义务和责任。要完善检查验收制度，落实工程县级自查和省级核查。要加强工程档案管理，做到户有卡、村有账、乡有册、县有档。要完善工程进度信息汇总报送制度。要抓紧建立完善草原生态监测预警体系，依法查处违法放牧、违法开垦和破坏工程设施的行为。

加强资金使用监督。工程区所在地县级人民政府要强化内部控制和制度建设，加大对工程建设资金和禁牧补助、草畜平衡奖励资金使用的监管力度，严禁虚报冒领、截留抵扣、挤占挪用等违法行为。在遵守各专项资金使用管理规定的前提下，整合使用退牧还草、扶贫开发、水土保持、生态移民（易地扶贫搬迁）、牧民定居等不同渠道资金，统筹解决草原生态保护、改善牧区民生等问题，发挥各渠道资金的综合效益。

关于深入推进草原生态保护补助奖励机制政策落实工作的通知

农办财〔2014〕42 号

有关省、自治区农牧（畜牧、农业）厅（局）、财政厅，新疆生产建设兵团畜牧兽医局、财务局，黑龙江省农垦总局：

2014 年，草原生态保护补助奖励机制政策（以下简称草原补奖政策）继续在内蒙古、四川、云南、西藏、甘肃、青海、宁夏、新疆和河北、山西、辽宁、吉林、黑龙江等 13 个省区，以及新疆生产建设兵团、黑龙江省农垦总局实施。为深入推进草原补奖政策落实，现将有关事项通知如下。

一、加快补奖任务资金落实

各省区要进一步加大工作力度，按照目标、任务、责任、资金“四到省”的总体要求和任务落实、补助发放、服务指导、监督管理、建档立卡“五到户”的工作原则，切实把各年度任务资金落实到草场牧户，补奖资金不得长期滞留在各级财政。要将任务资金落实情况纳入绩效考核指标体系，扎实开展绩效评价，深化评价结果与绩效考核奖励资金安排相挂钩的机制。任务资金落实情况较差的地区，不得安排奖励资金，并在适当范围予以通报。要严格补奖资金专账管理，严禁自行跨科目调剂或挪作他用。年度结余资金要及时上报财政和农牧部门，申请结转下年同科目使用。资金发放到“一卡通”或“一折通”的，要注明资金项目名称，强化农牧民对草原补奖政策的认知。牧草良种补贴实行项目管理的，要加强项目资金的使用监管。加强对禁牧和草畜平衡工作的组织指导，完善草原载畜量标准和草畜平衡管理办法，健全禁牧管护和草畜平衡核查机制。各级草原监理机构要严格巡查禁牧区、休牧期的牲畜放牧情况，发现问题及时处理，努力确保补奖政策实施成效。

二、及时准确填报补奖信息

为全面及时掌握草原补奖政策任务资金落实情况，农业部组织开发了草原补奖机制管理信息系统，建立了补奖信息定期报送制度。目前，信息系统和报送制度总体运行情况良好，但部分地区仍存在信息系统填报进度较慢、月报表格报送不及时、数据质量较差等问题。请各地高度重视，加大投入力度，明确专人管理，开展技术培训，确保及时准确完成补奖信息填报工作。请于今年6月底前完成2012年牧户信息采集录入工作，8月底前完成2013年牧户信息采集录入工作，10月底前完成牧草良种补贴信息和草地地块信息的采集录入工作。严格按照时间节点要求报送补奖信息定期月报表格。财政部和农业部将在今年对各省区的绩效考核评价指标体系中，增加补奖信息填报方面的指标赋分权重。请各省区在对下开展绩效考核评价中，也相应增加赋分权重，并在督导检查时，注意提前抽取补奖信息系统数据，实地比对审核，审核不合格的不能评定为优秀等次。

三、开展政策实施成效评估研究

各省区要组织有关草原科研教学、监理监测和技术推广单位，分区域、分类型开展草原补奖政策实施成效评估研究。评估研究既要有面上总体情况调度，又要深入到基层一线草场牧户调查研究，多研究一些典型案例，务求摸清现状、掌握实质。调研中发现的典型经验和做法，要采取多种形式及时进行宣传报导。要加快草原监测网点建设，定期开展监测工作，及时发布监测信息，为评估研究政策实施成效提供科学依据。各省区都要组织开展专题研究，将研究成果于12月底前报农业部畜牧业司。

四、划定和保护基本草原

今年的中央1号文件明确提出，要稳定和完善草原承包经营制度，2015年基本完成草原确权和基本草原划定工作。要继续按照“权属明确、管理规范、承包到户”的要求，明确草原权属及用途，加强承包合同管理，做到承包草原地块、面积、合同、证书“四到户”。要加快划定基本草原，划定的基本草原面积不应少于本地草原面积的80%。草原补奖政策涉及的禁牧区和草畜平衡区草原，以及享受牧草良种补贴的人工草地，要全部划为基本草原。划定的基本草原要进行县级公告，设立保护标志，统一绘图建档。推进基本草原划定和保护的立法进程，制定出台符合本地实际的地方性法律法规和规章制度。探索建立最严格的损害赔偿制度和责任追究制度，对破坏草原生态环境、造成严重后果的单位和个人，要求恢复、修复、赔偿，实行终身追究制。要采取切实措施，确保基本草原用途不改变、数量不减少、质量不下降。

五、扶持草原畜牧业转型发展

各省区要用足用好绩效考核奖励资金中扶持草原畜牧业发展的资金，推动牧区草原畜牧业转型升级。扶持的主体，既可以是纳入草原补奖政策的家庭牧场和专业大户，也可以是农牧民合作社和农牧业企业。合作社成员要以纳入草原补奖政策的农牧户为主体，农牧业企业要与补奖政策户签订生产购销合同，开展订单生产经营。通过草原补奖政策的实施，不断改善草原畜牧业基础设施和科技支撑条件，优化生产经营方式和产业体系，提高草原资源利用率和劳动生产率，逐步提升草原畜牧业综合生产能力，保障和促进牛羊肉生产供给与农牧民增收，最终实现“禁牧不禁养、减畜不减肉、减畜不减收”。各省区 2012 年和 2013 年草原畜牧业发展资金的使用分配方案，务必于 6 月 20 日前报送财政部农业司、农业部财务司和畜牧业司。

农业部办公厅
财政部办公厅
2014 年 5 月 20 日

4. 林业生态补偿政策

关于印发《中央财政林业补助资金管理办法》的通知

财农〔2014〕9号

各省、自治区、直辖市、计划单列市财政厅（局）、林业厅（局），新疆生产建设兵团财务局、林业局，内蒙古、龙江、大兴安岭森工（林业）集团公司，解放军总后勤部财务部、基建营房部：

为深化改革，加强规范中央财政林业补助资金使用和管理，提高资金使用效益，财政部、国家林业局联合制定了《中央财政林业补助资金管理办法》（以下简称《办法》）。现将《办法》印发给你们，并就有关事项通知如下：

一、在2014年至2015年林业贷款贴息补贴政策调整过渡期间，2014年中央财政对以前年度累计贷款余额及2013年10月1日至2014年4月30日期间的新增林业贷款贴息，2015年中央财政对以前年度累计贷款余额及2014年5月1日至2014年12月31日期间的新增林业贷款贴息。自2016年起，中央财政均对以前年度累计贷款余额及上一年度1月1日至12月31日的新增林业贷款贴息。

二、执行中有何问题，请及时反馈财政部、国家林业局。

财政部

国家林业局

2014年4月30日

附件：

中央财政林业补助资金管理办法

第一章　总　则

第一条　为深化改革，加强规范中央财政林业补助资金使用和管理，提高资金使用效益，根据《中华人民共和国预算法》、《中华人民共和国森林法》等有关法律、法规，制定本办法。

第二条　中央财政林业补助资金（以下简称林业补助资金）是指中央财政预算安排的用于森林生态效益补偿、林业补贴、森林公安、国有林场改革等方面的补助资金。

第二章　预算管理

第三条　每年 12 月 31 日前，由国家林业局会同财政部下达下一年度林业工作任务计划，具体包括：下一年度造林、森林抚育及良种生产繁育计划，湿地和林业国家级自然保护区支持重点内容，林业贴息贷款建议计划，林业科技推广示范项目立项指南等。

第四条　各省、自治区、直辖市、计划单列市（以下简称省）财政部门和林业主管部门根据国家林业局会同财政部下达的林业工作任务计划和有关要求，结合本省林业建设、保护和恢复工作任务，于每年 3 月 31 日之前联合向财政部和国家林业局报送林业补助资金申请文件。申请文件主要内容包括：基本情况和存在的主要问题、年度任务或计划、申请林业补助资金数额、上年度林业补助资金安排使用情况总结和其他需要说明的情况等。具体内容详见附件。

第五条　国家林业局根据各省资金申请文件、林业工作任务计划等，统筹研究和提出各省林业补助资金分配建议，并于 4 月 30 日前将林业补助资金分配建议函报财政部。

第六条　财政部根据预算安排、各省资金申请文件、国家林业局的资金分配建议函、上年度林业补助资金使用管理情况等，确定林业补助资金分配方案，并在全国人民代表大会批复预算后三个月内，按照预算级次下达资金。

第七条　林业补助资金采取因素法分配。

第八条 林业补助资金应按规定的用途和范围分配使用，任何部门和单位不得截留、挤占和挪用。

第九条 林业补助资金的支付按照财政国库管理制度有关规定执行。林业补助资金使用中属于政府采购管理范围的，按照国家有关政府采购的规定执行。

第十条 各级财政、林业主管部门和资金使用单位要建立健全林业补助资金管理制度，严格实行预算决算管理。

第三章 森林生态效益补偿

第十一条 森林生态效益补偿用于国家级公益林的保护和管理。

第十二条 国家级公益林是指根据国家林业局、财政部联合印发的《国家级公益林区划界定办法》（林资发〔2009〕214 号）区划界定的公益林林地。

第十三条 森林生态效益补偿根据国家级公益林权属实行不同的补偿标准，包括管护补助支出和公共管护支出两部分。

国有的国家级公益林平均补偿标准为每年每亩 5 元，其中管护补助支出 4.75 元，公共管护支出 0.25 元；集体和个人所有的国家级公益林补偿标准为每年每亩 15 元，其中管护补助支出 14.75 元，公共管护支出 0.25 元。

第十四条 国有的国家级公益林管护补助支出，用于国有林场、苗圃、自然保护区、森工企业等国有单位管护国家级公益林的劳务补助等支出。地方各级财政部门会同林业主管部门测算审核管理成本，合理确定国有单位国家级公益林管护人员数量、管护劳务补助标准。集体和个人所有的国家级公益林管护补助支出，用于集体和个人的经济补偿和管护国家级公益林的劳务补助等支出。

公共管护支出主要用于地方各级林业主管部门开展国家级公益林监督检查和评价监测等方面的支出。

第十五条 财政部根据各省、国家林业局报送的国家级公益林征占用等资源变化情况，相应调整用于森林生态效益补偿方面的预算。

第十六条 林业主管部门应与承担管护任务的国有单位、集体和个人签订国家级公益林管护合同。国有单位、集体和个人应按照管护合同规定履行管护义务，承担管护责任，根据管护合同履行情况领取森林生态效益补偿。

第四章 林业补贴

第十七条 林业补贴是指用于林木良种培育、造林和森林抚育，湿地、林业国家级自然保护区和沙化土地封禁保护区建设与保护，林业防灾减灾，林业科技推广示范，林业贷款贴息等方面的支出。

第十八条　林木良种培育、造林和森林抚育补贴具体支出内容是：

（一）林木良种培育补贴。包括良种繁育补贴和林木良种苗木培育补贴。良种繁育补贴主要用于对良种生产、采集、处理、检验、贮藏等方面的人工费、材料费、简易设施设备购置和维护费，以及调查设计、技术支撑、档案管理、人员培训等管理费用和必要的设备购置费用的补贴；补贴对象为国家重点林木良种基地和国家林木种质资源库；补贴标准：种子园、种质资源库每亩补贴 600 元，采穗圃每亩补贴 300 元，母树林、试验林每亩补贴 100 元。林木良种苗木培育补贴主要用于对因使用良种，采用组织培养、轻型基质、无纺布和穴盘容器育苗、幼化处理等先进技术培育的良种苗木所增加成本的补贴；补贴对象为国有育苗单位；补贴标准：除有特殊要求的良种苗木外，每株良种苗木平均补贴 0.2 元，各地可根据实际情况，确定不同树种苗木的补贴标准。

（二）造林补贴。对国有林场、农民和林业职工（含林区人员，下同）、农民专业合作社等造林主体在宜林荒山荒地、沙荒地、迹地、低产低效林地进行人工造林、更新和改造，面积不小于 1 亩的给予适当的补贴。造林补贴包括造林直接补贴和间接费用补贴。

直接补贴是指对造林主体造林所需费用的补贴，补贴标准为：人工营造，乔木林和木本油料林每亩补贴 200 元，灌木林每亩补贴 120 元（内蒙古、宁夏、甘肃、新疆、青海、陕西、山西等省灌木林每亩补贴 200 元），水果、木本药材等其他林木、竹林每亩补贴 100 元；迹地人工更新、低产低效林改造每亩补贴 100 元。间接费用补贴是指对享受造林补贴的县、局、场林业部门（以下简称县级林业部门）组织开展造林有关作业设计、技术指导所需费用的补贴。

享受中央财政造林补贴营造的乔木林，造林后 10 年内不准主伐。

（三）森林抚育补贴。对承担森林抚育任务的国有森工企业、国有林场、农民专业合作社以及林业职工和农民等给予适当的补贴。森林抚育对象为国有林中的幼龄林和中龄林，集体和个人所有的公益林中的幼龄林和中龄林。一级国家级公益林不纳入森林抚育范围。

森林抚育补贴标准为平均每亩 100 元。根据国务院批准的《长江上游、黄河上中游地区天然林资源保护工程二期实施方案》和《东北、内蒙古等重点国有林区天然林资源保护工程二期实施方案》，天然林资源保护工程二期实施范围内的国有林森林抚育补贴标准为平均每亩 120 元。森林抚育补贴用于森林抚育有关费用支出，包括直接支出和间接支出。直接支出主要用于间伐、补植、人工促进天然更新、修枝、除草、割灌、清理运输采伐剩余物、修建简易作业道路等生产作业的劳务用工和机械燃油等。间接支出主要用于作业设计、技术指导等。

第十九条 湿地、林业国家级自然保护区和沙化土地封禁保护区建设与保护补贴，根据湿地、林业国家级自然保护区和沙化土地封禁保护区的重要性、建设内容、任务量、地方财力状况、保护成绩等因素分配。主要包括以下三个部分：

（一）湿地补贴主要用于湿地保护与恢复、退耕还湿试点、湿地生态效益补偿试点、湿地保护奖励等相关支出。其中，湿地保护与恢复支出指用于林业系统管理的国际重要湿地、国家重要湿地、湿地自然保护区及国家湿地公园开展湿地保护与恢复的相关支出，主要包括监测监控设施维护和设备购置支出、退化湿地恢复支出和湿地所在保护管理机构聘用临时管护人员所需的劳务费等；退耕还湿试点支出指用于国际重要湿地和湿地国家级自然保护区范围内及其周边的耕地实施退耕还湿的相关支出；湿地生态效益补偿试点支出指用于对候鸟迁飞路线上的重要湿地因鸟类等野生动物保护造成损失给予的补偿支出；湿地保护奖励支出指用于经考核确认对湿地保护成绩突出的县级人民政府相关部门的奖励支出。

（二）林业国家级自然保护区补贴主要用于保护区的生态保护、修复与治理，特种救护、保护设施设备购置和维护，专项调查和监测，宣传教育，以及保护管理机构聘用临时管护人员所需的劳务补贴等支出。

（三）沙化土地封禁保护区补贴主要用于对暂不具备治理条件的和因保护生态需要不宜开发利用的连片沙化土地实施封禁保护的补贴支出。范围包括：固沙压沙等生态修复与治理，管护站点和必要的配套设施修建和维护，必要的巡护和小型监测监控设施设备购置，巡护道路维护、围栏、界碑界桩和警示标牌修建，保护管理机构聘用临时管护人员所需的劳务费等支出。

第二十条 林业防灾减灾补贴根据损失程度、防灾减灾任务量、地方财力状况等因素分配。主要包括以下三个部分：

（一）森林防火补贴指用于预防和对突发性的重特大森林火灾扑救等相关支出的补贴，包括开设边境森林防火隔离带、购置扑救工具和器械、物资设备等支出，租用交通运输工具支出以及重点国有林区防火道路建设支出等。补贴对象为承担森林防火任务的基层林业单位。

（二）林业有害生物防治补贴指用于对危害森林、林木、种苗正常生长，造成重大灾害的病、虫、鼠（兔）和有害植物的预防和治理等相关支出的补贴。支出范围包括：购置药剂、药械、工具的开支，除害处理的人工费补贴，治理区发生检疫检验的材料费、小型器具费等。补贴对象为承担林业有害生物防治任务的基层林业单位。

（三）林业生产救灾补贴指用于支持林业系统遭受洪涝、干旱、雪灾、冻害、冰雹、地震、山体滑坡、泥石流、台风等自然灾害之后开展林业生产恢复等相关支出的补贴。补贴范围包括：受灾林地、林木及野生动植物栖息地、生境地的清理；灾后林木的补植补造及野生动植物栖息地、生境地的恢复；因灾损毁的林业相关设施修复和设备购置。补贴对象为因灾受损并承担林业生产救灾任务的基层林业单位。

第二十一条　林业科技推广示范补贴是指用于对全国林业生态建设或林业产业发展有重大推动作用的先进、成熟、有效的林业科技成果推广与示范等相关支出的补贴。补贴对象为承担林业科技成果推广与示范任务的林业技术推广站（中心）、科研院所、大专院校、农民专业合作社、国有森工企业、国有林场和国有苗圃等单位和组织。支出范围主要包括林木新品种繁育、新品种新技术的应用示范、与科技推广和示范项目相关的简易基础设施建设、必需的专用材料及小型仪器设备购置、技术培训、技术咨询等。

省级林业主管部门会同省级财政部门，根据国家林业局、财政部下达的林业科技推广示范项目立项指南，结合本省实际情况，负责林业科技推广示范项目的评审和批复立项等工作。

财政部会同国家林业局根据各省林业补助资金申请文件、林业科技推广示范项目评审情况和绩效评价结果，结合当年中央财政预算安排，确定对各省的林业科技推广示范补贴金额，并切块到省。各省当年评审通过但未安排补贴的项目，可滚动至下一年度继续申请。

第二十二条　林业贷款贴息补贴（以下简称贴息补贴）是指中央财政对各类银行（含农村信用社和小额贷款公司，下同）发放的符合贴息条件的贷款给予一定期限和比例的利息补贴。

（一）中央财政对符合以下条件之一的林业贷款予以贴息：林业龙头企业以公司带基地、基地连农户的经营形式，立足于当地林业资源开发、带动林区、沙区经济发展的种植业、养殖业以及林产品加工业贷款项目；各类经济实体营造的工业原料林、木本油料经济林以及有利于改善沙区、石漠化地区生态环境的种植业贷款项目；国有林场（苗圃）、国有森工企业为保护森林资源，缓解经济压力开展的多种经营贷款项目，以及自然保护区和森林公园开展的森林生态旅游贷款项目；农户和林业职工个人从事的营造林、林业资源开发和林产品加工贷款项目。

（二）对各省符合本办法规定条件的林业贷款，中央财政年贴息率为 3%。对新疆生产建设兵团、大兴安岭林业集团公司符合本办法规定条件的林业贷款，中央财政年贴息率为 5%。

（三）林业贷款期限 3 年以上（含 3 年）的，贴息期限为 3 年；林业贷款期限不足 3 年的，按实际贷款期限贴息。对农户和林业职工个人营造林小额贷款，适当延长贴息期限。贷款期限 5 年以上（含 5 年）的，贴息期限为 5 年；贷款期限不足 5 年的，按实际贷款期限贴息。农户和林业职工个人营造林小额贷款是指贴息年度内（1 月 1 日至 12 月 31 日，下同）累计额 30 万元以下的营造林贷款。

（四）贴息补贴采取分年据实贴息的办法（上一年度 1 月 1 日至 12 月 31 日的林业贷款贴息）。对贴息年度内贷款期限 1 年以上的林业贷款，按全年计算贴息；对贴息年度内贷款期限不足 1 年的林业贷款，按贷款实际月数计算贴息。

（五）林业龙头企业、国有林场（苗圃）、国有森工企业、自然保护区和森林公园等的贴息贷款项目，由项目单位向当地林业主管部门提出申请。林业主管部门商同级财政部门同意后，逐级审核申报，由省级林业主管部门会同省级财政部门负责审核汇总。农户和林业职工小额贷款项目，由县级林业主管部门（含国有森工企业，下同）统一汇总，并以县级林业主管部门作为申报单位，商同级财政部门同意后，逐级审核申报，由省级林业主管部门会同财政部门负责审核汇总。

（六）省级财政部门会同省级林业主管部门对本省申报贴息补贴的贷款及其项目实施情况进行审核，对其真实性、合规性负责，确定应向中央财政申请的贴息补贴额，并向财政部报送林业补助资金申请文件，同时抄报国家林业局。财政部根据各省林业补助资金申请文件和林业贷款项目落实情况，确定贴息补贴额，并切块到省。

第五章　森林公安补助

第二十三条　森林公安补助主要是用于森林公安机关办案（业务）经费和业务装备经费开支的补助。森林公安补助根据警力、地方财力状况、业务工作量、装备需求、森林资源管理等因素分配。

第二十四条　森林公安办案（业务）经费、业务装备经费由中央、省级和省以下同级财政分区域按保障责任负担。森林公安补助对中西部地区的县级森林公安机关和省级直属的重点国有林区森林公安机关，以及维稳任务重、经济困难地区的地（市）森林公安机关予以重点补助；对东部地区县级森林公安机关予以奖励性补助。按照政法经费保障要求，省级财政部门应在做好本级森林公安经费保障的同时，依照不低于本省公安机关的标准安排省级森林公安转移支付资金。

第二十五条　森林公安补助主要用于市级以下森林公安机关，省级财政部门可预留不超过中央森林公安资金的10%，专项用于省级森林公安机关承办公安部、国家林业局部署的重大任务，直接侦办和督办重特大案件、组织开展专项行动、组织民警教育培训、处置不可预见的突发事件、装备共建或其他特殊原因所需经费补助等。

第二十六条　森林公安补助使用范围包括森林公安办案（业务）经费和森林公安业务装备经费。其中森林公安办案（业务）经费用于森林公安机关开展案件侦办查处、森林资源保护、林区治安管理、维护社会稳定、处置突发事件、禁种铲毒、民警教育培训等直接支出；森林公安业务装备经费用于森林公安机关购置指挥通信、刑侦技术、执法勤务（含警用交通工具）、信息化建设、处置突发事件、派出所和监管场所所需的各类警用业务装备的支出。

第六章　国有林场改革补助

第二十七条　国有林场改革补助是指用于支持国有林场改革的一次性补助支出。

第二十八条　国有林场改革补助主要用于补缴国有林场拖欠的职工基本养老保险和基本医疗保险费用、国有林场分离场办学校和医院等社会职能费用、先行自主推进国有林场改革的省奖励补助等。中央财政安排的补助资金补缴国有林场拖欠的职工基本养老保险和基本医疗保险费用有结余的，可用于林场缴纳职工基本养老和基本医疗等社会保险以及其他与改革相关的支出。

第二十九条　国有林场改革补助按照国有林场职工人数（包括在职职工和离退休职工）和林地面积两个因素分配，其中：每名职工补助 2 万元，每亩林地补助 1.15 元。

第七章　监督检查

第三十条　各级财政部门和林业主管部门应加强对林业补助资金的申请、分配、管理使用情况的监督检查，发现问题及时纠正。对各类违法违规以及违反本办法规定的行为，按照《财政违法行为处罚处分条例》等国家有关规定追究法律责任。

第三十一条　按第三十条规定追回的林业补助资金，由财政部商国家林业局用于对林业补助资金使用管理规范、成效显著的省进行奖励。

第三十二条　各级财政部门和林业主管部门应加强对林业补助资金管理使用情况的追踪问效，适时组织开展绩效监督。

第八章　附　则

第三十三条　省级财政部门会同省级林业主管部门应根据本办法制定实施细则，并报送财政部和国家林业局。

用于军事管理区的林业补助资金（森林生态效益补偿）管理办法，由解放军总后勤部财务部和基建营房部，根据本办法制定管理实施细则，并报送财政部和国家林业局。

新疆生产建设兵团、国家林业局直属大兴安岭林业集团公司林业补助资金管理参照本办法执行，相关补助支出列入中央部门预算。

第三十四条　林业补助资金相关补助补贴标准因政策需要进行调整的，按照调整后的标准执行。

第三十五条　本办法由财政部会同国家林业局负责解释。

第三十六条　本办法自2014年6月1日起施行。《财政部　国家林业局关于印发〈中央财政森林生态效益补偿基金管理办法〉的通知》（财农〔2009〕381号）、《财政部　国家林业局关于印发〈中央财政林业补贴资金管理办法〉的通知》（财农〔2012〕505号）、《财政部　国家林业局关于印发〈林业国家级自然保护区补助资金管理暂行办法〉的通知》（财农〔2009〕290号）、《财政部　国家林业局关于印发〈中央财政湿地保护补助资金管理暂行办法〉的通知》（财农〔2011〕423号）、《财政部　国家林业局关于印发〈林业有害生物防治补助费管理办法〉的通知》（财农〔2005〕44号）、《财政部　国家林业局关于印发〈林业生产救灾资金管理暂行办法〉的通知》（财农〔2011〕10号）、《财政部　国家林业局关于印发

〈中央财政森林公安转移支付资金管理暂行办法〉的通知》（财农〔2011〕447号）、《财政部　国家林业局关于印发〈中央财政林业科技推广示范资金管理暂行办法〉的通知》（财农〔2009〕289号）、《财政部　国家林业局关于印发〈林业贷款中央财政贴息资金管理规定〉的通知》（财农〔2009〕291号）同时废止，《财政部　国家林业局关于印发〈边境草原森林防火隔离带补助费管理规定〉的通知》（财农〔2002〕70号）中有关边境森林防火隔离带补助的内容同时废止。

5. 其他生态补偿政策

关于印发《中央财政农业资源及生态保护补助资金管理办法》的通知

财农〔2014〕32号

各省、自治区、直辖市、计划单列市财政厅（局）、农业（农牧、农村经济、畜牧、兽医、农机、渔业）厅（局、委、办），新疆生产建设兵团财务局、农业局，中央直属垦区：

为了加强中央财政农业资源及生态保护补助资金管理，提高资金使用效益，促进农业可持续发展，根据《中华人民共和国预算法》等有关规定，财政部会同农业部制定了《中央财政农业资源及生态保护补助资金管理办法》。现予印发，请遵照执行。

附件：中央财政农业资源及生态保护补助资金管理办法

财政部

农业部

2014年6月9日

附件：

中央财政农业资源及生态保护补助资金管理办法

第一条 为了加强中央财政农业资源及生态保护补助资金（以下简称农业资源保护资金）的管理，提高资金使用效益，促进农业可持续发展，根据《中华人民共和国预算法》、《中华人民共和国农业技术推广法》等有关规定，制定本办法。

第二条　农业资源保护资金是中央财政公共预算安排的专项补助资金，用于支持耕地保护与质量提升、草原生态保护与治理、渔业资源保护与利用、畜禽粪污综合处理，以及国家政策确定的其他方向。

第三条　农业资源保护资金补助的区域范围：

（一）实施耕地保护与质量提升、渔业资源保护与利用、畜禽粪污综合处理的省份，具体范围由农业部会同财政部根据国家政策确定。

（二）开展草原生态保护与治理的省份，包括内蒙古自治区、四川省、云南省、西藏自治区、甘肃省、宁夏回族自治区、青海省、新疆维吾尔自治区等 8 省（区）和新疆生产建设兵团，河北省、山西省、辽宁省、吉林省、黑龙江省等 5 省和农业部直属黑龙江省农垦总局的牧区半牧区县(场)，以及国家政策确定的其他区域。

第四条　农业资源保护资金的支出内容：

(一)耕地保护与质量提升所需的耕地污染与产品监测、土壤改良培肥剂(料)、专用肥料、秸秆腐熟剂、接种根瘤菌、绿肥种子，种植结构调整所需的作物新品种、耕种条件改变、污染耕地修复治理期间农民收益损失补助等；

（二）草原生态保护与治理所需的草原禁牧补助、草畜平衡奖励、牧民生产资料综合补贴、绩效奖励、牧草良种补贴，飞播种草补助等；

（三）渔业资源保护与利用所需的水生生物增殖放流、海洋牧场建设、渔民减船转产补助等；

（四）畜禽粪污综合处理所需的主体设施建设、设备购置补助等；

（五）与农业资源及生态保护相关的其他支出。

第五条　农业资源保护资金不得用于以下支出：行政事业单位人员工资、办公经费，建造楼堂馆所、购置车辆和通讯器材，以及与农业资源生态保护无关的其他支出。

第六条　第四条第（二）项中草原禁牧补助的中央财政测算标准为平均每年每亩 6 元，草畜平衡奖励补助的中央财政测算标准为平均每年每亩 1.5 元，牧民生产资料综合补贴标准为每年每户 500 元，牧草良种补贴标准为平均每年每亩 10 元。

省级财政和农牧部门可结合本地草原载畜能力、牧民承包草场面积、人口数量、牧民收入构成等情况，按照“对象明确、补助合理、发放准确、符合实际”的原则，在中央财政补助的资金额度内，制定对牧民禁牧补助和草畜平衡奖励的具体发放标准。对禁牧补助和草畜平衡奖励实行资金额度封顶和保底发放的，不得留有资金缺口。

第七条 农业资源保护资金由财政部会同农业部实行因素法分配。不同支持方向的具体分配因素和权重在资金分配建议中确定。

农业部根据政策确定的实施范围，耕地、草原、渔业等资源状况和畜牧业发展情况提出保护与治理任务，综合考虑相关因素，并结合绩效评价情况提出资金分配建议。财政部结合预算资金安排等情况，对农业部提出的资金分配建议审核后安排分配资金。

第八条 在全国人民代表大会批准预算后90日内，中央财政应将农业资源保护资金按支持方向下达到省级财政。草原绩效奖励资金应于9月底完成评价工作后及时下达到省级财政。省级财政按照补助对象所属预算级次安排资金。安排给农业部直属垦区、新疆生产建设兵团的资金，列入其年度预算。资金支付按照财政国库管理制度有关规定执行。

各级财政部门应加快资金下达，督促项目实施和资金使用进度，形成结余的资金按有关规定办理。

第九条 省级财政部门会同农业部门根据中央财政下达的资金规模，确定资金分配方案。省级财政部门应将资金安排分配结果报财政部驻各省财政监察专员办事处备案。

第十条 农业部会同财政部根据项目管理需要，可制定实施指导意见或工作通知，明确项目管理实施中的具体要求。

省级农业部门会同财政部门根据实施指导意见或工作通知中的相关要求，制定实施方案，组织指导项目实施。

第十一条 县级财政部门会同农业部门对农（牧）民补助的资金应经7天公示无异议后及时发放。发放方式应按照便民高效、资金安全的原则，通过“一卡通”等方式直接发放给农（牧）民。

第十二条 农业资源保护资金实行绩效评价。绩效评价结果以适当方式予以通报，并作为资金分配的因素之一。

农业部会同财政部根据需要按照资金支持方向开展绩效评价。各省农业部门会同财政部门按照资金支持方向开展绩效评价。

第十三条 各级财政部门会同农业部门加强资金管理、监督检查，总结资金管理使用情况。

第十四条　农业资源保护与利用任务的承担单位应建立健全项目资金管理制度，加强财务管理、档案管理，并接受财政、农业、纪检监察、审计等部门的监督检查。

第十五条　农业资源保护资金应专款专用，对任何单位和个人虚报冒领、挤占挪用和其他违反本办法规定的行为，按照《财政违法行为处罚处分条例》等国家有关规定追究法律责任。

第十六条　省级财政部门会同农业部门结合本地实际情况，根据本办法可制定资金管理细则，并报财政部、农业部备案。

第十七条　本办法所称省级、各省是指省、自治区、直辖市、计划单列市和新疆生产建设兵团。

本办法所称农业部门是指农业、畜牧、渔业、农垦等行政主管部门。

第十八条　本办法由财政部会同农业部解释。

第十九条　本办法自 2014 年 6 月 9 日起施行。2011 年 12 月 31 日财政部、农业部印发的《中央财政草原生态保护补助奖励资金管理暂行办法》（财农〔2011〕532 号），2004 年 9 月 6 日财政部、农业部印发的《中央财政飞播种草补助费管理暂行规定》（财农〔2004〕139 号），2003 年 9 月 18 日财政部办公厅、农业部办公厅印发的《海洋捕捞渔民转产转业专项资金使用管理规定》（财办农〔2003〕116 号）同时废止。

关于印发《湖泊生态环境保护试点管理办法》的通知

财建〔2011〕464 号

有关省、自治区财政厅、环境保护厅：

根据《中华人民共和国水污染防治法》，按照党中央、国务院让江河湖泊休养生息的战略部署，为保护湖泊生态环境，改善湖泊水质，避免走“先污染、后治理”的老路，财政部、环境保护部决定开展湖泊生态环境保护试点工作，建立优质生态湖泊保护机制。为确保湖泊生态环境保护试点工作取得实效，我们制定了《湖泊生态环境保护试点管理办法》，现印发你们。请根据此办法，结合本地实际情况，做好湖泊生态环境保护试点工作。

附件：湖泊生态环境保护试点管理办法

财政部

环境保护部

二〇一一年六月三十日

附件：

湖泊生态环境保护试点管理办法

第一章　总　则

第一条　根据《中华人民共和国水污染防治法》，按照党中央、国务院让江河湖泊休养生息的战略部署，为保护湖泊生态环境，改善湖泊水质，避免走“先污染、后治理”的老路，财政部、环境保护部决定开展湖泊生态环境保护试点工作，建立优质生态湖泊保护机制。

第二条　中央财政安排资金（以下简称“中央资金”）对湖泊生态环境保护试点工作予以支持，鼓励探索“一湖一策”的湖泊生态环境保护方式，引导建立湖泊生态环境保护长效机制。

第三条　湖泊生态环境保护试点工作由省级政府负总责，湖泊所在市县政府具体负责保护工程项目建设和相关工作组织实施。财政部、环境保护部与省级政府签署责任协议，确保试点工作绩效目标明确，责任到省，取得实效。

第四条　湖泊生态环境保护试点工作实行“择优保护，集中支持，分批安排，鼓励先进，注重绩效”的办法，向社会公开，接受社会监督。

第二章　试点湖泊选择与中央资金安排

第五条　湖泊生态环境保护试点范围由财政部、环境保护部确定。纳入试点范围的湖泊，应同时满足以下条件：

1. 湖泊面积在50平方公里以上，有饮用水水源地功能或重要生态功能；
2. 湖泊现状总体水质或试点目标水质好于三类（含三类），流域土壤或沉积物天然背景值较低；
3. 地方政府高度重视，有系统、科学的湖泊生态环境保护实施方案，前期工作基础扎实，落实地方资金积极性较高；
4. 试点绩效目标合理，可量化、可考核。

第六条　湖泊生态环境保护投入以地方政府为主，中央财政按照适当比例予以补助，具体根据试点工作进度、年度绩效目标等分年安排；试点期限为3～5年，试点期满或试点绩效目标完成后，根据试点工作总体绩效评价情况奖优罚劣。

第三章　试点绩效目标与试点实施方案

第七条　湖泊生态环境保护试点工作绩效目标是保护试点湖泊生态环境，改善湖泊水质，防止富营养化，促进湖泊流域经济与环境和谐发展。

第八条　省级政府在开展湖泊生态安全调查与评估基础上组织编写湖泊生态环境保护试点实施方案。实施方案要全面深入分析试点湖泊生态安全影响因素，提出试点绩效目标及具体保护措施。试点绩效目标包括总体绩效目标、年度绩效目标和具体项目绩效目标。保护措施要针对湖泊生态环境面临的问题，提出针对性、可行的技术路线，并列出项目清单、项目建设进度、项目绩效目标和资金需求。

第九条 湖泊生态环境保护试点实施方案具体编写工作由省级财政部门、环境保护部门承担，报财政部、环境保护部备案。财政部、环境保护部据此与省级政府签署责任协议。

第四章 中央资金使用与具体项目实施

第十条 中央资金采取专项转移支付方式下达，由省级政府统筹安排到具体项目。省级政府可将中央资金集中安排使用，对属于中央资金支持范围的项目，可用中央资金全额打足，确保干一个项目，完一个项目，避免出现“半拉子”工程。

第十一条 地方政府要加快投资预算执行。省级财政部门收到中央财政下达的资金后，应会同同级环境保护部门，于 2 个月内将中央资金安排到具体项目，并将项目安排清单[具体格式详见附二（略）]报财政部、环境保护部备案。

第十二条 中央资金实行专款专用，只能用于试点实施方案中与湖泊生态环境保护直接相关的项目建设，不得用于征地拆迁、公务车辆购置、办公用房购建等支出。

第十三条 地方各级政府要做好项目前期工作，按照试点实施方案和责任协议，加快相关项目建设和相关工作组织实施，确保湖泊生态环境保护试点绩效目标如期完成。

第十四条 地方各级政府要将中央资金纳入同级财政预算管理，但不得用于平衡本级预算。

第五章 绩效管理与奖惩机制

第十五条 财政部、环境保护部加强湖泊生态环境保护试点工作绩效管理，绩效评价结果与中央资金安排挂钩，以确保责任协议确定的湖泊生态环境保护试点绩效目标和措施有效落实。

第十六条 湖泊生态环境保护试点工作绩效评价分为总体评价、年度评价和不定期评价。总体评价于试点期满或试点绩效目标完成后 3 个月内进行，年度评价于每年 1—2 月进行。年度评价结果作为下年中央资金安排依据之一；总体评价结果作为采取进一步安排奖励资金、停止安排后续资金或收回已安排资金等政策措施的依据。

第十七条　湖泊生态环境保护试点工作绩效评价内容：

1. 湖泊生态环境保护试点实施方案进展及完成情况，包括项目建设进展情况、试点绩效目标完成情况、湖泊生态环境保护长效机制建立情况等。

2．中央资金使用情况，包括中央资金安排情况、中央资金预算执行情况、地方资金筹集情况等。

3．相关工作进展报备情况。

第十八条　地方各级财政部门、环境保护部门要积极组织湖泊生态环境保护试点绩效评价工作，并加强日常监督和检查。省级财政部门、环境保护部门于每季度结束后20日内向财政部、环境保护部报送试点工作进展情况。对湖泊生态环境保护试点工作中取得的成效及出现的新情况、新问题，要及时上报，并总结经验或提出解决问题的建议。

第十九条　各地区和单位不得以任何理由、任何方式截留、挤占、挪用中央资金，不得“报大建小”、虚列支出、进行虚假绩效评价。对存在上述问题的地区，一经查实，财政部、环境保护部将视情况采取通报批评、停止安排后续资金直至取消试点资格并追缴已拨付资金等措施，并按照《财政违法行为处罚处分条例》（国务院令第427号）的相关规定进行处理。涉嫌犯罪的，移送司法机关处理。

第六章　附　则

第二十条　本办法自印发之日起实施。各地可根据本办法，结合当地实际，制定湖泊生态环境保护试点工作实施细则，报财政部、环境保护部备案。

第二十一条　本办法由财政部、环境保护部负责解释。

关于印发《船舶油污损害赔偿基金征收使用管理办法》的通知

财综〔2012〕33 号

各省、自治区、直辖市、计划单列市财政厅（局）、交通运输厅（局、委），交通运输部海事局：

为保护我国海洋环境，促进海洋运输业持续健康发展，根据《中华人民共和国海洋环境保护法》、《防治船舶污染海洋环境管理条例》的有关规定，经国务院批准，财政部、交通运输部联合制定了《船舶油污损害赔偿基金征收使用管理办法》。现印发你们，请遵照执行。

附件：船舶油污损害赔偿基金征收使用管理办法

财政部　交通运输部

二〇一二年五月十一日

附件：

船舶油污损害赔偿基金征收使用管理办法

第一章　总　则

第一条　为保护我国海洋环境，促进海洋运输业持续健康发展，根据《中华人民共和国海洋环境保护法》、《防治船舶污染海洋环境管理条例》的有关规定，参照国际通行做法，制定本办法。

第二条　本办法适用于在中华人民共和国管辖水域内接收从海上运输持久性油类物质的货物所有人或其代理人，以及船舶油污损害赔偿基金的征收、使用、管理、监督部门和单位。

第三条　船舶油污损害赔偿基金纳入政府性基金管理，收入全额上缴中央国库，实行专款专用。

第四条　船舶油污损害赔偿基金征收、缴纳、使用和管理，应当接受财政、审计部门的监督检查。

第二章　征　收

第五条　凡在中华人民共和国管辖水域内接收从海上运输持久性油类物质（包括原油、燃料油、重柴油、润滑油等持久性烃类矿物油）的货物所有人或其代理人，应当按照本办法规定缴纳船舶油污损害赔偿基金。

第六条　船舶油污损害赔偿基金征收标准为每吨持久性油类物质 0.3 元。财政部可依据船舶油污损害赔偿需求、持久性油类物质的货物到港量以及积累的船舶油污损害赔偿基金规模等因素，并充分考虑货物所有人的承受能力，会同交通运输部确定、调整征收标准或者暂停征收。

第七条　船舶油污损害赔偿基金由交通运输部所属海事管理机构（以下简称海事管理机构）向货物所有人或其代理人征收。

第八条　货物所有人或其代理人应当在向海事管理机构办理污染危害性货物申报时，按照船舶卸载持久性油类物质的数量及相关征收标准，将船舶油污损害赔偿基金及时足额缴入所在地海事管理机构经批准的相关银行账户。

第九条　对于在中华人民共和国管辖水域内接收从海上运输的非持久性油类物质，以及在中华人民共和国管辖水域内过境运输持久性油类物质，不征收船舶油污损害赔偿基金。对于在中国境内的同一货物所有人接收中转运输的持久性油类物质，只征收一次船舶油污损害赔偿基金。

第十条　海事管理机构征收船舶油污损害赔偿基金，应当向货物所有人或其代理人出具财政部统一监制的财政票据。

第十一条　海事管理机构应当在收到船舶油污损害赔偿基金的当日，将船舶油污损害赔偿基金收入全额就地上缴中央国库。缴库时使用“一般缴款书”，在“财政机关”栏目填写“财政部”，在“预算级次”栏目填写“中央级”，在“收款国库”栏目填写实际收纳款项的国库名称，预算科目列《政府收支分类科目》第 103 类“非税收入”，第 01 款“政府性基金收入”，第 71 项“船舶油污损害赔偿基金收入”。交通运输部实施非税收入收缴管理制度改革后，船舶油污损害赔偿基金的收入收缴方式按照改革后的有关规定执行。

第十二条 除国务院外，任何地方、部门和单位不得改变船舶油污损害赔偿基金的征收对象和征收范围。

第十三条 货物所有人或其代理人按照本办法规定缴纳船舶油污损害赔偿基金从成本费用中列支。

第三章 使 用

第十四条 船舶油污损害赔偿基金应当遵循专款专用的原则，年末结余可结转下年度安排使用。

第十五条 船舶油污损害赔偿基金用于以下油污损害及相关费用的赔偿、补偿：

（一）同一事故造成的船舶油污损害赔偿总额超过法定船舶所有人油污损害赔偿责任限额的；

（二）船舶所有人依法免除赔偿责任的；

（三）船舶所有人及其油污责任保险人或者财务保证人在财力上不能履行其部分或全部义务，或船舶所有人及其油污责任保险人或者财务保证人被视为不具备履行其部分或全部义务的偿付能力；

（四）无法找到造成污染船舶的。

第十六条 下列情况，不得从船舶油污损害赔偿基金中提供赔偿或者补偿：

（一）油污损害由战争、敌对行为造成或者由政府用于非商业目的的船舶、军事船舶、渔船排放油类物质造成的；

（二）索赔人不能证明油污损害由船舶造成的；

（三）因油污受害人过错造成的全部或部分油污损害的。

第十七条 船舶油污损害赔偿基金按照申请时间顺序依次受理。其中，对同一事故的索赔按照下列范围和顺序赔偿或补偿：

（一）为减少油污损害而采取的应急处置费用；

（二）控制或清除污染所产生的费用；

（三）对渔业、旅游业等造成的直接经济损失；

（四）已采取的恢复海洋生态和天然渔业资源等措施所产生的费用；

（五）船舶油污损害赔偿基金管理委员会实施监视监测发生的费用；

（六）经国务院批准的其他费用。

船舶油污损害赔偿基金不足以赔偿或者补偿前款规定的同一顺序的损失或费用的，按比例受偿。

第十八条　船舶油污损害赔偿基金对任一船舶油污事故的赔偿或补偿金额不超过 3 000 万元人民币。

财政部可以依据船舶油污事故赔偿需求、累积的船舶油污损害赔偿基金规模等因素，会同交通运输部调整基金赔偿限额。

第十九条　国家设立由交通运输部、财政部、农业部、环境保护部、国家海洋局、国家旅游局以及缴纳船舶油污损害赔偿基金的主要石油货主代表等组成的船舶油污损害赔偿基金管理委员会，负责处理船舶油污损害赔偿基金的具体赔偿或者补偿事务。船舶油污损害赔偿基金管理委员会应当制定具体职责及工作规程。

船舶油污损害赔偿基金管理委员会下设秘书处，负责具体赔偿、补偿等日常事务，秘书处设在交通运输部海事局。

第二十条　在船舶发生油污事故后，凡符合赔偿或者补偿条件的单位和个人，可向船舶油污损害赔偿基金管理委员会秘书处提出书面索赔申请。

第二十一条　单位和个人提出的油污损害索赔申请，必须符合法律、行政法规及船舶油污损害赔偿基金管理委员会相关规定，并遵循以下原则：

（一）索赔申请必须真实，不得隐瞒或者捏造；

（二）索赔的任何费用和损失已经实际发生；

（三）索赔所涉及的费用必须经确认是适当和合理的；

（四）索赔的费用、损失以及遭受的损害是由于污染引起的且与污染事故之间有必然的直接因果关系；

（五）索赔的损失以及遭受的损害应当是可以量化的经济损失；

（六）索赔的费用、损失以及遭受的损害必须提交相应的证明文件或者其他证据。

第二十二条　油污受害人申请从船舶油污损害赔偿基金中获得赔偿或者补偿的，应当在油污损害发生之日起 3 年内提出；在任何情况下，均应当在船舶油污事故发生之日起 6 年内提出。逾期申请的，船舶油污损害赔偿基金管理委员会不予受理。

第二十三条　船舶油污损害赔偿基金管理委员会在受理索赔申请后，应当组织有关人员对索赔项目进行调查核实，确定赔偿或者补偿的具体数额。对于符合赔偿或者补偿条件的，应当及时给予赔偿或者补偿。申请赔偿或者补偿的相关单位应当积极配合船舶油污损害赔偿基金管理委员会开展索赔调查核实工作。

第二十四条 交通运输部应当按照政府性基金预算管理的有关规定编制船舶油污损害赔偿基金收支预算，经船舶油污损害赔偿基金管理委员会审议通过后，报财政部审核。船舶油污损害赔偿基金支付按照财政国库管理制度的有关规定执行。

第二十五条 船舶油污损害赔偿基金支出按照规定填列《政府收支分类科目》第 214 类“交通运输”，第 68 款“船舶油污损害赔偿基金支出”下相关科目。

第二十六条 船舶油污损害赔偿基金管理委员会在赔偿或者补偿范围内，可以代位行使接受赔偿或补偿的单位、个人向相关污染损害责任人请求赔偿的权利。

对于暂时无法认定船舶污染损害责任人的，船舶油污损害赔偿基金管理委员会可以先行给予赔偿或者补偿，一旦确定污染损害责任人时，再由相关责任人给予赔偿，赔偿金按有关规定上缴中央国库。

第二十七条 各有关部门和单位应当严格按照规定使用船舶油污损害赔偿基金，不得坐收坐支、截留、挤占、挪用船舶油污损害赔偿基金。

第四章 法律责任

第二十八条 在中华人民共和国管辖水域内接收从海上运输持久性油类物质的货物所有人或其代理人，不按照本办法规定及时足额缴纳船舶油污损害赔偿基金的，由海事管理机构督促货物所有人或其代理人补缴应缴纳的船舶油污损害赔偿基金；拒不缴纳的，海事管理机构有权停止其接收的持久性油类物质货物在中华人民共和国管辖水域进行装卸、过驳作业。对于未及时足额缴纳船舶油污损害赔偿基金的，自应缴纳之日起，按日加收未缴额万分之五的滞纳金，上缴中央国库，纳入船舶油污损害赔偿基金一并核算。

第二十九条 财政部驻各省、自治区、直辖市、计划单列市财政监察专员办事处应当定期或不定期地开展检查，对海事管理机构不按规定征收、上缴船舶油污损害赔偿基金，不按规定使用财政部统一监制的财政票据，截留、挤占、挪用船舶油污损害赔偿基金的，要责令改正，并按照《财政违法行为处罚处分条例》、《违反行政事业性收费和罚没收入收支两条线管理规定行政处分暂行规定》等有关法律法规进行处理处罚。

第三十条 对于违反本办法第二十七条规定行为的责任人员，依照《财政违法行为处罚处分条例》、《违反行政事业性收费和罚没收入收支两条线管理规定行政处分暂行规定》以及国家其他有关法律法规的规定，给予行政处分；涉嫌犯罪的，移交司法机关依法处理。

第五章　附　则

第三十一条　本办法自 2012 年 7 月 1 日起施行。

第三十二条　本办法由财政部会同交通运输部负责解释。

第三十三条　本办法的实施细则由交通运输部、财政部负责制定。

关于印发《船舶油污损害赔偿基金征收使用管理办法实施细则》的通知

交财审发〔2014〕96号

各省、自治区、直辖市、计划单列市财政厅（局）、交通运输厅（局、委），交通运输部海事局：

为进一步做好船舶油污损害赔偿基金征收使用管理工作，在深入调查研究的基础上，交通运输部、财政部联合制定了《船舶油污损害赔偿基金征收使用管理办法实施细则》，现印发你们，请遵照执行。

附件：船舶油污损害赔偿基金征收使用管理办法实施细则

交通运输部

财政部

二〇一二年五月二十日

附件：

船舶油污损害赔偿基金征收使用管理办法实施细则

第一条 为贯彻执行《船舶油污损害赔偿基金征收使用管理办法》（以下简称《办法》），加强征收使用管理工作，根据《办法》有关规定，结合船舶油污损害赔偿基金（以下简称“基金”）的征收使用管理实际情况，制定本细则。

第二条 《办法》第二条所称“海上运输”，是指运输航程全部或者部分经过中华人民共和国管辖海域的运输。

第三条 《办法》第十六条第二项所称“索赔人”，是指遭受船舶油污损害，申请基金赔偿或补偿的单位和个人。

第四条　《办法》第十七条第一项所称“应急处置费用”是指为防止或者减少船舶油污损害，按照船舶污染事故应急指挥机构指令采取的应急处置措施而产生的费用。

第二项所称“控制或清除污染措施费用”是指为防止或者减少船舶油污损害，采取合理的预防、控制或清除污染措施所产生的费用。

第三项所称“直接经济损失”是指渔业、旅游业等单位或者个人遭受的，与船舶油污事故有直接因果关系的财产价值的实际损失。

第四项所称“所产生的费用”是指已实际采取的合理恢复措施发生的费用。

第五条　《办法》第十八条所称“船舶油污事故”，是指船舶泄漏持久性油类物质、非持久性油类物质、燃油等及其残余物造成的油污损害，或者虽未泄漏但形成严重和紧迫油污损害威胁的一个或者一系列事件。一系列事件因同一原因而发生的，视为同一事故。

第六条　除《办法》第九条规定外，具有以下情形之一的，也不征收基金：

（一）经中华人民共和国管辖水域直接出口境外的持久性油类物质；

（二）船舶加装的自用燃油、润滑油；

（三）包装运输的持久性油类物质；

（四）政府抢险救灾、援助和我国军用的持久性油类物质。

第七条　在境内的同一货物所有人接收中转运输的持久性油类物质，货物所有人应当在第一卸货港缴纳基金，中转运输的货物能够提交同一货物所有人的证明材料和基金缴纳证明的，不再缴纳基金。所有人发生变更且又经海上运输的，还应当按照规定缴纳基金。

第八条　货物所有人或其代理人应当持有效单证缴纳基金。从境外经海上运输到中华人民共和国管辖水域的持久性油类物质，以提单、海运单或者提货单记载的重量为准。在境内运输的，以水路货物运单或者调拨单记载的重量为准；没有水路货物运单或者调拨单的，以船载污染危害性货物适运申报单记载的重量为准。

第九条　每单持久性油类物质的最低收费额为1元，尾数不足1元的不计收。

第十条　船舶油污损害赔偿基金的收缴管理，按照《财政部关于确认交通运输部收入收缴管理制度改革有关事宜的通知》（财库〔2012〕185号）的有关规定执行。

第十一条　多征、多缴基金的，按以下规定办理退付：

（一）征收单位发现多征的，由海事管理机构提出申请并附相关证明材料，经交通运输部审核后报财政部，财政部按照有关规定审核并办理退付。

（二）货物所有人或代理人发现多缴，要求退付的，由货物所有人或代理人向负责基金征缴的海事管理机构提出申请并附相关证明材料，海事管理机构按其隶属关系报经交通运输部审核后，由交通运输部报财政部，财政部按照有关规定审核并办理退付。

第十二条 船舶油污事故造成中华人民共和国内水、领海、毗连区、专属经济区、大陆架以及管辖的其他海域海洋环境油污损害，符合《办法》第十五条规定的，可以申请由基金赔偿或补偿。

前款所称内水是指中华人民共和国领海基线向内陆一侧的所有海域，包括沿海港口水域。

第十三条 当年基金支出预算不足以全部支付索赔案件应付金额的，船舶油污损害赔偿基金管理委员会秘书处应当按照船舶油污损害赔偿基金管理委员会作出赔偿或补偿决定的时间顺序依次赔偿或补偿，时间顺序相同的按比例赔偿或补偿，赔偿或补偿不足的部分纳入下一年度基金支出预算。

第十四条 海事管理机构应当明确负责基金征收、管理和稽查的工作部门，并公开本机构基金的征收地点、联系电话、监督电话等。

第十五条 货物所有人或其代理人对运输的油类物质是否属于持久性油类物质有异议的，应当向海事管理机构提交具有资质的检验、检测机构出具的报告。

第十六条 海事管理机构应当对货物所有人或其代理人基金缴讫情况进行检查，货物所有人或其代理人、港口经营人、货物承运人等有关单位或者个人应当予以配合，不得拒绝、隐瞒、妨碍或者阻挠。

第十七条 交通运输部海事局负责制定《船舶油污损害赔偿基金征收管理工作规程》、《船舶油污损害赔偿基金理赔导则》和《船舶油污损害赔偿基金索赔指南》，并报交通运输部、财政部备案。

第十八条 本细则自颁发之日起施行。

第十九条 本细则由交通运输部、财政部负责解释。

关于印发《大中型水库移民后期扶持结余资金使用管理暂行办法》的通知

财企〔2012〕315号

各省、自治区、直辖市财政厅（局），新疆生产建设兵团财务局：

为进一步做好大中型水库移民后期扶持政策实施工作，促进大中型水库库区和移民安置区经济及社会发展，规范大中型水库移民后期扶持结余资金的使用管理，财政部会同有关部门修订了《大中型水库移民后期扶持结余资金使用管理暂行办法》，并已经国务院同意。现印发给你们，请遵照执行。

附件：大中型水库移民后期扶持结余资金使用管理暂行办法

财政部

2012年10月19日

附件：

大中型水库移民后期扶持结余资金使用管理暂行办法

第一条 为促进大中型水库库区（以下简称“库区”）和移民安置区经济及社会发展，规范大中型水库移民后期扶持结余资金（以下简称“结余资金”）的使用管理，根据《国务院关于完善大中型水库移民后期扶持政策的意见》（国发〔2006〕17号）等有关规定，制定本办法。

第二条 结余资金，是指中央财政根据国发〔2006〕17号文件规定筹集的大中型水库移民后期扶持资金，每年按照国家核定的农村移民人数和规定的扶持标准，分配各省（区、市，含新疆生产建设兵团，下同）后结余的资金。

第三条 结余资金使用方向：

（一）支持库区和移民安置区基础设施建设和经济社会发展。具体包括：

1．基本口粮田建设及水利设施配套建设。

2．农村饮水安全、沼气、交通、供电、通信广播等基础设施建设。

3．文化、教育、卫生等社会事业设施建设。

4．生态建设和环境保护。

5．劳动力技能培训及职业教育。

6．有市场前景的种植业、养殖业、林业、畜牧业、渔业、旅游业、加工业、服务业等生产开发。

7．与移民生产生活密切相关的其他项目。

（二）库区和移民安置区因不可抗力发生的临时性、突发性等事件应急处置补助支出。

（三）解决水库移民突出问题补助支出，包括解决水库后靠移民避险搬迁补助支出、特困移民解困补助支出等。

（四）地方实施后期扶持政策专项工作经费补助支出。

（五）国家级移民管理机构成立之前，中央实施后期扶持政策专项工作经费。

（六）国务院批准的其他支出。

第四条 中央财政拨付给地方的结余资金，由地方政府结合其他渠道资金统筹安排使用。

第五条 结余资金的分配：

（一）地方实施大中型水库移民后期扶持政策专项工作经费补助支出，每年3亿元。具体按照《大中型水库移民后期扶持政策实施工作专项补助经费使用管理暂行办法》（财企〔2011〕303号）的规定安排使用。

（二）中央实施后期扶持政策专项工作经费，每年根据实际工作量核定。具体由水利部（移民局）根据全国水库移民部际联席会议年度工作安排，向财政部报送专项经费预算，财政部会同发展改革委审核后，按程序拨付水利部（移民局）。

（三）库区和移民安置区因不可抗力发生的临时性、突发性事件应急处置补助支出，每年3亿元。库区和移民安置区因不可抗力发生临时性、突发性事件时，由相关省（区、市）财政部门会同同级发展改革、移民管理机构，向财政部、发展改革委、水利部提出申请，由水利部（移民局）提出初步审核意见后，财政部会同发展改革委、水利部审核下达补助资金。

（四）国务院批准的其他支出。

（五）扣除上述（一）、（二）、（三）、（四）项支出后的剩余部分：①75%用于支持库区和移民安置区基础设施建设和经济社会发展。具体由财政部会同发展改革委、水利部，按照各省（区、市）经核定的农村移民人数及对全国统筹后期扶持资金的贡献情况，切块分配各省（区、市），分配公式为：

某省本年度分配结余资金 =可分配上年度全国结余资金总额×（某省上年移民数/全国上年移民数×65%+某省上年上交后扶基金/全国上年后扶基金×35%）

②25%用于解决水库移民突出问题。具体由相关省（区、市）向发展改革委、财政部、水利部报送解决突出问题方案，由水利部（移民局）提出初步审核意见，发展改革委会同财政部、水利部对有关方案审核批复后，财政部会同发展改革委、水利部按照有关补助标准下达补助资金。

第六条　结余资金收入列政府收支分类科目第 1030149 项“大中型水库移民后期扶持基金收入”；本办法第三条第（一）项和第（二）项支出列政府收支分类科目“2082202 基础设施建设与经济发展”，第（三）项、第（四）项和第（五）项支出列“2082299 其他大中型水库移民后期扶持基金支出”。

第七条　各省（区、市）财政部门和移民管理机构应加强结余资金的财务管理，按规定用途使用资金，督促有关单位加快项目建设进度，确保资金使用安全规范，提高资金使用效益。

第八条　结余资金的使用单位应接受财政、发展改革、审计、监察、水利、移民等部门的监督检查，任何单位不得以任何理由阻挠或逃避。

第九条　对于违反本办法规定截留、挪用结余资金的单位或个人，按照《财政违法行为处罚处分条例》（国务院令第 427 号）进行处罚，并追究有关责任人员的责任。

第十条　各省（区、市）财政部门应依据本办法制定相应的管理实施细则，报财政部、发展改革委、水利部备案。

第十一条　本办法由财政部负责解释。

第十二条　本办法自印发之日起开始执行。《财政部关于印发〈大中型水库移民后期扶持结余资金使用管理暂行办法〉的通知》（财企〔2008〕37 号）同时废止。

六、绿色信贷政策

（一）综合性信贷政策

关于进一步做好支持节能减排和淘汰落后产能金融服务工作的意见

银发〔2010〕170号

一、要把金融支持节能减排和淘汰落后产能工作摆在更加突出的位置，切实抓好政策贯彻落实

大力推进节能减排和淘汰落后产能，是加强经济结构调整、加快经济发展方式转变的重要抓手，是全面落实科学发展观、坚持走新型工业化道路的内在要求，是建设资源节约型和环境友好型社会、切实提高经济增长的质量和效益、促进经济社会又好又快发展的关键所在。银行系统要深入学习领会《国务院关于进一步加大工作力度确保实现“十一五”节能减排目标的通知》和国务院节能减排电视电话会议精神，把全面做好支持节能减排和淘汰落后产能金融服务工作作为当前金融工作的一项重要任务和长期制度性安排，高度重视，服务大局，明确责任，求真务实，扎扎实实地抓好政策贯彻落实工作。要切实增强工作的责任感和紧迫感，结合各自部门职责，抓紧研究制定更加符合实际的有效措施，有针对性地进

一步优化信贷管理，加强信贷结构调整，有保有压，把支持节能减排和淘汰落后产能作为加强银行审贷管理的重要参照依据，合理配置信贷资源，充分发挥金融的功能作用，确保实现“十一五”节能减排和淘汰落后产能的目标。

二、加强信贷政策指导和督导检查力度，坚决打好金融支持节能减排和淘汰落后产能攻坚战

人民银行各省级分支机构要会同所在地银监局精心制定工作方案，认真组织辖区内各银行业金融机构，按照《国务院关于进一步加大工作力度确保实现“十一五”节能减排目标的通知》等国家节能减排政策要求，抓紧对辖区内节能减排和淘汰落后产能项目信贷和融资情况进行一次全面、深入的摸底排查，以人民银行分支机构与银监局联合发文的形式于2010年6月30日前将摸底排查情况报告人民银行和银监会。人民银行和银监会将择机选取部分有代表性的省（区、市），就各银行业金融机构节能减排和淘汰落后产能的贷款摸底排查情况进行重点核查和督导检查。人民银行各省级分支机构要牵头抓紧全面梳理辖区内银行系统支持节能减排和淘汰落后产能的法规和政策规定，及时研究制定更有针对性的信贷政策措施，区别对待，有保有压，加强宏观信贷政策指导，积极督促和引导各银行业金融机构进一步优化信贷结构，更好地支持节能减排和淘汰落后产能。要注重加强辖区内信贷政策与国家产业政策、环境保护政策等宏观经济政策的协调配合，加强政府相关部门之间的信息沟通交流和政策协调合作，注重配合政府加强对借款人、纳税人、债务人的监督约束，对失信者实施黑名单制度，惩戒失信行为，增强政策合力，切实提高信贷政策的针对性和导向力。

三、进一步加强和改进信贷管理，从严把好支持节能减排和淘汰落后产能信贷关

各银行业金融机构要根据国家金融宏观调控要求和支持节能减排、淘汰落后产能的相关政策精神，以法人为单位抓紧对系统内信贷管理制度进行一次系统梳理和必要的调整完善，要结合自身业务范围和所在区域经济特点，制定详细的和可操作的授信指引、风险清单和相关信贷管理要求。各银行业金融机构董事会要切实承担起风险管理责任，制定具有明确“触发点”的风险防范化解预案，确保及时有效处置相关风险，严防风险积累。在审批新的信贷项目和发债融资时，要严格落实国家产业政策和环保政策的市场准入要求，严格审核高耗能、高排放企

业的融资申请，对产能过剩、落后产能以及节能减排控制行业，要合理上收授信权限，特别是涉及扩大产能的融资，授信权限应一律上收到总行；要把信贷项目对节能和环境的影响作为前期审贷和加强贷后管理的一项重要内容，进一步明确和落实信贷管理责任制，层层抓落实，严把节能减排和淘汰落后产能信贷关。对不符合国家节能减排政策规定和国家明确要求淘汰的落后产能的违规在建项目，不得提供任何形式的新增授信支持；对违规已经建成的项目，不得新增任何流动资金贷款，已经发放的贷款，要采取妥善措施保全银行债权安全。对国家已明确的限批区域、限贷企业或限贷项目，实施行业名单制管理制度，将存在重大违法违规行为、存在节能减排和安全等重大潜在风险、国家和各地重点监控的企业（项目）列入名单，实行严格的信贷管理。地方性银行业法人金融机构要从严审查和控制对“五小”企业及低水平重复建设项目的贷款。2010 年 6 月 30 日前，各银行业金融机构要对各自法人系统内贯彻落实国家节能减排和淘汰落后产能政策情况、特别是落实《国务院关于进一步加大工作力度确保实现“十一五”节能减排目标的通知》和《国务院关于进一步加强淘汰落后产能工作的通知》（国发〔2010〕7 号）的情况进行一次认真自查，并将自查报告报人民银行和银监会。对于违规发放的贷款，要按照“谁审批、谁负责”的原则，依法追究相关机构和人员的责任，并视情节给予相应处罚。

四、多方面改进和完善金融服务，积极建立健全银行业支持节能减排和淘汰落后产能的长效机制

各银行业金融机构支持节能减排和淘汰落后产能，要严防“一刀切”。在对违规贷款坚决从严控制的同时，要积极加大对合规项目的合理信贷支持，不断建立和完善银行业支持节能减排和淘汰落后产能的长效机制，大力支持培育新的经济增长点。对列入国家重点节能技术推广目录的项目、国家节能减排十大重点工程、重点污染源治理项目和市场效益好、自主创新能力强的节能减排企业，要积极提供银行贷款、发行短期融资券、中期票据等融资支持。积极鼓励银行业金融机构加快金融产品和服务方式创新，通过应收账款抵押、清洁发展机制（CDM）预期收益抵押、股权质押、保理等方式扩大节能减排和淘汰落后产能的融资来源。支持加快推进合同能源管理，大力发展服务节能产业。全面做好中小企业、特别是小企业的节能减排金融服务。发挥好征信系统在促进节能减排和淘汰落后产能方面的激励和约束作用。鼓励在风险可控的前提下开展境内外并购贷款，支持国内

企业引进先进技术和通过兼并重组淘汰落后产能。积极拓宽清洁发展机制项目融资渠道，支持发展循环经济和森林碳汇经济。在有条件的地区，探索试行排放权交易，发展多元化的碳排放配额交易市场。鼓励银行业金融机构设置专门岗位和安排专职人员，加强对节能减排和淘汰落后产能行业发展趋势和信贷项目管理的深层研究。

五、密切跟踪监测并有效防范加大节能减排和淘汰落后产能力度可能引发的信贷风险

各银行业金融机构要全面掌握国家产业规划和宏观调控政策，密切关注节能减排政策动向，严密跟踪监测和分析可能提前暴露的风险，提高对有关风险的预判力和应对前瞻性。对产业结构调整、发展方式转变和节能减排等工作开展过程中可能提前暴露出来的信贷风险，各银行业金融机构要严格进行风险分类，该降为不良贷款的要及时坚决调整到位并相应提足拨备，大力加强核销和处置工作。人民银行各分支机构、银监会各派出机构要充分利用现有信息系统和风险预警系统，加大持续风险提示的工作力度；充分发挥银行业协会的作用，引导银行业金融机构建立相关的统计信息共享机制和平台，增强风险预警防控的合力。

六、加强多部门政策协调配合，扎实做好政策实施效果动态监测和评估工作

人民银行各分支机构和银监会各派出机构要加强与所在地的发展改革部门、工业和信息化部门、环境保护部门等政府职能部门的信息沟通和政策协调，进一步完善节能减排和淘汰落后产能信息的交流和共享机制，增强银行业金融机构对政策风险、信贷风险的识别和应对能力。要积极配合做好国家产业政策、环保政策的宣传解释工作。各银行业金融机构要积极探索建立和完善金融支持节能减排及淘汰落后产能的专项统计制度，加强基础数据信息统计和风险动态监测分析。银监会各省级监管局要将辖区银行业金融机构发放的支持节能减排和淘汰落后产能的贷款作为今后实施现场检查的重点内容，对风险突出的地区和违规问题集中的银行基层金融机构加大专项执法检查力度。人民银行各省级分支机构要结合辖区实际情况，积极开展金融支持节能减排和淘汰落后产能的信贷政策导向效果评估，并将评估结果及时报告和披露。

请人民银行各省级分支机构会同所在地银监局将本意见尽快转发至辖区内各

银行业金融机构，并协调抓好政策贯彻实施工作。政策实施过程中遇到的新情况、新问题，要及时向人民银行和银监会报告。

中国人民银行

中国银行业监督管理委员会

二〇一〇年五月二十八日

关于支持循环经济发展的投融资政策措施意见的通知（摘录）

发改环资〔2010〕801号

……

二、充分发挥政府规划、投资、产业和价格政策的引导作用

……

（四）研究促进循环经济发展的相关价格和收费政策。各地发展改革委（价格主管部门）要逐步建立能够反映资源稀缺程度、环境损害成本的价格机制。鼓励实施居民生活用水阶梯式水价制度，合理确定再生水价格，提高水资源重复利用水平。要合理调整污水和垃圾处理费、排污费等收费标准，鼓励企业实现“零排放”。要通过调整价格和完善收费政策，引导消费者使用节能、节水、节材和资源循环利用产品，引导社会资金加大对循环经济项目的投入。

三、全面改进和提升支持循环经济发展的金融服务

（一）明确信贷支持重点。对由国家、省级循环经济发展综合管理部门支持的节能、节水、节材、综合利用、清洁生产、海水淡化和“零”排放等减量化项目，废旧汽车零部件、工程机械、机床等产品的再制造和轮胎翻新等再利用项目，以及废旧物资、大宗产业废弃物、建筑废弃物、农林废弃物、城市典型废弃物、废水、污泥等资源化利用项目，银行业金融机构应当按照商业可持续原则，综合考虑信贷风险评估、成本补偿机制和政府扶持政策等因素，要重点给予信贷支持；对列入国家、省级循环经济发展综合管理部门批准的循环经济示范试点园区、企业，银行业金融机构要积极给予包括信用贷款在内的多元化信贷支持，并做好相应的投资咨询、资金清算、现金管理等金融服务；深化延伸对循环经济产业配套服务的支持，积极支持示范市、县、园区的循环经济基础设施、相关公共技术服务平台、公共网络信息服务平台的建设和运营。同时，对生产、进口、销售或者

使用列入淘汰名录的技术、工艺、设备、材料或产品的企业，银行业金融机构不得提供任何新增授信支持，原有的授信要逐步压缩和收回。

（二）积极创新金融产品和服务方式。银行业金融机构要充分利用国家实施循环经济发展战略带来的业务发展机遇，加强金融创新，提高金融服务的质量和效率。通过动态监测、循环授信等具体方式，积极开发与循环经济有关的信贷创新产品。拓宽抵押担保范围，创新担保方式，研究推动应收账款、收费权质押以及包括专有知识技术、许可专利及版权在内的无形资产质押等贷款业务。根据本机构的业务规模、授信行业和客户的风险特点，通过加强人员培训，引进有关专业人才，借助第三方评审或外包等方式，积累与循环经济有关的专业知识，努力提高本机构对涉及“减量化、再利用、资源化”的循环型企业和项目的授信管理能力。

四、多渠道拓展促进循环经济发展的直接融资途径

（一）积极通过各类债权融资产品和手段支持循环经济发展。对于综合经济效益好的国家、省级循环经济示范试点园区、企业，在符合条件的情况下，支持其发行企业（公司）债券、可转换债券和短期融资券、中期票据等直接融资工具。探索循环经济示范试点园区内的中小企业发行集合债券。鼓励各类担保机构为债权融资产品的发行提供担保服务。

（二）发挥股权投资基金和创业投资企业的资本支持作用。鼓励依法设立的产业投资基金（股权投资基金）投资于资源循环利用企业和项目，鼓励社会资金通过参股或债权等多种方式投资资源循环利用产业。加快实施新兴产业创投计划，发挥各级政策性创业投资引导基金的杠杆作用，引导社会资金设立主要投资于资源循环利用企业和项目的创业投资企业，扶持循环经济创业企业快速发展，推动循环经济相关技术产业化。

（三）积极支持资源循环利用企业上市融资。充分发挥资本市场在发展循环经济中的作用，鼓励、支持符合条件的资源循环利用企业申请境内外上市和再融资。在符合监管要求的前提下，鼓励企业将通过股票市场的募集资金积极投向循环经济项目。

五、加大利用国外资金对循环经济发展的支持力度

（一）加大国外贷款对循环经济项目的支持。积极支持符合条件的循环经济项

目申请使用国际金融组织贷款和外国政府贷款。

（二）支持鼓励循环经济项目申请清洁发展机制项目（CDM）。各地循环经济发展综合管理部门要加强对循环经济项目投资主体的辅导，帮助其熟悉 CDM 项目基本规则和运作流程，同时引导一些潜在项目开展 CDM 合作。选择一些资源循环利用项目，支持开展相关的方法学研究。

国家发展改革委
人民银行
银监会
证监会
二〇一〇年四月十九日

国家发展改革委有关负责人就加大投融资政策支持促进循环经济发展答记者问（新闻稿）

日前，国家发展改革委、中国人民银行、中国银监会、中国证监会联合发布了《关于支持循环经济发展的投融资政策措施意见的通知》，国家发展改革委有关负责人就此接受记者采访。

问：国家为什么要出台支持循环经济发展的投融资政策措施？

答：循环经济的产生和发展，是人类对“大量生产、大量消费、大量废弃”的传统增长模式、消费模式深刻反省的结果。循环经济是最大限度地节约资源和保护环境的经济发展模式，是解决我国资源环境瓶颈约束的根本性举措。加快发展循环经济是贯彻落实科学发展观，调整经济结构，转变经济发展方式的有效途径和重要抓手。党中央、国务院高度重视发展循环经济。十六届五中全会指出，“要把节约资源作为基本国策，发展循环经济，保护生态环境，加快建设资源节约型和环境友好型社会。”“十一五”规划纲要把发展循环经济作为重大战略任务。党的十七大提出了促进循环经济形成较大规模的更高要求。《循环经济促进法》明确提出发展循环经济是国家经济社会发展的一项重大战略。

近年来，各地方、各部门按照党中央、国务院的部署，把发展循环经济作为调整经济结构、转变发展方式的重要抓手，放在更加突出的位置，采取一系列措施，取得积极进展。短短几年时间，循环经济从理念变为行动，在全国范围内得到迅速发展，出现了一大批循环经济的典型，探索出了企业、企业间或园区、社会三个层面的发展循环经济的有效模式。国家循环经济试点单位资源消耗、污染物排放大幅度降低，经济和环境效益明显提高。重点行业单位产值能耗物耗逐步降低，资源循环利用水平和“三废”综合利用率有较大提高，污染物排放得到一定程度的控制。

循环经济具有很好的资源环境和社会效益，是典型的政府推动、政策法规驱动、投资拉动型的经济模式，需要政府完善政策机制，引导社会投资。目前，国家鼓励循环经济发展的政策措施与循环经济作为国家战略还不匹配，社会资金投向循环经济发展的动力不足，企业长期面临着投资不足、融资难等问题。国家四部门出台支持循环经济发展的投融资政策措施，就是按照政府推动、市场引导的方针，综合运用规划、投资、产业、价格、财税、金融等政策措施，建立一个有利于循环经济发展的投融资政策支持体系，引导社会资金投向循环经济发展，解决企业发展循环经济融资难问题。

问：《通知》对引导社会资金投入到循环经济领域提出了哪些措施？

答：一是通过制定规划引导社会资金。按照《循环经济促进法》的要求，国家将制定全国循环经济发展规划，同时各地也要因地制宜，制定本区域的循环经济发展规划，确定发展循环经济的重点领域、重点工程和重大项目，为社会资金投向循环经济指明方向，减少社会投资的政策风险。国务院先后批复了甘肃循环经济总体规划、青海省柴达木循环经济总体规划，国家发展改革委在总结这两个规划编制经验的基础上，正在研究循环经济发展规划编制指南。

二是充分发挥政府投资对社会投资的引导作用。中央财政将继续安排资金支持循环经济重点项目建设。各地发展改革委在制定和实施投资计划时，也要将“减量化、再利用、资源化”等循环经济项目列为重点投资领域。对发展循环经济的重大项目和技术示范产业化项目，采取直接投资或资金补贴、贷款贴息等方式加大投资力度。

三是发挥产业政策对社会资金的引导作用。认真清理限制循环经济发展的不合理规定，制订并细化有利于循环经济发展的产业政策体系，引导社会资金投向资源循环利用产业，加大循环经济技术、装备和产品的示范、推广力度。

四是发挥价格杠杆对社会资金的引导作用。研究促进循环经济发展的相关价格和收费政策，引导消费者使用节能、节水、节材和资源循环利用产品，使得循环经济项目能够对社会资金产生巨大的吸引力。

问：信贷融资是解决循环经济发展融资难的一个重要措施，请问《通知》对信贷支持循环经济发展提出了哪些措施？

答：一是对列入国家、省级的循环经济示范试点园区（示范基地）、企业和重大循环经济项目，银行业金融机构要积极给予包括信用贷款在内的多元化信贷支持。

二是对由国家、省级政府支持的节能、节水、节材、综合利用、清洁生产、海水淡化和“零”排放等减量化项目，废旧汽车零部件、工程机械、机床等产品的再制造和轮胎翻新等再利用项目，以及废旧物资、大宗产业废弃物、建筑废弃物、农林废弃物、城市典型废弃物、废水、污泥等资源化利用项目，银行业金融机构要重点给予信贷支持。

三是对示范市、县园区（示范基地）的循环基础设施、相关公共技术服务平台、公共网络信息服务平台的建设和运营，银行业金融机构也应给予相应的信贷支持。

四是积极创新金融产品和服务方式，拓宽抵押担保范围，创新担保方式，研究推动应收账款、收费权质押以及包括专有知识技术、许可专利及版权在内的无形资产质押等贷款业务。

五是对生产、进口、销售或者使用列入淘汰名录的技术、工艺、设备、材料或产品的企业，银行业金融机构不得提供任何新增授信支持，原有的授信要逐步压缩和收回。

问：在拓展促进循环经济发展的直接融资渠道上，《通知》提出了哪些支持措施？

答：一是支持符合条件的国家、省级循环经济试点园区（示范基地）、企业发行企业（公司）债券、可转换债券和短期融资券、中期票据等直接融资工具，探索循环经济示范试点园区（示范基地）内的中小企业发行集合债券。

二是鼓励股权投资基金投资于资源循环利用企业和项目，鼓励社会资金通过参股或债权等多种方式投资资源循环利用产业，引导社会资金设立主要投资于资源循环再利用企业和项目的创业投资企业。

三是鼓励、支持符合条件的资源循环利用企业在境内外上市和再融资，鼓励企业将通过股票市场的募集资金积极投向循环经济项目。

此外，支持符合条件的循环经济项目申请使用国际金融组织贷款和外国政府贷款，支持鼓励循环经济项目申请清洁发展机制项目（CDM）。

问：投融资政策涉及面广，涉及部门也较多，在确保政策落实方面，请问《通知》中是怎么规定的？

答：一是各级银行业等金融机构要根据循环经济企业和项目的风险特点，加强人员培训，引进有关专业人才，努力提高金融机构对涉及循环型企业和项目的授信能力，同时借助第三方评审和外包等方式，提高对循环经济实施信贷支持的能力。

二是建立四部门之间的联动机制，实现政策、法规、技术、项目信息、专家资源等方面的信息共享。各级循环经济发展综合部门负责筛选综合效益好的循环经济园区（示范基地）、企业、项目，并推荐给金融监管部门和金融机构。在符合条件的前提下，各级银行业等金融机构要积极支持。

三是加强政策指导，各级循环经济发展综合发展部门要积极研究制定循环经济企业和项目的认定核准办法或标准，为人民银行各分支机构、金融监管部门各派出机构以及有关金融机构支持循环经济发展提供支撑。同时，人民银行各分支机构、金融监管部门各派出机构要对循环经济金融服务进行跟踪监测，及时总结、评估，并加强与循环经济综合管理部门的共同配合，建立定期通报制度，及时反馈信息。

关于进一步做好金融服务支持重点产业调整振兴和抑制部分行业产能过剩的指导意见（摘录）

银发〔2009〕386号

……

五、加强信贷结构和信贷风险预警监测，有效抑制产能过剩和防范金融风险

（二十四）各银行业金融机构要严把信贷关，在积极支持企业技术改造和淘汰落后产能的同时，禁止对国家已明确为严重产能过剩的产业中的企业和项目盲目发放贷款。进一步加大对节能减排和生态环保项目的金融支持，支持发展低碳经济。鼓励银行业金融机构开发多种形式的低碳金融创新产品，对符合国家节能减排和环保要求的企业和项目按照“绿色信贷”原则加大支持力度。探索建立和完善客户环保分类识别系统，支持发展循环经济，从严限制对高耗能、高污染和资源消耗型的企业和项目的融资支持。

……

中国人民银行

银监会

证监会

保监会

二〇〇九年十二月二十二日

关于印发《节能减排授信工作指导意见》的通知

银监发〔2007〕83号

各银监局，各政策性银行、国有商业银行、股份制商业银行、金融资产管理公司，邮政储蓄银行，各省级农村信用联社，银监会直接监管的信托公司、企业集团财务公司、金融租赁公司：

为配合国家节能减排战略的顺利实施，督促银行业金融机构把调整和优化信贷结构与国家经济结构调整紧密结合起来，有效防范信贷风险，银监会制定了《节能减排授信工作指导意见》。现将《意见》印发给你们，请认真贯彻执行。

各银监局要将本通知转发至辖内各银行业金融机构，并督促其贯彻落实。

中国银行业监督管理委员会
二〇〇七年十一月二十三日

附件：

节能减排授信工作指导意见

第一章 总体要求

第一条 银行业金融机构要认真贯彻《国务院关于印发节能减排综合性工作方案的通知》（国发〔2007〕15 号）和《国务院关于落实科学发展观加强环境保护的决定》（国发〔2005〕39 号）精神，从落实科学发展观、促进经济社会环境全面可持续发展、确保银行业安全稳健运行的战略高度出发，充分认识节能减排的重大意义，切实做好与节能减排有关的授信工作。

第二条 银行业金融机构要将促进全社会节能减排作为本机构的重要使命和履行社会责任的具体体现，强化本机构全体员工的节能减排意识，全面掌握节能减排政策法规和标准，大力增强授信工作的科学性和预见性。

第三条 银行业金融机构要从战略规划、内部控制、风险管理、业务发展着手，防范高耗能、高污染带来的各类风险，加强制度建设和执行力建设。

（一）根据本机构的业务特点、风险特征和组织架构，制定应对高耗能、高污染引起的各类风险的工作方案。

（二）根据本机构客户所在的主要行业及其特点，制定高耗能、高污染行业的授信政策和操作细则。

（三）根据本机构内部控制和风险管理的需要，制定节能减排授信程序和规范。

（四）根据授信审批人员的专业能力与经验等，适当集中与耗能、污染风险有关的企业和项目授信的审批权限。

（五）董事会应审核和批准相关方案、政策、程序和规范，并安排适当资源，指定熟悉了解高耗能、高污染风险的高级管理人员负责相关制度的落实和执行。

第二章 授信政策

第四条 银行业金融机构应依据国家产业政策，对列入国家产业政策限制和淘汰类的新建项目，不得提供授信支持；对属于限制类的现有生产能力，且国家允许企业在一定期限内采取措施升级的，可按信贷原则继续给予授信支持；对于淘汰类项目，原则上应停止各类形式的新增授信支持，并采取措施收回已发放的授信。银行业金融机构不得绕开项目授信的程序，以流动资金贷款、承兑汇票或其他各种表内外方式向建设项目提供融资和担保。

第五条 银行业金融机构应密切关注授信企业节能减排目标的完成情况和环保合规情况，加强与节能减排主管部门的沟通，对其公布和认定的耗能、污染问题突出且整改不力的授信企业，除了与改善节能减排有关的授信外，不得增加新的授信，原有的授信要逐步压缩和收回。

第六条 银行业金融机构要加强重点行业落后生产能力的分析，对国家和省级发展改革委或其他有关部门已列入落后生产能力名单的企业和项目贷款，要采取合理有效措施，及时调整、压缩和收回与落后产能有关的授信。

第七条 银行业金融机构要及时跟踪国家确定的节能重点工程、再生能源项目、水污染治理工程、二氧化硫治理、循环经济试点、水资源节约利用、资源综合利用、废弃物资源化利用、清洁生产、节能减排技术研发和产业化示范及推广、节能技术服务体系、环保产业等重点项目，综合考虑信贷风险评估、成本补偿机制和政府扶持政策等因素，有重点地满足其信贷需求，并做好相应的投资咨询、资金清算、现金管理等金融服务。

第八条　银行业金融机构对得到国家和地方财税等政策性支持的企业和项目，对节能减排效果显著并得到国家主管部门表彰、推荐、鼓励的企业和项目，在同等条件下，可优先给予授信支持。

第九条　银行业金融机构应实施有差别的地区信贷政策，参照国家有关部门公布的各省、自治区、直辖市节能减排指标完成情况，在同等条件下，对节能减排显著地区的企业和项目，可优先给予授信支持；对被国家环保部门列入“区域限批”或“流域限批”名单的地区，要从严控制授信。

第十条　银行业金融机构要充分利用国家实施节能减排战略带来的业务发展机遇，加强金融创新，积极开发与节能减排有关的创新金融产品。

第三章　授信管理

第十一条　银行业金融机构应本着“了解你的客户”、“了解你的客户的业务”的原则，通过现场调查和向节能减排主管部门、行业协会、征信部门咨询以及其他适当方式，深入了解授信企业和项目的节能减排目标完成情况和环保合规情况，仔细分析授信企业和项目可能存在的耗能、污染问题以及可能引发的各类风险。

第十二条　银行业金融机构应对项目开工建设的“六项必要条件”（必须符合产业政策和市场准入标准、项目审批核准或备案程序、用地预审、环境影响评价审批、节能评估审查以及信贷、安全和城市规划等规定和要求）进行严格的合规审查，以项目获得有关主管部门审批通过作为项目授信合规审查的最低要求。银行业机构在进行合规审查时，既要关注形式上的合规要求，如相关审批（或核准、备案）文件的权威性、完整性和相关程序的合法性，又要关注实质上的合规要求，包括新上项目要符合国家的产业政策和发展趋势，项目环评要与规划环评的总要求相容，技术经济标准原则上应向国内先进水平和国际水平看齐。

第十三条　银行业金融机构要加强对项目建设授信资金的拨付管理。建设项目应获得而未获得环评审批的，银行业金融机构不得预先拨付资金进行开工前准备和建设；项目环保设施的设计、施工、运营与主体工程不同时的，银行业金融机构应暂停主体工程建设的资金拨付，直到“三同时”实现为止；项目完工后应获得而未获得项目竣工环评审批的，银行业金融机构不得拨付项目运营资金；对境内企业在境外投资建设的项目，银行业金融机构在授信管理中应督促建设企业遵守项目所在国家或地区的环保及相关法律要求，遵循对国际融资项目的环境和社会风险进行评估和控制的国际良好做法。

第十四条 银行业金融机构应加强项目授信的分类管理，有条件的银行可以根据借款项目对环境的影响程度将其分为三类：

A 类：严重改变环境原状且产生的不良环境和社会后果不易消除的项目；

B 类：产生不良环境和社会后果，但较易通过缓释措施加以消除的项目；

C 类：不会产生明显不良环境和社会后果的项目。

银行业金融机构应对上述不同类型的项目授信进行分类管理。对列为 A 类项目和 B 类中有较大风险的项目，银行业金融机构应要求建设单位乃至重要的第三方如承包商、供应商、监理商等，建立和实施针对环境影响的管理制度和行动计划、与当地社区和社会公众的沟通制度、监测、评估和报告（公告）制度，同时通过独立的第三方对其环境风险控制的机制、能力、结果进行监督和评估。对 B 类中风险较小的项目和列为 C 类的项目，银行业金融机构应对建设单位的环境风险控制给予适当关注。

第十五条 银行业金融机构对存在重大耗能和污染风险的授信企业应实行名单式管理。进入名单的授信企业包括被国家和地方节能减排主管部门列为重点监控的企业，银行业金融机构自主认定的其他存在重大耗能、污染风险的授信企业。银行业金融机构要主动与节能减排主管部门沟通，及时了解上述企业的节能减排目标完成情况和环保合规情况，不断更新企业名单，对列入名单的授信企业要加强授信管理。

第十六条 银行业金融机构应寻求各种方式缓释与耗能、污染有关的合规与授信风险，可以要求建设单位提高资本金比重，发行中长期公司债（企业债），增加节能降耗的技改项目和投改计划，并以有效益的项目建成后的经营权、现金流作为授信的质押，还可要求建设单位对项目投保建设期保险，投保与耗能、污染风险有关的工程责任险、环境责任险、产品责任险等。对存在重大风险的授信企业和项目，可以通过银团贷款加强管理，分散风险。

第十七条 银行业金融机构在信贷产品的风险定价时应充分考虑授信企业和项目与耗能、污染有关的授信风险，按照风险与收益相称的原则，合理确定节能减排授信定价。在确定风险调整后的收益指标和分配经济资本时，应充分考虑高耗能、高污染行业中的企业和项目可能引发的各类风险影响。

第十八条 银行业金融机构应密切关注国家调整产业结构、关闭落后产能对授信企业和项目偿还能力的影响，密切关注节能减排政策变化和节能减排标准提高对授信企业和项目的现金流的影响，加强敏感性分析，并在资产风险分类、准备计提、损失核销等方面做出及时调整。

第十九条 银行业金融机构应加强涉及耗能、污染风险的企业和项目的授信合同管理，在授信合同中订立与耗能、污染风险有关的条款，包括借款人声明节能减排合规的条款，未履行承诺或耗能、污染风险显现时，同意加速回收贷款或中止贷款的条款；同意提前行使抵质押权的条款等，并严格监控违约风险。

第二十条 银行业金融机构要加强人员培训和能力建设，积累与耗能、污染有关的专业知识，努力提高本机构对涉及耗能、污染风险的企业和项目的授信管理能力。可以根据本机构的业务规模、授信行业和客户的风险特点，培养和引进有关专业人才，也可以借助第三方评审或通过其他有效的服务外包方式，获得相关专业服务。

第二十一条 银行业金融机构要加强节能减排授信工作的信息披露，公开本机构的节能减排授信政策和标准，披露存在重大耗能、污染风险的企业和项目的授信情况等，接受市场和利益相关者的监督。

第二十二条 银监会将把节能减排授信作为银行业金融机构评级的重要内容，将评价结果与被监管银行业金融机构高管人员履职评价、分支机构准入、业务发展相挂钩，落实到位的，予以鼓励。对高耗能、高污染行业授信比例大、增长速度快的银行业金融机构将安排专项检查。必要时，将要求外部审计师关注被审计的银行业金融机构与高耗能、高污染企业和项目有关的授信风险和合规风险。

第二十三条 各级银行业协会要积极协助和指导银行业金融机构做好节能减排授信工作，推广先进经验和良好做法，提供信息服务和技术咨询，加强与相关行业协会、专业协会的联系。

第二十四条 信托公司、企业集团财务公司、金融租赁公司等非银行金融机构参照本指导意见做好相关工作。

关于改进和加强节能环保领域金融服务工作的指导意见（摘录）

银发〔2007〕215号

……

二、区别对待、有保有压，配合国家产业政策，推进产业结构调整和优化升级

加强信贷政策与产业政策的协调配合，促进产业结构调整和优化升级是金融宏观调控的一项重要内容。人民银行各分支机构要进一步加强信贷资金行业结构、地区结构和企业结构的监测分析，根据货币信贷增长形势，有针对性地加强窗口指导和信贷风险提示，引导辖区内各银行类金融机构合理控制信贷投放规模和进度，严格限制对高耗能、高污染及生产能力过剩行业中落后产能和工艺的信贷投入，防止盲目投资和低水平重复建设，防止大范围产能过剩；要加强对辖区产业结构的研究，提高信贷资源的配置效率，促进辖区经济结构战略调整和经济增长方式的转变。

各银行类金融机构要认真贯彻落实国家产业结构调整政策，坚持区别对待、有保有压的信贷原则，合理配置信贷资源。对鼓励类投资项目，要从简化贷款手续、完善金融服务的角度，积极给予信贷支持；对属于限制类的投资项目，要区别对待存量项目和增量项目，对于限制类的增量项目，不提供信贷支持，对限制类的存量项目，若国家允许企业在一定时期内整改，可按照信贷原则给予必要的信贷支持；对淘汰类项目，要从防范信贷风险的角度，停止各类形式的授信，并采取措施收回和保护已发放的贷款；对不列入鼓励类、限制类和淘汰类的允许类项目，在按照信贷原则提供信贷支持时，要充分考虑项目的资源节约和环境保护等因素。

三、严格管理，突出重点，切实改进和加强对节能环保领域的金融服务工作

（一）加强信贷管理。各银行类金融机构要认真贯彻国家环保政策，严格授信管理，将环保评估的审批文件作为授信使用的条件之一，严格控制对高耗能、高污染行业的信贷投入，加快对落后产能和工艺的信贷退出步伐。人民银行各分支机构要掌握国家有关宏观调控的政策措施，加强对当地经济发展和经济结构的调查研究，充分利用形势分析会等平台，加强对金融机构支持节能减排、循环经济发展的政策引导和信息服务。指导金融机构对贷款实行差别定价，加大对节能环保企业和项目的信贷支持。

（三）加快完善企业征信系统等金融基础设施建设。人民银行各分支机构要加强与环保部门的沟通和合作，进一步推动将企业环保信息纳入人民银行企业征信系统的有关工作，并按照“整体规划、分步实施”的原则，从企业环境违法信息起步，逐步将企业环保审批、环保认证、清洁生产审计、环保先进奖励等信息纳入企业征信系统。督促和引导金融机构在为企业或项目提供授信等金融服务时把审查企业信用报告中的环保信息、企业环保守法情况作为提供金融服务的重要依据。

（四）进一步改善节能环保领域的直接融资服务。各银行类金融机构要学习借鉴和消化吸收国外先进金融理念、技术和管理经验，发挥金融机构的独特优势，在已有的直接融资产品基础上，进一步加大基础产品和衍生产品的创新力度，丰富和完善直接融资产品，多角度拓展节能环保企业的筹资渠道，降低其筹资成本。

中国人民银行
二〇〇七年六月二十九日

关于贯彻落实国家宏观调控政策防范高耗能高污染行业贷款风险的通知

银监办发〔2007〕132 号

各政策性银行、国有商业银行、股份制商业银行：

近年来，针对高耗能高污染行业增长过快的问题，国家采取了促进节能减排的一系列政策措施，把节能减排作为加强宏观调控的重点，作为调整经济结构、转变增长方式的突破口和重要抓手，作为贯彻科学发展观和构建和谐社会的重要举措。但目前节能减排形势仍然严峻，电力、钢铁、有色、建材、石油加工、化工等高耗能高污染产业增长仍然过快，部分行业贷款投放较多、增长较快。为贯彻落实国家宏观调控政策，合理调整信贷结构，有效防范宏观调控重点行业贷款风险，现将有关事项通知如下：

一、切实落实国家宏观调控政策，合理调整信贷结构，有效防范信贷风险。各行要切实落实宏观调控政策，高度重视贷款投放速度较快可能产生的潜在风险，科学把握信贷投放节奏，确保全年贷款增长控制在合理水平。要树立大局意识、责任意识、风险意识，严格控制高耗能高污染行业贷款投放，同时加大对循环经济、环境保护及节能减排技术改造项目的信贷支持，不断调整优化贷款结构，按照《商业银行授信尽职指引》的要求，有效防范信贷风险。

二、加强宏观经济金融形势和行业分析，提高高耗能高污染行业风险预警能力。各行要加强对宏观经济金融形势、经济周期、国家产业政策的深度研究，深入分析、评估和预测节能减排政策变化对相关行业贷款的实际影响，进一步完善行业信贷政策，做好行业组合风险分析，提高行业风险预警和控制能力，积极探索行业风险评级和行业风险限额管理等风险管控措施。

三、严格信贷准入门槛，加强贷后管理。各行要严格按照国家产业结构调整政策，以及国家有关部门新的准入条件和环保标准审查借款人资格和项目条件，提高对高耗能高污染行业信贷投放的准入要求，适当上收贷款审批权限，规范贷款发放行为，杜绝向不符合准入要求甚至违反环保标准的企业及项目发放贷款。

在贷款审查中，要做好项目现金流量分析和动态管理。同时，加强对相关行业贷款的贷后跟踪监督，防范贷款潜在风险。

四、做好风险排查，加大清收力度。各行要深入排查高耗能高污染行业贷款的各种风险隐患，加大对不良资产的清收处置力度。对于潜在风险较大及风险发生异常变动的贷款客户，要果断把握时机，主动实施退出，最大限度减少信贷损失。

各行要按照本通知要求，对高耗能高污染行业贷款进行认真清理，完善相关信贷政策，加强贷款准入及贷后管理，加大风险排查和清收处置力度，确保国家宏观调控政令畅通。各行要于 2007 年 7 月 30 日前将本通知落实情况书面报告银监会。

中国银行业监督管理委员会

二〇〇七年六月四日

关于印发能效信贷指引的通知

银监发〔2015〕2号

各银监局，各省、自治区、直辖市及计划单列市、新疆生产建设兵团发展改革委（经信委、经委、工信厅、经发局），各政策性银行、国有商业银行、股份制商业银行、金融资产管理公司、邮储银行，银监会直接监管的信托公司、企业集团财务公司、金融租赁公司：

为落实国家节能低碳发展战略，促进能效信贷持续健康发展，积极支持产业结构调整和企业技术改造升级，提高能源利用效率，降低能源消耗，银监会、国家发展改革委共同制定了能效信贷指引。现印发给你们，请遵照执行。

中国银监会
国家发展和改革委员会
2015年1月13日

附件：

能效信贷指引

第一章　总　则

第一条　为促进银行业金融机构能效信贷持续健康发展，积极支持产业结构调整和企业技术改造升级，根据《中华人民共和国银行业监督管理法》、《中华人民共和国商业银行法》、《中华人民共和国节约能源法》等法律法规，制定本指引。

第二条　中华人民共和国境内经中国银监会批准设立的银行业金融机构开展能效信贷业务，适用本指引。

重点用能单位、节能服务公司、第三方节能量审核机构依据本指引开展与能效信贷有关的活动。

第三条　本指引所称能效信贷是指银行业金融机构为支持用能单位提高能源利用效率，降低能源消耗而提供的信贷融资。

第四条　中国银监会依法对银行业金融机构开展能效信贷业务实施监督和管理。国家发展改革委依法负责对重点用能单位、节能服务公司、第三方节能量审核机构开展的节能工作实施监督和管理。

第二章　服务领域及重点项目

第五条　能效信贷业务的重点服务领域包括：

（一）工业节能，主要涉及电力、煤炭、钢铁、有色金属、石油石化、化工、建材、造纸、纺织、印染、食品加工、照明等重点行业；

（二）建筑节能，主要涉及既有和新建居住建筑、国家机关办公建筑和商业、服务业、教育、科研、文化、卫生等其他公共建筑，建筑集中供热、供冷系统节能设备及系统优化，可再生能源建筑应用等；

（三）交通运输节能，主要涉及铁路运输、公路运输、水路运输、航空运输和城市交通等行业；

（四）与节能项目、服务、技术和设备有关的其他重要领域。

第六条　能效项目是指通过优化设计、更新用能设备和系统、加强能源回收利用等方式，以节省一次、二次能源为目的的能源节约项目，具备以下特征：

（一）技术类型复杂，专业性强：包括锅炉（窑炉）、电机系统、信息处理等设备，生产线节能改造，热电联产，能量系统优化，余热余压利用，建筑节能，交通运输节能，绿色照明等，涉及各类节能低碳专业技术，且技术创新较快；

（二）涉及内容广，参与主体多：包括节能技术有偿使用、节能设备和产品生产与销售、节能工程建设、节能运行与管理、节能信息服务、节能金融服务等多个方面，涉及众多市场参与者，包括用能单位、节能服务公司、节能设备和产品的供应商与销售商、工程设计单位、金融机构等；

（三）市场潜力大，兼具经济、环境、社会效益：能源稀缺性日益凸显，价格长期呈上升趋势，能效项目经济效益显著，能效提高可以有效降低能源消耗、减少二氧化碳和污染物排放，环境社会效益突出。

第七条　银行业金融机构应在有效控制风险和商业可持续的前提下，加大对以下重点能效项目的信贷支持力度：

（一）有利于促进产业结构调整、企业技术改造和重要产品升级换代的重点能效项目；

（二）符合国家规划的重点节能工程或列入国家重点节能低碳技术推广目录的能效项目及合同能源管理项目，效益突出、信用良好、能源管理体系健全的“万家企业”中的节能技改工程等；

（三）高于现行国家标准的低能耗、超低能耗新建节能建筑，符合国家绿色建筑评价标准的新建二、三星级绿色建筑和绿色保障性住房项目，既有建筑节能改造、绿色改造项目、可再生能源建筑应用项目、集中性供热、供冷系统节能改造、节能运行管理项目、获得绿色建材二、三星级评价标识的项目，符合国家能效技术规范和绿色评价标准的新建码头及配套节能减排设施等；

（四）符合国家绿色循环低碳交通运输要求的重点节能工程或试点示范项目，符合船舶能效技术规范和二氧化碳排放限值的新建船舶，列入低碳交通运输“千家企业”的节能项目等；

（五）符合国家半导体照明节能产业规划的半导体照明产业化及室内外半导体照明应用项目等；

（六）获得国家或地方政府有关部门资金支持的节能技术改造项目和重大节能技术产品产业化项目；

（七）其他符合国家产业政策或者行业规划的重点能效项目。

第三章　信贷方式与风险控制

第八条　能效信贷包括用能单位能效项目信贷和节能服务公司合同能源管理信贷两种方式。

（一）用能单位能效项目信贷是指银行业金融机构向用能单位投资的能效项目提供的信贷融资。用能单位是项目的投资人和借款人。

（二）合同能源管理信贷是指银行业金融机构向节能服务公司实施的合同能源管理项目提供的信贷融资。节能服务公司是项目的投资人和借款人。

合同能源管理是指节能服务公司与用能单位以合同形式约定节能项目的节能目标，节能服务公司为实现节能目标向用能单位提供必要的服务，用能单位以节能效益支付节能服务公司的投入及其合理利润的节能服务机制。合同能源管理包括节能效益分享型、节能量保证型、能源费用托管型、融资租赁型和混合型等类型。

节能服务公司是指提供用能状况诊断、能效项目设计、改造（施工、设备安装、调试）、运行管理等服务的专业化公司。

第九条　银行业金融机构应明确纳入能效信贷的相关能效项目、用能单位和节能服务公司的准入要求：

（一）能效项目所属产能应符合国家区域规划政策、产业发展政策和行业准入要求；

（二）能效项目应具备技术可行性和经济可行性。技术可行是指已有类似技术成功实施并已推广应用，或虽属新技术但有充分依据可推广应用，或列入国家发展改革委国家重点节能低碳技术推广目录以及工业和信息化部、住房和城乡建设部、交通运输部等有关部门节能技术、装备、产品目录，项目节能减排效果可测量、可报告和可核证。经济可行是指在预定期限内可通过节能效益回收投资，项目现金流具有可实现性、持续性和稳定性；

（三）用能单位经营合法合规，财务和资信情况良好，具有可持续经营能力，还款来源依靠能效项目产生的节能收益及其他合法还款来源；

（四）合同能源管理中的用能单位除符合前项条件外，还需满足历史能耗数据较为完整或项目能耗基准线得到用能单位与节能服务公司一致认可，能源统计和管理制度健全并有效执行，有良好的节能效益支付能力和支付意愿等条件；

（五）节能服务公司经营合法合规，掌握核心技术，具备合同能源管理专业人才和项目运作经验，财务和经营情况良好。

第十条　银行业金融机构应按照国家有关规定，综合考虑项目风险水平、借款人财务状况以及自身风险承受能力等因素，合理测算项目投资、融资需求，根据预测现金流和投资回收期合理确定贷款金额、贷款期限和还款计划。对于合同能源管理贷款要素的确定，还应合理评估合同能源管理项目的节能收益，充分考虑节能效果的季节性差异、设备检修、合同能源管理合同中规定的借款人节能收益分享比例、期限和支付方式等因素。

第十一条　银行业金融机构应加强能效信贷尽职调查，全面了解、审查用能单位、节能服务公司、能效项目、节能服务合同等信息及风险点，包括但不限于以下内容：

（一）对借款人及能效项目进行严格的合规性审核，包括所需审批（或核准、备案）文件的真实性、完整性和相关程序的合法性，环境和社会风险管理的合规性，确认符合国家产业政策和环保法规；

（二）对借款人的财务状况、生产经营情况，借款人或能效项目所在地区节能减排的税收优惠和财政奖补相关政策的落实情况进行调查评估；

（三）对节能服务公司享受政府优惠政策资格、被主管部门取消备案资格或列入负面清单、节能服务公司项目设计、实施和运营保障能力、技术团队及项目管理团队人员数量和资质、拥有的核心技术和专利、相关专业资质、已成功实施的合同能源管理项目、获得国家和地方财政奖励、主要设备供应商的产品质量、市场占有率及售后服务等情况进行调查评估；

（四）对合同能源管理项目技术、设计目标、建设期限、投资总额、资金到位情况、经济效益测算、开工情况、工程进度等项目情况进行调查评估，了解未开工项目施工条件的具备情况，了解已建成项目的方案设计、合同执行、节能效益结算等情况；

（五）调查用能单位经营情况，包括在技术水平、产品质量、市场份额等方面的发展状况及在行业中所处的地位、财务状况、财务管理体系、节能效益支付能力、不良信用记录、能源统计和管理制度、历史能耗记录等；

（六）审查节能服务合同中会对借款人偿债能力产生重大不利影响的条款，包括项目的操作模式、验收标准、期限及工期延误责任、基准能耗量、节能量计算与测量、节能效益计算与分配方法、付款条件、违约及争议处理等。审查借款人在节能服务合同项下的收款权利及权利转让或质押是否存在限制、是否存在对项目履约、付款等产生重大不利影响的条款；

（七）对于项目收益部分来源于碳资产交易或排放权交易的，应重点关注当地交易平台和主管部门相关政策，跟踪资产交易价格，合理评估权益价值。

第十二条 能效项目涉及行业广泛，技术复杂且创新较快，银行业金融机构在办理能效信贷业务时，应对项目技术风险和节能效益进行评估，形成评估意见，并在评估意见中对以下内容进行重点分析和报告：

（一）能效项目所属产能是否属于国家明确限期淘汰或限产类型，项目的专项技术和关键设备是否处于示范应用或创新应用阶段，尚未进行大规模推广；

（二）项目实施方是否具备专项技术实施能力和同类项目施工经验，项目是否存在竣工风险；

（三）预测、评估节能效益的方法是否审慎、科学、合理；

（四）用能单位及时支付节能收益的承诺是否有约束力，项目经济性能否有效实现。

必要时，银行业金融机构可寻求合格、独立的节能监察机构、节能量审核机构等第三方机构和相关主管部门在项目技术和节能量评估等方面给予指导和支持。

第十三条　合同能源管理信贷以借款人在节能服务合同项下的收款权利进行质押的，银行业金融机构应严格、规范办理应收账款质押登记手续，并加强对应收账款质押登记的后期跟踪与维护。

第十四条　银行业金融机构应加强能效信贷授信合同管理，当触发重大违约事件时，可通过约定相应的救济措施，包括追加担保、中止或终止贷款拨付、加速贷款回收、提前行使抵质押权等，落实风险管理措施。其中可以约定的重大违约事件包括但不限于：节能工程施工严重滞后，节能技术和设备出现严重缺陷，主体设施或设备停减产导致用能负荷大幅下降，实际节能量明显低于预测量，贷款挪用，节能收益不能及时回流指定账户，借款人参与民间高利借贷，未经贷款人同意对外担保或举借新债，主要财务指标严重恶化，贷款本息未能按时支付等。

第十五条　银行业金融机构应加强能效信贷贷后管理，密切关注国家产业结构调整、节能减排政策变化和节能减排标准提高对授信企业和项目产生的实质性影响，定期对信贷风险进行评价，并建立信贷质量监控和风险预警制度。贷后管理主要包括现场核查和非现场管控：

（一）现场核查要求定期赴企业和项目现场，掌握借款人整体经营情况，检查信贷资金实际用途，项目建设、竣工和运营状况，节能减排效果。对于合同能源管理信贷，还需考察用能单位的经营稳定性及其对项目服务的评价，并现场审核用能单位和节能服务公司双方共同确认的节能量确认表或第三方节能量审核报告（或通过财政奖励资金推算经政府认可的实际节能量），通过对比实际节能量与预测量，审核用能单位实际付款记录，判断合同能源管理信贷的还款来源的稳定性和可靠性；

（二）非现场管控要求及时掌握国家产业调整及节能减排等政策最新调整情况，定期向借款人收集财务报表，评估财务状况变化情况。对于合同能源管理信贷，应建立管理台账制度，逐笔登记合同能源管理项目节能量、节能服务公司应分享收益、财政奖励资金、约定回款金额、实际分享收益和还本付息金额等，定期监测项目节能效益回款的连续性和稳定性。如发现项目出现重大异常，节能量远低于预测量，实际节能收益低于预期收益等情况，应按授信合同约定要求借款人增加担保措施、提前还贷、提前行使抵质押权等风险管理措施，降低风险。

第四章　金融创新与激励约束

第十六条　银行业金融机构应在做好风险防范的前提下加快能效信贷产品和服务创新，积极提供包括银行信贷、外国政府转贷款、债券承销、保理、融资租赁、引入投资基金等多种融资方式，扩大支持面，提高服务效率。积极探索以能效信贷为基础资产的信贷资产证券化试点工作，推动发行绿色金融债，扩大能效信贷融资来源。

第十七条　银行业金融机构应积极探索能效信贷担保方式创新，以应收账款质押、履约保函、国际金融机构和国内担保公司的损失分担（或信用担保）、知识产权质押、股权质押等方式，有效缓解节能服务公司面临的有效担保不足、融资难的问题，同时确保风险可控。

第十八条　银行业金融机构应加强能效信贷能力建设，提高能效信贷的风险识别和管理能力，积极开展能效信贷的培训，积累有关节能减排重点行业、节能环保技术专业知识，培养和引进具有金融和节能环保专业技术能力的复合型、专业型人才。

第十九条　银行业金融机构应建立能效信贷推广和创新的激励约束机制，配备相应资源，提供内部激励政策，包括总行优先保证能效信贷专项规模，实施差异化经济资本分配和内部资金配套，加强内部考核评价，在风险可控的前提下，鼓励经营机构加大能效信贷投放。

第二十条　银行业金融机构应将能效信贷理念贯穿于其他信贷业务之中，积极开展贷前能效筛查，主动向客户提供与改善能效有关的增值服务。对符合信贷条件，达到先进能效标准的固定资产和项目融资需求优先支持；对达不到国家能效标准的固定资产和项目融资需求，不予支持。

第五章　附　则

第二十一条　银行业金融机构向提高水资源和其他自然资源利用效率、降低二氧化碳和污染物排放的项目或从事相关服务的公司提供信贷融资，参照本指引执行。

第二十二条　本指引由中国银监会、国家发展和改革委员会负责解释。

第二十三条　本指引自印发之日起施行。

（二）绿色信贷政策

关于落实环保政策法规防范信贷风险的意见

环发〔2007〕108 号

各省、自治区、直辖市环保局（厅），副省级城市环保局，新疆生产建设兵团环保局，全军环办，中国人民银行上海总部，各分行、营业管理部，省会（首府）城市中心支行，副省级城市中心支行，各银监局，各政策性银行、各国有商业银行、股份制商业银行：

为全面贯彻《国务院关于落实科学发展观加强环境保护的决定》（国发〔2005〕39 号，以下简称《决定》）和《国务院关于印发节能减排综合性工作方案的通知》（国发〔2007〕15 号），加强环保和信贷管理工作的协调配合，强化环境监督管理，严格信贷环保要求，促进污染减排，防范信贷风险，提出以下意见。

一、充分认识利用信贷手段保护环境的重要意义

当前，我国环境形势十分严峻。一些地区建设项目和企业的环境违法现象较为突出，因污染企业关停带来的信贷风险加大，已严重影响了社会稳定和经济安全。严格对企业和建设项目的环境监管和信贷管理，已经成为一项紧迫的任务。各级环境保护部门、人民银行、银监部门、金融机构要把贯彻国务院《决定》、落实环保政策法规摆上重要议事日程，加强环保和金融监管部门合作与联动，以强化环境监管促进信贷安全，以严格信贷管理支持环境保护，加强对企业环境违法行为的经济制约和监督，改变“企业环境守法成本高、违法成本低”的状况，提高全社会的环境法治意识，促进完成节能减排目标，努力建设资源节约型、环境友好型社会。

二、加强建设项目和企业的环境监管与信贷管理

要依照环保法律法规的要求，严格新建项目的环境监管和信贷管理。各级环

境保护部门要严把建设项目环境影响评价审批关，切实加强建设项目环保设施“三同时”管理。对未批先建或越级审批，环保设施未与主体工程同时建成、未经环保验收即擅自投产的违法项目，要依法查处，查处情况要及时公开，并通报当地人民银行、银监部门和金融机构。金融机构应依据国家建设项目环境保护管理规定和环境保护部门通报情况，严格贷款审批、发放和监督管理，对未通过环评审批或者环保设施验收的项目，不得新增任何形式的授信支持。金融机构应依据国家产业政策，进一步加强信贷风险管理，对鼓励类项目在风险可控的前提下，积极给予信贷支持；对限制和淘汰类新建项目，不得提供信贷支持；对属于限制类的现有生产能力，且国家允许企业在一定期限内采取措施升级的，可按信贷原则继续给予信贷支持；对于淘汰类项目，应停止各类形式的新增授信支持，并采取措施收回已发放的贷款。

要依照环保法律法规的要求，严格现有企业的环境监管和流动资金贷款管理。各级环境保护部门要加强对排污企业的监督管理，对超标排污、超总量排污、未依法取得许可证排污或不按许可证规定排污、未完成限期治理任务的企业，必须依法严肃查处，并将有关情况及时通报当地人民银行、银监部门和金融机构。各级金融机构在审查企业流动资金贷款申请时，应根据环境保护部门提供的相关信息，加强授信管理，对有环境违法行为的企业应采取措施，严格控制贷款，防范信贷风险。

各级环境保护部门要积极督促有违法违规行为的企业进行整改，可根据实际情况，引导企业通过技术改造和升级达到环保要求，为防范信贷风险创造条件。金融机构应根据环境保护部门提供的项目整改信息，结合企业生产实际，合理控制信贷投放。

三、加强协调配合，认真履行职责

各级环保与金融部门要密切配合，建立信息沟通机制。环境保护部门要按照职责权限和《环境信息公开办法（试行）》的规定，向金融部门提供以下环境信息：

（一）受理的环境影响评价文件的审批结果和建设项目竣工环境保护验收结果；

（二）污染物排放超过国家或者地方排放标准，或者污染物排放总量超过地方人民政府核定的排放总量控制指标的污染严重的企业名单；

（三）发生重大、特大环境污染事故或者事件的企业名单；

（四）拒不执行已生效的环境行政处罚决定的企业名单；

（五）挂牌督办企业、限期治理企业、关停企业的名单；

（六）环境友好企业名单；

（七）企业环境行为评价信息；

（八）其他有必要通报金融机构的环境监管信息。

各级环境保护部门应当按照环保总局与人民银行制定的统一标准，提供可纳入企业和个人信用信息基础数据库的企业环境违法、环保审批、环保认证、清洁生产审计、环保先进奖励等信息。

人民银行及各分支行要引导和督促商业银行认真落实国家产业政策和环保政策，将环保信息纳入企业和个人信用信息基础数据库，防范可能的信贷风险。

各级银行监管部门要督促商业银行将企业环保守法情况作为授信审查条件，严格审批、严格管理；将商业银行落实环保政策法规、配合环境保护部门执法、控制污染企业信贷风险的有关情况，纳入监督检查范围；要对因企业环境问题造成不良贷款等情况开展调查摸底。

各商业银行要将支持环保工作、控制对污染企业的信贷作为履行社会责任的重要内容；根据环境保护部门提供的信息，严格限制污染企业的贷款，及时调整信贷管理，防范企业和建设项目因环保要求发生变化带来的信贷风险；在向企业或个人发放贷款时，应查询企业和个人信用信息基础数据库，并将企业环保守法情况作为审批贷款的必备条件之一。

环境保护部门、金融监管部门及有关商业银行可根据需要建立联席会议制度，确定本单位内责任部门和联络员，定期召开协调会议，沟通情况；研究制定信贷管理的环保指导名录；组织开展相关环保政策法规培训和咨询，提高金融机构对环境风险的识别能力。

四、加强监督检查，追究违规者的责任

环保、金融机构工作人员要严格履行职责，对环境保护部门工作人员在执法过程中徇私舞弊、滥用职权、玩忽职守的，依据环保法律、法规和《环境保护违法违纪行为处分暂行规定》给予行政处分；对商业银行违规向环境违法项目贷款的行为，依法予以严肃查处，对造成严重损失的，追究相关机构和责任人责任。

今年年底前，在各地自查基础上，国家环保总局、中国人民银行、中国银监会对各地贯彻执行本《意见》的情况进行检查。

环保总局
人民银行
银监会
二〇〇七年七月十二日

建立绿色信贷制度　构建绿色资本市场——解读《关于落实环境保护政策法规防范信贷风险的意见》（新闻稿）

2007 年 7 月 12 日，国家环保总局、中国人民银行、中国银监会共同发布了《关于落实环境保护政策法规防范信贷风险的意见》（以下简称“意见”）。这是国家环境监管部门、央行、银行业监管部门首次联合出手，为落实国家环保政策法规、推进节能减排、防范信贷风险出台的重要文件。

三部门首次联手控制污染企业信贷

在当前的环境形势下，经济手段是控制环境污染的必要手段之一。加强环保和信贷管理工作的协调配合，有可能扭转环境执法乏力的现状，有效遏制环境污染恶化趋势。

当前，我国环境形势异常严峻。今年以来，我国水污染事故频发，部分地区群众的饮水安全受到严重威胁。国家环保总局今年分别公布了两批“区域限批”及挂牌督办企业名单，对 12 个市县、5 个工业园区、4 个大型企业集团进行限批，对 38 家企业进行挂牌督办，这已是国家环保部门采取的最严厉的手段。各地也不断加大执法力度，开展了一轮又一轮的环境执法专项行动。在这样的重典之下，不少企业仍然违法排污甚至顶风作案，建设项目环保违规屡禁不止，突发污染事件依然接连发生，这从某种程度上说明，单凭环保部门一家、单纯依靠行政手段，已经不足以遏制我国环境污染恶化的趋势。

党中央、国务院高度重视环境保护工作，温家宝总理在第六次全国环保大会上提出实现环境保护历史性转变，强调要综合利用法律、经济、技术和必要的行政手段解决环境问题。《国务院关于落实科学发展观加强环境保护的决定》提出，建立健全有利于环境保护的价格、税收、信贷、贸易、土地和政府采购等政策体系。今年 6 月，国务院印发的节能减排综合性工作方案，也明确要求金融部门要制订促进节能减排的政策措施。今年 7 月 26 日，中共中央政治局召开会议，会议提出要坚持把遏制经济增长由偏快转为过热作为当前宏观调控的首要任务，着力控制高耗能、高排放和产能过剩行业盲目扩张，努力缓解投资增长过快、信贷投放过多、外贸顺差过大的矛盾。运用经济手段，控制污染企业的信贷已是大势所趋。

在这种情况下，国家环保总局、中国人民银行、中国银监会3部门认真落实党中央、国务院要求，将严格企业和建设项目的环境监管和信贷管理，作为一项紧迫的任务，联合出台《关于落实环境保护政策法规防范信贷风险的意见》，加强环保和金融部门合作与联动，以强化环境监管促进信贷安全，以严格信贷管理支持环境保护，强化对企业环境违法行为的经济制约和监督，改变“企业环境守法成本高、违法成本低”的状况，提高全社会的环境法治意识，促进完成节能减排目标，努力建设资源节约型、环境友好型社会。

双管齐下加强环境监管和信息沟通

环保部门与金融部门应密切配合，加强合作与联动，建立信息沟通机制。环保部门要按照职责权限向金融部门提供必要的环境信息，金融部门也应认真落实国家产业政策和环保政策，将环境信息作为授信审查条件，严格贷款管理，防范信贷风险。

“意见”出台的主要目的是把强化环境监管与规范信贷管理紧密结合，把企业履行环保政策法规情况作为信贷管理的重要内容，把企业环境守法情况作为对企业贷款的前提条件。“意见”中分别对新建项目和已建成项目的环保和信贷提出了原则意见。

一方面，各级环保部门要严把建设项目环境影响评价审批关，切实加强建设项目环保设施“三同时”管理。对未批先建或越级审批，环保设施未与主体工程同时建成、未经环保验收即擅自投产的违法项目，要依法查处，查处情况要及时公开，并通报当地人民银行、银监部门和金融机构。金融机构应依据国家建设项目环境保护管理规定和环保部门通报情况，严格贷款审批、发放和监督管理，对未通过环评审批或者环保设施验收的项目，不得提供任何形式的授信支持。另一方面，各级环保部门要加强对排污企业的监督管理，对超标排污、超总量排污、未依法取得许可证排污或不按许可证规定排污、未完成限期治理任务的企业，必须依法严肃查处，并将有关情况及时通报当地人民银行、银监部门和金融机构。各级金融机构在审查企业流动资金贷款申请时，应根据环保部门提供的相关信息，加强授信管理，对有环境违法行为的企业应采取措施，严格控制贷款，防范信贷风险。

"意见"的内容在相对原则的基础上，也注重了可操作性，特别是为地方各级环保部门和金融机构的合作对接创造政策空间。"意见"指出，环保和金融部门要加强相互沟通和协调配合，建立信息沟通机制。环保部门要按照职责权限和《环境信息公开办法（试行）》的规定，向金融部门提供8个方面的环境信息，主要是环保部门执法过程中形成的信息。对银行信贷管理来说，有的信息是信贷直接依据，有的具有重要参考价值。"意见"还提出，环保部门和金融部门及有关商业银行可根据需要建立联席会议制度，确定本单位内责任部门和联络员，定期召开协调会议，沟通情况；要研究制订信贷管理的环保指导名录；要组织开展相关环保政策法规培训和咨询，提高金融机构对环境风险的识别能力。

"意见"一大亮点是，银监会的加盟为监督商业银行落实环境政策提供了组织条件。作为银行业监管部门，要督促商业银行将企业环境守法情况作为授信审查条件，将商业银行落实环保政策法规、配合环保部门执法、控制污染企业信贷风险的有关情况，纳入监督检查范围；要对因企业环境问题造成的不良贷款等情况开展调查；对银行业金融机构违规向环境违法项目贷款的行为，依法予以严肃查处，对造成严重损失的，要追究相关机构和责任人责任。中国银监会已经将国家环保总局通报和处罚的企业和限批地区通报了各商业银行，要求控制对其信贷和授信，并且正与国家环保总局联系建立信息共享的机制，进一步指导商业银行履行环境保护责任，也向环保部门反馈商业银行的信贷信息，为环保部门参与经济调控提供条件。

"意见"对各商业银行提出了要求，特别是将支持环保、控制对污染企业的信贷作为履行社会责任的重要内容。商业银行要根据环保部门提供的信息，严格限制污染企业的贷款，及时调整信贷管理，防范企业和建设项目因环保要求发生变化带来的信贷风险；在向企业或个人发放贷款时，应查询企业和个人信用信息基础数据库，并将企业环境守法情况作为审批贷款的必备条件之一。

保障绿色信贷政策落到实处

为使绿色信贷政策真正落到实处，环保部门必须加强三大体系建设，与金融部门共同推出配套措施，并在此基础上，继续深入合作，为建立绿色资本市场不断努力。

落实“意见”前景光明，但也面临着许多困难。仅从我们自身的现实情况看，环保部门特别是县市环保部门的执法能力薄弱，不能提供有效的环境信息。这里既有环保机构、人员素质、执法能力跟不上，对环境违法项目和企业的信息难以收集到位的因素，也有地方保护导致环保部门难以或不敢公开企业环境违法情况的因素。如果没有可靠有效的环境执法信息，金融机构也难以做出准确的判断，不能对企业环境风险及其带来的信贷风险做出正确判定。因此，必须按照国家环保总局加强三大体系建设的要求，自下而上地完善执法、监测、统计信息能力建设，使环保部门真正能为环境说话，为政府和经济部门决策提供可靠依据，这样既树立了环保部门的权威，也是真正为科学发展服务。

环保总局、人民银行、银监会还将采取一系列具体措施推动“意见”的实施。环保部门将继续制订高污染、高环境风险产品名录，提出控制出口、投资、贸易的政策建议，遏制“产品大量出口、污染留在国内”的现象；环保部门将会同有关部门，制订从环境保护要求出发的产业指导名录（发改委产业指导名录考虑了一定的环境因素，但还远远不够，特别需要结合区域环境特点来更新和修订），这样金融机构在审查贷款项目时，才有可行的环保依据，环境保护要求才能落实。要配合或指导商业银行和政策性银行制订和实施项目贷款的环境保护导则和规定，最大程度减轻项目的环境风险，履行银行的社会责任，同时引导银行业支持环境保护类的项目。各级环保部门可根据当地执法工作需要，按照“意见”的精神，主动联合当地人民银行和银监局，建立沟通机制，联手控制污染。

“意见”的出台，意味着环保事业得到了更加广泛的支持。我们认为，国家环保总局联合中国人民银行、银监会共同发布这个“意见”就是要借金融之力，断污染企业的“粮草”，进一步压缩环境违法企业、严重污染企业的生存空间，为污染减排创造良好的社会氛围和政策条件。

国际经验证明，履行可持续发展要求的“绿色信贷”已经成为一种趋势。这个文件的发布，标志着我国建立绿色信贷制度的工作已经提速。这是环保部门和金融部门合作的一个开始，今后合作的范围还会不断扩大，将逐步涉及证券、保险等领域，直至形成绿色资本市场，诸如制订法律法规、绿色信贷与环境风险管理、绿色风险投资、生态基金、环境金融工具、环境保险制度、上市公司环境绩效评估、上市公司环境会计报告等。让我们共同行动，为构建绿色资本市场不断努力。

关于印发绿色信贷指引的通知

银监发〔2012〕4号

各银监局，各政策性银行、国有商业银行、股份制商业银行、金融资产管理公司，邮政储蓄银行，各省级农村信用联社，银监会直接监管的信托公司、企业集团财务公司、金融租赁公司：

为贯彻落实《国务院“十二五”节能减排综合性工作方案》（国发〔2011〕26号）、《国务院关于加强环境保护重点工作的意见》（国发〔2011〕35号）等宏观调控政策，以及监管政策与产业政策相结合的要求，推动银行业金融机构以绿色信贷为抓手，积极调整信贷结构，有效防范环境与社会风险，更好地服务实体经济，促进经济发展方式转变和经济结构调整，银监会制定了《绿色信贷指引》。现印发给你们，请遵照执行。

请各银监局将本通知转发至辖内银行业金融机构，并督促落实。

中国银行业监督管理委员会

二〇一二年二月二十四日

关于印发《绿色信贷实施情况关键评价指标》的通知

银监办发〔2014〕186号

各银监局，各政策性银行、国有商业银行、股份制商业银行，邮政储蓄银行：

为贯彻《"十二五"节能减排综合性工作方案》（国发〔2011〕26号）、《环境保护"十二五"规划》（国发〔2011〕42号）、《国务院关于加快发展节能环保产业的意见》（国发〔2013〕30号）等政策要求，落实《绿色信贷指引》（银监发〔2012〕4号）等监管规定，推动银行业金融机构开展绿色信贷工作，银监会制定了绿色信贷实施情况关键评价指标，现印发给你们。

请各银行对照绿色信贷实施情况关键评价指标，认真组织开展本机构绿色信贷实施情况自评价工作，并于每年5月31日前将自评价报告报送银监会。

各银监局根据辖内银行业金融机构实际情况，组织开展相关自评价工作。

中国银监会办公厅

2014年6月27日

环境保护部政策法规司　中国人民银行征信中心合作会谈纪要

为贯彻落实《社会信用体系建设规划纲要（2014—2020年）》，进一步加强信息合作，提高环境执法信息纳入征信系统的时效性，促进生态文明和社会信用体系建设，环境保护部政策法规司与中国人民银行征信中心就提高合作效率达成如下共识：

一、加强合作的必要性

环境保护部与人民银行自开展环保信息共享合作以来，先后联合发布了《关于共享企业环保信息有关问题的通知》（银发〔2006〕39号）、《关于落实环保政策法规　防范信贷风险的意见》（环发〔2007〕108号）和《关于全面落实绿色信贷政策　进一步完善信息共享工作的通知》（环办〔2009〕77号）等文件，并取得良好成效。在此基础上，通过加强合作，建立及时高效的环保信息披露机制，推动合作步入制度化、可持续化发展轨道，将进一步强化对企业环境违法行为的社会监督和制约，提高全社会的环境意识，形成环保执法与信贷资源配置的有效联动，防范信贷风险，促进绿色金融和绿色经济发展。

二、合作内容

（一）建立环境执法信息实时向征信系统传送机制。本着“先行先试、分步推进”的工作思路，首先实现环境保护部一级环境执法信息的实时传送。环境保护部自做出《行政处罚决定书》与《责令改正违法行为决定书》之时，即于环境保护部互联网官方网站上公布，并依据双方商定的数据接口规范在其互联网数据服务器上提供“企业组织机构代码”、“行政处罚决定书（责令改正违法行为决定书）文号”、“被处罚单位名称”、“违法行为”等信息数据项，由征信中心及时通过网络技术实时采集上述环境执法信息。

待条件成熟后，逐步扩大实时传送的信息范围，逐步实现征信中心对全国省、市、县级环保部门环境执法信息的实时采集。

扩大环境执法信息的使用范围和方式。征信中心通过以下方式，扩大环境执法信息的使用范围：

1. 实时向金融机构等授信机构发送提示信息，将涉及行政处罚的相关企业名单主动推送给金融机构；

2. 将接收的环境执法信息实时纳入征信系统，金融机构可登录征信系统在线查看相关环境执法信息；

3. 在生成企业信用报告时，将企业环境违法情况纳入到信用报告中。

（二）建立环境执法信息应用情况反馈机制。双方共同研究确定环境执法信息应用成效的分析方法。同时，征信中心通过信息专线，定期向环境保护部反馈环境执法信息的应用情况，包括：

1. 包含企业环境违法情况的信用报告的查询频次，每年反馈一次；

2. 信息提示的推送情况，包括推送的条数（一个年度内的）、推送金融机构的家数，每年反馈一次；

3. 在企业受环境行政处罚或是被责令改正违法行为后的两年内，监控企业的贷款变动情况，每半年反馈一次。

三、工作机制

环境保护部政策法规司和人民银行征信中心应建立相互协调、衔接的环境执法信息更新机制和异议处理机制；协商解决共享合作中出现的问题，确保信息采集的可持续和异议信息的及时解决。

（一）信息更新机制

行政处罚决定书与责令改正违法行为决定书对信息主体提出了整改要求。因此当信息主体按照决定书要求完成整改时，信用报告中也应当体现完成整改的客观情形。因此，须建立信息更新机制。环境保护部密切关注信息主体整改情况，及时将完成整改的信息提供给征信中心。征信中心更新信息主体信用报告中的环境执法信息记录。

（二）异议处理机制

信息主体认为信用报告中记载的环境执法信息与环境保护部对外公布的信息不一致的，应当根据《征信业管理条例》的规定向征信中心提出异议。征信中心应就异议信息与环境保护部传送的环境执法信息进行核对。信息内容不一致的，征信中心按照环境保护部传送的信息进行更正；信息内容一致的，征信中心应通知环境保护部，由环境保护部将处理后的结果按照数据项接口规范的要求提供给征信中心。

环境保护部政策法规司
中国人民银行征信中心
二〇一四年十二月九日

关于全面落实绿色信贷政策
进一步完善信息共享工作的通知

环办〔2009〕77号

各省、自治区、直辖市环保厅（局），副省级城市环保局，新疆生产建设兵团环保局，全军环办，中国人民银行上海总部，各分行、营业管理部，省会（首府）城市中心支行，副省级城市中心支行，各政策性银行、各国有商业银行、股份制商业银行：

根据《国务院关于印发节能减排综合性工作方案的通知》（国发〔2007〕15号）、《关于落实环保政策法规防范信贷风险的意见》（环发〔2007〕108号）、《关于共享企业环保信息有关问题的通知》（银发〔2006〕450号）和《关于规范向中国人民银行征信系统提供企业环境违法信息工作的通知》（环办〔2008〕33号）的精神，为促进环境保护部门与金融部门建立信息共享制度，使金融部门及时掌握企业及企业法定代表人在环境保护方面的社会信用情况，发挥行业信用体系的作用，增强绿色信贷政策的可操作性，现将有关事项通知如下，请结合实际遵照执行。

一、充分认识建立绿色信贷信息共享机制的重要意义

建立通畅的信息共享机制是绿色信贷政策有效实施的关键。通过建立绿色信贷信息交流和沟通机制，提高环境管理水平，防范信贷风险，以严格信贷管理支持环境保护，加大对企业环境违法行为的经济制约和监督力度，改变企业“环境守法成本高、违法成本低”的状况，促进“十一五”环境保护目标的实现。

二、增加环境保护部门报送信息的内容

在继续依据《关于规范向中国人民银行征信系统提供企业环境违法信息工作的通知》（环办〔2008〕33号）中明确环境保护部门报送企业环境违法信息的基础上，为进一步提高环境信息的可用性并扩大信息范围，现增加以下内容。

（一）企业环境违法类信息

在原向征信系统提供的企业违法信息内容的基础上，增加企业违法情节和违法性质两项，将企业违法的类别划分为恶意违法和一般违法，为金融部门进行信贷决策提供参考。（见附件一表 1）

其中，恶意违法行为主要包括：

（1）“私设暗管”偷排的；

（2）用稀释手段“达标”排放的；

（3）非法排放有毒物质的；

（4）建设项目“未批先建”、“批小建大”、“未批即建成投产”以及“以大化小”骗取审批的；

（5）拒绝、阻挠现场检查的；

（6）为规避监管私自改变自动监测设备的采样方式、采样点的；

（7）涂改、伪造监测数据的；

（8）拒报、谎报排污申报登记事项的。

（二）企业建设项目环境影响评价信息（见附件一表 2）

（三）企业建设项目环境保护设施竣工验收类信息（见附件一表 3）

（四）实施强制性清洁生产审核的企业信息（见附件一表 4）

三、明确部门职责分工

（一）环境保护部门应履行以下职责

1．信息的收集和录入

各级环境保护部门应在日常的工作中对照“企业环境违法信息表”、“企业建设项目环评信息表”、“企业建设项目环境保护设施竣工验收信息表”、“实施强制性清洁生产审核的企业信息表”所列的数据项信息，认真收集、准确掌握经确认的企业环境信息的情况。按照企业环境信息数据项释义表中的数据项描述要求逐项分别填入上述 4 张表内。

2．信息的报送

自 2009 年 8 月起，各地环境保护部门可根据本地实际情况，可按照下列方式一或二报送企业环境违法信息。企业建设项目环境影响评价信息、竣工环境保护验收信息及实施强制性清洁生产审核企业信息统一按照方式二报送。

方式一：

按照《关于规范向中国人民银行征信系统提供企业环境违法信息工作的通知》（环办〔2008〕33 号），通过“12369 环保热线”（www.123 69.gov.cn）网站中“环境监察专用信息管理系统”中设立的供各级环境保护部门填报的“向中国人民银行征信系统提供企业环境违法信息明细表”，作为向中国人民银行征信系统公开企业环境违法信息的平台。要在处罚决定作出后 20 日内将已经下达的环境行政处罚信息填报至“12369 环保热线”网站。各级环境保护部门分别填报，自行负责，及时更新。

方式二：

（1）省（副省级市）、地级市（包括扩权县）环境保护部门，每月定期将本月本辖区内企业环境信息填入企业信息表，以书面形式（加盖公章）向当地中国人民银行各分支机构征信部门通报（同时提供电子版）。

（2）各县（市、区）环境保护部门，每月定期将本月本辖区内企业环境信息填入企业信息表，以书面形式（加盖公章）上报上级主管环境保护部门（同时报送电子版），上级主管环境保护部门负责信息的审核、汇总，并以书面形式（加盖公章）向当地的中国人民银行各分支机构征信部门提供（同时提供电子版）。

地方各级环境保护部门在向中国人民银行各分支机构通报信息时，要同时抄送上级环境保护部门。省（自治区、直辖市）环保厅（局）负责将地方各级环境保护部门抄送的企业环境信息报送环境保护部。

3．异议数据核实和更正

当企业对在企业征信系统中的环保信息提出异议时，将该信息提供给金融部门的环境保护部门应按照企业环保信息异议处理程序（附件二）要求，及时提供异议核实结果。确需更正的，应及时对异议数据进行更新和修正。

（二）金融部门应履行以下职责

1．信息的收集

各级金融机构应在日常的工作中，根据环境保护部门通报的企业环境信息，对照银行业机构使用环保信息情况反馈报表（见附件一表 6），认真收集、准确掌握经确认的因企业环境信息而压缩、拒绝贷款的信息。

2．信息的报送

（1）中国人民银行各分支机构负责将所在地区企业环境信息统一报送至人民银行总行征信系统。中国人民银行各分支机构获取经环境保护部门盖章确认的辖区内企业环境信息，并对相关数据进行数据格式转换和预校验，将通过校验的数据文件，定期上报中国人民银行征信中心，由征信中心将相关环保信息加载入中国人民银行企业征信系统。

（2）全国性金融机构于每半年后 15 个工作日前将全行环保信息情况反馈报表，以书面形式（加盖公章）向中国人民银行征信中心报送（同时提供电子版）。全国性金融机构省级分行和地方性金融机构于每半年后 15 个工作日前将半年内本省各分支机构使用环保信息情况反馈报表，以书面形式（加盖公章）向同级中国人民银行各分支机构报送（同时提供电子版）。

（3）中国人民银行各分支机构获取经辖区内金融机构盖章确认的辖区内分支机构使用环保信息情况反馈报表，审核表格的合规性，将审核通过的表格分别于每半年后 25 个工作日前定期汇总并上报中国人民银行征信中心。同时以书面形式，每半年定期通报至同级环境保护部门。

（4）中国人民银行征信中心分别于每半年后 30 个工作日前将半年度获取的全国性金融机构和中国人民银行各分支机构上报的银行业机构使用环保信息情况反馈报表，以书面形式（加盖公章）向环境保护部通报（同时提供电子版）。

3. 各金融机构要积极配合环境保护部门与中国人民银行各分支机构进行异议处理工作。

四、工作要求

1. 环境保护部门要建立信息报送的内部纠错机制。当企业对环境保护部门所报送的信息提出异议时，信息报送的环境保护部门应在收到异议申请的 5 个工作日内进行核实，对确实存在所报送的信息与实际不符的，应尽快给予删除或更新（见附件一表 5）。

2. 环境保护部门要建立信息报送的动态管理机制。对环境违法企业的整改信息和实施强制性清洁生产审核的企业信息要及时更新，应在信息变化后的 5 个工作日内进行核实，并报送更改信息，即在原有报送的企业环境违法信息表中，将“违法行为改正情况”一项补充完整；在原有报送的实施强制性清洁生产审核企业信息表中，将“审核时间”和“审核结果”补充完整。

3. 各级环境保护部门要做好环保执法、审批等工作及数据报送工作，确保信息报送的畅通、及时、准确。对企业提出的异议要认真核实，如实提供相关证明并对提供的材料负责。

4. 各级金融机构向企业办理信贷业务时应在企业征信系统中查询其信用情

况，并重点关注企业的环境守法信息，防范信贷风险。

5. 中国人民银行各分支机构、各地环境保护部门要按照本通知要求，结合实际情况，认真贯彻执行将企业环保信息纳入企业征信系统的有关工作，并向社会进行宣传。对实际过程中遇到的问题应及时协商解决，认真总结经验，并向人民银行总行和环境保护部报告。

6. 请中国人民银行各分支机构将本通知转发至辖区内城市商业银行、农村商业银行、城市信用社、农村信用社及外资金融机构。

附件：1. 信息报送表（略）

2. 企业环保信息异议处理程序（略）

环境保护部办公厅

中国人民银行办公厅

二〇〇九年六月六日

关于印发《国家环境保护总局　中国银行业监督管理委员会信息交流与共享协议》的通知

环办〔2008〕31号

各省、自治区、直辖市环境保护局（厅），各计划单列市环境保护局，各省会城市环境保护局：

为贯彻国务院《节能减排综合性工作方案》，落实国家环保总局、中国人民银行、中国银监会《关于落实环保政策法规防范信贷风险的意见》（环发〔2007〕108号），环保总局与中国银监会于2008年1月签署了《信息交流与共享协议》。环保总局依据该协议向银监会提供相关环境信息，为银行业金融机构在授信、信贷审批时落实环保要求，防范信贷风险提供依据。同时，银监会向环保总局提供银行业金融机构对环境信息使用情况和反馈意见等信息。

为指导各级环保部门与银监机构合作，现将该协议印发你们，请结合各地实际参考，制定本地区环保、金融信息交流机制。

附件：

国家环境保护总局中国银行业监督管理委员会信息交流与共享协议

根据国家环境保护总局、中国人民银行、中国银行业监督管理委员会《关于落实环保政策法规防范信贷风险的意见》（环发〔2007〕108号），经双方平等协商，银监会、环保总局决定建立部门间信息交流与共享协议，加强环境信息对金融信贷的指导作用，提高环保参与经济建设的能力和水平，防范环境问题带来的信贷风险，促进国民经济又好又快发展。

一、高度重视建立环保和金融信贷信懑交流和共享的重要性和迫切性

当前，党中央、国务院高度重视环境保护，将污染减排作为宏观经济调控的重要抓手。环境保护的相关信息是信贷管理的重要依据，信贷信息也是环保优化经济增长的重要参考，加强双方的信息交流和共享是贯彻落实科学发展观，转变政府职能，提高依法行政、民主决策水平的重要行动。

二、信息交流和共享的主要内容

环保总局向银监会提供以下类别信息：环保法律、法规、标准、环境经济政策、环保相关的产业政策和我国加入的环境公约等基本信息；环保总局掌握的经核实的违反环保法律法规的企业或建设项目名单、环保总局环评审批信息、“三同时”验收结果等环境执法信息；各省（自治区、直辖市）减排指标年度（半年度）数据的信息；国家监控的重点企业污染减排情况；环保总局掌握并核实的信访、行政复议案件处理结果；环境友好企业、环境友好工程、环保最佳适用技术等信息；环境违法企业整改情况的动态信息；其他银监会需求的相关信息。

银监会向环保总局提供以下类别信息：银行业金融机构对环境信息使用情况和反馈意见；各监管机构对银行业金融机构节能减排授信工作的监督管理工作情况；银行业金融机构对环保重点监管行业的授信情况；其他环保总局需求的相关信息。

双方应按照承诺共享的信息内容相互提供信息。环保总局、银监会可根据形势的变化和工作需要进行协商，对承诺提供的信息内容进行调整和补充。

三、信息交流和共享的主要方式

环保总局与银监会应确定各自单位的信息协调管理部门和联系人，负责信息共享的相关事宜。环保总局的信息协调管理部门为政策法规司，银监会的信息协调管理部门为统计部。日常联系人员及其联系方式有变动时应及时通知对方。

环保总局与银监会应确定所提供信息的密级，并根据共享信息的密级，采用环保总局企业环境违法信息平台、信函交换，传真、电子邮件、电话通知、专人取送等方式进行信息共享。双方信息交换的频度和时间应本着及时性原则，按信息产生的时间及时提供。

四、信息的应用和管理

为加强对金融机构环境保护指导，银监会在征得环保总局同意后，将信息及时发送各银行业金融机构，以便各银行业金融机构在信贷审批时严格把关。环保总局不负责金融机构使用信息带来的任何经营风险。双方应严格按照相应密级进行共享信息管理。双方不得将对方信息对社会公众披露。

本协议由环保总局与银监会共同签署后生效，双方共同遵守执行。

本协议可下发各地环保部门、银监局参照制定本级部门间共享协议。

二〇〇八年一月二十二日

关于共享企业环保信息有关问题的通知（摘录）

银发〔2006〕450号

……

三、将企业环保信息纳入企业征信系统的有关要求

（一）商业银行等金融机构在办理、管理信贷业务时，应审查企业信用报告中的企业环保信息，并把企业环保守法情况作为审办信贷业务的重要依据。

（二）金融机构在查询企业信用报告前要取得被查询人书面授权，但对已发生信贷业务的借款人、担保人进行贷后风险管理时，无须取得被查询人授权。金融机构及其工作人员应当为在工作中知悉的企业环保信息保密。